AQUARIEN ATLAS FOTO INDEX 1-5

Wir widmen dieses Buch
unseren Töchtern
Jenny und Nicole

Hans A. Baensch
Dr. Gero W. Fischer

1977 - 1997   20 Jahre MERGUS®

Umschlagfotos:
Titel: *Paracheirodon axelrodi*
Burkhard Kahl

Melanotaenia boesemani *Symphysodon aequifasciatus*
Arend van den Nieuwenhuizen Arend van den Nieuwenhuizen

Betta splendens *Corydoras bolivianus*
Arend van den Nieuwenhuizen Arend van den Nieuwenhuizen

Rückseite: *Hyphessobrycon ecuadoriensis* (?) *Apistogramma hongsloi*
Dieter Bork Dieter Bork

Betta enicae *Corymbophanes bahianus*
Horst Linke Hans-Georg Evers

Foto gegenüber: *Dicrossus filamentosus* ♀
Uwe Römer

1. Auflage, 1. Taschenbuchausgabe 1998

CIP-Kurztitelaufnahme der Deutschen Bibliothek

AQUARIEN ATLAS FOTO-INDEX 1-5: Baensch, Hans A.; Fischer, Gero W.
Mergus Verlag GmbH; Verlag für Natur- und Heimtierkunde - Melle:
NE: Baensch, Hans A.; Fischer, Gero W.

ISBN 3-88244-102-X

© Copyright 1998 MERGUS-Verlag GmbH, Postfach 86, 49302 Melle, Germany
Satz: Dr. Gero W. Fischer, Quito, Ecuador
Lithos: Viscan, Singapur
Druck: Mergus Press, Singapur
Herausgeber: Hans A. Baensch

Printed in Singapore

Hans A. Baensch Dr. Gero W. Fischer

AQUARIEN ATLAS
FOTO-INDEX
1-5

Taschenbuchausgabe

MERGUS

Verlag GmbH für Natur- und Heimtierkunde
Hans A. Baensch • Melle • Germany

Vorwort

Der MERGUS AQUARIEN ATLAS hat sich zum umfangreichsten Standardwerk der Aquaristik entwickelt und besteht inzwischen aus 5 Bänden. Während Band 1 zusätzlich die biologisch/chemischen Aspekte und die Technik der Aquaristik bespricht und fast alle in der Aquaristik bekannten Pflanzen in den Bänden 1 bis 3 vorgestellt werden, behandeln die fünf Atlanten inzwischen zusammen ca. 4.000 verschiedene Fischarten. Der „FOTO INDEX 1–5" dient dazu, den Überblick darüber zu erleichtern und zu behalten.

In Stichworten und intuitiven Abkürzungen bietet dieser INDEX konzentrierte Kurzinformationen (incl. 4.600 Farbfotos) über alle bisher vorgestellten Fischarten, darüber hinaus das Wesentliche zu den Ordnungen und Familien aller Arten.

Ein Band/Seiten-Hinweis auf den AQUARIEN ATLAS, in denen weiteres über diese Arten gelesen werden kann, und ein ausführliches Gesamtregister mit über 25.000 Taxa aller Arten, mit Umgangsnamen und Synonymen, geordnet nach Gattung/Art und Art/Gattung, vervollständigen die Zugangshilfen zur Information. Außerdem erleichtern das Inhaltsverzeichnis – wie aus den AQUARIEN ATLANTEN gewohnt, in Gruppen unterteilt – und ein zusätzliches systematisches Inhaltsverzeichnis (in alphabetischer Reihenfolge) vor jeder Gruppe das Auffinden von taxonomischen Begriffen, oft bis zur Unterfamilie.

In der Systematik, wie auch sonst in der Biologie, gibt es vielerlei Ansichten darüber, wie die eine oder andere Ordnung, Familie, Unterfamilie, Gattung oder Art einzuordnen sei. Wir lehnen uns größtenteils an das Standardwerk „Fishes of the World" von JOSEPH S. NELSON (3. Aufl., 1994), ohne aber etwa anders lautende Klassifizierungen der AQUARIEN ATLAS-Bände zu übersehen. Es bleibt damit gewährleistet, daß jeder AQUARIEN ATLAS-Freund die ihm geläufige Bezeichnung, vor allem im Bereich der Einteilung in Familie bzw. Unterfamilie findet.

Die Welt wird immer kleiner, die Tropen rücken immer näher und wir als Aquarianer können sie sogar in unserem Wohnzimmer finden. Dieser INDEX ist ein kompaktes Mitnehmwerk: ob zum Zoofachgeschäft um die Ecke oder zu den Flüssen rund um die Erdkugel, immer zur Hand mit den wichtigsten Informationen; ein treuer Ratgeber im Dienste der Aquarianer und Fischfreunde allgemein, eine Entscheidungshilfe für Reiseziele mit Hinweisen auf dort zu erwartende Arten.

Vorwort

Wenn auch dieser INDEX eher an fortgeschrittene Aquarianer gerichtet ist, so braucht der Anfänger nicht vor ihm zurückzuschrekken, verleiht er doch einen ersten Überblick über die Fischwelt, die die Natur uns bietet. Der Spezialist wird in ihm neue Herausforderungen entdecken, der Anfänger wird leichter diejenigen Arten auswählen können, die in ihrer Haltung weniger problematisch sind und die bereits nachgezüchtet werden – ganz im Sinne des Artenschutzes. Eine „Rote Liste" der gefährdeten Süßwasserarten rundet die Informationen ab.

Wenn wir bedenken, daß dieser INDEX etwa 4.000 Süß- und Brackwasserarten vorstellt und daß es ca. 15.000 beschriebene Arten in diesen Gewässern gibt, dann wissen wir, daß uns noch ein weiter Weg bevorsteht, bis unser Ziel, alle Arten vorzustellen, erreicht sein wird. Wir nehmen dazu gern weltweit weitere Beiträge von Photographen und Aquarianern für zukünftige MERGUS AQUARIEN ATLANTEN entgegen, und wir danken für die bisherige Mitarbeit.

Übrigens: „Information ist der erste Schritt zum wirksamen Artenschutz."

Hans A. Baensch
Melle – Deutschland

Dr. Gero W. Fischer
Quito – Ecuador

im Mai 1997

Inhaltsverzeichnis

Vorwort 4
Inhaltsverzeichnis 6
Verzeichnis der Ordnungen, Familien u. Unterfamilien 12
Zeichenerklärung 18

Fische

0 NEUNAUGEN, RUNDMÄULER (PETROMYZONTIFORMES) 23–25
Petromyzontidae (Neunaugen) 23

1 UNECHTE KNOCHENFISCHE UND KNORPELFISCHE 26–38
ACIPENSERIFORMES 27
  Acipinseridae (Echte Störe) 28
  Polyodontidae (Löffelstöre) 30
POLYPTERIFORMES 27
  Polypteridae (Flösselhechte) 30
AMIIFORMES 31
  Amiidae (Kahlhechte) 32
SEMIONOTIFORMES 31
  Lepisosteidae (Knochenhechte) 32
RAJIFORMES 33
  Dasyatididae (Stachelrochen, Süßwasserrochen) 34
  Pristidae (Sägerochen, Sägefische) 36
CERATODONTIFORMES 37
  Ceratodontidae (Australische Lungenfische) 37
LEPIDOSIRENIFORMES 37
  Lepidosirenidae (Amerikanische Lungenfische) 38
  Protopteridae (Afrikanische Lungenfische) 38

2 SALMLER (CHARACIFORMES) 39–145
Afrikanische Salmler 46–62
  Characidae (Alestiinae – Echte Afrikanische Salmler) 46
  Citharinidae (Geradsalmler) 55
  Hepsetidae 62
Amerikanische Salmler 63–145
  Anostomidae (Engmaulsalmler) 66
  Characidae (Echte Salmler) 71
    Aphyocharacinae 74
    Bryconinae 76
    Characidiinae (Bodensalmler) 78
    Characinae (Echte Amerikanische Salmler) 81

Inhaltsverzeichnis

    Cheirodotinae 84
    Crenuchinae (Prachtsalmler) 85
    Glandulocaudinae 86
    Iguanodectinae 89
    Paragoniatinae 89
    Rhaphiodontinae 90
    Rhoadsiinae 91
    Serrasalminae (Sägesalmler) 91
    Stethaprioninae 96
    Tetragonopterinae (Tetras) 97
  Chilodontidae 125
  Ctenoluciidae (Hechtsalmler) 125
  Curimatidae (Barbensalmler) 127
  Erythrinidae (Raubsalmler) 130
  Gasteropelecidae (Beilbauchfische) 131
  Hemiodontidae (Keulensalmler) 133
  Lebiasinidae (Schlanksalmler) 137
  Prochilodontidae (Barbensalmler) 144

3 KARPFENÄHNLICHE FISCHE (CYPRINIFORMES)   **146–242**

  Balitoridae (Plattschmerlen/Flossensauger) 150
  Catostomidae (Saugdöbel) 161
  Cobitidae (Schmerlen/Dorngrundeln) 162
  Cyprinidae (Karpfenfische) 172
  Gyrinocheilidae (Algenfresser) 242

4 WELSE (SILURIFORMES)   **243–389**

  Ageneiosidae (Delphinwelse) 247
  Amphiliidae (Kaulquappenwelse) 248
  Ariidae (Kreuzwelse) 251
  Aspredinidae (Bratpfannen- u. Banjowelse) 252
  Astroblepidae (Andenwelse) 254
  Auchenipteridae (Falsche Dornwelse) 254
  Bagridae (Stachelwelse) 259
  Callichthyidae (Schwielenwelse) 267
  Cetopsidae (Walwelse) 297
  Chacidae (Großmaulwelse) 298
  Clariidae (Raubwelse) 299
  Doradidae (Dornwelse) 303
  Helogenidae (Fähnchenwelse) 309
  Heteropneustidae (Kiemensackwelse) 309
  Ictaluridae [Ameiuridae] (Katzenwelse) 310

Inhaltsverzeichnis

Loricariidae (Harnischwelse) 313
Malapteruridae (Elektrische Welse) 353
Mochokidae (Fiederbartwelse) 354
Olyridae (Olyrawelse) 367
Pangasiidae (Haiwelse) 367
Pimelodidae (Antennenwelse) 368
Plotosidae (Aalwelse, Korallenwelse) 376
Schilbeidae (Glaswelse) 378
Siluridae (Echte Welse) 381
Sisoridae (Gebirgswelse) 384
Trichomycteridae (Schmerlenwelse) 387

5 KILLIFISCHE (CYPRINODONTIFORMES I) 390–500

Anablepidae – Oxyzygonectinae 394
Aplocheilidae 395
  Aplocheilinae (Hechtlinge) 395
  Rivulinae (Bachlinge) 439
Cyprinodontidae 469
  Cubanichthyinae 469
  Cyprinodontinae 469
Fundulidae 483
Goodeidae – Empetrichthyinae (Quellkärpflinge) ... 488
Poeciliidae 490
  Aplocheilichthyinae (Afr. Leuchtaugenfische) .. 490
  Fluviphylacinae (Südam. Leuchtaugenfische) ... 499
Profundulidae 500
Valenciidae 500

6 LEBENDGEB. ZAHNKARPFEN (CYPRINODONTIFORMES II) 501564

Anablepidae – Anablepinae (Vieraugen) 504
Goodeidae – Goodeinae (Hochlandkärpflinge) 505
Poeciliidae – Poeciliinae (Lebendg. Zahnkarpfen) .. 514

7 LABYRINTHFISCHE (PERCIFORMES – ANABANTOIDEI) 565–594

Anabantidae (Kletterfische) 568
Belontiidae 573–572
  Belontiinae 575
  Macropodinae (Kampffische) 575
  Trichogastrinae (Fadenfische) 592
Helostomatidae (Küssende Guramis) 593
Luciocephalidae (Hechtköpfe) 593
Osphronemidae (Speiseguramis) 594

Inhaltsverzeichnis

8 BUNTBARSCHE (PERCIFORMES – CICHLIDAE) 595–782

Afrika – Malawisee 599
Afrika – Tanganjikasee 639
Afrika – Verschiedene Seen 673
Afrika – Fließgewässer 686
Nord- und Mittelamerika 705
Südamerika 726
Übrige Welt 780

9 VERSCHIEDENE BARSCHARTIGE (PERCIFORMES) 783–844

Ambassidae [= Chandidae] (Glasbarsche) 786
Apogonidae (Kardinalfische) 790
Badidae (Blaubarsche) 791
Blenniidae (Schleimfische) 792
Bovichthyidae (Eisfische) 792
Centrarchidae (Sonnenbarsche) 793
Centropomidae (Riesenbarsche) 797
Channidae (Schlangenkopffische) 798
Coiidae (Dreischwanzbarsche) 801
Gobiidae (Grundeln) 802
  Amblyopinae 803
  Butinae (Schläfergrundeln) 804
  Eleotrinae (Schläfergrundeln) 804
  Gobiinae (Meergrundeln) 814
  Gobionellinae (Zwerggrundeln) 822
  Oxudercinae 825
  Sicydiinae 826
Kuhliidae 828
Kurtidae (Kurter) 828
Lutjanidae (Schnapper) 829
Monodactylidae (Flossenblätter) 829
Nandidae (Nanderbarsche) 830
Percichthyidae (Dorschbarsche) 832
Percidae (Echte Barsche) 834
Polynemidae (Fadenflosser) 839
Pomacentridae (Riffbarsche) 839
Scatophagidae (Argusfische) 840
Serranidae (Sägebarsche, Zackenbarsche) 841
Sillaginidae 842
Teraponidae (Tigerfische, Grunzbarsche) 842
Toxotidae (Schützenfische) 844

Inhaltsverzeichnis

10 VERSCHIEDENE ECHTE KNOCHENFISCHE (TELEOSTEI) 845–922

ANGUILLIFORMES 849
  Anguillidae (Echte Aale) 849
  Muraenidae (Muränen) 849
  Ophichthidae 849
ATHERINIFORMES 850–865
  Atherinidae (Ährenfische) 852
  Bedotiidae 853
  Melanotaeniidae (Regenbogenfische) 854
  Phallostethidae 863
  Pseudomugilidae (Blauaugen) 863
  Telmatherinidae (Sulawesi Regenbogenfische).... 865
BATRACHOIDIFORMES................................... 866
  Batrachoididae (Froschfische) 866
BELONIFORMES 866–871
  Adrianichthyidae (Reisfische) 867
  Belonidae (Hornhechte) 869
  Hemiramphidae (Halbschnäbler) 870
CLUPEIFORMES....................................... 872
  Clupeidae (Heringsfische) 872
  Denticipitidae (Süßwasserheringe)............. 872
ELOPIFORMES 872
  Megalopidae (Tarpune)......................... 872
ESOCIFORMES 873, 874
  Esocidae (Hechte)............................. 873
  Umbridae (Hundsfische) 874
GADIFORMES... 875
  Gadidae (Dorschfische) 875
  Phycidae 875
GASTEROSTEIFORMES 876–879
  Gasterosteidae (Stichlinge)................... 876
  Indostomidae 878
  Syngnathidae (Seenadeln) 878
GONORHYNCHIFORMES 880, 881
  Kneriidae 880
  Phractolaemidae (Afrikanische Schlammfische) . 881
GYMNOTIFORMES 882–885
  Apteronotidae (Geist-Messeraale) 882
  Electrophoridae (Elektrische Aale) 883
  Gymnotidae (Nacktrücken-Messeraale)........... 883
  Hypopomidae 884

Inhaltsverzeichnis

Rhampichthyidae (Amerikanische Messerfische) ... 885
Sternopygidae (Glasmesserfische) 885
MUGILIFORMES................................. 887, 888
Mugilidae (Meeräschen) 887
OSMERIFORMES 888–891
Galaxiidae (Galaxien) 889
Lepidogalaxiidae (Salamanderfische) 891
Retropinnidae................................ 891
OSTEOGLOSSIFORMES (KNOCHENZÜNGLERARTIGE) 892–902
Gymnarchidae (Nilhechte) 893
Mormyridae (Elefantenfische).................. 893
Notopteridae (Altwelt-Messerfische) 900
Osteoglossidae (Knochenzüngler)............... 901
PERCOPSIFORMES................................. 903
Aphredoderidae............................... 903
PLEURONECTIFORMES (SCHOLLENARTIGE) 903–904
Achiridae (Schollen) 903
Soleidae (Seezungen) 904
SALMONIFORMES 905–910
Salmonidae (Lachsfische)..................... 906
SCORPEANIFORMES 911–913
Comephoridae (Ölfische) 911
Cottidae (Groppen) 911
Platycephalidae (Flachköpfe) 913
Scorpaenidae (Skorpionfische)................. 913
SYNBRANCHIFORMES 914–918
Mastacembelidae (Stachelaale) 915
Synbranchidae (Kiemenschlitzaale) 918
TETRAODONTIFORMES (KUGELFISCHARTIGE) 919–922
Tetraodontidae (Kugelfische) 919
Triacanthidae (Dreistachler) 922

Anhang 923–942
Abkürzungen 923
Glossar..................................... 925
Literaturverzeichnis 941

Rote Liste/CITES der Süßwasserfische 943–964

Gesamtregister................................ 965–1196
Die Autoren................................... 1197–1210
Fotografenverzeichnis 1211

Verzeichnis der Ordnungen, Familien, Unterfamilien

Taxon	Gruppe	Seite
Acheilognathinae	3	172
Achiridae	10	903
Acipenseridae	1	27
ACIPENSERIFORMES	1	27–30
Actinopterygii	1,2,3,4,5,6,7,8,9,10	27–920
Adrianichthyidae (früher Oryziatidae)	10	867
Ageneiosidae	4	247
Alburninae	3	172
Alestiinae	2	47
Ambassidae (enthält Chandidae)	9	789
Amblyopinae	9	803
Ameiuridae	4	310
Amiidae	1	32
AMIIFORMES	1	31,32
Amphiliidae	4	248
Amphiliinae	4	248
Anabantidae	7	568
Anabantoidei	7	565–594
Anablepidae	5, 6	394, 504
Anablepinae	6	504
Ancistrinae	4	312
ANGUILIFORMES	10	849
Anguillidae	10	849
Anostomidae	2	66
Aphredoderidae	10	903
Aphyocharacinae	2	74
Aplocheilichthyinae	5	490
Aplocheilidae	5	395
Aplocheilinae	5	395
Aplochitonidae (siehe Galaxiidae)	10	889
Apogonidae	9	790
Apteronotidae	10	882
Ariidae	4	251
Aspredinidae	4	252
Aspredininae	4	252
Astroblepidae	4	254
Atherinidae	10	852
ATHERINIFORMES	10	850–865
Auchenipteridae	4	254
Badidae	9	791
Bagridae	4	259
Balitoridae	3	150
Balitorinae	3	150
Batrachoididae	10	866
BATRACHOIDIFORMES	10	866
Bedotiidae	10	853

Verzeichnis der Ordnungen, Familien, Unterfamilien

Taxon	Gruppe	Seite
Belonidae	10	869
BELONIFORMES	10	866–971
Belontiidae	7	573
Belontiinae	7	575
Bleniidae	9	792
Botiinae	3	162
Bovichthyidae	9	792
Bryconinae	2	76
Bunocephalinae	4	252
Butinae	9	804
Callichthyidae	4	267
Callichthyinae	4	267
Catostomidae	3	161
Catostominae	3	161
Centrachidae	9	793
Centropomidae	9	797
Cephalaspidomorphi	0	23–25
Ceratodontidae	1	37
CERATODONTIFORMES	1	37
Cetopsidae	4	297
Chacidae	4	298
Chandidae (siehe Ambassidae)	9	789
Channidae	9	798
Characidae	2	47, 71
Characidiinae	2	78
CHARACIFORMES	2	39–145
Characinae	2	81
Cheirodontinae	2	84
Chilodontidae	2	125
Chondrichthys	1	33–36
Chondrostei	1	27–30
Cichlidae	8	595
Citharinidae	2	55
Citharininae	2	55
Clariidae	4	299
Clupeidae	10	872
CLUPEIFORMES	10	872
Cobitidae	3	162
Cobitinae	3	162
Coiidae (Lobotidae)	9	801
Comephoridae	10	911
Coregonidae (jetzt Unterfamilie der Salmonidae)	10	905
Coregoninae	10	905
Corydoradinae	4	267
Cottidae	10	911
Cottocomephoridae (jetzt Unterfamilie der Cottidae)	10	911

Verzeichnis der Ordnungen, Familien, Unterfamilien

Taxon	Gruppe	Seite
Crenuchinae	2	85
Ctenolucidae	2	125
Cubanichthyinae	5	469
Cultrininae	3	172
Curimatidae	2	127
Cycleptinae	3	161
Cyprinidae	3	172
CYPRINIFORMES	3	146–242
Cyprininae	3	172
Cyprinodontidae	5	469
CYPRINODONTIFORMES	5, 6	390–564
Cyprinodontinae	5	469
Dasyatidae	1	33–36
Dasyatinae	1	33
Denticipitidae	10	872
Dipnoi	1	37–38
Distichodontinae	2	55
Doradidae	4	303
Doumeinae	4	248
Eigenmanniidae (siehe Sternopygidae)	10	885
Elasmobranchii	1	33–36
Electrophoridae	10	883
Eleotrinae	9	805
Elopiformes	10	872
Empetrichthynae	5	488
Erythrinidae	2	130
Esocidae	10	873
Esociformes	10	373, 874
Fluviphylacinae	5	499
Fundulidae	5	483
Gadidae	10	875
Gadiformes	10	875
Gadopsidae (jetzt Teil der Percichthyidae)	9	832
Gaidropsarinae	10	875
Galaxiidae	10	889
Gasteropelecidae	2	131
Gasterosteidae	10	876
GASTEROSTEIFORMES	10	876–879
Gastromyzontidae	3	150
Glandulocaudinae	2	86
Gobiidae	9	802
Gobiinae	9	814
Gobionellinae	9	822
Gobioninae	3	172
GONORHYNCHIFORMES	10	880, 881
Goodeidae	5,6	488, 505

Verzeichnis der Ordnungen, Familien, Unterfamilien

Taxon	Gruppe	Seite
Goodeinae	6	505
Gymnarchidae	10	893
Gymnotidae	10	883
GYMNOTIFORMES	10	882
Gyrinocheilidae	3	242
Helegeneidae	4	309
Helostomatidae	7	593
Hemiodontidae	2	133
Hemiodontinae	2	133
Hemiramphidae	10	870
Hepsetidae	2	62
Heteropneustidae	4	309
Homalopteridae (siehe Balitoridae)	3	150
Hypopomidae	10	884
Hypoptopomatinae	4	312
Hypostominae	4	312
Ictaluridae	4	310
Ictiobinae	3	161
Iguanodectinae	2	89
Indostomidae	10	878
Kneriidae	10	880
Kuliidae	9	828
Kurtidae	9	828
Lebiasinidae	2	137
Lebiasininae	2	137
Lepidogalaxidae	10	891
Lepidosirenidae	1	38
LEPIDOSIRENIFORMES	1	37,38
Lepisosteidae	1	32
Leuciscinae	3	172
Lobotidae (siehe Coiidae)	9	801
Loricariidae	4	312
Loricariinae	4	312
Lotidae (jetzt Unterfamilie der Gadidae = Lotinae)	10	875
Luciocephalidae	7	593
Lujanidae	9	829
Macropodinae	7	575
Malapteruridae	4	353
Mastacembelidae	10	915
Megalopidae	10	872
Melanotaeniidae	10	854
Mochokidae	4	354
Monodactylidae	9	829
Mormyridae	10	893
Mugilidae	10	887
MUGILIFORMES	10	887, 888

Verzeichnis der Ordnungen, Familien, Unterfamilien

Taxon	Gruppe	Seite
Muraenidae	10	849
Nandidae	9	830
Nemacheilinae	3	150
Neoplecostominae	4	312
Neopterygii	1	31, 32
Notopteridae	10	900
Olyridae	4	367
Ophichthidae	10	849
Orestini (siehe Cyprinodontinae)	5	467
Oryziatidae (siehe Adrianichthyidae)	10	867
OSMERIFORMES	10	888
Osphronemidae	7	594
Osteoglossidae	10	901
OSTEOGLOSSIFORMES	10	892–902
Oxudercinae	9	825
Oxyzygonectinae	5	394
Pangasiidae	4	367
Pantodontidae	10	902
Paragoniatinae	2	89
Parodontinae	2	133
Percichthyidae	9	832
Percidae	9	834
PERCIFORMES	7,8,9	565–844
PERCOPSIFORMES	10	903
Petromyzontidae	0	23–25
PETROMYZONTIFORMES	0	23–25
Phallostethidae	10	863
Phycidae	10	875
Phractolaemidae	10	881
Pimelodidae	4	368
Platycephalidae	10	913
PLEURONECTIFORMES	10	903, 904
Plotosidae	4	376
Poeciliidae	5,6	490, 514
Poeciliinae	6	514
Polynemidae	9	839
Polyodontidae	1	27
Polypteridae	1	27
POLYPTERIFORMES	1	27
Pomacentridae	9	839
Porolepimorpha	1	37–38
Potamotrygonidae (siehe Dasyatidae)	1	33
Potamotrygoninae	1	33
Pristidae	1	36
Prochilodontidae	2	144
Profundulidae	5	500

Verzeichnis der Ordnungen, Familien, Unterfamilien

Taxon	Gruppe	Seite
Protopteridae	1	38
Pseudomugilidae	10	863
Psilorhynchinae	3	172
Pyrrhulininae	2	137
Rajiformes	1	33–36
Rasborinae	3	172
Retropinnidae	10	891
Rhamphichthyidae	10	885
Rhaphiodontinae	2	90
Rhoadsiinae	2	91
Rivulinae	5	439
Salmonidae	10	905
SALMONIFORMES	10	905–910
Salmoninae	10	905
Sarcopterygii	1	37–38
Scatophagidae	9	840
Schilbeidae	4	378
Scorpaenidae	10	913
SCORPAENIFORMES	10	911
SEMIONOTIFORMES	1	31,32
Serranidae	9	841
Serrasalminae	2	91
Sicydiinae	9	826
Sillaginidae	9	842
Siluridae	4	381
SILURIFORMES	4	243–389
Sisoridae	4	384
Soleidae	10	904
Sternopygidae	10	885
Stethaprioninae	2	96
Synbranchidae	10	918
SYNBRANCHIFORMES	10	914–918
Syngnathidae	10	878
Telmatherinidae	10	865
Tetragonopterinae	2	97
Tetraodontidae	10	919
TETRAODONTIFORMES	10	919–922
Theraponidae	9	842
Thymallidae (jetzt Unterfamilie der Salmonidae)	10	905
Thymallinae	10	905
Toxotidae	9	844
Triacanthidae	10	922
Trichogastrinae	7	590
Trichomycteridae	4	387
Umbridae	10	874
Valenciidae	5	500

Zeichenerklärung

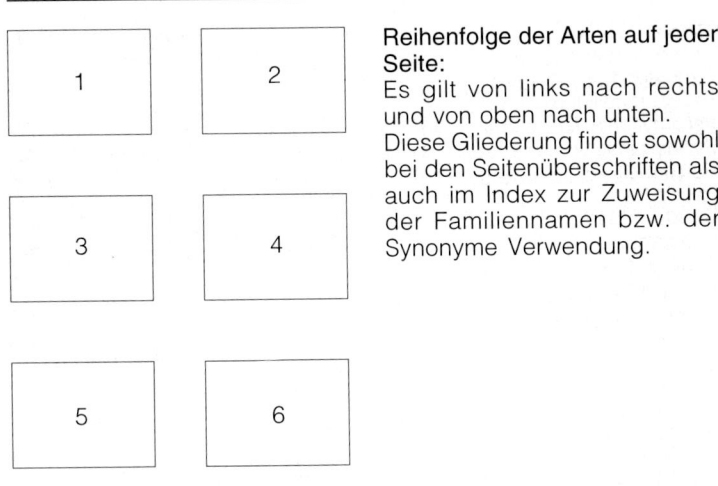

Reihenfolge der Arten auf jeder Seite:
Es gilt von links nach rechts und von oben nach unten.
Diese Gliederung findet sowohl bei den Seitenüberschriften als auch im Index zur Zuweisung der Familiennamen bzw. der Synonyme Verwendung.

Unter den Abbildungen der etwa 4000 Arten sind folgende Informationen zu finden (wir beziehen uns auf die Auflagen 1996/97 des AQUARIEN ATLAS, Bände 1–5):

Gültiger wissenschaftlicher Name	AQUARIEN ATLAS Band/Seite
Deutscher Umgangsname	
H: Herkunft.	Sw,Bw,Mw
GU: ♂ bzw. ♀: Geschlechtsunterschiede.	**V:** Verhalten
Z: Zucht.	**F:** Futterplan
T: Temperatur **L:** Länge **pH:** Säuregrad **SG:** Schwierigkeitsgrad	

Gültiger wissenschaftlicher Name: Der zur Zeit gültige Name der Art. Weitere wissenschaftliche Namen, welche zur Zeit als Synonyme gelten, sind im Gesamtregister aufgeführt.

Deutscher Umgangsname: Leider ist eine solche Benennung meistens regional begrenzt und viele Arten haben keine. Der Gebrauch des wissenschaftlichen Namens ist daher vorzuziehen.

AQUARIEN ATLAS **Band/Seite:** MERGUS AQUARIEN ATLAS Bände 1 bis 5 mit entsprechender Seitenzahl in jenem Band, in dem ausführlichere Informationen gefunden werden können.

Zeichenerklärung

Herkunft: Das ursprüngliche Herkunftsgebiet (Habitat) der Art. Folgt ein E – endemisch – so besiedelt diese Art nur jenes begrenzte Gebiet.

Sw, Bw, Mw: Süßwasser (nur in Zweifelsfällen angegeben), Brackwasser, Meerwasser. Die Reihenfolge gibt Aufschluß über den bevorzugten Wassertyp.

Geschlechtsunterschiede (GU): Die deutlichsten äußeren Merkmale, welche es erlauben, die Geschlechter zu unterscheiden. Normalerweise ist ein laichbereites Weibchen (♀) auch an einem größeren Leibesumfang zu erkennen, wenn sonst kein Unterschied zum Männchen (♂) bestehen sollte. Bei jugendlichen Fischen gestaltet sich die Erkennung allgemein schwieriger.

Verhalten: Das allgemeine soziale Verhalten der Art, wobei aber immer die Größe des Individuums in Betracht gezogen werden muß. Die Zeichen [!, –, (–), =, +] bedeuten im einzelnen:
! Vorsicht. Die Art kann auch dem Aquarianer gefährlich werden! (Bisse, Stachel)
– Artbecken/Einzelhaltung vorgeschlagen. Es handelt sich hier hauptsächlich um Räuber und sehr große Fische.
(–) Es empfiehlt sich ein Artbecken, auch zum Schutz der Art. Es handelt sich um heikle Arten, die leicht unterdrückt werden, und seltene Arten, bei denen eine Aquarienzucht wünschenswert wäre.
= „Spezielles" Gesellschaftsbecken möglich, z.B. Cichliden gewisser Gruppen unter sich; aber auch große, friedliche Fische untereinander. Oftmals sind innerartliche Aggressionen stark ausgeprägt, während Fremdarten nicht beachtet werden.
+ „Normales" Gesellschaftsbecken möglich. Friedlicher Fisch, der allerdings auch leichter einem „mittelaggressiven" Fisch zum Opfer fallen könnte. Grundregeln der Vergesellschaftung wie: keine extremen Unterschiede in Größe, ähnliches Temperament, ähnliche Wasserbedingungen, angepaßte Aquariendimensionen und -einrichtung usw. müssen immer beachtet werden.
? Unbekannt. Es fehlen Berichte. Engagierte Aquarianer können hier einen Beitrag leisten.
Doppelsymbole: z.B., +,– ; friedlich als Jungtier, später zu groß oder Raubfisch.

Zeichenerklärung

Zucht: Grundsätzliche Art der Fortpflanzung. In den Einleitungen sind weitere Informationen zu finden. Werden Angaben aus der Natur gemacht, ist eine Aquarienzucht noch nicht gelungen, aber im Sinne des Artenschutzes sehr wünschenswert (Artbecken ist vorzuziehen). Oftmals ist die zu erwartende Anzahl von Eiern (E) oder Jungen (J) angegeben.

Futterplan: Die Ernährung der Art. (Eine ausführliche Erklärung kann im Aquarien Atlas Band 1, S. 200f., gefunden werden.)

H Herbivore = Pflanzenfresser
Diese Arten ernähren sich in der Natur von Früchten, Samen, Pflanzen (sowohl aquatische als auch Landpflanzen, die in das Wasser hineinragen) und Algen. Viele dieser Arten nehmen auch Nahrung tierischen Ursprungs auf, aber unter ihnen gibt es keine ausgesprochenen Raubfische. Diese Arten haben einen reduzierten Magen und einen langen Darm und müssen deshalb im Aquarium mehrmals täglich gefüttert werden (3–4 Mal).

K Karnivore = Fleischfresser
Arten mit diesem Hinweis sind meist Räuber, aber auch solche, die auf eine Ernährung mit Markenfutter tierischen Ursprungs angewiesen sind. Obwohl Lebendfutter eine Notwendigkeit sein kann, bieten gefriergetrocknetes Futter (FD) und Frostfutter angemessene Ausweichmöglichkeiten. Der Magen ist gut entwickelt, und der Darm ist kurz. Im Aquarium ist eine einmal tägliche Fütterung meist ausreichend.

K! Nicht/sehr schwer an Trockenfutter (FD, Flockenfutter) zu gewöhnen.

L Limnivore = Aufwuchsfresser
Ähnlich den Pflanzenfressern haben diese Arten einen reduzierten Magen und langen Darm. Sie weiden den Belag (Aufwuchs) der Dekoration und der Scheiben ab. Die Algen mit den darin befindlichen Klein- und Kleinstlebewesen werden dabei den ganzen Tag über in kleinen Portionen aufgenommen, was bei einer Fütterung unbedingt berücksichtigt werden muß (Futtertabletten).

O Omnivore = Allesfresser
Arten mit den geringsten Ernährungsproblemen. Unter ihnen gibt es weder Raubfische noch spezialisierte Pflanzenfresser, und sie können mit handelsüblichen Flockenfuttermitteln ernährt werden.

P! Obligater Parasit.
Die Art ist auch im Aquarium auf eine parasitische Lebens-

Zeichenerklärung

weise angewiesen (z.B. Schuppenfresser oder Blutsauger in der Kiemenhöhle größerer Fische).

P Fakultativer Parasit.
Obwohl diese Arten in der Natur parasitisch leben, werden sie sich im Aquarium auf die leichter zu erfüllende „normale" Fütterung umstellen lassen.

Eine qualitativ und quantitativ optimale Fütterung, bei angemessenen Wasserwerten, ist oft der ausschlaggebende Einfluß auf die erfolgreiche Zucht einer Art.

Temperatur: Der Bereich der günstigsten Wassertemperatur. Bei Arten aus größeren nördlichen und südlichen Breiten muß man bedenken, daß viele auf eine jahreszeitlich bedingte Senkung der Temperatur (Winter) für ausdauerndes Leben und Fortpflanzung angewiesen sind.

Länge: Die Gesamtlänge der ausgewachsenen Art (inklusive Schwanzflosse) ist ein ausschlaggebendes Kriterium bei der Wahl der Aquariengenossen, ihrer Anzahl und der Größe des Aquariums.

pH: Der durchschnittliche Säuregrad des Wassers.
$\ll 7 \cong$ stark sauer (unter 6,0)
$<7 \cong$ schwach sauer bis neutral (von ca. 6,0 bis 7,0)
$7 \cong$ um neutral oder keine besonderen Ansprüche
$>7 \cong$ neutral bis alkalisch (von ca. 7,0 bis 8,0)
$\gg 7 \cong$ stark alkalisch (über 8,0)
Normalerweise läßt sich aus dieser Angabe auch auf die Härte des Wassers schließen: stark sauer $\cong$ sehr weich, sauer $\cong$ weich, neutral $\cong$ keine besonderen Ansprüche, alkalisch $\cong$ hart, stark alkalisch $\cong$ sehr hart.

SG: Schwierigkeitsgrad bei der Haltung. (Siehe auch AQUARIEN ATLAS Band 1, S. 203f.)
1 Einfach zu halten (und zu füttern). Kaum Erfahrung notwendig.
2 Gewisse Vorkenntnisse erforderlich.
3 Arten für fortgeschrittene Aquarianer.
4 Problematische Arten. Nur für Aquarianer mit den entsprechenden Vorkenntnissen, aber auch mit der erforderlichen technischen Einrichtung und Futterquelle. Es handelt sich um große, seltene oder anspruchsvolle Arten, aber es kann sich auch um giftige (Stachelverletzungen) oder anders gefährliche Arten handeln.

Gruppe 0

PETROMYZONTIFORMES
Rundmäuler

Flußneunauge *Lampetra fluviatilis*

Gruppe 0

PETROMYZONTIFORMES
Rundmäuler

Ursprung/Systematik

Die Familie der Rundmäuler (Petromyzontidae), Teil der Überklasse Cyclostomata, hat ihren Ursprung im Oberkarbon (Steinkohlezeit, vor ca. 325 Millionen Jahren). Da ihnen ein Knochenskelett fehlt, sind keine fossilen Funde bekannt. Das Fehlen von Kiefern sichert ihre Zugehörigkeit zu Agnatha (Kieferlose Fische) (NELSON, 1994).

Klasse Cephalaspidomorphi
PETROMYZONTIFORMES   41 von 41 (32)*
    Petromyzontidae . . . .   6 G, 41 A** 25

Geographische Verbreitung

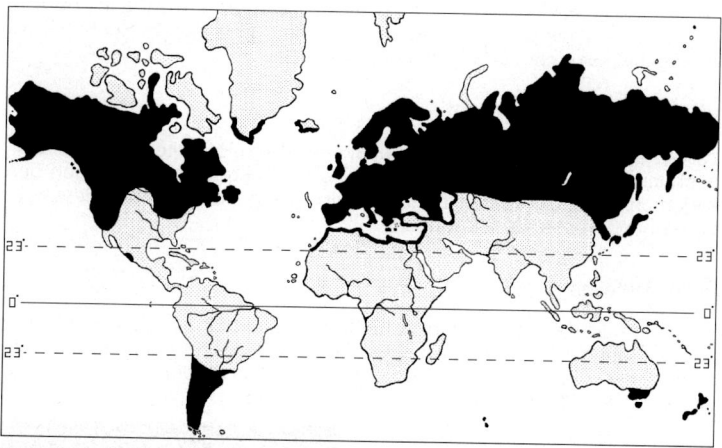

Verbreitungsgebiet der Petromyzontidae.

Zucht/Fortpflanzung

Die Zucht im Aquarium ist noch nicht gelungen. Die Gründe liegen in einem komplizierten Lebenslauf und der im Aquarium entsprechend schwer zu erfüllenden Diät.

In der Natur erfolgt die Eiablage im Süßwasser bei 12–16 °C. Bis zu 3 000 Eier werden in flachen Mulden abgelaicht.

---

* Alle der insgesamt 41 Arten dieser Ordnung brauchen Süßwasser, zumindest Teil ihres Lebens. (32 Arten davon halten sich nur im Süßwasser auf.)
** Insgesamt werden 41 Arten in 6 Gattungen anerkannt.

Gruppe 0

Petromyzontiformes
Rundmäuler

Biologie

Rundmäuler leben bis zu 6 Jahre als Larve in Süßwasser (*Ammocoetus* oder Querder genannt). Diese Zeit wird bei langsamem Wachstum größtenteils eingegraben verbracht. Nach der Metamorphose wandern manche Arten in das Meer (andere wandern nicht) und verbleiben dort bis zu 3 Jahren. In dieser Zeit ist ihre Wachstumsrate groß, dann wandern sie wieder zurück in das Süßwasser, wo sie nach Ablaichen innerhalb von wenigen Tagen sterben.

Ernährung

Larven filtrieren Schwebestoffe, die ihnen die Strömung heranträgt. Dazu strecken sie ihren Kopf aus dem feinkörnigen Bodengrund heraus. Nach der Metamorphose gehen sie auf eine semiparasitäre Ernährung über. Sie fressen jetzt Fischfleisch und -blut, welches sie durch Ansaugen und Abraspeln ihrer Wirtsfische erhalten. Nach Beginn der Laichwanderung wird irreversibel keine Nahrung mehr aufgenommen.

Verhalten

Larven sind harmlos, während erwachsene Tiere Parasiten sein können, auch innerhalb ihrer Art. Parasitische Tiere ernähren sich auch nach der Metamorphose, nichtparasitäre Formen pflanzen sich nach der Metamorphose ohne weitere Ernährung fort.

Besonderheiten

Der Körper ist nackt und aal- bis wurmförmig. Brust- und Bauchflossen fehlen. Der Mund ist rund und wird wie eine Blende geschlossen. Sie werden nicht zu den eigentlichen Fischen gezählt, sondern bilden die gesonderte Gruppe der Kieferlosen (Inger).

Lampetra planeri Mundscheibe   2/201

Lampetra wilderi ♀ mit Eiern   4/8

Es wird grundsätzlich von der Aquarienhaltung dieser Familie abgeraten.

Petromyzontidae — Neunaugen

Lampetra fluviatilis 4/7
Flußneunauge
H: Europa.
GU: Urogenitalpapille. **V:** –
Z: Künstliche Befruchtung. **F:** O,K
T: 5–18°C, **L:** ca.100 cm, **pH:** 7, **SG:** 4

Lampetra planeri 2/201, (5/8)
Bachneunauge, Bachpricke
H: Europa.
♀: Afterregion rot, geschwollen. **V:** –
Z: Natur: März–Juni. **F:** K
T: 4–16°C, **L:** 19 cm, **pH:** 7, **SG:** 4

Lampetra wilderi 4/8
Amerikanisches Neunauge
H: USA: Große Seen.
♂: Quellflosse kleiner. **V:** –
Z: Nicht erfolgt. **F:** K
T: 5–20°C, **L:** 20 cm, **pH:** 7, **SG:** 4

Lethenteron japonicum 4/11
Arktische Lamprete
H: Nordamerika, Rußland, Japan.
♂: Quellflosse kleiner. **V:** –
Z: Nicht erfolgt. **F:** K
T: 5–18°C, **L:** 18–54 cm, **pH:** 7, **SG:** 4

Lethenteron kessleri 4/12
Kesslers Neunauge
H: Rußland, Japan; ohne Meerzugang.
♂: Länger; Dorsale höher. **V:** –
Z: Natur: Mai–Juli. **F:** K
T: 5–25°C, **L:** 35 cm, **pH:** 7, **SG:** 2–3

Lethenteron zanandreai 5/8
Lombardisches Neunauge, Ciriola
H: Europa: Italien. Bedroht!
♂: Mundscheibe größer; Schwanz abwärts gebogen. **V:** =
Z: Nat.: Jan.–Juni (März); 2000 E. **F:** K
T: 5–19°C, **L:** 22 cm, **pH:** 7, **SG:** 4

Gruppe 1 Unechte Knochenfische u. Knorpelfische

Die Gruppe 1 bringt im Anschluß an die Neunaugen weitere – entwicklungsgeschichtlich gesehen – primitive Fische, die keine Echten Knochenfische sind (d.h., keine Fische der Division Teleostei). Unterfamilien wurden in der alphabetischen Reihenfolge nicht berücksichtigt.

		Seite
Klasse: Actinopterygii		27–32
Unterklasse: Chondrostei		27–30
ACIPENSERIFORMES	26 von 26 (14)*	27
Acipenseridae	4 G, 24 A**	
Polyodontidae	2 G, 2 A	
POLYPTERIFORMES	10 von 10 (10)	27, 30
Polypteridae	2 G, 10 A	
Unterklasse: Neopterygii		31, 32
AMIIFORMES	1 von 1 (1)	31, 32
Amiidae	1 G, 1 A	
SEMIONOTIFORMES	7 von 7 (6)	31, 32
Lepisosteidae	2 G, 7 A	
Klasse: Chondrichthys		33–36
Unterklasse: Elasmobranchii		33–36
RAJIFORMES	28 von 456 (24)	33–36
Dasyatidae	18 G, 200 A	
Dasyatinae		
Potamotrygoninae		
Pristidae	2 G, 6 A	36
Klasse: Sarcopterygii		37, 38
Unterklasse: Dipnoi		
CERATODONTIFORMES	1 von 1 (1)	37
Ceratodontidae	1 G, 1 A	
LEPIDOSIRENIFORMES	5 von 5 (5)	38
Lepidosirenidae	1 G, 1 A	
Protopteridae	1 G, 4 A	

---

* Alle der insgesamt 26 Arten dieser Ordnung brauchen Süßwasser, zumindest für einen Teil ihres Lebens. (14 Arten davon halten sich nur im Süßwasser auf.)

** Insgesamt werden etwa 24 Arten in 4 Gattungen anerkannt.
(beides NELSON, 1994)

Klasse: Actinopterygii
Unterklasse: Chondrostei
Strahlenflosser

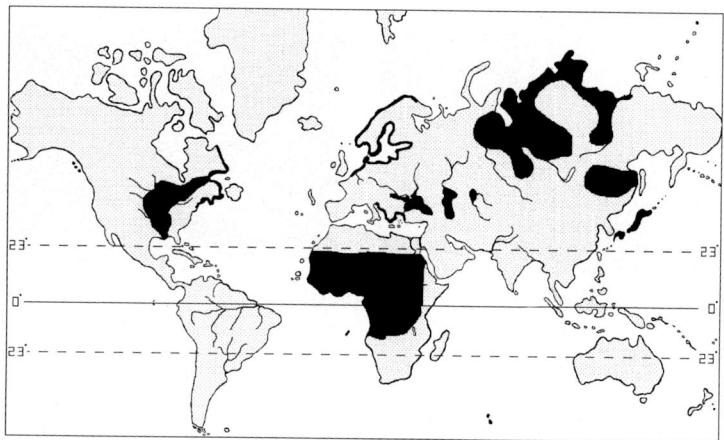

Verbreitungsgebiet der Chondrostei.

Ordnung ACIPENSERIFORMES (Störe u. Löffelstöre)

Viele Arten dieser Ordnung sind weltweit als Kaviarlieferanten und wegen ihres wohlschmeckenden Fleisches sehr geschätzte Fische (Familie Acipenseridae), manche sind aber durch Überfischen, Umweltverschmutzung und hydraulische Bauwerke in ihren Laichflüssen (es handelt sich größtenteils um anadrome Wanderfische) vom Aussterben bedroht. Fischzuchtanstalten haben inzwischen erste Erfolge in der Fortpflanzung einiger Arten erzielt und so könnte sich auf mittlere Sicht die Lage wieder bessern, zumal ein steigendes Umweltbewußtsein und kontrollierte Fangquoten immer deutlicher das ihrige zur Erhaltung der Störe beitragen.

Der Löffelstör (Familie Polyodontidae) ist im Mississippi-Einzugsbereich (USA) beheimatet. Es handelt sich um einen riesigen Fisch, der inzwischen erfolgreich in Fischzuchtanstalten fortgepflanzt wird, um Naturbestände aufzustocken und auch, um dessen Fleisch zu vermarkten.

Da diese Fische für „normale" Aquarien bei weitem zu groß werden, wird vom Erwerb von Jungfischen abgeraten, wenn man sich nicht von vornherein darüber im klaren ist, was später mit dem gewachsenen Tier geschehen soll.

Ordnung POLYPTERIFORMES (Flösselhechte)

Flösselhechte besiedeln nur das tropische Afrika und können atmosphärische Luft atmen: ihre lungenartig bauchwärts gelegene 2-teilige Schwimmblase, die mit der Speiseröhre verbunden ist, dient als zusätzliches Atmungsorgan. Werden Flösselhechte am Luftholen gehindert, so ertrinken sie selbst in sauerstoffreichem Wasser. Sie sind vor allem untereinander aggressiv, aber auch andere Fische, die als Beute in Frage kommen, sind gefährdet. Sie können sich auf ihre Ventralen stützen, um so auszuruhen.

ACIPENSERIFORMES
Acipenseridae

Echte Störe

Acipenser baeri 3/74
Sibirischer Stör
H: Asien: GUS-Staaten.
GU: Unbekannt. V: =
Z: Anadrom u. stationär. F: K
T: 10–20°C, L: >200 cm, pH: >7, S: 3–4

Acipenser gueldenstaedti 3/74
Waxdick
H: Europa, W-Asien: Inlandmeere.
GU: Unbekannt. V: =
Z: Anadrom; Kaviar. F: K
T: 10–20°C, L: <400 cm, pH: >7, S: 3–4

Acipenser medirostris 3/76
Grüner Stör
H: Amerika u. Asien. Selten.
GU: Unbekannt. V: ?
Z: Anadromer Wanderfisch. F: K
T: 10–20°C, L: <210 cm, pH: >7, S: 3–4

Acipenser nudiventris 3/76
Schip, Dick, Glattdick
H: Europa u. Asien: Inlandmeere.
GU: Unbekannt. V: =
Z: Anadromer Wanderfisch. F: K
T: 10–20°C, L: 200 cm, pH: >7, S: 3–4

Acipenser ruthenus 1/207
Sterlet
H: Europa u. Sibirien.
GU: Unbekannt. V: =
Z: Natur: Mai, Juni. F: K
T: 10–18°C, L: 100 cm, pH: >7, S: 2–3

Acipenser schrencki 3/78
Amur-Stör
H: Asien: GUS-Staaten, China.
GU: Unbekannt. V: =
Z: Anadrom: Juni–September. F: K
T: 10–20°C, L: <290 cm, pH: >7, S: 3–4

ACIPENSERIFORMES
Acipenseridae
Echte Störe

Acipenser stellatus 3/78
Sternhausen
H: Europa u. W-Asien.
♀: Etwas voller zur Laichzeit. V: =
Z: Anadrom: Juni–September. F: K
T: 10–20°C, L: <190 cm, pH: >7, S: 3

Acipenser sturio 3/81

H: Küsten Europas.
GU: Unbekannt. V: =
Z: Natur: Juni, Juli; anadrom. F: K
T: 10–18°C, L: 600 cm, pH: >7, S: 4

Huso dauricus 3/82
Kaluga-Hausen
H: Asien: GUS-Staaten, China.
GU: Unbekannt. V: –
Z: Natur: Mai, Juni. F: K
T: 10–20°C, L: 560 cm, pH: >7, S: 4

Huso huso 3/82
Hausen
H: Europa u. Asien.
GU: Unbekannt. V: =
Z: Herbst, Frühling; Beluga-Kaviar. F: K
T: 10–20°C, L: 900 cm, pH: >7, S: 4

Pseudoscaphirhynchus kaufmanni 3/84
Großer Pseudoschaufelstör ♂
H: GUS-Staaten.
♂: Ausgezogene K; spitzes Maul. V: ?
Z: Natur: April. F: K
T: 10–20°C, L: 75 cm, pH: >7, S: 3–4

Scaphirhynchus platorhynchus 2/204
Schaufelstör
H: Nordamerika.
GU: Unbekannt. V: =
Z: Natur: April–Juni. F: K
T: 10–20°C, L: 150 cm, pH: >7, S: 4

ACIPENSERIFORMES
Polyodontidae[1]
POLYPTERIFORMES
Polypteridae[2-6]

Löffelstöre

Flösselhechte

Polyodon spathula 2/215
Löffelstör
H: Nordamerika.
GU: Unbekannt. V: =
Z: N: Feb.–Mai; Fischzuchtanstalt. F: K
T: 10–18°C, L: 200 cm, pH: 7, S: 4

Erpetoichthys calabaricus 1/210
Flösselaal
H: Westafrika.
♂: 12–14 Analflossenstrahlen (♀ 9). V: =
Z: Noch nicht gelungen. F: K
T: 22–28°C, L: 40 cm, pH: <7, S: 3

Polypterus delhezi 2/216
Zaire-Flösselhecht
H: Afrika: Zaire.
GU: Unbekannt. V: –
Z: Nicht erfolgt. F: K
T: 26–28°C, L: 35 cm, pH: 7, S: 3–4

Polypterus ornatipinnis 1/210

H: Zentralafrika: Oberer u. mittl. Zaire.
♂: Anale breiter? Kopf schmaler? V: –
Z: Pflanzendickicht; 200–300 Eier. F: K
T: 26–28°C, L: <46 cm, pH: 7, S: 4

Polypterus palmas 2/216

H: Afrika: Guinea, Sierra L., Lib., Zaire.
♂: Anale doppelt so strahlenreich. V: –
Z: Freilaicher. F: K
T: 26–28°C, L: 30 cm, pH: 7, S: 3

Polypterus senegalus 2/218
Senegal-Flösselhecht
H: Afrika: Weißer Nil.
GU: Unbekannt. V: –
Z: Nicht erfolgt. F: K
T: 25–28°C, L: 30 cm, pH: 7, S: 3–4

Klasse: Actinopterygii
Unterklasse: Neopterygii

Strahlenflosser

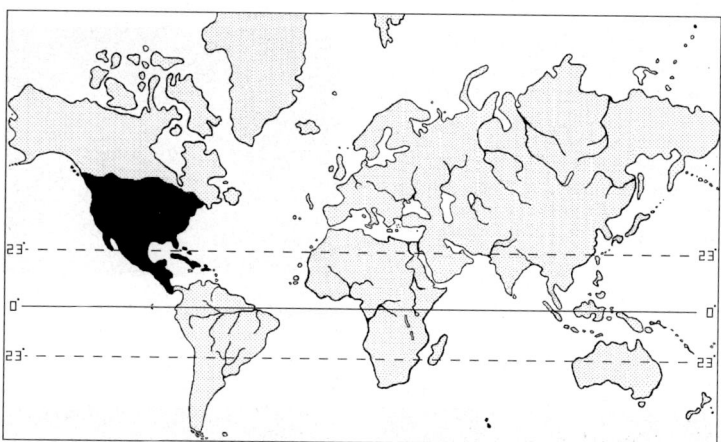

Verbreitungsgebiet der Neopterygii.

Ordnung AMIIFORMES (Kahlhechte)

Zur Kreidezeit und im Jura (vor 100 bzw. 190 Millionen Jahren) waren die Amiiformes zahlreich vertreten, heutzutage ist der Kahlhecht (Familie Amiidae) die einzige überlebende Art. Der Kahlhecht bewohnt das Mississippibecken und sumpfige Gewässer in Florida.

Seine Lunge (modifizierte Schwimmblase) erlaubt es ihm, Wärme- und Trockenperioden zu überstehen. Zwar ist er kein obligater Luftatmer, doch schon ab 10 °C nimmt seine Lungenaktivität zu und erlaubt ihm schließlich, in einer schlammigen Höhle die Trockenzeit zu überstehen. Seine beachtliche Endgröße begrenzt seine Haltung im Heimaquarium auf höchstens junge Exemplare, da er obendrein ein Raubfisch ist.

In der Natur laichen oftmals mehrere Paare nebeneinander, so daß Brutkolonien entstehen. Die Art ist sehr fruchtbar, man schätzt, 70 000 Eier werden pro Nest am Boden inmitten des Pflanzendickichts gelegt.

Ordnung SEMIONOTIFORMES (Knochenhechte)

Knochenhechte (Familie Lepisosteidae) waren ebenfalls in der Kreidezeit und im Jura zahlreich vertreten (s. oben); heute gibt es davon nur noch sieben Arten. Ihr sonst zum Kahlhecht identisches Verbreitungsgebiet ersteckt sich jedoch weiter bis zum südlichen Mittelamerika.

Der schlanke Körper wird panzerartig von Schmelzschuppen umgeben. Die Gelenke der Wirbelsäule erlauben Nickbewegungen des Kopfes. Die Schwimmblase der Knochenhechte ermöglicht Hilfsatmung, welche hauptsächlich in den warmen Jahreszeiten benötigt wird.

AMIIFORMES
Amiidae[2]
SEMIONOTIFORMES
Lepisosteidae[3-6]

Kahlhechte

Knochenhechte

Knochenhechte sind Raubfische des „Stoßräuber-Typs". Die erforderliche Beschleunigung wird durch die Dorsale und Anale zusammen mit der Kaudalflosse ermöglicht.

Das schnelle Wachstum und die beachtliche Endgröße der Knochenhechte bedingen ihre Haltung in großen Schauaquarien; für das Heimaquarium sind sie nicht geeignet.

Amia calva 2/205
Kahlhecht, Amerikanischer Schlammfisch
H: Nordamerika: USA
♂: Schwanzstielfleck; kleiner. V: –
Z: Natur: Mai, Juni. F: K
T: 15–20°C, L: 75 cm, pH: 7, S: 4

Lepisosteus oculatus 2/210
Gefleckter Knochenhecht
H: Nordamerika: USA.
GU: Unbekannt. V: –
Z: Zu groß. F: K
T: 12–20°C, L: 125 cm, pH: 7, S: 4

Lepisosteus osseus 2/210
Gemeiner Knochenhecht
H: Nordamerika: USA.
GU: Unbekannt. V: –
Z: Natur: März–Mai. F: K
T: 12–20°C, L: 150 cm, pH: 7, S: 4

Lepisosteus platostomus 2/212

H: Nordamerika.
GU: Unbekannt. V: –
Z: Nicht gelungen. F: K
T: 10–18°C, L: 60 cm, pH: 7, S: 2

Lepisosteus tristoechus 2/212
Alligatorhecht, Kaimanfisch
H: Amerika: S-USA, Kuba, N-Mexiko.
GU: Unbekannt. V: –
Z: Nicht gelungen. F: K
T: 18–23°C, L: >300 cm, pH: 7, S: 3

Klasse: Chondrichthys
Unterklasse: Elasmobranchii
Knorpelfische

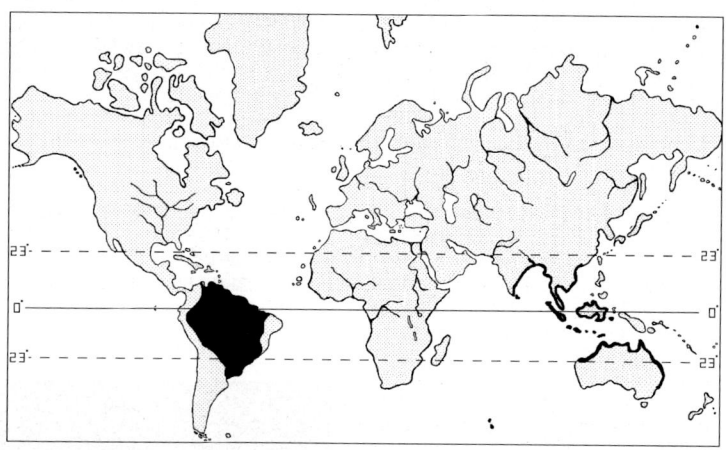

Verbreitungsgebiet der Rajiformes (Süß-/Brackwasser).

Ordnung RAJIFORMES

Die Stachelrochen (Familie Dasyatidae) – vor allem diejenigen der Unterfamilie Potamotrygoninae – sind Relikte von Meerwasserarten des Pazifischen Ozeans, welche sich an Süßwasser anpassen mußten, als die Anden durch Kontinentalverschiebung entstanden. Vor jener Zeit (vor 15 Millionen Jahren) floß der Amazonas noch in den Pazifik. Erst etwa 5 Millionen Jahre später durchbrach die größte Süßwasseransammlung, die es je gegeben hat, das östliche Plateau und begann wie heute in den Atlantik zu entwässern. Die Anpassung der Stachelrochen an das Leben in Süßwasser ersieht man aus der reduzierten Rektaldrüse und der geringen Harnkonzentration im Blut.

Befruchtung erfolgt intern – diese Rochen sind lebendgebärend. Es kommt sogar vor, daß ein in der Natur gerade gefischtes Rochenweibchen im Boot gebiert. Diese miniatur-erwachsenen Jungrochen haben bereits eine Körperlänge von etwa 10 cm und es hängt ihnen der Dottersack vom „Nabel" an. Etwa ein Dutzend Junge können es sein. Die Vermehrung im Aquarium ist bereits gelungen (siehe AQUARIEN ATLAS Band 5, Seite 10).

Der peitschenartige Schwanz trägt nahe an seinem Ende einen mit Widerhaken bewehrten Stachel. Dieser wird alle 6–12 Monate erneuert. Allein aus mechanischen Gründen ist eine Verwundung sehr schmerzhaft, zudem ist der Stachel giftig. Es ist mit einer Infektion zu rechnen, da allerlei organische Fäulnisstoffe in der rauhen Oberfläche des Stachels eingebettet sind. Normalerweise wird man am unteren Bein verletzt, wenn man in der freien Natur auf einen Rochen tritt. Man wird sich daher in „rochenverdächtigem

RAJIFORMES
Dasyatidae — Stachelrochen

Gebiet" (Sand/Schlammboden der Niederungen) immer mit schleifendem Schritt fortbewegen, um so einen eventuell im Boden ruhenden Rochen zu verscheuchen. Im Aquarium ist die Verletzungsgefahr zwar geringer, trotzdem wird man aber immer mit Vorsicht im Becken hantieren.

Aquarienhaltung von Rochen ist in Becken mit großzügiger freier Grundfläche durchaus möglich, sollte aber erfahrenen Aquarianern vorbehalten bleiben.

Sägerochen (Familie Pristidae) sind eigentlich Bewohner der Meere Südostasiens, aber *Pristis microdon* (S. 36) dringt bis zu 400 km in die Flüsse Australiens ein. Diese Art hat ein haiähnliches Aussehen, ist aber näher mit Rochen verwandt. Sie ist lebendgebärend und hat dementsprechend eine geringe Anzahl von Jungen (ca. 20).

Natürlich wird mit ihren 5 m Endlänge diese Art für unsere Aquarien bei weitem zu groß.

Der Import für das Berliner Aquarium ist mit großen Anstrengungen bereits gelungen. Die Tiere haben jedoch nicht lange überlebt.

Himantura oxyrhynchus 4/14
Indo-Australischer Tüpfelrochen
H: NW-Australien, S-Indonesien. Bw
♂: Verdickungen an Ventralen. V: !
Z: Unbekannt. F: K
T: 23–26°C, Ø: 250 cm, pH: >7, S: 4

Paratrygon orbicularis 4/14
Ringrochen
H: Südamerika: Brasilien.
♂: Verdickte Ventralflossen. V: !
Z: Natur: lebendgebärend. F: K
T: 22–28°C, Ø: 50 cm, pH: <7, S: 4

Potamotrygon henlei 4/16
Feuerrochen
H: Südamerika: Brasilien.
♂: Verdickungen an Ventralen. V: !
Z: Natur: lebendgebärend. F: K
T: 23–28°C, L: 35 cm, pH: <7, S: 3–4

RAJIFORMES
Dasyatidae   Stachelrochen

Potamotrygon hystrix 4/16
Marmorierter Süßwasserrochen
H: Südamerika.
♂: Ventralen dicker; farbiger(?). V: !
Z: Natur: lebendgebärend, 6–12 J. F: K
T: 24–26°C, Ø: 70 cm, pH: <7, S: 4

Potamotrygon hystrix (?) ♀ 5/11
Marmorierter Süßwasserrochen
Mit Jungtier.

Potamotrygon laticeps 1/209
Gemeiner Stechrochen
H: Südamerika.
♂: Verdickungen; kontrastreicher. V: !
Z: Natur: lebendgebärend. F: K
T: 23–25°C, L: 70 cm, pH: <7, S: 4

Potamotrygon leopoldi 5/15
Leopolds Stachelrochen
H: Südamerika: Brasilien: Rio Xingú. E
♂: Anhang hinter Geschlechtspor. V: !
Z: Noch nicht gelungen. F: K
T: 20–25°C, Ø: 25 cm, pH: <7, S: 4

Potamotrygon motoro 2/219

H: Südamerika.
♂: Verdickungen an Ventralen. V: !
Z: Natur: lebendgebärend. F: K
T: 24–26°C, Ø: 30 cm, pH: <7, S: 3

Potamotrygon motoro ♂ 5/11

Zuchtbericht in Aquarien Atlas, Band 5.

RAJIFORMES
Dasyatidae[1-5]
Pristidae[6]

Stachelrochen
Sägerochen, Sägefische

Potamotrygon reticulatus 4/18
Genetzter Süßwasserrochen
H: Südamerika.
♂: Verdickungen an Ventralen. V: !
Z: Natur: lebendgebärend. F: K
T: 24–26°C, Ø: >30 cm, pH: 7, S: 4

Potamotrygon sp. aff *reticulatus* 4/20
Genetzter Süßwasserrochen

Potamotrygon schroederi 5/16
Schröders Stachelrochen, Guacamaya-R.
H: Südamerika: Venezuela. Sehr selten.
♂: „Hoden" hinter dem After. V: !
Z: Natur: lebendgebärend. F: K
T: 18–25°C, Ø: 40 cm, pH: <7, S: 4

Potamotrygon sp. 4/20

Pristis microdon 2/220
Leichthard's Sägefisch
H: Südostasien, Australien.
♂: Ventrale als Begattungsorgan. V: ?
Z: Natur: lebendgebärend; <20 J. F: K
T: 24–26°C, L: 500 cm, pH: 7, S: 4

Klasse: Sarcopterygii
Unterklasse: Dipnoi
Lungenfische

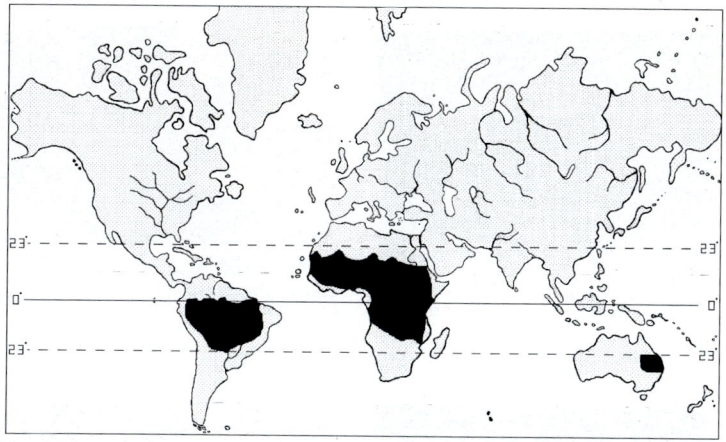

Verbreitungsgebiet der Dipnoi.

CERATODONTIFORMES
Ceratodontidae — Australische Lungenfische

Ordnung CERATODONTIFORMES

Die australischen Lungenfische (Familie Ceratodontidae) mit nur einer Art: *Neoceratodus forsteri*. Im Vergleich zu den Lepidosireniformes ist ihre Lungenatmung wenig entwickelt. So gräbt sich diese Art nie in den Schlamm ein und stirbt, sollte das Gewässer austrocknen. Die Endgröße der Art verlangt Aquarien von beachtlichen Dimensionen.

Neoceratodus forsteri 2/206
Australischer Lungenfisch
H: Australien, Queensland.
GU: Unbekannt.
Z: Natur: wie Froschlaich.
T: 22–28°C, L: 180 cm, pH: 7, S: 4
V: –
F: K

LEPIDOSIRENIFORMES

Ordnung LEPIDOSIRENIFORMES

Amerikanische und Afrikanische Lungenfische (Familie Lepidosirenidae bzw. Protopteridae) haben eine Lunge (modifizierte Schwimmblase), welche es ihnen ermöglicht, die Trockenzeit zu überleben. Dazu zieht sich der einzelne Fisch in eine Schlammkapsel, die er innen mit abgesondertem Schleim bedeckt, zurück und atmet nur noch durch eine letzte Öffnung, die er nahe seinem Maule läßt. Für das Heimaquarium werden die Fische zu groß.

LEPIDOSIRENIFORMES
Lepidosirenidae[1, 2]
Protopteridae[3-6]

Amerikanische Lungenfische
Afrikanische Lungenfische

Lepidosiren paradoxa 2/207
Südamerikanischer Lungenf., Lurchfisch
H: Zentrales Südamerika.
GU: Unbekannt. V: =
Z: Natur: unterirdische Gänge. F: K
T: 24–28°C, L: 125 cm, pH: 7, S: 4

Lepidosiren paradoxa juv. 2/207
Südamerikanischer Lungenf., Lurchfisch

Protopterus annectens annectens
Afrikanischer Lungenfisch 2/221, 3/86
H: Afrika; Vom Senegal bis Nigeria.
GU: Unbekannt. V: –
Z: Natur: Vaterfamilie. F: K
T: 25–30°C, L: 82 cm, pH: 7, S: 2

Protopterus dolloi 1/208

H: Afrika; Zaire-Einzugsgebiet.
GU: Unbekannt. V: –
Z: Natur: Vaterfamilie. F: K
T: 25–30°C, L: 85 cm, pH: 7, S: 4

Protopterus aethiopicus aethiopicus 3/86
Äthiopischer Lungenfisch weiße Farbform
H: Afrika; Nil.
GU: Unbekannt. V: –
Z: Natur: Vaterfamilie. F: K
T: 25–30°C, L: 200 cm, pH: 7, S: 4

Protopterus aethiopicus aethiopicus 3/86
Äthiopischer Lungenfisch

Gruppe 2

CHARACIFORMES
Salmler

Astyanax sp. (evtl. *Hyphessobrycon ecuadoriensis*); oben ♀, unten ♂ (s.S. 99).

Gruppe 2

CHARACIFORMES
Salmler

Ursprung/Taxonomie

Salmler zählen zu den ältesten Fischordnungen. Sie müssen ihren Ursprung vor 80–150 Millionen Jahren im Mesozoikum, vor der Teilung Afrikas und Amerikas haben, wie sich aus der Existenz von den sehr ähnlichen Gruppen, die auf beiden Kontinenten vertreten sind, z.B. *Hydrocynus* vs. *Hoplias* oder *Erythrinus,* und Citharinidae vs. Hemiodidae und Curimatidae (GÉRY, 1977) herleitet.

Früher wurden die Salmlerähnlichen als eine Unterordnung (Characoidei) der Karpfenartigen (Cypriniformes) angesehen, also nicht als eigene Ordnung (Characiformes) wie heute. Auch die Einteilung in Familien folgt immer wieder neuen Erkenntnissen. In diesem Buch haben wir uns bemüht, einer modernen Einteilung zu folgen, ohne die Besitzer älterer AQUARIEN ATLAS-Auflagen im Stich zu lassen. Zur Überbrückung der Klassifikationsvarianten wurden das Inhaltsverzeichnis, der Systematik-Index und das Register sehr ausführlich gestaltet.

Neuen Auffassungen zufolge teilen sich die Salmlerfamilien jetzt wie folgt auf (NELSON 1994; MOYLE u. CECH, 1988):

- Afrika: Characidae (mit den früheren Alestiidae als Unterfamilie Alestiinae), Citharinidae (einschließlich der früheren Distichodontidae, jetzt als Unterfamilie Distichodontinae) und Hepsetidae.
- Amerika: Anostomidae, Hemiodontidae (auch Hemiodidae), Ctenoluciidae, Curimatidae, Erythrinidae, Gasteropelecidae, Lebiasinidae und Characidae (mit den jetzt auch als Unterfamilien angesehenen Characidiinae, Crenuchinae, Serrasalminae und Rhoadsiinae).

Im Anschluß folgt die in Gruppe 2 Verwendung findende Einteilung. Die Stellung von Familien und Unterfamilien zueinander wird sich sicherlich in Zukunft erneut ändern. Für uns Aquarianer bedeutet das zwar eine gewisse Umgewöhnung und Verwirrung, ist aber aquaristisch gesehen relativ unbedeutend.

Unterfamilien ohne Seitenzahl wurden in der alphabetischen Einteilung der Gattungen nicht berücksichtigt.

CHARACIFORMES

Anostomidae	66–70
Characidae	47–54, 71–124
Alestiinae (oft auch als Familie Alestiidae)	47–54
Aphyocharacinae	74–76
Bryconinae	76–78
Characidiinae	78–81
Characinae	81–84
Cheirodontinae	84, 85
Crenuchinae	85, 86
Glandulocaudinae	86–88
Iguanodectinae	89
Paragoniatinae	89, 90

Gruppe 2

CHARACIFORMES
Salmler

Rhaphiodontinae 90, 91
Rhoadsiinae 91
Serrasalminae (auch Familie Serrasalmidae) 91–96
Stethaprioninae 96
Tetragonopterinae 97–124
Chilodontidae (oft auch Unterfamilie der Anostomidae) 125
Citharinidae 55–62
  Citharininae
  Distichodontinae (früher Familie Distichodontidae)
  Ichthyoborinae (oftmals für Raubfische gebraucht)
Ctenoluciidae 125, 126
Curimatidae 127–129
Erythrinidae 130
Gasteropelecidae 131, 132
Hemiodontidae 133–136
  Hemiodontinae
  Parodontinae
Hepsetidae 62
Lebiasinidae 137–144
  Lebiasininae
  Pyrrhulininae
Prochilodontidae 144, 145

Geographische Verbreitung

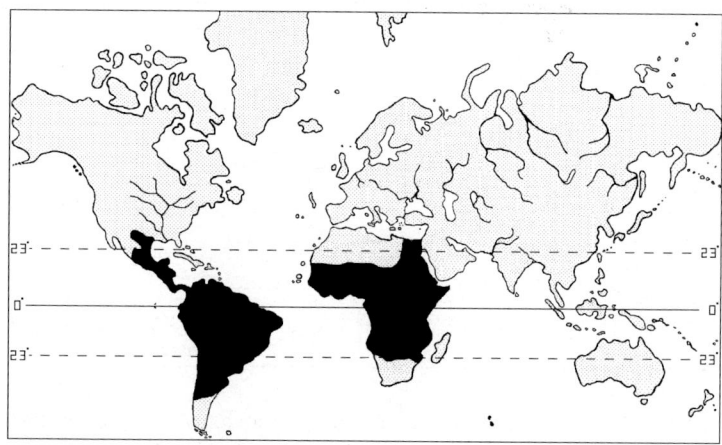

Verbreitungsgebiet der Characiformes.

Gruppe 2

CHARACIFORMES
Salmler

Mit Ausnahme von *Astyanax fasciatus mexicanus* (S. 98), der auch in Nordamerika (Texas) vorkommt, beschränkt sich das Verbreitungsgebiet der Ordnung Characiformes auf Mittel- und Südamerika (mit über 1100 Arten) und Afrika (mit über 175 Arten).

Geschlechtsunterschiede

Bei nicht ausgewachsenen Salmlern ist es oft unmöglich, das Geschlecht festzustellen. Erst mit Eintritt der Reife erscheinen Unterschiede. Da bei vielen Arten die Geschlechtsunterschiede mit „unbekannt" angegeben werden, soll die folgende Tabelle mögliche Geschlechtsunterschiede aufzählen. Natürlich werden nicht alle Eigenschaften bei einer Art zu finden sein, und manche werden selbst bei genauester Untersuchung des – lebenden – Fisches nicht zu erkennen sein.

Mögliche äußere Geschlechtsunterschiede bei Salmlern.			
Eigenschaft	Geschlecht		Ausnahmen (A) / Bemerkungen
	männlich	weiblich	
Größe	kleiner	größer	A: *Phenacogrammus, Pseudochalceus, Nematobrycon* Gleiches Alter?
Körper	farbiger	einfacher	A: *Megalamphodus*. Ernährung gut?
Gestalt	schlanker	voller	Laichreife? Ernährung?
Flossen	ausgezogen	„normal"	Vor allem Anale, Dorsale u. Kaudale
Flossen	ausgefranst	sauberer Rand	Anwesenheit von Raubfischen?
Flossen	farbiger	einfacher	A: *Megalamphodus*
Anale	gerade bzw. konvex	konkav bzw. gerade	Alter?
	mit Häkchen	ohne Häkchen	Bei Tetragonopterinae
Dorsale	mit Punkten		Bei Characidiinae
Schwimmblase	unten spitz	unten rund	A: *Gymnocorymbus ternetzi, Hyphessobrycon bifasciatus*. Nur bei durchsichtigen Arten anzuwenden.
Bauch	gerade bzw. konkav	konvex	Deutlich bei Laichansatz.
Von oben	schlanker	runder	Bei Gasteropelecidae
Verhalten	Rivalitäten	Balz	Längere Beobachtung an angepaßten Fischen (Paaren?) erforderlich.

Manche dieser Kriterien ergeben sich nur bei längerem Aquarienaufenthalt der Fische, z.B.: a) längere Flossenstrahlen, weil sie von keinem Raubfisch verfolgt werden und andere Beckeninsassen beobachtet werden können;

Gruppe 2

CHARACIFORMES
Salmler

b) die Ernährung gut und folglich zu erwarten ist, daß die Art alle ihre Farben zeigt; c) Größenunterschiede bei bekanntem Alter und gleicher Fütterung können deutlicher als geschlechtsbedingt interpretiert werden usw.

Verhalten

Die meisten Salmler sind tagaktiv. Größtenteils handelt es sich um Planktonjäger, welche durch ihre geringe Größe den Aquarienmitbewohnern nicht gefährlich werden. Letzteres gilt sogar für Piranhas, die zwar in Gruppen jagen, aber bei guter Fütterung eher träge sind. Trotzdem wird ihre Haltung nur im Artbecken empfohlen.

„Standardsalmler" schließen sich zu Schulen zusammen und schwimmen unentwegt in den mittleren Wasserschichten; sie tragen somit wesentlich zur Belebung eines Gesellschaftsaquariums, etwa mit friedlichen Cichliden und Welsen, bei.

Salmler haben sich an die verschiedensten Biotope angepaßt, so auch an Stromschnellen (innerhalb der Familien Citharinidae, Hemiodontidae – auch Hemiodidae – und der Unterfamilie Characidiinae).

Ernährung

Die meisten Salmler sind planktonische Allesfresser und daher mit handelsüblichem Flockenfutter leicht zu halten; selbst Piranhas (z.B. *Serrasalmus nattereri*, S. 95) fressen mit der Zeit Forellen-Pellets. Für Zuchtzwecke allerdings wird eine gezieltere Fütterung erforderlich.

Manche Arten sind auf fleischliche Nahrung angewiesen, wie z.B. *Hoplias malabaricus* (S. 130), die verhungern, sobald der letzte Aquarienmitbewohner – selbst Artgenosse – aufgefressen wurde. Die Raubfische unter den Salmlern sind leicht an ihren großen Zähnen zu erkennen. Besonders auffällig sind Tigersalmler der afrikanischen Gattung *Hydrocynus* (S. 51f.), südamerikanische Erythrinidae (S. 130), Piranhas innerhalb der Serrasalminae (S. 91ff.), und die Gattung *Hydrolycus* der Rhaphiodontinae (S. 91) der Familie Characidae. Alle diese Arten verlangen natürlich größte Vorsicht beim Hantieren!

Die Haltung von Pflanzenfressern und Aufwuchsfressern in Aquarien gestaltet sich etwas schwieriger. Bei ersteren ist eine Dekoration mit lebenden Pflanzen praktisch ausgeschlossen – Javamoos ist wahrscheinlich giftig und wird am Ende doch von hungrigen Fischen mit fatalen Folgen gefressen; letztere finden im Aquarium bald nichts mehr zum „Ablutschen". Die meisten Pflanzen- und Aufwuchsfresser sind jedoch wenig wählerisch in bezug auf das, was im Aquarium als freßbar angesehen wird. Es geht hier vor allem um die afrikanische Familie Citharinidae (*Distichodus* spp. S. 56f.) und die südamerikanischen Arten innerhalb der Familien Anostomidae (S. 66ff.), Chilodontidae (S. 125), Curimatidae (S. 127ff.), Prochilodontidae (S. 144) und der Unterfamilie Serrasalminae (*Myleus* spp. u.a., S. 93f.).

Gruppe 2

CHARACIFORMES
Salmler

Allgemeines

Salmler sind zusammen mit Welsen die am häufigsten vorkommenden Fische Südamerikas. In Afrika dagegen erfahren sie starke Konkurrenz durch Cypriniden und werden an Artenvielfalt von mehreren Fischgruppen übertroffen; Cichliden dominieren in den See-Biotopen Afrikas – während Characiden größtenteils auf langsam fließende Gewässer der Tiefebenen beschränkt sind (MOYLE UND CECH, 1988).

Die Sinne der Salmler sind hoch entwickelt, und so sind sie meistens als erste zur Stelle, wenn gefüttert wird (auch in der Natur). Selbst der Blinde Höhlensalmler (*Astyanax fasciatus mexicanus*, S. 98) wittert Nahrung fast wie sehende Fische, dank des hoch entwickelten Geruchsinns.

Salmler reagieren sowohl auf visuelle Reize als auch auf olfaktorisch-chemische (auf Duftstoffe – so etwa bei Verletzung eines Schwarmmitgliedes, die zur Flucht des gesamten Schwarmes führt) und auch auf akustische Reize (mit Hilfe des „Weberschen Apparates", der das Gehörorgan mit der Schwimmblase als Resonanzboden verbindet) (GÉRY, 1977).

Ihre oft silbrigen Körper sind mit Cycloidschuppen bedeckt, und zahlreiche Arten haben einen dunklen Schwanzwurzelfleck, eine Signalzeichnung bei Schwarmfischen. Salmler haben große Augen (Ausnahme: Höhlenbewohner) und meistens eine Adipose (Fettflosse). Manche Arten verlieren ihre Schuppen leicht. Solche Arten verlangen sehr vorsichtiges Hantieren, z.B. Arten innerhalb der Hemiodontidae und Curimatidae. Gleichzeitig sind diese Arten sehr nervös und sehr empfindlich. Die Exemplare allerdings, denen wir im Fachhandel begegnen, sind schon wesentlich strapazierfähiger geworden, als sie in der freien Natur sind.

Die Ordnung der Characiformes stellt viele der populärsten Aquarienfische, man denke nur an den Neonsalmler, den Roten Neon, die Rotaugen *Moenkhausia* und die verschiedenen Rotmaulsalmler. Diese Arten werden zu Millionen gehandelt. Die meisten sind gezüchtete Tiere. Es wird kaum einen Aquarianer geben, der nicht schon einmal diese Fische gehalten hat.

Von der touristischen Seite aus sind die Piranhas wohl die weltweit berüchtigsten Süßwasserfische überhaupt. Einen solchen Fisch zu angeln gehört zur *Tour de Force* eines jeden Urwaldbesuchs in Südamerika.

Auch in der Fischwirtschaft sind die Salmlr inzwischen vertreten. Ihre Möglichkeiten sind bei weitem noch nicht ausgeschöpft. Zur Zeit scheinen vor allem die omnivoren Scheibensalmler der Gattung *Colossoma* (S. 91f.) die gesuchten Eigenschaften: leichte Ernährung mit Trockenfutter (Pellets), schnelles Wachstum, hohe Besatzdichte und Robustheit in sich zu vereinen. Ihre Fortpflanzung in Gefangenschaft bereitet noch Schwierigkeiten. Deshalb werden Tiere für Speisezwecke mit Geschlechtshormonen behandelt (wie Lachse etc.). Die Reife tritt erst mit 3 bis 4 Jahren ein. Zu diesem Zeitpunkt muß man bereits mit 3 bis 7 kg schweren Exemplaren arbeiten.

Gruppe 2

CHARACIFORMES
Salmler

Familie	Herkunft	Verhalten	Futter	Fortpflanzung	Besonderheiten
Anostomidae	SA, (MA)	Einzelgänger; zu artfremden friedlich	L,H	in Teichen, schwer; zw. Pflanzen	Einige Arten sind Kopfsteher.
(Characidae) Alestiinae	Af,(MA,SA)	Gesellschaftsfische Raubfische	O,K K	zw. feinfiedrigen Pflanzen	Characidae heterogen; s.S. 71. Schönste Salmler Afrikas
Chilodontidae	SA	Friedfische; geringe Gruppenbildung	O,H,L	Freilaicher	Torffilterung erleichtert Zucht; Kopfsteher.
Citharinidae	Af	Friedfische Raubfische	H K	Freilaicher; viele unbekannt	Ichthyoborinae: beweglicher Oberkiefer.
Ctenoluciidae	SA	Stoßräuber; einzeln o. Gruppe	K	Freilaicher; selten	Mittlere/obere Wasserschichten; Maulspitze ist sehr empfindlich.
Curimatidae	SA	Friedlich, gewisse Gruppenbildung	L,H	zw. überschwemmten Pflanzen	Viele Arten ähneln sich.
Erythrinidae	SA	Extreme Raubfische	K	Unbekannt; in Teichen erfolgt	Haben zusätzliche Sauerstoffaufnahmemöglichkeiten.
Gasteropelecidae	SA	Friedliche Schwarmfische	K,O	Kaum gelungen; an feinfiedrige Pflanzen	Oberflächenfische: können „fliegen".
Hemiodontidae	SA	Bewegungsfreudige Schwarmfische	H,O,L	unbekannt	Verlieren Schuppen leicht; auch in der Natur empfindlich.
Hepsetidae	Af	Stoßräuber	K!	Schaumnest! mit Brutpflege	Monotypische Familie.
Lebiasinidae	SA	Leb.: kleine Räuber Pyrr.: Friedfische	K O,K	Unbekannt; Substrat-/Pflanzenl.	Schlängeln sich über Land. Einige der schönsten Salmler.
Prochilodontidae	SA	Große Schwarmfische	L,H	Laichwanderungen flußaufwärts	Limnivoren sind schwer im Aquarium zu ernähren.

SA = Südamerika, MA = Mittelamerika, Af = Afrika

AFRIKANISCHE SALMLER
Characidae (Alestiinae) — Echte Afrikanische Salmler

Phenacogrammus interruptus (Blauer Kongosalmler), oben ♂, unten ♀; s.S. 54

Unterfamilie Alestiinae

Dieses nun als Unterfamilie der Characidae eingestufte Taxon beinhaltet die populärsten Salmler Afrikas, z.B. die Kongosalmler. Mit Ausnahme der Gattung *Hydrocynus* (siehe unten) können die meisten in „normalen" Salmlerbecken gehalten werden. Insgesamt werden 18 Gattungen mit derzeit 109 Arten anerkannt. Sie sind nicht sehr anspruchsvoll in bezug auf die Wasserqualität, werden nicht sehr groß und sind friedlich. In versteck- und pflanzenreich eingerichteten Becken mit dunklem Boden sind diese Fische am wenigsten scheu und zeigen ihre Farben am besten.

Die Fortpflanzungsbiologie der Alestinae folgt Salmlermanier: die Eier werden wahllos zwischen feinfiedrigen Pflanzen ausgestoßen und gleich im offenen Wasser durch das mitschwimmende Männchen befruchtet; allerdings kann sich der Vorgang über mehrere Tage hinziehen. Am besten wird torfgefiltertes, weiches, leicht saures Wasser verwendet, und eine vorangegangene abwechslungsreiche Ernährung ist Bedingung für die erfolgreiche Zucht. Manche Arten sind Laichräuber, andere nicht.

Die Gattung *Hydrocynus* (Tigersalmler, Wolfsalmler; S. 51f.) beinhaltet, wie sich aus ihren Trivialnamen bereits erkennen läßt, berühmt-berüchtigte Arten. Als große Raubfische mit beeindruckender Bezahnung können sie nur mit viel größeren Fischen vergesellschaftet werden, falls überhaupt. Ihre eigene Größe ist allerdings bereits ein Hinderungsgrund, sie im Heimaquarium zu halten.

AFRIKANISCHE SALMLER
Characidae (Alestiinae)

Echte Afrikanische Salmler

Alestes baremoze 5/18

H: Unterer Nil, Albert-,Rudolfsee, Tschadb.,...
♂: Ausgezogene Dorsale. V: =
Z: Natur: Freilaicher zw. Pflanzen. F: O
T: 20–26°C, L: 31 cm, pH: 7, SG: 3–4

Alestes imberi 1/216
Roter Kongosalmler
H: Kamerun, Sambia, Zaire, Malawisee.
GU: Unbekannt. V: +
Z: Natur: 14 000 Eier. F: K,O
T: 22–26°C, L: 10 cm, pH: 7, SG: 2–3

Alestes longipinnis 1/218
Langflossensalmler
H: Nigerd., Goldk., Sierra L., Ghana, Togo.
♂: Dorsalstrahlen stark verlängert. V: +
Z: Freilaicher: <300 Eier. F: K,O
T: 22–26°C, L: 13 cm, pH: 7, SG: 2

Alestes nurse 2/224

H: Nil bis Niger.
♂: Anale konkav. V: +,=
Z: Überschwemmungsgebiete. F: O
T: 23–27°C, L: 25 cm, pH: 7, SG: 1

Alestopetersius smykalai ♂ 4/22
Blauer Diamantsalmler
H: Nigeria.
♂: Siehe Fotos. V: +
Z: Zw. feinfiedrigen Pflanzen. F: K,O
T: 23–27°C, L: 10 cm, pH: 7, SG: 2–3

Alestopetersius smykalai ♀ 4/22
Blauer Diamantsalmler
„Blue Diamond"

AFRIKANISCHE SALMLER
Characidae (Alestiinae)

Echte Afrikanische Salmler

Arnoldichthys spilopterus 1/216
Afr. Großschuppens., Arnolds Rotaugens.
H: Lagos bis zum Nigerdelta.
♂: Anale konvex und dreifarbig. V: +
Z: Freilaicher. F: K,O
T: 23–28°C, L: 8 cm, pH: <7, SG: 2–3

Bathyaethiops breuseghemi 3/94
Afrikanischer Mondsalmler
H: Zairebecken.
♂: Kräftig gefärbte Dorsale. V: +
Z: Freilaicher. F: K,O
T: 22–25°C, L: 7 cm, pH: 7, SG: 2–3

Bathyaethiops caudomaculatus ♂ 4/24
Afrikanischer Mondsalmler
H: Kongogebiet.
♂: Roter Fleck größer. V: +
Z: Unbekannt. F: K,O
T: 23–27°C, L: 7–8 cm, pH: 7, SG: 2–3

Bathyaethiops caudomaculatus 3/92
Afrikanischer Mondsalmler
H: Zaire.

Bathyaethiops caudomaculatus juv. 4/26
Afrikanischer Mondsalmler

Bathyaethiops greeni 4/26
Greens Salmler
H: Zaire.
♂: Spitze Dorsale u. Anale. V: +
Z: Unbekannt. F: K
T: 22–28°C, L: 6 cm, pH: <7, SG: 2

AFRIKANISCHE SALMLER
Characidae (Alestiinae)

Echte Afrikanische Salmler

Bathyaethiops sp. ♂   3/93

H: Zaire.

Brachypetersius pseudonummifer   4/26

H: Oberer Zaire.
♂: Schlanker. V: +
Z: Unbekannt. F: K
T: 20–27°C, L: 8 cm, pH: <7, SG: 2–3

Brycinus affinis   4/28
Rotfeder-Salmler

H: O-Afrika: Tansania.
♂: Anale konkav. V: +,=
Z: Überschwemmungsgebiete. F: K,O
T: 22–28°C, L: 28 cm, pH: 7, SG: 2

Brycinus brevis   4/28
Kleiner Großaugensalmler

H: Goldküste, Lagos, O-Nigeria.
♂: Anale konkav. V: +,=
Z: Überschwemmungsgebiete. F: K,O
T: 23–27°C, L: 22,5 cm, pH: 7, SG: 2–3

Brycinus leuciscus   4/30
Afrikanischer Weißfischsalmler

H: O-Nigeria.
♂: Anale größer, mit „Lappen". V: =
Z: Überschwemmungsgebiete. F: O
T: 22–27°C, L: 30 cm, pH: 7, SG: 3

Brycinus macrolepidotus   4/30
Großschuppiger Brycinus

H: W-Afrika.
♂: Anale konkav. V: +,–
Z: Zu groß. F: K,O
T: 23–27°C, L: 42 cm, pH: 7, SG: 3

AFRIKANISCHE SALMLER
Characidae (Alestiinae)

Echte Afrikanische Salmler

Brycinus schoutedeni 4/32
Großschuppen-Brycinus
H: Unteres Kongobecken.
♂: Roter Fleck größer. V: +,−
Z: Unbekannt. F: K,O
T: 22–27°C, L: ca.25 cm, pH: 7, SG: 3

Bryconaethiops boulengeri 5/18
Rufzeichensalmler
H: Zaire: Kongobecken.
♂: Lang ausgezogene Dorsale. V: +,=
Z: Unbekannt. F: O
T: 22–27°C, L: 25 cm, pH: 7, SG: 3

Bryconaethiops macrops 4/32
Masken-Großaugensalmler
H: Kamerun, Kongo.
♀: Zur Laichzeit voller. V: +
Z: Zw. Pflanzen im Schwarm (?). F: O
T: 23–26°C, L: 12 cm, pH: 7, SG: 2–3

Bryconaethiops microstoma 2/224
Fadensalmler
H: Unterer Zaire.
♂: Farbiger, längere Dorsale (?). V: +
Z: Unbekannt. F: H,L
T: 24–28°C, L: 15 cm, pH: 7, SG: 2

Hemigrammopetersius barnardi ♀ 3/89

H: Tansania, Küsteneinzug.
♂: Anale als runder Lappen. V: +
Z: Unbekannt. F: K,O
T: 24–27°C, L: 6 cm, pH: 7, SG: 2

Hemigrammopetersius caudalis 1/218
Gelber Kongosalmler
H: Stanley Pool, Zaire-Nebenflüsse.
♂: V u. Anale mit weißen Spitzen. V: +
Z: Freilaicher; <300 Eier. F: K,O
T: 22–26°C, L: 7 cm, pH: 7, SG: 3

AFRIKANISCHE SALMLER
Characidae (Alestiinae)
Echte Afrikanische Salmler

Hemigrammopetersius intermedius 4/34
Tschadsalmler
H: Tschadsee, Niger, Elfenbeinküste.
♂: Anale mit Lappen. V: +
Z: Überschwemmungsgebiete. F: K,O
T: 22–28°C, L: ca.8 cm, pH: 7, SG: 1–2

Hemigrammopetersius cf. *pulcher* 5/20
Afrikanischer Leuchtstrichsalmler
H: Zaire.
♂: Anale länger u. konvex. V: +
Z: Unbekannt. F: K
T: 22–25°C, L: 4 cm, pH: 7, SG: 2–3

Hemigrammopetersius cf. *pulcher* 5/20
Afrikanischer Leuchtstrichsalmler
H: SO-Nigeria: Kwa-Fälle.

Hemigrammopetersius septentrionalis
4/34
H: Gambia, Senegal, Kamerun, Guinea.
♂: Anale konvex. V: +
Z: Eier sinken zu Boden. F: K,O
T: 23–27°C, L: 6 cm, pH: 7, SG: 2–3

Hemigrammopetersius tangensis ♂ 4/36
Tangasalmler
H: O-Afrika.
♂: Anale weiß. V: +
Z: Eier sinken zu Boden. F: K,O
T: 23–27°C, L: 5,5 cm, pH: 7, SG: 2–3

Hydrocynus goliath 2/226
Wolfsalmler
H: Zairefluß.
♂: Nicht festzustellen. V: –
Z: Im Aquarium nicht möglich. F: K
T: 23–26°C, L: 40 cm Aq. 150 cm Nat.,
  pH: 7, SG: 4

AFRIKANISCHE SALMLER
Characidae (Alestiinae)

Echte Afrikanische Salmler

Hydrocynus vittatus 4/42
Tigersalmler
H: Tropisches Afrika.
♂: Kleiner, schlanker. **V:** −
Z: Natur: Wintermonate. **F:** K,O
T: 22–28°C, **L:** 65 cm, **pH:** 7, **SG:** 4

Ladigesia roloffi 1/220
Orangeroter Zwergsalmler, Sierra-Leone Zw.
H: Lib., Sierra L., Elfenbein- u. Goldküste.
♀: Gerade Anale. **V:** =
Z: Zwischen Laichfasern. **F:** K,O
T: 22–26°C, **L:** 4 cm, **pH:** <7, **SG:** 2–3

Lepidarchus adonis signifer ♂ 1/220
Adonissalmler
H: W-Afrika.
♀: Fast durchsichtig. **V:** +
Z: Zwischen Laichfasern; <30 E. **F:** K,O
T: 22–26°C, **L:** 2 cm, **pH:** <7, **SG:** 3

Micralestes acutidens 1/222, 4/36
Spitzzahnsalmler
H: Nil, Niger, Zaire, Zambesi, Togo, Ghana.
♂: Anale anders, schlanker. **V:** +
Z: Nicht beschrieben. **F:** K,O
T: 22–26°C, **L:** 6,5 cm, **pH:** 7, **SG:** 2

Micralestes elongatus 4/38

H: W-Afrika: Atlantische Ströme.
♂: Breitere Anale. **V:** +
Z: N: Freilaicher zw. Pflanzen. **F:** K,O
T: 22–26°C, **L:** 6 cm, **pH:** 7, **SG:** 2

Micralestes humilis 2/226, 4/38

H: Sambesi, Zaire, Tschad, usw.
♂: Abgerundete Anale (?). **V:** +
Z: Unbekannt. **F:** K,O
T: 24–28°C, **L:** 9 cm, **pH:** <7, **SG:** 2

AFRIKANISCHE SALMLER
Characidae (Alestiinae)

Echte Afrikanische Salmler

Micralestes occidentalis 4/40

H: Elfenbeink., Ghana, Liberia, Sierra L.
♂: Anale rund, rosa Tönung. V: +
Z: Unbekannt. F: K,O
T: 22–26°C, L: 8 cm, pH: 7, SG: 2–3

Micralestes sp. (2/226)
Afrikanischer Rotflossensalmler

H: Togo, Ghana, Tschad.
♂: Schlanker; Anale länger. V: +
Z: Unbekannt. F: O
T: 23–27°C, L: 12 cm, pH: 7, SG: 1

Micralestes stormsi ♀ 3/90
Echter Roter Kongosalmler

H: Zairebecken, S-Tschadsee.
♂: Adipose u. Iris rot. V: +
Z: Unbekannt; Freilaicher?. F: K,O
T: 22–26°C, L: 7,5 cm, pH: 7, SG: 2

Petersius conserialis ♂ 3/90

H: Tansania. Selten.
♂: Anale konvex. V: +
Z: Unbekannt. F: O
T: 22–26°C, L: 14,5 cm, pH: 7, SG: 3

Phenacogrammus altus ♂ 3/92

H: Zairebecken.
♂: Farbiger, schlanker. V: +
Z: Unbekannt; wie *P. interruptus*? F: K,O
T: 24–27°C, L: 6,5 cm, pH: <7, SG: 3

Phenacogrammus ansorgii 3/94
Ansorges Blauer Kongosalmler

H: Gabun, Zaire, Angola.
♂: Schulterfleck, fadenartige D u. A. V: +
Z: Selten; wie *P. interruptus*. F: K,O
T: 24–28°C, L: 7,5 cm, pH: <7, SG: 2–3

AFRIKANISCHE SALMLER
Characidae (Alestiinae)

Echte Afrikanische Salmler

Phenacogrammus sp. „Kongo I" ♂ 5/22
Blehers Kongosalmler
H: Zairegebiet: „Boma".
♂: Größere Dorsale u. Anale.   V: +
Z: Freilaicher; <300 Eier?   F: K,O
T: 22–26°C, L: 6 cm, pH: <7, SG: 2–3

Phenacogrammus deheyni   4/40
Brauner Kongosalmler
H: Mittlerer Kongo.
♂: Farbiger, größere Flossen.   V: +
Z: Wie *P. interruptus*?   F: K,O
T: 24–27°C, L: 7 cm, pH: 7, SG: 2–3

Phenacogrammus huloti   5/22
Hulots Kongosalmler
H: Zaire, NW-Gabun.
♂: Dorsale u. Anale spitz.   V: +
Z: Freilaicher; <300 Eier?   F: K,O
T: 22–25°C, L: 6–7 cm, pH: <7, SG: 2

Phenacogrammus interruptus   1/222
Blauer Kongosalmler
H: Zairegebiet.
♂: Farbiger, größere Flossen.   V: +
Z: Freilaicher; <300 Eier.   F: K,O
T: 24–27°C, L: 8,5 cm, pH: <7, SG: 2–3

Phenacogrammus „Kongo II" ♂ 5/24
Limonen-Kongosalmler
H: Zaire.
♂: Längere Dorsale u. Anale.   V: +
Z: Freilaicher; <300 Eier?   F: O
T: 23–26°C, L: 6 cm, pH: <7, SG: 3

Phenacogrammus „Kongo II" ♀ 5/24
Limonen-Kongosalmler

AFRIKANISCHE SALMLER
Citharinidae
Geradsalmler

Familie Citharinidae

Diese Familie enthält sowohl hochrückige Pflanzen- und Aufwuchsfresser (Unterfamilie Distichodinae) als auch schlanke, gestreckte Raubfische mit einem beweglichen Oberkiefer (Unterfamilie Ichthyoborinae). Insgesamt werden 20 Gattungen mit etwa 98 Arten anerkannt. Der Name Geradsalmler bezieht sich auf die gerade Seitenlinie dieser Fische.

Mehrere Arten erzielen eine beachtliche Größe, diese sind besser in öffentlichen Aquarien aufgehoben. Für das Heimaquarium sind kleinbleibende Arten in dieser Familie vertreten; mehrere sind sogar so klein, daß für sie Arthaltung empfohlen wird, da sie in einem Gesellschaftsaquarium zu leicht unterdrückt werden können.

Die Einrichtung der Aquarien folgt „normalen" Richtlinien für Fische des offenen Wassers, aber dem kulinarischen Interesse einiger Arten für Pflanzen muß Rechnung getragen werden. Aufwuchsfressende Arten werden Nutzen ziehen aus einer starken Beleuchtung und dem dadurch geförderten Algenwachstum.

Für Raubfische sollte das Aquarium gedämpfte Beleuchtung haben, und zahlreiche Unterstände zwischen Pflanzen und Steinen dürfen nicht fehlen.

Eine Zucht der Geradsalmler ist bislang nur in Ausnahmefällen gelungen, wobei es sich um Freilaicher zwischen feinfiedrigen Pflanzen handelt. Der Laich mancher Arten ist gegenüber Mikroorganismen extrem empfindlich, und auch beim Umsetzen der Fische muß das Wasser ähnliche Werte aufweisen.

Nannocharax-Arten haben eine große Ähnlichkeit mit den südamerikanischen bodenorientierten Characidiinae.

Belonophago tinanti 2/228
Nadel-Flossenfresser
H: Unterer Kongo.
GU: Nicht beschrieben. V: –
Z: Nichts bekannt. F: K!
T: 24–26°C, L: 20 cm, pH: <7, SG: 4

Citharinus citharus 3/96
Afr.Hochrückensalmler, Hochrückengerads.
H: Senegal–Nilbecken.
GU: Unbekannt. V: –
Z: Unbekannt; zu groß. F: O
T: 22–28°C, L: 50 cm, pH: 7, SG: 3

Citharinus congicus 4/43
Kongo-Geradsalmler
H: Zairebecken, Tansania.
GU: Nicht erkennbar. V: +,=
Z: Sumpfgebiete zur Regenzeit. F: H,O
T: 22–26°C, L: >43 cm, pH: 7, SG: 4

AFRIKANISCHE SALMLER
Citharinidae
Geradsalmler

Distichodus affinis 1/226
Rotflossen-Distichodus

H: Unterer Zaire.
GU: Unbekannt. V: +
Z: Freilaicher. F: H,L
T: 23–27°C, L: 21 cm, pH: 7, SG: 3

Distichodus decemmaculatus 1/224
Zwergdistichodus, Zehnfleck-Geradsalmler

H: Zentrales Zairebecken.
GU: Unbekannt. V: +
Z: Noch nicht gelungen. F: H
T: 23–27°C, L: 7,5 cm, pH: 7, SG: 2

Distichodus fasciolatus 1/224
Grauband-Distichodus

H: Kamerun, Zaire, Katanga, Angola.
GU: Unbekannt. V: =
Z: Unbekannt. F: H
T: 23–27°C, L: 60 cm, pH: 7, SG: 3

Distichodus lusosso 1/226

H: Zairebecken, Angola, Katanga, Kam.
GU: Unbekannt. V: +
Z: Unbekannt, zu groß. F: H
T: 22–26°C, L: 40 cm, pH: 7, SG: 3

Distichodus notospilus 2/228
Äschengeradsalmler

H: S-Kamerun bis Angola.
GU: Unbekannt. V: =
Z: Noch nicht erfolgreich. F: H,O
T: 23–27°C, L: 15 cm, pH: 7, SG: 3

Distichodus rostratus 4/45

H: W- u. N-Afrika.
GU: Unbekannt. V: =
Z: Sumpfgebiete zur Regenzeit. F: H,O
T: 22–28°C, L: 75–80 cm, pH: 7, SG: 4

AFRIKANISCHE SALMLER
Citharinidae

Geradsalmler

Distichodus sexfasciatus 1/228
Zebra-Geradsalmler
H: Zairebecken, Angola.
GU: Unbekannt. V: =
Z: Natur: Freilaicher. F: H
T: 22–26°C, L: 1 m (Nat.), pH: 7, SG: 4

Eugnathichthys macroterolepis 5/32
H: Zairebecken.
GU: Unbekannt. V: –
Z: Unbekannt. F: K
T: 23–27°C, L: 15 cm, pH: 7, SG: 3–4

Hemigrammocharax sp. aff. *lineostriatus*
5/26
H: Angola.
♂: Etwas schlanker. V: +
Z: Revierbildend. F: K
T: 22–26°C, L: 3,5 cm, pH: 7, SG: 2

Hemigrammocharax multifasciatus 5/26
H: Oberer Sambesi, N-Zairesystem, Gabun.
♂: Etwas schlanker zur Laichzeit. V: (–)
Z: Nicht beschrieben. F: K,O
T: 22–26°C, L: 6 cm, pH: 7, SG: 2

Ichthyborus monodi 4/57
H: S-Nigeria, W-Kamerun.
♀: Größer, rundere Bauchpartie. V: –
Z: Unbekannt. F: K!
T: 24–27°C, L: 20 cm, pH: 7, SG: 3–4

Ichthyborus ornatus 3/99
Gezeichneter Flossenfresser
H: Zairebecken. Gez. Schnabelsalmler
GU: Unbekannt. V: –
Z: Unbekannt. F: K!
T: 22–26°C, L: 20 cm, pH: <7, SG: 4

AFRIKANISCHE SALMLER
Citharinidae
Geradsalmler

Ichthyborus quadrilineatus 4/58
Scherenschwanz-Schnabelsalmler
H: Zwischen Gambia u. Guinea-Bissau.
GU: Unbekannt. V: –
Z: Unbekannt. F: K?
T: 22–27°C, L: 12 cm, pH: 7, SG: 3–4

Nannaethiops unitaeniatus ♀ 1/228
Afrikanischer Einstreifensalmler
H: Zaire bis Niger, und bis Weißen Nil.
♂: Schlanker, farbiger. V: +,–
Z: Freilaicher. F: K
T: 23–26°C, L: 6,5 cm, pH: 7, SG: 2–3

Nannaethiops unitaeniatus ♂ 3/96
Afrikanischer Einstreifensalmler

Nannocharax ansorgei ♂ 5/28

H: Gam.,Sen.,Niger-,Voltafl.,Tschad,Sierra L.
♂: Etwas größer u. farbiger. V: +
Z: Paare oder mehr ♀. F: K
T: 22–26°C, L: 4,5 cm, pH: 7, SG: 2

Nannocharax brevis 4/46
Kleiner Bodensalmler
H: Zentrales Zairebecken.
♂: Zur Laichzeit schlanker. V: =
Z: Nicht beschrieben. F: K,O
T: 23–27°C, L: 4,5 cm, pH: 7, SG: 2–3

Nannocharax fasciatus 1/230
Afrikanischer Bodensalmler
H: Kamerun, Volta, Niger, Gabun, Guinea.
GU: Nicht beschrieben. V: +
Z: Nicht erfolgt (?). F: K
T: 23–27°C, L: 7–8 cm, pH: 7, SG: 3

AFRIKANISCHE SALMLER
Citharinidae

Geradsalmler

Nannocharax latifasciatus o.♂, u.♀ 4/46
Afrikanischer Breitbandsalmler 5/29
H: S-Nigeria, Grenze Kamerun.
♂: Etwas schlanker. V: +
Z: Torffasern. F: K,O
T: 23–26°C, L: 5 cm, pH: 7, SG: 2–3

Nannocharax macropterus 4/48

H: Zairebecken.
♂: Kleiner, schlanker, farbiger. V: +
Z: Noch nicht gelungen. F: K
T: 24–28°C, L: 6 cm, pH: <7, SG: 2–3

Nannocharax occidentalis 4/48

H: Mittlerer u. unterer Niger.
♂: Schlank, blaßbraune D, A, K. V: +
Z: Unbekannt. F: K
T: 22–27°C, L: <7,5 cm, pH: 7, SG: 2–3

Nannocharax parvus (5/29), 2/230
Breitband-Bodensalmler o.♂, u.♀
H: Niger bis Ogove.
♂: Schlanker. V: +
Z: Unbekannt. F: H,O
T: 22–26°C, L: 5 cm, pH: 7, SG: 1–2

Nannocharax parvus (5/29), 2/230
Breitband-Bodensalmler

Nannocharax procatopus 5/30
Back-Gammon-Salmler

H: Zentrales Zairebecken: Stanleyfälle.
♀: Voller zur Laichzeit. V: (–)
Z: Unbekannt. F: K,L
T: 20–24°C, L: 8 cm, pH: >7, SG: 2–3

AFRIKANISCHE SALMLER
Citharinidae
Geradsalmler

Nannocharax sp. cf. *fasicatus* 5/30
Seybolds Bodensalmler, Masken-Bodens.
H: Liberia: Saint John- u. Cessfluß.
♀: Voller zur Laichzeit. V: +
Z: Unbekannt. F: K,L
T: 22–26°C, L: 7 cm, pH: 7, SG: 2

Neolebias ansorgii u.♂, o.♀ 1/230
Ansorges Salmler, Roter v.Kam., Breitbands.
H: Kamerun, Angola, Zentralafrika.
♂: Farbiger (Foto). V: (–)
Z: Torffasern, Javamoos; <300 E. F: K,O
T: 24–28°C, L: 3,5 cm, pH: <7, SG: 2–3

Neolebias ansorgii rote Farbform 3/98
Roter Neolebias, Ansorges Salmler
H: Kamerun, Angola, Zentralafrika.
♂: Dunkler; ein ♀ oben. V: (–)
Z: Nicht leicht; Torffasern. F: K,O
T: 24–28°C, L: 3,5 cm, pH: <7, SG: 2–3

Neolebias axelrodi ♂ 4/50

H: S-Nigeria, SO-Benin.
♂: Farbiger, Anale rot. V: +
Z: Torffasern, Javamoos; 60 Eier. F: K
T: 22–26°C, L: <3 cm, pH: <7, SG: 3

Neolebias axelrodi ♀ 4/50

Neolebias kerguennae 4/50

H: W-Gabun.
♂: Farbiger, kleiner, schlanker. V: (–)
Z: Selten; Torffasern, Javamoos. F: K,O
T: 24–28°C, L: <3 cm, pH: 7, SG: 3

AFRIKANISCHE SALMLER
Citharinidae

Geradsalmler

Neolebias powelli 1 Körperfleck 4/52
Domino-Neolebias
H: Nigerdelta; S-Nigeria.
♂: Etwas roter. V: (–)
Z: Schwer; Torffasern, Javam. F: K,O
T: 23–26°C, L: <3 cm, pH: <7, SG: 3

Neolebias powelli 2 Körperflecken 4/52
Domino-Neolebias

Neolebias powelli 3 Körperflecken 4/52
Domino-Neolebias

Neolebias trewavasae ♂ 4/54

H: Zairebecken, Nil (?).
♂: Kleiner, schlanker, dunkler. V: +
Z: Torffasern, Javamoos. F: K,O
T: 24–28°C, L: 5 cm, pH: <7, SG: 3

Neolebias trewavasae ♀ 4/54

Neolebias trilineatus 2/230
Afrikanischer Dreistreifensalmler
H: Zairebecken.
♂: Rötliche Flossen. V: +
Z: Feinfiedrige Pflanzen; <250 E. F: K,O
T: 23–26°C, L: 5 cm, pH: 7, SG: 2

AFRIKANISCHE SALMLER
Citharinidae[1-4]
Hepsetidae[6]

Geradsalmler
Afrikanische Hechtsalmler

Neolebias unifasciatus 4/54
Schwarzer Neol., Afr. Längsbandsalmler
H: W-Afrika.
♂: Zur Laichzeit ziegelrot. V: =
Z: Torffasern, Javamoos. F: K,O
T: 24–28°C, L: 5 cm, pH: <7, SG: 2–3

Paraphago rostratus 2/232
Gestreifter Flossenfresser, Gestr. Schnabels.
H: Kongobecken.
GU: Unbekannt. V: –
Z: Nicht erfolgt. F: K!
T: 23–26°C, L: 18 cm, pH: <7, SG: 4

Phago loricatus 4/58
Harnisch-Schnabelsalmler
H: Nigeria: Nigerdelta.
GU: Unbekannt. V: –
Z: Nicht beschrieben. F: K
T: 22–27°C, L: 12 cm, pH: 7, SG: 3–4

Familie Hepsetidae

Eine monotypische Familie. Der Afrikanische Hechtsalmler ist ein Raubfisch, der dennoch mit seinesgleichen und zumindest gleich großen Fischen vergesellschaftet werden kann. Das Aquarium muß schon wegen seiner Endgröße großzügig bemessen sein, aber auch die Angewohnheit, das sinkende Futter im „Überfall" zu erbeuten, ist ein wesentlicher Grund.

Ein Fisch für Spezialisten, die hin und wieder auch mal einen Futterfisch verabreichen können.

Phago maculatus 1/232
Gefleckter Schnabelsalmler
H: W-Afrika: Nigerdelta.
GU: Unbekannt. V: –
Z: Nicht erfolgt. F: K!
T: 23–28°C, L: 14 cm, pH: 7, SG: 3–4

Hepsetus odoe 2/233
Afr. Hechtsalmler, Guineischer Lachssalmler
H: Tropisches Afrika außer Nilbecken.
GU: Unbekannt. V: –
Z: N.: freies Schaumnest; Pflege. F: K!
T: 26–28°C, L: 70 cm, pH: 7, SG: 4

AMERIKANISCHE SALMLER

Hyphessobrycon loretoensis, metae oder *peruvianus*? Die Art hat eine große Ähnlichkeit zu den Mitgliedern dieser Gruppe, ihr Auge ist jedoch im Unterschied zu jenen oben intensiv rot (vgl. S. 112/113). Gefangen wurde diese Art in Bächen des mittleren Rio-Napo-Systems, Ecuador.

Brachychalcinus orbicularis? (s.S. 96). Nach mehreren Generationen Auslese bleibt das Rot bei den meisten halbwüchsigen Exemplaren und einigen ausgewachsenen Fischen erhalten. Wildfänge zeigen es nur als Jungfische (gefangen im Napogebiet, Ecuador).

AMERIKANISCHE SALMLER

Das Biotop

Das Hauptverbreitungsgebiet dieser Salmler ist zweifellos das Amazonasbecken, welches uns zunächst als definiertes Flußlauf- und Seengebiet erscheint. Die hydrographische Realität ist jedoch anders: Durch das Abwechseln von Regenzeit und Trockenzeit ist der Wasserstand dieses Beckens in weiten Teilen extremen Schwankungen unterworfen – stellenweise bis zu ca. 12 m! Aber schon geringere Schwankungen von „nur" etwa 2 m – wie sie am Rande des Beckens auftreten, auf etwa 200 m über dem Meeresspiegel, aber immer noch 2800 km Luftlinie vom Atlantischen Ozean entfernt – haben einen entscheidenden Einfluß auf das Leben der Fische. Während der Regenzeit werden aus Seen mit relativ definierten Ufern große Überschwemmungsgebiete, die den Regenwald viele Quadratkilometer unter Wasser setzen, um dann wieder als „Resttümpel" von ein paar Hektar Oberfläche die Trockenzeit des nächsten Jahres zu überdauern.

Die Folgen sind einleuchtend: Während der Regenzeit gibt es ein Überangebot an Nahrung und Lebensraum – eine Hochzeit vor allem für Pflanzenfresser (F: H) und Aufwuchsfresser (F: L), während die Fleischfresser (F: K) vor allem zur Trockenzeit auf ihre Kosten kommen, dann, wenn die Fischdichte drastisch zunimmt.

An allen Ufern lauern Dutzende von pfundschweren *Hoplias malabaricus* auf ihre Beute. Nachts von einem Scheinwerfer überrumpelt, springen sie sogar ins flache Kanu. Gleiches kann man am offenen Wasser mit verschiedenen Curimatidae erleben.

Gleichzeitig ändert sich die Wasserqualität. Mit dem Rückgang des Wasserspiegels fließt das Wasser aus den Waldgebieten in die Lagunen und von dort in die großen Flüsse zurück. In den Lagunen sammelt sich sauerstoffarmes Wasser. Nur die dünne Oberflächenschicht hat höhere Werte dank des Windes und des Wellengangs. *Colossoma* spp. sind diesen Gegebenheiten bestens angepaßt. Bei Sauerstoffmangel schwillt ihnen die Unterlippe und wird zu einer Art Trichter. Diese befähigt die Fische, den sauerstoffreichen Oberflächenfilm „einzuatmen". Andere Salmler können über die Schwimmblase Sauerstoff aufnehmen (z.B. Erythrinidae).

Die Flußbiotope können hauptsächlich in Weiß-(Klar-) und Schwarzwasser klassifiziert werden. Die folgende Tabelle veranschaulicht ihre Eigenschaften: für Aquarienhaltung und vor allem -zucht sind die Unterschiede in pH und Mineralkonzentration (Härte, Leitfähigkeit) von besonderer Bedeutung.

	Weiß-/Klarwasser	Schwarzwasser
Beispiel	Amazonas, Napo, Ucayali	Rio Negro
Ursprung	junge Gebirge	verwitterte Gebirge
Farbe	grautrüb	teefarben/durchsichtig
pH	um neutral	sauer bis sehr sauer
Härte	weich	sehr weich bis nicht meßbar
Nährstoffe	viele Schwebstoffe	arm
Biologie	bakterienreich	leicht antiseptisch

Amerikanische Salmler

o.l.: Hochwasser. Die zahlreichen Niederschläge der Regenzeit halten die Flüsse konstant im Hochwasser. Die Lagunen können nicht abfließen und überschwemmen mehrere Quadratkilometer. Die Fischdichte ist sehr gering und Pflanzenfresser haben große Auswahl.

o.r.: Die Trockenzeit hat begonnen. Die Flüsse sind in ihre Läufe zurückgekehrt, und die geringe Regenmenge kann das Wasserniveau in den überfluteten Wäldern nicht halten, so daß die Lagunen drastisch schrumpfen. Die Fischdichte wird extrem hoch, die Raubfische kommen voll auf ihre Kosten. Durch das zurückfließende „Waldwasser" und die große Menge faulenden organischen Materials ist das Wasser sauerstoffarm. Fische, die noch in diesem Resttümpel verblieben sind, sind dem Tode geweiht.

u.l.: Das letzte offene Wasser ist verschwunden und Landpflanzen wachsen auf dem feuchten Boden. Mit der kommenden Regenzeit wird alles wieder überschwemmt werden und der Kreislauf sich wiederholen. (S. 5/686)

AMERIKANISCHE SALMLER
Anostomidae — Engmaulsalmler

Familie Anostomidae
Die meisten sind keine Schwarmfische, und obwohl sie gegenüber artfremden Aquariengenossen friedlich sind, kann es innerartlich zu Aggressionen kommen. Als Jungfische sehr attraktiv, werden sie zunehmend grün/braun. Vor allem die kopfstehenden Mitglieder dieser Familie sind interessante Pfleglinge.

Leporinus u.a. brauchen große Aquarien, um ihrer Endgröße und Schwimmfreudigkeit gerecht zu werden. Nur Plastikpflanzen können vielen dieser Aufwuchs- und Pflanzenfresser widerstehen.

Abramites hypselonotus 1/233
Brachsensalmler
H: Amazonas u. Orinocobecken.
GU: Unbekannt. V: =
Z: Nicht erfolgt (?). F: L,H
T: 23–27°C, L: 13 cm, pH: 7, SG: 2–3

Abramites solarii 3/100
Schöner Brachsensalmler
H: Rio Paraguaybecken.
GU: Unbekannt. V: =
Z: Nicht bekannt. F: L,H
T: 22–25°C, L: 12 cm, pH: 7, SG: 3

Anostomus anostomus 1/234
Prachtkopfsteher
H: Brasilien, Venezuela, Guyana, Kolumbien.
GU: Unbekannt. V: +
Z: Hypophese-Hormone. F: L
T: 22–28°C, L: 18 cm, pH: <7, SG: 2–3

Anostomus gracilis 2/234
Vierfleck-Kopfsteher
H: Brasilien.
GU: Nicht erkennbar. V: +
Z: Noch nicht gelungen. F: K,O
T: 24–26°C, L: 14 cm, pH: <7, SG: 3

Anostomus plicatus 3/100
Heller Vierpunktkopfsteher
H: Guyana, Surinam.
GU: Unbekannt. V: +
Z: Noch nicht gelungen. F: H,O
T: 24–28°C, L: 15 cm, pH: <7, SG: 2–3

AMERIKANISCHE SALMLER
Anostomidae
Engmaulsalmler

Anostomus spiloclistron 3/102
Schriftzeichen-Prachtkopfsteher
H: Guyana, Surinam.
GU: Nicht erkennbar. V: +
Z: Unbekannt. F: H,O
T: 24–28°C, L: 16 cm, pH: <7, SG: 3

Anostomus taeniatus o.Tag, u. Nacht 1/234
Gestreifter Kopfsteher, Kupferstrichsalmler
H: Mittlerer Amazonas, Rio Negro.
GU: Unbekannt. V: +
Z: Nicht bekannt. F: L,O
T: 24–26°C, L: 20 cm, pH: <7, SG: 3

Anostomus ternetzi 1/236
Goldstreifen-Kopfsteher
H: Brasilien.
GU: Unbekannt. V: +
Z: Nicht bekannt. F: L
T: 24–28°C, L: 16 cm, pH: <7, SG: 2–3

Leporellus vittatus 2/234
Leporellosalmler
H: Amazonas, Orinoco, Paraná.
♀: Vollere Bauchlinie. V: +
Z: Nicht bekannt. F: L,H
T: 22–25°C, L: 12 cm, pH: <7, SG: 2–3

Leporellus vittatus 2/234
Leporellosalmler

Leporinus affinis 1/238
Grüner Leporinus
H: Venezuela, Paraguay, Bras., Kol., Peru.
GU: Unbekannt. V: =
Z: Noch nicht gelungen. F: H
T: 23–27°C, L: 25 cm, pH: <7, SG: 3

67

AMERIKANISCHE SALMLER
Anostomidae

Engmaulsalmler

Leporinus desmotes 2/236
Rüssel-Leporinus
H: Guyana, Amazonasbecken.
GU: Nicht erkennbar. V: +
Z: Nicht bekannt. F: L,H
T: 22–26°C, L: 18 cm, pH: 7, SG: 2–3

Leporinus fasciatus fasciatus 1/238
Gebänderter Leporinus
H: Venezuela, Amazonasnebenflüsse.
GU: Unbekannt. V: =
Z: Noch nicht gelungen. F: H
T: 22–26°C, L: 30 cm, pH: <7, SG: 3

Leporinus friderici 2/238
Friderici-Salmler
H: Amazonas, Guyana.
♂: Zur Laichzeit: Rote V u. P. V: =
Z: Zu groß (?). F: H,O
T: 23–26°C, L: 50 cm, pH: <7, SG: 2–4

Leporinus granti 3/102
Grants Leporinus
H: Guyana-Länder, Amazonasbecken.
GU: Nicht erkennbar. V: +
Z: Nicht erfolgt. F: H
T: 22–26°C, L: 20 cm, pH: <7, SG: 2

Leporinus cf. *jamesi* 4/60
James' Leporinus
H: Brasilien: Amazonasgebiet.
GU: Nicht erkennbar. V: =
Z: Zu groß (?). F: H,O
T: 22°C, L: 30 cm, pH: 7, SG: 3–4

Leporinus lacustris 3/104
See-Leporinus
H: Brasilien, Paraguay.
GU: Nicht erkennbar. V: +
Z: Nicht erfolgt. F: H,O
T: 22–27°C, L: 20 cm, pH: 7, SG: 2

AMERIKANISCHE SALMLER
Anostomidae

Engmaulsalmler

Leporinus „maculatus" 2/238
Gefleckter Leporinus
H: Guyana-Länder, Amazonasbecken.
♂: Schlanker, etwas kleiner. V: +
Z: Zufall; zwischen Pflanzen. F: H,O
T: 22–26°C, L: 18 cm, pH: <7, SG: 2

Leporinus megalepis 3/104
Großschuppiger Leporinus
H: Guyana, Amazonasbecken.
GU: Nicht erkennbar. V: +
Z: Unbekannt. F: H,O
T: 22–27°C, L: 30 cm, pH: <7, SG: 3

Leporinus moralesi 4/60
Maulbeer-Leporinus
H: Venezuela, Brasilien, Peru.
♀: Laichzeit dicker. V: +
Z: Überschwemmungsgebiete. F: O,H
T: 22–26°C, L: 30 cm, pH: 7, SG: 3–4

Leporinus nigrotaeniatus juv. 1/240
Punkstreifen-Leporinus
H: Guyana, Brasilien.
GU: Nicht erkennbar. V: +
Z: Unbekannt. F: H
T: 23–26°C, L: 40 cm, pH: 7, SG: 4

Leporinus nigrotaeniatus adult 3/106
Punkstreifen-Leporinus

Leporinus octofasciatus 2/240
Rotflossen-Leporinus
H: Brasilien.
GU: Nicht erkennbar. V: =
Z: Unbekannt. F: H
T: 23–26°C, L: 22 cm, pH: <7, SG: 3

AMERIKANISCHE SALMLER
Anostomidae

Engmaulsalmler

Leporinus pellegrini 2/240
Pellegrins Leporinus
H: Guyana-Länder, oberer Amazonas.
GU: Nicht bekannt. V: +
Z: Noch nicht erfolgt. F: H,O
T: 25–26°C, L: 12 cm, pH: <7, SG: 2

Leporinus steyermarki 3/106
Grauer Leporinus
H: Venezuela (?), Paraguay.
GU: Nicht unterscheidbar. V: +
Z: Noch nicht gelungen. F: H,O
T: 22–26°C, L: 30 cm, pH: <7, SG: 3

Leporinus striatus L. arcus unten 1/240
Gestreifter Leporinus
H: Bol., Kol., Ec., Paraguay, Venezuela.
GU: Nicht bekannt. V: +
Z: Nicht bekannt. F: H
T: 22–26°C, L: 25 cm, pH: <7, SG: 3

Leporinus wolfei 4/62
Wolfs Engmaulsalmler
H: Peru: Amazonasbecken.
GU: Unbekannt. V: +
Z: Noch nicht gelungen. F: H,K
T: 23–28°C, L: <30 cm, pH: 7, SG: 2–4

Pseudanos trimaculatus 1/236
Dreifleck-Anostom., Dreitupfen-Kopfsteher
H: Brasilien, Guyana.
GU: Unbekannt. V: +
Z: Nicht bekannt. F: L,O
T: 23–27°C, L: 12 cm, pH: 7, SG: 3

Schizodon fasciatus 2/242
Gebänderter Schizodon
H: Amazonasbecken.
GU: Nicht bekannt. V: =
Z: Nicht gelungen (Größe). F: H
T: 22–28°C, L: 40 cm, pH: <7, SG: 4

AMERIKANISCHE SALMLER
Characidae
Echte Amerikanische Salmler

Unterfamilie	Herkunft	Verhalten	Futter	Fortpflanzung	Besonderheiten
Aphyocharacinae	SA	friedliche Schwarmfische	K,O	Freilaicher, brauchen Torfextrakt	Laichräuber.
Bryconinae	SA	friedlich, dann zänkisch	K,O	Freilaicher; überschwemmte Wiesen	Schwarmfische für große Aquarien.
Characidiinae	SA	bodenorientiert	K,O	wenig bekannt, Freilaicher	Die Arten sind untereinander sehr ähnlich.
Characinae	SA	Tendenz zu Raubfischen	K,O	Freilaicher	Hundssalmler sind keine Aquarienfische.
Cheirodontinae	SA	friedliche Schwarmfische	K,O	wenig Erfolg	Viele sind sehr klein u. zart.
Crenuchinae	SA	friedlich aber leicht territorial	K	Höhlenlaicher mit mit Brutpflege (♂)	Brauchen Lebendfutter für längere Haltung.
Glandulocaudinae	SA	friedliche Schwarmfische	K,O	Eier an breite Blätter, sehr kleine Larven	Vorrastsbefruchtung (a.Wochen), Drüse am Schwanzstiel.
Iguanodectinae	SA	Schwarmfische	K,O	Freilaicher	*Piabucus dentatus* evtl. ein Tetragonopterinae.
Paragoniatinae	(MA),SA	friedliche Schwarmfische	K,O	Freilaicher, oft schwer	*X. bondi* ähnelt Glaswels.
Rhaphiodontinae	SA	extreme Raubf.	K	Freilaicher	Zähne mehrere cm lang.
Rhoadsiinae	MA,SA	territorial	K,O	Freilaicher, Pflege	Erst im Alter Prachtfisch.
Serrasalminae	SA	Schwarmfische	K,O,H	Freilaicher, a. Hormonbehandlung	Piranhas und pflanzenfressende Friedfische.
Stethaprioninae	SA	Schwarmfische	K,O	zw. feinfiedrigen Pflanzen	Nicht pflanzenfressende „Ersatz-Scheibensalmler".
Tetragonopterinae	MA,SA	Schwarmfische	K,O	Lebendfutter für Zucht, feinfiedrige Pflanzen	Siehe S. 74.

AMERIKANISCHE SALMLER
Characidae Echte Salmler

Unterfamilie Aphyocharacinae
Ausdauernde Fische von bescheidener Länge der mittleren und oberen Wasserzonen. An die Wasserzusammensetzung werden keine besonderen Ansprüche gestellt. Auch zur Zucht sind sie nicht sonderlich wählerisch, jedoch mit einer Tendenz zu weichen und leicht sauren Wasserwerten.

Die Gameten werden nahe der Wasseroberfläche ausgestoßen und vielfach bereits im Herabsinken von den Elterntieren gefressen. Für eine rationelle Zucht werden ein niedriger Wasserstand (ca. 15 cm) und ein Laichrost als Gegenmaßnahmen empfohlen.

Unterfamilie Bryconinae
Eine für den Aquarianer wenig interessante Unterfamilie, welche mehrheitlich aus größeren silbernen Fischen besteht. Mit Ausnahme des vom Aussterben bedrohten Patagonischen Messingsalmlers (S. 77), der zur Eiablage Kiesgruben aushebt, handelt es sich um Freilaicher, die in der Natur die Gräser überschwemmter Wiesen zur Eiablage aufsuchen.

Unterfamilie Characidiinae
Kleine, längliche, bodenorientierte Salmler von bescheidenem Anreiz. Über ihre Fortpflanzung ist wenig bekannt, aber es werden wiederholt Erfolge in dichtbepflanzten Aquarien erzielt.

Unterfamilie Characinae
Unterfamilie mit einem hohen Anteil an Raubfischen, so z.B. die großen Hundssalmler (S. 81), von deren Aquarienhaltung abgeraten wird, *Exodon paradoxus* (S. 82), ein Aggressivling von hohem Anreiz, und auch die kleinen Raubglassalmler. Durch die geringe Größe der letzteren ist die Auswahl ihrer möglichen Beckengenossen etwas einfacher. Soweit bekannt, handelt es sich bei allen Arten um Freilaicher.

Unterfamilie Cheirodontinae
Kleine, für das Gesellschaftsaquarium gut geeignete Salmler. Ein paar Arten sind sehr klein und daher heikel, weswegen für sie ein Artbecken empfohlen wird. Die Zucht ist bei den meisten Arten noch nicht gelungen.

Unterfamilie Crenuchinae
Salmler dieser Unterfamilie haben eine für Characiden ungewöhnliche Fortpflanzungsmethode: sie laichen in Verstecken (Höhlen) ab, und das Männchen betreibt Brutpflege; die Anzahl der Eier ist gering. Leider ist eine Haltung im Aquarium über längere Zeit ohne häufigeres Verabreichen von Lebendfutter nicht möglich.

Unterfamilie Glandulocaudiinae
Die Fortpflanzungsbiologie weicht ebenfalls sehr von der Standard-Salmlermanier ab: Es findet eine Vorratsbefruchtung statt mit späterer Eiablage unter breiten Pflanzenblättern oder zwischen feinfiedrigen Pflanzen, ohne weitere Teilname des Männchens.

AMERIKANISCHE SALMLER
Characidae

Echte Salmler

Mit Ausnahme des winzigen *Tyttocharax atopodus* (S. 88) sind alle Arten für ein Gesellschaftsaquarium geeignet.

Unterfamilie Iguanodectinae
Kleine Unterfamilie mit unauffällig gefärbten, langgestreckten Arten. In der Aquaristik sind sie wenig verbreitet.

Unterfamilie Paragoniatinae
Die Arten dieser Unterfamilie brauchen Platz zum Schwimmen und sollten im Schwarm gehalten werden, da sie sonst scheu bleiben. Es handelt sich um anspruchslose Allesfresser, bei denen für eine Vergesellschaftung nur die Größe berücksichtigt werden muß.

Zuchterfolge sind je nach Art sehr verschieden, folgen aber soweit dem „Salmler-Standard".

Unterfamilie Rhaphiodontinae
Raubfische dieser Unterfamilie haben Zähne von mehreren Zentimetern Länge. Damit können sie auch unvorsichtigen Aquarianern schwere Verletzungen zufügen. Es wird von einer Aquarienhaltung dieser Unterfamilie abgeraten.

Unterfamilie Serrasalminae
Diese auch als Familie eingestufte Unterfamilie enthält sowohl die pflanzenfressenden Scheibensalmler als auch die weltweit bekannten und gefürchteten fleischfressenden Piranhas. Alle sind Schwarmfische mittlerer bis beachtlicher Größe, die geräumige Aquarien benötigen.

Die Pflanzenfresser sind durchweg friedlich, eine Dekoration des Aquariums mit echten Pflanzen ist aber nicht möglich. Bei Piranhas sollte man versuchen, eingewöhnte Exemplare auch an Forellenpellets zu gewöhnen; die Fütterung erleichtert sich dadurch erheblich, und satte Piranhas sind nicht sonderlich aggressiv. Trotzdem: Netze werden jedesmal zerbissen, und Vorsicht beim Hantieren ist geboten.

Die Arten, die sich bisher in Aquarien vermehren ließen, legten ihre Eier an feinfiedrige Wasserpflanzen oder an die herabhängenden Wurzeln von Schwimmpflanzen. Die großen Wanderarten sind bisher nur künstlich zum Ablaichen gebracht worden. Früher wurden zermahlene und mit Aceton aufbereitete Hypophysen (meist von Karpfen oder von reifen Wildfängen gleicher Art) in saliner Lösung injiziert, heute finden immer mehr synthetische Hormone Anwendung. Nicht alle Hormone wirken gleich gut auf alle Arten. Auch die Anzahl der erforderlichen Dosen variiert je nach Hormon, Fischart und Geschlecht. Bedingung ist aber immer ein reifer oder annähernd reifer Fisch; durch die Behandlung wird nur die Eiablage ermöglicht. Diese Art der Vermehrung findet vor allem in der Speisefischzucht Verwendung. Es handelt sich hierbei unter anderen um die Riesensalmler *Colossoma macropomum* (S. 92) und *C. brachypomus*, S. 92) – beides Arten, die für „normale" Aquarien bei weitem zu groß werden und die ohne diese Hormonbehandlung noch nicht in Gefangenschaft abgelaicht haben (ESTEVEZ, 1990).

AMERIKANISCHE SALMLER
Characidae (Aphyocharacinae)

Unterfamilie Stethaprioninae
Kleine Unterfamilie hochrückiger Salmler für das Gesellschaftsaquarium. Farblich wenig interessant, haben sie aber eine ansprechende Scheibenform und sind viel pflanzenfreundlicher als die Scheibensalmler. *Brachychalcinus* sp. aff. *orbicularis* (S. 63) hat als Jungtier intensiv rote Flossen, die Farbe verblaßt aber bei der Mehrzahl der erwachsenen Exemplare.

Unterfamilie Tetragonopterinae
Diese große Unterfamilie enthält die „Standardsalmler" der Aquaristik. Es handelt sich um kleine bis mittelgroße Schwarmfische, die mehrheitlich für das Gesellschaftsaquarium geeignet sind.

Für die Zucht benötigen die meisten Arten eine abwechslungsreiche Ernährung mit Lebendfutter, nur wenige begnügen sich mit Flockenfutter. Das Wasser sollte etwas weich und sauer sein; manche Arten verlangen extreme Werte in dieser Hinsicht, da sonst die Eier verpilzen. Mit wenigen Ausnahmen (s. unten) sind diese Salmler Freilaicher, die mehr oder weniger dem Laich zwischen den feinfiedrigen Pflanzen nachstellen. Eiablage erfolgt in den Morgenstunden, man sollte die Zuchttiere bald danach umsetzen. Ansonsten helfen ein Laichrost, dichter Pflanzenwuchs und gute Fütterung.

Der Laich einiger Arten ist lichtempfindlich (z.B. Neon- u. Kardinaltetra, S. 121, 122), bei *Creacrutus beni* u. *C. brevipinnis* (S. 103) findet eine Vorratsbefruchtung statt, *Nematocharax venustus* (S. 121) hat eine Vaterfamilie und bei *Pseudochalceus kyburzi* (S. 123) handelt es sich um einen Haftlaicher, der Brutpflege betreibt.

Aphyocharax alburnus 1/242
Laubensalmler
H: S-Brasilien, Paraguay, Argentinien.
GU: Nicht bekannt. V: +
Z: Freilaicher, Pflanzen; <500 E. F: O,K
T: 22–28°C, L: 7 cm, pH: <7, SG: 1–2

Aphyocharax anisitsi 1/242
Rotflossensalmler
H: Argentinien.
♂: Feinste Häkchen an Anale. V: +
Z: Freilaicher, Pflanzen; <500 E. F: O,K
T: 18–28°C, L: 5 cm, pH: 7, SG: 1

Aphyocharax dentatus ♂ 2/243
Falscher Rotflossensalmler
H: Paraguay, Brasilien, Kolumbien.
♂: Anale hakenförmig. V: =
Z: Freilaicher im Schwarm. F: K,O
T: 15–22°C, L: 12 cm, pH: 7, SG: 2

AMERIKANISCHE SALMLER
Characidae (Aphyocharacinae[1-5])
(Bryconinae[6])

Aphyocharax erythrurus 4/80
Venezuela-Laubensalmler
H: Venezuela.
♀: Etwas größer u. fülliger.   V: +
Z: Freilaicher; <500 E.   F: K,O
T: 22–26°C, L: 7 cm, pH: <7, SG: 2

Aphyocharax paraguayensis 1/284, 2/244
Augenflecksalmler, Schwanzfleckensal.
H: Rio Paraguaybecken.
♂: Schlanker.   V: +
Z: Freilaicher, Pflanzen.   F: O
T: 22–27°C, L: 4 cm, pH: <7, SG: 1–2

Aphyocharax rathbuni o.♂, u.♀   2/244
Rubinsalmler
H: Rio Paraguay.
♂: Weiße Flossenspitzen.   V: +
Z: Freilaicher, Pflanzen.   F: K,O
T: 20–26°C, L: 5 cm, pH: <7, SG: 2

Aphyocharax cf. *rathbuni* u.♂, o.♀   5/34
evtl. *Aphyocharax avary*
H: Rio Paraguay.
♂: Weiße Flossenspitzen.   V: +
Z: Freilaicher, Pflanzen.   F: K,O
T: 18–24°C, L: 4,5 cm, pH: 7, SG: 1–2

Aphyocharax sp. aff. *rathbuni*   5/34

Foto s.S. 5/38

Brycon cephalus   3/108
Südamerikanische Forelle
H: Amazonasbecken.
GU: Nicht erkennbar.   V: +,–
Z: Unbekannt.   F: K,O
T: 22–26°C, L: 22 cm, pH: 7, SG: 3

AMERIKANISCHE SALMLER
Characidae (Bryconinae)

Brycon falcatus 1/244
Türkensalmler
H: Guyana-Länder, Brasilien.
GU: Unbekannt. V: +,−
Z: Nicht versucht (?). F: K,O
T: 18–25°C, L: 25 cm, pH: <7, SG: 3

Brycon melanopterus 2/246
Kielstrichsalmler
H: Amazonasgebiet; weit verbreitet.
GU: Unbekannt. V: +,−
Z: Nicht beschrieben. F: K,O
T: 22–26°C, L: >18 cm, pH: <7, SG: 2–3

Brycon cf. *rubricauda* 5/35

H: Brasilien: Vor allem Weißwasser.
GU: Unbekannt. V: −
Z: Überschwemmungsgebiete. F: K,O
T: 20–28°C, L: 30 cm, pH: <7, SG: 4

Bryconops affinis 2/246
Gestreckter Silbersalmler
H: O-Brasilien.
GU: Unbekannt. V: +,−
Z: Freilaicher zwischen Pflanzen. F: K,O
T: 22–28°C, L: 12 cm, pH: <7, SG: 3

Chalceus erythrurus 3/108
Gelbflossen-Glanzsalmler
H: Amazonasbecken.
GU: Nicht unterscheidbar. V: =
Z: Unbekannt. F: K,O
T: 22–26°C, L: 25 cm, pH: 7, SG: 3

Chalceus macrolepidotus 1/244
Glanzsalmler, Südam. Großschuppens.
H: Guyana-Länder, Amazonas.
GU: Unbekannt. V: −
Z: Nicht erfolgreich. F: K
T: 23–28°C, L: 25 cm, pH: 7, SG: 4

AMERIKANISCHE SALMLER
Characidae (Bryconinae)

Gymnocharacinus bergi ♂ 3/110
Patagonischer Messingsalmler
H: Argentinien: N-Patagonien, E.
♂: Kleiner; K mit weißem Saum. V: +
Z: Im Kies. F: O
T: 18–22°C, L: 6 cm, pH: <7, SG: 3

Gymnocharacinus bergi ♀ 3/110
Patagonischer Messingsalmler
Vom Aussterben bedroht! Es leben zur Zeit nur etwa 250 Exemplare!

Salminus maxillosus 5/36
Forellen-Raubsalmler
H: La Plata-Becken u. Amazonas (?).
GU: Unbekannt. V: –
Z: Nicht bekannt. F: K
T: 20–26°C, L: >60 cm, pH: 7, SG: 4

Triportheus albus 2/248
Gelbflossen-Kropfsalmler
H: Brasilien.
♂: Kaum zu erkennen. V: =
Z: Freilaicher; überschw. Pflanzen. F: K,O
T: 22–28°C, L: 11 cm, pH: <7, SG: 3–4

Triportheus angulatus 1/244
Punktierter Kropfsalmler, Armbrustsalmler
H: Amazonasbecken.
GU: Unbekannt. V: =
Z: Nicht bekannt. F: K
T: 22–28°C, L: >10 cm, pH: 7, SG: 2

Triportheus pictus 2/248
Silberner Kropfsalmler
H: Amazonasbecken.
♂: Langgestreckter, schlanker. V: =
Z: Nicht nachgezogen. F: O
T: 22–28°C, L: 16 cm, pH: <7, SG: 2–3

AMERIKANISCHE SALMLER
Characidae (Bryconinae[1])
(Characidiinae[2–6])

Bodensalmler

Triportheus rotundatus 2/250
Gerundeter Kropfsalmler
H: Guyana-Länder, Venezuela.
♀: Bauchpartie voller. V: +
Z: Nicht beschrieben. F: K,O
T: 24–27°C, L: 15 cm, pH: 7, SG: 2

Ammocryptocharax elegans 4/116
H: Brasilien.
GU: Nicht erkennbar. V: –
Z: Nichts bekannt. F: K
T: 23–27°C, L: 7 cm, pH: ≪7, SG: 3–4

Ammocryptocharax cf. *minutus* 4/118
H: Oberer Orinoco u. Rio Negro.
GU: Nicht bekannt. V: +
Z: Nicht bekannt. F: K,O
T: 23–26°C, L: 5 cm, pH: ≪7, SG: 3

Ammocryptocharax vintonae 4/116
Vintons Zwergpfeilsalmler
H: Guyana: Membaru-Fluß.
♀: Fülliger zur Laichzeit. V: +
Z: Nicht bekannt. F: K
T: 23–27°C, L: 4 cm, pH: <7, SG: 2–3

Characidium brevirostre 4/118
Kurznasiger Bodensalmler
H: Kolumbien, Peru.
♂: Dorsale größer. V: +
Z: Nicht veröffentlicht. F: K,O
T: 22–26°C, L: 5,5 cm, pH: <7, SG: 2

Characidium fasciatum 1/314
Gebänderter Bodensalmler
H: Sehr weit verbreitet.
♂: Basis der Dorsale gepunktet. V: +
Z: Freilaicher. F: K
T: 18–24°C, L: 8–10 cm, pH: <7, SG: 2

AMERIKANISCHE SALMLER
Characidae (Characidiinae)

Bodensalmler

Characidium sp. aff. *fasciatum* 2/295
Rio Negro-Bodensalmler
H: Brasilien: Rio Negro.
GU: Nicht beschrieben. V: +
Z: Freilaicher. F: K,O
T: 22–24°C, L: 8–10 cm, pH: <7, SG: 2

Characidium sp. aff. *fasciatum* 2/295
Peru-Bodensalmler
H: Peru.

Characidium rachovii ♂ 1/314
Rachows Grundsalmler
H: S-Brasilien.
♂: Gepunktete Dorsale. V: +
Z: Freilaicher? F: K,O
T: 20–24°C, L: 7 cm, pH: <7, SG: 2

Characidium sp. 4/120
C. purpuratum-Gruppe
H: Brasilien: São Paulo (Itanhaèm).
♀: Etwas voller. V: +
Z: Noch nicht erfolgt. F: K,O
T: 20–25°C, L: 10 cm, pH: 7, SG: 2–3

Characidium sp. 4/120
C. purpuratum-Gruppe
H: Brasilien: São Paulo (Cuiaba).

Characidium sp. ♂ 4/122
C. purpuratum-Gruppe
H: Brasilien: São Paulo.

AMERIKANISCHE SALMLER
Characidae (Characidiinae)

Bodensalmler

Characidium sp. ♀ 4/122
purpuratum-Gruppe
H: Brasilien: São Paulo.

Characidium steindachneri 4/123
Steindachners Bodensalmler
H: Peru, Kolumbien: Amazonasgebiet.
GU: Nicht bekannt. V: +
Z: Nicht bekannt; Freilaicher?. F: K,O
T: 22–25°C, L: 6 cm, pH: <7, SG: 2–3

Elachocharax georgiae 2/297
Widderchensalmler, Zwerggrundsalmler
H: Brasilien: Rio Negro, Rio Madeira.
GU: Unbekannt. V: +
Z: Natur: Massenvermehrungen. F: K
T: 24–30°C, L: 3 cm, pH: ≪7, SG: 2–3

Klausewitzia ritae 5/72
Ritas Zwergpfeilsalmler
H: Brasilien: Tapajos-System.
GU: Nicht bekannt. V: +
Z: Dichtbewachsenes Aquarium. F: K
T: 23–28°C, L: 4 cm, pH: ≪7, SG: 3

Melanocharacidium dispilomma 5/72

H: N-Brasilien, S-Venezuela.
♂: Kleiner, schlanker. V: +
Z: Noch nicht gelungen. F: K
T: 22–29°C, L: 7 cm, pH: 7, SG: 2

Odontocharacidium sp. cf. *aphanes* 2/298
Grüner Zwergpfeilsalmler
H: Brasilien: Tapajos-System.
GU: Nicht bekannt. V: +
Z: Unbekannt. F: K
T: 24–28°C, L: 4 cm, pH: ≪7, SG: 3

AMERIKANISCHE SALMLER
Characidae (Characidiinae[1])
(Characinae[2-6])

Bodensalmler
Echte Amerikanische Salmler

Odontocharacidium aphanes   3/146
Zorniger Zwergpfeilsalmler
H: Brasilien: Rio Negro u. Rio Amazonas.
GU: Nicht unterscheidbar.   V: +
Z: Javamoos.   F: K,O
T: 22–26°C, L: 2 cm, pH: ≪7, SG: 3

Asiphonichthys condei   1/248
Kleinschuppiger Glassalmler
H: Venezuela, Paraguay.
♂: Schlanker, gelber, kleiner.   V: –
Z: Freilaicher (?).   F: K
T: 23–25°C, L: 7 cm, pH: 7, SG: 3

Charax gibbosus   2/252
Wachssalmler
H: Guyana, Amazonien, Rio Paraguay.
♂: Laichzeit gelblich. ♀: Größer.   V: =
Z: Freilaicher.   F: K,O
T: 24–27°C, L: 15 cm, pH: 7, SG: 2

Charax pauciradiatus ♂   3/112
Hundskopf-Wachssalmler
H: Amazonasbecken, Paraguay.
♀: Größer.   V: =
Z: Freilaicher (?).   F: O
T: 22–27°C, L: 15 cm, pH: 7, SG: 2

Charax tectifer   4/63
Panzertetra
H: Oberer Amazonas, Ecuador.
♀: Fülliger u. etwas größer.   V: =
Z: Freilaicher, Pflanzen.   F: K,O
T: 23–28°C, L: 14 cm, pH: 7, SG: 3

Cynopotamus argenteus   2/252
Flußhund
H: Paraguay.
GU: Nicht bekannt.   V: –
Z: Nicht nachgezogen.   F: K
T: 20–24°C, L: 12 cm, pH: <7, SG: 4

AMERIKANISCHE SALMLER
Characidae (Characinae)

Echte Amerikanische Salmler

Exodon paradoxus 1/246
Zweitupfen-Raubsalmler
H: Brasilien, Guyana.
♀: Bauch kräftiger. V: –
Z: Wasserpflanzen. F: K
T: 23–28°C, L: 15 cm, pH: <7, SG: 3

Gnathocharax steindachneri 1/246
Fliegensalmler, Schlußlicht-Drachenflosser
H: Brasilien: Rio Madeira.
♀: Schwarzer Laichfleck. V: =
Z: Freilaicher. F: K,O
T: 23–27°C, L: 6 cm, pH: <7, SG: 2

Roeboexodon guyanensis 4/66
Haimaul-Salmler
H: Guyana-Länder.
GU: Unbekannt. V: =
Z: Nicht bekannt. F: K
T: 23–26°C, L: 10 cm, pH: <7, SG: 3

Roeboides caucae 1/248
Cauca-Raubglassalmler
H: Kolumbien: Rio Cauca.
♂: Gestreckter. V: –
Z: Freilaicher, Pflanzen. F: K
T: 22–26°C, L: 6 cm, pH: 7, SG: 3

Roeboides dayi 4/68
Days Raubglassalmler
H: Venezuela, Trinidad.
♀: Zur Laichzeit fülliger. V: –
Z: Freilaicher. F: K
T: 22–28°C, L: 5 cm, pH: 7, SG: 2–4

Roeboides descalvadensis 4/68
Descalvado-Raubglassalmler
H: Brasilien.
♀: Zur Laichzeit fülliger. V: =
Z: Freilaicher (?). F: K
T: 22–26°C, L: 5 cm, pH: 7, SG: 3

AMERIKANISCHE SALMLER
Characidae (Characinae[1-3])
(Cheirodontinae[4-6])

Echte Amerikanische Salmler

Roeboides meeki 3/114
Meeks Raubglassalmler
H: Kolumbien: Rio Cauca.
♂: Schlanker. V: –
Z: Freilaicher (?). F: K
T: 22–26°C, L: 6 cm, pH: 7, SG: 3

Roeboides paranensis 3/114
Paraguay-Raubglassalmler
H: Paraguay.
GU: Unbekannt. V: –
Z: Freilaicher (?). F: K
T: 22–26°C, L: 6,5 cm, pH: 7, SG: 3

Roeboides thurni 5/37
Thurns Raubglassalmler
H: Guyana.
GU: Unbekannt. V: –
Z: Paarweise; feinfiedrige Pflanzen. F: K
T: 22–25°C, L: 5 cm, pH: 7, SG: 2–3

Brittanichthys myersi 3/116
Brittans Salmler
H: Rio Negro, Rio Xeriuni.
♂: Häkchen an Analflossenstrahlen. V: +
Z: Unbekannt. F: K,O
T: 22–24°C, L: 4 cm, pH: ≪7, SG: 3

Brittanichthys sp. 4/104
Leuchtstrichsalmler
H: Peru.
GU: Unbekannt. V: (–)
Z: Nicht bekannt. F: K,O
T: 23–27°C, L: 3 cm, pH: <7, SG: 3

Holoshestes pequira 3/116
Orangepunkt-Salmler
H: Rio Guaporé, Rio Paraguay.
♂: Farbiger u. schlanker. V: +
Z: Wie *Paracheirodon innesi* (?). F: K,O
T: 22–26°C, L: 5,5 cm, pH: 7, SG: 2

AMERIKANISCHE SALMLER
Characidae (Cheirodontinae)

Odontostilbe fugitiva 3/118

H: Amazonasbecken, Kolumbien.
♂: Schlanker. V: +
Z: Unbekannt. F: K,O
T: 22–26°C, L: 5 cm, pH: <7, SG: 2–3

Odontostilbe piaba 2/269
Piabatetra

H: Brasilien.
♂: Konkave Anale, läng. Schwimmbl. V: +
Z: Unbekannt. F: O
T: 20–27°C, L: 5 cm, pH: 7, SG: 2

Odontostilbe pulchra 5/40

H: Trinidad, Venezuela.
♂: Schlanker, kleiner. V: +
Z: Unbekannt. F: K,O
T: 22–25°C, L: 3,5 cm, pH: 7, SG: 2–3

Phenacogaster megalostictus 5/41
Großfleckiger Glastetra

H: Guyana bis zum Rio Negro.
♀: Schwimmblase kürzer u. rund. V: =
Z: Schwarmlaicher zw. Pflanzen. F: K,O
T: 22–27°C, L: 4,5 cm, pH: <7, SG: 2–3

Phenacogaster pectinatus 3/118
Goldband-Glassalmler

H: Oberes u. mittleres Amazonasbecken.
♀: Anale nur schwach konkav. V: +
Z: Wie *Hemigrammus* (?). F: O
T: 23–27°C, L: 8 cm, pH: 7, SG: 1

Saccoderma hastata 4/66

H: Kolumbien.
♂: Adult: Kaudalflossendrüse. V: +
Z: Unbekannt. F: O
T: 23–27°C, L: 3,5 cm, pH: <7, SG: 2–3

AMERIKANISCHE SALMLER
Characidae (Cheirodontinae[1,2])
(Crenuchinae[3–6])

Prachtsalmler

Saccoderma melanostigma ♂ 5/38

Saccoderma melanostigma ♀ 5/38

H: Venezuela: Maracaibosee.
♂: Größer; längere Flossen. V: +
Z: Unbekannt. F: O
T: 25–28°C, L: 5 cm, pH: 7, SG: 2

Crenuchus spilurus 1/317
Fleckschwanzs., Kl. Raubs., Segelflossens.
H: Guyana.
♂: Dorsale spitz u. rot. V: =
Z: Höhlenlaicher, ♂ Brutpflege;<60E. F:K,O
T: 24–28°C, L: 6 cm, pH: <7, SG: 3–4

Poecilocharax bovallii ♂ 5/74

H: Guyana: Poloro-Fluß.
♂: Schlank; Anale rötlich. V: =
Z: Brutpflege durch das ♂? F: K
T: 23–27°C, L: 5 cm, pH: 7, SG: 2–3

Poecilocharax bovallii ♀ 5/74

Poecilocharax weitzmani ♂♂ 3/147
Weitzmans Raubsalmler
H: Amazonasbecken.
♂: Schlank bis „mager". V: =
Z: Brutpflege durch das ♂. F: K!
T: 24–28°C, L: 4 cm, pH: ≪7, SG: 3

AMERIKANISCHE SALMLER
Characidae (Glandulocaudinae)

Coelurichthys microlepis o.♀,u.♂ 3/120
Kleinschuppiger Barberos-Tetra
H: SO-Brasilien.
♂: Größer, farbiger. V: +
Z: Pflanzenlaicher. F: K
T: 18–23°C, L: 6 cm, pH: 7, SG: 3–4

Coelurichthys tenuis o.♀, u.♂ 3/120
Barberos Tetra
H: SO-Brasilien, Paraguay, N-Argentinien.
♂: Anale spitz ausgezogen. V: +
Z: Innere Befruchtung; zw. Pflanzen. F: K?
T: 19–22°C, L: 5 cm, pH: <7, SG: 3–4

Coelurichthys tenuis ♂ 2/254
Barberos Tetra

Corynopoma riisei ♂ 1/250
Zwergdrachenflosser
H: Kolumbien, Rio Meta.
♂: Pektoralen paddelartig lang. V: +
Z: Vorratsbefruchtung. F: O
T: 22–28°C, L: 6–7 cm, pH: 7, SG: 2

Gephyrocharax chapare 4/70
Chapare-Drüsensalmler
H: Bolivien, Kolumbien (?).
♂: Drüse am Schwanzstiel. V: +
Z: Vorratsbefrucht.; zw. Pflanzen. F: K,O
T: 20–24°C, L: 4,5 cm, pH: 7, SG: 2–3

Gephyrocharax valencia 2/256
Brückensalmler, Valenciasalmler
H: Venezuela: Valencia-See.
♂: Anale lappenartig. V: +
Z: Vorratsbefruchtung; zw. Pflanzen. F: O
T: 23–26°C, L: 5 cm, pH: 7, SG: 1

AMERIKANISCHE SALMLER
Characidae (Glandulocaudinae)

Gephyrocharax venezuelae 4/70
Venezuela-Drüsensalmler
H: Venezuela.
♂: „Sonderschuppe" am Schwanzstiel. V: +
Z: Wie *G. chapare* (?). F: K
T: 20–24°C, L: 5 cm, pH: 7, SG: 2

Mimagoniates lateralis ♂♂ 5/42

H: Brasilien: São Paulo, Santa Catarina.
♂: Mit Drüse; größer, schlanker. V: +
Z: Innere Befruchtung; an breite Blätter. F: O
T: 23–26°C, L: 5 cm, pH: <7, SG: 2–3

Mimagoniates lateralis ♀ 5/42

Mimagoniates microlepis ♂ 5/45
Kleinschuppiger Barberos Tetra
H: SO-Brasilien: Küstenregenwald.
♂: Größer, farbiger, längere Flossen. V: +
Z: Pflanzenlaicher. F: K
T: 18–25°C, L: 5–7 cm, pH: 7, SG: 2–3

Mimagoniates microlepis ♂ 5/45
Kleinschuppiger Barberos Tetra

Mimagoniates microlepis ♀ 5/45
Kleinschuppiger Barberos Tetra

AMERIKANISCHE SALMLER
Characidae (Glandulocaudinae[1-5])
(Iguanodectinae[6])

Mimagoniates microlepis 3/120
Kleinschuppiger Barberos-Tetra
„Joinville"

Pseudocorynopoma doriae ♂ 1/250
Drachenfl., Fransenfl., Kehlkopfs., Drüsens.
H: S-Brasilien, La Plata-Gebiet.
♂: Dorsale u. Anale lang. V: +
Z: Freilaicher, Pflanzen; 1000 E. F: O
T: 20–24°C, L: 8 cm, pH: 7, SG: 1

Pterobrycon myrnae ♂ 2/256
Flügelschuppensalmler
H: Costa Rica.
♀: „Normale" Ventralen. V: =
Z: Noch nicht gelungen. F: K,O
T: 23–26°C, L: 6 cm, pH: <7, SG: 2

Tyttocharax atopodus 4/72
Bürstenmaul-Drachenflosser
H: Peru.
GU: Unbekannt. V: –
Z: Unterseite von Blättern (?). F: <7
T: 20–24°C, L: 2,5 cm, pH: <7, SG: 3

Xenurobrycon macropus 3/122

H: Rio Paraguay.
♂: Auffällige Anale u. Kaudale. V: =
Z: Unbekannt. F: O
T: 22–28°C, L: 5 cm, pH: 7, SG: 2

Iguanodectes spilurus 1/296
Eidechsensalmler
H: Guyana, Brasilien.
♂: Vord. Strahlen der Anale länger. V: +
Z: Laichrost. F: K,O
T: 23–27°C, L: 5–6 cm, pH: <7, SG: 2

AMERIKANISCHE SALMLER
Characidae (Iguanodectinae[1])
(Paragoniatinae[2-6])

Piabucus dentatus 2/292
Piabucosalmler

H: Guyana-L., mittl. u. unt. Amazonas.
GU: Nicht beschrieben. V: =
Z: Noch nicht nachgezogen. F: K
T: 20–25°C, L: 18 cm, pH: 7, SG: 2

Paragoniates alburnus 1/252
Blauer Glassalmler

H: Mittl. u. ob. Amazonas, Venezuela.
GU: Unbekannt. V: +
Z: Freilaicher zw. Pflanzen (?). F: K,O
T: 23–27°C, L: 6 cm, pH: 7, SG: 2

Phenagoniates macrolepis 2/258
Panama Glutsalmler

H: S-Panama.
GU: Unbekannt. V: =
Z: Nicht erfolgt. F: K
T: 22–24°C, L: 6 cm, pH: <7, SG: 3–4

Prionobrama filigera 1/252
Rotflossen-Glassalmler

H: Rio Paraguay, Argentinien, S-Brasilien.
♂: Längere Anale. V: +
Z: Schwimmpflanzen. F: O
T: 22–30°C, L: 6 cm, pH: 7, SG: 1–2

Prionobrama sp. (*filigera*?) 4/72

H: Amazonas, Paraguay, Paraná, Uruguay.
♂: Dorsale u. Anale länger. V: +
Z: Unbekannt. F: K
T: 23–26°C, L: 5–6 cm, pH: 7, SG: 2

Rachoviscus crassiceps ♂ 3/123
Dickkopfsalmler

H: Rio de Janeiro, Paraná.
♂: Flossensaum weiß u. mit Häkchen. V: =
Z: Unbekannt. F: K,O
T: 20–25°C, L: 4,5 cm, pH: <7, SG: 1–2

AMERIKANISCHE SALMLER
Characidae (Paragoniatinae[1-4])
(Rhaphiodontinae[5,6])

Rachoviscus crassiceps ♀ 5/48
Dickkopfsalmler

Rachoviscus graciliceps ♂ 5/48

H: Brasilien: Bahía.
♂: Größer, farbiger, dunkler, Häkchen. V: =
Z: Daueransatz; Laichrost. F: K,O
T: 22–25°C, L: 5 cm, pH: <7, SG: 2

Rachoviscus graciliceps ♀ 5/48

Xenagoniates bondi 1/252
Goldstirn-Glassalmler
H: Kolumbien, O-Venezuela.
GU: Unbekannt. V: +
Z: Nicht erfolgt. F: K,O
T: 20–26°C, L: 6 cm, pH: 7, SG: 2–3

Acestrorhynchus altus 3/112
Roter Hundssalmler
H: Amazonas-, Paraguaybecken.
GU: Unbekannt. V: –
Z: Unbekannt. F: K!
T: 22–26°C, L: 35 cm, pH: <7, SG: 4

Acestrorhynchus falcirostris 2/251
Hundssalmler
H: Amazonasbecken, Orinoco, Guyana.
GU: Unbekannt. V: –
Z: Unbekannt. F: K!
T: 24–26°C, L: 40 cm, pH: <7, SG: 4

AMERIKANISCHE SALMLER
Characidae (Rhaphiodontinae[1-3])
(Rhoadsiinae[4])
(Serrasalminae[5, 6])

Sägesalmler

Acestrorhynchus cf. *microlepis* 5/50
Hechtkopfsalmler
H: Amazonasgebiet.
GU: Unbekannt. V: –!
Z: Überschwemmungsgebiete. F: K!
T: 18–28°C, L: >30 cm, pH: <7, SG: 4

Hydrolycus scomberoides 4/74, 5/50
Wolfsalmler
H: Amazonas, Orinoco, Rio Paraguay.
GU: Unbekannt. V: –!
Z: Unbekannt. F: K!
T: 20–28°C, L: <60 cm, pH: 7, SG: 4

Hydrolycus scomberoides 4/74, 5/50

Rhoadsia altipinna 4/76
Regenbogensalmler
H: W-Ecuador.
♂: Sichelförmige D; A mit rotem Rand. V: –
Z: Freilaicher, territorial. F: K
T: 22–25°C, L: 17 cm, pH: 7, SG: 3–4

Acnodon normani 1/350
Schafpacu
H: Brasilien: Rio Xingú, Rio Tocantins.
GU: Unbekannt. V: +
Z: Unbekannt. F: H
T: 22–28°C, L: <15 cm, pH: <7, SG: 3

Catoprion mento 2/328
Wimpelpiranha, Schuppenfressender Pi.
H: Guyana, Brasilien: Mato Grosso.
GU: Unbekannt. V: +,–
Z: Nicht berichtet. F: K!
T: 23–26°C, L: 15 cm, pH: ≪7, SG: 4

AMERIKANISCHE SALMLER
Characidae (Serrasalminae)　　　　　　　　　　　　　Sägesalmler

Colossoma brachypomus　　2/328
Silberner Pacu
H: Oberer Amazonas.
GU: Unbekannt.　　　　　　　　　V: +
Z: Unbekannt.　　　　　　　　　　F: H,O
T: 23–28°C, L: 45 cm, pH: <7, SG: 4

Colossoma macropomum　　1/350
Schwarzer Pacu, Riesenpacu, Gamitana
H: Amazonasgebiet.
♂: Dorsale spitz?, Anale gezähnt?　V: +
Z: Wanderfisch, Hormonspritze.　　F: H
T: 22–28°C, L: >60 cm, pH: 7, SG: 3

Metynnis argenteus　　1/352
Scheibensalmler, Silberdollar
H: Guyana, Brasilien.
♂: Anale vorne rot u. länger.　　V: +
Z: Schwimmpflanzen; <2000 Eier.　F: H
T: 24–28°C, L: 14 cm, pH: <7, SG: 3

Metynnis argenteus　　4/136
Scheibensalmler, Silberdollar
Eventuell ein ♂ in Brutfärbung.

Metynnis hypsauchen ♀　　1/352
Dickkopf-Scheibens., Schreitmüllers Sch.
H: Ven., Guyana-L., Bras., Paraguay.
♂: Anale farbiger u. länger.　　V: +
Z: Schwimmpflanzen; <2000 Eier.　F: H
T: 24–28°C, L: 15 cm, pH: <7, SG: 3

Metynnis hypsauchen ♂　　1/352
Dickkopf-Scheibens., Schreitmüllers Sch.
Laichfärbung. (Foto 3/163)

AMERIKANISCHE SALMLER
Characidae (Serrasalminae)   Sägesalmler

Metynnis hypsauchen fasciatus 2/330
Gestreifter Scheibensalmler
H: Amazonasbecken.
♂: Anale länger, hakenförmig. V: +
Z: Schwimmpflanzen. F: H,O
T: 23–26°C, L: 14 cm, pH: <7, SG: 3

Metynnis lippincottianus 1/354
Gefleckter Scheibensalmler, Roosevelts Sch.
H: Amazonasbecken: Weißwasser.
♂: Anale rot u. vorne länger. V: +
Z: Schwimmpflanzen; <2000 Eier. F: H
T: 23–27°C, L: 13 cm, pH: 7, SG: 2

Metynnis maculatus 3/160
Gepunkteter Scheibensalmler
H: Brasilien, Bolivien.
♂: Anale farbiger u. vorne länger. V: +
Z: Javamoos; 150 Eier. F: H
T: 20–28°C, L: 18 cm, pH: <7, SG: 2–3

Metynnis mola juvenil 3/160
H: Rio Paraguaybecken.
♂: Anale breit u. gerundet. V: +
Z: Unbekannt. F: H
T: 20–26°C, L: 15 cm, pH: <7, SG: 2–3

Myleus gurupyensis 3/162

H: Guyana-Länder, Amazonasbecken.
GU: Nicht unterscheidbar (?). V: +
Z: Unbekannt. F: H
T: 23–27°C, L: ca. 25 cm, pH: 7, SG: 3

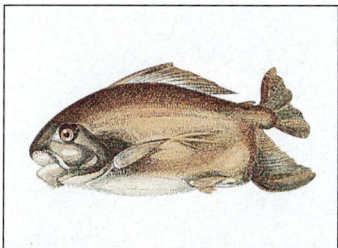

Myleus pacu 3/162
Pacu, Brauner Mühlsteinsalmler
H: Guyana-Länder, Amazonasbecken.
GU: Nicht erkennbar. V: +
Z: Unbekannt. F: H
T: 22–28°C, L: <60 cm, pH: 7, SG: 3

AMERIKANISCHE SALMLER
Characidae (Serrasalminae) — Sägesalmler

Myleus rubripinnis luna ♂ 2/330
Mond-Scheibensalmler
H: Brasilien: mittlerer Amazonas.
♂: Farbiger, Anale zweilappig. V: +
Z: Zwischen Pflanzenbüscheln. F: O
T: 23–25°C, L: 12 cm, pH: <7, SG: 3–4

Myleus rubripinnis luna „gelb" 4/136
H: Brasilien: unterer Rio Tocantins.
♂: Farbiger; Anale vorne länger. V: +
Z: Noch nicht gelungen. F: O,H
T: 22–27°C, L: 12 cm, pH: <7, SG: 2–3

Myleus rubripinnis rubripinnis 1/354
Haken-Scheibensalmler
H: Guyana-Länder, Amazonasgebiet.
GU: Nicht beschrieben. V: +
Z: Unbekannt. F: O
T: 23–27°C, L: <25 cm, pH: <7, SG: 3–4

Myleus schomburgkii 2/332
Schomburgks Scheibensalmler
H: Venezuela, Brasilien.
♂: Anale zweilappig, Dorsale spitzer. V: +
Z: Noch nicht erfolgt. F: H,O
T: 23–27°C, L: 12 cm, pH: <7, SG: 2–3

Mylossoma aureum 4/138
Gemeiner Scheibensal., Goldener Mühlsteins.
H: Orinoco- u. Amazonasbecken.
♂: Anale vorne länger. V: +
Z: Natur: Freilaicher, paarweise. F: H,O
T: 22–28°C, L: 20 cm, pH: <7, SG: 2–3

Mylossoma duriventre 1/356
Mühlsteinsalmler
H: S-Amazonasbecken bis Argentinien.
GU: Unbekannt. V: +
Z: Unbekannt. F: H
T: 22–28°C, L: >20 cm, pH: <7, SG: 4

AMERIKANISCHE SALMLER
Characidae (Serrasalminae) — Sägesalmler

Ossubtus xinguense 4/138
Adlerschnabel-Pacu
H: NO-Brasilien: Rio Xingú, Altamira. E?
GU: Unbekannt. V: +
Z: Unbekannt. F: H,O
T: 22–25°C, L: ca.15 cm, pH: <7, SG: 3

Serrasalmus calmoni 2/332, 5/80
Schlußlichtpiranha
H: Venezuela, Guyana, unt. Amazonas.
♂: Dunkler, Anale stärker gekrümmt. V: +
Z: Schwarmlaicher zw. Pflanzen. F: O
T: 23–28°C, L: 15 cm, pH: 7, SG: 1–2

Serrasalmus nattereri adultes ♂ 1/356
Natterers Sägesalmler, Roter Piranha
H: Guyana bis La Plata-Gebiet.
♂: Rote Kehle. ♀: Gelber. V: !
Z: Schwarmlaicher zw. Pflanzen. F: K
T: 23–27°C, L: 28 cm, pH: <7, SG: 4

Serrasalmus nattereri Jungtier 1/356
Natterers Sägesalmler, Roter Piranha
Foto s.S. 1/359.

Serrasalmus notatus 2/334
Schulterfleck-Piranha
H: Venezuela, Guyana-Länder.
♂: Bulliger Kopf, schlanker. V: !
Z: Schwarmlaicher zw. Pflanzen. F: K
T: 22–27°C, L: 28 cm, pH: <7, SG: 3–4

Serrasalmus rhombeus 1/358
Gefleckter Sägesalmler, „Roter Piranha"
H: Guyana-Länder, Amazonasbecken.
♂: Anale vorne spitz u. länger. V: !
Z: Gelungen. F: K
T: 23–27°C, L: 38 cm, pH: <7, SG: 4

AMERIKANISCHE SALMLER
Characidae (Serrasalminae[1-4])
(Stethaprioninae[5, 6])

Sägesalmler

Serrasalmus sp. juv.   5/82

H: Amazonasbecken.
GU: Unbekannt.   V: !
Z: Unbekannt.   F: K
T: 22–28°C, L: ca. 25 cm, pH: <7, SG: 3

Serrasalmus spilopleura   1/358
Schwarzband-Sägesalmler

H: Orinoco, Amazonasbecken, La Plata.
♀: Tiefer gekerbte Kaudale.   V: !
Z: Zwischen Wasserpflanzen.   F: K
T: 23–28°C, L: 25 cm, pH: <7, SG: 4

Serrasalmus ternetzi   2/334
Diamant-Piranha

H: Paraguay.
GU: Nicht bekannt.   V: +
Z: Unbekannt, Schwarm.   F: H
T: 20–25°C, L: 25 cm, pH: <7, SG: 4

Utiaritichthys sennaebragai   4/140

H: Brasilien.
♂: Ventral kräftiger rot.   V: =
Z: Unbekannt.   F: H
T: 23–28°C, L: 25 cm, pH: <7, SG: 4

Brachychalcinus orbicularis   1/254
Diskussalmler

H: N- u. mittl. Südamerika.
GU: Unbekannt.   V: +
Z: Freilaicher.   F: H,O
T: 18–24°C, L: 12 cm, pH: 7, SG: 3

Poptella longipinnis   4/78

H: Venezuela.
♀: Zur Laichzeit fülliger.   V: =
Z: Unbekannt.   F: K,O
T: 25–28°C, L: 10 cm, pH: 7, SG: 2

AMERIKANISCHE SALMLER
Characidae (Stethaprioninae[1])
(Tetragonopterinae[2–6])

Tetras

Stethaprion erythops 4/78

H: Oberes u. mittl. Amazonasbecken.
GU: Unbekannt. V: +
Z: Noch nicht gelungen. F: K
T: 24–28°C, L: 8 cm, pH: 7, SG: 2–4

Tetragonopterinae sp. ♂ 5/58
Tukáno-Salmler

H: Brasilien: Rio Uaupés.
♂: Kleiner, schlanker. V: =
Z: Aufzucht nicht gelungen. F: K
T: 21–27°C, L: 2 cm, pH: ≪7, SG: 4

Tetragonopterinae sp. ♀ 5/58
Tukáno-Salmler

Tetragonopterinae sp. nov. 5/61
„Kielbauch"-Salmler

H: Brasilien: Rio Uaupés.
♂: Hochrückiger. V: =
Z: Unbekannt; wird sehr aggressiv. F: K
T: 24–30°C, L: 7 cm, pH: <7, SG: 2–4

Tetragonopterinae sp. nov. ♂ 5/63
Kielbauchsalmler I

H: Brasilien: Rio Uaupés.

Astyanax abramis 5/52

H: O-Andines Südamerika bis Paraguay.
♂: Kleiner, schlanker. V: +
Z: Sicher möglich. F: K,O
T: 23–26°C, L: 5 cm, pH: 7, SG: 2–3

AMERIKANISCHE SALMLER
Characidae (Tetragonopterinae)

Tetras

Astyanax bimaculatus 1/255
Rautensalmler
H: O-Südamerika bis Paraguay.
♂: Anale u. Kaudale gelbrötlich. V: +
Z: Sicher möglich. F: K,O
T: 20–28°C, L: 15 cm, pH: <7, SG: 2

Astyanax brevirhinus 4/80
Stumpfmäuliger Tetra
H: O-Brasilien.
♂: Kräftiger gefärbt. V: +
Z: Nicht erfolgt. F: K,O
T: 23–27°C, L: 10 cm, pH: 7, SG: 2

Astyanax daguae 5/52

H: Kolumbien.
♂: Schlanker. V: +
Z: Zw. Pflanzen. F: K,O
T: 24–27°C, L: 4 cm, pH: 7, SG: 2–3

Astyanax fasciatus fasciatus 3/124
Amerikanischer Streifensalmler
H: Mexiko bis Argentinien, nicht überall.
♂: Schlanker. V: +
Z: Pflanzenbüschel. F: K,O
T: 20–25°C, L: 14 cm, pH: 7, SG: 1

Astyanax fasciatus mexicanus 1/256
Blinder Höhlensalmler
H: Texas bis Panama.
♂: Schlanker. V: +
Z: Relativ leicht. F: K,O
T: 20–25°C, L: 9 cm, pH: 7, SG: 1

Astyanax giton 3/124

H: O-Brasilien.
GU: Unbekannt. V: +
Z: Unbekannt. F: K,O
T: 20–25°C, L: 8 cm, pH: 7, SG: 1

AMERIKANISCHE SALMLER
Characidae (Tetragonopterinae)
Tetras

Astyanax guianensis 3/126

H: Guyana, Venezuela.
♂: Anale stärker gebogen. V: +
Z: Schwarmlaicher, Pflanzen. F: K,O
T: 23–27°C, L: 6 cm, pH: 7, SG: 1–2

Astyanax cf. *maximus* 4/82

H: Peru.
♂: Schlanker. V: ?
Z: Unbekannt. F: K,O
T: 20–22°C, L: ca.20 cm, pH: 7, SG: 2–3

Astyanax cf. *ribeirae* 4/82

H: SO-Brasilien.
♂: Längere Dorsale. V: +
Z: Paarweise, Pflanzen. F: K,O
T: 23–27°C, L: 8 cm, pH: 7, SG: 2

Astyanax scabripinnis 3/126
Rauhflossensalmler

H: O- u. SO-Brasilien.
♀: Deutlich voller. V: +
Z: Schwarm, Pflanzen. F: O
T: 22–26°C, L: 10 cm, pH: 7, SG: 2

Astyanax sp. 5/54
Evtl. *Hyphessobrycon ecuadoriensis*

H: Kolumbien: Dariengebiet.
♂: D größer; schlanker. V: +
Z: Freilaicher; auch ü. Glasboden. F: K
T: 24–27°C, L: 5 cm, pH: <7, SG: 2

Astyanax sp. „Cabruta" 5/54
Cabrutasalmler

H: Venezuela: Umgebung Cabruta.
♂: Anale ausgezogener. V: +
Z: Unbekannt. F: O
T: 22–28°C, L: 7 cm, pH: 7, SG: 2

AMERIKANISCHE SALMLER
Characidae (Tetragonopterinae) Tetras

Astyanax sp. „Lago Tefé" 4/84
Goldflossensalmler
H: Brasilien, Tefe-See u. Umgebung.
♂: Viel kleiner u. schlanker. V: +
Z: Noch nicht gelungen. F: K,O
T: 24–27°C, L: 4,5 cm, pH: 7, SG: 2–3

Astyanax sp. „Lago Tefé" 4/84
Goldflossensalmler
oben ♀, unten 2 ♂♂

Astyanax zonatus 2/260
Diamantsalmler
H: Paraguay. Oberer Amazonas (?).
♂: Schlanker, etwas größer. V: +
Z: Schwarm, Pflanzenbüschel. F: K,O
T: 20–25°C, L: 8 cm, pH: 7, SG: 1

Astyanax riesei ♀ 1/256
Roter Griessalmler
H: S-Kolumbien: Rio Meta.
♂: Schlanker. V: +
Z: Noch nicht gelungen. F: K
T: 20–26°C, L: 4 cm, pH: 7, SG: 3

Axelrodia stigmatias 2/261
Pfeffersalmler
H: Amazonasbecken.
♂: Schlanker; weiße Striche intensiver. V: +
Z: Noch nicht gelungen. F: K,O
T: 22–26°C, L: 3 cm, pH: ≪7, SG: 2–3

Boehlkea fredcochui 1/258
Blauer Perusalmler
H: Peru, Kolumbien.
GU: Nicht genau bekannt. V: +
Z: Erfolgreich. F: K,O
T: 22–26°C, L: 5 cm, pH: <7, SG: 2–3

AMERIKANISCHE SALMLER
Characidae (Tetragonopterinae) — Tetras

Bryconamericus iheringi 5/56
Primerosalmler
H: S-Brasilien, N-Argentinien.
♂: Kleiner, schlanker. V: +
Z: Freilaicher zw. Pflanzen (?). F: K,O
T: 18–23°C, L: 10 cm, pH: 7, SG: 2

Bryconamericus scopiferus 4/86
Rostbrauner Tetra
H: Kolumbien.
GU: Unbekannt. V: +
Z: Freilaicher zw. Pflanzen (?). F: K,O
T: 23–27°C, L: 10 cm, pH: <7, SG: 2

Bryconamericus sp. aff. *stramineus*
3/128
H: Paraguay.
GU: Unbekannt. V: +
Z: Freilaicher zw. Pflanzen (?). F: K,O
T: 22–26°C, L: 6 cm, pH: <7, SG: 2

Bryconella pallidifrons 4/86
H: Peru.
♂: 0,5 cm kleiner; schlanker. V: +
Z: Noch nicht gelungen. F: K,O
T: 26–28°C, L: ♀3,5 cm, pH: <7, SG: 2–4

Bryconops caudomaculatus ♂ 2/262
Leuchtflecksalmler
H: Guyana, Brasilien, Kolumbien.
♂: Spitzere Schwanzflossenlappen. V: +
Z: Nicht erfolgt. F: K,O
T: 23–26°C, L: 13 cm, pH: 7, SG: 2–3

Bryconops caudomaculatus ♀ 2/262
Leuchtflecksalmler

AMERIKANISCHE SALMLER
Characidae (Tetragonopterinae)

Tetras

Bryconops (Creatochanes) inpai 4/88

H: Brasilien, Peru.
♀: Laichansatz. V: +
Z: Unbekannt. F: O
T: 24–27°C, L: 10 cm, pH: <7, SG: 2–4

Bryconops melanurus 2/264
Rotschwänzchensalmler

H: O-Brasilien.
♂: Schlanker. V: +,=
Z: Natur: Freilaicher. F: K,O
T: 23–26°C, L: 10 cm, pH: <7, SG: 2–3

Carlastyanax aurocaudatus 1/258

H: Kolumbien: Rio Cauca. E
GU: Unbekannt. V: +
Z: Unbekannt. F: K,O
T: 22–25°C, L: 5 cm, pH: <7, SG: 2–3

Ceratobranchia obtusirostris 3/128

H: Peru, Kolumbien.
GU: Unbekannt. V: +
Z: Unbekannt. F: O
T: 20–24°C, L: 7, pH: <7, SG: 2

Cheirodon affinis 2/264
Weißer Tetra

H: Costa Rica, Panama.
♂: Dickere Strahlen, Widerhäkchen. V: +
Z: Unbekannt. F: K,O
T: 22–24°C, L: 4,5 cm, pH: 7, SG: 2

Cheirodon galusdae 2/266
Chilesalmler

H: Mittleres Chile.
♂: Schlanker. V: –
Z: Noch nicht gelungen. F: K
T: 18–22°C, L: 6 cm, pH: 7, SG: 3

AMERIKANISCHE SALMLER
Characidae (Tetragonopterinae) — Tetras

Cheirodon kriegi 2/266
Dreipunkttetra
H: Rio Paraguaybecken, Brasilien.
♀: Vollere Bauchpartie. V: +
Z: Freilaicher, Pflanzen. F: K,O
T: 24–27°C, L: 5 cm, pH: <7, SG: 2

Cheirodon parahybae ♀ 1/260
Blaustrichtetra
H: SO-Brasilien.
♂: Schlanker; Widerhäkchen. V: +
Z: Unbekannt. F: K,O
T: 23–27°C, L: 4,5 cm, pH: 7, SG: 2

Creagrutus beni ♀ 2/270
Goldbandsalmler
H: Venezuela, Brasilien, Peru, Bolivien.
♀: Farbenprächtiger (!). V: +
Z: Vorratsbefruchtung; 50–70 E. F: O
T: 22–26°C, L: <8 cm, pH: <7, SG: 1–2

Creagrutus brevipinnis 4/88
Doppelstreifentetra
H: Kolumbien: Rio Cauca. E
♀: Farbenprächtiger (!). V: +
Z: Vorratsbefruchtung (kurz). F: K
T: 23–27°C, L: 6 cm, pH: <7, SG: 3

Creagrutus lepidus 5/56

H: N-Venezuela.
♂: Schlanker, farbiger; Längsband. V: +
Z: Unbekannt. F: K
T: 25–30°C, L: 7–8 cm, pH: >7, SG: 2

Ctenobrycon spilurus hauxwellianus
Hochrückensalmler 1/262
H: Amazonas.
♂: Lebhaftere Farben. V: =
Z: Freilaicher, Pflanzen. F: K,O
T: 20–28°C, L: 8 cm, pH: 7, SG: 2

AMERIKANISCHE SALMLER
Characidae (Tetragonopterinae) — Tetras

Gymnocorymbus socolofi 2/270
Socolofs Rotmantelsalmler
H: Kolumbien: Rio Meta.
GU: Nicht beschrieben. V: +
Z: Nicht beschrieben. F: O
T: 23–27°C, L: 5,5 cm, pH: <7, SG: 2

Gymnocorymbus ternetzi 1/262
Trauermantelsalmler
H: Rio Paraguay, Rio Guaporé, Bolivien.
♂: Anale breiter, Dorsale spitzer. V: +
Z: Freilaicher, Pflanzen. F: O
T: 20–26°C, L: 5,5 cm, pH: 7, SG: 1

Gymnocorymbus thayeri 1/264
Silbermantelsalmler
H: Amazonas- u. Orinocobecken.
♂: Anale konkav. V: +
Z: Nicht beschrieben. F: K,O
T: 23–27°C, L: 6 cm, pH: <7, SG: 2

Hasemania nana 1/264
Kupfersalmler
H: Brasilien.
♂: Farbiger, Analflossenspitze weiß. V: +
Z: Freilaicher, Pflanzen. F: K,O
T: 23–28°C, L: 5 cm, pH: <7, SG: 1

Hemibrycon jabonero 4/90
Jabonero Tetra
H: Venezuela, Kolumbien (?), Ecuador.
♀: Etwas größer u. dicker. V: =
Z: Nicht beschrieben. F: K
T: 22–26°C, L: <10 cm, pH: <7, SG: 2–3

Hemigrammus barrigonae u. ♂, o. ♀ 4/92
Barrigona-Tetra
H: Kolumbien.
♂: Schlanker, kleiner. V: +
Z: Feinfiedrige Pflanzen. F: K,O
T: 22–26°C, L: 4,5 cm, pH: <7, SG: 3

AMERIKANISCHE SALMLER
Characidae (Tetragonopterinae) — Tetras

Hemigrammus bellottii 3/130

H: Guyana-Länder, Amazonas.
♂: Schlanker, kleiner. V: +
Z: Zw. feinfiedrigen Pflanzen. F: K,O
T: 23–27°C, L: 4 cm, pH: <7, SG: 2

Hemigrammus bleheri 1/272, 3/130
Rotkopfsalmler

H: Kolumbien, Brasilien.
♂: Schlanker. V: +
Z: Zw. feinfiedrigen Pflanzen. F: K,O
T: 23–26°C, L: 4,5 cm, pH: <7, SG: 2–3

Hemigrammus boesemani 2/272
Glanzstrichsalmler

H: Guyana-Länder, Amazonas.
♂: Unten spitze Schwimmblase. V: +
Z: Feinfiedrige Pflanzen. F: K,O
T: 23–26°C, L: 4,5 cm, pH: <7, SG: 2

Hemigrammus caudovittatus 1/266
Rautenflecksalmler

H: Argentinien, Paraguay, SO-Brasilien.
♂: Flossen roter oder gelber. V: +
Z: Feinfiedrige (harte) Pflanzen. F: K,O
T: 18–28°C, L: 7 cm, pH: 7, SG: 1

Hemigrammus cupreus 4/92
Glänzender Kupfertetra

H: Amazonasbecken.
♂: Farbiger. V: +
Z: Feinfiedrige Pflanzen. F: K,O
T: 23–27°C, L: 3,5 cm, pH: 7, SG: 2

Hemigrammus elegans 1/266
Goldstrich-Glassalmler

H: Amazonas.
♂: Schlanker. V: +
Z: Feinfiedrige Pflanzen. F: K,O
T: 23–27°C, L: 3,5 cm, pH: 7, SG: 2

AMERIKANISCHE SALMLER
Characidae (Tetragonopterinae) — Tetras

Hemigrammus erythrozonus 1/268
Glühlichtsalmler
H: Guyana: Essequibo-Fluß. E
♂: Schlanker, kleiner. V: +
Z: Feinfiedrige Pflanzen. F: K,O
T: 24–28°C, L: 4 cm, pH: <7, SG: 2

Hemigrammus guyanensis 2/272
Rotpunktsalmler
H: Französisch Guyana.
♂: Spitze Schwimmblase. V: +
Z: Feinfiedrige Pflanzen. F: K,O
T: 20–24°C, L: 4 cm, pH: <7, SG: 1–2

Hemigrammus hyanuary 1/268
Grüner Neon, Costello-Salmler
H: Brasilien: Amazonas.
♂: Anale hat Widerhaken. V: +
Z: Feinfiedrige Pflanzen. F: K,O
T: 23–27°C, L: 4 cm, pH: <7, SG: 1–2

Hemigrammus sp. aff. *hyanuary* ♂ 4/96

H: Kolumbien.
♂: Schlanker (s. Fotos). V: +
Z: Feinfiedrige Pflanzen. F: K,O
T: 23–27°C, L: 4 cm, pH: <7, SG: 2

Hemigrammus sp. aff. *hyanuary* 4/96
Zwei ♀♀.

Hemigrammus levis 1/266
Silberstreifentetra
H: Mittlerer Amazonas.
♂: Schlanker. V: +
Z: Feinfiedrige Pflanzen. F: K,O
T: 24–28°C, L: 5 cm, pH: 7, SG: 1–2

AMERIKANISCHE SALMLER
Characidae (Tetragonopterinae) — Tetras

Hemigrammus marginatus 1/266
Bassamsalmler
H: Kolumbien, O-Brasilien, Paraguay.
♂: Schlanker. V: +
Z: Zw. feinfiedrigen Pflanzen (?). F: K,O
T: 20–28°C, L: 8 cm, pH: 7, SG: 1

Hemigrammus mattei 4/98
Mattes Tetra, „Falscher Schlußlichtsalmler"
H: Argentinien.
♀: Schwimmblase stumpf; höher. V: +
Z: Zw. feinfiedrigen Pflanzen. F: K,O
T: 22–26°C, L: 4,5 cm, pH: 7, SG: 1

Hemigrammus micropterus 3/132

H: Venezuela.
♂: Schlanker, kleiner. V: +
Z: Feinfiedrige Pflanzen (?). F: K,O
T: 23–27°C, L: 3,5 cm, pH: <7, SG: 2

Hemigrammus ocellifer 1/270
Schlußlichtsalmler, Laternens., Fleckens.
H: Franz. Guyana, Amazonien, Bolivien.
♂: Schlanker. V: +
Z: Feinfiedrige Pflanzen. F: K,O
T: 24–28°C, L: 4,5 cm, pH: <7, SG: 1–2

Hemigrammus pulcher 1/270
Karfunkelsalmler
H: Peru, Brasilien.
♂: Kleiner, Schwimmblase spitz. V: +
Z: Passende Partner suchen. F: K,O
T: 23–27°C, L: 4,5 cm, pH: <7, SG: 2

Hemigrammus rhodostomus 1/278
Ahls Rotmaulsalmler
H: Unterer Amazonas.
♂: Schlanker. V: +
Z: Feinfiedrige Pflanzen. F: K,O
T: 24–27°C, L: 5 cm, pH: <7, SG: 1–2

AMERIKANISCHE SALMLER
Characidae (Tetragonopterinae) Tetras

Hemigrammus rodwayi (1/266), 1/272
Goldtetra, Glanztetra, Messingsalmler,...
H: Guyana.
♂: Anale vorn weiß u. rötlicher. V: +
Z: Feinfiedrige Pflanzen. F: K,O
T: 24–27°C, L: 5 cm, pH: <7, SG: 2

Hemigrammus rodwayi (1/266), 1/272
...Kirschfleckensalmler
Normalfärbung. Goldene Tiere sind fast immer ♂. (Abgebildet Seite 1/267)

Hemigrammus schmardae 2/274
Schmardsalmler
H: Brasilien.
♂: Schlanker. V: +
Z: Feinfiedrige Pflanzen. F: K,O
T: 24–27°C, L: 5 cm, pH: <7, SG: 2

Hemigrammus stictus ♀ adult 2/276
Blutschwanzsalmler
H: Guyana-L., Amazonien, Kolumbien.
♂: Schlanker. V: +
Z: Feinfiedrige Pflanzen. F: K,O
T: 23–27°C, L: 6 cm, pH: <7, SG: 2

Hemigrammus stictus ♂ juv. 2/276
Blutschwanzsalmler

Hemigrammus tridens ♂ 3/132
Kreuzflecksalmler
H: Paraguay.
♂: Schlanker, kleiner. V: +
Z: Zw. feinfiedrigen Pflanzen (?). F: K,O
T: 23–25°C, L: 3,5 cm, pH: <7, SG: 2

AMERIKANISCHE SALMLER
Characidae (Tetragonopterinae)　　　　　　　　　　　　　　　Tetras

Hemigrammus ulreyi 1/274
Flaggensalmler, Ulrey's Salmler
H: Oberer Rio Paraguay.
♂: Schlanker, kleiner. V: +
Z: Nicht erfolgt. F: K,O
T: 23–27°C, L: 5 cm, pH: <7, SG: 1–2

Hemigrammus unilineatus 1/274
Schwanzstrichsalmler
H: Rio Paraguay, Amazonas, Guyana-L.
♂: Schlanker, Schwimmblase spitz. V: +
Z: Feinfiedrige Pflanzen; <300 E. F: K,O
T: 23–28°C, L: 5 cm, pH: 7, SG: 1

Hemigrammus sp. aff. *unilineatus* 4/104

H: Peru.
GU: Nicht bekannt. V: +
Z: Feinfiedrige Pflanzen. F: K,O
T: 23–27°C, L: 5 cm, pH: <7, SG: 2

Hemigrammus vorderwinkleri 2/274
Goldglanzsalmler
H: Brasilien.
♂: Stärker hakenförmige Anale. V: +
Z: Feinfiedrige Pflanzen. F: K,O
T: 23–27°C, L: 4 cm, pH: <7, SG: 2

Hyphessobrycon amandae 4/91
Funkensalmler
H: Brasilien.
♂: Etwas farbintensiver. V: +
Z: Nicht beschrieben. F: O
T: 24–28°C, L: <3 cm, pH: <7, SG: 2

Hyphessobrycon bentosi bentosi 1/280
Schmucksalmler
H: Guyana, unterer Amazonas.
♂: Dorsale spitzer ausgezogen. V: +
Z: Feinfiedrige Pflanzen. F: K,O
T: 24–28°C, L: 4 cm, pH: <7, SG: 1–2

AMERIKANISCHE SALMLER
Characidae (Tetragonopterinae) — Tetras

Hyphessobrycon bentosi rosaceus 1/280
Rosensalmler
H: Guyana, unter. Amazonas, Paraguay.
♂: Farbiger; Dorsale größer. V: +
Z: Zw. feinfiedrigen Pflanzen. F: K,O
T: 24–28°C, L: 4 cm, pH: <7, SG: 1–2

Hyphessobrycon bifasciatus gold 1/282
Gelber Salml., „Gelber v. Rio", Messingtetra
H: O-Brasilien.
♀: Voller. V: +
Z: Zw. feinfiedrigen Pflanzen. F: O
T: 20–25°C, L: 4 cm, pH: 7, SG: 1

Hyphessobrycon bifasciatus 1/282
Gelber Salml., „Gelber v. Rio", Messingtetra
Normalfärbung.

Hyphessobrycon callistus 1/282
Blutsalmler
H: S-Amazonas- u. Paraguaybecken.
♂: Unten spitze Schwimmblase. V: +
Z: Feinfiedrige Pflanzen (Paarw.). F: K,O
T: 22–28°C, L: 4 cm, pH: 7, SG: 2

Hyphessobrycon compressus 3/134
H: Guatemala, Honduras, Mexico.
♂: Etwas größer, schlanker. V: +
Z: Zw. feinfiedrigen Pflanzen (?). F: K,O
T: 23–26°C, L: 3,5 cm, pH: <7, SG: 2

Hyphessobrycon copelandi 1/280
Copelands Salmler, Federsalmler
H: Oberes u. mittleres Amazonasbecken.
♂: Dorsale u. Anale viel länger. V: +
Z: Zw. feinfiedrigen Pflanzen. F: K,O
T: 24–28°C, L: 4,5 cm, pH: <7, SG: 2

AMERIKANISCHE SALMLER
Characidae (Tetragonopterinae) — Tetras

Hyphessobrycon elachys 3/134
Schilfsalmler
H: Brasilien, Paraguay.
♂: Verlängerte D, V u. A. V: +
Z: Zw. feinfiedrigen Pflanzen. F: K,O
T: 24–27°C, L: 5 cm, pH: <7, SG: 2

Hyphessobrycon erythrostigma 1/284
Perez Salmler, Fahnen-Kirschflecksalmler
H: Peru: oberes Amazonasbecken.
♀: Oben. ♂: Unten. V: +
Z: Zw. feinfiedrigen Pflanzen. F: K,O
T: 23–28°C, L: 6 cm, pH: <7, SG: 2

Hyphessobrycon flammeus 1/286
Roter von Rio
H: O-Brasil.
♂: A rot. ♀: V mit schwarzen Spitzen. V: +
Z: Zw. feinfiedrigen Pflanzen. F: O
T: 22–28°C, L: 4 cm, pH: 7, SG: 1

Hyphessobrycon georgettae 4/94
Georgis Tetra
H: Surinam.
♂: Schwimmblase spitz; länger. V: +
Z: Zw. feinfiedrigen Pflanzen. F: K,O
T: 23–27°C, L: 4 cm, pH: <7, SG: 2

Hyphessobrycon griemi 1/286
Roter Goldflecksalmler, Ziegelsalmler
H: Mittelbrasilien.
♂: Anale blutrot mit weißem Saum. V: +
Z: Feinfiedrige Pflanzen; leicht. F: K,O
T: 23–28°C, L: 4 cm, pH: 7, SG: 1–2

Hyphessobrycon haraldschultzi 4/94
Schultz' Signalsalmler
H: Brasilianisch-Kolumbianische Grenze.
♂: Schlanker zur Laichzeit. V: +
Z: Zw. feinfiedrige Pflanzen (?). F: K,O
T: 22–26°C, L: 3,5 cm, pH: <7, SG: 2–3

AMERIKANISCHE SALMLER
Characidae (Tetragonopterinae) — Tetras

Hyphessobrycon herbertaxelrodi 1/288
Schwarzer Flaggensalmler, „Schw. Neon"
H: Brasilien, Paraguay.
♀: Bauch voller. V: +
Z: Feinfiedrige Pflanzen, Torf. F: K,O
T: 23–27°C, **L:** 4 cm, **pH:** <7, **SG:** 2–3

Hyphessobrycon heterorhabdus 1/288
Dreibandsalmler, „Falscher Ulrey"
H: S-Zuflüsse des mittl. Amazonas.
♀: Voller u. etwas größer. V: +
Z: Zw. feinfiedrigen Pflanzen. F: K,O
T: 23–28°C, **L:** 4–5 cm, **pH:** <7, **SG:** 2

Hyphessobrycon igneus 3/136

H: Argentinien, Paraguay.
♂: Bunter, schlanker. V: +
Z: Unbekannt. F: K,O
T: 20–24°C, **L:** 5 cm, **pH:** 7, **SG:** 2–3

Hyphessobrycon inconstans 1/290, 3/136
Flittersalmler
H: O-Brasilien, Paraguay, Kolumbien.
♀: Bauch stärker konvex. V: +
Z: Freilaicher. F: K,O
T: 22–28°C, **L:** 4,5 cm, **pH:** 7, **SG:** 1

Hyphessobrycon loretoensis 1/290
Loretosalmler
H: Peru: oberes Amazonasbecken.
♂: Schlanker. V: +
Z: Nicht erfolgreich (?). F: K,O
T: 22–26°C, **L:** 4 cm, **pH:** <7, **SG:** 2–3

Hyphessobrycon loweae ♀ 5/64

H: Brasilien: Mato Grosso.
♂: Längere Anale u. Dorsale. V: +
Z: Unbekannt. F: O
T: 25–28°C, **L:** 4,5 cm, **pH:** 7, **SG:** 2

AMERIKANISCHE SALMLER
Characidae (Tetragonopterinae) Tetras

Hyphessobrycon luetkeni 3/138

H: Paraguay, SO-Brasilien.
♂: Schlanker. V: +
Z: Zw. feinfiedrigen Pflanzen. F: O,K
T: 22–26°C, L: 6 cm, pH: 7, SG: 2

Hyphessobrycon metae 2/278
Purpurtetra, Rio Meta-Salmler
H: Kolumbien: Rio Meta.
♀: Voller u. höher gebaut. V: +
Z: Zw. feinfiedrigen Pflanzen. F: K,O
T: 22–26°C, L: 5 cm, pH: <7, SG: 2–3

Hyphessobrycon minimus 4/98
Minitetra
H: Peru, Guyana.
♀: Schwimmbl. stumpf, höher. V: +
Z: Zw. feinfiedrigen Pflanzen (?). F: K,O
T: 23–27°C, L: 3 cm, pH: <7, SG: 3

Hyphessobrycon minor 1/290
Weißer Minor, Glasminor
H: Guyana-Länder.
♂: ? V: +
Z: Zw. feinfiedrigen Pflanzen? F: K,O
T: 23–27°C, L: 3 cm, pH: 7, SG: 2

Hyphessobrycon newboldi 5/64

H: Venezuela.
♂: 1 cm kleiner; schlanker. V: +
Z: Nicht erfolgt; größere Becken. F: O
T: 25–29°C, L: ♀ 5 cm, pH: 7, SG: 2–3

Hyphessobrycon peruvianus 3/138
Blauer Loretosalmler
H: Peru: Iquitos.
♂: Schlanker. V: +
Z: Zw. feinfiedrigen Pflanzen. F: K,O
T: 24–26°C, L: 4,5 cm, pH: <7, SG: 2–3

113

AMERIKANISCHE SALMLER
Characidae (Tetragonopterinae)   Tetras

Hyphessobrycon pulchripinnis   1/292
Zitronensalmler, Schönflossensalmler
H: Mittl. Brasilien: Tocantins-Zuflüsse.
♂: Anale deutl. schwarzer Saum.   V: +
Z: Freilaicher.   F: K,O
T: 23–28°C, L: 4,5 cm, pH: <7, SG: 1–2

Hyphessobrycon pyrrhonotus   5/66
Rotrücken-Kirschflecksalmler
H: Brasilien: mittl. Rio Negro.
♂: Längere Dorsale.   V: +
Z: Weiches Wasser um Neutral.   F: K
T: 24–27°C, L: 6 cm, pH: 7, SG: 2–3

Hyphessobrycon reticulatus   2/280
Netzsalmler
H: SO-Brasilien, La Plata-Becken.
GU: Unbekannt   V: =
Z: Zw. feinfiedrigen Pflanzen (?).   F: K,O
T: 15–25°C, L: 8 cm, pH: 7, SG: 2–3

Hyphessobrycon „robertsi" ♂♂   1/292
Sichelsalmler
H: Peru: Iquitos.
♂: Dorsale stärker ausgezogen.   V: +
Z: Torfwasser, schwierig.   F: K,O
T: 23–28°C, L: 5 cm, pH: <7, SG: 2

Hyphessobrycon robustulus   1/290
Kugelflecksalmler
H: Peru: Amazonasbecken.
GU: Unbekannt.   V: +
Z: Zw. feinfiedrigen Pflanzen (?).   F: K,O
T: 23–26°C, L: 4,5 cm, pH: <7?, SG: 2

Hyphessobrycon „saizi"   5/66
Sichelsalmler
H: Kolumbien: Rio Meta; Surinam.
♀: Voller u. höher gebaut.   V: +
Z: Bisher nicht nachgezogen.   F: K,O
T: 22–26°C, L: 4,5 cm, pH: <7, SG: 3

AMERIKANISCHE SALMLER
Characidae (Tetragonopterinae) — Tetras

Hyphessobrycon scholzei 1/294
Schwarzbandsalmler
H: O-Brasilien, Paraguay.
♂: Kleiner; tiefer gegabelte Kaudale. V: +
Z: Zw. feinfiedrigen Pflanzen. F: O,H
T: 22–28°C, L: 5 cm, pH: 7, SG: 1–2

Hyphessobrycon serpae 4/100
Serpasalmler
H: Brasilien, Paraguay.
♂: Dorsale spitzer, Kaudale roter. V: +
Z: Zw. feinfiedrigen Pflanzen. F: K,O
T: 22–26°C, L: 4,5 cm, pH: 7, SG: 1

Hyphessobrycon socolofi o.♀ u.♂ 2/280
Socolofs Kirschflecksalmler
H: Brasilien: Rio Negro.
♂: Dorsale etwas größer. V: +
Z: Freilaicher, Laichrost. F: K,O
T: 23–27°C, L: 4,5 cm, pH: <7, SG: 2–3

Hyphessobrycon stegemanni 4/100
Stegemann's Tetra
H: Brasilien: Unterer Rio Tocantins.
♂: Schlanker. V: +
Z: Zw. feinfiedrigen Pflanzen. F: O
T: 23–28°C, L: 3 cm, pH: <7, SG: 2–3

Hyphessobrycon tropis 4/102
H: Brasilien.
♂: Kiel am vorderen Teil der Anale. V: +
Z: Zw. feinfiedrigen Pflanzen (?). F: K,O
T: 21–26°C, L: 3–4? cm, pH: 7, SG: 1–2

Hyphessobrycon tukunai 4/102
Tukuna-Salmler
H: Oberes Amazonasgebiet.
♂: 1. Str. der A verdickt, Häkchen. V: –
Z: Noch nicht gezüchtet. F: K,O
T: 21–24°C, L: 2–3? cm, pH: 7, SG: 2

AMERIKANISCHE SALMLER
Characidae (Tetragonopterinae) — Tetras

Hyphessobrycon vilmae 1/290
Goldstaubsalmler
H: Brasilien: Mato Grosso.
♀: Größer u. runder. V: +
Z: Noch nicht gezüchtet. F: K,O
T: 22–26°C, L: 4 cm, pH: 7, SG: 2–3

Hyphessobrycon werneri 3/140
Schulterfleck-Tetra
H: Brasilien.
♂: Größere Dorsale, farbiger. V: +
Z: Noch unbekannt. F: K,O
T: 22–27°C, L: 4 cm, pH: <7, SG: 1–2

Hyphessobrycon „White Fin" 5/62

Inpaichthys kerry o. ♀, u. ♂ 1/296
Königssalmler
H: Amazonien.
♂: Größer, farbiger. V: +
Z: Über Quellmoss, <400 Eier. F: K,O
T: 24–27°C, L: ♂ 4 cm, pH: <7, SG: 2

Markiana nigripinnis 4/106
Orangeflossensalmler
H: Paraguay.
♂: Orange bis rote Flossen. V: =
Z: Bereits gelungen. F: O
T: 20–26°C, L: 15 cm, pH: 7, SG: 2

Megalamphodus axelrodi 4/106
Calypsotetra
H: Trinidad.
♂: Kleiner, schlanker. V: +
Z: Freilaicher. F: K,O
T: 22–23°C, L: 4 cm, pH: 7, SG: 2–3

AMERIKANISCHE SALMLER
Characidae (Tetragonopterinae)   Tetras

Megalamphodus megalopterus 1/298
Schwarzer Phantomsalmler
H: Zentralbrasilien.
♀: Farbiger; Ad, V u. Anale rot.   V: +
Z: Freilaicher; abdunkeln.   F: K,O
T: 22–28°C, L: 4,5 cm, pH: <7, SG: 2

Megalamphodus micropterus 5/68
H: Brasilien: Rio Sao Francisco.
♂: Schlanker; Schwimmbl. breiter. V: +
Z: Noch nicht gelungen.   F: K,O
T: 23–27°C, L: 3,5 cm, pH: <7, SG: 2–3

Megalamphodus roseus u.♂ o.♀ 2/282
Gelber Phantomsalmler
H: Guyana-Länder: Maroni-Flußsystem.
♂: Siehe Foto.   V: +
Z: Freilaicher.   F: K,O
T: 23–27°C, L: 3 cm, pH: <7, SG: 2

Megalamphodus sp. 2/282
Prachtphantomsalmler
H: Züchtung?
♂: D größer, meist ohne schwarz.   V: +
Z: Unbekannt.   F: K,O
T: 23–27°C, L: 4 cm, pH: <7, SG: 2–3

Megalamphodus sweglesi o.♀,u.♂ 1/298
Roter Phantomsalmler
H: Kolumbien.
♀: Rot/schwarz/weiße Dorsale.   V: +
Z: Freilaicher, abdunkeln.   F: K,O
T: 20–23°C, L: 4 cm, pH: ≪7, SG: 2–3

Moenkhausia ceros 2/284
Cerossalmler
H: Peru: Rio Ucayali.
♂: Spitze Schwimmblase.   V: +
Z: Nicht beschrieben.   F: K,O
T: 24–26°C, L: 6 cm, pH: 7, SG: 1–2

AMERIKANISCHE SALMLER
Characidae (Tetragonopterinae) — Tetras

Moenkhausia chrysargyrea ♂ 4/108
Pinselflecksalmler
H: Brasilien, Guyana-Länder.
♀: Voller u. etwas größer. V: +
Z: Perlonfaser, Torfwasser. F: K,O
T: 23–28°C, L: 7,5 cm, pH: <7, SG: 2

Moenkhausia chrysargyrea ♀ 4/108
Pinselflecksalmler

Moenkhausia collettii 1/300
Colletti-Salmler
H: Amazonasbecken, Guyana-Länder.
♂: Anale länger ausgezogen. V: +
Z: Zw. Javamoos; dunkel; 150 E. F: K,O
T: 23–27°C, L: 3 cm, pH: <7, SG: 2

Moenkhausia comma 2/284
Kommasalmler
H: Unterer Amazonas.
♂: Bauch schlanker. V: =
Z: Zwischen Pflanzenbüschel. F: K,O
T: 23–28°C, L: 8 cm, pH: <7, SG: 2

Moenkhausia copei 2/286
Copesalmler
H: Amazonasbecken u. Guyana-Länder.
♂: Anale stärker gebogen. V: +
Z: Zw. feinfiedrigen Pflanzen. F: K,O
T: 22–26°C, L: 6,5 cm, pH: <7, SG: 2–3

Moenkhausia dichroura 3/140
Schwanzfleck Moenkhausia
H: Guyana, Brasilien, Paraguay.
♂: Schwimmblase spitzer. V: +
Z: Noch nicht gelungen. F: K,O
T: 22–26°C, L: 4,5 cm, pH: <7, SG: 2–3

AMERIKANISCHE SALMLER
Characidae (Tetragonopterinae)

Tetras

Moenkhausia sp. aff. *dichroura* 5/62
Schwanzfleck Moenkhausia

Moenkhausia eigenmanni 4/110
Eigenmanns Tetra
H: Kolumbien: oberer Rio Meta.
♀: Zur Laichzeit voller. V: +
Z: Keine Zuchtberichte. F: K,O
T: 23–27°C, L: 5 cm, pH: <7, SG: 2

Moenkhausia grandisquamis 4/110

H: Guyana-Länder u. Amazonasbecken.
♂: Etwas kleiner u. schlanker. V: =
Z: Noch nicht gelungen. F: O,H
T: 21–25°C, L: <8 cm, pH: <7, SG: 2–4

Moenkhausia hemigrammoides 3/142
Signalsalmler
H: Guyana-Länder.
GU: Unbekannt. V: +
Z: Unbekannt. F: O
T: 22–25°C, L: 3,5 cm, pH: 7, SG: 1

Moenkhausia intermedia 1/300
Scherenschwanzsalmler
H: Amazonasbecken, Rio Paraguay.
♂: A länger, Schwimmblase spitzer. V: +
Z: Abgedunkelt; als Paare. F: K,O
T: 23–27°C, L: 5 cm, pH: <7, SG: 2–3

Moenkhausia sp. aff. *intermedia* 3/142
Längsstreifen-Scherenschwanzsalmler
H: SO-Brasilien, Paraguay.
♂: Anale länger, Schwimmbl. spitzer. V: +
Z: Unbekannt. F: K,O
T: 23–27°C, L: 4,5 cm, pH: <7, SG: 2–3

AMERIKANISCHE SALMLER
Characidae (Tetragonopterinae) — Tetras

Moenkhausia lepidura ♂ 2/288

H: Guyana-Länder, Amazonasgebiet.
♂: Anale vorne breiter V: +
Z: Freilaicher (?). F: K,O
T: 22–28°C, L: 8 cm, pH: 7, SG: 1

Moenkhausia melogramma o.♀, u.♂
Goldglassalmler 2/288

H: Kolumbien: oberer Amazonas.
♂: Spitze Schwimmblase. V: +
Z: Pflanzendickicht, Torffilterung. F: K,O
T: 23–27°C, L: 4,5 cm, pH: <7, SG: 2–3

Moenkhausia naponis 5/68

H: Ecuador: Rio Napo-Gebiet.
♀: Durch Laich voller. V: +
Z: Unbekannt. F: K,O
T: 25–28°C, L: 6 cm, pH: 7, SG: 2

Moenkhausia phaenota 2/290
Goldbraune Moenkhausia

H: Brasilien: Mato Grosso.
♀: Runder, ca. 0,5 cm größer. V: +
Z: Nicht beschrieben. F: K,O
T: 23–26°C, L: 4,5 cm, pH: ≪7, SG: 2–3

Moenkhausia pittieri o.♂, u.♀ 1/302
Brillantsalmler

H: Venezuela: Valencia-See.
♂: Dorsale fahnenartig. V: +
Z: Perlonfaser; abdunkeln. F: K,O
T: 24–28°C, L: 6 cm, pH: <7, SG: 3

Moenkhausia sanctaefilomenae 1/302
Rotaugen-Moenkhausia

H: O-Ecuador, -Peru, -Bol., W-Bras., Para.
♀: Deutlich runder. V: +
Z: Freilaicher. F: O
T: 22–26°C, L: 7 cm, pH: 7, SG: 1

AMERIKANISCHE SALMLER
Characidae (Tetragonopterinae) — Tetras

Moenkhausia simulata 2/290
Mimik-Moenkhausia
H: Oberer Amazonas.
♂: Stärker konkave Anale. V: +
Z: Nicht beschrieben. F: K,O
T: 24–27°C, L: 6 cm, pH: 7, SG: 2

Nematobrycon lacortei 1/304
Regenbogentetra, Rotaugen-Kaisersalmler
H: W-Kolumbien.
♂: Dorsale stärker ausgezogen. V: +
Z: Freilaicher, Daueransatz. F: K,O
T: 23–27°C, L: 5 cm, pH: <7, SG: 2–3

Nematobrycon palmeri o.♂, u.♀ 1/304
Kaisertetra, Kaisersalmler
H: W-Kolumbien.
♂: Siehe Foto. V: +
Z: Freilaicher, wenig produktiv. F: K,O
T: 23–27°C, L: 5 cm, pH: <7, SG: 2

Nematocharax venustus ♂ 5/70

H: Brasilien: Bahía.
♂: 3 cm größer; lange D, A u. V. V: =
Z: Vaterfamilie. F: O
T: 22–26°C, L: ♂ 8 cm, pH: <7, SG: 2–3

Nematocharax venustus ♀ 5/70

Paracheirodon axelrodi 1/260
Roter Neon, Kardinaltetra
H: Venezuela, Kolumbien, W-Brasilien.
♀: Etwas kräftiger. V: +
Z: Freilaich.; abdunkeln, <500 E. F: K,O
T: 23–27°C, L: 5 cm, pH: ≪7, SG: 2–3

AMERIKANISCHE SALMLER
Characidae (Tetragonopterinae)   Tetras

Paracheirodon innesi   1/307, (4/64)
Neontetra, Neonsalmler, Neonfisch
H: O-Peru: Rio Putumayo.
♂: Schlanker, gerader Strich.   V: +
Z: Freilaich.; abdunkeln; <130E.   F: K,O
T: 20–26°C, L: 6 cm, pH: ≪7, SG: 1–2

Paracheirodon innesi   1/307, 4/64
Diamantkopf-Neontetra

Paracheirodon innesi   1/307, 4/64
Schleier-Neontetra

Paracheirodon simulans   1/294
Blauer Neon

Petitella georgiae   1/308
Georgis Rotmaulsalmler
H: Brasilien, Peru: Iquitos.
♂: Kaudale mit mehr Kontrast.   V: +
Z: Sehr weiches Wasser.   F: K,O
T: 22–26°C, L: 5 cm, pH: <7, SG: 4

Phenacogaster calverti   4/112
Komteßsalmler
H: Brasilien: Bundesstaat Maranhão.
♂: Viel schlanker, etwas kleiner.   V: +
Z: Freilaicher.   F: O
T: 23–27°C, L: 8 cm, pH: 7, SG: 2–3

AMERIKANISCHE SALMLER
Characidae (Tetragonopterinae) Tetras

Piabarchus analis 3/144
Piaba-Glassalmler
H: Paraguay.
GU: Unbekannt. V: =
Z: Unbekannt. F: K,O
T: 20–26°C, L: 4 cm, pH: 7, SG: 3

Pristella maxillaris 1/308
Sternflecksalmler, Wasserstieglitz
H: Venezuela, Guyana, Brasilien.
♂: Schlanker, Schwimmblase spitz. V: +
Z: Harmonisches Paar; <400 E. F: K,O
T: 24–28°C, L: 4,5 cm, pH: 7, SG: 1–2

Psellogrammus kennedyi 3/144

H: Paraguay.
GU: Unbekannt. V: =
Z: Unbekannt. F: K
T: 22–28°C, L: 6,5 cm, pH: <7, SG: 3

Pseudochalceus kyburzi 4/112
Kyburz' Salmler
H: Kolumbien.
♂: Dorsale lang, Kaudale farbiger. V: +
Z: Haftlaicher, Brutpflege; 30 E. F: K,O
T: 23–26°C, L: 6 cm, pH: <7, SG: 3

Pseudochalceus multifasciatus ♀ 2/292
Großschuppensalmler, Dickmaulsalmler
H: SO-Brasilien.
♂: Schlanker, Anale konkav. V: +,=
Z: Freilaicher. F: K,O
T: 16–23°C, L: 12 cm, pH: 7, SG: 2–3

Pseudopristella simulata 4/114
„Falscher" Sternflecksalmler
H: Französisch-Guyana.
♂: Farbiger. V: +
Z: Noch nicht gelungen. F: K,O
T: 24–26°C, L: 5 cm, pH: <7, SG: 2–3

AMERIKANISCHE SALMLER
Characidae (Tetragonopterinae)　　　　　　　　　　　　Tetras

Tetragonopterus argenteus 1/310
Gesäumter Schillersalmler
H: Venezuela?, Brasilien, Peru.
♂: Dorsale stärker ausgezogen? V: +
Z: Freilaicher. F: O
T: 22–27°C, L: 8 cm?, pH: 7, SG: 1

Tetragonopterus chalceus 1/310
Schillersalmler
H: Guyana-Länder, Brasilien.
♂: Dorsale stärker ausgezogen. V: +,=
Z: Freilaicher, Pflanzen. F: K,O
T: 22–28°C, L: <12 cm, pH: <7, SG: 2–3

Thayeria boehlkei 1/312
Schrägschwimmer
H: Brasilien, Peru.
♀: Zur Laichzeit voller. V: +
Z: Zwischen Pflanzen; 1000 E!. F: K,O
T: 22–28°C, L: 6 cm, pH: <7, SG: 2

Thayeria ifati 2/294
Halbstreifen-Schrägschwimmer
H: Französisch Guyana, Surinam.
♂: Erste Analstrahlen weiß. V: +
Z: Nicht beschrieben. F: K,O
T: 23–28°C, L: 5 cm, pH: <7, SG: 2–3

Thayeria obliqua 1/312
Pinguinsalmler
H: Brasilien: Madeira Flußsystem.
♀: Zur Laichzeit voller. V: +
Z: Noch nicht nachgezüchtet. F: K,O
T: 22–28°C, L: 8 cm, pH: <7?, SG: 3

Vesicatrus tegatus 4/114
Zweipunkt-Glassalmler
H: Grenzgebiete: S-Brasilien-Paraguay.
♀: Zur Laichzeit voller, größer. V: +
Z: Unbekannt. F: O
T: 23–27°C, L: 6–7 cm, pH: 7, SG: 2–3

AMERIKANISCHE SALMLER
Chilodontidae [= Anostomidae – Chilodontinae]

Familie Chilodontidae

Diese Familie wird auch als Unterfamilie Chilodontinae der Familie Anostomidae (S. 66) eingestuft. Zur Zeit werden 2 Gattungen mit insgesamt 5 Arten anerkannt. *P. punctatus* verliert seine Attraktivität auch nicht, wenn er erwachsen wird. Obwohl keine echten Schwarmfische, kommen sie doch in Trupps vor.

Chilodus punctatus 1/318
Punktierter Kopfsteher
H: Guyana-Länder, Venezuela, Brasilien.
♀: Nur zur Laichzeit runder. V: +
Z: Freilaicher. F: H,L
T: 24–28°C, L: 9 cm, pH: <7, SG: 3

Caenotropus labyrinthicus 4/126
Labyrinthsalmler
H: Venezuela, Kolumbien.
♀: Zur Laichzeit voller. V: +
Z: Unbekannt. F: O
T: 24–27°C, L: 18,5 cm, pH: <7, SG: 3

Ctenoluciidae   Hechtsalmler

Familie Ctenoluciidae

Die Familie der Hechtsalmler enthält 2 Gattungen mit derzeit 5 Arten. Wie ihr Umgangsname bereits vermuten läßt, sind Hechtsalmler Raubfische des Stoßräubertyps mit hechtartigem Aussehen. Aquaristisch sind es noch recht unbekannte Arten. Ihre Ernährung ist kompliziert, da sie alle recht groß werden und kaum Gefrierfutter oder gar Trockenfutter annehmen; man ist also auf größere Mengen an Lebendfutter angewiesen.
  Hechtsalmler sind zur Oberfläche hin orientiert und schreckhaft; eine partielle Schwimmpflanzendecke und Unterstände werden empfohlen.
  Die Maulspitze dieser Fische ist sehr empfindlich und heilt schlecht. Es kommt deshalb leider des öfteren vor, daß die Tiere im Handel Transportschäden aufweisen und kein Futter mehr annehmen.

AMERIKANISCHE SALMLER
Ctenoluciidae   Hechtsalmler

Boulengerella lateristriga 2/299
Streifenhechtsalmler
H: Brasilien: Rio Negro, Rio Urubu.
GU: Nicht bekannt. V: =
Z: Noch nicht erfolgt. F: K!
T: 23–27°C, L: 40 cm, pH: ≪7, SG: 3–4

Boulengerella lucia 2/300
Cuviers Hechtsalmler
H: Guyana-Länder, Amazonasgebiet.
GU: Nicht beschrieben. V: =
Z: Noch nicht erfolgt. F: K
T: 23–27°C, L: 60 cm, pH: <7, SG: 3–4

Boulengerella maculata 1/316
Gefleckter Hechtsalmler
H: Amazonas u. Nebenflüsse.
GU: Nicht bekannt. V: =
Z: Noch nicht erfolgt. F: K!
T: 23–27°C, L: 35 cm, pH: <7, SG: 3

Ctenolucius hujeta beani 4/125
Schokoladen Hechtsalmler
H: Venezuela: Rio Apure.
GU: Nicht bekannt. V: –
Z: Unbekannt. F: K!
T: 23–28°C, L: >12 cm, pH: <7, SG: 3–4

Ctenolucius hujeta beani 2/300
Gavial-Hechtsalmler
H: Panama, Kolumbien.
GU: Nicht bekannt. V: =
Z: Noch nicht erfolgt. F: K!
T: 23–26°C, L: 30 cm, pH: <7, SG: 3

Ctenolucius hujeta hujeta 2/300
Hujeta-Hechtsalmler
H: Panama, Kolumbien, Venezuela.
♂: Anale größer, Kante ausgefranst. V: –
Z: Freilaicher; 2000–3000 Eier. F: K!
T: 22–25°C, L: <70 cm, pH: 7, SG: 4

AMERIKANISCHE SALMLER
Curimatidae   Barbensalmler

Rio Aguarico (Südamerika: Ost-Ecuador); das Zuhause von vielen Salmlern u. Welsen.

Familie Curimatidae

Oft wird die Familie Prochilodontidae als Unterfamilie der Familie Curimatidae zugerechnet (so auch in NELSON, 1994). Hier werden sie, dem AQUARIEN ATLAS folgend, als zwei eigenständige Familien behandelt.

Viel Verwirrung herrscht auch in bezug auf die Anzahl der Gattungen und Arten innerhalb dieser Familie. Eine Gegebenheit, die ihre Ursache in der großen Ähnlichkeit der Arten hat. Zur Zeit tendiert man zu etwa 8 Gattungen mit insgesamt 95 Arten.

Aquaristisch haben die Curimatidae wenig zu bieten. Es handelt sich um mittelgroße, hauptsächlich silberne Fische, die zudem Pflanzen auf ihrem „Speisezettel" haben. Für den Laien ist der auffälligste Unterschied zu den Prochilodontidae, daß letztere größer sind. Speisefischzüchterisch gesehen besteht daher geringes Interesse an den Curimatiden.

Das Aquarium sollte nicht zu hell eingerichtet werden, damit die Fische ihre Scheu verlieren und nicht blaß wirken; der Gebrauch von Plastikpflanzen und Schwimmpflanzen zusammen mit Moorkienwurzeln und dunklem Sand ist hierzu von Vorteil.

Insgesamt sind die Arten dieser Familie robuste Fische, die jedoch – wie für südamerikanische Salmler typisch – weiches, leicht saures Wasser bevorzugen. Aquarienzucht ist nur bei wenigen Ausnahmen gelungen.

AMERIKANISCHE SALMLER
Curimatidae — Barbensalmler

Curimata cyprinoides 4/126
Aalstrich-Barbensalmler
H: Brasilien: Unterer Amazonas.
♀: Deutlich fülliger. **V:** +
Z: Überschwemmungsgeb. 300000E. **F:** O
T: 23–27°C, **L:** 18 cm, **pH:** 7, **SG:** 2

Curimata gillii 3/148
Gills Barbensalmler
H: Paraguay.
GU: Nicht bekannt. **V:** +
Z: Natur: nach Regenzeiten. **F:** H,O
T: 20–28°C, **L:** 10 cm, **pH:** <7, **SG:** 2

Curimata nasa 3/148
Nasen-Barbensalmler
H: Paraguay.
GU: Nicht bekannt. **V:** +
Z: Natur: nach Regenzeiten. **F:** H,O
T: 20–28°C, **L:** 10 cm, **pH:** <7, **SG:** 2

Curimata spilura 2/304

H: Weit verbreitet.
♀: Stark gerundet (Foto). **V:** +
Z: Überschwemmungsgebiete. **F:** H,O
T: 20–28°C, **L:** 9 cm, **pH:** 7, **SG:** 2

Curimatopsis evelynae ♂ 4/130

H: Kolumbien: Oberer Rio Meta.
♂: Schwach eingekerbte Kaudale. **V:** +
Z: Unbekannt. **F:** O
T: 23–27°C, **L:** ♀ 5 cm, **pH:** 7, **SG:** 2

Curimatopsis macrolepis 2/304

H: Kolumbien: Oberer Rio Meta.
♂: Meist farbiger, seitlich flacher. **V:** +
Z: In Pflanzenbüscheln. **F:** H,O
T: 22–26°C, **L:** 6 cm, **pH:** 7, **SG:** 2

AMERIKANISCHE SALMLER
Curimatidae   Barbensalmler

Curimatopsis myersi 3/150
Myers Barbensalmler
H: Paraguay.
GU: Nicht bekannt. V: +
Z: Noch nicht erfolgt. F: H,O
T: 22–26°C, L: 5 cm, pH: <7, SG: 2

Cyphocharax multilineatus 1/320
Gestreifter Barbensalmler
H: Brasilien: Rio Negro.
GU: Nicht bekannt. V: +
Z: Nicht bekannt. F: H
T: 23–27°C, L: 12 cm, pH: <7, SG: 2

Cyphocharax pantostictus 4/130

H: Ecuador, Peru.
♂: Schlanker. V: +
Z: Noch nicht erfolgt. F: O
T: 24–28°C, L: 10 cm, pH: ≪7, SG: 2–3

Pseudocurimata lineopunctata 4/128

H: Brasilien, Kolumbien.
♂: Keine außerhalb der Laichzeit. V: +
Z: Nicht beschrieben. F: O
T: 23–27°C, L: 12 cm, pH: <7, SG: 3

Steindachnerina elegans 2/303
Längsband-Barbensalmler
H: Zentralbrasilien.
GU: Nicht beschrieben. V: +
Z: Noch nicht erfolgt. F: H,O
T: 24–27°C, L: 10 cm, pH: <7, SG: 2–3

Steindachnerina metae 4/128
Olivin-Barbensalmler
H: Kolumbien: Rio Meta; S-Venezuela.
♂: Keine außerhalb der Laichzeit. V: +
Z: Überschwemmungsgebiete. F: H,O
T: 23–26°C, L: 10 cm, pH: <7, SG: 2–3

AMERIKANISCHE SALMLER
Erythrinidae — Raubsalmler

Familie Erythrinidae

Die Familie der Raubsalmler besteht aus 3 Gattungen mit insgesamt mindestens 10 Arten. Mit 100 cm Länge ist *Hoplias macrophthalmus* ihr größter Vertreter. Wie ihr Name schon ahnen läßt, können diese Arten nicht für eine Aquarienhaltung empfohlen werden. Es handelt sich um Raubfische mit einem beeindruckenden Gebiß, und selbst Piranhas haben vor ihnen Respekt. Farblich sind sie nicht sehr ansprechend; man findet sie dennoch ab und zu in Aquarien.

Im Aquarium liegen die Fische bewegungslos auf dem Boden, bis eine Beute ihre Aufmerksamkeit erregt. Nach blitzschnellem Zupacken ist die „Bewegungsphase" nach etwas Kauen auch schon wieder zu Ende.

In der Natur sind diese Salmler sehr hart im Nehmen: sie sind die letzten Überlebenden in Restgewässern der Trockenzeit. Manche können atmosphärische Luft atmen und über Land von einem Wasser zum anderen schlängeln. Zumindest *Hoplias malabaricus* ist als Speisefisch minderwertig.

Erythrinus erythrinus 1/322
Blauer Raubsalmler, Lachssalmler
H: Vom Norden bis S-Brasilien.
GU: Nicht bekannt. V: !
Z: Nicht bekannt. F: K!
T: 22–26°C, L: 25 cm, pH: 7, SG: 3

Hoplerythrinus unitaeniatus 1/322
Gestreifter Raubsalmler
H: Venezuela, Trinidad, Paraguay.
GU: Nicht bekannt. V: !
Z: Zu groß? F: K!
T: 23–27°C, L: 40 cm, pH: 7, SG: 4

Hoplias malabaricus ♂ 2/308
Tigersalmler, Kleiner Trahira
H: Nördliches und mittleres Südamerika.
♂: Schlanker. V: !
Z: Schauaquarium. F: K!
T: 20–26°C, L: 50 cm, pH: 7, SG: 4

Hoplias malabaricus ♀ 2/308
Tigersalmler, Kleiner Trahira

AMERIKANISCHE SALMLER
Gasteropelecidae — Beilbauchfische

Familie Gasteropelecidae

Carnegiella strigata strigata unten, *C.s. fasciata* oben

Die Familie der Beilbauchfische besteht aus 3 Gattungen mit insgesamt 9 Arten. Obwohl farblich weniger interessant, sind sie alle gefragte Bewohner für Gesellschaftsaquarien, da sie friedfertig sind und durch ihre eigentümliche Körpergestalt einen angenehmen Kontrast bringen. Alle Arten in der Familie sind an ein Leben nahe der Oberfläche angepaßt, daher das oberständige Maul. Es sind die einzigen Fische, von denen bekannt ist, daß sie aktiv in der Luft fliegen (NELSON, 1994) – d.h., sie segeln nicht passiv, sondern üben auch während des „Fluges" Antrieb aus. Dabei sind es die Pektoralen, die wie die Flügel eines Kolibris schlagen. In der Natur ist dies ihre Taktik, einer Gefahr zu entkommen: sie schießen aus dem Wasser und fliegen mehrere Meter weit über der Oberfläche dahin, bis z.B. ein Raubfisch Kontakt zu ihnen verloren hat.

Leider ist es bisher nicht gelungen, sie gezielt zu vermehren. Nur bei *Carnegiella strigata* (S. 132) kam es des öfteren zur Eiablage an feinfiedrigen Pflanzen.

Carnegiella marthae marthae 1/324
Schwarzschwingen-Beilbauchfisch
H: Venezuela, Brasilien.
GU: Nicht zu unterscheiden. **V:** +
Z: Noch nicht gelungen. **F:** K
T: 23–27°C, **L:** 3,5 cm, **pH:** ≪7, **SG:** 4

AMERIKANISCHE SALMLER
Gasteropelecidae Beilbauchfische

Carnegiella myersi 1/324
Glasbeilbauchfisch
H: Peru, Bolivien.
GU: Nicht bekannt. V: +
Z: Noch nicht gelungen. F: K
T: 23–26°C, L: 2,5 cm, pH: <7, SG: 3

Carnegiella strigata fasciata oben 1/326
Marmorierter Beilbauchfisch
H: Guyana.
♀: Voller. V: +
Z: Feinfiedrige Pflanzen. F: K
T: 24–28°C, L: 4 cm, pH: <7, SG: 3

Carnegiella strigata strigata unten 1/326
Gabel-Beilbauchfisch
H: Peru: Iquitos.
♀: Voller. V: +
Z: Feinfiedrige Pflanzen. F: K
T: 24–28°C, L: 4 cm, pH: <7, SG: 3

Gasteropelecus maculatus 1/326
Gefleckter Beilbauchfisch
H: Panama, Kolumbien, Venezuela, Surinam.
GU: Nicht sicher erkennbar. V: +
Z: Noch nicht erfolgt. F: K
T: 22–28°C, L: 9 cm, pH: <7, SG: 3

Gasteropelecus sternicla 1/328
Silberbeilbauchfisch
H: Guyana, Surinam, Brasilien.
♂: Von oben schlanker. V: +
Z: Noch nicht erfolgt. F: K
T: 23–27°C, L: 6,5 cm, pH: 7, SG: 2

Thoracocharax securis 1/328
Platinbeilbauchfisch
H: Zentrales Südamerika.
GU: Nicht bekannt. V: +
Z: Noch nicht erfolgt. F: K
T: 23–30°C, L: 9 cm, pH: 7, SG: 3

AMERIKANISCHE SALMLER
Hemiodontidae — Keulensalmler

Familie Hemiodontidae

Die Familie der Keulensalmler umfaßt 9 Gattungen mit insgesamt etwa 50 Arten in 2 Unterfamilien (Hemiodontinae und Parodontinae – in der alphabetischen Reihenfolge hier nicht berücksichtigt).

Keulensalmler sind flinke, torpedoartige Fische mittlerer Größe des offenen Wassers (*Apareiodon*, *Parodon* u. *Saccodon* [= Parodontinae] führen ein bodenbezogenes Leben). Es gibt unter ihnen Aufwuchsfresser, Pflanzenfresser und Allesfresser. In der Natur sind manche Arten sehr empfindlich. Diese verlieren nach ihrem Fang leicht die Schuppen und sterben kurz danach im Eimer, selbst wenn man sie wie „rohe Eier" behandelt. Exemplare, die im Handel angeboten werden, sind schon etwas robuster.

Als schwimmfreudige Schwarmfische benötigen diese Arten großzügige Aquarien. Leider haben Bemühungen um ihre Vermehrung bisher keinen Erfolg gehabt, und mit der Ausnahme, daß laichreife Weibchen ventral voller erscheinen, sind auch keine Geschlechtsunterschiede bekannt.

Bivibranchia protractila 2/310
Gründelsalmler
H: Venezuela, Brasilien.
GU: Nicht bekannt. V: –
Z: Unbekannt. F: L
T: 22–28°C, L: 25 cm, pH: <7, SG: 4

Hemiodopsis gracilis 2/310
Federsalmler
H: Guyana, Brasilien.
GU: Nicht bekannt. V: +
Z: Noch nicht gelungen. F: L,O
T: 23–27°C, L: 16 cm, pH: <7, SG: 2–3

Hemiodopsis microlepis 2/313

Hemiodopsis q.quadrimaculatus 1/330
Torpedosalmler
H: Guyana.
GU: Nicht bekannt. V: +
Z: Noch nicht erfolgt. F: O
T: 23–27°C, L: 10 cm, pH: 7, SG: 2–3

AMERIKANISCHE SALMLER
Hemiodontidae
Keulensalmler

Hemiodopsis quadrimac. vorderwinkleri
Torpedosalmler 3/154
H: Guyana, Surinam, oberer Amazonas.
GU: Nicht bekannt. V: +
Z: Noch nicht erfolgt. F: O
T: 23–27°C, L: 10 cm, pH: 7, SG: 2–3

Hemiodopsis sterni 2/312
Sterns Keulensalmler
H: Brasilien: Mato Grosso.
GU: Nicht bekannt. V: +
Z: Noch nicht erfolgt. F: H,O
T: 22–26°C, L: 12 cm, pH: <7, SG: 3

Hemiodus orthonops 2/312
Paraguay-Keulensalmler
H: Rio Paraguay.
GU: Nicht bekannt. V: +
Z: Noch nicht erfolgt. F: L,O
T: 22–26°C, L: 16 cm, pH: 7, SG: 2

Hemiodus unimaculatus

Argonectes longiceps

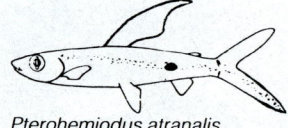

Pterohemiodus atranalis

Hemiodus unimaculatus 2/314
Kaplansalmler, Einflecksalmler
H: Venezuela, Brasilien, Guyana-Länder.
GU: Nicht bekannt. V: +
Z: Noch nicht erfolgt. F: L,O
T: 23–26°C, L: 18 cm, pH: 7, SG: 3

Zeichnungsmuster von *Hemiodopsis* und verwandten Gattungen. Weitere Skizzen auf der gegenüberliegenden Seite.

(Skizzen aus BÖHLKE 1955, verändert nach GÉRY, 1977.)

AMERIKANISCHE SALMLER
Hemiodontidae
Keulensalmler

Hemiodopsis argenteus

Hemiodopsis fowleri

Hemiodopsis goeldii

Hemiodopsis gracilis

Hemiodopsis huraulti

Hemiodopsis immaculatus

Hemiodopsis microlepis

Hemiodopsis parnaguae

Hemiodopsis q. quadrimaculatus

Hemiodopsis q. vorderwinkleri

Hemiodopsis rodolphoi

Hemiodopsis semitaeniatus

Hemiodopsis sterni

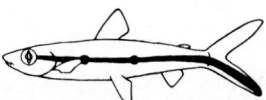

Hemiodopsis ternetzi

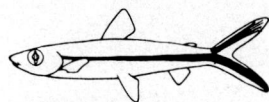

Hemiodopsis thayeria

Hemiodus orthonops

AMERIKANISCHE SALMLER
Hemiodontidae
Keulensalmler

Parodon affinis 2/318
La Plata Algensalmler
H: La Plata, Parana, Rio Paraguay.
GU: Nicht bekannt. V: +
Z: Noch nicht erfolgt. F: L,H
T: 22–26°C, L: 6 cm, pH: <7, SG: 2

Apareiodon gransabana 5/77
Mazuruni-Algensalmler
H: Guyana: Rio Caroni.
GU: Nicht bekannt. V: +
Z: Nicht bekannt. F: H,O
T: 20–25°C, L: 10 cm, pH: <7, SG: 2–3

Apareiodon piracicabae 1/330, 4/132
Algensalmler, Tiete-Algensalmler
H: SO-Brasilien, Paraná.
GU: Unbekannt. V: +
Z: Nicht bekannt. F: H,O
T: 22–26°C, L: 8 cm, pH: 7, SG: 2

Apareiodon sp. 1/330, 4/132

Parodon suborbitale 2/318
Tabaksalmler, Grüngebänderter Grundsa.
H: Venezuela, Kolumbien, Bolivien.
♀: Zur Laichzeit voller. V: +
Z: Bisher nicht erfolgt. F: H,O
T: 23–26°C, L: 12 cm, pH: 7, SG: 1

Parodon tortuosus tortuosus 3/154
Blauer Algensalmler
H: Brasilien, Paraguay.
♀: Dickerer Bauch. V: +
Z: Unbekannt. F: H,O
T: 22–26°C, L: 10 cm, pH: <7, SG: 2

AMERIKANISCHE SALMLER
Lebiasinidae
Schlanksalmler

Familie Lebiasinidae

Insgesamt enthält die Familie der Schlanksalmler etwa 51 Arten in 7 Gattungen. Unter ihnen gibt es zahlreiche aquaristisch interessante Arten. Es werden zwei Unterfamilien anerkannt (hier in der alphabetischen Reihenfolge der Arten nicht berücksichtigt):
* Lebiasininae mit den weniger interessanten Zwergraubsalmlern der Gattungen *Lebiasina* und *Piabucina*, und
* Pyrrhulininae mit den attraktiven und für Gesellschaftsaquarien geeigneten *Nannostomus/Nannobrycon* und *Copeina/Copella/Pyrrhulina*.

Lebiasininae sind robuste Arten. Man findet sie sowohl in kleinen Kalksteinbettbächen als auch in Urwaldtümpeln mit weichem, saurem und sauerstoffarmem Wasser. Da sie räuberisch sind, müssen Aquariengenossen sich verteidigen können und die Fütterung muß öfter kräftiges Lebendfutter einschließen. Trotzdem ist bei älteren Exemplaren Vorsicht bei einer Vergesellschaftung angesagt. Die Fische bevorzugen die mittleren und unteren Wasserschichten. Eine Aquarienzucht ist bisher noch nicht gelungen.

Nannostomus trifasciatus (1/346, siehe auch S. 142). Ein Juwel im Aquarium.

Die Bleistiftfische (*Nannostomus/Nannobrycon*) der Pyrrhulininae sind kleine, zarte, sehr attraktive Salmler. Es sind pflanzenfreundliche, ruhige Ideal-

AMERIKANISCHE SALMLER
Lebiasinidae
Schlanksalmler

fische für das „gehobene" Regenwald-Gesellschaftsaquarium, die in Schwärmen durch die mittleren und oberen Wasserschichten ziehen. Um die Farben dieser scheuen Fische voll zur Geltung kommen zu lassen, sollte das Aquarium versteckreich mit Wurzeln und Pflanzen eingerichtet werden; mäßige Beleuchtung (einige Schwimmpflanzen) und dunkler Bodengrund tragen auch dazu bei.

Die Fütterung sollte, wenn nicht Lebendfutter, doch wenigstens Gefrierfutter mit einschließen. Da diese Arten in der Dämmerung am aktivsten auf Nahrungssuche gehen, sollte abends ausgiebig gefüttert werden. Zu dieser Zeit kann man auch lebendige Salinenkrebse verfüttern, da sie gleich, noch lebendig also, gefressen werden.

Die Wasserqualität muß gut sein und darf keine großen Schwankungen aufweisen. Regelmäßige Wasserwechsel sind wichtig, damit der Nitrat-Wert nicht ansteigt. Der pH-Wert sollte zwischen 5,5 und 7,0 liegen und die Härte unter 4 °KH. Diese Werte werden zweckmäßigerweise mit einer Filterung über Torf erzielt.

Alle Bleistiftfische sind bereits gezüchtet worden. Es handelt sich um Freilaicher, die ihre Eier in Perlonwatte oder Javamoos legen. Da sie Laichräuber sind, wird das Zuchtaquarium mit einem Ablaichrost eingerichtet. Darauf legt man das Laichsubstrat (z.B. Javamoos). Sehr weiches Wasser mit einem pH um 6,0 ist vorteilhaft, bzw. Bedingung für die schwerer zu züchtenden Arten (*Nannobrycon* spp.). Die Brut braucht in den ersten Tagen Infusorien und Rädertierchen zur Ernährung.

Weitere Einzelheiten können aus der Gattungsbeschreibung auf den Seiten 337 ff. des AQUARIEN ATLAS Band 1 entnommen werden.

Die Arten innerhalb der Gattungen *Copeina, Copella,* und *Pyrrhulina* werden etwas größer und sind insgesamt etwas unempfindlicher als die Bleistiftfische. Es handelt sich um Schwarmfische der mittleren Wasserzonen, manche mit einer Tendenz nach oben, andere mit einer nach unten.

Was die Dekoration des Aquariums anbelangt, so sollte es wie für Bleistiftfische eingerichtet werden. In bezug auf die Wasserbedingungen sind diese drei Gattungen etwas weniger empfindlich, vor allem zur Haltung reichen mittlere Härtewerte und ein pH um neutral aus.

In ihrer Fortpflanzung gibt es erwähnenswerte Abweichungen von der „Salmler-Norm":

Generell laichen die *Pyrrhulina*-Arten auf breiten, vorher gesäuberten Blättern. Die Männchen betreiben Brutpflege.

Copella arnoldi legt ihre Eier außerhalb des Wassers an die Unterseite von Landpflanzenblättern (im Aquarium auch an die Deckscheibe). Das Männchen hält nach der Eiablage das Gelege feucht, indem es mit dem Schwanz Wasser hochschlägt. Die Jungfische schlüpfen nach etwa 36 Stunden und fallen ins Wasser.

Copeina guttata laicht in einer vorher gesäuberten Sandgrube oder auf einem Stein. Das Männchen betreibt Brutpflege.

Alle diese Arten können mit ruhigen Friedfischen in einem Gesellschaftsaquarium gehalten werden.

AMERIKANISCHE SALMLER
Lebiasinidae

Schlanksalmler

Copeina guttata 1/332
Forellensalmler
H: Amazonasbecken.
♂: Farbiger, Kaudale oben länger. **V:** +
Z: Sandgrube, Brutpflege ♂. **F:** K,O
T: 23–28°C, **L:** 7–15 cm, **pH:** 7, **SG:** 2–3

Copella arnoldi o.♀, u.♂ 1/332
Spritzsalmler
H: Guyana.
♂: Siehe Foto. **V:** +
Z: Blatt über Wasser, ♂, (<200). **F:** O,K
T: 22–29°C, **L:** 8 cm, **pH:** 7, **SG:** 2

Copella metae 1/334
Metasalmler
H: Kolumbien, Peru.
♂: Dorsale länger. **V:** +
Z: Breites Blatt, ♂ pflegt (<300). **F:** K,O
T: 23–27°C, **L:** 6 cm, **pH:** <7, **SG:** 2–3

Copella nattereri 1/334
Blaupunktsalmler
H: Unterer Amazonas bis Rio Negro.
♂: Farbiger, längere Kaudale. **V:** +
Z: Breites Blatt, ♂ pflegt (<300). **F:** K,O
T: 23–27°C, **L:** 5 cm, **pH:** <7, **SG:** 2–3

Copella nigrofasciata 1/334
Rehsalmler
H: Brasilien: Um Rio de Janeiro.
♂: Flossen farbiger, zugespitzt. **V:** +
Z: Breites Blatt. **F:** K,O
T: 21–25°C, **L:** 6 cm, **pH:** <7, **SG:** 2–3

Copella vilmae ♂♂ 2/320
Regenbogen-Schlanksalmler
H: Brasilien: Oberer Amazonas.
♂: Farbiger, Dorsale länger. **V:** +
Z: Unbekannt. **F:** K,O
T: 23–25°C, **L:** 6,5 cm, **pH:** ≪7, **SG:** 3–4

AMERIKANISCHE SALMLER
Lebiasinidae

Schlanksalmler

Lebiasina astrigata 1/336
Punktierter Zwergraubsalmler
H: W-Kolumbien, W-Ecuador.
♂: Bunter, schlanker. V: =
Z: Noch nicht gelungen. F: K
T: 22–26°C, L: 8 cm, pH: 7, SG: 2–3

Lebiasina bimaculata 3/156
Blauer Zwergraubsalmler
H: W-Ecuador, W-Peru.
♂: Farbiger, schlanker. V: –
Z: Unbekannt. F: K
T: 22–26°C, L: 10 cm, pH: 7, SG: 1

Lebiasina multimaculata 2/320
Vielpunkt-Zwergraubsalmler
H: NW-Kolumbien.
♂: Farbiger, schlanker. V: =
Z: Noch nicht erfolgt. F: K
T: 23–27°C, L: 7 cm, pH: 7, SG: 3

Lebiasina boruca 4/133
Boruca-Zwergraubsalmler
H: Costa Rica.
♂: Farbiger, schlanker. V: –
Z: Nicht bekannt. F: K,O
T: 22–26°C, L: 12 cm, pH: 7, SG: 1–2

Nannobrycon eques 1/340
Spitzmaul-Ziersalmler
H: Kolumbien, Guyana, Brasilien.
♂: Schlanker, farbiger. V: +
Z: Freilaicher, Javamoos. F: K
T: 23–28°C, L: 5 cm, pH: <7, SG: 3

Nannobrycon unifasciatus 1/340
Einbinden-Ziersalmler
H: Kolumbien, Guyana, Brasilien.
♂: Anale schwarz-rot-weiß. V: +
Z: Freilaicher, Javamoos. F: K
T: 25–28°C, L: 6 cm, pH: <7, SG: 3

AMERIKANISCHE SALMLER
Lebiasinidae   Schlanksalmler

Nannostomus anduzei 4/134
H: Venezuela, Brasilien.
♂: Schlanker, farbiger. V: +
Z: Unbekannt. F: K
T: 24–28°C, L: 2 cm, pH: <7, SG: 3

Nannostomus beckfordi 1/342
Längsbandziersalmler
H: Guyana-Länder, Brasilien.
♂: Schlanker, weiße Flossenspitzen. V: +
Z: Freilaicher, Javamoos. F: K,O
T: 24–26°C, L: 6,5 cm, pH: <7, SG: 1–2

Nannostomus bifasciatus 1/342
Zweibinden-Ziersalmler
H: Surinam, Guyana.
♂: Ventralen bläulich-weiß. V: +
Z: Freilaicher, Javamoos. F: K,O
T: 23–27°C, L: 4 cm, pH: <7, SG: 3

Nannostomus digrammus u.♂,o.♀ 2/322
Zweistreifen-Ziersalmler
H: Guyana, Brasilien: Amazonas.
♂: Anale breiter. V: +
Z: Freilaicher, Javamoos; schwer. F: K
T: 24–26°C, L: 4 cm, pH: <7, SG: 3

Nannostomus espei 1/344
Espes Ziersalmler, Gebänderter Ziers.
H: SW-Guyana.
♂: Schlanker, farbiger, Anale breiter. V: +
Z: Haftlaicher, Javamoos. F: K,O
T: 22–26°C, L: 3,5 cm, pH: <7, SG: 2–3

Nannostomus harrisoni 1/344
Goldbinden-Ziersalmler
H: Guyana.
♂: Anale farbiger. V: +
Z: Freilaicher, Javamoos. F: K
T: 24–28°C, L: 6 cm, pH: <7, SG: 3–4

AMERIKANISCHE SALMLER
Lebiasinidae

Schlanksalmler

Nannostomus marginatus 1/346
Zwergziersalmler
H: Surinam, Guyana, Brasilien (?).
♂: Schlanker. V: +
Z: Freilaicher, Javamoos. F: K,O
T: 24–26°C, L: 3,5 cm, pH: <7, SG: 2–3

Nannostomus marylinae 3/157
Marylins Ziersalmler
H: Brasilien.
♂: Schlanker. V: +
Z: Auch Dauerlaicher; <30 Eier. F: K,O
T: 24–26°C, L: 5 cm, pH: <7, SG: 2–3

Nannostomus nitidus o.♂, u.♀ 5/78
Schmuckziersalmler
H: Brasilien: Parâ: Rio Capim.
♂: Schlanker; rote Anale u. Kaudale. V: +
Z: Schwimmpflanzen; 200 Eier. F: K,O
T: 24–28°C, L: ♂ 4,5 cm, pH: <7, SG: 2

Nannostomus trifasciatus 1/346
Dreibinden-Ziersalmler
H: Brasilien.
♂: Schlanker, farbiger. V: +
Z: Freilaicher, Javamoos. F: K,O
T: 24–28°C, L: 5,5 cm, pH: <7, SG: 2

Pyrrhulina brevis brevis 2/324
Schuppenflecksalmler
H: Brasilien: Manaus.
♂: Farbiger, Kaudale oben länger. V: +
Z: Haftlaicher, nur paarweise. F: K,O
T: 24–28°C, L: 9 cm, pH: <7, SG: 3

Pyrrhulina brevis melanistische form
2/324
P. b. australe: Paraguay: La Plata.
P. b. lugubris: Kolumbien: Rio Meta.

AMERIKANISCHE SALMLER
Lebiasinidae

Schlanksalmler

Pyrrhulina eleanorae ♂♂ 5/78

H: Obere Amazonasnebenflüsse.
♀: Flossen farblos. V: +
Z: Haftlaicher an Blätter; ♂ wacht. F: K,O
T: 24–28°C, L: ♂ 8 cm, pH: 7, SG: 2–3

Pyrrhulina filamentosa ♀♀♀ 1/348

H: Venezuela, Guyana, Amazonas.
♂: Schlanker, größer. V: –
Z: Unbekannt. F: K,O
T: 23–28°C, L: 12 cm, pH: <7, SG: 2–3

Pyrrhulina laeta ♂ 2/326
Halbstrichsalmler

H: Guyana-Länder (?), Amazonas.
♂: Kaudale oben länger. V: +
Z: Unbekannt. F: K,O
T: 23–27°C, L: 8 cm, pH: <7, SG: 2–3

Pyrrhulina laeta 4/134
Halbstrich-Schlanksalmler

H: Peru: Jenaro Herrera.
♂: Dorsale, Kaudale oben länger. V: +
Z: Haftlaicher; 250 Eier. F: K,O
T: 25–28°C, L: 9 cm, pH: <7, SG: 2–4

Pyrrhulina rachowiana 2/326
Augenstrichsalmler

H: Argentinien: Paraná, La Plata.
♂: Kaudale oben länger. V: =
Z: Haftlaicher, ♂ pflegt 50–200 E. F: K,O
T: 15–22°C, L: 5 cm, pH: 7, SG: 1–2

Pyrrhulina spilota 3/158

H: Keine näheren Angaben.
♂: Größer, schlanker, farbiger. V: +
Z: Haftlaicher. F: O
T: 23–26°C, L: 6 cm, pH: <7, SG: 3

AMERIKANISCHE SALMLER
Lebiasinidae   Schlanksalmler

Pyrrhulina stoli   3/158

H: Kolumbien, Surinam, Guyana.
♂: Größer, längere Flossen.   V: +
Z: Haftlaicher.   F: O
T: 20–24°C, L: 8 cm, pH: <7, SG: 1–2

Pyrrhulina vittata   1/348
Kopfbindensalmler

H: Brasilien: Amazonasbecken, Madeira.
♂: Farbiger zur Laichzeit.   V: +
Z: Haftlaicher, ♂ pflegt <300 E.   F: K
T: 23–27°C, L: 6 cm, pH: <7, SG: 3

Prochilodontidae [= Curimatidae – Prochilodontinae]

Familie Prochilodontidae

Diese Familie besteht aus 3 Gattungen mit bis zu 30 Arten. Sie wird auch als Unterfamilie Prochilodontinae der Curimatidae angesehen. Alle Mitglieder sind Pflanzenfresser und in kleinerem oder größerem Ausmaß Limnovoren. Diese letzteren sind besonders schwer in einem Aquarium zu ernähren. Da es sich zudem um recht große Arten handelt, sind es selten gesehene Aquarienbewohner.

In ihrem natürlichen Verbreitungsgebiet allerdings sind die „Bocachicos" [= Kleinmäuler] trotz ihrer vielen Gräten, geschätzte Speisefische. Die jahreszeitlich bedingt flußaufwärts wandernden Laichschwärme werden mit allen Mitteln verfolgt: Speer, Netz, „Barbasco" (Rotenone, ein aus einer Pflanze gewonnenes Fischgift) und sogar Dynamit. Die ökologischen Folgen letzterer Methoden kann man sich vorstellen.

In der Speisefischzucht sind bescheidene Erfolge mit ein paar Arten erzielt worden. Ihre Vermehrung scheitert an den gleichen Problemen wie die der allesfressenden Scheibensalmler, der Serrasalminae (*Colossoma* spp.). Auch sonst ist z.B. ihre Wachstumsrate den letzteren unterlegen, wodurch das Interesse an dieser Familie auch in diesem Bereich nicht groß ist.

AMERIKANISCHE SALMLER
Prochilodontinae [= Curimatidae - Prochilodontinae] — Barbensalmler

Prochilodus ortonianus juv.   3/150
Grauer Barbensalmler
H: Amazonasbecken.
GU: Nicht bekannt.   V: +
Z: Noch nicht erfolgt.   F: H
T: 22–28°C, L: 25 cm, pH: <7, SG: 3

Semaprochilodus insignis   3/152
Gezeichneter Barbensalmler
H: Guyana-Länder, Brasilien.
GU: Nicht bekannt.   V: +
Z: Unbekannt.   F: H,O
T: 22–26°C, L: 30 cm, pH: <7, SG: 3

Semaprochilodus taeniurus juv.?   1/320
Schwanzstreifensalmler, Nachtsalmler
H: Brasilien, O-Kolumbien.
GU: Nicht bekannt.   V: +
Z: Noch nicht erfolgt.   F: H,L
T: 22–26°C, L: 30 cm, pH: <7, SG: 3

Semaprochilodus taeniurus   3/153
Schwanzstreifensalmler
H: W-Brasilien, Kolumbien.
♀: Zur Laichzeit fülliger.   V: +
Z: Überschwemmungsgebiete.   F: H,L
T: 23–26°C, L: 30 cm, pH: 7, SG: 2–4

Semaprochilodus theraponura   2/306

H: Mittlerer u. oberer Amazonas.
GU: Nicht bekannt.   V: +
Z: Noch nicht erfolgt.   F: H,L
T: 23–26°C, L: 35 cm, pH: <7, SG: 3

Semitapicis altamazonica   2/306

H: Amazonasgebiet, Rio Paraguay.
GU: Nicht bekannt.   V: +
Z: Noch nicht erfolgt.   F: H,O
T: 22–26°C, L: 18 cm, pH: 7, SG: 4

Gruppe 3

CYPRINIFORMES
Karpfenähnliche Fische

Barbus fasciatus, s.S. 184

Gruppe 3

CYPRINIFORMES
Karpfenähnliche Fische

Ursprung/Taxonomie

Zur Zeit wird der Gliederung von FINK und FINK (1981) gefolgt. Demnach haben sich aus den Cypriniformes die Characiformes (Gruppe 2) und etwas später die Siluriformes (Gruppe 4) entwickelt. Den „Weberschen Apparat" haben sie mit den Characiformes und Siluriformes gemeinsam.

Südostasien scheint der Ausganspunkt der Entwicklung der Cypriniden gewesen zu sein: Sie sind dort besonders stark vertreten und alle Gattungen Afrikas sind auch in Asien zu finden.

Carassius auratus, der Goldfisch, ist wohl der älteste Zierfisch überhaupt. Durch die Jahrtausende hindurch hat der Mensch zahlreiche Zuchtformen aus ihm entwickelt. Die eine oder andere als schön oder als Degeneration zu bezeichnen ist wohl eher Ansichtssache.

Zur Zeit (NELSON, 1994) zählt man 5 Familien mit derzeit 2662 Arten in 279 Gattungen zu den Cypriniformes. Im folgenden die in der Gruppe 3 Verwendung findende Einteilung. Unterfamilien wurden in der alphabetischen Reihenfolge der Arten nicht berücksichtigt.

CYPRINIFORMES
- Balitoridae 150–160
  - Balitorinae
  - Gastromyzontinae
  - Nemacheilinae
- Catostomidae 161
  - Catostominae
  - Cycleptinae
  - Ictiobinae
- Cobitidae 162–171
  - Botiinae
  - Cobitinae
- Cyprinidae 172–241
  - Acheilognathinae
  - Alburninae
  - Cultrinae
  - Cyprininae
  - Gobioninae
  - Leuciscinae
  - Psilorhynchinae
  - Rasborinae
- Gyrinocheilidae 242
- Homalopteridae (siehe Balitoridae)
- Psilorhynchidae (jetzt Unterfamilie der Cyprinidae)

Geographische Verbreitung

Karpfenähnliche Fische überwiegen vor allem in den Fließgewässern Nordamerikas, Europas und Asiens; in Südostasien erreichen sie ihre größte Artenvielfalt. Auch in Afrika sind sie vertreten, aber nicht in solcher Präsenz. Hervorzuheben ist vor allem das Fehlen dieser Ordnung in Südamerika, aber

Gruppe 3

CYPRINIFORMES
Karpfenähnliche Fische

auch in Australien gibt es sie nicht. Verschiedene Arten sind heutzutage allerdings dank der Aquaristik und der Speisefischzucht fast weltweit zu finden, allerdings nicht in natürlichen Gewässern.

Verhalten

Verbreitungsgebiet der Cypriniformes.

Die große Mehrzahl der Arten sind Allesfresser, es gibt aber auch Aufwuchsfresser und Pflanzenfresser unter ihnen. Raubfische sind in dieser Ordnung kaum zu finden. Dennoch sollte ab und zu Lebendfutter verabreicht werden, damit die Fische ihre Farben beibehalten.

In der Fortpflanzung überwiegen die Freilaicher und Brutpflege ist selten. Am ausgefallendsten sind die Bitterlinge, die ihre Eier zwischen die Kiemenblätter von Muscheln der Familie Unionidae legen. Ansonsten legen manche Arten ihre Eier an Steine oder auf Sand und bei anderen, sehr fruchtbaren Arten sind die Eier planktonisch.

Besonderheiten

Karpfenartige sind im Habitus sehr verschieden, aber die meisten haben ein vorstülpbares, unbezahntes Maul und mit Ausnahme einiger weniger Schmerlen haben sie keine Adipose. Die größte Art (*Catlocarpio siamensis*) kann 2,5 m Länge erreichen, die meisten jedoch sind kleinere Schwarmfische.

Die Ordnung spielt in vielen Bereichen des menschlichen Lebens eine große Rolle: angefangen bei den vielen kleineren Arten in unseren Aquarien, über die Speisefischzucht des Spiegelkarpfens und der chinesischen Karpfen bis hin zu den angeblich glücksbringenden Eigenschaften des Koi in der japanischen Kultur.

Gruppe 3

CYPRINIFORMES
Karpfenähnliche Fische

Familie	Herkunft	Verhalten	Futter	Fortpflanzung	Besonderheiten
Balitoridae Balitorinae	As	friedliche, bodenorientierte Einzelgänger territorial	H,O	Bei wenigen Arten gelungen: zw. Pflanzen, unter Steinen, adhärente Eier, überschwemmte Wiesen.	Haften mit Pektoralen u. Ventralen an harten Unterlagen, in der Strömung der Fließgewässer. Manche agessiv; zylindrische Gestalt.
Nemacheilinae	Eu, As		K,O		
Catostomidae	As, N-Am	friedliche Schwarmfische, kleine Fische sind Beute.	K,O	Laichwanderungen.	Einige Arten werden sehr groß.
Cobitidae	Eu, As, N-Af	mehr o. weniger Bodengebunden, Einzelgänger u. Schwarmfische	K,O	Wenige Erfolge. Einfluß der Jahreszeiten. Freilaicher zw. Pflanzen u. Höhlenlaicher.	Einige Arten werden bei tiefem Luftdruck unruhig (Wetterfisch). Einige Arten graben sich ein. Zusätzliche Darm-Luftatmung bei einigen Arten. Einige nachtaktiv u. territorial.
Cyprinidae	Eu, As, Af, N-Am	friedliche Schwarmfische. Einige Räuber sind adult Einzelgänger	K,O, H	Adherante u. nicht adherante Eier zw. Pflanzen. Überschwemmte Wiesen. Nester mit Brutpflege. Laichwanderungen.	Bitterling legt Eier in den Kiemenraum von Muscheln. Fortpflanzung bei vielen Arten noch nicht geglückt.
Gyrinocheilidae	SO-As	revierbildend, Jungfische als Gesellschaftsfische.	H,O	In asiatischen Teichen. Evtl. nach Hormongaben abgestreift u. künstlich befruchtet.	Saugen sich an andere, größere Fische, die dadurch in Panik geraten können.

Balitoridae — Plattschmerlen/Flossensauger

Familie Balitoridae

Die Familie der Plattschmerlen schließt die Arten der früher als Familie angesehenen Homalopteridae mit ein. In etwa enthält sie 470 Arten, wobei die Anzahl der Gattungen einer großen Interpretationsspanne unterworfen ist (zwischen 37 und 59).

Wenige Arten sind bisher in Aquarien erfolgreich gezüchtet worden. Schuld an diesem bescheidenen Erfolg scheinen nicht die chemischen Eigenschaften des Wassers zu sein, da bisher in Werten um neutral und bei geringer Härte abgelaicht wurde, sondern eher die Abwesenheit eines „Überschwemmungsreizes", da nach Freilandbeobachtungen des öfteren das Ablaichen zwischen überschwemmten Pflanzen bei Hochwasser gemeldet wurde. Eier der in Aquarien sich bisher fortpflanzenden Arten sind adhärent und werden wahllos im Pflanzendickicht verteilt, in eine Kiesmulde oder unter einen Stein gelegt. Einige Arten betreiben Brutpflege.

Die meisten Balitoridae haben einen langgestreckten, wurmartigen, zylindrischen Körper. Einige Flossensauger sehen auf den ersten Blick wie Arten innerhalb der Loricariidae aus, doch gleich fällt auf, daß sie zum Unterschied von letzteren kein Saugmaul haben, sondern mit ihren Ventralen und Pektoralen einen Saugeffekt erzeugen können, der es ihnen erlaubt, sich in der Strömung festzuhalten.

Schistura notostigma, s. Seite 159

Balitoridae   Plattschmerlen/Flossensauger

Acanthocobitis sp. cf. *botia*   2/348
Augenfleck-Ceylonschmerle
H: Sri Lanka, Indien, Thailand, China.
♂: Rinne unter dem Auge.   V: =
Z: Pflanzendickicht; 100-150 Eier. F: O
T: 24–26°C, L: 8 cm, pH: >7, SG: 1

Acanthocobitis urophthalmus   3/276
Augenfleckenschmerle
H: Asien: Burma, Bangladesch.
GU: Unbekannt.   V: +
Z: Unbekannt.   F: O
T: 23–25°C, L: 6 cm, pH: 7, SG: 1–2

Acanthocobitis zonalternans   5/84
Phuketschmerle, Rotflossenschmerle
H: Asien: Thailand bis Indonesien.
♂: Hautlappen unter den Augen.   V: +
Z: Regenzeit imitieren?   F: K,O
T: 24–26°C, L: 6 cm, pH: 7, SG: 2

Balitora burmanica   1/449
Karpfenschmerle, Flossensauger
H: SO-Asien: Thailand, Burma.
GU: Unbekannt.   V: +
Z: Unbekannt.   F: L,H
T: 22–24°C, L: 10 cm, pH: 7, SG: 3–4

Acanthocobitis urophthalmus   3/276
Augenfleckenschmerle
Siehe oben rechts.

Homaloptera sp.   3/286
Chinesischer Flossensauger
H: Asien: China.
GU: Unbekannt.   V: +
Z: Unter Steinen.   F: O
T: 22–24°C, L: 12 cm, pH: 7, SG: 2

Balitoridae — Plattschmerlen/Flossensauger

Barbatula angorae 3/280
Angora-Bartgrundel
H: Asien: Türkei, GUS-Staaten.
♂: 2., 3., 4. Pektoralstrahlen dick. V: +
Z: Unbekannt. F: K
T: 14–22°C, L: 8,5 cm, pH: >7, SG: 2–3

Barbatula barbatula 1/376
Schmerle, Bartgrundel
H: Europa bis Sibirien.
♂: Länger; längere Pektorale. V: +
Z: Haftende Eier; ♂ bewacht oft. F: K!
T: 16–18°C, L: 16 cm, pH: >7, SG: 2–3

Barbatula barbatula ciscaucasica 5/86
Türkische Bachschmerle
H: Europa: Türkei.
GU: Unbekannt. V: +
Z: Noch nicht erfolgt. F: K
T: 10–20°C, L: 12 cm, pH: 7, SG: 3

Barbatula barbatula toni 3/274
Sibirische Steinschmerle, Sib. Bartschmerle
H: Asien: GUS-Staaten.
♂: Verdickter 2. Pektoralstrahl. V: ?
Z: Noch nicht erfolgt. F: O
T: 18–22°C, L: <21 cm, pH: 7, SG: 2–3

Barbatula brandti 3/282
Brandt's Bartgrundel, Kura Bartgrundel
H: Asien: GUS-Staaten.
GU: Unbekannt. V: +
Z: Unbekannt. F: K
T: 10–20°C, L: 8,5 cm, pH: 7, SG: 2

Barbatula angorae bureschi 5/84
Goldschmerle
H: Europa: Bulgarien.
♂: Pektorale länger; größer. V: +
Z: Haftende Eier; ♂ bewacht oft. F: K
T: 10–20°C, L: 8,5 cm, pH: 7, SG: 3

Balitoridae   Plattschmerlen/Flossensauger

Barbatula cristata 5/86
Kristallschmerle
H: W-Asien: Turkmenien.
♂: Kräftiger gefärbt, schlanker. V: +
Z: Unbekannt. F: K
T: 10–20°C, L: 12 cm, pH: 7, SG: 3

Barbatula insignis 3/282
H: W-Asien: Syrien, Jordanien, Palästina.
♂: Längere Flossen; Laichaussch. V: +
Z: Bodenlaicher. F: O
T: 7–24°C, L: 7 cm, pH: 7, SG: 2

Barbatula labiata 3/280
Dicklippenschmerle
H: Asien: GUS-Staaten.
GU: Unbekannt. V: ?
Z: April/Juni; <60 000 Eier. F: O
T: 14–20°C, L: 23 cm, pH: 7, SG: 2–3

Barbatula namiri 3/284
H: Asien: Syrien, Libanon.
♂: 2.u.3. Pektoralstrahl verbreitert. V: +
Z: Selbstgegrabene Mulden; Pflege. F: O
T: 16–22°C, L: 11 cm, pH: 7, SG: 2

Barbatula panthera 3/284
H: Asien: SW-Syrien.
♂: Längere Pektorale. V: +
Z: Unbekannt. F: O
T: 6–24°C, L: 10 cm, pH: 7, SG: 2

Beaufortia leveretti 4/142
Leveretts Flossensauger
H: China: Hainan.
GU: Unbekannt. V: +
Z: Unbekannt. F: H,O
T: 18–24°C, L: 12 cm, pH: 7, SG: 2–3

Balitoridae   Plattschmerlen/Flossensauger

Crossostoma tinkhami 2/426
Fukien-Flossensauger
H: O-Asien: China.
GU: Unbekannt. V: +
Z: Noch nicht erfolgt. F: O
T: 22–24°C, L: 10 cm, pH: 7, SG: 3–4

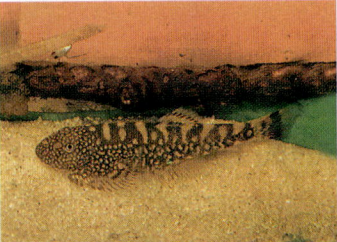

Gastromyzon ctenocephalus 5/88
Stachelkopf-Flossensauger
H: Borneo (Sarawak).
♂: Tuberkel an Kopf u. Pektoralbasis. V: +
Z: Unbekannt. F: O
T: 19–23°C, L: 5 cm, pH: 7, SG: 2–3

Gastromyzon punctulatus 2/426
Punktierter Flossensauger
H: SO-Asien: Indonesien, Kalimantan.
GU: Unbekannt. V: +
Z: Unbekannt. F: O
T: 23–25°C, L: 5 cm, pH: 7, SG: 2

Micronemacheilus sp. cf. *pulcher*

Siehe rechte Seite unten.

Hemimyzon sinensis 5/88
Sinensis Plattschmerle, Chinesische Pl.
H: China: Provinz Szechuan.
GU: Unbekannt. V: +
Z: Noch nicht erfolgt. F: H
T: 18–25°C, L: 8 cm, pH: >7, SG: 2–3

Homaloptera orthogoniata 2/428
Pracht-Flossensauger, Sattelfleck Borneoschmerle
H: SO-Asien: Indonesien, Thailand. V: +
♂ u. Z: Unbekannt. F: H,O
T: 20–24°C, L: 12 cm, pH: 7, SG: 3

Homaloptera sp. 5/90
Grüner Flossensauger
H: SO-Asien: Thailand.
GU: Unbekannt. **V:** +
Z: Nicht bekannt. **F:** L,H,O
T: 18–22°C, **L:** 10 cm, **pH:** <7, **SG:** 3

Homaloptera cf. *stephensoni* 5/90
H: SO-Asien: Thailand.
GU: Unbekannt. **V:** +
Z: Nicht bekannt. **F:** L,H,O
T: 20–24°C, **L:** 10 cm, **pH:** <7, **SG:** 3

Lefua costata 2/344

H: Asien: Rußland, N-China, Korea.
GU: Unbekannt. **V:** ?
Z: Nicht bekannt. **F:** K
T: 18–22°C, **L:** 10 cm, **pH:** 7, **SG:** 3

Lefua nikkonis 5/92
Nikkonschmerle
H: Asien: Japan
GU: Unbekannt. **V:** +
Z: Nicht bekannt. **F:** K
T: 15–25°C, **L:** 8 cm, **pH:** 7, **SG:** 2

Liniparhomaloptera disparis 2/430

H: Asien: China.
♀: Unbekannt. **V:** +
Z: Unbekannt. **F:** O
T: 22–24°C, **L:** 5 cm, **pH:** 7, **SG:** 2–3

Micronemacheilus pulcher ♂ 4/144
Schöne Gebirgsbachschmerle
H: China: Kanton.
♂: Geringer Unters., siehe Fotos. **V:** =
Z: Noch nicht gelungen. **F:** H,O
T: 22–25°C, **L:** 10 cm, **pH:** 7, **SG:** 2–3

Balitoridae   Plattschmerlen/Flossensauger

Micronemacheilus pulcher ♀   4/144
Schöne Gebirgsbachschmerle

Nemacheilus abyssinicus ♂   4/144
Abessinische Schmerle
H: Afrika: Äthiopien.
♀: Zur Laichzeit voller.   V: +
Z: Unbekannt.   F: K,O
T: 18–22°C, L: 9 cm, pH: 7, SG: 3

Nemacheilus abyssinicus ♀   4/144
Abessinische Schmerle

Nemacheilus binotatus   3/274

H: Asien: N- u. W-Thailand.
♂: Unteraugen-Lappen.   V: +
Z: Noch nicht gelungen.   F: O
T: 26–28°C, L: 6 cm, pH: 7, SG: 2

Triplophysa dorsalis   2/350
Graue Schmerle
H: Asien: GUS-Staaten.
GU: Unbekannt.   V: ?
Z: Natur: April–Juni.   F: O
T: 18–22°C, L: 13 cm, pH: 7, SG: 3

Nemacheilus fasciatus   2/350
Bänderschmerle
H: Indonesien, Sumatra, Borneo, Java.
GU: Unbekannt.   V: –
Z: Noch nicht erfolgt.   F: K!
T: 22–24°C, L: 9 cm, pH: <7, SG: 2

Balitoridae Plattschmerlen/Flossensauger

Nemacheilus kangrae 5/92
Punjabschmerle
H: Asien: Indien: Punjab.
GU: Nicht erkennbar. V: +
Z: Unbekannt. F: K,O
T: 10–22°C, L: 8 cm, pH: >7, SG: 3

Nemacheilus merga ♀ 5/94
Mergaschmerle
H: O-Europa: W-Uralgebirge.
♂: Zur Laichzeit schlanker. V: +
Z: Unbekannt. F: K,O
T: 10–22°C, L: 9,5 cm, pH: 7, SG: 2–3

Nemacheilus notostigma 2/352
Orangefleck-Bachschmerle
H: SO-Asien: Sri Lanka.
♂: Oberer Kaudallappen länger. V: –
Z: In dichten Pflanzen (20 Junge). F: O
T: 22–24°C, L: 8 cm, pH: 7, SG: 2–3

Nemacheilus oxianus 5/96
Oxysschmerle
H: Asien: Usbekistan: Amu-Darja.
♂: Größere Dorsale, kontrastreicher. V: +
Z: Unbekannt. F: K,O
T: 10–18°C, L: 6,5 cm, pH: 7, SG: 2–3

Nemacheilus pardalis 5/96
Leopardschmerle
H: Asien: Usbekistan: um Duschanbe.
♂: Größere Dorsale; länger. V: +
Z: N: Mai nach Schneeschmelze. F: K,O
T: 10–18°C, L: 9,5 cm, pH: 7, SG: 3

Nemacheilus savona 4/147
Savonaschmerle
H: Indien: Kalkutta.
♂: Evtl. 1. Dorsalstrahl verdickt. V: +
Z: Unbekannt. F: K,O
T: 23–26°C, L: 10 cm, pH: 7, SG: 2–3

Balitoridae   Plattschmerlen/Flossensauger

Nemacheilus selangoricus 2/352
Kuipers Schmerle
H: Indonesien, Malaysia.
♂: Spitze P; ob. Kaudallappen läng.   V: ?
Z: Nicht erfolgt.   F: K,O
T: 23–25°C, L: 7,5 cm, pH: <7, SG: 2

Nemacheilus selangoricus 2/352
Kuipers Schmerle o.♂, u.♀

Nemacheilus stoliczkai 2/354
Stoliczkas Schmerle
H: Asien: GUS-Staaten, China.
♂: Verdickte Ventralstrahlen.   V: ?
Z: Nicht erfolgt.   F: K,O
T: 16–20°C, L: 15 cm, pH: 7, SG: 3

Nemacheilus strauchi 2/354
Gefleckte Dicklippen-Schmerle
H: Asien: GUS-Staaten, China.
♂: Flacher; Dorsale niedriger.   V: ?
Z: Natur: April–Juni; <47000 E.   F: K,O
T: 18–22°C, L: 25 cm, pH: 7, SG: 3

Paracobitis malapterura longicauda 3/286

H: Asien: GUS-Staaten.
GU: Unbekannt.   V: +
Z: Nicht bekannt.   F: K
T: 10–20°C, L: 20 cm, pH: >7, SG: 2

Pseudogastromyzon cheni 2/430
Chinesischer Flossensauger
H: O-Asien: S-China.
♂: Karminrote Dorsale?   V: +
Z: Nicht bekannt.   F: O
T: 20–25°C, L: 5 cm, pH: 7, SG: 2

Balitoridae — Plattschmerlen/Flossensauger

Pseudogastromyzon fasciatus 5/98
Zebraflossensauger
H: Asien: China.
GU: Nur zur Laichzeit. V: +
Z: Noch nicht erfolgt. F: H,O
T: 18–23°C, L: 8 cm, pH: >7, SG: 2–3

Schistura kessleri kessleri 3/278
Kesslers Schmerle
H: Asien: Iran, Afg., Pak., Indien, GUS-S.
♂: CANESTRINI Schuppe, spitzere P. V: +
Z: Noch nicht erfolgt. F: O
T: 22–30°C, L: 8 cm, pH: >7, SG: 2–3

Schistura magnifluvis 5/100
Mekong-Plattschmerle
H: Asien: Thailand: mittl. Mekongfluß.
♂: Suborbitaler Hautfetzen? V: +
Z: Ei Ø 1,5 mm; unter Steinen? F: K,H
T: 23–28°C, L: ♀ 40 cm, pH: <7, SG: 2

Schistura montana 5/94
Bergplattschmerle
H: Asien: N-Indien.
♂: Zur Laichzeit farbiger, schlanker. V: =
Z: Noch nicht erfolgt. F: K,O
T: 18–22°C, L: 6,5 cm, pH: 7, SG: 2–3

Schistura notostigma ♂? 5/100
Dorsalstich-Plattschmerle
H: Asien: Sri Lanka.
♂: 2. u. 3. Pektoralstrahl verdickt? V: +
Z: Ei Ø 1,5 mm; unter Steinen? F: K,H
T: 23–28°C, L: ♀ 40 cm, pH: <7, SG: 2

Weitere ähnliche Arten:

Schistura montana	12 Binden
S. rupecula	14 Binden
S. rupecula var.	13 Binden
S. subfusca	10 Binden
S. zonata	11 Binden

Balitoridae Plattschmerlen/Flossensauger

Schistura sargadensis 5/102
Sargaschmerle
H: Asien: Turkmenistan.
♂: Größere Dorsale; länger V: +
Z: Nicht beschrieben. F: K,O
T: 15–22°C, L: 8,5 cm, pH: <7, SG: 2–3

Schistura sp. aff. *spilota* 5/98
Kwai-Plattschmerle
H: Asien: W-Thailand: River Kwai.
GU: Unbekannt. V: +
Z: Unbekannt. F: K
T: 15–24°C, L: 7 cm, pH: 7, SG: 2–3

Sinogastromyzon wui 4/142
Wuis Flossensauger
H: China: Kwangsi.
GU: Unbekannt. V: +
Z: Unbekannt. F: H,O
T: 18–26°C, L: 14 cm, pH: 7, SG: 2–3

Triplophysa kuschakewitschi 3/278
Kuschakewitschs Bartgrundel
H: Asien: GUS-Staaten.
♂: Breiterer Kopf. V: +
Z: Nicht bekannt. F: O
T: 10–20°C, L: 11 cm, pH: >7, SG: 2–3

Vaillantella maassi 5/103

H: Sumatra, Borneo, Malaya.
GU: Unbekannt. V: =?
Z: Unbekannt. F: K,O
T: ca. 24°C, L: < 24 cm, pH: 7, SG: 2–3

Yunnanilus brevis 3/276

H: SO-Asien: Birma.
♂: Fleischlappen unter den Augen. V: +
Z: Nicht bekannt. F: O
T: 22–24°C, L: 6 cm, pH: 7, SG: 2

Catostomidae — Saugdöbel

Familie Catostomidae

Eine erfolgreiche Familie mit 68 Arten in 13 Gattungen, die vor allem in Fließgewässern in Nordamerika zu den zahlreichsten Fischen gehören. Man findet sie aber auch in Asien.

Es handelt sich um anpassungsfähige Arten, die auf das Abweiden des Bodens spezialisiert sind. Arten aus ruhigeren Gewässern haben große, hochrückige Körper.

Es gibt auch die Ansicht, daß *Myxocyprinus asiaticus* ebenfalls in diese Familie gehört; im AQUARIEN ATLAS wird diese Art aber zu den Cyprinidae gezählt, weshalb sie hier im INDEX auf Seite 219 zu finden ist.

Saugdöbel werden recht groß. Diejenigen aus kühlen Fließgewässern benötigen außerdem Aquarienwasser mit hohem Sauerstoffgehalt. Da farblich eher braun-graue Töne überwiegen, ist diese Familie ein seltener Gast unserer Aquarien.

KARPFENA.

Catostomus catostomus catostom. 4/148
Alaska-Saugdöbel
H: USA: O-Rocky Mountains bis Maine.
♂: Fast schwarz; perlart. Knoten. V: –
Z: Frühjahrslaichwanderung. F: K
T: 0–15°C, L: 70 cm, pH: 7, SG: 4

Catostomus catostomus rostratus 4/148
Maulbinden-Saugdöbel
H: Sibirien, Rußland.
♂: Zur Laichzeit viel dunkler. V: –
Z: Frühjahrslaichwanderung. F: K
T: 4–18°C, L: 54 cm, pH: 7, SG: 4

Catostomus commersonii 3/165
Alaska Saugdöbel
H: Canada u. USA.
♂: Meist kleiner; schönere Farben. V: +
Z: Natur: April–Mai; 20 000 E. F: K,O
T: 4–20°C, L: 30 (45) cm, pH: 7, SG: 2

Erimyzon sucetta 2/337
Saugdöbel
H: USA: New York bis Florida und Texas.
♂: Schlanker. V: +
Z: Natur: März–April; <20 000 E. F: O
T: 4–20°C, L: 25 cm, pH: >7, SG: 2–3

Cobitidae — Schmerlen, Dorngrundeln

Familie Cobitidae

Die Familie der Schmerlen und Dorngrundeln enthält etwa 110 Arten in 18 Gattungen. Einem bodennahen Leben in Fließgewässern angepaßt, ist ihr Körper größtenteils wurmförmig (*Pangio*) bis ventral abgeflacht (*Botia*). Das Verbreitungsgebiet der Dorngrundeln erstreckt sich über ganz Europa und Asien, mit Gebieten in Nord- und Ostafrika.

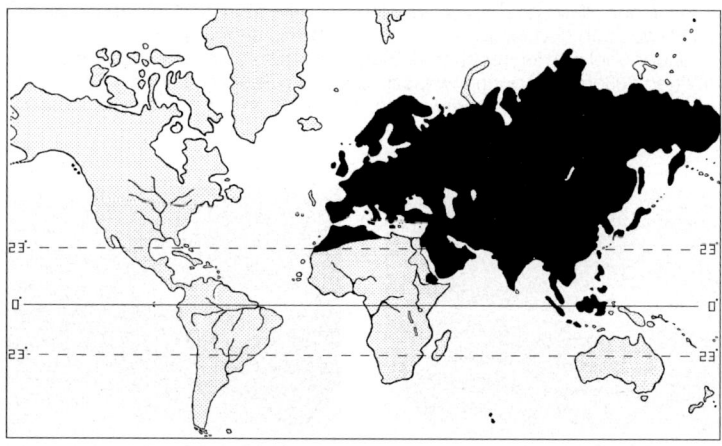

Verbreitungsgebiet der Familie Cobitidae.

Dorngrundeln sind scheue Fische. Das Aquarium sollte daher vielfältige Verstecke aufweisen. Einige Arten graben sich sogar zeitweilig ein; es ist daher wichtig, daß der Bodengrund nicht scharfkantig ist. Einige *Botia* sind weniger scheu und schwimmen in Gruppen durch das Aquarium, diese sind auch weniger bodengebunden.

Die Fortpflanzung der Cobitidae ist noch wenig erforscht. In Aquarien gibt es allenfalls Zufallszuchten. Es gibt Höhlenlaicher (*Acantopsis*) und Freilaicher zwischen Pflanzen (*Cobitis*), während bei den bekannten *Botia* wenig bezüglich des Laichverhaltens geklärt ist, außer daß Jahreszeiten (Regenzeit) einen größeren Einfluß zu haben scheinen. Auch in bezug auf dieTatsache, daß manche Arten im Aquarium kaum ihre natürliche Größe erreichen, gibt es nur Vermutungen: (z.B., *Botia macracanthus* erreicht bis zu 30 cm in der Natur; im Aquarium sind 18-cm-Exemplare ein Monster): ob diese wohl je reif werden? Ein bekannter Geschlechtsunterschied ist der dickere 2. Strahl an den Pektoralen der Männchen.

Einige Schmerlen sind territorial, wobei sich die Revierverteidigung gegen Artgenossen und nicht gegen artfremde Fische richtet. Ihre Diät ist über-

Cobitidae Schmerlen, Dorngrundeln

wiegend die eines Omnivoren, aber die Karnivoren können oftmals Trokkenfutter verweigern; man ist für diese Arten dementsprechend auf Lebend- und Gefrierfutter angewiesen.

Praktisch alle Arten sind für ein Gesellschaftsaquarium geeignet. Die etwas niedrigeren Hälterungstemperaturen einiger Arten müssen berücksichtigt werden, aber durch das weite Verbreitungsgebiet bedingt, gibt es passende Arten für alle Wasserwerte.

Acantopsis dialuzona 1/366
Rüsselschmerle
H: SO-Asien.
GU: Unbekannt. V: +
Z: Höhlen u. unter Steinen. F: K,O
T: 25–28°C, L: 22,5 cm, pH: <7, SG: 2–3

Acantopsis sp. 5/104
Vietnam-Rüsselschmerle
H: SO-Asien: Vietnam.
GU: Unbekannt. V: +
Z: Höhlen u. unter Steinen. F: K,O
T: 22–26°C, L: 18 cm, pH: 7, SG: 2–3

Botia beauforti 2/342
Beauforts Schmerle
H: SO-Asien: Thailand, Laos.
GU: Unbekannt. V: =
Z: Unbekannt. F: O
T: 26–30°C, L: 25 cm, pH: <7, SG: 2

Botia berdmorei 1/366
H: Burma, Thailand.
GU: Unbekannt. V: =
Z: Unbekannt. F: K,O
T: 22–26°C, L: 25 cm, pH: 7, SG: 2–3

Botia dario 3/166
Grüne Bänderschmerle
H: Indien.
♀: Voller. V: +
Z: Nicht gelungen. F: K,O
T: 23–26°C, L: 6,5 cm, pH: 7, SG: 3

Cobitidae   Schmerlen, Dorngrundeln

Botia eos juv.   2/340, (5/105)
Sonnenschmerle
H: SO-Asien: Laos, Thailand.
GU: Unbekannt.   V: +
Z: Überschwemmungsgebiete.   F: K
T: 24–28°C, L: 6 cm, pH: <7, SG: 2–3

Botia fasciata (= *Parabotia fasciata*) 4/152
Ringelschmerle, Schlanke Bänderschm.
H: China: Yangtze-Fluß.
GU: Unbekannt.   V: =
Z: Unbekannt.   F: K
T: 20–26°C, L: >15 cm, pH: 7, SG: 2–3

Botia helodes   1/368
Tigerschmerle
H: SO-Asien: Thailand, Laos, Kambodscha.
GU: Unbekannt.   V: –
Z: Noch nicht gelungen.   F: K,O
T: 24–30°C, L: 22 cm, pH: <7, SG: 2

Botia lecontei   2/342
Le Conte-Schmerle, Rotflossenprachtsch.
H: SO-Asien: O-Thailand, Laos.
GU: Unbekannt.   V: +
Z: Unbekannt.   F: K
T: 24–28°C, L: 15 cm, pH: <7, SG: 2–3

Botia lecontei juv.   2/342
Le Conte-Schmerle, Rotflossenprachtsch.
(Foto s.S. 5/106)

Botia lohachata   1/370
Netzschmerle
H: NO-Indien, Bangladesch.
GU: Unbekannt.   V: +
Z: Noch nicht gelungen.   F: O
T: 24–30°C, L: 7 cm, pH: <7, SG: 2

Cobitidae — Schmerlen, Dorngrundeln

Botia almorhae 5/105
Netzschmerle
H: China; Yangtse, Südasien
GU: Unbekannt. V: =
Z: Unbekannt. F: K
T: 22–26°C, L: 15 cm, pH: 7, SG: 2–3

Botia macracanthus 1/370
Prachtschmerle
H: Indonesien: Sumatra, Borneo.
♂: Kaudale tiefer gegabelt. V: –
Z: Beginn d. Regenzeit, Höhle F: O
T: 25–30°C, L: <30 cm, pH: <7, SG: 2–3

Botia macracanthus var. 1/370
Prachtschmerle
(Foto s.S. 5/108)

Botia morleti 1/368
Hora's Schmerle, Aalstrichschmerle
H: Asien: Thailand, Laos, Kambodscha.
GU: Unbekannt. V: –
Z: Noch nicht gelungen. F: K,O
T: 24–30°C, L: 22 cm, pH: <7, SG: 2

Botia morleti 1/368
Hora's Schmerle, Aalstrichschmerle
(Foto s.S. 5/107)

Botia nigrolineata 5/109
Schwarzstreifen-Prachtschmerle
H: Asien: China.
GU: Nicht erkennbar. V: +
Z: Bisher nicht erfolgt. F: K,O
T: 15–25°C, L: 5 cm, pH: >7, SG: 2–3

Cobitidae │ Schmerlen, Dorngrundeln

Botia robusta 4/154
Kansuschmerle
H: Asien: China.
GU: Unbekannt. V: =
Z: Noch nicht gelungen. F: K,O
T: 18–24°C, L: 18 cm, pH: >7, SG: 3

Botia rostrata ♀ 3/166
Leiterschmerle
H: Asien: Birma, Indien.
♀: Größer; kaum helle Bereiche. V: –
Z: Noch nicht gelungen. F: K,O
T: 22–25°C, L: 6 cm, pH: <7, SG: 1

Botia rubripinnis 1/372
Grüne Schmerle
H: Thailand, Vietnam, Malaiische Halbi.
♂: Kleiner (?). V: –
Z: Noch nicht gelungen. F: K,O
T: 26–30°C, L: 24 cm, pH: <7, SG: 2

Botia rubripinnis juvenil 1/372
Grüne Schmerle
(Foto s.S. 5/107)

Botia sidthimunki 1/372
Zwergschmerle, Schachbrettschmerle
H: N-Thailand.
GU: Unerkennbar. V: +
Z: Gelungen, aber keine Daten. F: K,O
T: 26–28°C, L: 6 cm, pH: <7, SG: 2

Botia sidthimunki 5/110
Schachbrettschmerle
H: Hinterindien.
♂: Voller u. gedrungener. V: +
Z: Künstliche Befruchtung. F: K,O
T: 22–27°C, L: 6 cm, pH: <7, SG: 2–3

Cobitidae   Schmerlen, Dorngrundeln

Botia striata   2/344
Zebraschmerle, Streifenschmerle
H: Asien: S-Indien.
GU: Unbekannt.   V: +
Z: Kein Bericht.   F: O
T: 23–26°C, L: <10 cm, pH: 7, SG: 1–2

Botia superciliaris   4/152
Spitzkopfschmerle
H: China: Szetschuan.
GU: Nicht beschrieben.   V: =
Z: Unbekannt.   F: K,O
T: 22–26°C, L: 15 cm, pH: <7, SG: 3–4

Cobitis caspia   5/112
Kaspischer Steinbeißer
H: Zuflüsse des Kaspischen Meeres.
♂: 2. Pektoralstrahl verdickt.   V: +
Z: Freilaicher zw. Pfl. u. Steinen.   F: K
T: 10–25°C, L: 7 cm, pH: >7, SG: 2–3

Cobitis taenia   (4/163)

Cobitis taenia bilineata   (4/163)

Cobitis taenia taenia   1/374
Steinbeißer, Dorngrundel
H: Europa, W-Asien.
♂: Kleiner; 2. Pektoralstrahl dicker.   V: +
Z: Pflanzenlaicher.   F: K!
T: 14–18°C, L: 12 cm, pH: >7, SG: 2–3

Cobitidae　　　　　　　　　　　　　　　　　　　Schmerlen, Dorngrundeln

Kottelatlimia pristes　　　　　　4/156

H: Malaysia.
GU: Unbekannt.　　　　　　　　　V: +
Z: Unbekannt.　　　　　　　　　　F: O
T: 22–25°C, L: 6 cm, pH: ≪7, SG: 4

Lepidocephalus thermalis　　　　2/346
Indischer Steinbeißer

H: Asien: Indien, Sri Lanka.
GU: Unbekannt.　　　　　　　　　V: (–)
Z: Unbekannt.　　　　　　　　　　F: O
T: 22–24°C, L: 8 cm, pH: <7, SG: 2–3

Leptobotia elongata　　　　　　4/156
Riesenbotia

H: China.
♂: Infraoculardorn.　　　　　　　V: –
Z: Laichwanderung.　　　　　　　F: K,O
T: 22–28°C, L: <50 cm, pH: <7, SG: 4

Leptobotia guilinensis　　　　　4/158

H: China.
GU: Unbekannt.　　　　　　　　　V: +
Z: Unbekannt.　　　　　　　　　　F: K,O
T: 23–27°C, L: 20 cm, pH: 7, SG: 2–3

Leptobotia mantschurica　　　　2/346
Mandschurenschmerle

H: Asien: Rußland, China.
♂: Infraoculardorn.　　　　　　　V: ?
Z: Noch nicht erfolgt.　　　　　　F: K,O
T: 16–20°C, L: 2 cm, pH: 7, SG: 3

Leptobotia rubrilabris　　　　　4/158
Rotlippenschmerle

H: China.
♂: Rote Lippen.　　　　　　　　　V: +
Z: Nicht erfolgt.　　　　　　　　　F: K,O
T: 18–25°C, L: 12 cm, pH: 7, SG: 2–3

Cobitidae   Schmerlen, Dorngrundeln

Misgurnus anguillicaudatus　　　　2/348
Ostasiatischer Schlammpeitzger
H: Asien: Sibirien, China, Korea, Japan.
♂: 2. Strahl der Pektoralen verdickt.　V: +
Z: Zufallserfolge.　　　　　　　　　　F: O
T: 10–25°C, L: <50 cm, pH: 7, SG: 1–2

Misgurnus bipartitus ♂　　　　　　5/112
Russischer Schlammbeißer
H: Asien: N-China, Mongolei. Selten
♂: Zur Laichzeit farbiger.　　　　　V: –
Z: Kein Bericht　　　　　　　　　　F: K,O
T: 5–20°C, L: 15 cm, pH: 7, SG: 3

Misgurnus fossilis　　　　　　　　1/374
Europ. Schlammpeitziger, Schlammbeißer
H: Europa.
♂: Kleiner; 2. Pektoralstrahl dicker. V: +
Z: Zufällig gelungen.　　　　　　　　F: K
T: 4–25°C, L: 30 cm, pH: 7, SG: 1–2

Misgurnus sp. cf. *anguillicaudatus* 2/356

H: Asien: Sibirien, China, Korea, Japan.
♂: 2. Strahl der Pektoralen verdickt.　V: +
Z: Zufallserfolge.　　　　　　　　　　F: O
T: 10–25°C, L: <50 cm, pH: 7, SG: 1–2

Schistura sp.　　　　　　　　　　　2/356

Foto: *Pangio oblanga* oder *P. piperata?*
Pangio anguillaris (kein Foto)　　2/338
Aal-Dornauge
H: SO-Asien: Thailand, Borneo.
GU: Unbekannt.　　　　　　　　　　V: +
Z: Unbekannt.　　　　　　　　　　　F: O
T: 24–26°C, L: 6,5 cm, pH: 7, SG: 1

Cobitidae Schmerlen, Dorngrundeln

Pangio kuhlii 4/160
Vietnam-Dornauge
H: Vietnam (Neuer Fundort).
♀: Zur Laichzeit voller. V: +
Z: Keine Angaben. F: K,O
T: 20–26°C, L: 11 cm, pH: 7, SG: 2

Pangio kuhlii 4/160
Albino-Dornauge
Zuchtform. Haltung entspricht der Naturform; Albinos sind aber empfindlicher und werden nicht so alt.

Pangio kuhlii myersi 1/364
Geflecktes Dornauge
H: SO-Asien.
GU: Unbekannt. V: +
Z: Schwimmpflanzenwurzeln. F: K,O
T: 24–30°C, L: 12 cm, pH: <7, SG: 2

Pangio kuhlii sumatranus 1/364
Sumatra-Dornauge

Pangio muraeniformis 5/114
Muränen-Dornauge
H: Asien: Malaiische Halbinsel.
♂: 2. Strahl der Pektoralen verdickt. V: +
Z: Unbekannt. F: O
T: 24–28°C, L: 8 cm, pH: 7, SG: 1

Pangio pangia 2/338
Zimtfarbenes Dornauge
H: S-Asien: Indien, Burma.
GU: Unbekannt. V: +
Z: Unbekannt. F: O
T: 23–25°C, L: 6 cm, pH: 7, SG: 1

Cobitidae   Schmerlen, Dorngrundeln

Pangio semicinctus   2/340
Halbgebändertes Dornauge

H: SO-Asien: Malaiische Halbinsel.
♂: 2. Strahl der Pektoralen verdickt.   V: +
Z: Noch nicht erfolgt.   F: K!
T: 26–30°C, L: 8 cm, pH: <7, SG: 2

Pangio shelfordii   1/364
Borneodornauge

H: Malaiischer Archipel.
GU: Unbekannt.   V: +
Z: Unbekannt.   F: K,O
T: 24–30°C, L: 8 cm, pH: <7, SG: 2

Paramisgurnus dabryanus   5/114

H: Asien: China: Jangtsefluß.
GU: Unbekannt.   V: +
Z: Noch nicht erfolgt.   F: K,O
T: 10–25°C, L: 9 cm, pH: 7, SG: 2

Sabanejewia aurata bulgarica   4/162
Gold-Steinbeißer

H: Europa: Mittel- u. Oberlauf der Donau.
♂: Körperseiten vor Dorsale dick.   V: +
Z: Noch nicht gelungen.   F: K
T: 5–20°C, L: 12 cm, pH: 7, SG: 2–3

Sabanejewia romanica   5/116
Rumänischer Steinbeißer

H: Europa: Rumänien, Bulgarien.
GU: Unbekannt.   V: +
Z: Natur: April–Juni.   F: K
T: 10–18°C, L: <12 cm, pH: 7, SG: 4

Somileptes gongota   5/110
Katzenaugenschmerle

H: Asien: Indien, Burma.
GU: Unbekannt.   V: =
Z: Erfolglos; unter Schieferplatte.   F: K!
T: 18–22°C, L: 14 cm, pH: 7, SG: 4

Cyprinidae — Karpfenfische

Familie Cyprinidae

Mit etwas über 2000 Arten in 210 Gattungen sind die Karpfenfische die größte Familie innerhalb der Süßwasserfische. Sie enthält sowohl Arten mit über 2 m Länge als auch den kleinsten Süßwasserfisch mit nur 12 mm (*Danionella translucida*). Die Familie bewohnt Europa und Asien (1270 Arten), Afrika (475 Arten) und Nordamerika (etwa 270 Arten).

Cyprinidae sind in vielen Aspekten des menschlichen Alltags präsent. Viele Arten sind klein und häufige Aquariengäste (*Barbus, Rasbora, Danio, Carassius auratus*, usw.) oder werden in Genstudien in Labors verwendet (*Brachydanio, Danio*), andere werden als glücksbringend angesehen (Koi in Japan) und andere, größere Arten wiederum sind seit ein paar Jahrtausenden in der chinesischen und seit Jahrhunderten in der westlichen Speisefischzucht vertreten (*Cyprinus carpio, Ctenopharyngodon idellus*, u.a.).

Karpfen-Hypophyse-Extrakt ist auch heute noch ein vielerorts gebrauchtes Mittel, um Wanderfische zum Laichen in Teichen zu stimulieren. Nur dadurch ist es z.B. möglich, etwa den Graskarpfen wie auch andere der chinesischen Karpfen außerhalb des chinesischen Bereichs zu züchten. Tropische Arten, wie die großen *Barbus,* sind in dieser Hinsicht einfacher zu vermehren, da man bei ihnen auf eine Hormonspritze nicht angewiesen ist.

Koi – farbige Zuchtformen von *Cyprinus carpio* – sind für Gartenteiche weltweit gesuchte Fische. In Japan erzielen Ausstellungssieger bis zu fünfstellige Summen in Dollar.

Ein charakteristischer Geschlechtsunterschied offenbart sich mit der Reife: der sogenannte Laichausschlag und das Hochzeitskleid der Männchen.

Zuchtformen von *Barbus tetrazona*, o. Albino, u. „Moosbarbe" (s.S. 193).

Cyprinidae — Karpfenfische

Es erscheinen weiße Knötchen, vor allem auf ihrer Kopfregion, und außerdem ändern sie ihre Farben.

Für unsere Aquarien bieten die Cyprinidae eine große Auswahl, u.a.:

Barbus: Kleine bis große aktive Schwarmfische; das Aquarium darf nicht weniger als 50 l fassen (größere Arten brauchen wesentlich mehr). Obwohl dunkler Bodengrund und gute Bepflanzung vorgeschlagen werden, muß eine offene Schwimmzone gewährleistet sein; die meisten bevorzugen bodennahe Wasserschichten. Einige Arten zupfen an den fadenartig ausgezogenen Flossen ihrer Aquarienmitbewohner (z.B. Skalare, verschiedene Guramis). Weiches Altwasser mit einem pH-Wert um neutral wird meistens zur Fortpflanzung bevorzugt. Zucht ist im allgemeinen möglich, bei mehreren Arten einfach. Das Zuchtbecken sollte der Morgensonne ausgesetzt sein, die Eier haften an feinfiedrigen Pflanzen oder fallen zu Boden. Barben sind arge Laichräuber und müssen nach dem Laichvorgang unbedingt umgesetzt werden.

Wir haben in den AQUARIEN ATLANTEN noch die Bezeichnung *Barbus* verwendet, obwohl viele Wissenschaftler bereits wieder *Puntius* für die asiatischen kleinen, meist hochrückigen Arten angeben. Eine wissenschaftliche Revision der Barbenarten wird noch lange auf sich warten lassen. Je nach Auffassung sind beide Gattungsnamen gültig.

Epalzeorhynchos: Meist untereinander bissig, anderen Arten gegenüber aber friedlich. Das Aquarium sollte mit zahlreichen, voneinander optisch getrennten Verstecken ausgestattet sein. Ihre Diät erstreckt sich von Lebendfutter bis zu Algen. Durch die starke innerartliche Aggressivität ist ihre Zucht nur selten gelungen; sie findet in weichem, leicht saurem Wasser in Höhlen statt. In tropischen Gebieten wird *E. bicolor* in Teichen gezüchtet.

Rasbora: Diese meist kleinen Schwarmfische bevorzugen die mittleren und oberen Wasserschichten. Einige Arten leben in sehr weichem und saurem Wasser. Bei vielen ist die Zucht gelungen, wobei feinfiedrige Pflanzen als Laichsubstrat vorgezogen werden. Eine gelungene Auswahl sowie das Alter der Partner sind wichtig. Obwohl gute Gesellschafter, ist bei manchen kleineren Arten ein Artbecken vorzuziehen.

Abbottina elongata ♀   5/118

H: Asien: China: Amurbecken.
♂: Dorsale größer u. konvex.   V: +
Z: Juni, Juli; Brutpflege (♂).   F: K,O
T: 15–24°C, L: 8,5 cm, pH: 7, SG: 2

Abbottina rivularis   3/168

H: Asien: GUS-Staaten, Kor., Jap., China.
♂: Größer, Laichausschlag.   V: +
Z: Juni, Juli; Brutpflege (♂).   F: H,K
T: 18–23°C, L: 13,5 cm, pH: 7, SG: 2–3

Cyprinidae   Karpfenfische

Abramis ballerus 4/164
Zope, Schwuppe
H: Europa: Elbe bis Newa; Skandinavien.
♂: Laichausschlag.   V: +
Z: Frühsommerwanderung.   F: O
T: 5–25°C, L: 35 cm, pH: 7, SG: 2–3

Abramis brama 3/169
Brachsen, Blei, Brassen
H: Europa.
♂: Laichausschlag.   V: +
Z: Mai, Juni; <300 000 E.   F: O
T: 10–24°C, L: 75 cm, pH: >7, SG: 1–2

Abramis sapa bergi 5/118
Bergs Brassen
H: Asien: Aserbaidschan, Georgien.
♂: Laichausschlag u. schlanker.   V: +
Z: Mai, Juni; <300 000 E.   F: O
T: 10–25°C, L: <39 cm, pH: 7, SG: 4

Abramis vimba 3/272, 5/224
Zährte
H: Europa: S-Schwe., S-Finnl., Deutschl.
♂: Kein Laichausschlag, schlanker. V: +
Z: Mai/August; flache, steinige Ufer. F: K
T: 10–20°C, L: 40 cm, pH: >7, SG: 2–4

Abramis vimba juv. 3/272, 5/224
Zährte

Acanthalburnus microlepis 3/170
Napotta
H: Asien: GUS-Staaten.
♀: Zur Laichzeit fülliger.   V: +
Z: Wenig bekannt.   F: K,O
T: 10–20°C, L: 25 cm, pH: >7, SG: 2

Cyprinidae — Karpfenfische

Acanthorhodeus asmussi 2/358
Asmuss' Stachelbitterling
H: Asien: GUS-Staaten, West- Südkorea.
♂: Hochzeitskleid. ♀ Legeröhre.   V: +
Z: Natur: Mantelhöhle Muschel.   F: H,O
T: 18–22°C, L: 16 cm, pH: 7, SG: 2–3

Acanthorhodeus barbatulus 5/120
China-Bitterling
H: Asien: China.
♂: Hochzeitskleid. ♀: Legeröhre.   V: +
Z: Natur: Mantelhöhle Muschel.   F: O
T: 8–20°C, L: ♀ 7 cm, pH: 7, SG: 2–3

Acanthorhodeus macropterus 5/120
Riesenbitterling
H: Asien: China: Jangtse u. Ningpoflüsse.
♂: Hochzeitskleid.   V: +,=
Z: Natur: Uferbereich zw. Pflanzen.
T: 15–25°C, L: 27 cm, pH: 7, SG: 1–4

Acheilognathus chankaensis 2/358

H: Asien: GUS-Staaten.
♂: Hochzeitskleid. ♀ Legeröhre.   V: +
Z: Natur: Mantelhöhle Muschel.   F: H,O
T: 18–22°C, L: 11 cm, pH: 7, SG: 2–3

Acheilognathus tabira 5/122
Tabira-Bitterling
H: Japan.
♂: Hochzeitskleid. ♀ Legeröhre.   V: =
Z: N: Muschel; auch zw. Steinen?.   F: K,O
T: 10–25°C, L: 8,5 cm, pH: 7, SG: 2

Acrossocheilus deauratus 5/122
Goldbarbe
H: Asien: China: Kanton.
GU: Unbekannt.   V: +
Z: Natur: Freilaicher zw. Pflanzen.   F: O,H
T: 12–24°C, L: 12 cm, pH: 7, SG: 2

Cyprinidae   Karpfenfische

Tor soro   2/360
Großschuppenbarbe
H: SO-Asien: Sumatra, Thailand.
GU: Unbekannt.   V: –
Z: Keine Berichte.   F: O,H
T: 22–26°C, L: bis 100 cm, pH: 7, SG: 3

Alburnoides bipunctatus   1/379
Schneider, Alandblecke
H: Europa.
♀: Kräftiger gebaut.   V: =
Z: Ausnahmsweise; auf Kies.   F: K,O
T: 10–18°C, L: 14 cm, pH: 7, SG: 2

Alburnoides bipunctatus eichwaldi   5/124
♀
H: Asien: Um das Kaspische Meer.
♂: Schlanker.   V: =
Z: Laichwanderung.   F: K,O
T: 10–23°C, L: 4,5 cm, pH: >7, SG: 2

Alburnoides bipunctatus fasciatus   3/174
Krim-Schneider
H: Asien: GUS-Staaten.
♀: Kräftiger gebaut.   V: =
Z: Noch nicht erfolgt.   F: K,O
T: 10–20°C, L: 12,5 cm, pH: 7, SG: 2–3

Alburnoides oblongus   3/170
Taschkent-Schneider
H: Asien: GUS-Staaten.
♀: Zur Laichzeit fülliger.   V: =
Z: Keine Berichte.   F: K,O
T: 10–20°C, L: 14 cm, pH: >7, SG: 2

Alburnoides taeniatus   2/360
Gestreifter Schneider, Alandblecke
H: Asien: GUS-Staaten.
♀: Bauchlinie konvex.   V: =
Z: Natur: Juni-Juli.   F: K,O
T: 10–20°C, L: 9 cm, pH: >7, SG: 2

Cyprinidae | Karpfenfische

Alburnus albidus 4/164
Mittelmeer-Ukelei, Alborella
H: Europa: Süditalien.
♂: Laichausschlag. V: +
Z: Substratlaicher: Steine. F: K,O
T: 12–28°C, L: 20 cm, pH: 7, SG: 2–3

Alburnus alburnus 3/17
Ukelei, Laube
H: Europa.
♂: Laichausschlag. V: :
Z: Natur: April–Juni; a.Aquarium. F: K,O
T: 10–20°C, L: 25 cm, pH: 7, SG: 2

Alburnus charusini hohenackeri 3/174
Transkaukasischer Ukelei
H: Asien: GUS-Staaten.
♂: Laichausschlag. V: =
Z: Unbekannt. F: K
T: 10–20°C, L: 12 cm, pH: 7, SG: 2–3

Aspius aspius aspius 3/176
Rapfen, Schied
H: Mitteleuropa, W-Asien.
♂: Laichausschlag. V: =,–
Z: Natur: April–Juni, <100 000 E. F: K!
T: 4–20°C, L: <100 cm, pH: 7, SG: 2

Aspius aspius taeniatus 3/176
Kaspischer Rapfen
H: Asien: GUS-Staaten.
♂: Laichausschlag. V: =,–
Z: Natur: März–April, <483 000 E. F: K!
T: 10–20°C, L: 77 cm, pH: >7, SG: 2–3

Balantiocheilus melanopterus 1/380
Haibarbe
H: SO-Asien: Thai., Sum., Bor., Mali. Halb.
♀: Zur Laichzeit dicker. V: +,–
Z: Künstliche Befruchtung? F: O
T: 22–28°C, L: 35 cm, pH: <7, SG: 2

Cyprinidae — Karpfenfische

Barbichthys nitidus 2/362
Hochflossenbarbe, „Siam highfin shark"
H: SO-Asien.
GU: Unbekannt. V: ?
Z: Noch nicht gelungen. F: O
T: 23–26°C, L: 35 cm, pH: 7, SG: 2–3

Barboides gracilis 4/166
H: Afrika: Benin, Nigeria, SW-Kamerun.
♀: Größer; zur Laichzeit dicker. V: +
Z: Unbekannt. F: K,O
T: 24–26°C, L: 2,5 cm, pH: <7, SG: 2

Barbus ablabes 2/362
H: W-Afrika.
♀: Deutlich voller. V: +
Z: Laichrost; <500 Eier. F: K,O
T: 23–25°C, L: 11 cm, pH: <7, SG: 2–3

Barbus aboinensis 4/166
Aboinabarbe
H: Afrika: S-Nigeria.
♀: Deutlich voller. V: +
Z: Unbekannt. F: K,O
T: 24–28°C, L: 8 cm, pH: 7, SG: 2

Barbus altus 3/179
H: Asien: Thailand, Laos.
♀: Voller. V: +
Z: Unbekannt. F: K,O
T: 22–27°C, L: 15 cm, pH: 7, SG: 1–2

Barbus amphigramma 3/181
H: O-Afrika: Kenia, Uganda, Tansania.
♂: Schlanker. V: +
Z: Noch nicht erfolgt. F: K
T: 19–26°C, L: 7,5 cm, pH: 7, SG: 2

Cyprinidae — Karpfenfische

Barbus apleurogramma 3/182

H: Afrika: Uganda, Ruanda, Burundi, Tans.
♂: Schlanker? V: +
Z: Unbekannt. F: O
T: 23–26°C, L: 5 cm, pH: <7, SG: 2

Barbus arulius 1/380
Prachtglanzbarbe, Dreibandbarbe
H: S- und SO-Indien.
♂: Dorsalstrahlen stark verlängert. V: =
Z: Pflanzendickicht; <100 Eier. F: O
T: 19–25°C, L: 12 cm, pH: <7, SG: 2–3

Barbus atakorensis 3/184

H: Afrika: Ghana, N-Benin, Nigeria.
GU: Unbekannt. V: +
Z: Keine Berichte F: O
T: 22–25°C, L: 4 cm, pH: ≪7, SG: 2–3

Barbus bandula ♀ 3/197
Bandullabarbe

Barbus bandula ♂ 3/197
Bandullabarbe

Barbus barbus 2/364
Barbe, Flußbarbe
H: Europa: Frankreich bis Memel, England.
♂: Laichausschlag. V: +,=
Z: Mai–Juni; Laichschwarm; flußaufw. F: O
T: 10–24°C, L: 90 cm, pH: 7, SG: 2

Cyprinidae — Karpfenfische

Barbus barbus borystenicus 5/126
Lotusbarbe
H: Europa: GUS-Staaten, Balkan, Schweiz.
♂: Laichausschlag. V: +,=
Z: Zu groß. F: O
T: 5–20°C, L: 85 cm, pH: 7, SG: 4

Barbus barilioides 2/364
Blaustrichbarbe
H: Afrika: Angola, Simbab., Sambia, Zaire.
♀: Junge tintenrot?, fülliger. V: +
Z: Pflanzendickicht. F: O
T: 20–26°C, L: 5 cm, pH: <7, SG: 1–2

Barbus baudoni 4/168
Baudonibarbe
H: Afrika: Nigeria.
♀: Voller. V: +
Z: Unbekannt. F: K,O
T: 24–26°C, L: 4 cm, pH: 7, SG: 3–4

Barbus bimaculatus o. ♀, u. ♂ 2/366
Zweifleckbarbe
H: SO-Asien: Sri Lanka.
♂: Schlank, dunkelrote Längsbinde. V: +
Z: Javamoos; 400 E; Laichräuber. F: O
T: 22–24°C, L: 7 cm, pH: <7, SG: 2

Barbus binotatus 2/366
Fleckenbarbe
H: SO-Asien: Malaysia, Indonesien, Philip.
♂: Schlanker. V: +
Z: Javamoos; 400 E; Laichräuber. F: O
T: 24–26°C, L: <18 cm, pH: <7, SG: 1–2

Barbus binotatus 3/196
Sattelfleckbarbe

Cyprinidae   Karpfenfische

Barbus callipterus   1/382
Prachtflossenbarbe
H: W-Afrika: Kamerun bis Nigeria.
♀: Viel dicker.   V: +
Z: Noch nicht geglückt.   F: O
T: 19–25°C, L: 9 cm, pH: 7, SG: 1

Barbus camptacanthus   5/124
Buckelbarbe
H: Afrika: Kamerun, Gabun, Nigerdelta.
♀: Voller zur Laichzeit.   V: =
Z: Freilaicher über Pflanzen.   F: O
T: 22–28°C, L: 16 cm, pH: 7, SG: 2

Barbus candens   3/184
Rote Dreifleckbarbe
H: Afrika: Zaire.
♂: Schlanker, farbiger, etw. größer. V: +
Z: Noch nicht geglückt.   F: O
T: 24–26°C, L: 4 cm, pH: 7, SG: 2–3

Barbus canius   4/170
Hundsbarbe
H: Indien: Ganges.
♂: Dorsale u. Ventralen rötlich.   V: =
Z: Feinfiedrige Pflanzen; Laichrost.   F: O
T: 18–28°C, L: 10 cm, pH: 7, SG: 2

Barbus graellsi   5/128
Ebrobarbe   Bw für Alttiere
H: Europa: Spanien: Ebro-System. E.
♂: Laichausschlag, schlanker.   V: =
Z: Laichwanderungen.   F: K,O
T: 10–24°C, L: 50 cm, pH: 7, SG: 4

Barbus caudovittatus   3/186

H: Afrika: Zaire-System.
GU: Unbekannt.   V: =
Z: Noch nicht geglückt.   F: O
T: 24–27°C, L: 80 cm, pH: 7, SG: 2

Cyprinidae — Karpfenfische

Barbus chlorotaenia 4/168

H: Afrika: Ghana, Nigeria, Kamerun.
♂: Etwas kleiner. V: +
Z: Noch nicht geglückt. F: O
T: 23–27°C, L: <8 cm, pH: 7, SG: 2

Barbus chola 3/186
Kiemenfleckbarbe, Kolabarbe
H: Asien: Indien, Bangladesch, Burma.
♂: Flossen rötlich zur Laichzeit. V: +
Z: Wasserpflanzen, Laichrost. F: O
T: 20–25°C, L: 15 cm, pH: <7, SG: 1–2

Barbus ciscaucasicus juv. 5/126
Kaukasusbarbe
H: Asien: O-Flüsse des Kaspischen M.
♂: Laichausschlag, schlanker. V: =
Z: Laichwanderung. F: K,O
T: 10–22°C, L: 39 cm, pH: 7, SG: 4

Barbus conchonius l.♀, r.♂ 1/382
Prachtbarbe
H: N-Vorderindien.
GU: Siehe Foto. V: =
Z: Wasserpflanzen; Laichräuber. F: O
T: 18–22°C, L: 15 cm, pH: <7, SG: 1

Barbus congicus ♂ 4/170
Kongobarbe
H: Af.: Zaire-System; Malagarasi-System?.
♂: Farbiger, schlanker. V: =
Z: Noch nicht geglückt. F: O
T: 22–26°C, L: 6 cm, pH: <7, SG: 3

Barbus congicus ♀ 4/170
Kongobarbe

Cyprinidae   Karpfenfische

Barbus cumingi   1/384
Ceylonbarbe
H: Sri Lanka.
♂: Schlanker; farbigere Flossen.   V: =
Z: Nicht ganz leicht.   F: O
T: 22–27°C, L: 5 cm, pH: <7, SG: 2–3

Barbus pierrei vorn   2/368
(*Barbus schwanenfeldi* hinten)   (2/369)
H: SO-Asien: Thailand.
♂: Wesentlich schlanker.   V: =
Z: Keine Berichte.   F: O
T: 22–25°C, L: >45 cm, pH: 7, SG: 4

Barbus donaldsonsmithi   4/173

H: Afrika: Niger-System.
♂: Kleiner, schlanker.   V: +
Z: Keine Zuchtberichte bekannt.   F: O
T: 23–27°C, L: <11 cm, pH: 7, SG: 2–3

Barbus eburneensis   3/189

H: Afrika: Guinea bis W-Elfenbeinküste.
GU: Unbekannt.   V: +
Z: Noch nicht geglückt.   F: O
T: 22–25°C, L: 9 cm, pH: ≪7, SG: 2–3

Barbus eutaenia   4/174

H: Zentrales u. S-Afrika.
♂: Farbiger, schlanker, gering.   V: =
Z: Unbekannt.   F: O
T: 20–26°C, L: 8 cm, pH: 7, SG: 2

Barbus everetti   1/386
Clownbarbe, Everetts Barbe
H: SO-Asien: Singapur, Borneo.
♂: Farbiger, schlanker.   V: +
Z: Pflanzen, Morgensonne.   F: O
T: 24–27°C, L: 10 cm, pH: <7, SG: 2–3

Cyprinidae | Karpfenfische

Barbus fasciatus 1/386
Glühkohlenbarbe
H: SO-Asien: Malaii. Halbin., Indonesien.
♂: Schlanker u. meist kleiner. V: +
Z: Nicht ganz einfach. F: O
T: 22–26°C, L: 15 cm, pH: <7, SG: 2–3

Barbus filamentosus 1/388
Schwarzfleckbarbe
H: Asien: Indien, Sri Lanka.
♂: Farbiger; meist kleiner. V: +
Z: Feinfiedrige Pflanzen. F: O
T: 20–24°C, L: 15 cm, pH: <7, SG: 2

Barbus foerschi 3/190
Foerschs Barbe
H: SO-Asien: Indonesien (Borneo).
♂: Meist schlanker. V: +
Z: Noch nicht geglückt. F: O
T: 24–28°C, L: 6 cm, pH: <7, SG: 2

Barbus gelius 1/388
Fleckenbarbe
H: Afrika: Zaire-System.
♂: Farbige Seitenbinde; schlanker. V: +
Z: Blattunterseite; <100 E., Laichr. F: O
T: 18–23°C, L: 4 cm, pH: <7, SG: 2

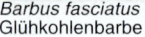

Barbus guirali 3/190

H: Afrika: S-Kamerun, Gabun.
GU: Keine sicheren bekannt.
V: +
Z: Noch nicht geglückt? F: O
T: 22–26°C, L: 17 cm, pH: ≪7, SG: 2–3

Barbus holotaenia 1/390
Vollstreifenb., Afrikanische Längsstrichb.
H: Afrika: Kamerun bis Zaire u. Angola.
GU: Unbekannt. V: +
Z: Noch nicht geglückt. F: O
T: 24–30°C, L: 12 cm, pH: <7, SG: 2–3

Cyprinidae — Karpfenfische

Barbus hulstaerti 1/390
Schmetterlingsbarbe
H: Afrika: Angola, Zaire.
♂: Vorderer Fleck sichelförmig. V: +
Z: Abdunkeln, max. 22°C. F: O
T: um 24°C, L: 3,5 cm, pH: ≪7, SG: 3

Barbus jae ♂ 2/368
Jae-Barbe
H: W-Zentralafrika.
♂: Wesentlich farbiger. V: +
Z: Laichräuber. F: O
T: 21–25°C, L: 4 cm, pH: ≪7, SG: 2

Barbus jae ♀ 2/368
Jae-Barbe

Barbus cf. *jae* 5/130

H: W-Afrika: Gabun.
GU: Bei 3 cm kein Unterschied. V: +
Z: Keine Angaben. F: K,O
T: 22–26°C, L: 4 cm, pH: 7, SG: 2

Barbus janssensi ♂♂ 2/370
Janssens Barbe
H: Afrika: Zaire.
♂: Kleiner; deutliche Flecken. V: +
Z: Noch nicht geglückt. F: O
T: 24–26°C, L: 10 cm, pH: <7, SG: 2

Barbus johorensis 1/384
Linienbarbe
H: Malaii. Halbi., Malaysia, Suma., Born.
♂: Schlanker; kräftigere Linien. V: +
Z: Pflanzen; sehr produktiv. F: O
T: 23–25°C, L: 12 cm, pH: ≪7, SG: 2

Cyprinidae   Karpfenfische

Barbus kerstenii kerstenii   3/192

H: Afr.: Kenia, Uganda, Tansania, Ruanda.
♂: Schlanker.   V: +
Z: Noch nicht geglückt.   F: O
T: 23–26°C, L: 9 cm, pH: 7, SG: 2

Barbus lateristriga   1/392
Schwarzbandfleckbarbe

H: SO-Asien.
♂: Kräftiger rot, schlanker.   V: +
Z: Pflanzendickicht; Laichräuber.   F: O
T: 25–28°C, L: 18 cm, pH: <7, SG: 2–3

Barbus lateristriga   5/144
Kreuzbandbarbe (Syn.: *B. zelleri*)

H: Asien: Indien: Johore.
♂: Schlanker.   V: +
Z: Pflanzendickicht; Laichräuber.   F: O,H
T: 20–28°C, L: 7 cm, pH: >7, SG: 1–2

Barbus leonensis   2/370

H: W-Afr.: Sierra L., Gambia, Niger, Chad.
GU: Unbekannt.   V: +
Z: Noch nicht geglückt.   F: O
T: 22–24°C, L: 3 cm, pH: ≪7, SG: 2

Barbus lineatus o.♀, u.♂   2/372
Bartellose Linienbarbe

H: Afrika: Zaire-System.
♂: Schlanker, kräftigere Linien.   V: +
Z: Pflanzen; sehr produktiv.   F: O
T: 21–24°C, L: 12 cm, pH: <7, SG: 2

Barbus lineomaculatus   2/372

H: Afrika: Kenia, Tansania, Zaire.
♂: Schlanker?   V: +?
Z: Noch nicht geglückt.   F: K
T: 22–25°C, L: 8 cm, pH: <7, SG: 2

Cyprinidae | Karpfenfische

Barbus macrops u.♂,o.♀ 4/174
Afrikanische Längsstreifenbarbe
H: W-Afrika, Tschadbecken.
♂: Kleiner, schlanker. V: +
Z: Noch nicht gelungen. F: O
T: 22–28°C, L: 12 cm, pH: 7, SG: 3–4

Barbus magdalenae 4/180
Magdalenenbarbe
H: Afrika: Viktoria- u. Nabugabo-See.
♂: Zur Laichzeit schlanker. V: +
Z: Noch nicht geglückt. F: O
T: 22–28°C, L: 8 cm, pH: 7, SG: 1

Barbus martorelli 4/178

H: Afrika: Äquatorial-Guinea, Zaire.
♂: Kleiner, schlanker. V: +
Z: Keine Angaben bekannt. F: O
T: 22–26°C, L: <12 cm, pH: 7, SG: 2–3

Barbus meridionalis 4/178
Forellenbarbe, Hundsbarbe
H: S-Europa.
GU: Kein Unterschied. V: +
Z: Natur: Mai/Juni. F: O
T: 5–25°C, L: 30 cm, pH: 7, SG: 2

Barbus miolepis miolepis 3/192
Netzbarbe
H: Afrika: Zairesystem.
♂: 1. Dorsalstrahl immer dunkel? V: +
Z: Nicht sehr produktiv. F: O
T: 24–28°C, L: 11 cm, pH: 7, SG: 2

Barbus multilineatus 4/180

H: Afrika: SO-Zaire.
♂: Schlanker. V: +
Z: Noch nicht gelungen. F: K,O
T: 22–26°C, L: <4,5 cm, pH: <7, SG: 3

Cyprinidae   Karpfenfische

Barbus musumbi   4/182
Angola-Barbe, Musumbi-Barbe
H: Afrika: Angola.
♂: Farbiger, schlanker.   V: +
Z: Einfach; Pflanzen; 500–600 E. F: K,O
T: 22–26°C, L: <6 cm, pH: 7, SG: 1

Barbus narayani ♂   2/374

H: S-Asien: Sri Lanka.
♂: Schlanker.   V: +
Z: Noch nicht gelungen.   F: O
T: 22–26°C, L: 6 cm?, pH: <7, SG: 2

Barbus neumayeri   3/194
Neumayers Barbe
H: O-Afrika: Kenia, Uganda.
♂: Schlanker.   V: +
Z: Noch nicht geglückt.   F: O
T: 23–27°C, L: 12 cm, pH: <7, SG: 2–3

Barbus nigrofasciatus vorn ♂ 1/392
Purpurkopfbarbe
H: Asien: S-Sri Lanka.
GU: Siehe Foto.   V: +
Z: Feinblättrige Pflanzen.   F: O
T: 22–26°C, L: 6,5 cm, pH: <7, SG: 1

Barbus nyanzae   5/128
Nyanzabarbe
H: O-Afrika: Uganda, Kenia.
GU: Nicht beschrieben.   V: +
Z: Nicht erfolgt.   F: K,O
T: 18–28°C, L: 6 cm, pH: 7, SG: 2

Barbus oligogrammus   5/130

H: Afrika: Burundi.
♂: Schlanker.   V: +
Z: Freilaicher zw. Pflanzen.   F: K,O
T: 22–27°C, L: 6 cm, pH: >7, SG: 2

Cyprinidae — Karpfenfische

Barbus oligolepis o.♀, u.♂ 1/394
Eilandbarbe
H: Indonesien: Sumatra.
♂: Farbiger, schlanker. V: +
Z: Dichte Bepflanzung; <300 E. F: O
T: 20–24°C, L: 5 cm, pH: <7, SG: 1

Barbus orphoides adult 1/394
Rotflossenbarbe, Rotwangenbarbe
H: SO-Asien: Thai., Java, Madura, Borneo.
GU: Keine bekannt. V: +
Z: Noch nicht geglückt. F: O,H
T: 22–25°C, L: 25 cm, pH: <7, SG: 2

Barbus orphoides juvenil 1/394
Rotflossenbarbe, Rotwangenbarbe

Barbus paludinosus o.♂, u.♀ 5/132
Sumpfbarbe
H: Afrika: Äthiopien bis Angola.
♂: Rote Flossen?; schlanker. V: +
Z: Noch nicht erfolgt. F: K,O
T: 20°C, L: 8–12 cm, pH: 7, SG: 2

Barbus paludinosus Kenia 5/132
Sumpfbarbe

Barbus paludinosus Tansania 5/132
Sumpfbarbe

Cyprinidae — Karpfenfische

Barbus partipentazona 3/194
Teilgürtelbarbe
H: Asien: Thailand, Laos, Westmalaysia.
♂: Schlanker. V: =
Z: Feinblättrige Pflanzen. F: O
T: 22–25°C, L: 4,5 cm, pH: 7, SG: 1–2

Barbus pellegrini 4/177
Dreipunktbarbe, Pellegrins Barbe
H: Afrika: Kivu-, Edward-, Tanganjikasee.
GU: Kaum erkennbar. V: +
Z: Zwischen Pflanzen; Laichrost. F: K,O
T: 22–28°C, L: 12 cm, pH: 7, SG: 2

Barbus pentazona pentazona 1/396
Fünfgürtelbarbe
H: SO-Asien: Singapur, Mal. Halbi., Borneo.
♂: Farbiger, kleiner, schlanker. V: +
Z: Passendes Paar; <200 E. F: K
T: 22–26°C, L: 5 cm, pH: <7, SG: 2–3

Barbus pentazona schwanefeldi 1/398
Brassenbarbe, Schwanefelds Barbe
H: SO-Asien: Singapur, Mal.Halbi., Sum., Bor.
GU: Unbekannt. V: =
Z: Noch nicht gelungen. F: O,H
T: 22–25°C, L: 35 cm, pH: <7, SG: 3–4

Barbus perince 4/184
H: Afrika: Nil u. Seitenflüsse, Tschad-, Albert-, Edwardsee, Benue-System.
♂: Kleiner, schlanker. V: +
Z: Keine Berichte bekannt. F: O
T: 22–28°C, L: <12 cm, pH: 7, SG: 2

Barbus phutunio 2/374
Zwergbarbe
H: SO-Asien: O-Indien, Sri Lanka.
♂: Farbiger, schlanker. V: +
Z: Dichte Bepflanzung. F: O
T: 22–24°C, L: 5 cm, pH: <7, SG: 1–2

Cyprinidae   Karpfenfische

Barbus plebejus tauricus   3/198
Krimbarbe

H: Europa: Rußland.
♂: Laichausschlag, schlanker.   V: +
Z: Natur: Mai–Juli.   F: O
T: 10–22°C, L: 34 cm, pH: >7, SG: 2

Barbus punctitaeniatus   4/184

H: Afrika: Senegal-, Niger-, Volta-System.
♂: Kleiner, schlanker.   V: +
Z: Noch nicht gelungen.   F: O
T: 22–26°C, L: 4,5 cm, pH: 7, SG: 2–3

Barbus quadripunctatus   5/134
Vierpunktbarbe

H: Afrika: Tansania.
♂: Insgesamt goldener.   V: (–)
Z: Noch nicht gelungen (?).   F: K,O
T: 23–27°C, L: 3,5 cm, pH: 7, SG: 2

Barbus rhomboocellatus   1/396
Rhombenbarbe

H: Borneo?
♂: Roter, kleiner, schlanker.   V: +
Z: Noch nicht beschrieben.   F: O
T: 23–28°C, L: 5 cm, pH: 7, SG: 2

Barbus sahjadriensis   5/136
Khavlibarbe

H: Asien: Indien.
♂: Größere Dorsale, schlanker.   V: +
Z: Zwischen Pflanzen.   F: O
T: 18–28°C, L: 7 cm, pH: >7, SG: 2

Barbus semifasciolatus   1/398
Messingbarbe, Hongkongbarbe

H: Asien: SO-China, Hongkong.
♂: Farbiger, schlanker, viel kleiner. V: +
Z: Dichte Bepflanzung; <300 E.   F: O
T: 18–24°C, L: 10 cm, pH: <7, SG: 1

Cyprinidae   Karpfenfische

Barbus semifasciolatus 1/398
„Barbus schuberti"
Xanthische (gelbe) Form

Barbus semifasciolatus 5/140
Vietnamesische Messingbarbe
H: Asien: N- u. Mittelvietnam.
♂: Farbiger. V: +
Z: ♂♂ treiben stark. F: K,O
T: 16–25°C, L: 6–8 cm, pH: >7, SG: 1–3

Barbus sp. 5/142
Pastellbarbe
H: Afrika: Zaire.
♂: Schlanker. V: +
Z: Nicht beschrieben. F: O
T: 23–26°C, L: 8 cm, pH: 7, SG: 2

Barbus sp. „Äthiopica" 3/196

Barbus stigmatopygus 5/136

H: Afrika: Nil, Niger, Volta, Guinea-Bissau.
♂: Etwas schlanker. V: (–)
Z: Unbekannt. F: K
T: 23–26°C, L: <2,5 cm, pH: <7, SG: 3–4

Barbus sublineatus 5/138
Morsebarbe
H: Afrika: Senegal, Niger, Gambia, Guinea.
♂: Deutlich schlanker. V: +
Z: Noch nicht nachgezogen. F: K,O
T: 22–27°C, L: 10 cm, pH: 7, SG: 2

Cyprinidae Karpfenfische

Barbus sylvaticus 4/186

H: Afrika: Benin, Nigeria.
♂: Etwas farbiger u. schlanker. V: (–)
Z: Noch nicht geglückt. F: K,O
T: 23–26°C, L: 2,5 cm, pH: ≪7, SG: 3–4

Barbus taitensis 5/138
Taitabarbe

H: Afrika: Kenia.
♂: Kräftig gelbe Flossen. V: =
Z: Noch nicht nachgezogen. F: O
T: 22–28°C, L: 14 cm, pH: 7, SG: 2–3

Barbus terio 5/140
Goldfleckbarbe

H: Asien: Indien.
♂: Rötlich Flossen; D mit schwarz. V: +
Z: Nach Winterpause. F: K,O
T: 18–22°C, L: 10 cm, pH: >7, SG: 1

Barbus tetrazona (1/363), 1/400
Sumatrabarbe, Viergürtelbarbe

H: Indonesien: Sumatra, Borneo.
♂: Farbiger, kleiner, schlanker. V: =
Z: Passendes Paar. F: O
T: 20–26°C, L: 7 cm, pH: <7, SG: 1–2

Barbus ticto u.♂, o.♀ 1/400
Zweipunktbarbe, Zweifleckbarbe

H: Asien: Sri Lanka bis zum Himalaya.
♂: Rötlich, schlanker. V: +
Z: 1 ♂, mehrere ♀♀. F: O
T: 14–22°C, L: 10 cm, pH: <7, SG: 1

Barbus stoliczkanus 2/376
Sonnenfleckbarbe

H: SO-Asien: O-Burma.
♂: Farbiger, schlanker. V: +
Z: Pflanzendickicht, Laichräuber. F: O
T: 22–26°C, L: 6 cm, pH: <7, SG: 1–2

Cyprinidae   Karpfenfische

Barbus titteya l. ♀, r. ♂   1/402
Bitterlingsbarbe
H: Asien: Sri Lanka bis zum Himalaya.
♂: Rot zur Laichzeit, schlanker.   V: +
Z: Pflanzendickicht, Laichräuber.   F: O
T: 23–26°C, L: 5 cm, pH: 7, SG: 1

Barbus trispilos   5/142
Dreipunktbarbe
H: Afrika: Guinea, Ghana, Niger bis Nigeria.
♂: Laichfärbung: roter Bauch.   V: +
Z: Gattungstypisch.   F: K,O
T: 22–28°C, L: 10,5 cm, pH: <7, SG: 1–2

Barbus trimaculatus   4/186

H: S-Afrika: Weit verbreitet.
GU: Unbekannt.   V: =
Z: Noch nicht erfolgt.   F: O
T: 24–26°C, L: 12 cm, pH: 7, SG: 3

Barbus toppini   2/376
Toppins Barbe
H: Afrika: Südafrika bis Malawi.
♂: Kleiner, schlanker, Knötchen.   V: +
Z: Kein Bericht.   F: O
T: 22–26°C, L: 4 cm, pH: <7, SG: 2

Barbus venustus   4/188
Rote Panganibarbe
H: Afrika: NO-Tansania, Kenia.
♂: Farbiger, schlanker.   V: +
Z: Laichrost, Farbe ging verloren.   F: O
T: 20–26°C, L: 4 cm, pH: 7, SG: 3

Barbus vittatus   2/378
Streifenbarbe
H: Asien: Indien, Sri Lanka.
♂: Kleiner, schlanker.   V: +
Z: Laichrost; <300 E.   F: O
T: 20–24°C, L: 6 cm, pH: <7, SG: 1–2

Cyprinidae   Karpfenfische

Barbus viviparus 1/402
Nahtbarbe, Schneiderbarbe
H: SO-Afrika.
GU: Unbekannt.   V: +
Z: Unbekannt.   F: K,O
T: 22–24°C, L: 6,5 cm, pH: <7, SG: 2

Barbus zanzibaricus 5/144
Sansibarbarbe
H: Afrika: Tansania, Kenia, Somalia.
♂: Schlanker, rosa.   V: +
Z: Unbekannt.   F: K,O
T: 22–28°C, L: 10 cm, pH: >7, SG: 2

Barilius barna 4/189
Ozolabärbling
H: Asien: Indien.
♂: Etwas gestreckter.   V: +,=
Z: Noch nicht erfolgt.   F: K,O
T: 20–26°C, L: >12 cm, pH: 7, SG: 2

Barilius gatensis 5/146

H: Asien: Indien: bis auf 1700 m.
♂: Laichausschlag; kleiner.   V: =
Z: Nicht beschrieben; zw.Pflanzen. F:K,O
T: 16–24°C, L: 15 cm, pH: 7, SG: 3

Blicca bjoerkna 3/201
Güster, Blicke, Halbbrachsen
H: Mitteleuropa bis W-Asien.
♂: Laichausschlag.   V: +
Z: Natur: Mai/Juni.   F: O
T: 4–20°C, L: <35 cm, pH: 7, SG: 1

Boraras brigittae 1/440, 3/262
Mosquitorasbora
H: Asien: Indonesien: Sumatra.
♂: Farbiger, schlanker, kleiner.   V: +
Z: Eiablage an Blattunterseite.   F: K,O
T: 23–25°C, L: 3,5 cm, pH: <7, SG: 2–3

Cyprinidae   Karpfenfische

Boraras maculatus Mitte ♀   1/436
Zwergbärbling
H: SO-Asien: W-Malay., Singapur, W-Sum.
♂: Farbiger, schlanker, kleiner.   V: +
Z: Pflanzendickicht, Laichräuber.   F: O
T: 22–25°C, L: 4,5 cm, pH: ≪7, SG: 2–3

Brachydanio albolineatus u.♀, o.♂ 1/404
Schillerbärbling
H: SO-Asien: Burma, Thai., Malaii. Halbi.
GU: Siehe Foto.   V: +
Z: Pflanzendickicht.   F: K,O
T: 20–25°C, L: 6 cm, pH: <7, SG: 1

Brachydanio kerri   1/406
Inselbärbling
H: Asien: Thailand.
♂: Wesentlich schlanker.   V: +
Z: Frei über dem Boden; <400 E.   F: O
T: 23–25°C, L: 5 cm, pH: <7, SG: 1–2

Brachydanio nigrofasciatus   1/406
Tüpfelbärbling
H: Asien: Burma.
♂: Anale mit Goldsaum; schlanker.   V: +
Z: Pflanzendickicht; <300 E.   F: K,O
T: 24–28°C, L: 4,5 cm, pH: <7, SG: 1–2

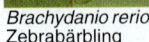

Brachydanio rerio   1/408
Zebrabärbling
H: Asien: O-Vorderindien.
♂: Farbiger, schlanker.   V: +
Z: Feinblättrige Pflanzen; 400–500 E. F: O
T: 18–24°C, L: 6 cm, pH: 7, SG: 1

Brachydanio „frankei"   1/409
Eine Morphe von *B. rerio*?

Capoeta damascina 3/202

H: O-Europa u. W-Asien.
GU: Unbekannt. V: +
Z: Noch nicht erfolgt. F: O
T: 15–26°C, L: 40 cm, pH: 7, SG: 3

Capoeta damascina sevrice 5/148
Damaskusbarbe, Damaskus-Weißling
H: W-Asien: O-Türkei: Hazar Gölü.
♂: Schlanker, kleiner. V: +
Z: Zwischen Pflanzen. F: K,O
T: 16–23°C, L: 7 cm, pH: >7, SG: 2

Capoetobrama kuschakewitschi 3/202
o. ♂, u. ♀
H: Asien: GUS-Staaten.
GU: Siehe Foto. V: =
Z: Apr–Jun; 3000–4000 adhärente E. F: O
T: 16–20°C, L: 21 cm, pH: 7, SG: 2–3

Carassius auratus 1/410
Goldfisch
H: Asien: China.
♂: Laichausschlag, schlanker. V: +
Z: Viele Zuchtformen. F: O
T: 10–20°C, L: 36 cm, pH: 7, SG: 1

Carassius auratus gibelio 3/204
Giebel, Silberkarausche
H: O-Asien bis Sibirien; heute a. Europa.
♂: Schlanker. V: +
Z: Braucht keine ♂♂? F: O
T: 10–20°C, L: <45 cm, pH: >7, SG: 1

Carassius carassius 1/410
Karausche, Moorkarpfen
H: Europa.
♀: Zur Laichzeit dicker. V: +
Z: Großbecken. F: O
T: 14–22°C, L: 80 (20) cm, pH: 7, SG: 1

Cyprinidae   Karpfenfische

Catla catla   4/190
Catlabarbe
H: Asien: Indien, Burma bis Malaysia.
GU: Nicht erkennbar bei Juv.   V: –
Z: Teichzucht.   F: O
T: 18–28°C, L: 180 cm, pH: 7, SG: 1–4

Chalcalburnus chalcoides   4/190
Seelaube, Mairenke, Schiedling
H: Schwarzmeer- u. Kaspische-Region.
♂: Laichausschlag, schlanker.   V: +
Z: Natur: über Kies.   F: K
T: 5–20°C, L: 10 cm, pH: 7, SG: 2–3

Chela cachius u. ♂, o. ♀   4/192
Blauer Flügelbärbling
H: Indien.
♀: Dickerer Bauch (s. Foto).   V: +
Z: Nachts; Eier sehr klein.   F: O
T: 22–26°C, L: 10 cm, pH: 7, SG: 2

Chela caeruleostigmata   2/378
Blauer Kielbauchbärbling
H: SO-Asien: Zentral-Thailand.
♂: Schlanker.   V: +
Z: Feinblätt. Pflanzen, keine Laichr. F: O
T: 24–26°C, L: 6 cm, pH: <7, SG: 2

Chela dadyburjori   2/380
Dadyburjors Kielbauchbärbling
H: SO-Asien: Burma.
♂: Schlanker.   V: +
Z: Feinblättrige Pflanzen.   F: K
T: 22–24C, L: 4 cm, pH: <7, SG: 3

Chela fasciata   2/380
H: SO-Asien: S-Indien.
♂: Schlanker?   V: +
Z: Unbekannt.   F: O
T: 22–26°C, L: 6 cm, pH: 7, SG: 2

Cyprinidae   Karpfenfische

Chela laubuca 1/412
Indische Glasbarbe, Indischer Brachsen
H: SO-Asien.
♂: Schlanker.   V: +
Z: Feinblätt. Pflanzen; keine Laichr.   F: O
T: 24–26°C, L: 6 cm, pH: <7, SG: 1–2

Chelaethiops bibie 4/192
Leuchtstrichbärbling
H: Afrika: Nil u. Webi Shebeli.
GU: Kaum erkennbar.   V: +
Z: Noch nicht beschrieben.   F: K
T: 22–28°C, L: 5,5 cm, pH: >7, SG: 2–3

Chelaethiops elongatus 5/148
Lirangabärbling
H: Afrika: Zairebecken.
GU: Unbekannt.   V: +
Z: Nicht beschrieben.   F: K,O
T: 22–28°C, L: 6 cm, pH: 7, SG: 2

Chelaethiops rukwaensis ♀ 3/205
Rukwabärbling
H: Afrika: Tansania.
♀: Zur Laichzeit fülliger.   V: +
Z: Noch nicht erfolgt.   F: K
T: 24–28°C, L: 8 cm, pH: >7, SG: 2

Cirrhinus molitorella 3/250

H: Asien: China, Taiwan, Hongkong.
GU: Unbekannt.   V: +
Z: Noch nicht erfolgt.   F: K
T: 18–24°C, L: 15 cm?, pH: <7, SG: 1–2

Couesius plumbeus ♀ 4/194
See-Zwergdöbel
H: N-Amerika: Michigan, Kanada, Alaska.
♂: Zur Laichzeit mit roten Flecken.   V: =
Z: Nicht bekannt.   F: K,O
T: 4–25°C, L: 23 cm, pH: 7, SG: 3

Cyprinidae   Karpfenfische

Crossocheilus reticulatus   2/384

H: SO-Asien: Thailand.
GU: Unbekannt.   V: ?
Z: Noch nicht erfolgt.   F: H,O
T: 23–25°C, L: 14 cm, pH: <7, SG: 1

Crossocheilus (?) *denisonii*   5/150
Denisonbarbe, Rotstrich-Algenfresser
H: Asien: Indien.
♀: Nur zur Laichzeit voller.   V: +
Z: Nach Überwinterung.   F: K,O
T: 15–25°C, L: 15 cm, pH: 7, SG: 2–3

Crossocheilus cf. *reticulatus*   5/221
Puzzlebarbe
H: Unbekannt.
GU: Unbekannt.   V: +
Z: Unbekannt.   F: L,H
T: 20–24°C, L: 8 cm, pH: 7, SG: 2

Crossocheilus siamensis   1/418
Siamesische Rüsselbarbe, Algenfresser
H: SO-Asien: Thailand, Malaiische Halbi.
GU: Unbekannt.   V: +
Z: Noch nicht gelungen.   F: H
T: 24–26°C, L: 14 cm, pH: <7, SG: 1

Cyclocheilichthys apogon   1/412
Indische Flußbarbe
H: SO-Asien.
GU: Nicht sicher.   V: +
Z: Noch nicht nachgezüchtet.   F: K
T: 24–28°C, L: 50 cm, pH: 7, SG: 1

Cyclocheilichthys janthochir   3/206
Schönflossen-Flußbarbe
H: SO-Asien: Indonesien, Kalimantan.
GU: Nicht sicher.   V: +
Z: Noch nicht gelungen.   F: O
T: 24–26°C, L: >20 cm, pH: <7, SG: 1

Cyprinidae   Karpfenfische

Ctenopharyngodon idella 1/414
Graskarpfen
H: Asien. F: H
In der Teichwirtschaft als Kontrollmaß-
nahme gegen Wasserpflanzen.
T: 10–20°C, L: 60 cm, pH: 7, SG: 4

Cyprinus carpio 1/414
Karpfen, Koi (Zierkarpfen)
H: Asien: Japan, China.
♂: Laichausschlag, schlanker. V: +
Z: Im Aquarium Platzmangel. F: O
T: 10–23°C, L: <120 cm, pH: >7, SG: 1–2

Danio aequipinnatus 1/416
Malabarkärpfling, „Malabaricus"
H: W-Küste Vorderindiens, Sri Lanka.
♂: Farbiger, schlanker. V: +
Z: Freilaicher; Sonne; <300 Eier. F: O
T: 22–24°C, L: 10 cm, pH: <7, SG: 1

Danio devario u.♀, o.♂ 1/416
Devario-Bärbling
H: Asien: Pak., N-Indien, Bangladesch.
♂: Schlanker; siehe Foto. V: +
Z: Freilaicher; Sonne. F: O
T: 15–26°C, L: 15 cm, pH: <7, SG: 1

Danio pathirana 5/150

H: Asien: Sri Lanka.
♂: Schlanker. V: +
Z: Freilaicher; Sonne. F: O
T: 22–25°C, L: 6 cm, pH: 7, SG: 1

Danio regina 2/382
Königsdanio
H: S-Thailand, N-Malaysia.
♂: Farbiger, schlanker. V: +
Z: Noch nicht erfolgt. F: O
T: 23–25°C, L: 13 cm, pH: <7, SG: 2

Cyprinidae   Karpfenfische

Dionda episcopa 4/194
Rundnasen–Minnow
H: N-Amerika: USA, N-Mexiko.
♂: Kleiner, intensiver gefärbt. V: +
Z: Zwischen Kies; nicht haftend. F: O
T: 23–25°C, L: 7 cm, pH: >7, SG: 2–3

Discherodontus halei 3/200
Somphongs Barbe
H: Asien: Thailand, Malaiische Halbinsel.
♂: Schlanker zur Laichzeit. V: =
Z: Noch nicht erfolgt. F: O
T: 23–26°C, L: 10,5 cm, pH: 7, SG: 2

Eirmotus octozona 2/382
Achtbinden-Trugbarbe
H: SO-Asien: Indonesien, Borneo.
♂: Flossen rötlich; schlanker. V: +
Z: Noch nicht erfolgt. F: O
T: 24–26°C, L: 5 cm, pH: 7, SG: 2

Elopichthys bambusa juv. 5/152

H: GUS-Staaten: Amur.
GU: Unbekannt. V: –
Z: Frühsommer: pelagische Eier. F: K!
T: 10–20°C, L: 200 cm, pH: >7, SG: 4

Epalzeorhynchos bicolor 1/422, (5/152)
Feuerschwanz-Fransenlipper
H: SO-Asien: Thailand.
♂: Dorsale hinten spitz. V: =,–
Z: Selten gelungen. F: K,O
T: 22–26°C, L: 12 cm, pH: 7, SG: 2

Epalzeorhynchos frenatus 1/422
Zügelfransenlipper
H: SO-Asien: O-Thailand.
♂: Farbiger. V: =,–
Z: In Teichen. Höhlenbrüter. F: K,O
T: 22–26°C, L: 15 cm, pH: 7, SG: 2

Cyprinidae — Karpfenfische

Epalzeorhynchos erythrurus 1/422
Grüner Fransenlipper
H: SO-Asien: N-Thailand.
♂: Anale mit schwarzem Saum. V: =,–
Z: Höhlenbrüter. F: O
T: 22–26°C, L: 15 cm, pH: 7, SG: 2

Epalzeorhynchos munensis 1/422,
Putzerfransenlipper 2/388
H: SO-Asien: N-Thailand.
♂: Anale mit schwarzem Saum. V: =,–
Z: Höhlenbrüter. F: O
T: 22–26°C, L: 15 cm, pH: 7, SG: 2

Epalzeorhynchos kalopterus 1/418
Schönflossige Rüsselbarbe
H: SO-Asien: Thailand, Sumatra, Borneo.
♂: Kleiner, schlanker. V: =
Z: Noch nicht erfolgt. F: O
T: 24–26°C, L: 15 cm, pH: <7, SG: 2

Epalzeorhynchos stigmaeus 1/420
Goldbrauner Algenfresser
H: SO-Asien: N- u. Zentral-Thailand.
GU: Unbekannt. V: =
Z: Unbekannt. F: H,O
T: 18–22°C, L: 12,5 cm, pH: 7, SG: 2

Erythroculter mongolicus 3/207
Mongolische Rotfeder
H: Asien: Mongolei, GUS-Staaten, China.
GU: Unbekannt. V: =
Z: Natur: Juni; pelagische Eier. F: K
T: 10–20°C, L: 60 cm, pH: <7, SG: 2–3

Esomus metallicus ♀ 3/210

H: Asien: Thailand, Laos.
♂: Schlanker. V: +
Z: Wie andere *Esomus*? F: K
T: 22–26°C, L: 7,5 cm, pH: <7, SG: 2

Cyprinidae   Karpfenfische

Esomus lineatus   3/208
Streifenflugbarbe
H: Asien: Indien.
♂: Schlanker.   V: +
Z: Vermutlich gelungen.   F: O
T: 22–25°C, L: 6 cm, pH: 7, SG: 1–2

Esomus malayensis? (thermoicos) 2/384
Malayische Flugbarbe
H: SO-Asien: Malaiische Halbi., Thailand.
♂: Kleiner, schlanker.   V: =
Z: Feinfiedrige Pflanzen; <700.   F: O
T: 21–25°C, L: 8 cm, pH: <7, SG: 1–2

Esomus metallicus ♂   3/210
(♀ s. S. 203)
H: Asien: Thailand, Laos.
♂: Schlanker.   V: +
Z: Wie andere *Esomus*?   F: K
T: 22–26°C, L: 7,5 cm, pH: <7, SG: 2

Garra barreimiae barreimiae   5/154

H: Asien: Oman: Wadi Sahtan.
GU: Unbekannt.   V: +
Z: Biologie unbekannt.   F: O,H
T: 18–24°C, L: 3–6,5 cm, pH: 7, SG: 2–3

Garra barreimiae barreimiae   5/154
Höhlenform

Garra cambodgiensis   5/156
Längsband-Saugbarbe
H: Asien: Thailand, Kambodscha, Laos,...
GU: Unbekannt.   V: +
Z: Nicht bekannt.   F: O
T: 20–25°C, L: 15 cm, pH: <7, SG: 2–3

Cyprinidae　　　　　　　　　　　　　　　　　　　　　　　Karpfenfische

Garra ceylonensis ceylonensis 3/211
Ceylon-Saugbarbe
H: Asien: Sri Lanka.
GU: Unbekannt.　　　　　　　　　　V: +
Z: Noch nicht gelungen.　　　　　　F: O
T: 24–26°C, L: 15 cm, pH: 7, SG: 2–3

Garra congoensis 3/212
Kongo-Saugbarbe
H: Afrika: Zaire.
GU: Unbekannt.　　　　　　　　　　V: ?
Z: Noch nicht erfolgt.　　　　　　　F: O
T: 23–25°C, L: 10 cm, pH: <7, SG: 2–3

Garra dembeensis 3/212
Kamerun-Saugbarbe
H: Afrika: O-Afrika bis Kamerun.
♂: Orangenf. Flossenspitzen.　　　V: +
Z: Noch nicht erfolgt.　　　　　　　F: H,O
T: 22–26°C, L: 11 cm, pH: 7, SG: 2–3

Garra ghorensis 3/214
Jordanische Saugbarbe
H: Asien: Quellen des Toten Meeres.
♂: Laichausschlag, läng. Pektorale. V: +
Z: Freilaicher, Laichräuber.　　　　F: H,O
T: 25–28°C, L: 9 cm, pH: >7, SG: 2

Garra hughi u.♀, o.♂ 5/156
Hughs Saugbarbe
H: Asien: Nordindien.
♂: Kleiner u. schlanker.　　　　　　V: +
Z: Kein Bericht.　　　　　　　　　　F: K,O
T: 15–25°C, L: 8 cm, pH: >7, SG: 1–2

Garra lamta 2/386

H: SO-Asien: Indien, Pakistan, Nepal.
GU: Unbekannt.　　　　　　　　　　V: ?
Z: Noch nicht erfolgt.　　　　　　　F: O
T: 24–26°C, L: 20 cm, pH: 7, SG: 2–3

Cyprinidae   Karpfenfische

Garra nasuta ♀ 3/214
Nasen-Saugbarbe
H: Asien: Indien, Burma, S-China, Vietnam.
GU: Unbekannt. V: +
Z: Noch nicht erfolgt. F: O
T: 20–25°C, L: 20 cm, pH: 7, SG: 2–3

Garra ornata 4/196
H: Afrika: Niger- u. Zaire-System.
GU: Unbekannt. V: ?
Z: Noch nicht erfolgt. F: K,O
T: 22–26°C, L: 7,5 cm, pH: 7, SG: 2–3

Garra pingi 4/196
Pings Saugbarbe
H: Asien: China, Indien.
GU: Unbekannt. V: +
Z: Unbekannt. F: K,O
T: 15–25°C, L: 8 cm, pH: 7, SG: 2–3

Garra rossica 5/158
Rossbarbe
H: Asien: Turkmenien: Murgafluß.
♀: Zur Laichzeit voller. V: +
Z: Noch nicht erfolgt. F: K,O
T: 8–20°C, L: 9,5 cm, pH: 7, SG: 2–3

Garra rufa 3/216
Rötliche-Saugbarbe
H: Asien: Levante u. Mesopotamien.
♂: Laichausschlag, läng. Pektorale. V: +
Z: Freilaicher; Laichräuber. F: H,O
T: 15–28°C, L: 16 cm, pH: 7, SG: 2

Garra sp. cf. *pingi*

H: SO-Asien: Thailand.
GU: Unbekannt. V: ?
Z: Noch nicht gelungen. F: O
T: 24–26°C, L: 15 cm, pH: 7, SG: 2

Cyprinidae — Karpfenfische

Garra cambodgensis adult ♂ o. 2/386
juv. unten

Jungtiere wurden 1935 als *Garra taeniatops* beschrieben (heute Synonym). *Garra taeniata* ist ebenfalls Synonym zu *G. cambodgiensis*

Gnathopogon biwae ♂ 5/158
Biwa-Gründlingsbarbe
H: Asien: Japan: Lake Biwa. E
♂: Schlanker; z. Laichzeit farbiger. V: +
Z: Kein Bericht vorhanden. F: K,O
T: 10–24°C, L: 12 cm, pH: >7, SG: 2–3

Gnathopogon tsianensis ♀ 5/160
Trinan-Gründlingsbarbe
H: Asien: China.
♂: Schlanker zur Laichzeit. V: +
Z: Noch nicht erfolgt. F: H,O
T: 10–22°C, L: 10 cm, pH: 7, SG: 1–2

Gobio albipinnatus belingi 5/160
Belingi-Gründling
H: GUS-Staaten.
♂: Laichausschlag; schlanker. V: +
Z: Natur: Sand/Steinboden. F: O
T: 10–20°C, L: 13 cm, pH: 7, SG: 2–3

Gobio benacensis 5/162
Po-Gründling
H: Europa: Italien.
♂: Laichausschlag? V: +
Z: Unbekannt. F: O
T: 10–25°C, L: 12 cm, pH: >7, SG: 2–3

Gobio ciscaucasicus 5/162
Kaukasischer Gründling
H: Asien: Turkmenien.
♂: Laichausschlag; schlanker. V: +
Z: N: Flache Laichgruben im Kies. F: O
T: 5–25°C, L: 15 cm, pH: >7, SG: 2–3

Cyprinidae — Karpfenfische

Gobio gobio 1/420
Gründling
H: Europa.
♂: Laichausschlag. V: +
Z: Vereinzelt erfolgreich. F: K,O
T: 10–18°C, L: 20 cm, pH: >7, SG: 2

Gobio gobio soldatovi 3/217
Soldatovs Gründling
H: Asien: GUS-Staaten, China.
♂: Laichausschlag. V: +
Z: Nat.: Sand/Steinboden; <5300 E. F: K
T: 4–18°C, L: 12 cm, pH: >7, SG: 2

Gobio gobio tungussicus 3/218

H: Asien: GUS-Staaten.
♂: Laichausschlag. V: +
Z: Natur: Sandboden. F: K
T: 10–18°C, L: 11 cm, pH: >7, SG: 2–3

Gobio tenuicorpus 3/218
Weißflossiger Amur-Gründling
H: Asien: GUS-Staaten, China.
♂: Laichausschlag. V: +
Z: Unbekannt. F: K
T: 8–20°C, L: 12 cm, pH: >7, SG: 2–3

Hampala macrolepidota 3/220
Große Flußbarbe
H: SO-Asien: Sunda I., Birma, Thailand.
GU: Keine. V: ?
Z: Zu groß. F: O
T: 22–25°C, L: 70 cm, pH: 7, SG: 2–4

Hemibarbus maculatus 3/220
Gefleckte Amurbarbe
H: Asien: GUS-Staaten, China.
♂: Etwas größer. V: +
Z: Natur: Mai/Juni. F: K
T: 10–24°C, L: 36 cm, pH: 7, SG: 3

Cyprinidae   Karpfenfische

Hemiculter leucisculus ♀　　　3/224
Beilbauch-Weißfisch
H: Asien: GUS-Staaten, China, Taiwan,...
♂: Schlanker.　　　　　　　　　　V: +
Z: Natur: Laichen im Sommer.　　　F: O
T: 18–22°C, L: 18 cm, pH: 7, SG: 2

Hemigrammocapoeta sauvagei ♂ 5/164
Tiberiabarbe
H: Asien: Türkei, Israel: Tiberias-See.
GU: Siehe Fotos.　　　　　　　　V: +
Z: Freilaicher zw. Pflanzen?　　　　F: O
T: 10–24°C, L: 18 cm, pH: >7, SG: 2

Hemigrammocapoeta sauvagei ♀ 5/164
Tiberiabarbe

Hemigrammocypris lini ♂　　　3/222
Chinesischer Lampionfisch
H: Asien: S-China.
GU: Siehe Fotos.　　　　　　　　V: +
Z: Plastikgitter.　　　　　　　　　F: O,K
T: 18–22°C, L: 5 cm, pH: >7, SG: 1–2

Hemigrammocypris lini ♀　　　3/222
Chinesischer Lampionfisch

Horadandia atukorali　　　　　3/224
Ceylon-Zwergbarbe
H: SO-Asien: Sri Lanka.
GU: Unbekannt.　　　　　　　　V: (–)
Z: Unbekannt.　　　　　　　　　F: O
T: 24–26°C, L: 2,8 cm, pH: <7, SG: 3

Cyprinidae   Karpfenfische

Hypophthalmichthys molitrix 3/226
Silberkarpfen, Tolstolob
H: O-Asien, Europa eingebürgert.
♂: Wesentlich schlanker. **V:** +
Z: Überschwemmungsseen. **F:** Plankton
T: 6–24°C, **L:** <100 cm, **pH:** 7, **SG:** 2

Hypophthalmichthys nobilis 3/226
Marmorkarpfen, Gefleckter Silberkarpfen
H: Asien, auch eingebürgert.
♂: Schwer zu unterscheiden. **V:** +
Z: Überschwemmungsseen. **F:** O, H
T: 10–26°C, **L:** <100 cm, **pH:** 7, **SG:** 2

Inlecypris auropurpureus ♂ 5/164

H: Asien: Buma: Inlé-See u. Zuflüsse.
GU: Unbekannt. **V:** +
Z: Noch nicht erfolgt. **F:** K
T: 22–24°C, **L:** 6 cm, **pH:** 7, **SG:** 2

Rhinichthys erythrogaster 3/229
Südliche Rotbauch-Elritze
H: USA: Ohio, Michigan, Iowa, Alab., Miss.
♂: Zur Laichzeit roter Bauch. **V:** +
Z: Natur: April bis August. **F:** O
T: 10–23°C, **L:** 9 cm, **pH:** 7, **SG:** 2–3

Rhinichthys erythrogaster 3/229
Südliche Rotbauch-Elritze

Labeo chrysophekadion 1/426
Schwarzer Fransenlipper
H: SO-Asien.
GU: Unbekannt. **V:** –
Z: Hormonbehandlung. **F:** O
T: 24–27°C, **L:** 60 cm, **pH:** 7, **SG:** 2

Cyprinidae   Karpfenfische

Labeo cylindricus 3/230
Berglabeo
H: O- u. S-Afrika.
GU: Unbekannt. V: +
Z: Noch nicht erfolgt. F: O
T: 24–28°C, L: 40 cm, pH: 7, SG: 3

Labeo forskalii 3/230, 2/388
Nil-Fransenlipper
H: Afrika: Nil-Gebiet.
♂: 1. u. letzter Dorsalstrahl länger. V: =
Z: Noch nicht erfolgt. F: O
T: 18–25°C, L: 35 cm, pH: 7, SG: 2

Labeo forskalii 2/388, 3/230
Nil-Fransenlipper

Labeo parvus 2/390

H: W-Afrika.
♂: Farbiger, schlanker. V: –
Z: Noch nicht geglückt. F: O
T: 23–25°C, L: 45 cm, pH: 7, SG: 3

Labeo rubropunctatus 5/168

H: Afrika: Zaire.
♂: Kleiner, schlanker. V: –
Z: Noch nicht geglückt. F: O
T: 22–26°C, L: <40 cm, pH: 7, SG: 3

Labeo ruddi 3/232
Limpopo-Labeo
H: Afrika: S-Afrika, Mosambik, Simbabwe.
♂: Laichausschlag? V: =
Z: Noch nicht erfolgt. F: O
T: 23–27°C, L: 26 cm, pH: 7, SG: 2–3

Cyprinidae Karpfenfische

Labeo senegalensis 4/198

H: W-Afrika.
♂: Laichausschlag. V: ?
Z: Noch nicht erfolgt. F: O
T: 22–26°C, L: 65 cm, pH: 7, SG: 4

Labeo tibesti 4/198

H: Afrika: Nigeria.
GU: Nicht bekannt. V: ?
Z: Noch nicht erfolgt. F: O
T: 22–27°C, L: 13 cm, pH: 7, SG: 3

Labeo variegatus 2/390

H: Afrika: Zaire.
GU: Unbekannt. V: –
Z: Noch nicht erfolgt. F: O
T: 21–27°C, L: 30 cm, pH: 7, SG: 2

Labiobarbus leptocheila 2/392

H: SO-Asien: Burma, Thailand.
GU: Unbekannt. V: +
Z: Noch nicht erfolgt. F: O
T: 24–26°C, L: 25 cm, pH: 7, SG: 2–3

Labiobarbus festivus 2/392
Signalbarbe
H: SO-Asien: Kalimantan.
♂: Farbiger?, schlanker? V: +
Z: Noch nicht erfolgt. F: O
T: 22–24°C, L: 20 cm, pH: 7, SG: 2–3

Labiobarbus leptocheilus 3/232
Cuviers Fransenlipper
H: SO-Asien: Thai., Malaysia, Indonesien.
♂: Schlanker. V: +
Z: Noch nicht erfolgt. F: O
T: 24–26°C, L: 25 cm, pH: 7, SG: 2–3

Cyprinidae　　　　　　　　　　　　　　　　　　　　　　　　Karpfenfische

Ladigesocypris ghigii ♂　(5/176), 5/168
Rhodos Moderlieschen
H: Europa: Griechenland, Türkei. Selten.
GU: Unbekannt.　　　　　　　　　V: +
Z: Nicht schwierig.　　　　　　　　F: K,O
T: 5–30°C, L: 10 cm, pH: >7, SG: 2

Ladigesocypris ghigii　　(5/176), 5/168
Rhodos Moderlieschen

Ladislavia taczanowskii　　　　　3/234
Yalugründling
H: Asien: GUS-Staaten, China.
♂: Laichausschlag.　　　　　　　V: +
Z: Natur: Juni/Juli.　　　　　　　　F: O
T: 4–18°C, L: 8 cm, pH: >7, SG: 2–3

Lagowskiella czekanowskii czerskii ♀
Chankapfrille　　　　　　　　　　5/170
H: GUS-Staaten.
♂: Laichfärbung.　　　　　　　　V: +
Z: Noch nicht erfolgt.　　　　　　F: K
T: 10–20°C, L: 11,7 cm, pH: >7, SG: 2

Lagowskiella czekanowskii suifunensis ♂
　　　　　　　　　　　　　　　　5/170
H: GUS-Staaten.
♂: Zur Laichzeit mit roten Flossen.　V: +
Z: Noch nicht erfolgt.　　　　　　F: K
T: 10–20°C, L: 13,4 cm, pH: >7, SG: 2–3

Leptobarbus hoevenii adult　　2/394
Siambarbe
H: SO-Asien: Thailand, Indonesien.
GU: Unbekannt.　　　　　　　　　V: +
Z: Noch nicht erfolgt.　　　　　　F: O
T: 23–26°C, L: 50 cm, pH: 7, SG: 3

Cyprinidae   Karpfenfische

Leptobarbus hoevenii juv. 2/394
Siambarbe

Leptobarbus melanopterus 4/200

H: Asien: W-Borneo.
GU: Unbekannt.   V: –
Z: Nicht bekannt.   F: K,O
T: 22–30°C, L: 24 cm, pH: 7, SG: 3

Leptobarbus melanotaenia juv. 2/394

H: SO-Asien: Kalimantan.
GU: Unbekannt.   V: +
Z: Noch nicht erfolgt. F: O
T: 23–26°C, L: 25 cm, pH: 7, SG: 2–3

Leptobarbus rubripinna 5/172
Rotschwanzbarbe
H: Asien: Indonesien.
GU: Unbekannt.   V: +
Z: Unbekannt.   F: K,O
T: 20–26°C, L: 12 cm, pH: >7, SG: 2–3

Leptocypris niloticus 3/234
Afrikanisches Moderlieschen
H: Afrika.
♂: Schlanker.   V: +
Z: Noch nicht erfolgt. F: O
T: 22–27°C, L: 9,5 cm, pH: >7, SG: 2

Leucalburnus satunini ♂ 3/237
Kuraschneider, Döbelschneider
H: Asien: GUS-Staaten.
♂: Laichausschlag.   V: +
Z: Noch nicht erfolgt. F: K
T: 10–20°C, L: 17,5 cm, pH: >7, SG: 2–3

Cyprinidae   Karpfenfische

Leucalburnus satunini ♀   3/237
Kuraschneider, Döbelschneider

Leucaspius delineatus   1/424
Moderlieschen
H: Europa, W-Asien.
♂: Kleiner, schlanker.   V: +
Z: Schilfstengel; Brutpflege ♂.   F: O
T: 10–20°C, L: 9 cm, pH: 7, SG: 1–3

Leucaspius irideus ♂   5/174
Goldrücken Moderlieschen, Türkisches Mod.
H: Asien: Türkei. E.
♂: Kleiner, schlanker.   V: +
Z: Unbekannt.   F: K,O
T: 10–24°C, L: 7 cm, pH: 7, SG: 2

Leucaspius irideus ♀   5/174
Goldrücken Moderlieschen, Türkisches Mod.

Leucaspius prosperoi   5/174
Griechisches Moderlieschen
H: Europa: Griechenland: Rhodos.
♂: Kleiner, schlanker.   V: +
Z: Im Gartenteich?   F: K,O
T: 10–24°C, L: 8 cm, pH: 7, SG: 2

Leuciscus cephalus cabeda   4/200
Italienischer Döbel
H: Europa: S-Frankreich, Italien.
♂: Laichausschlag.   V: +
Z: Noch nicht erfolgt.   F: O
T: 10–24°C, L: 40 cm, pH: 7, SG: 2–4

Cyprinidae | Karpfenfische

Leuciscus cephalus cephalus   3/238
Aitel, Döbel
H: Europa.
♂: Laichausschlag, schlanker.   V: +,−
Z: Natur: April–Juni; 200 000.   F: K,O
T: 4–20°C, L: 80 cm, pH: 7, SG: 1

Leuciscus cephalus orientalis   3/238
Kaukasischer Döbel
H: Asien.
♂: Laichausschlag.   V: +,−
Z: Noch nicht erfolgt.   F: O
T: 10–20°C, L: 45 cm, pH: 7, SG: 1–2

Leuciscus idus   1/424
Aland, Orfe, Goldorfe
H: Europa.
♂: Laichausschlag, schlanker.   V: +,−
Z: Natur: April–Juli.   F: K,O
T: 4–20°C, L: 80 cm, pH: >7, SG: 1–2

Leuciscus idus adult   5/177
Nerfling, Orfe, Aland, Jesen, Gäse
H: Europa.
♂: Laichausschlag.   V: +,−
Z: Natur: Zeitiges Frühjahr.   F: K,O
T: 10–22°C, L: 50 cm, pH: >7, SG: 4

Leuciscus idus

Von *Leuciscus idus* gibt es eine weißgoldene, rotflossige Spielart, die Goldorfe. Sie ist sehr widerstandsfähig und daher als Gartenteichbewohner besser geeignet als der Goldfisch.
Es gibt eine Naturkreuzung von *Leuciscus idus* x *Aspius aspius,* die als *Aspius hybridus* beschrieben wurde. Die Art ist bei uns als Wildform selten geworden. Als Angelfisch ist die Art wenig geschätzt.

Leuciscus illyricus   4/202

H: Europa: Dalmatien.
♂: Laichausschlag, schlanker.   V: +,=
Z: Mai/Juni; über Kiesgrund.   F: K
T: 5–25°C, L: 25 cm, pH: 7, SG: 2

Cyprinidae   Karpfenfische

Leuciscus labiatus   5/178
Taiwan Glitterorfe
H: Asien: Taiwan: Sin Chen-Fluß.
♂: Laichausschlag.   V: +,−
Z: Unbekannt. Wie Barben?   F: O,H
T: 15–25°C, L: >13 cm, pH: 7, SG: 1–2

Leuciscus leuciscus   3/240
Hasel
H: Europa: N der Alpen u. Pyrenäen.
♂: Laichausschlag, schlanker.   V: +
Z: Natur: März–Juni; Pflanzen.   F: K,O
T: 6–18°C, L: 30 cm, pH: 7, SG: 2

Leuciscus souffia agassizi   3/240
Strömer
H: Europa: Rhein-, Donau-System.
♂: Farbiger (bes. zur Laichzeit).   V: +
Z: Natur: März–April; Kiesgrund.   F: O
T: 10–20°C, L: 25 cm, pH: 7, SG: 2

Leuciscus souffia souffia   5/178
Französischer Strömer
H: Europa: Frankreich: Rhône u. Var.
♂: Ob. Kaudallappen dunkel.   V: =
Z: Natur: Im Schwarm.   F: K
T: 10–20°C, L: 25 cm, pH: 7, SG: 3–4

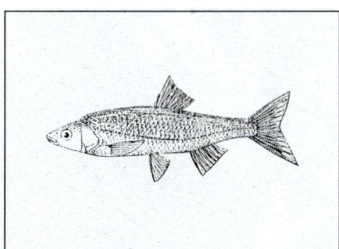

Leuciscus svallize   5/180
Adriatischer Hasel
H: Europa: Jugoslawien, Albanien.
GU: Kein Unterschied.   V: +
Z: Unbekannt.   F: K,O
T: 10–26°C, L: 25 cm, pH: 7, SG: 2

Leuciscus waleckii   5/180
Waleckis Döbel
H: Asien: GUS-Staaten.
♂: Längerer Kopf; Laichausschlag. V: =
Z: Nat.: Im Schwarm; E haftend.   F: O,K
T: 10–20°C, L: 37 cm, pH: 7, SG: 4

Cyprinidae — Karpfenfische

Lobocheilus quadrilineatus 3/242
Lappen-Lipper
H: Asien: Thailand.
♂: Horntuberkel in der Maulregion. V: =
Z: Noch nicht erfolgt. F: O
T: 20–25°C, L: 26 cm, pH: 7, SG: 1–2

Lobocheilus rhabdoura 5/182
H: Asien: Thailand.
♀: Zur Laichzeit voller. V: =
Z: Laichwanderung? F: L,O
T: 18–26°C, L: 12 cm, pH: 7, SG: 3

Luciosoma spilopleura 3/242
Seitenfleck-Hechtbärbling
H: SO-Asien: Thai., Mal.Halb., Bor., Sum.
GU: Unbekannt. V: =
Z: Noch nicht erfolgt. F: O
T: 24–27°C, L: 25 cm, pH: <7, SG: 2

Luciosoma trinema 1/426
Hechtbärbling
H: SO-Asien.
♂: Verlängerte Ventralflossen. V: =
Z: Noch nicht erfolgt. F: O
T: 24–27°C, L: 30 cm, pH: <7, SG: 2

Megalobrama amblycephala 5/183
Riesenscheibenbrassen
H: Asien: China: Jangtse-Fluß.
♂: Krätiger Laichausschlag. V: –
Z: Unbekannt. F: K,O
T: 10–20°C, L: 200 cm, pH: 7, SG: 4

Megalobrama terminalis 5/184
Seitenstrich-Scheibenbrassen
H: Asien: China: Kanton: Amur.
♂: Laichausschl. ♀: Ovarien sichtbar. V: =
Z: Nicht bekannt. F: K,O
T: 10–24°C, L: 60 cm, pH: 7, SG: 4

Cyprinidae | Karpfenfische

Mesobola spinifer 3/246

H: Afrika: Tansania.
GU: Unbekannt. V: +
Z: Noch nicht erfolgt. F: O
T: 22–26°C, L: 4,5 cm, pH: 7, SG: 2–3

Microphysiogobio tungtingensis amurensis
Schlanker Amurgründling 3/244

H: Asien: Amur-Einzugsgebiet.
GU: Unbekannt. V: +
Z: Natur: Juni/Juli; pelagisch. F: K
T: 14–22°C, L: 12 cm, pH: 7, SG: 2–3

Microrasbora erythromicron 2/396
Quergestreifte Zwergrasbora

H: S-Asien: Burma.
♂: Intensiver gefärbt, schlanker. V: +
Z: Javamoos. F: O
T: 21–25°C, L: 3 cm, pH: 7, SG: 3

Microrasbora rubescens 2/396
Rötliche Zwergrasbora

H: S-Asien: Burma.
♂: Intensiver gefärbt, schlanker. V: +
Z: Javamoos. F: O
T: 21–25°C, L: 3 cm, pH: 7, SG: 3

Mystacoleucus marginatus 3/244
Weißbartbarbe

H: SO-Asien.
GU: Unsicher. V: +
Z: Noch nicht erfolgt. F: O
T: 22–27°C, L: 20 cm, pH: <7, SG: 1–2

Myxocyprinus asiaticus asiaticus 4/202
Wimpelkarpfen

H: Asien: N-China.
GU: Bei Juvenilen keine. V: =
Z: Keine Berichte. F: O
T: 15–28°C. L: 60 cm, pH: 7, SG: 1–4

Cyprinidae   Karpfenfische

Notemigonus crysoleucas   5/185
Goldbrassen
H: N-Amerika: Kanada, USA bis Florida.
♂: Kräftiger Laichausschlag.   V: +,=
Z: Freilaicher zw. Pflanzen.   F: K,O
T: 5–24°C, L: 30 cm, pH: 7, SG: 3

Notropis bifrenatus   2/398
H: N-Amerika: USA, O-Kanada.
♂: Größere Flossen.   V: +
Z: Noch nicht erfolgt?   F: K,O
T: 6–20°C, L: 5 cm, pH: >7, SG: 2

Notropis hudsonius   5/186
Schwarzpunkt-Zwergdöbel
H: N-Amerika: Kanada, USA.
♂: Farbiger; Laichausschlag.   V: +
Z: Im Schwarm über Kies; Juni/Juli. F:K,O
T: 10–24°C, L: 15 cm, pH: 7, SG: 2

Notropis hypselopterus   2/398
Längsbandorfe
H: N-Amerika: USA.
♂: Farbiger, Dorsalspitze schwarz. V: +
Z: Noch nicht erfolgt?   F: O
T: 6–20°C, L: 6 cm, pH: <7, SG: 2

Notropis lutrensis   1/428
Amerikanische Rotflossenorfe
H: N-Amerika: USA.
♂: Farbiger, Dorsalspitze schwarz. V: +
Z: Noch nicht erfolgt.   F: O
T: 15–25°C, L: 8 cm, pH: <7, SG: 1

Notropis petersoni   5/186
Küstenzwergdöbel
H: N-Amerika: USA.
♂: Laichausschlag.   V: +
Z: Mai; in Laichgruben.   F: K,O
T: 5–25°C, L: 8 cm, pH: >7, SG: 1–2

Cyprinidae   Karpfenfische

Notropis rubellus   5/188
Rosanasen-Zwergdöbel, Rosanasenweißf.
H: N-Amerika: Kanada, USA.
♂: Zur Laichzeit farbiger.   V: +
Z: Mehrere ♂♂ mit wenigen ♀♀.   F: K,O
T: 5–24°C, L: 10 cm, pH: 7, SG: 2–3

Notropis welaka ♂, hinten ♀   4/204
Blaunasenorfe
H: N-Amerika: USA.
♂: Größere Flossen; mehr blau.   V: +
Z: Zufall: an feinfiedrigen Pflanzen. F: K,O
T: 6–20°C, L: 6 cm, pH: <7, SG: 2

Notropis welaka ♂   4/204
Blaunasenorfe

Opsaridium chrystyi   1/404
Goldmäulchen, Sonnenmäulchen
H: Afrika: N-Ghana.
♂: Farbiger, schlanker?   V: =
Z: Noch nicht gelungen.   F: K
T: 22–24°C, L: 15 cm, pH: <7, SG: 2–3

Opsaridium zambezense   2/408

H: Afrika.
GU: Unbekannt.   V: +
Z: Noch nicht erfolgt.   F: K
T: 24–26°C, L: 16 cm, pH: <7, SG: 2

Opsariichthys bidens   5/188
Korea-Raubkarpfen
H: Asien: Korea, N-China.
♂: Streifenzeichnung; Flossen länger. V: –
Z: Geschlechtsreif ab 16 cm.   F: K
T: 10–20°C, L: 30 cm, pH: 7, SG: 2

Cyprinidae Karpfenfische

Opsariichthys uncirostris amurensis
Amur-Raubkarpfen 3/246
H: Asien: GUS-Staaten, Korea, N-China.
♂: Flossen länger. V: –
Z: Juni–August; Sand/Kiesboden. F: K
T: 10–22°C, L: 32,5 cm, pH: 7, SG: 2–3

Oreichthys cosuatis 3/198
H: Asien: Pakistan, Indien, Bangladesch, Burma, Thailand.
GU: Unbekannt. V: +
Z: Dicht Bepflanzung, Laichrost. F: O
T: 24–28°C, L: 7,5 cm, pH: <7, SG: 1–2

Oreoleuciscus pewzowi ♀ 5/190
Lachsbarbe
H: Asien: Mongolei.
♂: Farbiger u. schlanker. V: =
Z: Laichwanderungen? F: K,O
T: 10–18°C, L: 43 cm, pH: >7, SG: 4

Oreoleuciscus potanini 3/249
Altai-Osman
H: Asien: GUS-Staaten.
♂: Laichausschlag. V: =
Z: Juni/Juli; Freiwasser; <32 000. F: K
T: 10–20°C, L: 60 cm, pH: 7, SG: 2–3

Osteobrama cotio 4/206
Gurda-Barbe
H: Asien: Indien, Pakistan, Burma.
GU: Unbekannt. V: +
Z: Keine Angaben. F: O
T: 22–25°C, L: 9,5 cm, pH: 7, SG: 2

Osteochilus hasselti 1/428
Javakarpfen, Nilem
H: SO-Asien.
♂: Schlanker? V: +,–
Z: Noch nicht erfolgt, zu groß? F: O
T: 22–25°C, L: 32 cm, pH: <7, SG: 2

Cyprinidae — Karpfenfische

Osteochilus melanopleura 2/400

H: SO-Asien: Indonesien, Malaysia, Thai.
♂: Schlanker? V: +
Z: Noch nicht erfolgt. F: O
T: 22–26°C, L: 40 cm, pH: <7, SG: 3

Osteochilus microcephalus 3/250

H: SO-Asien.
GU: Unbekannt. V: –
Z: Noch nicht erfolgt. F: O,H
T: 22–26°C, L: 26 cm, pH: <7, SG: 1–2

Osteochilus spilopleura 2/400

H: SO-Asien: Zentral-Thailand.
GU: Unbekannt. V: +
Z: Noch nicht erfolgt. F: O
T: 22–26°C, L: 22 cm, pH: <7, SG: 2–3

Osteochilus triporus 4/206

H: Asien: Borneo.
♂: Schlanker zur Laichzeit. V: =
Z: Noch nicht erfolgt. F: K,O
T: 22–28°C, L: 20 cm, pH: 7, SG: 2–3

Oxygaster anomalura 5/190

H: Asien: Malaiische Halbinsel.
♂: Schlanker zur Laichzeit. V: =
Z: Bisher nicht beschrieben. F: K,O
T: 22–27°C, L: 9 cm, pH: 7, SG: 2–3

Parabramis pekinensis 5/192
Pekingbrassen

H: Asien: China: Amur.
♂: Laichausschlag. V: +,=
Z: Überschwemmungsgebiete. F: K,O
T: 10–20°C, L: 55 cm, pH: 7, SG: 4

Cyprinidae　　　　　　　　　　　　　　　　　　　　　　　　Karpfenfische

Paracheilognathus himantegus 5/192
Taiwan-Bitterling
H: Asien: China, Taiwan.
♂: Farbiger. ♀: Legeröhre. V: +
Z: Keine Muschel; wie Sumatrabarbe. F: O
T: 15–28°C, L: 7 cm, pH: 7, SG: 1–2

Parachela oxygastroides juv. 2/402
Glasbarbe
H: SO-Asien: Thailand, Indonesien.
♂: Schlanker zur Laichzeit. V: +
Z: Kein Bericht vorhanden. F: K,O
T: 24–26°C, L: 20 cm, pH: <7, SG: 2–3

Parachela oxygastroides adult 2/402
Glasbarbe

Parluciosoma argyrotaenia 2/404
Silberbärbling
H: SO-Asien.
♂: Kleiner, schlanker. V: +
Z: Feinfiedrige Pflanzen; 2000 Eier. F: O
T: 20–26°C, L: 12 cm, pH: <7, SG: 1

Parluciosoma cephalotaenia 2/412
Zweibindenbärbling
H: SO-Asien.
♂: Wesentlich schlanker. V: +
Z: Feinfiedrige Pflanzen; 100 Eier. F: O
T: 22–24°C, L: <14 cm, pH: <7, SG: 2

Pelecus cultratus 3/252
Ziege, Sichling
H: Europa, Asien.
♂: Zur Laichzeit schlanker. V: =
Z: Mai/Juni; 33 000 Schwimmeier. F: K
T: 10–20°C, L: 60 cm, pH: 7, SG: 2

Cyprinidae   Karpfenfische

Phenacobius mirabilis 5/194
Saugmaulelritze
H: N-Amerika: N-USA bis Texas.
♂: Laichausschlag.   V: +
Z: Unbekannt.   F: K,O
T: 5–25°C, L: 12 cm, pH: 7, SG: 2–3

Phoxinellus adspersus 4/208
H: Europa: Jugoslawien.
GU: Nicht bekannt.   V: +
Z: Noch nicht erfolgt.   F: O
T: 5–20°C, L: 10 cm, pH: 7, SG: 2–3

Phoxinellus stymphalicus 4/208
H: Europa: Griechenland, Albanien.
GU: Unbekannt.   V: +
Z: Nicht bekannt.   F: K,O
T: 5–20°C, L: 12 cm, pH: 7, SG: 2–3

Phoxinus czekanowskii 2/404
Tschekanowski-Elritze
H: Asien: GUS-Staaten.
♂: Kleiner, schlanker.   V: +
Z: Kein Bericht.   F: K
T: 16–20°C, L: 9,5 cm, pH: >7, SG: 2

Lagowskiella lagowskii 3/252
Amur-Elritze
H: Asien: GUS-Staaten, Korea.
GU: Schwer zu unterscheiden.   V: +
Z: Natur: Juni–August.   F: K
T: 16–20°C, L: 15 cm, pH: >7, SG: 2

Eupallasella percnurus 4/214
Sumpfelritze
H: O-Europa.
♂: Schlanker, kein Laichausschlag.   V: +
Z: Juni/Juli; Pflanzenblätter.   F: K,O
T: 15–23°C, L: <12 cm, pH: >7, SG: 1–2

Cyprinidae Karpfenfische

Phoxinus phoxinus ♀ 1/430
Elritze, Pfrille
H: Europa, Asien.
♂: Farbiger, schlanker (Laichzeit). V: +
Z: An Steinen; <1000 Eier. F: K
T: 12–20°C, L: 14 cm, pH: >7, SG: 2

Phoxinus phoxinus l.♀, r.♂ 1/430
Elritze, Pfrille
(Foto 5/196)

Phoxinus phoxinus 2♂♂, „³/₄" ♀ 1/430
Elritze, Pfrille
(Foto 5/196)

Phoxinus phoxinus colchicus ♂ 5/197
Blutelritze
H: GUS-Staaten: Batumi, Gelendjik.
♂: Laichausschlag, farbiger. V: +
Z: An Steinen. F: K
T: 10–22°C, L: 8,2 cm, pH: 7, SG: 2–3

Phoxinus poljakowi Mitte ♀ 5/198
Balchaschpfrille, Balchaschelritze selten
H: GUS-Staaten: Balchasch-See.
♂: Laichausschlag, scheckiger. V: +
Z: Bisher nicht nachgezogen. F: K,O
T: 8–20°C, L: 10 cm, pH: 7, SG: 2

Pimephales notatus 5/198
Stumpfnasen-Zwergdöbel
H: N-Amerika: S-Kanada, USA.
♂: Laichausschlag, farbiger. V: +
Z: An Unterseite v. Steinen...,Efam. F: O
T: 5–22°C, L: 11 cm, pH: 7, SG: 2

Cyprinidae   Karpfenfische

Pimephales promelas promelas ♂ 3/254
Fettköpfige Elritze
H: Zentrales N-Amerika: Kan., USA, Mex.
♂: Laichausschlag, größer. V: +
Z: Unter Ästen o. Steinen; Vaterfam. F: O
T: 12–20°C, L: 9,5 cm, pH: 7, SG: 2

Pimephales promelas promelas ♀ 3/254
Fettköpfige Elritze

Pseudoperilampus lighti   5/200
Lights Bitterling
H: Asien: China, Taiwan.
♂: Schlanker, farbiger z. Laichzeit. V: +
Z: Muscheln.   F: K,O
T: 10–25°C, L: 5,2 cm, pH: >7, SG: 2

Pseudophoxinellus kervillei   5/200
Türkische Zwergelritze
H: Asien: O-Türkei. Selten.
♂: Laichausschlag, farbiger.   V: +
Z: Unbekannt.   F: K,O
T: 10–20°C, L: 5 cm, pH: >7, SG: 3

Pseudorasbora fowleri   5/202

H: Asien: China, Taiwan.
♂: Knötchen am Kopf.   V: +
Z: Höhlenbrüter; Vaterfamilie.   F: K,O
T: 12–22°C, L: 8 cm, pH: >7, SG: 2

Pseudorasbora parva   2/406

H: Europa.
♂: Laichausschlag.   V: +
Z: Eier kleben an Steinen. Vaterfam. F: O
T: 14–22°C, L: 11 cm, pH: 7, SG: 2

227

Cyprinidae   Karpfenfische

Pseudorasbora pumila 2/408

H: Asien: Japan.
♂: Etwas größer.   V: +
Z: Unbekannt.   F: O
T: 15–20°C, L: 8 cm, pH: 7, SG: 2

Psilorhynchus balitora ♀ 4/222

H: Asien: Indien, Bangladesch, Burma.
GU: Unbekannt (♂ schlanker).   V: +
Z: Unbekannt.   F: K,O
T: 22–27°C, L: 7 cm, pH: 7, SG: 4

Psilorhynchus sucatio 5/226
Pfeilbarbe

H: Asien: Indien, NO-Bengalen.
GU: Unbekannt.   V: +
Z: Unbekannt.   F: K,O
T: 15–23°C, L: 8 cm, pH: 7, SG: 2–3

Puntius asoka 3/182

H: Asien: Sri Lanka, S-Indien (?).
GU: Nicht erkennbar.   V: =
Z: Noch nicht gelungen?   F: O
T: 25–30°C, L: 15 cm, pH: 7, SG: 2–3

Puntius pleurotaenia 5/134
Ceylon-Längsbandbarbe

H: Sri Lanka.
♂: Schlanker.   V: +
Z: Zw. Pflanzen.   F: K,O
T: 22–26°C, L: 8 cm, pH: 7, SG: 1–2

Raiamas batesii 4/210

H: Afrika: S-Kamerun, Zaire-System.
GU: Unbekannt.   V: =
Z: Unbekannt.   F: K,O
T: 20–26°C, L: 12 cm, pH: 7, SG: 2–3

Cyprinidae   Karpfenfische

Raiamas batesii   5/146

Raiamas moori ♂   3/254

H: Afrika: Tanganjika-, Rukwa-, Kivusee.
GU: Unbekannt.   V: =
Z: Unbekannt.   F: O
T: 24–26°C, L: 19 cm, pH: 7, SG: 2–3

Raiamas nigeriensis   4/210

Raiamas senegalensis   3/256

H: Afrika.
GU: Unbekannt.   V: =
Z: Unbekannt.   F: K
T: 24–26°C, L: 13 cm, pH: 7, SG: 2–3

H: Afrika: W-Afrika, Tschadseebecken.
GU: Unbekannt.   V: =
Z: Unbekannt.   F: O
T: 22–26°C, L: 25 cm, pH: 7, SG: 2–3

Rastineobola argentea   3/273, 5/204

Rasbora axelrodi   2/410
Axelrods Rasbora

H: Afrika: Viktoriasee.
GU: Nicht erkennbar.   V: +
Z: Noch nicht nachgewiesen.   F: O
T: 22–26°C, L: 8 cm, pH: >7, SG: 3

H: Indonesien: Sumatra.
♂: Farbiger.   V: +
Z: Noch nicht erfolgt.   F: O
T: 23–26°C, L: 3 cm, pH: <7, SG: 2

Cyprinidae — Karpfenfische

Rasbora borapetensis 1/431
Rotschwanzrasbora, Rotflossenrasbora
H: SO-Asien: Thailand, W-Malaysia.
♂: Schlanker. V: +
Z: Schwimmpflanze, Laichräuber. F: K,O
T: 22–26°C, L: 5 cm, pH: <7, SG: 2

Boraras brigittae o.♂, u.♀ 3/262
Mosquitorasbora
H: Asien: S-Borneo.
♂: Intensiver rot; s. Foto. V: (–)
Z: Dichte Bepflanzung. F: K
T: 25–28°C, L: 2 cm, pH: <7, SG: 2–3

Rasbora brittani ♀ 2/410
Brittans Rasbora
H: SO-Asien: Malaysia.
♂: Schlanker. V: +
Z: Unbekannt. F: O
T: 23–26°C, L: 6 cm, pH: <7, SG: 2

Rasbora caudimaculata 2/412
Schwanzfleckbärbling, Schwanzbindenras.
H: SO-Asien: Indon., Malaysia, Thailand.
♂: Gelbliche Anale; schlanker. V: +
Z: Unbekannt. F: O
T: 20–26°C, L: 12 cm, pH: <7, SG: 2

Rasbora daniconius labiosa 2/414
Rasbora chrysotaenia (kein Foto) 3/256
H: SO-Asien: Malaiische Halbi., Sumatra.
♂: Schlanker. V: +
Z: Unbekannt. F: O
T: 22–24°C, L: 3,5 cm, pH: <7, SG: 2

Rasbora daniconius daniconius 2/414
Schlankbärbling
H: Asien: Thai., Burma, W-Indien, Sri Lank.
♂: Gelblicher o. rötlicher Bauch. V: +
Z: Pflanzendickicht; größeres Aq. F: O
T: 24–26°C, L: 10 cm, pH: 7, SG: 1

Cyprinidae / Karpfenfische

Rasbora dorsiocellata dorsiocellata 1/432
Augenfleckbärbling
H: SO-Asien: Malaiische Halbi., Sumatra.
♂: Rötliche Kaudale; schlanker. V: +
Z: Pflanzendickicht; Laichräuber. F: O
T: 20–25°C, L: 6,5 cm, pH: ≪7, SG: 1–2

Rasbora dusonensis 1/438
H: SO-Asien.
♂: Schlanker. V: +
Z: Unbekannt. F: O
T: 23–26°C, L: 10 cm, pH: ≪7, SG: 1–2

Rasbora einthovenii 2/416
Längsbandbärbling
H: SO-Asien.
♂: Zur Laichzeit schlanker. V: +
Z: Dichte Wasserpflanzen. F: O
T: 22–25°C, L: 8,5 cm, pH: <7, SG: 1–2

Rasbora elegans elegans 1/432
Schmuckbärbling
H: SO-Asien: W-Malay., Sing., Sum., Bor.
♂: Farbiger, schlanker. V: +
Z: Pflanzendickicht, sehr produktiv. F: O
T: 22–25°C, L: 20 cm, pH: <7, SG: 2

Rasbora espei u.♀, o.♂ 1/434
Espes Bärbling
H: Asien: Thailand.
♂: Farbiger, schlanker. V: +
Z: Großblättrige Pflanzen. F: K,O
T: 23–28°C, L: 4,5 cm, pH: <7, SG: 2

Rasbora heteromorpha u.♂ 1/434
Keilfleckbärbling, Keilfleckrasbora
H: SO-Asien: W-Malay, Sing., Sum., Thai.
♀: Fülliger, Keilfleck vorn gerade. V: +
Z: Breitblättrige Pflanzen. F: O
T: 22–25°C, L: 4,5 cm, pH: ≪7, SG: 2–3

Cyprinidae   Karpfenfische

Rasbora kalochroma 1/436
Schönflossenrasbora, Schönflossenbärbling
H: SO-Asien: W-Malay.,Sum.,Bor.,Bangku.
♂: Dunkle Anale; schlanker. V: =
Z: Noch nichts bekannt. F: O
T: 25–28°C, L: 10 cm, pH: 7, SG: 2

Rasbora sp. cf. *meinkeni* 3/258
H: SO-Asien: Indonesien, S-Malaysia.
♂: Farbenfroher, schlanker. V: +
Z: Noch nicht erfolgt. F: O
T: 24–28°C, L: 5 cm, pH: <7, SG: 1

Rasbora pauciperforata M. ♀ 1/438
Rotstreifenbärbling
H: SO-Asien: W-Malay., Sum., Belitung.
♂: Schlanker. V: +
Z: Feinblättrige Pflanzen. F: O
T: 23–25°C, L: 7 cm, pH: <7, SG: 2–3

Rasbora gracilis 3/258
Schlankbärbling
H: SO-Asien: Malaiischer Archipel.
♂: Farbiger, schlanker, kleiner. V: +
Z: Gelungen, aber kein Bericht. F: O
T: 22–25°C, L: 12 cm, pH: <7, SG: 2

Rasbora paviei 2/416
Strichbärbling, Seitenstrichrasbora
H: SO-Asien: Indo., Sundai.,W-Malay.,Thai.
♂: Schlanker. V: +
Z: Noch nicht erfolgt. F: O
T: 22–24°C, L: 6 cm, pH: <7, SG: 1–2

Rasbora rasbora 2/418
Gangesbärbling
H: Asien: Indien, Burma, Thailand.
♂: Schlanker. V: +
Z: Noch nicht erfolgt. F: O
T: 20–25°C. L: 10 cm, pH: <7, SG: 2

Cyprinidae Karpfenfische

Rasbora reticulata 2/418
Netzbärbling
H: SO-Asien: Sumatra, Insel Nias.
♂: Schlanker. V: +
Z: Zwischen Pflanzen. F: O
T: 22–26°C, L: 6 cm, pH: <7, SG: 2

Rasbora somphongsi 3/260
Siamesischer Zwergbärbling
H: SO-Asien: Thailand.
♂: Schlanker, etwas farbiger. V: +
Z: An Pflanzenblätter; 100 E. F: K,O
T: 22–26°C, L: 3 cm, pH: <7, SG: 2

Rasbora cf. *steineri* 3/260
Steiners Rasbora
H: O-Asien: China, Hongkong.
♂: Schlanker, schwer festzustellen. V: +
Z: Noch nicht erfolgt. F: O
T: 22–24°C, L: 6 cm, pH: <7, SG: 2

Rasbora sp. 2/421

L: 3,5 cm

Rasbora sumatrana (2/417), 2/420
Sumatrabärbling
H: SO-Asien: Malaii. Halbi., Kalim., Thai.
♂: Schlanker. V: +
Z: Noch nicht erfolgt. F: O
T: 23–25°C, L: 13 cm, pH: <7, SG: 1

Rasbora taeniata (F: *R. gracilis?*) 2/420
Goldstreifenbärbling
H: SO-Asien: W-Malay., Suma., Belitung.
♂: Kaudale gelblich rot; schlanker. V: +
Z: Schwimmpflanzendecke. F: O
T: 22–24°C, L: 7 cm, pH: <7, SG: 1–2

Cyprinidae — Karpfenfische

Rasbora trilineata 1/440
Glasrasbora, Dreilinienrasbora
H: SO-Asien: W-Malay., Sumat., Borneo.
♂: Kleiner, schlanker. V: +
Z: Dichte Bepflanzung. F: O
T: 23–26°C, L: 10 cm, pH: <7, SG: 1–2

Rasbora tubbi 5/203
Tubbs Rasbora
H: SO-Asien: N-Borneo.
♀: Zur Laichzeit voller. V: +
Z: Unbekannt. F: K
T: 22–28°C, L: 13 cm, pH: 7, SG: 3

Rasboroides vaterifloris var. 2/422
Gelber Perlmuttbärbling
H: Asien: Sri Lanka.
♂: Schlanker; rötliche Flossen. V: +
Z: Im Pflanzendickicht. F: O
T: 25–29°C, L: 4 cm, pH: <7, SG: 3

Rasboroides vaterifloris var. 3/262
Blauer Perlmuttbärbling
H: Asien: Sri Lanka.
♂: Schlanker, bunter. V: +
Z: Im Pflanzendickicht. F: O
T: 25–27°C, L: 4 cm, pH: <7, SG: 4

Rasbora vegae 2/422
Vegabärbling
H: SO-Asien: Insel Labuan bei Kalimantan.
♂: Schlanker. V: +
Z: Noch nicht erfolgt. F: O
T: 22–26°C, L: 6 cm, pH: <7, SG: 2

Rastineobola argentea 5/204
Viktoria-Sardine
H: Afrika: Viktoriasee-Einzug.
♂: Farbiger, schlanker. V: +
Z: In Ufernähe. F: K
T: 22–26°C, L: 8 cm, pH: 7, SG: 3

Cyprinidae — Karpfenfische

Rhinichthys atratulus atratulus 3/264
Schwarznasiger-Weißf., Am. Schwarznase
H: N-Amerika: USA, Kanada.
♂: Laichausschlag, farbiger. V: =
Z: Natur: Mai/Juni; Kiesboden. F: O
T: 12–20°C, L: 8 cm, pH: 7, SG: 2

Rhinichthys cataractae 2/424
Langnasen-Weißfisch
H: N-Amerika: NO-USA, O-Kanada.
GU: Unbekannt. V: +
Z: Noch nicht erfolgt. F: K
T: 4–16°C, L: 10 cm, pH: 7, SG: 3

Rhinichthys osculus 5/204
Gesprenkelter Weißfisch
H: N-Amerika: W-USA.
♂: Laichausschlag; größere Flossen. V: +
Z: N: Juni; 1 ♀ mit mehreren ♂♂. F: K,O
T: 10–24°C, L: 11 cm, pH: 7, SG: 2–3

Rhodeus amarus ♀ 1/442
Bitterling
H: Europa, W-Asien.
♂: Hochzeitskleid; ♀: Legeröhre. V: +
Z: Süßwassermuscheln. F: O
T: 15–24°C, L: 10 cm, pH: >7, SG: 2

Rhodeus amarus ♂ 1/442
Bitterling

Rhodeus atremius 5/206
Japanischer Bitterling
H: Asien: Japan.
♂: Schlanker. ♀: Kurze Legeröhre. V: +
Z: Süßwassermuscheln. F: K,O
T: 10–25°C, L: 6 cm, pH: 7, SG: 2–3

Cyprinidae   Karpfenfische

Rhodeus ocellatus l.♂, r.♀ 2/406
Hongkong-Bitterling
H: O-Asien: China, Taiwan.
♂: Zur Laichzeit farbiger. V: +
Z: Süßwassermuschel. F: O
T: 18–24°C, L: 12 cm, pH: 7, SG: 2–3

Rhodeus ocellatus smithii 5/206
H: Asien: Japan.
♂: Laichfärbung. ♀: Legeröhre. V: +
Z: Süßwassermuschel; <150 E. F: O
T: 10–25°C, L: 7 cm, pH: 7, SG: 1–2

Rhodeus sericeus 5/208
Amurbitterling
H: Asien: Rußland: Amur-Gebiet.
♂: Laichausschlag. ♀: Legeröhre. V: +
Z: Süßwassermuschel. F: K,O
T: 10–25°C, L: 9 cm, pH: 7, SG: 2

Rhodeus suigensis juv. 5/208
H: Asien: N-Korea.
♂: Laichausschlag. ♀: Legeröhre. V: +
Z: Süßwassermuschel. F: K,O
T: 10–25°C, L: 9 cm, pH: 7, SG: 2–3

Rutilus atropatenus 4/212
Tschaiplötze
H: Asien: Aserbaidschan.
GU: Unbekannt. V: +
Z: Unbekannt. F: K,O
T: 10–25°C, L: 10 cm, pH: >7, SG: 2–3

Rutilus aula 4/212
Dalmatinischer Zwergdöbel
H: Europa: Italien.
♂: Farbiger, Laichausschlag. V: +
Z: Noch nicht erfolgt. F: K,O
T: 8–24°C, L: 15 cm, pH: >7, SG: 2–3

Cyprinidae — Karpfenfische

Rutilus erythrophthalmus 1/444
Rotfeder
H: Europa, Asien.
♂: Laichausschlag. V: =
Z: April/Juni; 100 000 Eier. F: O
T: 10–24°C, L: 32 cm, pH: 7, SG: 1–2

Rutilus erythrophthalmus 5/210
Rotfeder, osteuropäische Form
H: Europa. GUS-Staaten, Bulgarien.
♂: Laichausschlag. V: +
Z: Kreuzt mit *Alburnus alburnus*. F: O
T: 10–24°C, L: 32 cm, pH: 7, SG: 1–2

Rutilus meidingeri 4/214
Perlfisch, Frauenfisch
H: Europa, Asien.
♂: Farbiger, Laichausschlag. V: =
Z: Nicht möglich. F: K,O
T: 5–20°C, L: <70 cm, pH: >7, SG: 4

Rutilus macedonicus 5/210
Prespaplötze
H: Europa: N-Griechenland. E
♂: Schlanker, Laichausschlag. V: +
Z: Im Schwarm zw. Pflanzen. F: K,O
T: 5–25°C, L: 15 cm, pH: >7, SG: 2

Rutilus pigus virgo 4/216
Frauennerfling, Frauenfisch
H: Europa: Donau-System.
♂: Farbiger, Laichausschlag. V: +
Z: April/Mai; Uferregionen. F: K,O
T: 5–20°C, L: 45 cm, pH: >7, SG: 2–4

Rutilus rubilio rubilio 3/264
Südeuropäische Plötze
H: Europa.
♂: Laichausschlag, schlanker. V: +
Z: Natur: März–Juni. F: O
T: 10–27°C, L: 25 cm, pH: 7, SG: 1–2

Cyprinidae   Karpfenfische

Rutilus rutilus   1/444
Plötze, Rotauge
H: Europa, Asien.
♂: Laichausschlag.   V: +
Z: Noch nicht erfolgt (Größe).   F: O
T: 10–20°C, L: 40 cm, pH: >7, SG: 1–2

Rutilus rutilus heckeli   4/216
Heckels Plötze, Taran
H: Schwarzes u. Asowsches Meer.
♂: Laichausschlag.   V: +
Z: April/Mai; über Pflanzen/Kies. F: K,O
T: 5–25°C, L: <50 cm, pH: >7, SG: 2–4

Sarcocheilichthys nigripinnis czerskii ♀
3/266
H: Asien: GUS-Staaten, China. Korea?
♀: Schwarz am Schwanzstiel. V: =
Z: In Süßwassermuscheln?   F: K
T: 14–22°C, L: 12,5 cm, pH: 7, SG: 2–3

Sarcocheilichthys sinensis   3/266
H: Asien: GUS-Staaten, Korea, China.
♂: Laichausschlag. ♀: Legeröhre. V: +
Z: Mai/Juli; pelagische Eier.   F: K
T: 16–22°C, L: 28 cm, pH: 7, SG: 2–3

Sarcocheilichthys sinensis fukiensis I. ♀
Flickenbarbe   5/212
H: Asien: Taiwan.
♂: Laichausschlag. ♀: Legeröhre. V: +
Z: Muscheln.   F: K
T: 15–28°C, L: 14 cm, pH: 7, SG: 1

Saurogobio dabryi   3/268
H: Asien: Amur-B., Korea, China, Vietnam.
GU: Unbekannt.   V: +
Z: Mai/Juli; pelagische Eier.   F: K
T: 12–22°C, L: 28 cm, pH: 7, SG: 2–3

Cyprinidae — Karpfenfische

Sawbwa resplendens o.♀, u.♂ 2/424
Nacktlaube
H: S-Asien: Burma.
♂: Roter Kopf u. Kaudale (Foto). V: +
Z: Eiablage an Javamoos. F: O
T: 21–25°C, L: 4 cm, pH: 7, SG: 3

Schismatorhynchos heterorhynchos
Delphinbarbe, „Doppelmaul" 5/212
H: Asien: China.
♂: Höherer Fettwulst. V: =
Z: Unbekannt. F: O
T: 22–26°C, L: 20 cm, pH: 7, SG: 2–3

Schizothorax intermedius 5/214
Lachsbarbe
H: Mittelasien: Hochlandflüsse.
♂: Laichausschlag. V: –
Z: Ähnlich dem Lachs (ohne Meer). F: K
T: 10–18 (25)°C, L: 50 cm, pH: 7, SG: 4

Schizothorax pelzami 5/214
Pelzamis Lachsbarbe
H: Mittelasien: Turkmenien: Murgab-Fluß.
♂: Laichausschlag. V: –
Z: Ähnlich dem Lachs (ohne Meer). F: K
T: 10–20°C, L: 36 cm, pH: 7, SG: 4

Semotilus atromaculatus 5/216
Bachzwergdöbel
H: N-Amerika: Kanada, USA.
♂: 10 cm größer, farbiger, Tuberkel. V: +
Z: Laichgrube im Kies. F: K,O
T: 5–25°C, L: ♂ 30 cm, pH: 7, SG: 3

Squalidus chankaensis chankaensis
Chanka-Gründling 3/268
H: Asien: GUS-Staaten.
GU: Unbekannt. V: +
Z: Juni/Juli; an Boden/Pflanzen. F: K
T: 14–22°C, L: 10 cm, pH: 7, SG: 2–3

Cyprinidae — Karpfenfische

Tanichthys albonubes u. ♂ 1/446
Kardinalfisch, Venusfisch
H: Asien: S-China.
♂: Intensiver gefärbt, schlanker. V: +
Z: Dichte Bepflanzung. F: O
T: 18–22°C, L: 4 cm, pH: 7, SG: 1

Tanichthys albonubes 1/446
Schleier-Kardinalfisch, Schleier-Venusfisch

Tanichthys albonubes 1/446
Kardinalfisch
Farbvariante. Von MEINKEN als *Aphyocypris pooni* vorgestellt.

Tinca tinca 5/219
Schleie
H: Ganz Mitteleuropa.
♂: Flossen gr., 2. Pektoralstrahl dick. V: +
Z: N: 2♂♂ mit 1♀; über Pflanzen. F: O
T: 4–24°C, L: 40 cm, pH: 7, SG: 2

Tinca tinca Goldform 5/219
Schleie

Tor khudree juv. 3/270
Riesenbarbe
H: Asien: Sri Lanka.
GU: Unbekannt. V: =
Z: Unbekannt. F: O
T: 20–30°C, L: <144 cm, pH: 7, SG: 1–4

Cyprinidae   Karpfenfische

Tribolodon brandti 5/222
Mw,Bw,Sw
H: O-Asien: Korea, China, Japan, Rußland.
♂: Laichausschlag; farbiger. **V:** +,–
Z: Vom Meer in die Flüsse. **F:** K,O
T: 10–24°C, **L:** 50 cm, **pH:** 7, **SG:** 4

Varicorhinus capoeta capoeta 3/270
Gewöhnliche Chramulja
H: Asien: GUS-Staaten.
♂: Laichausschlag. **V:** +
Z: Mai/Juli; Stein/Sand-Boden. **F:** H
T: 10–22°C, **L:** 41 cm, **pH:** >7, **SG:** 2–3

Varicorhinus capoeta gracilis 5/222

H: GUS-Staaten: Zuflüsse Kaspisches Meer.
♂: Laichausschlag. **V:** =
Z: Unbekannt. **F:** K, O
T: 8–24°C, **L:** 35 cm, **pH:** 7, **SG:** 4

Zacco platypus 4/218
Drachenfisch
H: O-Asien u. Japan.
♂: Farbiger, längere Flossen. **V:** +,–
Z: Freilaicher in Teichen. **F:** K,O
T: 10–22°C, **L:** 18 cm, **pH:** 7, **SG:** 1

Zacco sp. 5/224
Drachenfisch
H: Asien: China, Taiwan.
♂: Ausgezogene Anale; Laichauss. **V:** =
Z: Noch nicht erfolgt. Wie *Danio*? **F:** K,O
T: 10–24°C, **L:** 12 cm, **pH:** >7, **SG:** 2–3

Zacco temmincki 4/218
Taiwan-Drachenfisch
H: Asien: Taiwan, S-China.
♂: Ausgezogene Anale; Laichauss. **V:** =
Z: Noch nicht erfolgt. **F:** K,O
T: 12–26°C, **L:** 15 cm, **pH:** 7, **SG:** 2

Gyrinocheilidae — Saugschmerlen

Familie Gyrinocheilidae

Eine sehr kleine Familie, die in Südostasien, vor allem in Thailand, beheimatet ist. Sie besteht aus nur einer Gattung mit vier Arten. Von diesen ist vor allem *Gyrinocheilus aymonieri* von aquaristischer Bedeutung. Früher war die Gattung Teil der Familie Cobitidae.

Mit ihrem unterständigen Saugmaul sind diese Fische bestens für das Raspeln von Algen ausgerüstet (daher: Saugschmerlen). Um ein ununterbrochenes Raspeln zu ermöglichen, atmen diese Fische nicht durch das Maul, sondern sie nehmen Wasser durch eine weitere Öffnung auf, die oberhalb der Ausströmungsöffnung gelegen ist. Farblich uninteressant, ist es gerade ihre Eigenschaft als Algenfresser, die sie so populär in unseren Aquarien macht; leider werden sie recht groß (weniger im Aquarium) und sind dann aggressiv.

Ihre Schwimmblase ist zurückgebildet und erfüllt ihre Aufgabe nicht mehr; die Fische können sich nur durch Flossenkraft in der Schwebe halten.

Gyrinocheilus aymonieri 1/448
Siamesische Saugschmerle
H: Asien: Zentral-Thailand.
♂: Zur Laichzeit stärkere Dornen? V: +,−
Z: Unbekannt. F: H
T: 25–28°C, L: 27 cm, pH: 7, SG: 2

Gyrinocheilus aymonieri 4/220
Zitronen-Saugschmerle
H: Zuchtform aus Asien.
♂: Dornen um die Augen? V: +,−
Z: In Teichen; künstlich? F: O,H
T: 20–20°C, L: 22 cm, pH: 7, SG: 2–3

Gyrinocheilus kaznakowi 4/220 (= *Gyrinocheilus aymonieri*)
Russische Saugschmerle
H: Asien: China, GUS-Staaten. Z: Unbekannt. F: O
GU: Unbekannt. V: +,− T: 15–25°C, L: 26 cm, pH: 7, SG: 2–3

Gruppe 4

SILURIFORMES
Welse

Peckoltia sp., Megaclown, s.S. 344. Eine der neuen Einfuhren, die wesentlich zur Beliebtheit der Loricariidae beitragen.

Gruppe 4

SILURIFORMES
Welse

Ursprung/Taxonomie

Die Ordnung Siluriformes wurde früher als Unterordnung der Cypriniformes (Karpfenähnliche Fische – Gruppe 3) angesehen. Welse haben den „Weberschen Apparat" (modifizierte Halswirbel, die akustische Signale von der Schwimmblase zum Innenohr weiterleiten) sowohl mit den Cypriniden als auch mit den Salmlern (Gruppe 2) gemeinsam. Zur Zeit zählt man 34 Familien mit über 2400 Arten in 412 Gattungen zu den Siluriformes. Fossile Funde sind aus dem Eozän und Oligozän (vor 54 bzw. 38 Millionen Jahren) bekannt (NELSON, 1994).

Nachfolgend sind die in der Gruppe 4 behandelten Familien aufgeführt. In der alphabetischen Reihenfolge der Arten dieser Gruppe wurden Unterfamilien aus Vereinfachungsgründen nicht berücksichtigt.

Ageneiosidae	247
Amphiliidae	248–250
Ariidae	251
Aspredinidae	252, 253
Auchenipteridae	254–258
Bagridae	259–266
Callichthyidae	267–296
Cetopsidae	297
Chacidae	298
Clariidae	299–302
Doradidae	303–308
Helogenidae	309
Heteropneustidae	309
Ictaluridae	310, 311
Loricariidae	312–352
Malapteruridae	353
Mochokidae	354–366
Olyridae	367
Pangasiidae	367
Pimelodidae	368–375
Plotosidae	376, 377
Schilbeidae	378–380
Siluridae	381–383
Sisoridae	384–386
Trichomycteridae	387–389

Geographische Verbreitung

Die Siluriformes sind weltweit verbreitet, selbst aus der Antarktis sind fossile Funde bekannt. Aus Amerika kennt man etwa 1440 Arten. Welse sind zusammen mit den Salmlern die am artenreichsten vertretene Gruppe in südamerikanischen Gewässern, wobei über ein Drittel auf die Familie Loricariidae entfällt.

Welse haben viele ökologische Nischen erobert: von sauerstoffarmen Gewässern der Tiefebenen, in denen Familien vorkommen, die atmosphärischen Sauerstoff veratmen können (z.B. Callichthyidae, Clariidae, Loricariidae), bis hin zu Gebirgsflüssen, wo sich z.B. Arten der Loricariidae mit einem Saugmaul am steinigen Boden festsaugen und so der starken Strömung widerstehen. Ariidae und Plotosidae enthalten viele Meerwasserarten, aber auch einige, die Brack- und Süßwasser aufsuchen, vor allem zum Ablaichen.

Allgemeines

Unter den Welsen gibt es tagaktive und dämmerungs- bzw. nachtaktive Arten. Letztere erkunden ihren Lebensraum mit ihren langen Barteln, welche ihnen auch in den trüben Gewässern der Niederungsflüsse sehr hilfsreich sind. Auch die Diät der Welse deckt ein weites Spektrum: Aufwuchs- und

Gruppe 4

SILURIFORMES
Welse

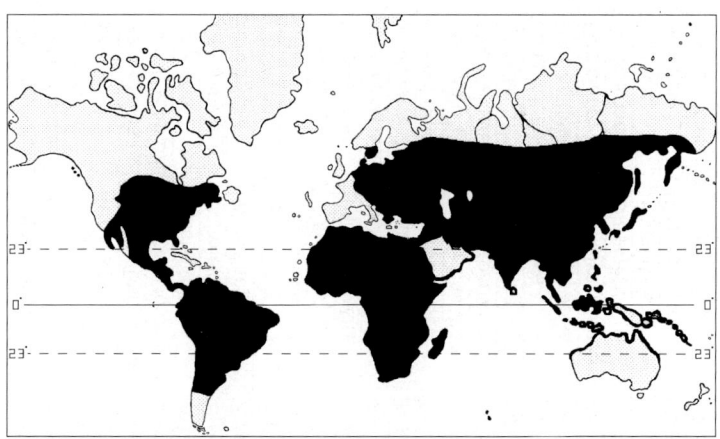

Verbreitungsgebiet der Siluriformes.

algenfressende Arten, Allesfresser, Raubfische und sogar einige Parasiten (in der Familie Trichomycteridae) sind vertreten.

Entsprechend variabel ist auch die Größe der verschiedenen Welsarten: auf jedem der Kontinente ihres Verbreitungsgebietes kommen wahre Riesen vor – Längen über 2 m sind für mehrere Arten belegt – aber auch Hunderte von kleinen bis mittleren Arten, beliebte Gesellschafter unserer Aquarien (Callichthyidae, Loricariidae), sind Teil der Siluriformes.

In der Speisefischzucht in den USA ist vor allem die Familie Ictaluridae mit *Ictalurus punctatus* von großer wirtschaftlicher Bedeutung. Interessanterweise gibt es in Südamerika bisher keinen deutlichen Erfolg in der Speisefischzucht einheimischer Welse, obwohl es z.B. von der Größe her zahlreiche Kandidaten gäbe. In Asien werden Clariidae und in geringerem Maße Plotosidae und Siluridae gezüchtet; für Europa sei der Wels (*Silurus glanis*, S. 383) als fischereiwirtschaftlich wichtig erwähnt.

Der Körper der Siluriformes ist schuppenlos – entweder nackt oder teilweise oder ganz mit Knochenplatten bedeckt. <u>Vorsicht bei der Gabe von Medikamenten!</u> Nackte Arten reagieren um einiges empfindlicher auf Malachitgrün, Tripaflavin u.a. Chemikalien. Eine therapeutische Konzentration für beschuppte Fische kann einem nackten Wels zum Verhängnis werden.

Um nicht Raubfischen zum Opfer zu fallen, haben viele Welse unangenehme Dorsal- und Pektoralstacheln, die in abgespreiztem Zustand arretiert werden können. Bei manchen Arten sind diese auch giftig, bei *Plotosus lineatus* (eine Meerwasser-Art, die auch in Flüsse eindringt) sogar tödlich.

Es gibt bewegungsfreudige Schwarmfische (z.B. *Corydoras* und Glaswelse) und Einzelgänger (vor allem die größeren Raubfische) und relativ lethargische Arten (vor allem unter den Aspredinidae).

Obwohl Welse nicht sehr farbig sind, sind zahlreiche Arten mit sehr interessanten und beliebten Kontrastzeichnungen vorhanden.

Gruppe 4

SILURIFORMES
Welse

Familie	Deutscher Name	Habitat	Verhalten	Futter	Besonderheiten
Ageneiosidae	Delphinwelse	S-Am; Sw	Räuber; Nacht	K	Innere Befruchtung.
Amphiliidae	Quappenwelse	Af; Sw	friedl.; Tag, Nacht	K	Saugen sich mit Flossen fest.
Ariidae	Kreuzwelse	Welt; Mw, Sw	Schwarm; Tag	O,K	Sehr aktiv; Maulbrüter (♂).
Aspredinidae	Bratpf./Banjowelse	S-Am; Sw, Bw	unbewegt; Nacht	O	Eier an ♀ geheftet o. Nest.
Auchenipteridae	Falsche Dornwelse	M-,S-Am; Sw	Schwarm; a. Tag	K,O	Innere Befruchtung.
Bagridae	Stachelwelse	Af, As; Sw	Einzelgäng.; Nacht	K,O	Etwas räuberisch.
Callichthyidae	Schwielenwelse	S-Am; Sw	friedlich; Tag	O,K,L	Schwarmfische; zusä.Luftatmung.
Cetopsidae	Walwelse	S-Am; Sw	Räuber; Nacht	K	Extreme Raubfische.
Chacidae	Großmaulwelse	As; Sw	Einzelgäng.; Nacht	K	Große Fische sind keine Beute.
Claridae	Raubwelse	Af, As; Sw	Einzelgäng.; Nacht	K,O	Zusätzl.Luftatmung; Speisefische.
Doradidae	Dornwelse	S-Am; Sw	gesellig; Nacht	K,O	Z.T. sehr friedl.; Knochenplatten.
Helogenidae	Fähnchenwelse	A-AM; Sw	friedlich; Nacht	K,O	Extrem nachtaktiv.
Heteropneustidae	Kiemensackwelse	As; Sw	gesellig; Nacht	K,O	Zus. Luftat.; aggress.; Stachel giftig.
Ictaluridae	Katzenwelse	N-,M-Am; Sw	Räuber; Tag/Nacht	O	Giftige Flossenstacheln; Speisefi.
Loricariidae	Harnischwelse	S-Am; Sw	friedlich; Tag/Nacht	H,O	Einige sind innerartlich territorial.
Malapteruridae	Elektrische Welse	Af; Sw	Einzelgäng.; Nacht	K	Elektr. Organ; individuell halten.
Mochokidae	Fiederbartwelse	Af; Sw	friedlich; Tag/Nacht	K,O,H	Einige Arten Rückenschwimmer.
Olyridae	Olyrawelse	As; Sw	Einzelgänger; ?	K	Sehr sauerstoffbedürftig.
Pangasiidae	Haiwelse	As; Sw	Schwarm; Tag	O	Etwas räuberisch; Speisefische.
Pimelodidae	Antennenwelse	M-,S-Am; Sw	Räuber; Nacht	K,O	Nur kleinere Fische sind Beute.
Plotosidae	Aalwelse, Korallenw.	As; Mw-Sw	Schwarm; Nacht	O	Sehr giftige Flossenstachel.
Schilbeidae	Glaswelse	Af, As; Sw	Schwarm; Tag	K,O	Friedliche, durchsichtige Welse.
Siluridae	Echte Welse	As,Eu;Sw(Bw)	Schw.; Tag/Nacht	K,O	Glaswelse recht friedlich.
Sisoridae	Gebirgswelse	As; Sw	friedlich;Tag/Nacht	K,O,H	Gesellig; (*Bagarius* sind Räuber).
Trichomycteridae	Schmerlenwelse	M-,S-Am; Sw	friedlich;Tag/Nacht	K,Pl	Zwei Unterfamilien sind parasitär.

246

Ageneiosidae — Delphinwelse, Flachkopfwelse

Familie Ageneiosidae

Die Familie der Delphinwelse besteht nach NELSON (1994) bzw. nach BURGESS (1989) aus 2 Gattungen mit etwa 12 Arten bzw. aus 3 Gattungen und derzeit 28 Arten. Ihr Verhältnis zu den Familien Doradidae und vor allem Auchenipteridae wird unterschiedlich interpretiert.

Es handelt sich mehrheitlich um fischfressende Arten des offenen Süßwassers von Panama bis Argentinien. Ihr größter Vertreter wird 1 m lang. Größere Arten spielen eine Rolle in der Ernährung der Bevölkerung, da ihr Fleisch sehr geschätzt wird; kleinere Arten sind mögliche Aquarienkandidaten, aber die räuberische Lebensweise muß bei einer eventuellen Vergesellschaftung beachtet werden: Aquariengenossen dürfen eine Mindestgröße nicht unterschreiten.

Geschlechtsunterschiede sind: kürzere Barteln und Dorsalstachel der Weibchen, länger ausgezogenes Vorderteil der Analflosse der Männchen. Außerhalb der Laichzeit sind die Geschlechter jedoch so gut wie nicht zu unterscheiden.

Farblich sind erwachsene Delphinwelse eher unauffällig; in der Jugend sind sie kontrastreicher gezeichnet. Es handelt sich überwiegend um dämmerungs- und nachtaktive Fische.

Ihre Aquarienzucht ist wahrscheinlich noch nicht geglückt, doch ist bekannt, daß mit Hilfe der umgebildeten ersten Analflossenstrahlen des Männchens das Weibchen intern befruchtet wird. Eiablage erfolgt einige Tage später an Pflanzen, auch ohne die Anwesenheit des Männchens. Diese Art der Fortpflanzung ist innerhalb der Siluriformes ansonsten nur von der Familie Auchenipteridae bekannt, was FERRARIS (1991) veranlaßte, diese Familie der Delphinwelse in die Auchenipteridae zu integrieren.

Die Aquarieneinrichtung sollte die Vorliebe für Dunkelheit dieser Familie berücksichtigen: dunkler Bodengrund und durch Schwimmpflanzen gedämpfte Beleuchtung zusammen mit Moorkienwurzeln und anderen Verstecken bringen die Arten am besten zur Geltung.

Ageneiosus brevifilis 2/433
Guyana-Delphinwels
H: S-Amerika: Surinam, Guyana, Amazonas.
♂: Dorsalstachel länger (Laichzeit). V: =
Z: Natur: innere Befruchtung. F: K
T: 22–24°C, L: 45 cm, pH: 7, SG: 4

Ageneiosus marmoratus 4/224
Marmor-Delphinwels
H: S-Amerika: Guyana, Venezuela.
GU: Unbekannt. V: =
Z: Noch nicht erfolgt. F: K
T: 23–26°C, L: 30 cm, pH: 7, SG: 4

Amphiliidae — Quappenwelse

Familie Amphiliidae

Die Familie der Quappenwelse besteht aus 7 Gattungen mit insgesamt 47 Arten (NELSON, 1994). Sie kommen vor allem in Gebirgsbächen des Kongo-Systems vor (bis 1829 m ü.d.M.; BURGESS, 1989). Dort leben sie bodenorientiert zwischen den Steinen und auf dem Grund. In der Strömung saugen sie sich nicht mit ihrem Maul fest, wie etwa die Loricariidae, sondern mit Hilfe ihrer breiten Pektoralen und Ventralen und ihrer flachen Unterseite. Die Arten der Unterfamilie Amphiliinae haben weder Panzerung noch Flossenstachel. Die Arten der Unterfamilie Doumeinae sehen Loricariiden sehr ähnlich, haben auch einen partiellen Panzer, aber wiederum kein Saugmaul.

Mit Ausnahme von *Phractura ansorgii* ist ihre Fortpflanzungsbiologie weitgehend unbekannt; im Aquarium sind keine weiteren Erfolge nachgewiesen, obwohl die größte Art nur 18 cm erreicht. Die Art entließ ihre froschlaichähnlichen Eier in das offene Wasser, wonach sie dann zu Boden sanken. Die Aufzucht war recht problematisch. (Angaben nach FOERSCH in FRANKE, 1985) Es wird auch berichtet, in der Natur würden die Eier unter Steine gelegt, ähnlich den Loricariidae, mit denen sie den Biotoptyp gemeinsam haben.

Die Ernährung der Quappenwelse erfolgt hauptsächlich mit Insektenlarven und anderen Wirbellosen.

Eine Gesellschaftsaquarienhaltung ist weitgehend möglich, solange das Wasser gut mit Sauerstoff versorgt und die Temperatur nicht zu hoch ist. Sonstige Wasserwerte sind nebensächlich. Die Arten sind friedlich, form- und farbattraktiv und oft auch tagsüber aktiv.

Amphilius atesuensis 3/291
Ghana-Kaulquappen-Schmerlenwels
H: W-Afrika: Ghana.
♂: Intensivere Zeichnung? V: +
Z: Noch nicht erfolgt. F: K,O
T: 18–22°C, L: 6 cm, pH: 7, SG: 2

Amphilius jacksonii 4/225
Jacksons Quappenwels
H: O-, Zentral-Afrika: Hochlandregionen.
GU: Unbekannt. V: +,–
Z: Unbekannt. F: O,K
T: 18–24°C, L: 15 cm, pH: 7, SG: 2

Amphilius sp. 3/292
Ostafrikanischer Quappenwels
H: O-Afrika: Tansania.
GU: Unbekannt. V: =
Z: Noch nicht erfolgt. F: O
T: 20–25°C, L: 21 cm, pH: 7, SG: 2

Amphiliidae — Quappenwelse

Amphilius uranoscopus 3/292
Kenia-Schmerlenwels

H: Afrika: Kenia.
GU: Unbekannt. V: +
Z: Noch nicht erfolgt. F: K,O
T: 20–25°C, L: 7 cm, pH: 7, SG: 2

Belonoglanis brieni 5/228

H: Afrika: Zaire-Flußsystem.
GU: Unbekannt. V: +
Z: Noch nicht erfolgt. F: O,H
T: 20–25°C, L: 5 cm, pH: 7, SG: 2–3

Belonoglanis tenuis 4/226

H: Afrika: Zaire-Flußsystem.
GU: Unbekannt. V: +
Z: Noch nicht erfolgt. F: O
T: 24–28°C, L: 17 cm, pH: 7, SG: 2–3

Leptoglanis brevis 5/228
Kurzer Zwergquappenwels

H: Afrika: Oberer Zaire-Einzug.
GU: Unbekannt. V: +
Z: Unbekannt. F: K!
T: 17–22°C, L: 4 cm, pH: 7, SG: 2

Leptoglanis sp.aff. *rotundiceps* 3/316
Tansania-Zwergstachelwels

H: Afrika: Tansania.
GU: Unbekannt. V: =
Z: Unbekannt. F: K
T: 22–25°C, L: 7 cm, pH: 7, SG: 2

Phractura ansorgii ♂ 3/294
Roter Kaulquappenwels

H: W-Afrika: Nigeria, Zaire.
♂: Kräftiger rotbraun, schlanker. V: =
Z: Pflanzendickicht; <100 Eier. F: O,K
T: 20–24°C, L: 9,5 cm, pH: 7, SG: 2

Amphiliidae   Quappenwelse

Phractura ansorgii ♀   3/294
Roter Kaulquappenwels

Phractura brevicauda   5/230

H: W-Afrika: Gabun, Kamerun, Zaire.
♂: Schlanker.   V: =
Z: Unbekannt.   F: K,H
T: 22–26°C, L: 7 cm, pH: 7, SG: 3

Phractura clauseni   4/226
Clausens Quappenwels

H: Afrika: Unterer Niger, Kamerun.
♀: Zur Laichzeit dicker.   V: +
Z: Noch nicht erfolgt.   F: K
T: 23–27°C, L: 8 cm, pH: 7, SG: 2–3

Phractura intermedia   5/230

H: W-Afrika: Kamerun: Küstenflüsse.
GU: Unbekannt.   V: ?
Z: Unbekannt.   F: K
T: 22–26°C, L: 10 cm, pH: 7, SG: 3

Phractura longicauda   5/232
Langflossen-Quappenwels

H: Afrika: S-Kamerun, Ä-Guinea, Zaire.
GU: Unbekannt.   V: +
Z: Unbekannt.   F: K
T: 23–28°C, L: 8 cm, pH: 7, SG: 2–3

Zaireichthys wamiensis   4/234
Schachbrett-Zwergstachelwels

H: Afrika: Wami-Einzugsgebiet.
♂: Schlanker.   V: +
Z: Unbekannt.   F: K
T: 23–26°C, L: <8 cm, pH: >7, SG: 2

Ariidae — Kreuzwelse

Familie Ariidae

Die Familie der Kreuzwelse besteht aus ca. 14 Gattungen mit insgesamt um die 120 Arten, welche hauptsächlich im Meerwasser vorkommen. Einige Arten wandern flußaufwärts, andere, wenige leben ausschließlich in Süßwasser. Es ist die einzige Welsfamilie mit einer weltweiten Verbreitung.

Kreuzwelse sind Maulbrüter im männlichen Geschlecht, ebenfalls einzigartig unter den Welsen. Die Eier sind relativ groß und ihre Anzahl entsprechend gering.

Ariidae sind Allesfresser mit Tendenz zu Fleischfressern und als solche leicht im Aquarium zu ernähren.

Da die verschiedenen *Arius*-Arten sich ziemlich ähnlich sehen, ist es schwierig, sie innerhalb der Gattung zu identifizieren. Es handelt sich um tagaktive Schwarmfische, was ihre gewisse Beliebtheit erklärt, denn farblich sind sie eher bescheiden.

Größere, eßbare Arten sind nicht sehr beliebt, im Gegenteil, sie werden eher als Störung empfunden, wenn sie sich im Netz verfangen. Auch verursachen ihre Dorsal- und Pektoralstacheln schwer heilende Wunden.

Arius graeffei 3/297
Lachswels
H: Neuguinea, Australien. Bw,Sw
♀: Längere, rundere Ventralen. V: =
Z: ♂ Maulbrüter; 2–4 Wochen; 14. F: O
T: 24–32°C, L: >40 cm, pH: >7, SG: 1–4

Arius seemani 2/434
Westamerikanischer Kreuzwels, „Minihai"
H: Amerika: Kalifornien–Kolumbien. Bw
♀: Hellere Flossen. V: =
Z: Natur: ♂ Maulbrüter. F: O
T: 22–26°C, L: 35 cm, pH: >7, SG: 3

Hexanematichthys graeffei 2/434
Berneys Kreuzwels
H: N-Australien, Neuguinea. Bw, Sw
GU: Nicht beschrieben. V: =
Z: Natur: ♂ Maulbrüter (Nov/Dez). F: K
T: 24–26°C, L: 25 cm, pH: >7, SG: 2

Aspredinidae — Bratpfannen- u. Banjowelse

Familie Aspredinidae

Die Familie der Bratpfannen- und Banjowelse besteht zur Zeit aus 10 Gattungen mit insgesamt 32 Arten, aber eine Arbeit in Vorbereitung wird weitere Gattungen und Arten bringen (NELSON, 1994). Sie bewohnt hauptsächlich Süßwasser (Bunocephalinae), aber auch in Brackwasser und selbst in marinen Litoralzonen (Aspredininae) ist sie stellenweise zu finden.

Als nachtaktive Einzelgänger, die ihre Tageszeit versteckt zwischen Blättern oder Pflanzen am Boden liegend zubringen oder sich sogar eingraben, sind sie keine besonders gesuchten Arten, zumal farblich auch eher langweilige Brauntöne überwiegen. Ihr Anreiz ist eher in ihrer ungewöhnlichen Körperform und vor allem Hautoberfläche zu finden.

Ihre Diät besteht aus Insektenlarven und anderen Wirbellosen; im Aquarium sind es problemlose Allesfresser, die für ein Gesellschaftsaquarium mit Friedfischen geeignet sind. Kleine Aquarium-Mitbewohner bis 3 cm Länge werden jedoch häufig als Nahrung angesehen.

Die Zucht der Aspredinidae ist bisher nur für *Dysichthys coracoideus* gelungen. Bei dieser Art wedelt das Männchen eine Mulde am Boden aus. In diese legt das Weibchen seine Eier, welche dann dort durch das Männchen bewacht werden. Die Art hat sich als fruchtbar erwiesen, 4000 bis 5000 Junge können pro Eiablage erzielt werden. Unter den langgestreckten Arten wurde eine andere, sehr ausgefallene Art der Fortpflanzung beobachtet (FERRARIS, 1991): Die Eier hängen am Bauch des Weibchens mit einem kleinen Stiel, durch den Kapillaren von einer Ventralvene der Mutter zu jedem Ei führen und es ernähren. Der Grund dafür scheint das schlammige Biotop (Flußmündungen) dieser Fische zu sein, wo ein fester Untergrund zur Eiablage selten ist.

Die Geschlechter der Aspredinidae sind schwer zu unterscheiden.

Amaralia hypsiura 3/298
H: S-Amerika: N-Brasilien.
GU: Unbekannt. V: +
Z: Unbekannt. F: O
T: 22–24°C, L: 7 cm, pH: 7, SG: 2–3

Bunocephalichthys verrucosus scabriceps
Großkopf-Bratpfannenwels 3/298
H: S-Amerika: Mittlerer Amazonas.
GU: Keine. V: +
Z: Unbekannt. F: K,O
T: 21–25°C, L: 10 cm, pH: 7, SG: 2

Aspredinidae Bratpfannen- u. Banjowelse

Bunocephalichthys verrucosus verrucosus
Hoher Bratpfannenwels 2/436
H: S-Amerika: Amazonasbecken.
♀: Zeitweise deutlich dicker. V: +
Z: Unbekannt. F: K,O
T: 20–24°C, L: 8 cm, pH: 7, SG: 1

Dysichthys coracoideus 1/454
Zweifarbiger Bratpfannenwels
H: S-Amerika: Amazonas bis La Plata.
GU: Unbekannt. V: +
Z: Auf Sandboden 4000–5000 Eier. F: K
T: 20–27°C, L: 15 cm, pH: 7, SG: 3

Dysichthys knerii 2/436
Laubwels
H: S-Amerika: Amazonas u. Zuflüsse.
GU: Unbekannt. V: +
Z: Sandgrube; Brutpflege ♂. F: K
T: 20–25°C, L: 8 cm, pH: <7, SG: 1

Dysichthys quadriradiatus 5/233
Vierstrahl-Bratpfannenwels
H: S-Amerika: Amazonasgebiet.
GU: Unbekannt. V: =
Z: Nicht bekannt. F: K
T: 20–25°C, L: 12 cm, pH: <7, SG: 2–3

Platystacus cotylephorus ♂ 2/438
Peitschenwels
H: S-Amerika: Mündungen; Surin., Amaz.
♂: Schmalere Ventralen. V: +
Z: Natur: Eier an der Bauchhaut. F: K,O
T: 22–25°C, L: 25 cm, pH: >7, SG: 3

Platystacus cotylephorus ♀ 2/438
Peitschenwels

Astroblepidae — Andenwelse
Auchenipteridae — Falsche Dornwelse

Familie Astroblepidae (noch nicht im AQUARIEN ATLAS erfaßt)

Astroblepidae sp.(?) Es fehlt der Art das Saugmaul, und laut NELSON (1994) und BURGESS (1989) hat diese Familie 2 Paare Barteln. Dieser Fisch hat aber deren 3 (evtl. Pimelodidae sp.?). Die Körperform ist sehr langgestreckt, schmerlenartig.

Gefunden wurde dieser seltene Wels auf 600 m Höhe im Rio Missahualli, im ostandinen Vorland von Ecuador und in Südamerika. Der Fluß ist strömungsreich und fließt in einem Steinbett (ca. 22° C, pH um 7). Die Art ist gegen *Ichthyophthirius* sehr anfällig, und ihre schnellen Atembewegungen im Aquarium bestätigen den zu erwartenden hohen Sauerstoffbedarf. Andere Welse dieser Region sind einige Loricariidae, ein Walwels und *Pimelodella* sp.aff. *gracilis*.

Familie Auchenipteridae

Die Familie der Falschen Dornwelse besteht aus etwa 21 Gattungen mit insgesamt etwa 60 Arten. Sie bewohnt Süßgewässer von Panama bis Argentinien (NELSON, 1994).

FERRARIS (1991) trennt die Gattungen *Centromochlus, Glanidium* und *Tatia*, und benutzt für sie die Familie Centromochlidae. Diese Arten zeigen keinen Sexualdimorphismus in bezug auf den Dorsalstachel und es scheint auch keine innere Befruchtung stattzufinden. Hier folgen wir jedoch NELSON, zumal bei *Tatia* innere Befruchtung beobachtet wurde.

Die verbleibenden Arten haben eine unter den Welsen einzigartige Art der Fortpflanzung (auch bei Arten der Ageneosidae zu finden, eine Familie, die FERRARIS zu den Auchenipteridae stellt). Bei ihnen geschieht die Befruchtung der Eier intern nach einer Kopulation.

Geschlechtsunterschiede sind daher besonders bei der Genitalöffnung zu finden. Bei Männchen liegt diese am Ende der Vorderkante der Analflosse. Es ergibt sich eine Struktur ähnlich der des Andropodiums (Gonopodiums) der Poeciliinae (Gruppe 6 – Lebendgebärende Zahnkarpfen). Die weibliche Geschlechtsöffnung ist vergrößert und eingebuchtet, eine Art Trichter, in den das Männchen sein Gonopodium zur Kopulation einführt. Außerdem verdicken sich bei Männchen der Dorsalstachel und die Pektoralstachels. All dies sind allerdings Merkmale, die nur während der Laichperiode beobachtet werden können.

Die adhärenten Eier werden einige Tage (sogar bis zu 4 Wochen bei *Tatia galaxias*) später an Pflanzen oder in Verstecken ohne das Beisein des chens abgelegt. Brutpflege ist keine beobachtet worden.

Die kleineren Arten dieser Familie sind ausgefallene Gäste für das versteckreiche, nicht übermäßig helle Gesellschaftsaquarium. Sie fühlen sich in einem kleinen Schwarm am wohlsten. Da manche dieser Arten auch tagsüber aktiv sind und sich mehrere kontrastreiche Farbmuster bei den Arten dieser Familie finden lassen, sind es beliebte Welse. Leider werden sie selten und jahreszeitlich bedingt zum Kauf angeboten.

Auchenipterichthys longimanus ♂ 2/440
Punktierter Dornwels
H: S-Amerika: m. bis u. Amazonas.
♂: Analstrahlen verdicken (Laichz.)　V: =
Z: Vorratsbefruchtung.　　　　　　F: K,O
T: 20–23°C, L: 15 cm, pH: 7, SG: 2

Auchenipterichthys longimanus ♀ 2/440
Punktierter Dornwels

Auchenipterichthys thoracatus　2/442
Zamorawels, Mitternachtswels
H: S-Amerika: Oberer Amazonas.
♂: Dorsal-/Pektoral-Hartstrahlen dicker. V:=
Z: Natur: Innere Befruchtung.　　　F: K,O
T: 20–24°C, L: 11 cm, pH: 7, SG: 2

Auchenipterus nuchalis　　　　2/442
Schnauzbartwels
H: S-Amerika: Mündungsgebiete.
♂: Maxillare stärker ausgeprägt.　　V: +
Z: Interne Befruchtung.　　　　　　F: K,O
T: 20–22°C, L: 15 cm, pH: 7, SG: 2–3

Entomocorus benjamini ♂　　4/228
Schlafwels
H: S-Amerika: Bolivien.
♂: Siehe Fotos (Ventralen, Anale).　V: –
Z: Noch nicht gelungen.　　　　　　F: K
T: 24–27°C, L: 7 cm, pH: 7, SG: 3–4

Auchenipteridae   Falsche Dornwelse

Entomocorus benjamini ♀   4/228
Schlafwels

Entomocorus gameroi   3/300
Zwergdornwels
H: S-Amerika: Surinam, Brasilien.
♂: Anale ist Begattungsorgan.   V: –
Z: Natur: Innere Befruchtung.   F: K,O
T: 20–24°C, L: 7 cm, pH: 7, SG: 3

Parauchenipterus albicrux   5/234
Weißkreuz-Trugdornwels
H: S-Amerika: N-Argentinien.
♂: Anale als Urogenitalorgan.   V: =
Z: Innere Befruchtung.   F: K,O
T: 18–24°C, L: 14 cm, pH: 7, SG: 3

Parauchenipterus fisheri   5/234
Fishers Trugdornwels
H: S-Amerika: Guyana, Kolumbien.
♂: Anale als Urogenitalorgan.   V: =
Z: Innere Befruchtung.   F: K,O
T: 22–26°C, L: 28 cm, pH: 7, SG: 3–4

Parauchenipterus galeatus ♂ juv. 2/444
Wurzelwels
H: S-Amerika: Norden bis Peru.
♂: Anale als Urogenitalorgan.   V: =
Z: Innere Befruchtung.   F: K,O
T: 20–24°C, L: 20 cm, pH: 7, SG: 2–3

Parauchenipterus galeatus adult   2/444
Wurzelwels

Auchenipteridae — Falsche Dornwelse

Parauchenipterus galeatus 5/236
Wurzelwels
H: S-Amerika: Weit verbreitet.
♂: Anale als Urogenitalorgan. V: =
Z: Innere Befruchtung. F: K,O
T: 22–29°C, L: ca. 15 cm, pH: 7, SG: 2–3

Parauchenipterus insignis ♂ 5/236
Streifentrugdornwels
H: S-Amerika: Brasilien, Kolumbien.
♂: Anale als Urogenitalorgan. V: –
Z: Innere Befruchtung. F: K,O
T: 23–28°C, L: 25 cm, pH: <7, SG: 2–3

Parauchenipterus leopardinus 5/238
Leopard-Trugdornwels
H: S-Amerika: O-Brasilien.
♂: Anale als Urogenitalorgan. V: +
Z: Innere Befruchtung; <400 E. F: K,O
T: 22–28°C, L: 18 cm, pH: 7, SG: 2–3

Pseudauchenipterus nodosus juv. 2/446
Fadendornwels, Yellow Catfish
H: S-Amerika: Guyana-L., Ven., Tri., Ama.
♂: Anale mit Urogenitalorgan. V: =
Z: Noch nicht geglückt. F: K,O
T: 20–25°C, L: 20 cm, pH: 7, SG: 2–3

Tatia creutzbergi 3/300
Zwergdornwels
H: S-Amerika: Surinam, Brasilien.
♂: Anale als Begattungsorgan. V: =
Z: Innere Befruchtung; unter Holz. F: K
T: 21–24°C, L: 4 cm, pH: 7, SG: 1

Tatia galaxias 4/228
Milchstraßen-Trugdornwels
H: S-Amerika: Venezuela: Orinoco-Becken.
♂: Anale ist Kopulationsorgan. V: +
Z: 1 Monat nach Befruchtung; 200. F: K,O
T: 22–26°C, L: 9 cm, pH: 7, SG: 3

Auchenipteridae   Falsche Dornwelse

Tatia peruigae 5/238

H: S-Amerika: Kolumbien, Ecuador, Peru.
GU: Unbekannt.   V: +
Z: Unbekannt.   F: K,L
T: 26–28°C, L: 6 cm, pH: <7, SG: 3

Trachelyichthys decaradiatus 5/242
Zehnstrahlen-Trugdornwels
H: S-Amerika: Guyana.
♂: Genitalpapille vor der Anale.   V: =
Z: Äußere Befruchtung.   F: K
T: 20–28°C, L: 12 cm, pH: 7, SG: 2

Trachelyichthys exilis ♂ 3/302

H: S-Amerika: Peru: Rio Mamón.
♂: Sichtbare Genitalpapille.   V: +
Z: Javamoos o.ä.   F: K
T: 22–24°C, L: 8 cm, pH: <7, SG: 2–3

Trachelyopterichthys taeniatus 2/446
Falscher Streifendornwels
H: S-Amerika: Oberer Amazonas.
♂: Anale als Begattungsorgan.   V: =
Z: Interne Befruchtung.   F: K
T: 20–25°C, L: 15 cm, pH: <7, SG: 2–3

Trachelyopterus coriaceus ♂ 5/240
Cheyenne Trugdornwels
H: S-Amerika: Französisch-Guyana.
GU: Urogenitalpapille.   V: =
Z: Innere Befruchtung.   F: K,O
T: 24–29°C, L: 18 cm, pH: 7, SG: 2–3

Trachelyopterus maculosos ♀ 5/240
Flecken-Trugdornwels
H: S-Amerika: Brasilien.
♂: Genitalpapille vor der Anale.   V: =
Z: Innere Befruchtung.   F: K,O
T: 24–29°C, L: 18 cm, pH: 7, SG: 2–3

Bagridae — Stachelwelse

Familie Bagridae

Die Familie der Stachelwelse besteht aus 13 Gattungen mit etwa 210 Arten insgesamt. Die Systematik der Familie wird nicht universell anerkannt, so z.B. gibt es ein Kriterium, nach dem die Gattung *Olyra* – die einzige der Familie Olyridae (siehe dort) – Teil der Bagridae sei. Gleichzeitig werden die Bagridae in zwei weitere Familien aufgespalten: Claroteidae und Austroglanididae. Bis diese Ansicht weitere Verbreitung findet, behalten wir hier die „alte" Einteilung bei (d.h., NELSON 1994).

Das Verbreitungsgebiet der Stachelwelse erstreckt sich von Afrika bis Asien (bis Japan und Borneo) im Süßwasser. Es handelt sich überwiegend um mittlere bis große Arten (2 m für *Chrysichthys grandis* aus dem Tanganjikasee), die als Speisefische wichtig sind, aber einige Arten bleiben klein genug für ein Gesellschaftsaquarium ohne Jungfische bzw. für das Artbecken.

Speisefischzucht größerer Bagridae ist nicht sehr entwickelt, aber mit einigen der mittelgroßen Arten wird in Afrika gearbeitet (BARDACH et.al., 1972): *Auchenoglanis occidentalis, Bagrus docmac* und verschiedene *Chrysichthys*-Arten. Da die meisten Stachelwelse Raubfische sind, wird sich aber eine kostengünstige Ernährung dieser Familie in Speisefischzuchtanstalten als problematisch erweisen. In Aquarien spielt das keine große Rolle, aber es muß beachtet werden, daß keiner der Gesellschafter so klein ist, um als Beute in Frage zu kommen.

In Aquarien haben sich diese Welse weitgehend als scheue, dämmerungs- und nachtaktive Arten erwiesen. Dementsprechend sollte das Becken nicht sehr hell beleuchtet und versteckreich eingerichtet sein.

Gegenüber den Wasserbedingungen sind Stachelwelse allgemein anpassungsfähig, doch gibt es bei solch einer weitverbreiteten Familie auch Ausnahmen.

Erfolge mit der Fortpflanzung dieser Familie sind bislang eher bescheiden. Bei den bisherigen Beobachtungen der Gattungen *Batasio*, *Mystus* und

Hemibagrus wyckioides, der Asiatische Rotflossenwels, in Bd. 2, Seite 454, falsch als *Mystus nemurus* bezeichnet.

Bagridae Stachelwelse

Pelteobagrus legen diese Arten adhärente Eier an feinfiedrige Pflanzen und an Pflanzenwurzeln. Bei letzterer Gattung wurde auch ein Verstecklaicher mit männlicher Brutfürsorge beobachtet. FERRARIS (1991) berichtet von den asiatischen Arten *Aorichthys aor*, *A. seenghala* und *Mystus gulio*, daß die Ventralzone der Elterntiere schwammig wird und eine milchige Flüssigkeit aussondert. Diese wird wie bei Diskusfischen (siehe Gruppe 8 – Südamerika) von den Jungfischen abgeweidet.

Auchenoglanis cf. *biscutatus* 3/303
Gelber Stachelwels
H: Afrika: Nil, Malawisee.
GU: Nicht beschrieben. V: =
Z: Unbekannt. F: O
T: 24–26°C, L: >35 cm?, pH: >7, SG: 2

Auchenoglanis ngamensis 3/304
Großmaul-Stachelwels
H: W-Afrika.
GU: Nicht beschrieben. V: =
Z: Unbekannt. F: O
T: 22–26°C, L: 25 cm, pH: 7, SG: 2

Auchenoglanis occidentalis 2/448
Augenfleckwels, Giraffenwels
H: Afrika: Weitverbreitet in den Tropen.
GU: Nicht beschrieben. V: =
Z: Unbekannt. F: O
T: 21–25°C, L: 45 cm, pH: 7, SG: 2

Auchenoglanis punctatus 4/231

H: Afrika: Zaire-System.
GU: Unbekannt. V: =
Z: Unbekannt. F: K
T: 24–28°C, L: 8 cm, pH: 7, SG: 2–3

Bagroides macracanthus 3/304
Buckel-Stachelwels
H: SO-Asien: Sum., Borneo, Thai, Burma.
GU: Unbekannt. V: +
Z: Unbekannt. F: O
T: 20–25°C, L: 40 cm, pH: 7, SG: 3

Bagridae — Stachelwelse

Bagrus bajad 4/232
Bajad-Stachelwels
H: Afrika.
GU: Unbekannt. V: –
Z: Unbekannt. F: O
T: 22–28°C, L: 70 cm, pH: 7, SG: 4

Bagrus docmac 2/448
Nilwels, Schweinewels
H: Afrika: Viktoria-, Stefan-, Kainjisee.
GU: Nicht beschrieben. V: –
Z: Unbekannt. F: K,O
T: 21–25°C, L: 60 cm, pH: 7, SG: 3–4

Bagrus filamentosus 4/232
Schweinewels
H: Afrika: Niger-System.
♀: Leibesfülle bei Reife. V: =
Z: Unbekannt. F: K
T: 20–27°C, L: 15 cm, pH: 7, SG: 3

Pseudomuystus poecilopterus 3/306

H: Asien: Java
GU: Unbekannt. V: =
Z: An Pflanzenblättern; <1000 E. F: K,O
T: 23–26°C, L: 20 cm, pH: 7, SG: 2–3

Chrysichthys brevibarbis 3/306
Teleskop-Stachelwels
H: W-Afrika: Zaire, Stanley Pool.
GU: Unbekannt. V: –
Z: Unbekannt. F: K
T: 20–25°C, L: 44 cm, pH: 7, SG: 3

Chrysichthys furcatus 4/234

H: W-Afrika.
GU: Unbekannt. V: –
Z: Unbekannt. F: K,O
T: 22–28°C, L: 70 cm, pH: 7, SG: 4

Bagridae   Stachelwelse

Chrysichthys nigrodigitatus 3/290
Gabelschwanzwels
H: W-Afrika: Weit verbreitet.
♂: Breiterer Kopf wenn erwachsen. **V:** =
Z: Natur: ♂ gräbt Nestmulde.   **F:** O
T: 23–26°C, **L:** 65 cm, **pH:** 7, **SG:** 3–4

Chrysichthys ornatus 3/308
Marmorierter Stachelwels
H: W-Afrika: Zaire, Kongo, Ubangi.
GU: Unbekannt.   **V:** =
Z: Unbekannt.   **F:** K
T: 20–25°C, **L:** 19 cm, **pH:** 7, **SG:** 2

Chrysichthys walkeri 3/308
Walkers Stachelwels
H: W-Afrika: Goldküste, Ghana.
GU: Keine.   **V:** =,–
Z: Unbekannt.   **F:** K
T: 20–25°C, **L:** 24 cm, **pH:** 7, **SG:** 2

Clarotes laticeps 3/310
Großer Silberstachelwels
H: Afrika: Ägyp., Tschad, Niger, Sen., Sud.
GU: Unbekannt.   **V:** –
Z: Unbekannt.   **F:** K
T: 20–26°C, **L:** <80 cm, **pH:** 7, **SG:** 2

Gephyroglanis longipinnis 3/310
Langflossiger Schlankstachelwels
H: Afrika: Zaire, Kongo, Stanley Pool.
♂: Schlanker.   **V:** =
Z: Unbekannt.   **F:** K
T: 20–25°C, **L:** 14 cm, **pH:** 7, **SG:** 2

Gephyroglanis sp. 3/312
Kongo-Schlankstachelwels
H: Afrika: Zaire.
♂: Schlank.   **V:** –
Z: Unbekannt.   **F:** K
T: 20–25°C, **L:** 48 cm, **pH:** 7, **SG:** 3

Bagridae   Stachelwelse

Heterobagrus bocourti 2/450
Königsstachelwels
H: SO-Asien: Thailand.
GU: Unbekannt. V: =
Z: Unbekannt. F: K
T: 22–25°C, L: 18 cm, pH: 7, SG: 3

Leiocassis micropogon 1/455
Hummelwels
H: SO-Asien: Sumatra, Borneo.
GU: Unbekannt. V: =
Z: Unbekannt. F: K,O
T: 18–28°C, L: 20 cm, pH: 7, SG: 2–3

Leiocassis siamensis 2/450
Siamesischer Ringelwels
H: SO-Asien: Thailand, Kambodscha.
GU: Unbekannt. V: =
Z: Unbekannt. F: K
T: 20–26°C, L: 20 cm, pH: 7, SG: 2–3

Leiocassis stenomus 3/314
Sunda-Stachelwels
H: Asien: Sunda-Archipel: Java, Sum., Bor.
GU: Unbekannt. V: =
Z: Unbekannt. F: K
T: 20–26°C, L: 15 cm, pH: 7, SG: 2

Liauchenoglanis maculatus 3/316
Leopardflecken-Stachelwels
H: Afrika: Sierra Leone (selten!).
GU: Unbekannt. V: +
Z: Unbekannt. F: K
T: 22–25°C, L: 8 cm, pH: <7, SG: 2

Lophiobagrus cyclurus 2/452
Tanganjikasee-Stachelwels
H: Afrika: Tanganjikasee. E.
GU: Nicht bekannt. V: =
Z: Höhlenbrüter. F: K
T: 23–26°C, L: 10 cm, pH: >7, SG: 3

| Bagridae | Stachelwelse |

Mystus argentivittatus 5/244
Schwalbenschwanz-Stachelwels
H: Asien: China.
GU: Unbekannt. V: =
Z: Unbekannt. F: K,O
T: 20–25°C, L: 5 cm, pH: 7, SG: 3

Mystus nigriceps 3/318
Schwarzkopf-Stachelwels
H: Asien: Indien, Burma, evtl. ganz SO-Asien.
♂: Größer; meist schlanker. V: =
Z: 1000 E; oft schlüpfen nur 50%. F: K,O
T: 22–25°C, L: 15 cm, pH: 7, SG: 2–3

Mystus cf. *armatus* 2/452
Antennen-Stachelwels
H: Asien: Weit verbreitet (Indien, Burma).
GU: Nicht beschrieben. V: =
Z: Unbekannt. F: K,O
T: 22–25°C, L: 15 cm, pH: 7, SG: 2–3

Mystus bimaculatus 1/456
Schulterfleck-Stachelwels
H: Asien: Sumatra, Malaysia.
GU: Nicht beschrieben. V: =
Z: Unbekannt. F: K,O
T: 20–26°C, L: 9 cm, pH: 7, SG: 1

Mystus bleekeri (rechts) 3/318
Bleekers Stachelwels
H: Asien: Pakistan, Nepal, Bang., Birma.
GU: Unbekannt. V: =
Z: Unbekannt. F: K
T: 18–26°C, L: <45 cm, pH: 7, SG: 3

Mystus mica 3/320
Zwergstachelwels
H: Asien: GUS-Staaten.
♂: Genitalpapille; Anale kleiner. V: =
Z: Nat: zw. Sumpfpflanzenwurzeln. F: K
T: 16–24°C, L: 6 cm, pH: 7, SG: 2

Bagridae   Stachelwelse

Mystus nemurus 2/454
Asiatischer Rotflossenwels
H: Asien: Malay., Thai., Sum., Sing., Java.
GU: Nicht bekannt. V: –
Z: Unbekannt. F: K
T: 22–25°C, L: 60 cm, pH: >7, SG: 4

Mystus vittatus 1/456
Indischer Streifenwels, Kobaltwels
H: Asien: Vorderindien, Burma.
GU: Unbekannt. V: =
Z: Zw. Wurzeln u. niedrigen Pflanzen. F:K
T: 22–28°C, L: 20 cm, pH: 7, SG: 1–2

Hemibagrus wyckii 3/320
H: SO-Asien: Java, Sum., Bor., Malai.
 Halbi., Sri L, Birma, Thai.
GU: Unbekannt. V: –
Z: Unbekannt. F: K
T: 22–25°C, L: <80 cm, pH: 7, SG: 2

Parauchenoglanis balayi 5/244

H: Afrika: S-Kamerun, Gabun, Zaire.
GU: Unbekannt. V: =
Z: Nicht bekannt. F: K,O
T: 22–28°C, L: 39 cm, pH: 7, SG: 4

Parauchenoglanis macrostoma 1/456

H: Afrika: Nigerdelta, Burkina Faso.
GU: Unbekannt. V: =,–
Z: Unbekannt. F: K,O
T: 23–27°C, L: 24 cm, pH: 7, SG: 2

Pelteobagrus brashnikowi 3/312
Kosatok-Stachelwels
H: Asien: GUS-Staaten.
♂: Kleiner u. vermutlich schlanker. V: =
Z: Zwischen Wasserpflanzenwurzeln. F:K
T: 12–25°C, L: <22 cm, pH: 7, SG: 1

Bagridae   Stachelwelse

Pelteobagrus crassilabris 5/246

H: Asien: China.
GU: Unbekannt.   V: =
Z: Unbekannt.   F: K,O
T: 15–25°C, L: 16 cm, pH: 7, SG: 2–3

Pelteobagrus fulvidraco 3/322
Amur-Stachelwels

H: Asien: Amur-Gebiet.
♂: Größer.   V: –
Z: Brutpflege ♂; <2000 Eier.   F: K
T: 16–25°C, L: <35 cm, pH: 7, SG: 2

Pelteobagrus nudiceps 5/246
Honig-Stachelwels

H: Asien: Japan.
GU: Unbekannt.   V: =
Z: Brutpflege ♂; Mulde im Kies.   F: K,O
T: 10–24°C, L: 30 cm, pH: >7, SG: 2–3

Pelteobagrus ornatus 3/322
Zwergstachelflossenwels

H: Asien: Malaysia, Indonesien.
♂: Genitalpap. ♀: Fast transparent. V: +
Z: Die Eier sind grün im Körper.   F: K
T: 21–25°C, L: 4 cm, pH: 7, SG: 1

Pelteobagrus ussuriensis 3/314
Ussuri-Stachelwels

H: Asien: GUS-Staaten.
♂: Kleiner u. meist schlanker.   V: =
Z: Zwischen Wasserpflanzenwurzeln. F:K
T: 12–25°C, L: 20 cm, pH: 7, SG: 2

Rita rita 5/248
Ritawels

H: Asien: Indien.
GU: Nicht bekannt.   V: =,–
Z: Im Sommer: Eier 7 mm Ø.   F: K,O
T: 18–26°C, L: 120 cm, pH: 7, SG: 4

Callichthyidae — Schwielen- u. Panzerwelse

Familie Callichthyidae

Die Familie der Schwielen- und Panzerwelse besteht aus insgesamt etwa 130 Arten in 7 Gattungen. Sie leben in Süßgewässern Panamas, der Insel Trinidad und Südamerikas. Zwei Unterfamilien werden anerkannt. Die kleine Callichthyinae (Schwielenwelse) mit nur 8 Arten und die Corydoradinae, die beliebten Panzerwelse, mit der großen Mehrheit der Arten (etwa 180).

Eine familientypische Eigenschaft ist ihre starke Panzerung mit dachziegelartig überlappenden Knochenplatten. Alle Mitglieder der Familie brauchen runden Kies oder besser Flußsand als Bodengrund, da sonst die empfindlichen Barteln bei der Futtersuche verletzt werden.

Unterfamilie Callichthyinae

Schwielenwelse leben hauptsächlich in sauerstoffarmen Sumpf- und Restgewässern. Zusätzlichen Sauerstoff gewinnen diese Arten, indem sie nach Luft schnappen und diese dann in ihren Darm pressen. Dort erfolgt der Gasaustausch. Die verbrauchte Luft wird durch den After entlassen. Bei hoher Feuchte kriechen die Schwielenwelse, meist nachts, von einem Gewässer ins andere. Daß sie an die im Aquarium herrschenden Bedingungen keine besonderen Ansprüche stellen, liegt auf der Hand. Selbst bei nicht ganz sachgemäßer Haltung sind sie ausdauernde Pfleglinge.

Ihre Fortpflanzung geschieht mit Hilfe eines Schaumnestes, das vom Männchen gebaut und bewacht wird. Andere Fische, auch das Weibchen, werden heftig vertrieben. Man sollte daher nach der Eiablage das Männchen alleine im Becken belassen. Zwischen 200 und 800 Jungfische können pro Nest erwartet werden.

Schwielenwelse sind leider farblich nicht sehr interessant (eine Ausnahme könnte eine als *Hoplosternum magdalenae* beschriebene Art sein, über die allerdings noch Zweifel bestehen). Auch ihre Bewegungsfreudigkeit hält sich in Grenzen, sie führen ein eher bodenorientiertes, verstecktes Leben. Da sie aber völlig friedlich sind und nicht übermäßig groß werden, findet man sie immer wieder im Angebot.

Unterfamilie Corydoradinae

Diese Unterfamilie enthält die Gattungen *Aspidoras* (etwa 14 Arten), *Brochis* (3 Arten) und *Corydoras* (etwa 170 Arten, wahrscheinlich mehr).

Allen Gattungen gemeinsam ist ihre Fähigkeit, Sauerstoff aus der Luft, wie für Schwielenwelse oben beschrieben, zu gewinnen. Oftmals bemerkt man ihre Anwesenheit in der Natur erst dadurch, daß man von ihrem typischen Luftholen an der Oberfläche Zeuge wird. Dieses Luftholen muß nicht unbedingt mit einem direkten Sauerstoffmangel in Verbindung stehen, da wiederholt beobachtet wurde, daß, nachdem ein Wurfnetz zum Einsatz gekommen war, zahlreiche *Corydoras* und *Brochis* sofort danach auftauchten, um nach Luft zu schnappen. Bald darauf kehrt wieder Ruhe ein, wie vor dem Wurf. Es könnte sein, daß die Panzerwelse sich Reserven holen, um besser einer Streßsituation gewachsen zu sein. Nachts sind diese Welse schläfriger und lassen sich einfacher im Scheinwerferlicht im seichten Wasser in einen Käscher treiben, bzw. mit ihm „aufschaufeln".

Callichthyidae Schwielen- u. Panzerwelse

Aspidoras-Arten sind, oberflächlich betrachtet, kleine *Corydoras* mit auffällig kleinen Augen. In der Aquaristik sind sie kaum verbreitet. FRANKE (1985) berichtet über eine Zufallszucht von *A. poecilus*, einer Art aus dem Rio Xingú, Mato Grosso, Brasilien. Vier Männchen und drei Weibchen waren in einem 20 Liter Artbecken mit dichter Vegetation.

Die Gattung *Brochis* hat vor einigen Jahren in USA Aufmerksamkeit auf sich gelenkt, als *B. britskii* auf den Markt kam und beschrieben wurde. Die drei Arten der Gattung sind sich ähnlich in ihrer metallisch-grünen Färbung, generellen Gestalt (große, hochrückige *Corydoras*) und der vielstrahligen Dorsalflosse (insbesondere *B. multiradiatus*, wie schon der Name sagt). *B. splendens* ist bereits gezüchtet worden. Die Zucht gelingt nicht immer, folgt aber den Normen der Unterfamilie (siehe unten). Interessant ist, daß die Nachkommen erst ab einer Länge von 4–5 cm im Farbkleid ihren Eltern gleichen.

Die Gattung *Corydoras* vereint die größte Anzahl an Arten innerhalb der Callichthyidae. Jeder Bach und jede Lagune des tropischen Südamerika beherbergt mindestens eine, oft sind es drei oder vier, *Corydoras*-Arten. Diese kleinen geselligen, munteren, tagaktiven Fried-Welse sind aus keinem Gesellschaftsbecken wegzudenken. Da sie zudem allesfressende „Staubsauger" für Futterreste sind, erfüllen sie sogar eine wichtige Aufgabe im biologischen Kreislauf der „Mikrowelt Aquarium".

Corydoras sind die in der Aquaristik am erfolgreichsten gezüchteten Welse überhaupt. Viele der importierten Arten sind bereits im Aquarium vermehrt worden. Zu einer kommerziell kalkulierbaren Routine ist es allerdings noch ein weiter Weg. Man wird bei der Mehrzahl der Arten noch einige Zeit auf Wildimportsendungen angewiesen sein.

Grundsätzlich braucht man zur Zucht mindestens ein 50 l Becken mit großer, sandbedeckter Bodenfläche und einer breitblättrigen Pflanze als Laichsubstrat. Das Wasser sollte leicht sauer (pH 6–7) und weich (unter 6 °dGH) sein. Die günstigste Temperatur liegt bei 24–28 °C. Der Zuchtansatz erfolgt entweder als Paar oder mit doppelt soviel Männchen wie Weibchen. Die bis zu 500 Eier werden in eine durch die Bauchflossen des Weibchens sich ergebende Tasche gelegt. Je nach Art werden 2–25 Eier pro Laichakt ausgestoßen. Von der Tasche werden sie an Blätter oder an die Aquarienscheiben geheftet. Am 5. oder 6. Tag schlüpfen die Jungen. Alle Arten fressen ihre Eier unmittelbar nach dem Ablaichen. Es müssen also entweder die Elterntiere oder das abzuschneidende eibeladene Blatt bzw. die von der Glasscheibe abzutrennenden Eier rechtzeitig umgesetzt werden, wobei immer das Aufzuchtbecken gut belüftet sein sollte.

Aspidoras albater 2/455

H: S-Amerika: Brasilien: Rio Tocantins.
GU: Nicht beschrieben. V: +
Z: Unbekannt. F: K,O
T: 22–24°C, L: 4 cm, pH: 7, SG: 2

Callichthyidae — Schwielen- u. Panzerwelse

Aspidoras fuscoguttatus 3/324

H: S-Amerika: Brasilien, Peru.
♂: Etwas schlanker. V: +
Z: Unbekannt. F: O
T: 22–25°C, L: 4 cm, pH: <7, SG: 2

Aspidoras menezesi 2/456

H: S-Amerika: Brasilien: Rio Salgado.
♂: Schlanker. V: +
Z: Unbekannt. F: K,O
T: 21–24°C, L: 4,5 cm, pH: <7, SG: 2–3

Aspidoras pauciradiatus 2/456

H: S-Amerika: Brasilien: Rio Araguaia.
GU: Nicht bekannt. V: +
Z: Noch nicht erfolgt. F: L,O
T: 22–25°C, L: 3,5 cm, pH: <7, SG: 3

Aspidoras raimundi 5/250

H: S-Amerika: NO-Brasilien.
♀: Zur Laichzeit dicker. V: +
Z: Haftlaicher, ca. 20 Eier. F: K,O
T: 20–23°C, L: 4 cm, pH: <7, SG: 3

Aspidoras rochai 3/324
Schmerlenpanzerwels

H: S-Amerika: Brasilien.
♀: Zur Laichzeit dicker. V: +
Z: Unbekannt. F: K
T: 21–25°C, L: 4,5 cm, pH: 7, SG: 2

Aspidoras spilotus 5/251
Gefleckter Aspidoras

H: S-Amerika: Brasilien: Staat Ceará.
♀: Zur Laichzeit voller. V: +
Z: ♂♂ sehr aktiv. F: K
T: 22–25°C, L: 4,5 cm, pH: <7, SG: 2

WELSE

Callichthyidae — Schwielen- u. Panzerwelse

Brochis britzkii 3/326
Britzkis Panzerwels
H: S-Amerika: Brasilien: Rio Paraguay.
GU: Nicht beschrieben. V: +
Z: Unbekannt. F: K
T: 20–24°C, L: 8 cm, pH: 7, SG: 2

Brochis multiradiatus 2/458
Spitzmaulpanzerwels
H: S-Amerika: Ecuador: Rio Napo.
GU: Nicht beschrieben. V: +
Z: Gelungen, kein Bericht. F: L,O
T: 21–24°C, L: 8 cm, pH: <7, SG: 2

Brochis splendens adult 1/458
Grüner Panzerwels, Smaragd-Panzerw.
H: S-Amerika: Peru, Brasilien, Ecuador.
♀: Zur Laichzeit dicker. V: +
Z: Erfolgreich; wie Corydoradinae. F: O
T: 22–28°C, L: 7 cm, pH: <7, SG: 1

Brochis splendens juvenil 3/326
Grüner Panzerwels, Smaragd-Panzerw.
H: S-Amerika: Peru, Brasilien, Ecuador.
GU: Unbekannt. V: +
Z: Bis über 1 000 Eier. F: O
T: 22–28°C, L: 7 cm, pH: <7, SG: 1

Callichthys callichthys 1/458
Schwielenwels
H: S-Amerika: Peru, Bras., Bol., Par.,Ven.
♂: Farbiger; Pektoralstacheln länger. V: +
Z: Schaumnest; Brutpflege <120E. F: O
T: 18–28°C, L: <18 cm, pH: 7, SG: 1

Corydoras acutus 1/460
H: S-Amerika: Peru: Rio Ambiyacu.
♂: Schlanker. V: +
Z: Unbekannt. F: O
T: 22–26°C, L: 5,5 cm, pH: 7, SG: 1–2

Callichthyidae   Schwielen- u. Panzerwelse

Corydoras adolfoi 3/328
Adolfos Panzerwels
H: S-Amerika: Brasilien, Rio Negro Uaupés.
GU: Unbekannt. V: +
Z: Adhärente Eier. F: O
T: 22–26°C, L: 6 cm, pH: 7, SG: 2

Corydoras aeneus 1/460, 5/252
Metall-Panzerwels
H: S-Amerika: Trinidad, Ven. bis La Plata.
♂: Schlanker. V: +
Z: Wie Unterfamilie. F: O
T: 22–26°C, L: <7 cm, pH: 7, SG: 1–2

Corydoras aeneus 1/460, 5/252
Metall-Panzerwels
H: S-Amerika: Venezuela bis Argentinien.
♂: Etwas kleiner und schlanker. V: +
Z: An Pflanzenblättern. F: O
T: 22–26°C, L: 6-7 cm, pH: 7, SG: 1–2

Corydoras aeneus 1/460, 5/252
Metall-Panzerwels
(Künstlich gefärbt!)

Corydoras cf. *aeneus* 5/253
Metall-Panzerwels
H: Kolumbien.

Corydoras sp. aff. *aeneus* 5/253
Metall-Panzerwels
H: N-Venezuela.

Callichthyidae Schwielen- u. Panzerwelse

Corydoras agassizii 1/460
Silberstreifen-Panzerwels
H: S-Amerika: Peru: Iquitos.
♂: Schlanker. V: +
Z: Unbekannt. F: O
T: 22–26°C, L: 6,5 cm, pH: 7, SG: 1–2

Corydoras amapaensis 3/328
Amapa-Panzerwels
H: S-Amerika: Brasilien, Franz. Guyana.
♂: Schlanker. V: +
Z: Wie Unterfamilie. F: O
T: 22–26°C, L: 6,5 cm, pH: 7, SG: 2

Corydoras amandajanea 5/254
Janes Corydoras
H: S-Amerika: Brasilien, Rio Negro.
♂: Etwas schlanker. V: +
Z: Kein Bericht. F: K,O
T: 20–25°C, L: 6,5 cm, pH: <7, SG: 2

Corydoras amandajanea 5/254
Janes Corydoras
(Punktierte Form)

Corydoras ambiacus 2/458

H: S-Amerika: Peru: Rio Ambiyacu.
♂: Schlanker. V: +
Z: Kein Zuchtbericht. F: O
T: 21–24°C, L: 6 cm, pH: <7, SG: 2

Corydoras araguaiaensis (3/289), 4/236
Araguaia-Panzerwels 5/257
H: S-Amerika: Brasilien, Rio Araguaia.
♂: Etwas kleiner u. schlanker. V: +
Z: An Pflanzenblättern; <100 Eier. F: O
T: 23–26°C, L: <6 cm, pH: <7, SG: 2

Callichthyidae　　　　　　　　　　　　　　　　Schwielen- u. Panzerwelse

Corydoras arcuatus 1/460
Stromlinien-Panzerwels
H: S-Amerika: Brasilien: Tefe.
♂: Schlanker. V: +
Z: Unbekannt. F: O
T: 22–26°C, L: <5 cm, pH: 7, SG: 1–2

Corydoras armatus 1/460
H: S-Amerika: O-Bolivien.
♂: Schlanker. V: +
Z: Unbekannt. F: O
T: 22–26°C, L: 4,5 cm, pH: 7, SG: 1–2

Corydoras atropersonatus 2/460

H: S-Amerika: Ecuador.
♂: Zur Laichzeit Schlanker. V: +
Z: Unbekannt. F: O
T: 21–24°C, L: 4,5 cm, pH: <7, SG: 3

Corydoras axelrodi 1/460
Rosafarbener Panzerwels
H: S-Amerika: Kolumbien: Rio Meta.
♂: Schlanker? V: +
Z: Unbekannt. F: O
T: 22–26°C, L: 5 cm, pH: 7, SG: 1–2

Corydoras baderi 1/470

H: S-Amerika: Brasilien.
GU: Unbekannt. V: +
Z: Unbekannt. F: O
T: 22–26°C, L: <4 cm, pH: 7, SG: 1–2

Corydoras barbatus ♀ 1/460

H: S-Amerika: Brasilien: Rio bis Sao Paulo.
GU: Siehe Fotos V: +
Z: Unbekannt. F: O
T: 22–26°C, L: 12 cm, pH: 7, SG: 1–2

Callichthyidae   Schwielen- u. Panzerwelse

Corydoras barbatus ♂   1/460

Corydoras blochi blochi   1/462

H: S-Amerika: Guyana.
♂: Schlanker?   V: +
Z: Unbekannt.   F: O
T: 22–26°C, L: <6 cm, pH: 7, SG: 1–2

Corydoras blochi vittatus   1/462

H: S-Amerika: Amazonien: Rio Itapecuru.
♂: Schlanker?   V: +
Z: Unbekannt.   F: O
T: 22–26°C, L: <6 cm, pH: 7, SG: 1–2

Corydoras bolivianus ♀   4/238
Bolivianischer Riesenpanzerwels, C5
H: S-Amerika: Bolivien: Rio Mamoré.
GU: Siehe Fotos.   V: +
Z: Unbekannt.   F: K,O
T: 22–25°C, L: 8 cm, pH: 7, SG: 3

Corydoras bolivianus ♂   4/238
Bolivianischer Riesenpanzerwels, C5

Corydoras bondi bondi   1/462

H: S-Amerika: Guyana, Surinam.
♂: Schlanker?   V: +
Z: Unbekannt.   F: O
T: 22–26°C, L: <5,5 cm, pH: 7, SG: 1–2

Callichthyidae　　　　　　　　　　　　　　　Schwielen- u. Panzerwelse

Corydoras bondi coppenamensis　3/330
Coppenam-Panzerwels
H: S-Amerika: Surinam: Coppename-Fluß.
GU: Nicht beschrieben.　　　　　　　V: +
Z: Bereits nachgezüchtet.　　　　　　F: K,O
T: 20–24°C, L: 5 cm, pH: 7, SG: 1–2

Corydoras breei ♀　　　(3/341), 4/236
Brees-Panzerwels
H: S-Amerika: Surinam.
♂: Kleiner u. schlanker.　　　　　　V: +
Z: Abdunkeln, stärkere Strömung.　F: K,O
T: 24–26°C, L: 5 cm, pH: 7, SG: 2–4

Corydoras breei ♂　　　(3/341), 4/236
Brees-Panzerwels

Corydoras burgessi　　　　　　　4/240

H: S-Amerika: Brasilien, Amazonien.
♂: Schlanker u. etwas kleiner.　　　V: +
Z: Adhärente Eier.　　　　　　　　　F: O
T: 23–26°C, L: 6 cm, pH: 7, SG: 2–4

Corydoras caudimaculatus　　　2/460
Schwanzfleck-Panzerwels
H: S-Amerika: Brasilien/Bolivien
GU: Unbekannt.　　　　　　　　　　V: +
Z: Wenig gezüchtet.　　　　　　　　F: O
T: 22–26°C, L: 6 cm, pH: 7, SG: 2

Corydoras cervinus　　　　　　　5/258

H: S-Amerika: Brasilien: Rio Guaporé.
GU: Unbekannt.　　　　　　　　　　V: +
Z: Kein spezifischer Bericht.　　　　F: K,O
T: 21–24°C, L: 5 cm, pH: 7, SG: 3

Callichthyidae — Schwielen- u. Panzerwelse

Corydoras concolor 1/462
Einfarbiger Panzerwels
H: S-Amerika: W-Venezuela.
♂: Schlanker? V: +
Z: Unbekannt. F: O
T: 22–26°C, L: <6 cm, pH: 7, SG: 1–2

Corydoras condiscipulus 5/258
Kameraden-Panzerwels
H: S-Amerika: Französisch Guyana.
GU: Nicht bekannt. V: +
Z: Noch nicht gezüchtet. F: K,O
T: 20–25°C, L: 6,5 cm, pH: <7, SG: 2–3

Corydoras copei 3/330

H: S-Amerika: Peru: Rio Huytoyacu.
GU: Unbekannt. V: +
Z: Unbekannt. F: O
T: 22–25°C, L: 5 cm, pH: 7, SG: 2

Corydoras cortesi 4/240

H: S-Amerika: Kolumbien: Rio Arauca.
♂: Kleiner, schlanker. V: +
Z: >100 Eier an *Anubias*-Blätter. F: K,O
T: 23–26°C, L: 5,5 cm, pH: 7, SG: 2–3

Corydoras crypticus 4/242
Messing-Panzerwels, „Grufti"
H: S-Amerika: Brasilien, ob. Rio Negro.
GU: Unbekannt. V: +
Z: Unbekannt. F: K,O
T: 22–28°C, L: 6 cm, pH: 7, SG: 2

Corydoras davidsandsi 3/332
Sands' Panzerwels
H: S-Amerika: Brasilien, Amazonien.
♂: Schlanker. V: +
Z: Gattungstypisch. F: K,O
T: 20–25°C, L: 6,5 cm, pH: 7, SG: 2

Callichthyidae　　　　　　　　　　　　　　　Schwielen- u. Panzerwelse

Corydoras delphax 2/462
Inirida-Panzerwels
H: S-Amerika: Kolumbien: Rio Inirida.
♂: Schlanker. V: +
Z: Gattungstypisch. F: O
T: 21–24°C, L: 6 cm, pH: 7, SG: 1

Corydoras delphax 3/332
Inirida-Panzerwels
Farbvariante?

Corydoras duplicareus 5/260
Duplikat-Panzerwels, Kupferfleck-Corydoras
H: S-Amerika: Brasilien: ob. Rio Negro.
♀: Zur Laichzeit voller. V: +
Z: Gattungstypisch; <30 Eier. F: K,O
T: 20–24°C, L: 5 cm, pH: 7, SG: 2–3

Corydoras duplicareus links 5/260
Corydoras serratus rechts 5/276

Corydoras ehrhardti 2/462

H: S-Amerika: S-Brasilien.
♂: Schlanker u. gestreckter. V: +
Z: Kein Bericht vorhanden. F: K,O
T: 19–22°C, L: 7 cm, pH: 7, SG: 2–3

Corydoras elegans 1/464
Schraffierter Panzerwels
H: S-Amerika: Brasilien, Amazonien.
♂: Schlanker? V: +
Z: Unbekannt. F: O
T: 22–26°C, L: <6 cm, pH: 7, SG: 1–2

Callichthyidae   Schwielen- u. Panzerwelse

Corydoras ellisae   1/464, 5/260
Langschnäuziger Zweipunk-Panzerwels
H: S-Amerika: Paraguay.
♂: Schlanker u. 1 cm kleiner.   V: +
Z: 250–300 Eier.   F: O
T: 20–26°C, L: ♀6 cm, pH: 7, SG: 1–2

Corydoras ephippifer   4/242

H: S-Amerika: Brasilien, Rio Amapari.
GU: Unbekannt.   V: +
Z: Unbekannt.   F: K,O
T: 22–25°C, L: 6 cm, pH: 7, SG: 3

Corydoras eques   1/464
Dreieckspanzerwels
H: S-Amerika: Brasilien, mi. Amazonas.
♂: Schlanker?   V: +
Z: Unbekannt.   F: O
T: 22–26°C, L: <5,5 cm, pH: 7, SG: 1–2

Corydoras evelynae   1/464

H: S-Amerika: Brasilien, Rio Purus-Gebiet.
♂: Schlanker?   V: +
Z: Unbekannt.   F: O
T: 22–26°C, L: 4 cm, pH: 7, SG: 1–2

Corydoras flaveolus   4/244

H: S-Amerika: Brasilien, Rio Piracicaba.
♂: Schlanker; Ventralen zugespitzt. V: +
Z: Noch nicht geglückt.   F: O
T: 20–23°C, L: 5 cm, pH: 7, SG: 2–3

Corydoras fowleri   3/334
Fowlers Corydoras
H: S-Amerika: Peru: Pebas-Gebiet.
♂: Schlanker.   V: +
Z: Unbekannt.   F: K,O
T: 21–23°C, L: 8 cm, pH: 7, SG: 2

Callichthyidae   Schwielen- u. Panzerwelse

Corydoras garbei   1/464

H: S-Amerika: Brasilien, Rio Xingú.
♂: Schlanker?   V: +
Z: Unbekannt.   F: O
T: 22–26°C, L: 4 cm, pH: 7, SG: 1–2

Corydoras gomezi   4/246
Gómez-Panzerwels

H: S-Amerika: Kolumbien: Leticia.
GU: Unbekannt.   V: +
Z: Unbekannt.   F: K,O
T: 22–26°C, L: 5 cm, pH: 7, SG: 3

Corydoras gossei   5/263
Gosses Panzerwels   gefährdet

H: S-Amerika: Brasilien, Rio Mamoré.
♀: Zur Laichzeit voller.   V: +
Z: Noch nicht erfolgt.   F: K,O
T: 22–26°C, L: 2,5 cm, pH: 7, SG: 2

Corydoras gracilis   1/466
Punktlinien-Zwergpanzerwels

H: S-Amerika: Brasilien, Rio Madiera.
♂: Schlanker?   V: +
Z: Unbekannt.   F: O
T: 22–26°C, L: 2,5 cm, pH: 7, SG: 1–2

Corydoras griseus   1/466
Grauer Panzerwels

H: S-Amerika: Amazonas: S-Zuflüsse.
♂: Schlanker?   V: +
Z: Unbekannt.   F: O
T: 22–26°C, L: <3 cm, pH: 7, SG: 1–2

Corydoras guapore   2/464
Guapore Panzerwels

H: S-Amerika: Brasilien, Rio Guaporé.
GU: Unbekannt.   V: +
Z: Unbekannt.   F: K,O
T: 21–24°C, L: 5 cm, pH: 7, SG: 2–3

Callichthyidae   Schwielen- u. Panzerwelse

Corydoras habrosus   1/466

H: S-Amerika: Venezuela: Rio Salinas.
♂: Schlanker?   V: +
Z: Unbekannt.   F: O
T: 22–26°C, L: <3,5 cm, pH: 7, SG: 1–2

Corydoras hastatus   1/466
Sichelfleck-Panzerwels

H: S-Amerika: Brasilien, Rio Guaporé.
♂: Schlanker?   V: +
Z: Unbekannt.   F: O
T: 22–26°C, L: <3 cm, pH: 7, SG: 1–2

Corydoras incolicana   4/246
Icana-Panzerwels, „C1"

H: S-Amerika: Brasilien, ob. Rio Negro.
♂: Schlanker.   V: +
Z: Unbekannt.   F: K,O
T: 23–26°C, L: 6 cm, pH: 7, SG: 3

Corydoras haraldschultzi   2/464
Prachtcorydoras

H: S-Amerika: Zentralbrasilien.
♂: Schlanker.   V: +
Z: Gattungstypisch.   F: K,O
T: 24–26°C, L: 7 cm, pH: <7, SG: 2

Corydoras imitator   3/334
Imitator-Panzerwels

H: S-Amerika: Brasilien.
♂: Kleiner u. schlanker.   V: +
Z: Ca. 20 Eier werden angeheftet.   F: O
T: 21–23°C, L: 8 cm, pH: 7, SG: 2

Corydoras julii   2/466
Julipanzerwels

H: S-Amerika: Brasilien, unt. Amazonas.
GU: Nicht erkennbar.   V: +
Z: Unbekannt.   F: O
T: 23–26°C, L: 5 cm, pH: 7, SG: 1

Callichthyidae   Schwielen- u. Panzerwelse

Corydoras lacerdai ♂   5/264
Lacerdas-Corydoras, „C15"
H: S-Amerika: Brasilien, SO-Bahia.
♂: Kl., schlanker; Flossen pigmentiert.   V: +
Z: Nicht gelungen; paarweise?   F: K,O
T: 20–25°C, L: 4,5 cm, pH: ≪7, SG: 3–4

Corydoras lacerdai ♀♀   5/264
Lacerdas-Corydoras, „C15"

Corydoras latus subadult ♀   5/267
Hellgrüner Panzerwels
H: S-Amerika: Bolivien.
♂: Schlanker.   V: +?
Z: Noch nicht gelungen.   F: O
T: 23–27°C, L: 6 cm, pH: 7, SG: 2

Corydoras leopardus   2/466
Leopard-Panzerwels
H: S-Amerika: Brasilien, Peru?.
♂: Schlanker.   V: +
Z: Unbekannt.   F: K,O
T: 20–25°C, L: 7 cm, pH: 7, SG: 1–2

Corydoras leucomelas   2/468

H: S-Amerika: Kolumbien, Peru.
♂: Ventralen spitzer ausgezogen   V: +
Z: Unbekannt.   F: L,O
T: 22–26°C, L: 4,5 cm, pH: 7, SG: 1–2

Corydoras loretoensis   3/336
Loreto-Panzerwels
H: S-Amerika: Peru.
GU: Unbekannt.   V: +
Z: Unbekannt.   F: O
T: 22–25°C, L: 5 cm, pH: 7, SG: 2

Callichthyidae — Schwielen- u. Panzerwelse

Corydoras loxozonus (1/462), 3/336
Deckers Panzerwels
H: S-Amerika: Kolumbien: Rio Meta.
GU: Nicht sichtbar. V: +
Z: Unbekannt. F: O
T: 21–24°C, L: 6 cm, pH: 7, SG: 1–2

Corydoras macropterus ♂ 2/468
Segelpanzerwels
H: S-Amerika: Brasilien: São Paulo.
♂: Gr. Borsten, Dorsale u. Pektoralen. V: +
Z: Bisher nicht gelungen. F: O
T: 18–21°C, L: 10 cm, pH: 7, SG: 1–2

Corydoras maculifer 4/248

H: S-Amerika: Brasilien: Mato Grosso.
♂: Schwer zu erkennen. V: +
Z: An Vallisnerienblättern; 100 Eier. F: O
T: 25–27°C, L: 7 cm, pH: 7, SG: 2–3

Corydoras melanistius brevirostris
2/470
H: S-Amerika: Venezuela: Orinoco.
♂: Zur Laichzeit schlanker. V: +
Z: Mehrfach erfolgreich. F: K,O
T: 20–24°C, L: 6 cm, pH: 7, SG: 1

Corydoras melanistius melanistius 1/468
Schwarzbinden-Panzerwels
H: S-Amerika: Guyana.
♂: Schlanker? V: +
Z: Unbekannt. F: O
T: 22–26°C, L: <6 cm, pH: 7, SG: 1–2

Corydoras melanotaenia 2/470
Gelbflossen-Panzerwels
H: S-Amerika: Kolumbien: Rio Meta (selten).
♂: Schlanker. V: –
Z: An breiten Pflanzenblättern; <180. F: K,O
T: 20–23°C, L: 6,5 cm, pH: 7, SG: 2

Callichthyidae   Schwielen- u. Panzerwelse

Corydoras melini   1/468
Kopfbinden-Panzerwels, Diagonal-Panzer.
H: S-Amerika: Kolumbien.
♂: Schlanker?   V: +
Z: Unbekannt.   F: O
T: 22–26°C, L: <6 cm, pH: 7, SG: 1–2

Corydoras metae   1/468
Schwarzrücken-Panzerwels
H: S-Amerika: Kolumbien: Rio Meta.
♂: Schlanker?   V: +
Z: Unbekannt.   F: O
T: 22–26°C, L: <5,5 cm, pH: 7, SG: 1–2

Corydoras sp.aff. *multimaculatus*   4/248
Vielgetupfter Panzerwels
H: S-Amerika: Brasilien, Rio Preto.
GU: Nicht beschrieben.   V: +
Z: Unbekannt.   F: K,O
T: 23–26°C, L: ca. 5 cm, pH: 7, SG: 2–3

Corydoras napoensis   (1/474), 3/338
Napo-Panzerwels
H: S-Amerika: Ecuador, Peru.
♂: Kräftiger gezeichnet.   V: +
Z: Unbekannt.   F: O
T: 22–26°C, L: 5 cm, pH: 7, SG: 2

Corydoras narcissus   4/250
Narziß-Panzerwels
H: S-Amerika: Brasilien, Kolumbien.
♂: Etwas schlanker.   V: +
Z: Noch nicht gelungen.   F: O
T: 24–26°C, L: 12 cm, pH: 7, SG: 2–4

Corydoras nattereri   4/250
Blauer Panzerwels
H: S-Amerika: Brasilien.
♂: Schlanker, kleiner.   V: +
Z: 30–60 Eier.   F: K,O
T: 20–23°C, L: 6,5 cm, pH: 7, SG: 2–3

Callichthyidae   Schwielen- u. Panzerwelse

Corydoras nijsseni ♀ 4/253
Nijssens Panzerwels
H: S-Amerika: Brasilien, Rio Negro.
♂: Schlanker.   V: +
Z: 30–160 Eier.   F: K,O
T: 22–26°C, L: 5 cm, pH: <7, SG: 3

Corydoras nijsseni   4/252
Nijssens Panzerwels

Corydoras oiapoquensis   5/269
Ariane Panzerwels, Cumuru-Panzerwels
H: S-Amerika: Französisch Guyana.
GU: Unbekannt.   V: +
Z: Nicht beschrieben.   F: K,O
T: 23–28°C, L: 5 cm, pH: <7, SG: 2–3

Corydoras oiapoquensis rechts   5/269
Corydoras condiscipulus links   5/258

Corydoras ornatus   (1/470), 2/472
Schmuckpanzerwels
H: S-Amerika: Brasilien, Rio Tapajos.
GU: Keine äußeren sichtbar.   V: +
Z: Erfolgt.   F: O
T: 23–26°C, L: 6 cm, pH: <7, SG: 2

Corydoras orphnopterus   2/472
Rüsselpanzerwels   (wenige Punkte)
H: S-Am.: Ecuador/Peru: Rio Pastaza.
GU: Unbekannt.   V: +
Z: Unbekannt.   F: K,O
T: 20–24°C, L: 5,5 cm, pH: <7, SG: 1–2

Callichthyidae   Schwielen- u. Panzerwelse

Corydoras orphnopterus   3/338
Rüsselpanzerwels   (viele Punkte)
H: S-Am.: Ecuador/Peru: Rio Pastaza.
♀: Blasser, feinere Punkte.   V: +
Z: Unbekannt.   F: K,O
T: 20–24°C, L: 5,5 cm, pH: <7, SG: 1–2

Corydoras osteocarus juv.   3/340
H: S-Amerika: Venezuela, Surinam.
♂: Kleiner u. schlanker.   V: +
Z: <300 Eier an Pflanzen geheftet. F: O
T: 22–25°C, L: 5 cm, pH: 7, SG: 2

Corydoras ourastigma   4/254

H: S-Amerika: Brasilien, Rio Iquiri.
♂: Zugespitzte Ventralflossen.   V: +
Z: Bis zu 30 Eier.   F: K,O
T: 24–26°C, L: 7 cm, pH: 7, SG: 3

Corydoras paleatus   1/470
Marmorierter Panzerwels
H: S-Amerika: SO-Brasilien: La Plata.
♂: Schlanker?   V: +
Z: Gattungstypisch.   F: O
T: 20–24°C, L: <7 cm, pH: 7, SG: 1–2

Corydoras paleatus Albino   1/470
Marmorierter Panzerwels

Corydoras panda   2/474
Pandapanzerwels
H: S-Amerika: Peru: Ucayali-System.
♂: Etwas kleiner u. schlanker.   V: +
Z: Javamoos.   F: L,O
T: 20–25°C, L: 4,5 cm, pH: 7, SG: 2–3

Callichthyidae — Schwielen- u. Panzerwelse

Corydoras parallelus (1/474), 4/254
Sattelpanzerw., Parallelstreifen-Corydoras
H: S-Amerika: Peru, Bolivien: Amazonien.
♂: Etwas kleiner u. schlanker. V: +
Z: Noch nicht erfolgt. F: O
T: 24–27°C, L: <7,5 cm, pH: 7, SG: 2–4

Corydoras pastazensis orcesi 3/342
Tigerpanzerwels
H: S-Amerika: Ecuador, Peru: Rio Tigre.
♂: Schlanker. V: +
Z: Unbekannt. F: K,O
T: 20–24°C, L: 6,5 cm, pH: 7, SG: 2

Corydoras pinheiroi 5/271
„C25"
H: S-Amerika: Brasilien: Rondônia.
♀: Größer, voller. V: +
Z: Kein Erfolg (schwierig). F: O
T: 25–28°C, L: 7 cm, pH: 7, SG: 2–3

Corydoras polystictus 2/474
Savannenpanzerwels
H: S-Amerika: Brasilien: Mato Grosso.
♂: Schlanker, flache Bauchlinie. V: +
Z: Mehrere ♂♂ mit wenigen ♀♀. F: O
T: 22–28°C, L: 4 cm, pH: 7, SG: 1–2

Corydoras polystictus 3/342
Savannenpanzerwels
Älteres Exemplar mit abweichender Färbung.

Corydoras prionotus 3/348
Schlanker Dreistreifen-Panzerwels
H: S-Amerika: S-Brasilien.
♂: Zur Laichzeit schlanker. V: +
Z: Unbekannt. F: O
T: 22–26°C, L: 8 cm, pH: 7, SG: 3

Callichthyidae | Schwielen- u. Panzerwelse

Corydoras pulcher 3/344
Weißflossenpanzerwels
H: S-Amerika: W-Brasilien: Rio Purus.
GU: Unbeschrieben. V: +
Z: Unbekannt. F: O
T: 21–24°C, L: 6 cm, pH: <7, SG: 1

Corydoras cf. *punctatus* 1/470
H: S-Amerika: Surinam, S-Zuflüsse Ama.
♂: Schlanker? V: +
Z: Unbekannt. F: O
T: 20–24°C, L: <6 cm, pH: <7, SG: 1–2

Corydoras pygmaeus 1/472
Zwergpanzerwels
H: S-Amerika: Brasilien: Rio Madeira.
♂: Schlanker. V: +
Z: Unbekannt. F: K,O
T: 22–26°C, L: <2,5 cm, pH: <7, SG: 1–2

Corydoras rabauti juv. (1/472), 4/256
Rostpanzerwels
H: S-Amerika: Peru, Brasilien.
♂: Schlanker. V: +
Z: Schwierig: >100 Eier an feinfiedrigen
Pflanzen. F: K,O

Corydoras rabauti (1/472), 4/256
Rostpanzerwels
Jungwels nach Ablegen des Jugend-
kleides, unten erwachsenes ♀.
T: 23–25°C, L: 5,5 cm, pH: <7, SG: 2–4

Corydoras rabauti (1/472), 4/256
Rostpanzerwels
Etwa 10 Tage alte Jungwelse.

Callichthyidae — Schwielen- u. Panzerwelse

Corydoras reticulatus 1/472
Netz-Panzerwels
H: S-Amerika: Peru: Iquitos.
♂: Schlanker. V: +
Z: Unbekannt. F: O
T: 22–26°C, L: <7 cm, pH: <7, SG: 1–2

Corydoras robineae 2/477
Flaggenschwanz-Panzerwels
H: S-Amerika: Brasilien: oberer Rio Negro.
GU: Unbekannt. V: +
Z: Keine genauen Angaben. F: K,L
T: 23–26°C, L: 4 cm, pH: <7, SG: 2–3

Corydoras robustus 5/272
Robuster Panzerwels
H: S-Amerika: O-Brasilien: Rio Purus.
GU: Unbekannt. V: +
Z: Noch nicht erfolgt. F: K,O
T: 22–26°C, L: 8,5 cm, pH: <7, SG: 3

Corydoras robustus 5/272, (5/292)
Robuster Panzerwels

Corydoras cf. *sanchesi* 4/258
Sanches' Panzerwels
H: S-Amerika: Surinam.
♂: Schlanker? V: +
Z: Noch nicht beschrieben. F: K,O
T: 23–26°C, L: 4–5 cm, pH: 7, SG: 3

Corydoras cf. *saramaccensis* 4/258
Saramacca-Panzerwels
H: S-Amerika: Surinam.
♂: Schlanker? V: +
Z: Unbekannt. F: K,O
T: 23–26°C, L: 6–7 cm, pH: 7, SG: 3

Callichthyidae — Schwielen- u. Panzerwelse

Corydoras sararaeensis ♂ 5/272
„C 23"
H: S-Amerika: Brasilien: Rio Sarare.
♂: Pektoralstrahl braun, mit Borsten. V: +
Z: Bis zu 80 Eier. F: O
T: 25–28°C, L: 6 cm, pH: 7, SG: 2–3

Corydoras semiaquilus ♀ 5/274
Flügelpanzerwels
H: S-Amerika: Peru: Rio Ucayali.
♂: Orangene Ventralen; gr. Dorsale. V: +
Z: Noch kein Bericht. F: K,O
T: 22–26°C, L: 6 cm, pH: <7, SG: 3

Corydoras semiaquilus ♂ 5/274
Flügelpanzerwels

Corydoras septentrionalis (1/474), 2/478
Siebenfleck-Panzerwels
H: S-Amerika: Kolumbien: Rio Meta.
♂: Kein auffälliger Unterschied. V: +
Z: Keine Zuchtberichte bekannt. F: O,L
T: 20–23°C, L: 5,5 cm, pH: 7, SG: 2

Corydoras serratus 5/276
Sägepanzerwels
H: S-Amerika: Brasilien: ob. Rio Negro.
GU: Nicht beschrieben. V: +
Z: Noch kein Bericht. F: K,O
T: 22–26°C, L: 6 cm, pH: ≪7, SG: 2

Corydoras seussi 5/278
Seuss' Corydoras, „C 27"
H: S-Amerika: Brasilien: bei Guajara-Mirim.
GU: Nicht beschrieben. V: +
Z: Noch nicht gelungen. F: K,O
T: 20–25°C, L: <7 cm, pH: <7, SG: 2–3

Callichthyidae — Schwielen- u. Panzerwelse

Corydoras similis 4/260
Similis-Panzerwels
H: S-Amerika: Brasilien, Amazonien.
♂: Dorsalstachel länger? V: +
Z: Gattungstypisch. F: O
T: 22–26°C, L: 5 cm, pH: 7, SG: 2

Corydoras simulatus 2/478
Schlichter Schwarzrücken-Panzerwels
H: S-Amerika: Kolumbien: Amazonien.
♂: Wahrscheinlich schlanker. V: +
Z: Bisher nicht gelungen. F: O
T: 20–25°C, L: 5,5 cm, pH: 7, SG: 1–2

Corydoras sodalis (1/474), 3/344

H: S-Amerika: Peru, Brasilien.
GU: Unbekannt. V: +
Z: Unbekannt. F: O
T: 22–27°C, L: 5 cm, pH: <7, SG: 2

Corydoras sp. 5/268
Türkisfarbener Netzpanzerwels, „C5"
H: S-Amerika: Brasilien: Pantanal.
♂: Schlanker, farbintensiver, kleiner. V: +
Z: Noch nicht erfolgt. F: O
T: 24–28°C, L: <9 cm, pH: 7, SG: 2–3

Corydoras sp. subadult 5/268
Türkisfarbener Netzpanzerwels, „C5"

Corydoras sp. 5/284
„C 6"
H: S-Amerika: Brasilien: Rio Guamá.
♂: Schlanker? V: +
Z: Unbekannt. F: O

Callichthyidae　　　　　　　　　　　　　　Schwielen- u. Panzerwelse

Corydoras sp. 5/284
„C 7"
H: S-Amerika: Peru.
♂: Lange Dorsale u. Pektoralen. V: +
Z: Daueransatz. F: O

Corydoras sp. 5/284
„C 9"
H: S-Amerika: Peru.
♂: Schlanker? V: +
Z: Unbekannt. F: O

Corydoras sp. 5/256
„C 10"

Corydoras sp. 4/244, (5/286)
„C 11"
H: S-Amerika: Bolivien.
♂: Weniger intensiv gepunktet, kleiner. V: +
Z: Vereinzelt geglückt. F: K,O
T: 23–26°C, L: 4,5 cm, pH: 7, SG: 3

Corydoras sp. 5/256
„C 12"

Corydoras sp. 5/286
„C 16"
H: S-Amerika: Kolumbien.
♂: Schlanker? V: +
Z: Unbekannt. F: O
SG: 3–4

Callichthyidae — Schwielen- u. Panzerwelse

Corydoras sp. 5/286
„C 17"
H: S-Amerika: Peru.
♂: Schlanker? V: +
Z: Unbekannt. F: O

Corydoras sp. 5/292
„C 18", „White Fin"
H: S-Amerika: Brasilien.
GU: Unbekannt. V: +
Z: Noch nicht gelungen. F: O
L: 6 cm

Corydoras sp. 5/270
„C 19"
H: S-Amerika: Peru, W-Brasilien.
♂: Weniger intensiv gepunktet. V: +
Z: Noch nicht gelungen (schwierig). F: O
T: 24–28°C, L: 6 cm, pH: 7, SG: 2–3

Corydoras sp. 5/288
„C 21"
H: S-Amerika: Brasilien: Rio Xingú.
♂: Schlanker? V: +
Z: Gut züchtbar? F: O

Corydoras sp. l. ♀, r. ♂ 5/288
„C 22"
H: S-Amerika: Brasilien: Rio Xingú.
♂: Schlanker? V: +
Z: Laicht spontan. F: O
L: ♀ 3 cm, ♂ 2,5 cm

Corydoras sp. 5/288
„C 24"
H: S-Amerika: Brasilien: Rio Guamá.
♂: Schlanker? V: +
Z: Unbekannt. F: O
L: 6–7 cm

Callichthyidae　　　　　　　　　　　　　　　Schwielen- u. Panzerwelse

Corydoras sp. 5/290
„C 26"
H: S-Amerika: Bolivien/Brasilien?
♂: Schlanker? V: +
Z: Unbekannt. F: O
L: 5 cm

Corydoras sp. 5/290
„C 28"
H: S-Amerika: Brasilien: Rondônia.
♂: Schlanker? V: +
Z: Ca. 30 Eier; problemlos. F: O
L: 7 cm

Corydoras sp. 5/290
„C 29"
H: S-Amerika: Brasilien: Staat Amapá.
GU: Unbekannt. V: +
Z: Unbekannt. F: O

Corydoras sp. 5/292
„C 30"
H: S-Amerika: Brasilien: Staat Amapá.
♂: Schlanker? V: +
Z: Unbekannt. F: O

Corydoras steindachneri 2/480
Steindachners Panzerwels
H: S-Amerika: S-Brasilien: Paranagua.
♂: Längere Dorsale; schlanker. V: +
Z: Gattungstypisch. F: K,O
T: 22–26°C, L: 6 cm, pH: <7, SG: 1–2

Corydoras stenocephalus 5/276

H: S-Amerika: Peru: Rio Ucayali-Einzug.
♂: Kleiner; Ventralen etwas spitzer. V: +
Z: Noch nicht gelungen. F: K,L
T: 25–27°C, L: 6 cm, pH: 7, SG: 3

Callichthyidae   Schwielen- u. Panzerwelse

Corydoras sterbai 2/480
Sterbas Panzerwels, Orangeflossen Pa.
H: S-Amerika: Brasilien: Rio Guaporé.
♂: Etwas schlanker. V: +
Z: Unbekannt. F: O
T: 21–25°C, L: 8 cm, pH: <7, SG: 1–2

Corydoras surinamensis 3/346
Surinam-Panzerwels
H: S-Amerika: Surinam.
GU: Unbekannt. V: +
Z: Gattungstypisch? F: K,O
T: 22–25°C, L: 6 cm, pH: 7, SG: 1–2

Corydoras sychri 1/474

H: S-Amerika.
♂: Schlanker. V: +
Z: Unbekannt. F: O
T: 22–26°C, L: <4,5 cm, pH: <7, SG: 1–2

Corydoras treitlii 3/346
Treitls Corydoras
H: S-Amerika: Brasilien: Rio Parnaiba.
GU: Unbekannt. V: +
Z: In Schottland gelungen. F: O
T: 20–25°C, L: 7 cm, pH: <7, SG: 2

Corydoras treitlii Kolumbien 5/278
Treitls Corydoras
H: S-Amerika: Brasilien, Kolumbien.
♀: Körperdreieck nur zur Mitte? V: +
Z: Bis zu 70 sehr kleine Eier. F: K,O
T: 20–24°C, L: 7 cm, pH: <7, SG: 2–3

Corydoras trilineatus 1/466
Dreilinien-Panzerwels, Dreigestreifter Pa.
H: S-Amerika: Peru: Rio Ambiyacu,...
♂: Dorsalfleck größer; Zeichnung kräft. V: +
Z: Unbekannt. F: O
T: 22–26°C, L: 5 cm, pH: <7, SG: 2

Callichthyidae   Schwielen- u. Panzerwelse

Corydoras undulatus 5/280
Gewellter Panzerwels
H: S-Amerika: Argentinien.
♂: Grundfarbe schwarz; schlanker. V: +
Z: Fast aller Laich schlüpft. F: O
T: 23–27°C, L: 4,5 cm, pH: 7, SG: 2

Corydoras virginiae 4/260
Miguelito-Panzerwels, „C4"
H: S-Amerika: Peru: Rio Ucayali.
GU: Unbekannt. V: +
Z: Noch nicht nachgezüchtet. F: K,O
T: 23–26°C, L: 6 cm, pH: 7, SG: 2–3

Corydoras xinguensis 5/280
Xingú-Panzerwels
H: S-Amerika: Brasilien: ob. Rio Xingú.
♀: Etwas voller u. größer. V: +
Z: 30–50 Eier. F: K,O
T: 23–27°C, L: 5 cm, pH: <7, SG: 2

Corydoras zygatus 3/348, 5/282
Zügel-Panzerwels
H: S-Amerika: Peru: Loreto-Region.
♂: Kleiner u. schlanker. V: +
Z: Gattungstypisch. F: K,O
T: 22–25°C, L: 5,5 cm, pH: <7, SG: 1

Corydoras zygatus 3/348, 5/282
Zügel-Panzerwels
21 Tage alt. Vergleiche mit *Corydoras rabauti*.

Corydoras zygatus unten 3/348, 5/282
Zügel-Panzerwels
Corydoras rabauti oben.

Callichthyidae — Schwielen- u. Panzerwelse

Dianema longibarbis 1/476
Schrot-Schwielenwels, Langbärtiger Panzer.
H: S-Amerika: Peru: Rio Ambiyacu.
GU: Nur zur Laichzeit (♂ schlanker). V: +
Z: Selten; Schaumnest. F: O
T: 22–26°C, L: 9 cm, pH: 7, SG: 1–2

Dianema urostriata ♂ 1/476
Schwanzstreifen-Panzerwels
H: S-Amerika: Brasilien: Rio Negro.
♂: Brustplatten ohne Zwischenraum. V: +
Z: Gelungen (kein Bericht). F: K,O
T: 22–26°C, L: 12 cm, pH: <7, SG: 1–2

Hoplosternum littorale 2/480
Lehmpanzerwels
H: S-Amerika: Weit verbreitet.
♂: Aufgebogener Pektoralstachel. V: +
Z: Schaumnest. F: O
T: 18–26°C, L: 23 cm, pH: 7, SG: 1–3

Hoplosternum pectorale 2/482
Pfeffer und Salz-Panzerwels
H: S-Amerika: Brasilien: Rio Magdalena.
♂: Aufgebogener Pektoralstachel. V: =
Z: Schaumnest. F: O
T: 20–22°C, L: 12 cm, pH: 7, SG: 1–2

Hoplosternum thoracatum 1/478
Gemalter Schwielenwels
H: S-Amerika: Weitverbreitet.
♂: Bläuliche Bauchseite (Laichz.). V: =
Z: Schaumnest; Vaterfamilie. F: L,O
T: 18–28°C, L: 18 cm, pH: 7, SG: 1

Hoplosternum thoracatum var. *niger*
Schwarzer Schwielenwels 3/351
H: S-Amerika: Kulturfolger.
♂: Pektoralstrahl dicker + Stacheln V: =
Z: Schaumnest; Vaterfamilie. F: O
T: 18–28°C, L: 16 cm, pH: 7, SG: 1

Cetopsidae — Walwelse

Ein Walwels aus dem Rio Misahualli, Ost-Ecuador. Möglicherweise *Pseudocetopsis ventralis*.

Familie Cetopsidae

Die Familie der Walwelse besteht aus 12 mittelgroßen Arten in 4 Gattungen. Sehr wenig ist über sie bekannt, und sie wird auch selten angeboten. Wegen ihrer extrem räuberischen Lebensweise kommen Walwelse nur für ein Artbecken in Frage, gleichzeitig sind sie farblos und liegen oft stundenlang bewegungslos auf dem Boden.

Diese Welse haben kaum Barteln und ihre Augen sind zurückgebildet. Das Wahrnehmen ihrer Umgebung scheint olfaktorisch zu erfolgen. Vor allem *Cetopsis*- und *Hemicetopsis*-Arten sind in der Weise, wie sie über andere Fische (auch Warmblüter) herfallen, mit den gefährlichsten Piranhas zu vergleichen.

Über ihre Fortpflanzungsbiologie ist nichts bekannt. Die Wasserzusammensetzung scheint für ihre Haltung keine große Rolle zu spielen, jedoch ist zu vemuten, daß Arten aus Bergbächen recht sauerstoffbedürftig sind.

Cetopsis coecutiens 4/269
Walwels
H: S-Amerika: Brasilien, Peru.
GU: Unbekannt. V: –
Z: Noch nicht nachgezogen. F: K
T: 22–28°C, L: <15 cm, pH: 7, SG: 4

Chacidae — Großmaulwelse

Familie Chacidae

Die kleine Familie der Großmaulwelse besteht aus nur einer Gattung mit drei Arten (NELSON, 1994). Unter den Siluriformes sind sie etwas Ausgefallenes.

Sie stellen eine Gefährdung für kleinere Aquarienmitbewohner dar, größere Fische sind allerdings gute Gesellschafter und *Chaca* kann an Futterpellets gewöhnt werden.

Als nachtaktive, einzelgängerische Fische die farblich wenig bieten, sind Großmaulwelse trotzdem wegen ihrer skurrilen Gestalt gesuchte Welse. Sie sind schlechte Schwimmer, die zwischen dem Bodenmaterial der Gewässer liegen. Sie bewegen sich selbst nach leichter Berührung kaum, was Konsequenzen haben kann, denn ein Tritt auf den aufgerichteten Dorsalstachel gehört bestimmt zu den unvergeßlichen Erlebnissen einer touristischen Fangreise.

Die Fortpflanzung ist unbekannt; da aber Fische dieser Arten ihre Reife bei einer „Aquarienlänge" erreichen, erwartet den Aquarianer noch ein interessantes Beobachtungsfeld mit dieser Familie.

Chaca bankanensis 3/352
Indonesischer Großmaulwels
H: Asien: Indonesien, S-Halbi. von Malay.
GU: Unbekannt. V: –
Z: Noch nicht nachgezogen. F: K
T: 24–28°C, L: 15 cm, pH: 7, SG: 3–4

Chaca chaca 1/479, 3/352
Großmaulwels
H: Asien: Kal., Burma, Indien, Sumatra.
GU: Unbekannt. V: –
Z: Unbekannt. F: K
T: 22–24°C, L: 20 cm, pH: 7, SG: 3

Chaca chaca, der Großmaulwels, s.Seiten 1/479 und 3/352.

Clariidae — Raubwelse, Labyrinthwelse

Familie Clariidae

Die Familie der Raubwelse besteht aus etwa 13 Gattungen mit insgesamt um die 100 Arten. Sie bewohnt Afrika, Syrien und Südostasien und erreicht ihre größte Vielfalt in Afrika mit 74 Arten in 12 Gattungen (NELSON, 1994).

Sie ist leicht an ihrer saumartig breiten Anal- und stachellosen Dorsalflosse zu erkennen. Raubwelse sind weitgehend große bis sehr große Arten. Selbst die wenigen mittelgroßen können, wegen ihrer räuberischen Lebensweise, sogar als Jungfische nur mit Vorbehalt vergesellschaftet werden. Im Aquarium sind es sehr gefräßige Allesfresser, die so lange alles verschlingen, bis sich ihr Bauch aufgetrieben hat.

Ihre Heimatgewässer sind oft schlammige Wasserlöcher, die auch austrocknen können. In diesen Trockenzeiten verbringen die Welse den Tag in Schlammröhren um nachts auf Futtersuche zu gehen. Diese Familie hat die Fähigkeit, atmosphärischen Sauerstoff zu veratmen, in einem Maß, daß einige Arten selbst in sauerstoffreichem Wasser auf Luftatmung angewiesen sind. Dazu benutzen sie ein reichverzweigtes Organ hinter den Kiemenbögen, welches in einen Atemsack hineinragt. (Daher auch Kiemensackwelse – heute die unabhängige Familie Heteropneustidae.)

Für ihre nächtliche Futtersuche und auch, wenn sie ein neues Gewässer aufsuchen, wandern diese Welse mühelos mit Hilfe ihrer gut entwickelten Pektoralstacheln über Land (Wanderwels). Diese Ausbreitungsmöglichkeit hat sie in Florida (USA) zu unbeliebten Gästen gemacht. Der Import dieser Familie in die USA ist nun verboten, auch bedarf ihre Haltung einer Sondergenehmigung, die normalerweise nur für wissenschaftliche oder erzieherische Programme erteilt wird.

In der Speisefischzucht gewinnen Clariidae vor allem in Afrika und Asien an Beliebtheit. Als Allesfresser, die an die Wasserqualität kaum Bedingungen stellen, sind sie dafür gut geeignet. Das Fleisch von *Clarias macrocephalus* wird dem von *C. batrachus* zwar etwas vorgezogen, letzterer wächst aber schneller und wird daher in größeren Mengen gezüchtet. Auch ihre Fortpflanzung in Teichen ist erfolgreich: 2000–5500 Junge werden pro Nest geerntet. Paare laichen in horizontalen Löchern von 20 bis 35 cm Durchmesser im Damm. Fortpflanzung mit Hilfe von Hormoninjektionen sind erfolgreich. Der Ertrag pro Hektar und Jahr in gefütterten Teichen ist Dank der möglichen Besatzdichten enorm (ca. 100 Tonnen). Ein kleines Gitter um den Teich herum darf jedoch nicht fehlen (alle Angaben nach BARDACH et al., 1972).

Obwohl diese Fische sehr robust sind, wird von einer Aquarienhaltung dieser Familie abgeraten. Lediglich in großen Schauaquarien haben sie einen Platz zusammen mit anderen Großfischen, die sich behaupten können. Farblich hat diese Familie wenig zu bieten, lediglich der Albino von *Clarias batrachus* ist auffällig. Wer dennoch solche Fische halten möchte, sollte ihnen ein möglichst großes Aquarium zur Verfügung stellen. Da es sich um nachtaktive Welse handelt, sollte die Einrichtung des Beckens aus dunklen Materialien bestehen und nur mäßig beleuchtet werden, damit man sie auch tagsüber zu Gesicht bekommt. Trotzdem brauchen sie auch ihrer Größe angemessene Verstecke.

Clariidae — Raubwelse, Labyrinthwelse

Channallabes apus 2/484
Aalwels
H: Afrika: Zaire, Angola.
GU: Unbekannt. V: –
Z: Noch nicht versucht? F: K
T: 22–25°C, L: 30 cm, pH: 7, SG: 3

Clariallabes longicauda 5/294
H: Afrika: Zentralbereich des Zaireflusses.
GU: Unbekannt. V: =
Z: Unbekannt. F: K
T: 22–28°C, L: <28 cm, pH: 7, SG: 3

Clarias angolensis 2/484
Angolawels
H: W- und Z-Afrika.
♂: Schlanker. V: –
Z: Unbekannt F: K
T: 23–28°C, L: 35 cm, pH: >7, SG: 3–4

Clarias anguillares
Aal-Raubwels
H: N-Afrika: Nil, Tschad, Niger.
♂: Schlanker. V: –
Z: Unbekannt F: K
T: 23–28°C, L: 150 cm, pH: 7, SG: 4

Clarias batrachus 1/480
Froschwels, Wanderwels
H: Asien: Sri Lanka, O-Indien bis Malay.
♂: Gepunktete Dorsale. V: –
Z: In Teichen Floridas. F: O
T: 20–25°C, L: 50 cm, pH: 7, SG: 2–3

Clarias buettikoferi 5/294
H: W-Afrika: Guinea-Bissau bis Elfenbeink.
GU: Unbekannt. V: =
Z: Überschwemmungszonen. F: K
T: 20–27°C, L: 19 cm, pH: 7, SG: 3

Clariidae — Raubwelse, Labyrinthwelse

Clarias buthupogon 4/262

H: Afrika: Benin bis Zaire (Küstenflüsse).
GU: Unbekannt. V: –
Z: Unbekannt. F: K
T: 22–28°C, L: 30 cm, pH: 7, SG: 4

Clarias camerunensis 4/263
H: Afrika: Togo, Benin, Nigeria, Kamerun, Gabun, Zaire.
GU: Unbekannt. V: –
Z: Keine Berichte. F: K,O
T: 23–28°C, L: 45 cm, pH: 7, SG: 4

Clarias cavernicola 2/486
Blinder Höhlenwels
H: Afrika: Namibia: Aigumas Höhle.
GU: Unbekannt. V: –
Z: Keine Berichte. F: K,O
T: 15–25°C, L: 25 cm, pH: 7, SG: 3

Clarias gabonensis 4/264

H: Afrika: Mittlerer u. unterer Zaire.
GU: Unbekannt. V: –
Z: Keine Berichte. F: K,O
T: 22–28°C, L: 35 cm, pH: 7, SG: 4

Clarias gariepinus 2/486, 4/265
Afrikanischer Raubwels
H: Afrika: Weit verbreitet in den Tropen,
♂: Genitalpapille spitzer. V: –
Z: Nur mit Hormonspritzen. F: K,O
T: 22–28°C, L: <150 cm, pH: 7, SG: 4

Clarias gariepinus 2/486, 4/265
Afrikanischer Raubwels
bis Kleinasien.

Clariidae — Raubwelse

Clarias liocephalus 4/266

H: Afrika: Seen in Uganda.
GU: Unbekannt. V: –
Z: Keine Berichte. F: K,O
T: 22–28°C, L: 35 cm, pH: 7, SG: 4

Clarias salae 5/296

H: W-Afrika: Guinea bis Elfenbeinküste.
GU: Unbekannt. V: =
Z: Unbekannt. F: K
T: 22–28°C, L: 50 cm, pH: 7, SG: 4

Heterobranchus bidorsalis 4/268

H: Afrika: Nil, Niger, Benue; Senegal-, Gambia-Flüsse.
♂: Schlanker (Laichzeit). V: –
Z: Nur mit Hormongaben? F: K
T: 22–28°C, L: <150 cm, pH: 7, SG: 4

Heterobranchus isopterus 4/266

H: Afrika: Nigeria–Guinea (Küstenflüsse).
GU: Unbekannt. V: –
Z: Nur mit Hormongaben? F: O
T: 22–28°C, L: <50 cm, pH: 7, SG: 4

Heterobranchus longifilis 3/354

H: Afrika: Nigeria–Guinea (Küstenflüsse).
GU: Am After? Schwer erkenntlich. V: –
Z: Unbekannt F: K
T: 22–23°C, L: >70 cm, pH: 7, SG: 4

Doradidae — Dornwelse

Familie Doradidae

Die Familie der Dornwelse besteht aus etwa 90 Arten in 35 Gattungen (NELSON 94); laut FRANKE waren es 1985 ungefähr 80 Arten in 20 Gattungen. Zusammen mit den Auchenipteridae und Ageneiosidae bildet sie eine Gruppe, deren Einteilung untereinander wiederholt neuen Beobachtungen unterworfen ist. Dornwelse kommen in Süßgewässern des tropischen Südamerikas vor; vor allem das Amazonasbecken und die Guyana-Länder beherbergen viele Arten.

Die Familie läßt sich leicht von anderen Welsen unterscheiden. Auf beiden Seiten ihres sonst nackten Körpers verläuft eine Reihe Knochenplatten, von denen die meisten, vor allem zur Schwanzflosse hin, mit einem nach hinten gerichteten Haken. Ihre Dorsal- und Pektoralstacheln sind immer stark entwickelt. Einer der häufigsten Aquarienfische überhaupt, *Platydoras costatus*, ist ein Dornwels. Dennoch ist wenig über die Familie bekannt, wenige andere Arten werden angeboten.

Die meisten Arten sind klein bis mittelgroß. Einige sind auch Riesen (*Megalodoras* spp., *Pseudodoras* spp., *Pterodoras* spp.), die aber wegen ihrer Seltenheit keine ökonomische Rolle auf dem Speisefischmarkt spielen.

Die Aquarienhaltung von Dornwelsen ist selbst in Gesellschaftsbecken möglich, da die meisten zwar Karnivoren sind, aber keine Raubfische: sie durchsuchen den Boden nach Würmern, Insekten und anderen Wirbellosen. Daraus folgt, daß der Grund feinkörnig und nicht scharfkantig sein darf. Im Aquarium nehmen sie vom Boden auch Kunstfutter auf, womit sich ihre Ernährung problemlos gestaltet.

Juveniler *Liosomadoras oncinus* (s.S. 306). Leider verblassen die Kontraste mit fortschreitendem Alter.

Doradidae — Dornwelse

Mehrere Exemplare der gleichen oder verschiedener Gattungen können in einem Aquarium gemeinsam gepflegt werden. Es sind zwar keine Schwarmfische, sie teilen sich aber ohne Zwischenfälle die vorhandenen Verstecke, wo sie dann dicht an dicht liegen.

An die Wasserbedingungen stellen sie kaum Ansprüche, aber die Beleuchtung sollte gedämpft sein, und auch sonst brauchen diese doch eher nachtaktiven Welse dunkle Verstecke, wo sie den Tag verbringen.

Über die Fortpflanzung dieser Familie ist wenig bekannt. *Amblydoras hancocki* ist in der Natur beobachtet worden, wie sie die Eiermasse in ein Blätternest gelegt hat. Beide Eltern übten Brutpflege. Ansonsten hat es bei *Agamyxis flavopictus, Amblydoras hancocki* und *Platydoras costatus* Erfolge dank Hormongaben gegeben (GRUNDMANN in FRANKE, 1985). Auf alle Fälle sollte das Wasser immer weich und in Richtung sauer tendieren.

Mehrere Arten geben Laute von sich, wenn sie aus dem Wasser gehoben werden (daher im Englischen: „talking catfish" = sprechender Wels).

Acanthodoras cataphractus 1/481
Gemeiner Dornwels
H: S-Amerika: Amazonasmündung.
GU: Unbekannt. V: +
Z: Unbekannt. F: O
T: 22–26°C, L: 10 cm, pH: 7, SG: 1

Agamyxis pectinifrons 1/482
Kammdornwels
H: S-Amerika: Peru: Pebas.
GU: Unbekannt. V: +
Z: Unbekannt. F: O
T: 20–26°C, L: 16 cm, pH: <7, SG: 1–2

Amblydoras hancockii 1/482
Kopfstrich-Dornwels
H: S-Amerika: Guyana bis Kolumbien.
♂: Bauchunters. braun besprenkelt. V: +
Z: Nat.: Schaumnest zw. Pflanzen. F: O
T: 23–28°C, L: <15 cm, pH: 7, SG: 1

Anadoras grypus 2/489
Gefleckter Dornwels
H: S-Amerika: Amazonasbecken.
GU: Nicht beschrieben. V: =
Z: Unbekannt. F: K,O
T: 22–26°C, L: 15 cm, pH: <7, SG: 2

Doradidae — Dornwelse

Astrodoras asterifrons 2/490
Helmwels

H: S-Amerika: Brasilien, Bolivien.
♂: Längerer Dorsalstachel. V: +
Z: Unbekannt. F: O
T: 20–25°C, L: 10–12 cm, pH: 7, SG: 1

Doras eigenmanni 5/297
Eigenmanns Zwergdornwels

H: S-Amerika: Brasilien, Bolivien, Paraguay.
GU: Unbekannt. V: +
Z: Noch nicht gelungen. F: K
T: 24–28°C, L: 11 cm, pH: 7, SG: 2–4

Hassar affinis 5/298
Rio Poto Hassar

H: S-Amerika: NO-Brasilien: Rio Poto.
♂: Längerer Dorsalstrahl. V: =
Z: Nicht bekannt. F: K,O
T: 22–28°C, L: 25 cm, pH: 7, SG: 3

Hassar notospilus 2/490
Zwergdornwels

H: S-Amerika: Guyana-Länder.
♂: Längerer Dorsalstrahl. V: +
Z: Bisher nicht nachgezogen. F: K,O
T: 21–25°C, L: 7,5 cm, pH: <7, SG: 2–3

Hassar ucayalensis 5/298
Gescheckter Hassar

H: S-Amerika: Peru: Rio Ucayali.
♂: Längerer Dorsalstrahl; schlanker. V: +
Z: Bisher nicht nachgezogen. F: K,O
T: 23–27°C, L: 25 cm?, pH: 7, SG: 3

Hassar wilderi 3/355

H: S-Amerika: Brasilien: Rio Tocantins.
GU: Unbekannt. V: +
Z: Bisher nicht nachgezogen. F: O,K
T: 22–25°C, L: 20 cm, pH: <7, SG: 3–4

Doradidae   Dornwelse

Leptodoras linnelli juv.   2/492

H: S-Amerika: Kolumbien, Brasilien; selten.
♂: Längerer Dorsalstrahl?   V: =
Z: Unbekannt.   F: L,K
T: 18–22°C, L: 21 cm, pH: <7, SG: 2–3

Liosomadoras oncinus juv.   2/494
Jaguarwels, Onca

H: S-Amerika: Peru, Brasilien.
♂: Urogenitalpapille am Vorderende der
   Anale; kräftiger gefärbt.   V: =

Liosomadoras oncinus   2/494
Jaguarwels, Onca

Z: Natur: Innere Befruchtung.   F: K
T: 20–24°C, L: 25 cm, pH: ≪7, SG: 2–3

Megalodoras irwini   3/356
Schneckendornwels

H: S-Amerika: Brasilien, Guyana.
GU: Unbekannt.   V: =
Z: Unbekannt.   F: O
T: 22–25°C, L: 60 cm, pH: 7, SG: 4

Megalodoras irwini Iquitos   5/300
Schneckendornwels

H: S-Amerika: Peru, W-Brasilien, Guyana.
GU: Unbekannt.   V: =
Z: Laichwanderung zur Regenzeit.   F: O
T: 23–28°C, L: 70 cm, pH: 7, SG: 3–4

Megalodoras paucisquamatus   5/300
Riesendornwels

H: S-Amerika: Brasilien: ob. Amazonas.
GU: Unbekannt.   V: =
Z: Unbekannt.   F: O
T: 23–28°C, L: <60 cm, pH: 7, SG: 3–4

Doradidae   Dornwelse

Opsodoras humeralis   5/302
Schulterfleck-Dornwels

H: S-Amerika: Brasilien: Rio Negro.
♂: Dorsalstrahl länger?   V: +
Z: Unbekannt.   F: K,O
T: 23–28°C, L: 12 cm, pH: <7, SG: 3–4

Opsodoras leporhinus   2/492

H: S-Amerika: Brasilien, Bolivien, Peru.
GU: Unbekannt.   V: =
Z: Unbekannt.   F: K
T: 22–25°C, L: 8 cm, pH: <7, SG: 3

Opsodoras stubeli   2/496

H: S-Amerika: Brasilien: Rio Marañón.
GU: Nicht beschrieben.   V: +
Z: Unbekannt.   F: O
T: 22–25°C, L: 12 cm, pH: <7, SG: 1–2

Physopyxis lyra   5/302
Lyradornwels

H: S-Amerika: Brasilien: Rio Ambiyacu.
GU: Unbekannt.   V: +
Z: Unbekannt.   F: K
T: 23–26°C, L: 4 cm, pH: <7, SG: 4

Platydoras costatus   1/484
Liniendornwels

H: S-Amerika: Peru: Amazonasgebiet.
GU: Nicht klar.   V: +
Z: Unbekannt.   F: O
T: 24–30°C, L: 22 cm, pH: 7, SG: 1–2

Platydoras dentatus   3/356

H: S-Amerika: Surinam.
GU: Unbekannt.   V: =
Z: Unbekannt.   F: O,K
T: 22–25°C, L: 13 cm, pH: 7, SG: 3

Doradidae Dornwelse

Pseudodoras holdeni 5/304
Holdens Dornwels
H: S-Amerika: Venezuela: Rio Apure.
GU: Nicht bekannt. V: =
Z: Laichwanderung? F: K,O
T: 23–28°C, L: 150 cm, pH: <7, SG: 4

Pseudodoras niger 2/496
Schwarzer Dornwels
H: S-Amerika: Brasilien, Peru.
GU: Nicht beschrieben. V: +,=
Z: Unbekannt. F: O
T: 21–24°C, L: 80 cm, pH: 7, SG: 2–4

Pterodoras granulosus 2/498
Gemeiner Bacu
H: S-Amerika: Fast alle größeren Flüsse.
GU: Unbekannt. V: =
Z: Unbekannt. F: O
T: 20–24°C, L: 90 cm, pH: 7, SG: 4

Pterodoras lentiginosus 5/304
Sommersprossen-Dornwels
H: S-Amerika: Brasilien: Amazonas.
GU: Unbekannt. V: =
Z: Überschwemmungsgebiete? F: O
T: 22–28°C, L: 60 cm, pH: 7, SG: 4

Rhinodoras dorbignyi 2/498

H: S-Amerika: S-Brasilien, Paraguay.
GU: Unbekannt. V: +,=
Z: Nicht beschrieben. F: K,O
T: 20–25°C, L: 17 cm, pH: <7, SG: 2

Trachydoras paraguayensis 5/306
Panzerdornwels
H: S-Amerika: Brasilien, Paraguay.
♂: Dorsal- u. Pektoralstacheln größer. V: +
Z: Nicht beschrieben. F: K,O
T: 20–26°C, L: 10 cm, pH: <7, SG: 2–3

Helogenidae — Fähnchenwelse

Familie Helogenidae

Die kleine Familie der Fähnchenwelse enthält nur eine Gattung mit vier Arten (man findet die Familie auch als Helogeneidae geschrieben). Es sind kleine, nachtaktive Fische, die ein dunkles, versteckreiches Aquarium benötigen. Tagsüber können sie auf der Seite liegen, das scheint ihre natürliche Ruhestellung zu sein. Nachts schwimmen sie im offenen Wasser.

Ihre Fortpflanzungsbiologie ist unbekannt.

Helogenes marmoratus 3/358
Fähnchenwels
H: S-Amerika: Peru, Brasilien, Guyana.
GU: Unbekannt. V: =
Z: Unbekannt. F: O
T: 22–26°C, L: 12 cm, pH: <7, SG: 2–3

Heteropneustidae — Kiemensackwelse

Familie Heteropneustidae

Die kleine Familie der Kiemensackwelse ist eng mit den Raubwelsen (Clariidae) verwandt. Sie besteht aus nur einer Gattung mit den unten aufgeführten 2 Arten. Wie die Clariidae, so kann auch diese Familie atmosphärischen Sauerstoff atmen. Die Morphologie entspricht dabei der der Clariidae (siehe dort). Bedingt durch ihre giftigen Pektoralstacheln werden sie in ihrem Verbreitungsgebiet als gefährlich für watende Menschen eingestuft.

Diese Welse sind nachtaktive Raubfische, entsprechende Vorkehrungen müssen getroffen werden. Zuchtberichte widersprechen sich; unter anderem ist von feinfiedrigen Pflanzen und von einer Vaterfamilie die Rede.

Heteropneustes fossilis 2/500
Kiemensackwels, Speichenwels
H: Asien: Indien, Sri Lanka, Thai., Burma.
♂: Schlanker. V: –
Z: Eiballen in Kiesgrube; Elternfam. F:O
T: 21–25°C, L: 50 cm, pH: 7, SG: 4

Heteropneustes microps 2/500
Kleiner Speichenwels
H: S-Asien: Sri Lanka. Sw, Bw
♂: Schlanker. V: –
Z: Eiballen in Kiesgrube; Elternfam. F:K,O
T: 22–26°C, L: 25 cm, pH: 7, SG: 3

Ictaluridae (Ameiuridae) — Katzenwelse

Familie Ictaluridae

Die Familie der Katzenwelse besteht aus 7 Gattungen mit insgesamt 45 Arten. Ihr Verbreitungsgebiet erstreckt sich von Nordamerika bis Guatemala in Mittelamerika.

Die Familie beinhaltet kleine (*Noturus* spp.) und große (*Ameiurus* spp. *Ictalurus* spp. und *Pylodictis olivares*) Arten.

Für das Aquarium sind allein wegen der Größe nur *Noturus*-Arten geeignet. Mit 30 cm Länge ist *N. flavus* bei weitem die größte Art. Die anderen Welse der Gattung erreichen nur Längen zwischen 6 und 12 cm, aber Vorsicht – ihre Dorsal- und Pektoralstacheln sind giftig! Die Wirkung des Gifts ist artspezifisch und ähnelt des Gifts einer Wespe. Die Schmerzen können von einigen Minuten bis zu einer Stunde lang anhalten. Es ist zuvermuten, daß die Wirkung bei Allergikern stärker ist.

Katzenwelse sind nachtaktiv und verbringen den Tag in Verstecken verborgen oder im Boden vergraben. Nachts schwimmen sie dann nahe am Boden entlang und tasten ihn nach Eßbarem ab (im Aquarium sind sie Allesfresser). Die meisten Arten bevorzugen klare, sauerstoffreiche Fließgewässer mit steinigem bis sandigem Boden.

Je nach Größe der Eier (1,5–4,5 mm) werden bis zu 300 bzw. 45 Stück gelegt. Sie werden je nach Art als Klumpen oder als Schnur in ein Versteck gelegt und dort vom Männchen bewacht, das oft auch zum Schlupf verhilft.

Unter den großen Arten sind vor allem die Albinos von *Ictalurus punctatus* beliebte Aquariengäste, wenn sie auch, ebenso wie die pigmentierte Form, bald zu groß werden. Die großen Katzenwelse findet man vor allem in der Speisefischzucht. Die Gattung *Ictalurus* hat wie *Noturus* Giftdrüsen, die mit den Flossenstacheln in Verbindung stehen, aber zum Unterschied zu letzteren schließen sich mit dem Alter die Poren. Es sind also nur Jungtiere, deren Stachel giftig sind. Dennoch ist Vorsicht beim Hantieren mit diesen Fischen geboten.

Die kommerzielle Zucht hauptsächlich von *Ictalurus punctatus* ist in den USA hochentwickelt und nur mit der dortigen Forellenzucht zu vergleichen. Andere gezüchtete Speisefische sind *Ameiurus furcatus, A. catus* und in geringerem Maße der fleischfressende *Pylodictis olivaris* und die kleineren *A. melas, A. natalis* und *A. nebulosus*.

Die Zucht von *Ictalurus punctatus* ist dementsprechend kommerziell gelöst. Die Reife wird mit 2 Jahren erreicht, aber mindestens 3 Jahre alte Elterntiere bringen bessere Ergebnisse. Männchen sind im Vergleich dunkler und haben einen kürzeren und breiteren Kopf. Die Genitalpapille der Weibchen ist ein Schlitz, während die der Männchen röhrenförmig ist.

Der Laichvorgang im Teich findet innerhalb eines Verstecks statt (45 l Milchkannen). Das Männchen bewacht den gallertigen Eiklumpen. Im Aquarium laichen die größeren Arten nur mit Hilfe von Hormonbehandlung.

Drei Arten (*Satan eurystomus, Trogloglanis pattersoni* und *Prietella phreatophila*) sind blinde, pigmentlose Höhlenbewohner. Der außergewöhnlichste in dieser Hinsicht ist wohl *S. eurystomus*, der in einer artesischen Quelle in 380 m Tiefe in San Antonio, Texas, USA, entdeckt wurde.

Ictaluridae (Ameiuridae) Katzenwelse

Ameiurus melas 3/359
Schwarzer Katzenwels
H: N-Amerika: USA.
♂: Schlanker zur Laichzeit. V: –
Z: Teiche: Grube an der Böschung. F: O
T: 8–30°C, L: 60 cm, pH: 7, SG: 1–4

Ameiurus natalis 5/308
Gelber Katzenwels
H: N-Amerika: USA: S- u. O-Flüsse.
♂: Schlanker (zur Laichzeit). V: –
Z: Brutpflege ♂; 500 Eier. F: O
T: 5–25°C, L: 45 cm, pH: 7, SG: 4

Ameiurus nebulosus 3/360
Zwergwels, Katzenwels
H: N-Amerika: östliche u. zentrale Region.
♂: Schlanker (zur Laichzeit). V: –
Z: Brutpflege ♂; 500 Eier. F: K,O
T: 4–30°C, L: 40 cm, pH: 7, SG: 1–4

Ictalurus punctatus Albino 1/485
Getüpfelter Gabelwels
H: N-Amerika: S- u. W-USA.
♂: Schlanker (zur Laichzeit). V: –
Z: Teich: Grube im Sand; ♂ bewacht. F: O
T: 12–24°C, L: <70 cm, pH: 7, SG: 2–3

Ictalurus punctatus normal 1/485
Getüpfelter Gabelwels

Noturus flavus 5/308
Steinwels, „Stonecat"
H: N-Amerika: Kanada, USA.
♂: Schlanker (zur Laichzeit). V: –!
Z: Brutpflege ♂ 500 Eier. F: K,O
T: 5–23°C, L: 31 cm, pH: 7, SG: 2–3

Loricariidae — Harnischwelse

Familie Loricariidae

Die Familie der Harnischwelse ist die artenreichste der Siluriformes. Sie besteht aus ungefähr 80 Gattungen mit insgesamt über 550 Arten, und in dem Maße, in dem der Amazonas-Regenwald erschlossen wird, kommen noch immer neue Arten hinzu. Ihr Verbreitungsgebiet ersteckt sich von Panama über das gesamte tropische Südamerika bis Uruguay. Ihre vertikale Verbreitung erstreckt sich von der amazonischen Tiefebene (ein paar Arten halten sich sogar kurzzeitig in Ästuarien auf) bis hinauf zu Andenbächen in 3000 m Höhe. Es gibt Zwerge (*Otocinclus* spp., 4–7 cm) und Riesen (*Liposarcus* spp., *Pterygoplichthys* spp., >50 cm).

Knochenplatten bedecken ihren Körper, aber in manchen Gattungen (*Ancistrus, Hypostomus, Panaque* u.a.) ist die Ventralregion ungepanzert. Ihr Maul ist unterständig, vielfach ohne sichtbare Barteln und ermöglicht das Anheften an glatte Unterlagen (von Nutzen vor allem für Arten, die schnell fließende Gewässer bewohnen, z.B. der Gattungen *Ancistrus* und *Chaetostoma*).

Grundsätzlich sind alle Loricariidae friedliche Fische für das Gesellschaftsaquarium, wenn sie von der Größe her passen. Sie verbringen ihr Dasein auf einer Unterlage angesaugt (Steine am Boden, aber auch Äste und breite Pflanzenblätter) und sind dementsprechend schlechte Schwimmer, die ihren Standort jeweils nur wenige Meter verändern, um sich erneut anzusaugen. Obwohl sie keine Schwarmfische im üblichen Sinne sind, sieht man in der Nacht, mit einem Scheinwerfer in stehenden Gewässern, hunderte ihrer roten Augen wie Rubine an Ästen funkeln. Nähert man sich mit einem Käscher, rutschen sie auf die Rückseite des Astes, um von dort ins Dunkle zu flüchten. Das Auge des Harnischwelses hat einen eingenartigen Mechanismus, um die Menge des in die Pupille einfallenden Lichtes zu regeln: bei starker Beleuchtung verkleinert sich nicht die Pupille, wie sonst üblich, sondern ein Hautlappen vergrößert sich und ragt über die Pupille, wodurch der Lichteinfall partiell abgedeckt wird.

Loricariidae haben zwar meistens einen langen Darm, sie sind auch als algen- bzw. aufwuchsraspelnde Fische bekannt und gesucht, doch wachsen viele Arten mit Futter tierischen Ursprungs am besten (trotzdem müssen immer genug Ballaststoffe zur Verfügung stehen, um Darmproblemen vorzubeugen). Die Futtergaben sollten klein, aber dafür wiederholt verabreicht werden. Vor allem abendliche Fütterung ist wichtig, da Harnischwelse hauptsächlich dämmerungs- und nachtaktiv sind (einige wenige sind tagaktiv). Dies sollte auch bei der Einrichtung des Aquariums berücksichtigt werden (gedämpfte Beleuchtung, dunkler Bodengrund, Holz, usw.). Einige Gattungen (z.B. *Panaque*) scheinen auf einen Holzanteil in ihrer Diät angewiesen zu sein, sie raspeln unentwegt an Dekorationen solcher Art.

In bezug auf die Wasserqualität ist es wichtig zu wissen, in welchem Biotop die Art lebt. Für die Aquaristik kommen Harnischwelse prinzipiell in zwei Biotoptypen vor: Fließgewässer mit Steinbetten und schlammige Tiefebenen flußabwärts. Arten aus ersteren Gebieten sind auf bewegtes, sauerstoffreiches Wasser angewiesen, das etwas kühler seien sollte (20–24 °C)

Loricariidae — Harnischwelse

und möglichst ohne Nitrat; pH und Härte sind nicht so wichtig, solange extreme Werte vermieden werden. Die Arten der Tiefebene sind nicht empfindlich im Hinblick auf Sauerstoffmangel – *Hypostomus* u. *Pterygoplichthys* nehmen atmosphärischen Sauerstoff über den Magen auf, *Otocinclus* mit einem Teil des Darmes. Die Temperaturen können denen eines tropischen Aquariums entsprechen (24–27 °C) und auf Wasserbewegung braucht kein besonderer Wert gelegt zu werden. Auch einer organischen Belastung des Wassers gegenüber sind sie nicht sehr empfindlich, pH und Härte allerdings sollten zu typischen Amazonasgebietswerten tendieren (leicht sauer und weich). Optimale Werte sind vor allem für Zuchtzwecke wichtig.

Geschlechtsunterschiede bei Harnischwelsen sind vielfach sichtbar, aber oftmals nur zur Laichzeit zu beobachten. Längere Odontoden (Stacheln, s. Glossar) über den Körper verteilt oder als „Bart" („Rineloricaria-Gruppe"), ein größeres „Geweih" (*Ancistrus* u.a.), welches aus weichem Gewebe besteht, oder eine erweiterte Unterlippe (*Loricaria*) sind Eigenschaften sexuell aktiver Männchen. Mit Ende der Laichzeit werden die Unterschiede zwischen den Geschlechtern wieder undeutlicher. Bei der Urogenitalpapille kann ein geübtes Auge oft Unterschiede ausmachen (s. unten).

Loricariidae haben bisher folgende Fortpflanzungsabläufe gezeigt, wobei das Männchen Brutpflege betreibt (selten Elternfamilie oder keine):
- *Ancistrus* u.a. Arten der Flüsse mit Steinbett: Unter Steinen.
- *Hypostomus* u.a. Arten, die Gewässer mit Lehmwänden bewohnen: Die Fische graben eine der Größe der Art angepaßte Höhle (bis zu ca. 20 cm Ø und 70 cm Länge) dicht unter den Hochwasserspiegel. Dort werden die Eier hineingelegt und vom Männchen bis zum Schlupf befächelt und bewacht. Kleinere Arten dieses und des vorangegangenen Typs können oftmals im Aquarium in PVC-Rohren zum Ablaichen gebracht werden.
- *Loricaria*: Der Eiklumpen wird vom Männchen an der Unterlippe ausgebrütet. Viel Ruhe ist zu dieser Zeit um das Aquarium herum nötig, damit sich die Eier nicht durch Schreckbewegungen des Elterntieres lösen.
- *Otocinclus*, *Sturisoma* u.a.: Substratlaicher ohne und mit Brutpflege.

Es gibt Meinungen, die von der hohen Qualität der Loricariidae-Eier als Kaviar sprechen.

Pseudorinelepis genibarbis ♀ 5/410
L 95
Man erkennt eine kurze Laichpapille in einer Mulde. Diese Papille wird zur Legeröhre beim Laichvorgang.

Pseudorinelepis genibarbis ♂ 5/410
L 95
Analöffnung ist wulstartig verdickt und nicht in einer Mulde

Loricariidae — Harnischwelse

Chaetostoma sp. 5/326
Weißpunkt-Gebirgsharnischwels
Ventralansicht. Siehe Seite 323.

Chaetostoma sp. 5/328
Rio Meta-Gebirgsharnischwels, (L 146)
Ventralansicht. Siehe Seite 323.

Cochliodon sp. 5/331
L 60?
Ventralansicht. Siehe Seite 324.

Corymbophanes bahianus ♂ 5/334
„LDA 17"
Ventralansicht. Siehe Seite 325.

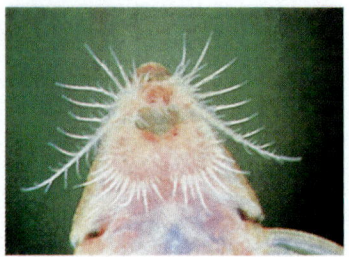

Loricaria nickeriensis 3/374
Fiederbartel-Harnischwels
Ventralansicht

Pseudorinelepis genibarbis 5/410
L 95
Saugmaul. Siehe Seite 347

Loricariidae — Harnischwelse

In letzter Zeit kommen wiederholt zahlreiche farblich sehr interessante Harnischwelse auf den Markt (man denke nur an *Hypancistrus zebra*, S. 329). Die Familie wird dadurch häufig aus dekorativen Gründen gehalten und nicht nur, „um die Algen im Aquarium loszuwerden".

Loricariidae sp. L 4/L 5 5/366
L 4, L 5, L 28, L 73
H: S-Amerika: Brasilien: Rio Tocantins.
♂: Breiterer Kopf; kräftig. Odontoden. V: +
Z: L 28 in Tonhöhle; ca. 45 E. F: O
T: 26–29°C, L: <14 cm, pH: 7, SG: 2–3

Loricariidae sp. 5/366
L 73

Loricariidae sp. 5/368
Opal-Harnischwels, L 82
H: S-Amerika: Brasilien: Rio Xingú.
GU: Unbekannt. V: +
Z: Zu selten vorhanden. F: K
T: 27–30°C, L: 12 cm, pH: 7, SG: 3

Loricariidae sp. 5/370
L 106, L 122
H: S-Amerika: Venezuela.
GU: Unbekannt. V: +
Z: Noch nicht erfolgt. F: O
T: 27–30°C, L: >15 cm, pH: 7, SG: 3

Loricariidae sp. 5/314
L136 b
H: S-Amerika: Brasilien: Rio Negro.
GU: Unbekannt. V: +
Z: L 136b gelungen; <35 E. F: O
T: 24–27°C, L: 13 cm, pH: <7, SG: 3

Loricariidae   Harnischwelse

Loricariidae sp. L 136a   5/314
L 136a, LDA 5, Kleingeperlter „Peckoltia"

Loricariidae sp.   5/370
L 163
H: S-Amerika: Brasilien: Rio do Pará.
GU: Unbekannt.   V: +
Z: Zu selten vorhanden.   F: O
T: 26–29°C, L: 20 cm, pH: 7, SG: 3

Loricariidae sp.   5/374
L 174
H: S-Amerika: Brasilien: Rio Xingú.
♂: Odontoden am Schwanzstiel.   V: +
Z: Unbekannt.   F: H,L
T: 27–30°C, L: 5–7 cm, pH: 7, SG: 3

Ancistrinae sp.   5/352
Una-Hypostomus, L 127
H: S-Amerika: Brasilien: Rio Iara.
♂: Pektoralen stacheliger.   V: +
Z: Unbekannt.   F: H,O
T: 22–24°C, L: 20 cm, pH: 7, SG: 2

Hypostominae sp.   5/372
Gründlingsw., Pitbull-Harnischw., LDA 25
H: S-Amerika: Brasilien: Rio Xingú.
GU: Unbekannt.   V: +
Z: Regenzeitnachahmung.   F: H,O
T: 22–27°C, L: 5 cm, pH: 7, SG: 3

Acanthicus adonis   2/502, 3/361
Elfenwels, Schöner Elfenwels
H: S-Amerika: Brasilien, Peru.
♂: Größer.   V: =
Z: Unbekannt.   F: H,O
T: 22–27°C, L: <100 cm, pH: <7, SG: 3–4

Loricariidae Harnischwelse

Acanthicus adonis 2/502, 3/361
Elfenwels, Schöner Elfenwels
Ventralansicht

Acanthicus hystrix 3/363
Elfenwels
H: S-Amerika: Peru, Brasilien, Guyana.
♂: Größer u. schlanker. V: =
Z: Zu groß? F: H,O
T: 22–27°C, L: 106 cm, pH: 7, SG: 2–4

Ancistrus dolichopterus 1/486, 3/365
Blauer Antennenharnischw., B. Antennenw.
H: S-Amerika: Amazonaszuflüsse.
♂: „Geweih". V: +
Z: Höhlen u. Mulden; Brutpflege ♂. F: H
T: 23–27°C, L: <13 cm, pH: <7, SG: 1–2

Ancistrus dolichopterus 1/486, 3/365
Blauer Antennenharnischwels, Blauer Antennenwels
Gelege (durch die Bodenscheibe betrachtet).

Ancistrus hoplogenys ? 1/486
Tüpfelantennenwels
H: S-Amerika: Amazonas-Quellbäche.
♂: Größer; mit Barteln. V: +
Z: Höhlen u. Mulden; Brutpflege ♂. F: H
T: 22–26°C, L: 8 cm, pH: <7, SG: 2–3

Ancistrus cf. *hoplogenys* 5/310
Tüpfelantennenwels, L 4, „L 5", „L 73"
H: S-Amerika: Brasilien.
♂: Odontoden. V: +
Z: Haftlaicher; Brutpflege ♂. F: H
T: 23–26°C, L: 16 cm, pH: <7, SG: 2–3

Loricariidae   Harnischwelse

Ancistrus cf. *hoplogenys* juv.   5/310
Tüpfelantennenwels, L 4, L 5, L 73

Ancistrus cf. *hoplogenys*   5/310
Tüpfelantennenwels, L 4, L 5, L 73

Ancistrus cf. *leucostictus*   5/324
Gelbpunkt-Antennenwels
H: S-Amerika: Guyana, Peru.
♂: Mehr „Geweih".   V: +
Z: Ca. 70 gelbe Eier.   F: H,O
T: 25–28°C, L: <16 cm, pH: 7, SG: 2

Ancistrus cf. *leucostictus*   5/324
Gelbpunkt-Antennenwels

Ancistrus sp. aff. *leucostictus* ♂   3/364
Brauner Tüpfelantennen-Harnischwels

Ancistrus ranunculus   5/316
Drachenwels, L 34
H: S-Amerika: Brasilien: Xingú, Tocantins.
♂: Mehr „Geweih".   V: +
Z: Bisher nicht gelungen.   F: H,O
T: 25–28°C, L: 20 cm, pH: 7, SG: 3–4

Ancistrus sp. 5/313
Tüpfelantennenwels
(*Ancistrus hoplogenys* Komplex)
H: S-Amerika: Brasilien: Rio Negro.

Ancistrus sp. 5/320

H: S-Amerika: Venezuela: S von Caicara.
GU: Unbekannt. V: +
Z: Noch nicht gelungen. F: H
T: 20–25°C, L: 10 cm, pH: 7, SG: 2–3

Ancistrus sp. 5/322

H: S-Amerika: Venezuela: Puerto Ayacucho.

Ancistrus sp. 5/320

H: S-Amerika: Venezuela: S von Caicara.
GU: Unbekannt. V: +
Z: Noch nicht gelungen. F: H
T: 20–25°C, L: 15 cm, pH: 7, SG: 2–3

Ancistrus sp. 5/324

H: S-Amerika: Brasilien: Rio Negro.

Ancistrus sp. 4/272
„L 88"
H: S-Amerika: Brasilien.
♂: Läng. Auswüchse an Schnauze. V: +
Z: Noch nicht beschrieben. F: H
T: 24–28°C, L: 10 cm, pH: 7, SG: 2

Loricariidae   Harnischwelse

Ancistrus sp.   5/312
Tüpfelantennenwels, L 107, L 184

Ancistrus sp.   5/313
Tüpfelantennenwels, L 107, L 184

Ancistrus sp.   5/318
Rotpunkt-Antennenwels, L 110, L 157
H: S-Amerika: Brasilien: Rio Negro.
♂: Mehr „Geweih".   V: +
Z: Noch nicht gelungen.   F: H,O
T: 25–27°C, L: 15 cm, pH: <7, SG: 3

Ancistrus sp.   4/272
„L 156"
H: S-Amerika: Brasilien: Rio Tocantins.
♂: Läng. Auswüchse an Schnauze. V: +
Z: Gattungstypisch.   F: H
T: 23–28°C, L: 12 cm, pH: 7, SG: 2–3

Ancistrus sp. „Black"   5/316
L 183

Ancistrus sp.   4/271
„LDA 3"
H: S-Amerika: Brasilien.
♂: Läng. Auswüchse an Schnauze. V: +
Z: Noch nicht gelungen.   F: H
T: 23–26°C, L: 10 cm, pH: 7, SG: 2–3

Loricariidae   Harnischwelse

Ancistrus sp.   5/318
Wurmlinien-Antennenwels, LDA 8
H: S-Amerika: Brasilien: Mato Grosso.
♂: Mehr „Geweih"; 1–2 cm kleiner.   V: +
Z: Höhle, 40 Eier; ♂ betreut.   F: H,K,L
T: 26–29°C, L: ♀ 9 cm, pH: 7, SG: 2–3

Ancistrus sp. „Barcelos"   5/323
L 183

Ancistrus sp. „São Gabriel" ♂   5/323
L 182

Ancistrus sp. „São Gabriel"   5/322

Ancistrus tamboensis   4/274
„L 89", Mosaik-Harnischwels
H: S-Amerika: Peru, Brasilien?.
♂: Großes „Geweih".   V: +
Z: In der Höhle des ♂.   F: H
T: 23–26°C, L: 10 cm, pH: 7, SG: 2–3

Ancistrus temminckii   2/502
Bürstennasenwels
H: S-Amerika: Franz. G., Sur., Bras., Peru?.
♂: Längere Borsten am Kopf.   V: +
Z: Unter Holzüberhängen; ♂ pflegt.   F: H
T: 21–24°C, L: 12 cm, pH: 7, SG: 1

Loricariidae   Harnischwelse

Ancistrus cf. *temminckii* ♂   3/366
Hirschgeweih-Antennenwels
H: S-Amerika: Guyana.
♂: Lange, verzweigte Tentakel.   V: +
Z: Unter Holzüberhängen; ♂ pflegt. F: O
T: 22–25°C, L: 12 cm, pH: 7, SG: 1

Ancistrus triradiatus   4/274
H: S-Amerika: Kolumbien, Brasilien(?).
♂: Größeres „Geweih".   V: +
Z: Noch nicht gelungen.   F: H
T: 24–28°C, L: 10 cm, pH: 7, SG: 2

Aphanotorulus frankei ♂   4/276
Leopard-Schilderharnischwels
H: S-Amerika: Peru: Ucayali-Nebenfluß.
♂: S. Oberkante Kaudale u. -Stiel. V: +
Z: Unbekannt.   F: H,K,O
T: 25–28°C, L: <15 cm, pH: 7, SG: 3–4

Aphanotorulus frankei ♀   4/276
Leopard-Schilderharnischwels

Aposturisoma myriodon   4/278
Kopfleisten-Störwels
H: S-Amerika: Peru: Ucayali-Nebenfluß.
GU: Unbekannt.   V: +
Z: Unbekannt.   F: ?
T: 24–28°C, L: <20 cm, pH: 7, SG: 3–4

Baryancistrus sp.   4/280
„L 81", Gelbsaumwels
H: S-Amerika: Brasilien: Rio Xingú u. Iriri.
GU: Unbekannt.   V: +
Z: Unbekannt.   F: H,O
T: 23–26°C, L:->15 cm, pH: 7, SG: 3–4

Loricariidae   Harnischwelse

Baryancistrus sp.   4/280
„L 18", „L 177", Gelbsaumwels
H: S-Amerika: Brasilien: Rio Xingú u. Iriri.
GU: Unbekannt.   V: +
Z: Unbekannt.   F: H,O
T: 23–26°C, L: >15 cm, pH: 7, SG: 3–4

Chaetostoma sp.   2/506
Gebirgs-Harnischwels
H: S-Amerika: oberer Amazonasbereich.
GU: Unbekannt   V: +
Z: Unbekannt.   F: O
T: 20–24°C, L: 25 cm, pH: 7, SG: 2–3

Chaetostoma sp.   5/326
Weißpunkt-Gebirgsharnischwels
H: N-Südamerika: Voranden.
♂: Schlanker.   V: +
Z: Unbekannt.   F: O
T: 18–24°C, L: 8 cm, pH: 7, SG: 2–3

Chaetostoma sp.   5/328
Rio Meta-Gebirgsharnischwels, (L 146)
H: S-Amerika: Kolumbien: ob. Rio Meta.
♂: Größer; breiterer Kopf.   V: +
Z: Unter Steinplatten; <60 Eier.   F: O
T: 24–26°C, L: <11 cm, pH: 7, SG: 2–3

Chaetostoma sp.   5/328
Gepunkteter Gebirgsharnischwels, (L 148)
H: S-Amerika: Venezuela.
♂: Größer; breiterer Kopf.   V: +
Z: Noch nicht gelungen.   F: O
T: 22–26°C, L: <15 cm, pH: 7, SG: 3–4

Chaetostoma thomasi   2/504

H: S-Amerika: Kolumbien: Gebirgsbäche.
♂: Tentakel?   V: +
Z: Natur: Unter Steinen.   F: H,O
T: 20–22°C, L: 10 cm, pH: 7, SG: 2–3

Loricariidae · Harnischwelse

Cochliodon cochliodon 2/504
Cochliodonwels
H: S-Amerika: Paraguay.
GU: Unbekannt. V: +
Z: Nicht erfolgt. F: H
T: 21–24°C, L: 15 cm, pH: <7, SG: 2–3

Cochliodon cf. *cochliodon* 5/332
Schoko-Cochliodon
H: S-Amerika: Paraguay.
GU: Unbekannt. V: +
Z: Nicht erfolgt. F: H,O
T: 18–23°C, L: 25 cm, pH: <7, SG: 3

Cochliodon oculeus 5/332
Wabenkamm-Pleco
H: S-Amerika: Kolumbien, Brasilien.
GU: Lage der Geschlechtspapille. V: +
Z: Regenzeitimitation? F: K,O
T: 18–24°C, L: 20 cm, pH: <7, SG: 2–3

Cochliodon sp. 4/282
Riesen-Cochliodon, „L 50"
H: S-Amerika: Brasilien.
GU: Unbekannt. V: +
Z: Nicht erfolgt. F: O
T: 23–27°C, L: >15 cm, pH: 7, SG: 3

Cochliodon sp. 5/331
L 60?
H: S-Amerika: Fundort unbekannt.
GU: Unbekannt. V: +
Z: Nicht erfolgt. F: O
T: 23–27°C, L: >15 cm, pH: 7, SG: 2–3

Cochliodon sp. 4/282
Rusty Pleco
H: S-Amerika: Paraguay.
GU: Unbekannt. V: +
Z: Nicht erfolgt. F: O
T: 20–26°C, L: >15 cm, pH: 7, SG: 2

Loricariidae   Harnischwelse

Corymbophanes bahianus ♂ 5/334
„LDA 17"
H: S-Amerika: Brasilien: Bahia.
♂: Kopfrand mit Borsten.   V: +
Z: Noch nicht geglückt.   F: H,O
T: 23–25°C, L: 12 cm, pH: 7, SG: 2–3

Crossoloricaria rhami   4/284
H: S-Amerika: Peru: Rio Ucayalibecken.
GU: Unbekannt.   V: +
Z: Unbekannt.   F: O,H
T: 25–28°C, L: 13 cm?, pH: 7, SG: 3–4

Crossoloricaria venezuelae   4/284
Foto ist *Pseudohemiodon lamina* (ähnlich)
H: S-Amerika: Venezuela: Rio Palmar.
GU: Unbekannt.   V: +
Z: Unbekannt.   F: H
T: 22–26°C, L: <18 cm, pH: 7, SG: 2–3

Dekeyseria scaphirhyncha   3/367
Flachkopf-Zwergharnischwels
H: S-Amerika: Brasilien, Amazonien.
GU: Nicht unterscheidbar.   V: +
Z: Unbekannt.   F: H,O
T: 22–26°C, L: 20 cm, pH: <7, SG: 2–3

Dekeyseria scaphirhyncha   3/367
Flachkopf-Zwergharnischwels
Foto auf S. 3/373

Exastilithoxus cf. *fimbriatus*   5/336

H: S-Amerika: Venezuela.
GU: Nicht bekannt.   V: +
Z: 40-60 Eier; ♂ bewacht.   F: H,O
T: 25–28°C, L: 7 cm, pH: 7, SG: 2–3

Loricariidae — Harnischwelse

Farlowella acus 1/488
Gemeiner Nadelwels
H: S-Amerika: Brasilien, S-Amazonien.
♂: Maulfortsatz breiter, mit Borsten. V: +
Z: 40-60 Eier; ♂ bewacht. F: H
T: 24–26°C, L: 15 cm, pH: <7, SG: 3–4

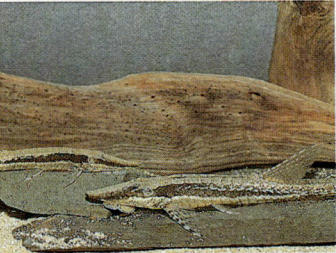

Farlowella curtirostra 5/336
H: S-Amerika: Venezuela: Maracaibobe.
♂: Schnauzenseiten mit Odontoden. V: +
Z: Unbekannt. F: H,O
T: 23–25°C, L: 15 cm, pH: 7, SG: 3

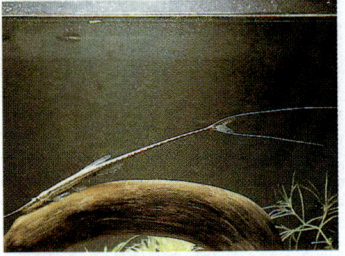

Farlowella gracilis 1/488
Kleiner Nadelwels
H: S-Amerika: Kolumbien.
GU: Unbekannt. V: +
Z: Unbekannt. F: H,L
T: 22–26°C, L: <19 cm, pH: <7, SG: 3–4

Farlowella knerii 4/286
Kners Schnabelwels
H: S-Amerika: Ecuador: Canelos.
GU: Unbekannt. V: +
Z: Noch nicht beschrieben. F: H
T: 24–27°C, L: >12 cm, pH: <7, SG: 3–4

Glyptoperichthys gibbiceps 1/496
Waben-Schilderwels, Carachamawels
H: S-Amerika: Peru: Rio Pacaya.
GU: Unbekannt. V: +
Z: Unbekannt. F: H,O
T: 23–27°C, L: 50 cm, pH: 7, SG: 1

Glyptoperichthys joselimaianus 4/286
„L 1", „L 22" (Nacht- o. Schreckfärbung)
H: S-Amerika: Brasilien: Rio Aruana.
GU: Unbekannt. V: +
Z: Unbekannt. F: O
T: 24–29°C, L: >15 cm, pH: 7, SG: 2

Loricariidae — Harnischwelse

Glyptoperichthys cf. *lituratus* 3/384
Metall-Riesenharnischwels
H: S-Amerika: Peru: Rio Ucayali.
GU: Unbekannt. V: +
Z: Unbekannt. F: O
T: 24–28°C, L: >40 cm, pH: <7, SG: 3–4

Glyptoperichthys punctatus 2/516
Punktierter Segelschilderwels
H: S-Amerika: Venezuela: Amazonien.
GU: Unbekannt. V: +
Z: Unbekannt. F: H,L
T: 22–26°C, L: 18 cm, pH: 7, SG: 1–2

Harttia kronei 5/338

H: S-Amerika: Brasilien: São Paulo.
♂: Unbekannt. V: +
Z: Unbekannt. F: K,H
T: 22–24°C, L: 12 cm, pH: 7, SG: 3–4

Harttia loricariformis 5/338

H: S-Amerika: Brasilien: Rio Itabapoana.
♂: Pektoralstrahlen länger u. dicker. V: +
Z: Noch nicht gelungen. F: O
T: 24–27°C, L: 20 cm, pH: 7, SG: 2–3

Hemiancistrus annectens 3/368

H: S-Amerika: NW-Ecuador.
GU: Kein Unterschied. V: +
Z: Unbekannt. F: H,O
T: 22–28°C, L: 18 cm, pH: 7, SG: 2

Hemiancistrus landoni 3/369

H: S-Amerika: W-Ecuador: Rio Guayas.
GU: Unbekannt. V: +
Z: Unbekannt. F: H,O
T: 24–28°C, L: >25 cm, pH: 7, SG: 2

Loricariidae   Harnischwelse

Hemiancistrus sp.   5/368
L 20
H: S-Amerika: Brasilien: Rio Xingú.
GU: Unbekannt.   V: +
Z: Noch nicht vermehrt.   F: O
T: 27–30°C, L: >15 cm, pH: 7, SG: 3

Hemiodontichthys acipenserius ♂ 5/340
Nasenharnischwels
H: S-Amerika: Peru, Brasilien, Bolivien.
♂: Maullappen; stumpfe Zähne.   V: +
Z: ♂ trägt Eier mit Maullappen.   F: K
T: 24–28°C, L: <14 cm, pH: 7, SG: 3–4

Hopliancistrus sp.   5/342
L 17
H: S-Amerika: Brasilien: Rio Xingú.
GU: Unbekannt.   V: +
Z: Unbekannt.   F: H,O
T: 20–24°C, L: 25 cm, pH: <7, SG: 2–3

Hopliancistrus sp.   5/342
L 17

Hopliancistrus sp.   5/343
L 67, LDA 15

Hopliancistrus cf. *tricornis*   4/308
Flachkopfpleco, „L 17"
H: S-Amerika: Brasilien: Rio Xingú.
♂: Größere Odontoden.   V: +
Z: Unbekannt.   F: H,O
T: 20–24°C, L: 25 cm, pH: <7, SG: 2–3

Hypancistrus zebra ♂ 4/288
Zebra-Harnischwels, L 46
H: S-Amerika: Brasilien: Rio Xingú.
♂: Längere Dornen; Zeichnung ist anders (vgl. Fotos).
V: +, größere Tiere beißen!

Hypancistrus zebra ♀ 4/288
Zebra-Harnischwels, L 46
Z: Wird in Teichen in Florida (USA) nachgezogen. F: H, später auch K
T: 23–26°C, L: 15 cm, pH: 7, SG: 2–4

Hypoptopoma carinatum 3/370
Kiel-Harnischwels
H: S-Amerika: Peru/Brasilien Gebiet.
♂: Kleiner u. schlanker. V: +
Z: In einer Ecke des Aquariums. F: H
T: 20–25°C, L: 5 cm, pH: <7, SG: 3

Hypoptopoma gulare 5/344
H: S-Amerika: Peru, Brasilien.
♂: Kleiner u. schlanker? V: +
Z: Unbekannt. F: H,L
T: 23–26°C, L: 8 cm, pH: 7, SG: 2–4

Hypoptopoma sp. 5/344
H: S-Amerika: Venezuela: Llanos.
♂: Schwer zu unterscheiden. V: +
Z: Unbekannt. F: H,L
T: 26–28°C, L: 8 cm. pH: 7, SG: 3

Hypoptopoma sp. 5/346
H: S-Amerika.
♂: Schwer zu unterscheiden. V: +
Z: Sehr schwierig. F: H,O
T: 26–28°C, L: 8 cm, pH: 7, SG: 3

Loricariidae   Harnischwelse

Hypoptopoma thoracatum   1/490

H: S-Amerika: Brasilien, Amazonien.
GU: Unbekannt.   V: +
Z: Unbekannt.   F: H
T: 23–27°C, L: 8 cm, pH: 7, SG: 2–3

Hypostomus emarginatus   4/290

H: S-Amerika: Brasilien.
GU: Unbekannt.   V: +
Z: Noch nicht beschrieben.   F: O
T: 24–27°C, L: >15 cm, pH: 7, SG: 2

Hypostomus cf. *emarginatus*   5/346
L 108, L 116, L 133, L 153, L 166

H: S-Amerika: Ecuador, Peru, Bras., Ven.
GU: Unbekannt.   V: +
Z: Unbekannt.   F: O
T: 25–28°C, L: 50 cm, pH: 7, SG: 4

Hypostomus jaguribensis   4/290
Jaguribé-Harnischwels

H: S-Amerika: Brasilien: Rio Jaguribé.
GU: Unbekannt.   V: +
Z: Unbekannt.   F: O
T: 24–27°C, L: >12 cm, pH: 7, SG: 2

Hypostomus margaritifer   4/292

H: S-Amerika: Brasilien: Rio Piracicaba.
GU: Unbekannt.   V: +
Z: Unbekannt.   F: O
T: 24–27°C, L: >15 cm, pH: 7, SG: 2–3

Hypostomus plecostomus   2/506
Saugmaulwels, „Plecostomus"

H: S-Amerika: nördlicher Teil.
GU: Unbekannt.   V: +
Z: In Teichen: Grube am Steilufer.   F: H,O
T: 20–28°C, L: 7 cm, pH: 7, SG: 1–2

Loricariidae Harnischwelse

Hypostomus punctatus 1/490
Punktierter Schilderwels
H: S-Amerika: S- u. SO-Brasilien.
GU: Unbekannt. V: +
Z: Bisher nicht gelungen. F: H
T: 22–28°C, L: <30 cm, pH: 7, SG: 1

Hypostomus regani 3/370
Regans Schilderwels
H: S-Amerika: Brasilien: Rio Piracicaba.
GU: Unbekannt. V: +
Z: Unbekannt. F: H,O
T: 22–25°C, L: (>?) 30 cm, pH: <7, SG: 4

Hypostomus sp. 5/348
Ornamentkamm-Pleco
H: S-Amerika: W-Brasilien.
GU: Lage der Geschlechtsöffnung. V: +
Z: Bisher nicht gelungen. F: O
T: 22–25°C, L: 20 cm, pH: 7, SG: 2

Hypostomus sp. 5/349

Hypostomus sp. 5/350

H: S-Amerika: Venezuela.
GU: Unbekannt. V: +
Z: Bisher nicht gelungen. F: H,O
T: 25–28°C, L: <30 cm, pH: 7, SG: 3

Hypostomus sp. 5/351

H: S-Amerika: Venezuela.

Loricariidae — Harnischwelse

Hypostomus sp.   5/351

H: S-Amerika: Brasilien, São Paulo.

Hypostomus unicolor   5/352
Lehmbrauner Pleco

H: S-Amerika: Brasilien: Rio Purus.
GU: Lage der Genitalöffnung.   V: +
Z: Unbekannt.   F: H,O
T: 22–26°C, L: 15 cm, pH: 7, SG: 2–3

Hypostomus cf. *watwata*   5/354
L 192

H: S-Amerika: Guyana-Länder, Venezuela.
GU: Unbekannt.   V: +
Z: Unbekannt.   F: H,O
T: 26–29°C, L: >20 cm, pH: 7, SG: 3

Isorineloricaria spinosissima   3/372
Stachelharnischwels

H: S-Amerika: W-Ecuador: Guayasbecken.
♂: Lange dornartige Stacheln.   V: +
Z: Unbekannt.   F: H,O
T: 24–30°C, L: <60 cm, pH: 7, SG: 2–3

Kronichthys subteres   5/354

H: S-Amerika: Brasilien: Staat São Paulo.
GU: Unbekannt.   V: +
Z: Unbekannt.   F: K,O
T: 20–24°C, L: 12 cm, pH: 7, SG: 3–4

Lamontichthys filamentosus   5/356
Filament-Störwels

H: S-Amerika: Ecuador, Bras., Peru, Bol.
GU: Lage der Genitalöffnung.   V: +
Z: Unbekannt.   F: O
T: 24–27°C, L: 16 cm, pH: 7, SG: 2–3

Loricariidae   Harnischwelse

Lamontichthys filamentosus   5/356
Filament-Störwels

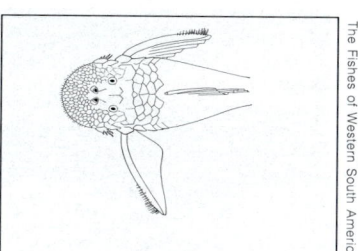

aus: EIGENMANN (1922)
The Fishes of Western South America

Lasiancistrus carnegiei (kein Foto)   3/372
Langkopf-Antennenwels
H: S-Amerika: Kolumbien: Rio Magdalena.
♂: Pektoralstacheln länger.   V: +
Z: Unbekannt.   F: O
T: 22–26°C, L: 14 cm, pH: <7, SG: 2–3

Lasiancistrus scolymus   5/358
Netzmuster-Harnischwels
H: S-Amerika: Brasilien: Rio Guamá.
♂: Odontoden; abgerundete Ventralen. V: +
Z: Unter Steinplatten; <200 E.   F: H,O
T: 25–27°C, L: <15 cm, pH: 7, SG: 2–3

Lasiancistrus sp.   5/358
Ichthyowels, L 194
H: S-Amerika: Venezuela: Llanos.
GU: Noch unbekannt.   V: +
Z: Noch nicht erfolgt.   F: O,H
T: 26–28°C, L: 15–20 cm, pH: 7, SG: 3

Lasiancistrus sp.   5/360

H: S-Amerika: O-Peru.
♂: Kräftigere Odontoden.   V: +
Z: Noch nicht gelungen.   F: K,H
T: 27–30°C, L: 17–20 cm, pH: 7, SG: 3

Leporacanthicus galaxias 3/386, (4/280)
Rüsselzahnwels
H: S-Amerika: Brasilien: Amazonien.
GU: Unbekannt.   V: +
Z: Unbekannt.   F: H
T: 22–25°C, L: 40 cm?, pH: <7, SG: 3

Loricariidae　　　　　　　　　　　　　　　　　　　　　　Harnischwelse

Leporacanthicus galaxias juv. (4/280)

Text siehe 3/386 und Vorseite.

Liposarcus anisitsi 2/514
Schwarzweißer Segelschilderw., Schneew.
H: S-Amerika: Brasilien, Paraguay.
GU: Unbekannt. V: +
Z: Durch Teichzucht in Florida. F: H
T: 21–24°C, L: 42 cm, pH: 7, SG: 2

Liposarcus multiradiatus 1/496

H: S-Amerika: Peru, Bolivien, Paraguay.
GU: Unbekannt. V: +
Z: Unbekannt. F: H,O
T: 23–27°C, L: >50 cm, pH: 7, SG: 1

Liposarcus pardalis 5/360
Peru-Riesenschilderwels
H: S-Amerika: Peru: mittlerer Rio Ucayali.
GU: Unbekannt. V: +
Z: Unbekannt. F: H,O
T: 23–28°C, L: >40 cm, pH: 7, SG: 3–4

Lithoxancistrus orinoco 5/362
L 126
H: S-Amerika: Venezuela: Rio Orinoco.
♂: Kräftigere Odontoden. V: +
Z: Noch nicht gelungen. F: H,O
T: 25–27°C, L: 10 cm, pH: 7, SG: 3

Lithoxancistrus orinoco 5/362
L 126

Loricariidae — Harnischwelse

Lithoxancistrus sp. 4/292
„L 127"
H: S-Amerika: Venezuela.
GU: Unbekannt. **V:** +
Z: Unbekannt. **F:** H
T: 23–27°C, **L:** 10 cm, **pH:** 7, **SG:** 2

Lithoxus lithoides ♂ 3/374
Stein-Harnischwels
H: S-Amerika: Surinam, Guyana.
GU: S. Fotos (Pektoralstacheln). **V:** +
Z: Unbekannt. **F:** H,O
T: 18–22°C, **L:** 9 cm, **pH:** 7, **SG:** 2–3

Lithoxus lithoides ♀ 3/374
Stein-Harnischwels

Loricaria nickeriensis 3/374
Fiederbartel-Harnischwels
H: S-Amerika: Surinam.
♂: Lappen des Saugmauls größer. **V:** +
Z: Noch nicht gelungen. **F:** O
T: 20–24°C, **L:** 15 cm, **pH:** <7, **SG:** 2

Loricaria simillima 5/365

H: S-Amerika: Ecuador: Canelos.
GU: Nur durch Laichreife. **V:** +
Z: ♂ mit „Lippentasche". **F:** O
T: 24–28°C, **L:** 25 cm, **pH:** 7, **SG:** 3–4

Loricariichthys platymetopon 4/294

H: S-Amerika: S-Bras., Par., Uru., Arg.
♂: Lippe als „Hauttasche" (Laichz.). **V:** +
Z: ♂ trägt <1000 Eier in „Tasche". **F:** O
T: 23–26°C, **L:** 30 cm, **pH:** 7, **SG:** 2

Loricariidae   Harnischwelse

Loricariichthys ucayalensis 4/294

H: S-Amerika: Peru: Rio Ucayali.
♂: Lippe als „Hauttasche" (Laichz.). V: +
Z: Noch nicht gelungen.   F: O
T: 24–28°C, L: 25 cm, pH: 7, SG: 2

Microlepidogaster leucofrenata 5/376

H: S-Amerika: Brasilien: Rio de Janeiro.
♂: Kleiner u. schlanker.   V: +
Z: Noch nichts bekannt.   F: O
T: 22–26°C, L: 6 cm, pH: 7, SG: 3

Microlepidogaster notata 5/376

H: S-Amerika: SO-Brasilien.
♂: Kleiner u. schlanker.   V: +
Z: Noch nichts bekannt.   F: O,H
T: 22–26°C, L: 5 cm, pH: 7, SG: 2

Monistiancistrus carachama 3/376
Schwarzer Harnischw., Anthrazit-Harnischw.
H: S-Amerika: O-Peru.
GU: Unbekannt.   V: +
Z: Unbekannt.   F: H,O
T: 20–24°C, L: 11 cm, pH: 7, SG: 1–2

Neoplecostomus microps 5/378

H: S-Amerika: Brasilien: Rio de Janeiro.
♂: Kleiner u. schlanker.   V: +
Z: Noch nicht gelungen.   F: H,O
T: 20–25°C, L: 8 cm, pH: 7, SG: 3–4

Otocinclus affinis 1/492
Gestreifter Ohrgitter-Harnischwels
H: S-Amerika: SO-Brasilien.
♂: Schlanker u. kleiner.   V: +
Z: Heften Eier an Pflanzenblätter. F: L,H
T: 20–26°C, L: 4 cm, pH: <7, SG: 2

Loricariidae — Harnischwelse

Otocinclus flexilis 2/508

H: S-Amerika: Brasilien: Rio Grande do Sul.
♂: Schlanker. V: +
Z: Heften Eier an das Aquarium. F: H,L
T: 20–25°C, L: 6 cm, pH: 7, SG: 1

Otocinclus gibbosus 5/378
Buckliger Ohrgitter-Harnischwels

H: S-Amerika: Brasilien: Staat São Paulo.
♂: Kleiner, schlanker zur Laichzeit. V: +
Z: Unbekannt. F: O
T: 22–25°C, L: 5 cm, pH: 7, SG: 3

Otocinclus leucofrenatus 3/376

H: S-Amerika: Brasilien.
♂: Schlanker u. kleiner. V: +
Z: Unbekannt. F: H
T: 20–25°C, L: 7 cm, pH: <7, SG: 3

Otocinclus notatus 2/508
Punktierter Ohrgitter-Harnischwels

H: S-Amerika: SO-Brasilien.
GU: Unbekannt. V: +
Z: Unbekannt. F: H,L
T: 22–24°C, L: 4 cm, pH: 7, SG: 2

Otocinclus vittatus 3/378
Längsstreifen-Ohrgitter-Harnischwels

H: S-Amerika: Peru, Bolivien, Brasilien.
♂: Schlanker. V: +
Z: Eier an Blätter usw. geheftet. F: H,O
T: 20–25°C, L: 5,5 cm, pH: 7, SG: 2

Otothyris lophophanes 2/510
Brauner "Otocinclus"

H: S-Amerika: SO-Brasilien.
GU: Nur zur Laichzeit. V: +
Z: Eier an Blätter usw. geheftet. F: H,O
T: 20–24°C, L: 4 cm, pH: <7, SG: 2

Loricariidae   Harnischwelse

Otothyris (?) sp.   5/380
Kopfkielwels
H: S-Amerika: SO-Brasilien: Bergbäche.
GU: Urogenitalpapille.   V: +
Z: Unbekannt.   F: H,O
T: 22–26°C, L: 5 cm, pH: 7, SG: 2–3

Panaque nigrolineatus   1/492
Schwarzlinien-Harnischwels
H: S-Amerika: S-Kolumbien.
GU: Unbekannt.   V: +
Z: Unbekannt.   F: H
T: 22–26°C, L: 25 cm, pH: 7, SG: 3

Panaque sp.   5/381
Tigerhamischw., „Hairy Tiger Catfish", L2, L74
H: S-Amerika: Brasilien: Rio Tocantins.
♂: Odontoden am Kaudalstiel.   V: =
Z: Kein Bericht.   F: K,O,H
T: 26–29°C, L: 12 cm, pH: 7, SG: 4

Panaque sp. adult   4/296
Sichel-Harnischwels, „L 90"
H: S-Amerika: Peru.
♂: Pektoralstachel-Odontoden?   V: +
Z: Unbekannt.   F: H,O
T: 23–27°C, L: >30 cm, pH: <7, SG: 3

Panaque sp. juvenil   4/296
Sichel-Harnischwels, „L 90"

Panaque suttonorum   2/510
Blauaugen-Harnischwels
H: S-Amerika: Guyana-L., Kolumbien.
GU: Unbekannt.   V: +
Z: Unbekannt.   F: H,O
T: 20–24°C, L: 18 cm, pH: 7, SG: 3

Loricariidae　　　　　　　　　　　　　　　　　　　　　　　　　Harnischwelse

Parancistrus aurantiacus 3/378
Goldflossen-Harnischwels
H: S-Amerika: Peru: Rio Ucayali.
GU: Unbekannt. **V:** +
Z: Unbekannt. **F:** H,O
T: 22–27°C, **L:** 18 cm, **pH:** 7, **SG:** 2–3

Parancistrus aurantiacus 5/382
L 30, L 31　getüpfelt
H: Brasilien: Tocantins (L30), Xingú (L31).
♂: Breiterer Kopf, stärkere Odontoden. **V:** +
Z: Unbekannt. **F:** O
T: 26–30°C, **L:** 15 cm, **pH:** 7, **SG:** 2–3

Parancistrus aurantiacus 5/382
L 30, L 31　gescheckt
Es gibt auch eine völlig gelbe Form.

Parancistrus niveatus = 3/380
Baryancistrus niveatus
H: S-Amerika: Brasilien: Rio Araguaia.
GU: Unbekannt. **V:** +
Z: Unbekannt. **F:** H
T: 22–24°C, **L:** 20 cm, **pH:** <7, **SG:** 2–3

Parancistrus sp. 4/302
Magnum-Orangesaumwels, „L 47"
H: S-Amerika: Brasilien: Rio Xingú.
♂: Kräftigere Strahlen, Odontoden. **V:** +
Z: Unbekannt. **F:** H,O
T: 24–30°C, **L:** >25 cm, **pH:** <7, **SG:** 3

Parancistrus sp. 5/315
„LDA 4"
Wahrscheinlich auch *P. niveatus*.

Loricariidae   Harnischwelse

Parancistrus sp.   5/383

Parancistrus sp.   5/383

Pareiorhina rudolphi   5/385

H: S-Amerika: Brasilien: São Paulo.
♂: Etwas kleiner u. schlanker.   V: +
Z: Unbekannt.   F: O
T: 21–25°C, L: 4,5 cm, pH: 7, SG: 3

Otocinclus sp. cf. *affinis*

Siehe Seite 336/6.

Parotocinclus cf. *britskii*   5/386
Alligator Ohrgitter-Harnischwels
H: S-Amerika: Surinam.
GU: Unbekannt.   V: +
Z: Unbekannt.   F: H
T: 22–27°C, L: 6 cm, pH: 7, SG: 2–3

Parotocinclus cesarpintoi   5/386

H: Brasilien: Rio Paraiba do Norte.
♀: Robuster u. zur Laichzeit voller. V: +
Z: Noch nicht gelungen.   F: H,O
T: 25–30°C, L: 4 cm, pH: 7, SG: 2–3

Loricariidae   Harnischwelse

Parotocinclus cristatus   5/388
Gelbpunkt-Otocinclus, Helm-Ohrgitter-Hw.
H: S-Amerika: Brasilien: Staat Bahia.
♂: Kleiner u. zierlicher.   V: +
Z: 20 E im Becken verteilt.   F: H,O
T: 22–25°C, L: 4 cm, pH: 7, SG: 2–3

Parotocinclus jimi   5/388

H: S-Amerika: Brasilien: Staat Bahia.
♀: Größer u. robuster.   V: +
Z: Reife aber kein Laichen.   F: H,O
T: 22–25°C, L: 4 cm, pH: 7, SG: 2–3

Parotocinclus maculicauda ♂   5/390

H: S-Amerika: Brasilien.
♂: 1.Strahl der Dorsale u.Ventralen rot. V: +
Z: Blattunterseiten; keine Pflege.   F: H,O
T: 20–24°C, L: 6 cm, pH: 7, SG: 2–3

Parotocinclus maculicauda   5/390

Parotocinclus spilosoma   5/392
Gefleckter Ohrgitter-Harnischwels, Cascudo
H: S-Amerika: Brasilien: Paraiba.
GU: Bisher nicht beschrieben.   V: +
Z: Unbekannt.   F: H
T: 22–28°C, L: 6 cm, pH: 7, SG: 2–3

Parotocinclus cf. *spilosoma*   5/392
Gefleckter Ohrgitter-Harnischwels, Cascudo

Loricariidae　　　　　　　　　　　　　　　　　　　　　　　　Harnischwelse

Parotocinclus sp. „Rio Cristalino"　5/394

H: S-Amerika: Brasilien: Araguaia-Einzug.
♂: Etwas kleiner u. grazil.　　　　　　V: +
Z: Noch nicht geglückt.　　　　　　　　F: O
T: 24–27°C, L: 2 cm, pH: 7, SG: 3–4

Peckoltia cf. *arenaria*　　　　　　　　5/398

H: S-Amerika: Peru: Rio Huallaga.
GU: Unbekannt.　　　　　　　　　　　V: +
Z: Bisher nicht nachgezüchtet.　　　　　F: O
T: 22–26°C, L: 10 cm, pH: <7, SG: 2–3

Peckoltia brevis　　　　　　　　　　2/512
Purus-Zwergschilderwels

H: S-Amerika: W-Brasilien: Rio Purus.
♂: Pektoral- u. Dorsal-Odontoden.　　V: +
Z: Höhlenlaicher; Elternfamilie.　　　　F: H,L
T: 22–26°C, L: 9 cm, pH: 7, SG: 2–3

Peckoltia cf. *brevis*　　　　　　　　　5/394

H: S-Amerika: Peru: Rio Purus-Zufluß.
♂: Pektoral- u. Dorsal-Odontoden.　　V: +
Z: Höhlenlaicher; Elternfamilie.　　　　F: H,L
T: 22–26°C, L: 9 cm, pH: 7, SG: 2–3

Peckoltia oligospila　　　　　　　　　5/396
L 6

H: S-Amerika: Brasilien: Rio Guamá, Capin.
GU: Unbekannt.　　　　　　　　　　　V: +
Z: Noch nicht bekannt.　　　　　　　　F: O
T: 23–27°C, L: >12 cm, pH: 7, SG: 2–3

Peckoltia platyrhynchus　　　　　　5/396
L 121?, L 135?

H: S-Amerika: Kol., Guyana?, Bras?.
GU: Unbekannt.　　　　　　　　　　　V: +
Z: Unbekannt.　　　　　　　　　　　　F: O
T: 23–27°C, L: >12 cm, pH: 7, SG: 2–3

Loricariidae   Harnischwelse

Peckoltia pulchra 1/494
Gebänderter Zwergschilderwels
H: S-Amerika: Brasilien: Rio Negro.
GU: Unbekannt.   V: +
Z: Noch nicht gelungen.   F: L,O
T: 24–28°C, L: 6 cm, pH: 7, SG: 1–2

Peckoltia sp. 5/404
H: S-Amerika: Brasilien: Rio Negro.
♂: Odontoden; schlanker.   V: +
Z: Versteckbrüter (♂); pH ≪7.   F: O
T: 22–29°C, L: <15 cm, pH: <7, SG: 2–4

Peckoltia sp. 5/405
L 2?
H: S-Amerika: Brasilien.

Peckoltia sp. 5/398
L 2, L 169
H: S-Amerika: Brasilien: Amazonien.
♂: Odontoden; schlanker.   V: +
Z: Noch nicht beschrieben.   F: O
T: 24–27°C, L: 12 cm, pH: 7, SG: 2–3

„*Peckoltia*" sp. erwachsenes ♂ 5/400
Königstiger-Pleco, L 66
H: Brasilien: Rio Xingú/Tocantins.
♂: Odontoden; dunkler.   V: +
Z: Noch nicht gelungen.   F: K,O
T: 26–28°C, L: <16 cm, pH: 7, SG: 2–3

„*Peckoltia*" sp. juvenil 5/400
Königstiger-Pleco, L 66

Loricariidae　　　　　　　　　　　　　　　　　　　　　　Harnischwelse

Peckoltia sp. 4/300
„L 102", Schneeballpeckoltia
H: S-Amerika: Brasilien: Rio Negro.
♂: Odontoden. V: +
Z: Noch nicht gelungen. F: O
T: 23–26°C, L: 15 cm, pH: <7, SG: 3

Peckoltia sp. 5/402
L 102
H: S-Amerika: Venezuela.

Peckoltia sp. 4/300
„L 122"
H: S-Amerika: Venezuela.
GU: Nicht bekannt. V: +
Z: Noch nicht gelungen. F: O
T: 23–28°C, L: 10 cm, pH: 7, SG: 2–3

Peckoltia sp. 5/403
L 129

Peckoltia (?) sp. 5/402
Mega Clown, LDA 19
H: S-Amerika: Venezuela.
GU: Unbekannt. V: +
Z: Bisher nicht nachgezogen. F: H,O
T: 20–25°C, L: 10 cm, pH: 7, SG: 2–3

„*Peckoltia*" sp. 5/400
LDA 2
Ähnlich L 75 und L 124.

Loricariidae   Harnischwelse

Peckoltia vermiculata 4/298

Peckoltia vermiculata 4/298

H: S-Amerika: Brasilien: Pará.
GU: Unbekannt. V: +
Z: Noch nicht gelungen. F: O
T: 23–27°C, L: 10 cm, pH: 7, SG: 2–3

Peckoltia cf. *vermiculata* 4/298
LDA 1
(Foto 5/399)

Peckoltia vittata 1/494
Zierbinden-Zwergschilderwels
H: S-Amerika: Brasilien: Amazonien.
GU: Unbekannt. V: +
Z: Nicht bekannt. F: H
T: 23–26°C, L: <14 cm, pH: <7, SG: 2

Planiloricaria cryptodon 5/407
Peitschenschwanz-Hexenwels
H: S-Amerika: Peru: Rio Ucayali.
GU: Nicht beschrieben. V: +
Z: Nicht bekannt. F: H,O
T: 22–28°C, L: 15 cm, pH: <7, SG: 3–4

Planiloricaria cryptodon 5/407
Peitschenschwanz-Hexenwels
H: Peru: Rio Nanay

Loricariidae   Harnischwelse

Planiloricaria cryptodon   5/407
Peitschenschwanz-Hexenwels

Pseudacanthicus leopardus   4/304
Xingú-Kaktuswels, „L 25"
H: S-Amerika: Brasilien: Rio Xingú.
♂: Längere Odontoden.   V: +
Z: Noch nicht gelungen.   F: O
T: 24–27°C, L: >30 cm, pH: 7, SG: 4

Pseudacanthicus serratus   4/304
Rotflossiger Kaktuswels, „L 24"
H: S-Amerika: Brasilien: Rio Tocantins.
♂: Längere Odontoden.   V: +
Z: Noch nicht gelungen.   F: O
T: 24–27°C, L: >30 cm, pH: 7, SG: 4

Pseudacanthicus spinosus   3/380

H: S-Amerika: Venezuela: Orinoco-System.
♂: Stärkere Odontoden.   V: +
Z: Zufallszucht gelungen.   F: H,O
T: 20–24°C, L: 12 cm, pH: 7, SG: 3–4

Pseudohemiodon laticeps   5/408
Plattkopf-Harnischwels
H: S-Amerika: Paraguay.
GU: Unbekannt.   V: +
Z: Keine Beobachtungen.   F: H,O?
T: 24–28°C, L: >22 cm, pH: 7, SG: 2–3

Pseudohemiodon laticeps   5/408
Plattkopf-Harnischwels

Loricariidae   Harnischwelse

Pseudorinelepis genibarbis 5/410
L 95
H: S-Amerika: Peru: ob. Amazonas.
GU: Siehe Seite 313. V: +
Z: Keine Beobachtungen. F: H,O
T: 23–27°C, L: >40 cm, pH: 7, SG: 2–4

Pseudorinelepis genibarbis 5/410
L 95

Pterosturisoma microps 5/414
Flügelstörwels
H: S-Amerika: Peru: Amazonasgebiet.
GU: Unbekannt. V: +
Z: Unbekannt. F: H,O
T: 24–28°C, L: >15 cm, pH: 7, SG: 3–4

Pterosturisoma microps 5/414
Flügelstörwels

Pterosturisoma sp. 4/296

Sieht ähnlich gefärbt aus wie „L 90".

347

Loricariidae   Harnischwelse

Pterygoplichthys duodecimalis   2/516
Lehm-Segelschilderwels
H: S-Amerika: Brasilien, Rio São Francisco.
GU: Unbekannt.   V: +
Z: Unbekannt.   F: O
T: 22–30°C, L: 50 cm, pH: 7, SG: 1

Pterygoplichthys etentaculatus   3/384
H: S-Amerika: Brasilien, Rio São Francisco.
GU: Unbekannt.   V: +
Z: Unbekannt.   F: H
T: 22–25°C, L: 40 cm, pH: 7, SG: 2–3

Pterygoplichthys sp.   2/514

H: S-Amerika: Peru.

Ricola macrops   3/386
Fieder-Hexenwels
H: S-Amerika: Uruguay, Argentinien.
♂: Pektoralstachel etwas dicker.   V: +
Z: Offenbrüter.   F: O
T: 20–24°C, L: 27 cm, pH: <7, SG: 2–3

Rineloricaria castroi   3/388 (5/420)
Weißdorn-Harnischwels
H: S-Amerika.
♂: Mit „Bart".   V: +
Z: Höhlenbrüter, Vaterfamilie.   F: H,O
T: 20–24°C, L: 14 cm, pH: <7, SG: 2

Rineloricaria eigenmanni   5/416
H: S-Amerika: Venezuela.
♂: Mit „Bart".   V: +
Z: Höhlenbrüter, ♂; Brut empfindlich. F: O
T: 25–29°C, L: 12 cm, pH: 7, SG: 2–3

Loricariidae — Harnischwelse

Rineloricaria fallax 1/498
Zwergharnischwels, Hexenwels
H: S-Am: Paraguay: La Plata-Gebiet.
♂: Mit „Bart". V: +
Z: Höhlenb.; ♂ hält mit Mundscheibe. F: H
T: 15–25°C, L: 12 cm, pH: 7, SG: 2

Rineloricaria formosa 5/416
Schmuck-Gertenwels
H: Kolumbien: bei Puerto Inirida.
♂: Mit „Bart"; größere Dorsale. V: +
Z: Höhlenbrüter, ♂; 20–120 E. F: H,O
T: 22–26°C, L: 10 cm, pH: <7, SG: 3

Rineloricaria hasemani 5/418
Hasemans Hexenwels
H: S-Amerika: Brasilien: Rio Guama.
♂: Mit Odontoden? V: =
Z: Noch nicht gelungen. F: H,O
T: 24–27°C, L: >17 cm, pH: 7, SG: 2–4

Rineloricaria heteroptera 3/388

H: S-Amerika: Brasilien: nahe Manaus.
♂: Mit „Bart". V: =
Z: Unbekannt. F: H,O
T: 20–25°C, L: 26 cm, pH: 7, SG: 2–3

Rineloricaria lanceolata 2/518
Lanzenharnischwels
H: S-Amerika: Rio Paraguay.
♂: Mit „Bart". V: +
Z: Höhlenbrüter. F: K,O
T: 20–24°C, L: 13 cm, pH: 7, SG: 2–3

Rineloricaria latirostris 5/418

H: Brasilien: Hochland um São Paulo.
♂: Mit Odontoden. V: +
Z: Unbekannt. F: O
T: 22–25°C, L: 20 cm, pH: 7, SG: 2

Loricariidae — Harnischwelse

Rineloricaria sp. aff. *latirostris* ♂ 5/420

Rineloricaria sp. aff. *latirostris* ♀ 5/420

H: Brasilien: um Rio de Janeiro.
♂: Mit Odontoden. ♀: Grün-grau. V: +
Z: Höhlenbrüter ♂; Eier orangefarb. F: O
T: 22–25°C, L: 20 cm, pH: <7, SG: 2–3

Rineloricaria microlepidogaster 1/498
Gebänderter Harnischwels
H: S-Amerika: Mittel- u. SO-Brasilien.
♂: Mit „Bart". V: +
Z: Höhlenb.; ♂ hält mit Mundscheibe. F: H
T: 22–26°C, L: 20 cm, pH: <7, SG: 2–3

Rineloricaria morrowi 3/390
Gelber Harnischwels
H: S-Amerika: Peru.
♂: Mit „Bart"? V: +
Z: Unbekannt. F: H
T: 20–24°C, L: 12 cm, pH: 7, SG: 2–3

Rineloricaria nigricauda 5/422
Schwarzschwanz-Hexenwels
H: Brasilien: Provinz Rio de Janeiro.
♂: Stumpfere Schnauze. V: +
Z: Höhlenbrüter, ♂; 50–200 Eier. F: H,O
T: 23–27°C, L: 15 cm, pH: 7. SG: 2

Rineloricaria sp. „Rot" 4/306
Roter Hexenwels
H: S-Amerika: Brasilien, Rio Tocantins,...
♂: Odontoden. V: +
Z: In Röhren; ♀ entfernen. F: O,H
T: 22–27°C, L: 14 cm, pH: 7, SG: 2–4

Loricariidae								Harnischwelse

Rineloricaria teffeana 3/390
Augenflecken-Harnischwels
H: S-Amerika: Peru, Brasilien.
♂: Kopf breiter; undeutlich. V: +
Z: Unbekannt. F: H,O
T: 20–25°C, L: 16 cm, pH: <7, SG: 3

Schizolecis guentheri 5/422
H: SO-Brasilien: Küstenregenwald.
♂: Schlanker. V: +
Z: Unbekannt. F: H,O
T: 21–25°C, L: 4,5 cm, pH: 7, SG: 3–4

Scobinancistrus aureatus 4/308
Sonnenwels, „L 14"
H: S-Amerika: Brasilien, Rio Xingú.
♂: Pektoralodontoden. V: +
Z: Unbekannt. F: O
T: 24–30°C, L: 30 cm, pH: 7, SG: 4

Scobinancistrus pariolispos 4/302
Golden Cloud-Plecko, „L 48"
H: S-Amerika: Brasilien, Rio Tocantins,...
♂: Pektoralodontoden. V: +
Z: Unbekannt. F: O
T: 24–30°C, L: >15 cm, pH: 7, SG: 3

Spatuloricaria cf. *caquetae* 4/306
H: S-Amerika: Kolumbien, Ecuador.
♂: Odontoden. V: +
Z: Noch nicht gelungen. F: O,H
T: 22–25°C, L: 25 cm, pH: 7, SG: 2–3

Sturisoma aureum ♀ 2/518
Goldbartwels
H: S-Amerika: Brasilien, Amazonien.
♂: Odontoden: siehe Fotos. V: +
Z: Offenlaicher; <100 Eier. F: H,O
T: 22–26°C, L: 22 cm, pH: 7, SG: 2–3

Loricariidae　　　　　　　　　　　　　　　　　　　Harnischwelse

Sturisoma aureum　　　　　　2/518
Goldbartwels ♂ bewacht das Gelege.

Sturisoma barbatum　　　　　　2/523
Gemeiner Bartwels
H: S-Amerika: Paraguay: Rio Cajuba.
♂: Mit „Bart".　　　　　　　　　V: +
Z: Noch nicht beschrieben.　　　F: H,L
T: 20–22°C, L: 25 cm, pH: 7, SG: 2–3

Sturisoma nigrirostrum juv.　　　2/524
Nadelstreifen Bartwels, Störwels
H: S-Amerika: Brasilien, mittl. Amazonas.
♂: Mit „Bart".　　　　　　　　　V: +
Z: Substratlaicher; ♂ befächelt.　F: H
T: 25–30°C, L: 24 cm, pH: <7, SG: 2

Sturisoma panamense ♂　　　　2/524
Panama-Bartwels, Segelflossen-Störwels
H: M-Amerika: Panama.
♂: Mit „Bart".　　　　　　　　　V: +
Z: Substratlaicher; ♂ säubert　　F: H
T: 20–22°C, L: 17 cm, pH: 7, SG: 2

Sturisomatichthys leightoni　　　3/393
Leightons Störwels ♂ mit Gelege
H: S-Amerika: Kolumbien.
♂: 1. Dorsalstrahl stark verlängert. V: +
Z: Substratlaicher; ♂ pflegt.　　　F: H
T: 20–24°C, L: 15 cm, pH: 7, SG: 2

Sturisomatichthys leightoni ♀　　3/393
Leightons Störwels

Malapteruridae — Elektrische Welse

Familie Malapteruridae

Die Familie der Elektrischen Welse besteht nur aus einer Gattung mit zwei Arten. Diese bewohnen das tropische Afrika und den Nil. An ihrem äußerlichen Erscheinungsbild fällt auf, daß sie keine Dorsale haben.

Es sind die einzigen Siluriformes, die Stromstöße produzieren können. Die Entladung ist eigentlich eine Serie von Kurzentladungen (bis zu 500 pro Sekunde) von über 350 Volt Spannung, die für ca. eine Sekunde aufrecht erhalten werden kann. Die Stärke der Entladung ist proportional zur Länge des Fisches. Die genannten Werte entsprechen einem ausgewachsenen Exemplar und reichen aus, um einen sensiblen Menschen zu betäuben. Auf jeden Fall ist äußerste Vorsicht beim Hantieren mit größeren Individuen geboten. Zahme Fische erteilen normalerweise keinen Stoß, dennoch ist Vorsicht geboten.

Die elektrischen Fähigkeiten werden nur zur Betäubung der Beute eingesetzt, sie spielen keine Rolle als Orientierungshilfe, wie das etwa bei Messerfischen (Gymnotiformes – Gruppe 10) der Fall ist.

Die Geschlechter können anhand der Genitalpapille und der allgemein schlankeren Gestalt der Männchen erkannt werden. Die Zucht ist aber im Aquarium noch nicht gelungen. Berichte aus der Natur sprechen von paarweisem Laichen in Höhlen, die die Fische in Lehmwände graben, (ähnlich einiger Loricariidae), auch wird vermutet, daß Maulbrüten betrieben wird (BURGESS, 1989).

Im Aquarium ist diese Familie gut haltbar, solange ihrer elektrischen Eigenheit durch Einzelhaltung im Artbecken Rechnung getragen wird. Für dessen Einrichtung muß berücksichtigt werden, daß es sich um nachtaktive Fische handelt. Wasserwerte sind nebensächlich, mittlere Werte werden bevorzugt. Bei der Fütterung muß Zurückhaltung geübt werden, die Fische verfetten sonst und können dadurch sogar eingehen; ansonsten sind es ausdauernde Pfleglinge, die zahm werden können.

Malapterus electricus 1/500
Zitterwels
H: Zentral-Afrika: N des Sambesiflusses.
GU: Unbekannt. V: –
Z: Unbekannt. F: K
T: 23–30°C, L: 100 cm, pH: >7, SG: 4

Malapterus microstoma 3/394
Kleiner Zitterwels
H: Tropisches Afrika: Zairebecken.
GU: Nicht erkennbar. V: –
Z: Unbekannt. F: K
T: 23–28°C, L: 70 cm, pH: 7, SG: 3

Mochokidae — Fiederbartwelse

Familie Mochokidae

Die Familie der Fiederbartwelse besteht aus 10 Gattungen mit insgesamt 167 Arten. Das Verbreitungsgebiet beschränkt sich auf afrikanische Süßgewässer.

Obwohl Fische dieser Familie als Rückenschwimmer gelten, sind es doch nur einzelne Arten, bei denen dies die Norm ist. Die meisten schwimmen „normal" und drehen sich nur kurzzeitig um, etwa um Futter von der Oberfläche aufzunehmen. Die „echten" rückenschwimmenden Arten – in erster Linie *Synodontis nigriventris*, S. 363 –, aber auch weniger bekannte, wie etwa *Brachysynodontis batensoda*, S. 355 und *S. nigrita*, S. 362, sind invers gefärbt, d.h., ventral dunkel und dorsal hell. Auch die Ruheposition ist oft merkwürdig: vertikal mit dem Kopf nach oben oder unten, oder auf dem Rücken liegend.

Fast alle Arten verstecken sich tagsüber, wenn, ihrer nächtlichen Lebensweise nicht entsprechend, das Aquarium stark beleuchtet wird und die Dekoration und der Bodengrund hell gewählt wurden.

Brachysynodontis und *Hemisynodontis* sind zwei einander sehr ähnliche monotypische Gattungen, die wie *Synodontis* zu halten sind (siehe unten). Gleiches gilt auch für die Zwergfiederbartwelse der Gattung *Microsynodontis* (zwei Arten).

Chiloglanis besteht aus mindestens 7 Arten. Sie haben ein Saugmaul, welches ihnen erlaubt, sich in der Strömung ihres Gewässers zu behaupten. Es handelt sich um kleine Friedfische, die für ein friedliches Gesellschaftsbecken mit klarem, sauerstoffreichem Wasser geeignet sind. Zucht bisher erfolglos.

Euchilichthys besteht aus nur vier Arten. Es handelt sich ebenfalls um eine Gattung mit Saugmaul (Sauerstoffbedarf), ansonsten sind ihre Pflege- und Zuchtbedingungen unbekannt.

Synodontis ist eigentlich die einzige Gattung, an die gedacht wird, wenn von der Familie Mochokidae gesprochen wird. Mit über 100 Arten ist sie auch die größte. Fiederbartwelse sind generell friedlich, doch können, wenn man die größeren Arten hält, kleinere Gesellschafter zur Beute werden.

Die Wasserbedingungen hängen zumindest anfänglich vom natürlichen Verbreitungsgebiet ab. So brauchen Arten aus den großen Seen hartes, alkalisches Wasser, während die anderen neutrales bis saures vorziehen.

Die Zucht ist vereinzelt gelungen, so mit *S. nigriventris*, welcher ein Verstecklaicher ist. Pflanzenlaicher gibt es auch, aber in keinem Fall wurde Brutpflege beobachtet (FERRARIS, 1991). *S. multipunctatus* (S. 362) hat eine für Welse einzigartige Fortpflanzungsmethode entwickelt. Dieser Wels aus dem Tanganjikasee mischt sich in das Laichgeschäft maulbrütender Cichliden ein und legt seine Eier zwischen dem Laich des Cichliden ab. Das Buntbarschweibchen brütet dann beide Eiergruppen zusammen aus.

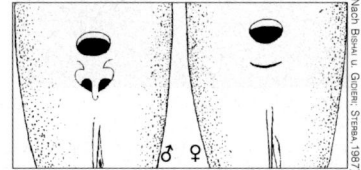

Geschlechtsunterschiede bei *Synodontis* spp.

Mochokidae   Fiederbartwelse

Brachysynodontis batensoda   4/310

H: Afrika: Nil, Tschad, Niger, Sene., Gam.
♂: Schlanker.   V: +,=
Z: Noch nicht gelungen.   F: O,K
T: 23–27°C, L: 21 cm, pH: >7, SG: 2–4

Chiloglanis batesii   4/316

H: Afrika: Kamerun.
GU: Unbekannt.   V: +
Z: Noch nicht gelungen.   F: H,O
T: 20–24°C, L: <10 cm?, pH: 7, SG: 2–3

Chiloglanis cameronensis   (3/395), 4/312

H: Afrika: Kamerun, Gabun, Äq.-Guinea.
GU: Unbekannt.   V: =
Z: Unbekannt.   F: O
T: 23–27°C, L: 6 cm, pH: 7, SG: 2–3

Chiloglanis deckenii   3/396
Schwanzfleck-Stromschnellenwels

H: Afrika: Kenia, Tansania.
GU: Unbekannt.   V: +
Z: Unbekannt.   F: H,O
T: 20–26°C, L: 7 cm, pH: 7, SG: 2–3

Chiloglanis cf. *deckenii*   4/312

H: Afrika: Kenia, Tansania.
GU: Unbekannt.   V: +
Z: Noch nicht gelungen.   F: H,O
T: 22–26°C, L: 7 cm, pH: 7, SG: 2–3

Chiloglanis cf. *neumanni*   3/396
Ostafrikanischer Stromschnellenwels

H: Afrika: Zaire.
♂: Schlanker.   V: +
Z: Unbekannt.   F: H,O
T: 20–26°C, L: 5 cm, pH: 7, SG: 2–3

Mochokidae — Fiederbartwelse

Chiloglanis paratus 2/527
Stromschnellenwels
H: Afrika: vom Nil bis Kamerun.
♂: Schlanker. V: +
Z: Unbekannt. F: H,O
T: 20–24°C, L: 8 cm, pH: 7, SG: 2–3

Chiloglanis somereni 4/314
Migori-Stromschnellenwels
H: Afrika: W-Kenia: Migori-River.
GU: Unbekannt. V: +
Z: Unbekannt. F: H,O
T: 20–24°C, L: <10 cm?, pH: 7, SG: 2–3

Chiloglanis sp. „Kisangani" 4/314
Schwanzstreifen-Stromschnellenwels
H: Afrika: Zaire: Kisangani.
GU: Unbekannt. V: +
Z: Unbekannt. F: O
T: 22–26°C, L: 7 cm, pH: 7, SG: 2–3

Euchilichthys cf. *boulengeri* 4/318
H: Afrika: Zaire: Kasai-Distrikt.
GU: Kaum sichtbar. V: +
Z: Noch nicht gelungen. F: O
T: 23–26°C, L: 13 cm, pH: 7, SG: 3–4

Euchilichthys guentheri 4/318
H: Afrika: Gesamtes Zaire-System.
GU: Kaum sichtbar. V: +
Z: Noch nicht gelungen. F: H,O
T: 23–26°C, L: 7,5 cm, pH: 7, SG: 3

Hemisynodontis membranaceus 2/528
Membran-Fiederbartwels
H: Afrika: Nilbecken, Tschad, Senegal,...
GU: Unbekannt. V: =
Z: Unbekannt. F: K,O
T: 22–25°C, L: 30 cm, pH: 7, SG: 2–3

Mochokidae   Fiederbartwelse

Microsynodontis batesii　　　　　　5/424
Zwergfiederbartwels
H: Afrika: Kamerun, Zairebecken.
GU: Unbekannt.　　　　　　　　　　V: +
Z: Nicht nachgezogen.　　　　　　　　F: K
T: 22–26°C, L: 12 cm, pH: 7, SG: 2–3

Microsynodontis cf. *polli*　　　　　5/424
Pretty Woman-Zwergfiederbartwels　　selten
H: Afrika: Nigeria.
GU: Unbekannt.　　　　　　　　　　V: =
Z: Noch nicht nachgezogen.　　　　　　F: K
T: 22–25°C, L: 6 cm, pH: 7, SG: 2–3

Mochokus brevis　　　　　　　　　5/426
Zwergfiederbartwels
H: Afrika: Weißer Nil, Tschadb., Lake No.
GU: Unbekannt.　　　　　　　　　　V: +
Z: Unbekannt.　　　　　　　　　　　F: K,O
T: 22–28°C, L: 3–4 cm, pH: 7, SG: 2–3

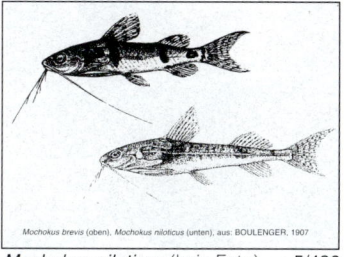

Mochokus niloticus (kein Foto)　　　5/426
Nil-Zwergfiederbartwels
H: Afrika: Nil u. Nigerbecken.
GU: Unbekannt.　　　　　　　　　　V: +
Z: Unbekannt.　　　　　　　　　　　F: K,O
T: 18–28°C, L: 6,5 cm, pH: 7, SG: 3

Mochokiella paynei　　　　　　　　2/528
Payne's Fiederbartwels
H: Afrika: Sierra Leone.
♂: Zur Laichzeit schlanker.　　　　　V: +
Z: Unbekannt.　　　　　　　　　　　F: K
T: 22–24°C, L: 7 cm, pH: 7, SG: 1

Synodontis acanthomias　　　　　　2/530
Gefleckter Riesenfiederbartwels
H: Afrika: Zairebecken.
GU: Unbekannt.　　　　　　　　　　V: =
Z: Nicht bekannt.　　　　　　　　　　F: O
T: 22–24°C, L: 40 cm, pH: 7, SG: 2–3

Mochokidae — Fiederbartwelse

Synodontis afrofisheri 2/530

H: Afrika: Nil- u. Zairebecken.
GU: Unbekannt. V: +
Z: Nicht bekannt. F: K
T: 22–26°C, L: 12 cm, pH: 7, SG: 1–2

Synodontis alberti 1/502

H: Afrika: Zairebecken.
GU: Unbekannt. V: =
Z: Nicht bekannt. F: O
T: 23–27°C, L: 16 cm, pH: 7, SG: 2

Synodontis angelicus 1/502
Perlhuhnwels

H: Afrika: Zaire, Kamerun.
GU: Unbekannt. V: =
Z: Nicht bekannt. F: O
T: 15–25°C, L: 12 cm, pH: 7, SG: 2

Synodontis brichardi juv. 2/532
Brichards Fiederbartwels

H: Afrika: Unterer Zairefluß.
GU: Unbekannt. V: =
Z: Nicht gelungen. F: K,O
T: 22–25°C, L: 15 cm, pH: 7, SG: 2

Synodontis brichardi adult 2/532
Brichards Fiederbartwels

Synodontis budgetti 4/320
Budgetts Fiederbartwels

H: Afrika: Niger, Dahomey, Kamerun.
GU: Unbekannt. V: –
Z: Nicht bekannt. F: K,O
T: 22–27°C, L: 40 cm, pH: 7, SG: 4

Mochokidae   Fiederbartwelse

Synodontis camelopardalis   2/534
Leopard-Fiederbartwels
H: Afrika: Kongobecken, Viktoriasee.
GU: Unbekannt.   V: +
Z: Nicht bekannt.   F: K,O
T: 22–26°C, L: 15 cm, pH: 7, SG: 1–2

Synodontis caudovittatus   3/398
Weißflossen-Fiederbartwels
H: Afrika: oberer Nil, Sudan, Uganda.
GU: Unbekannt.   V: =
Z: Nicht bekannt.   F: K,O
T: 21–24°C, L: 25 cm, pH: 7, SG: 2

Synodontis clarias   2/534
Rotflossen-Fiederbartwels
H: Afrika: Nil, Tschadb., Sen., Gam. Niger.
GU: Unbekannt.   V: =
Z: Nicht bekannt.   F: O
T: 21–24°C, L: 20 cm, pH: 7, SG: 2

Synodontis congicus   2/536
Domino-Fiederbartwels
H: Afrika: Zairebecken.
GU: Unbekannt.   V: +,=
Z: Nicht bekannt.   F: K,O
T: 22–25°C, L: 22 cm, pH: 7, SG: 2–3

Synodontis contractus   2/536
David's Rückenschwimmender Kongowels
H: Afrika: Zaire: Stanley Pool.
GU: Unbekannt.   V: +
Z: Nicht bekannt.   F: K,O
T: 22–25°C, L: 7 cm, pH: 7, SG: 1–2

Synodontis courteti   2/538
Tüpfelfiederbartwels
H: Afrika: Nigerbecken, Tschadsee.
GU: Unbekannt.   V: =
Z: Nicht bekannt.   F: K,O
T: 22–26°C, L: >25 cm, pH: 7, SG: 3

Mochokidae — Fiederbartwelse

Synodontis decorus juv. 1/501

H: Afrika: Oberer Zaire, Kamerun.
GU: Unbekannt. V: +,–
Z: Nicht bekannt. F: O
T: 23–27°C, L: <24 cm, pH: 7, SG: 2–3

Synodontis decorus 1/501
halberwachsen

Synodontis eburneensis 2/538
Elfenbein-Fiederbartwels
H: Afrika: Elfenbeinküste.
GU: Unbekannt. V: =
Z: Nicht bekannt. F: O
T: 22–25°C, L: 16 cm, pH: 7, SG: 2

Synodontis eupterus juv. 1/508
Schmuckflossen-Fiederbartwels
H: Afrika: Weißer Nil, Tschadb., Niger.
GU: Unbekannt. V: =
Z: Nicht bekannt. F: O
T: 22–26°C, L: 15 cm, pH: <7, SG: 2

Synodontis eupterus adult 1/508
Schmuckflossen-Fiederbartwels

Synodontis filamentosus 2/540
Langflossen-Fiederbartwels
H: Afrika: Nilb., Tschad, Niger, Volta.
♂: Lang ausgezogene Flossen? V: –
Z: Nicht bekannt. F: O
T: 21–24°C, L: 17 cm, pH: 7, SG: 2–3

Mochokidae — Fiederbartwelse

Synodontis flavitaeniatus 1/504
Gelbbinden-Fiederbartwels
H: Afrika: Zaire: Stanley Pool.
GU: Unbekannt. V: +
Z: Nicht bekannt. F: O
T: 23–28°C, L: 20 cm, pH: 7, SG: 1

Synodontis sp. aff. *fuelleborni* 4/320
H: Afrika: Tansania.
GU: Unbekannt. V: =
Z: Nicht bekannt. F: K,O
T: 20–25°C, L: 23 cm, pH: 7, SG: 3

Synodontis gambiensis 4/322
Gambia-Fiederbartwels
H: Afrika: Niger, Tschad, Gambia.
GU: Unbekannt. V: =
Z: Nicht bekannt. F: K,O
T: 22–28°C, L: 35 cm, pH: 7, SG: 4

Synodontis granulosus 3/398
Leuchtbaken Fiederbartwels
H: Afrika: Tanganjikasee. E.
GU: Unbekannt. V: =
Z: Nicht bekannt. F: O
T: 22–26°C, L: 27 cm, pH: >7, SG: 3

Synodontis greshoffi 5/428
Greshoffs Fiederbartwels
H: Afrika: Kongobecken.
♂: Schlanker. V: =
Z: Geglückt; kein Bericht. F: K, O
T: 23–27°C, L: 27 cm, pH: >7, SG: 2–3

Synodontis cf. *khartoumensis* juv. 3/400
Khartoum-Fiederbartwels
H: Afrika: Weißer Nil.
GU: Unbekannt. V: =
Z: Nicht bekannt. F: O
T: 23–26°C, L: 30 cm, pH: 7, SG: 2

Mochokidae   Fiederbartwelse

Synodontis cf. *koensis*   3/400

H: Afrika: Guinea, Elfenbeinküste.
GU: Unbekannt.   V: =
Z: Nicht bekannt.   F: K,O
T: 22–25°C, L: 15 cm, pH: 7, SG: 2

Synodontis longirostris   2/540
Eierfleck-Fiederbartwels
H: Afrika: Zairefluß.
GU: Unbekannt.   V: =
Z: Nicht bekannt.   F: K,O
T: 21–24°C, L: 45 cm, pH: 7, SG: 2–4

Synodontis macrops   3/402
Großaugen-Fiederbartwels
H: Afrika: Uganda: oberes Nilbecken.
GU: Unbekannt.   V: =
Z: Nicht bekannt.   F: K,O
T: 20–24°C, L: 18 cm, pH: 7, SG: 2

Synodontis marmoratus   3/402
Marmor-Fiederbartwels
H: Afrika: Kamerun.
GU: Unbekannt.   V: +
Z: Nicht bekannt.   F: K,O
T: 22–25°C, L: 6 cm, pH: 7, SG: 2–3

Synodontis multipunctatus   2/542
Vielpunkt-Fiederbartwels
H: Afrika: Tansania, Tanganjikasee.
GU: Unbekannt.   V: =
Z: Kuckuckslaichverhalten.   F: K,O
T: 21–25°C, L: 12 cm, pH: >7, SG: 2–3

Synodontis nigrita   2/542
Schwarzer Fiederbartwels
H: Afrika: Nilb., Niger, Sen., Gam., Ghana.
GU: Unbekannt.   V: +,=
Z: Wahrscheinlich gelungen.   F: O
T: 21–26°C, L: 16 cm, pH: 7, SG: 2

Mochokidae   Fiederbartwelse

Synodontis nigriventris 1/506
Rückenschwimmender Kongowels
H: Afrika: Zaireb.: Kinshasa–Basonga.
♂: Etw. stärkere Farben, schlanker. V: +
Z: Höhlenlaicher; Brutpflege. F: K,O
T: 22–26°C, L: <10 cm, pH: 7, SG: 1

Synodontis nigromaculatus juv. 3/404
Schwarzgefleckter Fiederbartwels
H: Afrika: Zaire, Sambesi, Tanganjikasee,...
GU: Unbekannt. V: =
Z: Nicht bekannt. F: K,O
T: 22–26°C, L: 40 cm, pH: 7, SG: 2

Synodontis njassae 2/544
Njassa-Fiederbartwels
H: Afrika: Malawisee.
GU: Unbekannt. V: =
Z: Nicht bekannt. F: O
T: 20–23°C, L: 12 cm, pH: >7, SG: 2

Synodontis notatus 1/506
Einpunkt-Fiederbartwels
H: Afrika: Zaire: Stanley Pool-Mousembe.
GU: Unbekannt. V: +
Z: Nicht bekannt. F: O
T: 22–26°C, L: 14 cm, pH: 7, SG: 2–3

Synodontis nummifer 2/544
Pfennig-Fiederbartwels
H: Afrika: untere Zairefluß, Stanley Pool.
GU: Unbekannt. V: =
Z: Nicht bekannt. F: K,O
T: 22–25°C, L: 20 cm, pH: 7, SG: 2–3

Synodontis obesus 3/404
Küsten-Fiederbartwels
H: W-Afrika: Guinea: Küstennahe Gewä.
GU: Unbekannt. V: =
Z: Nicht bekannt. F: K,O
T: 24–28°C, L: 40 cm, pH: 7, SG: 2

Mochokidae   Fiederbartwelse

Synodontis ocellifer 4/322
Augenflecken-Fiederbartwels
H: Afrika: Senegal bis Tschad.
GU: Unbekannt.   V: +,?
Z: Nicht bekannt.   F: K,O
T: 23–27°C, L: 26 cm, pH: 7, SG: 2–3

Synodontis ornatipinnis 2/546
Prachtfiederbartwels
H: Afrika: Zairefluß.
GU: Unbekannt.   V: –
Z: Nicht bekannt.   F: K,O
T: 22–25°C, L: 22 cm, pH: 7, SG: 2–3

Synodontis petricola 2/546, 3/406
Kuckucks-Fiederbartwels
H: Afrika: N-Tanganjikasee. E.
GU: Unbekannt.   V: =
Z: Kuckuckslaichverhalten.   F: K,O
T: 22–25°C, L: 11 cm, pH: 7, SG: 2

Synodontis pleurops 2/548
Gabelschwanz-Fiederbartwels
H: Afrika: Oberer Zairefluß.
GU: Unbekannt.   V: +
Z: Nicht bekannt.   F: K,O
T: 22–26°C, L: 20 cm, pH: <7, SG: 1–2

Synodontis polli 3/406
Poll's Fiederbartwels
H: Afrika: Tanganjikasee. E.
GU: Unbekannt.   V: +
Z: Kuckuckslaichverhalten.   F: O
T: 22–26°C, L: 23 cm, pH: >7, SG: 1–2

Synodontis polli 3/406
Poll's Fiederbartwels
Unterwasseraufnahme.

Mochokidae — Fiederbartwelse

Synodontis sp.aff. *pulcher* 5/428

H: Afrika: unterer Zaire.
♂: Analöffnung verschieden. V: =
Z: Nicht bekannt. F: K,O
T: 22–28°C, L: 3–4 cm, pH: 7, SG: 2–3

Synodontis sp.aff. *pulcher* 5/428

Synodontis rebeli 3/410
Kamerun-Fiederbartwels

H: Afrika: Kamerun, Sanaga-Fluß.
♂: Schlanker. V: =
Z: Nicht bekannt. F: K,O
T: 22–25°C, L: 27 cm, pH: 7, SG: 2–3

Synodontis robbianus 2/548
Rostbrauner Fiederbartwels

H: Afrika: Goldküste, Nigerdelta.
GU: Unbekannt. V: +
Z: Nicht bekannt. F: K,O
T: 21–24°C, L: 13 cm, pH: 7, SG: 1

Synodontis robertsi 5/430
Roberts Fiederbartwels

H: Afrika: zentrales Zaire.
♀: Zur Laichzeit voller. V: =
Z: Noch nicht gelungen. F: K,O
T: 23–27°C, L: 16 cm, pH: 7, SG: 3

Synodontis schall 2/550
Schalls Fiederbartwels

H: Afrika: Weit verbreitet.
GU: Unbekannt. V: –
Z: Nicht bekannt. F: K,O
T: 22–26°C, L: <41 cm, pH: 7, SG: 3

Mochokidae   Fiederbartwelse

Synodontis schoutedeni   1/504, 2/550
Marmorierter Fiederbartwels
H: Afrika: mittleres Zairegebiet.
GU: Unbekannt.   V: =
Z: Nicht bekannt.   F: O
T: 22–26°C, L: 14 cm, pH: 7, SG: 2–3

Synodontis soloni   3/409
Scherenschwanz-Fiederbartwels
H: Afrika: Zairebecken.
GU: Unbekannt.   V: =
Z: Nicht bekannt.   F: K,O
T: 23–25°C, L: 16 cm, pH: <7, SG: 3

Synodontis victoriae   5/432
Viktoriasee-Fiederbartwels
H: Afrika: Viktoriasee, -nil, Malagarasisee.
GU: Unbekannt.   V: ?
Z: „Kuckuck-Methode"?   F: K,O
T: 23–27°C, L: 30 cm, pH: >7, SG: 3–4

Synodontis smiti   5/432
H: Afrika: Zaire-, Ubangi- u. Malaba-River.
GU: Unbekannt.   V: =
Z: Nicht bekannt.   F: K,O
T: 23–25°C, L: 22 cm, pH: <7, SG: 3

Synodontis sp.   4/311
H: Afrika: Zaire.

Synodontis waterloti   3/410
Waterlots Fiederbartwels
H: Afrika: Ghana, Elfenbeink., Liberia,...
GU: Unbekannt.   V: =
Z: Nicht bekannt.   F: K,O
T: 22–25°C, L: 18 cm, pH: 7, SG: 2–3

Olyridae — Olyrawelse

Familie Olyridae

Die Familie der Olyrawelse besteht aus nur einer Gattung mit vier Arten. Nach anderem Verständnis ist diese Gattung Teil der Bagridae. Ihr Verbreitungsgebiet erstreckt sich in den Süßgewässern Asiens von Indien über Burma bis Westthailand.

Eine aquaristisch noch unbekannte Familie, die in der Natur recht selten ist. Ihre Dorsale hat keinen Stachel. Diese Welse haben zwar kein Saugmaul, leben aber dennoch in schnellfließenden Gewässern versteckt unter Steinen.

Olyra longicaudatus 5/434
Olyrawels
H: Asien: Indien, Burma.
GU: Unbekannt. V: =
Z: Unbekannt. F: K!
T: 16–22°C, L: 10–13 cm, pH: 7, SG: 3–4

Pangasiidae — Haiwelse

Familie Pangasiidae

Die Familie der Haiwelse besteht aus zwei Gattungen mit insgesamt 19 Arten (NELSON, 1994). BURGESS (1991) spricht von 6 Gattungen und FRANKE (1985) sogar von 8 mit etwa 25 Arten. Haiwelse sind in Süßgewässern des südlichen Asiens verbreitet. Eine der größten Welsarten überhaupt, *Pangasius gigas*, erreicht über 2,5 m Länge. Nur als Jungtiere können sie mit Gesellschaftern angemessener Größe gehalten werden.

Pangasius hypophthalmus (*Pangasius sutchi*) ist ein tagaktiver und lebhafter Schwarmfisch. Er ist beliebt, braucht aber viel Raum. In Asien wird diese Art, wie auch andere dieser Familie, als Speisefisch gezüchtet.

Pangasius hypophthalmus 1/509
Haiwels (Syn.: *P. sutchi*)
H: Asien: Thailand: Bangkok.
GU: Unbekannt. V: =
Z: Durch Abstreifen? F: O
T: 22–26°C, L: <100 cm?, pH: 7, SG: 3

Pangasius pangasius 3/412
Schwarzflossen-Haiwels
H: Asien: Pakistan bis Indonesien.
GU: Unbekannt. V: =
Z: Nicht bekannt. F: O
T: 23–28°C, L: <130 cm, pH: 7, SG: 4

Pimelodidae — Antennenwelse

Familie Pimelodidae

Die Familie der Antennenwelse ist eine der artenreichsten unter den Siluriformes: etwa 56 Gattungen enthalten insgesamt ca. 300 Arten. Diese verteilen sich vom Süden Mexikos aus bis in das nördliche tropische Argentinien. In allen Süßwassertypen sind sie zu finden: in kleinen Bächen, großen Flüssen, stillen Lagunen. Entsprechend variiert ihre Sauerstoff-Empfindlichkeit.

Die Familie schließt viele große Welse, aber auch einige mit „Gesellschaftsaquariumlänge" ein. Beim Erwerb von Jungfischen darf nicht vergessen werden, daß die meisten Arten schnellwachsende Raubfische sind, die daher nicht mit zu kleinen Fischen vergesellschaftet werden können. Zuchterfolge im Aquarium sind bisher ausgeblieben, verständlich bei großen Arten, nicht so bei den kleineren (FERRARIS, 1991). FRANKE (1985) berichtet als Ausnahme über eine erfolgreiche Zucht von *Microglanis iheringi* durch GRUNDMAN und JOB nach Hormonbehandlung: fast 1000 Eier wurden gelegt, bei für die Familie normalen Wasserwerten (leicht sauer, 8–12 °dGH).

Diese Schwierigkeiten in der Vermehrung verhindern auch ihre Verbreitung in der Speisefischzucht, obwohl alle großen Arten zusammen mit den *Colossoma*-Arten, den *Cichla*-Arten und *Arapaima gigas* die wichtigsten Speisefische Amazoniens stellen. Erfolge konnten bisher bei der Gattung *Rhamdia* gleichfalls lediglich mit Hormongaben erzielt werden.

Antennenwelse sind dämmerungs- und nachtaktiv, was bei der Einrichtung des Aquariums berücksichtigt werden muß. Zu beachten sind auch die langen Barteln („Antennen") der Mehrzahl der Arten. Das Becken muß daher auch in seiner Breite groß genug sein, um zu verhindern, daß es der Wels gleichzeitig vorn und hinten berührt. Der Fisch würde sonst in Panik geraten. Die Dekoration muß zwar Verstecke aufweisen, aber genauso wichtig ist ein freier Schwimmraum. Mehrere große Arten werden in letzter Zeit als Jungfische angeboten: schön gezeichnet und lebhaft, sind sie für den Aquarianer reizvoll, man sollte jedoch ihre Endgröße und den damit verbundenen Futter- und Platzbedarf bedenken.

Aguarunichthys torosus 5/435
Stier-Antennenwels
H: S-Amerika: Peru: Dept. Amazonas.
GU: Bisher nicht beschrieben. V: =
Z: Nicht bekannt. F: K
T: 22–27°C, L: 25 cm?, pH: <7, SG: 3

Brachyplatystoma juruense adult 4/324
Goldbinden-Zebraantennenwels
H: S-Amerika: Peru, Brasilien.
GU: Unbekannt. V: –
Z: Nicht bekannt. F: K
T: 22–27°C, L: <200 cm, pH: 7, SG: 4

Pimelodidae   Antennenwelse

Brachyplatystoma juruense juv.   4/324
Goldbinden-Zebraantennenwels

Brachyrhamdia imitator   2/552
Imitatorwels
H: S-Amerika: Venezuela, Kolumbien?.
GU: Unbekannt.   V: =
Z: Nicht bekannt.   F: K,O
T: 21–25°C, L: 7,5 cm, pH: 7, SG: 1–2

Brachyrhamdia marthae   3/413, 5/436
Blauer Imitatorwels
H: S-Amerika: Peru: ob. Amazonas.
GU: Unbekannt.   V: =
Z: Nicht bekannt.   F: K,O
T: 24–26°C, L: 9 cm, pH: <7, SG: 2

Brachyrhamdia meesi   3/414
Mees' Antennenwels
H: S-Amerika: Brasilien: Belém?.
GU: Unbekannt.   V: =
Z: Nicht bekannt.   F: K,O
T: 24–26°C, L: 8 cm, pH: <7, SG: 2

Brachyrhamdia sp.   5/441

Unbeschriebene Art.

Duopalatinus malarmo   3/414
Malarmowels
H: S-Amerika: Venezuela.
GU: Unbekannt.   V: =
Z: Nicht bekannt.   F: K
T: 24–28°C, L: <65 cm, pH: <7, SG: 2–3

Pimelodidae   Antennenwelse

Hemisorubim platyrhynchos 2/552
Unterständiges Schaufelmaul
H: S-Amerika: Sur., Ven., Bras., Par.
GU: Unbekannt. V: =
Z: Nicht bekannt. F: K
T: 20–22°C, L: 35 cm, pH: 7, SG: 3–4

Heptapterus mustelinus 5/436
Brauner Siebenflossenwels
H: S-Amerika: SO-Brasilien, (Surinam?).
GU: Nicht bekannt. V: +
Z: Nicht bekannt. F: K
T: 18–24°C, L: 9 cm, pH: ≪7, SG: 3

Imparfinis longicauda 3/416

H: S-Amerika: Ecuador, Peru.
GU: Unbekannt. V: =
Z: Nicht bekannt. F: K,O
T: 20–24°C, L: 15 cm, pH: <7, SG: 2

Imparfinis minutus 3/416
Grundel-Antennenwels
H: S-Amerika: W-Brasilien, Guyana-Staaten.
GU: Unbekannt. V: =
Z: Nicht bekannt. F: K,O
T: 24–28°C, L: 12 cm, pH: <7, SG: 2

Leiarius marmoratus ♂ 4/326
Marmor-Prachtantennenwels
H: S-Amerika: Peru, Brasilien.
♂: Schlanker. V: =
Z: Nicht bekannt. F: K
T: 24–26°C, L: <60 cm, pH: <7, SG: 3–4

Lophiosilurus alexandri 5/438
Alexanders Breitmaulfisch
H: S-Amerika: Brasilien: Amazonien.
GU: Unbekannt. V: –
Z: Nicht bekannt. F: K!
T: 22–27°C, L: >20 cm, pH: <7, SG: 4

Pimelodidae — Antennenwelse

Lophiosilurus alexandri 5/438
Alexanders Breitmaulfisch
Kopfstudie

Merodontotus tigrinus 4/326
Zebra Spatelmaul
H: S-Amerika: Brasilien: Rio Madeira.
GU: Unbekannt. V: =
Z: Nicht bekannt. F: K
T: 22–26°C, L: >50 cm, pH: 7, SG: 4

Microglanis iheringi 2/554
Kleiner Marmor-Antennenw., Kl. Harlekinw.
H: S-Amerika: Venezuela, Kolumbien.
GU: Nicht beschrieben. V: +
Z: Nicht bekannt. F: K,O
T: 21–25°C, L: 6 cm, pH: 7, SG: 1–2

Microglanis parahybae 3/418
Großer Marmor-Antennenw., Gr. Harlekinw.
H: S-Amerika: SO-Brasilien, Arg., Par.
GU: Unbekannt. V: =
Z: Nicht bekannt. F: K,O
T: 21–26°C, L: 9 cm, pH: 7, SG: 1–2

Perrunichthys perruno 2/556
Leopard-Antennenwels
H: S-Amerika: Venezuela, Brasilien.
GU: Unbekannt. V: =
Z: Bisher nicht beschrieben. F: K
T: 21–25°C, L: 60 cm, pH: <7, SG: 3–4

Phractocephalus hemioliopterus 2/556
Rotflossen-Antennenwels
H: S-Amerika: Venezuela, Guyana, Brasilien.
GU: Unbekannt. V: =
Z: Im Aquarium nicht möglich. F: O
T: 20–26°C, L: <60 cm, pH: <7, SG: 4

Pimelodidae — Antennenwelse

Pimelodella chagresi 5/440
Einbinden Fadenwels
H: M-Amerika: Costa Rica, Panama.
GU: Unbekannt. V: =
Z: Bisher nicht gelungen. F: K,O
T: 23–26°C, L: >10 cm, pH: 7, SG: 2–3

Pimelodella gracilis 2/558
Schlanker Fadenwels
H: S-Amerika: Brasilien, Venezuela.
GU: Unbekannt. V: =
Z: Bisher nicht gelungen. F: K,O
T: 20–24°C, L: 30 cm, pH: 7, SG: 2–3

Pimelodella lateristriga 2/558
Gestreifter Antennenw., Gestreifter „Fadenw."
H: S-Amerika: O-Amazonasbecken.
GU: Unbekannt. V: =
Z: Nicht bekannt. F: K,O
T: 20–24°C, L: 20 cm, pH: 7, SG: 2–3

Pimelodella rambarrani 3/418
Masken-Imitatorwels
H: S-Amerika: Brasilien: Rio Unini.
♂: Schlanker. V: =
Z: Unbekannt. F: K,O
T: 24–26°C, L: 7 cm, pH: <7, SG: 2

Pimelodella sp. 5/440

Pimelodella steindachneri (?) 5/442
Steindachners Antennenwels
H: S-Amerika: Brasilien: Rio Madeira.
GU: Unbekannt. V: =
Z: Unbekannt. F: K
T: 20–26°C, L: 15 cm, pH: 7, SG: 3

Pimelodidae   Antennenwelse

Pimelodus albofasciatus 2/560
Weißstreifen-Antennenwels
H: S-Amerika: Surinam, Guyana.
GU: Unbekannt.   V: =
Z: Nicht bekannt.   F: K
T: 22–25°C, L: 25 cm, pH: <7, SG: 3

Pimelodus blochii 1/510
Fettwels, Gemeiner Antennenw., Langbart
H: S-Amerika: Panama bis Brasilien.
GU: Unbekannt.   V: =
Z: Nicht bekannt.   F: K,O
T: 20–26°C, L: <30 cm, pH: 7, SG: 1–2

Pimelodus cf. *blochii* 5/442

H: Nördliches S-Amerika.
GU: Unbekannt.   V: =
Z: Nicht bekannt.   F: K,O
T: 18–26°C, L: 15–30 cm, pH: 7, SG: 3

Pimelodus maculatus 2/560
Fleckenantennenwels
H: S-Amerika: Brasilien, Paraguay.
GU: Unbekannt.   V: =
Z: Nicht bekannt.   F: K
T: 20–24°C, L: 26 cm, pH: 7, SG: 2–3

Pimelodus ornatus 2/562
Schmuckantennenwels
H: S-Amerika: Weit verbreitet.
GU: Unbekannt.   V: =
Z: Nicht bekannt.   F: K,O
T: 24–25°C, L: 28 cm, pH: 7, SG: 3

Pimelodus pictus 2/562
Engelantennenwels
H: S-Amerika: Kolumbien.
GU: Unbekannt.   V: +
Z: Nicht bekannt.   F: O
T: 22–25°C, L: >11 cm, pH: <7, SG: 2

Pimelodidae   Antennenwelse

Pimelodus sp. „grün"   5/445
Grüner Antennenwels

H: S-Amerika: Peru: Distrikt Requena.
GU: Unbekannt.   V: ?
Z: Nicht bekannt.   F: K
T: 23–28°C, L: 20–25 cm, pH: 7, SG: 3–4

Pinirampus pirinampu   3/420
Zander-Antennenwels

H: S-Amerika: Venezuela bis Paraguay.
GU: Unbekannt.   V: =
Z: Unbekannt.   F: K
T: 22–28°C, L: <120 cm, pH: 7, SG: 4

Platystomatichthys sturio   2/564
Störspatelwels

H: S-Amerika: Gesamtes Amazonasbecken.
GU: Unbekannt.   V: =
Z: Nicht bekannt.   F: K
T: 21–25°C, L: 40 cm, pH: 7, SG: 3–4

Pseudopimelodus nigricaudus   4/328

H: S-Amerika: Surinam: Sipaliwini-Gebiet.
GU: Unbekannt.   V: –
Z: Nicht bekannt.   F: K!
T: 20–25°C, L: 35 cm, pH: 7, SG: 4

Pseudopimelodus raninus raninus   2/564
Frosch-Fettwels

H: S-Amerika: Weit verbreitet.
GU: Nicht beschrieben.   V: =
Z: Nicht nachgezogen.   F: K
T: 21–25°C, L: 10 cm, pH: <7, SG: 1–2

Pseudopimelodus zungaro bufonius   2/566
Zungarowels

H: S-Amerika: Ven., Kol., Guy., Sur., Bra.
GU: Unbekannt.   V: =
Z: Nicht bekannt.   F: K
T: 20–24°C, L: 18 cm, pH: 7, SG: 2–3

Pimelodidae   Antennenwelse

Pseudoplatystoma fasciatum 1/510
Tigerspatelwels, Schaufelmaul
H: S-Amerika: Venezuela, Peru, Paraguay.
GU: Unbekannt.   V: –
Z: Nicht bekannt.   F: K
T: 24–28°C, L: <100 cm, pH: 7, SG: 3

Pseudoplatystoma tigrinum 4/328
Tigerspatelwels
H: S-Amerika: Amazonasbecken.
GU: Unbekannt.   V: =
Z: Nicht bekannt.   F: O
T: 22–26°C, L: 60 cm, pH: 7, SG: 4

Rhamdia guatemalensis 2/566
Guatemala-Antennenwels
H: M-, S-Amerika: S-Mexiko–Kolumbien.
GU: Unbekannt.   V: =
Z: Nicht bekannt.   F: O
T: 22–28°C, L: 28 cm, pH: 7, SG: 2

Rhamdia laticauda laticauda 3/420
Langflossen-Antennenwels
H: M-, S-Amerika.
GU: Unbekannt.   V: +
Z: Nicht bekannt.   F: O
T: 24–28°C, L: 12 cm, pH: >7, SG: 1

Sciades pictus 2/554
Segelantennenwels
H: S-Amerika: Amazonasgebiet.
GU: Unbekannt.   V: =
Z: Nicht bekannt.   F: K
T: 22–26°C, L: 60 cm, pH: 7, SG: 4

Sorubim lima 1/512
Spatelwels
H: S-Amerika: Amazonien.
GU: Unbekannt.   V: =
Z: Nicht bekannt.   F: K
T: 23–30°C, L: <60 cm, pH: 7, SG: 4

Plotosidae — Aalwelse, Korallenwelse

Familie Plotosidae

Die Familie der Aal- oder Korallenwelse besteht aus etwa 32 Arten in 9 Gattungen im Meer-, Brack- und Süßwasser des Indischen Ozeans und des Westpazifiks von Japan bis Australien und Fidschi. Laut NELSON (1994) sind etwa die Hälfte der Arten im Süßwasser Australiens und Neuguineas zu finden.

Die strahlenreiche Anale bildet mit der Kaudale einen Flossensaum, der sich bei manchen Arten auch am Rücken fortsetzt.

Die Gattung *Plotosus* sowie einige andere haben Giftdrüsen, die mit den Pektoralstacheln und dem Dorsalstachel in Verbindung stehen. Vorsicht, die Giftigkeit ist hier besonders hoch, es gibt Meldungen von Todesfällen!

Meerwasserarten sind Versteckleicher. Die Jungfische bilden dichte Knäuel, um sich so vor Raubfischen zu schützen. Mit fortschreitendem Alter lösen sich diese Ballen langsam in halberwachsene Einzelgänger auf. Süßwasserarten bauen Nester aus Kies, in welche die Eier hineingelegt werden. Brutpflege wird betrieben.

Alle größeren Arten finden als Speisefische Verwendung, sie werden jedoch nicht zu diesem Zweck gezielt gezüchtet. *Plotosus anguillaris* und *P. canius* sind Meerwasserarten, die oft in *Chanos chanos*-Teichen in Indonesien als Beifische mitgeerntet werden.

Unter den Süßwasserarten wird vor allem *Tandanus tandanus* in Australien in Betracht gezogen. Die Art wurde experimentell in Teichen bereits mit guten Ergebnissen gezüchtet. Andererseits hat laut BURGESS (1989) *Anodontoglanis dahli*, eine endemische Art Australiens, rosa Fleisch, das besonders geschätzt wird. Arten der Familie Plotosidae sind auf dem Gebiet der Speisefischzucht noch recht zukunftsträchtig.

Eine Aquariumhaltung ist zur Zeit schwierig, da die meisten Arten kaum im Angebot zu finden sind. Ansonsten sind es problemlose Allesfresser, die immer in einer kleinen Gruppe gehalten werden sollten. Im allgemeinen handelt es sich um Arten, die ein dunkel eingerichtetes, versteckreiches Aquarium mit mittleren bis brackigen Wasserwerten bevorzugen.

Neosilurus argenteus 2/568
Silberaalwels
H: Australien: Landesinnere.
GU: Unbekannt. V: =
Z: Nicht bekannt. F: K,O
T: 5–30°C, L: 20 cm, pH: >7, SG: 2–3

Plotosidae   Aalwelse, Korallenwelse

Neosilurus ater juv.   2/568
Schwarzer Aalwels
H: Neu-Guinea, N-Australien: in Flüssen.
GU: Unbekannt.   **V:** +,=
Z: Nicht bekannt.   **F:** K,O
T: 22–30°C, **L:** 50 cm, **pH:** 7, **SG:** 2

Neosilurus glencoensis   2/570
Gelbflossensaumwels
H: NW- bis NO-Australien.   Sw
GU: Unbekannt.   **V:** =
Z: Nicht bekannt.   **F:** K,O
T: 22–28°C, **L:** 20 cm, **pH:** 7, **SG:** 1–2

Neosilurus glencoensis juv.   2/570
Gelbflossensaumwels
Das Gelb des Flossensaums verblaßt im Alter.

Plotosus bostocki   5/446

H: Australien. 1 El Salz auf 10 l Wasser.
♀: Zur Laichzeit voller.   **V:** =?
Z: Nicht bekannt.   **F:** K,O
T: 24–26°C, **L:** >12 cm?, **pH:** 7, **SG:** 2–3

Porochilus rendahli   5/446

H: Neuguinea, Australien.
♀: Zur Laichzeit voller.   **V:** =?
Z: Nicht bekannt.   **F:** K
T: 18–20°C, **L:** >12 cm, **pH:** >7, **SG:** 1–4

Tandanus tandanus   2/570
Tauwels, Kenaru
H: Australien: Tweedfluß, Murray-Darling.
♂: Dreieckige Urogenitalpapille.   **V:** =
Z: Nichtadhärente E in Kiesmulde.   **F:** K,O
T: 5–25°C, **L:** 90 cm, **pH:** 7, **SG:** 4

Schilbeidae — Glaswelse

Parailia pellucida, Nilglaswels, s.S.379. Vergleiche mit *Ompok eugeneiatus* auf S. 381.

Familie Schilbeidae

Die Familie der Glaswelse besteht aus etwa 18 Gattungen mit insgesamt um die 45 Arten (NELSON, 1994); FRANKE zählte 1985 etwa 40 Arten zur Familie. Ihr Verbreitungsgebiet ist Afrika und das südliche Asien, mit etwa drei Viertel der Arten in Afrika.

Wie ihr Umgangsname bereits andeutet, sind diese Welse vor allem dadurch bekannt, daß einige Arten einen durchsichtigen Körper haben. Die Gattung *Kryptopterus* sieht diesen Welsen sehr ähnlich, hat aber nur ein Paar Barteln (zum Unterschied zu 4 Paaren) und gehört zur Familie Siluridae.

Die kleineren Arten der Schilbeidae sind bestens für Aquarien geeignet. Es sind tagaktive Schwarmwelse die sich leicht an Trockenfutter gewöhnen lassen und die mit anderen kleinen Arten in einem Gesellschaftsbecken gut gehalten werden können. Obwohl farblich nicht sehr ausgefallen, gibt es Arten mit interessanten Kontrast-/Linien-Zeichnungen. Andererseits sind sie gerade wegen ihrer Transparenz beliebt. Als Schwarmfische sollten sie für ihr größtes Wohlbefinden immer in Gruppen von mindestens 6 Fischen gehalten werden. *Schilbe mystus* ist da etwas die Ausnahme. Diese Art tendiert eher zum alleinigen, bodenorientierten Dasein.

Leider ist die Zucht dieser Arten, mit Ausnahme von *Eutropiellus buffei*, die ihre Eier wahllos zwischen feinfiedrigen Pflanzen verstreut und dann umgesetzt werden muß, kaum ohne Hormonbehandlung gelungen.

Fütterung ist kein Problem, denn es sind vorwiegend Allesfresser mit überwiegend Lebendfutter- oder Fischfleischanteil. Jedes gute Flockenfutter wird akzeptiert, was die Fütterung zwar wesentlich erleichtert, aber nicht zur Gewohnheit werden sollte: ein paar Mal pro Woche sollte feines Lebendfutter gegeben werden.

Eutropiellus buffei 1/513, 2/572
Schwalbenschwanz-Glaswels
H: Afrika: Nigeria, Kamerun, Gabun? Zaire?
♂: Schlanker. V: +
Z: Zwischen Pflanzen; <100 Eier. F: K,O
T: 22–27°C, L: 8 cm, pH: 7, SG: 2–3

Horabagrus brachysoma 5/448
Mondfinsternis-Stachelwels
H: Asien: S-Indien: Kerala State.
GU: Noch nicht beschrieben. V: =
Z: Nicht bekannt. F: K,O
T: 23–25°C, L: 13 cm, pH: 7, SG: 2

Parailia congica 2/572
Afrikanischer Glaswels
H: Afrika: Zaire: Stanley Pool.
GU: Unbekannt. V: +
Z: Bisher nicht gelungen. F: K,O
T: 23–26°C, L: 9 cm, pH: 7, SG: 2

Parailia pellucida 2/574
Nilglaswels, Afrikanischer Glaswels
H: Afrika: Quellgebiet des Nils.
GU: Unbekannt. V: +
Z: Nicht bekannt. F: K
T: 25–28°C, L: 15 cm, pH: 7, SG: 3

Pareutropius longifilis 4/330
H: Afrika: Tansania.
♂: Sehr schlank, etwas kleiner. V: ?
Z: Nicht bekannt. F: O
T: 23–27°C, L: 10 cm, pH: 7, SG: 2–3

Schilbeidae   Glaswelse

Platytropius siamensis   2/574

H: Asien: Thailand.
♂: Fleischige Auswölbung vor After. V: =
Z: Nicht bekannt.   F: O
T: 21–25°C, **L:** 20 cm, **pH:** 7, **SG:** 2

Schilbe brevianalis   4/331
Gewölkter Glaswels

H: Afrika: Nigeria, Kamerun: Küstenflüsse.
♂: Schlanker.   V: +
Z: Hormonbehandlung; 3000 Eier. F: K
T: 24–27°C, **L:** <13 cm, **pH:** 7, **SG:** 2–3

Schilbe grenfelli   4/332

H: Afrika: Zairebecken.
GU: Unbekannt.   V: ?
Z: Nicht bekannt.   F: K,O
T: 23–26°C, **L:** 50 cm, **pH:** 7, **SG:** 3

Schilbe intermedius   1/514
Silberwels

H: W-Afrika: Nil, Niger, Viktoria-, Tschadsee.
GU: Unbekannt.   V: =
Z: Gelungen (mit Hormongabe?). F: O
T: 23–27°C, **L:** 35 cm, **pH:** 7, **SG:** 2

Schilbe marmoratus   3/422
Marmorierter Glaswels

H: Afrika: Zaire.
♂: Schlanker zur Laichzeit.   V: =
Z: Nicht bekannt.   F: K,O
T: 24–26°C, **L:** >15 cm, **pH:** 7, **SG:** 2–3

Silonia silondia   5/449

H: Asien: Indien: unterer Ganges.
GU: Nicht bekannt.   V: ?
Z: Wanderung zu Quellgebieten. F: K,O
T: 23–26°C, **L:** 180 cm, **pH:** 7, **SG:** 4

Siluridae   Echte Welse

Kryptopterus bircirrhis. Zeichnung aus CUVIER & VALENCIENNES, 1839, Bd. 14.

Familie Siluridae

Die Familie der Echten Welse enthält an die 100 Arten in etwa 12 Gattungen. Diese Welse sind in Asien weit verbreitet, nur 2 Arten (*Silurus* spp.) kommen in Europa vor. Eine der Arten, *Siluris glanis*, ist die größte aller Siluriformes mit einem belegten Rekord von 330 kg Gewicht bei einer Länge von 5 m (Nelson, 1994). Es handelt sich überwiegend um Süßwasserarten, wobei einige in Brackwasser vordringen.

Die in Aquarienkreisen mit Abstand beliebtesten Echten Welse sind Arten der Gattungen *Kryptopterus* und *Ompok*, als Glaswelse bekannte Arten; weitere sind in der Familie Schilbeidae zu finden. Glaswelse der Siluridae haben weder eine Adipose noch nasale Barteln.

In einem Heimaquarium sollten nicht weniger als 6 Glaswelse einen Schwarm bilden können, was von vornherein größere Arten (sie erreichen bis zu 80 cm Länge) ausschließt. In kleineren Gruppen bleiben die Fische scheu und leben versteckt in Bodennähe, anstelle wie sonst im Schwarm tagsüber durch das offene Wasser zu ziehen.

Sie sind auch gute Gesellschafter, weil sie genügsam mit Trockenfutter zufrieden sind. Allerdings sollte ihre Ernährung nicht ausschließlich auf diesem beruhen.

Leider ist mit Ausnahme von *Kryptopterus minor* die Zucht dieser Gattung noch nicht gelungen. Selbst bei dieser Art handelt es sich bisher eher um Zufallszuchten, aber das Nachahmen der Jahreszyklen scheint einen entscheidenden Einfluß zu haben.

Siluridae   Echte Welse

Die größeren Fische der anderen Gattungen sind eher einzelgängerische Bodenbewohner, die schwer vergesellschaftet werden können, da ihre Tendenz zum Raubfisch stärker ausgeprägt ist.

In der Speisefischzucht sind einige Arten der Siluridae in geringem Maße in Asien vertreten. So z.B. *Ompok bimaculatus*, der mit Hormoninjektionen zum Laichen gebracht wird. Ansonsten wird mit *Silurus glanis* vor allem in Osteuropa gearbeitet. Welse (Waller) sind sehr schmackhafte Speisefische.

Kryptopterus cryptopterus 2/576

H: SO-Asien: Thailand, Sumatra, Borneo.
GU: Unbekannt.   V: =
Z: Natur: Juni/Juli.   F: K
T: 22–25°C, L: 20 cm, pH: 7, SG: 3

Kryptopterus macrocephalus 2/576
Gestreifter Glaswels
H: SO-Asien: Borneo, Sumatra.
GU: Unbekannt.   V: =
Z: Nicht bekannt.   F: K,O
T: 22–26°C, L: 11 cm, pH: 7, SG: 1–2

Kryptopterus minor 1/515
Indischer Glaswels, fälschlich *K. bicirrhis*
H: SO-Asien: Thailand, Malaysia, Indonesien.
GU: Unbekannt.   V: +
Z: Feinfiedrige Pflanzen.   F: K,O
T: 21–26°C, L: 8 cm, pH: 7, SG: 3

Ompok bimaculatus 1/516
Doppelfleck-Glaswels
H: SO-Asien: Nepal, Thai., Indonesien,...
GU: Nicht beschrieben.   V: =
Z: In Teichen.   F: O
T: 20–26°C, L: <45 cm, pH: 7, SG: 2

Ompok eugeneiatus 2/578
Borneo-Glaswels
H: SO-Asien: Sumatra, Borneo.
♂: Längere Dorsale?   V: =
Z: Nicht bekannt.   F: K
T: 20–24°C, L: 18 cm, pH: <7, SG: 3

Siluridae — Echte Welse

Ompok sabanus 4/334

H: SO-Asien: Indonesien, Malay., Borneo.
♂: Häkchen am Pektoralstachel? V: =
Z: Nicht bekannt. F: K,O
T: 23–27°C, L: 18 cm, pH: 7, SG: 3–4

Parasilurus asotus 5/450
Amurwels

H: Asien: Amur-Gebiet.
GU: Nicht bekannt. V: –
Z: Laichgrube zw. Wurzeln; ♂ pflegt. F: K,O
T: 5–25°C, L: 100 cm, pH: 7, SG: 4

Silurus glanis 3/423
Wels, Waller

H: Afrika: Nigerdelta.
♂: Bauch schlanker (Laichzeit). V: –
Z: Nat: Mai–Juli; Nestmulde. F: K
T: 4–20°C, L: <250 cm, pH: 7, SG: 4

Silurus soldatovi 5/450
Russischer Waller

H: Asien: Amur von Sibirien bis China.
GU: Unbekannt. V: –
Z: Künstl. Befruchtung f. Speisezw. F: K,O
T: 5–25°C, L: <400 cm, pH: 7, SG: 4

Wallago attu (falsches Foto bis 7.A.) 2/578
„Hubschrauber"-Wels

H: Asien: Java, Sum., Thai., Indien, Bur.,...
GU: Unbekannt. V: =
Z: Nicht bekannt. F: O
T: 22–25°C, L: 90 cm, pH: 7, SG: 4

Wallago leeri

H: Asien: Borneo, Sumatra.
GU: Unbekannt. V: –
Z: Nicht bekannt. F: K
T: 22–27°C, L: > 50 cm, pH: 7, SG: 4

Sisoridae — Gebirgswelse

Familie Sisoridae

Die Familie der Gebirgswelse besteht aus ca. 20 Gattungen mit um die 85 Arten und ist im Süßwasser des südlichen Asiens beheimatet. Es handelt sich weitgehend um mittlere bis kleine Arten, mit Ausnahme der Gattung *Bagarius,* welche große bis sehr große Arten (2 Meter und mehr) beinhaltet.

Wie ihr Umgangsname bereits vermuten läßt, sind diese Fische an das Leben in schnell fließenden Gewässern angepaßt. Viele der Arten haben zwar kein Saugmaul, aber ihr Maul ist meistens unterständig, um algenbewachsene Steine abraspeln zu können. (Auch hier ist die Gattung *Bagarius* eine Ausnahme, da deren Arten Raubfische sind.) Um sich gegen die vorherrschende Strömung besser behaupten zu können, dient den Gebirgswelsen ein abgeflachter Kopf, der durch das fließende Wasser an den Untergrund gedrückt wird, und charakteristische, ventrale Hautfalten, die einen Saugnapfeffekt erzeugen können.

Die Arten der Familie werden selten angeboten, weshalb aquaristisch bisher wenig bekannt ist. Da es sich aber weitgehend um Bewohner bewegter, sauerstoffreicher Gewässer handelt, sind Wasserbewegung und hoher Sauerstoffgehalt die wichtigsten Eigenschaften des Milieus im Aquarium; Wasserhärte und pH kommen erst an zweiter Stelle. Was die Temperatur anbelangt, so haben sich die Gebirgsarten – vor allem solche, die in höheren Lagen vorkommen (bis zu 1500 m ü.d.M.) – als empfindlich erwiesen: sie brauchen unbedingt kühles Wasser.

Bisherige Erfahrungen zeigen, daß die kleineren Arten friedlich sind. Unter ihnen gibt es sowohl Einzelgänger als auch Schwarmfische, die entweder tag- oder nachtaktiv sein können. Ihre Zucht ist derzeit unbekannt.

Zeichnung aus
CUVIER & VALENCIENNES, 1840

Bagarius bagarius 2/580
Teufelswels
H: Asien: Indien, Bur., Thai., Viet., Sum., Bor. Z: Nicht bekannt. F: K
GU: Unbekannt. V: – T: 18–25°C, L: <200 cm, **pH:** 7, **SG:** 3–4

Sisoridae Gebirgswelse

Bagarius yarellii 2/580
Teufelswels
H: Asien: Indien, Bur., Thai., Viet., Sum., Bor.
GU: Unbekannt. V: –
Z: Nicht bekannt. F: K
T: 18–25°C, L: <200 cm, pH: 7, SG: 3–4

Conta conta ♂ 3/424
H: Asien: Indien, Bangladesch.
♂: Ob. Kaudalstrahl länger; Farbe. V: =
Z: Unbekannt. F: O
T: 18–28°C, L: 12 cm, pH: 7, SG: 2

Erethistes pusillus 4/336

H: Asien: Indien: Assam.
GU: Unbekannt. V: +
Z: Nicht bekannt. F: K
T: 22–24°C, L: 6 cm, pH: 7, SG: 2

Gagata cenia 3/426
Assam-Clownwels
H: Asien: Pak., Indien, Bang., Birma, Nepal.
GU: Unbekannt. V: =
Z: Nicht bekannt. F: K
T: 20–24°C, L: 12 cm, pH: <7, SG: 2–3

Gagata schmidti (= *G. cenia*) 2/580
Clownwels
H: Asien: Sumatra.
GU: Unbekannt. V: +
Z: Nicht bekannt. F: K
T: 20–22°C, L: 7 cm, pH: 7, SG: 1–2

Glyptosternum reticulatum 3/426

H: Asien: Afg., Pak., China, S-GUS-Staaten.
GU: Unbekannt. V: +
Z: Nicht bekannt. F: O
T: 12–24°C, L: 15 cm, pH: 7, SG: 3

Sisoridae　　　　　　　　　　　　　　　　　　　　　　Gebirgswelse

Glyptothorax cf. *lampris*　　　5/452
Lampen-Gebirgswels
H: Asien: Thailand.
GU: Unbekannt.　　　　　　　　　　V: =
Z: Nicht bekannt.　　　　　　　　　F: K,O
T: 20–24°C, L: 15 cm, pH: 7, SG: 3

Glyptothorax cf. *laosensis*　　5/452
Pfeilgebirgswels
H: Asien: Thailand, Laos: Mekong.
GU: Unbekannt.　　　　　　　　　　V: +
Z: Noch nicht gelungen.　　　　　F: H,O
T: 18–23°C, L: 15 cm, pH: 7, SG: 3

Glyptothorax platypogon　　　3/428
Brauner Gebirgswels
H: Asien: Java, Sumatra, Borneo, Malaysia.
GU: Unbekannt.　　　　　　　　　　V: +
Z: Nicht bekannt.　　　　　　　　　F: O
T: 18–22°C, L: 10 cm, pH: <7, SG: 2–3

Glyptothorax trilineatus　　　3/428
Dreistreifen-Gebirgswels
H: Asien: Thai., Bur., Indien, Pak,. Bang.
GU: Unbekannt.　　　　　　　　　　V: ?
Z: Nicht bekannt.　　　　　　　　　F: ?
T: 10–20°C, L: <30 cm, pH: <7, SG: 4

Hara hara　　　　　　　　　　　3/430

H: Asien: Indien, Nepal, Bangladesch.
GU: Unbekannt.　　　　　　　　　　V: +
Z: Nicht bekannt.　　　　　　　　　F: O
T: 12–28°C, L: 7 cm, pH: 7, SG: 2–3

Hara jerdoni　　　　　　　　　　4/335
Deltaflügel-Zwergwels
H: Asien: Bangladesch.
♂: Kleiner, schlanker.　　　　　　V: +
Z: Noch nicht gelungen.　　　　　F: O
T: 18–24°C, L: <3,5 cm, pH: 7, SG: 3–4

Trichomycteridae — Schmerlenwelse

Familie Trichomycteridae

Die Familie der Schmerlenwelse enthält 8 Unterfamilien mit 155 Arten in 36 Gattungen (NELSON, 1994). Zwei ihrer Unterfamilien – Stegophilinae und Vandelliinae – enthalten parasitische Arten, die dieser Familie ihren Bekanntheitsgrad auch unter vielen Laien sichert (ähnlich den Piranhas bei Salmlern). Das Verbreitungsgebiet dieser Familie erstreckt sich im Süßwasser von Costa Rica bis zu weiten Teilen Südamerikas.

Die etwa 30 Arten in der Unterfamilie Stegophilinae ernähren sich vom Schleim und den Schuppen anderer Fische. Die ca. 18 Arten in der Unterfamilie Vandelliinae hingegen leben vom Blut anderer Fische. Sie gewinnen dieses hauptsächlich, indem sie einen Beutefisch verletzen. Einige Arten haben sich sogar darauf spezialisiert, in den Kiemenraum großer Fische zu schwimmen, um sich dort vom Blut der Kiemenblätter zu ernähren. Es sind diese letzteren Arten – lokal als „candiru" und „canero" bekannt –, die soviel Aufsehen erregen. Durch diese Ernährungsweise bedingt, schwimmen sie Harnausscheidungen und lokalen Strömungen entgegen, in der Hoffnung, letztlich eine Kiemenhöhle zu erreichen. Ist eine gefunden, ankern sie sich mit gespreizten Operkularstacheln fest – Arten dieser Familie haben keine Flossenstacheln –, um nicht von der Atemströmung wieder herausgespült zu werden. Säugetieren, wie auch dem Menschen, können diese Fische insofern gefährlich werden, als sie in deren Harnwege eindringen können; einmal dort, spreizen sie instinktiv ihre Stacheln und können nicht mehr zurück. Sie verenden dort bald und diese extrem schmerzhafte Situation muß dringend operativ gelöst werden. Eine enganliegende Badehose ist ein wirksamer Schutz, auch sollte in verdächtigen Gewässern nicht unter Wasser uriniert werden. Für das Aquarium sind diese parasitischen Arten aufgrund ihrer Ernährungsweise ungeeignet.

Die große Mehrzahl der Arten in dieser Familie aber sind als „normale" Welse kleiner Länge für Aquarien gut geeignet mit einer Diät aus aquatischen Insekten und deren Larven, Würmern und Krebsen. Der Boden im Aquarium sollte aus Sand bestehen, da sich viele Schmerlenwelse zeitweise eingraben. Manche Arten sind auch tagaktiv und schätzen Wärme, während die aus höheren Lagen kühleres, sauerstoffreiches Wasser benötigen (ersichtlich unter „T:" bei den einzelnen Arten).

Bullockia maldonadoi 3/431
Chilenischer Schmerlenwels
H: S-Amerika: Zentralchile.
GU: Unbekannt. V: +
Z: Nicht bekannt. F: O
T: 16–26°C, L: 5 cm, pH: <7, SG: 2–3

Trichomycteridae — Schmerlenwelse

Eremophilus mutisii 4/337

H: S-Amerika: Kolumbien.
♂: Vermutlich schlanker. V: +
Z: Nicht bekannt. F: K
T: 22–28°C, L: 15 cm, pH: 7, SG: 3

Ochmacanthus alternus 5/454
Quiribana-Schmerlenwels
H: S-Amerika: Kolumbien, Venezuela.
GU: Unbekannt. V: –
Z: Nicht bekannt. F: K,P
T: 22–26°C, L: 7 cm, pH: <7, SG: 3–4

Ochmacanthus orinoco 4/338
Orinoco-Schmerlenwels unbekannt
H: S-Amerika: Venezuela: Orinoco.
GU: Unbekannt. V: ?
Z: Nicht bekannt. F: K
T: 23–26°C, L: 5 cm, pH: 7, SG: 3–4

Pseudostegophilus nemurus 4/338
Blaugelber Urinwels
H: S-Amerika: Brasilien: Rio Mamoré.
GU: Unbekannt. V: –
Z: Nicht bekannt. F: P!
T: 26–28°C, L: 15 cm, pH: <7, SG: 4

Pygidium cf. stellatum 3/432
Gefleckter Schmerlenwels (n. parasitär)
H: S-Amerika: Brasilien: Puerto Barrios.
GU: Unbekannt. V: +
Z: Nicht bekannt. F: K,O
T: 22–24°C, L: 4 cm, pH: 7, SG: 2–3

Trichogenes longipinnis 5/454
Langflossen-Schmerlenwels (n.p)
H: Brasilien: Rio de Janeiro, São Paulo.
♀: Etwas dicker u. blasser. V: =
Z: Noch nicht gelungen. F: K
T: 20–24°C, L: <12 cm, pH: 7, SG: 2–3

Trichomycteridae — Schmerlenwelse

Trichomycterus banneaui maracaiboensis 5/456

H: S-Amerika: Venezuela: Rio San Juan.
GU: Unbekannt. V: +
Z: Nicht bekannt. F: K,O
T: 22–25°C, L: 6 cm, pH: 7, SG: 3

Trichomycterus sp. 5/456
Samba-Schmerlenwels

H: S-Amerika: Kolumbien, Peru.
♂: Schlanker. V: ?
Z: Nicht bekannt. F: K,(P?)
T: 22–26°C, L: 10 cm, pH: <7, SG: 2–3

Trichomycterus cf. *vermiculatus* 5/458
Marmorierter Schmerlenwels

H: S-Amerika: Rio Paraguay u. Zuflüsse.
♂: Schlanker. V: +
Z: Nicht bekannt. F: O
T: 20–24°C, L: 10 cm, pH: 7, SG: 2–3

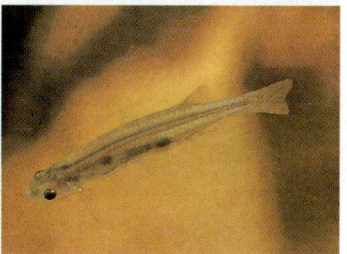

Tridensimilis brevis 1/517
„Harnröhrenwels" parasitär?

H: S-Amerika: Amazonasgebiet.
GU: Unbekannt. V: +
Z: Nicht bekannt. F: K,L (P?)
T: 20–30°C, L: 3 cm, pH: <7, SG: 2

Tridensimilis venezuelae 5/458
Venezuela-Harnröhrenwels

H: S-Amerika: Venezuela, Brasilien.
GU: Unbekannt. V: +
Z: Nicht bekannt. F: P (!)
T: 22–28°C, L: 2,5 cm, pH: <7, SG: 3–4

Vandellia (?) sp. 5/460
Leuchtband-Schmerlenwels

H: S-Amerika: Brasilien.
GU: Unbekannt. V: +
Z: Nicht bekannt. F: P!
T: 23–28°C, L: 4 cm, pH: <7, SG: 3–4

Gruppe 5

CYPRINODONTIFORMES I
Killifische, Eierlegende Zahnkarpfen

Nothobranchius melanospilus (s.S. 434) beim Bodentauchen zur Eiablage (♂ rot).

Gruppe 5

CYPRINODONTIFORMES I
Killifische, Eierlegende Zahnkarpfen

Ursprung/Taxonomie

Die taxonomische Einteilung innerhalb der Ordnung Cyprinodontiformes ist immer wieder neuen Funden und Beurteilungen ausgesetzt. Das hier Verwendung findende Schema beruht auf NELSON (1994), wonach die Ordnung aus 8 Familien mit etwa 807 Arten in 88 Gattungen besteht.

Im Zeitlauf der Entstehungsgeschichte der AQUARIEN-ATLAS-Reihe hat sich manches in der Systematik geändert. Band 2 (dort S. 583) und Band 3 (dort S. 434) zeigen die jeweils zu jener Zeit meist verbreiteten Einteilungen. Wir haben uns entschlossen, im INDEX noch der Zusammenfassung von NELSON zu folgen. Die Arbeit von COSTA (1996) konnte hier noch nicht berücksichtigt werden. Wir stellen Ihnen diese ab Band 6 des AQUARIEN ATLAS vor.

Um einen gewissen Bezug auf den AQUARIEN ATLAS in seinen verschiedenen Auflagen zu ermöglichen, wurde diese Gruppe 5 auch nach Unterfamilien innerhalb der verschiedenen Familien alphabetisch geordnet. Aquaristisch etwas verwirrend könnte vor allem die Tatsache sein, daß die Familien Anablepidae, Goodeidae und Poeciliidae nun in beiden Gruppen der Cyprinodontiformes (Gruppen 5 u. 6) zu finden sind. Die Eigenschaften, eierlegend oder lebendgebärend, reichen in der Systematik (nach jetziger Auffassung) nur bis zur Stufe einer Unterfamilie. Die nun als Unterfamilie eingestuften Reisfische (Oryziinae, Familie Adrianichthyidae, Ordnung Beloniformes) sind in Gruppe 10 zu finden.

Nachstehend die Systematik aller Cyprinodontiformes (inklusive Lebendgebärende Zahnkarpfen – Gruppe 6).

CYPRINODONTIFORMES I + II
Anablepidae 394
   Anablepinae (lebendgebärende Vieraugen – Gruppe 6)
   Oxyzygonectinae 394
Aplocheilidae 395–468
   Aplocheilinae 395
   Rivulinae 439
Cyprinodontidae 469–482
   Cubanichthyinae 469
   Cyprinodontinae (mit Orestiidae als Stamm Orestiini
      – alphabetisch nicht berücksichtigt –
      nach Gattung eingeordnet) 469
Fundulidae 483–487
Goodeidae 488, 489
   Empetrichthynae 488
   Goodeinae (lebendgebär. Hochlandkärpflinge – Gruppe 6)
Poeciliidae 490–499
   Aplocheilichthyinae 490
   Fluviphylacinae 499
   Poeciliinae (Lebendgebärende Zahnkarpfen – Gruppe 6)
Profundulidae 500
Valenciidae 500

Gruppe 5 — CYPRINODONTIFORMES I
Killifische, Eierlegende Zahnkarpfen

Geographische Verbreitung

Eierlegende Zahnkarpfen bewohnen hauptsächlich Süßwasser, man findet sie aber auch in Brackwasser und manche Arten sogar in küstennahem Meerwasser. Da es sich weitgehend um kleine Arten handelt, sind kleine Gewässer und Randzonen ihr Biotop. Bekannt sind Killifische vor allem durch ihre besondere Eientwicklung, die es vielen der Arten ermöglicht, im Eistadium in ausgetrockneten Saisongewässern bis zur nächsten Regenzeit zu überdauern.

Verbreitungsgebiet der eierlegenden Cyprinodontiformes.

Allgemeines

Mit wenigen Ausnahmen sind Killifische kleine, bis zu 10 cm lange Fische. Die Farbenpracht der Männchen kompensiert die Eigenheiten in ihrer Haltung und Zucht. Innerartlich, aber auch zwischen ähnlichen Arten, sind Männchen mitunter extrem aggressiv. Dementsprechend sollte bei diesen Arten (Näheres unter den Familien-/Unterfamilien-Beschreibungen) nur ein Männchen mit einer kleinen Gruppe Weibchen in einem mittelgroßen, versteckreichen Aquarium gehalten werden. Dies muß auch unbedingt beim Transport dieser Arten berücksichtigt werden: jedes Männchen sollte in seinem eigenen Plastikbeutel verpackt werden. Mit wenigen Ausnahmen (z.B. Leuchtaugenfische) sind es keine Schwarmfische. Eine Vergesellschaftung mit Friedfischen ähnlicher Größe ist meistens möglich, da anders aussehende Fische normalerweise ignoriert werden.

Küstenbewohnende Arten profitieren von einer Haltung in Brackwasser, bzw. in hartem Süßwasser mit 1–3% Salzzusatz; die Auswahl der Gesellschafter sowie der Dekoration wird dadurch allerdings eingeschränkt. Inlandarten kommen oftmals aus extrem saurem und weichem Wasser, aber leicht sauer und weich sind die üblichsten Durchschnittswerte.

Gruppe 5

CYPRINODONTIFORMES I
Killifische, Eierlegende Zahnkarpfen

Bei der Ernährung von Killifischen ist man weitgehend auf Lebendfutter und Gefrierfutter angewiesen; Flockenfutter ist für die meisten Arten nur eine Notlösung. Einige Arten fressen zusätzlich Algen und überbrühten Salat, aber grundsätzlich sind sie alle Fleischfresser (Karnivoren).

Für die Fortpflanzung sind die jahreszeitlichen Eigenschaften des Heimatgewässers ausschlaggebend. Hierbei ist vor allem interessant, ob es zeitweilig austrocknet; dadurch ergeben sich unterschiedliche Lagerzeiten (ab ein paar Wochen bis zu mehreren Monaten) und Lagertemperaturen der Eier in feuchtem Torf. Arten, die Dauergewässer bewohnen, legen „normale" Eier.

Saisonfische – Arten, welche die Trockenzeit als Eier in der oberen Bodenschicht der ausgetrockneten Gewässer überstehen – legen ihre Eier in eine Torffaserschicht, die den Boden des Zuchtaquariums auskleidet. Sogenannte „Bodentaucher" (z.B. *Cynolebias* spp.) verschwinden sogar ganz im Torf, um dort ihre Eier abzulegen. Dieser Torf wird nach der Eiablage herausgeholt, vorsichtig ausgedrückt und dann abgetupft, bis er nur noch feucht ist. Er kommt dann in einen beschrifteten Plastikbeutel, der für einen artspezifischen Zeitraum dunkel gelagert wird (der vorgeschlagene Zeitraum wird bei den einzelnen Arten als „Wochen Lagerung" – WL – angegeben). Ist dieser abgelaufen, wird der Torf aufgegossen und die Jungfische „geerntet". Wird vermutet, daß viele Jungfische noch nicht geschlüpft sind, sollte der Torf nochmals feucht gelagert werden, um ihn nach weiteren 2 Wochen wieder zu hydrieren. Dieser Vorgang kann mehrmals wiederholt werden, bis eine bessere Schlupfrate erzielt worden ist. Die Entwicklungsrate der Eier ist nicht einförmig, sondern durch Diapausen (eine Entwicklungspause während der der Stoffwechsel auf ein Minimum abfällt) unterbrochen. Diese Phase wird durch ein sauerstoffarmes Milieu eingeleitet. Mit steigender Sauerstoffkonzentration beschleunigt sich der Stoffwechsel wieder und das Ei entwickelt sich weiter. Bei afrikanischen Arten kann sich vor dem Schlupf eine zweite Diapause einschieben, welche nicht umweltbedingt ist. Es schlüpfen fertig entwickelte, dottersacklose Jungfische, die sofort auf Nahrungssuche gehen (*Artemia* usw.). Da in der Natur die Fortpflanzung vor der nächsten Trockenzeit stattfinden muß, erreichen diese Arten bald ihre Reife. Im Aquarium sind viele – aber bei weitem nicht alle – Killifische kurzlebig, obwohl durch das Ausbleiben der Trockenzeit das Lebensalter sich verdoppeln kann.

Nichtannuelle Arten, d.h., solche, die nicht einem Austrocknen ihrer Heimatgewässer ausgesetzt sind, legen im Aquarium ihre Eier normalerweise in Javamoosbüschel oder künstliche Ablaichmops. Wurden die Eier bzw. Jungfische nicht nach ihrem Erscheinen einzeln aufgesammelt bzw. abgeschöpft, werden nach Beendigung der Ablaichphase entweder die Elterntiere oder das Ablaichsubstrat mit seinen Eiern umgesetzt. Dem Brutwasser kann Trypaflavin (Acriflavin) zugesetzt werden, um einem Verpilzen der Eier vorzubeugen. Jungfische brauchen ein bis zwei Wochen zum Schlüpfen; sie sind voll entwickelt und gehen sofort auf Futtersuche.

Echte Brutpflege hat bisher unter den Eierlegenden Zahnkarpfen nicht beobachtet werden können.

Einige Arten unter den Cyprinodontiformes – eierlegende und lebendgebärende – werden in den Tropen zur Stechmückenbekämpfung eingesetzt.

Gruppe 5

CYPRINODONTIFORMES I
Killifische, Eierlegende Zahnkarpfen

Familie	Habitat/Wasser	Futter	Fortpflanzung	Besonderheiten
Anablepidae Oxyzygonectinae	M-Am.; Bw	K	Ablaichmop	Monotypisch.
Aplocheilidae Aplocheilinae	Af., S-As; Sw, (Bw)	K	Saisonfische u. nichtannuelle Arten	♂♂ sehr farbenprächtig und oft untereinander und zu ♀♀ aggressiv. Keine ♀♀ bei *Rivulus ocellatus*.
Rivulinae	S-Am.; Sw, (Bw)	K	Saisonfische u. nichtannuelle Arten	
Cyprinodontidae Cubanichthyinae	Karibik; Sw	K,O	nichtannuelle Arten	Nur 2 Arten.
Cyprinodontinae	Eu, N-, M-, S-Am.; Sw, Bw, (Mw)	O,K	*Orestias* 4 WL	Wärmste „Normaltemperatur" (43,8°C). Einige Arten vom Aussterben bedroht.
Fundulidae	N-, M-Am., Karibik; Sw, Bw, (Mw)	K,O	nichtannuelle Haftlaicher	Zucht über mehrere Generationen ist problematisch; überwintern.
Goodeidae Empetrichthynae	N-Am. (S-Nevada); Sw	O,K	Haftlaicher u. zw. Kies	Kleines Verbreitungsgebiet, eine Art ausgestorben. Mineralreiches Wasser.
Poeciliidae Aplocheilichthyinae	Af.; Sw	K	Substratlaicher u. Spaltlaicher	♂ sehr farbenprächtig. Mehrere Arten sind Dauerlaicher, Gruppenbildung. Monotypisch. Kleine empfindliche Art.
Fluviphylacinae	S-Am.; Sw	K	nichtannuell; sonst unbekannt	
Profundulidae	M-Am.; Sw	K,O	nichtannuelle Arten	Laichfärbung. Eine Gattung mit 5 Arten.
Valenciidae	Eu; Sw	K,O	nichtannuelle Arten	Nur 2 Arten. Im Sommer im Gartenteich.

Anablepidae (Oxyzygonectinae)

Unterfamilie Oxyzygonectinae

Diese Unterfamilie besteht nur aus der unten aufgeführten Art. Zahlreiche Meinungen ordnen diese Art auch den Fundulidae zu.
Sie ist eine der großen Arten unter den Cypriniformes. In der Natur Schwarmfische, ist das im Aquarium nicht mehr der Fall. Meersalzzusatz erleichtert ihre Haltung und Zucht, welche keinen Saisoncharakter hat.

Oxyzygonectes dovii ♂ 3/435   *Oxyzygonectes dovii* ♀ 3/435

H: M-Amerika: Pazifikküste. Bw,(Sw,Mw)
♂: Längere Flossen; gelblicher. **V:** =
Z: Kunstwollmop; 40 Eier. **F:** K
T: 22–28°C, **L:** <35 cm, **pH:** >7, **SG:** 2–3

Aplocheilidae (früher Cyprinodontidae) Hechtlinge

Unterfamilie Aplocheilinae

Die Unterfamilie enthält 8 Gattungen mit insgesamt um die 185 Arten. Diese sind in Afrika und im südlichen Asien zu finden (NELSON, 1994).
Einige Gattungen lassen sich in bezug auf ihre Fortpflanzungsbiologie folgendermaßen klassifizieren (SEEGERS, 1980):
Z.B.: *Adamas*: nichtannuell. *Aphyosemion*: größtenteils nichtannuelle Arten, aber auch einige Saisonfische und solche, die sich auf beide Weisen züchten lassen. *Aplocheilus*: nichtannuell. *Diapteron*: nichtannuell. *Epiplatys*: nichtannuell. *Nothobranchius*: Saisonfische. *Pachypanchax*: Saisonfische.
Für die Mehrzahl der Arten wird ein Artbecken vorgeschlagen. Der Grund liegt nicht in einer räuberischen Lebensweise, sondern in der Empfindlichkeit und geringen Größe und Scheu der Fische. Gegenüber nichtverwandten Aquarienmitbewohnern sind sie vollkommen friedlich und in dieser Hinsicht gut für ein Gesellschaftsaquarium geeignet; innerartlich jedoch können vor allem die Männchen sehr aggressiv sein.
Ein weiterer Vorteil eines Artbeckens wird beim Füttern dieser Kärpflinge deutlich: die meisten sind auf Lebendfutter angewiesen. Ihre Ernährung würde sich in dem Maße aufwendiger gestalten, in dem etwa weitere, gar größere und „frechere" Gesellschafter, diesen Killifischen Konkurrenz machen würden.

Aplocheilidae (Aplocheilinae) — Hechtlinge

Adamas formosus ♂ 2/584

H: W-Afrika: Kongo.
♂: Viel farbiger. V: =
Z: Torffasern, Perlonwolle. F: K
T: 22–24°C, L: <3 cm, pH: <7, SG: 4

Aphyoplatys duboisi ♂ 3/456
Kongohechtling
H: Afrika: O-Kongo, W-Zaire.
♂: Viel farbiger; Flossen länger. V: +
Z: Ablaichmop, Torffasern. F: K
T: 22–26°C, L: 3,5 cm, pH: <7, SG: 4

Aphyoplatys duboisi ♂ 3/456
Kongohechtling

Aphyosemion ahli ♂ 4/364
Ahls Prachtkärpfling
H: W-Afrika: Kamerun bis Ä-Guinea.
♂: Viel farbiger; Flossen länger. V: +
Z: Bodenlaicher u. Haftlaicher. F: K
T: 22–26°C, L: 5 cm, pH: 7, SG: 2

Aphyosemion amieti ♂ 3/458
Amiets Prachtkärpfling
H: Afrika: W-Kamerun.
GU: Siehe Fotos. V: +
Z: Bodenlaicher. F: K
T: 22–28°C, L: 7 cm, pH: 7, SG: 2–3

Aphyosemion amieti ♀ 3/458
Amiets Prachtkärpfling

Aplocheilidae (Aplocheilinae) — Hechtlinge

Aphyosemion amoenum ♂ 3/460
H: W-Afrika: Kamerun.
♂: Viel farbiger; Flossen länger. V: +
Z: Haftlaicher. F: K
T: 20–24°C, L: 5 cm, pH: <7, SG: 3–4

Aphyosemion arnoldi ♂ 2/588
Arnolds Prachtkärpfling
H: W-Afrika: Nigeria.
♂: Viel farbiger; Flossen länger. V: +
Z: Bodenlaicher: 8–13 WL. F: K
T: 22–25°C, L: 5 cm, pH: <7, SG: 3–4

Aphyosemion aureum ♂ 2/588
Gold-Prachtkärpfling
H: W-Afrika: S-Gabun.
♂: Viel farbiger; Flossen länger. V: +
Z: Bodenlaicher u. Haftlaicher. F: K
T: 18–22°C, L: 5 cm, pH: <7, SG: 2–3

Aphyosemion australe o.♂, u.♀ 1/524
Bunter Prachtkärpfling, „Kap Lopez"
H: W-Afrika.
♂: Viel farbiger; Flossen länger. V: +
Z: Pflanzen oder Perlongespinst. F: K,O
T: 21–24°C, L: 6 cm, pH: <7, SG: 2

Aphyosemion bamilekorum ♂ 2/590
Bamileke-Prachtkärpfling
H: W-Afrika: W-Westkamerun.
♂: Farbiger; Flossen ausgezogen. V: –
Z: Bodenlaicher: 3–4 WL. F: K
T: 18–22°C, L: 4 cm, pH: <7, SG: 2–3

Aphyosemion banforense ♂ 3/460
H: W-Afrika: Guinea, Mali, Elfenbeinküste.
♂: Viel farbiger; Flossen länger. V: +
Z: Bodenlaicher o. Haftlaicher. F: K
T: 22–26°C, L: 5 cm, pH: 7, SG: 3

Aplocheilidae (Aplocheilinae) Hechtlinge

Aphyosemion banforense ♂ 3/460

Aphyosemion batesii ♂ 3/462
Bates' Prachtkärpfling Z 86/9
H: W-Afrika: SO-Kamerun, N-Gabun, N-Zaire.
♂: Viel farbiger; Flossen länger. V: +
Z: Bodenlaicher: 6 WL. F: K
T: 22–26°C, L: 7,5 cm, pH: <7, SG: 3

Aphyosemion bertholdi ♂ 1/580
Bertholds Prachtkärpfling
H: W-Afrika: Sierra Leone, Guinea, Liberia.
♂: Viel farbiger; Flossen länger. V: +
Z: Pseudobodenlaicher (<30 Eier). F: K
T: 22–24°C, L: 5 cm, pH: <7, SG: 3

Aphyosemion bitaeniatum ♂ 2/610
Vielfarbiger Prachtkärpfling (1/525)
H: W-Afrika: Togo, Benin, Nigeria.
♂: Viel farbiger; Flossen länger. V: +
Z: Haftlaicher. F: K
T: 22–24°C, L: 5 cm, pH: <7, SG: 2–3

Aphyosemion bitaeniatum ♂ 2/610
Vielfarbiger Prachtkärpfling (1/525)

Aphyosemion bivittatum ♂ 1/524
Gebänderter Prachtkärpfling (gr. Foto)
H: W-Afrika: SO-Nigeria/SW-Kamerun.
♂: Viel farbiger; Flossen länger. V: +
Z: Javamoos, Perlongespinst. F: K!
T: 22–24°C, L: 5 cm, pH: <7, SG: 2

Aplocheilidae (Aplocheilinae) — Hechtlinge

Aphyosemion bualanum kekemense ♂ 3/462
Kekem-Prachtkärpfling
H: Afrika: W-Kamerun.
♂: Farbiger; Flossen länger. V: +
Z: Haftlaicher o. Bodenlaicher: 3WL. F: K
T: 20–24°C, L: 5 cm, pH: <7, SG: 3–4

Aphyosemion buytaerti ♂ 3/464
Buytaerts Prachtkärpfling
H: Afrika: SW-Kongo.
♂: Farbiger. V: +
Z: Sehr schwer. F: K
T: 17–21°C, L: 5 cm, pH: 7, SG: 4

Aphyosemion calliurum ♂ 2/590
Rotsaumprachtkärpfling
H: W-Afrika: S-Benin, S-Nigeria, SW-Kam.
♂: Viel farbiger; Flossen länger. V: +
Z: Bodenlaicher (4 WL) u. Haftlaicher. F: K
T: 24–26°C, L: 5 cm, pH: <7, SG: 2

Aphyosemion cameronense ♂ 2/592
Kamerun-Prachtkärpfling
H: W-Afrika: Kamerun, Ä-Guinea.
♂: Viel farbiger; Flossen länger. V: +
Z: Haftlaicher. F: K
T: 18–22°C, L: 5 cm, pH: <7, SG: 4

Aphyosemion cameronense „Garu" ♂ 4/401
Kamerun-Prachtkärpfling

Aphyosemion cameronense haasi 4/364
Haas' Prachtkärpfling
H: W-Afrika: N-Gabun.
♂: Viel farbiger; Flossen länger. V: +
Z: Bodenlaicher u. Haftlaicher. F: K
T: 20–23°C, L: 6,5 cm, pH: 7, SG: 3–4

Aplocheilidae (Aplocheilinae)   Hechtlinge

Aphyosemion cameronense halleri 4/366
Hallers Prachtkärpfling ♂
H: W-Afrika: S-Kamerun/Gabun.
♂: Viel farbiger; Flossen länger.   V: =
Z: Haftlaicher: 2 WL.   F: K
T: 23–25°C, L: ♂ 5 cm, pH: <7, SG: 3

Aphyosemion cameronense halleri 4/366
Hallers Prachtkärpfling ♂

Aphyosemion cameronense halleri 4/366
Hallers Prachtkärpfling ♂

Aphyosemion cameronense obscurum
Gepunkteter Kamerun-Prachtk. ♂   4/366
H: W-Afrika: SW-Zentralkamerun.
♂: Viel farbiger; Flossen länger.   V: (–)
Z: Haftlaicher.   F: K
T: 22–26°C, L: 4,5 cm, pH: <7, SG: 3–4

Aphyosemion cameronense obscurum
Gepunkteter Kamerun-Prachtk. ♂   4/366

Aphyosemion caudofasciatum ♂ 2/592
Schwanzstreifen Prachtkärpfling
H: W-Afrika: S-Kongo.
♂: Viel farbiger.   V: +
Z: Haftlaicher.   F: K
T: 18–22°C, L: 5 cm, pH: <7, SG: 2–3

Aplocheilidae (Aplocheilinae) Hechtlinge

Aphyosemion celiae ♂ 3/464
Celias Prachtkärpfling Loc. 26
H: Afrika: W-Kamerun.
♂: Viel farbiger; Flossen länger. V: +
Z: Bodenlaicher. F: K
T: 22–26°C, L: 4,5 cm, pH: <7, SG: 3

Aphyosemion chauchei ♂ 4/370
Chauches Prachtkärpfling
H: Afrika: N-Kongo, Zaire.
♂: Viel farbiger; Flossen länger. V: +
Z: Bodenlaicher (4 WL) u. Haftlaicher. F: K
T: 22–26°C, L: 4,5 cm, pH: <7, SG: 3

Aphyosemion chaytori ♂ 1/582
Chaytons Prachtkärpfling
H: Afrika: Sierra Leone.
♂: Viel farbiger. V: +
Z: Haftlaicher. F: K
T: 22–24°C, L: 5 cm, pH: <7, SG: 2

Aphyosemion christyi ♂ 2/594
Christys Prachtkärpfling
H: Afrika: gesamtes Kongobecken.
♂: Viel farbiger; Flossen länger. V: +
Z: Bodenlaicher u. Haftlaicher: 3 WL. F: K
T: 20–24°C, L: 5 cm, pH: <7, SG: 3

Aphyosemion cinnamomeum ♂ 2/594
Zimtprachtkärpfling
H: W-Afrika: W-Kamerun.
♂: Viel farbiger. V: =
Z: Bodenlaicher u. Haftlaicher. F: K
T: 22–24°C, L: 5 cm, pH: <7, SG: 2–3

Aphyosemion citrineipinnis ♂ 3/466
Zitronenflossiger Prachtkärpfling
H: W-Afrika: Zentralgabun.
♂: Viel farbiger. V: +
Z: Bodenlaicher u. Haftlaicher. F: K
T: 18–22°C, L: 5 cm, pH: <7, SG: 4

Aplocheilidae (Aplocheilinae) Hechtlinge

Aphyosemion coeleste ♂ 2/596
Himmelsblauer Prachtkärpfling
H: W-Afrika: SO-Gabun, Kongo.
♂: Viel farbiger; Flossen länger. V: =
Z: Bodenlaicher, Haftlaicher (4 WL). F: K
T: 18–22°C, L: 5 cm, pH: <7, SG: 3

Aphyosemion cognatum ♂ 1/526
Roter Prachtkärpfling
H: W-Afrika: Zaire: Stanley Pool.
♂: Viel farbiger; Flossen länger. V: +
Z: Haftlaicher (<250 Eier). F: K
T: 22–24°C, L: 5,5 cm, pH: <7, SG: 2

Aphyosemion cognatum ♂ 2/596
Roter Prachtkärpfling
H: W-Afrika: SW-Zaire: Kinshasa.
♂: Viel farbiger; Flossen länger. V: +
Z: Bodenlaicher u. Haftlaicher: 3 WL. F: K
T: 20–24°C, L: 5 cm, pH: <7, SG: 3

Aphyosemion congicum ♂ 2/598
Schwarzflossiger Prachtkärpfling
H: W-Afrika: SW-Zaire.
♂: Viel farbiger; Flossen länger. V: +
Z: Bodenlaicher u. Haftlaicher. F: K
T: 20–24°C, L: 4,5 cm, pH: <7, SG: 2–3

Aphyosemion dargei ♂ 4/370
Mbam-Prachtkärpfling
H: Afrika: zentrales S-Kamerun.
♂: Viel farbiger; Flossen länger. V: +
Z: Bodenlaicher: 4 WL. Haftlaicher. F: K
T: 20–24°C, L: 4,5 cm, pH: <7, SG: 2

Aphyosemion deltaense ♂ 1/528
Delta-Prachtkärpfling
H: W-Afrika: Nigeria: W-Nigerdelta.
♂: Viel farbiger; Flossen länger. V: +
Z: Bodenlaicher: 13 WL. F: K
T: 22–26°C, L: 10 cm, pH: <7, SG: 2

Aplocheilidae (Aplocheilinae) — Hechtlinge

Aphyosemion edeanum ♂ 4/372
Edea-Prachtkärpfling
H: W-Afrika: Kamerun: Küstenbereich.
♂: Viel farbiger; Flossen länger. V: +
Z: Bodenlaicher: 4 WL. Haftlaicher. F: K
T: 22–26°C, L: 5 cm, pH: 7, SG: 2

Aphyosemion elberti ♂ 1/526
H: Afr.: Kamerun (W=o., O=u.), Z-Af. Rep.
♂: Viel farbiger; Flossen länger. V: +
Z: Haftlaicher. F: K
T: 21–25°C, L: 5 cm, pH: <7, SG: 1–2

Aphyosemion elegans ♂ 2/598
Eleganter Prachtkärpfling
H: W-Afrika: Zaire, Kongo.
♂: Viel farbiger; Flossen länger. V: =
Z: Dichter Ablaichmop. F: K
T: 20–24°C, L: 4,5 cm, pH: <7, SG: 4

Aphyosemion escherichi ♂ 2/608
H: W-Afrika: N-Gabun bis Kongo.
♂: Farbiger; Flossen länger. V: +
Z: Pflanzen- o. Bodenlaicher: 3 WL. F: K
T: 22–24°C, L: 5 cm, pH: <7, SG: 2–3

Aphyosemion etzeli ♂ 2/692
Etzels Prachtkärpfling
H: W-Afrika: Sierra Leone.
♂: Viel farbiger; Flossen länger. V: =
Z: Bodenlaicher. F: K
T: 22–28°C, L: 5 cm, pH: <7, SG: 2–3

Aphyosemion exigoideum ♂ 1/528
H: Afrika: Gabun.
♂: Viel farbiger. V: ?
Z: Haftlaicher. F: K
T: 22–24°C, L: 3,5 cm, pH: >7, SG: 2–3

Aplocheilidae (Aplocheilinae) Hechtlinge

Aphyosemion exiguum ♂ 1/530
Kamerun-Kärpfling
H: W-Afrika: O-Kamerun, N-Gabun.
♂: Viel farbiger; Dorsale zugespitzt. V: +
Z: Haftlaicher. F: K
T: 21–24°C, L: 4 cm, pH: 7, SG: 2

Aphyosemion fallax ♂ 2/602, 3/466
Kribi-Prachtkärpfling
H: Afrika: SW-Kamerun.
♂: Viel farbiger; Flossen länger. V: +
Z: Bodenlaicher. F: K
T: 22–26°C, L: 9 cm, pH: <7, SG: 3–4

Aphyosemion fallax ♂ 2/602, 3/466
Schwalbenschwanz-Prachtkärpfling
H: Afrika: W-Kamerun: Küsteneinzug.

Aphyosemion fallax ♀ 2/602, 3/466
Schwalbenschwanz-Prachtkärpfling
H: Afrika: Kamerun: Malende.

Aphyosemion fallax ♂ 2/602, 3/466
Schwalbenschwanz-Prachtkärpfling
H: Afrika: Kamerun: Movanke.

Aphyosemion filamentosum o.♂, u.♀
Fadenprachtkärpfling 1/530
H: W-Afrika: W-Nigeria, Togo.
♂: Farbiger; Flossen länger. V: =
Z: Bodenlaicher: 4–12 WL. F: K,O
T: 21–23°C, L: 5,5 cm, pH: <7, SG: 3

Aplocheilidae (Aplocheilinae)　　　　　　　　　　　　　　Hechtlinge

Aphyosemion fredrodi o.♂, u.♀　　5/468

H: W-Afrika: Sierra Leone.
♂: Viel farbiger; Flossen länger.　V: =
Z: Haftlaicher.　F: K
T: 23–27°C, L: 4 cm, pH: 7, SG: 2

Aphyosemion franzwerneri ♂　　3/469
Werners Prachtkärpfling, Grundel-Prachtk.
H: W-Afrika: Kamerun.
♂: Etwas farbiger; Flossen länger.　V: +
Z: Haftlaicher.　F: K
T: 22–26°C, L: 5 cm, pH: ≪7, SG: 4

Aphyosemion gabunense boehmi ♂
Böhms Prachtkärpfling　　2/600
H: W-Afrika: NW-Gabun.
♂: Viel farbiger; Flossen länger.　V: +
Z: Bodenlaicher u. Haftlaicher.　F: K
T: 22–25°C, L: 4,5 cm, pH: 7, SG: 2

Aphyosemion gabunense gabunense　o.♂
Gabun-Prachtkärpfling　　2/600
H: W-Afrika: NW-Gabun.
♂: Viel farbiger; Flossen länger.　V: +
Z: Bodenlaicher u. Haftlaicher.　F: K
T: 22–25°C, L: 5 cm, pH: 7, SG: 2–3

Aphyosemion gabunense marginatum ♂
　　2/600
H: W-Afrika: NW-Gabun.
♂: Viel farbiger; Flossen länger.　V: +
Z: Bodenlaicher u. Haftlaicher.　F: K
T: 22–25°C, L: 4,5 cm, pH: 7, SG: 2

Aphyosemion gardneri gardneri ♂ 3/470
Gardners Prachtkärpfling
H: W-Afrika: Nigeria.
♂: Viel farbiger.　V: +
Z: Bodenlaicher: 3 WL. Haftlaicher.　F: K
T: 22–26°C, L: 6 cm, pH: 7, SG: 2

Aplocheilidae (Aplocheilinae) — Hechtlinge

Aphyosemion gardneri lacustre ♂ 3/472

Aphyosemion gardneri lacustre ♂ 3/472

H: W-Afrika: Nigeria, W-Kamerun.
♂: Viel farbiger. V: +
Z: Bodenlaicher. F: K
T: 22–26°C, L: 6 cm, pH: 7, SG: 2–3

Aphyosemion gardneri mamfense ♂
Mamfe-Prachtkärpfling 3/472
H: W-Afrika: W-Kamerun.
♂: Viel farbiger; Flossen länger. V: +
Z: Bodenlaicher; eher Haftlaicher. F: K
T: 22–24°C, L: 6 cm, pH: 7, SG: 2–3

Aphyosemion gardneri nigerianum ♂
Stahlblauer Prachtkärpfling 1/532
H: W-Afrika: Nigeria, W-Kamerun.
♂: Viel farbiger; Flossen länger. V: =
Z: Haftlaicher. F: K
T: 22–26°C, L: 6 cm, pH: <7, SG: 2

Aphyosemion gardneri nigerianum ♂
Nigeria Prachtkärpfling 3/472
H: W-Afrika: Nigeria, W-Kamerun.
♂: Viel farbiger; Flossen länger. V: =
Z: Bodenlaicher. F: K
T: 22–26°C, L: 6 cm, pH: 7, SG: 2

Aphyosemion geryi o.♂, u.♀ 2/692
Zickzack-Prachtkärpfling
H: W-Afrika: Gambia bis Sierra Leone.
♂: Viel farbiger; Flossen länger. V: +
Z: Bodenlaicher oder Haftlaicher. F: K
T: 22–26°C, L: 5 cm, pH: <7, SG: 2–3

Aplocheilidae (Aplocheilinae) Hechtlinge

Aphyosemion guignardi ♂ 4/372
Guignards Prachtkärpfling
H: Afrika: Guinea. Burkina Faso?
♂: Viel farbiger; Flossen länger. V: +
Z: Bodenlaicher: 4 WL. Haftlaicher. F: K
T: 22–26°C, L: 5 cm, pH: 7, SG: 2

Aphyosemion guignardi ♀ 4/372
Guignards Prachtkärpfling

Aphyosemion guineensis ♂ 2/694
Guinea-Prachtkärpfling
H: W-Afrika: Guinea, S.Leone, Mali, Elfenb.,...
♂: Viel farbiger; Flossen länger. V: +
Z: Haftlaicher. F: K
T: 18–23°C, L: 9 cm, pH: <7, SG: 3

Aphyosemion gulare ♂ 1/532
Gelber Prachtkärpfling
H: W-Afrika: S-Nigeria.
♂: Viel farbiger; Flossen länger. V: –
Z: Bodenlaicher: 13 WL. F: K
T: 20–22°C, L: 8 cm, pH: 7, SG: 2

Aphyosemion hanneloreae ♀ 3/474
Hannelores Prachtkärpfling
H: W-Afrika: Gabun. Kongo?
♂: Viel farbiger; Flossen länger. V: +
Z: Wie *A. punctatum*? F: K
T: 19–21°C, L: 4 cm, pH: <7, SG: 4

Aphyosemion heinemanni ♂ 4/374
Heinemanns Prachtkärpfling
H: W-Afrika: W-Kamerun.
♂: Viel farbiger; Flossen länger. V: +
Z: Bodenlaicher u. Haftlaicher. F: K
T: 22–26°C, L: 4,5 cm, pH: 7, SG: 2

Aplocheilidae (Aplocheilinae) Hechtlinge

Aphyosemion herzogi bochtleri ♂ 2/602
Herzogs Prachtkärpfling
H: W-Afrika: N-Gabun.
♂: Viel farbiger; Flossen länger. V: +
Z: Haftlaicher. F: K
T: 18–22°C, L: 5 cm, pH: <7, SG: 4

Aphyosemion herzogi herzogi ♂ 5/472
Herzogs Prachtkärpfling
Text siehe 2/602.

Aphyosemion hofmanni ♂ 3/474
Hofmanns Prachtkärpfling
H: Afrika: SW-Gabun.
♂: Viel farbiger; Flossen länger. V: ?
Z: Unbekannt F: K
T: 19–22°C, L: 4 cm, pH: <7, SG: 3–4?

Aphyosemion jeanpoli ♂ 2/694

H: W-Afrika: N-Liberia.
♂: Viel farbiger; Flossen länger. V: (–)
Z: Pflanzenlaicher. F: K
T: 22–28°C, L: 5 cm, pH: <7, SG: 3

Aphyosemion joergenscheeli ♂ 3/476

H: Afrika: Gabun.
♂: Viel farbiger. V: +
Z: Noch nicht gelungen. F: K
T: 18–20°C, L: 5 cm, pH: <7, SG: 4

Aphyosemion labarrei ♂ 2/604

H: W-Afrika: SW-Kongo, Zaire.
♂: Viel farbiger; Flossen länger. V: +
Z: Haftlaicher o. Bodenlaicher. F: K
T: 22–24°C, L: 5 cm, pH: <7, SG: 2–3

Aplocheilidae (Aplocheilinae) Hechtlinge

Aphyosemion lamberti ♂ 2/604
Lamberts Prachtkärpfling
H: W-Afrika: Zentralgabun.
♂: Viel farbiger; Flossen länger. V: +
Z: Haftlaicher o. Bodenlaicher. F: K
T: 18–22°C, L: 5 cm, pH: <7, SG: 2–3

Aphyosemion lefiniense ♂ 3/476
Lefini-Prachtkärpfling
H: W-Afrika: S-Kongo.
♂: Viel farbiger; Flossen länger. V: +
Z: Bodenlaicher o. Haftlaicher: 3 WL. F: K
T: 22–26°C, L: 4,5 cm, pH: <7, SG: 3

Aphyosemion liberiensis ♂ 1/582
Liberia-Prachtkärpfling, Kalabar Prachtk.
H: W-Afrika: W-Liberia. Nigeria?
♂: Viel farbiger; Flossen länger. V: +
Z: Bodenlaicher o. Haftlaicher. F: K
T: 22–24°C, L: 6 cm, pH: <7, SG: 1–2

Aphyosemion loennbergii ♂ 3/478
Lönnbergs Prachtkärpfling CCMP 85/12
H: W-Afrika: SW-Kamerun.
♂: Viel farbiger; Flossen länger. V: +
Z: Haftlaicher o. Bodenlaicher: 3WL. F: K
T: 22–26°C, L: 7 cm, pH: 7, SG: 3

Aphyosemion louessense ♂ 2/606
Louesse Prachtkärpfling „RPC 24"
H: W-Afrika: S-Kongo.
♂: Viel farbiger; Flossen länger. V: +
Z: Haftlaicher o. Bodenlaicher. F: K
T: 18–22°C, L: 5 cm, pH: <7, SG: 2–3

Aphyosemion louessense ♂ 2/606
Louesse Prachtkärpfling „RPC 31"

Aplocheilidae (Aplocheilinae) Hechtlinge

Aphyosemion maculatum ♂ 2/608
Gefleckter Prachtkärpfling
H: W-Afrika: N-Gabun.
♂: Viel farbiger; Flossen länger. V: =
Z: Haftlaicher od. Bodenlaicher. F: K
T: 18–22°C, L: 5 cm, pH: <7, SG: 4

Aphyosemion maeseni ♂ 2/696
Maeseni-Prachtkärpfling
H: W-Afrika: W-Elf., NW-Lib., SO-Gui.
♂: Viel farbiger. V: +
Z: Bodenlaicher od. Haftlaicher. F: K
T: 20–24°C, L: 5 cm, pH: 7, SG: 2–3

Aphyosemion marmoratum ♂ 1/532
Marmorierter Prachtkärpfling
H: W-Afrika: Kamerun.
♂: Viel farbiger. V: +
Z: Haftlaicher: 30 Eier. F: K
T: 20–22°C, L: 8 cm, pH: <7, SG: 2

Aphyosemion mimbon ♂ 2/610

H: W-Afrika: N-Gabun.
♂: Viel farbiger; Flossen länger. V: –
Z: Haftlaicher (schwierig). F: K
T: 18–22°C, L: 5 cm, pH: <7, SG: 4

Aphyosemion mirabile ♂ 1/536
Lasur-Wunderkärpfling
H: W-Afrika: W-Kamerun.
♂: Viel farbiger; Flossen länger. V: +
Z: Javamoos oder Perlongespinst. F: K
T: 22–25°C, L: 7 cm, pH: <7, SG: 2

Aphyosemion mirabile intermittens ♂
Halbgebänderter Wunderkärpfling 4/374
H: W-Afrika: Kamerun.
♂: Viel farbiger; Flossen länger. V: +
Z: Bodenlaicher: 4 WL. F: K
T: 20–24°C, L: 6,5 cm, pH: 7, SG: 2

Aplocheilidae (Aplocheilinae) — Hechtlinge

Aphyosemion mirabile intermittens ♂ 4/374
Halbgebänderter Wunderkärpfling

Aphyosemion mirabile moense ♀ 4/376
Berg-Wunderkärpfling
H: Afrika: W-Kamerun.
♂: Viel farbiger; Flossen länger. V: +
Z: Bodenlaicher: 4 WL. F: K
T: 22–26°C, L: 6,5 cm, pH: 7, SG: 2

Aphyosemion mirabile traudeae ♂ 3/478
Traudes Prachtkärpfling
H: W-Afrika: W-Kamerun.
♂: Viel farbiger; Flossen länger. V: +
Z: Bodenlaicher: 3 WL. F: K
T: 22–26°C, L: 5 cm, pH: <7, SG: 2–3

Aphyosemion ndianum ♂ 3/482
Ndian-Prachtkärpfling
H: W-Afrika: SO-Nigeria/SW-Kamerun.
♂: Viel farbiger; Flossen länger. V: +
Z: Bodenlaicher: 8 WL; Haftlaicher. F: K
T: 22–25°C, L: 7 cm, pH: 7, SG: 3–4

Aphyosemion ocellatum ♂ 2/612
Schulterfleck-Prachtkärpfling
H: W-Afrika: S-Gabun.
♂: Viel farbiger; Flossen länger. V: +
Z: Bodenlaicher: 8–12 WL. F: K
T: 18–22°C, L: 5 cm, pH: <7, SG: 3–4

Aphyosemion oeseri ♂ 3/482
Oesers Prachtkärpfling
H: W-Afrika: Äquatorial-Guinea.
♂: Viel farbiger; Flossen länger. V: +
Z: Haftlaicher: 4 WL. F: K
T: 22–26°C, L: 7 cm, pH: 7, SG: 3

Aplocheilidae (Aplocheilinae) Hechtlinge

Aphyosemion ogoense ogoense ♂ 2/612
Ogowe-Prachtkärpfling „Malinga"
H: W-Afrika: S-Gabun, S-Kongo.
♂: Viel farbiger; Flossen länger. V: +
Z: Haftlaicher. F: K
T: 18–22°C, L: 5 cm, pH: <7, SG: 2–3

Aphyosemion ogoense ogoense ♂ 2/612
Ogowe-Prachtkärpfling

Aphyosemion ogoense ottogartneri ♂
Gartners Prachtkärpfling 4/376
H: W-Afrika: S-Kongo.
♂: Viel farbiger; Flossen länger. V: +
Z: Haftlaicher. F: K
T: 18–24°C, L: 4,5 cm, pH: <7, SG: 2

Aphyosemion ogoense pyrophore o.♂
Rotpunkt-Prachtkärpfling „RPC 18" 2/614
H: W-Afrika: S-Gabun, S-Kongo.
♂: Viel farbiger; Flossen länger. V: +
Z: Pflanzenlaicher. F: K
T: 18–22°C, L: 5 cm, pH: <7, SG: 2–3

Aphyosemion ogoense pyrophore ♂
Rotpunkt-Prachtk. „GHP 23/80" 2/614
H: W-Afrika: S-Gabun, S-Kongo.
♂: Viel farbiger; Flossen länger. V: +
Z: Pflanzenlaicher. F: K
T: 18–22°C, L: 5 cm, pH: <7, SG: 2–3

Aphyosemion pascheni ♂ 2/616
Grauer Prachtkärpfling
H: W-Afrika: S-Kamerun.
♂: Viel farbiger; Flossen länger. V: +
Z: Bodenlaicher: 3–4 WL. F: K
T: 22–25°C, L: 5 cm, pH: <7, SG: 3

Aplocheilidae (Aplocheilinae) Hechtlinge

Aphyosemion petersii ♂ 2/696, 4/378
Peters Prachtkärpfling
H: W-Afrika: SW-Ghana, S-Elfenbeinküste.
♂: Viel farbiger; Flossen länger. V: =
Z: Haftlaicher. F: K
T: 22–26°C, L: <5,5 cm, pH: <7, SG: 2–3

Aphyosemion poliaki ♂ 4/380
Poliaks Prachtkärpfling
H: Afrika: Kamerun.
♂: Viel farbiger; Flossen länger. V: +
Z: Bodenlaicher (3 WL) o. Haftlaicher. F: K
T: 20–24°C, L: 5,5 cm, pH: 7, SG: 2

Aphyosemion primigenium ♂ 2/616

H: W-Afrika: SW-Gabun.
♂: Viel farbiger; Flossen länger. V: =
Z: Haftlaicher, auch Bodenlaicher. F: K
T: 18–22°C, L: 5 cm, pH: <7, SG: 2–3

Aphyosemion puerzli u.♀; o.♂ 1/536

H: W-Afrika: W-Kamerun.
♂: Viel farbiger; Flossen länger. V: +
Z: Bodenlaicher (8 WL), Haftlaicher. F: K
T: 21–24°C, L: 6 cm, pH: 7, SG: 2

Aphyosemion punctatum ♂ 3/484
Punktierter Prachtkärpfling
H: Afrika: NO-Gabun bis Kongo.
♂: Viel farbiger; Flossen länger. V: +
Z: Bodenlaicher (3 WL), Haftlaicher. F: K
T: 20–22°C, L: 4,5 cm, pH: <7, SG: 3–4

Aphyosemion raddai ♂ 3/484
Raddas Prachtkärpfling
H: Afrika: S-Kamerun.
♂: Viel farbiger; Flossen länger. V: +
Z: Haftlaicher; nicht produktiv. F: K
T: 22–26°C, L: 5 cm, pH: <7, SG: 3–4

Aplocheilidae (Aplocheilinae) — Hechtlinge

Aphyosemion rectogoense u.♀, o.♂ 2/618

H: W-Afrika: SO-Gabun.
♂: Viel farbiger; Flossen länger. V: +
Z: Auch Bodenlaicher; Mop besser. F: K
T: 23–26°C, L: 5 cm, pH: <7, SG: 2–3

Aphyosemion riggenbachi ♂ 1/538

H: W-Afrika: SW-Kamerun.
♂: Viel farbiger; Flossen länger. V: +
Z: Javamoos. F: K
T: 20–23°C, L: 10 cm, pH: ≪7, SG: 2

Aphyosemion robertsoni ♂ 2/618
Robertsons Prachtkärpfling

H: W-Afrika: W-Kamerun.
♂: Viel farbiger; Flossen länger. V: +
Z: Bodenlaicher; 8–10 WL. F: K
T: 21–24°C, L: 6 cm, pH: <7, SG: 2–3

Aphyosemion roloffi ♂ 1/580, 5/468
Brünings Prachtkärpfling, Roloffs Prachtk.

H: W-Afrika: Sierra Leone.
♂: Viel farbiger. V: +
Z: Bodenlaicher. F: K
T: 22–24°C, L: 5 cm, pH: <7, SG: 2–3

Aphyosemion roloffi ♂ 1/580, 5/468
Brünings Prachtkärpfling, Roloffs Prachtk.
„Brama Junction"

Aphyosemion rubrolabiale ♂ 2/620
Rotmaul-Prachtkärpfling

H: W-Afrika: SW-Kamerun.
♂: Viel farbiger; Flossen länger. V: +
Z: Bodenlaicher; 8–10 WL. F: K
T: 21–24°C, L: 6 cm, pH: <7, SG: 2–3

Aplocheilidae (Aplocheilinae) — Hechtlinge

Aphyosemion scheeli ♂ 3/486
Scheels Prachtkärpfling
H: Afrika: SO-Nigeria.
♂: Viel farbiger; Flossen länger. V: +
Z: Bodenlaicher: 4 WL; a. Haftlaicher. F: K
T: 22–26°C, L: 5 cm, pH: 7, SG: 2–3

Aphyosemion schioetzi ♂ 4/380
Schioetz' Prachtkärpfling
H: Afrika: Zentral u. O-Kongo, W-Zaire.
♂: Viel farbiger; Flossen länger. V: +
Z: Bodenlaicher; besser Haftlaicher. F: K
T: 22–26°C, L: 4,5 cm, pH: <7, SG: 2

Aphyosemion schluppi ♂ 2/620
Schlupps Prachtkärpfling
H: W-Afrika: Kongo.
♂: Etwas farbiger; Flossen länger. V: +
Z: Bodenlaicher u. Haftlaicher. F: K
T: 18–22°C, L: 4 cm, pH: <7, SG: 2

Aphyosemion schmitti ♂ 2/698
Schmitt's Prachtkärpfling
H: W-Afrika: O-Liberia.
♂: Viel farbiger; Flossen länger. V: +
Z: Bodenlaicher od. Haftlaicher. F: K
T: 22–24°C, L: 6 cm, pH: <7, SG: 2–3

Aphyosemion sjoestedti ♂ 1/538
Blauer Prachtkärpfling
H: W-Afrika: S-Nigeria, W-Kam. bis Ghana.
♂: Viel farbiger; Flossen länger. V: +
Z: Bodenlaicher: 4–6 WL. F: K
T: 23–26°C, L: 12 cm, pH: <7, SG: 3

Aphyosemion splendopleure ♂ 3/486
Glanzflossen-Prachtkärpfling
H: Afrika: SO-Nig., Kam., Ä-Guinea, Gab.
♂: Viel farbiger; Flossen länger. V: +
Z: Haftlaicher: 3 WL. F: K
T: 22–26°C, L: 6 cm, pH: 7, SG: 3

Aplocheilidae (Aplocheilinae) — Hechtlinge

Aphyosemion spoorenbergi ♂ 2/622
Spoorenbergs Prachtkärpfling
H: W-Afrika: SO-Nigeria/W-Kamerun?
♂: Viel farbiger; Flossen länger. V: +
Z: Bodenlaicher u. Haftlaicher. F: K
T: 20–24°C, L: 8 cm, pH: 7, SG: 2–3

Aphyosemion striatum ♂ 1/540
Gestreifter Prachtkärpfling
H: Afrika: N-Gabun.
♂: Viel farbiger. V: +
Z: Javamoos; ca. 30 Eier. F: K
T: um 22°C, L: 5 cm, pH: <7, SG: 2–3

Aphyosemion thysi ♂ 2/622
Thys' Prachtkärpfling „RPC 20"
H: W-Afrika: Kongo.
♂: Viel farbiger; Flossen länger. V: +
Z: Haftlaicher (< 3 WL). F: K
T: 18–22°C, L: 4 cm, pH: <7, SG: 3

Aphyosemion thysi ♂ 2/622
Thys' Prachtkärpfling „RPC 9"

Aphyosemion viridis ♂ 2/698
Grüner Prachtkärpfling
H: W-Afrika: SO-Guinea, NW-Liberia.
♂: Viel farbiger; Flossen länger. V: –
Z: Bodenlaicher. F: K
T: 20–24°C, L: 6 cm, pH: 7, SG: 3–4

Aphyosemion volcanum ♂ 1/534
Vulkan-Prachtkärpfling
H: W-Afrika: W-Kamerun.
♂: Viel farbiger; Flossen länger. V: +
Z: Haftlaicher: 2–3 WL. F: K
T: 23–26°C, L: 4,5 cm, pH: <7, SG: 2–3

Aplocheilidae (Aplocheilinae) — Hechtlinge

Aphyosemion wachtersi mikeae ♂ 2/624
Wachters' Prachtkärpfling „RPC 19"
H: W-Afrika: Kongo.
♂: Viel farbiger; Flossen länger. V: +
Z: Haftlaicher: 3 WL. F: K
T: 18–22°C, L: 4 cm, pH: <7, SG: 3

Aphyosemion wachtersi wachtersi ♂ 3/488
Wachters' Prachtkärpfling „RPC 78/30"
H: W-Afrika: S-Kongo.
♂: Viel farbiger; Flossen länger. V: +
Z: Haftlaicher. F: K
T: 17–22°C, L: 5 cm, pH: ≪7, SG: 3–4

Aphyosemion walkeri ♂ 1/542
Walkers Prachtkärpfling, Ghana Prachtk.
H: W-Afrika: SW-Ghana, SO-Elfenbeinküste.
♂: Viel farbiger; Flossen länger. V: +
Z: Bodenlaicher u. Haftlaicher:5 WL. F: K
T: 20–23°C, L: 6,5 cm, pH: <7, SG: 2

Aphyosemion wildekampi ♂ 3/488
Wildekamps Prachtkärpfling
H: W-Afrika: SO-Kamerun, Z-Af.Rep.
♂: Viel farbiger; Flossen länger. V: +
Z: Torffasern: 3 WL. F: K
T: 20–24°C, L: 4,5 cm, pH: <7, SG: 3–4

Aphyosemion zygaima ♂ 3/490
Mindouli-Prachtkärpfling
H: W-Afrika: Kongo.
♂: Viel farbiger; Flossen länger. V: +
Z: Torffasern: 3 WL. F: K
T: 18–22°C, L: 5 cm, pH: <7, SG: 3–4

Aplocheilus blockii o.♀, u.♂ 1/546
Madrashechtling, Zwergpanchax
H: Asien: S-Indien. Sri Lanka?
♂: Viel farbiger; größer. V: +
Z: Haftlaicher. F: K,O
T: 22–26°C, L: 5 cm, pH: <7, SG: 2

Aplocheilidae (Aplocheilinae)   Hechtlinge

Aplocheilus dayi ♂   1/546
Grüner Streifenhechtling
H: Asien: S-Indien, Sri Lanka.
♂: Etwas farbiger; Flossen länger. V: =
Z: Moosrasen, feinblättrige Pflanzen. F: K
T: 20–25°C, L: 10 cm, pH: <7, SG: 2

Aplocheilus dayi werneri ♂   3/492
Werners Streifenhechtling
H: Asien: S-Sri Lanka.
♂: Etwas farbiger; Flossen länger. V: +
Z: Pflanzen- u. Dauerlaicher.   F: K
T: 22–26°C, L: 9 cm, pH: <7, SG: 2

Aplocheilus dayi werneri ♀   3/492
Werners Streifenhechtling

Aplocheilus dayi werneri ♂   3/492
Werners Streifenhechtling

Aplocheilus lineatus o.♂, u.♀   1/548,
Streifenhechtling, Piku   5/472
H: Asien: Vorderindien.
♂: Viel farbiger; Flossen länger.   V: –
Z: Haftlaicher.   F: K,O
T: 22–25°C, L: 10 cm, pH: <7, SG: 2

Aplocheilus lineatus gold ♂   1/548,
Streifenhechtling, Piku   5/472

Aplocheilidae (Aplocheilinae) — Hechtlinge

Aplocheilus lineatus Indien ♂ 1/548,
Streifenhechtling, Piku 5/472

Aplocheilus panchax 1/548
Gemeiner Hechtling, Panchax
H: Asien: Vorderindien, Burma, Thailand,...
♂: Geringer Unterschied. **V:** =
Z: Moosrasen, feinblättrige Pflanzen. **F:** K
T: 20–25°C, **L:** 8 cm, **pH:** <7, **SG:** 1–2

Callopanchax monroviae ♂ 3/480
Monrovia-Prachtkärpfling „blau"
H: W-Afrika: S-Liberia.
♂: Viel farbiger; Flossen länger. **V:** +
Z: Bodenlaicher: 6–8 WL. **F:** K
T: 22–26°C, **L:** 9 cm, **pH:** <7, **SG:** 3

Callopanchax monroviae ♂ 3/480
Monrovia-Prachtkärpfling „rot"

Callopanchax occidentalis l.♂, r.♂ 1/584
Goldfasan-Prachtkärpfling
H: W-Afrika: Sierra Leone.
♂: Viel farbiger; Flossen länger. **V:** +
Z: Bodenlaicher: einige Monate L. **F:** K
T: 20–24°C, **L:** 9 cm, **pH:** <7, **SG:** 2–3

Callopanchax toddi ♂ 1/540

H: W-Afrika: Sierra Leone.
♂: Viel farbiger; Flossen länger. **V:** +
Z: Bodenlaicher: 21 WL. **F:** K
T: 22–24°C, **L:** 8 cm, **pH:** <7, **SG:** 3

Aplocheilidae (Aplocheilinae) — Hechtlinge

Diapteron abacinum ♂ 2/640

H: Afrika: O-Gabun, Volksrepublik Kongo.
♂: Viel farbiger; Flossen länger. V: (–)
Z: Haftlaicher. F: K!
T: 18–22°C, L: 4 cm, pH: <7, SG: 3–4

Diapteron cyanostictum ♂ 1/556

H: Afrika: Gabun.
♂: Viel farbiger; Flossen länger. V: +
Z: Haftlaicher. F: K
T: 25–35°C, L: 6,5 cm, pH: <7, SG: 3

Diapteron fulgens ♂ 3/496

H: Afrika: NO-Gabun.
♂: Viel farbiger; Flossen länger. V: +
Z: Haftlaicher. F: K!
T: 18–22°C, L: 3,5 cm, pH: <7, SG: 4

Diapteron georgiae ♂ 3/496
Georgies Prachtkärpfling

H: Afrika: Zentral-Gabun.
♂: Viel farbiger; Flossen länger. V: +
Z: Bodenlaicher (3–4 WL); a. Haftl. F: K!
T: 18–22°C, L: 3,5 cm, pH: <7, SG: 4

Epiplatys ansorgii ♀ 5/474
Ansorges Hechtling

H: W-Afrika: Gabun.
♂: Viel farbiger; Flossen länger. V: +
Z: Haftlaicher; mäßig schwierig. F: K
T: 22–24°C, L: 7,5 cm, pH: <7, SG: 3

Epiplatys ansorgii ♂ 5/474
Ansorges Hechtling

Aplocheilidae (Aplocheilinae) Hechtlinge

Epiplatys ansorgii ♂ 5/474
Ansorges Hechtling
H: W-Afrika: SW-Gabun: Gamba.

Epiplatys ansorgii ♂ 5/474
Ansorges Hechtling
H: W-Afrika: Gabun: Sindara.

Epiplatys ansorgii ♂ 5/474
Ansorges Hechtling
H: W-Afrika: Gabun: Lambarene.

Epiplatys barmoiensis ♂ 2/642
Barmoi-Hechtling
H: Afrika: Sierra Leone, Liberia, Nigeria.
♂: Etwas farbiger; Flossen länger. V: +
Z: Haftlaicher. F: K
T: 24–27°C, L: 7 cm, pH: <7, SG: 3

Epiplatys berkenkampi ♂ 2/642
Berkenkamps Hechtling
H: W-Afrika: Zentralgabun.
♂: Farbiger; Flossen länger. V: +
Z: Haftlaicher; nicht einfach. F: K
T: 20–24°C, L: 6 cm, pH: <7, SG: 3–4

Epiplatys biafranus ♂ 4/384
Biafra-Hechtling
H: Afrika: SO-Nigeria.
♂: Farbiger; Flossen länger. V: (–)
Z: Haftlaicher. F: K!
T: 21–25°C, L: 5 cm, pH: <7, SG: 3

Aplocheilidae (Aplocheilinae) — Hechtlinge

Epiplatys biafranus ♀ 4/384
Biafra-Hechtling

Epiplatys bifasciatus ♂ 2/644
Zweibandhechtling
H: W- u. Zentralafrika.
♂: Etwas farbiger; Flossen länger. V: (−)
Z: Haftlaicher. F: K!
T: 23–27°C, L: 5 cm, pH: 7, SG: 2–3

Epiplatys boulengeri ♂ 4/384
Boulengers Hechtling, „CHP82/16"
H: Afrika: W-Zaire, SO-Gabun.
♂: Farbiger; Flossen länger. V: +
Z: Haftlaicher. F: K!
T: 24–28°C, L: 5,5 cm, pH: <7, SG: 3

Epiplatys sp. aff. *boulengeri* ♂ 4/384
Boulengers Hechtling
Foto s.S. 4/382

Epiplatys chaperi chaperi ♂ 4/386
Goldküsten-Hechtling
H: Afrika: Elfenbeinküste, Togo, Ghana.
♂: Farbiger; Flossen länger. V: +
Z: Haftlaicher; nicht schwierig. F: K!
T: 24–28°C, L: 6,5 cm, pH: <7, SG: 2

Epiplatys chaperi spillmanni ♂ 2/644
Spillmanns-Hechtling
H: W-Afrika: Elfenbeinküste.
♂: Farbiger; Flossen länger. V: +
Z: Haftlaicher; nicht schwierig. F: K!
T: 23–27°C, L: 7 cm, pH: <7, SG: 2–3

Aplocheilidae (Aplocheilinae)　　　　　　　　　　　　　　　　　　Hechtlinge

Epiplatys chevalieri ♂　　　　1/558
Zierhechtling, Chevaliers Hechtling
H: Afrika: Zaire: Umgebung Stanley Pool.
♂: Viel farbiger; Flossen länger.　　V: +
Z: Haftlaicher.　　　　　　　　　　F: K
T: 24–26°C, L:6 cm, pH: <7, SG: 2

Epiplatys coccinatus ♂　　　　3/498
RL 46
H: Afrika: Zentralliberia.
♂: Farbiger; Flossen länger.　　　V: +
Z: Haftlaicher.　　　　　　　　　　F: K!
T: 22–26°C, L: 5 cm, pH: <7, SG: 2–3

Epiplatys dageti u.♀, o.♂　　1/560
Querbandhechtling
H: Afrika: Sierra L., Lib., Elfenbk. Ghana.
♂: Farbiger; Flossen länger.　　　V: =
Z: Haftlaicher; sehr leicht, <300 E.　F: K,O
T: 21–23°C, L: 7 cm, pH: <7, SG: 2

Epiplatys esekanus ♂　　　　3/498
Eseka-Hechtling
H: Afrika: Kamerun.
♂: Viel farbiger; Flossen länger.　V: (–)
Z: Haftlaicher; nicht einfach.　　　F: K!
T: 22–26°C, L: 7 cm, pH: <7, SG: 4

Epiplatys etzeli ♂　　　　　　2/646
Etzels Hechtling
H: W-Afrika: S-Elfenbeinküste.
♂: Farbiger; Flossen länger.　　　V: =
Z: Haft- u. Bodenlaicher (3 WL)　 F: K!
T: 23–27°C, L: 5 cm, pH: <7, SG: 3

Epiplatys fasciolatus fasciolatus ♂ 4/386
Querstreifen-Hechtling
H: Afrika: Guinea-Bissau bis S-Liberia.
♂: Viel farbiger; Flossen länger.　V: +
Z: Haftlaicher.　　　　　　　　　　F: K!
T: 24–28°C, L: 9,5 cm, pH: <7, SG: 2

Aplocheilidae (Aplocheilinae) — Hechtlinge

Epiplatys fasciolatus puetzi ♂   3/500

H: Afrika: Liberia: 20 N von Buchanan.
♂: Viel farbiger; Flossen länger.   V: +
Z: Haftlaicher.   F: K!
T: 22–28°C, L: 8 cm, pH: ≪7, SG: 2–3

Epiplatys fasciolatus tototaensis ♂   3/500
Totota-Hechtling

H: Afrika: SW-Liberia.
♂: Viel farbiger; Flossen länger.   V: +
Z: Haftlaicher.   F: K!
T: 22–28°C, L: 8 cm, pH: <7, SG: 2–3

Epiplatys fasciolatus zimiensis ♂   4/388
Zimi-Hechtling

H: Afrika: SO-Sierra Leone.
♂: Viel farbiger; Flossen länger.   V: +
Z: Haftlaicher.   F: K!
T: 24–28°C, L: 7 cm, pH: <7, SG: 2

Epiplatys grahami ♂   2/646
Grahams Hechtling

H: Afrika: S-Benin, Nigeria, Kamerun.
♂: Farbiger; Flossen länger.   V: +
Z: Haftlaicher; unkompliziert.   F: K,O
T: 23–28°C, L: 6 cm, pH: 7, SG: 2–3

Epiplatys guineensis ♂   5/477
Guinea-Hechtling

H: Afrika: Guinea.
♂: Flossen farbiger.   V: +
Z: Haftlaicher; leicht.   F: K,O
T: 22–26°C, L: 6 cm, pH: 7, SG: 2

Epiplatys guineensis ♀   5/477
Guinea-Hechtling

Aplocheilidae (Aplocheilinae) Hechtlinge

Epiplatys hildegardae ♂ 4/388
Hildegards Hechtling
H: Afrika: SO-Guinea/NO-Liberia.
♂: Viel farbiger; Flossen länger. V: +
Z: Haftlaicher; etwas schwierig. F: K
T: 22–26°C, L: 9 cm, pH: <7, SG: 3

Epiplatys huberi ♂ 2/648
Hubers Hechtling
H: Afrika: S-Gabun, S-Volksrep. Kongo.
♂: Viel farbiger; Flossen länger. V: +
Z: Haftlaicher (Torf, 3 WL). F: K!
T: 18–22°C, L: 5,5 cm, pH: <7, SG: 2–3

Epiplatys lamottei ♂ 1/560

H: Afrika: Liberia, Guinea.
♂: Viel farbiger; Ventralen länger. V: +
Z: Haftlaicher; 70 Eier. F: K
T: 21–23°C, L: 5,5 cm, pH: 7, SG: 4

Epiplatys longiventralis ♂ 4/390

H: Afrika: Nigeria, O-Togo.
♂: Farbiger; Flossen länger. V: (–)
Z: Haftlaicher. F: K!
T: 22–28°C, L: 6 cm, pH: <7, SG: 3

Epiplatys mesogramma ♂ 2/648

H: Afrika: Zentralafrikanische Republik.
♂: Viel farbiger; Flossen länger. V: +
Z: Haftlaicher. F: K!
T: 20–24°C, L: 5,5 cm, pH: <7, SG: 3–4

Epiplatys multifasciatus ♂ 4/390
Vielstreifen-Hechtling
H: Afrika: zentrales Zaire.
♂: Farbiger; Flossen länger. V: (–)
Z: Haftlaicher. F: K
T: 22–26°C, L: 5 cm, pH: <7, SG: 2–3

Aplocheilidae (Aplocheilinae) Hechtlinge

Epiplatys neumanni ♂ 5/479
Neumanns Hechtling
H: W-Afrika: NO-Gabun.
♂: Farbiger; Flossen länger. V: +
Z: Haftlaicher; leicht. F: K
T: 22–24°C, L: 7 cm, pH: <7, SG: 2

Epiplatys neumanni ♀ 5/479
Neumanns Hechtling

Epiplatys cf. *nigricans* ♂ 3/502

H: Afrika: Gesamtes Kongobecken?
♂: Etwas farbiger; Flossen länger. V: +
Z: Haftlaicher. F: K!
T: 20–26°C, L: 5,5 cm, pH: <7, SG: 3

Epiplatys njalaensis ♂ 3/502
Njala-Hechtling
H: Afrika: SW-Sierra Leone/Guinea.
♂: Viel farbiger; Flossen länger. V: +
Z: Haftlaicher. F: K!
T: 22–28°C, L: 6 cm, pH: <7, SG: 3

Epiplatys olbrechtsi azureus ♂ 4/392
Blauer Olbrechts-Hechtling RL 56
H: Afrika: Zentralliberia.
♂: Farbiger; Flossen länger. V: +
Z: Haftlaicher. F: K
T: 22–28°C, L: 8 cm, pH: <7, SG: 2

Epiplatys olbrechtsi kassiapleuensis ♂
Kassiapleu-Hechtling 4/394
H: Afrika: Zentralliberia.
♂: Farbiger; Flossen länger. V: =
Z: Haftlaicher. F: K!
T: 22–25°C, L: 8 cm, pH: <7, SG: 2

Aplocheilidae (Aplocheilinae) — Hechtlinge

Epiplatys olbrechtsi olbrechtsi ♂ 4/392
Olbrechts-Hechtling
H: Afrika: Zentral- u. O-Liberia, Elfenbeink.
♂: Farbiger; Flossen länger. V: +
Z: Haftlaicher. F: K!
T: 22–28°C, L: 8 cm, pH: <7, SG: 2

Epiplatys phoeniceps ♂ 4/394
Schönkopf-Hechtling
H: Afrika: O-Kongo.
♂: Farbiger; Flossen länger. V: (–)
Z: Haftlaicher. F: K!
T: 22–28°C, L: 6 cm, pH: <7, SG: 2–3

Epiplatys phoeniceps ♀ 4/394
Schönkopf-Hechtling

Epiplatys roloffi ♂ 2/650
Roloffs Hechtling
H: W-Afrika: Liberia: St. Paul River.
♂: Etwas farbiger; Flossen länger. V: +
Z: Haftlaicher (a. Aufguß, 3 WL). F: K!
T: 22–25°C, L: 7 cm, pH: 7, SG: 2–3

Epiplatys ruhkopfi ♂ 2/650
Ruhkopf-Hechtling
H: Afrika: Liberia: Kaningali-Town.
♂: Farbiger; Flossen länger. V: +
Z: Haftlaicher. F: K
T: 22–26°C, L: 8 cm, pH: 7, SG: 2–3

Epiplatys sangmelinensis ♂ 2/652
Sangmelima-Hechtling
H: Afrika: S-Kamerun, N-Gabun.
♂: Farbiger; Flossen länger. V: =
Z: Haftlaicher; sehr schwierig. F: K!
T: 20–24°C, L: 5 cm, pH: <7, SG: 4

Aplocheilidae (Aplocheilinae) Hechtlinge

Epiplatys sexfasciatus baroi ♂   3/504
Roter Sechsbandhechtling
H: W-Afrika: SW-Kamerun.
♂: Farbiger; Flossen länger.   V: +
Z: Haftlaicher.   F: K,O
T: 22–26°C, L: 7 cm, pH: 7, SG: 2–3

Epiplatys sexfasciatus rathkei ♂   3/504
Rathkes Sechsbandhechtling
H: W-Afrika: W-Kamerun.
♂: Farbiger; Flossen länger.   V: =
Z: Haftlaicher.   F: K,O
T: 22–26°C, L: 8 cm, pH: 7, SG: 2–3

Epiplatys sexfasciatus sexfasciatus
Sechsbandhechtling o.♀,u.♂ 1/562, 2/652
H: W-Afrika: von S-Togo bis NW-Gabun.
♂: Farbiger; Flossen länger.   V: +
Z: Haftlaicher; einfach.   F: K,O
T: 22–26°C, L: 8 cm, pH: 7, SG: 2–3

Epiplatys sexfasciatus togolensis ♂ 4/396
Togo-Sechsbandhechtling
H: W-Afrika: von Togo bis S-Nigeria.
♂: Farbiger; Flossen länger.   V: +
Z: Haftlaicher.   F: K!
T: 22–28°C, L: 8 cm, pH: 7, SG: 2

Epiplatys sheljuzhkoi ♂   4/396
Sheljuzhkos Hechtling
H: Afrika: Zentral- u. O-Kongo.
♂: Viel farbiger; Flossen länger.   V: =
Z: Haftlaicher.   F: K!
T: 24–28°C, L: 6 cm, pH: <7, SG: 2

Epiplatys singa ♂   1/562

H: Afrika: unterer Zaire.
♂: Farbiger; Flossen länger.   V: –
Z: Haftlaicher; 80–100 Eier.   F: K!
T: 23–25°C, L: 5,5 cm, pH: <7, SG: 4

Aplocheilidae (Aplocheilinae) — Hechtlinge

Epiplatys sp. „Lac Fwa" ♂ 4/398
Fwa-Hechtling
H: Afrika: Zaire: Lac Fwa-Einzug.
♂: Viel farbiger; Flossen länger. V: (–)
Z: Haftlaicher; nicht sehr schwierig. F: K
T: 22–28°C, L: 5 cm, pH: <7, SG: 2

Epiplatys spilargyreius ♂ 4/398
H: Senegal- bis Nil- und Zairebecken.
♂: Etwas farbiger; Flossen länger. V: +
Z: Haftlaicher. F: K!
T: 24–30°C, L: 5 cm, pH: 7, SG: 2

Epiplatys spilargyreius ♀ 4/398

Epiplatys spilargyreius ♂ 4/398

H: O-Nigeria.

Episemion callipteron ♂ 4/402
Schönflossen-Hechtling
H: Afrika: Äquatorial-Guinea?, N-Gabun.
♂: Farbiger; Flossen länger. V: (–)
Z: Haftlaicher; schwierig. F: K!
T: 20–24°C, L: 4 cm, pH: ≪7, SG: 3

Episemion callipteron ♀ 4/402
Schönflossen-Hechtling

Aplocheilidae (Aplocheilinae) Hechtlinge

Foerschichthys flavipinnis u. ♂, o. ♀ 4/404
Gelbflossiger Prachtkärpfling
H: Afrika: SO-Ghana bis zum Nigerdelta.
♂: Flossen farbiger. V: +
Z: Haftlaicher; nicht ganz einfach. F: K
T: 23–28°C, L: 3,5 cm, pH: <7, SG: 3

Foerschichthys flavipinnis ♂ 4/404
Gelbflossiger Prachtkärpfling

Fundulopanchax huwaldi ♂ 5/542

H: Afrika: Sierra Leone.
♂: Viel farbiger; Flossen länger. V: +
Z: Bodenlaicher, 20 WL; nicht leicht. F:K
T: 24–30°C, L: 12 cm, pH: 7, SG: 3

Fundulopanchax huwaldi ♂ 5/542

H: Afrika: Sierra Leone: Fullaba.

Fundulopanchax sp. „Lago" ♂ 5/542

Fundulosoma thierryi ♂ 1/564

H: Afrika: Guinea bis SW-Niger.
♂: Viel farbiger. V: –
Z: Bodenlaicher, 16 WL; sehr leicht. F:K
T: ca. 22°C, L: 3,5 cm, pH: 7, SG: 1–2

Aplocheilidae (Aplocheilinae) — Hechtlinge

Nothobranchius cyaneus ♂ 2/662
Blauer Prachtgrundkärpfling
H: O-Afrika: S-Somalia, NO-Kenia.
♂: Viel farbiger; Flossen länger. V: –
Z: Bodenlaicher; 12 WL. F: K
T: 24–26°C, L: 5 cm, pH: 7, SG: 2–3

Nothobranchius eggersi ♂ 3/506
Orchideen-Prachtgrundkärpfling „blau"
H: Afrika: O-Tansania.
♂: Viel farbiger; Flossen länger. V: =
Z: Bodenlaicher; 6 WL. F: K
T: 24–28°C, L: 5 cm, pH: <7, SG: 3

Nothobranchius eggersi ♂ 3/506
Orchideen-Prachtgrundkärpfling
Kreuzung rot × blau

Nothobranchius eggersi ♂ 3/506
Orchideen-Prachtgrundkärpfling
Wildform, rot.

Nothobranchius elongatus ♂ 3/510
Gestreckter Prachtgrundkärpfling
H: Afrika: SO-Kenia.
♂: Viel farbiger; Flossen länger. V: =
Z: Bodenlaicher; 6 WL. F: K
T: 24–28°C, L: 6 cm, pH: <7, SG: 3

Nothobranchius elongatus ♂ 3/510
Gestreckter Prachtgrundkärpfling
Wildform, Kenia

Aplocheilidae (Aplocheilinae) Hechtlinge

Nothobranchius fasciatus ♂ 4/406
Gestreifter Prachtgrundkärpfling
H: Afrika: S-Somalia.
♂: Hinterkörper hat dunkle Streifen. V: =
Z: Bodenlaicher; 6–8 WL. F: K
T: 24–30°C, L: 7 cm, pH: >7, SG: 3

Nothobranchius foerschi ♂ 3/512
Foerschs Prachtgrundkärpfling
H: Afrika: O-Tansania.
♂: Viel farbiger. V: =
Z: Bodenlaicher; 6 WL. F: K!
T: 22–26°C, L: 5 cm, pH: 7, SG: 3

Nothobranchius furzeri ♂ 2/662
Furzers Prachtgrundkärpfling
H: Afrika: O-Simbabwe/Mozambique.
♂: Viel farbiger. V: =
Z: Bodenlaicher; 12 WL. F: K,O
T: 22–26°C, L: 8 cm, pH: <7, SG: 2–3

Nothobranchius guentheri ♂ 1/568
Günthers Prachtgrundkärpfling
H: Afrika: Insel Sansibar.
♂: Viel farbiger; Flossen länger. V: (–)
Z: Bodenlaicher; 12–16 WL. F: K
T: 22–25°C, L: 4,5 cm, pH: <7, SG: 3

Nothobranchius interruptus ♂ 3/512
Kikambala-Prachtgrundkärpfling
H: Afrika: SO-Kenia.
♂: Viel farbiger; Flossen länger. V: =
Z: Bodenlaicher; 6 WL. F: K
T: 22–26°C, L: 6,5 cm, pH: <7, SG: 3

Nothobranchius janpapi ♂ 2/664
Jan Paps Prachtgrundkärpfling WF
H: Afrika: Tansania.
♂: Viel farbiger; Flossen länger. V: (–)
Z: Bodenlaicher; 8–12 WL. F: K
T: 23–30°C, L: 3,5 cm, pH: 7, SG: 3–4

Aplocheilidae (Aplocheilinae) — Hechtlinge

Nothobranchius jubbi ♂ 2/664
Jubbs Prachtgrundkärpfling
H: O-Afrika: S-Kenia/Somalia.
♂: Viel farbiger; Flossen länger. V: +
Z: Bodenlaicher. F: K
T: 24–26°C, L: 5 cm, pH: <7, SG: 2–3

Nothobranchius kafuensis u. ♀, o. ♂ 3/522
WF
H: Afrika: Sambia.
♂: Viel farbiger; Flossen länger. V: +
Z: Bodenlaicher; 6 WL. F: K
T: 22–28°C, L: 5 cm, pH: <7, SG: 3

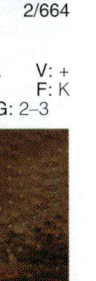

Nothobranchius kirki ♂ 1/568
Kirks Prachtfundulus
H: Afrika: .
♂: Viel farbiger; Flossen länger. V: –
Z: Bodenlaicher. F: K
T: 20–23°C, L: 5 cm, pH: <7, SG: 3

Nothobranchius korthausae o. ♂ 1/568
Korthaus' Prachtfundulus
H: Afrika: Tansania (Insel Mafia).
♂: Viel farbiger; Flossen länger. V: (–)
Z: Bodenlaicher. F: K
T: 23–26°C, L: 6 cm, pH: <7, SG: 3

Nothobranchius kuhntae ♂ 4/406
Kuhnts Prachtgrundkärpfling
H: Afrika: Mosambik, Malawi.
♂: Farbiger; Flossen länger. V: (–)
Z: Dauer-Bodenlaicher; 6–8 WL. F: K
T: 24–28°C, L: 6,5 cm, pH: 7, SG: 2

Nothobranchius lourensi ♂ 3/514
Grüner Prachtgrundkärpfling
H: Afrika: Tansania.
♂: Farbiger. V: +
Z: Bodenlaicher; 6 WL. F: K!
T: 24–28°C, L: 5 cm, pH: <7, SG: 3

Aplocheilidae (Aplocheilinae) Hechtlinge

Nothobranchius luekei ♂ 3/514
Lükes Prachtgrundkärpfling
H: Afrika: O-Tansania: Küstentiefland.
♂: Farbiger. V: (–)
Z: Bodenlaicher; 6 WL. F: K!
T: 24–30°C, L: 4 cm, pH: 7, SG: 4

Nothobranchius melanospilus ♂ 3/516
Schwarzfleckiger Prachtgrundkärpfling
H: Afrika: SO-Kenia, O-Tansania.
♂: Viel farbiger. V: +
Z: Bodenlaicher; 6 WL. F: K
T: 22–28°C, L: 7 cm, pH: <7, SG: 2–3

Nothobranchius microlepis ♂ 2/666

H: Afrika: O-Kenia, SO-Somalia.
♂: Bullig; Flossen farbig. V: –
Z: Bodenlaicher; 12 WL. F: K
T: 23–30°C, L: 6 cm, pH: <7, SG: 3

Nothobranchius neumanni ♂ WF 3/516
Neumanns Prachtgrundkärpfling
H: Afrika: zentrales Tansania.
♂: Viel farbiger. V: =
Z: Bodenlaicher. F: K!
T: 24–28°C, L: 6 cm, pH: <7, SG: 3

Nothobranchius ocellatus ♂ 4/408
Augenfleck-Prachtgrundkärpfling
H: Afrika: O-Tansania.
♂: Viel farbiger. V: –
Z: Bodenl.,Weißtorf,Kurzans.; 12 WL. F:K!
T: 24–30°C, L: <10 cm, pH: <7, SG: 2–3

Nothobranchius orthonotus ♂ 2/666

H: Afrika: Südafrika, Mosambik, Malawi.
♂: Farbiger. V: (–)
Z: Bodenlaicher, Kurzansatz; 12 WL. F: K
T: 23–30°C, L: 9 cm, pH: 7, SG: 2–3

Aplocheilidae (Aplocheilinae) Hechtlinge

Nothobranchius palmqvisti ♂ 1/570
Palmqvists Prachtgrundkärpfling
H: Afrika: S-Kenia, Tansania.
♂: Viel farbiger; Flossen länger. V: –
Z: Dauer-Bodenl.; 12 WL, 200 E. F: K
T: 18–22°C, L: 5 cm, pH: <7, SG: 3

Nothobranchius patrizii u.♀, o.♂ 2/668
H: Afrika: O-Kenia/SO-Somalia.
♂: Viel farbiger; Flossen länger. V: =
Z: Bodenlaicher; 8–12 WL. F: K!
T: 23–30°C, L: 5 cm, pH: <7, SG: 2–3

Nothobranchius polli ♂♂ 3/518
Polls Prachtgrundkärpfling
H: Afrika: SO-Zaire/Sambia.
♂: Viel farbiger; Flossen länger. V: =
Z: Bodenlaicher; 6 WL. F: K!
T: 22–28°C, L: 5 cm, pH: <7, SG: 3

Nothobranchius rachovii u.♀, o.♂ 1/570
Rachovs Prachtfundulus
H: Afrika: Mosambik bis Südafrika.
♂: Viel farbiger; Flossen länger. V: (–)
Z: Bodenlaicher. F: K
T: 20–24°C, L: 5 cm, pH: <7, SG: 3

Nothobranchius robustus ♂ 3/518
K 86/13
H: Afrika: Viktoriasee-Einzug.
♂: Viel farbiger; Flossen länger. V: (–)
Z: Bodenlaicher; 6 WL. F: K
T: 24–28°C, L: 5,5 cm, pH: <7, SG: 3

Nothobranchius rubripinnis ♂ 3/520
Rotflossen-Prachtgrundkärpfling
H: Tansania: Mbemkuru-River; KTZ85/28.
♂: Viel farbiger; Flossen länger. V: (–)
Z: Bodenlaicher; 6 WL. F: K!
T: 22–28°C, L: 5 cm, pH: <7, SG: 3–4

Aplocheilidae (Aplocheilinae)   Hechtlinge

Nothobranchius rubripinnis   3/520
Rotflossen-Prachtgrundkärpfling u. ♀, o. ♂
H: Tansania: Mbezi-River; Tz 83/5.

Nothobranchius sp. „K 86/9" ♂   5/482

H: Afrika: Kenia: „Lake Victoria".

Nothobranchius sp. „Lake Victoria" ♂
Viktoria-Prachtgrundkärpfling   4/410
H: Afrika: Kenia, Tansania.
♂: Viel farbiger; Flossen länger.   V: (−)
Z: Bodenlaicher.   F: K!
T: 24–28°C, L: 4 cm, pH: 7, SG: 2–3

Nothobranchius sp. „Ruvuma" o. ♂   5/480
Ruvuma-Prachtgrundkärpfling
H: Afrika: Tansania; Mosambik?.
♂: Viel farbiger; Flossen länger.   V: (−)
Z: Bodenlaicher; 6 WL.   F: K
T: 22–28°C, L: 5 cm, pH: 7, SG: 2

Nothobranchius sp. „Uganda" ♂   4/412
Uganda-Prachtgrundkärpfling
H: Afrika: Uganda.
♂: Viel farbiger; Flossen länger.   V: =
Z: Bodenlaicher.   F: K
T: 24–28°C, L: 5 cm, pH: 7, SG: 2

Nothobranchius steinforti ♂   4/408
Steinforts Prachtgrundkärpfling
H: Afrika: Tansania.
♂: Viel farbiger; Flossen länger.   V: (−)
Z: Bodenlaicher; 6–8 WL.   F: K!
T: 24–28°C, L: 5 cm, pH: 7, SG: 2–3

Aplocheilidae (Aplocheilinae) — Hechtlinge

Nothobranchius steinforti ♀ 4/408
Steinforts Prachtgrundkärpfling

Nothobranchius symoensi ♂ 4/412
Symoens Prachtgrundkärpfling
H: Afrika: Zaire.
♂: Farbiger; Flossen länger. V: =
Z: Bodenlaicher. F: K
T: 24–28°C, L: 4,5 cm, pH: 7, SG: 2

Nothobranchius taeniopygus ♂ 3/522
Streifenflossiger Prachtgrundkärpfling
H: Afrika: Zentral-Tansania. (KTZ 85/9)
♂: Farbiger; Flossen länger. V: =
Z: Bodenlaicher; 6 WL. F: K
T: 18–24°C, L: 6 cm, pH: >7, SG: 3

Nothobranchius ugandensis ♂ 5/480
Uganda-Prachtgrundkärpfling
H: Afrika: Uganda.
♂: Viel farbiger; Flossen länger. V: (–)
Z: Bodenlaicher; 2+8 WL. F: K!
T: 24–30°C, L: ♂ 5 cm, pH: 7, SG: 2

Nothobranchius vosseleri ♂ 5/482
Vosselers Prachtgrundkärpfling
H: Afrika: Tansania.
♂: Viel farbiger; Flossen länger. V: (–)
Z: Bodenlaicher; nach 2 W, 8 WL. F: K!
T: 24–28°C, L: ♂ 4,5 cm, pH: 7, SG: 2

Nothobranchius vosseleri ♀ 5/482
Vosselers Prachtgrundkärpfling

Aplocheilidae (Aplocheilinae) Hechtlinge

Nothobranchius willerti ♂ 4/410
Mnanzini-Prachtgrundkärpfling
H: Afrika: Kenia.
♂: Viel farbiger; Flossen länger. V: (–)
Z: Bodenlaicher; 6–8 WL. F: K!
T: 24–28°C, L: 4 cm, pH: <7, SG: 3

Pachypanchax omalonotus l. ♀, r. ♂ 3/524
Madagaskar-Hechtling
H: W- u. N-Madagaskar.
♂: Flossen spitz; schlanker. V: +
Z: Haftlaicher. F: K
T: 22–28°C, L: 8 cm, pH: 7, SG: 2

Pachypanchax playfairii o. ♂, u. ♀ 1/574
Tüpfelhechtling
H: Seychellen, Sansibar, Madagaskar.
♂: Flossen farbiger; schlanker. V: –
Z: Haftlaicher; <200 E. F: K
T: 22–24°C, L: 10 cm, pH: <7, SG: 1

Paranothobranchius ocellatus ♀ 3/524
WF
H: Afrika: O-Tansania.
♂: Farbiger; 2 Augenflecken?. V: ?
Z: Unbekannt. F: K
T: 22–26°C, L: 6 cm, pH: <7, SG: 3?

Pronothobranchius kiyawensis u. ♀, o. ♂
3/526
H: Afrika: Gambia, Ghana, N-Nigeria.
♂: Farbiger; Flossen länger. V: =
Z: Bodenlaicher; 6 WL; schwierig. F: K
T: 22–26°C, L: 6 cm, pH: <7, SG: 4

Pseudepiplatys annulatus o. ♂, u. ♀ 1/558
Ringelhechtling, Zwerghechtling
H: Afrika: von Guinea bis Niger.
♂: Farbiger; Flossen länger. V: +
Z: Haftlaicher; sehr schwierig. F: K
T: 23–25°C, L: 4 cm, pH: <7, SG: 4

Aplocheilidae (Rivulinae) — Bachlinge

Unterfamilie Rivulinae

Die Unterfamilie Rivulinae wird oft auch als Familie Rivulidae innerhalb der Ordnung Cyprinodontiformes angesehen. Um das Auffinden der Arten zu erleichtern, werden deshalb die Unterfamilien – wie auch sonst bei dieser Gruppe – getrennt vorgestellt.

Die Unterfamilie der Bachlinge besteht aus 12 Gattungen mit mindestens 125 Arten. Diese bewohnen Nordamerika von Südflorida über Mittelamerika bis Uruguay in Südamerika. Die große Mehrzahl bewohnt Süßwasser, einige Arten sind auch in starkem Brackwasser zu finden. Auf zwei der Gattungen (*Rivulus* und *Cynolebias*) entfallen etwa 100 Arten.

Unter den Rivulinae gibt es alle für Killifische bekannten Fortpflanzungsarten. Die artenreichsten Gattungen lassen sich folgendermaßen zusammenfassen: *Austrofundulus*: Saisonfische. *Campellolebias*: siehe unten. *Cynolebias*: bodentauchende Saisonfische. *Leptolebias*: Saisonfische und nicht-annuelle Arten. *Pterolebias* und *Rachovia*: Saisonfische mit teilweise extrem langer Lagerzeit. *Rivulus*: Haftlaicher und Bodenlaicher; einige mit kurzer Lagerung. *Trigonectes*: Saisonfische mit langer Lagerung.

Rivulus ocellatus (*R. marmoratus* = Synonym), S. 464, ist eine Besonderheit, da bisher nur Männchen und Zwitter gefunden wurden. Die Eier dieser eierlegenden Art können intern auch selbstbefruchtet werden. Die Männchen von *Campellolebias brucei* und *C. dorsimaculatus*, beide S. 440, haben ein Gonopodium. Befruchtung ist intern wie bei Lebendgebärenden Zahnkarpfen, aber die befruchteten Eier werden dann in normaler Bodenlaichermanier gelegt. Man kann sie als Zwischenglieder zu den in Gruppe 6 vorgestellten Lebendgebärenden Zahnkarpfen betrachten.

Die meisten Arten in der Unterfamilie brauchen eine extrem dicht passende Aquarienabdeckung. *Rivulus* kleben oftmals an den Scheiben oberhalb der Wasserlinie. Sie sind geschickte Springer, wie man auch gleich im Trans-

Rivulus sp. WF ♂ (5 cm Länge) aus dem Rio Payamino/Rio Napo Einzugsgebiet, Ecuador.

Aplocheilidae (Rivulinae) — Bachlinge

portbeutel vom Aquarienladen nach Hause oder im Fangeimer in der Natur beobachten kann, wo meistens alle *Rivulus* an den Seiten kleben und andere Arten unten im Wasser schwimmen. Vergißt man auch nur kurzzeitig, den Deckel zu schließen, kann es vorkommen, daß kein Bachling mehr im Eimer geblieben ist. Die Heimatgewässer der Bachlinge sind kleine und kleinste Rinnsale und Randgewässer im Schatten des Urwalds, wo sie von einer Pfütze in die andere springen. Es gibt entsprechend viele Arten mit kleinen Verbreitungsgebieten.

Austrofundulus limnaeus o.♀, u.♂ 2/630
Venezolanischer Kärpfling
H: S-Am.: Guyana, Venezuela, Kolumbien.
♂: Farbiger; Flossen größer.   V: +
Z: Bodenlaicher; 12–26 WL.   F: K!
T: 22–26°C, L: 8 cm, pH: <7, SG: 3

Austrofundulus limnaeus ♂   2/630
Venezolanischer Kärpfling „myersi Typ"

Campellolebias brucei ♂   5/504

H: S-Amerika: SO-Brasilien: Santa Catarina.
♂: Flossen länger, farbig; Gonopodium. V:–
Z: Innere Befruchtung, Bodenl.; 8 WL.   F: K!
T: 20–24°C, L: 4,5 cm, pH: <7, SG: 3–4

Campellolebias dorsimaculatus ♂ 5/504

H: S-Amerika: SO-Brasilien: São Paulo.
♂: Flossen länger, farbig; Gonopodium. V:–
Z: Innere Befruchtung, Bodenl.; 8 WL.   F: K!
T: 22–28°C, L: 3,5 cm, pH: <7, SG: 4

Cynolebias adloffi ♂   2/634
Adloffs Fächerfisch, Gebänderter Fächerf.
H: S-Amerika: N-Uruguay/SO-Brasilien.
♂: Farbiger; Flossen länger.   V: (–)
Z: Bodenlaicher; 6–8 WL.   F: K
T: 20–28°C, L: 4 cm, pH: 7, SG: 2–3

Aplocheilidae (Rivulinae) — Bachlinge

Cynolebias affinis ♂ 5/506
Fächerkärpfling
H: S-Amerika: Uruguay.
♂: Farbiger; Flossen größer. V: =
Z: Bodenlaicher. F: K
T: 18–24°C, L: 5 cm, pH: <7, SG: 2–3

Cynolebias albipunctatus 5/506
Weißpunkt-Fächerfisch, blaue Wildmorphe
H: S-Amerika: Brasilien: Pernambuco.
♂: 3 cm größer; Flossen länger. V: (–)
Z: Bodenlaicher; 16–24 WL; 20% J. F: K
T: 26–30°C, L: ♂ 12 cm, pH: 7, SG: 3

Cynolebias bellottii l.♂, r.♀♀ 1/550
Blauer Fächerfisch
H: S-Amerika: Rio de la Plata-Becken.
♂: Farbiger; größer. V: (–)
Z: Bodenlaicher; 12–16 WL. F: K,O
T: 18–22°C, L: 7 cm, pH: <7, SG: 3

Cynolebias boitonei ♂ 2/636
Brasilianischer Leierflosser
H: S-Amerika: Brasilien: bei Brasilia.
♂: Viel farbiger; Flossen länger. V: (–)
Z: Bodenlaicher; 8 WL. F: K!
T: 20–24°C, L: 4 cm, pH: 7, SG: 3

Cynolebias bokermanni ♂ 5/508
Bahia-Fächerfisch
H: S-Amerika: Brasilien: Bahia.
♂: Viel farbiger; Flossen länger. V: (–)
Z: Bodenlaicher; 12–20 WL. F: K
T: 22–28°C, L: 5 cm, pH: <7, SG: 2

Cynolebias bokermanni ♀ 5/508
Bahia-Fächerfisch

Aplocheilidae (Rivulinae) — Bachlinge

Cynolebias chacoensis ♂ 5/510
Chaco-Fächerfisch
H: S-Amerika: Paraguay: La Serena.
♂: Farbiger; 1 cm größer. V: +
Z: Bodenlaicher; 8 WL. F: K
T: 22–28°C, L: ♂ 5 cm, pH: 7, SG: 2

Cynolebias chacoensis ♂ 5/510
Chaco-Fächerfisch
H: S-Amerika: Paraguay: San Juan.

Cynolebias cheradophilus o.♂, u.♀ 2/636
Grundfächerfisch
H: S-Amerika: O-Uruguay.
♂: Etwas farbiger; größer. V: +
Z: Bodenlaicher; 12 WL. F: K
T: 18–25°C, L: 8 cm, pH: >7, SG: 3

Cynolebias cinereus ♂ 5/508
Grüner Fächerkärpfling
H: S-Amerika: Uruguay: Colonia.
♂: Grünlich; Flossen länger. V: +
Z: Bodenlaicher; 12–16 WL. F: K
T: 18–24°C, L: 6 cm, pH: <7, SG: 2–3

Cynolebias constanciae ♂ 5/512
Constanzes Fächerkärpfling
H: S-Amerika: SO-Brasilien.
♂: Farbiger; ausgezogene Flossen. V: =
Z: Bodenlaicher; 12–16 WL. F: K
T: 22–25°C, L: 5 cm, pH: 7, SG: 2–3

Cynolebias costai ♂ 5/512
Costas Fächerfisch
H: S-Amerika: Brasilien: Goias.
♂: Viel farbiger. V: (–)
Z: Bodenlaicher; 12–20 WL. F: K!
T: 24–30°C, L: 4 cm, pH: <7, SG: 4

Aplocheilidae (Rivulinae) Bachlinge

Cynolebias costai ♀ 5/512
Costas Fächerfisch

Cynolebias cyaneus ♂ 5/515
Cyanblauer Fächerfisch
H: S-Amerika: Brasilien: Rio Grande so Sul.
♂: Farbiger. V: (–)
Z: Bodenlaicher; 12–20 WL. F: K
T: 22–28°C, L: 4cm, pH: <7, SG: 2–3

Cynolebias elongatus ♂ 3/491
Gestreckter Fächerkärpfling
H: S-Amerika: S-Uruguay, Argentinien.
♂: Etwas farbiger; Flossen breiter. V: =
Z: Bodenlaicher; 12–16 WL. F: K!
T: 16–25°C, L: 14cm, pH: 7, SG: 3

Cynolebias flammeus ♂ 5/516
H: S-Amerika: Brasilien: Rio Paraná.
♂: Viel farbiger; Flossen länger. V: (–)
Z: Bodenlaicher; 12–16 WL; leicht. F: K!
T: 22–26°C, L: 3,5 cm, pH: <7, SG: 2

Cynolebias flavicaudatus ♂ 5/516
Gelbflossiger Fächerfisch
H: S-Amerika: Brasilien: Pernambuco.
♂: Farbiger; Flossen größer. V: +
Z: Bodenlaicher. F: K
T: 22–26°C, L: 5,5 cm, pH: >7, SG: 2

Cynolebias flavicaudatus ♀ 5/516
Gelbflossiger Fächerfisch

Aplocheilidae (Rivulinae) Bachlinge

Cynolebias sp. aff. *flavicaudatus* ♂ 5/528
Gelbflossiger Fächerfisch
H: S-Amerika: Brasilien: Minas Gerais.

Cynolebias fulminantis ♂ 5/518
Juwelen-Fächerfisch
H: S-Amerika: Brasilien: Minas Gerais.
♂: Viel farbiger. V: +
Z: Bodenlaicher; leicht. F: K
T: 18–24°C, L: 4 cm, pH: <7, SG: 2

Cynolebias griseus ♀ 5/518

H: S-Amerika: Brasilien: N-Goiás.
♂: Geringer Unterschied: heller. V: =
Z: Bodenlaicher; 12 WL. F: K
T: 22–26°C, L: 7,5 cm, pH: 7, SG: 3

Cynolebias hellneri ♂ 5/520
Hellners Fächerfisch
H: S-Amerika: Brasilien: Minas Gerais.
♂: Viel farbiger; Flossen länger. V: =
Z: Bodenlaicher; Sand/Lehm/Torf. F: K
T: 22–26°C, L: ♂ 5,5 cm, pH: >7, SG: 2

Cynolebias hellneri ♀ 5/520
Hellners Fächerfisch

Cynolebias heloplites ♂ 2/638

H: S-Amerika: O-Brasilien.
♂: Farbiger; Flossen länger. V: +
Z: Bodenlaicher; 12 WL (30°C). F: K
T: 25–30°C, L: 5 cm, pH: 7, SG: 3

Aplocheilidae (Rivulinae) — Bachlinge

Cynolebias leptocephalus ♂ 5/522
Kleinköpfiger Fächerfisch
H: S-Amerika: Brasilien: Minas Gerais.
♂: Farbiger; Flossen länger. V: –
Z: Bodenlaicher. F: K
T: 15–25°C, L: ♂ 15 cm, pH: <7, SG: 3

Cynolebias magnificus ♂ 5/522
H: Brasilien: mittlerer São Francisco.
♂: Viel farbiger; Flossen länger. V: (–)
Z: Bodenlaicher. F: K!
T: 22–26°C, L: 4 cm, pH: >7, SG: 2

Cynolebias monstrosus ♂ 5/524
Monster-Fächerfisch
H: S-Amerika: Paraguay: La Serena.
♂: Größer, robuster; farblich ähnlich. V: –
Z: Bodenlaicher. F: K!
T: 25–30°C, L: >13 cm, pH: 7, SG: 4

Cynolebias monstrosus ♂ 5/524
Monster-Fächerfisch
H: S-Amerika: Paraguay: Faro Maro.

Cynolebias myersi ♂ 5/526
Myers Fächerfisch
H: S-Amerika: Brasilien: Espirito Santo.
♂: Viel farbiger; Flossen länger. V: (–)
Z: Bodenlaicher; 12–20 WL. F: K!
T: 23–28°C, L: ♂ 5,5 cm, pH: <7, SG: 3

Cynolebias myersi ♀ 5/526
Myers Fächerfisch

Aplocheilidae (Rivulinae) — Bachlinge

Cynolebias nigripinnis alexandri ♂ 1/550

H: S-Amerika: Argentinien: Entre Rios.
♂: Farbiger. V: +
Z: Bodenlaicher; 12 WL. F: K!
T: 22–28°C, L: 9 cm, pH: <7, SG: 3

Cynolebias nigripinnis nigripinnis 1/552
Schwarzer Fächerfisch o.♂, u.♀

H: S-Amerika: Argentinien: Paraná.
♂: Farbiger. V: –
Z: Bodenlaicher; mindestens 12 WL. F: K
T: 20–22°C, L: 4,5 cm, pH: <7, SG: 3

Cynolebias nonoiuliensis ♂ WF 3/494
Riesenfächerfisch

H: Argentinien: Provinz Buenos Aires.
♂: Flossen größer. V: =
Z: Bodenlaicher; 16–20 WL. F: K!
T: 15–25°C, L: 10 cm, pH: <7, SG: 3–4

Cynolebias notatus ♂ 5/529

H: S-Amerika: Brasilien Goias.
♂: Farbiger. V: (–)
Z: Bodenlaicher; Sand/Lehm/Torf. F: K
T: 22–26°C, L: 4 cm, pH: >7, SG: 2

Cynolebias notatus ♀ 5/529

Cynolebias perforatus ♂ 5/531

H: S-Amerika: Brasilien: Minas Gerais.
♂: Farbiger; Flossen länger. V: –
Z: Bodenlaicher; 16 WL. F: K
T: 22–26°C, L: ♂ >18 cm, pH: 7, SG: 4

Aplocheilidae (Rivulinae) — Bachlinge

Cynolebias perforatus ♂ 5/531

H: S-Amerika: Brasilien: Itacarambi.

Cynolebias perforatus ♀ 5/531

H: Brasilien: Minas Gerais.

Cynolebias porosus ♂ 5/532
Pernambuco-Fächerfisch
H: S-Amerika: NO-Brasilien: Pernambuco.
♂: Farbiger; Flossen länger. V: –
Z: Bodenlaicher. F: K!
T: 22–26°C, L: >16 cm, pH: 7, SG: 4

Cynolebias prognathus ♂ 5/532
Wulstlippenfächerfisch
H: S-Amerika: Uruguay.
♂: D 17–18, A 23–25 Strahlen. ♀: Weniger.
Z: Bodenlaicher; 12 WL. V: – F: K!
T: 22–26°C, L: >18 cm, pH: 7, SG: 4

Cynolebias prognathus ♀ 5/532
Wulstlippenfächerfisch

Cynolebias stellatus ♂ 5/535
Sternenfächerfisch
H: S-Amerika: Brasilien: Minas Gerais.
♂: Farbiger; Flossen länger. V: +
Z: Bodenlaicher; Sand/Lehm/Torf. F: K
T: 22–26°C, L: 4 cm, pH: >7, SG: 3

Aplocheilidae (Rivulinae) Bachlinge

Cynolebias vandenbergi ♂   5/537
Vandenbergs Fächerfisch
H: S-Amerika: Paraguay.
♂: Größer, farbiger.   V: +
Z: Bodenlaicher; 8–12 WL.   F: K
T: 25–30°C, L: 7 cm, pH: 7, SG: 3

Cynolebias vandenbergi ♂   5/537
Vandenbergs Fächerfisch
H: S-Amerika: Paraguay: Caracol.

Cynolebias vandenbergi ♂   5/537
Vandenbergs Fächerfisch
H: S-Amerika: Paraguay: Faro Moro.

Cynolebias vazferreirai ♂   5/538
Vazferreiras Fächerfisch
H: S-Amerika: Uruguay: Cerro Largo.
♀: Dunkle Flecken; Flossen kleiner. V: –
Z: Bodenlaicher; 12–16 WL.; leicht. F: K
T: 15–25°C, L: ♂ 10 cm, pH: 7, SG: 3

Cynolebias vazferreirai ♀   5/538
Vazferreiras Fächerfisch

Cynolebias viarius l. ♂, r. ♀   2/638

H: S-Amerika: Uruguay: Küstenebene.
♂: Streifen; ♂: Punkte.   V: +
Z: Bodenlaicher; 12 WL.   F: K!
T: 18–23°C, L: 6 cm, pH: 7, SG: 2–3

Aplocheilidae (Rivulinae) — Bachlinge

Cynolebias withei ♂ 1/552
Whites Fächerfisch, Smaragd-Fächerfisch
H: S-Amerika: Brasilien: um Rio de Janeiro.
♂: Farbiger; Flossen länger. V: (–)
Z: Bodenlaicher; 12–16 WL. F: K!
T: 20–23°C, L: ♂ 8 cm, pH: <7, SG: 3

Cynolebias wolterstorffi ♂ 5/540
H: S-Amerika: S-Brasilien/N-Uruguay.
♂: Farbiger; Flossen länger. V: –
Z: Bodenlaicher; 12–32 WL. F: K
T: 20–25°C, L: ♂ 10 cm, pH: 7, SG: 2

Cynolebias wolterstorffi ♀ 5/540

Cynolebias zonatus ♂ 5/540
Gestreifter Fächerfisch
H: S-Amerika: Brasilien: Minas Gerais.
♂: Farbiger. V: –
Z: Bodenlaicher; 6 WL (>30°C). F: K
T: 20–24°C, L: 4,5 cm, pH: 7, SG: 3

Cynopoecilus ladigesi ♂ 1/554
Ladiges' Fächerfisch
H: S-Am.: Brasilien: um Rio de Janeiro.
♂: Viel farbiger; Flossen länger. V: +
Z: Bodenlaicher: 8–12 WL. F: K
T: 20–22°C, L: 4 cm, pH: <7, SG: 3

Cynopoecilus melanotaenia ♂ 3/494
Schwarzband-Fächerkärpfling, Hundskärpf.
H: S-Amerika: SO-Brasilien, N-Uruguay.
♂: Farbiger; Flossen länger. V: =
Z: Bodenlaicher; 8–12 WL. F: K!
T: 18–24°C, L: 5,5 cm, pH: <7, SG: 3–4

KILLIFISCHE

Aplocheilidae (Rivulinae) — Bachlinge

Leptolebias aureoguttatus ♂ 5/544
Goldpunktfächerfisch
H: S-Am.: Brasilien: Santos-Niederung.
♂: Viel farbiger. V: –
Z: Bodenlaicher; 34–42 WL. F: K
T: 23–26°C, L: 4 cm, pH: 7, SG: 4

Leptolebias fluminensis ♂ 5/544
Fluminense-Zwergfächerfisch
H: S-Amerika: Brasilien: Rio de Janeiro.
♂: Viel farbiger. V: –
Z: Bodenlaicher: 8 WL. F: K
T: 22–27°C, L: 3 cm, pH: ≪7, SG: 1

Leptolebias leitaoi ♂ 5/546
Leitaos Zwergfächerfisch
H: S-Amerika: Brasilien: Bahia.
♂: Viel farbiger. V: +
Z: Bodenlaicher; 8 WL. F: K
T: 22–26°C, L: 3,5 cm, pH: ≪7, SG: 3

Leptolebias minimus ♂ 5/546
Zwergfächerfisch
H: S-Amerika: Brasilien: Rio de Janeiro.
♂: Viel farbiger. V: =
Z: Bodenlaicher u. Haftlaicher. F: K
T: 22–26°C, L: 3 cm, pH: ≪7, SG: 1

Leptolebias minimus ♂ 5/546
Zwergfächerfisch

Leptolebias minimus ♂ 5/546
Zwergfächerfisch

Aplocheilidae (Rivulinae)　　　　　　　　　　　　　　　　　　Bachlinge

Maratecoara lacortei ♂　　5/549
Blauer Segelflossenkärpfling
H: S-Amerika: Brasilien: Goias.
♂: Viel farbiger; Flossen länger.　　V: +
Z: Bodenlaicher; 11–17 WL.　　F: K
T: 22–26°C, L: ♂ 4 cm, pH: <7, SG: 4

Moema piriana ♂　　5/552

H: S-Amerika: Brasilien: Pará.
♂: Farbiger; Flossen größer.　　V: (–)
Z: Bodenlaicher; 6 WL (<30°C).　　F: K
T: 24–32°C, L: 16 cm, pH: <7, SG: 3

Moema piriana ♀　　5/552

Neofundulus ornatipinnis ♂　　5/554

H: S-Amerika: Brasilien.
♂: Viel farbiger; Flossen länger.　　V: =
Z: Bodenlaicher; 4–6 WL.　　F: K
T: 24–30°C, L: 7 cm, pH: 7, SG: 3

Neofundulus paraguayensis ♂　　5/554

H: S-Amerika: Brasilien, Paraguay.
♂: Farbiger; 1,5 cm größer.　　V: =
Z: Bodenlaicher; 4–8 WL.　　F: K
T: 22–26°C, L: ♂ 7 cm, pH: 7, SG: 2

Neofundulus parvipinnis ♂　　5/556

H: S-Amerika: Brasilien: Mato Grosso.
♂: Farbiger.　　V: –
Z: Bodenlaicher; 4–8 WL.　　F: K
T: 22–26°C, L: 6 cm, pH: 7, SG: 3

Aplocheilidae (Rivulinae) — Bachlinge

Pituna poranga ♂ 5/556
Mopskopf-Kärpfling
H: S-Amerika: Brasilien: Goiás.
♂: Farbiger. V: +
Z: Bodenlaicher; 6–20 WL. F: K
T: 24–30°C, L: 6 cm, pH: <7, SG: 2

Pituna poranga ♀ 5/556
Mopskopf-Kärpfling

Plesiolebias aruana ♂ 5/558
Aruana-Fächerkärpfling
H: S-Amerika: Brasilien: Goiás.
♂: Etwas farbiger; Flossen länger. V: (–)
Z: Bodenlaicher; 21 WL. F: K!
T: 24–26°C, L: 3 cm, pH: 7, SG: 3–4

Plesiolebias bitteri ♂ 5/558
Bitters Fächerkärpfling
H: S-Amerika: Paraguay?
♂: Viel farbiger; Flossen länger. V: +
Z: Bodenlaicher 12–21 WL. F: K!
T: 22–26°C, L: 4,5 cm, pH: 7, SG: 2–3

Plesiolebias bitteri ♀ 5/558
Bitters Fächerkärpfling

Plesiolebias glaucopterus ♂ 5/560
Pantanal-Fächerfisch
H: S-Amerika: Brasilien: Mato Grosso.
♂: Etwas farbiger; Flossen länger. V: (–)
Z: Bodenlaicher; 21 WL. F: K!
T: 22–26°C, L: 3 cm, pH: 7, SG: 3–4

Aplocheilidae (Rivulinae) — Bachlinge

Pterolebias hoignei ♂ 5/562

H: S-Amerika: Venezuela: Orinoco-Llanos.
♂: Farbiger; Flossen länger; 6 cm gr. V: =
Z: Bodenlaicher; 10 WL (35°C!). F: K
T: 19–30°C, L: ♂ 15 cm, pH: <7, SG: 4

Pterolebias longipinnis ♂ 1/576, 5/562
Langfloss. Schleierkärpfling, Schleierrivulus
H: S-Amerika: Brasilien, Para., Bol., Arg.
♂: Farbiger; Flossen länger; 6 cm gr. V: –
Z: Bodenlaicher; 10–12 WL. F: K
T: 24–30°C, L: ♂ 15 cm, pH: <7, SG: 2

Pterolebias longipinnis ♂ 1/576, 5/562
Langfloss. Schleierkärpfling, Schleierrivulus

Pterolebias phasianus ♂ 5/564
Fasan-Schleierkärpfling
H: S-Amerika: Brasilien: Mato Grosso.
♂: Farbiger; Flossen länger. V: +
Z: Bodenlaicher; 10–12 WL. F: K
T: 22–28°C, L: ♂ 8 cm, pH: 7, SG: 3

Pterolebias phasianus ♀ 5/564
Fasan-Schleierkärpfling

Pterolebias peruensis o.♀, u.♂ 5/566
Peru-Schleierkärpfling
H: S-Amerika: Peru: Provinz Loreto.
♂: Viel farbiger; Flossen länger. V: =
Z: Bodenlaicher; 21 WL. F: K
T: 22–26°C, L: 7 cm, pH: 7, SG: 2

Aplocheilidae (Rivulinae) Bachlinge

Pterolebias staecki ♂ WF 3/527
Staecks Schleierkärpfling
H: S-Amerika: Brasilien: Lago Janauacá.
♂: Viel farbiger; Flossen länger. V: (–)
Z: Bodenlaicher; 26 WL. F: K!
T: 24–28°C, L: 10 cm, pH: 7, SG: 4

Pterolebias wischmanni ♂ 3/528
Wischmanns Schleierkärpfling
H: S-Am.: Peru: 120 km S von Pucallpa.
♂: Viel farbiger; Flossen länger. V: =
Z: Bodenlaicher; 26 WL. F: K
T: 24–26°C, L: ♂ 14 cm, pH: 7, SG: 3–4

Pterolebias xiphophorus ♂ 5/566
Schwertschwanz-Schleierhechtling
H: S-Am.: Venezuela: Puerto Ayacucho.
♂: Viel farbiger; Flossen länger. V: (–)
Z: Bodenlaicher; 34–52 WL!. F: K
T: 24–28°C, L: ♂ 5 cm, pH: <7, SG: 4

Pterolebias xiphophorus ♀ 5/566
Schwertschwanz-Schleierhechtling

Pterolebias zonatus ♂ 1/576
Gestreifter Schleierkärpfling
H: S-Amerika: Venezuela.
♂: Größer; Flossen länger. V: –
Z: Bodenl.; 12–16 WL; schwierig. F: K
T: 18–23°C, L: 9 cm, pH: <7, SG: 3–4

Rachovia brevis vorn ♂ 2/672
H: S-Am.: N-Kolumbien, NW-Venezuela.
♂: Farbiger; Flossen länger. V: =
Z: Bodenlaicher; 23 WL. F: K!
T: 22–26°C, L: ♂ 8 cm, pH: <7, SG: 3–4

Aplocheilidae (Rivulinae) Bachlinge

Rachovia hummelincki ♂ 3/528

H: S-Amerika: Kolumbien, Venezuela.
♂: Viel farbiger; Flossen länger. V: (–)
Z: Bodenlaicher; 26 WL. F: K!
T: 22–26°C, L: 6 cm, pH: 7, SG: 3–4

Rachovia maculipinnis ♂ 2/672

H: S-Am.: Venezuela: Rio Apure-Becken.
♂: Farbiger; Flossen länger. V: (–)
Z: Bodenlaicher; 26–30 WL. F: K
T: 22–27°C, L: <8 cm, pH: 7, SG: 3–4

Rachovia pyropunctata ♂ 3/530
Rotpunkt-Rachovia

H: Venezuela: Maracaibosee-Einzug.
♂: Farbiger; Flossen länger. V: (–)
Z: Bodenlaicher; 26 WL. F: K!
T: 22–28°C, L: 6 cm, pH: <7, SG: 4

Rachovia stellifer l. ♂, r. ♀ 2/674

H: S-Amerika: Venezuela: Cojedes.
♂: Größer; Flossen länger. V: –
Z: Bodenlaicher; Kurzansatz. F: K!
T: 22–27°C, L: <7 cm, pH: 7, SG: 4

Rachovia transilis ♂ 5/568

H: S-Am.: Venezuela: Orinoco-Llanos.
♂: Farbiger. V: (–)
Z: Bodenlaicher; problematisch. F: K
T: 24–32°C, L: 5 cm, pH: <7, SG: 2–3

Rivulus agilae ♂ 2/674
Agila-Bachling

H: S-Amerika: Guyana-Länder.
♂: Farbiger; ♀: Runde Flossen. V: =
Z: Haftlaicher, 3–4 WL; schwierig. F: K!
T: 22–27°C, L: 5 cm, pH: <7, SG: 3–4

Aplocheilidae (Rivulinae) Bachlinge

Rivulus agilae ♂ 2/674
Agila-Bachling
Foto 5/574

Rivulus amphoreus ♂ 2/676

H: S-Amerika: Surinam; bis 1000 m Höhe.
♂: Farbiger; ♀: Kaudalfleck. V: =
Z: Haftlaicher; schwierig. F: K!
T: 20–26°C, L: 7 cm, pH: 7, SG: 3–4

Rivulus atratus ♂ WF 3/530

H: S-Amerika: Peru: Rio Ucayali.
♂: Kaudale länger. V: +
Z: Haftlaicher; sehr schwierig. F: K
T: 22–26°C, L: <5 cm, pH: <7, SG: 4

Rivulus bondi ♂ 5/570
Bonds Bachling

H: S-Am.: Venezuela: Caracas ostwärts.
♂: Farbiger; ♀: Kaudalfleck. V: +
Z: Haftlaicher; einfach. F: K!
T: 22–26°C, L: 11,5 cm, pH: 7, SG: 2

Rivulus bondi ♀ 5/570
Bonds Bachling
H: S-Amerika: Venezuela: Guatire.

Rivulus cf. *bondi* ♂ 5/570
Bonds Bachling
H: S-Amerika: Venezuela: Caracas.

456

Aplocheilidae (Rivulinae) — Bachlinge

Rivulus brasiliensis ♂ 2/676
Brauner Bachling
H: S-Am.: SO-Brasilien: Rio de Janeiro.
♂: Farbiger; ♀: Kein Kaudalfleck. V: =
Z: Haftl.; 3–4 WL; sehr schwierig. F: K
T: 20–24°C, L: 6 cm, pH: 7, SG: 4

Rivulus breviceps ♂ 5/572
Kurzkopf-Bachling
H: S-Amerika: Venezuela?, Guyana.
♂: Farbiger; ♀: Kein Kaudalfleck. V: (–)
Z: Haftlaicher. F: K!
T: 24–28°C, L: 5,5 cm, pH: <7, SG: 3–4

Rivulus breviceps ♀ 5/572
Kurzkopf-Bachling

Rivulus cf. *brunneus* ♂ 3/532

H: M-Amerika: Panama, Costa Rica.
♂: Farbiger; ♀: Flossen transparent. V: =
Z: Haftlaicher. F: K!
T: 20–26°C, L: <7 cm, pH: 7, SG: 3

Rivulus caudomarginatus o.♂, u.♀ 2/679

H: S-Am.: SO-Brasilien: Rio de Janeiro.
♀: Ohne Saum an der Kaudale. V: (–)
Z: Haftlaicher; 3–4 WL. F: K!
T: 20–24°C, L: 6 cm, pH: <7, SG: 4

Rivulus christinae ♂ 5/572
Christinas Bachling
H: S-Amerika: Peru: Puerto Maldonado.
♂: Farbiger. V: =
Z: Haftlaicher. F: K
T: 22–26°C, L: 6 cm, pH: 7, SG: 2

Aplocheilidae (Rivulinae)　　　　　　　　　　　　　　　　　　Bachlinge

Rivulus chucunaque ♂　　3/532, (5/574)

H: M-Amerika: Panama.
♂: Farbiger; ♀: Kaudalfleck.　　V: (–)
Z: Haftlaicher.　　　　　　　　　　F: K
T: 22–26°C, L: 7 cm, pH: 7, SG: 3

Rivulus chucunaque ♂　　3/532, (5/574)

Rivulus cladophorus　　　　　　　5/575

H: S-Amerika: Französisch Guyana.
♂: Etwas schlanker u. farbiger.　V: (–)
Z: Haftlaicher; nicht leicht.　　　F: K!
T: 22–26°C, L: 5 cm, pH: <7, SG: 3

Rivulus cryptocallus ♂　　　　2/680
Martinique-Bachling

H: M-Amerika: Kleine Antillen.
♂: Farbiger; ♀: *Rivulus*-Fleck(en). V: (–)
Z: Haftlaicher; sehr schwierig.　　F: K!
T: 24–28°C, L: 5 cm, pH: <7, SG: 4

Rivulus cylindraceus ♂　　　　1/578
Kuba-Bachling

H: M-Amerika: Kuba.
♂: Farbiger; ♀: Kaudalfleck.　　V: =
Z: Haftlaicher; Schlupf in 2 W.　F: K,O
T: 22–24°C, L: 5,5 cm, pH: 7, SG: 1–2

Rivulus deltaphilus ♂　　　　　5/576
Orinoco-Bachling

H: S-Amerika: O- u.SO-Venezuela.
♂: Etwas farbiger; ♀: Kaudalfleck. V: (–)
Z: Haftlaicher; nicht einfach.　　F: K!
T: 22–26°C, L: 6 cm, pH: 7, SG: 3

Aplocheilidae (Rivulinae) — Bachlinge

Rivulus derhami ♂　　　　　3/534

H: S-Amerika: Peru: bei Tingo María.
♂: Farbiger; ♀: Kaudalfleck.　　V: =
Z: Haftlaicher; leicht.　　　　　F: K!
T: 22–26°C, L: 5 cm, pH: 7, SG: 3

Rivulus dibaphus ♂　　　　　3/534

H: S-Amerika: NO-Brasilien.
♂: Farbiger, größer.　　　　　V: =
Z: Haftlaicher.　　　　　　　　F: K!
T: 24–28°C, L: 5 cm, pH: <7, SG: 4

Rivulus elegans ♂　　　　　5/576
Eleganter Bachling

H: S-Amerika: NW-Kolumbien.
♀: Transparente Flossen.　　V: +
Z: Haftlaicher, 2 WL; schwierig.　F: K!
T: 22–26°C, L: 6 cm, pH: 7, SG: 3

Rivulus elongatus ♂　　　　5/578
Gestreckter Bachling

H: S-Amerika: Peru, Ecuador, Brasilien.
♂: Farbiger; ♀: Kaudalfleck.　　V: =
Z: Haftlaicher; Entwicklung 2½ W.　F: K
T: 22–26°C, L: 7,5 cm, pH: 7, SG: 3

Rivulus erberi ♂　　　　　　5/578
Coca-Bachling

H: S-Amerika: O-Ecuador: Coca.
♂: Farbiger; ♀: Kaudalfleck.　　V: +
Z: Haftlaicher; einfach.　　　　F: K
T: 22–26°C, L: 6 cm, pH: 7, SG: 2–3

Rivulus frenatus ♂　　　　　5/580
Rotschwanz-Bachling

H: S-Amerika: Guyana.
♂: Farbiger; ♀: Flossen transparent. V:(–)
Z: Haftlaicher; nicht schwierig.　F: K!
T: 22–26°C, L: 4,5 cm, pH: <7, SG: 4

Aplocheilidae (Rivulinae) — Bachlinge

Rivulus fuscolineatus u. ♀, o. ♂   3/536
H: M-Amerika: Costa Rica.
♂: Etwas farbiger; ♀: Kaudalfleck. V: =
Z: Haftlaicher; Schlupf nach 2–3 W. F: K!
T: 20–26°C, L: 7 cm, pH: 7, SG: 2–3

Rivulus geayi ♂   2/680
Guyana-Bachling
H: Sur., Franz. Guy., Amazonasmündung.
♂: Farbiger. V: (–)
Z: Haftlaicher; sehr schwierig. F: K!
T: 24–28°C, L: 5 cm, pH: 7, SG: 4

Rivulus gransabanae ♂   5/580
Gran Sabana-Bachling
H: S-Amerika: SO-Venezuela, Guyana?.
♂: Farbiger, mit blauer Kaudale. V: (–)
Z: Haftlaicher; Entwicklung 2 W. F: K!
T: 22–25°C, L: 4,5 cm, pH: <7, SG: 3

Rivulus haraldsiolii ♂   5/582
H: S-Amerika: SO-Brasilien: Küsteneinzug.
♂: Farbiger; ♀: Kaudalfleck. V: =
Z: Haftlaicher; extrem schwierig. F: K!
T: 20–24°C, L: 4,5 cm, pH: <7, SG: 3

Rivulus haraldsiolii ♂   5/582

Rivulus hartii ♂   3/536
Riesenbachling
H: S-Am: Trinidad, Tobago, Venezuela?.
♂: Farbiger. V: (–)
Z: Haftlaicher; als Bodenl. 3 WL. F: K!
T: 22–26°C, L: 9 cm, pH: 7, SG: 3

Aplocheilidae (Rivulinae)   Bachlinge

Rivulus hildebrandi ♂   3/538
Panama-Bachling
H: M-Amerika: W-Panama.
♂: Etwas farbiger; ♀: Kaudalfleck. **V:** (−)
Z: Haftlaicher; nicht sehr produktiv. **F:** K
T: 20–22°C, **L:** 8 cm, **pH:** 7, **SG:** 3

Rivulus sp. aff. *holmiae* ♂   2/685

Rivulus igneus ♂   5/584
Roter Riesenbachling
H: S-Amerika: Französisch Guyana.
♂: Farbiger, 2 cm kleiner.   **V:** (−)
Z: Bodenlaicher im 2. Jahr; 4 WL.   **F:** K
T: 22–28°C, **L:** ♀ 16 cm, **pH:** 7, **SG:** 2

Rivulus igneus ♀   5/584
Roter Riesenbachling

Rivulus immaculatus ♂   5/586
Schwarzsaum-Bachling
H: S-Amerika: Venezuela: Rio Essequibo.
♂: Farbiger; ♀: Körperflecken.   **V:** (−)
Z: Haftl.; 3 WL auf feuchtem Torf.   **F:** K
T: 20–24°C, **L:** 7 cm, **pH:** <7, **SG:** 3

Rivulus immaculatus ♀   5/586
Schwarzsaum-Bachling

Aplocheilidae (Rivulinae) — Bachlinge

Rivulus iridescens ♂ 3/538

H: S-Amerika: Peru: um Jenaro Herrera.
♂: Farbiger; **♀:** Kaudalfleck. **V:** =
Z: Haftlaicher; 2–3 W bis Schlupf. **F:** K
T: 22–26°C, **L:** 7 cm, **pH:** <7, **SG:** 3

Rivulus janeiroensis ♂ 5/588

H: S-Amerika: Brasilien: Rio de Janeiro.
♂: Farbiger; **♀:** Kaudalfleck. **V:** =
Z: Haftlaicher. **F:** K
T: 22–26°C, **L:** 6,5 cm, **pH:** 7, **SG:** 2–3

Rivulus sp. aff. *jucundus* ♂ 5/588
Puyo-Bachling

H: S-Am.: Ecuador: Puyo, Rio Upano.
♂: Farbiger; **♀:** Ohne Flossensäume. **V:** =
Z: Haftlaicher; nicht schwierig. **F:** K
T: 22–24°C, **L:** 4,5 cm, **pH:** 7, **SG:** 2

Rivulus limoncochae o.♂, u.♀ 5/590
Limoncocha-Bachling

H: S-Amerika: Ecuador: Napo.
♂: Farbiger; **♀:** Kaudalfleck. **V:** +
Z: Haftlaicher. **F:** K!
T: 24–28°C, **L:** 6 cm, **pH:** <7, **SG:** 3

Rivulus luelingi ♂ WF 3/540
Lülings Bachling

H: S-Amerika: S-Brasilien: um Joinville.
♂: Farbiger; **♀:** Kaudalfleck. **V:** (–)
Z: Haftlaicher; schwierig. **F:** K!
T: 18–24°C, **L:** 4,5 cm, **pH:** <7, **SG:** 4

Rivulus luelingi ♀ WF 3/540
Lülings Bachling

Aplocheilidae (Rivulinae)   Bachlinge

Rivulus lyricauda ♂ 5/590
Leierschwanzbachling
H: S-Amerika.
♂: Farbiger; ♀: Flossen rund.   V: –
Z: Haftlaicher; Kurzansatz.   F: K
T: 20–24°C, L: ♂ 5 cm, pH: <7, SG: 3

Rivulus lyricauda ♀ 5/590
Leierschwanzbachling

Rivulus magdalenae ♂ 5/592
Magdalena-Bachling
H: S-Am: Kolumbien: ob. Magdalena-Be.
♂: Farbiger; ♀: Kaudalfleck.   V: +
Z: Haftlaicher. oder Bodenl. 3 WL.   F: K
T: 20–26°C, L: 8 cm, pH: 7, SG: 2–3

Rivulus micropus ♂ 5/594
Kleinflossen-Bachling
H: S-Amerika: Brasilien: Manaus.
♂: Farbiger; ♀: Meist Kaudalfleck. V: (–)
Z: Haftlaicher; wenig produktiv.   F: K!
T: 24–28°C, L: 7 cm, pH: 7, SG: 3–4

Rivulus micropus ♂ 5/594
Kleinflossen-Bachling

Rivulus micropus ♀ 5/594
Kleinflossen-Bachling

Aplocheilidae (Rivulinae)   Bachlinge

Rivulus modestus ♂   5/595

H: S-Amerika: Brasilien: Mato Grosso.
♂: Farbiger.   **V:** (–)
Z: Haftlaicher; extrem schwierig.   **F:** K
T: 25–28°C, **L:** 5 cm, **pH:** <7, **SG:** 4

Rivulus obscurus ♂   5/596

H: S-Am.: Brasilien: Amazonas, Rio Negro.
♂: Farbiger; **♀:** Transp. Kaudale.   **V:** (–)
Z: Haftl.; 3 WL, 75% verpilzen.   **F:** K!
T: 24–30°C, **L:** 4 cm, **pH:** <7, **SG:** 3–4

Rivulus obscurus ♀   5/596

Rivulus ocellatus   2/682
Marmorierter Bachling

H: Amerika: Florida bis Brasilien: Küsten.
GU: Nur Hermaphroditen u. ♂♂.   **V:** =
Z: Haftlaicher.   **F:** K,O
T: 18–24°C, **L:** 5 cm, **pH:** 7, **SG:** 3–4

Rivulus ornatus ♂   2/682
Bunter Bachling

H: Brasilien, Peru: Amazonas-Becken.
♂: Farbiger.   **V:** (–)
Z: Haftlaicher; recht problemlos. **F:** K,O
T: 24–28°C, **L:** 3 cm, **pH:** 7, **SG:** 2–3

Rivulus peruanus ♂ WF   3/542
Peru-Bachling

H: S-Amerika: Peru: Ucayali.
♂: Farbiger; **♀:** Auch kein K-Fleck. **V:** =
Z: Haftlaicher; unverträglich.   **F:** K!
T: 22–26°C, **L:** 7 cm, **pH:** 7, **SG:** 3

Aplocheilidae (Rivulinae) Bachlinge

Rivulus pictus 5/596
Gemalter Bachling
H: S-Amerika: S-Brasilien: Rio Santana.
GU: Kaum verschieden. V: (–)
Z: Haftlaicher; je nach Population. F: K
T: 22–26°C, L: 4,5 cm, pH: <7, SG: 2–4

Rivulus pictus 5/596
Gemalter Bachling
H: S-Amerika: S-Brasilien: Bataguassu.

Rivulus pictus 5/596
Gemalter Bachling
H: S-Amerika: S-Brasilien: Goias.

Rivulus punctatus ♂ 2/684, 3/542
Punktierter Bachling
H: N-Arg., Paraguay, Bolivien, Brasilien.
♂: Farbiger; ♀: Oft Kaudalfleck. V: =
Z: Haftlaicher; Brasilien schwierig. F: K
T: 22–26°C, L: 6 cm, pH: 7, SG: 3–4

Rivulus punctatus ♂ WF 2/684, 3/542
Punktierter Bachling

Rivulus rectocaudatus o.♂, u.♀ 3/544
Spatelschwanz-Bachling
H: S-Amerika: Peru: Umgebung v. Iquitos.
♂: Farbiger; ♀: Runde Flossen. V: (–)
Z: Haftlaicher. F: K!
T: 22–25°C, L: 8 cm, pH: <7, SG: 3–4

Aplocheilidae (Rivulinae) Bachlinge

Rivulus roloffi ♂ 2/686
Roloffs Bachling
H: M-Amerika: Hispaniola.
♂: Farbiger; ♀: Auch kein K-Fleck. V: (–)
Z: Haftlaicher; nicht sehr produktiv. F: K
T: 20–26°C, L: 5 cm, pH: 7, SG: 3–4

Rivulus rubrolineatus ♂ 3/544

H: S-Amerika: Peru: unterer Ucayali.
♂: Farbiger; ♀: Kaudalfleck. V: =
Z: Haftlaicher; auch Bodenl. 3 WL. F: K
T: 22–28°C, L: 7 cm, pH: 7, SG: 3

Rivulus santensis o.♂, u.♀ 2/686
Santos-Bachling
H: S-Amerika: SO-Brasilien.
♂: Farbiger; ♀: Meist Kaudalfleck. V: =
Z: Haftl.; verschieden schwierig. F: K
T: 20–26°C, L: 5 cm, pH: 7, SG: 3–4

Rivulus sp. ♂ 5/599

H: S-Amerika: Kolumbien.

Rivulus speciosus 5/602

Rivulus tenuis ♂ 2/688
Mexiko-Bachling
H: M-Am.: S-Mex., Belize, Guatemala, Hon.
♂: Farbiger; ♀: Kaudalfleck. V: =
Z: Haftlaicher. F: K!
T: 22–28°C, L: ♂ 6 cm, pH: <7, SG: 2–3

Aplocheilidae (Rivulinae)　　　　　　　　　　　　　　　　　Bachlinge

Rivulus uroflammeus uroflammeus ♂
2/690

H: M-Amerika: SW-Costa Rica.
♂: Farbiger; ♀: Kaudalfleck.　　　　V: =
Z: Haftlaicher; 3–4 WL.　　　　　　　F: !
T: 22–26°C, L: 6 cm, pH: <7, SG: 2–3

Rivulus urophthalmus ♂ WF　　3/546

H: S-Amerika: O-Guyana bis Brasilien.
♂: Farbiger; ♀: Meistens Kaudalfleck. V: (–)
Z: Haftl.; Bodenlaicher; 3–4 WL.　　F: K!
T: 22–26°C, L: 6 cm, pH: <7, SG: 3

Rivulus violaceus ♂　　　　　　　5/600

H: S-Am.: Brasilien: Mato Grosso, Goias.
♂: Farbiger; ♀: Farblose Flossen. V: (–)
Z: Haftlaicher; Eier täglich ablesen.　F: K!
T: 24–28°C, L: 4,5 cm, pH: 7, SG: 3

Rivulus waimacui ♂　　　　　　　5/600

H: S-Amerika: Guyana: Potaro River.
♂: Farbiger; ♀: Flossen kleiner.　V: (–)
Z: Haftlaicher; wenig Erfahrung.　F: K
T: 24–28°C, L: 9 cm, pH: <7, SG: 3

Rivulus waimacui vorn ♂　　　　5/600

Rivulus weberi ♂　　　　　　　　5/603
Webers Bachling
H: M-Amerika: Panama: Pazifikküste.
♂: Farbiger; ♀: Farblose Flossen.　V: =
Z: Haftlaicher; einfach.　　　　　　F: K
T: 20–24°C, L: 9 cm, pH: 7, SG: 2

467

Aplocheilidae (Rivulinae) — Bachlinge

Rivulus xanthonotus o. ♂, u. ♀ 1/578
Gelber Bachling
H: S-Amerika: Amazonas?.
♂: Farbiger; ♀: Kaudalfleck. V: =
Z: Haftlaicher; nicht schwierig. F: K
T: 22–25°C, L: 7 cm, pH: <7, SG: 2

Rivulus xiphidius ♂ 2/690
Blaustreifenbachling
H: S-Am.: Surinam u. Franz. Guy.: Küste.
♂: Farbiger; ♀: Kleiner. V: (–)
Z: Dauer-Haftlaicher; auch 3 WL. F: K!
T: 22–25°C, L: ♂ 4 cm, pH: <7, SG: 4

Terranatos dolichopterus ♂ 1/584
Säbelkärpfling, Flügelflosser
H: S-Amerika: Venezuela.
♂: Farb., lang ausgezogene Flossen. V: (–)
Z: Bodenlaicher; 21–26 WL. F: K!
T: 20–25°C, L: ♂ 5 cm, pH: <7, SG: 3

Trigonectes balzanii ♂ 5/604
Paraguay-Schleierkärpfling
H: S-Am.: Brasilien, Paraguay, Argentinien.
♂: Farbiger, längere Flossen. V: (–)
Z: Bodenlaicher; 26 WL. F: K
T: 22–28°C, L: 10 cm, pH: 7, SG: 3

Trigonectes balzanii ♀ 5/604
Paraguay-Schleierkärpfling

Trigonectes rubromarginatus ♂ 5/606

H: S-Amerika: Zentralbrasilien: Goias.
♂: Farbiger; Kaudale mit rotem Saum. V: (–)
Z: Bodenlaicher; 26 WL. F: K
T: 23–27°C, L: 11 cm, pH: 7, SG: 3

Cyprinodontidae (Cubanichthyinae) Eierleg. Zahnkarpfen

Unterfamilie Cubanichthinae

Diese Unterfamilie besteht nur aus den beiden unten vorgestellten Arten, wobei einigen Meinungen zufolge beide zur Gattung *Cubanichthys* gehören.

Trotz ihrer karibischen Verbreitung braucht das Aquariumwasser keine Salzzugabe, lediglich eine mittlere Härte sollte nicht unterschritten werden. Es sind kleine friedliche Fische, die nur mit anderen kleinen Friedfischen vergesellschaftet werden sollten, da sie sonst scheu bleiben. Ein Artenbecken wird empfohlen, damit ihr natürliches Verhalten deutlicher hervortritt.

Ein helles Aquarium bringt die Farben besser zur Geltung. Bei dichter Bepflanzung kommen immer einige Jungfische ohne weiteres Zutun des Aquarianers hoch.

Chriopeoides pengelleyi ♂ 2/633
Jamaika-Großschuppenkärpfling
H: M-Amerika: Jamaika.
♂: Größer, farbiger. V: (–)
Z: Haftlaicher (Pflanzen, Steine). F: K,O
T: 23–25°C, L: 6 cm, pH: >7, SG: 2

Cubanichthys cubensis l.♂, r.♀ 2/634
Kubakärpfling
H: M-Amerika: W-Kuba.
♂: Farbiger. V: (–)
Z: Haftlaicher. F: K,O
T: 23–28°C, L: 4 cm, pH: 7, SG: 2–3

Cyprinodontidae (Cyprinodontinae) Eierleg. Zahnkarpfen

Unterfamilie Cyprinodontinae

Diese Unterfamilie besteht aus 89 Arten in 8 Gattungen. Ihre Arten bewohnen Süßwasser, Brackwasser und küstennahes Meerwasser. Geographisch gesehen sind die einzelnen Gattungen weit verteilt, zum Beispiel (nach NELSON, 1994):

Aphanius: etwa 10 Arten in Brack- und Süßwasser des Mittelmeerbereichs.
Cyprinodon: etwa 36 Arten im trockenen Süden der USA (Texas, Nevada,

Cyprinodontidae (Cyprinodontinae) Eierleg. Zahnkarpfen

Titicacasee, Peru/Bolivien. Fischer in einem für den See typischen Schilfkanu.

Arizona, Kalifornien, Oklahoma) und in Mexiko. *Kosswigichthys*: 4 Arten in türkischen Süßwasserseen. *Orestias*: 43 Arten in Hochlandseen der Anden Perus, Boliviens und Nordchiles (vor allem im Titicacasee).

Vor allem die Gattung *Cyprinodon* (Wüstenkärpflinge) enthält viele Arten mit extrem kleinen Verbreitungsgebieten, so etwa ein einzelnes Wasserloch in der Wüste. Es ist deshalb nicht ungewöhnlich, daß die eine oder andere Art vom Aussterben bedroht ist; es stehen mehrere Arten dieser interessanten Gattung unter Naturschutz. *C. pachycephalus* (S. 479) lebt und vermehrt sich in Wasser bis zu einer Temperatur von 43,8 °C. Das ist der höchste Wert, in der ein Knochenfisch lebt (manche Tilapien halten zwar höhere Temperaturen aus, leben aber nicht ununterbrochen in ihnen).

In der Aquaristik ist die Mehrzahl dieser Fische selten im Angebot. Ihre bescheidenen Farben zusammen mit ihren begrenzten und abgelegenen Verbreitungsgebieten mit oftmals salzhaltigem, hartem Wasser und eine nicht immer ganz einfache Haltung sprechen dafür, daß sich auch in näherer Zukunft wenig daran ändern wird. *Jordanella floridae* (S. 481) stellt eine Ausnahme dar, diese Art wird in USA regelmäßig angeboten („American flagfish").

Praktisch alle Arten dieser Unterfamilie sind bereits im Aquarium gezüchtet worden. Es gibt unter ihnen keine Saisonfische, lediglich in der Gattung *Orestias* dauert die Embrionalentwicklung um die 4 Wochen. Diese Zeitspanne sollte man nicht versuchen, durch erhöhte Temperaturen zu verkürzen;

Cyprinodontidae (Cyprinodontinae) — Eierlegende Zahnkarpfen

vorzeitig geschlüpfte Jungfische sind nicht lebensfähig. Diese Gattung ist übrigens eine wichtige Eiweißquelle der Andenbewohner innerhalb ihres Verbreitungsgebietes.

Die meisten Cyprinodontinae legen ihre Eier in einen Ablaichmop oder in Javamoos. Viele brauchen eine Salzzugabe in das Zuchtwasser, auch wenn diese für ihre Haltung nicht unbedingt nötig wäre. *Jordanella floridae* legt ihre Eier entweder in feinfiedrige Pflanzen oder in Gruben. Das Männchen bewacht die Eier, das Weibchen sollte bald herausgefangen werden.

Aphanius anatoliae ♂ WF 3/547
Anatolienkärpfling
H: Europa: zentrales Kleinasien.
♀: Größer; Flossen transparent. V: +
Z: Pflanzenlaicher. F: O
T: 10–25°C, L: <5 cm, pH: >7, SG: 3

Aphanius anatoliae ♂ 3/547
Anatolienkärpfling

Aphanius splendens ♂ 4/414
Glänzender Anatolienkärpfling
H: Asien: SW-Türkei.
♂: Dunkle vertikale Streifen. V: +
Z: Pflanzenlaicher; schwierig. F: O
T: 15–24°C, L: 5,5 cm, pH: 7, SG: 4

Aphanius sureyanus ♂ 4/414
Burdur Anatolienkärpfling
H: Asien: SW-Türkei: Burdursee.
♂: Dunkle vertikale Streifen. V: +
Z: Pflanzenlaicher. F: O
T: 16–24°C, L: 5,5 cm, pH: 7, SG: 4

Aphanius sureyanus ♀ 4/414
Burdur Anatolienkärpfling

Cyprinodontidae (Cyprinodontinae)   Eierlegende Zahnkarpfen

Aphanius anatoliae transgrediens ♂
Acigöl-Anatolienkärpfling 4/416
H: Asien: SW-Türkei: Aci-See. Bedroht.
♂: Dunkle vertikale Streifen. V: +
Z: Pflanzenlaicher. F: O
T: 16–24°C, L: 5 cm, pH: >7, SG: 4

Aphanius anatoliae transgrediens ♂
Acigöl-Anatolienkärpfling 4/416

Aphanius apodus 3/549, (4/420)

H: N-Afrika: NW-Algerien.
♂: Farbiger; Flossen farbig. V: (–)
Z: Pflanzenlaicher; 2W bis Schlupf. F: O
T: 18–28°C, L: 4,5 cm, pH: >7, SG: 4

Aphanius apodus ♂ 3/549, (4/420)

Aphanius asquamatus ♂ 2/585
Nacktschuppenkärpfling
H: Asien: Türkei: O-Anatolien: Hazersee.
♂: Farbiger; etwas schlanker. V: (–)
Z: Pflanzenlaicher; einfach. F: K,O
T: 10–25°C, L: 4 cm, pH: ≫7, SG: 2–3

Aphanius chantrei ♂ 4/418
Östlicher Anatolienkärpfling
H: Asien: Türkei: Zentralanatolien.
♂: Senkrechte Bänder. V: =
Z: Pflanzenlaicher; gut möglich. F: O
T: 16–24°C, L: 6,5 cm, pH: >7, SG: 2

Cyprinodontidae (Cyprinodontinae)   Eierlegende Zahnkarpfen

Aphanius chantrei ♀   4/418
Östlicher Anatolienkärpfling

Aphanius dispar ♂   2/586
Perlmutterkärpfling
H: Küsten Ind.Oz., R. Meer, Totes M., O-Sah.
♂: Flossen größer u. farbiger.   V: +
Z: Pflanzenlaicher. Bis Meerwasser.   F: O
T: 16–26°C, L: 7 cm, pH: >7, SG: 3–4

Aphanius dispar richardsoni ♂   4/418
Jordan-Perlmutterkärpfling
H: Nahost: Israel, Jordanien.
♂: Deutlichere Zeichnung.   V: –
Z: Pflanzenlaicher.   F: O
T: 15–24°C, L: 6 cm, pH: >7, SG: 3

Aphanius dispar richardsoni ♀   4/418
Jordan-Perlmutterkärpfling

Aphanius fasciatus ♂   1/522
Zebrakärpfling, Mittelmeerkärpfling
H: Europa, Asien, Afrika: Mittelmeergebiet.
♂: Flossen farbig; Querbinden.   V: +
Z: Pflanzenlaicher. Brackwasser   F: K
T: 10–24°C, L: 7 cm, pH: >7, SG: 1–2

Aphanius iberus ♂   1/522
Spanienkärpfling
H: Europa, Afrika: Spa., Marokko, Algerien.
♂: Farbiger.   V: +
Z: Pflanzenlaicher.   F: K
T: 10–32°C, L: 5 cm, pH: 7, SG: 1–2

Cyprinodontidae (Cyprinodontinae)   Eierlegende Zahnkarpfen

Aphanius iberus ♀   1/522
Spanienkärpfling

Aphanius mento ♂   2/586
Orientkärpfling
H: Nahost: S-Türkei, Israel, Persischer Golf.
♀: Dunkle Flecken auf hellem Grund V: =
Z: Pflanzenlaicher.   F: O
T: 10–25°C, L: 5 cm, pH: >7, SG: 2–3

Aphanius sirhani ♂   3/550
Sirhan-Kärpfling
H: Asien: Jordanien: Azraq-Oase.
♂: Dunkle Querbänder. ♀: Punkte. V: +
Z: Pflanzenlaicher.   F: O
T: 20–25°C, L: 4,5 cm, pH: >7, SG: 3

Aphanius sirhani ♀   3/550
Sirhan-Kärpfling

Aphanius sophiae ♂   5/484
Perserkärpfling
H: Nahost: W-Iran, SW-Irak. Brackwasser.
♂: Farbiger.   V: –
Z: Pflanzenlaicher; nicht einfach.   F: O
T: 20–30°C, L: 4 cm, pH: >7, SG: 3

Cualac tessellatus ♂ WF   3/554
H: M-Am.: Mexiko: Rio Verde
♂: Intensiver gefärbt.   V: +
Z: Eier starben in der Entwicklung. F: O
T: 28–30°C, L: 5,5 cm, pH: ≫7, SG: 4

Cyprinodontidae (Cyprinodontinae) — Eierlegende Zahnkarpfen

Cualac tessellatus ♀ WF 3/554

Cyprinodon alvarezi ♂ 4/422
El Potosi-Wüstenkärpfling
H: M-Am.: Mexiko: El Potosí. Geschützt.
♂: Farbiger; ♀: Dorsalflossenfleck. V: –
Z: Wollmop; Salzzugabe. F: O
T: 18–22°C, L: 6,5 cm, pH: >7, SG: 3

Cyprinodon atrorus o.♂, u.♀ 3/556

H: M-Amerika: Mexiko: Cuatro Cienegas.
♂: Farbiger; ♀: Dorsalflossenfleck. V:+
Z: In Mulden; Salzzugabe. F: H
T: 25–35°C, L: 5 cm, pH: >7, SG: 3

Cyprinodon beltrani ♂ 4/422
Chichancanab-Kärpfling geschützt
H: M-Am.: Mexiko: Laguna Chichancanb. E
♂: Farbiger; ♀: Dunkle Flecken. V: –
Z: Unbekannt. F: O
T: 27–32°C, L: 4,5 cm, pH: >7, SG: 3

Cyprinodon bondi ♂ 4/424

H: M-Amerika: Westindische Inseln: Haiti.
♂: Farbiger; ♀: Dorsalflossenfleck. V: –
Z: Wollmop; Salzzugabe. F: O
T: 20–28°C, L: 8 cm, pH: >7, SG: 3

Cyprinodon bondi ♀ 4/424

Cyprinodontidae (Cyprinodontinae) — Eierlegende Zahnkarpfen

Cyprinodon bovinus ♂ 4/424
Leon Creek-Wüstenkärpfling
H: N-Amerika: USA: Texas: Rio Pecos.
♂: Farbiger; ♀: Stärker gefleckt. V: –
Z: Wollmop; Salzzugabe. F: O
T: 10–28°C, L: 5 cm, pH: >7, SG: 3

Cyprinodon elegans ♂ 5/486
Eleganter-Wüstenfisch
H: N-Amerika: USA: W-Texas.
♂: Tüpfel; ♀: Fleckenband. V: –
Z: Wollmop; Salzzugabe. F: O,H
T: 18–26°C, L: 5 cm, pH: >7, SG: 3

Cyprinodon elegans ♀ 5/486
Eleganter-Wüstenfisch

Cyprinodon eximius ♂ 4/428
Conchos-Wüstenkärpfling
H: N-Amerika: USA: Texas; N-Mexiko.
♂: Farbiger; ♀: Dorsalflossenfleck. V: –
Z: Wollmop; Salzzugabe. F: O
T: 15–25°C, L: 4,5 cm, pH: >7, SG: 3

Cyprinodon eximius ♀ 4/428
Conchos-Wüstenkärpfling

Cyprinodon fontinalis ♂ 4/428
Guzmán-Wüstenkärpfling
H: M-Amerika: Mexiko: Chihuahua.
♂: Farbiger; ♀: Dorsalflossenfleck. V: –
Z: Wollmop; Salzzugabe. F: O
T: 24–28°C, L: 5,5 cm, pH: >7, SG: 2–3

Cyprinodontidae (Cyprinodontinae) — Eierlegende Zahnkarpfen

Cyprinodon labiosus ♂ 5/488
Dicklippen-Wüstenfisch
H: M-Am.: Mexiko: Chichancanab-See.
♂: Farbiger. ♀: Dorsalflossenfleck. V: =
Z: Wollmop; nicht einfach. F: K
T: 22–26°C, L: 4 cm, pH: 7, SG: 3

Cyprinodon labiosus ♀ 5/488
Dicklippen-Wüstenfisch

Cyprinodon macrolepis ♂ 3/556
Dolores-Wüstenkärpfling bedroht
H: M-Amerika: Mexiko: Chihuahua.
♂: Flossen farbiger. V: =
Z: Wollmop, einfach; Salzzugabe. F: H,O
T: 26–32°C, L: 5 cm, pH: >7, SG: 3

Cyprinodon macrolepis ♀ 3/556
Dolores-Wüstenkärpfling

Cyprinodon macularius ♂ 1/554
Stahlblauer Wüstenfisch
H: N- u. M-Amerika: S-USA, N-Mexiko.
♂: Farbiger; ♀: Gefleckt. V: =
Z: Wollmop, einfach; Salzzugabe. F: K
T: 25–35°C, L: 6,5 cm, pH: >7, SG: 3

Cyprinodon macularius eremus ♂ 4/430
Quitobaquito-Wüstenkärpfling
H: N-Amerika: USA: Arizona.
♂: Farbiger; ♀: Gefleckt. V: =
Z: Wollmop; Salzzugabe. F: O
T: 18–24°C, L: 5,5 cm, pH: >7, SG: 2–3

Cyprinodontidae (Cyprinodontinae) Eierlegende Zahnkarpfen

Cyprinodon maya ♂ 5/490
Maya-Wüstenfisch
H: M-Am.: Mexiko: Chichancanabsee.
♂: Farbiger. ♀: Dorsalflossenfleck. V: –
Z: Noch nicht erfolgt. F: K
T: 22–26°C, L: 8 cm, pH: 7, SG: 4

Cyprinodon maya ♀ 5/490
Maya-Wüstenfisch

Cyprinodon nevadensis amargosae ♂
Amargosa-Wüstenkärpfling 4/430
H: N-Amerika: USA: Kalifornien.
♂: Blauglanz; ♀: Gefleckt. V: =
Z: Wollmop. F: O
T: 10–26°C, L: 4,5 cm, pH: >7, SG: 2–3

Cyprinodon nevadensis mionectes ♂
Ash Meadows-Wk., Nevada-Wf. 4/432
H: N-Amerika: USA: Nevada. (1/556)
♂: Farbiger, ♀: Dorsalfleck. V: –
Z: Wollmop; Salzzugabe. F: O
T: 24–30°C, L: 5,5 cm, pH: >7, SG: 2–3

Cyprinodon nevadensis pectoralis ♂
Warm Springs-Wüstenkärpfling 4/432
H: N-Amerika: USA: Nevada: Nye County.
♂: Farbiger, ♀: Dorsalfleck. V: –
Z: Wollmop; Salzzugabe. F: O
T: 25–30°C, L: 5,5 cm, pH: >7, SG: 2–3

Cyprinodon nevadensis shoshone l.♂, r.♀
Shoshone-Wüstenkärpfling 5/484
H: N-Am.: USA: Kalifornien: Inyo County.
♂: Farbiger, ♀: Dorsalfleck. V: –
Z: Wollmop; Salzzugabe. F: O
T: 18–24°C, L: 5,5 cm, pH: >7, SG: 2–3

Cyprinodontidae (Cyprinodontinae) Eierlegende Zahnkarpfen

Cyprinodon pachycephalus ♂ 4/435
San Diego-Wüstenkärpfling
H: M-Amerika: N-Mexiko: Chihuahua.
♂: Farbiger; ♀: Dorsalflossenfleck. V: –
Z: Wollmop; Salzzugabe. F: O
T: 24–28 °C, L: 5,5 cm, pH: >7, SG: 2–3

Cyprinodon pachycephalus ♂ 4/435
San Diego-Wüstenkärpfling

Cyprinodon pecosensis ♂ 4/436
Pecos River-Wüstenkärpfling
H: N-Amerika: USA: Texas, New Mexiko.
♂: Farbiger; ♀: Dorsalflossenfleck. V: –
Z: Wollmop. F: O
T: 10–28°C, L: 5,5 cm, pH: >7, SG: 2–3

Cyprinodon pecosensis ♀ 4/436
Pecos River-Wüstenkärpfling

Cyprinodon radiosus ♂ 5/492
Owens-Wüstenfisch
H: N-Am.: USA: Kalifornien. Geschützt.
♂: Farbiger; ♀: Gefleckt. V: –
Z: Gerollter Kunstrasen. F: O
T: 22–30°C, L: 4 cm, pH: >7, SG: 4

Cyprinodon radiosus ♀ 5/492
Owens-Wüstenfisch

Cyprinodontidae (Cyprinodontinae) — Eierlegende Zahnkarpfen

Cyprinodon rubrofluviatilis ♂ 4/436
Red River-Wüstenkärpfling
H: N-Am.: USA: Oklahoma, Texas.
♂: Bläulichbraun; ♀: Dorsalfleck. V: –
Z: Wollmop; Salzzugabe. F: O
T: 10–30°C, L: 5 cm, pH: >7, SG: 2–3

Cyprinodon salinus salinus ♂ 4/438
Salt Creek Wüstenfisch
H: N-Amerika: USA: Kalifornien.
♂: Farbiger; ♀: Fleckig. V: –
Z: Wollmop; Salzzugabe. F: K
T: 15–30°C, L: 4,5 cm, pH: >7, SG: 2–3

Cyprinodon tularosa ♂ 5/494
Tularosa-Wüstenfisch geschützt
H: USA: New Mexiko: Tularosabecken. E
♂: Farbiger; ♀: Dorsalflossenfleck. V: –
Z: Gerollter Kunstrasen. F: O
T: 26–30°C, L: 5 cm, pH: >7, SG: 3

Cyprinodon variegatus dearborni ♂
3/558
H: S-Am.: Curaçao, Aruba, Bonaire, Venez.
♂: Farbiger; ♀: Dorsalflossenfleck. V: –
Z: Wollmop; Salzzugabe. F: O
T: 20–27°C, L: 4,5 cm, pH: >7, SG: 3

Cyprinodon variegatus ovinus ♂ 4/438
Nördlicher Edelsteinkärpfling
H: N-Am.: USA: O-Küste.
♂: Farbiger; ♀: Dorsalflossenfleck. V: –
Z: Wollmop; Salzzugabe. F: O
T: 10–22°C, L: 6 cm, pH: >7, SG: 2–3

Cyprinodon variegatus ovinus ♀ 4/438
Nördlicher Edelsteinkärpfling

Cyprinodontidae (Cyprinodontinae)　　　　　　　　Eierlegende Zahnkarpfen

Cyprinodon variegatus variegatus ♂　　3/558
Edelsteinkärpfling
H: O-Küste USA (Carolina) bis N-Mexiko.
♂: Farbiger; ♀: Dorsalflossenfleck. V: –
Z: Wollmop; Salzzugabe.　　　　　　F: O
T: 15–25°C, L: 6 cm, pH: >7, SG: 3

Floridichthys polyommus ♂　　　　3/574
H: M-Am.: Mexiko: Yucatán.　　Bw,(Mw)
♂: Farbiger; ♀: Flossen rund, farblos. V: =
Z: Wollmop; Salzzugabe.　　　　　　F: O
T: 22–28°C, L: 9 cm, pH: >7, SG: 4

Garmanella pulchra l.♀, r.♂　　2/660
Schönflossenkärpfling
H: M-Am.: Mexiko: Yucatán.　　　Bis Mw
♂: Farbiger; ♀: Flossen rund, farblos. V: =
Z: Wollmop; Salzzugabe.　　　　　　F: O
T: 22–28°C, L: 5–6 cm, pH: >7, SG: 3

Jordanella floridae o.♂, u.♀　　1/564
Floridakärpfling
H: N-Amerika: Florida bis Yucatán.
♂: Farbiger; ♀: Dorsalflossenfleck. V: –
Z: Vaterfam.; Pflanzen/Gruben; 70 E. F: O
T: um 20°C, L: 6 cm, pH: 7, SG: 1–2

Megupsilon aporus ♂ WF　　　　3/576
El Potosi-Kärpfling
H: N-Amerika: Mexiko: Nuevo León.
♂: Viel farbiger. ♀: Graubraun.　　V: =
Z: Wollmop?　　　　　　　　　　　F: O
T: 18–22°C, L: 4,5 cm, pH: >7, SG: 3–4

Orestias agassii agassii ♂　　　　5/495
Großer Andenkärpfling
H: S-Am.: Peru, Bol., Chile, Titicaca-See.
♂: Gelblich. ♀: Befruchtungstasche. V: +
Z: 4 W Embrionalentwicklung.　　F: K
T: 10–15°C, L: <15 cm, pH: >7, SG: 4

KILLIFISCHE

481

Cyprinodontidae (Cyprinodontinae)   Eierlegende Zahnkarpfen

Orestias agassii tschudii ♂   5/498
Tschuds Andenkärpfling
H: S-Am.: Peru, Bol., Chile, Titicaca-See.
♂: Gelblich. ♀: Befruchtungstasche. V: +
Z: 4 W Embrionalentwicklung.   F: K
T: 10–15°C, L: 15 cm, pH: >7, SG: 4

Orestias agassii tschudii ♀   5/498
Tschuds Andenkärpfling

Orestias agassii agassii × *O. a. tschudii*
Naturkreuzung   (5/498)
H: S-Am.: Titicaca-See.

Orestias luteus ♂   5/500
Gelber Andenkärpfling
H: S-Am.: Peru, Bol., Chile, Titicaca-See.
♂: Gelblich. ♀: Befruchtungstasche. V: +
Z: 4 W Embrionalentwicklung.   F: K
T: 5–15°C, L: <15 cm, pH: >7, SG: 4

Orestias luteus ♀   5/500
Gelber Andenkärpfling

Orestias muelleri ♂   5/503
Müllers Andenkärpfling
H: S-Am.: Peru, Bol., Chile, Titicaca-See.
♂: Gelblich. ♀: Befruchtungstasche. V: +
Z: 4 W Embrionalentwicklung.   F: K
T: 10–15°C, L: 6–8 cm, pH: >7, SG: 4

Fundulidae — Eierlegende Zahnkarpfen

Familie Fundulidae

Diese Familie besteht aus 5 Gattungen (4 nach anderen Meinungen) mit insgesamt 48 Arten; 29 davon gehören zur Gattung *Fundulus*. Die Gattungen verteilen sich von Nordamerika (Südostkanada) bis Mittelamerika (Yucatán) einschließlich Bermuda und Kuba (NELSON, 1994). Mehrere Arten sind einem Salzgehalt ihrer Gewässer gegenüber recht flexibel und sind sowohl in Süßwasser als auch in litoralem Meerwasser zu finden.

Ihren Dauergewässern entsprechend enthält diese Familie keine Saisonfische. Meistens Haftlaicher an feinfiedrigen Pflanzen oder am Ablaichmop, hängt es von der jeweiligen Art ab, ob Salz dem Zuchtbeckenwasser zugegeben werden muß (Vorsicht mit den Pflanzen). Obwohl die Mehrheit der Arten im Aquarium bereits gezüchtet worden ist, hat sich vielmals eine Zucht über mehrere Generationen hinweg als problematisch erwiesen. Einen gewissen Vorteil schafft ein kühles Überwintern der Fische – bei nördlichen Arten um so wichtiger – eventuell im ungeheizten Keller.

Adinia multifasciata ♂   1/521
Diamant-Killifisch
H: S-USA: Texas bis W-Florida.
♂: Perlfarbene Bänder.   V: =
Z: Haftlaicher; Brackwasser.   F: O
T: 20–23°C, L: 5 cm, pH: >7, SG: 2

Fundulus catenatus ♂   3/560
Ketten-Fundulus
H: N-Amerika: USA: Mississippi-Einzug.
♂: Viel farbiger.   V: +
Z: Ablaichmop: Winter kühl halten. F: K!
T: 15–25°C, L: <20 cm, pH: 7, SG: 3–4

Fundulus chrysotus ♂ WF   2/654
Goldohr, Goldauge
H: N-Amerika: SO-USA.
♂: Farbiger.   V: (–)
Z: Dauerl.; feinfiedrigen Pflanzen. F: K,O
T: 18–25°C, L: 7 cm, pH: 7, SG: 3

Fundulus cingulatus o.♂, u.♀   2/654
Gürtelkärpfling
H: N-Amerika: SO-USA.
♂: Viel farbiger; Flossen länger.   V: (–)
Z: Dauerl.; feinfiedrigen Pflanzen. F: K,O
T: 20–25°C, L: 7 cm, pH: <7, SG: 3

Fundulidae   Eierlegende Zahnkarpfen

Fundulus confluentus ♂ 3/560

H: N-Amerika: SO-USA: Küsteneinzug.
♂: Viel farbiger; Flossen länger. V: +
Z: Substratlaicher; Salzzusatz. F: K
T: 15–26°C, L: 6 cm, pH: 7, SG: 3

Fundulus diaphanus o.♂, u.♀ 2/656

H: N-Amerika: S-Kanada bis Carolina.
♂: Streifen breiter; oliv bis blaugrau. V: (–)
Z: Dichte Vegetation, a. Gartenteich. F: K,O
T: 10–25°C, L: 10 cm, pH: 7, SG: 4

Fundulus dispar 3/562
Maskenkärpfling

H: N-Amerika: USA: mittlerer Westen.
♀: Ausgewachsen keine Streifen. V: +
Z: Pflanzenlaicher. F: K
T: 15–25°C, L: 7 cm, pH: 7, SG: 3–4

Fundulus dispar WF, Ohio River 3/562
Maskenkärpfling

Fundulus escambiae o.♂, u.♀ 4/440
Escambia River-Fundulus

H: N-Amerika: S-USA.
♂: Vertikale Bänder hinten. V: +?
Z: Unbekannt. F: K
T: 15–25°C, L: 6 cm, pH: 7, SG: 3

Fundulus grandis l.♂, r.♀ 2/656
Golf Killifisch

H: N- u.M-Am.: USA, Mexiko, Kuba. Bw,Sw
♂: Metallische Flecken. V: +
Z: Torffasern, Wollmop. F: K,O
T: 22–26°C, L: <15 cm, pH: >7, SG: 2

Fundulidae   Eierlegende Zahnkarpfen

Fundulus grandissimus 4/440
Großer Yucatán-Fundulus
H: M-Am.: Mexiko: Yucatán Halbinsel.
♂: Intensivere Glanzpunkte; kleiner. V: –?
Z: Noch nicht erfolgt. F: K
T: 25–35°C, L: 18 cm, pH: >7, SG: 3–4

Fundulus heteroclitus ♂ 4/442
Killifisch
H: N-Amerika: Kanada, USA.
♂: Farbiger; ♀: Dorsalflossenfleck. V: =
Z: Wollmop; starke Laichräuber. F: K,O
T: 10–24°C, L: 13 cm, pH: >7, SG: 3

Fundulus jenkinsi ♂ 3/564

H: N-Amerika: SO-USA.
♂: Farbiger. V: +
Z: Haftlaicher. F: K
T: 18–25°C, L: 7 cm, pH: >7, SG: 4

Fundulus julisiae ♂ 3/564
vom Aussterben bedroht
H: N-Am: USA: Tennessee: Coffee County.
♂: Viel farbiger. V: (–)
Z: Haftlaicher; 25 E.; nicht einfach. F: O
T: 10–25°C, L: 9 cm, pH: 7, SG: 4

KILLIFISCHE

Fundulus lineolatus ♂ 2/658
Linienkärpfling
H: N-Am.: USA: North Carolina bis Florida.
♂: Ausgeprägte Querstreifen. V: (–)
Z: Pflanzenl.; Eier lichtempfindlich. F: K,O
T: 18–24°C, L: 7 cm, pH: 7, SG: 3–4

Fundulus luciae 3/566

H: USA: Long Island bis Georgia. Sw, Bw
♂: Farbiger; kleiner. V: (–)
Z: Noch nicht erfolgt. F: K
T: 10–25°C, L: 4,5 cm, pH: >7, SG: 4

Fundulidae — Eierlegende Zahnkarpfen

Fundulus majalis o.♂, u.♀ 3/566
Amerikanischer Maifisch
H: N-Am.: O-Küste bis NO-Mexiko. Bw
♂: Senkrechte Streifen; kleiner. V: (–)
Z: Kaum möglich; Gartenteich. F: K
T: 10–25°C, L: 14 cm, pH: >7, SG: 4

Fundulus notatus ♂ WF 3/568
Längsbandkärpfling
H: N-Amerika: USA: Mississippi-Einzug.
♂: Horizont. Band; Flossen länger. V: +
Z: Haftlaicher; kühl überwintern. F: K
T: 15–26°C, L: 7,5 cm, pH: 7, SG: 3–4

Fundulus olivaceus ♂ 3/568
Schwarzfleckenkärpfling
H: N-Amerika: USA: Mississippi-Einzug.
♂: Flossen länger; schlanker. V: +
Z: Haftlaicher; kühl überwintern. F: K!
T: 15–25°C, L: 8 cm, pH: 7, SG: 3–4

Fundulus olivaceus ♀ 3/568
Schwarzfleckenkärpfling

Fundulus pulvereus ♂ 3/571

H: N-Amerika: Alabama bis Texas. a. Bw
♂: Helle Punkte; vertikale Streifen. V: +
Z: Haftlaicher; im Winter kühl halten. F: K
T: 15–26°C, L: 7 cm, pH: 7, SG: 3

Fundulus sciadicus ♂ 4/442
Rückenstrich-Fundulus
H: N-Am.: USA: Nebraska, S-Missouri.
♂: Farbiger, insb. die Flossen. V: =
Z: Haftlaicher; kein Salzzusatz. F: K!
T: 5–22°C, L: 7 cm, pH: 7, SG: 2–3

Fundulidae Eierlegende Zahnkarpfen

Fundulus seminolis o.♂, u.♀ 4/444
Seminolen-Fundulus
H: N-Amerika: USA: Florida.
♂: Farbiger. V: +
Z: Natur: hauptsächlich April/Mai. F: K!
T: 5–24°C, L: 15 cm, pH: 7, SG: 3

Fundulus zebrinus ♂ 2/658
Zebrafundulus
H: N-Amerika: SO-USA.
♂: Bänder; Flossen farbig. V: +
Z: Pflanzenlaicher; einfach. F: K,O
T: 20–25°C, L: 6 cm, pH: >7, SG: 2–3

Leptolucania ommata ♂ WF 3/572
Wichtelkärpfling
H: N-Am.: USA: S-Georgia, N-Florida.
♂: Größer; Flossen ausgezogen. V: (–)
Z: Pflanzenlaicher. F: K!
T: 18–24°C, L: 4 cm, pH: <7, SG: 4

Leptolucania ommata ♀ 3/572
Wichtelkärpfling

Lucania goodei o.♂, u.♀ 1/566
Rotschwanzkärpfling
H: N-Amerika: USA: S-Georgia, Florida.
♂: Farbiger; Flossen etwas größer. V: =
Z: Feinfiedrige Pflanzen; 200 E. F: K
T: 16–22°C, L: 6 cm, pH: <7, SG: 1–2

Lucania parva ♂ 3/574

H: N-Amerika: USA: O-Küste u. Einzug.
♀: Matter; Flossen durchsichtig. V: =
Z: Feinfied. Pflanzen; etwas Salz. F: K,O
T: 10–25°C, L: 5 cm, pH: >7, SG: 2–3

Goodeidae (Empetrichthyinae) — Quellkärpflinge

Familie Goodeidae – Unterfamilie Empetrichthyinae

Innerhalb der Familie Goodeidae befinden sich sowohl die lebendgebärenden Hochlandkärpflinge der Unterfamilie Goodeinae (werden in Gruppe 6 behandelt – siehe ab Seite 505) als auch die eierlegenden Quellkärpflinge der Unterfamilie Empetrichthyinae.

Letztere Unterfamilie besteht aus 2 Gattungen mit insgesamt 4 Arten, von denen eine vermutlich bereits ausgestorben ist. Ihr Verbreitungsgebiet ist auf das südliche Nevada (USA) beschränkt.

Es handelt sich um farblich wenig interessante Fische, die zudem auch sehr aggressiv sein können; es ist daher kaum mit einer Verbreitung in der Aquaristik außerhalb der Spezialistenbecken zu rechnen. Ihre Zucht im Artbecken hat sich jedoch als nicht schwierig herausgestellt. Schlupfzeit beträgt etwa 10 Tage bei 25 °C und, wie bei Cyprinodontiformes üblich, gehen die Jungfische sofort auf Futtersuche (Salinenkrebs-Nauplien).

Crenichthys baileyi albivallis l. ♀, r. ♂ 3/552

H: N-Amerika: USA: Nevada.
♂: Farbiger; kleiner u. schlanker. V: –
Z: Bodenlaicher. F: O
T: 20–25°C, L: 5,5 cm, pH: 7, SG: 3

Crenichthys baileyi baileyi ♂ 4/444
White River-Quellkärpfling

H: N-Amerika: USA: Nevada.
♂: Flossen farbiger; goldenes Band. V: –
Z: Wollmop u. auch zw. Kies. F: O
T: 26–30°C, L: 5,5 cm, pH: >7, SG: 2–3

Goodeidae (Empetrichthyinae) — Quellkärpflinge

Crenichthys baileyi baileyi ♀ 4/444
White River-Quellkärpfling
(Foto s. S. 4/426)

Crenichthys baileyi grandis 4/446
Großer Quellkärpfling
H: N-Amerika: USA: Nevada.
♂: Flossen farbiger; goldenes Band. V: –
Z: Wollmop u. auch zw. Kies. F: O
T: 26–30°C, L: 7,5 cm, pH: >7, SG: 2–3

Crenichthys baileyi moapae ♂ 4/446
Moapa-Quellkärpfling
H: N-Amerika: USA: Nevada.
♂: Flossen farbiger; goldenes Band. V: –
Z: Wollmop u. auch zw. Kies. F: O
T: 26–30°C, L: 5,5 cm, pH: >7, SG: 2–3

Crenichthys baileyi thermophilus 4/448
Mormonen-Quellkärpfling
H: N-Amerika: USA: Nevada.
♂: Flossen farbiger; goldenes Band. V: –
Z: Wollmop u. auch zw. Kies. F: O
T: 26–30°C, L: 5,5 cm, pH: >7, SG: 2–3

Crenichthys nevadae ♂ 4/448
Nevada-Quellkärpfling
H: N-Amerika: USA: Nevada.
♂: Flossen schwarzer. V: –
Z: Wollmop u. auch zw. Kies. F: O
T: 26–30°C, L: 6 cm, pH: >7, SG: 2–3

Empetrichthys latos latos 4/462
Pahrump-Hochlandkärpfling
H: N-Amerika: USA: Nevada.
♂: Zur Laichzeit dunkler, schlanker. V: (–)
Z: Dichtes Algenpolster; paarweise. F: K!
T: 20–25°C, L: <3,5 cm, pH: >7, SG: 2

Poeciliidae (Aplocheilichthyinae) — Afrikanische Leuchtaugenfische

Familie Poeciliidae

Innerhalb der Familie Poeciliidae befinden sich sowohl die lebendgebärenden Zahnkarpfen der Unterfamilie Poeciliinae (sie werden in Gruppe 6 behandelt – siehe ab Seite 514), als auch die eierlegenden Leuchtaugenfische der Unterfamilien Aplocheilichthyinae und Fluviphylacinae.

Diese Fische sind zwar Schwarmfische, doch sucht jedes Individuum innerhalb der Gruppe einen gewissen „Sicherheitsabstand".

Unterfamilie Aplocheilichthyinae

Die Unterfamilie der Leuchtaugenfische besteht aus ca. 7 Gattungen mit insgesamt mindestens 100 Arten. Sie bewohnen Zentral- und Ostafrika, einschließlich der Großen Seen und Madagaskar.

Die Fortpflanzung innerhalb der Gattungen kann folgendermaßen zusammengefaßt werden: *Aplocheilichthys* und *Hypsopanchax*: weitgehend Haftlaicher an feinfiedrigen Pflanzen. Eine Kurzlagerung (14 Tage) in Torf ist bei *A. schioetzi* möglich. *Lamprichthys*: *L. tanganicanus* ist der größte Killifisch Afrikas und lebt endemisch in den steinigen Uferzonen des Tanganjikasees. Es handelt sich um einen Substratlaicher. *Plataplochilus*- und *Procatopus*-Arten sind Spaltlaicher; d.h., es sind Haftlaicher, die ihre Eier in Ritzen und Spalten der Aquariendekoration (Wurzeln, Steine) und Aquarientechnik (Schaumstoff, Filtereinlaßschlitze) hineinpressen. Mehrere Arten sind Dauerlaicher.

Die Arten dieser Unterfamilie sind weitgehend friedliche Schwarmfische, wenn auch manchmal die Mitglieder der Gruppe untereinander einen kleinen Individualabstand einhalten. Da viele Arten recht klein sind, sollten diese mit besonders friedlichen und ruhigen Fischen vergesellschaftet werden. Bei den etwas größeren ist die Auswahl der möglichen Gesellschafter größer.

Unterfamilie Fluviphylacinae

Diese Unterfamilie besteht wahrscheinlich nur aus der einen Art, *Fluviphylax pygmaeus* (s.S. 499), welche im brasilianischen Amazonasbecken lebt.

Dieser Leuchtaugenfisch ist noch nicht im Aquarium fortgepflanzt worden; er ist nicht im Handel erhältlich. Es handelt sich außerdem um einen extrem kleinen und empfindlichen Fisch, der nicht sehr farbenfroh ist.

Er sollte Spezialisten vorbehalten bleiben, und ein Artbecken wird zum Schutz dieser Art unbedingt empfohlen.

Aplocheilichthys antinorii 2/626
Schwarzer Leuchtaugenfisch
H: NO-Afrika: Äthiopien.
♂: Etwas schlanker; kleiner. V: +
Z: Javamoos. F: K
T: 18–22°C, L: 4 cm, pH: 7, SG: 4

Poeciliidae (Aplocheilichthyinae)   Afrikanische Leuchtaugenfische

Aplocheilichthys camerunensis ♂   3/436
Kamerun-Leuchtaugenfisch
H: W-Afrika: S-Kamerun, N-Gabun.
♂: Farbiger; Flossen länger.   V: +
Z: Wollmop.   F: K
T: 20–24°C, L: 3 cm, pH: <7, SG: 4

Aplocheilichthys hutereaui ♂   4/346
Hutereaus Leuchtaugenfisch
H: Afrika: SW-Sudan, Tschad, Zaire,...
♂: Viel farbiger; Netzmuster.   V: +
Z: Dichtes Ablaichsubstrat.   F: K
T: 22–30°C, L: 4 cm, pH: 7, SG: 3

Aplocheilichthys hutereaui ♂   4/346
Hutereaus Leuchtaugenfisch
Südliche Population: Sambia: Mansa.

Aplocheilichthys johnstoni ♂   2/626
Johnstons Leuchtaugenfisch
H: S-Afrika: Malawi, Tan. bis Südafrika.
♂: Farbiger; Flossen größer.   V: +
Z: Perlongespinst.   F: K
T: 18–26°C, L: 5,5 cm, pH: 7, SG: 2–3

Aplocheilichthys kassenjiensis ♂   4/346
Albertsee Leuchtaugenfisch   5/470
H: Afrika: Albertsee.
♂: Viel farbiger.   V: +
Z: Daueransatz, Schwarm; Javamoos. F:K
T: 22–26°C, L: 4,5 cm, pH: 7, SG: 3

Aplocheilichthys kassenjiensis ♂   4/346
Lake Albert-Leuchtaugenfisch   5/470
H: Afrika: Uganda: Paraa.

Poeciliidae (Aplocheilichthyinae) — Afrikanische Leuchtaugenfische

Aplocheilichthys kassenjiensis ♀ 4/346
Lake Albert-Leuchtaugenfisch 5/470
H: Afrika: Uganda: Paraa.

Aplocheilichthys katangae ♂ 2/628
Katanga-Leuchtaugenfisch
H: Afrika: S-Zentral- bis S-Afrika.
♂: Farbiger; gelbe Flossen. V: +
Z: Ablaichmop: Haftlaicher. F: K
T: 20–28°C, L: 4 cm, pH: 7, SG: 3–4

Aplocheilichthys kongoranensis 3/436
WF
H: Afrika: O-Tansania: Flüsse Rufiji, Ruvu.
♂: Farbiger; Flossen etwas länger. V: +
Z: Javamoos; Haftlaicher. F: K
T: 22–26°C, L: 4 cm, pH: <7, SG: 3–4

Aplocheilichthys lacustris ♂ 3/438
WF
H: Afrika: tansanischer Küsteneinzug.
♂: größer; farbige Flossen. V: +
Z: Javamoos; Haftlaicher. F: K
T: 22–26°C, L: 3,5 cm, pH: <7, SG: 2–3

Aplocheilichthys lamberti ♂ 4/350
Lamberts Leuchtaugenfisch
H: Afrika: Oberguinea, Senegal, Gambia.
♂: Viel farbiger; Flossen länger. V: +
Z: Wollmop. F: K
T: 22–28°C, L: 4,5 cm, pH: 7, SG: 2–3

Aplocheilichthys sp.aff. *lamberti* ♂ 4/350
Lamberts Leuchtaugenfisch

Poeciliidae (Aplocheilichthyinae) Afrikanische Leuchtaugenfische

Aplocheilichthys macrophthalmus 1/542
Roter Leuchtaugenfisch
H: W-Afrika: S-Dahomey–Nigerdelta.
♂: Viel farbiger; Flossen länger. V: +
Z: Adhärente Eier in Pflanzen. F: K
T: 22–26°C, L: 4 cm, pH: >7, SG: 3

Aplocheilichthys macrophthalmus hannerzi
Orangesaum-Leuchtaugenfisch ♀ 4/350
H: W-Afrika: Nigeria.
♂: Farbiger; Kaudale lanzettförmig. V: +
Z: Dichtes Ablaichsubstrat. F: K
T: 23–28°C, L: 3,5 cm, pH: <7, SG: 3–4

Aplocheilichthys macrophthalmus hannerzi
Orangesaum-Leuchtaugenfisch ♂ 4/350

Aplocheilichthys maculatus 3/438
Gelber Leuchtaugenfisch
H: Afrika: Tansania, Kenia (Baringosee).
♂: Viel farbiger; Flossen länger. V: +
Z: Haftlaicher. F: K
T: 22–26°C, L: 3,5 cm, pH: 7, SG: 2–3

Aplocheilichthys meyburgi ♂ 2/628
Meyburgs Leuchtaugenfisch
H: Afrika: Umgebung des Viktoriasees.
♂: Etwas farbiger; Flossen größer. V: +
Z: Pflanzen-/Haftlaicher. F: K
T: 22–26°C, L: 3 cm, pH: 7, SG: 3–4

Aplocheilichthys moeruensis 3/440
Moeru-Leuchtaugenfisch
H: Afrika: S-Zaire, N-Sambia.
♂: Farbiger; kleiner. V: +
Z: Feinfiedriges Laichsubstrat. F: K
T: 20–26°C, L: 4 cm, pH: <7, SG: 3

Poeciliidae (Aplocheilichthyinae) Afrikanische Leuchtaugenfische

Aplocheilichthys myaposae 3/440

H: S-Afrika: Angola, Sambia, Simbabwe,...
♂: Viel farbiger; Flossen länger. V: +
Z: Haftlaicher. F: K
T: 20–26°C, L: 4 cm, pH: <7, SG: 3

Aplocheilichthys myersi ♂ 4/352

H: Afrika: W-Zaire, S-Kongo.
♂: Viel farbiger; Flossen länger. V: +
Z: Laichmop; Wachstum langsam. F: K
T: 21–24°C, L: 2,5 cm, pH: <7, SG: 3

Aplocheilichthys nimbaensis ♂ 4/352
Nimba-Leuchtaugenfisch

H: Afrika: SO-Oberguinea, NO-Liberia.
♂: Netzzeichnung; Flossen länger. V: +
Z: Dichtes Ablaichsubstrat. F: K
T: 21–24°C, L: 4,5 cm, pH: >7, SG: 3

Aplocheilichthys nimbaensis ♀ 4/352
Nimba-Leuchtaugenfisch

Aplocheilichthys normani ♂ WF 3/442
Normans Leuchtaugenfisch, Blauer Leucht.

H: Afr.: Senegal, Tschad, Sudan, Nigeria.
♂: Farbiger; Flossen länger. V: +
Z: Feinfiedrige Pflanzen. F: K
T: 22–26°C, L: 4 cm, pH: 7, SG: 3

Aplocheilichthys omoculatus ♂ 3/444
WF

H: Afrika: Tansania.
♂: Farbiger; etwas größer. V: +
Z: Haftlaicher. F: K
T: 16–22°C, L: 3,5 cm, pH: <7, SG: 3

Poeciliidae (Aplocheilichthyinae) — Afrikanische Leuchtaugenfische

Aplocheilichthys pfaffi 3/444
Pfaffs Leuchtaugenfisch
H: Afrika: südlich des Sahelgürtels.
♂: Etwas farbiger; Flossen länger. V: +
Z: Noch nicht erfolgt. F: K
T: 22–26°C, L: 3 cm, pH: <7, SG: 3–4

Aplocheilichthys pumilus ♀, ♂♂ 1/544
H: O-Afrika: Kraterseen.
♂: Flossen farbiger; (s. Foto). V: +
Z: Feinblättrige Pflanzen; Haftlaicher. F: K
T: 24–26°C, L: 5,5 cm, pH: 7, SG: 2–3

Aplocheilichthys rancureli ♂ 3/446
H: Afrika: SW-Ghana, S-Elfenbeinküste.
♂: Etwas farbiger; Flossen länger. V: +
Z: Haftlaicher; wenig produktiv. F: K
T: 24–26°C, L: 3,5 cm, pH: <7, SG: 4

Aplocheilichthys scheeli ♂ 4/354
Scheels Leuchtaugenfisch
H: Afrika: SO-Nigeria bis Ä-Guinea.
♂: Ventralen länger. V: –
Z: Noch nicht erfolgt. F: K
T: 24–28°C, L: 3,5 cm, pH: ≪7, SG: 3–4

Aplocheilichthys scheeli ♀ 4/354
Scheels Leuchtaugenfisch

Aplocheilichthys schioetzi 4/354
Schioetz' Leuchtaugenfisch
H: Afrika: O-Lib., SO-Guinea, Elf., Ghana.
♂: Größer; farbiger; Flossen länger. V: +
Z: Torffasern; auch 2 WL. F: K
T: 24–28°C, L: 4 cm, pH: 7, SG: 3

Poeciliidae (Aplocheilichthyinae) Afrikanische Leuchtaugenfische

Aplocheilichthys sp. „Uvinza" 4/358
Uvinza-Leuchtaugenfisch
H: Afrika: Tansania.
♂: Farbiger; Flossen länger. V: +
Z: Haftlaicher. F: K
T: 22–28°C, L: 4,5 cm, pH: 7, SG: 2–3

Aplocheilichthys spilauchen 1/544
Nackenfleckkärpfling
H: W-Afrika: Senegal bis unterer Zaire.
♂: Größer, höher; Flossen farbiger. V: +
Z: Haftlaicher; <15% Seewasser. F: K
T: 24–32°C, L: 7 cm, pH: >7, SG: 2

Aplocheilichthys usanguensis ♂ 3/446
Usangu-Leuchtaugenfisch
H: Afrika: SW-Tansania.
♂: Flossen gelb. V: +
Z: Javamoos. F: K
T: 17–22°C, L: 3 cm, pH: <7, SG: 3–4

Aplocheilichthys vitschumbaensis 4/358
Vitschumba-Leuchtaugenfisch ♀
H: Afrika: NO-Zaire, W-Uganda.
♂: Viel farbiger; größer. V: +
Z: Dichtes Ablaichsubstrat. F: K
T: 24–30°C, L: 6 cm, pH: ≫7, SG: 3

Aplocheilichthys vitschumbaensis 4/358
Vitschumba-Leuchtaugenfisch ♂

Poeciliidae (Aplocheilichthyinae) Afrikanische Leuchtaugenfische

Hylopanchax stictopleuron ♂ 2/660

H: W-Afrika: Gabun, Kongo, Zaire.
♂: Viel farbiger. V: +
Z: Noch nicht erfolgt. F: K
T: 20–24°C, L: 3,5 cm, pH: ≪7, SG: 4

Hypsopanchax catenatus ♂ WF 3/448
Ketten-Leuchtaugenfisch
H: Afrika: SO-Gabun.
♂: Farbiger; Flossen länger. V: +
Z: Noch nicht erfolgt. F: K
T: 22–26°C, L: 6 cm, pH: 7, SG: 4

Hypsopanchax modestus o.♀, u.♂ 4/360
Ruwenzori-Leuchtaugenfisch
H: Afrika: ob. Nil., NO-Zaire, W-Uganda.
♂: Viel farbiger; höher gebaut. V: +
Z: Ablaichmop; Haftlaicher. F: K
T: 18–24°C, L: 5,5 cm, pH: 7, SG: 3

Hypsopanchax platysternus ♂ 4/360

H: Afrika: Zaire.
♂: Farbiger; siehe Fotos. V: +
Z: Ablaichmop; Haftlaicher. F: K
T: 22–25°C, L: 6 cm, pH: 7, SG: 3–4

Hypsopanchax platysternus ♀ 4/360

Hypsopanchax zebra 4/362
Zebra-Leuchtaugenfisch
H: Afrika: Gabun u. Kongo.
♂: Farbiger; Körper höher. V: +
Z: Haftlaicher. F: K
T: 20–22°C, L: 5,5 cm, pH: >7, SG: 3

Poeciliidae (Aplocheilichthyinae) Afrikanische Leuchtaugenfische

Lamprichthys tanganicanus ♂ 1/566

H: Afrika: Tanganjikasee. E.
♂: Blaue Punkte; größer. V: +
Z: Substratlaicher. F: K
T: 23–25°C, L: <15 cm, pH: ≫7, SG: 3

Pantanodon podoxys ♂ WF 3/450

H: Afrika: Kenia–Tansania: Küste.
♂: Viel farbiger; Flossen länger. V: +
Z: Noch nicht erfolgt. F: K
T: 24–28°C, L: 5 cm, pH: 7, SG: 4

Plataplochilus cabindae ♂ 4/362
Cabinda-Leuchtaugenfisch

H: Afrika: SW-Gabun, Kongo, Cabinda, Zaire.
♀: Flossen rund u. transparent. V: =
Z: Haftlaicher. F: K
T: 22–25°C, L: 4,5 cm, pH: 7, SG: 3–4

Plataplochilus chalcopyrus ♂ 3/450

H: W-Afrika: Gabun.
♀: Kleiner, schwächere Farben. V: +
Z: Javamoos u. Spalten. F: K
T: 22–26°C, L: 5 cm, pH: 7, SG: 3

Plataplochilus loemensis 3/452

H: Afrika: Zaire, Angola, Kongo, SW-Gabun.
♂: Etwas farbiger; Anale rechtwinkelig. V: +
Z: Haftlaicher: Pflanzen, Mop. F: K
T: 22–24°C, L: 6 cm, pH: <7, SG: 3–4

Plataplochilus miltotaenia ♂ 3/452

H: W-Afrika: Gabun.
♂: Farbiger; Flossen länger. V: +
Z: An Javamoos u. in Spalten. F: K
T: 22–26°C, L: 5 cm, pH: 7, SG: 3.

Poeciliidae (Aplocheilichthyinae[1-4]) (Fluviphylacinae[5, 6])   Afrikanische Leuchtaugenfische

Plataplochilus ngaensis ♂ WF   3/454

H: Afrika: NW-Gabun, SW-Ä-Guinea.
♂: Farbiger; Flossen länger.   V: +
Z: An Javamoos u. in Spalten   F: K
T: 20–26°C, L: 5 cm, pH: 7, SG: 3

Procatopus aberrans o.♂, u.♀   2/668

H: W-Afrika: Nigeria, W-Kamerun.
♂: Farbiger; Flossen länger.   V: =
Z: Spaltlaicher, Dauerlaicher.   F: K
T: 24–26°C, L: 6 cm, pH: 7, SG: 2–3

Procatopus nototaenia o.♂, u.♀   1/574
Rotrückiger Procatopus
H: W-Afrika: S-Kamerun.
♂: Siehe Foto.   V: +
Z: Spaltlaicher.   F: K
T: 20–25°C, L: 5 cm, pH: <7, SG: 2–3

Procatopus similis o.♂, u.♀   2/670

H: W-Afrika: SO-Nigeria, W-Kamerun.
♂: Siehe Foto.   V: =
Z: Spaltlaicher, Dauerlaicher.   F: K
T: 24–26°C, L: 7 cm, pH: 7, SG: 3

Fluviphylax pygmaeus ♂   3/448
Südamerikanischer Leuchtaugenfisch
H: S-Amerika: Amazonien.
♂: Flossen größer u. gelblich.   V: (–)
Z: Unbekannt.   F: K
T: 24–26°C, L: 2 cm, pH: <7 SG: 4

Fluviphylax pygmaeus ♀   3/448
Südamerikanischer Leuchtaugenfisch

Profundulidae

Familie Profundulidae

Diese Familie besteht nur aus der Gattung *Profundulus* mit 5 Arten und ist in Zentralamerika in den Ländern Mexiko, Guatemala und Honduras beheimatet (NELSON, 1994).

Profundulus labialis ♂ 3/577

H: M-Amerika: SO-Mexiko, W-Guatemala.
♂: Farbiger; Flossenränder gelblich. V: +
Z: Unbekannt. F: K,O
T: 18–26°C, L: <10 cm, pH: >7, SG: 2

Profundulus punctatus ♂ 2/670

H: M-Amerika: SO-Mexiko, S-Guatemala.
♂: Farbiger; gelb (zur Laichzeit). V: +
Z: Javamoos; Laichräuber. F: K,O
T: 22–26°C, L: 8 cm, pH: >7, SG: 2

Valenciidae

Familie Valenciidae

Diese Familie enthält nur die zwei unten aufgeführten Arten, die die Süßwasser in Südostspanien, Italien und Westgriechenland bewohnen. Es handelt sich um weitgehend friedliche Fische, die in Trupps leben. Männchen können untereinander zänkisch sein.

Valencia hispanica ♂ 3/578
Valenciakärpfling

H: Europa: O-Spanien: Mittelmeerküste.
♂: Farbiger, auch Flossen. V: =
Z: Zw. feinf. Pflanzen; Gartenteich. F: K,O
T: 10–28°C, L: 8 cm, pH: 7, SG: 2–3

Valencia letourneuxi ♂ 2/700
Korfu-Kärpfling

H: SO-Europa: Korfu, Albanien, Griechenl.
♂: Farbiger, auch Flossen. V: +
Z: Zw. feinf. Pflanzen; Gartenteich. F: K,O
T: 15–24°C, L: 6 cm, pH: >7, SG: 2

Gruppe 6

CYPRINODONTIFORMES II
Lebendgebärende Zahnkarpfen

Xiphophorus variatus ♂, Zuchtform Hawaii-Pinselhochflosser (s.S. 563/564).

Gruppe 6

CYPRINODONTIFORMES II
Lebendgebärende Zahnkarpfen

Ursprung/Taxonomie

Die Eierlegenden Zahnkarpfen wurden bereits in Gruppe 5 (S. 391 ff.) vorgestellt, hier befassen wir uns mit den Lebendgebärenden Zahnkarpfen. Daraus ergibt sich, daß die drei Familien der Gruppe 5, welche lebendgebärende Arten mit einschließen, hier wiederholt werden: allerdings nur im Rahmen der lebendgebärenden Unterfamilien (Anablepinae, Goodeinae und Poeciliinae). Weitere lebengebärende Fische sind in Gruppe 1 (Klasse Chondrichthys – Knorpelfische), S. 33 ff., und in Gruppe 10 (Beloniformes – Hemiramphidae – Halbschnäbler), S. 870 ff., zu finden.

CYPRINODONTIFORMES II
    Anablepidae
        Anablepinae 504
        Oxyzygonectinae (eierlegend – siehe Gruppe 5)
    Goodeidae
        Empetrichthynae (eierlegend – siehe Gruppe 5)
        Goodeinae 505–513
    Poeciliidae
        Aplocheilichthynae (eierlegend – siehe Gruppe 5)
        Fluviphylacinae (eierlegend – siehe Gruppe 5)
        Poeciliinae 514–564

Geographische Verbreitung

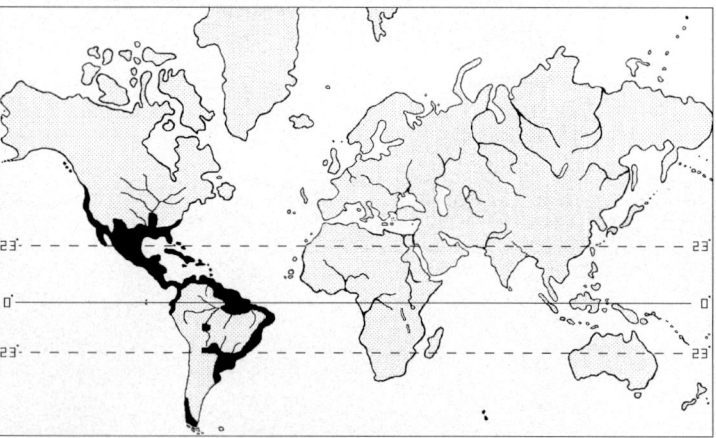

Verbreitungsgebiet der Lebendgebärenden Zahnkarpfen. Das Verbreitungsgebiet der Unterfamilie Goodeinae beschränkt sich auf das mexikanische Hochland (nördliches Mittelamerika). Anablepinae besiedeln die Küsteneinzüge Südmexikos bis Honduras (Atlantikseite) und bis zum nördichen Südamerika (Pazifikseite) sowie das Tiefland Brasiliens, Paraguays, Uruguays und Argentiniens (*Jenynsia*).

Gruppe 6

CYPRINODONTIFORMES II
Lebendgebärende Zahnkarpfen

Die Arten der Gruppe leben hauptsächlich in Süßwasser, aber es gibt auch Brackwasserbewohner und einige Arten, die im küstennahen Meer leben. Die Weltkarte zeigt das natürliche Verbreitungsgebiet dieser Gruppe 6. Die heutigen Zuchtformen bezieht der Handel größtenteils aus Südostasien (z. B. Singapur) und den USA (Florida).

Allgemeines

Die auffälligste Eigenschaft dieser Gruppe ist das Vorhandensein eines Begattungsorgans (Andropodium oder Gonopodium) bei den Männchen. Dieses Organ wird durch die vorderen Strahlen der Anale gebildet. Mehrere weitere Strukturen sind auch Teil des Gonopodiums, so daß dessen Morphologie gattungs- und mehrheitlich auch artspezifischen Charakter erhält.

Dieses Begattungsorgan wird etwa 1 mm in die weibliche Genitalpapille eingeführt (Poeciliinae und Anablepinae, = Gonopodium) oder es ist eine einfachere Struktur und wird nur an die Papille gedrückt (Goodeinae = Andropodium).

Im allgemeinen sind alle Mitglieder der Gruppe friedliche Fische, die für das Gesellschaftsbecken gut geeignet sind, solange der Chemismus ihrer Ursprungsgewässer berücksichtigt wird. Lediglich die Zart- und Seltenheit mehrerer (oftmals vom Aussterben bedrohter) Arten empfehlen eine Haltung in Artbecken.

Bei der Vergesellschaftung verschiedener Goodeinen oder Poeciliinen untereinander besteht bei manchen Kombinationen Kreuzungsgefahr; die Möglichkeit einer Artenverfälschung sollte vermieden werden.

Für eine gezielte Zucht ist es Problem und Vorteil zugleich, daß die Reife bei vielen Arten schon sehr früh eintritt, eventuell sogar vor der Auslese der Elterntiere. Weibchen können bald (oft schon ab einem Alter von nur 4 Wochen) an ihrem Trächtigkeitsfleck erkannt werden, das Schwert der Schwertträger entwickelt sich erst später. Auch eine Vorratsbefruchtung kann sich ergeben (nicht so bei Goodeinae), manchmal sogar für das ganze Leben, wodurch ein „falsch befruchtetes" Weibchen züchterisch wertlos werden kann.

Die Fische schwimmen meistens direkt unter der Wasseroberfläche und suchen sie nach Freßbarem ab. In weiten Teilen der tropischen Welt werden verschiedene dieser Arten daher in der Stechmückenbekämpfung zur Malaria- und Gelbfieberkontrolle eingesetzt. Wie auch ihre „eierlegenden Verwandten" der Gruppe 5 bewohnen sie flache, unübersichtliche Randruhezonen verschiedenster Gewässer, und die kleineren Arten sind selbst in kleinsten Rinnsalen und Pfützen zu finden, den „Mückenparadiesen".

Bei den Steckbriefen der einzelnen Arten gibt es für diese Gruppe ein paar Besonderheiten:
- Längenangaben der erwachsenen Fische beziehen sich immer auf das größere Geschlecht (ohne Schwert bei Schwertträgern).
- Unter Zucht werden TT = Tage Tragzeit, J = Anzahl der Junge, die geworfen werden, und mm = Länge (in mm) dieser Jungen zur Zeit der Geburt angegeben.

Anablepidae (Anablepinae) — Vieraugen

Unterfamilie Anablepinae

Die Unterfamilie der Vieraugen besteht aus nur zwei Gattungen: *Anableps* mit drei Arten und *Jenynsia* mit etwa fünf.

Das Gonopodium ist nur nach einer Seite beweglich und Weibchen haben ihre Genitalöffnung entweder in die eine oder andere Richtung. Damit müssen sich immer entsprechende Paare finden, um zu einer erfolgreichen Besamung zu kommen. Rechte und linke Typen sind in der Natur zu etwa gleichen Teilen vertreten.

Wegen der Salzabhängigkeit der Arten ist eine Bepflanzung der Aquarien nicht möglich. Eine Vergesellschaftung kann gleichfalls nur mit anderen Brackwasser- bzw. salztoleranten Arten geschehen.

Die Gattung *Anableps* bewohnt Mittelamerika und das nördliche Südamerika. Sie fällt sofort durch die eigenartige Augenmorphologie auf (Name): Eine horizontale Bindehaut unterteilt jedes Auge in eine Über- und eine Unterwasserhälfte. Es erlaubt diesen Fischen der oberen Wasserschichten, gleichzeitig Luftraum und Wasser zu beobachten. Eine dichte Abdeckung des Aquariums ist unbedingt erforderlich, die Fische springen gut. Für die Zucht brauchen diese Brackwasserarten reines Meerwasser.

Jenynsia-Arten bewohnen das südöstliche Südamerika. Sie sind weniger an Brack- bzw. Meerwasser gebunden als *Anableps* spp., jedoch hat die rechts aufgeführte Art sich in reinem Süßwasser als sehr krankheitsanfällig und empfindlich erwiesen.

Anableps anableps 1/820
Vierauge
H: M- u. NS-Amerika: Brack- u. Süßwasser.
♂: Anale als Gonopodium. V: =
Z: Meerwasser; 3–4 cm F: K
T: 24–28°C, L: ♀ 30 cm, pH: >7, SG: 3

Anableps dowi ♂ 3/583
Dows Vierauge
H: M-Amerika: Westküste. Bw, a. Mw.
♂: Anale als Gonopodium; kleiner. V: =
Z: 20 WT, 5–6 cm F: K
T: 24–28°C, L: ♀ 34 cm, pH: >7, SG: 3

Jenynsia lineata l.♀, r.♂ 2/702
Linienkärpfling 0,1% Salzzusatz
H: S-Amerika: SO-Bras., N-Arg; Küste.
♂: Anale als Gonopodium; kleiner. V: –
Z: 42 TT: 10–40 J, 10 mm. F: O
T: 18–23°C, L: ♀ 10 cm, pH: 7, SG: 3

Goodeidae (Goodeinae) — Hochlandkärpflinge

Rio Colima-System, mexikanisches Hochland.

Unterfamilie Goodeinae

Die Unterfamilie der Hochlandkärpflinge besteht aus 17 Gattungen mit insgesamt 36 Arten. Ihr Verbreitungsgebiet ist sehr begrenzt, man findet diese Fische nur in der Mesa Central (zentrales Hochland) von Mexiko, Mittelamerika, mit einem besonders starken Vorkommen im Rio Lerma-Becken.

Ihr Begattungsorgan ist primitiver als das der beiden anderen Unterfamilien und wird Andropodium genannt. Es besteht aus dem gesamten Vorderteil der Analflosse und ist vom Rest durch einen Einschnitt getrennt. Weder eine Vorratsbefruchtung, noch ein Einführen in die weibliche Genitalpapille (wie z.B. bei Poeciliinae) finden statt. Obwohl viele Arten bis zu zehn Jahre alt werden, endet ihre Fortpflanzungsaktivität bei etwa der Hälfte. Das Zuchtbecken sollte dicht bepflanzt sein, obwohl der Kannibalismus der Elterntiere wenig ausgeprägt zu sein scheint.

Viele Arten dieser Unterfamilie brauchen eine jährliche Senkung der Temperatur (auf 18–20 °C), um die Robustheit und Größe der Nachkommen über mehrere Generationen hinweg zu erhalten.

Mit wenigen Ausnahmen sind diese Fische für ein Gesellschaftsbecken geeignet; manche unter ihnen allerdings sind sehr aggressiv und können als Gruppe Beckeninsassen angreifen. Andere wiederum sind vom Aussterben bedroht und sollten in einem Artbecken gepflegt werden, um ihre Zucht zu fördern.

Goodeidae (Goodeinae) — Hochlandkärpflinge

Im Handel sind diese Arten selten anzutreffen, da ihr Verbreitungsgebiet klein ist und sie größtenteils eher bescheiden gefärbt sind. Das ist schade, denn hier können Aquarianer bei der Erhaltung von bedrohten Arten entscheidend beitragen.

Allodontichthys hubbsi ♂ 4/452
Hubbs Hochlandkärpfling
H: M-Amerika: Mexiko: Rio Tuxpan.
♂: Anale als Andropodium; farbiger. V: –
Z: 60 TT: 10 J, 20 mm. F: O,K
T: 21–25°C, L: 6 cm, pH: >7, SG: 3

Allodontichthys polylepis ♂ 4/452
Vielschuppen-Hochlandkärpfling
H: M-Amerika: Mexiko: Rio Ameca.
♂: Anale als Andropodium; farbiger. V: –
Z: 60 TT, 10 J, 20 mm. F: O,K
T: 21–25°C, L: 7 cm, pH: >7, SG: 3

Allodontichthys polylepis ♀ 4/452
Vielschuppen-Hochlandkärpfling

Allodontichthys zonistius ♂ 4/454
Colima-Hochlandkärpfling
H: M-Amerika: Mexiko: Rio Colima.
♂: Anale als Andropodium; farbiger. V: –
Z: 60 TT, 15 J, 20 mm. F: K,O
T: 21–25°C, L: 7 cm, pH: >7, SG: 2

Allodontichthys zonistius ♀ 4/454,
Colima-Hochlandkärpfling (4/474)

Goodeidae (Goodeinae)　　　　　　　　　　　　　　　　　　Hochlandkärpflinge

Alloophorus regalis ♂　　4/456
Zwerg-Hochlandkärpfling
H: M-Amerika: Mexiko. Bedroht.
♂: Anale als Andropodium; farbiger. V: =
Z: Noch nicht gelungen.　　　F: O,K
T: 21–25°C, L: 8 cm, pH: >7, SG: 2

Alloophorus robustus ♀　　4/456
Bulldoggen-Hochlandkärpfling
H: M-Amerika: Mexiko. Sehr selten.
♂: Andropodium; farbiger.　　V: =
Z: 60 TT, <25 J, <20 mm.　　F: O,K
T: 21–25°C, L: 12 cm, pH: >7, SG: 2

Allotoca diazi ♀　　4/458
Diaz' Hochlandkärpfling
H: M-Amerika: Mexiko: Michoacán.
♂: Andropodium; farbiger.　　V: +
Z: 55 TT, 20 J, 10 mm.　　F: O
T: 23–27°C, L: 10 cm, pH: 7, SG: 3

Allotoca goslinei ♂　　4/458
Goslines Hochlandkärpfling
H: M-Amerika: Mexiko. Bedroht.
♂: Andropodium; farbiger.　　V: (–)
Z: 55 TT, 20 J, 10 mm.　　F: K,O
T: 24–28°C, L: 6 cm, pH: >7, SG: 3

Allotoca maculata ♂　　4/460
Magdalena-Hochlandkärpfling
H: M-Amerika: Mexiko. Bedroht.
♂: Andropodium; größere Dorsale. V: =
Z: 55 TT, 25 J, 10 mm.　　F: O,K
T: 22–26°C, L: 4 cm, pH: >7, SG: 3

Allotoca maculata ♀　　4/460
Magdalena-Hochlandkärpfling

Goodeidae (Goodeinae) — Hochlandkärpflinge

Ameca splendens o.♀, u.♂ 2/703
Ameca-Hochlandkärpfling, Flitterkärpfling
H: M-Amerika: Mexiko: Jalisco.
♂: Andropodium; Kaudale mit Binde. V: =
Z: <60 TT, 5–30 J, 20 mm. F: H,O
T: 26–32°C, L: ♀12 cm, pH: 7, SG: 1

Ataeniobius toweri ♂ 3/584
Towers Hochlandkärpfling
H: M-Amerika: Mexiko: Rio Verde.
♂: Andropodium; kleiner. V: +
Z: 10–15 J, 10–15 mm. F: K,O
T: 22–30°C, L: ♀10 cm, pH: >7, SG: 3

Ataeniobius toweri ♀ 3/584
Towers Hochlandkärpfling

Chapalichthys encaustus ♂ 2/704
Seitentupfen-Hochlandkärpfling
H: M-Amerika: Mexiko: Jalisco.
♂: Andropodium; etwas farbiger. V: –
Z: 10 J, 15 mm. F: K,O
T: 20–28°C, L: ♀8 cm, pH: >7, SG: 2

Chapalichthys pardalis ♂ 3/587
Pantherkärpfling
H: M-Amerika: Mexiko: Tocumbo.
♂: Andropodium; gelber Flossenrand. V: =
Z: 12 J, 15 mm. F: K,O
T: 18–24°C, L: ♀7 cm, pH: >7, SG: 3

Characodon lateralis ♂ 2/706
Regenbogen-Goodeide
H: M-Amerika: Mexiko: Durango.
♂: Andropodium; farbiger. V: +
Z: 55 TT, 5–20 J, 10 mm. F: H,O
T: 18–27°C, L: ♀5 cm, pH: 7, SG: 3

Goodeidae (Goodeinae) — Hochlandkärpflinge

Girardinichthys multiradiatus 2/706
Großflossen-Hochlandkärpfling
H: M-Amerika: Mexiko: Rio Lerma.
♂: Geringes Andropodium; kleiner. V: ?
Z: 55 TT, 10–30 J, 10 mm. F: K
T: 12–20°C, L: ♀5 cm, pH: 7, SG: 3

Goodea atripinnis atripinnis ♂ 3/588
Schwarzflossen-Hochlandkärpfling
H: M-Amerika: Mexiko.
♂: Andropodium; kleiner. V: =
Z: 55 TT, 15–50 J, 20 mm. F: O
T: 18–24°C, L: ♀12 cm, pH: >7, SG: 2

Goodea atripinnis atripinnis ♀ 3/588
Schwarzflossen-Hochlandkärpfling

Goodea altripinnis ♂ 5/608

H: M-Amerika: Mexiko: Michoacán.
♂: Andropodium; 2 cm kleiner. V: =
Z: 55 TT, 15-50 J, 15–18 mm. F: K, O
T: 21–27°C, L: ♀9 cm, pH: 7, SG: 1–2

Goodea atripinnis luitpoldi ♀ 5/608

H: M-Amerika: Z-Mexiko: Pazifik-Seite.
♂: Andropodium; 2 cm kleiner. V: +
Z: 42 TT, <60 J, 12–18 mm. F: O
T: 21–27°C, L: ♀9 cm, pH: 7, SG: 1–2

Goodea gracilis ♂ 4/464
Schlanker Schwarzflossen-Hochlandkärpfling
H: M-Amerika: Mexiko.
♂: Andropodium; kleiner. V: +
Z: 55 TT, <50 J, 15 mm. F: O
T: 21–27°C, L: ♀12 cm, pH: >7, SG: 1–2

Goodeidae (Goodeinae) — Hochlandkärpflinge

Goodea gracilis 4/464, (4/475)
Schlanker Schwarzflossen-Hochlandkärpfling

Hubbsina turneri ♀ 4/464
Turners Hochlandkärpfling
H: M-Amerika: Mexiko. Bedroht
♂: Andropodium; dunkler. V: (–)
Z: 55 TT, 15 J, 7 mm. F: O
T: 23–26°C, L: 6 cm, pH: >7, SG: 3

Ilyodon furcidens ♂ 3/590
Leopardkärpfling
H: M-Amerika: Mexiko: küstennah.
♂: Andropodium; kleiner. V: –
Z: 60 TT, 15–40 J, 10 mm. F: O
T: 24–27°C, L: ♀9 cm, pH: >7, SG: 2

Ilyodon furcidens ♀ 3/590
Leopardkärpfling

Ilyodon furcidens „amecae" ♂ 4/466
Ameca-Leopard-Hochlandkärpfling
H: M-Amerika: Mexiko: Amecabecken.
♂: Andropodium; farbiger. V: =
Z: 55 TT, <50 J, 10 mm. F: O
T: 24–28°C, L: ♀10 cm, pH: >7, SG: 1

Ilyodon furcidens „amecae" ♀ 4/466
Ameca-Leopard-Hochlandkärpfling

Goodeidae (Goodeinae) — Hochlandkärpflinge

Ilyodon lennoni ♂ 2/708
Lennons Hochlandkärpfling
H: M-Amerika: Mexiko. Bedroht
♂: Andropodium; farbiger. **V:** (–)
Z: 60 TT, 15–40 J, 10 mm **F:** H,O
T: 24–30°C, **L:** ♀8 cm, **pH:** >7, **SG:** 2–3

Ilyodon whitei ♂ 2/708
Balsas Hochlandkärpfling
H: M-Amerika: Mexiko: Rio Balsas.
♂: Andropodium; farbiger. **V:** –
Z: 60 TT, 15–40 J, 10 mm **F:** O
T: 20–26°C, **L:** ♀7 cm, **pH:** >7, **SG:** 2

Skiffia bilineata ♂ 3/592
Zweistreifenkärpfling
H: M-Amerika: Mexiko.
♂: Andro.; dunkle Anale u. Dorsale.**V:** =
Z: 55 TT, 7–20 J, 10 mm **F:** O
T: 22–28°C, **L:** ♀6 cm, **pH:** >7, **SG:** 2

Skiffia bilineata ♀ 3/592
Zweistreifenkärpfling

Skiffia francesae o.♀, u.♂ 4/468
Frances' Hochlandkärpfling
H: M-Amerika: Mexiko. Bedroht.
♂: Andropodium; große Dorsale. **V:** –
Z: 40–55 TT, <25 J, 10 mm **F:** O
T: 21–27°C, **L:** 6 cm, **pH:** >7, **SG:** 3

Skiffia lermae r.♀, l.♂ 4/468
Lerma-Hochlandkärpfling
H: M-Amerika: Mexiko: Michoacán.
♂: Andropodium; Flossen gelblich. **V:** –
Z: 50–60 TT, 25 J, 10 mm **F:** O
T: 21–28°C, **L:** 5 cm, **pH:** >7, **SG:** 3

Goodeidae (Goodeinae) Hochlandkärpflinge

Skiffia lermae ♂ 4/468
Lerma-Hochlandkärpfling
(ungefleckt)

Skiffia multipunctata ♂ 3/594, 4/470
Vielpunkt-Kärpfling, Vielpunkt-Hochlandk.
H: M-Amerika: Mexiko. Bedroht
♂: Andropodium; kleiner. V: –
Z: 50–55 TT, 30 J, 12 mm. F: O
T: 21–28°C, L: ♀6 cm, pH: 7, SG: 2–3

Skiffia multipunctata ♂ 3/594, 4/470
Vielpunkt-Kärpfling ungefleckt

Skiffia multipunctata ♂ 3/594, 4/470
Vielpunkt-Kärpfling gefleckt

Xenoophorus captivus o.♀, u.♂ 2/710
Ritterkärpfling
H: M-Amerika: Mexiko. Bedroht.
♂: Androp.; Anale u. Dorsale größer. V: +
Z: 55 TT, 10–30 J, 18 mm. F: H,O
T: 18–26°C, L: ♀6 cm, pH: >7, SG: 2

Xenotaenia resolanae 2/710
Resolana-Hochlandkärpfling
H: M-Amerika: Mexiko: Rio Resolana.
♂: Andropodium; leuchtender gelb. V: =
Z: 60 TT, 10–30 J, 12 mm. F: H,O
T: 22–25°C, L: ♀5 cm, pH: >7, SG: 2

Goodeidae (Goodeinae) — Hochlandkärpflinge

Xenotoca eiseni ♂ 2/712
Eisens-Kärpfling
H: M-Amerika: Mexiko.
♂: Kaudalstiel orange; schlanker. V: +
Z: 60 TT, 10–50 J, 15 mm. F: O
T: 15–32°C, L: ♀7 cm, pH: >7, SG: 1–2

Xenotoca variata o.♂, u.♀ 2/712
Nymphen-Hochlandkärpfling
H: M-Amerika: Mexiko: Rio Lermabecken.
♂: Andropodium; Kaudale farbiger. V: +
Z: 60 TT, 20–40 J, 15 mm. F: H,O
T: 20–27°C, L: ♀7 cm, pH: 7, SG: 2–3

Zoogoneticus quitzeoensis ♂ 2/714
Goldsaum-Hochlandkärpfling
H: M-Amerika: Mexiko: Michoacán.
♂: Dorsale u. Anale mit Goldsaum. V: +
Z: 55 TT, 15 J, 10 mm. F: K,O
T: 25–28°C, L: ♀4,5 cm, pH: 7, SG: 3

Zoogoneticus quitzeoensis ♂ 4/472
Goldsaum-Hochlandkärpfling
Nominatform (Text s. S. 2/714).

Zoogoneticus cf. *quitzeoensis* ♂ 4/472
Weißsaum-Hochlandkärpfling
H: Mexiko: Lago Chapala. Bedroht?
♂: Dorsale u. Anale mit weißem Rand. V: +
Z: 55–60 TT, 25 J, 10 mm. F: O
T: 25–28°C, L: 6 cm, pH: 7, SG: 2

Zoogoneticus cf. *quitzeoensis* ♀ 4/472
Weißsaum-Hochlandkärpfling

Poeciliidae (Poeciliinae) — Lebendgebärende Zahnkarpfen

Mexiko: Rio de la Palma. Typusfundort von *Priapella olmecae*.

Unterfamilie Poeciliinae

Die Unterfamilie der Lebendgebärenden besteht aus etwa 22 Gattungen mit insgesamt mindestens 192 Arten (NELSON, 1994). Ihr Verbreitungsgebiet erstreckt sich von Nordamerika (Ost-USA) und der Karibik bis Südamerika (Nordostargentinien und Uruguay). Ein paar wenige Arten erreichen 20 cm Länge, aber die große Mehrheit ist mit 4–8 cm Länge bestens für Aquarien aller Dimensionen geeignet. Wenige Ausnahmen gehen in Brack- und litorales Meerwasser, in der Karibik sind sie ein wesentlicher Bestandteil der Süßwasserfischbevölkerung der dortigen Inseln.

Guppies, Platies und Schwertträger bilden die Grundlage der Aquaristik schlechthin. Sie werden massenweise in Singapur und Florida (USA) in Teichen, Zementtanks und Aquarien gezüchtet. Es gibt kaum einen Aquarianer, der nicht mindestens eine dieser Arten in einer ihrer schier endlosen Zuchtformen gehalten hat.

Aber nicht nur „Anfängerfische" sind in Gruppe 6 vertreten, auch für fortgeschrittene und spezialisierte Aquarianer ist ihr viel abzugewinnen. Allein die Genetik, die in den Zuchtformen ihren farben- und formreichen Ausdruck findet, ist halb Wissenschaft und halb Kunst des seriösen Züchters. Man denke nur an die Guppies mit ihrer fahnenartigen Kaudale oder den Lyra-Faktor bei Schwertträgern; beides herausgezüchtete Eigenschaften, die in der Natur nicht zum Tragen kommen.

Poeciliidae (Poeciliinae) — Lebendgebärende Zahnkarpfen

Es gibt sowohl widerstandsfähige Gesellschaftsarten als auch anspruchsvolle Pfleglinge, die ein Artaquarium benötigen. Abgesehen von ihrer Präsenz in unseren Aquarien, sind es innerhalb dieser Unterfamilie vor allem *Gambusia affinis* und *G. holbrooki*, welche zur Stechmückenbekämpfung eingesetzt werden („mosquitofishes"). Mit einer Ernährungsweise, die ihren Schwerpunkt bei Insekten und deren Larven hat, einem obenständigen Maul und oberflächenorientierter Lebensweise sowie dem Vordringen in die „letzten Ecken" der Gewässer, sind sie dieser Aufgabe bestens gewachsen.

Zwei Gattungen unter den Poeciliinae unterscheiden sich deutlich von den anderen: Die monotypische Gattung *Tomeurus* mit ihrem einzigen Vertreter, *T. gracilis* (S. 550), ist nicht lebendgebärend, sondern haftet Eier an feinfiedrige Pflanzen ein paar Tage nach einer inneren Befruchtung. Leider haben sich Aquarienhaltung und -vermehrung dieser empfindlichen Art als schwierig erwiesen.

Eine andere monotypische Gattung, *Xenodexia*, mit ihrer Art *X. ctenolepis* (S. 550), hat an der rechten Pektoralflosse eine handähnliche Modifikation, welche vermutlich während der Kopulation eine Rolle spielt.

Lebendgebärende Zahnkarpfen sind zwar weitgehend widerstandsfähig (die Hochzuchtformen weniger), doch sollte das nicht zu einer lässigen Aquarienwartung verleiten. Sie bevorzugen sonnige, alteingerichtete, dicht bepflanzte Becken, die gleichzeitig vor allem in den oberen Wasserschichten freien Schwimmraum bieten, wobei eine bescheidene Anzahl Schwimmpflanzen für scheue Arten einen willkommenen Unterstand bieten.

Die Wasserchemismus ist nicht ausschlaggebend, doch wird härteres und etwas alkalisches Wasser saurem und weichem vorgezogen. Küstennahe Arten profitieren zudem von kleinen Seesalzbeimischungen.

Die Jungfische werden „fertig" geboren. Sie schwimmen alsbald zur Wasseroberfläche, um ihre Schwimmblase mit Luft zu füllen, und gehen dann gleich auf Futtersuche (*Artemia*, pulverisiertes Flockenfutter). In versteckreich eingerichteten Becken überleben immer einige Jungfische. Um aber die Zucht zu rationalisieren, indem man die Jungen vor den kannibalischen Eltern schützt, empfiehlt sich ein Laichkasten, der in das Aufzuchtbecken eingehängt wird. Die neugeborenen Jungen fallen durch die Gitterstäbe aus dem Kasten und können so nicht mehr vom eingesperrten Mutterfisch gefressen werden. Vorsicht, manche Arten tolerieren solche Manipulationen während der Trächtigkeitsphase nicht, was zu nicht lebensfähigen Frühgeburten führen kann. Die Geschlechter sollten so bald wie möglich getrennt werden, und für die weitere Auslese von Zuchttieren der neuen Generation sind Vitalität und Färbung rigoros zu werten.

Für Gesellschaftsbecken mit mehreren Lebendgebärenden Zahnkarpfenarten ist zu beachten, daß sich Arten mit ähnlichem Gonopodium oft fruchtbar kreuzen und so die Arten verfälscht bzw. verloren gehen können. Insbesondere bei den bedrohten Arten, für die engagierte Aquarianer einen bedeutenden Beitrag zur Arterhaltung leisten können, wäre dies ein großer Schaden.

Poeciliidae (Poeciliinae) — Lebendgebärende Zahnkarpfen

Acanthophacelus bifurca ♂ 4/510
Kleiner Amazonen-Kärpfling
H: S-Amerika: Brasilien: Para. Selten.
♂: Gonopodium; kleiner, bunter. V: –
Z: 3–4 TT, 1–3 J. F: O
T: 24–29°C, L: ♀ 4 cm, pH: >7, SG: 3

Acanthophacelus bifurca ♀ 4/510
Kleiner Amazonen-Kärpfling

Acanthophacelus bifurca ♂ 4/510
Kleiner Amazonen-Kärpfling

Acanthophacelus bifurca ♀ 4/510
Kleiner Amazonen-Kärpfling

Alfaro cultratus ♂ 2/715
Messerkärpfling
H: M-Amerika: Nicaragua bis W-Panama.
♂: Gonopodium; längere Ventralen. V: =
Z: 24 TT, 10–30 J, 8 mm. F: K
T: 24–28°C, L: ♀ 8 cm, pH: 7, SG: 2–3

Alfaro huberi 2/716
Netzkärpfling
H: M-Am.: S-Gua., Hon., Nic: Atlantikseite.
♂: Gonopodium; Färbung gleich. V: =
Z: Noch nicht gelungen. F: K
T: 26–32°C, L: ♀ 20 cm, pH: >7, SG: 3

Poeciliidae (Poeciliinae)   Lebendgebärende Zahnkarpfen

Belonesox belizanus 1/590
Hechtkärpfling
H: M-Amerika: S-Mexiko bis Honduras.
♂: Viel kleiner. V: =,-
Z: 100 J, 20–30 mm. F: K
T: 26–32°C, L: ♀20 cm, pH: >7, SG: 3

Belonesox belizanus maxillosus 4/476
Gelber Hechtkärpfling o.♀, u.♂
H: M-Amerika: S-Mexiko bis Honduras.
♂: Gonop.;Gelbe Brust (Balzzeit). V: =
Z: 60 TT, 20–100 J, 30 mm. F: K
T: 24–28°C, L: ♀20 cm, pH: >7, SG: 2–3

Brachyrhaphis cascajalensis ♂ 4/476
Cascajal-Kärpfling
H: M-Amerika: S-Costa Rica bis Panama.
♂: Gonopodium; farbiger. V: =
Z: 28 TT, 15–40 J, 7 mm. F: O,K
T: 24–28°C, L: ♀7 cm, pH: 7, SG: 2

Brachyrhaphis cascajalensis ♀ 4/476
Cascajal-Kärpfling

Brachyrhaphis episcopi u.♂, o.♀ 2/716
Bischofskärpfling, Colonkärpfling
H: M-Amerika: Panama: Kanalzone.
♂: Gonopodium; farbiger. V: =
Z: 28 TT, 10–20 J. F: K
T: 25–30°C, L: ♀5 cm, pH: >7, SG: 3–4

Brachyrhaphis cf. *episcopi* ♂ 4/478
Falscher Bischofskärpfling
H: M-Amerika: Panama: Altantik u. Pazifik.
♂: Gonopodium; viel kleiner. V: =
Z: Krankheitsanfällig: steriles Becken. F:K,O
T: 23–27°C, L: ♀7 cm, pH: >7, SG: 2

517

Poeciliidae (Poeciliinae)　　　　　　　　Lebendgebärende Zahnkarpfen

Brachyrhaphis cf. *episcopi* ♀　　4/478
Falscher Bischofskärpfling

Brachyrhaphis hartwegi o.♀, u.♂　2/718
Hartwegs Kärpfling
H: M-Amerika: Mexiko, S-Guatemala.
♂: Gonopodium; kleiner.　　　　　V: –
Z: 28 TT, 10–20 J.　　　　　　　　F: K
T: 25–28°C, L: ♀5 cm, pH: >7, SG: 3–4

Brachyrhaphis parismina ♂　　3/595
Parismina-Kärpfling
H: M-Amerika: Costa Rica: Atlantikseite.
♂: Gonopodium; kleiner.　　　　　V: +
Z: 42 TT, 10–20 J, 6–7 mm.　　　　F: K
T: 25–28°C, L: ♀5 cm, pH: >7, SG: 3–4

Brachyrhaphis parismina ♀　　3/595
Parismina-Kärpfling

Brachyrhaphis rhabdophora ♂　2/718
Bullenkärpfling
H: M-Amerika: Costa Rica.
♂: Gonopodium. ♀: gedrungen.　　V: –
Z: 28 TT, 10–30 J, 7 mm.　　　　　F: K,O
T: 25–28°C, L: ♀6 cm, pH: ≫7, SG: 2

Brachyrhaphis roseni ♂　　3/596
Rosenkärpfling
H: M-Amerika: S-Costa Rica: Pazifikseite.
♂: Gonopodium; schlank.　　　　　V: –
Z: 42 TT.　　　　　　　　　　　　F: K,O
T: 25–28°C, L: ♀6 cm, pH: >7, SG: 2

Poeciliidae (Poeciliinae) — Lebendgebärende Zahnkarpfen

Brachyrhaphis roseni ♀ 3/596
Rosenkärpfling

Brachyrhaphis terrabensis ♂ 3/598
Térraba-Kärpfling
H: M-Amerika: S-Costa Rica, W. Panama.
♂: Gonopodium; kleiner. V: (–)
Z: 42 TT, 10–30 J, 8–9 mm. F: K
T: 23–26°C, L: ♀ 6 cm, pH: >7, SG: 3

Carlhubbsia kidderi ♂ 2/720
Nadelkärpfling
H: M-Amerika: Mexiko, Guatemala.
♂: Langes Gonopodium; Farbe gleich. V: +
Z: 24 TT, 15–60 J. F: K
T: 27–30°C, L: ♀ 5 cm, pH: >7, SG: 3

Carlhubbsia stuarti o. ♀, u. ♂ 4/480
Stuarts Kärpfling
H: M-Amerika: Guatemala.
♂: Langes Gonopodium. V: +
Z: 28 TT, 10–50 J, 6–8 mm. F: O
T: 23–27°C, L: ♀ 5 cm, pH: 7, SG: 2

Cnesterodon carnegiei ? o. ♂, u. ♀ 2/720

H: S-Amerika: Brasilien, Uruguay, Arg.
♂: Gonopodium; kleiner. V: +
Z: 24 TT, 5–15 J, 2,5 mm. F: O
T: 18–26°C, L: ♀ 3,5 cm, pH: 7, SG: 1–2

Cnesterodon carnegiei ♀ 5/610
Carnegie-Kärpfling
H: S-Amerika: S-Brasilien, Uruguay.
♂: Gonopodium; kleiner. V: (–)
Z: 3–4 mm. F: K
T: 20–26°C, L: ♀ 5 cm, pH: 7, SG: 1–2

Poeciliidae (Poeciliinae) — Lebendgebärende Zahnkarpfen

Cnesterodon decemmaculatus ♀ 5/610

H: S-Bras., Bolivien, Argentinien, Uruguay.
♂: Gonopodium; kleiner, dunkler. V: (–)
Z: 3–4 mm. F: K
T: 17–21°C, L: ♀ 4,5 cm, pH: >7, SG: 1–2

Flexipenis vittata l.♀, r.♂ 2/722
Schwarzsaum-Kärpfling
H: M-Amerika: Mexiko: Rio Panuco-Becken.
♂: Gonopodium; farbiger. V: +
Z: 28 TT, 10–30 J, 10 mm. F: K,O
T: 24–28°C, L: ♀ 6 cm, pH: 7, SG: 2

Gambusia affinis affinis u.♀, o.♂ 2/722
Silberkärpfling, Texaskärpfling
H: N-Amerika: Texas.
♂: Gonopodium; kleiner. V: +
Z: 24 TT, 10–60 J. F: K,O
T: 18–24°C, L: ♀ 6,5 cm, pH: 7, SG: 1

Gambusia alvarezi ♂ 4/480
Alvarezkärpfling
H: M-Amerika: Mexiko. Bedroht.
♂: Gonopodium; schlanker. V: =
Z: 38 TT, 20–25 J. F: O,K
T: 24–28°C, L: ♀ 4 cm, pH: >7, SG: 3

Gambusia alvarezi ♀ 4/480
Alvarezkärpfling

Gambusia atrora o.♀, u.♂ 3/598
Schwarzkanten-Gambuse
H: M-Amerika: Mexiko.
♂: Gonopodium; kleiner, farbiger. V: –
Z: 35 TT, 10–20 J. F: O
T: 24–28°C, L: ♀ 4 cm, pH: >7, SG: 3–4

Poeciliidae (Poeciliinae) Lebendgebärende Zahnkarpfen

Gambusia aurata ♂ 4/482
Limonen-Kärpfling
H: M-Amerika: Mexiko. Bedroht.
♂: Gonopodium; kleiner. V: –
Z: 28–35 TT, 15–30 J, 6–8 mm. F: O,K
T: 24–28°C, L: ♀4 cm, pH: 7, SG: 3

Gambusia aurata ♀ 4/482
Limonen-Kärpfling

Gambusia echeagarayi ♂ 5/618

H: M-Amerika: Mexiko: Chiapas.
♂: Gonopodium; ca. 1 cm kleiner. V: (–)
Z: 27 TT, 4–20 J, 6 mm. F: K,O
T: 27–29°C, L: ♀4,5 cm, pH: >7, SG: 1–2

Gambusia echeagarayi ♂ 5/618

Gambusia eurystoma ♂ 4/482
Breitmaul-Kärpfling
H: M-Amerika: Mexiko. Bedroht.
♂: Gonopodium; schlanker. V: (–)
Z: 35 TT, 4 J, 8 mm. F: O,K
T: 24–29°C, L: ♀3,5 cm, pH: >7, SG: 3

Gambusia hispaniolae ♂ 4/484
Rotflossen-Kärpfling
H: Karibik: Haiti, Dominikanische Rep.
♂: Gonop.; rote unpaarige Flossen. V: –
Z: 35 TT, 10–40 J, 7–10 mm. F: K,O
T: 23–27°C, L: ♀6 cm, pH: >7, SG: 2

Poeciliidae (Poeciliinae) Lebendgebärende Zahnkarpfen

Gambusia hispaniolae ♀ 4/484
Rotflossen-Kärpfling

Gambusia holbrooki l.♀, r.♂ 1/590

H: N- u. M-Amerika: S-USA, N-Mexiko.
♂: Gonopodium; farbiger. V: =
Z: 35–56 TT, 40–60 J. F: K,O
T: 15–35°C, L: ♀8 cm, pH: 7, SG: 1

Gambusia hurtadoi ♂ 4/486
Dolores-Kärpfling

H: M-Amerika: Mexiko. Bedroht.
♂: Gonopodium; kleiner. V: –
Z: 38 TT, 20 J, 6–8 mm. F: O,K
T: 24–28°C, L: ♀3,5 cm, pH: >7, SG: 3

Gambusia hurtadoi ♀ 4/486
Dolores-Kärpfling

Gambusia krumholzi ♂ 5/612

H: S-Amerika: Mexiko: Coahuila. Selten.
♂: Gonopodium; farbiger (Kaudale). V: –
Z: 48 TT, 30 J, 7–8 mm. F: K
T: 26–29°C, L: ♀6 cm, pH: >7, SG: 2–3

Gambusia krumholzi ♀ 5/612

Poeciliidae (Poeciliinae) Lebendgebärende Zahnkarpfen

Gambusia lemaitrei ♂ 3/600
Totuma Kärpfling
H: S-Amerika: Kolumbien: Totuma-See.
♂: Gonopodium; farbiger. V: –
Z: 25–28 TT. F: O
T: 24–28°C, L: ♀ 4 cm, pH: >7, SG: 3

Gambusia lemaitrei ♀ 3/600
Totuma Kärpfling

Gambusia longispinis ♂ 4/486
Cuatro-Cienegas-Kärpfling
H: M-Amerika: Mexiko. Bedroht.
♂: Gonopodium; kleiner. V: –
Z: 35 TT, 10–30 J, 7 mm. F: O,K
T: 23–28°C, L: ♀ 4 cm, pH: >7, SG: 2

Gambusia longispinis ♀ 4/486
Cuatro-Cienegas-Kärpfling

Gambusia luma ♂ 4/490
Blauspiegel-Kärpfling
H: M-Amerika: Belize, Honduras, Guatemala.
♂: Gonopodium; farbiger zur Balz. V: =
Z: 34 TT, 10–25 J, 6–8 mm. F: O,K
T: 22–27°C, L: ♀ 6 cm, pH: >7, SG: 3

Gambusia luma ♀ 4/490
Blauspiegel-Kärpfling

Poeciliidae (Poeciliinae)   Lebendgebärende Zahnkarpfen

Gambusia marshi ♂   2/724
Salado-Kärpfling
H: M-Amerika: NO-Mexiko.
♂: Gonopodium; langgestreckt.   V: +
Z: 28 TT, 5–60 J, 6–7 mm.   F: O
T: 22–26°C, L: ♀ 6 cm, pH: 7, SG: 2

Gambusia nobilis ♂   5/614

H: N-Amerika: USA: Texas, New Mexico.
♂: Gonopodium; schlank.   V: –
Z: 40 TT, ca. 25 J, 8 mm.   F: K
T: 24–28°C, L: ♀ 6 cm, pH: >7, SG: 2–3

Gambusia nobilis ♀   5/614

Gambusia panuco ♂   3/602
Panuco-Kärpfling
H: M-Amerika: Mexiko: Panuco-Becken.
♂: Gonopodium; deutlich kleiner.   V: –
Z: 35–42 TT, 10–40 J, 6–7 mm.   F: O
T: 22–28°C, L: ♀ 5,5 cm, pH: 7, SG: 3

Gambusia punctata ♂   5/616

H: M-Amerika: Kuba, Isle of Pines.
♂: Gonopodium; schlank.   V: =
Z: 28 TT.   F: K
T: 24–28°C, L: ♀ 8 cm, pH: >7, SG: 1–2

Gambusia punctata ♀   5/616

Poeciliidae (Poeciliinae) Lebendgebärende Zahnkarpfen

Gambusia puncticulata ♂ 2/724
Yucatán-Kärpfling
H: M-Amerika: Mexiko bis Panama.
♂: Gonopodium; kleiner. V: –
Z: 24 TT, 10–30 J, 10 mm. F: K,O
T: 22–28°C, L: ♀8 cm, pH: >7, SG: 3

Gambusia puncticulata yucatana ♀ 2/724
Yucatán-Kärpfling

Gambusia rachowi ♂ 3/608
Seidenkärpfling, Rachow-Kärpfling
H: M-Amerika: Mexiko: Veracruz.
♂: Gonopodium; etwas kleiner. V: +
Z: 35 TT, 5–20 J, 6–7 mm. F: K,O
T: 22–26°C, L: ♀3,5 cm, pH: 7, SG: 2

Gambusia regani ♂ 2/726
Regans Kärpfling
H: M-Amerika: Mexiko.
♂: Gonopodium; Färbung gleich. V: +
Z: 24 TT, 10–20 J. F: L,O
T: 21–28°C, L: ♀4 cm, pH: 7, SG: 3

Gambusia rhizophorae ♂ 3/602
Mangroven-Kärpfling
H: Karibik, N-Amerika: Kuba, S-Florida.
♂: Gonopodium; kleiner. V: –
Z: 42 TT, 30 J. Brackwasser. F: O
T: 22–28°C, L: ♀5 cm, pH: >7, SG: 3

Gambusia senilis ♂ 4/492
Conchos-Kärpfling
H: M- u. N-Amerika: Mexiko, Texas.
♂: Go.; Dorsale u. Kaudale gelbl. V: –
Z: 38 TT, 10–30 J, 7 mm. F: O,K
T: 21–25°C, L: ♀5,5 cm, pH: >7, SG: 2

Poeciliidae (Poeciliinae) — Lebendgebärende Zahnkarpfen

Gambusia senilis ♀ 4/492
Conchos-Kärpfling

Gambusia sexradiata ♀ 2/726

H: M-Amerika: Mexiko, Guatemala, Belize.
♂: Gonopodium; kleiner. V: +
Z: 28 TT, 10–35 J, 5 mm. F: O
T: 22–26°C, L: ♀6,5 cm, pH: 7, SG: 2

Gambusia speciosa ♂ 4/492
Blaugelber-Kärpfling
H: M- u. N-Amerika: N-Mexiko, S-Texas.
♂: Gonopodium; schlanker. V: =
Z: 28–35 TT, 10–50 J, 7 mm. F: K,O
T: 23–28°C, L: ♀5 cm, pH: 7, SG: 1

Gambusia speciosa ♀ 4/492
Blaugelber-Kärpfling

Gambusia wrayi o.♀, u.♂ 4/494
Jamaika-Kärpfling
H: Karibik: Jamaika.
♂: Gonopodium; kleiner. V: =
Z: 35 TT, 10–40 J, 6–9 mm. F: O,K
T: 23–28°C, L: ♀6 cm, pH: >7, SG: 2

Girardinus creolus ♀ 3/604
Kreolen-Kärpfling
H: Karibik: Kuba. Selten
♂: Gonopodium; kleiner. V: +
Z: 30 TT. F: K,O
T: 22–26°C, L: ♀7 cm, pH: >7, SG: 2

Poeciliidae (Poeciliinae) Lebendgebärende Zahnkarpfen

Girardinus creolus ♂ 3/604
Kreolen-Kärpfling

Girardinus denticulatus ♂ 4/496
Graublauer Kärpfling
H: Karibik: Kuba.
♂: Gonopodium; kleiner. V: +
Z: 28 TT, 12–30 J, 8 mm. F: O
T: 22–28°C, L: ♀6 cm, pH: 7, SG: 2

Girardinus falcatus ♂ 2/728
Sichelkärpfling
H: Karibik: Kuba.
♂: Gonopodium; kleiner. V: +
Z: 25 TT, 10–40 J, 8 mm. F: O
T: 24–30°C, L: ♀7 cm, pH: 7, SG: 2

Girardinus metallicus o.♀, u.♂ 1/592
Metallkärpfling
H: Karibik: Kuba. Endemisch.
♂: Gonopodium; kleiner, farbiger. V: +
Z: 28–30 TT, 10–100 J, 6–7 mm. F: K,O
T: 22–25°C, L: ♀9 cm, pH: 7, SG: 1–2

Girardinus microdactylus ♂ 3/606
Fingerkärpfling
H: Karibik: Kuba, Isle of Pines.
♂: Gonopodium; kleiner. V: +
Z: 28 TT, 10–50 J, 6–9 mm. F: O
T: 22–26°C, L: ♀6 cm, pH: 7, SG: 3

Girardinus uninotatus l.♀, r.♂ 3/606
Einfleck-Kärpfling
H: Karibik: Kuba. Selten
♂: Gonopodium; kleiner. V: +
Z: 28 TT, 10–40 J, 8 mm. F: O
T: 24–28°C, L: ♀8 cm, pH: >7, SG: 2

Poeciliidae (Poeciliinae) — Lebendgebärende Zahnkarpfen

Heterandria anzuetoi ♀ 4/496
Variabler heterandria
H: M-Amerika: Guatemala, Honduras.
♂: Gonopodium; kleiner. V: =
Z: 42? TT, <20 J, 10 mm. F: O,K
T: 21–26°C, L: ♀7 cm, pH: >7, SG: 2

Heterandria bimaculata o.♀, u.♂ 2/728
Zweifleck-Kärpfling
H: M- u. N-Amerika: Golf v. Mex. bis Hon.
♂: Langes Gonopodium. V: =
Z: 42–56 TT, 20–110 J, 15 mm. F: K
T: 20–28°C, L: ♀15 cm, pH: 7, SG: 3–4

Heterandria formosa o.♂, u.♀ 1/592
Zwergkärpfling
H: N-Amerika: USA: Südkarolina, Florida.
♂: Gonopodium; viel kleiner. V: +
Z: 10–77 TT. F: K,O
T: 22–26°C, L: ♀4,5 cm, pH: 7, SG: 1

Heterandria jonesi ♂ 3/608
Netzzahnkärpfling
H: M-Amerika: Mexiko.
♂: Gonopodium; etwas kleiner. V: +
Z: 60 TT, 20–50 J, 11–14 mm. F: K
T: 20–28°C, L: ♀9 cm, pH: 7, SG: 2

Heterophallus milleri ♂ 4/498
Millers Kärpfling
H: M-Amerika: Mexiko.
♂: Gonopodium; kleiner. V: +
Z: 19–21 TT, 4–25 J, 6 mm. F: O,K
T: 23–28°C, L: ♀5 cm, pH: >7, SG: 3

Heterophallus milleri ♀ 4/498
Millers Kärpfling

Poeciliidae (Poeciliinae) Lebendgebärende Zahnkarpfen

Lebistes reticulatus ♀ 1/598
Guppy, Millionenfisch
H: M-Amerika bis S-Amerika (Brasilien).
♂: Gonopodium; farbiger, kleiner. V: +
Z: 20–40 J. F: O
T: 18–28°C, L: ♀6 cm, pH: 7, SG: 1

Lebistes reticulatus ♂ 2/742
Wildguppy Population Mexiko
H: M-Amerika: Mexiko.
♂: Gonopodium; farbiger, kleiner. V: +
Z: 20–40 J. F: O
T: 22–28°C, L: ♀6 cm, pH: 7, SG: 2

Lebistes reticulatus ♂ 1/598
Guppy, Millionenfisch
Fächerschwanzguppy.
Heute meist Nachzuchten aus Asien (z.B. Singapur).

Lebistes reticulatus ♂ 2/742
Wildguppy, Population Peru
H: M-Amerika: Peru.

T: 22–28°C, L: ♀5–6 cm, pH: >7, SG: 2

Lebistes reticulatus ♂ 1/598
Guppy, Millionenfisch
Fächerschwanzguppy.
Heute meist Nachzuchten aus Asien (z.B. Singapur).

Lebistes reticulatus ♂ 2/742
Wilder Riesenguppy
H: M-Amerika: Mexiko.

T: 22–28°C, L: ♀6–8 cm, pH: 7, SG: 2

Poeciliidae (Poeciliinae)　　　　　　　　Lebendgebärende Zahnkarpfen

Rundschwanz ♂

Wildguppy o.♂

Nadelschwanz ♂

Spitzschwanz ♂

Untenschwert ♂

Obenschwert ♂

Wiener Fächerschwanz ♂

Doppelschwert ♂

Poeciliidae (Poeciliinae) — Lebendgebärende Zahnkarpfen

Wer sich näher mit der Genetik der Hochzuchten, aber auch intensiver mit den anderen lebendgebärenden Arten beschäftigen möchte, dem sei das Fortgeschrittenen-Buch „Lebendgebärende Zierfische – Arten der Welt" (MEYER et al.,1985) aus diesem Verlag empfohlen (siehe Literaturverzeichnis).

Limia dominicensis 2/730, (4/500)
Santo Domingo-Kärpfling l.♂, r.♀
H: Karibik: Hispaniola.
♂: Gonop.; längere Ventralen. V: +
Z: 24 TT, 15–50 J, 6 mm. F: O
T: 22–26°C, L: ♀4,5 cm, pH: 7, SG: 1–2

Limia dominicensis ♂ (2/730), 4/500
Haiti-Limia
H: Karibik: Haiti.
♂: Gonopopium; farbiger. V: +
Z: 42 TT, 15–40 J, 8 mm. F: O
T: 24–29°C, L: ♀5 cm, pH: 7, SG: 2

Limia dominicensis ♀ (2/730), 4/500
Haiti-Limia

Limia grossidens ♂ 4/500
Breitzahn-Limia
H: Karibik: Haiti.
♂: Gonopodium; farbiger. V: +
Z: 42 TT, 10–40 J, 10 mm. F: O
T: 24–29°C, L: ♀6 cm, pH: >7, SG: 2

Limia melanogaster o.♂, u.♀ 1/596
Dreifarbiger Jamaika-Kärpfling
H: Karibik: Jamaika, Haiti.
♂: Gonopodium; farbiger. V: +
Z: Selten. F: H,O
T: 22–28°C, L: ♀6,5 cm, pH: ≫7, SG: 2

Poeciliidae (Poeciliinae) Lebendgebärende Zahnkarpfen

Limia nigrofasciata ♂ 4/502
Schwarzbinden-Kärpfling
H: Karibik: Haiti. Sw,Bw
♂: Gonopodium; Buckel. V: +
Z: 42 TT, 10–60 J, 8 mm. F: O
T: 24–29°C, L: ♀8 cm, pH: >7, SG: 2

Limia nigrofasciata ♂ 4/502
Schwarzbinden-Kärpfling

Limia nigrofasciata × *L. dominicensis*
Schwarzbandkärpfling o.♂, u.♀ 1/596

Limia pauciradiata ♂ 4/504
Puerto Plata-Limia
H: Karibik: Hispaniola.
♂: Gonopodium; kleiner. V: +
Z: 42 TT, 10–60 J, 8 mm. F: O
T: 23–28°C, L: ♀6 cm, pH: >7, SG: 2

Limia pauciradiata ♀ 4/504
Puerto Plata-Limia

Limia perugiae ♂ 2/730
Perugiakärpfling
H: Karibik: Hispaniola.
♂: Gonopodium; Brust orange. V: +
Z: 24 TT, 10–100 J, 7 mm. F: O
T: 24–28°C, L: 7 cm, pH: 7, SG: 1–2

Poeciliidae (Poeciliinae)　　　　　　　　　　　Lebendgebärende Zahnkarpfen

Limia sulphurophila ♂　　　　4/506
Schwefelquellen-Limia
H: Karibik: Dominikanische Republik.
♂: Gonopodium; kleiner.　　　　V: +
Z: 42 TT, 10–30 J, 8 mm.　　　　F: O
T: 23–28°C, L: ♀5 cm, pH: >7, SG: 2

Limia tridens u.♂, o.♀　　　　4/506
Tiburon-Limia
H: M-Amerika: Haiti.
♂: Gonopodium; farbiger.　　　　V: +
Z: 42 TT.　　　　F: O
T: 24–29°C, L: ♀4 cm, pH: 7, SG: 2

Limia cf. *versicolor* ♂　　　　4/508
Bunte Limia
H: Karibik: Dominikanische Republik.
♂: Gonopodium; kleiner.　　　　V: +
Z: 42 TT, 10–35 J, 8 mm.　　　　F: O
T: 22–27°C, L: ♀5 cm, pH: >7, SG: 2

Limia cf. *versicolor* ♀　　　　4/508
Bunte Limia

Limia vittata ♂ (gefleckte Form)　1/604
Kubakärpfling, Bänderkärpfling
H: Karibik: Kuba.
♂: Gonopodium; farbiger.　　　　V: +
Z: 21–35 TT, 20–50 J.　　　　F: H,O
T: 18–24°C, L: ♀12 cm, pH: >7, SG: 2

Limia vittata ♂ (Normalfärbung)　4/508
Kuba-Limia
H: Karibik: Kuba.
♂: Gonopodium; kleiner.　　　　V: +
Z: 42 TT, 10–60 J, 8 mm.　　　　F: O
T: 22–28°C, L: ♀10 cm, pH: >7, SG: 1

Poeciliidae (Poeciliinae)   Lebendgebärende Zahnkarpfen

Limia vittata ♀ (Normalfärbung)   4/508
Kuba-Limia

Limia zonata ♂   2/732
Zonatakärpfling
H: Karibik: Dominikanische Republik.
♂: Gonopodium; kleiner.   V: +
Z: 30–40 TT, 12–30 J, 7 mm.   F: O
T: 22–25°C, L: ♀ 4,5 cm, pH: 7, SG: 2

Micropoecilia minor o. ♀, u. ♂   4/530
Mini-Molly
H: S-Amerika: Brasilien; Amazonasbecken.
♂: Gonopodium; kleiner.   V: +
Z: Nur bis zur 2. Generation.   F: O
T: 23–28°C, L: ♀ 2,5 cm, pH: 7, SG: 3

Micropoecilia parae ♂   3/618, 4/530
Para-Molly
H: S-Amerika: Guyana bis Brasilien.
♂: Gonopodium; kleiner.   V: +
Z: 5–16 J, 7 mm; über 2. Gen. schwer.   F: O
T: 24–28°C, L: ♀ 5 cm, pH: 7, SG: 3

Micropoecilia parae ♀   3/618, 4/530
Para-Molly

Micropoecilia picta l. ♀, r.♂   2/740, 5/620
Pfauenaugenkärpfling (Wildfarben)
H: S-Amerika: Guyana, Trinidad, Brasilien.
♂: Gonopodium; farbiger.   V: +
Z: 25 TT, 15–30 J, 7 mm.   F: K
T: 25–29°C, L: ♀ 4 cm, pH: >7, SG: 2

Poeciliidae (Poeciliinae) Lebendgebärende Zahnkarpfen

Micropoecilia picta ♂ 2/740, 5/620
Pfauenaugenkärpfling (Aquarienstamm)

Micropoecilia picta ♂ 2/740, 5/620

Micropoecilia picta ♂ 2/740, 5/620
Roter Picta

Micropoecilia picta ♂ 2/740, 5/620
Schwarzer Picta

Neoheterandria elegans o.♂, u.♀ 4/514
Elegant-Kärpfling
H: S-Amerika: Kolumbien. Sehr selten.
♂: Gonopodium; kleiner, farbiger. V: –
Z: 3–4 TT, 1–4 J, 2–3 mm. F: O,K
T: 22–26°C, L: ♀ 3,5 cm, pH: >7, SG: 2

Phallichthys amates amates u.♀, o.♂
Guatemalakärpfling 1/594
H: M-Am.: Guatemala, Panama bis Hondu.
♂: Gonopodium; kleiner. V: +
Z: 28 TT, 10–80 J. F: O,H
T: 22–28°C, L: ♀ 6 cm, pH: 7, SG: 2

Poeciliidae (Poeciliinae) Lebendgebärende Zahnkarpfen

Phallichthys amates pittieri o.♀, u.♂ 2/732
Pittier-Kärpfling
H: M-Amerika: Costa Rica, N-Panama.
♂: Gonopodium; schlanker. V: +
Z: 28 TT, 10–50 J. F: O,H
T: 20–24°C, L: ♀ 8 cm, pH: 7, SG: 2

Phallichthys fairweatheri ♂ 2/734
Fairweather-Kärpfling
H: M-Amerika: Mexiko.
♂: Gonopodium; kleiner. V: +
Z: 24 TT, 15–30 J, 5 mm. F: O
T: 22–29°C, L: ♀ 4 cm, pH: >7, SG: 2

Phallichthys quadripunctatus ♂ 2/734
Vierpunktkärpfling
H: M-Amerika: O-Costa Rica.
♂: Gonopodium; kleiner. V: +
Z: Leicht. F: O
T: 20–20°C, L: ♀ 3,5 cm, pH: 7, SG: 2

Phallichthys tico ♂ 4/514
Schwarzfleck-Kärpfling
H: M-Amerika: Costa Rica.
♂: Gonopodium; kleiner, flacher. V: +
Z: 28 TT, 10–25 J, 6 mm. F: O
T: 24–29°C, L: ♀ 4 cm, pH: >7, SG: 3

Phallichthys tico ♀ 4/514
Schwarzfleck-Kärpfling

Phallocerus caudimaculatus ♂ 3/610
Fleckenloser Kaudi (fleckenlos)
H: M-Amerika: S-Bras., Par., Uruguay.
♂: Gonopodium; kleiner. V: +
Z: 24 TT, 10–50 J, 5–6 mm. F: O
T: 18–24°C, L: ♀ 4,5 cm, pH: >7, SG: 1

Poeciliidae (Poeciliinae) — Lebendgebärende Zahnkarpfen

Phallocerus caudimaculatus ♀ 3/610
Gefleckter Kaudi (gefleckt)

Phallocerus caudimaculatus u. ♀ 1/594
Gefleckter Kaudi, Vielfleckkärpf. (Goldf.)
H: S-Am.: S-Brasilien, Paraguay, Uruguay.
♂: Gonopodium; kleiner. V: +
Z: 10–40 J, 7 mm. F: K,O
T: 20–24°C, L: ♀ 4,5 cm, pH: >7, SG: 1

Phalloptychus januarius o.♂, u.♀ 2/736
Januarkärpfling
H: S-Amerika: Brasilien, Arg., Par., Uru.
♂: Gonopodium; schlanker. V: +
Z: 24 TT, 10–30 J. F: O
T: 20–25°C, L: ♀ 4,5 cm, pH: >7, SG: 1

Phallotorynus jucundus o.♂, u.♀ 4/516
Paraná-Kärpfling
H: S-Amerika: Brasilien, Paraguay.
♂: Gonopodium; schlanker. V: +
Z: 30 TT, 6–10 J, 8 mm. F: K
T: 20–25°C, L: ♀ 3 cm, pH: >7, SG: 2

Poecilia branneri ♂ 3/612
Zitronenkärpfling, Pfauenaugenmolly
H: S-Amerika: Brasilien: Pará.
♂: Kaudale mit Querzeichnung. V: –
Z: 3–5 J alle paar Tage. F: K
T: 26–28°C, L: ♀ 4 cm, pH: <7, SG: 3

Poecilia butleri ♂ 3/612
Butler-Molly
H: M-Amerika: W-Mexiko bis W-Panama.
♂: Gonopodium; etwas kleiner. V: +
Z: 28 TT, 20–60 J, 8 mm. F: H
T: 23–27°C, L: ♀ 8 cm, pH: >7, SG: 2

Poeciliidae (Poeciliinae) — Lebendgebärende Zahnkarpfen

Poecilia catemaconis ♂ 3/614
Zitronenmolly
H: M-Amerika: Mexiko: Catemaco-See. E
♂: Gonopodium; kleiner. V: –
Z: 200 l Becken; Aufzucht leicht. F: H,O
T: 24–28°C, L: ♀ 10,5 cm, pH: >7, SG: 2–3

Poecilia catemaconis ♀ 3/614
Zitronenmolly

Poecilia caucana ♂ 3/614
Cauca-Molly
H: M- u. S-Amerika: Panama, Kol., Ven.
♂: Gonopodium; bunter. V: +
Z: 28 TT, 8–25 J, 7 mm. F: H,O
T: 26–30°C, L: ♀ 6 cm, pH: >7, SG: 2

Poecilia chica o.♂, u.♀ 2/736
Zwergmolly
H: M-Amerika: Mexiko.
♂: Gonop.; farbiger bis fast schwarz V: +
Z: 30 TT, 30–50 J, 6 mm. F: H,O
T: 23–26°C, L: ♀ 5 cm, pH: 7, SG: 1–2

Poecilia elegans ♂ 4/520
Blauband-Molly
H: Karibik: Dominikanische Republik.
♂: Gonopodium; kleiner. V: –
Z: 45 TT, 10 J, 10 mm; selten F: O,K
T: 21–24°C, L: ♀ 6 cm, pH: >7, SG: 3

Poecilia gillii ♂ 4/520
Costa Rica-Molly, Gills Molly
H: M- u. S-Amerika: Guatemala bis Kol.
♂: Gonopodium; intensivere Farben. V: +
Z: 24 TT, 10–40 J, 8 mm. F: O,H
T: 22–26°C, L: ♀ 5 cm, pH: >7, SG: 2–3

Poeciliidae (Poeciliinae) — Lebendgebärende Zahnkarpfen

Poecilia gillii ♀ 4/520
Costa Rica-Molly, Gills Molly

Poecilia heterandria ♂ 4/522
Venezuela-Molly
H: S-Amerika: Küste Zentralvenezuelas.
♂: Gonopodium; kleiner, farbiger. V: +
Z: 28–35 TT, 15–40 J, 7 mm. F: O
T: 23–27°C, L: ♀ 4 cm, pH: 7, SG: 2

Poecilia heterandria ♀ 4/522
Venezuela-Molly

Poecilia hispaniolana ♂ 4/524
Hispaniola-Molly
H: Karibik: Zentral-Hispaniola.
♂: Gonopodium; farbiger. V: +
Z: 35 TT, 10–30 J, 8 mm. F: O
T: 22–25°C, L: ♀ 6,5 cm, pH: >7, SG: 3

Poecilia hollandi o.♂, u.♀ 5/622

H: S-Am.: Brasilien: Rio São Francisco.
♂: Gono.; farbiger; 1,5 cm kleiner. V: =
Z: Junge sind empfindlich. F: K,O
T: 23–28°C, L: ♀ 4 cm, pH: >7, SG: 2

Poecilia latipinna ♂ 2/738
Breitflossenkärpfling
H: N-Am: S-Virginia.,Carolina, Florida, Texas.
♂: Gonopodium; größere Dorsale. V: +
Z: 60–70 TT, 10–60 J, 12 mm. F: H,O
T: 20–28°C, L: ♀ 12 cm, pH: >7, SG: 2

Poeciliidae (Poeciliinae) Lebendgebärende Zahnkarpfen

Poecilia latipinna ♂ 1/602, (2/738)
Schwarze Form

Poecilia latipinna × *P. sphenops* ♂ 2/740
Zuchtform Lyratail

Poecilia latipunctata 2 ♂♂ WF 3/617
Nahtmolly
H: M-Amerika: Mexiko.
♂: Gonopodium; farbiger. V: =
Z: 28 TT, 10–30 J, 7 mm. F: H,O
T: 25–29°C, L: ♀ 6 cm, pH: 7, SG: 3

Poecilia latipunctata ♀ 3/617
Nahtmolly
Population: Mexiko: Mante.

Poecilia maylandi ♂ 4/524
Vielstreifen-Molly, Maylands Molly
H: M-Amerika: Mexiko: Rio Balsas-System.
♂: Gonopodium; farbiger. V: +
Z: 42 TT, 25–60 J, 8–10 mm. F: O
T: 24–29°C, L: ♀ 12 cm, pH: >7, SG: 2

Poecilia maylandi ♀ 4/524
Vielstreifen-Molly, Maylands Molly

Poeciliidae (Poeciliinae) — Lebendgebärende Zahnkarpfen

Poecilia cf. *mexicana* ♂ 4/526
Höhlenmolly
H: M-Amerika: Mexiko: Höhle von Tapijulapa.
♂: Gonopodium; kleiner. V: –
Z: 35 TT, 10–25 J, 8 mm. F: O
T: 22–28°C, L: ♀ 5 cm, pH: >7, SG: 2

Poecilia cf. *mexicana* ♀ 4/526
Höhlenmolly

Poecilia mexicana mexicana ♂ 2/738
Mexikomolly
H: M-u, S-Amerika (Kol.), Karibik.
♂: Gonopodium; farbiger. V: +
Z: 28 TT, 30–80 J, 8 mm. Salzzugabe F: H
T: 23–28°C, L: ♀ 8,5 cm, pH: >7, SG: 1–2

Poecilia montana ♂ 4/518
Dominika-Molly
H: Karibik: Hispaniola.
♂: Gonopodium; kleiner. V: –
Z: 35 TT, 10–40 J, 8 mm; 2.Gen.probl. F: O
T: 21–25°C, L: ♀ 5 cm, pH: >7, SG: 3

Poecilia petenensis ♂ 3/618
Petén-Molly, Schwertschwanz-Molly
H: M-Amerika: Mexiko, Guatemala, Belize.
♂: Gonop.; schönere Flossen. V: +
Z: 45–60 TT, 10–60 J, 8–12 mm. F: H,O
T: 22–28°C, L: ♀ 12 cm, pH: >7, SG: 2

Poecilia scalpridens ♀ 4/542
Meißelzahn-Kärpfling
H: S-Amerika: Brasilien: Amazonas.
♂: Gonopodium; kleiner. V: +
Z: 28–35 TT, 5–12 J, 6–7 mm. F: O
T: 23–28°C, L: ♀ 3 cm, pH: 7, SG: 3

Poeciliidae (Poeciliinae) Lebendgebärende Zahnkarpfen

Poecilia sphenops ♂ 1/602
Spitzmaulkärpfling, Wildmolly
H: M- u. S-Amerika: Mexiko bis Kolumbien?
♂: Gonopodium; kleiner. V: =
Z: Sehr vermehrungsfreudig. F: H
T: 18–28°C, L: ♀ 6 cm, pH: >7, SG: 1–2

Poecilia sphenops l.♀, r.♂ 1/602
Black Molly

Poecilia sulphuraria ♂ 4/534
Schwefel-Molly
H: M-Amerika: Mexiko: Baños del Azufre.
♂: Gonopodium; kleiner. V: +
Z: 28–35 TT, 10–25 J, 7 mm. F: O
T: 24–28°C, L: ♀ 3,5 cm, pH: >7, SG: 3

Poecilia vandepolli ♂ 5/624
Gescheckt
H: Kol., Ven., Aruba, Curaçao, Bonaire.
♂: Gonopodium; farbiger. V: +
Z: 28 TT, 30 J. F: O
T: 26–29°C, L: ♀ 6 cm, pH: >7, SG: 1–2

Poecilia vandepolli ♂ 5/624
Normalfärbung

Poecilia velifera ♂ 1/604
Segelkärpfling
H: M-Amerika: Mexiko: Yucatán.
♂: Gonopodium; hohe Dorsale. V: +
Z: Schwierig. F: H,O
T: 25–28°C, L: ♀ 18 cm, pH: >7, SG: 2–3

Poeciliidae (Poeciliinae) Lebendgebärende Zahnkarpfen

Poecilia velifera ♂ 1/604
Segelkärpfling Albino

Poecilia vivipara l.♂, r.♀ 2/744
Augenfleckkärpfling
H: S-Amerika: W-Venezuela bis Argentinien.
♂: Gonopodium; kleiner. V: +
Z: 28 TT, 100 J, 6 mm. F: K,O
T: 26–28°C, L: ♀ 7 cm, pH: >7, SG: 1

Poecilia cf. *vivipara* ♂ 4/534
Hochrückenkärpfling
H: S-Amerika: Venezuela: Küstengewässer.
♂: Gonopodium; Dorsale farbiger. V: +
Z: 35 TT, 5–10 J, 7 mm. F: O
T: 23–27°C, L: ♀ 6 cm, pH: 7, SG: 2

Poecilia cf. *vivipara* ♀ 4/534
Hochrückenkärpfling

Poeciliopsis baenschi ♂ 2/744
Baenschs Zahnkärpfling
H: M-Amerika: Mexiko.
♂: Gonopodium; kleiner. V: +
Z: 28 TT, 8–25 J. F: K,O
T: 18–24°C, L: ♀ 3 cm, pH: <7, SG: 3

Poeciliopsis baenschi o.♀, u.♂ 2/744
Baenschs Zahnkärpfling

543

Poeciliidae (Poeciliinae) Lebendgebärende Zahnkarpfen

Poeciliopsis balsas ♂ 4/536
Balsas-Kärpfling

H: M-Amerika: Mexiko: Rio Balsas-Becken.
♂: Gonopodium; farbiger. V: +
Z: 5 J; selten mehrere Generationen. F: O
T: 23–27°C, L: ♀ 6 cm, pH: >7, SG: 3

Poeciliopsis balsas ♀ 4/536
Balsas-Kärpfling

Poeciliopsis catemaco ♀ 3/620
Catemaco-Kärpfling

H: M-Amerika: Mexiko: Catemaco-See. E
♂: Gonopodium; viel kleiner. V: +
Z: Mehrere Gen. problematisch F: O
T: 24–28°C, L: ♀ 8 cm, pH: >7, SG: 2

Poeciliopsis elongata ♂ 4/538
Grüner Kärpfling

H: M-Amerika: Costa Rica bis S-Panama.
♂: Gonopodium; kleiner. V: +
Z: Nur 1. Generation. F: O
T: 24–28°C, L: ♀ 8 cm, pH: >7, SG: 3

Poeciliopsis fasciata ♀ 3/620
Querstreifen-Kärpfling

H: M-Amerika: Mexiko.
♂: Gonopodium; kleiner. V: +
Z: 30 TT, 15–30 J, 8 mm. F: O
T: 24–28°C, L: ♀ 5 cm, pH: >7, SG: 3

Poeciliopsis gracilis o.♂, u.♀ 2/746
Seitenfleckkärpfling (s. auch 4/538)

H: M-Amerika: S-Mex., Gua., Honduras.
♂: Gonopodium; kleiner. V: +
Z: 30 TT, 10–50 J, 7–8 mm. F: O
T: 24–28°C, L: ♀ 6 cm, pH: 7, SG: 1–2

Poeciliidae (Poeciliinae)　　　　　　　　Lebendgebärende Zahnkarpfen

Poeciliopsis hnilickai ♂　　　2/746
Chiapas Kärpfling
H: M-Amerika: Mexiko: Chiapas.
♂: Gonopodium; kleiner.　　　　　V: +
Z: 28–35 TT.　　　　　　　　　　　F: O
T: 24–28°C, L: ♀ 5 cm, pH: 7, SG: 2

Poeciliopsis infans ♂　　　4/540
Hochland-Poeciliopsis
H: M-Amerika: Mexiko.
♂: Gonopodium; schwarz zur Balz. V: +
Z: 28 TT, 10–25 J, 7 mm.　　　　　F: O
T: 20–27°C, L: ♀ 5 cm, pH: 7, SG: 1–2

Poeciliopsis infans ♀　　　4/540
Hochland-Poeciliopsis

Poeciliopsis latidens o.♂, u.♀　2/749
Breitstreifenkärpfling
H: M-Amerika: Mexiko.
♂: Gonopodium; kleiner.　　　　　V: –
Z: 28 TT, 8–25 J; selten.　　　　　F: H,O
T: 23–26°C, L: ♀ 5 cm, pH: >7, SG: 3

Poeciliopsis lutzi ♂　　　4/542
Schwarzstrich-Kärpfling, Lutz' Kärpfling
H: M-Amerika: Mexiko.
♂: Gonopodium; kleiner.　　　　　V: +
Z: 13 TT, 4–14 J, 7 mm.　　　　　F: O
T: 24–28°C, L: ♀ 6 cm, pH: >7, SG: 2

Poeciliopsis lutzi ♀　　　4/542
Schwarzstrich-Kärpfling, Lutz' Kärpfling

Poeciliidae (Poeciliinae) Lebendgebärende Zahnkarpfen

Poeciliopsis occidentalis sonoriensis
Arizonakärpfling l.♀, r.♂ 3/622
H: N-Amerika: USA: Arizona.
♂: Gonopodium; kleiner. V: +
Z: Unbekannt. F: K,O
T: 25–28°C, L: ♀ 5 cm, pH: 7, SG: 3

Poeciliopsis paucimaculata ♂ 4/542
Gefleckter Poeciliopsis
H: M-Amerika: Costa Rica.
♂: Gonopodium; kleiner. V: +
Z: 4 J; schwierig. F: O
T: 24–27°C, L: ♀ 7 cm, pH: 7, SG: 3

Poeciliopsis paucimaculata ♀ 4/542
Gefleckter Poeciliopsis

Poeciliopsis prolifica o.♂, u.♀ 3/622
Sonnenkärpfling
H: M-Amerika: Mexiko.
♂: Gonopodium; kleiner. V: +
Z: Nicht über 4 Generationen. F: H,O
T: 24–28°C, L: ♀ 3,5 cm, pH: >7, SG: 2

Poeciliopsis retropinna ♂ 3/624
Kleinflossen-Kärpfling
H: M-Amerika: Costa Rica, W-Panama.
♂: Gonopodium; kleiner. V: +
Z: 35 TT, 5–15 J, 7 mm. F: O
T: 25–28°C, L: ♀ 8 cm, pH: >7, SG: 3

Poeciliopsis scarlli ♂ 3/624
Scarlls Kärpfling
H: M-Amerika: Mexiko.
♂: Gonopodium; kleiner. V: +
Z: 28–42 TT, 10 J; schwierig. F: O,K
T: 23–30°C, L: ♀ 4 cm, pH: 7, SG: 2–3

Poeciliidae (Poeciliinae) — Lebendgebärende Zahnkarpfen

Poeciliopsis turneri ♀ 4/544
Apamila-Kärpfling
H: M-Amerika: Mexiko: Jalisco.
♂: Gonopodium; kleiner. V: +
Z: 2–3 J, 15 mm; nur 1. Generation. F: O
T: 24–28°C, L: ♀ 6 cm, pH: >7, SG: 3

Poeciliopsis turrubarensis ♂ 3/626
Turrubarés-Kärpfling
H: M-Amerika: Mexiko, Costa Rica, Gua.
♂: Gonopodium; kleiner. V: +
Z: 30 TT, 10–60 J, 8 mm; schwer. F: H,O
T: 23–28°C, L: ♀ 8 cm, pH: >7, SG: 3

Poeciliopsis turrubarensis ♀ 3/626
Turrubarés-Kärpfling

Poeciliopsis viriosa ♂ 2/750
Viriosakärpfling
H: M-Amerika: Mexiko.
♂: Langes Gonopodium; kleiner. V: =
Z: 10 TT, 6–15 J, 7 mm. F: K,O
T: 24–26°C, L: ♀ 6 cm, pH: 7, SG: 2–3

Priapella compressa o.♂, u.♀♀ 2/750
Gedrungener Blauaugen-Kärpfling
H: M-Amerika: Mexiko.
♂: Gonopodium; kleiner.
Z: Nur wenn gut ernährt. V: + F: K
T: 24–28°C, L: ♀ 5 cm, pH: 7, SG: 3

Priapella intermedia l.♂, r.♀ 1/606
Leuchtaugen-Kärpfling, Blauaugen-Kärpfl.
H: M-Amerika: Mexiko.
♂: Gonopodium ab 5. Monat. V: +
Z: 28–42 TT, 6–20 J, 10 mm. F: K,O
T: 24–26°C, L: ♀ 7 cm, pH: >7, SG: 3

Poeciliidae (Poeciliinae) Lebendgebärende Zahnkarpfen

Priapella olmecae ♂ 4/546
Olmeken-Kärpfling
H: M-Amerika: Mexiko. Selten
♂: Gonopodium; kleiner.   V: –
Z: 35–42 TT, 8–25 J, 8 mm.   F: O,K
T: 21–26°C, L: ♀ 6 cm, pH: 7, SG: 3

Priapella olmecae ♀ 4/546
Olmeken-Kärpfling

Priapichthys annectens ♂ 5/624

H: M-Amerika: Costa Rica, Panama.
♂: Gonopodium; kleiner, schlank.   V: –
Z: Schwierig; krankheitsanfällig.   F: K
T: 23–26°C, L: ♀ 7 cm, pH: 7, SG: 2–3

Priapichthys austrocolumbiana ♂ 4/548
Nariño-Kärpfling
H: S-Amerika: Kolumbien: Nariño.
♂: Gonopodium; kleiner, farbiger.   V: +
Z: 12–15 TT, 2–6 J, 6 mm.   F: O
T: 23–27°C, L: ♀ 3,5 cm, pH: >7, SG: 2

Priapichthys chocoensis ♂ 3/628
Chocó-Kärpfling
H: S-Amerika: Kolumbien.
♀: Gelbe Anale.   V: +
Z: 14 TT, 3–15 J, 5–7 mm.   F: K
T: 23–28°C, L: ♀ 4,5 cm, pH: >7, SG: 3

Priapichthys chocoensis ♀ 3/628
Chocó-Kärpfling

Poeciliidae (Poeciliinae) — Lebendgebärende Zahnkarpfen

Priapichthys dariensis ♂ 4/548
Darien-Kärpfling
H: M-Amerika: O-Panama.
♂: Gonopodium; kleiner, farbiger. V: +
Z: Bis 1. Generation. F: O
T: 24–28°C, L: ♀ 4 cm, pH: >7, SG: 3

Priapichthys festae ♂ 2/752
Festakärpfling
H: S-Amerika: Ecuador.
♂: Gonopodium; kleiner, farbiger. V: +
Z: 28 TT, 3–7 J, 5 mm. F: K
T: 21–30°C, L: ♀ 4,5 cm, pH: >7, SG: 1–2

Pseudopoecilia nigroventralis ♂ 3/630
Schwarzflossen-Kärpfling
H: S-Amerika: Kolumbien.
♂: Gonopodium; kleiner. V: +
Z: 14 TT, 3–15 J, 5–7 mm. F: K
T: 23–28°C, L: ♀ 3 cm, pH: >7, SG: 2–3

Pseudopoecilia nigroventralis ♀ 3/630
Schwarzflossen-Kärpfling

Quintana atrizona o.♀, u.♂ 2/752
Glaskärpfling
H: Karibik: Kuba. E
♂: Gonopodium; kleiner. V: +
Z: 28–45 TT, <35 J. Immer schwerer. F: O
T: 24–28°C, L: ♀ 4 cm, pH: <7, SG: 4

Scolichthys greenwayi o.♂, u.♀ 2/754
Greenways Kärpfling
H: M-Amerika: Guatemala.
♂: Gonopodium; kleiner, farbiger V: +
Z: 30 TT, 10–30 J. F: O
T: 22–26°C, L: ♀ 5 cm, pH: >7, SG: 2

Poeciliidae (Poeciliinae)   Lebendgebärende Zahnkarpfen

Tomeurus gracilis o.♂, u.♀   5/626

H: O-Venez., Guyana, Surinam, Brasilien.
♂: Gonopodium; ♀: Große Anale. V: (–)
Z: Hafteier 3 T nach Befruchtung. F: K
T: 26–29°C, L: ♀ 4 cm, pH: >7, SG: 3

Xenodexia ctenolepis ♂   4/550, 5/628
Kammschuppen-Kärpfling
H: M-Amerika: Guatemala.
♂: Gonop.; rechte P handähnlich. V:(–)
Z: Nur bis 2. Gen.; 1–6 J, 15 mm. F:K,O
T: 15–22°C, L: ♀ 4,5 cm, pH: 7, SG: 2–3

Xenodexia ctenolepis ♂   4/550, 5/628
Kammschuppen-Kärpfling
Siehe rechte, handähnlich strukturierte Pektoralflosse.

Xenophallus umbratilis ♂   2/754
Regenschirmkärpfling, Schattenkärpfling
H: M-Amerika: Costa Rica.
♂: Gonopodium; Dorsale größer. V: +
Z: 30 TT, 10–50 J, 8 mm.   F: K,O
T: 22–26°C, L: ♀ 6 cm, pH: 7, SG: 2–3

Xiphophorus alvarezi o.♀, u.♂   2/756
Blauer Schwertträger
H: M-Amerika: S-Mexiko.
♂: Gonopodium; Schwert.   V: +
Z: 20–50 J.   F: O
T: 25–28°C, L: ♀ 8 cm, pH: >7, SG: 2

Xiphophorus alvarezi o.♀, u.♂   4/550
Blauer Schwertträger
H: M-Amerika: Mexiko, Guatemala.
♂: Gonopodium; Schwert.   V: +
Z: 28 TT, 10–20 J, 8 mm.   F: O
T: 23–27°C, L: ♀ 10 cm, pH: >7, SG: 2

Poeciliidae (Poeciliinae) Lebendgebärende Zahnkarpfen

Xiphophorus andersi l.♂, r.♀ 2/756
Atoyac-Schwertplaty
H: M-Amerika: Mexiko: Rio Atoyac. E
♂: Gonopodium; kurze Sichel. V: +
Z: Schwierig; 10–40 J. F: H,O
T: 24–28°C, L: 4,5 cm, pH: >7, SG: 3

Xiphophorus birchmanni ♂ 3/633
Schwertloser Helleri
H: M-Amerika: Mexiko.
♂: Gonopodium; große Dorsale. V: +
Z: 28 TT, 15–25 J. F: K,O
T: 24–28°C, L: ♀ 7 cm, pH: >7, SG: 2–3

Xiphophorus birchmanni ♀ 3/633
Schwertloser Helleri

Xiphophorus clemenciae ♂ 2/758
Gelber Schwertträger
H: M-Amerika: Mexiko: Coatzacoalcos-B.
♂: Gonopodium; Schwert. V: +
Z: 24–28TT, 10–25 J; sehr schwierig. F:K,O
T: 22–26°C, L: ♀ 5 cm, pH: >7, SG: 4

Xiphophorus continens ♂ 4/552
El Quince-Schwertträger
H: M-Amerika: Mexiko.
♂: Gonopodium; 1 mm Fortsatz. V: +
Z: 28 TT; schwierig. F: O
T: 22–26°C, L: ♀ 5 cm, pH: >7, SG: 3

Xiphophorus cortezi ♂ 2/758
Cortez-Schwertträger (kurzes Schwert)
H: M-Amerika: Mexiko.
♂: Gonopodium; Schwert. V: +
Z: 28–35 TT, 10–30 J. F: O
T: 24–28°C, L: ♀ 6 cm, pH: >7, SG: 2

Poeciliidae (Poeciliinae)　　　　　　　　Lebendgebärende Zahnkarpfen

Xiphophorus cortezi ♂　　　　2/758
Cortez-Schwertträger (langes Schwert)

Xiphophorus couchianus o.♂, u.♀　2/760
Monterrey-Platy
H: M-Amerika: Mexiko: Rio Grande-Becken.
♂: Gonopodium; Farblich gleich.　　V: +
Z: Sehr schwierig.　　　　　　　　　F: K,O
T: 27–30°C, L: ♀ 6 cm, pH: >7, SG: 4

Xiphophorus couchianus o.♂, u.♀　2/761
Monterrey-Platy „Apodoca"

Xiphophorus evelynae ♂　　　　2/762
Puebla-Platy, Hochland-Platy
H: M-Amerika: Mexiko.
♂: Gonopodium; farbenprächtiger.　V: +
Z: Nicht schwierig.　　　　　　　　F: O
T: 22–27°C, L: ♀ 6 cm, pH: >7, SG: 2

Xiphophorus gordoni ♂　　　　2/762
Nord-Platy
H: M-Amerika: Mexiko.　　　　Bedroht.
♂: Gonopodium; farbiger.　　　　V: –
Z: 5–25 J, 6 mm.　　　　　　　　F: O
T: 28–32°C, L: ♀ 4 cm, pH: >7, SG: 4

Xiphophorus helleri　　　　　　　1/606
Schwertträger, Helleri (o. Neon, u. Rot)
H: M-Amerika: Zwischen 12° N u. 26° N.
♂: Gonopodium; Schwert.　　　　V: +
Z: <80 J.　　　　　　　　　　　　F: K,O
T: 18–28°C, L: ♀ 12 cm, pH: >7, SG: 1

Poeciliidae (Poeciliinae)   Lebendgebärende Zahnkarpfen

Xiphophorus helleri 1/606
Roter Simpson Schwertträger

Xiphophorus helleri 1/606
Roter Lyratail Schwertträger

Xiphophorus helleri o.♂, u.♀   1/609
Gefleckter Schwertträger
H: M-Amerika: S-Mexiko bis Guatemala.
♂: Gonopodium; Schwert.   V: +
Z: <80 J.   F: K,O
T: 20–28°C, L: ♀ 10 cm, pH: >7, SG: 1–2

Xiphophorus helleri ♂   2/765, 3/631
Gelber Schwertträger, Catemaco-Schw.
H: M-Amerika: Mexiko: Catemacosee.
♂: Gonopodium; Schwert.   V: +
Z: 25–28 TT, 20–60 J, 8 mm.   F: O
T: 24–28°C, L: <12 cm, pH: >7, SG: 3

Xiphophorus helleri r.♂, l.♀   2/768
Grüner Schwertträger
H: M-Amerika: Mexiko, Belize, Honduras.
♂: Gonopodium; Schwert.   V: –
Z: 20–100 J; leicht bis schwierig.   F: O
T: 22–28°C, L: ♀ <14 cm, pH: >7, SG: 1–4

Xiphophorus helleri ♂ roter Albino   5/632
Wild- u. Zuchtformen
H: M-Am.: Zentral-Mexiko bis Honduras.
♂: Gonopodium; Schwert.   V: +
Z: 20–100 J; leicht bis schwierig.   F: O
T: 22–27°C, L: ♀ <8 cm, pH: 7, SG: 1–2

Poeciliidae (Poeciliinae) — Lebendgebärende Zahnkarpfen

Xiphophorus helleri ♂ 5/632
Rotstreifen Helleri
H: M-Amerika: S-Mexiko; Veracruz: Jalapa.

Xiphophorus helleri ♀ 5/632
H: M-Amerika: S-Mexiko; Veracruz: Jalapa.

Xiphophorus helleri ♂ 5/632
Golden Helleri

Xiphophorus helleri ♂ 5/632
Schwarzer Albino

Xiphophorus helleri ♂ 5/632
Blauschwarzer Albino

Xiphophorus helleri ♂ 5/632
Schwarzer Helleri

Poeciliidae (Poeciliinae) Lebendgebärende Zahnkarpfen

Xiphophorus helleri ♂ 2/764
Belize-Schwertträger (1)
H: M-Amerika: Belize: Rio Belize.
♂: Gonopodium; Schwert. V: +
Z: Relativ problemlos. F: O
T: 24–28°C, L: <5 cm, pH: >7, SG: 3

Xiphophorus helleri ♂ 2/764
Atoyac-Schwertträger (2,3,4)
H: M-Amerika: Mexiko: Rio Atoyac.
♂: Gonopodium; Schwert. V: +
Z: Problemlos. F: O
T: 24–28°C, L: ♀ 8–10 cm, pH: >7, SG:1–2

Poeciliidae (Poeciliinae) — Lebendgebärende Zahnkarpfen

Xiphophorus helleri ♂ 2/764
Fünfstreifen-Schwertträger (1)
H: M-Amerika: Mexiko: Rio Sontecomapan.
♂: Gonopodium; Schwert. V: +
Z: Nicht schwierig. F: O
T: 24–28°C, L: ♀ 12 cm, pH: >7, SG: 2

Xiphophorus helleri ♂ 2/765
Yucatán-Schwertträger (2)
H: M-Amerika: Mexiko: Yucatán, Campeche.
♂: Gonopodium; Schwert. V: +
Z: Mitunter schwierig. F: O
T: 24–28°C, L: ♀ 9 cm, pH: >7, SG: 4

Xiphophorus helleri ♂ 2/765
Streifenschwertträger, Oaxaca-Schw. (3)
H: M-Amerika: Mexiko: Rio del Reyon.
♂: Gonopodium; Schwert. V: +
Z: Problemlos. F: O
T: 24–28°C, L: 5–7 cm, pH: >7, SG: 1–2

Xiphophorus helleri o.♀, u.♂ 2/765
Messingschwertträger, Catemaco-Schw. (4)
H: M-Amerika: Mexiko: Catemacosee. E
♂: Gonopodium; Schwert. V: =
Z: Schwierig; 15 Monate bis Reife. F: O
T: 24–28°C, L: 8–10 cm, pH: >7, SG: 3

Poeciliidae (Poeciliinae) — Lebendgebärende Zahnkarpfen

Biotop verschiedener *Xiphophorus*-Arten: Catemaco-See, Mexiko.

Xiphophorus maculatus o.♂, u.♀ 1/610
Platy, Spiegelkärpfling: Korallenplaty
H: M-Amerika: Mex., Gua., N-Hon.
♂: Gonopodium; farbiger (Wildformen). V:+
Z: Mit 3–4 Monaten zuchtfähig. F: O
T: 18–25°C, L: ♀ <6 cm, pH: >7, SG: 1

Xiphophorus maculatus ♂ 1/610
Blauspiegelplaty

Poeciliidae (Poeciliinae)   Lebendgebärende Zahnkarpfen

Xiphophorus maculatus 2 ♂♂   1/610
Wagtail-Platy

Xiphophorus maculatus   1/610
Goldener Mondplaty

Xiphophorus maculatus   1/610
Simpson-Tuxedoplaty

Xiphophorus maculatus   1/610
Simpson-Korallenplaty

Xiphophorus maculatus l.♀, r.♂   2/770
Grauer Platy
H: M-Amerika: Mexiko: Rio San Juan.
♂: Gono.; stärkere schwarze Flecken. **V:** +
Z: 3–4 Monate zur Reife.   **F:** O
T: 24–28°C, **L:** ♀ <6 cm, pH: >7, SG: 1

Xiphophorus maculatus o.♀, u.♂   2/770
Jamapa-Platy, Bunter Platy
H: M-Amerika: Mexiko: Veracruz.
♂: Gonopodium.   **V:** +
Z: Wie Nominatform.   **F:** O
T: 24–28°C, **L:** ♀ <6 cm, pH: >7, SG: 2

Poeciliidae (Poeciliinae) — Lebendgebärende Zahnkarpfen

Xiphophorus maculatus o.♂, u.♀ 2/772
Schwarzer Platy
H: M-Amerika: Mexiko: Veracruz.
♂: Gonopodium: kleiner. V: +
Z: Anfällig gegen Pilze. F: O
T: 24–30°C, L: ♀ 5 cm, pH: >7, SG: 3

Xiphophorus maculatus l.♀, r.♂ 2/772
Belize-Platy
H: M-Amerika: Belize: Rio Belize.
♂: Gonopodium; kleiner. V: +
Z: Leicht. F: O
T: 24–30°C, L: ♀ 6 cm, pH: >7, SG: 1

Xiphophorus maculatus ♂ 2/772
Rotaugenplaty (Foto S. 4/556)
H: M-Amerika: Belize: Rio Belize Mündung.
♂: Gonopodium. V: +
Z: Weiches, nitratfreies Wasser. F: H,O
T: 24–30°C, L: ♀ 4 cm, pH: 7, SG: 4

Xiphophorus maculatus ♂ 4/554
Platy (Rio Jamapa, Mexiko)
H: M-Amerika: Mex., Gua., Belize, Hon.
♂: Gonopodium. V: +
Z: 24 TT, 10–80 J, 7 mm. F: O
T: 24–28°C, L: ♀ 5 cm, pH: 7, SG: 1

Xiphophorus maculatus ♀ 4/554
Platy
H: M-Amerika: Mexiko: Rio Jamapa.

Xiphophorus maculatus ♂ 4/554
Platy
H: M-Amerika: Mexiko: Rio Papaloapán.

Poeciliidae (Poeciliinae)　　　　　　　　Lebendgebärende Zahnkarpfen

Xiphophorus maculatus ♂ WF　　4/554
Platy
H: M-Amerika: Belize.

Xiphophorus malinche ♂　　5/634

H: M-Amerika: Mexiko: Hidalgo.
♂: Gonopodium; kurzes Schwert.　V: =
Z: <15 J.　　　　　　　　　　　F: K,O
T: 15–21°C, L: ♀ 6 cm, pH: 7, SG: 2–3

Xiphophorus meyeri u. ♀, o. ♂　　4/557
Muzquiz-Platy
H: M-Amerika: Mexiko: Coahuila.
♂: Gonopodium; kleiner.　　　　V: +
Z: 24 TT, 10–35 J, 7 mm.　　　　F: O
T: 23–28°C, L: ♀ 4 cm, pH: >7, SG: 2

Xiphophorus milleri l. ♀, r. ♂　　2/774
Catemaco-Platy
H: M-Amerika: Mexiko: Catemaco-See. E
♂: Gonopodium; kleiner.　　　　V: +
Z: 3–10 J; sehr schwierig.　　　　F: O
T: 24–28°C, L: ♀ 4,5 cm, pH: >7, SG: 4

Xiphophorus montezumae ♂　　1/612
Montezuma-Schwertträger
H: M-Amerika: O-Mittelmexiko.
♂: Gonopodium; Schwert.　　　V: +
Z: Kreuzt mit *X. helleri*.　　　　F: O
T: 20–26°C, L: ♀ 6,5 cm, pH: >7, SG: 2

Xiphophorus montezumae ♂　　2/774
Montezuma-Schwert. (Schwanzfleckvariante)
H: M-Amerika: Mexiko: Rio Panuco.
♂: Gonopodium; Schwert.　　　V: +
Z: 28–35 TT, 15–30 J, 8 mm.　　F: O
T: 22–26°C, L: ♀ 7 cm, pH: >7, SG: 3

Poeciliidae (Poeciliinae)　　　　　　　　Lebendgebärende Zahnkarpfen

Xiphophorus multilineatus ♀　4/558
Gebänderter Schwertträger
H: M-Amerika: Mexiko.
♂: Gonop.; Schwert; Querstreifen.　V: =
Z: 28 TT, <15 J; nicht einfach.　　　F: O
T: 22–26°C, L: ♀ 6 cm, pH: 7, SG: 3

Xiphophorus multilineatus ♂　4/558
Gebänderter Schwertträger
Langes Schwert, blau.

Xiphophorus multilineatus ♂　4/558
Gebänderter Schwertträger
Kurzes Schwert, gelb.

Xiphophorus nezahualcoyotl o.♂, u.♀　3/634
Neza-Schwertträger
H: M-Amerika: Mexiko.
♂: Gonopodium; Schwert.　　V: +
Z: 28 TT, 15–35 J.　　　　　　F: O
T: 24–28°C, L: 6 cm, pH: 7, SG: 2–3

Xiphophorus nezahualcoyotl ♂　4/560
Nördlicher Berg-Schwertträger
H: M-Amerika: Mexiko.
♂: Gonopodium; Schwert.　　V: +
Z: 28 TT, 10–40 J, 7 mm.　　F: O
T: 21–26°C, L: ♀ 7 cm, pH: >7, SG: 2

Xiphophorus nezahualcoyotl ♀　4/560
Nördlicher Berg-Schwertträger

Poeciliidae (Poeciliinae) — Lebendgebärende Zahnkarpfen

Xiphophorus nigrensis o.♀, u.♂ 2/776
Kleinschwertträger
H: M-Amerika: Mexiko.
♂: Gonopodium; Schwert; bläulich. V: +
Z: 28 TT, 15 J. F: K,O
T: 24–25°C, L: ♀ 5,5 cm, pH: >7, SG: 3

Xiphophorus nigrensis ♂ 2/776
Kleinschwertträger

Xiphophorus nigrensis ♀ 2/776
Kleinschwertträger

Xiphophorus pygmaeus 1/612
Zwergschwertträger
H: M-Amerika: Mexiko.
♂: Gonopodium; schlanker. V: +
Z: Ablaichkasten; nicht ergiebig. F: K,O
T: 24–28°C, L: 4 cm, pH: >7, SG: 2

Xiphophorus pygmaeus 2/778
Zwergschwertträger (o. gelbe Var. ♂)
H: M-Amerika: Mexiko.
♂: Gonopodium; schlanker. V: +
Z: Dichte Vegetation. F: K
T: 24–26°C, L: 4 cm, pH: >7, SG: 3–4

Xiphophorus pygmaeus l.♀, r.♂ 2/778
Zwergschwertträger (Nomalfärbung)

Poeciliidae (Poeciliinae) — Lebendgebärende Zahnkarpfen

Xiphophorus signum o.♀, u.♂ 2/780
Komma-Schwertträger
H: M-Amerika: Guatemala.
♂: Gonopodium; schlanker. V: =
Z: 28–35 TT, 20–40 J; schwierig. F: K,O
T: 24–28°C, L: 8 cm, pH: >7, SG: 4

Xiphophorus variatus o.♂, u.♀ 2/782
Veränderlicher Spiegelkärpfling
H: M-Amerika: Mexiko (Rio Nautla).
♂: Gonopod. ♀: Trächtigkeitsfleck. V: +
Z: Ablaichkasten. F: O
T: 22–28°C, L: ♀ <7 cm, pH: >7, SG: 1–2

Xiphophorus variatus o.♂, u.♀ 2/782
Veränderlicher Spiegelkärpfling
(Rio Axtla)

Xiphophorus variatus ♂ 2/782
Veränderlicher Spiegelkärpfling
(Rio Axtla)

Xiphophorus variatus 1/614
Papageienplaty
H: M-Amerika: S-Mexiko.
♂: Gonopod. ♀: Trächtigkeitsfleck. V: +
Z: Ablaichkasten. F: H,O
T: 15–25°C, L: ♀ 7 cm, pH: >7, SG: 1

Xiphophorus variatus ♂ 4/562
Hawaii-Hochflosser-Variatus
H: Zuchtform.
♂: Gonopodium; hohe Dorsale. V: +
Z: <10 Junge. F: O
T: 21–28°C, L: 6 cm, pH: 7, SG: 2

Poeciliidae (Poeciliinae) — Lebendgebärende Zahnkarpfen

Xiphophorus variatus ♂ 4/562
Hawaii-Pinselschwanzhochflosser

Xiphophorus variatus ♂ 4/560
Marygold-Pinselschwanz-Platy
(Text 4/562)

Xiphophorus variatus × *couchianus* 2/780
Gelber Platy
H: M-Amerika: Mexiko: Nuevo León.
♂: Gonopodium. V: +
Z: 20–40 J; nicht schwierig. F: K,O
T: 24–30°C, L: ♀ 5 cm, pH: >7, SG: 1

Xiphophorus xiphidium 1/615
Schwertplaty (Rio Purificación)
H: M-Amerika: Mexiko.
♂: Gonopodium; kurzes Schwert. V: +
Z: 24 J; nicht sehr ergiebig. F: K,O
T: 18–25°C, L: ♀ 5 cm, pH: >7, SG: 2–3

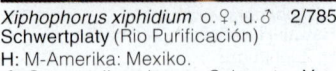
Xiphophorus xiphidium o.♀, u.♂ 2/785
Schwertplaty (Rio Purificación)
H: M-Amerika: Mexiko.
♂: Gonopodium; kurzes Schwert. V: +
Z: Weiches Wasser <10° Härte. F: K
T: 22–26°C, L: ♀ 5 cm, pH: >7, SG: 3

Xiphophorus xiphidium × *variatus* 2/784
Naturhybride aus dem Rio Soto la Marina. Wurde als *Xiphophorus kosszanderi* beschrieben.

Gruppe 7   PERCIFORMES – Anabantoidei
Kletterfische, Labyrinthfische

Betta coccina (s.S. 578) bei der Paarung

Gruppe 7   PERCIFORMES – Anabantoidei
Kletterfische, Labyrinthfische

Ursprung/Taxonomie

Entwicklungsgeschichtlich gesehen sind die Kletterfische (auch Labyrinthfische genannt) relativ jung: ihr Alter wird auf etwa 50–60 Millionen Jahre geschätzt, d.h., sie haben ihre Wurzeln im Tertiär.

Heute enthält die Unterordnung Anabantoidei laut NELSON (1994) 5 Familien mit 81 Arten in 18 Gattungen. Verschiedene Meinungen in der Systematik bestehen vor allem über die Plazierung der Luciocephalidae (1 Art) und der Channidae (etwa 21 Arten). Der INDEX folgt der unten dargestellten Klassifizierung.

PERCIFORMES (BARSCHÄHNLICHE FISCHE)

Anabantoidei	565–594
Anabantidae	568–572
Belontiidae	573–592
Belontiinae	575
Macropodinae	575
Trichogastrinae	590
Helostomatidae	593
Luciocephalidae (im AQUARIEN ATLAS siehe Gruppe 10)	593
Osphronemidae	594
Channoidei (siehe Gruppe 9)	
Channidae	798–800

Diese Gruppe umfaßt Fische, welche ein zusätzliches Atmungsorgan in ihrer Kiemenhöhle besitzen. Schlangenkopffische (Channidae) haben ebenfalls ein solches Suprabranchialorgan (Labyrinth), gehören aber nicht in die Unterordnung Anabantoidei, sondern in ihre eigene, die Channoidei. Sie haben also weniger mit Kletterfischen gemeinsam als die Hechtköpfe (Luciocephalidae), obwohl beide in Aussehen und Habitus von „unseren Standard-Kletterfischen" deutlich abweichen.

Geographische Verbreitung

Kletterfische besiedeln Afrika, mit Ausnahme des östlichsten Teils, und den südostasiatischen Raum. Die asiatischen Arten stellen, mit Ausnahme von *Anabas*, die beliebten kleinen, farbenfrohen Gesellschaftsfische unserer Aquarien. Die Buschfische aus Afrika (*Ctenopoma, Microctenopoma* und *Sandelia*), zusammen mit dem asiatischen *Anabas*, können allerdings nur mit Aquariengenossen angemessener Größe vergesellschaftet werden, da es sich bei ihnen um Raubfische handelt.

Das Labyrinth befähigt alle diese Arten, in sauerstoffarmen bzw. -losen Gewässern zu leben. Auch andere qualitative Eigenschaften des Wassers sind eher nebensächlich, obwohl die wenigen Arten, die in Fließgewässern leben, diesbezüglich empfindlicher sind. Reisfelder, Straßengräben, trübe Wasseransammlungen und verkrautete Kanäle sind Biotope, in denen man vielen dieser Arten begegnen kann. Einige können auch über feuchtes Land

Gruppe 7   PERCIFORMES – Anabantoidei
Kletterfische, Labyrinthfische

weite Strecken bis zum nächsten Wasserloch zurücklegen. *Anabas testudinus* wird sogar nachgesagt, er könne auf Bäume klettern (daher: Kletterfisch).

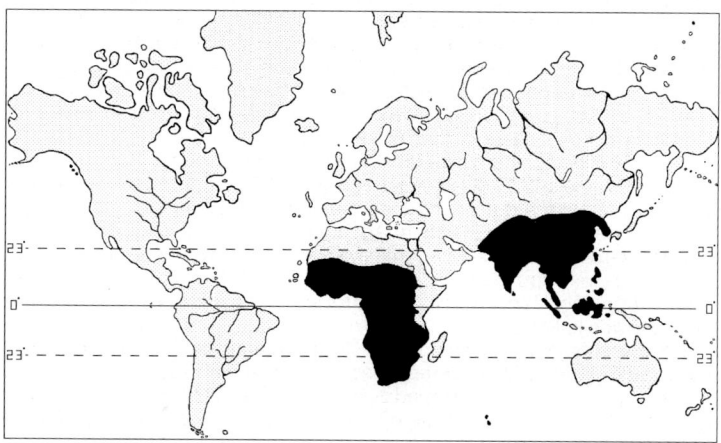

Verbreitungsgebiet der Anabantoidei.

Allgemeines

Die Unterordnung Anabantoidei enthält mehrheitlich kleine, farbenfrohe Aquarienfische, aber auch den Speisegurami, der mit seinen 70 cm Länge ein geschätzter Speisefisch ist.

Da alle Arten Luftatmer sind, ist es – insbesondere für Jungfische – wichtig, daß die Luft über dem Wasser die gleiche Temperatur wie das Wasser selbst aufweist und feucht ist. Die Labyrinth-Atmung ist bei den meisten der Arten so weit entwickelt, daß derartige Fische, am Luftholen gehindert, selbst in sauerstoffreichen Gewässern ertrinken würden.

Unter den Fortpflanzungsstrategien der asiatischen Arten ist vor allem das Schaumnest zu erwähnen, welches viele Arten bauen. Klein, groß, solide, vergänglich, frei oder zwischen Pflanzen verankert, alle Variationen sind vertreten. Dort werden sinkende oder schwimmende Eier hineingelegt (hineingespuckt). Brutpflege ist Angelegenheit des Männchens. Auch sind Maulbrüter (im männlichen Geschlecht) und Höhlenbrüter (mit Schaumnest an der Decke und wieder pflegt das Männchen) vertreten. Inzwischen werden von mehreren Arten farbenfrohe Zuchtformen angeboten.

Unter den afrikanischen Arten gibt es schaumnestbauende, brutpflegende Arten (jetzt in der neuen Gattung *Microctenopoma*) und Freilaicher, die zahlreiche Schwimmeier legen, die nicht gepflegt werden.

Die meisten Arten sind empfindlich gegenüber Salzzusatz.

Anabantidae — Kletterfische

Familie Anabantidae

Die Familie der Kletterfische mit ihren 4 Gattungen (mit der neuen Gattung *Microctenopoma* für schaumnestbauende Arten) und etwa 30 Arten besiedelt Süßwasser, selten Brackwasser in Afrika und von Indien bis zu den Philippinen in Asien (nur *Anabas*). Einige Mitglieder können die Trockenzeit ihrer Heimatgewässer im schlammigen Boden überdauern – völliges Austrocknen hingegen überleben sie nicht. Es sind diese Fische, die der Unterordnung ihren Namen gegeben haben. Sie sind in der Lage, sich mit Hilfe ihrer Operkular- und Flossenstachlen über Land überraschend schnell fortzubewegen, um die nächste Wasseransammlung zu erreichen.

Diese Familie enthält die weniger beliebten Fische der Unterordnung, obwohl einige farblich doch sehr ansprechend sind. Es handelt sich weitgehend um Raubfische, die sich im Aquarium bei der kleinsten Störung verstecken. Größere Arten sind aggressive Raufbolde, während das Verhalten der kleineren – insbesondere das der Schaumnestbauer der Gattung *Microctenopoma* – noch am ehesten mit dem der rein asiatischen Familien verglichen werden kann.

Geschlechtsunterschiede drücken sich bei Männchen in intensiveren Farben, verlängerten und größeren Flossen sowie in der Präsenz der Dornenfelder (s. unten) aus. Letztere sind zwar nicht immer leicht zu erkennen, aber wenn der Fisch mit einem Netz gefangen wird, verfangen sich die Männchen eher darin.

Ctenopoma multispinis ♂. Man beachte die Dornenfelder hinter dem Auge und auf dem Kiemendeckel.

Anabantidae
Klotterfische

Ctenopoma maculatum
Gefleckter Buschfisch
1/622

H: Afrika: S-Kamerun, oberer Zaire.
♂: Dornenfeld.
Z: Keine Brutpflege.
V: =
F: K,O
T: 22-28°C; L: 20 cm; pH: 7; SG: 3

Ctenopoma acutirostre
Leopard-Buschfisch
1/619

H: Afrika: Zaire.
♂: Dornenfelder am Körper.
Z: Keine Brutpflege; schwierig.
V: =
F: K
T: 20-25°C; L: 12-18 cm; pH: 7; SG: 3

Anabas oligolepis
Hochrückiger Kletterfisch
3/637

H: Asien: NO-Indien, Bangladesh.
♂: Anale länger.
Z: Nicht erfolgt.
V: =
F: O
T: 22-28°C; L: <18 cm; pH: 7; SG: 1

Ctenopoma multispinis
Vielstacheliger Buschfisch
2/790

H: Afrika: SO-Kongogebiet.
♂: Dornenfeld.
Z: Eier schwimmen.
V: =
F: K,O
T: 24-27°C; L: 16 cm; pH: 7; SG: 2-3

Ctenopoma kingsleyae
Schwarzfleck Buschfisch
1/622

H: Westafrika: Zaire bis Gambia.
♂: Stärkere Dornenfelder.
Z: <20 000 Schwimmeier, Brutpfl.
V: =
F: K,O
T: 25-28°C; L: 19 cm; pH: 7; SG: 3

Anabas testudineus
Kletterfisch
1/619

H: Indien, S-China, Indon., Malai. Archipel.
♂: Anale ausgezogen.
Z: Schwimmeier.
V: –
F: O
T: 22-30°C; L: 10-23 cm; pH: 7; SG: 1

Anabantidae

Ctenopoma ocellatum
Schokoladen-Buschfisch
H: Afrika: Zaire.
♂: Dornenfeld.
Z: Laichräuber.
T: 24–28°C, L: 15 cm, pH: 7, SG: 2
V: =
F: K

1/624

Ctenopoma nebulosum
H: W-Afrika: Niger u.a.
♂: Kleiner, schlanker.
Z: Freilaicher ohne Brutpflege.
T: 24°C, L: 20 cm, pH: 7, SG: 3
V: =
F: K

5/636

Ctenopoma multispinis ♂
Vielstacheliger Buschfisch

3/638

Klettterfische

Ctenopoma oxyrhynchum
Pfauenaugen-Buschfisch
H: Afrika: Zaire.
♂: Intensivere Farben.
Z: Freilaicher.
T: 24–28°C, L: 10 cm, pH: 7, SG: 2–3
V: =
F: K

1/624

Ctenopoma nigropannosum
Zweifleck-Buschfisch
H: Zentralafrika.
♂: Dornenfeld.
Z: Nicht erfolgt.
T: 24–27°C, L: 17 cm, pH: 7, SG: 4
V: –
F: K,O

2/790

Ctenopoma murei
Nilbuschfisch
H: Afrika: Nil-, Albert-, Edwardsee, Tschadb.
♂: Dornenschuppen.
Z: Freilaicher, keine Brutpflege. F: K,O
T: 23–28°C, L: 8,5 cm, pH: 7, SG: 2
V: =

1/623

KLETTERF.

Anabantidae Kletterfische

Ctenopoma pellegrini 3/640
Pellegrins Buschfisch
H: Tropisches Afrika.
♂: Dornenfelder. V: =
Z: Freilaicher. F: K,O
T: 22–27°C, L: 15 cm, pH: 7, SG: 3

Ctenopoma petherici 3/640
Pethericks Buschfisch
H: Zentralafrika.
♂: Dornenfelder. V: =
Z: Nicht erfolgt; Freilaicher. F: K
T: 22–26°C, L: 16 cm, pH: <7, SG: 3

Microctenopoma ansorgii 1/620
Orange-Buschfisch
H: Afrika: Zaire.
♂: Etwas farbiger. V: =
Z: Schaumnest; ♂ pflegt. F: K
T: 26–28°C, L: 8 cm, pH: 7, SG: 2–3

Microctenopoma argentoventer 1/620
Silberner Buschfisch
H: Westafrika: Niger.
♂: 2 gelbliche Binden. V: =
Z: Schaumnest; ♂ pflegt. F: K
T: 22–27°C, L: <15 cm, pH: <7, SG: 3

Microctenopoma congicum 2/788
Kongobuschfisch
H: Afrika: unterer Zaire.
♂: Spitz ausgezogene Flossen. V: =
Z: Schaumnest; ♂ pflegt. F: K,O
T: 23–27°C, L: 8,5 cm, pH: 7, SG: 2

Microctenopoma congicum 5/638
Kongobuschfisch
H: W-Afrika: Kongo: Stanley Pool.
♂: Größere Flossen; farbiger. V: =
Z: Schaumnest; ♂ pflegt. F: K
T: 22°C, L: 8 cm, pH: <7, SG: 2–3

Anabantidae   Kletterfische

Microctenopoma damasi   2/788
Perlbuschfisch

H: Afrika: O-Uganda.
♂: Ventralen verlängert, größer.   V: (–)
Z: Schaumnest; ♂ pflegt.   F: K
T: 26–30°C, L: 7 cm, pH: 7, SG: 3

Microctenopoma fasciolatum ♂ juv.   1/621
Gebänderter Buschfisch

H: Afrika: Zaire.
♂: Verlängerte Dorsale u. Anale.   V: =
Z: Unbekannt.   F: O
T: 24–28°C, L: 8 cm, pH: <7, SG: 2

Microctenopoma intermedium   5/638

H: W-Afrika.
♂: Größere Flossen; farbiger.   V: =
Z: Schaumnest; ♂ pflegt.   F: K
T: 24°C, L: 8 cm, pH: <7, SG: 2

Microctenopoma nanum   1/623
Zwergbuschfisch

H: Afrika: Kamerun bis Zaire.
♂: Längere Anale u. Dor.; farbiger. V: =
Z: Schaumnest; ♂ pflegt.   F: K
T: 18–24°C, L: 7,5 cm, pH: 7, SG: 2–3

Sandelia bainsii   2/792
Westlicher Kaplabyrinthfisch

H: Südafrika.   Geschützt.
GU: Unbekannt.   V: –
Z: Natur: Freilaicher.   F: K
T: 18–22°C, L: 25 cm, pH: 7, SG: 2–3

Sandelia capensis   2/792
Östlicher Kaplabyrinthf., Kap-Buschfisch

H: Südafrika.
GU: Unbekannt.   V: –
Z: Freilaicher, ♂ bewacht.   F: K,O
T: 18–22°C, L: <22 cm, pH: 7, SG: 2–3

Belontiidae — Kampffische und Fadenfische

Familie Belontiidae
Die Familie der Kampf- und Fadenfische besteht aus 12 Gattungen mit etwa 46 Arten. Diese besiedeln Süßwasser von Indien bis zur Malaiischen Halbinsel und Korea.

Drei Unterfamilien werden anerkannt: Belontiinae, Macropodinae mit den Kampffischen und Trichogastrinae mit den Fadenfischen.

Unterfamilie Belontiinae
Diese Unterfamilie beinhaltet nur eine Gattung mit zwei Arten. Sie lassen sich vor allem durch das Vorhandensein eines Musters in den unpaarigen Flossen (*Belontia hasselti*) unterscheiden. In der Natur ist es einfacher: *B. signata* ist auf Sri Lanka endemisch, und *B. hasselti* ist dort nicht zu finden.

Als Jungfische friedlich, können sie mit zunehmendem Alter nur noch für ein Gesellschaftsbecken mit Arten empfohlen werden, die sich behaupten können. Die Luft über der Wasseroberfläche muß warm und feucht sein. Das Zuchtbecken darf 100 cm Länge nicht unterschreiten und ist so für Fische dieser Familie relativ groß. Bei *B. signata* wurde eine Elternfamilie beobachtet (LINKE. 1980), was unter Kletterfischen sehr außergewöhnlich ist.

Unterfamilie Macropodinae
Die Unterfamilie der Kampffische besteht aus 7 Gattungen mit etwa 32 Arten (NELSON, 1994). Heute gehören mindestens 30 Arten allein zur Gattung *Betta*. Der Makropode (*Macropodus opercularis*, S. 586) war der erste nach Deutschland importierte tropische Aquarienfisch (1876).

Betta splendens (s.S. 584). Zwei erwachsene Männchen, das geht nicht lange gut. Gleich nach der Aufnahme die Fische wieder trennen!

Belontiidae — Kampffische und Fadenfische

Der bekannteste Vertreter der Anabantoidei, *Betta splendens* – der Siamesische Kampffisch, ist Teil der Macropodinae (s.S. 584). Aus ihm sind mehrere Zuchtformen entwickelt worden, die sich in verschiedenen Farbenspielen und Beflossungen präsentieren. Bei der Zucht mit der dominanten Eigenschaft „Spaltschwanz" ist zu beachten, daß sie homozygot letal ist, d.h., wenn beide Elterntiere diese geteilte Schwanzflosse (zusammen mit einer vielstrahligen Dorsalflosse) haben, sterben ein Viertel der Eier, und ein weiteres Viertel der Nachkommen wird diese Eigenschaft nicht zeigen (diese zeigen eine einteilige Kaudale und eine normal schmale Dorsale). Es ist daher günstiger, ein normales Elterntier mit einem Doppelschwanz-Elterntier zu kreuzen. Dadurch erhält man die gleiche Anzahl an Doppelschwanz-Nachkommen, aber doppelt so viele normalbeflosste Tiere als sonst (da es zu keinen genetisch bedingten Sterbefällen kommt).

Unter den Macropodinae sind schaumnestbauende und maulbrütende Arten vertreten. Brutpflege und Maulbrüten ist hier immer Angelegenheit des Männchens. Das Weibchen sollte bald nach der Eiablage herausgefangen werden. Männchen sind auch sehr ruppig gegenüber nicht laichbereiten Weibchen. Das Zuchtbecken braucht daher Verstecke, in denen sich das Weibchen verbergen kann. Für eine erfolgreiche Zucht sind einige Arten auf extrem saures und weiches Wasser angewiesen.

- Schaumnestbauer bauen je nach Art ihr Nest (welches wiederum lose oder dicht sein kann) frei auf der Wasseroberfläche oder an Pflanzen verankert (z.B. *Betta* und *Trichopsis*). Andere wiederum bauen es unter Wasser in Höhlen an der Decke oder unter breite Pflanzenblätter (z.B. *Parosphromenus*). Die Eizahl kann hoch sein (bis zu etwa 500 in dieser Unterfamilie), doch ist sie bei „Unterwassernestern" gering (ca. 50), auch sind es kleinere Arten, die sich so fortpflanzen.
- Maulbrüter sind in der Gattung *Betta* zu finden. Nach der Befruchtung der Eier spuckt das Weibchen diese dem Männchen vor das Maul. Die Eizahl ist gering (bis zu 20 Stück, etwa 10 bis 14 Tage Brutzeit; bis zu 70 Stück und 28 Tage für *B. macrophthalma*).

Bettas sind für ihre innerartliche männliche Aggressivität bekannt, artfremden Individuen gegenüber sind sie friedlich. In Thailand werden mit der Wildform der ähnlichen Arten *B. splendens* und *B. smaragdina* öffentliche Wettkämpfe veranstaltet – diese enden oftmals mit dem (Erschöpfungs-) Tod des Besiegten. *B. imbellis* – zutreffend „Friedlicher Kampffisch" genannt – ist friedlich und kann, mit Vorsicht während der Laichzeit, sogar zu mehreren Paaren in einem Aquarium gehalten werden; aber auch ein einzelnes Männchen oder ein Paar der beiden anderen Arten haben durchaus ihren Platz in gut eingerichteten „normalen" Gesellschaftsaquarien.

Trichogastrinae

Die Unterfamilie der Fadenfische besteht aus 4 Gattungen mit etwa 12 Arten. Allesamt sind friedliche Gesellschaftsfische, die zudem als Anfängerfische bekannt und geschätzt sind, da ihre Haltung einfach ist.

Colisa: Fische herrlicher Farben, die auch bereits in verschiedenen Zuchtformen angeboten werden.

Belontiidae (Belontiinae[2, 3]) (Macropodinae[4-6]) — Kampffische

Trichogaster: Ihre fadenartig verlängerten Bauchflossen dienen der chemischen Wahrnehmung (ähnlich der Barteln der Siluriformes). Bei ihrer Vergesellschaftung mit *Barbus*-Arten ist darauf zu achten, daß diese nicht daran zupfen.

Diese Schaumnestbauer können sehr fruchtbar sein (600–1000 Eier, aber auch nur ca. 50). Die größeren Arten werden in Asien auch als Speisefische geschätzt.

Sphaerichthys: Die Schokoladenguramis sind Maulbrüter und die empfindlichsten Fische dieser Unterfamilie. Keine Anfängerfische.

Belontia hasselti 1/626
Wabenschwanz-Makropode, W.-Gurami
H: Java, Sum., Borneo, Singapur, Malakka.
♂: Kräftigere Flossen, ♀ blasser. V: +,–
Z: Lockeres Schaumnest; <700J. F: K,O
T: 25–30°C, L: 19 cm, pH: 7, SG: 3

Belontia signata 1/626
Ceylon-Makropode, Ceylon-Stachelflosser
H: Sri Lanka.
♂: Etwas längere Dorsale. V: +,=
Z: Unter Pflanzenblatt. F: O
T: 24–28°C, L: 13 cm, pH: 7, SG: 2

Betta akarensis 5/640
Leiterflossen-Kampffisch
H: SO-Asien: W- u. N-Borneo.
♂: Längere flossen, farbiger. V: =
Z: Maulbrüter, ♂; 13–15 TB. F: K
T: 22–25°C, L: 14 cm, pH: <7, SG: 2–3

Betta akarensis juv. 5/640
Leiterflossen-Kampffisch

Betta anabatoides 2/794
Großer Borneo-Kampffisch
H: SO-Borneo.
♂: Längere Flossen, farbiger. V: =
Z: Maulbrüter, ♂,10 TB. F: K,O
T: 27–30°C, L: 12 cm, pH: ≪7, SG: 3

Belontiidae (Macropodinae)　　　　　　　　　　　　　Kampffische

Betta balunga ♂　　　5/642
Balung-Kampffisch
H: SO-Asien: N-Borneo: Balung River.
♂: Größere Flossen, farbiger.　　V: =
Z: Maulbrüter, ♂; 12–14 TB.　　F: K
T: 21–27°C, L: 14 cm, pH: <7, SG: 2–3

Betta balunga ♀　　　5/642
Balung-Kampffisch

Betta bellica ♂　　　1/628, 3/642
Streifenkampff., Schlanker Streitbarer K.
H: SO-Asien: Thailand, Malaysia, Sumatra.
♂: Farbiger, längere Flossen.　　V: =
Z: Schaumnest.　　F: K
T: 24–30°C, L: ♂ 13 cm, pH: <7, SG: 2

Betta bellica ♂　　　1/628, 3/642
Streifenkampff., Schlanker Streitbarer K.

Betta bellica ♀　　　1/628, 3/642
Streifenkampff., Schlanker Streitbarer K.

Betta brederi　　　3/644
Breders Maulbrütender Kampffisch
H: SO-Asien: W- u. N-Borneo.
♂: Größere Flossen.　　V: =
Z: Maulbrüter ♂, 12–14 TB, 7 mm.　F: K
T: 23–28°C, L: 11 cm, pH: <7, SG: 2–3

Belontiidae (Macropodinae)　　　　　　　　　　　　　　　　　Kampffische

Betta brownorum　　　　　　　　4/566

H: SO-Asien: Sarawak, Borneo.
♂: Seitenfleck stärker.　　　　　V: =
Z: Schaumnest.　　　　　　　　　F: K
T: 22–26°C, L: 5 cm, pH: <7, SG: 3

Betta burdigala ♂　　　　　　　5/644
Rotwein-Kampffisch
H: SO-Asien: NW-Borneo, Sumatra.
♂: Größere Flossen, farbiger.　V: +
Z: Schaumnest, ♂ pflegt.　　　F: K,O
T: 24°C, L: 5 cm, pH: ≪7, SG: 2–3

Betta akarensis　　　　　　　　3/644
Leiterflossen-Kampffisch
H: SO-Asien: W- u. N-Borneo.
♂: Größer, größere Flossen.　　V: =
Z: Maulb. ♂; Aufzucht erfolglos.　F: K
T: 21–27°C, L: 14 cm, pH: <7, SG: 3

Betta akarensis „Matang"　　　3/644
Leiterflossen-Kampffisch

Betta akarensis „Spitzkopf"　　3/644
Leiterflossen-Kampffisch

Betta akarensis „Spitzkopf"　　3/644
Leiterflossen-Kampffisch

KLETTERF.

Belontiidae (Macropodinae) — Kampffische

Betta coccina ♂ 1/628, 3/646, (5/645)
Roter Kampffisch, Weinroter Kampffisch
H: SO-Asien.
♂: Größere Flossen, Kaudale spitz. **V**: =
Z: Kleines Schaumnest. **F**: K
T: 22–28°C, **L**: 6 cm, **pH**: ≪7, **SG**: 3

Betta coccina ♂ 1/628, 3/646, (5/645)
Roter Kampffisch, Weinroter Kampffisch

Betta coccina ♀ 1/628, 3/646, (5/645)
Roter Kampffisch, Weinroter Kampffisch

Betta coccina 1/628, 3/646, (5/645)
Roter Kampffisch, Weinroter Kampffisch

Betta edithae 2/794
Ediths Kampffisch
H: SO-Asien: S-Borneo.
♂: Glanzpunkte, etwas größer. **V**: =
Z: Maulbrüter, ♂, 10 TB. **F**: K,O
T: 24–28°C, **L**: 7,5 cm, **pH**: 7, **SG**: 3

Betta enisae ♂ 5/648
Langflossen-Kampffisch
H: SO-Asien: NW-Borneo.
GU: Unbekannt; Flossen größer? **V**: +
Z: Maulbrüter, ♂. **F**: K
T: 24°C, **L**: 11 cm, **pH**: <7, **SG**: 3

Belontiidae (Macropodinae) — Kampffische

Betta enisae juv. 5/648
Langflossen-Kampffisch

Betta foerschi ♂ 2/796
Foerschs Kampffisch, Chameleon-Kampff.
H: SO-Asien: S-Borneo.
♂: Dorsale, Anale breiter u. spitzer. V: =
Z: Maulbrüter, ♂, 10 TB F: K
T: 24–26°C, L: 6,5 cm, pH: <7, SG: 3–4

Betta foerschi „Nataisedawak" ♂ 4/570

H: SW-Zentralkalimantan.
♂: Farbiger, ♀ senkrechte Bänder. V: =
Z: ♂ Maulbrüter, 6–12 TB. F: K
T: 22–26°C, L: 6 cm, pH: ≪7, SG: 3

Betta foerschi „Tarantag" ♀ 4/570

H: SW-Zentralkalimantan.
♂: Farbiger (?). V: =
Z: ♂ Maulbrüter (?). F: K
T: 22–26°C, L: 6 cm, pH: ≪7, SG: 4

Betta fusca ♂ 3/648
Dunkler Kampffisch
H: SO-A.: Sumatra, S-Malaiische Halbinsel.
♂: Größere Flossen. V: =
Z: Maulbrüter. F: K
T: 22–26°C, L: 8 cm, pH: <7, SG: 3

Betta fusca 3/648
Dunkler Kampffisch
H: Sumatra

Belontiidae (Macropodinae) Kampffische

Betta fusca ♀ 3/648
Dunkler Kampffisch
Sumatra

Betta fusca ♂ 3/648
Dunkler Kampffisch
Foto s. S. 5/646

Betta imbellis ♀, Penang 3/650
Friedlicher Kampffisch
H: SO-Asien: Insel Penang.
♂: Größere Flossen, farbiger. V: =
Z: Schaumnest. F: K
T: 22–26°C , L: 5 cm, pH: <7, SG: 2

Betta imbellis ♂, Phuket 3/650
Friedlicher Kampffisch
H: SO-Asien: Insel Phuket.
♂: Größere Flossen, farbiger. V: =
Z: Schaumnest. F: K
T: 25–30°C , L: 5 cm, pH: <7, SG: 3

Betta macrophthalma 3/653
Großer Maulbrütender Kampffisch
H: SO-Asien.
♂: Größere Flossen, nicht leicht. V: +
Z: Maulbrüter, ♂; 28 TB, 70 Eier. F: K
T: 20–26°C , L: 14 cm, pH: 7, SG: 2–3

Betta macrophthalma 3/653
Großer Maulbrütender Kampffisch
Foto s. S. 5/647

Belontiidae (Macropodinae) — Kampffische

Betta macrophthalma 3/653
Großer Maulbrütender Kampffisch
Foto s. S. 5/647

Betta macrostoma ♂ 2/796
Augenfleck-Kampffisch, Großmaul-Kampff.
H: SW-Borneo.
♀: Unscheinbar. V: (−)
Z: Maulbrüter, ♂. F: K,O
T: 24–26°C , L: 11 cm, pH: 7, SG: 3–4

Betta patoti mit Ventralen, ♂ 3/654
Schwarzer Kampffisch
H: SO-Asien.
♂: Intensivere Farben. V: =
Z: Maulbrüter? F: K
T: 23–28°C , L: 9 cm, pH: <7, SG: 2

Betta patoti ohne Ventralflossen 3/654
Schwarzer Kampffisch

Betta persephone ♂ 3/656
Laub-Kampffisch
H: SO-Asien: S-Malaysia.
♂: Etwas größere Flossen. V: −
Z: Schaumnest. F: K,O
T: 23–28°C , L: 3,2 cm, pH: <7, SG: 3

Betta persephone Laichfärbung ♂ 3/656
Laub-Kampffisch

Belontiidae (Macropodinae) — Kampffische

Betta persephone Normalfärbung ♂
Laub-Kampffisch 3/656

Betta persephone 3/656
Laub-Kampffisch
Riau-Archipel
Foto 5/645.

Betta picta 2/798
Javakampffisch
H: Indonesien.
♂: Afterflossensaum breiter. V: +
Z: Maulbrüter, ♂, 10–14 TB F: K,O
T: 22–24°C, L: 5,5 cm, pH: 7, SG: 1

Betta prima 5/651

H: SO-Asien: Thailand/Vietnam?
♂: Größere Flossen, farbiger. V: +
Z: Maulbrüter, ♂, 10–16 TB. F: K,O
T: 24°C, L: 6 cm, pH: 7, SG: 2

Betta pugnax 1/630
Kriegerischer Kampff., Maulbrütender K.
H: SO-Asien: Malaysia.
♂: Größere Flossen, farbiger. V: =
Z: Schaumnest. F: K,O
T: 22–28°C, L: 12 cm, pH: 7, SG: 3

Betta pugnax 1/630
Kriegerischer Kampff., Maulbrütender K.
Foto s. S. 5/648.

Belontiidae (Macropodinae) — Kampffische

Betta rubra ♂♂ 1/630
Friedlicher Kämpfer, Kleiner Kampffisch
H: S-Malaysia, Kuala Lumpur.
♂: Größere Flossen, farbiger. V: +
Z: Schaumnest. F: K,O
T: 24–28°C, L: 5,5 cm, pH: 7, SG: 2

Betta rutilans 4/566

H: W-Kalimantan, Borneo: Anjungan.
♀: Laichansatz. V: =
Z: Schaumnest. F: K
T: 22–26°C, L: 5 cm, pH: ≪7, SG: 3

Betta simplex ♂ 4/568

Betta simplex ♂ 4/568

H: SO-Asien: S-Thailand.
♂: Farbiger, größerer Kopf. V: =
Z: ♂ Maulbrüter, ca. 12 TB F: K
T: 22–26°C, L: 6 cm, pH: 7, SG: 2

Betta simplex ♀ 4/568

Betta smaragdina ♂ 1/632
Smaragdbetta, Smaragd-Kampffisch
H: SO-Asien: NO-Thailand.
♂: Ventralen länger. V: +
Z: Schaumnest, auch in Höhlen. F: K
T: 24–27°C, L: 7 cm, pH: 7, SG: 2–3

KLETTERF.

Belontiidae (Macropodinae)　　　　　　　　　　　　　　Kampffische

Betta splendens ♂♂　　　1/632
Siamesischer Kampffisch
H: Thailand, Kambodscha, Laos?.
♂: Farbiger, größerer Flossen.　　　V: =
Z: Schaumnest.　　　　　　　　　　F: K
T: 24–30°C, L: 6–7 cm, pH: 7, SG: 2

Betta splendens ♂　　　1/632
Siamesischer Kampffisch
Wildform.
Foto 4/565.

Betta splendens ♂　　　1/632
Siamesischer Kampffisch
Zuchtform.
Foto 4/565.

Betta splendens ♂　　　1/632
Siamesischer Kampffisch
Zuchtform.
Foto 4/565.

Betta splendens ♂　　　1/632
Siamesischer Kampffisch
Zuchtform.
Foto 4/565.

Betta splendens ♂　　　1/632
Siamesischer Kampffisch
Zuchtform.
Foto 4/565.

Belontiidae (Macropodinae)   Kampffische/Guramis

Betta taeniata 2/798
Gebänderter Kampffisch
H: SO-Asien: NW-Borneo.
♂: Flossenstrahlen verlängert.   V: =
Z: Maulbrüter, ♂.   F: K,O
T: 23–26°C, L: 8 cm, pH: 7, SG: 3–4

Betta tussyae ♂♂ 3/658
Schlanker Kleiner Kampffisch
H: SO-Asien: Malaysia.
♂: Größere Flossen.   V: (–)
Z: Kleines Schaumnest.   F: K,O
T: 21–24°C, L: 5,5 cm, pH: ≪7, SG: 3

Betta tussyae ♀ 3/658
Schlanker Kleiner Kampffisch

Betta unimaculata 2/800
Großer Kampffisch
H: SO-Asien: N-Borneo.
♂: Farbiger, einzelne Glanzschuppe. V: =
Z: Maulbrüter, ♂, 9 TB (25°C)   F: K,O
T: 21–25°C, L: 12 cm, pH: 7, SG: 2–3

Ctenops nobilis ♂ 3/660
Spitzkopfgurami
H: Indien: Bramaputra u. Bangladesh.
♂: Roter Saum an Anale u. Kaudale. V: –
Z: Maulbrüter ♂.   F: K
T: 20–24°C, L: 10 cm, pH: <7, SG: 2–4

Ctenops nobilis ♀ 3/660
Spitzkopfgurami

Belontiidae (Macropodinae) — Makropoden

Macropodus chinensis × *M. opercularis* 3/636
Roter Makropode
H: Kreuzung.
♂: Farbiger, längere Flossen. V: +
Z: Meist steril. F: O
T: 18–28°C, L: 10 cm, pH: 7, SG: 1

Macropodus concolor 1/638
Schwarzer Makropode
H: Asien: S-China, Vietnam.
♂: Spitze Dorsale u. Anale. V: +
Z: Schaumnest. F: K,O
T: 20–26°C, L: 12 cm, pH: 7, SG: 1

Macropodus ocellatus ♀ hell 2/803
Rundschwanzmakropode
H: Korea, O-China, Vietnam.
♂: Farbiger, etwas größer. V: =
Z: Schaumnest. F: K,O
T: 15–22°C, L: 8 cm, pH: 7, SG: 2–3

Macropodus opercularis ♂ ♂ 1/638
Makropode, Großflosser, Paradiesfisch
H: O-Asien: China, Korea, Taiwan.
♂: Farbiger, längere Flossen. V: +,−
Z: Schaumnest; <500 Eier. F: O
T: 16–26°C, L: 10 cm, pH: 7, SG: 1

Macropodus opercularis ♂ 1/638
Roter Makropode
Albinoform. Foto s. S. 3/638.

Malpulutta kretseri 1/640
Gefleckter Spitzschwanzmakropode
H: Sri Lanka.
♂: Größer, farbiger, lange K u. D. V: =
Z: Höhlenlaicher. F: K
T: 24–28°C, L: 9 (♀4) cm, pH: 7, SG: 4

Belontiidae (Macropodinae) — Prachtguramis

Parosphromenus alleni 3/662
Allens Prachtgurami
H: SO-Asien: W-Borneo, Sarawak.
♂: Bunter zur Balz. V: –
Z: Nicht erfolgt. Höhlenlaicher? F: K
T: 20–24°C, L: 3,5 cm, pH: ≪7, SG: 4

Parosphromenus anjunganensis ♂
4/572
H: W-Kalimantan, Borneo.
♂: Farbiger; ♀: Unscheinbar. V: =
Z: Schaumnest mit Pflanzenteilen. F: K
T: 20–24°C, L: 4 cm, pH: ≪7, SG: 3–4

Parosphromenus dayi 1/642
Roter Spitzschwanzmakropode
H: W-Vorderindien.
♂: Längere Kaudalflossenstrahlen. V: +
Z: Schaumnest, manchmal Höhlen. F: O
T: 25–28°C, L: 7,5 cm, pH: 7, SG: 2

Parosphromenus deissneri 1/640
Deissners Prachtgurami (5/652)
H: SO-Asien: Malaysia (Foto), Singapur.
♂: Farbenprächtiger. V: (–)
Z: Höhlenlaicher; ♂ pflegt. F: K
T: 24–28°C, L: 3,5 cm, pH: <7, SG: 4

Parosphromenus deissneri 1/640
Deissners Prachtgurami
H: Borneo.
Foto s. S. 5/652.

Parosphromenus sp.aff. *deissneri* 1/640
Deissners Prachtgurami (5/652)
H: Sumatra.
Foto s. S. 5/652.

KLETTERF.

Belontiidae (Macropodinae) Prachtguramis

Parosphromenus filamentosus 2/807
Faden-Prachtgurami

H: Südostborneo.
♂: Längere Kaudale u. Dorsale. V: =
Z: Höhlenlaicher; 50 E. F: K,O
T: 21–28°C, L: 4 cm, pH: 7, SG: 3

Parosphromenus harveyi ♂ 3/664
Harveys Prachtgurami

H: SO-Asien: Malaiische Halbinsel.
♂: Farbiger. V: =
Z: Höhlenlaicher. F: K
T: 20–24°C, L: 3,5 cm, pH: ≪7, SG: 4

Parosphromenus harveyi ♀ 3/664
Harveys Prachtgurami

Parosphromenus linkei ♂ 4/572
Linkes Prachtgurami

H: SW Zentralkalimantan, Borneo.
♂: Dunkler, Flossen farbiger. V: =
Z: Schaumnest; 40–50 Jungfische. F: K
T: 20–24°C, L: 4 cm, pH: ≪7, SG: 3–4

Parosphromenus nagyi ♂ 3/666
Nagys Prachtgurami

H: SO-Asien: O-Malaysia.
♂: Farbiger. V: (–)
Z: Höhlenlaicher; 10–40 Eier. F: K
T: 20–24°C, L: 4 cm, pH: ≪7, SG: 3–4

Parosphromenus nagyi ♀ 3/666
Nagys Prachtgurami

Belontiidae (Macropodinae) Prachtguramis/Zwergguramis

Parosphromenus ornaticauda 4/574

H: W-Kalimantan, Borneo.
♂: Etwas farbiger. V: =
Z: Höhlenbrüter; 20–40 Eier. F: K!
T: 20–25°C, L: 2,5 cm, pH: ≪7, SG: 4

Parosphromenus paludicola 2/808
Tweedies Prachtgurami

H: Malaiische Halbinsel, S-Thailand.
♂: Etwas längere Ventralen. V: (–)
Z: Höhlenbrüter. F: K,O
T: 25–27°C, L: 3,7 cm, pH: ≪7, SG: 4

Parosphromenus parvulus 2/808
Kleiner Pracht-Zwerggurami

H: Südliches Borneo.
♀: Flossen farblos. V: (–)
Z: Nicht erfolgt. F: K,O
T: 23–26°C, L: 2,7 cm, pH: ≪7, SG: 4

Pseudophromenus cupanus 1/642
„Schwarzer" Spitzschwanzmakropode

H: S-Indien, Sri Lanka.
♂: Spitze Dorsale, schwierig. V: +
Z: Schaumnest. F: K
T: 24–27°C, L: 6 cm, pH: 7, SG: 1–2

Trichopsis pumila 1/650
Knurrender Zwerggurami

H: Vietnam, Thailand, Sumatra.
♂: Spitzere Dorsale. V: +
Z: Lockeres Schaumnest; <170 E. F: K,O
T: 25–28°C, L: 3,5 cm, pH: <7, SG: 2

Trichopsis schalleri 3/668
Schallers Knurrender Gurami

H: SO-Asien: Thailand.
♂: Längere Flossen. V: +
Z: Schaumnest; <300 Eier. F: K,O
T: 22–28°C, L: 6 cm, pH: <7, SG: 2–3

Belontiidae (Macropodinae[1])
(Trichogastrinae[2-6])

Zwergguramis
Fadenfische

Trichopsis vittata 1/650
Knurrender Gurami
H: Hinterindien, Thai., S-Viet., Malay., Indo.
♂: Roter Saum an spitzer Anale. V: +
Z: Schaumnest. F: O
T: 22–28°C, L: 6,5 cm, pH: 7, SG: 2–3

Colisa chuna o.♂, u.♀ 1/634
Honiggurami
H: NO-Indien u. Assam, Bangladesh.
♂: Honigfarben. V: +
Z: Lockeres Schaumnest. F: K,O
T: 22–28°C, L: 5 cm, pH: 7, SG: 2–3

Colisa fasciata o.♂, u.♀ 1/634
Gestreifter Fadenfisch
H: Indien, Bengalen, Assam, Burma.
♂: Dunkler, Dorsale spitz. V: +
Z: Großes Schaumnest; 20–50 E. F: O
T: 22–28°C, L: 10 cm, pH: <7, SG: 2

Colisa labiosa o.♂, u.♀ 1/636
Wulstlippiger Fadenfisch
H: Indien.
♂: Farbiger, spitze Dorsale. V: +
Z: Festes Schaumnest; <600 E. F: O
T: 22–28°C, L: 9 cm, pH: 7, SG: 1

Colisa lalia o.♀, u.♂ 1/636
Zwergfadenfisch
H: Indien, Borneo.
♂: Farbiger. V: +
Z: Hohes, festes Schaumnest; 600 E. F: O
T: 22–28°C, L: 5 cm, pH: <7, SG: 2

Colisa lalia 2/800
Roter Zwergfadenfisch
H: Zuchtform.
♂: Farbiger. V: +
Z: Lockeres Schaumnest; 500 E. F: K,O
T: 25–28°C, L: 5 cm, pH: <7, SG: 2

Belontiidae (Trichogastrinae) Fadenfische

Parasphaerichthys ocellatus 3/662
Burmanesischer Schokoladengurami
H: SO-Asien: Burma.
GU: Unbekannt. V: =
Z: Unbekannt. F: K
T: 24–26°C, L: 4 cm, pH: <7, SG: 3–4

Sphaerichthys acrostoma ♂ 2/804
Spitzmäuliger Schokoladengurami
H: Südliches, zentrales Borneo.
♂: Heller. V: +
Z: Unbekannt; Maulbrüter (?). F: K
T: 24–26°C, L: 9 cm, pH: 7, SG: 3–4

Sphaerichthys acrostoma ♂ 2/804
Spitzmäuliger Schokoladengurami
(melanistische Färbung)

Sphaerichthys osphromenoides os. 1/644
Schokoladengurami, Malaiischer Gurami
H: Malakka, Malaysia, Sumatra, Borneo.
♂: A u. K mit gelbem Rand. V: +
Z: Maulbrüter, ♀; 20–40 Eier. F: K
T: 25–30°C, L: 5 cm, pH: <7, SG: 3–4

KLETTERF.

Sphaerichthys osphromen. selatanensis
Kreuzstreifen-Schokoladengurami 2/806
H: Südöstliches Borneo.
♂: Anale mit weißem Saum. V: +
Z: Maulbrüter; ♂. F: K
T: 25–30°C, L: 5 cm, pH: <7. SG: 3–4

Sphaerichthys vaillanti 5/653

H: SO-Asien: Borneo.
♂: Farbiger, Flossen größer. V: ?
Z: Noch nicht erfolgt; Maulbrüter. F: K
T: 22–28°C, L: 8 cm, pH: ≪7, SG: 2–3

Belontiidae (Trichogastrinae) Fadenfische

Trichogaster leeri h.♀, V.♂ 1/644
Mosaikfadenfisch
H: Malaysia, Borneo, Sumatra.
♂: Roter, längere Dorsale u. Anale. V: +
Z: Schaumnest, ♂ bewacht. F: O,K
T: 24–28°C, L: 12 cm, pH: 7, SG: 1

Trichogaster pectoralis 1/646
Schaufelfadenfisch, Schlangenhautfadenf.
H: Thail., Kambodscha, Malaiische Halbi.
♂: Ventralfäden orange/rot; ♀: gelblich. V: +
Z: Schaumnest. F: O
T: 23–28°C, L: 20 cm, pH: 7, SG: 1

Trichogaster trichopterus 1/648
Blauer Gurami, Blauer Fadenfisch
Albinotische Form

Trichogaster microlepis 1/646
Mondschein-Gurami, Monds.-Fadenfisch
H: Thailand, Kambodscha.
♂: V-Fäden orange/rot; ♀: gelblich. V: +
Z: Schaumnest; 500–1 000 Eier. F: O
T: 26–30°C, L: 15 cm, pH: <7, SG: 2

Trichogaster trichopterus 1/648
Blauer Gurami, Blauer Fadenfisch
H: Malay., Thai., Burma, Viet., Indoaustral.
♂: Spitze, ausgezogene Anale. V: +
Z: Schaumnest. F: O
T: 26–28°C, L: 10 cm, pH: 7, SG: 1

Trichogaster trichopterus sumatranus
Blauer Gurami, Blauer Fadenfisch 3/668
H: SO-Asien: Sumatra.
♂: Spitze, längere Dorsale, Anale. V: +
Z: Schaumnest. F: O
T: 22–28°C, L: 12 cm, pH: <7, SG: 1

Helostomatidae — Küssende Guramis

Familie Helostomidae

Die Familie der Küssenden Guramis ist monotypisch, d.h., sie besteht nur aus der aufgeführten Art. Es gibt eine grünliche Wildform, doch die rosa Zuchtform ist bei weitem mehr verbreitet.

Salatblätter sind ein gutes Laichsubstrat, da sie auch Nahrung für Bakterien und Infusorien bieten. Diese sind dann das beste Anfangsfutter für die Jungfische.

In Asien wird die Art als Speisefisch gezüchtet. Sie erreicht in dortigen Teichen ihre Reife mit 20 cm Länge, was einem Alter von 12 bis 18 Monaten entspricht. Der Jahresertrag ist mit 500 kg/ha nicht hoch.

Die Art kann über ihre Kiemen Plankton herausfiltern, sonst braucht sie Pflanzenkost. Im Aquarium sollte die Rückscheibe nicht gesäubert werden, damit sie die Algen abschaben kann.

Das „Küssen" wird als Rivalitätskampf zwischen zwei Männchen gedeutet.

Helostoma temminckii 1/652
Küssender Gurami
H: Thailand, Java.
♀: Fülliger.　　　　　　　　　　V: +
Z: Kein Schaumnest; Schwimmeier. F:O,H
T: 22–28°C, L: 15–30 cm, pH: 7, SG: 3

Helostoma temminckii 5/654
Küssender Gurami　　Marmorfärbung

Luciocephalidae — Hechtköpfe

Familie Luciocephalidae

Der einzige Vertreter der Familie Luciocephalidae ist *Luciocephalus pulcher*, der Hechtkopf. Ein Raubfisch, der das am weitesten vorstülpbare Maul unter den Teleostei hat (33% des Kopfes). Die Beute wird allerdings nicht eingesaugt, sondern mit dem Maul „umzingelt", während der Fisch sich als Stoßräuber auf sie stürzt (Nelson, 1994). Gegenüber Fischen, die als Beute nicht in Frage kommen, ist die Art friedlich, aber Lebendfutter ist unumgänglich.

Luciocephalus pulcher 1/845
Hechtkopf
H: Malaiische Halbinsel, Indonesien.
♀: Fülliger.　　　　　　　　　　V: =
Z: ♂ Mb 28 T <90 J; 12–13 mm .　F: K!
T: 22–26°C, L: 18 cm, pH: <7, SG: 4

Osphronemidae — Speiseguramis

Familie Osphronemidae

Die Familie der Speiseguramis besteht aus einer Gattung mit 3 Arten (ROBERTS, 1992; in NELSON). Unter diesen ist *Osphronemus goramy* bei weitem die bekannteste. Dank ihrer Größe – es ist die größte Art innerhalb der Anabantoidei – findet man sie in der Speisefischzucht fast zirkumtropisch, obwohl der Schwerpunkt in Asien liegt.

Jungtiere sind aggressiv, als Erwachsene werden die Fische zwar ruhiger, sind dann aber mit ihren bis zu 70 cm Länge für das Heimaquarium zu groß. Als Jungtiere sind sie ähnlich wie Schokoladenguramis gefärbt (S. 591) und könnten mit diesen verwechselt werden. Jungtiere brauchen gut bepflanzte Aquarien mit starker Filterung; Wasserwerte sind nicht ausschlaggebend.

Als Speisefisch hingegen ist *O. goramy* eine in Asien sehr geschätzte Art. Als Labyrinthfische, die Luft atmen und schlechtes Wasser gewohnt sind, ist ihre Zucht in Teichen ohne größeren Wasserqualitätsaufwand möglich.

Der Gurami wird in Teichen vermehrt. Die Geschlechter können an den dicken Lippen der Männchen gegen den vollen Bauch und die rötlichen Flossen der Weibchen unterschieden werden. Das kugelförmige Unterwassernest wird aus Pflanzenmaterial gebaut und zwischen Pflanzen verankert. Dort werden 3000–4000 Eier hineingelegt. Diese haben das spezifische Gewicht des Wassers (es wird auch gesagt, es seien Schwimmeier) und einen Durchmesser von etwa 2,8 mm. Das Nest und die Eier werden bewacht, nach etwa $2^1/_2$ Wochen verlassen die Jungfische das Nest. Obwohl vermutet wird, daß Guramis mit $1^1/_2$ Jahren ihre Reife erreichen (man spricht sogar von 6 Monaten), werden 4–8 Jahre alte Zuchttiere vorgezogen.

In 3 Monaten sind die Jungfische etwa 3 cm lang, mit einem Alter von 5 Monaten (5–8 cm Länge) sind sie aber widerstandsfähiger und können besser transportiert werden.

Das Wachstum wird als langsam berichtet (für einen tropischen Speisefisch), so daß eine Marktgröße erst in etwa 18 Monaten erzielt wird. Da aber das Fleisch als sehr schmackhaft gilt, erzielt der Fisch einen hohen Marktpreis.

Osphronemus gorami adult 3/670
Speisegurami, Gurami
H: SO-Asien: China, Malay., Java, Indien.
♂: D u. A zugespitzt, undeutlich. V: –,=
Z: Schaumnest. F: O
T: 20–30°C, L: 70 cm, pH: 7, SG: 4

Osphronemus gorami juvenil 1/652
Speisegurami, Gurami

Gruppe 8 — Perciformes – Cichlidae
Buntbarsche, Cichliden

Haplochromis sp. „Thick Skin Like" (S. 680), Viktoriasee; vom Aussterben bedroht.

Teniacara candidi, einer der Zwergbuntbarsche aus Amazonien (S. 778).

Gruppe 8   Perciformes – Cichlidae
Buntbarsche, Cichliden

Ursprung/Taxonomie

Die Familie Cichlidae – Buntbarsche – ist Teil der Ordnung Perciformes, Unterordnung Labroidei (vorher der Percoidei), was bedeutet, daß nach neuesten Meinungen Buntbarsche heutzutage als nähere Verwandte der marinen Lippfische, Riffbarsche und Papageifische angesehen werden.

Cichliden werden hier in ihrer eigenen Gruppe gebracht (weitere Perciformes sind in Gruppe 7 – Kletterfische – und in Gruppe 9 – Barschartige – zu finden), da sie einerseits sehr zahlreich sind und andererseits zu den beliebtesten Bewohnern unserer Aquarien gehören.

Die ältesten bekannten Fossilienfunde stammen aus dem Eozän (vor etwa 55 Millionen Jahren). Schätzungen im Sinne der heutigen Anzahl an Gattungen und Arten sind sehr variabel, aber als Anhaltspunkt werden 105 Gattungen und 1300 Arten angegeben (Nelson, 1994).

Die Taxonomie innerhalb der Cichlidae ist vielen Ansichten unterworfen. So z.B. die Problematik der großen afrikanischen Seen (Malawi, Tanganjika und Viktoria), wo Hunderte von endemischen Arten in Arten-Gruppen als jeweils eine Art oder als viele Arten – je nach Interpretation – zusammenleben. Die Sammelgattung *Haplochromis* wurde zum Teil in *Cyrtocara* umbenannt und dann wieder in zahlreiche Gattungen aufgespalten. In Amerika ist die Lage mit *Cichlasoma* und *Heros* ähnlich.

Die Umbenennungen der einzelnen Arten werden aber durch die Erfassung der sich ergebenden Synonyme im Register festgehalten. Dem Leser wird dadurch der Zugriff zu jeder Art – sei es über den gültigen wissenschaftlichen Namen oder den Umgangsnamen, sei es über ein Synonym – weiterhin gewährleistet.

Geographische Verbreitung

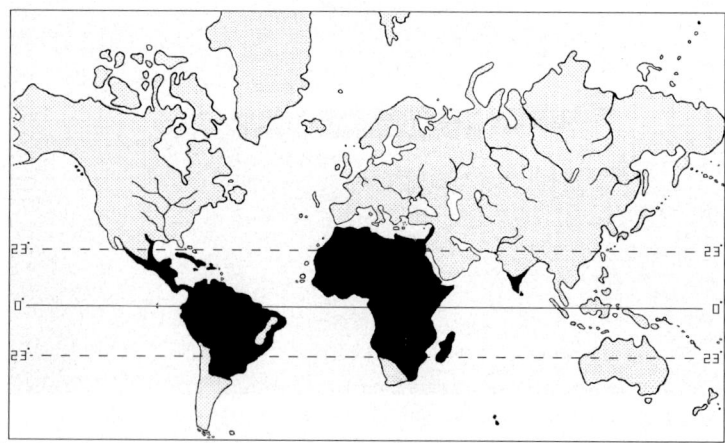

Verbreitungsgebiet der Familie Cichlidae.

Gruppe 8

PERCIFORMES – Cichlidae
Buntbarsche, Cichliden

Cichliden kommen hauptsächlich in Süßwasser vor, es gibt aber auch Arten, die in Brackwasser vordringen. Ebenso leben einige Arten in extrem warmen und mineralhaltigen Gewässern Afrikas (z.B. *Oreochromis alcalicus grahami* im Magadisee bei einer zeitweiligen Temperatur von über 40 °C und einem pH um 10,5). Ihre vertikale Verbreitung ist nicht sehr groß: im amerikanischen Amazonasbeckenrand werden sie bei 700 m Höhe bereits selten, im afrikanischen Viktoriasee mit etwas über 1100 m ü.d.M. sind sie allerdings noch zahlreich vertreten. Obwohl Buntbarsche in allen Gewässertypen vorkommen, ist ihr Artenreichtum in stehenden am größten.

Geschlechtsunterschiede

Die fast generell anwendbare Methode (auch bei Jungtieren), das Geschlecht dieser Fische zu bestimmen, besteht im Erkennen der unterschiedlichen Morphologie der Genitalpapille (siehe Zeichnung rechts). Der dunkle Strich der Weibchen läßt sich mit Hilfe eines kleinen Pinsels mit leicht verdünnter schwarzer Tusche verdeutlichen. Nachteil dieser Methode ist das dazu notwendige Fangen und Hantieren des Fisches.

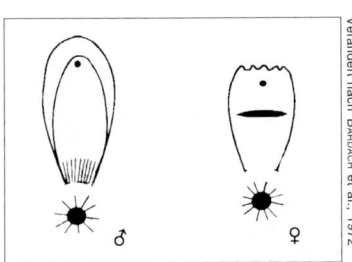

Verändert nach BARDACH et al., 1972

Die Beurteilung leichter zu ersehender Eigenschaften (s. Tabelle) ist „fischfreundlicher", aber auf gewisse Gruppen innerhalb der Cichlidae beschränkt und oft ungenau, z.B. Größe. „Normalerweise" tragen Weibchen und Jungtiere das gleiche Farbkleid.

Unterschiede in der geschlechtsbedingten Morphologie der Urogenitalpapille bei Buntbarschen. Bei kleineren Exemplaren kann eine Lupe helfen. Auch bei anderen Fischgruppen kann oft ein ähnlicher Unterschied erkannt werden.

Äußerlich erkennbare Geschlechtsunterschiede bei Cichliden		
Merkmal	Sex	Fischgruppe
(Stärkere) Stirnbeule	♂	Amerika, a. Afrika
Dunkler Fleck an Dorsalflosse	♀	Tilapien
Ausgezogene Flossen (Dorsale, Anale, u.a.)	♂	Amerika
Eiattrappen (Eiflecken) an der Analflosse	♂	Seen Afrikas
Farbiger	♂	Zwergbuntbarsche, „*Haplochromis*",...
Farbiger	♀	*Pelvicachromis, Crenicichla*,...
Extremer farblicher Unterschied	♀ ♂	*Melanochromis*,...

CICHLIDEN

Gruppe 8 — Perciformes – Cichlidae
Buntbarsche, Cichliden

Allgemeines

Cichliden kommen in allen Größen vor: ab Längen von 5 cm der Zwergbuntbarsche, bis zu 80 cm, die *Boulengerochromis microlepis* im Tanganjikasee erreicht. Es gibt Schwarmfische und Einzelgänger; Bewohner reißender Flüsse und verschlafener Seen; Limnivoren und Schuppenfresser; grüngraue „Mäuse" und farbige „Feuerwerke"; scheibenartige hohe und zigarrenförmige Körper. Alles ist unter den Cichliden zu finden, nur zusätzliche atmosphärische Atmung und elektrische Fische findet man unter ihnen nicht.

Durch ihre Anzahl bedingt und um ähnliche Arten gruppieren zu können, unterteilt der Index die Gruppe 8 nach geographischen Gesichtspunkten wie folgt:
- Afrika – Malawisee: Die Endemiten des Malawisees.
- Afrika – Tanganjikasee: Die Endemiten des Tanganjikasees.
- Afrika – Verschiedene Seen: Die Buntbarsche anderer großer Seen Afrikas (Viktoria, Edward usw.), auch des Malawi- und Tanganjikasees, aber dort nicht endemisch.
- Afrika – Fliessgewässer: Flußbewohner und solche, deren Verbreitungsgebiet größtenteils auf Fließgewässer beschränkt ist. Madagaskar-Endemiten finden sich in der Untergruppe „Übrige Welt".
- Nord- u. Mittelamerika: Buntbarsche, deren Verbreitungsgebiet sich auf Nord- u. Mittelamerika beschränkt oder dort seinen Schwerpunkt hat.
- Südamerika: Buntbarsche, deren Verbreitungsgebiet sich auf Südamerika beschränkt oder dort seinen Schwerpunkt hat.
- Übrige Welt: Alle Buntbarsche, deren Verbreitungsgebiet nicht mit einer der obigen Regionen übereinstimmt. Zur Zeit sind dies Arten aus der Karibik, Madagaskar und Indien.

Schon aus Gründen des Wasserchemismus, aber vor allem wegen einer unterschiedlichen „sozialen Ausdrucksweise", sollten Buntbarsche aus verschiedenen geographischen Bereichen (vor allem Amerika vs. Afrika) nur mit größter Vorsicht und genauer Artenauswahl gemeinsam gehalten werden. Es ist vorzuziehen, Cichliden im geographischen Sinne „unter sich" zu halten, was bei dem schier endlosen Angebot an farbenfrohen geeigneten Arten sicher nicht besonders schwer ist.

Gebräuchliche Abkürzungen in Gruppe 8 unter Zucht:	
Eif.: Eifleckmethode	Ob: Offenbrüter
LMb: Larvophiler Maulbrüter	Mb: Ovophiler Maulbrüter
T: Tage Maulbrüten	Hb: Höhlenbrüter
Mfam: Mutterfamilie	Vfam: Vaterfamilie
Efam: Elternfamilie	MMFam: Mann-Mutter-Familie
VMFam: Vater-Mutter-Familie	

Zum Beispiel:
Z: ♀ Mb, 21 T, <30 E; Eif., agam, Mfam.
Zucht: Weiblicher Maulbrüter für etwa 21 Tage. Bis zu 30 Eier. Befruchtung der Eier erfolgt nach der „Eifleckmethode". Die Fische sind agam (ohne dauerhafte Bindung der Geschlechter), Mutterfamilie.

AFRIKA – MALAWISEE
Cichlidae
Buntbarsche, Cichliden

Physikalische Eigenschaften (PITCHER U. HART, 1995; KONINGS, 1988)

474 m über dem Meeresspiegel gelegen, ist der Malawisee der drittgrößte See Afrikas mit einer Oberfläche von 30800 km². 550 km lang und stellenweise 80 km breit, ist er auch der neuntgrößte See der Welt. Er ist Teil des Grabensystems Afrikas mit einem geschätzten Alter zwischen 1 und 2 Millionen Jahren (neuesten Schätzungen zufolge sollen es zwischen 3 und 20 Millionen Jahre sein). Im Laufe seiner Entwicklungsgeschichte war der See wiederholt extremen Wasserstandsschwankungen ausgesetzt. So war z.B. vor 25000 Jahren der Wasserstand 400 m unter dem heutigen Niveau. Die größte Tiefe wird derzeit mit 756 m angegeben (also fast 300 m unter dem Meeresspiegel).

Weitere Werte:
  pH: 7,7–8,6
  Leitfähigkeit: 200–260 µS
  Temperatur: 23–28 °C

Anrainerstaaten:
Der Malawisee ist von Malawi im Westen und Süden, von Mosambik im mittleren und südlichen Osten und von Tansania im Norden und nördlichen Osten umgeben.

Wichtigste Orte

Boadzulu	1
Chinyamwezi	2
Chipoka	3
Chisumulu Island	4
Chitendi Island	5
Domwe Islands	6
Likoma Island	7
Makakola	8
Maleri	9
Mankanjila	10
Mbenji Island	11
Monkey Bay	12
Mumbo	13
Namalenji Island	14
Nhkata Bay	15
Ruarwe	16
Thumbi Island	17
Usisya	18

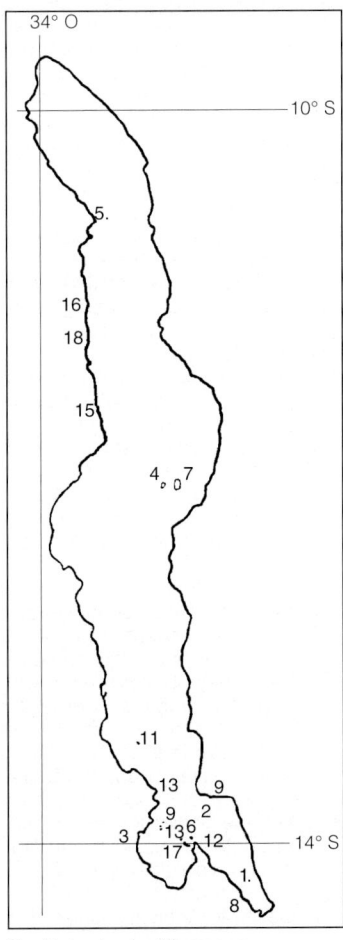

Der Malawi- oder Njassasee.

AFRIKA – MALAWISEE
Cichlidae — Buntbarsche, Cichliden

Ichthyologische Eigenschaften

Im Malawisee sind 11 Fischfamilien mit insgesamt 545 Arten in 42 Gattungen vertreten (PITCHER u. HART, 1995).
- Nicht-Cichliden: 19 Gattungen (1 endemisch) mit 45 Arten (28 endemisch).
- Cichliden: 23 Gattungen (20 endemisch) mit 500 Arten (495 endemisch).

Diese Einteilung der Fischfauna ist häufigem Wechsel unterworfen. Die taxonomische Aufspaltung der Sammelgattungen *Haplochromis* und der späteren *Cyrtocara*, sowie die laufende Entdeckung neuer Arten in dem Maße, in dem die politische Lage die weitere Erforschung des Sees zuläßt, werden manches ändern; man rechnet mit etwa 200 weiteren Buntbarsch-Arten (KONINGS, 1989).

Buntbarsche bilden bei weitem die erfolgreichste Fischgruppe des Malawisees und die Gemeinschaft im See hatte bis heute wenig genetischen Austausch mit Fischen anderer Wassersysteme. Heute gibt es eine chemische Barriere, welche sich durch den Mineralkonzentrationsunterschied zwischen dem Wasser im See und dem der einmündenden Flüsse ergibt: keine der Arten des einen Biotops pflanzt sich im anderen fort.

Die Mehrheit der Arten wird einem der beiden Typen, Mbuna und Utaka, zugerechnet. Diese Einteilung bezieht sich auf das Verhalten der betroffenen Arten. (Interessant übrigens, daß in der Sprache der Einheimischen im ostandinen Ecuador, Südamerika, die Bezeichnung „mbuni" lokal für Buntbarsche allgemein gebraucht wird.)

- Mbuna: hauptsächlich in bezug auf die Gattungen *Labidochromis*, *Pseudotropheus* und *Melanochromis*. Diese Arten werden in Gefangenschaft größer als im See. Bei einigen Arten (z.B. *Melanochromis* spp.) treten zur Geschlechtsreife erstaunliche Farbwechsel auf: das Männchen wird zum farblichen Negativ des Weibchens und der Jungfische.

Mbuna führen ein stark an Steine gebundenes Leben und „lutschen" den Aufwuchs von sonnenbadeten Oberflächen. Im Aquarium ist es daher wichtig, sie immer mit ballaststoffreicher Kost zu füttern und die Einrichtung in Anlehnung an die natürlichen Gegebenheiten (viele Steinhöhlen und starke Beleuchtung für Algenwuchs) zu gestalten. Höhere Pflanzen brauchen sie nicht und im allgemeinen können sie auch nicht mit in der Einrichtung verwendet werden: sie sind in der Natur auch nicht vorhanden und würden nur gefressen werden. Nur ganz sporadisch und dann in kleinen Mengen darf konzentriertes Futter wie etwa Enchyträen oder gar *Tubifex* verabreicht werden (am besten gar nicht). Darmentzündungen und aufgetriebene Bäuche mit oftmals folgendem Tod können das Ergebnis sein. Allerdings befinden sich auch einige Raubfische und Schuppenfresser in dieser Gruppe, was bei einer Vergesellschaftung mit unterlegenen Fischen zu Problemen führen kann.

- Utaka: die Gattungen *Aulonocara*, *Haplochromis* und *Cyrtocara* (und deren abgeleitete neuen Gattungen) stellen die zweite Gruppe. Die Weibchen der verschiedenen Arten sind sich alle sehr ähnlich und viele hybridisieren auch. Bei der Vergesellschaftung verschiedener Arten sollte diese Möglichkeit ausgeschlossen sein.

AFRIKA – MALAWISEE
Cichlidae
Buntbarsche, Cichliden

Utaka leben eher pelagisch, d.h. im offenen Wasser und fressen Plankton. Im Aquarium sind sie hauptsächlich leicht zu ernährende Allesfresser, die jedoch nicht an den Pflanzen knabbern. Junge (und unterlegene ältere) Männchen und Weibchen sind oft nicht leicht voneinander zu unterscheiden (Genitalpapille untersuchen).

Mehrere Buntbarsche sind Raubfische, wobei sich einige sogar totstellen (z.B. *Nimbochromis livingstoni*, S. 623), um die Beute an sich heranzulocken.

Die hauptsächliche (einzige ?) Fortpflanzungsmethode der Cichliden im Malawisee ist die des agamen weiblichen Maulbrüters. Es empfiehlt sich daher, pro Männchen 3–5 Weibchen zu halten, damit sich die Aggressionen des Männchens besser verteilen. Auch die Vergesellschaftung mit anderen Mbuna und Utaka hilft (Kreuzungsgefahr beachten!).

Der Anblick eines „Durcheinanders" (und es sollte immer eine kleine Gruppe pro Art gehalten werden) dieser farbigen Fische erinnert an ein Meerwasseraquarium und erklärt die Beliebtheit der Fische des Malawisees.

Bei einer Vergesellschaftung mit Nicht-Malawisee-Arten ist große Vorsicht geboten, da diese lebhaften Fische ungeeignete Mitbewohner bald zu Tode terrorisieren können. Auch die Buntbarsche des Tanganjikasees sind nicht unbedingt als Gefährten geeignet. Cichliden aus Amerika, insbesondere Südamerika, sind schon aus Gründen der Wasserzusammensetzung ungeeignet, aber auch im Temperament passen sie normalerweise nicht zueinander.

Aristochromis christyi ♂ 2/834, 5/728
Christys Buntbarsch
H: Nördlicher Teil.
♂: Blaues Balzkleid. V: –
Z: MB?, Mutterfamilie? F: K
T: 24–26°C, L: 25 cm, pH: >7, SG: 3

Aristochromis christyi ♀ 5/728
Christys Buntbarsch
H: Monkey Bay, SW-Seebereich.
♂: Blaues Balzkleid. V: –
Z: MB?, Mutterfamilie? F: K
T: 23–27°C, L: 20 cm, pH: >7, SG: 2–3

Aulonocara baenschi ♂ 2/836
Baenschs Malawibuntb., „Yellow Regal"-Bunt.
H: Endemisch.
♂: Blau/gelb. V: =
Z: Eifleckmethode. F: K,O
T: 22–26°C, L: 10 cm, pH: >7, SG: 1–2

AFRIKA – MALAWISEE
Cichlidae

Buntbarsche, Cichliden

Aulonocara baenschi ♀ 2/836
Baenschs Malawibuntbarsch, „Yellow Regal"-Buntbarsch

Aulonocara baenschi ♂ 2/836
Baenschs Malawibuntbarsch, „Yellow Regal"-Buntbarsch
Maleri-Variante

Aulonocara baenschi ♂ 2/836
Baenschs Malawibuntbarsch, „Yellow Regal"-Buntbarsch
Blau-gelbe Variante, Chipoka

Aulonocara baenschi ♂ 2/836
Baenschs Malawibuntbarsch, „Yellow Regal"-Buntbarsch
Usisya-Variante (Foto S. 2/847)

Aulonocara baenschi ♀ 2/836
Baenschs Malawibuntbarsch, „Yellow Regal"-Buntbarsch
Usisya-Variante (Foto S. 2/847)

Aulonocara ethelwynnae ♂ 3/698
Northern Aulonocara, Mitternacht-Buntbarsch
H: Chitendi Island; ab 3 m Tiefe.
♂: Blauschwarze unpaarige Flossen. V: =
Z: ♀ Mb 21 T, 10 mm. F: K,O
T: 22–26°C, L: 8 cm, pH: >7, SG: 3

AFRIKA – MALAWISEE
Cichlidae

Buntbarsche, Cichliden

Aulonocara gertrudae ♂ 5/734

H: O-Küste; Seeweit (?).
♂: Viel farbenprächtiger; größer. V: =
Z: ♀ Mb; Eifleckmethode; agam. F: K,O
T: 24–27°C, L: 13 cm, pH: >7, SG: 2–3

Aulonocara hansbaenschi ♂ 1/682
Kaiserbuntbarsch

H: Übergang zwischen Fels- u. Sandzone.
♂: Viel farbenprächtiger. V: =
Z: ♀ Mb, <60 E; Eifleckmethode. F: K,O
T: 24–26°C, L: 20 cm, pH: >7, SG: 2–3

Aulonocara hansbaenschi ♂ 3/700
Kaiserbuntbarsch, Aulonocara „Red Flush"
H: O-Küste: Masinje.
♂: Viel farbenprächtiger. V: =
Z: ♀ Mb 21 T. F: K,O
T: 23–27°C, L: 10 cm, pH: >7, SG: 2–3

Aulonocara hansbaenschi ♀ 1/682
Kaiserbuntbarsch

Aulonocara hansbaenschi ♂ 3/700
Kaiserbuntbarsch, Aulonocara „Red Flush"
Makanjila-Point.

Aulonocara hansbaenschi ♀ 3/700
Kaiserbuntbarsch, Aulonocara „Red Flush"

AFRIKA – MALAWISEE
Cichlidae

Buntbarsche, Cichliden

Aulonocara hueseri ♂ 2/845, 3/702
Kondensstreifen-Buntbarsch, „White Top"
H: Likoma Island; ab 12 m Wassertiefe.
♂: Viel farbenprächtiger. V: =
Z: ♀ Mb 21 T, 10 mm. F: K,O
T: 24–26°C, L: 9,5 cm, pH: >7, SG: 2–3

Aulonocara hueseri ♂ 3/702
Kondensstreifen-Buntbarsch, „White Top"

Aulonocara jacobfreibergi ♂ 1/780
Feenbuntbarsch
H: Felslitoral: Höhlenbewohner.
♀: Roter Saum an Dorsale. V: =
Z: ♀ Mb, <50 E. F: K
T: 24–26°C, L: 15 cm, pH: >7, SG: 2

Aulonocara korneliae ♂ 2/845, 3/704
„Blue-gold"-Aulonocara, Blaugoldener Buntb.
H: Chisumulu Island; 9–12 m.
♂: Viel farbenprächtiger. V: =
Z: ♀ Mb 21 T, 10 mm. F: K,O
T: 23–27°C, L: 9 cm, pH: >7, SG: 2–3

Aulonocara maylandi ♂ 2/838
Goldkopf-Kaiserbuntbarsch, Schwefelkopf-K.
H: Mankanjila Point.
♂: Viel farbenprächtiger; Eiflecken. V: =
Z: ♀ Mb, <50 E; Eifleckmethode. F: K,O
T: 22–26°C, L: 12 cm, pH: >7, SG: 1–2

Aulonocara maylandi (?) ♀ 2/838
Goldkopf-Kaiserbuntbarsch, Schwefelkopf-K.

AFRIKA – MALAWISEE
Cichlidae

Buntbarsche, Cichliden

Aulonocara maylandi kandeensis ♂ 4/578
Blaue Orchideen-Aulo., Blaustirn-Kaiserbuntb.
H: Kande -Insel: Litoral-Zone.
♂: Viel farbenprächtiger. V: =
Z: ♀ Mb 21 T, <40 J; 10 mm, Eif. F: K,O
T: 24–26°C, L: <15 cm, pH: >7, SG: 3

Aulonocara maylandi kandeensis ♂ 4/578
Blaue Orchideen-Aulo., Blaustirn-Kaiserbuntb.
(Foto S. 2/839)

Aulonocara rostratum ♂ 4/580
Sandfarbener Kaiserbuntbarsch
H: Weit verbreitet; Sand u. S./Fels Biotope.
♂: Viel farbenprächtiger. V: =
Z: ♀ Mb 21 T, >100 J; 10 mm. F: K,O
T: 24–26°C, L: <25 cm, pH: >7, SG: 3–4

Aulonocara rostratum ♀ 4/580
Sandfarbener Kaiserbuntbarsch

Aulonocara saulosi ♂ 3/704
Negro-Buntbarsch
H: O-Küste: Masinje; 6–15 m.
♂: Viel farbenprächtiger. V: =
Z: ♀ Mb, <60 J; Eifleckmethode. F: K,O
T: 22–26°C, L: 11 cm, pH: >7, SG: 2–3

Fischfang in den afrikanischen Seen.

AFRIKA – MALAWISEE
Cichlidae

Buntbarsche, Cichliden

Aulonocara sp. „walteri" ♂ 5/736

Aulonocara sp. „walteri" ♀ 5/736

H: Likoma-Insel; 3–5 (10) m Tiefe.
♂: Viel farbenprächtiger; größer. V: =
Z: ♀ Mb, 20–25 T; Eifleckm.. F: O,L
T: 24–26°C, L: <15 cm, pH: >7, SG: 2–3

Aulonocara stuartgranti ♂ 2/842
Grants Malawibuntbarsch
H: Endemisch.
♂: Viel farbenprächtiger. V: =
Z: ♀ Mb; Eifleckmethode. F: K,O
T: 22–26°C, L: 10 cm, pH: >7, SG: 1–2

Aulonocara stuartgranti ♂ 2/842
Grants Malawibuntbarsch
Blue Regal, Mbenji-Island

Aulonocara stuartgranti ♀ 2/842
Grants Malawibuntbarsch

Buccochromis heterotaenia ♂ 4/582
Mehrfachstreifen-Buntbarsch
H: Seeweit verbreitet; felsiger Untergrund.
♂: Viel farbenprächtiger. V: –
Z: ♀ Mb 21 T, 100 J, 10–12 mm. F: K,O
T: 24–27°C, L: <35 cm, pH: >7, SG: 4

AFRIKA – MALAWISEE
Cichlidae

Buntbarsche, Cichliden

Buccochromis heterotaenia ♀ 4/582
Mehrfachstreifen-Buntbarsch

Buccochromis lepturus ♂ 3/772

H: Über Sandgrund weit verbreitet.
♂: Viel farbenprächtiger. V: =
Z: ♀ Mb, Eifleckmethode. F: O
T: 24–26°C, L: <40 cm, pH: >7, SG: 2–3

Buccochromis rhoadesii ♂ 5/740
Gelber Lepturus-Buntbarsch
H: Seeweit verbreitet: Sandboden.
♂: Viel farbenprächtiger. ♀: Gelb. V: –
Z: ♀ Mb. F: K
T: 23–27°C, L: 35 cm, pH: >7, SG: 3

Champsochromis caeruleus ♂ 5/742
Forellen-Cichlide („trout cichlid")
H: Seeweit.
♂: Farbiger, siehe Fotos. V: –
Z: ♀ Mb, 21 T, >100 J; agam. F: K
T: 24–26°C, L: <30 cm, pH: >7, SG: 3–4

Champsochromis caeruleus ♀ 5/742
Forellen-Cichlide („trout cichlid")

Champsochromis spilorhynchus ♂ 2/904
Gestreckter Raubmaulbrüter
H: Verschiedene Biotope.
♂: Siehe Fotos. V: –
Z: Natur: ♀ Mb, 100 J; agam. F: K!
T: 24–26°C, L: 30 cm, pH: >7, SG: 4

AFRIKA – MALAWISEE
Cichlidae   Buntbarsche, Cichliden

Champsochromis spilorhynchus ♀ 2/904
Gestreckter Raubmaulbrüter

Cheilochromis euchilus ♀   1/712
Sauglippenbuntb., Großlippenmaulbrüter
H: Felslitoral.
♂: Viel farbenprächtiger.   V: =
Z: ♀ Mb, 150 E; Eifleckmethode. F: L,O
T: 24–26°C, L: <35 cm, pH: ≫7, SG: 3

Chilotilapia rhoadesii ♂   2/854

H: Hauptsächlich über Sandgrund.
♂: Viel farbenprächtiger.   V: =
Z: ♀ Mb 21 T.   F: K,O
T: 23–28°C, L: 23 cm, pH: >7, SG: 3

Copadichromis sp. aff. *azureus* ♂ 3/778

H: Mbenji-Island; ca. 20 m Tiefe.
♂: Viel farbenprächtiger.   V: =
Z: Laicht auf Sandboden, ♀ Mb. F: K,O
T: 22–28°C, L: 16 cm, pH: ≫7, SG: 2

Copadichromis borleyi o.♀, u.♂ 2/894

H: Felslitoral.
♂: Viel farbenprächtiger, Eiflecken. V: =
Z: ♀ Mb 20 T, <60 E; Eif.   F: K
T: 24–26°C, L: 15 cm, pH: ≫7, SG: 2–3

Speisefischfang; „unsere" Zierfische als wichtigste Eiweißquelle der Lokalbevölkerung.

AFRIKA – MALAWISEE
Cichlidae

Buntbarsche, Cichliden

Copadichromis chrysonotus 1/710
(Kein Foto)
H: Nkata Bay u. Monkey Bay.
♂: Viel farbenprächtiger, Eiflecken. **V:** =
Z: ♀ Mb; Laichgrube im Sand. **F:** K,O
T: 23–26°C, **L:** 15 cm, **pH:** ≫7, **SG:** 2–3

Copadichromis cyaneus ♂ 5/756
Blauweißer Utaka-Malawisee-Buntbarsch
H: Im Süden verbreitet.
♂: Viel farbenprächtiger. **V:** =
Z: ♀ Mb, 21–28 T. **F:** K
T: 23–27°C, **L:** 17 cm, **pH:** >7, **SG:** 2

Copadichromis cyaneus ♀ 5/756
Blauweißer Utaka-Malawisee-Buntbarsch

Copadichromis jacksoni ♂ 4/592

H: Vor allem Nkhata u. Monkey Bay.
♀: Silber mit zwei Flecken. **V:** =
Z: ♀ Mb 21 T, ca. 100 J. **F:** K
T: 23–27°C, **L:** 21 cm, **pH:** >7, **SG:** 2

Copadichromis „Kadango" ♂ 3/770

H: SO-Küste (Kadango): 2–10 m.
GU: Siehe Fotos. **V:** =
Z: ♀ Mb 21 T, 20–60 J; Eif., agam. **F:** O
T: 24–26°C, **L:** <15 cm, **pH:** >7, **SG:** 2–3

Copadichromis „Kadango" ♀ 3/770

AFRIKA – MALAWISEE
Cichlidae

Buntbarsche, Cichliden

Copadichromis mbenjii ♂ 4/592

H: Mbenjii-Inselgruppe.
♂: Viel farbenprächtiger. V: =
Z: ♀ Mb 21 T; Laichgrube im Sand. F: K,O
T: 24–27°C, L: 15 cm, pH: >7, SG: 2–3

Copadichromis pleurostigma 5/758
Silberglanz-Buntbarsch
H: Chilumba: Übergang Fels/Sand.
♂: Körper u. Dorsale blau. ♀: Fleck. V: =
Z: Noch nicht bekannt. F: K
T: 23–27°C, L: 21 cm, pH: >7, SG: 2

Copadichromis sp. ♂ 1/711

Copadichromis trimaculatus ♂ 5/758
Dreifleck-Buntbarsch
H: Likoma Island: Nkhata Bay.
♂: Farbiger. ♀: 3 Flecken. V: =
Z: ♀ Mb, Eifleckmethode; agam. F: K
T: 23–27°C, L: 21 cm, pH: >7, SG: 2

Copadichromis trimaculatus ♀ 5/763
Dreifleck-Buntbarsch

Copadichromis verduyni ♂ 4/594

H: O-Küste: Makanjila.
GU: Siehe Fotos. V: =
Z: ♀ Mb 21 T, Eifleckm., agam. F: K,O
T: 24–27°C, L: 15 cm, pH: >7, SG: 2–3

AFRIKA – MALAWISEE
Cichlidae

Buntbarsche, Cichliden

Copadichromis verduyni ♀ 4/594

Corematodus taeniatus ♂ 5/760
Blauer Corematodus
H: Weit verbreitet; relativ selten.
♂: Grün; Dorsale u. Anale spitzer.   V: =
Z: ♀ Mb 21 T; auf Steinplatte.   F: P,K
T: 24–26°C, L: <20 cm, pH: >7, SG: 4

Corematodus taeniatus ♀ 5/760
Blauer Corematodus

Ctenopharynx pictus 2/902

H: Felsboden, 2–30 m Tiefe.
♂: Farbenprächtiger.   V: =
Z: Noch nicht erfolgt.   F: K,O
T: 24–26°C, L: 13 cm, pH: >7, SG: 2–3

Cynotilapia afra ♂ 2/890

H: Felsküste.
♂: Hell- bis türkisblau; 7 Querstreifen.   V: =
Z: ♀ Mb 20 T, agam.   F: K
T: 23–27°C, L: 12 cm, pH: ≫7, SG: 2

Cyrtocara moorii ♂ 1/718
Beulenkopfmaulbrüter
H: Sandige Küstenzonen.
♂: Undeutlich: Oft größer u. heller.   V: =
Z: ♀ Mb, 20–90 J.   F: K
T: 24–26°C, L: 25 cm, pH: >7, SG: 3

AFRIKA – MALAWISEE
Cichlidae
Buntbarsche, Cichliden

Dimidiochromis compressiceps ♂ 1/710
Messerbuntbarsch
H: Übergang zwischen Fels- u. Sandzone.
♂: Viel farbenprächtiger; Eiflecken. V: –
Z: ♀ Mb; Eifleckmethode. F: K,O
T: 22–28°C, L: <25 cm, pH: >7, SG: 3

Docimodus evelynae ♂ 4/616
Evelyns Buntbarsch
H: Wahrscheinlich weit verbreitet.
♀: Ohne vertikale Bänderzeichnung. V: –
Z: ? F: K!
T: 23–27°C, L: 30 cm, pH: >7, SG: 4

Eclectochromis ornatus ♂ 5/812
Wulstlippen-Malawisee-B., „Flavimanus"
H: Anscheinend seeweit.
♂: Viel farbenprächtiger. V: =
Z: ♀ Mb 21–28 T, 30–70 E; Eifl. F: K
T: 23–27°C, L: 20 cm, pH: >7, SG: 2

Eclectochromis ornatus ♀ 5/812
Wulstlippen-Malawisee-B., „Flavimanus"

Exochochromis anagenys ♂ 4/616
Malawisee-Hechtbuntbarsch
H: Weit verbreitet: Übergang Fels/Sand.
♀: Silbrig gelb. V: –
Z: ♀ Mb? F: K
T: 23–27°C, L: 30 cm, pH: >7, SG: 3–4

Fossorochromis rostratus ♂ 1/720
Fünffleckmaulbrüter
H: Sandige Uferzonen.
♂: Intensiver gefärbt. V: –
Z: ♀ Mb; Eifleckmethode? F: K,O
T: 24–28°C, L: 25 cm, pH: >7, SG: 2–3

AFRIKA – MALAWISEE
Cichlidae

Buntbarsche, Cichliden

Fossorochromis rostratus ♂ 3/778

H: Sandboden. Felsen zum Laichen.
♀: Längsreihe als 5 schwarze Punkte. **V:** =
Z: ♀ Mb 21 T, 50–100 J. **F:** O
T: 24–28°C, **L:** <25 cm, **pH:** >7, **SG:** 2

Genyochromis mento ♂ 4/618
Malawisee-Schuppenfresser

H: Seeweit an Felsküsten u. im Geröllbereich.
♂: Etwas intensiver gefärbt. **V:** –
Z: ♀ Mb, agam. Noch nicht erfolgt. **F:** P
T: 24–28°C, **L:** 12 cm, **pH:** >7, **SG:** 3–4

Gephyrochromis sp. aff. *lawsi* 4/620

H: Übergang Sand/Geröllabschnitte.
♂: Etwas kräftigere Farben. **V:** =
Z: ♀ Mb 21 T; agam. **F:** K,O
T: 24–28°C, **L:** 12 cm, **pH:** >7, **SG:** 2

Gephyrochromis moorii o. ♀, u. ♂ 2/908

H: Nördlicher Teil: Über Sandboden.
♂: Eiflecken? **V:** ?
Z: ♀ Mb?; Eifleckmethode? **F:** K,O
T: 24–26°C, **L:** 12 cm, **pH:** >7, **SG:** 2

Tanzania: Mmamba Bay im Malawisee.

„*Haplochromis*" cf. *lobochilus* ♂ 3/772
(2/950)

H: Sand/Steinboden, 2–10 m Tiefe.
♀: Silbrig hell, dunklen Querstreifen. **V:** =
Z: ♀ Mb 21 T, 20–60 J, Eif., agam. **F:** O
T: 24–26°C, **L:** 17 cm, **pH:** >7, **SG:** 2–3

AFRIKA – MALAWISEE
Cichlidae

Buntbarsche, Cichliden

„Haplochromis" sp. ♂ 2/950

Haplochromis sp., Jaro, ♂ 2/846

„Haplochromis steveni Eastern" ♂ 3/784

„Haplochromis steveni Maleri" ♂ 3/784

H: O-Küste: Makanjila.
♂: Intensiver gefärbt, blau. V: =
Z: ♀ Mb 21 T, 20–40 E. F: O
T: 24–26°C, L: 15 cm, pH: >7, SG: 3

Hemitaeniochromis urotaenia ♂ 5/838

Hemitilapia oxyrhynchus ♂ 2/918

H: Seeweit: Übergang Sandboden.
♂: Farbenprächtiger. ♀: Silberfarben. V: =
Z: ♀ Mb 21 T; Eifl.; Laichgruben. F: K,O
T: 23–27°C, L: 23 cm, pH: >7, SG: 2–3

H: Sandlitoral mit Vallisnerien.
♂: Sehr farbenprächtig. V: =
Z: ♀ Mb 18–21 T; agam. F: K
T: 24–26°C, L: 20 cm, pH: >7, SG: 3

AFRIKA – MALAWISEE
Cichlidae

Buntbarsche, Cichliden

Hemitilapia oxyrhynchus ♀ 2/918

Iodotropheus sprengerae ♂ 2/918

H: Boadzulu u. Mumbo Insel: Felslitoral.
♂: Farbiger. V: =
Z: ♀ Mb, Eifleckmethode; agam. F: O
T: 24–26°C, L: 10 cm, pH: >7, SG: 2

Labeotropheus fuelleborni ♂ 1/730
Schabemundbuntbarsch

H: Geröll- u. Felslitoral.
♂: Eiflecken. V: –
Z: ♀ Mb; Eifleckmethode. F: K,O
T: 22–25°C, L: 15 cm, pH: >7, SG: 2

Labeotropheus fuelleborni ♀ 1/730
Schabemundbuntbarsch

♀♀ treten in mehreren Farbvarianten auf. Die Normalform ähnelt sehr dem ♂. Ansonsten hauptsächlich gescheckt (Foto).

Labeotropheus trewavasae ♂ 1/730
Gestreckter Schabemundmaulbrüter

H: Geröll- u. Felslitoral.
♂: Intensivere Eiflecken. V: –
Z: ♀ Mb, <40 E; Eifleckmethode. F: K,O
T: 21–24°C, L: 12 cm, pH: >7, SG: 2

Labidochromis caeruleus 2/920

H: Nhkata Bay: Felsbod., Vallisneria; 2–40 m.
♂: Farbiger; etwas größer. V: =
Z: ♀ Mb 25–40 T. F: O
T: 23–26°C, L: 8 cm, pH: >7, SG: 2–3

AFRIKA – MALAWISEE
Cichlidae
Buntbarsche, Cichliden

Labidochromis chisumulae ♂ 5/848

Labidochromis chisumulae ♀ 5/848

H: Insel Chisumulu.
♂: Blaues Muster. ♀: Rein weiß. **V:** +
Z: ♀ Mb 21 T, Eifleckmethode. **F:** K,O
T: 24–26°C, **L:** 8 cm, **pH:** >7, **SG:** 1–2

Labidochromis flavigulis ♂ 5/850

Labidochromis flavigulis ♀ 5/850

H: Inseln Likoma u. Chisumulu.
♂: Deutlichere Eiflecken. ♀: Gelblich. **V:** =
Z: ♀ Mb 21 T 15–25 E, Eifl. **F:** O
T: 24–26°C, **L:** 6–7 cm, **pH:** >7, **SG:** 1–2

Labidochromis freibergi ♂ 4/628

Labidochromis gigas ♂ 5/852

H: Insel Likoma.
♀: Eher grau; ältere jedoch blau. **V:** –
Z: ♀ Mb 21 T, 20–30 J; Eif., agam. **F:** K,O
T: 24–26°C, **L:** 8 cm, **pH:** >7, **SG:** 1–2

H: Inseln Likoma u. Chisumulu: Litoral.
♂: Farbiger. ♀: Bräunlich. **V:** =
Z: ♀ Mb 21 T 20–30 E, Eifl.; agam. **F:** O
T: 24–26°C, **L:** 8–9 cm, **pH:** >7, **SG:** 2

AFRIKA – MALAWISEE
Cichlidae
Buntbarsche, Cichliden

Labidochromis gigas ♀ 5/852

Labidochromis ianthinus ♂ 2/920

H: Mbenji I.: Felsen des flachen Wassers.
♂: Farbiger, dunkler. **V:** =
Z: Kein Bericht. **F:** O
T: 23–26°C, **L:** 9 cm, **pH:** >7, **SG:** 2–3

Labidochromis lividus ♂ 1/714

Labidochromis maculicauda 5/854

H: Likoma Island: N- u. W-Felslitoral; <6 m.
♂: Viel farbenprächtiger. **V:** =
Z: ♀ Mb 21 T; agam. **F:** L,O
T: 24–26°C, **L:** 7 cm, **pH:** >7, **SG:** 2

H: Bei Nkhata Bay: Chirombo Point.
♂: Mehr blau; deutlichere Eiflecken. **V:** =
Z: ♀ Mb 21 T 20–30 E, Eifl.; agam. **F:** O
T: 24–26°C, **L:** 8 cm, **pH:** >7, **SG:** 1–2

Labidochromis mbenjii ♂ 5/856

Labidochromis mbenjii ♀ 5/856

H: Mbenji-Inselgruppe.
♂: Bläulich; deutlichere Eiflecken. **V:** =
Z: ♀ Mb 21 T 20–30 E, Eifl.; agam. **F:** O
T: 24–26°C, **L:** <10 cm, **pH:** >7, **SG:** 1–2

AFRIKA – MALAWISEE
Cichlidae

Buntbarsche, Cichliden

Labidochromis pallidus ♂ 3/794

H: Maleri Inselgruppe: Felslitoral; <25 m.
♂: Undeutlich; deutlichere Eiflecken. V: –
Z: ♀ Mb 21 T; agam. F: O
T: 24–26°C, L: 8 cm, pH: ≫7, SG: 2

Labidochromis sp. „Gelb" 3/792

H: Zwischen Charo u. Mbowe Island.
♀: Etwas blasser. V: =
Z: ♀ Mb 18 T; agam. F: K,O
T: 23–28°C, L: 10 cm, pH: >7, SG: 1–2

Labidochromis sp. „Hongi" ♂ 5/858
auch *Labidochromis* sp. „Puulu"

H: NO-Küste: Inseln Hongi u. Puulu.
♂: Bläulich; kräftigere Eiflecken. V: =
Z: ♀ Mb 21 T 20–30 E, Eifl.; agam. F: K,O
T: 24–26°C, L: 8–9 cm, pH: >7, SG: 2

Labidochromis sp. „Hongi" ♀ 5/858
auch *Labidochromis* sp. „Puulu"

Labidochromis vellicans ♂ 2/922
Spitzkopfmaulbrüter

H: Felslitoral.
♂: Metallisch-blau, orangegelb. V: =
Z: ♀ Mb <21 T, 30 E; agam. F: O
T: 23–26°C, L: 10 cm, pH: >7, SG: 2–3

Labidochromis zebroides ♂ 5/860
Iceblue-Labidochromis-Buntbarsch

H: S von Likoma: Insel Masimbwe.
♂: Blau mit schwarzen Querstreifen. V: =
Z: ♀ Mb; Eifleckmethode; agam. F: K
T: 24–26°C, L: 8–9 cm, pH: >7, SG: 2?

AFRIKA – MALAWISEE
Cichlidae

Buntbarsche, Cichliden

Lethrinops sp. „yellow collar" ♂   5/864

Lethrinops sp. „yellow collar" ♀   5/864

H: Monkey Bay, Likoma, NO-Küste.
♂: Viel farbiger. V: +
Z: ♀ Mb 21 T; Eifleckm.; agam.   F: K,O
T: 24–27°C, L: 11 cm, pH: >7, SG: 2–3

Maravichromis epichorialis ♂   1/712

Maravichromis formosus ♂   3/777

H: Endemisch.
♂: Viel farbenprächtiger; Eiflecken. V: ?
Z: ♀ Mb?   F: K,O
T: 24–26°C, L: 20 cm, pH: >7, SG: 2

H: Felslitoral; selten.
♂: Golden. ♀: Silber V: ?
Z: ♀ Mb?   F: K,O
T: 24–26°C, L: 12,5 cm, pH: >7, SG: 2

Maravichromis formosus ♀   3/777

Maravichromis mola ♂   3/774

H: Weit verbreitet: Sand- u. Mischboden.
♂: Viel farbenprächtiger; Eiflecken. V: =
Z: ♀ Mb?   F: O
T: 24–26°C, L: 17 cm, pH: >7, SG: 2–3

AFRIKA – MALAWISEE
Cichlidae
Buntbarsche, Cichliden

Maravichromis mola ♀ 3/774

Melanochromis auratus o.♂, u.♀ 1/738
Türkisgoldbarsch
H: Felsige Uferzone.
♂: Weniger gelb: das Negativ. V: –
Z: ♀ Mb, 30 E; Eifleckmethode. F: L,O
T: 22–26°C, L: ♂ 11 cm, pH: >7, SG: 2–3

Melanochromis chipokae ♂ 2/951

H: Nahe Chipoka: Felslitoral.
♂: Eiflecken. ♀: das Negativ (gelb). V: –
Z: ♀ Mb 20 T, 20–40 E; Eif., agam. F: K
T: 24–26°C, L: 15 cm, pH: >7, SG: 2–3

Melanochromis joanjohnsonae ♀ 1/740
„Perle von Likoma"
H: Likoma-Insel: Geröll-Litoral.
♂: Eiflecken; Dorsale mit schw. Binde. V: –
Z: ♀ Mb, 30 E; Eifleckmethode. F: L,O
T: 24–26°C, L: 10 cm, pH: >7, SG: 2

Melanochromis joanjohnsonae ♂ 1/740
„Perle von Likoma"

Melanochromis johannii ♂ 1/740
Kobaltorangebarsch
H: Felslitoral.
♂: Eiflecken; meist größer. V: –
Z: ♀ Mb, <35 E; Eifleckmethode. F: L,O
T: 22–25°C, L: 12 cm, pH: >7, SG: 2

AFRIKA – MALAWISEE
Cichlidae

Buntbarsche, Cichliden

Melanochromis labrosus ♂ 1/714
Wulstlippenbuntbarsch (schwarze Form)
H: Felslitoral.
♂: Intensivere Eiflecken. V: ?
Z: ♀ Mb, ca. 35 E; Eif. F: O
T: 23–26°C, L: 13 cm, pH: >7, SG: 2

Melanochromis „lepidophage" ♂ 3/800
H: O-Küste: Makanjila Point: Felszone.
♂: Eiflecken. ♀: Silbern. V: =
Z: ♀ Mb, <25 T; Eif., agam. F: O
T: 24–26°C, L: 12 cm, pH: >7, SG: 2–3

Melanochromis „lepidophage" ♀ 3/800

Melanochromis melanopterus ♂ 2/952

H: SW-Teil: Geröll- u. Felszone.
♂: Eiflecken. ♀: Das Negativ. V: –
Z: ♀ Mb, 21 T, <60 E; Eif., agam. F: K
T: 24–26°C, L: 13 cm, pH: >7, SG: 2–3

Melanochromis parallelus ♂ 2/952

Melanochromis parallelus ♀ 2/952

H: Nkata Bay: Oberes Felslitoral.
♂: Eiflecken. ♀: Das Negativ. V: –
Z: ♀ Mb, 21 T, <30 E; Eif., agam. F: O
T: 24–26°C, L: 12 cm, pH: >7, SG: 2–3

AFRIKA – MALAWISEE
Cichlidae
Buntbarsche, Cichliden

Melanochromis simulans ♂ 5/868

Melanochromis simulans ♀ 5/868

H: O-Küste: Bei Makanjila/Fort Maguire.
♂: Eiflecken. ♀: Das Negativ. V: –
Z: ♀ Mb 21 T, 20–40 E; Eif., agam. F: O
T: 24–26°C, L: 12 cm, pH: >7, SG: 3

Melanochromis vermivorus 1/742
Stahlblauer Maulbrüter

Mylochromis anaphyrmus ♂ 4/640

H: Likoma-Insel: Geröll-Litoral.
♂: Eiflecken. V: =
Z: ♀ Mb, 30 E; Eifleckmethode. F: K,O
T: 22–26°C, L: 15 cm, pH: >7, SG: 2

H: Südlicher Teil: Sandboden.
♂: Wesentlich farbenprächtiger. V: –
Z: ♀ Mb; Eifleckmethode. F: K
T: 23–27°C, L: 23 cm, pH: >7, SG: 2–3

Mylochromis lateristriga ♂ 5/872
„Flame *Oxyrhynchus*"

Mylochromis lateristriga ♀ 5/872
„Flame *Oxyrhynchus*"

H: Monkey u. Senga Bay, Maleri Island.
♂: Wesentlich farbenprächtiger. V: =
Z: ♀ Mb 21 T <60 J; Eifleckm. F: K
T: 23–27°C, L: 23 cm, pH: >7, SG: 2–3

AFRIKA – MALAWISEE
Cichlidae

Buntbarsche, Cichliden

Naevochromis chrysogaster ♂♂ 5/874

H: Weit verbreitet; nirgends häufig.
♀: Wie oben, aber ohne Eiflecken. V: =
Z: ♀ MB?; unbekannt. F: O
T: 24–26°C, L: <25 cm, pH: >7, SG: 3

Nimbochromis fuscotaeniatus ♂ 2/898
Blauer Leopardmaulbrüter

H: Im Süden: Geröll- u. Felslitoral, Sand.
♂: Wesentlich farbenprächtiger. V: –
Z: ♀ Mb, agam. Kein Bericht. F: K
T: 24–26°C, L: 25 cm, pH: >7, SG: 3

Nimbochromis linni ♂ 1/716
Rüssel-Polystigma

H: Felslitoral.
♂: Dorsale rot-gelb-weiß; Eiflecken. V: –
Z: ♀ Mb, <20 E; Eifleckmethode. F: K,O
T: 23–25°C, L: 25 cm, pH: >7, SG: 2

Nimbochromis linni ♀ 1/716
Rüssel-Polystigma

Nimbochromis livingstonii 1/716
Schläfer

H: Uferregionen mit Sand und Vallisnerien.
♂: Farbenprächtiger; Eiflecken. V: –
Z: ♀ Mb, <100 E; Eifleckmethode. F: K,O
T: 24–26°C, L: 20 cm, pH: >7, SG: 2

Nimbochromis polystigma ♂ 1/718
Vielfleckmaulbrüter

H: Felslitoral.
♂: Eiflecken. V: =
Z: ♀ Mb, <20 E; Eifleckmethode. F: K
T: 23–25°C, L: <23 cm, pH: >7, SG: 2–3

AFRIKA – MALAWISEE
Cichlidae

Buntbarsche, Cichliden

Nimbochromis polystigma ♂ 1/718
Vielfleckmaulbrüter

Nyassachromis eucinostomus ♂ 5/896
Blauschwarzer Utaka
H: Chilumba, Mwaya, Vua, Malawi.
♂: Viel farbiger. V: =
Z: ♀ Mb 21 T 15–30 E; Eifleckm. F: K
T: 23–27°C, L: 12 cm, pH: >7, SG: 2

Nyassachromis microcephalus ♂ 5/896
Grüner Utaka-Buntbarsch
H: Nördlicher u. südlicher See.
♂: Viel farbiger. V: =
Z: ♀ Mb 21–28 T 25–40 Eier; Eifl. F: K
T: 23–27°C, L: 16 cm, pH: >7, SG: 2

Nimbochromis venustus ♂ 1/720
Pfauenmaulbrüter
H: Sandige Uferzonen.
♂: Viel farbiger; etwas größer. V: –
Z: ♀ Mb, 120 Eier. F: K,O
T: 25–27°C, L: <25 cm, pH: >7, SG: 3

Otopharynx heterodon ♂ 5/898
Blaugelber Otopharynx
H: Monkey u. Nkhata Bay, Chilumba, Lik. l.
♂: Viel farbenprächtiger. V: =
Z: Eifleckmethode; sonst unbekannt. F: K
T: 23–27°C, L: 13 cm, pH: >7, SG: 2–3

Otopharynx heterodon ♀ 5/898
Blaugelber Otopharynx

AFRIKA – MALAWISEE
Cichlidae

Buntbarsche, Cichliden

Otopharynx lithobates ♂ 4/662
Haplochromis „Sulphur Head"
H: Süden: Cape Maclear, Chinyamwezi-I.
♂: Blaufärbung. V: =
Z: ♀ Mb 21 T, 30–60 J; agam. F: K
T: 24–27°C, L: 15 cm, pH: >7, SG: 2

Otopharynx lithobates ♀ 4/662
Haplochromis „Sulphur Head"

Otopharynx ovatus ♂ 2/902, 5/900
Blaugelber Otopharynx
H: Süden: Mittlere Tiefen in Küstennähe.
♂: Blaufärbung. V: =
Z: Noch nicht erfolgt. F: K
T: 23–27°C, L: 20 cm, pH: >7, SG: 2–3

Otopharynx tetraspilus 5/900
Vierfleck-Otopharynx
H: Nkhudzi, Monkey Bay, Malombe, Malawi.
♂: Gelbblau; Eiflecken. V: ?
Z: Noch nicht erfolgt. F: K
T: 23–27°C, L: 15 cm, pH: >7, SG: 2

Petrotilapia genalutea ♂ 4/672
Gelbbrauner Petrotilapia
H: W: Chinyamwezi–Ruarwe; O: Makanjila.
♂: Farbiger; siehe Fotos. V: –
Z: ♀ Mb <28 T, 50 E; Eif. in Höhle. F: K
T: 23–27°C, L: 16 cm, pH: >7, SG: 3

Petrotilapia genalutea ♀ 4/672
Gelbbrauner Petrotilapia

AFRIKA – MALAWISEE
Cichlidae

Buntbarsche, Cichliden

Petrotilapia cf. *genalutea* ♀ 4/657
Gelbbrauner Petrotilapia (Brutfärbung)

Petrotilapia tridentiger ♂ (1/752), 5/908
Dicklippenmaulbrüter
H: Felszone.
♂: Deutlichere Eiflecken. V: –
Z: ♀ Mb, 35 E; Eifleckmethode. F: L,O
T: 24–26°C, L: <25 cm, pH: >7, SG: 3–4

Petrotilapia tridentiger ♀ (1/752), 5/908
Dicklippenmaulbrüter

Placidochromis electra ♂ 2/896

H: Likoma Insel: Sandboden.
♂: Farbiger; größer. V: =
Z: ♀ Mb 18 T, 50 Eier, agam. F: O
T: 24–26°C, L: ♂ 16 cm, pH: >7, SG: 2

Placidochromis electra ♀ 2/896

Placidochromis johnstonii ♂ 2/900
Sechsstreifenmaulbrüter
H: Sandlitoral mit Vallisnerienwiesen.
♂: Farbiger; Eiflecken. V: =
Z: ♀ Mb 18 Tage, 120 Eier. F: O
T: 24–26°C, L: <17 cm, pH: >7, SG: 2–3

AFRIKA – MALAWISEE
Cichlidae

Buntbarsche, Cichliden

Placidochromis milomo ♂ 2/900
Milomobuntbarsch, Super VC 10
H: Mbenji- Inseln: Felslitoral.
♂: Farbiger. V: =
Z: ♀ Mb 20 Tage. F: O
T: 23–26°C, L: 15 cm, pH: ≫7, SG: 2

Placidochromis milomo juv. 2/900
Milomobuntbarsch, Super VC 10

Platygnathochromis melanonotus ♂
3/774
H: Weit verbreitet.
♂: Farbiger. V: =
Z: ? F: K
T: 24–26°C, L: 26 cm, pH: >7, SG: 3

Platygnathochromis melanonotus ♀
3/774

Protomelas annectens ♂ 2/892

H: Mittlere Tiefe am Ufer. Relativ selten.
♂: Farbiger; Flossen ausgezogen. V: =
Z: ♀ Mb, agam; noch nicht erfolgt. F: L,O
T: 24–26°C, L: 20 cm, pH: >7, SG: 2

Protomelas fenestratus o.♂, u.♀ 2/898

H: Maleri Inselgruppe: Felslitoral, 3–6 m.
♂: Farbiger. V: =
Z: ♀ Mb 20 Tage, agam. F: K
T: 22–26°C, L: 14 cm, pH: >7, SG: 2

AFRIKA – MALAWISEE
Cichlidae

Buntbarsche, Cichliden

Protomelas similis ♂ 3/780

H: Weit verbreitet: Sandlitoral; ca. 10 m.
♀: Silbrig. V: =
Z: ♀ Mb, agam, Eifleckmethode. F: O
T: 24–26°C, L: 12 cm, pH: >7, SG: 2–3

Protomelas spilopterus ♂ 5/910

H: Seeweit verbreitet.
♂: Farbiger. V: =
Z: ♀ Mb, agam, Eifleckmethode. F: O
T: 24–26°C, L: <25 cm, pH: >7, SG: 3–4

Protomelas spilopterus ♀ 5/910

Protomelas taeniolatus ♂ 3/782, (2/895)

H: Weit verbreitet: Felsiger Untergrund.
♂: Farbiger. V: =
Z: ♀ Mb 21 T, 20–40 J, agam. F: O
T: 24–26°C, L: 12 cm, pH: >7, SG: 2–3

Protomelas taeniolatus ♀ 3/782, (2/895)

Protomelas taeniolatus var. ♂ 3/782, (2/895)

AFRIKA – MALAWISEE
Cichlidae

Buntbarsche, Cichliden

Pseudotropheus aurora ♂ 1/756

Pseudotropheus aurora ♀ 1/756

H: Likoma-Insel: Sand/Fels Übergangszone.
♂: Farbenprächtiger; Eiflecken. **V:** –
Z: ♀ Mb <21 T, <70 E; Eifleckm. **F:** K,O
T: 24–26°C, **L:** 11 cm, **pH:** >7, **SG:** 1–2

Pseudotropheus barlowi ♂ 4/676

Pseudotropheus callainos ♂ 5/914
Kobalt-Zebra

H: S-Teil: Mbenji-Inseln, Maleri-Inseln,...
♀: Einfarbig graubraun. **V:** –
Z: ♀ Mb <28 T, 20–40 J; Eif., agam. **F:** K,O
T: 24–26°C, **L:** 15 cm, **pH:** >7, **SG:** 3

H: NW-Küste weit verbreitet.
♂: Deutlichere Eiflecken. **V:** =
Z: ♀ Mb 21 T, 20–40 J; Eifl., agam. **F:** O
T: 24–26°C, **L:** 10 cm, **pH:** >7, **SG:** 2

Pseudotropheus callainos ♂ 5/914
Kobalt-Zebra
Weiße Morphe

Pseudotropheus crabro ♀? 3/852
Pseudotropheus „chameleo"

H: Mbenji-Inseln: Fels- u. Misch-Boden.
♂: Mehr Eiflecken; schwarz. **V:** –
Z: ♀ Mb <24 T, 20–60 J; Eifl., agam. **F:** O
T: 24–26°C, **L:** 15 cm, **pH:** >7, **SG:** 2–3

AFRIKA – MALAWISEE
Cichlidae

Buntbarsche, Cichliden

Pseudotropheus elegans ♂ 5/916

Pseudotropheus elegans ♀ 5/916

H: Seeweit verbreitet; auch über Sand.
♂: Erwachsen längere D u. A. V: =
Z: ♀ Mb 21 T, 20–40 J; Eifl., agam. F: O
T: 24–26°C, L: 10–15 cm, pH: >7, SG: 2

Pseudotropheus elongatus 1/756
Schmalbarsch
H: Felsenzone.
♂: Eiflecken; größer. V: –
Z: ♀ Mb, <37 E; Eifleckmethode. F: L,O
T: 22–25°C, L: 13 cm, pH: ≫7, SG: 2–3

Pseudotropheus estherae o.♂ (1/763)
Roter Malawisee-Zebrabuntb. 5/918
H: Mosambikanische Küste: Metangula.
♂: Blau. ♀: Bräunlich. V: =
Z: ♀ Mb 21 T, 20–40 J; Eifl. F: O
T: 24–27°C, L: <14 cm, pH: >7, SG: 2–3

Pseudotropheus estherae ♂ (1/763)
Roter Malawisee-Zebrabuntb. 5/918
Orangeblauer Maulbrüter

Pseudotropheus estherae ♀ (1/763)
Roter Malawisee-Zebrabuntb. 5/918
Orangeblauer Maulbrüter

AFRIKA – MALAWISEE
Cichlidae

Buntbarsche, Cichliden

Pseudotropheus estherae ♂ (1/763)
Roter Zebra 5/918

Pseudotropheus estherae ♂ 1/763

Pseudotropheus estherae ♀ 1/763

Pseudotropheus fainzilberi ♂ 1/758

H: NO-Küste: Ortschaft Makonde.
♂: Farbenprächtiger; Eiflecken. **V:** –
Z: ♀ Mb, <60 E; Eifleckmethode. **F:** K,O
T: 22–26°C, **L:** 13 cm, **pH:** >7, **SG:** 2

Pseudotropheus flavus ♂ 4/676

H: Chinyankwazi Island: Felszone.
♂: Intensiver gefärbt. **V:** =
Z: ♀ Mb, 20–30 J; Eif., agam. **F:** K
T: 23–27°C, **L:** 9 cm, **pH:** >7, **SG:** 2

Pseudotropheus greshakei ♂ 3/855
„Red Top Ice Blue"
H: Makokola (S-Arm des Sees).
♀: Einfarbig rötlich braun. **V:** –
Z: ♀ Mb, Eifleckmethode, agam. **F:** K,O
T: 24–26°C, **L:** >10 cm, **pH:** >7, **SG:** 2

AFRIKA – MALAWISEE
Cichlidae

Buntbarsche, Cichliden

Pseudotropheus hajomaylandi ♂ 3/856

H: Chisumulu Insel: Sandboden: 10–30 m.
♀: Grau-bläulich, dunkle Querstr. V: –
Z: ♀ Mb <25 T, agam. F: O
T: 24–26°C, L: <15 cm, pH: >7, SG: 2–3

Pseudotropheus heteropictus ♂ (2/972)
5/921

H: Chisumulu Island. Nicht Tumbi Island.
♀: Gelborange. V: –
Z: ♀ Mb 14 T, 25–30 E. F: O
T: 24–27°C, L: 10 cm, pH: >7, SG: 2–3

Pseudotropheus lanisticola ♀ 1/758
Kleiner Schneckenbarsch

H: Sandboden.
♂: Eiflecken. V: =
Z: ♀ Mb, <60 E; Eifleckmethode. F: O
T: 23–25°C, L: 7 cm, pH: ≫7, SG: 2

Pseudotropheus livingstonii ♂ 2/972
Livingstons Schneckenbuntbarsch

H: Sand Regionen der Küste.
♂: Farbintensiver; Eiflecken. V: =
Z: ♀ Mb <21 T, <60 E; Eif., agam. F: O
T: 22–26°C, L: 15 cm, pH: ≫7, SG: 2

Pseudotropheus lombardoi ♂ 2/974

Pseudotropheus lombardoi ♀ 2/974

H: Mbenji-Inseln: Geröll- u. Felslitoral.
♂: Eiflecken; siehe Fotos. V: –
Z: ♀ Mb <24 T, <50 E; Eif., agam. F: O
T: 24–26°C, L: 15 cm, pH: >7, SG: 2–3

AFRIKA — MALAWISEE
Cichlidae

Buntbarsche, Cichliden

Pseudotropheus macrophthalmus 1/760
Großaugenmaulbrüter
H: Felslitoral.
♂: Eiflecken deutlicher. V: =
Z: ♀ Mb, 40–70 E; Eifleckm. F: L,O
T: 23–25°C, L: 15 cm, pH: ≫7, SG: 2

Pseudotropheus microstoma ♂ 2/974
H: Geröll- u. Felslitoral.
♂: Farbintensiver; Eiflecken. V: –
Z: ♀ Mb <20 T; Eifleckm., agam. F: O
T: 24–26°C, L: 13 cm, pH: ≫7, SG: 2

Pseudotropheus saulosi ♂ 4/678

Pseudotropheus saulosi ♀ 4/678

H: Chisumulu Island.
GU: Siehe Fotos. V: –
Z: ♀ Mb, 30 J; Eif., agam. F: K
T: 23–27°C, L: <10 cm, pH: >7, SG: 2

Pseudotropheus socolofi ♂ 2/976

H: O-Küste: Oberes Geröll- u. Felslitoral.
♂: Eiflecken; längere Ventralen. V: =
Z: ♀ Mb 21 T, 20–50 E; Eifleckm. F: K,O
T: 24–26°C, L: 12 cm, pH: >7, SG: 2–3

Pseudotropheus sp. „Tropheops Chilumba"
♂ 5/922

AFRIKA – MALAWISEE
Cichlidae

Buntbarsche, Cichliden

Pseudotropheus sp. „Tropheops Chilumba"
♀ 5/922

Pseudotropheus tropheops ♂ (1/760)
Gelber Maulbrüter 5/924
H: Süden: Felslitoral.
♂: Blau/gelb. ♂: Grau/braun. **V**: =
Z: ♀ Mb, 40 J; Eifleckmethode. **F**: O
T: 24–27°C, **L**: 13 cm, **pH**: >7, **SG**: 2–3

Pseudotropheus „Tropheops Lilac Mumbo"
(1/760) 5/924

Pseudotropheus „Tropheops Mauve"
(1/760) 5/924

Pseudotropheus „Tropheops Red Fin"
(1/760) 5/924

Pseudotropheus tropheops gracilior ♂
Grazilier Pseudotropheus 5/923
H: Thumbi West u. Domwe Island.
♀: Auffallend gelborange. **V**: =
Z: ♀ Mb; Eif.; etwas schwieriger. **F**: K
T: 23–27°C, **L**: 10 cm, **pH**: >7, **SG**: 2

AFRIKA – MALAWISEE
Cichlidae

Buntbarsche, Cichliden

Pseudotropheus williamsi ♂ 3/856

H: Felslitoral.
♀: Unscheinbar grau. V: =
Z: ♀ Mb, Eifleckmethode, agam. F: K,O
T: 24–26°C, L: 11 cm, pH: >7, SG: 2–3

Pseudotropheus xanstomachus ♂ 5/926
„Zebra Yellow Throat Maleri"

H: Westküste: Maleri Inselgruppe.
♂: Blau. ♀: Bräunlich. V: =
Z: ♀ Mb 21 T 20–40 J; Eifleckm. F: L,O
T: 24–26°C, L: 13 cm, pH: >7, SG: 2

Pseudotropheus xanstomachus 5/926
„Yellow Chin"

Pseudotropheus xanstomachus 5/926
„Zebra Yellow Throat Maleri" h.♂, v.♀

Pseudotropheus zebra ♂ 1/762
Blauer Malawisee-Buntbarsch

H: Felslitoral.
♂: Eiflecken. V: –
Z: ♀ Mb, <60 E; Eifleckmethode. F: L,O
T: 23–25°C, L: 13 cm, pH: ≫7, SG: 1–2

Rhamphochromis esox 5/934
Malawisee-Hechtbuntbarsch

H: Seeweit verbreitet.
GU: Unbekannt. V: =
Z: ♀ Mb; noch nicht erfolgt. F: K
T: 24–27°C, L: 30–40 cm, pH: >7, SG: 4

AFRIKA – MALAWISEE
Cichlidae
Buntbarsche, Cichliden

Rhamphochromis leptosoma juv. 5/936
Schlanker Malawisee-Hechtbuntbarsch
H: Seeweit verbreitet.
♂: Bläulich. ♂: Silbergrau. V: –
Z: ♀ Mb; noch nicht erfolgt. F: K!
T: 23–27°C, L: 40 cm, pH: >7, SG: 4

Rhamphochromis macrophthalmus 5/936
H: Südteil des Sees.
♂: Etwas farbiger? V: –
Z: ♀ Mb; noch nicht erfolgt. F: K
T: 20–25°C, L: 27 cm, pH: >7, SG: 4

Sciaenochromis ahli ♂ 3/768
H: Verschiedene Felsküsten.
♂: Sexuell aktive leuchtend blau. V: =
Z: ♀ Mb. F: K
T: 24–26°C, L: 20 cm, pH: >7, SG: 3

Sciaenochromis fryeri ♂ 5/944
Azur-Cichlide
H: Likoma Insel: 5–10 m Tiefe.
♂: Sexuell aktive leuchtend blau. V: =
Z: ♀ Mb 21 T 20–50 J; Eifleckm. F: O
T: 24–26°C, L: <15 cm, pH: >7, SG: 2–3

Sciaenochromis gracilis ♂ 5/946
H: Südlicher Teil.
♂: Leuchtend blau; Eiflecken. V: =
Z: ♀ Mb? agam; noch nicht erfolgt. F: K
T: 24–26°C, L: 20 cm, pH: >7, SG: 3

Sciaenochromis gracilis ♀ 5/946

AFRIKA – MALAWISEE
Cichlidae

Buntbarsche, Cichliden

Sciaenochromis psammophilis ♂ 5/946

H: NW-Küste u. Kande Island.
♂: Leuchtend blau; Eiflecken. V: =
Z: ♀ Mb 21 T 20–50 J; agam. F: O
T: 24–26°C, L: 15 cm, pH: >7, SG: 3

Stigmatochromis modestus ♂ 5/950

H: Weit verbreitet.
♂: Farbenprächtiger. V: =
Z: ♀ Mb 21 T 30–60 J; Eif., agam. F: K
T: 24–26°C, L: 16 cm, pH: >7, SG: 2–3

Stigmatochromis modestus ♀ 5/950

Stigmatochromis pholidophorus 5/952

H: Weit verbreitet.
♂: Farbenprächtiger; (Eifl. beide). V: =
Z: ♀ Mb 21 T 30–60 J; Eif., agam. F: K
T: 24–26°C, L: 17 cm, pH: >7, SG: 3

Stigmatochromis pholidophorus 5/952

Trematocranus placodon ♂ 2/904

H: Sandboden und Vallisnerienfelder.
♂: Farbenprächtiger; etwas größer. V: =
Z: ♀ Mb, <100 J, agam. F: O
T: 24–26°C, L: 25 cm, pH: >7, SG: 2

AFRIKA – MALAWISEE
Cichlidae
Buntbarsche, Cichliden

Trematocromis microstoma ♂ 5/970

H: Süden des Sees: Namalenji Insel.
♂: Farbenprächtiger; Eiflecken. V: =
Z: ♀ Mb, agam. Kein Bericht. F: K
T: 24–26°C, L: 20–25 cm, pH: >7, SG: 3

Tyrannochromis macrostoma ♂ 4/700
Schwarzbauch Malawisee-Buntbarsch
H: Weit verbreitet: Monkey Bay: Felszone.
♂: Viel farbenprächtiger; s. Fotos. V: =
Z: ♀ Mb; nachher lange Brutpflege. F: K
T: 23–27°C, L: 30 cm, pH: >7, SG: 3

Tyrannochromis macrostoma ♀ 4/700
Schwarzbauch Malawisee-Buntbarsch

Tyrannochromis nigriventer ♂ 5/972

H: Weit verbreitet: Felsen, Vallisnerien.
♂: Blau; Eiflecken; s. Fotos. V: =
Z: ♀ Mb 21 T >100 J. F: K
T: 24–26°C, L: <30 cm, pH: >7, SG: 3–4

Tyrannochromis nigriventer ♂ 5/972

Tyrannochromis nigriventer ♀ 5/972

AFRIKA – TANGANJIKASEE
Cichlidae   Buntbarsche, Cichliden

Physikalische Eigenschaften

773 m über dem Meeresspiegel gelegen, ist der Tanganjikasee der zweitgrößte See Afrikas mit einer Oberfläche von 33000 km^2; 650 km lang und stellenweise bis zu 80 km breit, ist er der sechsgrößte See der Welt. Er ist Teil des Grabensystems Afrikas und hat ein geschätztes Alter von 2 bis 4 Millionen Jahre (PITCHER u. HART, 1995), aber er wird sogar auf 11 bis 30 Millionen Jahre (KONINGS, 1988) geschätzt. Wie auch der Malawisee, so war der Tanganjikasee im Laufe seiner Entwicklungsgeschichte extremen Wasserstandsschwankungen ausgesetzt. Z.B. gab es Perioden, während derer der See in drei kleinere Seen aufgeteilt war. Die größte Tiefe des Sees wird derzeit mit 1470 m (570 m im Durchschnitt) angegeben. Die Unterwassersichtweite kann bis zu über 20 m betragen, womit dieser See einer der klarsten Süßgewässer der Welt ist.

Weitere Werte:
  pH: 8,6–9,2
  Leitfähigkeit: 550–600 µS
  Temperatur: 23,5–27 °C

Anrainerstaaten
Der Tanganjikasee ist von Zaire im Westen, Sambia im Süden, von Tansania im Osten und von Burundi im nördlichen Osten umgeben.

Wichtige Orte
Bulu Island	1
Ikola	2
Kigoma	3
Kabogo	4
Kachese	5
Kalemie	6
Kapampa	7
Magara	8
Maswa	9
Moba	10
Cape Mpimbwe	11
Mutondwe Island	12
Ndole Bay	13
Nkamba Bay	14
Sumbu Bay	15

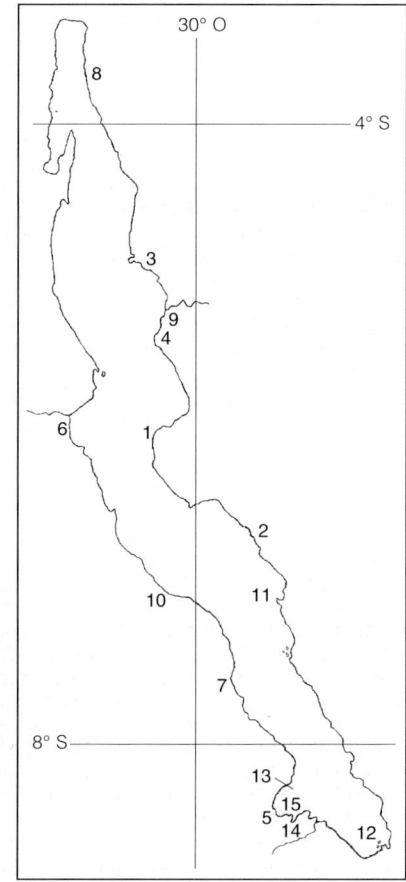

Der Tanganjika-See.

AFRIKA – TANGANJIKASEE
Cichlidae   Buntbarsche, Cichliden

Ichthyologische Eigenschaften

Im See sind 14 Fischfamilien mit insgesamt 240 Arten in 79 Gattungen vertreten (PITCHER u. HART, 1995).
- Nicht-Cichliden: 42 Gattungen (8 endemisch) mit 75 Arten (52 endemisch).
- Cichliden: 37 Gattungen (33 endemisch) mit 165 Arten (164 endemisch).

Wie im Malawisee veranschaulicht diese Statistik die dominante Anwesenheit der Buntbarsche im Tanganjikasee. Die hohe Mineralkonzentration des Sees begünstigt indirekt sekundäre Süßwasserfische wie Cichliden, da diese am ehesten salztolerant sind. Gleichfalls hat sich eine ökologische Barriere zu den relativ mineralarmen Biotopen außerhalb des Sees ergeben, wodurch kein Genaustausch zu Bevölkerungen außerhalb des Sees mehr stattfindet. Das Ergebnis ist ein hoher Anteil an endemischen Arten und Gattungen.

Unter 200 m Tiefe beginnt das Hypolimnion, die sauerstofflose Zone des Sees. Sie hat eine relativ konstante Temperatur von 23,3 °C, aber da das Wasser anaerob ist, leben dort keine Fische. Durch die Lage nahe am Äquator gibt es kaum jahreszeitlich bedingte Temperaturschwankungen, und die Wasserschichten vermischen sich nicht.

Die Gattungen *Lamprologus* und *Neolamprologus* haben die meisten Arten im See, während die meisten Farbvarianten innerhalb der Gattung *Tropheus* zu finden sind (s.S. 667 ff.).

Die Fortpflanzungsstrategien sind sehr vielfältig, und die sekundären Geschlechtsunterschiede sind gering: oftmals bringt nur eine genaue Untersuchung der Genitalpapille Aufschluß über das Geschlecht.

Die Fortpflanzungsmethoden im einzelnen:
- Maulbrüter: Unter den Maulbrütern finden sich größtenteils Arten, bei denen die Weibchen alleine brüten, es gibt aber auch mehrere Arten (z.B. unter den *Xenotilapia*), bei denen beide Geschlechter teilnehmen. Oft fehlen den Arten die Eiattrappen an der Analflosse, wie sie im Malawisee weit verbreitet sind, aber bei den Gattungen *Cyathopharynx* und *Ophthalmotilapia* findet eine modifizierte Eifleckmethode statt: Männchen haben extrem lang ausgezogene Ventralen, deren Spitzen Eiattrappen darstellen. Ihre Funktion ist die gleiche – das Weibchen schnappt nach den vermeintlichen Eiern nahe der Genitalpapillenregion des Männchens und befruchtet dadurch die sich bereits in ihrem Maul befindenden Eier.
- Versteckichlaicher: Unter den Versteckichlaichern finden wir „normale" Höhlenlaicher und solche, die sich auf Schneckenhäuser als Ablaichsubstrat spezialisiert haben. Nur das Weibchen paßt hinein, um seine Eier zu legen. Das Männchen entläßt seine Spermien „vor der Tür". Alsbald kommt das Weibchen aus der Schneckenschale, und das eindringende Wasser spült die Spermien zu den angehefteten Eiern.
- Offenlaicher: Diese Form der Fortpflanzung wurde bisher nur selten beobachtet. Ihr bekanntester Vertreter ist *Boulengerochromis microlepis*, der größte Buntbarsch der Welt.

Tanganjikasee-Buntbarsche lassen keine Ernährungsnische ungeachtet. *Altolamprologus*-Arten sind sogar besonders schmal und hoch gebaut, um Felsspalten besser auskundschaften zu können.

AFRIKA – TANGANJIKASEE
Cichlidae   Buntbarsche, Cichliden

Altolamprologus calvus 2/926

Altolamprologus calvus juv. 2/926

H: Sumbu Nationalpark: Geröll/Felslitoral.
♂:Spitze Ventralen, Dorsale, Anale. V: =
Z: Höhlenlaicher, >200 E, VMFam. F: K
T: 23–25°C, L: 15 cm, pH: 7, SG: 3

Altolamprologus compressiceps 1/732
Nanderbuntbarsch

H: Steiniger/felsiger Untergrund.
GU: Unbekannt.   V: =
Z: Höhlenlaicher, <300 E, MMFam? F: K
T: 23–25°C, L: 15 cm, pH: 7, SG: 3

Asprotilapia leptura 3/690
Leptura-Buntbarsch

H: S-Teil: Felsenzone.
GU: Unbekannt.   V: =
Z: ♀ ♂ Mb 13 T (sehr kurz), Efam. F: O
T: 24–26°C, L: 11 cm, pH: >7, SG: 2–3

Aulonocranus dewindti 3/707
Uferbuntbarsch

H: Verbreitet: Übergang Sand-/Felslitoral.
♂: Blaue u. gelbe horizontale Reihen. V:=
Z: ♀ Mb; noch nicht gelungen.   F: K
T: 24–26°C. L: 11 cm, pH: >7, SG: 3–4

Benthochromis tricoti ♂ 4/584

H: Riesige Schwärme im offenen Wasser.
♂: Lange Flossen; farbiger.   V: =
Z: ♀ Mb, 2–15 J; kein Bericht.   F: K
T: 23–25°C, L: 20 cm, pH: >7, SG: 4

AFRIKA — TANGANJIKASEE
Cichlidae

Buntbarsche, Cichliden

Boulengerochromis microlepis 3/710
Riesenbuntbarsch
H: Überall.
♂: Größer, farbiger. V: –
Z: Substratl, 10000 E; nicht im Aq. F: K
T: 24–26°C, L: 80 cm, pH: ≫7, SG: 3

Callochromis macrops ♂ 3/712
Südlicher Großaugen-Maulbrüter
H: S-Teil: sandig-felsig, Flachwasser.
♂: Farbiger. V: =
Z: ♀ Mb 20 T; agam. F: O
T: 24–26°C, L: 15 cm, pH: >7, SG: 2–3

Callochromis melanostigma ♂ 3/712
Nördlicher Großaugen-Maulbrüter
H: Nur im nördlichsten Teil.
♂: Farbiger. V: =
Z: ♀ Mb 19 T; agam. F: O
T: 24–26°C, L: 15 cm, pH: >7, SG: 3

Callochromis pleurospilus ♂ 3/714
Glanzmaulbrüter
H: Sandlitoral u. Übergang Felslitoral.
♂: Farbiger Saum an Anale. V: –
Z: ♀ Mb 21 T, 20–30 J; agam, Mfam. F: O
T: 23–28°C, L: 15 cm, pH: >7, SG: 2–3

Cardiopharynx schoutedeni 4/584
H: Sand u. Sand/Felslitoral: 3–60 m.
♂: Farbiger. V: =
Z: Mb; nichts Genaues bekannt. F: K
T: 23–28°C, L: 16 cm, pH: >7, SG: 3

Chalinochromis brichardi ♂ 2/852
Maskenbuntbarsch
H: Nicht zentrale O-Küste: Felslitoral: 2–10 m.
♂: Dorsalfleck scharf; Stirnbuckel. V: =
Z: Selten: Hb, <120 E; Efam. F: K
T: 24–27°C, L: <15 cm, pH: >7, SG: 2–3

AFRIKA – TANGANJIKASEE
Cichlidae — Buntbarsche, Cichliden

Chalinochromis sp. „bifrenatus" 3/716
Gestreifter Zügelbuntbarsch (Ikola)
H: Felslitoral.
♂: Größer; Stirnbuckel. V: =
Z: Hb, 4–50 E; enge Efam. F: K
T: 24–28°C, L: 11 cm, pH: ≫7, SG: 2–3

Ctenochromis benthicola ♂ 5/806
Tiefsee-Tanganjikasee-Buntbarsch
H: Burundi, Zaire, Tansania: Felszone.
♀: Bräunlich gelb bis rot. V: –
Z: ♀ Mb 21 T 100 E; noch 28 T Pflege. F: O
T: 23–27°C, L: 17 cm, pH: >7, SG: 2

Ctenochromis horei ♀ 3/758
Rotpunktmaulbrüter
H: Flachwasser: Sand- u. Pflanzengrund.
♀: Eher grau. V: –
Z: Nicht schwierig? ♀ Mb. F: O
T: 24–26°C, L: 18 cm, pH: >7, SG: 3–4

Cunningtonia longiventralis ♂ 5/806

H: Südteil in mehreren Varianten.
♂: Farbiger, längere Ventralen. V: =
Z: ♀ Mb; Sandnest. F: O
T: 24–28°C, L: 15 cm, pH: >7, SG: 3

Cyathopharynx furcifer ♂ 2/888
Großer Fadenmaulbrüter
H: Sandlitoral u. Übergang zum Felslitoral.
♂: Farbiger; sehr lange Ventralen. V: =
Z: ♀ Mb 21 T, 25 E; Mfam. F: O
T: 24–26°C, L: 20 cm, pH: ≫7, SG: 3

Cyathopharynx furcifer ♂ 3/760
Großer Fadenmaulbrüter „Karilani"
H: Variante aus Tansania.
♂: Farbiger; sehr lange Ventralen. V: =
Z: ♀ Mb 21 T, 25 E; Mfam. F: K,O
T: 24–26°C, L: 20 cm, pH: ≫7, SG: 3

AFRIKA – TANGANJIKASEE
Cichlidae

Buntbarsche, Cichliden

Cyathopharynx furcifer ♂ 3/760
Großer Fadenmaulbrüter
Brutfärbung (Foto s. S. 3/781)

Cyphotilapia frontosa 1/700
Tanganjikasee-Beulenkopf
H: Sublitorales Benthal: Steinb., 20–30 m.
♂: Beule etwas größer; etwas länger. V: =
Z: ♀ Mb, 50E, <6 Wochen Pflege. F: K
T: 24–26°C, L: 35 cm, pH: >7, SG: 4

Cyprichromis leptosoma ♂ 1/700

H: S-Ende: Kigoma.
♂: Viel farbiger. V: =
Z: ♀ Mb 21 T. F: K,O
T: 23–25°C, L: 14 cm, pH: >7, SG: 2–3

Cyprichromis microlepidotus 2/890
Kleinschuppiger Kärpflingsbuntbarsch
H: Felsenzone mit vielen vertik. Spalten.
♂: Dunkler; z.Laichzeit dunkle Kehle. V: =
Z: ♀ Mb <29 T, 25 E, Mfam. F: K
T: 23–25°C, L: 14 cm, pH: >7, SG: 3

Cyprichromis microlepidotus ♂ 3/760
Kleinschuppiger Kärpflingsbuntb. (Var.)
H: Freies Wasser des Felslitorals.
♀: Dunkler; Kaudale farbiger. V: =
Z: ♀ Mb <21 T, 5–10 J, agam, Mfam. F: K
T: 23–28°C, L: 11 cm, pH: >7, SG: 4

Cyprichromis nigripinnis ♂ 2/892
Schwarzflossiger Kärpflingsbuntbarsch
H: Einz. in Schwärmen von *C. microlepidotus*.
♀: Anale gelb; ohne Nadelstreifen. V: =
Z: ♀ Mb, Mfam. F: K
T: 23–25°C, L: 10 cm, pH: >7, SG: 3

AFRIKA – TANGANJIKASEE
Cichlidae
Buntbarsche, Cichliden

Cyprichromis pavo ♂ 4/614

Cyprichromis pavo ♀ 4/614

H: SW-Teil: nahe Felsen; >20 m Tiefe.
♂: Farbintensiver; s. Fotos. V: =
Z: ♀ Mb <30 T, agam, Mfam. F: O
T: 24–28°C, L: 12 cm, pH: ≫7, SG: 3

Ectodus descampsi ♂ 3/762

Enantiopus melanogenys 3/762

H: Sandlitoral: im freien Wasser.
♀: Dorsalfleck nicht so groß? V: =
Z: ♀ Mb, nur vereinzelt. F: O
T: 24–26°C, L: 10 cm, pH: >7, SG: 2

H: Sandlitoral bis in 40 m Tiefe.
♂: Farbenprächtiger. V: =
Z: ♀ Mb 20 T; Mutterfamilie, agam. F: O
T: 24–26°C, L: 16 cm, pH: >7, SG: 4

Enantiopus ochrogenys 3/765

Eretmodus cyanostictus 1/702
Tanganjikas.-Clown, Gestreifter Grundelb.

H: Sandlitoral.
♂: Farbiger; Dorsale länger. V: =
Z: ♀ Mb; Mutterfamilie. F: O
T: 24–26°C, L: 11 cm, pH: >7, SG: 3–4

H: Obere Bereiche des Geröll-Litorals.
♂: Etwas längere Ventralen. V: –
Z: ♀ u. ♂ Mb, 25 E.; Elternfamilie. F: K
T: 24–26°C, L: 8 cm, pH: ≫7, SG: 3

CICHLIDEN

AFRIKA – TANGANJIKASEE
Cichlidae

Buntbarsche, Cichliden

Gnathochromis pfefferi WF 3/768

H: Sambia: Ndole Bay.
♂: Farbiger. V: –
Z: ♀ Mb 21 T; Mutterfamilie. F: K,O
T: 24–26°C, L: 12 cm, pH: >7, SG: 2–3

Gnathochromis permaxilaris ♂ 5/818
„Staubsauger"-Cichlide

H: 15–215 m Tiefe. Mind. 2 Farbrassen.
♂: Fast gleich; etwas größer. V: +
Z: ♀ ♂ Mb in Höhle; 12 T 60 J. F: K,O
T: 24–26°C, L: 20–25 cm, pH: >7, SG: 3

Grammatotria lemairii 5/820
Lemaire-Tanganjikasee-Buntbarsch

H: Gesamter See: Sandzone.
♂: Zur Balz mit Fleckenmuster. V: =
Z: ♀ Mb 26 T 40 E. F: K
T: 23–27°C, L: 25 cm, pH: >7, SG: 2

Haplotaxodon microlepis 3/786

H: Felslitoral.
♂: Größer; längere Flossenenden. V: =
Z: Mb? F: K
T: 23–28°C, L: 25 cm, pH: >7, SG: 3

Julidochromis dickfeldi 1/726
Dickfelds Schlankcichlide

H: Sambia: Geröll-/Felslitoral Übergang.
♂: Wahrscheinlich kleiner? V: =
Z: Höhlenbrüter, 300 E., Elternf. F: K,O
T: 22–25°C, L: 8 cm, pH: ≫7, SG: 2

Julidochromis marlieri 1/726
Schachbrett Schlankcichlide

H: Felslitoral.
♂: Meist kleiner, Nackenbuckel. V: =
Z: Höhlenbrüter, 100 E., Elternf. F: K,O
T: 22–25°C, L: <15 cm, pH: ≫7, SG: 2

AFRIKA – TANGANJIKASEE
Cichlidae

Buntbarsche, Cichliden

Julidochromis ornatus 1/726
Gelber Schlankcichlide
H: Felslitoral.
♂: Meist kleiner. V: –
Z: Höhlenbrüter, <100 E., Efam. F: K,O
T: 22–24°C, L: 8 cm, pH: ≫7, SG: 2

Julidochromis regani 1/728
Vierstreifen-Schlankcichlide
H: Felslitoral.
♂: Kleiner; Genitalpapille spitzer. V: =
Z: Höhlenbrüter, 300 E., Elternf. F: K,O
T: 22–25°C, L: <30 cm, pH: ≫7, SG: 2

Julidochromis transcriptus 1/728
Schwarzweißer Schlankcichlide
H: Felslitoral.
♂: Genitalpapille länger. V: –
Z: Höhlenbrüter, 30 E., Elternf. F: K,O
T: 22–25°C, L: 7 cm, pH: ≫7, SG: 2

Lamprologus callipterus ♂ 3/796
Lamprologus „Tembo"
H: Geröll- u. Felslitoral u. Übergangszonen zum Sandlitoral. Schneckenhäuser.

Lamprologus callipterus ♀ 3/796
Lamprologus „Tembo"

♂: Um 150% größer. V: –
Z: Hb, Schneckenhaus. F: K
T: 23–26°C, L: ♂ 15 cm, pH: >7, SG: 2

Lamprologus lemairii ♂ 2/934

H: Seeweit im Litoral.
GU: Nicht unterscheidbar. V: –
Z: Hb, MMFam? Nicht erfolgt. F: K!
T: 23–26°C, L: 24 cm, pH: >7, SG: 3

AFRIKA – TANGANJIKASEE
Cichlidae

Buntbarsche, Cichliden

Lamprologus meleagris   5/862

H: Nahe Bwasse südlich von Moba.
GU: Nicht sichtbar.   V: =
Z: Hb, Schneckenhaus, <20 E; Mfam.   F: O
T: 24–28°C, L: 7 cm, pH: >7, SG: 3

Lamprologus ocellatus ♂   2/942

H: Weit verbreitet: Sand, 5–30 m.
♂: Längere Ventralen?   V: –
Z: Hb, Schneckenhaus, VMFam.   F: K
T: 23–25°C, L: ♂ 6 cm, pH: >7, SG: 3–4

Lamprologus ornatipinnis   2/944

H: Weit verbreitet: Sandlitoral, Ufer–100 m.
♂: 3 cm größer.   V: =
Z: Hb, Schneckenhaus, MMFam?.   F: O
T: 24–26°C, L: ♂ 8 cm, pH: >7, SG: 4

Lamprologus signatus ♂   4/632
Vielfachgebänderter Tanganjikasee-Buntb.

H: Moba (Zaire), Camerone Bay (Sambia).
♂: 2 cm größer; Streifenzeichnung.   V: =
Z: Hb, Schneckenhaus.   F: O
T: 24–28°C, L: ♂ 6 cm, pH: >7, SG: 3

Lamprologus signatus ♀   4/632
Vielfachgebänderter Tanganjikasee-Buntb.

Lamprologus speciosus ♂   4/630
Weißgebänderter Tanganjikasee-Buntb.

H: Zaire: Sandboden: Schneckenhäuser.
♂: Etwas größer.   V: +
Z: Hb, Schneckenhaus.   F: K
T: 23–27°C, L: 5 cm, pH: >7, SG: 2

AFRIKA – TANGANJIKASEE
Cichlidae
Buntbarsche, Cichliden

Lamprologus speciosus ♀ 4/630
Weißgebänderter Tanganjikasee-Buntb.

Lepidiolamprologus attenuatus 4/634
Einfleck-Tanganjikasee-Buntbarsch
H: Übergangszone Geröll-/Sandboden.
♂: Etwas größer u. schlanker. V: –
Z: Hb, 40 E, Elternfamilie. F: K
T: 23–27°C, L: 14 cm, pH: >7, SG: 2

Lepidiolamprologus cunningtoni 2/928
Cunnigtons Tanganjikasee-Buntbarsch
H: Einer der häufigsten Arten des Litorals.
♂: Längere Ventralen? V: –
Z: Hb?, Vater-Mutter-Familie? F: K,O
T: 23–26°C, L: 15 cm, pH: >7, SG: 3

Lepidiolamprologus cunningtoni 3/811
Cunnigtons Tanganjikasee-Buntbarsch
H: Sandflächen.
♂: Größer um 15 cm. V: –
Z: Nat.: Zwischen u. unter Steinen. F: O
T: 24–27°C, L: ♂ 25 cm, pH: >7, SG: 2–3

Lepidiolamprologus elongatus juv. 2/928

H: Weit verbreitet: Felslitoral.
♂: Längere Ventralen? V: –
Z: Hb, >500 E, Elternfamilie. F: K!
T: 23–25°C, L: 20 cm, pH: ≫7, SG: 3–4

Lepidiolamprologus elongatus 4/636
adult
H: Weit verbreitet: Felslitoral.
♂: Größer. V: –
Z: Hb, >500 E, Elternfamilie. F: K!
T: 23–27°C, L: 30 cm, pH: >7, SG: 2

AFRIKA – TANGANJIKASEE
Cichlidae

Buntbarsche, Cichliden

Lepidiolamprologus kendalli ♂ 4/634
Kendalls Tanganjikasee-Buntbarsch
H: Sambia: Mutondwe Island: Felslitoral.
♂: Etwas länger. V: =
Z: Hb, >40 E, Elternfamilie. F: K
T: 23–27°C, L: 16 cm, pH: >7, SG: 2

Lepidiolamprologus nkambae 2/942
H: Nkamba Bay: Felslitoral.
GU: Nicht feststellbar. V: –
Z: Keine Angaben. F: K!
T: 23–25°C, L: 14 cm, pH: ≫7, SG: 3–4

Lepidiolamprologus profundicola 3/820

H: Fels- u. Geröllzone.
GU: Nicht beschrieben. V: –
Z: Keine Angaben. F: K
T: 24–26°C, L: 30 cm, pH: >7, SG: 3

Lestradea perspicax 3/800

H: Litoralzone.
♂: Dorsale mit 2 Längslinien. V: =
Z: Noch nicht gelungen; Mb. F: O
T: 25°C, L: 12 cm, pH: >7, SG: 2

Limnochromis auritus 2/948

H: Sublitorales sandiges Benthal; 30–50 m.
♂: Ventralen länger? V: =
Z: ♀♂ Mb, <300 E. F: K,O
T: 24–26°C, L: 14 cm, pH: >7, SG: 2

Lobochilotes labiatus o. ♂ 1/738
Tanganjikasee-Zebrab., Zebra-Wulstlippenb.
H: Felslitoral.
♂: Eiflecken. V: –
Z: Unbekannt. Mb?, Mutterfam.? F: K,O
T: 24–27°C, L: 37 cm, pH: >7, SG: 2–3

AFRIKA – TANGANJIKASEE
Cichlidae

Buntbarsche, Cichliden

Microdontochromis tenuidentatus 4/638

H: Westküste: Zaire.
GU: Unbekannt. V: ?
Z: Noch nicht gelungen; Mb? F: O
T: 24–28°C, L: 8 cm, pH: >7, SG: 3

Neolamprologus bifasciatus ♂ 4/642

H: Felshabitate >30 m; nahe Kleinhöhlen.
♂: Größer. V: =
Z: Hb, <40 E, VMFam. F: O
T: 24–28°C, L: 10 cm, pH: ≫7, SG: 3

Neolamprologus bifasciatus ♀ 4/642

Neolamprologus boulengeri 3/808
Boulengers Schneckenbuntbarsch
H: Sandlitoral mit Schneckenhäusern.
♂: 2 cm größer. V: =
Z: Hb, 60 E, Schneckenh., VMFam. F: O
T: 24–26°C, L: ♂ 7 cm, pH: >7, SG: 3

Neolamprologus brevis o.♂, u.♀ 2/922
Schneckenbuntbarsch
H: Schlamm/Sandböden; Schneckenhäuser.
♂: Größer; etwas farbiger; s. Foto. V: =
Z: Schneckenh., <30 E., MMFa./Mfa. F: K
T: 23–25°C, L: ♂ 6 cm, pH: >7, SG: 3–4

Neolamprologus brevis ♂ 2/922
Schneckenbuntbarsch

AFRIKA – TANGANJIKASEE
Cichlidae

Buntbarsche, Cichliden

Neolamprologus brichardi 1/732
Gabelschwanzbuntbarsch, Feenbarsch
H: Felslitoral.
♂: Dorsal- u. Kaudalspitzen länger. V: =
Z: Hb, 200 E., Elternfamilie. F: K,O
T: 22–25°C, L: 10 cm, **pH**: >7, **SG**: 2

Neolamprologus buescheri 3/808
Spindelbuntbarsch
H: Bisher nur im S-Teil gefunden.
GU: Keine zu erkennen. V: =
Z: Hb, 200 E., VMFamilie. F: O
T: 24–28°C, L: 7 cm, **pH**: >7, **SG**: 3

Neolamprologus caudopunctatus 3/812

H: S-Teil.
♂: 1 cm größer. V: =
Z: Hb; noch nicht gelungen. F: K,O
T: 23–25°C, L: ♂ 7 cm, **pH**: >7, **SG**: 3

Neolamprologus christyi 3/812

H: Über Sandflächen.
GU: Unbekannt. V: –
Z: Hb, <150 E, Efam. F: K
T: 23–28°C, L: 12 cm, **pH**: >7, **SG**: 2–3

Neolamprologus cylindricus 3/814

H: SÖ-Küste: Felslitoral.
♂: Etwas größer. V: –
Z: Hb, 50–200 E., Elternfamilie. F: K
T: 23–28°C, L: 12 cm, **pH**: >7, **SG**: 2

Neolamprologus falcicula juv. 5/888

H: N-Küste: Fels/Sand ab 10 m Tiefe.
GU: Nur durch Genitalpapille. V: –
Z: Hb mit intensiver Verteidigung. F: O
T: 23–27°C, L: 8 cm, **pH**: ≫7, **SG**: 2

AFRIKA – TANGANJIKASEE
Cichlidae

Buntbarsche, Cichliden

Neolamprologus falcicula adult 5/888

Neolamprologus furcifer 2/932
H: Seeweit: Geröll- u. Felslitoral; sehr an Spalten u. Höhlen gebunden.
♂: Im Alter Nackenfetthöcker. **V:** –
Z: Hb, 50 E, Efam. **F:** K
T: 23–25°C, **L:** 15 cm, **pH:** >7, **SG:** 3

Neolamprologus fasciatus 2/930

H: Geröll- u. Felslitoral: 2–5 m.
GU: Nicht unterscheidbar. **V:** =
Z: Hb, Efam. o. Mann-Mutter-Fam? **F:** K
T: 23–25°C, **L:** 14 cm, **pH:** >7, **SG:** 2–3

Neolamprologus gracilis 5/891

H: SW-Küste: Bei Moba: 3–40 m Tiefe.
GU: Nur Genitalpapille. **V:** +
Z: Höhlenbrüter. **F:** O
T: 24–28°C, **L:** 9 cm, **pH:** ≫7, **SG:** 2

Neolamprologus hecqui ♂ 5/892
Hecq's Tanganjikasee-Buntbarsch
H: Ndole Bay: Sandzone.
♂: Größer. **V:** +
Z: Schneckenhaus; Vater-Mutterfam. **F:** O
T: 23–27°C, **L:** 8 cm, **pH:** >7, **SG:** 2

Neolamprologus kungweensis ♂ 3/814

H: Maswa.
♂: 3 cm größer. **V:** =
Z: Schneckenhaus? Kein Bericht. **F:** K,O
T: 24–26°C, **L:** ♂ 7 cm, **pH:** >7, **SG:** 2–3

AFRIKA – TANGANJIKASEE
Cichlidae
Buntbarsche, Cichliden

Neolamprologus kungweensis ♀ 3/814

Neolamprologus leleupi 1/734
Tanganjikasee-Goldcichlide
H: Felslitoral.
♂: Kopf massiger, etwas größer. V: =
Z: Hb, <150 E., Elternfamilie. F: K
T: 24–26°C, L: 10 cm, pH: >7, SG: 3–4

Neolamprologus leloupi ♂ 4/644
Leloup Tanganjikasee-Buntbarsch
H: Zaire, Sambia, Tansania: Geröllzone.
♂: Etwas schlanker. V: +
Z: Hb, <30 E., enge Elternfamilie. F: K
T: 23–27°C, L: 6 cm, pH: >7, SG: 2

Neolamprologus longior 2/932
Langgestreckter Tanganjikasee-Goldcichlide
H: O-Ufer: Mittleres bis unteres Felslitoral.
♂: Flossen verlängert. V: =
Z: Hb, <200 E, VMFam. F: K
T: 24–26°C, L: 10 cm, pH: >7, SG: 3

Neolamprologus marunguensis 3/822

H: Fels- u. Geröll-Litoral.
♂: Schwer zu unterscheiden. V: =
Z: Hb, 10 E (kurzer Zyklus), Efam. F: K
T: 24–26°C, L: 30 cm, pH: >7, SG: 3

Neolamprologus marunguensis ♂ 4/644
Blauaugen-Tanganjikasee-Buntbarsch
H: Zaire: S von Kapampa: Geröll-Litoral.
♂: Länger u. schlanker. V: =
Z: Hb, 40 E, feste Paare, Elternfam. F: K
T: 23–27°C, L: 7 cm, pH: >7, SG: 2

AFRIKA – TANGANJIKASEE
Cichlidae

Buntbarsche, Cichliden

Neolamprologus meeli ♂ 2/934

H: In Zonen mit Schneckenhäusern.
♂: Fast doppelt so groß. **V:** =
Z: Hb, Vater-Mutter-Familie. **F:** K
T: 23–25°C, **L:** ♂ 7 cm, **pH:** >7, **SG:** 3

Neolamprologus modestus 2/938
(Variante aus Nkamba Bay, Sambia)
H: Obere Geröll- u. Felsenzone.
♂: Etwas spitzere Dorsale u. Anale. **V:** –
Z: Hb, 50–100 E, Elternfamilie. **F:** K,O
T: 23–25°C, **L:** ♂ 12 cm, **pH:** >7, **SG:** 2–3

Neolamprologus modestus 2/938

Neolamprologus mondabu 4/646
Mondabu-Tanganjikasee-Buntbarsch
H: Geröll- u. Sandzone.
♂: Etwas größer. **V:** =
Z: Höhlenbrüter, Elternfamilie. **F:** K
T: 23–27°C, **L:** 8 cm, **pH:** >7, **SG:** 2

Neolamprologus multifasciatus ♂ 3/817
Schneckenbuntbarsch
H: 10m Tiefe mit leeren Schneckenhäusern.
♂: 1cm größer; rötlicher Dorsalsaum. **V:**=
Z: Schneckenhaus. **F:**K
T: 24–26°C, **L:** ♂ 4,5 cm, **pH:** >7, **SG:** 3

Neolamprologus mustax 2/941

H: Weit verbreitet im SW-Teil.
♂: Größer, im Alter Kopfbuckel. **V:** +
Z: Hb, <80 E, VMFam. **F:** K,O
T: 24–26°C, **L:** ♂ 10 cm, **pH:** >7, **SG:** 2–3

AFRIKA – TANGANJIKASEE
Cichlidae

Buntbarsche, Cichliden

Neolamprologus niger ♂   4/648

H: Zaire, Tansania, Sambia.
♂: Etwas größer.   V: +
Z: Hb, Elternfamilie.   F: O
T: 24–28°C, L: 9 cm, pH: >7, SG: 3

Neolamprologus nigriventris ♂   4/648

H: Kapampa: Sand mit Felsen, >15 m.
♂: 2 cm größer.   V: +
Z: Hb, 100 E, Vater-Mutter-Familie.   F: O
T: 24–28°C, L: ♂ 12 cm, pH: ≫7, SG: 3

Neolamprologus nigriventris ♀   4/648

Neolamprologus obscurus   3/819

H: Fels- u. Geröll-Litoral.
♂: Etwas größer.   V: =
Z: Hb, <50 E, Elternfamilie.   F: K
T: 23–28°C, L: 9 cm, pH: >7, SG: 2

Neolamprologus pectoralis   4/650

H: SW-Teil: Sand mit Felsen, >15 m.
♂: 2 cm größer.   V: =
Z: Hb, <40 E, VM Tendenz Efam.   F: O
T: 24–28°C, L: ♂ 14 cm, pH: ≫7, SG: 3

Neolamprologus pectoralis   4/650
Dorsalansicht: man beachte die schwarzen Brustflossen.

AFRIKA – TANGANJIKASEE
Cichlidae
Buntbarsche, Cichliden

Neolamprologus pleuromaculatus 3/820
Bauchfleck-Tanganjikaseebuntbarsch
H: N-Teil: Schlammige u. Sandige Böden.
♂: Etwas größer? V: =
Z: Hb, <300 E, Elternfamilie. F: K
T: 23–25°C, L: 12 cm, pH: >7, SG: 3

Neolamprologus pulcher 3/822
H: Felslitoral.
♂: Dorsal u. Anale länger? V: =
Z: Hb, <100 E, Elternfamilie. F: K,O
T: 24–26°C, L: 10 cm, pH: >7, SG: 1

Neolamprologus savoryi savoryi 2/944
H: Versteckt im Geröll-Litoral.
♂: Dorsale u. Anale spitzer? V: =
Z: Höhlenbrüter, Elternfamilie. F: O
T: 23–26°C, L: 9 cm, pH: >7, SG: 2

Neolamprologus sexfasciatus 2/946
H: S-Teil: Geröll- u. Felslitoral, 2–5 m.
♂: Größer. V: =
Z: Höhlenbrüter, Elternfamilie. F: K
T: 23–26°C, L: 15 cm, pH: >7, SG: 2–3

Neolamprologus sexfasciatus 4/653
Gelbe Form
H: S-Hälfte der tansanischen Küste.
♂: Größer. V: =
Z: Höhlenbrüter, Elternfamilie. F: O
T: 24–28°C, L: 15 cm, pH: >7, SG: 3

Neolamprologus similis ♀ 4/654
Breitstreifen-Tanganjikasee-Buntbarsch
H: Zaire, Sam., Tan.: Felszone >30 m tief.
♂: Etwas größer. V: =
Z: Natur: Höhlenbrüter, Elternfam. F: K
T: 23–28°C, L: 5 cm, pH: >7, SG: 2

AFRIKA – TANGANJIKASEE
Cichlidae

Buntbarsche, Cichliden

Neolamprologus sp. „daffodil" 2/925
Daffodil Schneckenbarsch
H: Felslitoral.
♂: Etwas farbiger, spitzere Flossen. **V:** +
Z: Hb, 200 E., Elternfamilie. **F:** K,O
T: 22–27°C, **L:** 7 cm, **pH:** >7, **SG:** 1

Neolamprologus sp. „magarae" ♂ 2/936
H: Magara: Sandlitoral mit Schneckenh.
♂: 2 cm größer. **V:** =
Z: Hb, Schneckenhaus, MMFam. **F:** O
T: 24–26°C, **L:** ♂ 7 cm, **pH:** ≫7, **SG:** 3

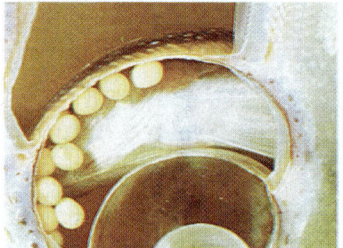

Neolamprologus sp. „magarae" 2/936

Gelege im Schneckenhaus. Vom ♀ sieht man die Kopfunterseite und Kehle.

Neolamprologus splendens 4/654
H: SO von Moba; Fels/Sand; 2-40 m.
♂: Etwas größer. **V:** =
Z: Höhlenbrüter. **F:** O
T: 24–28°C, **L:** 8 cm, **pH:** ≫7, **SG:** 2

Neolamprologus tetracanthus 1/734
H: Häufiger Buntbarsch der Uferzone.
♂: Größer, Stirnbuckel im Alter. **V:** =
Z: Hb, 200 E., Elternfamilie. **F:** K
T: 23–25°C, **L:** 19 cm, **pH:** >7, **SG:** 2-3

Neolamprologus tretocephalus 1/736
Fünfstreifen-Tanganjikaseebuntbarsch
H: Geröll- u. Felslitoral.
♂: Dunklere Flossen? **V:** =
Z: Hb, <400 E., Elternfamilie. **F:** L,O
T: 24–26°C, **L:** 15 cm, **pH:** >7, **SG:** 2–3

AFRIKA – TANGANJIKASEE
Cichlidae

Buntbarsche, Cichliden

Neolamprologus variostigma 5/894

H: 40 km SO von Moba; Felsen in 45 m.
♂: Deutlich größer. V: =
Z: Schneckenhaus; Elternfamilie. F: K
T: 23–27°C, L: ♂ 8 cm, pH: >7, SG: 2

Neolamprologus ventralis 5/894

H: 40 km SO von Moba; 20 bis >60 m.
♂: Größer; Genitalpapille. V: =
Z: Hb. mit intensiver Verteidigung. F: O
T: 23–27°C, L: 8 cm, pH: ≫7, SG: 2

Neolamprologus wauthioni 2/946

H: Sandlitoral: Schneckenhäuser; 35 m.
♂: 2,5 cm größer. V: =
Z: Hb, Schneckenh. auf Sandberg. F: O
T: 24–26°C, L: ♂ 7 cm, pH: >7, SG: 3

Ophthalmotilapia boops ♂ 3/826

H: Im Süden Tansanias.
♂: Ventralen viel länger; farbiger. V: =
Z: ♀ Mb; modif. Eif., agam, Mfam. F: O
T: 22–26°C, L: 15 cm, pH: >7, SG: 3

Ophthalmotilapia heterodonta ♂ 3/826
Hellblauer Fadenmaulbrüter

H: Felszone im Übergang zum Sand.
♂: Ventralen viel länger; farbiger. V: =
Z: ♀ Mb; modif. Eif., agam, Mfam. F: O
T: 24–26°C, L: 15 cm, pH: >7, SG: 3

Ophthalmotilapia nasuta ♂ 2/960
Nasenbuntbarsch

H: Fast überall: Felslitoral; 2–5 m.
♂: Ventralen viel länger; dunkler. V: =
Z: ♀ Mb; modif. Eif., agam, Mfam. F: O
T: 24–26°C, L: 18 cm, pH: >7, SG: 3–4

AFRIKA – TANGANJIKASEE
Cichlidae

Buntbarsche, Cichliden

Ophthalmotilapia ventralis ♂ 1/746
Blauer Fadenmaulbrüter
H: Felszone am Übergang zum Sand.
♂: Ventralen viel länger; farbiger. V: =
Z: ♀ Mb, <60 E; modifizierte Eif. F: K,O
T: 23–25°C, L: 15 cm, pH: >7, SG: 2–3

Ophthalmotilapia ventralis ♂ 3/824
Winkerbuntbarsch (Farbform Mpimbwe)
H: Felszone am Übergang zum Sand.
♂: Ventralen viel länger; farbiger. V: =
Z: ♀ Mb, <60 E; modifizierte Eif. F: K,O
T: 24–26°C, L: ♂ 14 cm, pH: >7, SG: 3

Ophthalmotilapia ventralis ♂ 4/658
Fadenmaulbrüter Farbform „Gold"
H: SW-K.: Kapampa bis Lunangwa 1–8 m.
♂: Ventralen viel länger; farbiger. V: =
Z: ♀ Mb; modifizierte Eifleckm. F: O
T: 24–28°C, L: ♂ 12 cm, pH: ≫7, SG: 3

Ophthalmotilapia ventralis ♂ 1/746
Blauer Fadenmaulbrüter Chimba

Ophthalmotilapia ventralis ♂ 3/824
Winkerbuntbarsch
Nominatform

Ophthalmotilapia ventralis ♂ 3/824
Winkerbuntbarsch
Kabogog white cap

AFRIKA – TANGANJIKASEE
Cichlidae

Buntbarsche, Cichliden

Ophthalmotilapia ventralis ♂   3/824
Winkerbuntbarsch
Kachese

Ophthalmotilapia ventralis ♂   3/824
Winkerbuntbarsch
Kapembe

Ophthalmotilapia ventralis ♂   3/824
Winkerbuntbarsch
Maxa

Oreochromis tanganicae ♂   3/832

H: Flaches Sand- u. Felslitoral.
♂: Farbenprächtiger, Eiflecken.   V: =
Z: ♀ Mb, Mfam.; noch nicht erfolgt. F: O
T: 24–26°C, L: 40 cm, pH: >7, SG: 2–3

Oreochromis tanganicae ♀   3/832

Palaeolamprologus toae   3/836

H: Fels- u. Geröll-Litoral.
♂: Hautlappen über Genitalpapille.   V: –
Z: ♀ Hb, VMFam.   F: K
T: 24–26°C, L: 11 cm, pH: >7, SG: 2–3

AFRIKA – TANGANJIKASEE
Cichlidae

Buntbarsche, Cichliden

Paracyprichromis brieni ♂ 3/838

Paracyprichromis brieni ♀ 3/838

H: Freies Wasser des Felslitorals.
♂: Dunkler gefärbt, etwas größer. V: =
Z: ♀ Mb 21 T, 5–10 J; agam, Mfam. F: K
T: 23–28°C, L: 11 cm, pH: >7, SG: 3

Perissodus microlepis 3/846

Petrochromis famula ♂ 2/968

H: Kigoma.
GU: Unbekannt. V: –
Z: ♀ Mb, <350 E; Elternfamilie. F: P!
T: 24–28°C, L: 11 cm, pH: >7, SG: 4

H: Kigoma u. NW-Küste: Geröll-Litoral.
♂: Intensiver gefärbt, Eiflecken. V: –
Z: ♀ Mb, <60 E; agam, Mfam. F: O,H
T: 23–26°C, L: 15 cm, pH: >7, SG: 3

Petrochromis famula 2/968

Petrochromis fasciolatus ♂ 3/845

AFRIKA – TANGANJIKASEE
Cichlidae

Buntbarsche, Cichliden

Petrochromis fasciolatus ♂ 4/670
Gebänderter Petrochromis-Buntbarsch
H: Weit verbreitet: Geröll- u. Felszone.
♂: Etwas farbiger zur Balz. **V**: =
Z: ♀ Mb, <30 E; ♀ u. ♂ pflegen. **F**: O,H
T: 23–27°C, **L**: 16 cm, **pH**: >7, **SG**: 3

Petrochromis macrognathus 3/846

H: NW-Teil, Kalemie: Geröll-Litoral.
♀: Vertikale helle Körperlinien; kleiner. **V**:–
Z: ♀Mb, agam, Mfam? Nicht erfolgt. **F**:O
T: 24–26°C, **L**: 20 cm, **pH**: >7, **SG**: 4

Petrochromis orthognathus ♂ 3/848

H: Geröll- u. Felslitoral.
♀: Körperseiten mit vertikalen Linien. **V**: –
Z: ♀ Mb <35 T; agam, Mfam. **F**: O,H
T: 24–26°C, **L**: 12 cm, **pH**: >7, **SG**: 3

Petrochromis orthognathus ♂ 4/672

H: Zentrale W-Küste (Zaire): Felslitoral.
♂: Einige Eiflecken. **V**: –
Z: ♀ Mb <30 T. **F**: O,H
T: 23–27°C, **L**: 14 cm, **pH**: ≫7, **SG**: 3

Petrochromis polyodon ♂ 2/968

H: Weit verbreitet: flaches Geröll-Litoral.
♂: Eiflecken. **V**: –
Z: ♀ Mb, <15 E; agam, Mfam. **F**: O,H
T: 23–26°C, **L**: 21 cm, **pH**: >7, **SG**: 3

Petrochromis sp. 3/845

AFRIKA – TANGANJIKASEE
Cichlidae

Buntbarsche, Cichliden

Petrochromis trewavasae 2/970

H: SW-Küste: Oberes Geröll- u. Felslitoral.
GU: Undeutlich; ♂ Eiflecken. V: –
Z: ♀ Mb, <15 E; agam, Mfam. F: O
T: 23–25°C, L: 18 cm, pH: >7, SG: 2–3

Plecodus straeleni 3/848

H: Nicht häufig.
GU: Unbekannt. V: –
Z: Noch nicht gelungen. F: P!
T: 24–28°C, L: 16 cm, pH: >7, SG: 4

Pseudosimochromis curvifrons ♂ 2/970

H: Geröllzone.
♀: Intensive Bänderung, kleiner. V: –
Z: ♀ Mb, Mutter-Familie. F: O,H
T: 24–26°C, L: 14 cm, pH: >7, SG: 3

Pseudosimochromis curvifrons ♂ 3/852

H: Geröll- u. Felslitoral.
♀: Intensive Bänderung. V: –
Z: ♀ Mb 25 T, agam, Mutterfam. F: O,H
T: 24–26°C, L: 12 cm, pH: >7, SG: 2

Reganochromis calliurus 3/862

H: In größeren Wassertiefen.
GU: Nicht festzustellen. V: =
Z: ♀ ♂ Mb, intensive Elternfamilie. F: K
T: 23–28°C, L: 15 cm, pH: >7, SG: 2–3

Simochromis babaulti ♂ 2/984
Babaults Maulbrüter

H: Felslitoral.
♂: Schwarzes Dorsalband; Eiflecken. V: –
Z: ♀ Mb, <50 E, Mfam., Eifleckm. F: O
T: 24–26°C, L: 11 cm, pH: >7, SG: 2–3

AFRIKA – TANGANJIKASEE
Cichlidae

Buntbarsche, Cichliden

Simochromis dardennii ♂ 2/986
Stirnstreifenbuntbarsch

H: Weit verbreitet: Litoralbewohner.
♂: Eiflecken. **V:** –
Z: Noch nicht erfolgt. ♀ Mb, Mfam. **F:** O
T: 23–26°C, **L:** 26 cm, **pH:** >7, **SG:** 3

Simochromis diagramma ♂ 3/868

H: Felslitoral.
♂: 2 cm größer; Flossen farbiger. **V:** –
Z: ♀ Mb 25 T, agam, Mutterfamilie. **F:** O
T: 25°C, **L:** 18 cm, **pH:** >7, **SG:** 2

Simochromis marginatus 5/948

H: Kigoma, Nyanza-Lac: Sandboden
♂: Etwas dunkler. **V:** =
Z: ♀ Mb? agam? Mutterfamilie? **F:** O,H
T: 24–28°C, **L:** 11 cm, **pH:** >7, **SG:** 2–3

Simochromis pleurospilus ♂ 3/868

H: Felslitoral u. Übergang zum Sandlitoral.
♂: Lachsrote Farbtupfer. **V:** –
Z: ♀ Mb 25 T; agam, Mutterfamilie. **F:** O
T: 25°C, **L:** 9–12 cm, **pH:** >7, **SG:** 2

Spathodus erythrodon 2/986
Blaupunkt-Grundelbuntbarsch

H: Geröll-Litoral: 30–50 cm.
♂: Größer; Flossen länger. **V:** –
Z: ♀ ♂ Mb, <25 E, enge Elternfam. **F:** O
T: 25–27°C, **L:** 8 cm, **pH:** >7, **SG:** 2–3

Spathodus marlieri 2/989
Marliers-Grundelbuntbarsch

H: Im Norden des Sees.
♂: Größer; Flossen länger; Kopfbuckel. **V:** –
Z: ♀ Mb, <25 E, Mutterfamilie. **F:** O
T: 25–27°C, **L:** ♂<9 cm, **pH:** >7, **SG:** 3

AFRIKA – TANGANJIKASEE
Cichlidae

Buntbarsche, Cichliden

Tanganicodus irsacae 2/997

H: Norden: Geröll-Litoral; <1 m.
♂: Ventralen etwas länger? V: –
Z: ♀Mb, ♂Mb?, Elternfamilie? F: O
T: 24–28°C, L: 7 cm, pH: >7, SG: 3

Telmatochromis bifrenatus ♂ 1/774
Zweibandcichlide

H: Bei Kigoma: Felslitoral.
♂: Größer, verlängerte Flossen. V: +
Z: Hb, <80 E., Vater-Mutter-Fam. F: K,O
T: 24–26°C, L: 6 cm, pH: ≫7, SG: 2–3

Telmatochromis burgeoni 5/966

H: Südhälfte.
♂: Größer; kleine Stirnbeule. V: =
Z: Schneckenhaus, Elternfamilie. F: O
T: 24–28°C, L: 7 cm, pH: >7, SG: 2–3

Telmatochromis dhonti 1/776

H: Litoralzone.
♂: Größer, stärker gewölbte Stirn. V: –
Z: Hb, <500 E, Mann-Mutter-Fa. F:K,O
T: 24–26°C, L: 12 cm, pH: ≫7, SG: 2–3

Telmatochromis temporalis 2/998

H: Geröll- u. Felslitoral.
♂: Größer, stärker gewölbte Stirn. V: =
Z: Hb, <60 E., Elternfamilie. F: O
T: 25–27°C, L: 10 cm, pH: ≫7, SG: 2–3

Telmatochromis vittatus 1/776
Schneckenbarsch

H: Mbity Rocks.
♂: Größer, schlanker. V: =
Z: Hb, <80 E., Vater-Mutter-Fam. F: K,O
T: 24–26°C, L: 4 cm, pH: ≫7, SG: 2–3

AFRIKA – TANGANJIKASEE
Cichlidae   Buntbarsche, Cichliden

Triglachromis otostigma 1/780
Tanganjikasee-Knurrhahn
H: Schlamm/Sand Sublitoral (20–60 m).
GU: Unbekannt. **V:** =
Z: Mb. Einzelheiten unbekannt **F:** K,O
T: 24–26°C, **L:** 12 cm, **pH:** ≫7, **SG:** 2

Tropheus brichardi 2/1004
Schoko-Moori, Sattelfleck-Moori
H: N-Ufer: Geröll- u. Felslit., 2–5 m Tiefe.
GU: Nicht zu erkennen. **V:** =
Z: Freilaichende Mb, 10 J. **F:** K,H
T: 24–26°C, **L:** 12 cm, **pH:** >7, **SG:** 3–4

Tropheus brichardi 2/1004
Schoko-Moori, Sattelfleck-Moori
Kipili (Foto 3/897)

Tropheus duboisi ♂ 1/782
Weißpunkt-Brabantbuntbarsch
H: Felsboden, 3–15 m Tiefe.
♂: Größer; längere Ventralen. **V:** =
Z: ♀ Mb, 5–15 E. Mutterfamilie. **F:** L,O
T: 24–26°C, **L:** 12 cm, **pH:** ≫7, **SG:** 3

Tropheus duboisi juv. 1/782
Weißpunkt-Brabantbuntbarsch

Tropheus moorii 1/782
Brabantbuntbarsch
H: Felslitoral.
♂: Längere Ventralen. **V:** =
Z: ♀ Mb, 5–17 E. **F:** O, H
T: 24–26°C, **L:** 15 cm, **pH:** >7, **SG:** 4

AFRIKA – TANGANJIKASEE
Cichlidae

Buntbarsche, Cichliden

Tropheus moorii 1/782
Brabantbuntbarsch
(Foto 2/1005)

Tropheus moorii 1/782
Brabantbuntbarsch
Regenbogenvariante (Foto 2/1005)

Tropheus moorii 1/782
Brabantbuntbarsch
Gestreifte Variante (Foto 2/1005)

Tropheus moorii 1/782
Brabantbuntbarsch
Orange Variante (Foto 2/1005)

Tropheus moorii 1/782
Brabantbuntbarsch
Grüne Variante (Foto 2/1005)

Tropheus moorii 1/782
Brabantbuntbarsch
Doppelfleck-Variante (Foto 2/1005)

AFRIKA − TANGANJIKASEE
Cichlidae
Buntbarsche, Cichliden

Tropheus moorii 1/782
Brabantbuntbarsch
Schwarzstreifenvariante (Foto 2/1005)

Tropheus moorii 1/782
Brabantbuntbarsch
Murango (Foto 3/896)

Tropheus moorii 1/782
Brabantbuntbarsch, Kaiser-Moorii
(Foto 2/1005)

Tropheus moorii 1/782
Brabantbuntbarsch
Kachese (Foto 3/897)

Tropheus moorii 1/782
Brabantbuntbarsch
Kalambo (Foto 3/897)

Tropheus moorii 1/782
Brabantbuntbarsch
Chipimbi, Katete (Foto 3/897)

AFRIKA – TANGANJIKASEE
Cichlidae   Buntbarsche, Cichliden

Tropheus moorii   1/782
Brabantbuntbarsch
Mkombe   (Foto 3/897)

Tropheus polli   1/784
Gabelschwanz-Brabantbuntbarsch
H: Bulu-Insel: S-Küste u- Bulu Point.
♂: Mehr „Gabelschwanz".   V: =
Z: ♀ Mb, 5–15 E. Mfam.   F: O,H
T: 24–26°C, L: 16 cm, pH: >7, SG: 3–4

Tropheus polli   1/784
Gabelschwanz-Brabantbuntbarsch
Gelbe Regenbogen-Variante
                              (Foto 2/1006)

Tropheus polli   1/784
Gabelschwanz-Brabantbuntbarsch
Wimpelvariante   (Foto 2/1006)

Tropheus polli   1/784
Gabelschwanz-Brabantbuntbarsch
Stirnstreifenvariante   (Foto 2/
                                  1006)

Tropheus polli   1/784
Gabelschwanz-Brabantbuntbarsch
Grünrote Variante   (Foto 2/1006)

AFRIKA – TANGANJIKASEE
Cichlidae

Buntbarsche, Cichliden

Tropheus polli juv. 1/784
Gabelschwanz-Brabantbuntbarsch
Ikola Island (Foto 3/896)

Tropheus polli 1/784
Gabelschwanz-Brabantbuntbarsch
Mpimbwe (Foto 3/897)

Tropheus polli 1/784
Gabelschwanz-Brabantbuntbarsch
Karilani (Foto 3/897)

Variabilichromis moorii juv. 2/938

H: S-Hälfte: Geröll- u. Felslitoral; <3 m.
♂: Im Alter Flossen spitzer. V: +
Z: Hb, <100 E, enge Elternfam. F: K,O
T: 24–26°C, L: 10 cm, pH: >7, SG: 2–3

Variabilichromis moorii subadult 2/938

Variabilichromis moorii adult 2/938

AFRIKA – TANGANJIKASEE
Cichlidae

Buntbarsche, Cichliden

Xenotilapia boulengeri 2/1007

H: Sandboden: 1–60 m Tiefe.
♂: Anale mit Zeichnung; farbiger. **V**: +
Z: ♀♂ Mb, 20–30 E, Elternfam. **F**: O
T: 23–26°C, **L**: 15 cm, **pH**: >7, **SG**: 3

Xenotilapia flavipinnis 3/898

H: N-Teil.
♂: Gelbtöne stärker, auch Ventralen. **V**: =
Z: ♀♂ Mb <16 T; Elternfamilie. **F**: O
T: 24–27°C, **L**: 8 cm, **pH**: >7, **SG**: 3

Xenotilapia papilio 4/706

H: SO von Moba: Sandflächen; 3–50 m.
♂: Nur durch Genitalpapille. **V**: =
Z: ♀♂ Mb >32 T; Elternfamilie. **F**: O
T: 24–26°C, **L**: 16 cm, **pH**: ≫7, **SG**: 3

Xenotilapia papilio 4/706

(Unterwasseraufnahme)

Xenotilapia sima 3/900

H: Große Schwärme im Sandlitoral.
♂: Größer, farbiger, Flossen spitzer. **V**: +
Z: ♀ Mb 21 T; agam. **F**: O
T: 24–26°C, **L**: 16 cm, **pH**: >7, **SG**: 3

Xenotilapia spilopterus 3/900

H: S-Teil: Felsenz. u. Felsen/Geröll/Sand.
♂: Kein Unterschied. **V**: =
Z: ♀♂ Mb, Elternfamilie. **F**: K
T: 26–27°C, **L**: 8 cm, **pH**: >7, **SG**: 4

Afrika – Verschiedene Seen

Einführung

Diese Untergruppe bringt Buntbarsche der folgenden Seen: Albert, Baringo (Kenia), Barombi (Westkamerun), Bemini (Westkamerun), Bosumtwe (Ghana), Chilwa (Malawi), Edward, Fwae (Zaire) Georg, Guinas (Nordnamibia), Kachira, Kafue (Südsambia), Kariba, Kioga, Kivu, Kwania, Magadi (Kenia), Malombe, Mawampasa (Uganda), Nakavali, Nubugabo, Otjikoto (Nordnamibia), Salisbury (Simbabwe), Viktoria; sowie alle nicht-endemischen Buntbarsche des Malawi- und Tanganjikasees.

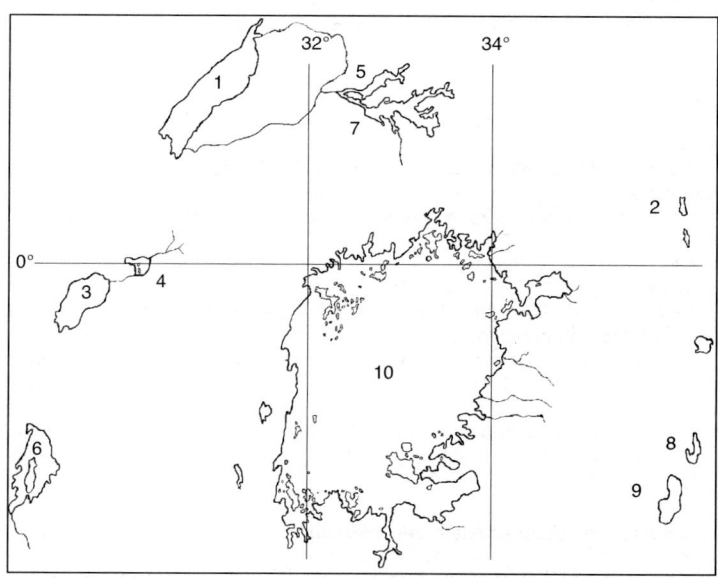

Albertsee	1
Baringosee	2
Edwardsee	3
Georgsee	4
Kwaniasee	5
Kivusee	6
Kiogasee	7
Magadisee	8
Natronsee	9
Viktoriasee	10

Physikalische Eigenschaften des Viktoriasees

1134 m über dem Meeresspiegel gelegen, ist der Viktoriasee der größte See Afrikas und der zweitgrößte See der Welt mit einer Oberfläche von 68000 km^2 und einem Durchmesser von etwa 300 km. Es handelt sich um eine überschwemmte Senke – das Ufer ist sehr unre-

AFRIKA – VERSCHIEDENE SEEN

gelmäßig – mit einem geschätzten Alter von „nur" 250 000 bis 750 000 Jahren (im Vergleich zum Tanganjika- oder Malawisee). Das Hypolimnion kann neuerdings jahreszeitlich bedingt anaerob werden und wirft somit Probleme für die Fischfauna auf.
Die größte Tiefe des Sees beträgt 85 m (20 m im Durchschnitt).
Weitere für die Aquaristik interessante Wasserwerte: pH: 7,1–9,0; Leitfähigkeit: 96 µS; Temperatur: 23,8–26 °C.

Kurzbeschreibungen weiterer Seen

Albertsee:
618 m ü.d.M., 5347 km^2, 150 km lang, 40 km breit, bis zu 48 m tief (s. Karte).
Chilwasee:
600 m ü.d.M., 1600 km^2, 50 km lang, 25 km breit; durch Wasserstandsschwankungen bedingt, hat er versumpfte Ufer (15°12' S, 35°50' W).
Edwardsee:
913 m ü.d.M., 2200 km^2, bis zu 113 m tief (s. Karte).
Kafuesee:
Ein 75 km langer und 20 km breiter Stausee in Südsambia.
Kyogasee:
130 km lang (s. Karte).
Kivusee:
1460 m ü.d.M., 2650 km^2, über 80 m tief; fischarm (s. Karte).
Mayi-Ndombe (Leopold II):
Ca. 130 km lang mit einer Oberfläche von 1300 km^2. Schwankender Wasserstand (Zaire: 2° S, 18°15' W).
Bosumtwi:
Mit ca. 7 km Durchmesser und 70 m Tiefe ist der Bosumtwi der größte See Ghanas; es handelt sich um die Einschlagstelle eines Meteoriten (6°30' N, 1°25' W).

Ichthyologische Eigenschaften des Viktoriasees

Im See sind 12 Fischfamilien mit insgesamt 288 Arten in 28 Gattungen vertreten.
• Nicht Cichliden: 20 Gattungen (1 endemisch) mit 38 Arten (16 endemisch).
• Cichliden: 8 Gattungen (4 endemisch) mit 250 Arten (247 endemisch).
Die Fischfauna des Viktoriasees ist, wie in den Seen Malawi und Tanganjika, stark lokal beschränkt. In den sechziger Jahren wurde der räuberische Nilbarsch *Lates niloticus* im Viktoriasee ausgesetzt. Ziel war eine Verbesserung der Ernährung der Uferbevölkerung. Nach einem anfänglichen Anstieg der Fanggewichte, ist die Artenvielfalt des Sees inzwischen stark bedroht. Viele Arten werden bereits als ausgestorben betrachtet. Auch wurden 4 tilapine Arten (*Oreochromis leucostictus*, *O. niloticus*, *Tilapia rendalli* und *T. zillii*) im See ausgesetzt. Die einheimischen *Oreochromis variabilis* und *O.*

esculentus wurden verdrängt; außerdem gibt es möglicherweise eine Hybridisierung zwischen *O. niloticus* und *O. variabilis* (PITCHER u. HART, 1995).

Allgemeines

Bei den meisten Cichliden dieser Untergruppe sind die Männchen – vor allem untereinander – aggressiv, lassen sich aber problemlos mit anderen Arten vergesellschaften, insbesondere mit Salmlern und Welsen. Auch ein Cichliden-Gesellschaftsbecken ist möglich, solange die Arten im Temperament zueinander passen und das Aquarium unübersichtlich mit Verstecken und optischen Barrieren eingerichtet wird. Vor allem die Buntbarsche der anderen afrikanischen Seen (Malawi und Tanganjika) bieten sich als Gesellschafter an, da deren Wasser ähnliche chemische Werte aufweist.

Die am weitesten verbreitete Art der Fortpflanzung unter diesen Buntbarschen ist die des agamen weiblichen Maulbrüters. Es empfiehlt sich für solche Arten, Weibchen in einer 3–4 fachen Überzahl zu halten (bei besonders aggressiven Arten noch mehr), damit sich die Aggressionen besser verteilen; auch die Vergesellschaftung mit anderen Arten ist eine Lösung.

Abweichende Fortpflanzungsmethoden finden sich z.B. unter *Konia eisentrauti* (S. 680) und *Sarotherodon lohbergeri* (S. 684), wo beide Eltern maulbrüten, unter *Nanochromis transvestitus* (S.681), welcher Höhlenbrüter ist, und unter *Tilapia* spp. (S.685), welche Offen- bzw. Höhlenbrüter sind.

Der Sexualdichromatismus ist bei den meisten Arten stark ausgeprägt: während die Männchen oftmals alle Farben des Regenbogens zeigen, sind Weibchen meistens nur silbern/grau (Weibchen farbiger bei *N. transvestitus*) und vielfach bei konstitutionsmäßig ähnlichen Arten kaum auseinanderzuhalten. Jungfische sehen alle wie Weibchen aus (Ausnahme *N. transvestitus*). Unterwürfige Männchen innerhalb einer Gruppe können oftmals auch nicht als solche erkannt werden, sind aber normalerweise etwas größer und geringfügig farbiger als die Weibchen. Wird ein dominantes Männchen entfernt, färbt sich binnen weniger Tage das nächst ranghöchste Männchen aus (gleiches gilt übrigens auch für die Utaka-Arten des Malawisees).

Die Fische dieser Untergruppe sind allgemein Allesfresser, wobei tilapine Arten eine Tendenz zu Pflanzen und haplochromine eine zu Fleisch haben.

Da das neue ökologische Gleichgewicht im Viktoriasee nach dem Aussetzen von *Lates niloticus* noch nicht erreicht ist, ist es schwer abzusehen, wieviele der endemischen Arten am Ende ausgestorben sein werden. Öffentliche Aquarien, aber auch wir als private Aquarianer, können hier einen bedeutenden Beitrag zur Erhaltung der Arten leisten. Farbenprächtig und mit Umweltbedürfnissen, wie sie leicht in Aquarien nachgeahmt werden können, lag das hauptsächliche Problem dieser Fische in der Schwierigkeit, sie im Handel zu finden; heute sind sie mehr und mehr im Angebot, und sie haben sich als robuste, relativ leicht zu vermehrende Fische herausgestellt. Mit wenigen Ausnahmen handelt es sich um Arten mittlerer Größe, wodurch ein Aquarium mittlerer Dimensionen (ab 1 m Länge) bei entsprechender Dekoration vollkommen ausreicht.

AFRIKA – VERSCHIEDENE SEEN
Cichlidae

Buntbarsche, Cichliden

Astatoreochromis alluaudi ♂ WF 3/690
Alluaudi Buntbarsch
H: Vikt., Edward, Georg, Nakavali, Kachira.
♂: Eiflecken; Ventralen schwarz. V: =
Z: ♀ Mb, <40 E., Mfam. F: K,O
T: 24–28°C, L: 15 cm, pH: >7, SG: 2–3

Astatoreochromis straeleni ♂ 3/692
Straelens Buntbarsch
H: Tanganjikasee Zuflüsse u. See selbst.
♂: Eiflecken; kräftigere Farben. V: =
Z: Keine Angaben. F: K,O
T: 24–28°C, L: 12 cm, pH: >7, SG: 2–3

Astatotilapia aeneocolor ♂ 5/730
Papyrus Maulbrüter
H: Georg-See u. Kazingaland.
♂: Viel farbiger, Eiflecken. V: =
Z: ♀ Mb. F: K,O
T: 22°C, L: 8,5 cm, pH: 7, SG: 2

Astatotilapia brownae ♂ 3/694
Browns Maulbrüter
H: Viktoriasee E.
♂: Farbiger, Eiflecken. V: =
Z: ♀ Mb 14 T, <40 E., Mfam. F: K,O
T: 22–28°C, L: 12 cm, pH: ≫7, SG: 2

Astatotilapia burtoni ♂ 1/680
Burtons Maulbrüter
H: Tanganjikasee, Kivusee.
♂: Farbiger, Eiflecken; 5cm größer. V: =
Z: ♀ Mb, 35 E., Mfam., Eifleckm. F: K,O
T: 20–25°C. L: ♂ 20 cm, pH: ≫7, SG: 2

Astatotilapia calliptera ♂ 3/694
Calliptera Maulbrüter
H: Malawisee, Chilwasee (a. Küstenflüsse).
♂: Farbiger, Eiflecken. V: =
Z: Kein Bericht. F: K,O
T: 24–28°C, L: 14 cm, pH: ≫7, SG: 2–3

AFRIKA – VERSCHIEDENE SEEN
Cichlidae

Buntbarsche, Cichliden

Astatotilapia lacrimosa ♂ 5/732

H: Viktoriasee. E.
♂: Spitzere Dorsale u. Anale; Eifleck. V: =
Z: ♀ Mb. F: K,O
T: 23–26°C, L: 11 cm, pH: 7, SG: 2–3

Astatotilapia limax ♂ 4/622, 5/732
Roter Lake-Edward-Maulbrüter
H: Edward- u. Georgsee. E.
♂: Viel farbenprächtiger, Eiflecken. V: –
Z: ♀ Mb, Mfam., agam. F: O,K
T: 24–28°C, L: 12 cm, pH: >7, SG: 3

Astatotilapia limax ♂ 4/622, 5/732
Roter Lake-Edward-Maulbrüter, Viktoria Feuerbuntbarsch

Astatotilapia martini ♂ 2/834

H: Viktoriasee; Sand- u. Schlammboden.E.
♂: Farbiger, Eiflecken. V: =
Z: Natur: ♀ Mb, Mfam., agam. F: O
T: 24–26°C, L: 13 cm, pH: >7, SG: 2

Astatotilapia nubila ♂ 3/696
Glühkohlen-Maulbrüter (K86/12 Nzaiu-R.)
H: Vik., Ed., Ge., Kioga, Kachira, Nakavali...
♂: Farbiger, Eiflecken. V: –
Z: ♀ Mb 14 T, 40 E., Mfam., agam. F: K,O
T: 21–30°C, L: <13 cm, pH: >7, SG: 2–3

Astatotilapia sp. ♂ 3/697

H: Wembere River, Tansania.

AFRIKA – VERSCHIEDENE SEEN
Cichlidae
Buntbarsche, Cichliden

Chromidotilapia guentheri 4/586
Günthers Prachtbarsch
H: Ghana: Bosumtwesee-Zuläufe u. See.
♀: Dorsale mit glänzendem Band. V: –
Z: ♂ Mb. F: K
T: 24–26°C, L: 15 cm, pH: >7, SG: 2–3

Dimidiochromis kiwinge ♂ 5/810
H: Malawisee, Lake Malombe. E.
♂: Farbenprächtiger. V: =
Z: ♀ Mb, agam. Noch nicht erfolgt F: K
T: 24–26°C, L: <30 cm, pH: >7, SG: 3–4

Dimidiochromis kiwinge ♀ 5/810

Brütend

Haplochromis chilotes ♂ 5/826
Viktoria-Wulstlippen-Mb., Haplochromis CH38
H: Viktoriasee; bis 17 m Tiefe. Selten. E.
♂: Farbenprächtiger, Eiflecken. V: =
Z: ♀ Mb 21 T. F: K,O
T: 18–24°C, L: 15 cm, pH: >7, SG: 3

„*Haplochromis*" *ishmaeli* ♂ 5/828

H: Viktoriasee, Edwardsee(?). Bedroht!
♂: Farbenprächtiger; größer. V: =
Z: ♀ Mb; Eiablage in großem Krater. F: K
T: 25°C, L: 14 cm, pH: >7, SG: 3

Haplochromis nyererei ♂ 4/622
Nyereres Viktoriabuntbarsch (Mwanza Bay)
H: Viktoriasee. E.
♂: Viel farbenprächtiger, Eiflecken. V: –
Z: ♀ Mb, Mfam., agam. F: O,K
T: 22–28°C, L: 10 cm, pH: >7, SG: 3

AFRIKA – VERSCHIEDENE SEEN
Cichlidae

Buntbarsche, Cichliden

Haplochromis obliquidens ♂ 2/913

H: Viktoriasee; Felslitoral aber a.Sand. E
♂: Viel farbenprächtiger, Eiflecken. V: –
Z: ♀ Mb 21 T, Mfam., agam. F: O
T: 24–26°C, L: 12 cm, pH: >7, SG: 2

Haplochromis sp. „Blue Red Fin" ♂
CH34 5/830

H: Viktoriasee: kenianische Küste. E
♂: Viel farbenprächtiger, größer. V: –
Z: ♀ Mb 16 T, Mfam., agam. F: O
T: 23–26°C, L: 10 cm, pH: 7, SG: 2

Haplochromis sp. „Fire" ♂ 5/834
Feuer-Maulbrüter

H: Uganda: Viktoriasee (?).
♂: Viel farbenprächtiger; größer. V: =
Z: ♀ Mb; <120 J. F: O
T: 23–26°C, L: 18 cm, pH: 7, SG: 2–3

Haplochromis sp. „Kenia-Gold" ♂ 5/830

H: Viktoriasee: kenianische Küste. E.
♂: Farbenprächtiger; Eiflecken. V: =
Z: ♀ Mb 16 T, Mfam., agam. F: K
T: 23–26°C, L: 10 cm, pH: 7, SG: 2

Haplochromis sp. „Rock Kribensis" ♂
5/832

H: Viktoriasee; weit verbreitet.
♂: Viel farbenprächtiger, Eiflecken. V: =
Z: ♀ Mb; unproblematisch. F: K
T: 23–26°C, L: 12 cm, pH: >7, SG: 2

Haplochromis sp. „Rock Kribensis" ♂
5/832

AFRIKA – VERSCHIEDENE SEEN
Cichlidae   Buntbarsche, Cichliden

Haplochromis sp. „Rock Kribensis" ♀
5/832

Haplochromis sp. „Thick Skin Like" ♂
5/828

H: Viktoriasee. E.
♂: Viel farbenprächtiger, größer.   V: =
Z: ♀ Mb 16 T.   F: O
T: 23–26°C, L: 15 cm, pH: >7, SG: 2–3

Haplochromis sp. „Zebra-Obliquidens" ♂
5/834

H: Uganda: Nawampasasee.
♂: Farbenprächtiger; größer.   V: –
Z: ♀ Mb 20 T <100 J.   F: K,O
T: 23–26°C, L: 13 cm, pH: 7, SG: 2

Hemichromis frempongi   4/624

H: Ghana: Bosumtwe-See; E.
GU: Unbekannt.   V: –
Z: Unbekannt.   F: K,O
T: 24–27°C, L: 20 cm, pH: 7, SG: 4

Hoplotilapia retrodens ♀   3/790

H: Viktoriasee, E.
♂: Farbiger.   V: =(?)
Z: ♀ Mb?, Mutterfamilie?   F: K
T: 24–27°C, L: 15 cm, pH: >7, SG: 3

Konia eisentrauti   5/846

H: W-Kamerun: Barombi-Ma-Mbu-See. E
♂: Gesichtsmaske intensiver; größer. V:+
Z: ♀♂ Maulbrüten.   F: O (a. Eierfresser)
T: 25–27°C, L: 10 cm, pH: 7, SG: 2–3

AFRIKA – VERSCHIEDENE SEEN
Cichlidae   Buntbarsche, Cichliden

Nanochromis transvestitus ♂   2/956

Nanochromis transvestitus ♀   2/956

H: Zaire: Mayi-Ndombe (Leopold II) See.
♀: Kleiner u. farbiger (s. Fotos).   V: +
Z: Hb., MMFam? Kein Bericht.   F: O
T: 24–26°C, L: ♂ 4 cm, pH: <7, SG: 2–3

Neochromis nigricans ♂   2/960

H: Viktoriasee, Viktoria-Nil: Felslitoral. E
♂: Anale dunkelrot u. mit Eiflecken.   V: ?
Z: ♀ Mb?, Mfam?, Eifleckm.?   F: O
T: 24–26°C, L: 12 cm, pH: >7, SG: 2–3

Oreochromis alcalicus grahami ♂ 2/978
Magadi-Maulbrüter, Grahams Soda-Maulb.
H: Magadisee. pH 10,5! E
♂: Größer, farbiger.   V: =
Z: ♀ Mb 23 T, >20 E., Mfam.   F: O
T: 24–32°C, L: 12 cm, pH: ≫7, SG: 2–3

Oreochromis esculentus   4/660

H: Viktoria, Kioga, Kwania, Nubugabo.
♂: Lange Genitalpapille.   V: =
Z: ♀ Mb 21 T, Mfam., agam.   F: O
T: 24–26°C, L: 40 cm, pH: 7, SG: 2–3

Oreochromis leucostictus ♂   2/982
Weißfleckmaulbrüter
H: Albert-, Eduard- und Georgsee. E
♂: Dunkler; balzend: schwarz.   V: =
Z: ♀ Mb 23 T, 100 E., Mfam.   F: O,H
T: 26–28°C, L: 28 cm, pH: >7, SG: 2

AFRIKA – VERSCHIEDENE SEEN
Cichlidae

Buntbarsche, Cichliden

Oreochromis leucostictus ♀ 2/982
Weißfleckmaulbrüter

Oreochromis niloticus baringoensis
Baringo-Nilbuntbarsch 3/828
H: Kenia: Baringosee.
♂: Dunkler. V: –
Z: Im Aquarium noch nicht erfolgt. F: O
T: 24–28°C, L: 36 cm, pH: 7, SG: 2

Oreochromis niloticus eduardianus 4/660
Lake Eduard-Nilbuntbarsch
H: Tanganjikasee bis Albertsee.
♂: Größere Flossen; nicht leicht. V: –
Z: ♀ Mb <28 T, Mutterfamilie. F: O
T: 24–28°C, L: 30 cm, pH: >7, SG: 2

Oreochromis variabilis ♂ 3/836

H: Vikt.u.Zufl., Kioga, Kwania, Salisbury.
♂: Iris schw.; ♀ rot; Genitalp. lang. V: –
Z: ♀ Mb, 500 E., Mutterfamilie. F: O
T: 24–28°C, L: 28 cm, pH: >7, SG: 2–3

Platytaeniodus degeni ♂ 4/674

Platytaeniodus degeni ♀ 4/674

H: Viktoriasee, E.
GU: Siehe Fotos. V: –
Z: ♀ Mb Mfam. Schwierig!? F: K
T: 24–26°C, L: 15 cm, pH: >7, SG: 3–4

AFRIKA – VERSCHIEDENE SEEN
Cichlidae   Buntbarsche, Cichliden

Pseudocrenilabrus philander philander ♂
3/850

H: Kariba, Kafue, Mal., Tan., u. Flüsse.
♂: Wesentlich farbenprächtiger.   V: –
Z: ♀ Mb, 70 E., Mutterfamilie.   F: K
T: 22–25°C, L: 9 cm, pH: 7, SG: 2–3

Ptyochromis sauvagei ♂   3/858

H: Viktoriasee, E.
♂: Eiflecken; erwachsen blau.   V: =
Z: ♀ Mb, Mfam., Eifleckm.   F: K
T: 24–27°C, L: 13 cm, pH: >7, SG: 2–3

Ptyochromis sauvagei ♀   3/858

Ptyochromis xenognathus ♂   3/861

H: Viktoriasee, E.
♂: Eiflecken; farbiger.   V: +
Z: ♀ Mb, Mfam., Eifleckmethode.   F: K
T: 24–27°C, L: 15 cm, pH: >7, SG: 2–3

Pungu maclareni   5/930

H: W-Kamerun: Barombisee. Selten.
♂: Spitze Dorsale u. Anale.   V: =
Z: Mb; wenig bekannt.   F: K,O
T: 20–28°C, L: 9 cm, pH: >7, SG: 2–3

Pyxichromis orthostoma ♂   5/930
Uganda-Großmaul-Cichlide

H: Seen Kioga, Salisbury u. Nawampasa.
♂: Etwas farbiger; Eiflecken.   V: =
Z: ♀ Mb 16 T; keine Mulde.   F: K
T: 23–27°C, L: >15 cm, pH: 7, SG: 3

AFRIKA – VERSCHIEDENE SEEN
Cichlidae

Buntbarsche, Cichliden

Sarotherodon linnellii 5/938

H: W-Kamerun: Barombisee.
♂: Zur Balz dunkler. V: –
Z: ♀(♂) Mb, agam. F: O
T: 24–26°C, L: 25 cm, pH: 7, SG: 2–3

Sarotherodon steinbachi 5/940

H: W-Kamerun: Barombisee.
GU: Genitalpapille. V: =
Z: ♀ Mb, agam. F: O
T: 24–26°C, L: 15 cm, pH: 7, SG: 2–3

Serranochromis robustus robustus 3/866

H: Malawisee u. Upper Shire River: Sand.
♂: Bläulich-grün zur Balz. V: –
Z: Natur: ♀ Mb; Mfam., agam. F: K,O
T: 24–26°C, L: <50 cm, pH: 7, SG: 2–4

Sarotherodon lohbergeri 4/682

H: W-Kam.: Barombisee u. Kumbabach.
♂: Etwas größer u. farbiger. V: =
Z: ♀ ♂ Mb, Elternfamilie. F: H,O
T: 25–27°C, L: 18 cm, pH: 7, SG: 2–3

Schwetzochromis neodon ♂ 4/686

H: Zaire: ob. Fwae-See und Quellgebiet.
♂: Deutliche Eiflecken. V: =
Z: ♀ Mb 21 T; Mfam., agam. F: K,O
T: 24–26°C, L: 12 cm, pH: 7, SG: 3

Stomatepia mariae 5/954

H: W-Kamerun: Barombisee.
♂: Größer, längere Schnauze. V: =
Z: ♀ Mb, geringe Paarbildung. F: O
T: 25–27°C, L: 12 cm, pH: 7, SG: 2–3

AFRIKA – VERSCHIEDENE SEEN
Cichlidae
Buntbarsche, Cichliden

Stomatepia pindu ♂   5/954

H: W-Kamerun: Barombisee.
♂: Größer, intensiver schwarz.   V: =
Z: ♀ Mb; agam.   F: O
T: 25–27°C, L: 10 cm, pH: 7, SG: 4

Thoracochromis brauschi ♂   5/968

H: Fwae-Fluß, auch Fwae-See genannt. E
♂: Farbiger; größer.   V: =
Z: ♀ Mb.   F: O
T: 25–27°C, L: ca.10 cm, pH: 7, SG: 2-3

Thoracochromis wingatii ♂   2/998

H: Albert-Eduardsee; auch Flüsse.
♂: Farbiger, Eiflecken.   V: =
Z: ♀ Mb.   F: K,O
T: 24–26°C, L: 12 cm, pH: 7, SG: 2

Tilapia bemini   4/690

H: W-Kamerun: Beminisee; E?
♂: Größer; sonst gleich.   V: =
Z: Natur: Hb, 200 E., Efam.   F: H
T: 27°C, L: 20 cm, pH: 7, SG: 2-3

Tilapia guinasana ♀♀   3/890
Guinas-Buntbarsch

H: N-Namibia: Guinas- u. Otjikotosee.
♂: Nur durch spitze Genitalpapille. V: =
Z: Ob, 200 E., VMfam.   F: O,H
T: 22–26°C, L: 15 cm, pH: >7, SG: 2

Tilapia kottae ♂   4/694

H: W-Kamerun: Lake Barombi Kotto; E.
♂: Größer, schlanker.   V: –
Z: Offenbrüter; leicht.   F: O,H
T: 24–26°C, L: 25 cm, pH: >7, SG: 2

AFRIKA – FLIESSGEWÄSSER

Einführung

In dieser Untergruppe sind die Buntbarsche der Flüsse Afrikas einschließlich Vorderasiens (Israel, Jordanien und Syrien, da das Verbreitungsgebiet v.a. von Tilapien oftmals diese Region mit einschließt) zu finden. Cichliden aus Madagaskar (X) sind unter der Kategorie „Übrige Welt" aufgeführt.

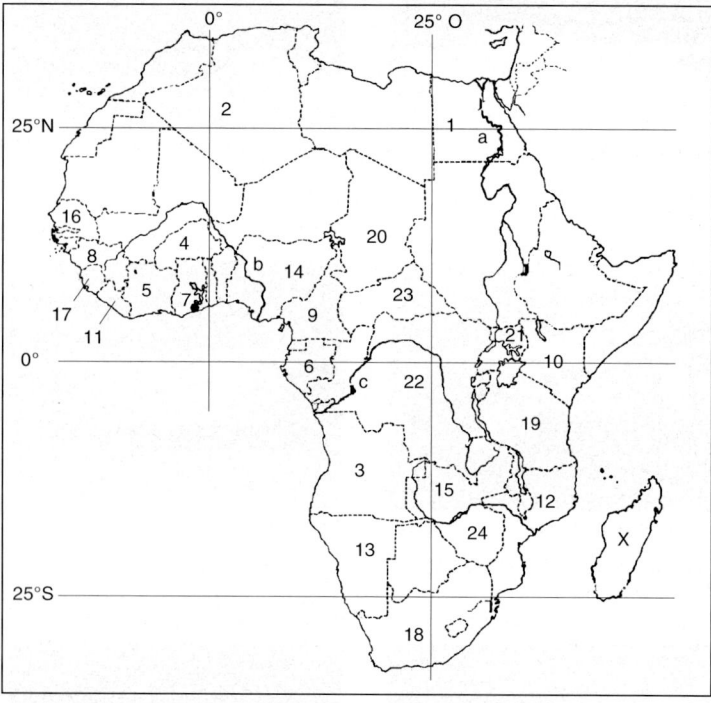

Ägypten (Ägy.)	1	Sambia (Sam.)	15
Algerien (Alg.)	2	Senegal (Sen.)	16
Angola (Ang.)	3	Sierra Leone (Sierra L.)	17
Burkina Faso (= Obervolta)	4	Südafrika (Saf.)	18
Elfenbeinküste (Ebk.)	5	Tansania (Tan.)	19
Gabun (Gab.)	6	Tschad	20
Ghana	7	Uganda	21
Guinea (Gui.)	8	Zaire	22
Kamerun (Kam.)	9	Zentralafrikanische Republik	23
Kenia	10	Zimbabwe (Zim.)	24
Liberia (Lib.)	11		
Mosambik (Mos.)	12	Nil	a
Namibia (Na.)	13	Niger	b
Nigeria (Nig.)	14	Zaire-Fluß (=Kongo)	c

AFRIKA – FLIESSEWÄSSER
Cichlidae   Buntbarsche, Cichliden

Allgemeines

Die Biotope der in dieser Untergruppe gebrachten Arten können von mineralreich (vor allem in Wüsten- und Brackwassergebieten) bis zu extrem weich und sauer (in Urwaldgebieten) reichen. Man kann daher für diese Arten keine generellen Angaben manchen, sondern muß vielmehr auf die entsprechenden Einzelbeschreibungen zurückgreifen.

Tilapine Buntbarsche
Cichliden in den Gattungen *Oreochromis*, *Sarotherodon* und *Tilapia* sind mittlere bis große Arten, von denen einige (z. B. *O. niloticus*, *O. mossambicus* und *O. aureus*) eine wichtige Stellung in der Speisefischzucht, nicht nur in Afrika, sondern auch in Asien und Amerika haben. Es handelt sich um robuste, allesfressende Arten mit schmackhaftem Fleisch. Die meisten Arten sind Maulbrüter. Das Hauptproblem ihrer Zucht liegt darin, daß ihre Reife vor dem angestrebten Verkaufsgewicht eintritt und sie sich sehr effektiv in Teichen fortpflanzen. Das Ergebnis ist eine Überbevölkerung mit verkümmerten Exemplaren. Dieses Problem wird auf verschiedene Weise gelöst:
- Kreuzungen verschiedener Arten, bzw. Populationen ergeben 100 % männliche Nachkommen (es gibt auch 100 % weibliche Kombinationen, diese sind aber wirtschaftlich uninteressant).
- Fütterung der Jungfische bis zu einer Länge von 12 mm mit Testosteronhaltigem Futter, wodurch die Weibchen „vermännlicht" werden.
- Handauslese der Jungfische bei einem Gewicht von ca. 20 g.

Eine rote Form wird vor allem für den US-amerikanischen Mark oftmals in Brackwasser gezüchtet. Eine Besonderheit unter den Cichliden allgemein ist *S. melanotheron*, bei dem die Männchen maulbrüten und eine Vaterfamilie die soziale Struktur ist.

Pelvicachromis-Arten
Diese Cichliden kommen in vielen Farbvarianten vor. Klein, farbintensiv und friedlich, sind sie auch für Gesellschaftsaquarien gern gesehene Fische. Leider sind sie, mit Ausnahme von *P. pulcher*, nicht immer leicht im Handel zu finden. Ihr Biotop erstreckt sich entlang der Westküste, und so sind einige Arten auch in Brackwasser zu finden. Dennoch bevorzugen sie mittelhartes Wasser mit einem leicht sauren pH-Wert. Für Neuimporte solcher Arten empfiehlt sich allerdings die Zugabe von einem Teelöffel Salz pro 5 Liter Wasser. Andere kommen aus Bächen mit extrem weichem und saurem Wasser (*P. roloffi*, *P. subocellatus* u.a.) und sollten im Aquarium kein Salz erhalten. Es handelt sich um Höhlenbrüter mit Vater-Mutter-Familie. Jungfische sollten erst später von den Eltern getrennt werden, da es sonst vorkommen kann, daß das Weibchen vom Männchen heftig angegriffen wird.

Nanochromis-Arten
Diese Gattung bewohnt bewegte, sauerstoffreiche Gewässer. Sie bevorzugen weiches, leicht saures Wasser. Als Ausnahme wird *N. transvestitus* im Mayi-Ndombe(Leopold II)-See gefunden und ist daher in der Untergruppe „Afrika – Verschiedene Seen" aufgeführt (S. 681).

AFRIKA – FLIESSGEWÄSSER
Cichlidae   Buntbarsche, Cichliden

Gute Filterung ist wichtig, da die Arten sonst krankheitsanfällig sind. Männchen sind aggressiv untereinander und auch gegenüber nicht laichbereiten Weibchen; das Aquarium sollte daher unübersichtlich und versteckreich eingerichtet werden.

Hemichromis-Arten
Diese Gattung braucht, um nicht sehr aggressiv zu sein, geräumige, versteckreich eingerichtete Aquarien; trotzdem kann es während der Laichzeit Probleme geben. Weiches, leicht saures Wasser wird bevorzugt.

Steatocranus-Arten
Als bodenorientierte Bewohner der Stromschnellen haben diese Arten eine zurückgebildete Schwimmblase. Das Wasser von guter Qualität sollte mittelhart sein mit einem pH-Wert um neutral, eine starke Wasserbewegung ist nicht immer erforderlich.

Anomalochromis thomasi 1/748
Af.Schmetterlingsb., Thomas Prachtbarsch
H: Sierra Leone, SO-Guinea, W-Liberia.
♀: Schwarze Zeichnung; 3 cm kl. V: +
Z: Ob., <500 E, Elternfamilie. F: K,O
T: 23–27°C, L: ♂ 10 cm, pH: <7, SG: 1

Astatotilapia bloyeti ♂ 3/692
Bloyets Maulbrüter
H: Tansania: Wami-Flußsystem.
♂: Bunter; Eiflecken. V: =
Z: ♀ Mb., Mutterfamilie. F: K,O
T: 24–28°C, L: 14 cm, pH: ≫7, SG: 2

Astatotilapia desfontainii ♂ 5/730
Nordafrikanischer Maulbrüter
H: Algerien, Tunesien.
♂: Farbiger, Eiflecken. V: =
Z: ♀ Mb. F: K,O
T: 18–28°C, L: 15 cm, pH: 7, SG: 2

Chromidotilapia batesii 2/854
Bates Prachtbuntbarsch
H: Äquatorial-Guinea u. SW-Kamerun.
♂: Größer. ♀: Bauch weinrot. V: =
Z: ♀ LMb., 100 E.; VMFam. F: K,O
T: 24–26°C, L: 12 cm, pH: <7, SG: 2–3

AFRIKA – FLIESSGEWÄSSER
Cichlidae

Buntbarsche, Cichliden

Chromidotilapia batesii ♂ „Eseka" 4/586

H: Kamerun: Nahe der Stadt Eseka.
♀: Kleiner; silberne Dorsalflo.-Basis. **V:** =
Z: ♀ ♂ LMb. **F:** K
T: 24–26°C, **L:** ♂ 12 cm, **pH:** <7, **SG:** 3–4

Chromidotilapia finleyi 1/684

H: SW-Kamerun: Campo Reservation.
♂: Dorsale roter Saum. **♀:** Bauch rot. **V:** =
Z: ♀ ♂ Mb., Rollentausch; Efam. **F:** K,O
T: 23–25°C, **L:** 12 cm, **pH:** ≪7, **SG:** 2

Chromidotilapia kingsleyae ♂ 5/744

H: VR Kongo?, Gabun: Oogoue River.
GU: Siehe Fotos. **V:** =
Z: ♀ Mb; evtl. Polygamie. **F:** O
T: 23–26°C, **L:** <15 cm, **pH:** 7, **SG:** 2–3

Chromidotilapia cavalliensis 4/638

H: Elfenbeinküste: Cavally-Fluß.
♀: Dorsale mit silberner Basis. **V:** +
Z: ♂ Mb; einmal gelungen. **F:** K
T: 24–26°C, **L:** 12 cm, **pH:** 7, **SG:** 4

Chromidotilapia guentheri 1/686
Günthers Prachtbuntbarsch

H: Sierra Leone bis Kamerun, Gabun.
♀: Dorsale mit glänzendem Band. **V:** =
Z: ♂ ♀ Mb., <15 E., Efam. **F:** K,O
T: 23–25°C, **L:** <20 cm, **pH:** 7, **SG:** 2–3

Chromidotilapia kingsleyae ♀ 5/744

AFRIKA – FLIESSGEWÄSSER
Cichlidae

Buntbarsche, Cichliden

Chromidotilapia linkei ♀ 2/856
Linkes Prachtbuntbarsch
H: W-Kamerun: Mungo River.
♂: Ohne glänzendes Längsband. V: +
Z: ♀♂ Mb., enge Bindung, VMfam. F: K,O
T: 24–27°C, L: 10 cm, pH: >7, SG: 2–3

Ctenochromis polli ♂ 3/758
Rotkehlmaulbrüter
H: Kongo bei Kinshasa.
♂: Einzelner Eifleck; größer. V: =
Z: ♀ Mb 30 T, Mutterfamilie. F: K
T: 24–26°C, L: 11,5 cm, pH: 7, SG: 2

Hemichromis bimaculatus 1/722
Roter Buntbarsch
H: S-Guinea bis Zentral-Liberia.
GU: Genitalpapille. V: =
Z: Ob, 200–500 E, Elternfamilie. F: K,O
T: 21–23°C, L: <15 cm, pH: 7, SG: 3

Hemichromis cerasogaster 3/786

H: Mayi-Ndombe-See, Zairefluß.
♂: 2 cm größer; mehr Glanzflecken. V: –
Z: Ob, Elternfamilie. F: K,O
T: 22–26°C, L: ♂ 10 cm, pH: 7, SG: 2–3

Hemichromis cristatus 2/914
Wald-Juwelenbarsch
H: Guinea, Ghana u. Nigeria.
♂: Etwas größer. V: =
Z: Ob, 200–500 E, Elternfamilie. F: K,O
T: 23–26°C, L: 9 cm, pH: <7, SG: 3

Hemichromis elongatus 2/914

H: Guinea bis Zaire, Angola u. Sambia.
GU: Nicht zu unterscheiden. V: –
Z: Ob, 800 E, Elternfamilie. F: O
T: 23–25°C, L: 15 cm, pH: 7, SG: 4

AFRIKA – FLIESSGEWÄSSER
Cichlidae

Buntbarsche, Cichliden

Hemichromis guttatus 4/624

H: Senegal, Ghana u. Nigeria, Kamerun.
♂: Etwas größer; längere Flossen. V: =
Z: Ob, intensive Elternfamilie. F: K,O
T: 23–27°C, L: 10 cm, pH: 7, SG: 3

Hemichromis letourneauxi 2/916
Letourneaux' Roter Cichlide

H: Äqy., Alg., Sud., Gui., Sen., Tschad,...
GU: Sehr schwierig. V: =
Z: Ob., Efam; noch nicht erfolgt? F: K,O
T: 22–25°C, L: 15 cm, pH: <7, SG: 3

Hemichromis lifalili vorn ♀ 1/722
Lifalilis Buntbarsch

H: Zairesystem u. Republik Zentralafrika.
♂: Laichfärbung s. Foto. V: =
Z: Ob., Elternfamilie. F: K,O
T: 22–24°C, L: <10 cm, pH: 7, SG: 3

Hemichromis paynei 2/916
Payne's Roter Cichlide

H: Guinea, Sierra Leone u. Liberia.
♂: Zur Laichzeit farbiger. V: =
Z: Ob., Efam.; kein Bericht. F: K,O
T: 23–25°C, L: 10 cm, pH: <7, SG: 3

Hemichromis sp. „Guinea II" 5/836

H: Nigeria: Nigerdelta.
♂: Etwas größer; größere Ventralen. V: =
Z: Ob., Elternfamilie. F: O
T: 24–26°C, L: <10 cm, pH: 7, SG: 2

Hemichromis sp. „Guinea I" 5/837

AFRIKA – FLIESSGEWÄSSER
Cichlidae

Buntbarsche, Cichliden

Hemichromis stellifer 3/788

H: Gabun bis Zaire.
♂: Etwas größer u. gestreckter. V: =
Z: Ob. F: K,O
T: 22–26°C, L: <11 cm, pH: 7, SG: 1–2

Lamprologus congoensis ♂ 2/926
Kongo-Grundcichlide

H: Stromschnellen des Zaire.
♂: Größer; Glanzschuppen, Stirnb. V: –
Z: Hb., 80 E., Mann-Mutter-Fam. F: O
T: 23–25°C, L: 15 cm, pH: <7, SG: 2

Lamprologus werneri 1/736
Werners Grundcichlide

H: Stromschnellen des Zaire, Stanley Pool.
GU: Unbekannt. V: –
Z: Hb., Mann-Mutter-Familie? F: K,O
T: 22–25°C, L: 12 cm, pH: 7, SG: 2–3

Nanochromis caudifasciatus ♂ 2/954

H: S-Kamerun: Nyong River Zuflüsse.
♂: Glänzendes Dorsalband; 3 cm gr. V: =
Z: Hb., >100 E, Vater-Mutter-Fam. F: O
T: 23–25°C, L: ♂ 11 cm, pH: <7, SG: 3–4

Nanochromis dimidiatus ♂ 1/744
Roter Kongocichlide

H: Nebenfluß des Zaire: Banghi-Gebiet.
♀: Violettfärbung; 2 cm kleiner. V: =
Z: Hb., 60 E, Elternfamilie. F: K,O
T: 23–25°C, L: ♂ 8 cm, pH: <7, SG: 3

Nanochromis dimidiatus ♂ 5/884
Roter Kongocichlide

AFRIKA – FLIESSGEWÄSSER
Cichlidae

Buntbarsche, Cichliden

Nanochromis nudiceps ♂ 5/886

H: Zaire: Stanley Pool, Kasai-Stromgebiet.
♂: Kaudale mit 7 vert. Punktreihen. V: =
Z: Hb., 60 E, Elternfamilie. F: K,O
T: 24–26°C, L: 8 cm, pH: <7, SG: 3

Nanochromis robertsi 2/956

H: W-Zentralghana.
♂: 3 cm gr.; gelbere Flossen. V: =
Z: Hb., MMFam? Kein Bericht. F: K
T: 22–25°C, L: ♂ 11 cm, pH: <7, SG: 2–3

Nanochromis sp. „Kisangani" ♀ 3/806
Silberfleck-Nanochromis

Nanochromis parilus o. ♀, u. ♂ 1/746
Blauer Kongocichlide
H: Zaire-System, Stanley Pool.
♀: Farbiger, 1 cm kleiner. V: =
Z: Hb, <250 E., Mann-Mutter-Fam. F: K
T: 22–25°C, L: ♂ 8 cm, pH: <7, SG: 2–3

Nanochromis sp. „Kisangani" ♂ 3/806
Silberfleck-Nanochromis
H: Zaire: Kisangani-Gebiet.
♀: Silberfleck; 1,5 cm kleiner. V: +
Z: Hb, <50 E., Mann-Mutter-Fam. F: K
T: 23–26°C, L: ♂ 6 cm, pH: ≪7, SG: 3–4

Nanochromis squamiceps ♂ 5/886

H: Zaire.
♂: K mit Punktreihen; schlanker. V: =
Z: Hb; Elternfamilie. F: K
T: 23–26°C, L: ♂ 6 cm, pH: <7, SG: 3

AFRIKA – FLIESSGEWÄSSER
Cichlidae   Buntbarsche, Cichliden

Oreochromis aureus ♂   2/978
„Goldtilapia"
H: Sen., Niger, Tschad, Benue, Nil, Jordan.
♂: Farbiger, größer.   V: =
Z: ♀Mb, Mutterfamilie?   F: O
T: 17–24°C, L: 40 cm, pH: 7, SG: 2

Oreochromis karomo ♂   2/980
H: Tansania: Malagarasi-Sümpfe.
♂: Farbiger, gr.; 15 mm Genitalpap.   V: –
Z: ♀Mb., 250 E, agam, Mutterfam.   F: O
T: 22–28°C, L: 30 cm, pH: 7, SG: 2–3

Oreochromis mossambicus ♂   1/768
Mosambik-Maulbrüter, Weißkehlbarsch
H: O-Afrika.
♂: Farbiger, größer.   V: =
Z: ♀Mb., 300 E, agam, Mutterfam.   F: O
T: 20–24°C, L: 40 cm, pH: 7, SG: 3–4

Oreochromis niloticus niloticus   3/828
Nilbuntbarsch
H: Weitverbreitet; auch Syrien u. Israel.
♂: Dorsale u. Anale spitz.   V: =
Z: ♀Mb., 200 E, agam, Mutterfam.   F: O
T: 14–26°C, L: 35 cm, pH: 7, SG: 1–2

Oreochromis pangani pangani ♂   3/830
H: Tansania: Pangani-Fluß.
♂: Dunkler, 15 cm größer.   V: –
Z: Natur: ♀Mb., <1000 E, Mutterf.   F: O
T: 24–28°C, L: ♂ 47 cm, pH: 7, SG: 2–3

Oreochromis spilurus niger   3/830
H: Kenia.
♂: Hochzeitskleid.   V: =
Z: Natur: ♀Mb., Mutterfamilie.   F: O
T: 24–28°C, L: 33 cm, pH: 7, SG: 2–3

AFRIKA – FLIESSGEWÄSSER
Cichlidae

Buntbarsche, Cichliden

Oreochromis spilurus spilurus WF 3/832

H: Kenia, N-Tansania.
♂: Hochzeitskleid. V: =
Z: Natur: ♀Mb., Mutterfamilie. F: O
T: 24–28°C, L: <40 cm, pH: 7, SG: 2–3

Oreochromis urolepis hornorum 2/980

H: Tansania: Wami-Fluß Einzugsgebiet.
♂: Dunkler, farbintensiver. V: =
Z: ♀Mb., Mutterfamilie? F: O
T: 22–26°C, L: 17 cm, pH: 7, SG: 2

Oreochromis urolepis urolepis 3/835

H: Tansania: Rifigi, Kingani u. Mbemkuru.
♂: Dunkler, größer. V: =
Z: ♀Mb., <500 E., Mutterfamilie? F: O
T: 22–28°C, L: 38 cm, pH: >7, SG: 2–3

Schwetzochromis stormsi 2/962

H: Zairefluß, Mwerusee.
GU: Unbekannt. V: =
Z: ♀Mb, agam, Mutterfamilie F: O
T: 22–25°C, L: 6,5cm, pH: 7, SG: 2–3

Parananochromis gabonicus 4/662

H: Abanga-, Okano-, Ntem-System.
♀: Kleiner; silbriges Dorsalband. V: +
Z: Hb; paarbildend. F: K
T: 24–26°C, L: 12 cm, pH: <7, SG: 3

Parananochromis longirostris ♂ 3/840

H: S-Kamerun, N-Gabun.
♂: Flossen länger; mehr Glanzflecken. V: +
Z: ♀Mb; selten erfolgt. F: O
T: 22–26°C, L: ♂ 12cm, pH: <7, SG: 2–3

AFRIKA – FLIESSGEWÄSSER
Cichlidae

Buntbarsche, Cichliden

Parananochromis sp. „Belinga" ♂ 4/664

Parananochromis sp. „Belinga" ♀ 4/664

H: Gabun, S-Kamerun?
♂: Größer; gebänderte Kaudale. V: +
Z: Hb; paarbildend. F: K
T: 24–25°C, L: 12 cm, pH: ≪7, SG: 3–4

Pelmatochromis buettikoferi 5/906

Pelmatochromis ocellifer 5/906

H: Küstenflüsse: Port Guinea bis Liberia.
GU: Genitalpapille. V: =
Z: Offenbrüter; Elternfamilie. F: O
T: 24–26°C, L: 25 cm, pH: 7, SG: 2–3

H: Mittleres u. unteres Zaire-System.
♂: Etwas längere Flossen. V: =
Z: Offenbrüter? F: O
T: 25–28°C, L: 20 cm, pH: 7, SG: 3

Pelvicachromis humilis ♂ 2/964
Farbform Kasewe

Pelvicachromis humilis ♂ 2/964
Farbform Kenema

H: Liberia, SO-Guinea, Sierra Leone.
♂: Dorsale, Anale, Ventrale spitzer. V: +
Z: Hb, Vater-Mutterfamilie. F: K,O
T: 24–26°C, L: ♂ 12,5cm, pH:<7, SG:2–3

AFRIKA – FLIESSGEWÄSSER
Cichlidae

Buntbarsche, Cichliden

Pelvicachromis pulcher v.♂, h.♀ 1/750
Purpurprachtbarsch, Königscichlide
H: S-Nigeria. Sw, (Bw)
♂: Dorsale u. Anale spitzer. V: +
Z: Hb.,<300 E.,Vater-Mutter-Fam. F: K,O
T: 24–25°C, L: 10 cm, pH: <7, SG: 1

Pelvicachromis roloffi v.♂, h.♀ 2/966
Roloffs Prachtbarsch
H: O-Guinea, Sierra Leone, W-Liberia.
♂: Dorsale, Anale, Ventrale spitzer. V: +
Z: Hb, Vater-Mutter-Familie. F: K,O
T: 24–26°C, L: ♂ 8,5cm, pH: <7, SG: 3

Pelvicachromis subocellatus u.♂ 1/750
Augenfleck-Prachtb., Rotvioletter Prachtb.
H: Gabun–Zaire-Mündung. Sw, (Bw).
♂: Dorsale u. Anale spitzer. V: +
Z: Hb.,<200 E.,Vater-Mutter-Fam. F: K,O
T: 22–26°C, L: 10 cm, pH: <7, SG: 2

Pelvicachromis taeniatus o.♂, u.♀ 1/752
Streifenprachtbarsch, Smaragdprachtb.
H: S-Nigeria, Kamerun. Sw, (Bw)
♂: Dorsale u. Anale spitzer; 2cm gr. V: +
Z: Hb.,<60 E.,Vater-Mutter-Fam. F: K,O
T: 22–25°C, L: ♂ 9 cm, pH: <7, SG: 1

Pseudocrenilabrus multicolor r.♂ 1/754
Vielfarbiger Maulbrüter, Kleiner Maulbr.
H: Untere Nil bis Uganda u. Tansania.
♀: Blasser. V: =
Z: ♀Mb 10T, 30–80E, Mutterfam. F: K,O
T: 20–24°C, L: 8 cm, pH: 7, SG: 2

Pseudocrenilabrus multicolor victoriae ♂
5/913
H: Uganda und Tansania.
♂: Farbiger; A mit orangener Spitze. V: =
Z: ♀Mb; Mutterf; agam. F: O
T: 24–26°C, L: 11 cm, pH: 7, SG: 2–3

AFRIKA – FLIESSGEWÄSSER
Cichlidae

Buntbarsche, Cichliden

Pseudocrenilabrus nicholsi ♂ WF 3/850
Nichols Maulbrüter
H: Zaire-Becken.
♀: Blasser. V: –
Z: ♀ Mb, Mutterfamilie. F: K
T: 22–25°C, L: 7 cm, pH: 7, SG: 2–3

Pseudocrenilabrus philander dispersus ♂
Messingmaulbrüter, Kupfermaulb. 1/754
H: Saf., Na., Sam., Mos., Zim., Ang., S-Zaire.
♂: Wesentlich farbenprächtiger. V: –
Z: ♀ Mb, <100 E, Mutterfamilie. F: K,O
T: 20–24°C, L: 11 cm, pH: 7, SG: 2–3

Sarotherodon caudomarginatus 4/680
Prachtmaulbrüter 5/938
H: Guinea bis Liberia: Küstenflüsse.
GU: Schwer festzustellen. V: =
Z: ♀ Mb: ohne feste Paarbindung. F: O
T: 24–26°C, L: 30 cm, pH: 7, SG: 2–3

Sarotherodon galilaeus 3/864
Prachtmaulbrüter
H: Jordanien, O- u. Zentralafrika bis Liberia.
GU: Schwer festzustellen. V: =
Z: ♀ ♂ Mb, <1500 E, Elternfamilie. F: O
T: 22–28°C, L: 40 cm, pH: 7, SG: 2

Sarotherodon galilaeus sanagaensis
4/680
H: Kamerun: Sanaga-Fluß.
GU: Schwer festzustellen. V: =
Z: Mb. F: O
T: 24–26°C, L: 25 cm, pH: 7, SG: 2

Sarotherodon melanotheron ♂ 2/984
Schwarzkinnmaulbrüter
H: Elfenbeinküste bis Kamerun.
♂: Größer. V: =
Z: ♂ Mb 21 T, <150 E, Vaterfamilie. F: O
T: 23–25°C, L: 20 cm, pH: 7, SG: 2–3

AFRIKA – FLIESSGEWÄSSER
Cichlidae   Buntbarsche, Cichliden

Sarotherodon melanotheron heudelotii
4/682

H: Senegal bis Guinea: Sw, (Bw)
♂: Genitalpapille spitz.   V: =
Z: ♂Mb 14 T; Vaterfamilie, agam.   F: O
T: 24–26°C, L: 20 cm, pH: >7, SG: 2

Sarotherodon melanotheron leonensis
4/684

H: Guinea bis Liberia: In Bw. häufig.
♂: Genitalpapille spitz.   V: =
Z: ♂Mb 14 T; Vaterfamilie; agam.   F: O
T: 24–26°C, L: 20 cm, pH: >7, SG: 2

Sarotherodon occidentalis   5/940

H: Guinea bis Liberia.
GU: Nicht bekannt.   V: ?
Z: Mb? ohne Paarbildung?   F: O?
T: 24–26°C, L: 25 cm, pH: 7, SG: 2–3

Sarotherodon tournieri tournieri   4/684

H: Elfenbeinküste: Cavally-Fluß.
GU: Nicht bekannt.   V: ?
Z: Mb? ohne Paarbildung?   F: O?
T: 24–26°C, L: 25 cm, pH: 7, SG: 3

Schwetzochromis stormsi ♂   4/686

H: Oberer u. mittlerer Zaire.
♂: Kräftiger; massigerer Kopf.   V: –
Z: ♀Mb.   F: H!
T: 25–26°C, L: 15 cm, pH: 7, SG: 4

Steatocranus casuarius v. ♀, h.♂ 1/768
Buckelkopfbuntbarsch, Helmcichlide
♂: 3 cm größer; gr. Fettpolster.   V: =
Z: Hb., 60 E., VMFamilie, Einehe.   F: O
T: 24–28°C, L: ♂ 11 cm, pH: <7, SG: 2

AFRIKA – FLIESSGEWÄSSER
Cichlidae

Buntbarsche, Cichliden

Steatocranus gibbiceps ♂ 3/870

Steatocranus gibbiceps ♀ juv. 3/870

H: Unterer Zaire.
GU: In der Jugend problematisch. **V**: +
Z: Hb., <100 E., feste Paarbindung. **F**: O
T: 24–27°C, **L**: 11 cm, **pH**: 7, **SG**: 1–2

Steatocranus glaber 2/990

Steatocranus irvinei ♂ 3/872

H: Stromschnellen des Zaire.
♂: Größer. **V**: +
Z: Hb?, kein Bericht. **F**: O
T: 23–27°C, **L**: 6 cm, **pH**: 7, **SG**: 2

H: Ghana, Burkina Faso.
♂: Etwas größer. **V**: =
Z: Hb., 200 E. **F**: O
T: 24–27°C, **L**: ca.15 cm, **pH**: 7, **SG**: 1–2

Steatocranus irvinei ♀ 3/872

Steatocranus tinanti ♂ 2/990

H: Zaire Fluß: Kinshasa.
♂: Ausgezogene Dorsale u. Anale. **V**: =
Z: Hb., 100 E., VMFamilie. **F**: O
T: 25–27°C, **L**: 15 cm, **pH**: 7, **SG**: 2–3

AFRIKA – FLIESSGEWÄSSER
Cichlidae
Buntbarsche, Cichliden

Steatocranus ubanguiensis 3/874

H: W-Afrika: Ubangi-Nebenfluß.
♂: Zugespitzte Dorsale u. Anale.   V: +
Z: Hb., <25 E. ♂ Gelegebetreuung.   F: O
T: 25–27°C, L: 6–7 cm, pH: 7, SG: 1–2

Teleogramma brichardi ♀ 1/774
Quappenbuntbarsch

H: Zaire-Unterlauf zw. Kinshasa u. Matadi.
♀: Breiter Dorsalsaum, farbiger.   V: =
Z: Hb.,<30 E., Mann-Mutter-Fam. F: K,O
T: 20–23°C, L: ♂ 12 cm, pH: <7, SG: 2–3

Thoracochromis demeusii ♂ 4/688

H: Unterer Zaire.
♂: Eiflecken; gr. Fettpolster.   V: –
Z: ♀ Mb.   F: K
T: 24–28°C, L: 12 cm, pH: 7, SG: 3

Thysochromis ansorgii ♀ 2/1000
Fünffleckbuntbarsch

H: Nigeria, Elfenbeink., Ghana, Kamerun.
♀: Kl., runde Flossen, weißer Fleck.   V: +
Z: Ob–Hb, 500 E., MMFam.–Efam.   F: O
T: 24–26°C, L: 13 cm, pH: <7, SG: 2

Tilapia brevimanus 4/690

H: Guinea-Bissau bis O-Liberia.
♂: Größer; längere Flossen.   V: –
Z: Hb; Elternfamilie.   F: H,O
T: 24–26°C, L: 25 cm, pH: 7, SG: 2–3

Tilapia busumana 2/1000

H: S-Ghana: Kumasi-Areal, Voltastausee,...
♂: Heller; erwachsen ohne Fleck.   V: =
Z: Ob, 400 E., Elternfamilie.   F: O
T: 23–25°C, L: 20 cm, pH: <7, SG: 2

AFRIKA – FLIESSGEWÄSSER
Cichlidae — Buntbarsche, Cichliden

Tilapia buttikoferi 2/1002
Zebratilapie
H: Guinea Bissau bis W-Liberia.
♂: Größer. V: +,–
Z: Ob, intensive Elternfamilie. F: O
T: 23–25°C, L: 25 cm, pH: <7, SG: 2

Tilapia cessiana 4/692
H: Liberia/Elfenbeinküste: Cess-Fluß.
♂: Etwas massiger größer. V: +,–
Z: Ob, intensive Elternfamilie. F: H,O
T: 24–26°C, L: 35 cm, pH: 7, SG: 2

Tilapia dageti 4/692
H: Niger-, Bene-, Tschad-, Volta-,... Einzug.
♂: Meistens größer u. schlanker. V: =
Z: Ob; intensive Elternfamilie. F: H,O
T: 24–28°C, L: 30 cm, pH: 7, SG: 2

Tilapia guineensis 3/892
Guineabuntbarsch
H: Senegal bis Angola: Küstenzone.
♂: Meistens größer u. schlanker. V: –
Z: Ob, <1000 E., intensive Efam. F: O
T: 22–26°C, L: 25 cm, pH: 7, SG: 2

Tilapia joka 2/1002
H: Sierra Leone.
GU: Unbekannt. V: +
Z: Hb, <200 E., Vater-Mutter-Fam. F: O
T: 23–25°C, L: 13 cm, pH: <7, SG: 2

Tilapia louka ♂ 4/694
H: Sierra Leone, Guinea, Elfenbeinküste.
♀: Kehle kräftiger rot. V: –
Z: Ob; intensive Elternfamilie. F: O,H
T: 26–30°C, L: ca. 25 cm, pH: 7, SG: 1–2

AFRIKA – FLIESSGEWÄSSER
Cichlidae

Buntbarsche, Cichliden

Tilapia mariae ♂ 1/778
Marienbuntbarsch, Fünfflecktilapie
H: Elfenbeinküste bis Kamerun: Niger.
♂: Dorsale u. Anale lang, Stirn steil. V: –
Z: Ob–Hb, <2000 E., VMFamilie. F: L,O
T: 20–25°C, L: <35 cm, pH: <7, SG: 3–4

Tilapia mariae juv. 1/778
Marienbuntbarsch, Fünfflecktilapie

Tilapia nyongana 4/696

H: S-Kamerun: Nyong- u. Dja-Fluß.
♂: Etwas größer? V: –?
Z: Ob?; Elternfamilie? F: O?
T: 24–26°C, L: 30 cm, pH: ≪7, SG: 4

Tilapia rendalli 3/892
Rendalls Tilapie, Rotbrüstige Tilapie
H: Zaire, Sambesi u. Limpopo, Tan., Mal,...
♂: Dorsale u. Anale spitzer. V: –
Z: Natur: Ob, VM- bis E-Familie. F: O,H
T: 24–28°C, L: 30 cm, pH: >7, SG: 2

Tilapia sparrmanii 3/894
Sparrmans Tilapia
H: Angola bis Zaire u. Südafrika.
GU: Sehr schwer festzustellen. V: =
Z: Ob, <500 E., Elternfamilie. F: O
T: 22–25°C, L: 20 cm, pH: 7, SG: 1–2

Tilapia tholloni 4/696

H: Gabun bis Zaire.
♂: Genitalpapille spitz. V: –
Z: Ob; Elternfamilie. F: H,O
T: 24–26°C, L: 30 cm, pH: 7, SG: 2

AFRIKA – FLIESSGEWÄSSER
Cichlidae

Buntbarsche, Cichliden

Tilapia walteri 4/698

H: W-Afrika: Cavally- u. Cess-Fluß
♂: Dorsale u. Anale spitzer; größer. **V:** =
Z: Natur: Ob, Elternfamilie. **F:** H,O
T: 24–26°C, **L:** 30 cm, **pH:** 7, **SG:** 2

Tilapia zillii 1/778
Zilles Buntbarsch
H: Jordanien, Syrien; Sahara. Sw, (Bw)
GU: Relativ schwer; Genitalpapille. **V:** –
Z: Ob, <1000 E., Elternfamilie. **F:** O
T: 20–24°C, **L:** <30 cm, **pH:** 7, **SG:** 4

Tilapia zillii ♀, adult 3/894
Zilles Buntbarsch (anderes Farbkleid)
H: Jordanien, Syrien; Sahara. Sw,(Bw)
GU: Relativ schwer; Genitalpapille. **V:** –
Z: Ob, >1000 E., Elternfamilie. **F:** O,H
T: 18–24°C, **L:** 30 cm, **pH:** 7, **SG:** 1

Tylochromis intermedius 3/898

H: Sierra Leone.
GU: Unbekannt. **V:** ?
Z: Unbekannt. **F:** K?,O?
T: 24–28°C, **L:** 15 cm, **pH:** 7, **SG:** 3

Tylochromis lateralis 5/970

H: Unterer Zaire.
GU: Unbekannt; (Genitalpapille?). **V:** =?
Z: Mb?; Weiteres unbekannt. **F:** K
T: 24–26°C, **L:** 25 cm, **pH:** 7, **SG:** 3

Tylochromis leonensis 4/700

H: Sierra Leone, W-Liberia: Küstenflüsse.
GU: Unbekannt; (Genitalpapille?). **V:** =
Z: Mb; Weiteres unbekannt. **F:** K
T: 24–26°C, **L:** 30 cm, **pH:** 7, **SG:** 3

NORD- U. MITTELAMERIKA

Einführung

Die Untergruppe Nord- und Mittelamerika behandelt die Cichliden der südlichen USA (*Cichlasoma cyanoguttatum*) südwärts bis einschließlich Panama. Das Verbreitungsgebiet einiger Cichliden dieser Region (*Cichlasoma atromaculatum* und *C. umbriferum*) schließt noch das nördliche Kolumbien mit ein, hat aber seinen Schwerpunkt in dem hier behandelten Gebiet. Arten, welche hauptsächlich in Regionen ab Kolumbien südwärts auftreten, auch wenn noch Teile Panamas mit eingeschlossen sein sollten, werden in der Untergruppe „Südamerika" behandelt. Dies ist z.B. der Fall mit *Aequidens coeruleopunctatus*, welcher vom Süden Costa Ricas bis Nordwestecuador zu finden ist. Die Endemiten der Karibik – Cuba, Hispaniola – werden in der Untergruppe „Übrige Welt" vorgestellt.

Mit ein wenig Übung ist es nicht sonderlich schwer, die Heimatregion eines Buntbarsches zu bestimmen.

Geographische Verbreitung

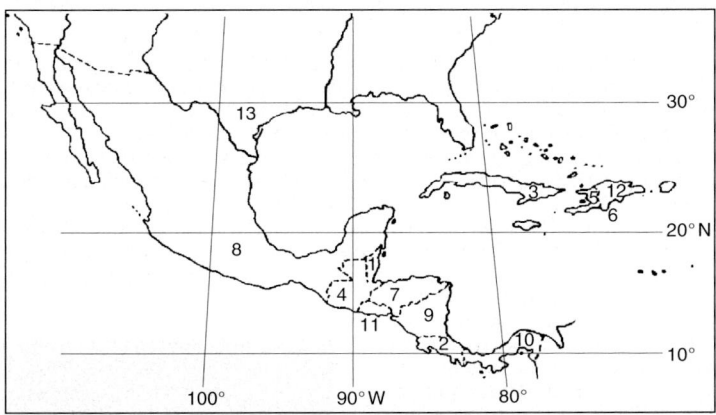

Verbreitungsgebiet der in dieser Untergruppe behandelten Buntbarsche.

Belize (Bel.)	1	Mexiko (Mex.)	8
Costa Rica (C.R.)	2	Nicaragua (Nic.)	9
Cuba	3	Panama (Pan.)	10
Guatemala (Gua.)	4	El Salvador (Sal.)	11
Haiti	5	Santo Domingo	12
Hispaniola	6	Texas, USA	13
Honduras (Hon.)	7		

Cuba, Haiti und Santo Domingo (Hispaniola) werden zusammen mit Madagaskar und Indien in der Untergruppe „Übrige Welt" behandelt.

NORD- U. MITTELAMERIKA
Cichlidae
Buntbarsche, Cichliden

Einer der größten Buntbarsche der Welt – *Cichlasoma dovii* mit 70 cm Länge für Männchen und 50 cm für Weibchen – gehört zu dieser Untergruppe, die ansonsten mit wenigen Ausnahmen (z.B. Feuermaulbuntbarsch und Verwandte) aus mittelgroßen bis großen Arten (20–35 cm) besteht.

Die größeren Arten sind geschätzte Speisefische, haben aber wenig Verbreitung in der Speisefischzucht gefunden, da afrikanische Tilapien (vor allem der Gattung *Oreochromis*), gründlich erforscht, sich als schneller wachsend und widerstandsfähiger herausgestellt haben. Trotzdem erscheint es möglich, daß nach entsprechender Forschungsarbeit die eine oder andere mittelamerikanische Art doch noch als eine einheimische Alternative identifiziert wird.

Die Buntbarsche dieser Untergruppe bevorzugen neutrale bis alkalische, mittelharte Gewässer. Im Aquarium brauchen sie vor allem viel Raum. Auch sind sie unentwegt damit beschäftigt, die Dekoration ihrem „persönlichen Geschmack" anzupassen. Es müssen einige Gegenmaßnahmen getroffen werden, wie etwa die Benutzung von schützenden (großen) Steinen und der Gebrauch eines feinmaschigen Netzes, auf halber Tiefe im Kiesboden des Aquariums begraben, um der Wühltätigkeit wenigstens in der Tiefe entgegenzuwirken, bevor der Boden – oder gar der Unterbodenfilter – des Aquariums bloßgelegt wird.

Die Fortpflanzungsweise dieser meist fruchtbaren Cichliden beschränkt sich hauptsächlich auf die des Offenbrüters mit Elternfamilie (ein paar sind Höhlenbrüter, nur „*Geophagus*" *crassilabris* ist bisher als Maulbrüter erkannt worden). Sexualunterschiede drücken sich vor allem in farbigeren und deutlich größeren Männchen mit spitz ausgezogenen Flossen aus.

Diese Buntbarsche sind hauptsächlich Allesfresser, deren Nahrung jedoch eher eiweißreich sein sollte. Allerdings fressen einige auch die zarten Triebe von Wasserpflanzen und einige durchwühlen den Boden nach Freßbarem. Etwaige Dekoration mit Pflanzen verlangt dementsprechend für erstere eine Fütterung, die Pflanzenmaterial mit einschließt, und für letztere einen Schutz der Pflanzenwurzeln (etwa Pflanzen in Töpfen halten, Steine um ihre Stengel herumlegen usw.).

Dank ihrer Farbenpracht und ihrem interessanten Sozialverhalten haben Cichliden aus Mittelamerika viele Anhänger. Ihre Haltung ist nicht übermäßig schwierig, solange sie in einem großzügig dimensionierten Aquarium mit leistungsstarker Filterung stattfindet und bei der Dekoration ihr natürliches Verhalten beachtet wird (Aufbauten auf festen Boden im Aquarium aufsetzen, da sonst Einsturzgefahr). Die meisten *Thorichthys*-Arten sind außerhalb der Laichzeit auch für „normale" Gesellschaftsbecken geeignet.

Archocentrus spinosissimus ♂   4/590
5/726
H: Guatemala.
♂: Längere Flossen.   V: =
Z: Hb, Ob? Nur einmal erfolgt.   F: K,O
T: 25–30°C, L: ♂ 12 cm, pH: >7, SG: 3

NORD- U. MITTELAMERIKA
Cichlidae

Buntbarsche, Cichliden

Archocentrus spinosissimus ♂ 4/590
5/726

Chuco godmanni ♂ 3/726, 5/746
Godmann-Cichlide
H: Guatemala, Belize.
♂: Rote Kehle u. Schulter; hinten blau. V: =
Z: Ob, Elternfamilie. F: O
T: 26°C, L: ♂ 25 cm, pH: >7, SG: 1

Chuco intermedius 3/732
Winkelcichlide Rio Chamata
H: S-Mexiko, Guatemala.
♂: Größer, farbiger. ♀: Dunkle Kehle. V: =
Z: Ob. F: O,H
T: 25–27°C, L: ♂ 30 cm, pH: >7, SG: 1–2

Chuco intermedius 3/732
Winkelcichlide Rio Nototum

Chuco microphthalmus 3/738
Maschenbuntbarsch
H: Guatemala u. Honduras.
♂: Größer; farbiger; gewölbte Stirn. V: =
Z: Ob. F: O
T: 22–28°C, L: 25 cm, pH: >7, SG: 2

Chuco microphthalmus ♂ 5/746
H: Guatemala: Motagua-Becken,...
♂: Rote Tüpfel, metallisch blau. V: –
Z: Ob, Elternfamilie. F: O
T: 25–30°C, L: ♂ 25 cm, pH: >7, SG: 3

CICHLIDEN

NORD- U. MITTELAMERIKA
Cichlidae — Buntbarsche, Cichliden

Chuco sp. „Rio Guarumo" 5/748

H: Panama: Rio Guarumo-Einzug.
♂: Flossen brauner; etwas größer. V: =
Z: Noch nicht erfolgt; Ob? F: O
T: 26°C, L: ♂ 20 cm, pH: >7, SG: 1

Cichlasoma alfari o. ♂, u. ♀ 2/860
Pastellbuntbarsch

H: Nicaragua, Costa Rica, Panama.
♂: Größer; Stirn kantiger. V: –
Z: Ob, Elternfamilie. F: O
T: 23–27°C, L: 22 cm, pH: 7, SG: 2–3

Cichlasoma altifrons 2/859
Steilstirnbuntbarsch

H: Costa Rica, Panama, Kolumbien.
♂: Größer; farbiger. V: –
Z: Ob, Elternfamilie. F: O
T: 23–27°C, L: 22 cm, pH: 7, SG: 2

Cichlasoma atromaculatum ♂ 2/860
Schwarzflecken-Buntbarsch

H: Panama (Pazifik), W-Kolumbien.
♂: Größer. V: –
Z: Ob, >1000 E, Elternfamilie. F: O
T: 23–25°C, L: 25 cm, pH: >7, SG: 3

Cichlasoma atromaculatum ♀ 2/860
Schwarzflecken-Buntbarsch

„*Cichlasoma*" *bartoni* ♂ 3/718
Bartoni Cichlide

H: M-Mexiko: Rio Panuco, E.
♂: Größer. Im Alter mit Stirnbuckel. V: –
Z: Ob, <300 E, Elternfamilie. F: K, O
T: 21–27°C, L: 18 cm, pH: >7, SG: 2

NORD- U. MITTELAMERIKA
Cichlidae   Buntbarsche, Cichliden

„Cichlasoma" bartoni ♀   3/718
Bartoni Cichlide

„Cichlasoma" beani   3/720
Beans Buntbarsch
H: N-Mexiko.
GU: Unbekannt.   V: –
Z: Ob? Elternfamilie?   F: O
T: 23–25°C, L: 30 cm, pH: >7, SG: 1–2

Cichlasoma bifasciatum   2/862

H: Mexiko, Guatemala.
♀: Etwas kleiner; zur Brutzeit dunkler. V: –
Z: Ob, 500 E, Elternfamilie.   F: H,O
T: 22–27°C, L: 25 cm, pH: >7, SG: 2

„Cichlasoma" calobrense   3/722
Rotpunktbuntbarsch
H: Panama.
♂: Größer; farbiger.   V: –
Z: Ob, <500 E, Efam. oder MMFam.   F: O
T: 22–27°C, L: <25 cm, pH: >7, SG: 2

„Cichlasoma" centrarchus   3/722
Centrarchus-Buntbarsch
H: Nicaragua bis Costa Rica.
♂: Größer.   V: =
Z: Ob, <500 E, Elternfamilie.   F: O
T: 25–27°C, L: 15 cm, pH: 7, SG: 1–2

Cichlasoma citrinellum   2/864
Zitronenbuntbarsch
H: S-Mex., Nicaragua, Costa Rica, Hon.
♂: Längere Flossen, Stirnpolster.   V: –
Z: Ob, >1000 E, Elternfamilie.   F: O
T: 22–25°C, L: 30 cm, pH: 7, SG: 1–2

CICHLIDEN

NORD- U. MITTELAMERIKA
Cichlidae

Buntbarsche, Cichliden

Cichlasoma cyanoguttatum 1/724
Perlcichlide
H: NO-Mexiko, Texas.
♂: Größer, farbiger. V: –
Z: Ob, <500 E, Elternfamilie. F: K,O
T: 20–24°C, L: <30 cm, pH: 7, SG: 3

Cichlasoma cyanoguttatum 1/724
Perlcichlide

„*Cichlasoma*" *diquis* 3/724
Boruca-Buntbarsch, Diquis Buntbarsch
H: Costa Rica: Pazifik-Seite.
♀: Dorsale oft mit dunkler Zone. V: –
Z: Ob? Elternfamilie? F: O
T: 25–28°C, L: 20 cm, pH: >7, SG: 2–3

Cichlasoma dovii ♂ 2/866
Leopardenbuntbarsch, „Lagunero"
H: O-Honduras, Nicaragua, Costa Rica.
♂: 20 cm größer; farbiger V: –
Z: Ob, >1000 E, Elternfamilie. F: K
T: 22–28°C, L: ♂ 70 cm, pH: 7, SG: 3–4

„*Cichlasoma*" *fenestratum* 3/726
Fensterbuntbarsch
H: S-Mexiko.
♀: Dunkler; Dorsale mit Zeichnung. V: =
Z: Ob, >1000 J, Elternfamilie. F: O
T: 25–28°C, L: 30 cm, pH: >7, SG: 1–2

Cichlasoma friedrichsthalii ♂ 2/869
Friedrichsthal's Buntbarsch
H: Mex., Gua., Hon., Bel., Nic., C.R.
♂: Weniger gelb; größer, dunkler. V: =
Z: Ob, Elternfamilie. F: K,O
T: 22–28°C, L: <25 cm, pH: 7, SG: 1–2

NORD- U. MITTELAMERIKA
Cichlidae

Buntbarsche, Cichliden

„Cichlasoma" (o. Herichthys?) geddesi (?) 4/588

H: S-Mexiko.
Ungenügend definierte Art.

„Cichlasoma" grammodes ♂ 3/728
Siebbuntbarsch
H: S-Mexiko.
♂: Flecken bilden Längsreihen. V: –
Z: Höhlenbrüter. F: O
T: 25°C, L: ♂ 25 cm, pH: >7, SG: 2

„Cichlasoma" guttulatum ♂ 3/728
Gesprenkelter Buntbarsch
H: Mexiko u. Guatemala.
♀: Dunkle Zone in Dorsale. V: =
Z: Offenbrüter >1000 J. F: O
T: 25–28°C, L: 30 cm, pH: >7, SG: 1

„Cichlasoma" heterospilum ♂ 3/730
Candelaria-Buntbarsch
H: Mexiko, Guatemala.
♀: Dunkler; verwaschener Dorsalfleck. V: =
Z: Offenbrüter. F: O,H
T: 25–30°C, L: <25 cm, pH: >7, SG: 2

„Cichlasoma" hogaboomorum ♂ 3/730
Hogaboom-Buntbarsch
H: Honduras.
♀: Dunkler, kleiner; Dorsalfleck? V: –
Z: Offenbrüter. F: O
T: 25–30°C, L: 30 cm, pH: >7, SG: 2

„Cichlasoma" istlanum 3/734
Papagallo-Buntbarsch
H: S-Mexiko.
♂: Größer, heller; hellblau. V: –
Z: Offenbrüter. F: K
T: 27–30°C, L: 20 cm, pH: >7, SG: 2

NORD- U. MITTELAMERIKA
Cichlidae

Buntbarsche, Cichliden

Cichlasoma labiatum 2/870

H: Nic.: Nicaragua-, Managua-, Xiloasee.
♂: Größer. V: –
Z: Ob, 600–700 E., VMFamilie. F: O
T: 24–26°C, L: 25 cm, pH: 7, SG: 3

„*Cichlasoma*" *labridens* 3/734
Gelber Cichlasoma, Panuco-Buntbarsch
H: N-Mexiko: Rio Panuco.
♂: Größer; längere Dorsale u. Anale. V: –
Z: Offenbrüter, 300–600 E. F: O
T: 22–26°C, L: ♂ 25 cm, pH: >7, SG: 2

„*Cichlasoma*" *labridens* ♀ 3/734
Gelber Cichlasoma, Panuco-Buntbarsch

„*Cichlasoma*" *labridens* ♀ 3/734
Gelber Cichlasoma, Panuco-Buntbarsch

Parapetenia loisellei ♀ 5/752
Gelber Guapote
H: O-Hon., Nicaragua, Costa Rica, Pan.
♀: Kleiner; mehr gelb. V: =
Z: Offenbrüter. F: K
T: 26–30°C, L: ♂ 25 cm, pH: >7, SG: 1–2

Parapetenia loisellei ♂ 5/752
Gelber Guapote

NORD- U. MITTELAMERIKA
Cichlidae

Buntbarsche, Cichliden

Cichlasoma longimanus 2/872
3 Populationen (Angaben für Costa Rica)
H: 1) Hon.–N-Nic. 2) Gua.–C.R. 3) Seen Nic.
♂: Größer, heller. V: =
Z: Offenbrüter, Elternfamilie. F: O
T: 24–28°C, L: 22 cm, pH: 7, SG: 2

„*Cichlasoma*" *lyonsi* 3/737
Lyons Buntbarsch
H: Costa Rica, Panama(?).
♂: Größer, schlanker. V: –
Z: Offenbrüter. F: O
T: 25–28°C, L: 30 cm, pH: 7, SG: 2–3

„*Cichlasoma*" *macracanthum* ♂ 3/738
Stachelbuntbarsch
H: S-Mex., Gua, El Salvador, NW-Hon.
♂: Dorsale u. Anale länger; größer. V: =
Z: Offenbrüter. F: O
T: 25–28°C, L: 25 cm, pH: >7, SG: 1–2

Cichlasoma maculicauda 2/872
Schwarzgürtelbuntbarsch, Getupfter Buntb.
H: S-Mex., Gua., Bel., Costa R., Pan.
♂: Größer, farbiger. V: –
Z: Ob, < 600 E., Elternfamilie. F: H,O
T: 22–27°C, L: 30 cm, pH: 7, SG: 3

„*Cichlasoma*" *minckleyi* 5/754

H: N-Mexiko: Cuatro Cienegas-Becken. E
♂: Kopf kantiger; schlanker; größer. V: –
Z: Offenbrüter, Elternfamilie. F: O
T: 26–30°C, L: ♂ 25 cm, pH: 7, SG: 3

„*Cichlasoma*" *motaguense* ♀ 3/740
Tigerbuntbarsch
H: Guatemala, Honduras, El Salvador.
♂: Heller, grünlicher. V: –
Z: Ob, 2000 E, Elternfamilie. F: O
T: 25–30°C, L: >30 cm, pH: 7, SG: 3

CICHLIDEN

NORD- U. MITTELAMERIKA
Cichlidae

Buntbarsche, Cichliden

„Cichlasoma" nanoluteus ♀ 4/590

H: Panama.
♂: Dunkler Bereich in Dorsale. V: =
Z: Hb, Vater-Mutter-Familie. F: K,O
T: 24–28°C, L: ♂ 9 cm, pH: 7, SG: 1

Cichlasoma nicaraguense l.♂, r.♀ 2/874
Nicaragua-Buntbarsch
H: Nicaragua, Costa Rica.
♂: Dunkles Muster in Flossen. V: =
Z: Ob, Eier haften nicht; VMFamilie. F: O
T: 23–27°C, L: ♂ 25 cm, pH: >7, SG: 2

Cichlasoma nicaraguense ♂ 2/874
Nicaragua-Buntbarsch

„Cichlasoma" nigrofasciatum ♂ 1/690
Zebrabuntb., Grünflossenb., Blaukehlchen
H: Gua., Sal., NW-Hon., Nic., C.R., Pan.
♂: Dorsale u. Anale spitzer; ohne rot. V: –
Z: Hb–Ob, VMFamilie. F: O
T: 20–23°C, L: 15 cm, pH: 7, SG: 3

„Cichlasoma" octofasciatum 1/692
Achtbindenbuntbarsch
H: S-Mexiko, Guatemala u. Honduras.
♂: Dorsale u. Anale spitzer. V: –
Z: Ob, <800 E, Elternfamilie. F: K,O
T: 22–25°C, L: <20 cm, pH: <7, SG: 3

„Cichlasoma" panamense ♂ 3/742
Panama-Buntbarsch rote Form
H: Panama: Atlantik = rote Form.
♀: Dunkle Dorsalflossenzone. V: =
Z: Hb. F: K
T: 23–26°C, L: 15 cm, pH: 7, SG: 3–4

NORD- U. MITTELAMERIKA
Cichlidae

Buntbarsche, Cichliden

„Cichlasoma" panamense 3/742
Panama-Buntbarsch
Bräunliche Form, Laichfärbung
H: Panama: Pazifik = bräunliche Form.

„Cichlasoma" pantostictum ♂ 3/744
Punktierter Buntbarsch
H: N-Mexiko. Sw (Bw)
GU: Unbekannt. V: –
Z: Ob?; Seesalzzusatz. F: K
T: 23–26°C, L: >20 cm, pH: >7, SG: 2

„Cichlasoma" robertsoni ♂ 3/746

H: S-Mexiko, Honduras.
♂: Größer; mehr Glanzpunkte. V: –
Z: Ob, <400 E, Elternfamilie. F: K
T: 22–26°C, L: 20 cm, pH: >7, SG: 2–3

„Cichlasoma" rostratum 3/746

H: Nicaragua bis N-Costa Rica.
♂: Größer; mehr Tüpfel in den Flossen. V: =
Z: Ob, Elternfamilie. F: K,O
T: 24–28°C, L: ♂ 24 cm, pH: 7, SG: 2

Cichlasoma sajica ♂ 2/878
Sajica-Buntbarsch
H: Costa Rica: in Flüssen.
♂: Dorsale u. Anale spitzer; größer. V: =
Z: Hb, 300 E, E- bis VMFamilie. F: O
T: 23–26°C, L: ♂ 22 cm, pH: 7, SG: 2

„Cichlasoma" salvini ♂ 1/692
Salvins Buntbarsch
H: S-Mexiko, Guatemala, Honduras.
♂: Dorsale u. Anale spitzer; mit blau. V: –
Z: Ob, <500 E, Elternfamilie. F: K,O
T: 22–26°C, L: 15 cm, pH: 7, SG: 2

NORD- U. MITTELAMERIKA
Cichlidae

Buntbarsche, Cichliden

Cichlasoma septemfasciatum ♂ 2/878

Cichlasoma septemfasciatum ♀ 2/878

H: Costa Rica; verschiedene Rassen.
♂: Dorsale u. Anale spitzer; größer. V: =
Z: Offenbrüter, Elternfamilie. F: O
T: 24–26°C, L: ♂ 12 cm, pH: 7, SG: 2

Cichlasoma sieboldii u. ♀, o. ♂ 2/880
Siebolds Buntbarsch, Maskenbuntbarsch

H: Costa Rica bis Panama.
♀: Kleiner; Dorsale mit Schwarz. V: =
Z: Höhlenbrüter. F: H,O
T: 23–25°C, L: 25 cm, pH: 7, SG: 2–3

„*Cichlasoma*" sp. „Usumacinta" 3/750
Weißer Buntbarsch

H: S-Mexiko und Guatemala.
♂: Stirnbeule im Alter. V: =
Z: Unbekannt. F: O
T: 24–28°C, L: ca. 25 cm, pH: >7, SG: 2

„*Cichlasoma*" sp. 3/750
Grüner von Panama

H: Panama.
♂: Größer. V: –
Z: Offenbrüter. F: O
T: 23–28°C, L: 18 cm, pH: 7, SG: 3

„*Cichlasoma*" spilurum ♂ 1/694
Schwarzfleckbuntbarsch

H: Guatemala.
♂: Dorsale u. Anale spitzer; Stirnwulst. V: =
Z: Hb, <300 E, Elternfamilie. F: K,O
T: 22–25°C, L: ♂ 12 cm, pH: 7, SG: 2

NORD- U. MITTELAMERIKA
Cichlidae
Buntbarsche, Cichliden

„*Cichlasoma*" *steindachneri* 3/752, 5/756

H: N-Mexiko.
♂: Kantiger Kopf; größer, schlanker. V: =
Z: Offenbrüter, Elternfamilie. F: K
T: 23–26°C, L: ♂ 20 cm, pH: >7, SG: 2

Cichlasoma synspilum ♂ 2/880
Quetzalbuntbarsch, Feuerkopfbuntbarsch

H: Guatemala bis Belize.
♂: Fettwulst im Alter, sonst gleich. V: =
Z: Ob, >1000 E, Elternfamilie. F: O
T: 24–28°C, L: 35 cm, pH: >7, SG: 3

Cichlasoma synspilum ♀ 2/880
Quetzalbuntbarsch, Feuerkopfbuntbarsch

Cichlasoma trimaculatum 2/882
Schulterfleckbuntbarsch

H: Mexiko bis El Salvador.
♂: 11 cm größer. V: –
Z: Ob, >1000 E; Elternfamilie. F: O
T: 21–30°C, L: ♂ 36 cm, pH: 7, SG: 2–3

„*Cichlasoma*" *tuba* 3/754

H: Costa Rica.
♂: Größer. V: =
Z: Offenbrüter; Elternfamilie. F: O
T: 24–30°C, L: 35 cm, pH: 7, SG: 3

„*Cichlasoma*" *tuyrense* 3/754

H: Panama: Rio Bayano, Rio Tuyra.
♀: Kleiner; Dorsale mit dunkler Zone. V: =
Z: Ob, <5000 E, Elternfamilie. F: O,H
T: 25–30°C, L: <25 cm, pH: 7, SG: 4

NORD- U. MITTELAMERIKA
Cichlidae
Buntbarsche, Cichliden

Cichlasoma umbriferum ♂ 2/884

H: Panama bis Kolumbien.
♂: Dorsale u. Anale filamentiert. **V:** –
Z: Offenbrüter. **F:** K
T: 23–27°C, **L:** <80 cm?, **pH:** 7, **SG:** 2–3

Cichlasoma urophthalmus 2/884
Schwanzfleckbuntbarsch

H: Mex., Bel., Hon., Gua., Nic.
♂: Größer; farbiger. **V:** =
Z: Ob, <600 E; Elternfamilie. **F:** K,O
T: 20–27°C, **L:** 20 cm, **pH:** 7, **SG:** 1–2

„*Geophagus*" *crassilabris* ♂ 3/766

H: Panama.
♂: Größer; andere Farben. **V:** =
Z: ♀Mb; Mutterfamilie. **F:** O
T: 25–30°C, **L:** 15 cm, **pH:** 7, **SG:** 2–3

„*Geophagus*" *crassilabris* ♀ 3/766

Herotilapia multispinosa 1/724
Regenbogencichlide

H: Nicaragua bis Panama.
♂: Dorsale u. Anale spitzer; größer. **V:** =
Z: Ob, <1000 E, Elternfamilie. **F:** K,O
T: 22–25°C, **L:** 13 cm, **pH:** 7, **SG:** 2

Herichthys bocourti 5/838

H: Guatemala, Belize.
♂: Größer; orange (weniger gelb). **V:** =
Z: Offenbrüter. **F:** O,H
T: 26–30°C, **L:** 40 cm, **pH:** 7, **SG:** 1

NORD- U. MITTELAMERIKA
Cichlidae

Buntbarsche, Cichliden

Herichthys carpintis 3/788
Perlcichlide
H: N-Mexiko.
♂: Größer; sonst kein Unterschied. V: =
Z: Offenbrüter, Elternfamilie. F: O
T: 24–26°C, L: 30 cm, pH: 7, SG: 1–2

Herichthys pearsei ♂ 4/626

H: Mexiko, Guatemala.
♂: Stirnbeule; größer; glänzender. V: =
Z: Natur: Ob, sehr produktiv. F: K,O
T: 26–30°C, L: ca. 40 cm, pH: 7, SG: 1–2

Herichthys pearsei ♀ 3/790

H: S-Mexiko, N-Guatemala.
♂: Farbiger (grüngelb). V: –
Z: Natur: Ob, sehr produktiv. F: O
T: 25–29°C, L: ca. 30 cm, pH: 7, SG: 1–2

Herichthys sp. „Rio Nautla/Misautla"
5/840
H: Mexiko.
♀: Dorsale mit dunkler Zone ; kleiner. V:=
Z: Offenbrüter; Elternfamilie. F: K,O
T: 24–27°C, L: ♂ 18 cm, pH: >7, SG: 1–2

Herichthys sp. „Rio Tuxpán/Rio Pantepec"
5/840
H: Mexiko: Rio Tuxpán Einzugsgebiet.
♀: Dorsale mit dunkler Zone ; kleiner. V:–
Z: Ob, >1000 E; Elternfamilie. F: K,O
T: 24–27°C, L: ♂ 22 cm, pH: >7, SG: 1–2

Herichthys tamasopoensis 5/842

H: Mexiko: San Luis Postosi.
♀: Dorsale mit dunkler Zone ; kleiner. V:–
Z: Ob, 200–300 E; Elternfamilie. F: K,O
T: 23–26°C, L: ♂ 18 cm, pH: >7, SG: 1

CICHLIDEN

NORD- U. MITTELAMERIKA
Cichlidae
Buntbarsche, Cichliden

Neetroplus nematopus 2/958
Normalfärbung
H: Nicaragua, Costa Rica.
♂: Dorsale u. Anale spitzer; 3 cm gr. V: –
Z: Hb, <60 E, 6 T bis Schlupf, Efam. F: O
T: 24–26°C, L: ♂ 11 cm, pH: >7, SG: 2

Neetroplus nematopus 2/958
Brutpflegefärbung

Paraneetroplus bulleri 3/840

H: S-Mexiko; oberer Coatzacoalcos.
♂: Kräftiger rot. V: –
Z: Natur: Ob, Eier groß, wenige. F: O
T: 25–27°C, L: 25 cm, pH: >7, SG: 1–2

Paraneetroplus gibbiceps ♂ 4/664
Grüner Strömungsbuntbarsch
H: S-Mexiko.
♂: Größer, steilere Stirn. V: –
Z: Ob, Eier relativ groß. F: K,O
T: 24–30°C, L: ♂ 30 cm, pH: >7, SG: 3

Paraneetroplus nebulifer ♂ 4/666
Chonga-Buntbarsch, Nebelbuntbarsch
H: S-Mexiko.
♂: Größer, steilere Stirn. V: =
Z: Offenbrüter. F: O
T: 24–28°C, L: ♂ >30 cm, pH: >7, SG: 4

Paraneetroplus omonti ♂ 4/668

H: S-Mexiko.
♂: Größer, steilere Stirn. V: –
Z: Offenbrüter, Eier relativ groß. F: K,O
T: 24–30°C, L: ♂ 30 cm, pH: >7, SG: 4

NORD- U. MITTELAMERIKA
Cichlidae

Buntbarsche, Cichliden

Parapetenia managuensis   1/688
Managua-Buntbarsch
H: O-Honduras, Nicaragua, Costa Rica.
♂: Dorsale u. Anale spitzer; farbiger. V: –
Z: Ob, <5000 E, Elternfamilie.   F: K,O
T: 23–25°C, L: <30 cm, pH: >7, SG: 2

Paratheraps breidohri ♂   3/842
Angostura-Buntbarsch
H: S-Mexiko: Angostura Stausee.
♀: Dorsale mit schwarzer Zone.   V: =
Z: Offenbrüter.   F: O,H
T: 22–28°C, L: 21 cm, pH: >7, SG: 2

Paratheraps hartwegi ♂   3/842

Paratheraps hartwegi ♂   3/842

H: Mexiko: Chiapas Hochland.
♀: Kleiner, Tüpfel feiner; s. Fotos. V: –
Z: Ob, E zahlreich u. klein, Efam.   F: O
T: 24–27°C, L: ♂ 16 cm, pH: >7, SG: 1–2

Paratheraps hartwegi ♀   3/842

Petenia splendida   2/966
Gefleckter Raubbuntbarsch
H: SO-Mex, Guatemala, Belize, Nicaragua.
♂: Läßt sich nicht unterscheiden.   V: –
Z: Natur: Ob; Elternfamilie.   F: K
T: 24–26°C, L: <50 cm, pH: >7, SG: 4

NORD- U. MITTELAMERIKA
Cichlidae   Buntbarsche, Cichliden

Theraps coeruleus ♀   3/879

Theraps irregularis   3/876
Giraffenbuntbarsch
H: S-Mexiko, Guatemala.
♂: Buckelprofil; farbiger.   V: –
Z: Ob.   F: O
T: 25–27°C, L: <25 cm, pH: >7, SG: 3–4

Theraps lentiginosus ♀   3/876

Theraps lentiginosus ♂   3/876

H: S-Mexiko (Atlantikseite), Guatemala.
♂: Größer, viele braune Punkte.   V: =
Z: Höhlenbrüter.   F: K,O
T: 24–27°C, L: ♂ 25 cm, pH: >7, SG: 3

H: Guatemala.

Theraps nourissati   5/968

Theraps rheophilus ♀   3/879

H: S-Mexiko: Usumacinta-Einzug.
♂: Kopfbeule; ♀: Dunkel in Dorsale. V: =
Z: Offenbrüter; Juv. sensibel.   F: O
T: 26–30°C, L: ♂ >30 cm, pH: >7, SG: 4

H: Mexiko: Panaque.

NORD- U. MITTELAMERIKA
Cichlidae

Buntbarsche, Cichliden

Thorichthys affinis ♂ 3/881
Gelbbrustbuntbarsch
H: Mexiko, Guatemala, Belize.
♂: Dorsale u. Anale spitzer; farbiger. V: =
Z: Ob, 100–500 E, Elternfamilie. F: K,O
T: 21–27°C, L: 14 cm, pH: >7, SG: 2

Thorichthys aureus u.♀, o.♂ 3/882
Goldbuntbarsch
H: S-Belize, Guatemala, Honduras.
♂: Dorsale u. Anale spitzer. V: =
Z: Ob. F: K
T: 24–28°C, L: 15 cm, pH: >7, SG: 3–4

Thorichthys aureus ♀ 3/882
Goldbuntbarsch

Thorichthys callolepis ♂ 4/688

H: S-Mexiko.
♂: Dorsale u. Anale spitzer; heller. V: –
Z: Ob. F: K
T: 25–28°C, L: ♂<12 cm, pH: >7, SG: 3

Thorichthys ellioti 3/884

Thorichthys ellioti ♀ 3/884

H: S-Mexiko.
♂: Dorsale u. Anale spitzer; farbiger. V: =
Z: Ob, 100–300 E, Elternfamilie. F: K,O
T: 20–27°C, L: 13 cm, pH: >7, SG: 2

NORD- U. MITTELAMERIKA
Cichlidae

Buntbarsche, Cichliden

Thorichthys helleri ♂ 3/886

Thorichthys helleri ♂ 3/886

H: S-Mexiko, Guatemala.
♂: Dorsale u. Anale spitzer; farbiger. **V:** =
Z: Ob, 100–300 E, Elternfamilie. **F:** K,O
T: 22–27°C, **L:** 16 cm, **pH:** >7, **SG:** 2

Thorichthys meeki ♂ 1/690
Feuermaulbuntbarsch

H: Mexiko, Guatemala.
♂: Dorsale u. Anale spitzer; farbiger. **V:** =
Z: Ob, 100–500 E, Elternfamilie. **F:** K,O
T: 21–24°C, **L:** 15 cm, **pH:** 7, **SG:** 2

Thorichthys pasionis ♂ 3/888

H: Guatemala.
♀: Ventral mit rötlichen Tüpfeln. **V:** =
Z: Ob; Elternfamilie. **F:** K
T: 25–28°C, **L:** ♂ 16 cm, **pH:** ≫7, **SG:** 1–2

Thorichthys pasionis ♂ 3/888

Thorichthys socolofi 3/890

H: SO-Mexiko.
♀: Kleiner, Dorsalflossenfleck. **V:** =
Z: Ob, 100–200 E; Elternfamilie. **F:** K
T: 22–26°C, **L:** 14 cm, **pH:** 7, **SG:** 2–3

NORD- U. MITTELAMERIKA
Cichlidae   Buntbarsche, Cichliden

Tomocichla underwoodi ♀   4/698

H: Nicaragua, Costa Rica, Panama.
♂: Zur Balz Kopf u. Körper dunkel.   V: =
Z: Ob, Eier relativ groß.   F: K,O
T: 24–30°C, L: >30 cm, pH: >7, SG: 3

Vieja argentea ♀   4/702

H: S-Mexiko, Guatemala.
♂: Im Ater vorgewölbte Stirnpartie.   V: =
Z: Offenbrüter?   F: O
T: um 27°C, L: 27 cm, pH: >7, SG: 1–2

Vieja heterospilus   4/702
Pozolera-Buntbarsch

H: Mexiko, Guatemala.
♀: Kleiner; dunkle Dorsalflossenzone. V: =
Z: Ob, Eier groß; Elternfamilie.   F: H,O
T: um 27°C, L: <22 cm, pH: >7, SG: 1–2

Vieja melanurus   4/705

H: Guatemala: Petén-See.
♂: Größer; vorgewölbte Stirn.   V: –
Z: Ob; Jungtiere am willigsten.   F: O
T: um 27°C, L: 35 cm, pH: <7, SG: 1–2

Vieja regani   3/744

H: S-Mexiko.
♂: Größer; farbiger?   V: =
Z: Ob, 300–500 E, Elternfamilie.   F: O
T: 24–27°C, L: 25 cm, pH: >7, SG: 1–2

Vieja zonata   5/976
Gürtelbuntbarsch

H: Mexiko: Chiapas: Pazifikseite.
♀: Dorsalflosse dunkler.   V: =
Z: Offenbrüter; Elternfamilie.   F: O,H
T: 25–28°C, L: 25 cm, pH: >7, SG: 2

SÜDAMERIKA

Einführung

Das Verbreitungsgebiet der Cichliden der Untergruppe „Südamerika" umfaßt das südliche Mittelamerika – falls ihr Hauptvorkommensgebiet in Südamerika liegt, wie z.B. das von *Aequidens coeruleopunctatus* – und das ganze Südamerika.

Nach den Welsen (Siluriformes) und Salmlern (Characiformes) bilden die Buntbarsche die Fischgruppe mit der größten Präsenz in Südamerika.

Geographische Verbreitung

Die morphologische Anpassung an verschiedene Biotope ist weit fortgeschritten: zigarrenförmige Arten (*Retroculus* spp., *Teleocichla* spp.) in Stromschnellen bis zu recht „unfischigen" Gestalten (*Pterophyllum* spp., *Symphysodon* spp.), die zwischen dem Geäst ins Wasser gefallener Vegetation in ruhigen Gewässern ihr Zuhause haben – ihr Vorzug für letztere Biotope wird durch die wesentlich größere Artenvielfalt in ihnen verdeutlicht. Als Tropenfische stoßen nur einige wenige Arten (einige *Gymnogeophagus*) bis in das Grenzgebiet zu den Subtropen vor, so daß Temperaturen um 15 °C nicht langfristig im Aquarium angeboten werden sollten, vielmehr sollte die untere Grenze bei 20 °C liegen.

Allgemeines

Das Wasser in Südamerika tendiert zu weich und leicht sauer. Fische aus dem Rio Negro-Einzugsbereich ziehen sogar extrem weiches und saures Wasser vor. Oftmals sind diese Arten anfällig für bakterielle Krankheiten und auf die leicht antiseptische Wirkung dieses Wassertyps für ihr Langzeitwohlbefinden bzw. ihre Fortpflanzung angewiesen. In den Flüssen der mittleren Höhenlagen ändern sich Härte und pH-Wert laufend mit dem Wasserstand. Buntbarsche dieser Biotope sind daher diesbezüglich sehr anpassungsfähig, brauchen aber sauerstoffreiches, bestens gefiltertes Wasser; Fische der Niederungen sind eher auf angepaßte pH-Werte und Härte angewiesen, organische Belastung des Wassers schadet ihnen weniger.

Südamerikanische Cichliden sind hauptsächlich Allesfresser mit Tendenz zu Fleischfressern. Pflanzenfresser gibt es unter ihnen wenige, da Pflanzen, durch große jahreszeitliche Wasserstandsschwankungen bedingt (s.S. 65), nur selten in ihrem Biotop vorkommen und meist durch spezialisierte Welse und Salmler abgeweidet werden.

Chaetobranchopsis orbicularis filtriert Plankton. Selbst bei Vorhandensein von Plakton im Aquarium konnte bisher keine Langzeithaltung verwirklicht werden. *Cichla* spp. brauchen unbedingt Lebendfutter (vor allem Fische) und Fleischstücke und lassen sich normalerweise nicht an Pellets gewöhnen; bei *Crenicichla*-Arten gibt es mehr Hoffnung. Obwohl untereinander oft streitsüchtig, können beide letzteren Gattungen problemlos mit Arten anderer Gattungen (u. Familien) vergesellschaftet werden, solange sie von der Größe her nicht als Beute in Frage kommen.

SÜDAMERIKA
Cichlidae

Buntbarsche, Cichliden

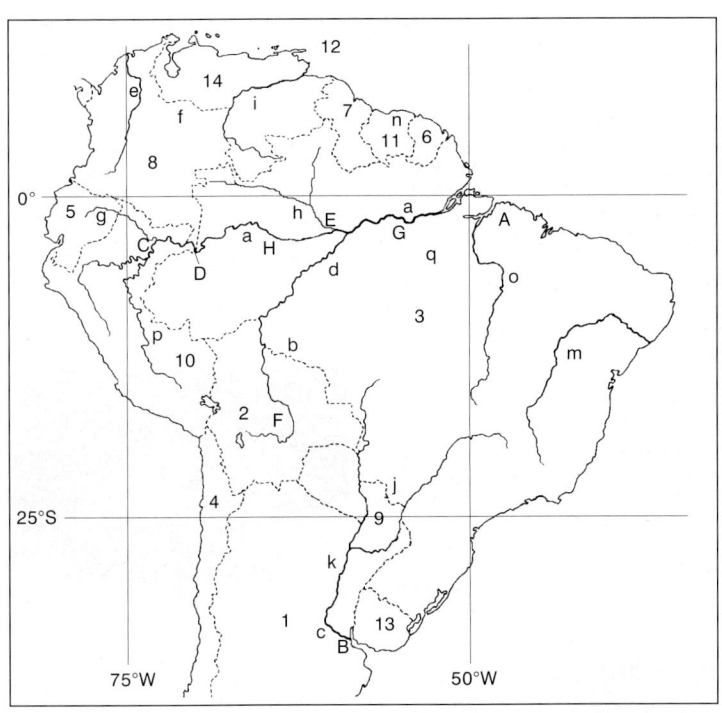

Argentinien (Arg.)	1
Bolivien (Bol.)	2
Brasilien (Bras.)	3
Chile	4
Ecuador (Ec.)	5
Französisch Guyana (Franz. G.)	6
Guyana (Guy.)	7
Kolumbien (Kol.)	8
Paraguay (Par.)	9
Peru	10
Surinam(e) (Sur.)	11
Trinidad (Tri.)	12
Uruguay (Uru.)	13
Venezuela (Ven.)	14

Belém (Bras.)	A
Buenos Aires (Arg.)	B
Iquitos (Peru)	C
Leticia (Kol.)	D
Manaus (Bras.)	E

Santa Cruz (Bol.)	F
Santarém (Bras.)	G
Tefé (Bras.)	H

Amazonas	a
Guaporé	b
La Plata	c
Madeira	d
Magdalena	e
Meta	f
Napo	g
Negro	h
Orinoco	i
Paraguay	j
Paraná	k
São Francisco	m
Surinam	n
Tocantins	o
Ucayali	p
Xingú	q

SÜDAMERIKA
Cichlidae   Buntbarsche, Cichliden

Die größeren Arten (vor allem *Cichla* spp., mit ihren bis zu 70 cm Länge unter den größten Buntbarschen überhaupt) sind in ihrem gesamten Verbreitungsgebiet sehr geschätzte Speisefische. Obwohl Wachstumsrate und Vermehrung in Teichen Gutes verheißen, ist das Problem einer kostengünstigen Ernährung leider bisher nicht gelöst (FISCHER, 1991).

Die Fortpflanzung findet auf mehrere Weisen statt: *Cichla* sind fruchtbare Offenbrüter mit Elternfamilie; *Apistogramma* sind polygame Höhlenbrüter, die meistens auch monogam fortgepflanzt werden können (mehrere unter ihnen brauchen saures, sehr weiches Wasser). Einige *Aequidens* (und die als *Bujurquina* geführten Arten) sind larvophile Maulbrüter, d.h., sie legen ihre Eier wie Offenbrüter auf eine Unterlage, um dann die schlüpfenden Larven im Maul bis zum Freischwimmen weiter zu schützen. Oftmals „kauen" sie diese Larven auch aus den Eischalen als Schlupfhilfe. Ovophile Maulbrüter gibt es unter den *Geophagus*.
Aber die unter den Cichliden wohl meistzitierte Art der Fortpflanzung wird von der Gattung *Symphysodon* ausgeübt. Es handelt sich um Offenbrüter, aber nachdem die Jungen frei schwimmen, ernähren sie sich von dem zu dieser Zeit besonders intensiv abgesonderten Körperschleim der Eltern. Versuche, die Jungen getrennt aufzuziehen (die Eltern sind oftmals schlimme Laichräuber), bringen nur mittelmäßige Erfolge.

Apistogramma sp. aff. *payaminonis* ♀ mit Gelege.

Apistogramma sp. aff. *payaminonis* ♂ Nachzuchtexemplar von Elterntieren aus dem Napo-Payamino-Gebiet, Ecuador. Man beachte Form u. Farbe der Schwanzflosse.

SÜDAMERIKA
Cichlidae

Buntbarsche, Cichliden

Acarichthys geayi 1/666
Sattelfleckbuntbarsch
H: Guyana, N-Brasilien.
♂: 2 cm größer; steilere Stirn. V: =
Z: Hb, 500 E; Vater-Mutter-Fam. F: K,O
T: 22–25°C, L: ♂ 15 cm, pH: 7, SG: 2

Acarichthys heckelii 2/812
Heckels Buntbarsch
H: Guyana, Surinam, Brasilien, Peru.
♂: Etwas schlanker zur Laichzeit. V: +
Z: Hb; Vater-Mutter-Familie. F: O
T: 23–26°C, L: 20 cm, pH: 7, SG: 2–3

Acaronia nassa 2/812
Reusenmaulbuntbarsch
H: Guyana, Brasilien, Bolivien.
♂: Dorsale u. Anale spitz; farbiger. V: –
Z: Ob, Elternfamilie. F: K
T: 25–28°C, L: 25 cm, pH: 7, SG: 3

Aequidens coeruleopunctatus 2/814
H: NW-Ecuador bis S-Costa Rica.
♂: Dorsale u. Anale länger; größer. V: =
Z: Ob; Elternfamilie. F: O
T: 22–27°C, L: 15 cm, pH: 7, SG: 2

Aequidens diadema 2/814
Diadem-Buntbarsch
H: Brasilien/Venezuela: Oberer Rio Negro.
♂: Größer; spitze Genitalpapille. V: +
Z: ♀♂ LMb; Elternfamilie. F: O
T: 23–28°C, L: <25 cm?, pH: 7, SG: 2–3

Aequidens mariae 1/668
Nackenbindenbuntbarsch
H: Kolumbien, W- u. N-Brasilien.
♂: Dorsale u. Anale länger; größer. V: +
Z: ♀♂ LMb; Elternfamilie. F: K,O
T: 24–26°C, L: 15 cm, pH: <7, SG: 2

CICHLIDEN

SÜDAMERIKA
Cichlidae

Buntbarsche, Cichliden

Aequidens metae 3/680
Meta-Buntbarsch
H: Kolumbien: Rio Meta.
GU: Weitgehend gleich. V: +
Z: Ob. F: O
T: 24–28°C, L: <20 cm, pH: 7, SG: 1–2

Aequidens pallidus 1/664, 2/816
Zweipunktbuntbarsch
H: Amazonas bei Manaus.
GU: Nur durch Genitalpapille. V: =
Z: ♀♂ LMb; Elternfamilie. F: K,O
T: 23–28°C, L: ♂30, ♀20 cm, pH: 7, SG: 3

Aequidens pallidus 1/664, 2/816
Zweipunktbuntbarsch

Aequidens patricki ♀ 4/576

H: Peru: Ucayali-Region.
♀: Flossen auch lang aber röter. V: =
Z: Ob;Efam;Paarbildung Problem. F:K,O
T: 24°C, L: 17 cm, pH: 7, SG: 2–3

Aequidens pulcher 1/670
Blaupunktbuntbarsch
H: Trinidad, Panama, N-Venezuela, Kol.
♂: Dorsale u. Anale länger. V: +
Z: Ob; Elternfamilie. F: K
T: 18–23°C, L: <20 cm, pH: 7, SG: 1

Aequidens rivulatus ♂ 1/672
Goldsaum-Buntbarsch
H: W-Ecuador, Mittelperu.
♂: Größer; Stirnwulst. V: –
Z: Ob; Elternfamilie. F: K
T: 20–24°C, L: 20 cm, pH: 7, SG: 2–3

SÜDAMERIKA
Cichlidae

Buntbarsche, Cichliden

Aequidens sapayensis ♂ 2/816
Sapayo-Buntbarsch
H: Ecuador: Rio Sapayo.
♂: Wirken größer. V: =
Z: Ob, <400 E; Elternfamilie. F: O
T: 24–26°C, L: ♂ <20 cm, pH: 7, SG: 2–3

Aequidens syspilus 2/818
H: Peru: Oberer Amazonas, Rio Ucayali.
♂: Längere Flossen; größer. V: =
Z: ♀♂ LMb; Elternfamilie. F: O
T: 23–27°C, L: 15 cm, pH: 7, SG: 2–3

Aequidens tetramerus ♂ 1/672
Grünglanz-Buntbarsch
H: Zentrales u. NO-Südamerika.
♂: Dorsale u. Anale länger; farbiger. V: =,–
Z: Ob, <1000; Elternfamilie. F: K
T: 24–26°C, L: 25 cm, pH: <7, SG: 2–3

Aequidens sp. (*tetramerus*-Gruppe) 3/680
Grünglanz-Buntbarsch
H: Peru: Yarina Cocha (Rio Ucayali).
♂: Dorsale verlängert; größer. V: =
Z: Ob, <500 E; Elternfamilie. F: O
T: 25°C, L: ♂ 15 cm, pH: 7, SG: 2

Aequidens vittatus ♂ 2/818
Gebänderter Buntbarsch
H: Brasilien, N-Argentinien.
♂: Etwas größer. V: =
Z: ♀♂ LMb; 200 E; Elternfamilie. F: O
T: 23–26°C, L: 15 cm, pH: 7, SG: 2–3

Apistogramma agassizii ♂ 1/674
Agassiz' Zwergbuntbarsch
H: Brasilien: Amazonas: S-Nebenflüsse.
♂: Größer, farbenprächtiger. V: +
Z: Hb, 150 E; Mann-Mutter-Fam. F: K,O
T: 22–24°C, L: 8 cm, pH: <7, SG: 3

SÜDAMERIKA
Cichlidae   Buntbarsche, Cichliden

Apistogramma cf. *agassizii* ♂ Tefé   5/660
„Tefé"- Zwergbuntbarsch
H: Brasilien: Rio Tefé-System.
♂: Größer, farbenprächtiger.   V: +
Z: Hb, 150 E; Mann-Mutter-Fam. F: K,O
T: 23–29°C, L: ♂ 8 cm, pH: <7, SG: 2

Apistogramma cf. *agassizii* ♂   5/660
Agassiz' Zwergbuntbarsch
Orange Form

Apistogramma cf. *agassizii* ♂   5/660
Agassiz' Zwergbuntbarsch
Blaue Form

Apistogramma bitaeniata ♂   1/674
Zweistreifen Zwergbuntbarsch
H: Peru, Brasilien: Amazonas.
♂: Größer, farbenprächtiger.   V: +
Z: Hb, 40–60 E; Mann-Mutter-Fam. F: K
T: 23–25°C, L: ♂ 6 cm, pH: ≪7, SG: 3

Apistogramma bitaeniata ♂   2/820
Zweistreifen Zwergbuntbarsch
H: Mittlerer Amazonas: Leticia.
♂: Größer, farbenprächtiger.   V: +
Z: Hb, <100 E; Mann-Mutter-Fam. F: K
T: 26–28°C, L: ♂ 6 cm, pH: <7, SG: 3–4

Apistogramma borelli ♂   1/676
Borellis Zwergbuntbarsch,Reitzigs Zwergb.
H: Brasilien: Mato-Grosso, Rio Paraguay.
♂: Größer, farbenprächtiger.   V: +
Z: Hb, <70 E; Mann-Mutter-Fam. F: K
T: 24–25°C, L: ♂ 8 cm, pH: <7, SG: 3–4

SÜDAMERIKA
Cichlidae

Buntbarsche, Cichliden

Apistogramma borelli ♂ 3/682
Borellis Zwergbuntbarsch,Reitzigs Zwergb.
Blaue Variante aus dem Rio Paraguay-Gebiet

Apistogramma cacatuoides ♂ 1/676
Kakadu-Zwergbuntbarsch
H: Amazonasbecken: 69°–71° West.
♂: Größer, farbenprächtiger. V: +
Z: Hb, <80 E; Mann-Mutter-Fam. F: K,O
T: 24–25°C, L: ♂ 9 cm, pH: 7, SG: 3

Apistogramma cacatuoides ♂ 3/684
Kakadu-Zwergbuntbarsch
Farbvariation

Apistogramma cacatuoides ♂ 3/684
Kakadu-Zwergbuntbarsch
Farbvariation

Apistogramma caetei ♂ 2/820
Caete-Zwergbuntbarsch
H: Brasilien.
♂: Größer, farbenprächtiger. V: +
Z: Hb, 200 E; Mann-Mutter-Fam. F: K
T: 23–30°C, L: ♂ 6 cm, pH: 7, SG: 3

Apistogramma commbrae ♂ 2/822
Corumba-Zwergbuntbarsch
H: Brasilien, Paraguay.
♂: Rötliche Operkularflecken. V: +
Z: Hb, 80 E; MMFam.-Efam. F: K
T: 23–28°C, L: ♂ 5 cm, pH: 7, SG: 3

SÜDAMERIKA
Cichlidae

Buntbarsche, Cichliden

Apistogramma cruzi ♂ 3/682, 5/662
Parallelstreifen-Apistogramma
H: Kolumbien, Ecuador, Peru, Brasilien.
♂: Größer; längere Flossen. V: +
Z: Hb, <150 E; Mann-Mutter-Fam. F: K
T: 22–29°C, L: ♂ 8 cm, pH: <7, SG: 2–3

Apistogramma cruzi ♀ 3, 682, 5/662
Parallelstreifen-Apistogramma

Apistogramma cruzi ♀ 3/682, 5/662
Parallelstreifen-Apistogramma

Apistogramma diplotaenia ♂ 5/664
Doppelband-Apistogramma
H: Brasilien, Venezuela.
♂: Größer, farbenprächtiger. V: +
Z: Hb.; Mann-Mutter-Familie. F: K,O
T: 24–29°C, L: ♂ 5,5 cm, pH: <7, SG: 2–4

Apistogramma diplotaenia ♀ 5/664
Doppelband-Apistogramma

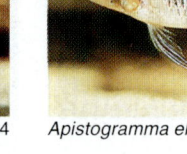

Apistogramma elizabethae ♂ 5/666

H: Ven., Kol., Bras.: Rio Uaupés.
♂: Größer, farbiger, Flossen länger. V: +
Z: Hb, 250 J; Mann-Mutter-Fam. F: K,O
T: 22–29°C, L: ♂ 10 cm, pH: ≪7, SG: 4

SÜDAMERIKA
Cichlidae
Buntbarsche, Cichliden

Apistogramma elizabethae ♂ 5/666

Apistogramma elizabethae ♀ 5/666

Apistogramma eunotus ♂ 2/822
Hochrücken-Zwergbuntbarsch
H: Peru: Rio Ucayali-Gebiet.
♂: Größer, farbenprächtiger. V: +
Z: Hb, 100 E; Mann-Mutter-Familie. F: K
T: 23–30°C, L: ♂ 8,5 cm, pH: 7, SG: 3

Apistogramma eunotus ♀ 2/822
Hochrücken-Zwergbuntbarsch

Apistogramma geissleri ♂ 5/670

H: Brasilien: NW von Santarém.
♂: Größer; längere Dorsale u. Anale. V: +
Z: Hb; Mann-Mutter-Familie. F: O
T: 21–29°C, L: ♂ 7 cm, pH: 7, SG: 3

Apistogramma gephyra ♂ 2/824, 5/672
Rotsaum-Zwergbuntbarsch
H: Brasilien: Rio Negro bis Santarém.
♂: Größer, farbenprächtiger. V: +
Z: Hb, 120 E; Mann-Mutter-Familie. F: K
T: 23–30°C, L: ♂ 6 cm, pH: ≪7, SG: 3–4

SÜDAMERIKA
Cichlidae
Buntbarsche, Cichliden

Apistogramma gephyra ♂ 2/824, 5/672
Rotsaum-Zwergbuntbarsch

Apistogramma gephyra ♀ 2/824, 5/672
Rotsaum-Zwergbuntbarsch

Apistogramma gephyra ♂ 2/824, 5/672
Rotsaum-Zwergbuntbarsch

Apistogramma gibbiceps ♂ 2/824, 5/675
Schwarzbinden-Zwergbuntbarsch
H: Brasilien: Rio Negro.
♂: Größer; Kaudale mit 2 Zipfeln. V: +
Z: Hb, 200 E; Mann-Mutter-Familie. F: K
T: 27–29°C, L: ♂ 8 cm, pH: ≪7, SG: 4

Apistogramma gibbiceps ♂ 2/824, 5/675
Schwarzbinden-Zwergbuntbarsch

Apistogramma gibbiceps ♀ 2/824, 5/675
Schwarzbinden-Zwergbuntbarsch

SÜDAMERIKA
Cichlidae

Buntbarsche, Cichliden

Apistogramma gossei ♂ 5/676

Apistogramma gossei ♀ 5/676

H: Französisch Guyana/Brasilien.
♂: Größer, farbiger; längere D u. A. **V:** +
Z: Hb; Mann-Mutter-Familie. **F:** K!
T: 22–29°C, **L:** ♂ 6 cm, **pH:** <7, **SG:** 2–3

Apistogramma guttata ♂ 5/678

Apistogramma hippolytae ♂ 2/826
Zweipunkt-Zwergbuntbarsch

H: Venezuela: Rio Morichal Largo-Einzug.
♂: Größer, farbiger; längere D u. A. **V:** =
Z: Hb; Mann-Mutter-Familie. **F:** K!
T: 23–29°C, **L:** ♂ 6 cm, **pH:** <7, **SG:** 4

H: Brasilien: Amazonas, Rio Negro.
♂: Größer, farbenprächtiger. **V:** +
Z: Hb, <200 E; Mann-Mutter-Fam. **F:** K!
T: 23–30°C, **L:** ♂ 6,5 cm, **pH:** 7, **SG:** 3

Apistogramma hippolytae ♀ 2/826
Zweipunkt-Zwergbuntbarsch

Apistogramma hoignei ♂ 5/678

H: Venezuela: Rio Apuré, Rio Portuguesa.
♂: Größer, farbiger; längere D u. A. **V:** +
Z: Hb, Mann-Mutter-Familie. **F:** K,O
T: 22–24°C, **L:** ♂ 8 cm, **pH:** <7, **SG:** 3

CICHLIDEN

SÜDAMERIKA
Cichlidae

Buntbarsche, Cichliden

Apistogramma hoignei ♀ 5/678

Apistogramma hongsloi ♂ 2/826, 5/680
Rotstrich-Zwergbuntbarsch
H: Ven., Kol.: Orinoco; Rio Vichada u. Meta.
♂: Größer, farbenprächtiger. V: +
Z: Hb, 60–90 E; Mann-Mutter-Fam. F: K
T: 23–30°C, L: ♂ 7,5 cm, pH: ≪7, SG: 3–4

Apistogramma hongsloi ♂ 2/826, 5/680
Rotstrich-Zwergbuntbarsch rot

Apistogramma hongsloi ♀ 2/826, 5/680
Rotstrich-Zwergbuntbarsch

Apistogramma inconspicua ♂ 3/685
Rostbrauner Zwergbuntbarsch
H: Bolivien, Brasilien, Paraguay.
♂: Größer, Flossen spitzer. V: +
Z: Hb; Mann-Mutter-Familie. F: K
T: 23–28°C, L: ♂ 8 cm, pH: <7, SG: 3

Apistogramma inconspicua ♀ 3/685
Rostbrauner Zwergbuntbarsch
Foto s. S. 5/683

SÜDAMERIKA
Cichlidae
Buntbarsche, Cichliden

Apistogramma iniridae ♂   2/828
Fadenflossen-Zwergbuntbarsch
H: Kolumbien: Rio Inirida.
♂: Größer, farbenprächtiger.   V: +
Z: Hb, 150 E; Mann-Mutter-Familie.   F: K
T: 23–30°C, L: ♂ 7,5 cm, pH: ≪7, SG: 4

Apistogramma juruensis ♂   5/684
H: Brasilien, Peru: Rio Juruá.
♂: 3 cm größer, D u. A lang.   V: +
Z: Versteckb.; Mann-Mutter-Fam.   F: K
T: 22–29°C, L: ♂ 8 cm, pH: <7, SG: 2–3

Apistogramma juruensis ♀   5/684

Apistogramma linkei ♂   3/686
Gelbbrust-Zwergbuntbarsch
H: Bolivien: Santa Cruz.
♂: Größer, farbenprächtiger.   V: +
Z: Hb, 100 E; Mann-Mutter-Fam.   F: O
T: 24–26°C, L: ♂ 6 cm, pH: >7, SG: 2

Apistogramma linkei ♀   3/686
Gelbbrust-Zwergbuntbarsch
Foto s. S. 5/683

Apistogramma luelingi ♂   3/686
Lülings Zwergbuntbarsch
H: Bolivien: Rio Chapore.
♂: Größer; längere Flossen.   V: +
Z: Hb, 60 E; Mann-Mutter-Familie.   F: O
T: 22–26°C, L: ♂ 7 cm, pH: 7, SG: 2

SÜDAMERIKA
Cichlidae
Buntbarsche, Cichliden

Apistogramma luelingi ♂ 3/686
Lülings Zwergbuntbarsch
Foto s. S. 5/688.

Apistogramma leulingi ♀ 3/686
Lülings Zwergbuntbarsch
Foto s. S. 5/688.

Apistogramma macmasteri ♂ 1/678
Villavicencio-Zwergbuntbarsch
H: Brasilien: Amazonas: S-Nebenflüsse.
♂: Größer, farbenprächtiger.   **V:** +
Z: Hb, <120 E; Mann-Mutter-Fam. **F:** K!
T: 23–30°C, **L:** ♂ 8 cm, **pH:** <7, **SG:** 3

Apistogramma macmasteri ♀ 1/678
Villavicencio-Zwergbuntbarsch
Foto s. S. 5/688.

Apistogramma meinkeni o.♂,u.♀ 5/689

H: Brasilien: Rio Uaupés.
♂: Flossen etwas mehr ausgezogen. **V:** =
Z: Hb, 30 J; Mann-Mutter-Familie. **F:** K
T: 22–29°C, **L:** ♂ 5 cm, **pH:** ≪7, **SG:** 3–4

Apistogramma meinkeni ♂ 5/689

SÜDAMERIKA
Cichlidae   Buntbarsche, Cichliden

Apistogramma mendezi ♂ 5/694
Längsstreifen-Apistogramma, Rußkopf-Ap.
H: NW-Brasilien: oberer Rio Negro.
♂: Größer, farbiger. V: +
Z: Hb; Mann-Mutter-Familie. F: K
T: 22–29°C, L: ♂ 10 cm, pH: ≪7, SG: 3–4

Apistogramma mendezi ♀ 5/694
Längsstreifen-Apistogramma, Rußkopf-Ap.

Apistogramma moae ♂ 5/697

H: Brasilien: Bundesstaat Acre: Rio Moa.
♂: Größer; D u. A länger. V: ?
Z: Unbekannt. F: O
T: 21–29°C, L: ♂ 7 cm, pH: <7, SG: 2–3

Apistogramma nijsseni ♂ 2/828
Panda-Zwergbuntbarsch
H: Peru: unteres Ucayali-Gebiet.
♂: Größer, farbenprächtiger. V: +
Z: Hb; Mann-Mutter-Familie. F: K
T: 23–30°C, L: ♂ 6,5 cm, pH: ≪7, SG: 3–4

Apistogramma norberti ♂ 4/576
Norberts Zwergbuntbarsch
H: Peru: Loreto.
♂: Farbenprächtiger, größer. V: +
Z: Hb? 150 E; Mann-Mutter-Fam? F: K
T: 24°C, L: 7 cm, pH: ≪7, SG: 2–3

Apistogramma ortmanni ♂ 5/698
„Tumuremo" Apistogramma
H: O-Venezuela, Guyana, Surinam.
♂: Größer; Dorsale u. Anale länger. V: +
Z: Hb; Mann-Mutter-Familie. F: K!
T: 23–29°C, L: ♂ 7 cm, pH: <7, SG: 2–3

SÜDAMERIKA
Cichlidae

Buntbarsche, Cichliden

Apistogramma ortmanni ♀ 5/698
„Tumuremo" Apistogramma

Apistogramma paucisquamis ♂ 5/700
Glanzbinden-Apistogramma orange
H: NW-Brasilien: Rio Negro.
♂: Größer, farbenprächtiger. V: +
Z: Hb; Mann-Mutter-Familie. F: K
T: 22–29°C, L: ♂ 10 cm, pH: ≪7, SG: 4

Apistogramma paucisquamis ♀ 5/700
Glanzbinden-Apistogramma
H: Brasilien: Rio Preto.

Apistogramma pertensis ♂ 2/830
Genetzter Zwergbuntbarsch
H: Brasilien: Rio Negro, Amazonas.
♂: Größer; segelartige Dorsale. V: +
Z: Hb, 120 E; Mann-Mutter-Familie. F: K
T: 23–30°C, L: ♂ 6,5 cm, pH: ≪7, SG: 3–4

Apistogramma cf. *pertensis* ♂ 5/702
Genetzter Zwergbuntbarsch
H: Brasilien: Rio Negro, Amazonas.
♂: Größer; segelartige Dorsale. V: +
Z: Hb, 120 E; Mann-Mutter-Familie. F: K
T: 23–30°C, L: ♂ 6,5 cm, pH: ≪7, SG: 3–4

Apistogramma cf. *pertensis* ♀ 5/702
Genetzter Zwergbuntbarsch

SÜDAMERIKA
Cichlidae

Buntbarsche, Cichliden

Apistogramma piauensis ♂ 5/704
Tüpfelstreif-Apistogramma
H: O-Brasilien: Rio Itapicuru u. Paranaiba.
♂: Größer, farbiger; Dorsale länger. V: +
Z: Hb, 150 E; Mann-Mutter-Familie. F: K
T: 20–29°C, L: ♂ 6 cm, pH: <7, SG: 3

Apistogramma piauensis ♀ 5/704
Tüpfelstreif-Apistogramma

Apistogramma regani ♂ 2/830
Zebra-Zwergbuntbarsch
H: Brasilien: Rio Negro, Amazonas.
♂: Größer; größere Flossen. V: +
Z: Hb?; Mann-Mutter-Familie? F: K
T: 23–30°C, L: ♂ 7 cm, pH: <7, SG: 3–4

Apistogramma regani ♀ 2/830
Zebra-Zwergbuntbarsch

Apistogramma resticulosa ♂ 3/688
Wangenflecken-Zwergbuntbarsch
H: Brasilien: Rio Madeira.
♂: Größer, farbenprächtiger. V: +
Z: Hb, 100 J; Mann-Mutter-Fam. F: O
T: 26°C, L: ♂ 5 cm, pH: <7, SG: 2

Apistogramma rupununi ♂ 5/706
Zweifleck-Apistogramma
H: Bras., Guyana: Rio Branco u. Rupununi.
♂: Größer, farbenprächtiger. V: +
Z: Hb; Mann-Mutter-Familie. F: K,O
T: 22–30°C, L: ♂ 9 cm, pH: <7, SG: 3

SÜDAMERIKA
Cichlidae   Buntbarsche, Cichliden

Apistogramma sp. „Tiquié 1" ♂   5/692
„Tiquié 1" (mit 3 Flecken)
H: Brasilien: Rio Uaupés., Rio Tiquié.
♂: Größer; gelblich. ♀: 3–5 Flecken. V: +
Z: Hb 15 J; Mann-Mutter-Familie.   F: K
T: 22–29°C, L: ♂ 5 cm, pH: ≪7, SG: 3–4

Apistogramma sp. „Tiquié 1" ♀   5/692
„Tiquié 1" (mit 3 Flecken)

Apistogramma sp. „Tucurui" ♂ juv. 5/706

H: Brasilien: Rio Tocantins.
♂: Größer; Flossen mit blauem Glanz. V: +
Z: Hb; Mann-Mutter-Familie.   F: K,O
T: 22–30°C, L: ♂ 6 cm, pH: <7, SG: 2–3

Apistogramma sp. „Tucurui" ♀   5/706

Apistogramma sp. ♂   5/716
„Breitbinden"-Apistogramma
H: Venezuela, Brasilien: Uaupés, Orinoco.
♂: Größer, farbiger; Flossen länger. V: +
Z: Hb; Mann-Mutter-Familie.   F: K
T: 23–29°C, L: ♂ 10 cm, pH: ≪7, SG: 2–4

Apistogramma sp. ♀   5/716
„Breitbinden"-Apistogramma

SÜDAMERIKA
Cichlidae

Buntbarsche, Cichliden

Apistogramma sp. ♀ 5/718
„Gabelband"-Apistogramma
H: Unbekannt.
GU: Nur ♀♀ bekannt! V: +
Z: Unbekannt. F: K!
T: 23–29°C, L: ♀ 6 cm, pH: <7, SG: 4

Apistogramma sp. ♂ 5/720
„Gelbwangen"-Apistogramma
H: Brasilien: Um Manaus.
♂: Größer; Dorsale u. Anale länger. V: +
Z: Hb; Mann-Mutter-Familie. F: O
T: 21–29°C, L: ♂ 8 cm, pH: 7, SG: 2

Apistogramma sp. ♀ 5/720
„Gelbwangen"-Apistogramma

Apistogramma sp. ♂ 5/722
„Viersteifen"-Apistogramma
H: Venezuela, Brasilien: Orinoco, Uaupés.
♂: Größere Flossen. V: +
Z: Mann-Mutter-Familie. F: K
T: 22–30°C, L: 8 cm, pH: <7, SG: 3–4

Apistogramma sp. ♀ 5/722
„Viersteifen"-Apistogramma

Apistogramma sp. ♂ 5/724
„Pandurini"-A., „Blue-Sky"-A., „Azur"-A.
H: Peru, Ecuador?: Rio Napo-System.
♂: Größer; siehe Fotos. V: +
Z: Noch unbekannt. F: K,O
T: 20–32°C, L: ♂ 8 cm, pH: <7, SG: 3–4

CICHLIDEN

SÜDAMERIKA
Cichlidae

Buntbarsche, Cichliden

Apistogramma sp. ♀ 5/724
„Pandurini"-A., „Blue-Sky"-A., „Azur"-A.

Apistogramma staecki ♂ 3/688
Querstreifen-Zwergbuntbarsch, Staecks Z.
H: N-Bolivien.
♂: Größer; zweizipflige Kaudale. V: +
Z: Hb, 80 E; Mann-Mutter-Familie. F: O
T: 24–28°C, L: ♂ 5 cm, pH: <7, SG: 2–3

Apistogramma steindachneri ♂ 1/678
Steindachners Zwergbuntbarsch
H: Guyana-Länder.
♂: Größer; längere Flossen. V: +
Z: Hb; Mann-Mutter-Familie. F: K
T: 20–25°C, L: ♂ 12 cm, pH: <7, SG: 2

Apistogramma trifasciata ♂ 1/680
Dreistreifenzwergbuntbarsch
H: Rio Paraguay, Rio Guaporé.
♂: Größer; 3.–5. Dorsalstrahl länger. V: +
Z: Hb, 100 E; Mann-Mutter-Familie. F: K
T: 26–29°C, L: ♂ 6 cm, pH: <7, SG: 3

Apistogramma uaupesi ♂ 5/710
Blutkehl-A., Rotkeil-A., Segelflossen-A.
H: Venezuela, Kolumbien, Brasilien.
♂: D segelartig, K zweizipfelig. V: +
Z: Hb; <2°dGH, pH 4–5. F: K!
T: 23–29°C, L: ♂ 9 cm, pH: ≪7, SG: 4

Apistogramma uaupesi ♀ 5/710
Blutkehl-A., Rotkeil-A., Segelflossen-A.

SÜDAMERIKA
Cichlidae

Buntbarsche, Cichliden

Apistogramma uaupesi ♂ 5/710
Blutkehl-A., Rotkeil-A., Segelflossen-A.

Apistogramma uaupesi ♀ 5/710
Blutkehl-A., Rotkeil-A., Segelflossen-A.

Apistogramma urteagai ♂ 5/714

Apistogramma urteagai ♀ 5/714

H: Peru: Rio Madre de Dios, RioTambopata.
♂: D u. A länger; farbenprächtiger. V: +
Z: Hb; Mann-Mutter-Familie. F: K,O
T: 22–29°C, L: ♂ 6 cm, pH: ≪7, SG: 2

Apistogramma viejita ♂ 2/832
Schwarzkehl-Zwergbuntbarsch

H: Kolumbien: Rio Meta.
♂: Größer; ausgezogene Dorsale. V: +
Z: Hb, 100 E; Mann-Mutter-Familie. F: K
T: 23–30°C, L: ♂ 7,5 cm, pH: ≪7, SG: 4

Apistogrammoides pucallpaensis ♂ 2/832
Pucallpa-Zwergbuntbarsch

H: Peru: Amazonasgebiet.
♂: Dorsale u. Anale länger; farbiger. V: +
Z: Hb, 80 E; MMFam-Efam. F: K
T: 23–30°C, L: ♂ 4,5 cm, pH: <7, SG: 3–4

SÜDAMERIKA
Cichlidae

Buntbarsche, Cichliden

Astronotus ocellatus 1/682
Pfauenaugenbuntbarsch
H: Amaz., Paraná, Rio Paraguay, Rio Negro.
GU: Nur Genitalpapille. V: =
Z: Ob, 2000 E; Elternfamilie. F: K
T: 22–25°C, L: 33 cm, pH: 7, SG: 4

Batrachops semifasciatus ♀ 2/848
Gefleckter Kammbuntbarsch
H: Paraguay, Uruguay, Argentinien.
♂: Dunkle Flecken. V: =
Z: Hb? F: O
T: 23–27°C, L: 27 cm, pH: 7, SG: 3–4

Batrachops semifasciatus ♂ 2/848
Gefleckter Kammbuntbarsch

Biotodoma cupido 1/684
Schwanzstreifenbuntbarsch
H: Mittlerer Amazonas, W-Guyana.
♂: Dorsale u. Anale spitzer. V: –
Z: Ob, 100 E; Elternfamilie. F: K
T: 23–25°C, L: 13 cm, pH: 7, SG: 3

Biotodoma cupido ♂ 3/708
Schwanzstreifenbuntbarsch
H: Peru bis SO-Brasilien.
♂: Viel farbiger. V: –
Z: Ob, 400 E; Elternfamilie. F: K
T: 22–25°C, L: 12 cm, pH: 7, SG: 3

Biotodoma cf. *cupido* ♂ 3/708
Schwanzstreifenbuntbarsch
Foto s.S. 5/738

SÜDAMERIKA
Cichlidae

Buntbarsche, Cichliden

Biotodoma wavrini 3/708
Wavrins Buntbarsch
H: Oberer Orinoco, Rio Negro,...
♂: K u. V länger; farbiger. **V:** +
Z: Vermutlich noch nicht erfolgt. **F:** K
T: 26–30°C, **L:** 15 cm, **pH:** <7, **SG:** 4

Biotoecus opercularis ♀ 5/738

H: Bei Santarém: Amazonasnebenflüsse.
♂: Ventralen länger. **V:** +
Z: Hb, fast Mutterfamilie. **F:** K
T: 28°C, **L:** 5 cm, **pH:** <7, **SG:** 4

Biotoecus opercularis ♂ 5/738

Caquetaia kraussii ♂ 2/850
Krausse's Buntbarsch
H: Kolumbien, Venezuela.
♂: Dorsale u. Anale spitzer; größer. **V:** –
Z: Ob, <400 E; Elternfamilie. **F:** K,O
T: 22–27°C, **L:** 25 cm, **pH:** 7, **SG:** 2–3

Caquetaia kraussii juv. 2/850
Krausse's Buntbarsch

Caquetaia myersi ♂ 5/740

H: Kolumbien, Ecuador: Caquetá, Napo.
♂: Flossen blauer. ♀: Gelb. **V:** =
Z: Ob, <700 E; Elternfamilie. **F:** K
T: 24–27°C, **L:** 27 cm, **pH:** 7, **SG:** 2–3

SÜDAMERIKA
Cichlidae

Buntbarsche, Cichliden

Caquetaia spectabilis 3/714
Glänzender Rotkehlbuntbarsch
H: Mittlerer u. unterer Amazonas.
♂: Größer; sonst gleich. V: =
Z: Ob; Elternfamilie. F: K
T: 26–27°C, L: ♂ 25 cm, pH: 7, SG: 1–2

Chaetobranchopsis orbicularis ♂ 2/850
H: Amazonas.
GU: Unbekannt. V: +
Z: Unbekannt. F: K! (filtrierender Planktonfr.)
T: 23–27°C, L: 12 cm, pH: 7, SG: 4

Chaetobranchopsis orbicularis juv. 2/850

Chaetobranchus flavescens 2/852
Vierbandcichl., Glänzender Spitzkopfbuntb.
H: Guyana, Brasilien, Peru, Bolivien.
♂: Dorsale u. Anale länger; größer. V: ?
Z: Mb? F: O
T: 24–26°C, L: 28 cm, pH: 7, SG: 3

Cichla monoculus ♀ 5/750
H: Ecuador, Peru, Bras., Fr. Guyana,. Bol.
♂: Fettbuckel im Alter. V: =
Z: Natur: Ob, ca. 2000 E; Efam. F: K!
T: 25–28°C, L: 50 cm, pH: <7, SG: 2

Cichla ocellaris 2/856
Grüner Augenfleck-Kammbarsch
H: Ven., Guyana, Bras., Peru, Bolivien.
♂: Fettbuckel im Alter. V: =
Z: Natur: Ob, 10000 E; Efam. F: K!
T: 24–27°C, L: 60 cm, pH: 7, SG: 3–4

SÜDAMERIKA
Cichlidae

Buntbarsche, Cichliden

Cichla orinocensis 5/750

H: Venezuela, Kolumbien, Brasilien.
♂: Fettbuckel im Alter. V: =
Z: Natur: Ob in Mulde. F: K!
T: 27–29°C, L: <70 cm, pH: <7, SG: 2

Cichla temensis 5/748
Humboldtcichlide

H: Brasilien: Rio Negro, Orinoco.
♂: Größer; Fettbuckel im Alter. V: =
Z: Natur: Ob in Mulde. F: K!
T: 27–29°C, L: <70 cm, pH: <7, SG: 2

Cichlasoma amazonarum 3/716

H: Amazonas-System.
♂: Dorsale u. Anale länger. V: =
Z: Ob, 300 E; Elternfamilie. F: K,O
T: 22–27°C, L: 14 cm, pH: <7, SG: 1

Cichlasoma araguaiense ♂ 4/588

H: S-Amaz. Zufl.: Araguaia, Tocantins, Xingú.
♂: Dorsale u. Anale länger. V: =
Z: Ob; Elternfamilie. F: O
T: 23–27°C, L: ♂ 16 cm, pH: 7, SG: 1–2

Cichlasoma bimaculatum ♂ 2/862
Zweifleckbuntbarsch

H: O-Peru bis Guyana-Länder.
♂: Etwas größer. V: =
Z: Ob; Elternfamilie. F: O
T: 22–27°C, L: 20 cm, pH: 7, SG: 1–2

Cichlasoma boliviense ♂ 3/720
Bolivien Cichlasoma

H: Bolivien: Amazonasgebiet.
♂: Dorsale u. Anale länger. V: =
Z: Ob; Elternfamilie. F: O
T: 23–27°C, L: 17 cm, pH: 7, SG: 1–2

SÜDAMERIKA
Cichlidae

Buntbarsche, Cichliden

Cichlasoma dimerus 3/724
Dimerus Buntbarsch
H: Rio Paraguay, Rio Paraná.
♂: Dorsale u. Anale länger; größer. **V:** =
Z: Ob; Elternfamilie. **F:** O
T: 23–27°C, **L:** 17 cm, **pH:** 7, **SG:** 1

„*Cichlasoma*" *facetum* 1/688
Chanchito
H: S-Bras., N-Arg., Paraguay, Uruguay.
♂: Genitalpapille schräg nach hinten. **V:** –
Z: Ob, 300–1000 E: Elternfamilie. **F:** K,O
T: 27–30°C, **L:** Nat: 70 cm, **pH:** <7, **SG:** 2

Cichlasoma festae ♀ 2/866
Roter Ecuadorbuntb., Orangeroter Tigerb.
H: W-Ecuador.
♂: Blaue Tüpfel in D, A u. K. **V:** –
Z: Ob, 3000 E; Elternfamilie. **F:** K,O
T: 26–28°C, **L:** 50 cm, **pH:** 7, **SG:** 3

Cichlasoma festae ♂ 2/866
Roter Ecuadorbuntbarsch, Orangeroter
Tigerbuntbarsch

Cichlasoma orinocoense ♂ 5/754

H: Venezuela: Rio Orinoco.
♂: Größer; D u. A ausgezogen. **V:** =
Z: Unbekannt. **F:** K,O
T: 26–30°C, **L:** 50 cm, **pH:** 7, **SG:** 2

„*Cichlasoma*" *ornatum* 3/740
Esmeralda-Buntbarsch
H: NW-Ecuador, SW-Kolumbien?
GU: Unbekannt. **V:** = (bis 14 cm Länge)
Z: Ob? Elternfamilie? **F:** O
T: 24–27°C, **L:** >20 cm?, **pH:** >7, **SG:** 2

SÜDAMERIKA
Cichlidae

Buntbarsche, Cichliden

Cichlasoma portalegrense 1/670
Streifenbuntbarsch
H: S-Brasilien, Bolivien, Paraguay.
♀: Mehr braun bis rötlich. V: =
Z: Ob; <500 E, Elternfamilie. F: K
T: 16–24°C, L: 15 cm, pH: <7, SG: 2

Cichlasoma taenia 3/752
H: Trinidad; Venezuela: Orinoco-System.
GU: Kein Unterschied. V: =
Z: Ob; Elternfamilie. F: O
T: 24–27°C, L: ♂ 14 cm, pH: 7, SG: 2

Cleithracara maronii adult 1/668
Maronibuntbarsch, Schlüssellochbuntba.
H: Guyana.
♂: Dorsale u. Anale länger; größer. V: +
Z: Ob, 350 E; Elternfamilie. F: K,O
T: 22–25°C, L: 15 cm, pH: 7, SG: 1–2

Cleithracara maronii juvenil 1/668
Maronibuntbarsch, Schlüssellochbuntba.

Crenicara filamentosa ♂ 1/696
Gabelschwanz-Schachbrettcichlide
H: Rio Negro, Orinoco.
♂: Kaudale zweizipfelig; farbiger. V: =
Z: Ob, 60–120; Elternfamilie. F: K!
T: 23–25°C, L: ♂ 9 cm, pH: ≪7, SG: 2–3

Crenicara latruncularium ♂ 5/764
H: Bras., Bol.: Rio Guaporé u. Mamoré.
♂: Flossen etwas spitzer. V: =
Z: Ob; polygam. F: O
T: 20–30°C, L: 15 cm, pH: 7, SG: 4

753

SÜDAMERIKA
Cichlidae
Buntbarsche, Cichliden

Crenicara latruncularium ♀ 5/764

Crenicara punctulata ♂ 1/696

H: Guyana, N-Brasilien, Ecuador, Peru.
♂: Flossen länger; farbintensiver. V: =
Z: Ob; Elternfamilie. F: K!
T: 23–25°C, L: 12 cm, pH: <7, SG: 3

Crenicichla acutirostris ♂ 5/766

Crenicichla acutirostris ♀ 5/766

H: Brasilien: Bei Santarém.
♂: Kaudale mit feinen Tüpfeln. V: =
Z: Nicht erfolgt; Hb, Elternfamilie. F: K!
T: 26–28°C, L: ♂ 35 cm, pH: <7, SG: 3–4

Crenicichla albopunctata ♂ 5/768

Crenicichla albopunctata ♀ 5/768

H: Guyana, Französisch Guyana.
♂: Glanzflecken. V: =
Z: Hb, Elternfamilie. F: K!
T: 24–27°C, L: ♂ 25 cm, pH: 7, SG: 1–2

SÜDAMERIKA
Cichlidae

Buntbarsche, Cichliden

Crenicichla alta ♂ 4/596

H: Britisch Guyana, Brasilien.
♀: Auffälliger Flossensaum. V: –
Z: Hb; Vater-Mutter-Familie. F: K
T: 24–27°C, L: ♂ 25 cm, pH: ≪7, SG: 1–2

Crenicichla alta ♀ 4/596

Foto s. S. 5/789.

Crenicichla anthurus ♀ 3/756

H: O-Ecuador, Peru.
♀: Roter Bauch; ohne Glanzflecken. V: =
Z: Hb; Vater-Mutter-Familie. F: K
T: 25–27°C, L: ♂ <25 cm, pH: 7, SG: 3

Crenicichla cametana subadult ♂ 4/596
Sterngucker-Hechtbuntbarsch
H: Brasilien: Rio Tocantins.
♀: Rötliche Bauchzone. V: –
Z: Hb; Vater-Mutter-Familie. F: K
T: 24–27°C, L: 25 cm, pH: 7, SG: 3

Crenicichla cametana ♀ 4/596
Sterngucker-Hechtbuntbarsch

Crenicichla cardiostigma ♂ 5/770

H: Brasilien: Rio Branco/Rio Mucajai.
♂: Glanzflecken. V: =
Z: Hb, Elternfamilie. F: K!
T: 24–27°C, L: ♂ 25 cm, pH: 7, SG: 1

SÜDAMERIKA
Cichlidae

Buntbarsche, Cichliden

Crenicichla cardiostigma ♀ 5/770

Crenicichla cincta 4/598

H: Brasilien, Peru.
GU: Unbekannt. **V:** –
Z: Hb? **F:** K,O
T: 24–27°C, **L:** ♂ 45 cm, **pH:** <7, **SG:** 1–2

Crenicichla compressiceps ♂ 4/600

H: Brasilien: Tocantins, Araguaia.
♂: Gebändert, gelbe Flossen. **V:** –
Z: Hb; Vater-Mutter-Familie. **F:** K,O
T: 24–27°C, **L:** ♂ 7 cm, **pH:** 7, **SG:** 1–2

Crenicichla cyanonotus ♂ 5/772

H: Venezuela?, Brasilien.
♀: Farbiger; kleiner. **V:** =
Z: Hb; ♀ pflegt. **F:** K
T: 24–27°C, **L:** 25 cm, **pH:** 7, **SG:** 1

Crenicichla cyanonotus ♀ 5/772

Crenicichla cyclostoma ♂ 4/600

H: Brasilien: Tocantins-System.
♂: Dorsale ausgezogen; größer. **V:** =
Z: Hb, kleine Gelege; VMFam. **F:** K
T: 24°C, **L:** 15 cm, **pH:** <7, **SG:** 1–2

SÜDAMERIKA
Cichlidae

Buntbarsche, Cichliden

Crenicichla edithae u.♀, o.♂ 4/602

Crenicichla edithae ♀ 4/602

H: S-Amazonas-System.
♂: Goldene Punkte; größer. V: =
Z: Hb; Vater-Mutter-Familie. F: K
T: 24–27°C, L: ♂ 22 cm, pH: 7, SG: 1–2

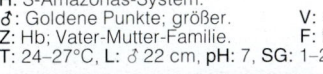

Crenicichla geayi u.♀, o.♂ 4/604

Crenicichla geayi ♀ 4/604

H: Venezuela, Kolumbien.
♂: Roter Streifen auf der Seite. V: =
Z: Hb; Vater-Mutter-Familie. F: K
T: 24–27°C, L: 20 cm, pH: 7, SG: 1–2

Crenicichla jegui ♂ (?) 5/774

Crenicichla johanna ♀ 2/886
Grauer Kammbuntb., Grauer Hechtcichlide

H: Brasilien: Rio Tocantins. Endemisch.
♀: Rote Zone in Dorsale; kleiner. V: =
Z: Unbekannt. F: K!
T: 27–29°C, L: >30 cm, pH: 7, SG: 4

H: Ven., Guyana, Bras., Peru, Paraguay.
♂: Dorsale mit dunkel/hell Saum. V: =
Z: Hb; Vater-Mutter-Familie? F: K
T: 23–26°C, L: >35 cm, pH: 7, SG: 3–4

SÜDAMERIKA
Cichlidae

Buntbarsche, Cichliden

Crenicichla labrina ♂ 5/776

Crenicichla labrina ♀ 5/776

H: Brasilien: Rio Tocantins.
♂: Größer, vertikale Fleckenreihen. V: =
Z: Höhlenbrüter. F: K!
T: 24–27°C, L: 25 cm, pH: 7, SG: 3–4

Crenicichla lenticulata ♀ (?) 5/778

Crenicichla lepidota ♂ 2/886
Kammbuntbarsch

H: Kolumbien, Brasilien, Venezuela.
♂: Heller submarginaler Dorsalsaum. V: =
Z: Noch nicht gelungen. F: K!
T: 26–29°C, L: ♂ 38 cm, pH: <7, SG: 4

H: Brasilien, Bolivien.
♂: Körperflecken; größer. V: =
Z: Ob; Vater-Mutter-Familie. F: K
T: 23–28°C, L: ♂ <45 cm, pH: 7, SG: 3–4

Crenicichla cf. *lugubris* ♀ 5/792
„Atabapo-rot"

Crenicichla marmorata ♀ 5/778

H: Kolumbien: oberer Orinoco-Einzug.
♀: Weißes Dorsalband. V: =
Z: Noch nicht erfolgt. F: K
T: 27–29°C, L: ♂ 40 cm, pH: <7, SG: 2

H: Brasilien: Rio Madeira-System.
♂: Heller submarginaler Dorsalsaum. V: –
Z: Höhlenbrüter; Elternfamilie. F: K
T: 26–28°C, L: ♂ 38 cm, pH: <7, SG: 2–4

SÜDAMERIKA
Cichlidae

Buntbarsche, Cichliden

Crenicichla multispinosa ♂ 5/780

H: Surinam, Französisch Guyana.
♂: Tüpfel auf dem hinteren Körper. V: =
Z: Bisher nicht erfolgt. F: K!
T: 26–28°C, L: ♂ 32 cm, pH: <7, SG: 3–4

Crenicichla notophthalmus ♂ 1/698
(Foto s. S. 5/782)

H: Brasilien: Amazonas.
♂: Dorsalfleck; cremefarb. Bauchr. V: +
Z: Hb; Vater-Mutter-Familie. F: K
T: 24–27°C, L: <16 cm, pH: <7, SG: 3–4

Crenicichla notophthalmus ♀ 1/698
(Foto s. S. 5/782)

Crenicichla percna 5/786

H: Brasilien: Rio Xingú. E
♀: Z. Laichz: helles Sublateralband. V: =
Z: Noch nicht gelungen. F: K!
T: 28–30°C, L: 35 cm, pH: <7, SG: 3

Crenicichla phaiospilus ♂ 5/784

H: Brasilien: Rio Xingú: kaum im Unterlauf.
♀: Rötlich; weißes Dorsalband. V: =
Z: Höhlenbrüter? F: K
T: 27–30°C, L: ♂ 35 cm, pH: <7, SG: 2

Crenicichla phaiospilus ♀ 5/784

SÜDAMERIKA
Cichlidae

Buntbarsche, Cichliden

Crenicichla punctata ♂ 5/786

Crenicichla punctata ♀ 5/791

H: SO-Brasilien: Bei Porto Alegre.
♂: Größer; Augenabstand größer. **V**: =
Z: Noch nicht gelungen; Hb? **F**: K!
T: 22–25°C, **L**: ♂ 25 cm, **pH**: 7, **SG**: 2

Crenicichla regani ♂ 4/606

Crenicichla regani ♀ 4/606

H: Amazonas-Gebiet: Weit verbreitet.
♂: Dorsale u. Anale länger; s.Fotos. **V**: +
Z: Hb; Vater-Mutter-Familie. **F**: K
T: 24–27°C, **L**: ♂ 14 cm, **pH**: <7, **SG**: 1–2

Crenicichla reticulata subadult ♀ 4/606

Crenicichla saxatilis ♂ 3/756
Felsenkammbuntbarsch

H: Brasilien, Peru?.
♀: Farbiger. **V**: =
Z: Ob? **F**: K,O
T: 24–25°C, **L**: ♂ 25 cm, **pH**: 7, **SG**: 1–2

H: Surinam: Surinam-System.
♂: Silberne Tüpfel. **V**: =
Z: Hb; Vater-Mutter-Familie. **F**: K
T: 25–30°C, **L**: 25 cm, **pH**: 7, **SG**: 3

SÜDAMERIKA
Cichlidae

Buntbarsche, Cichliden

Crenicichla sp. aff. *sedentaria* ♂ 5/794

Crenicichla sp. aff. *sedentaria* ♀ 5/794

H: Kolumbien: Rio Meta-System.
♂: Größer. ♀: Dorsalfleck. V: =
Z: Hb; Vater-Mutter-Familie. F: K!
T: 24–26°C, L: ♂ <22 cm, pH: 7, SG: 3

Crenicichla semifasciata ♀ 4/608

Crenicichla sp. „Jabuti/Santarém" ♀ 5/788

H: Brasilien.
♀: Rotes Dorsalflossenband. V: =
Z: Hb; Vater-Mutter-Familie. F: K,O
T: 24–27°C, L: ♂ 25 cm, pH: 7, SG: 1–2

H: Brasilien: Südliches Santarém.
♂: Größer. ♀: Farbiger. V: =
Z: Höhlenbrüter; Vater-Mutter-Fam. F: K!
T: 25–30°C, L: ♂ 22 cm, pH: 7, SG: 1

Crenicichla sp. „Orinoco" ♂ 5/796

Crenicichla sp. „Orinoco" ♀ 5/796

H: Venezuela, Kolumbien: Orinoco-Einzug.
♂: D u. A lang. ♀: Flecken in D. V: =
Z: Höhlenbrüter. F: K!
T: 24–29°C, L: ♂ 12 cm, pH: ≪7, SG: 1–2

SÜDAMERIKA
Cichlidae

Buntbarsche, Cichliden

Crenicichla sp. „Puerto Gaitán" ♀ 5/790

H: Kolumbien: Rio Meta-Einzug.
♂: D u. A lang. ♀: Flecken in D. V: =
Z: Höhlenbrüter; Vater-Mutter-Fam. F: K!
T: 24–27°C, L: ♂ 25 cm, pH: <7, SG: 2

Crenicichla sp. „Rotpunkt Inirida" ♂ 5/792

H: Kolumbien: ob. Rio Orinoco: Rio Inirida.
♀: D, A, K mit blau/schwarz/roten Saum. V: =
Z: Höhlenbrüter. F: K
T: 25–30°C, L: ♂ >20 cm, pH: <7, SG: 2

Crenicichla sp. „Sinóp" o. ♀, u. ♂ 5/796

H: Brasilien: Mato Grosso: Rio Teles Pires.
♂: Größer. ♀: Dorsale mit Farbsaum. V: =
Z: Hb; Vater-Mutter-Familie. F: K!
T: 24–29°C, L: ♂ <12 cm, pH: 7, SG: 3

Crenicichla sp. „Xingú I" o. ♀, u. ♂ 5/798
Orangen-Hechtbuntbarsch

H: Brasilien: Rio Xingú.
♀: Rote Bauchzone, D weiß gesäumt. V: =
Z: Hb; Elternfamilie. F: K!
T: 24–27°C, L: 35 cm, pH: <7, SG: 3

Crenicichla sp. „Xingú I" 5/798
Orangen-Hechtbuntbarsch
Subadult

Crenicichla sp. „Xingú I" ♀ 5/798
Orangen-Hechtbuntbarsch
Balzfärbung

SÜDAMERIKA
Cichlidae

Buntbarsche, Cichliden

Crenicichla sp. „Xingú II" ♂   5/802

Crenicichla sp. „Xingú II" ♀   5/802

H: SO-Brasilien: Rio Xingú.
♀: Flossen roter, D mit weißem Band. V: =
Z: Noch nicht erfolgt.   F: K
T: 28–30°C, L: ♂ 35 cm, pH: <7, SG: 3

Crenicichla sp. „Xingú III" ♂   5/804

Crenicichla sp. „Xingú III" ♀   5/804

H: SO-Brasilien: Rio Xingú.
♂: D lang ♀: D mit weißem Band.   V: =
Z: Noch nicht erfolgt.   F: K
T: 28–30°C, L: ♂ 35 cm, pH: <7, SG: 3

Crenicichla stocki   4/610

H: Brasilien: Rio Tocantins u. Zuflüsse.
♀: Mehr rot?   V: =
Z: Hb? Vater-Mutter-Familie?   F: K,O
T: 24–27°C, L: 25 cm, pH: <7, SG: 1–2

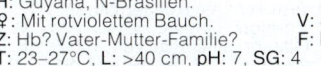

Crenicichla strigata   1/698
Gestreifter Kammbuntbarsch
H: Guyana, N-Brasilien.
♀: Mit rotviolettem Bauch.   V: =
Z: Hb? Vater-Mutter-Familie?   F: K
T: 23–27°C, L: >40 cm, pH: 7, SG: 4

CICHLIDEN

SÜDAMERIKA
Cichlidae

Buntbarsche, Cichliden

Crenicichla sveni ♀ 4/610

H: Kolumbien: Rio Meta.
♂: Dorsale u. Anale länger; größer. V: =
Z: Hb; Vater-Mutter-Familie. F: K,O
T: 24–27°C, L: ♂ 30 cm, pH: <7, SG: 1–2

Crenicichla vittata ♀ 4/612

H: Brasilien: Rio Paraguay.
♀: Roter Bauch. V: =
Z: Hb; Vater-Mutter-Familie. F: K,O
T: 24–27°C, L: ♂ 30 cm, pH: 7, SG: 1–2

Crenicichla vittata ♂ 4/612

Diese Färbung kann auch bei pflegenden ♀ beobachtet werden.
(Foto s. S. 5/781)

Crenicichla wallacii 2/888
Wallace's Hechtcichlide

H: Guyana, Brasilien.
♂: Schlanker. V: =
Z: Hb; Mann-Mutter-Familie. F: K
T: 24–27°C, L: 15 cm, pH: <7, SG: 3–4

Dicrossus maculatus ♂ 5/808
Schachbrettcichlide

H: Brasilien: Amazonaszuflüsse.
♂: Farbiger; längere Flossen (V!). V: +
Z: Offenbr. unter Pflanzen; 150 E. F: K
T: 22–25°C, L: 7 cm, pH: ≪7, SG: 2–3

Geophagus acuticeps 2/906
Vierfleckerdfresser, Spitzkopf-Perlmuttercich.

H: Amazonasbecken.
♂: Dorsale u. Anale ausgezogen. V: +
Z: Ob?; Elternfamilie. F: O
T: 24–26°C, L: 25 cm, pH: <7, SG: 2–3

SÜDAMERIKA
Cichlidae

Buntbarsche, Cichliden

Geophagus argyrosticus 4/618
Tränenstrich-Erdfresser
H: Brasilien: Rio Xingú.
♂: Dorsale u. Anale länger; größer. V: =
Z: Ob; Elternfamilie. F: K,O
T: 25–30°C, L: ♂ 15 cm, pH: <7, SG: 1–2

Geophagus brasiliensis 1/704
Brasilperlmutterfisch
H: O-Brasilien: a. im Brackwasser.
♂: Dorsale u. Anale länger im Alter. V: =
Z: Ob, 600–800 E; Elternfamilie. F: K,O
T: 20–23°C, L: 10–28 cm, pH: <7, SG: 3

Geophagus daemon ♂ 2/908
Dreifleckerdfresser
H: Orinoco, Amazonas u. Rio Negro.
♂: Dorsale fadenförmig ausgezogen. V: =
Z: Natur: Offenbrüter. F: O
T: 27–30°C, L: 30 cm, pH: <7, SG: 2–3

Geophagus grammepareius ♂ 5/814
Brauner Wangenstrich-Erdfresser
H: Venezuela: Rio Caura/Rio Caroni.
♂: Größer; Flossen ausgezogen. V: =
Z: Ob?, Elternfamilie? F: K,O
T: 25–30°C, L: ♂ 14 cm, pH: <7, SG: 1

Geophagus hondae ♂ 1/706
Rotbuckel-Buntbarsch
H: Kolumbien: Rio Magdalena.
♂: Stirnbuckel; längere Flossen. V: +
Z: Mb; Mutterfamilie. F: K,O
T: 24–26°C, L: ♂ 25 cm?, pH: <7, SG: 2

Geophagus pellegrini ♂ 4/620
H: W-Kolumbien.
♂: Rote Flossen; Stirnbuckel. V: =
Z: ♀ Mb. F: K,O
T: 25–30°C, L: ♂ >15 cm, pH: ≪7, SG: 1–2

SÜDAMERIKA
Cichlidae

Buntbarsche, Cichliden

Geophagus proximus 1/706
Surinam-Perlfisch

H: Guyana bis zum Amazonas.
GU: Schwer zu unterscheiden. V: =
Z: LMb, 250 E; Elternfamilie. F: K,O
T: 22–25°C, L: 30 cm, pH: 7, SG: 3

Geophagus sp. 5/814

H: Unbekannt.
♂: Größer; Flossen ausgezogen. V: =
Z: Unbekannt. F: K,O
T: 23–27°C, L: 13 cm, pH: <7, SG: 2–3

Geophagus sp. 3/766
Wangenstricherdfresser

H: Venezuela: Orinoco.
♂: Unbekannt. V: =
Z: Mb? F: O
T: 22–26°C, L: 20 cm, pH: <7, SG: 3

Geophagus sp. „Orinoco" 5/816

H: Venezuela: Rio Caroni/Rio Caura.
♂: Größer; Kopf wuchtiger. V: =
Z: ♀♂ LMb. F: K,O
T: 27–30°C, L: ♂ 30 cm, pH: ≪7, SG: 1–2

Geophagus sp. „Rio Areões" 5/816

H: Brasilien: Rio Araguaia-System.
♂: Größer; ausgezogene Flossen. V: =
Z: ♀Mb; später ♀♂Mb die Larven. F: O
T: 25–30°C, L: ♂ 15 cm, pH: <7, SG: 1–2

Geophagus taeniopareius o.♀, u.♂ 5/818
Gelber Wangenstrich-Erdfresser

H: Venezuela: Rio Orinoco.
♂: Größer; längere Flossen. V: =
Z: Offenbrüter. F: O
T: 25–30°C, L: ♂ 15 cm, pH: 7, SG: 1–2

SÜDAMERIKA
Cichlidae

Buntbarsche, Cichliden

Guianacara cf. *geayi* ♂? 5/822
Rotwangen-Sattelfleckbuntbarsch
H: Unbekannt.
♂: Größer; Kopf wuchtiger. V: +
Z: Höhlenbrüter; Vater-Mutter-Fam. F: O
T: 24–27°C, L: ♂ 15 cm, pH: 7, SG: 2

Guianacara sp. „Orinoco" o.♂, u.♀ 5/820
H: Venezuela: Rio Orinoco.
♂: Etwas größer; Kopf wuchtiger. V: +
Z: Höhlenbrüter. F: K,O
T: 27–30°C, L: ♂ 16 cm, pH: <7, SG: 1–2

Guianacara sp. „Owroeweti" (?) ♂ 5/822

H: Surinam.
♂: Etwas größer; Kopf wuchtiger. V: +
Z: Höhlenbrüter. F: K,O
T: 27–30°C, L: ♂ 16 cm, pH: <7, SG: 1–2

Guianacara sp. „Owroeweti" (?) ♀ 5/822

Guianacara sp. „Rotwange" ♂ 5/824

H: Venezuela?
♂: Etwas größer; Flossen länger. V: =
Z: Höhlenbrüter. F: O
T: 23–30°C, L: ♂ 14 cm, pH: <7, SG: 1–2

Gymnogeophagus australis 1/708
La Plata-Erdfresser
H: Argentinien: La Plata-Gebiet.
GU: Nur Genitalpapille. V: =
Z: Ob, ca. 400 E; Elternfamilie. F: O
T: 22–24°C, L: 18 cm, pH: 7, SG: 2

SÜDAMERIKA
Cichlidae

Buntbarsche, Cichliden

Gymnogeophagus balzanii ♂ 1/708
Paraguay-Maulbrüter, Ballonkopf-Erdfresser
H: Paraguay: Rio Paraná.
♂: Dorsale u. Anale länger; Buckel. **V:** +
Z: ♀ Mb, <500 E; Mutterfamilie. **F:** K,O
T: 22–26°C, **L:** 20 cm, **pH:** 7, **SG:** 3

Gymnogeophagus gymnogenys ♂ 2/910
Dunkler Perlmutterbuntbarsch
H: S-Brasilien, Uruguay, Argentinien.
♂: Im Alter mit Stirnbuckel; größer. **V:** =
Z: Ob? Elternfamilie? **F:** O
T: 21–24°C, **L:** 25 cm, **pH:** 7, **SG:** 2–3

Gymnogeophagus labiatus ♂ 5/824
Gestreifter Erdfresser
H: S-Brasilien: Rio Cadeia,...
♂: Farbiger, größer. **V:** +
Z: ♀ larvophiler Maulbrüter. **F:** O
T: (15°) 24°C, **L:** ♂ 15 cm, **pH:** 7, **SG:** 1–2

Gymnogeophagus rhabdotus ♂ 2/910
Gestreifter Erdfresser
H: S-Brasilien, Uruguay, Argentinien.
♂: Farbiger, größer. **V:** +
Z: Ob, 300 E; Elternfamilie. **F:** O
T: 20–25°C, **L:** 15 cm, **pH:** 7, **SG:** 2

Heros appendiculatus ♂ 4/626

H: Kolumbien, Brasilien, Peru.
♂: Größer, insgesamt heller. **V:** =
Z: Ob; Elternfamilie. **F:** K,O
T: 25–32°C, **L:** 25 cm, **pH:** 7, **SG:** 1–2

Heros cf. *notatus* ♂ 5/844

H: N-Abhang des Guyana-Hochlandes.
♀: Gelber; Flossen ungefleckt. **V:** +
Z: Ob; Elternfamilie. **F:** O
T: 25–32°C, **L:** 25 cm, **pH:** 7, **SG:** 1

SÜDAMERIKA
Cichlidae

Buntbarsche, Cichliden

Heros cf. *notatus* ♀　　　5/844

Heros cf. *notatus* juv.　　　5/844

Heros severus　　　1/694
Augenfleckbuntbarsch

H: N-Südamerika bis Amazonasbecken.
GU: Nur Genitalpapille.　　　**V:** =
Z: Ob, >1000 E; Elternfamilie.　　　**F:** K
T: 23–25°C, **L:** 20 cm, **pH:** <7, **SG:** 2

Heros severus juv.　　　1/694
Augenfleckbuntbarsch

Hoplarchus psittacus juv.　　　2/876
Papageibuntbarsch

H: Brasilien: Rio Negro, Orinoco, Paduari.
♂: Nur durch spitze Genitalpapille. **V:** =
Z: Ob; Elternfamilie.　　　**F:** O
T: 24–28°C, **L:** 35 cm, **pH:** ≪7, **SG:** 2–3

Hoplarchus psittacus WF ♂　　　2/876
Papageibuntbarsch

CICHLIDEN

SÜDAMERIKA
Cichlidae

Buntbarsche, Cichliden

Hypselecara coryphaenoides 2/864
Großkopfbuntbarsch

H: Amazonas, Rio Negro.
♂: Dorsale u. Anale länger; Fettwulst. V:–
Z: Unbekannt. F: K
T: 22–25°C, L: 25 cm, pH: <7, SG: 2

Hypselecara temporalis u.♀, o.♂ 1/686
Smaragdbuntbarsch, Rotgrüner Buntb.

H: Brasilien: ob. u. mittl. Amazonasgebiet.
♂: Deutliche Fettwulst; größer. V: =
Z: Ob; Elternfamilie. F: K,O
T: 25–28°C, L: ♂ 30 cm, pH: 7, SG: 2–3

Krobia guianensis 1/666, 5/846
Delphinbuntbarsch

H: Guayana-Länder.
♂: Dorsale u. Anale länger; farbiger. V: =
Z: Ob, 500 E; Elternfamilie. F: K,O
T: 23–25°C, L: ♂ 15 cm, pH: <7, SG: 3

Krobia guianensis 1/666, 5/846
Delphinbuntbarsch

Laetacara curviceps ♀ 1/662
Tüpfelbuntbarsch (mit Gelege)

H: Amazonasgebiet.
♂: Dorsale u. Anale länger. V: =
Z: Ob, 300 E; Elternfamilie. F: K,O
T: 22–26°C, L: ♂ 10 cm, pH: <7, SG: 2

Laetacara dorsigera ♀ 1/662
(mit Gelege)

H: Bolivien.
♂: Dorsale u. Anale länger; größer. V: +
Z: Ob; Elternfamilie? F: K,O
T: 23–26°C, L: ♂ 10 cm, pH: 7, SG: 3–4

SÜDAMERIKA
Cichlidae

Buntbarsche, Cichliden

Laetacara flavilabris ♂ 5/862
Orangeflossen-Laetacara
H: Ecuador, Peru, Brasilien.
♂: Flossen länger; größer. V: +
Z: Ob, 150 E; Elternfamilie. F: O
T: 24–28°C, L: ♂ 13 cm, pH: <7, SG: 3

Laetacara sp. „Buckelkopf" ♀ 5/861

Laetacara sp. „Buckelkopf" ♂ 5/861

Laetacara thayeri 1/664
Gelblippen-Buntbarsch
H: Peru: Oberer Amazonas.
♂: Dorsale u. Anale länger. V: =
Z: Ob; Elternfamilie. F: K
T: 22–26°C, L: 15 cm, pH: 7, SG: 2

Mazarunia mazarunii ♂ 5/866
Mazaruni-Buntbarsch
H: Guyana: Mazaruni River.
♂: Dorsale spitz; etwas größer. V: +
Z: Erfolgt; keine Angaben. F: K,O
T: 20–30°C, L: 8 cm, pH: <7, SG: 3–4

Mazarunia mazarunii ♀ 5/866
Mazaruni-Buntbarsch

SÜDAMERIKA
Cichlidae

Buntbarsche, Cichliden

Mesonauta festivus 1/742
Flaggenbuntbarsch
H: W-Guyana, Brasilien.
♂: Kaum zu unterscheiden. V: +
Z: Ob, 200–500 E; Elternfamilie. F: K,O
T: 23–25°C, L: 15 cm, pH: <7, SG: 2–3

Mesonauta insignis 5/871
Flaggenbuntbarsch
H: Bras., Venezuela: Rio Negro/Orinoco.
♂: Größer; mehr blau/gelb. V: +
Z: Ob, <1000 E; Elternfamilie. F: K,O
T: 26–30°C, L: ♂ 20 cm, pH: <7, SG: 2

Microgeophagus altispinosa ♂ 3/802
Bolivianischer Schmetterlingsbuntbarsch
H: Bolivien, Brasilien: Guaporé.
♀: Im Alter etwas fülliger. V: +
Z: Ob, <200 E; Elternfamilie. F: K,O
T: 22–26°C, L: 8 cm, pH: 7, SG: 2

Microgeophagus altispinosa ♀ 3/802
Bolivianischer Schmetterlingsbuntbarsch

Microgeophagus ramirezi o.♂, u.♀ 1/748
Südamerikanischer Schmetterlingsbuntb.
H: W-Venezuela, Kolumbien.
♀: Rötliche Ventralzone. V: +
Z: Ob, 150–200 E; Elternfamilie. F: K,O
T: 22–26°C, L: 7 cm, pH: 7, SG: 3

Nannacara adoketa ♂ 5/878

H: Brasilien: ob. Rio Negro, Rio Uaupés.
♂: Farbiger; Flossen länger. V: +
Z: Ob (Hb), 350 J; Elternfamilie. F: K
T: 22–28°C, L: ♂ 12 cm, pH: ≪7, SG: 3–4

SÜDAMERIKA
Cichlidae

Buntbarsche, Cichliden

Nannacara adoketa ♀ 5/878

Nannacara anomala ♂ 1/744
Stahlblauer Maulbrüter
H: W-Guyana.
♂: Farbiger; 4 cm größer.   V: +
Z: Hb, 50–300 E; VMFamilie.   F: K
T: 22–26°C, L: 9 cm, pH: <7, SG: 2

Nannacara aureocephalus ♂ 3/804
Goldkopf-Schachbrettcichlide
H: Französisch Guyana.
♂: Größer, farbiger, längere Flossen. V: =
Z: Hb, 50–300 E; VMFamilie.   F: K!
T: 22–25°C, L: ♂ 9 cm, pH: <7, SG: 2

Nanacara aureocephalus ♀ 3/804
Goldkopf-Schachbrettcichlide

Nannacara [„Aequidens"] hoehnei ♂
 4/640, 5/880
H: Brasilien: Mato Grosso.
♂: Dorsale mit weißem Saum.   V: =
Z: Offenbrüter;<600 E; Elternfam. F: K,O
T: 24°C, L: ♂ <15 cm, pH: <7, SG: 1–2

Nannacara taenia ♂ 5/882
Gebänderter Zwergbuntbarsch
H: NO-Brasilien: Bei Belém.
♂: Dorsale u. Anale spitz.   V: +
Z: Höhlenbrüter.   F: K,O
T: 22–30°C, L: 4 cm, pH: <7, SG: 3

SÜDAMERIKA
Cichlidae

Buntbarsche, Cichliden

Nannacara taenia ♀ 5/882
Gebänderter Zwergbuntbarsch

Pterophyllum dumerilii 2/976
Dumerils Segelflosser, Spitzkopfsegelflosser
H: Guyana, Brasilien: Belém–Solimões.
GU: Nur durch Genitalpapille. V: +
Z: Ob; Elternfamilie. F: K,O
T: 26–30°C, H: 10 cm, pH: <7, SG: 2–3

Pterophyllum scalare 1/766
Segelflosser, Skalar Marmorskalar
H: Peru, O-Ecuador.
♂: Genitalpapille spitz. V: +
Z: Ob, <1000 E; Elternfamilie. F: K,O
T: 24–28°C, H: 15 cm, pH: <7, SG: 2

Pterophyllum altum 1/765
Hoher Segelflosser, Altum Scalar
H: Orinoco.
♂: Steilere Rückenlinie? V: +
Z: >500 J; pH 4,4. F: K,O
T: 28–30°C, H: 18 cm, pH: <7, SG: 3

Pterophyllum scalare 1/766
Segelflosser, Skalar
Schleierskalar Halbschwarzer Skalar

SÜDAMERIKA
Cichlidae
Buntbarsche, Cichliden

Pterophyllum scalare 5/928
Segelflosser, Skalar Perlskalar
H: Peru, O-Ecuador.
♂: Genitalpapille spitz. V: +
Z: Ob, <1000 E; Elternfamilie. F: K,O
T: 20–32°C, H: <25 cm, pH: <7, SG: 3–4

Pterophyllum scalare 1/766
Segelflosser, Skalar
Goldform

Retroculus lapidifer 3/862
Stromschnellen-Erdfresser
H: Brasilien: Tocantins.
GU: Unbekannt. V: +
Z: Ob oder Mb? F: K,O
T: 22–27°C, L: 25 cm, pH: 7, SG: 3–4

Retroculus xinguensis 5/933
H: Brasilien: Rio Xingú, Rio Tapajós?.
♂: Größer; größere Flossen. V: +
Z: Nat: Nester auf Sand o. Stein. F: K,O
T: 27–30°C, L: <25 cm, pH: <7, SG: 4

Satanoperca jurupari 1/704
Teufelsangel, Erdfresser
H: Guyana, Brasilien.
GU: Genitalpapille. V: =
Z: ♀ ♂ Mb, 150–400 E; Elternfam. F: K,O
T: 24–26°C, L: 25 cm, pH: <7, SG: 2–3

SÜDAMERIKA
Cichlidae
Buntbarsche, Cichliden

Satanoperca cf. *jurupari* 5/942

H: Brasilien: bei Puerto Ayacucho.
♂: Längere Flossen? V: +
Z: Mb; weiteres unbekannt. F: K,O
T: 24–27°C, L: 20 cm, pH: 7, SG: 2–3

Satanoperca leucosticta 3/864

H: Guyana, Surinam.
♂: Etwas größer. V: +
Z: ♀♂ LMb; Elternfamilie. F: K,O
T: 27–30°C, L: 20 cm, pH: <7, SG: 3

Satanoperca lilith vorn ♂ 5/942

H: Brasilien: Amazonien.
♂: Ältere: ausgezogene Flossen. V: +
Z: Substratlaicher? Elternfamilie? F: K
T: 23–30°C, L: 25 cm, pH: <7, SG: 4

Satanoperca pappaterra 3/866

H: Brasilien, Bolivien: Rio Guaporé.
♂: Etwas größer. V: =
Z: Mb. F: K
T: 24–27°C, L: ♂ 25 cm, pH: <7, SG: 3

Symphysodon aequifasciatus aequifasciatus
Grüner Diskus 1/770

H: Amazonas bei Santarém u. Tefé.
GU: Genitalpapille. V: +
Z: Ob, ca.300 E; Efam. Hautsekret. F: K
T: 26–30°C, L: 15 cm, pH: <7, SG: 4

Symphysodon aequifasciatus axelrodi
Brauner Diskus 1/770

SÜDAMERIKA
Cichlidae

Buntbarsche, Cichliden

Symphysodon aequifasciatus haraldi
Blauer Diskus („Royal Blue") 1/770

Symphysodon aequifasciatus aequifasciatus
Grüner Diskus 2/994
Zuchtform

Symphysodon aequifasciatus haraldi
Blauer Diskus 2/994
Nachzuchtmännchen, ganz durchstreift.

Symphysodon aequifasciatus aequifasciatus
Grüner Diskus 2/994
Besonders schön gestreift.

Symphysodon aequifasciatus 2/996
Riesendiskus (Zuchtergebnis)
H: Brasilien: Rio Jurna. (Vorfahren.)

Symphysodon discus 1/772
Echter Diskus, Pompadurfisch
H: Brasilien: Rio Negro.
GU: Genitalpapille zur Laichzeit. V: +
Z: Ob; Elternfamilie. Hautsekret. F: K
T: 26–30°C, L: 20 cm, pH: <7, SG: 4

SÜDAMERIKA
Cichlidae

Buntbarsche, Cichliden

Symphysodon discus ×   2/992
Symphysodon aequifasciatus

Taeniacara candidi ♂   3/874
Torpedo-Zwergbuntbarsch
H: Brasilien: um Manaus.
♂: Farbiger; lazettförmige Kaudale. V: =
Z: Hb; MMFam. bis Efam.   F: K
T: 25–28°C, L: ♂ 7 cm, pH: ≪7, SG: 3

Tahuantinsuyoa macantzatza   5/956
„Inka-Steinbuntbarsch"
H: Peru: Rio Ucayali-Becken.
♂: Größer, gestreckter, farbiger.   V: =
Z: ♀♂ LMb; laicht auf Blättern u.ä. F: O
T: 25–28°C, L: ♂ 12 cm, pH: 7, SG: 2

Teleocichla cinderella ♂   5/958
Aschenputtel-Buntbarsch
H: Bras.: unterer Rio Tocantins/Araguaia.
♂: Größer; Dorsale ausgezogen.   V: =
Z: Höhlenbrüter? Elternfamilie?   F: K!
T: 24–27°C, L: 14 cm, pH: <7, SG: 3

Teleocichla cinderella ♀   5/958
Aschenputtel-Buntbarsch

Teleocichla gephyrogramma ♂   5/960

H: Brasilien: Rio Xingú. E
♂: Kaudale mit rotblauem Saum.   V: =
Z: Hb, <50 E; Vater-Mutter-Familie. F: K!
T: 26–30°C, L: 8 cm, pH: <7, SG: 2–3

SÜDAMERIKA
Cichlidae

Buntbarsche, Cichliden

Teleocichla monogramma ♀   5/960

H: Brasilien: Rio Xingú.
♂: Größer, heller; längere Flossen. V: =
Z: Höhlenbrüter?   F: K
T: 27–33°C, L: ♂ 11 cm, pH: 7, SG: 1

Teleocichla proselytus o.♂, u.♀   5/962

H: Brasilien: Rio Tapajos, Arapiuns, Cupari.
♂: Größer, heller; längere Flossen. V: =
Z: Höhlenbrüter; „Mutterfamilie".   F: K
T: 27–33°C, L: ♂ 11 cm, pH: <7, SG: 1

Teleocichla sp. „Xingú I" ♂   5/964

H: Brasilien: Rio Xingú bei Altamira.
♂: Läng. Flossen. ♀: Roter Bauch. V: +
Z: Höhlenbrüter; „Mutterfamilie".   F: K
T: 27–33°C, L: ♂ 5 cm, pH: <7, SG: 1

Teleocichla sp. „Xingú II" ♀   5/964
„Schwarzer" Teleo
H: Brasilien: Rio Xingú bei Altamira.
♂: Größer?   V: +
Z: Höhlenbrüter?   F: K
T: 27–33°C, L: 15 cm, pH: <7, SG: 1

Teleocichla sp. IV ♂   5/966
„Grundel"-Teleocichla
H: Brasilien: Rio Xingú bei São Felix.
♀: D mit schwarzen Flecken; kleiner V: +
Z: Höhlenbrüter; Vater-Mutter-Fam. F: K
T: 27–33°C, L: ♂ 7 cm, pH: <7, SG: 3

Uaru amphiacanthoides   1/784
Keilfleckbuntbarsch
H: Guyana, Brasilien.
GU: Genitalpapille.   V: =
Z: Ob, 300 E; Efam. Hautsekret.   F: K
T: 24–26°C, L: 30 cm, pH: <7, SG: 3–4

ÜBRIGE WELT

Einführung

Diese Untergruppe enthält die Buntbarsche Indiens, Sri Lankas, Madagaskars und der Karibik (weder Florida noch Puerto Rico beherbergen einheimische Buntbarsche, obwohl es sowohl auf Kuba als auch auf Hispaniola einige gibt). Cichliden aus Israel, Jordanien und Syrien sind in der Untergruppe „Afrika – Fließgewässer" zu finden.

Geographische Verbreitung

Indien/Sri Lanka
Durch eine dominante Anwesenheit der Cypriniden in dieser Region, gibt es hier kaum Cichliden. Nur die zwei Arten in der salztoleranten Gattung *Etroplus* konnten während der Entwicklungsgeschichte in entsprechenden Küstengewässern Zuflucht finden.

Karibik
Auch hier sind endemische Buntbarsche nur wenig vertreten. Sowohl auf Hispaniola als auch auf Kuba handelt es sich um Arten, die auch in Brackwasser leben. Auf Kuba gibt es nur zwei endemische Arten, wobei *Cichlasoma tetracanthus* in fünf beschriebenen Unterarten vorkommt.

Lac Bempazawa, ein Kratersee auf Nosy Be, Madagaskar, Habitat von *Paratilapia bleekeri*.

Madagaskar

Die Situation der einheimischen Fische auf Madagaskar scheint sich auf einen kritischen Punkt zuzubewegen: vielerorts sind Tilapien (*Tilapia rendalli* und *Oreochromis mossambicus*) und andere Exoten ausgesetzt worden. So kommt es vor, daß manche Gewässer nur noch von solchen Arten bewohnt werden. Insgesamt sind zur Zeit 20 endemische Buntbarscharten bekannt, man rechnet aber trotzdem noch mit zukünftigen Entdeckungen (O. LUCANUS, DATZ 11/96).

Cichlasoma tetracanthus 2/882
Kubabuntbarsch

H: Kuba. Sw, Bw
♂: Größer. V: =
Z: Ob, <600 E, Elternfamilie. F: K,O
T: 20–27°C, L: 25 cm, pH: 7, SG: 1

Etroplus maculatus 1/702
Punktierter Buntbarsch, Indischer Buntb.

H: Vorderindien u. Sri Lanka; Sw,(Bw).
♂: Flossensäume mit Rot? V: =
Z: Ob, <300 E., Efam., 5% Mw. F: K,O
T: 20–25°C, L: 8 cm, pH: >7, SG: 2–3

Etroplus suratensis 2/906
Indischer Streifenbuntbarsch

H: Vorderindien u. Sri Lanka; Sw,Bw,(Mw)
♂: Größer? V: –
Z: Ob oder Hb; Elternfamilie. F: O,H
T: 23–26°C, L: 46 cm, pH: >7, SG: 3

Nandopsis haitiensis ♂ 5/876
Haiti-Buntbarsch

H: Haiti: Cul-de-Sac-Ebene. Bw
♂: Größer, heller, Stirnbuckel. V: –
Z: Offenbrüter, 150 Eier. F: H,O
T: 24–27°C, L: ♂ 25 cm, pH: >7, SG: 1

Nandopsis haitiensis ♀ 5/876
Haiti-Buntbarsch

ÜBRIGE WELT
Cichlidae

Buntbarsche, Cichliden

Paratilapia bleekeri ♂ — 5/902
Fimanga-Buntbarsch
H: Madagaskar. E.
♂: Größer; sonst undeutlich.   V: =
Z: <5000 E als Traube; ♀ pflegt.   F: K,O
T: 15–30°C, L: ♂ 18 cm, pH: 7, SG: 3

Paratilapia polleni ♂ — 4/668
Marakeli-Buntbarsch, Pollenbuntbarsch
H: Madagaskar. E.
♂: Größer; sonst undeutlich.   V: =
Z: <5000 E als Traube; ♀ pflegt.   F: K,O
T: 24–28°C, L: ♂ 25 cm, pH: 7, SG: 3

Paratilapia polleni I — 4/668
Marakeli-Buntbarsch, Pollenbuntbarsch
Foto S. 5/903

Paratilapia polleni II — 4/668
Marakeli-Buntbarsch, Pollenbuntbarsch
Foto S. 5/903

Paretroplus kieneri — 5/905
Kotsovato-Buntbar., Steinfarbener Damba
H: Madagaskar: Westen der Insel.
GU: Nur durch Genitalpapille.   V: –
Z: Offenbrüter, 200 E; Elternfam.   F: K,O
T: 24–28°C, L: 20 cm, pH: >7, SG: 2–4

Ptychochromis oligacanthus — 3/858

H: Madagaskar. E
GU: Unbekannt.   V: =
Z: Offenbrüter, Elternfamilie.   F: O
T: 24–30°C, L: 27 cm, pH: 7, SG: 2–3

Gruppe 9

PERCIFORMES
Barschartige

Perca fluviatilis im Rhein in der Schweiz.

Hypseleotris compressa (s.S. 809); eine der farbigsten Schläfergrundeln.

Gruppe 9

PERCIFORMES
Verschiedene Barschartige

Einleitung

Teile der Ordnung Perciformes wurden bereits in den Gruppen 7 (Unterordnung Anabantoidei – Kletterfische) und 8 (Familie Cichlidae – Buntbarsche) vorgestellt. Beiden Gruppen beinhalten, von einem aquaristischen Standpunkt aus gesehen, begehrte, ganz spezifische und auch für den Laien leicht zu unterscheidende „Fischtypen". Die Gruppe 9 stellt weitere Familien innerhalb der Barschartigen vor.

PERCIFORMES

Ambassidae (enthält Chandidae)	786–789
Aphredoderidae (siehe Gruppe 10 – Percopsiformes)	
Apogonidae	790
Badidae	791
Blenniidae (im AQUARIEN ATLAS in Gruppe 10)	792
Bovichthyidae (im AQUARIEN ATLAS in Gruppe 10)	792
Centrarchidae	793–796
Centropomidae	797
Chandidae (siehe Ambassidae)	
Channidae (im AQUARIEN ATLAS in Gruppe 7 oder 10)	798–800
Coiidae (Lobotidae)	801
Eleotridae (siehe Eleotrinae unter Gobiidae)	
Gadopsidae (siehe Percichthyidae)	
Gobiidae	802–827
Amblyopinae	803
Butinae	804
Eleotrinae	805
Gobiinae	814
Gobionellinae	822
Oxudercinae	825
Sicydiinae	826
Kuhliidae	828
Kurtidae	828
Lobotidae (siehe Coiidae für *Datnioides = Coius*)	
Luciocephalidae (siehe Gruppe 7)	
Lutjanidae	829
Monodactylidae	829
Nandidae	830, 831
Percichthyidae	832, 833
Percidae	834–838
Platycephalidae (siehe Gruppe 10 – Scorpaeniformes)	
Polynemidae	839
Pomacentridae	839
Scatophagidae	840
Serranidae	841
Sillaginidae	842
Theraponidae	842, 843
Toxotidae	844

Gruppe 9

PERCIFORMES
Verschiedene Barschartige

Geographische Verbreitung

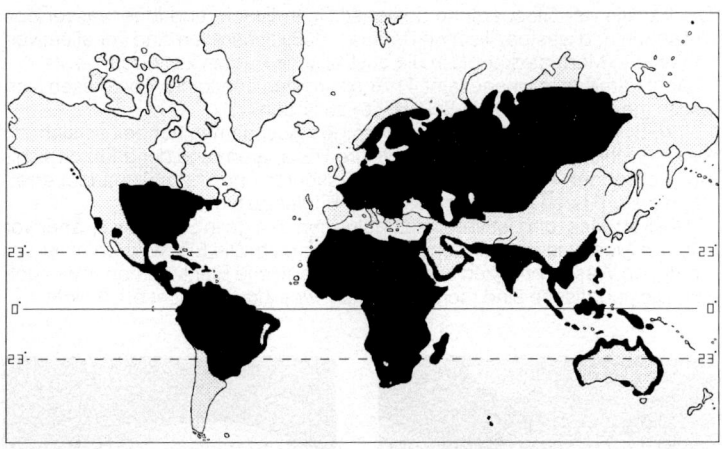

Verbreitungsgebiet der Ordnung Perciformes (ohne Meerwasser).

Allgemeines

Die Ordnung Perciformes ist die größte innerhalb der Wirbeltiere. Unter diesen sind sie vorherrschend in Meeren und vielen tropischen und subtropischen Süßgewässern. Insgesamt 9300 Arten werden in fast 150 Familien eingeteilt; davon leben an die 2200 Arten in Süßwasser. Diese werden artenzahlmäßig nur von den Siluriformes (Gruppe 4 – Welse – mit fast 2300 Arten) und den Cypriniformes (Gruppe 3 – Karpfenartige Fische – mit über 2600 Arten) übertroffen (NELSON, 1994).

Eine derart große Gruppe ist nur schwer zu charakterisieren, da in ihr alle möglichen Variationen an Gestalt, Diät und bewohntem Biotop zu finden sind. Dennoch teilen sie folgende Eigenschaften:
- Die Anwesenheit von echten Stachelstrahlen in der Dorsale, den Ventralen und der Anale.
- Die Dorsale hat einen vorderen stachelstrahligen Teil und einen hinteren weichstrahligen Teil. Diese beiden Teile können miteinander verbunden sein oder getrennt zwei Dorsale bilden (z.B. wie bei Gobiidae – Grundeln).
- Die Abwesenheit einer Adipose.
- Für die Speisefischindustrie ist interessant, daß Perciformes keine Zwischenmuskelgräten haben (im Unterschied z.B. zum Karpfen).
- Normalerweise haben diese Fische Ctenoidschuppen; bei einigen Familien sind die Schuppen allerdings reduziert.
- Die Schwimmblase hat keine Verbindung zum Darm (Physoklisten).

Ambassidae — Glasbarsche

Familie Ambassidae (Chandidae)

Die Familie der Glasbarsche besiedelt Süß-, Brack- und Meerwasser des indischen und westpazifischen Raumes. Süßwasserarten sind vor allem von Indien und Madagaskar bis in die australische Region zu finden.

Acht Familien mit insgesamt 41 Arten werden anerkannt, von diesen sind etwas mehr als 20 Arten in Süßwasser zu finden.

Ihre Dorsale ist zweigeteilt. Mit wenigen Ausnahmen handelt es sich um kleine Gesellschaftsfische, die durch ihre Transparenz und der dadurch sichtbar werdenden Anatomie immer Interessenten finden. Im Aquarium erreichen die größeren Arten ihre natürliche Endlänge nicht.

Die Fortpflanzung ist vereinzelt gelungen: einige in Süßwasser, aber vor allem in Meerwasser war man bisher erfolgreich. Die Eier werden unter anderem an Wasserpflanzen angeheftet, pelagische Eier kommen aber auch vor. Die Jungfische sind meist sehr klein, was ihre Aufzucht erschwert.

Ambassis gymnocephalus 4/711
Commersons Glasbarsch, Glatzkopf
H: Ostküste Afrikas.
♂: Schwarze Spitzen an K u. D.   V: =
Z: Freilaicher; Meerwasser!.   F: K!
T: 22–28°C, L: 10 cm, pH: >7, SG: 3–4

Ambassis cf. *gymnocephalus* 4/711
Commersons Glasbarsch, Glatzkopf
Foto s. S. 4/708.

Ambassis cf. *gymnocephalus* 4/711
Commersons Glasbarsch, Glatzkopf
Foto s. S. 5/978

Chanda agramma 2/1020
H: Australien.
♂: Etwas intensiver, schlanker.   V: +
Z: Nicht erfolgt.   F: K
T: 20–28°C, L: 7 cm, pH: 7, SG: 3

Ambassidae   Glasbarsche

Chanda baculis   3/906

H: Indien, Burma, Thailand.
GU: Unbekannt.   **V:** +
Z: Nicht erfolgt.   **F:** K!
T: 18–25°C, **L:** 4,5 cm, **pH:** 7, **SG:** 2–3

Chanda buruensis ♂   3/908

H: SO-Asien.
♂: Schwimmblase hinten zugespitzt. **V:** +
Z: An Wasserpflanzen; >100 Eier.   **F:** K
T: 22–30°C, **L:** 7 cm, **pH:** 7, **SG:** 3

Chanda buruensis ♀   3/908

Chanda commersonii   2/1020
Commerson's Glasbarsch
H: Afrika, Asien, N-Australien.
♂: Spitzen der D u. K schwarz.   **V:** +
Z: Nicht erfolgt.   **F:** K!
T: 22–26°C, **L:** 10 cm, **pH:** 7, **SG:** 3–4

Chanda elongata   2/1022
Gestreckter Glasbarsch
H: N-Australien.
♀: Etwas voller (?).   **V:** +
Z: Noch nicht gelungen.   **F:** K!
T: 20–32°C, **L:** 7,5 cm, **pH:** 8, **SG:** 2

Chanda macleayi   2/1022
Macleays Glasbarsch
H: Australien, Neuguinea.
♀: Etwas voller (?).   **V:** +
Z: Noch nicht gelungen.   **F:** K
T: 20–32°C, **L:** 10 cm, **pH:** 7, **SG:** 2

Ambassidae   Glasbarsche

Chanda ranga 1/800
Indischer Glasbarsch
H: SO-Asien: Indien, Burma, Thailand.
♂: Blauer Saum D, A; Schwimmbl.spitz. V:+
Z: An Wasserpflanzen; 150 Eier. F: K
T: 20–30°C, L: 8 cm, pH: 7, SG: 3

Chanda sp. ♂ 3/905

H: Indien, Assam.

Chanda sp. ♀ 3/905

H: Indien, Assam, Dibru-Fluß.

Chanda wolfii 1/800
Wolfs Glasbarsch
H: SO-Asien: Thailand, Sumatra, Borneo.
GU: Unbekannt. V: +
Z: Nicht erfolgt. F: K
T: 18–25°C, L: 20 cm, pH: 7, SG: 3–4

Denariusa bandata 2/1024
Pennyfisch
H: Australien.
♂: Schlanker, etwas größer. V: +
Z: Nicht erfolgt. F: K
T: 20–30°C, L: 8 cm, pH: 7, SG: 3

Gymnochanda filamentosa 2/1026
Fadenglasbarsch
H: SO-Asien: Malaysia, Singapur.
♂: D_2 u. A stark verlängert. V: +
Z: Vereinzelt, Brackwasser. F: K!
T: 23–26°C, L: 5 cm, pH: 7, SG: 3–4

Ambassidae Glasbarsche

Parambassis confinis 4/712
Sepik-Olivenbarsch
H: Neuguinea: Sepikfluß. E.
♂: Kräftiger gefärbt. V: +
Z: Freilaicher, Meerwasser (!). F: K,O
T: 22–28°C, L: 12 cm, pH: >7, SG: 4

Parambassis gulliveri 4/712
Butterbrassen, Riesenglasbarsch
H: S-Neuguinea, N-Australien.
♂: Farbiger, schlanker. V: –
Z: Brackwasser (?). F: K!
T: 23–28°C, L: 28 cm, pH: >7, SG: 4

Tetracentrum apogonoides ♂ 4/714
Tetrabarsch
H: SO-Papua, Neuguinea.
♂: Zeitweilig dunkler. V: +
Z: Nicht erfolgt. F: K
T: 23–28°C, L: 18 cm, pH: 7, SG: 3

Tetracentrum apogonoides ♀ 4/714
Tetrabarsch

Tetracentrum caudovittatus 4/716
Kokoda-Olivenbarsch
H: Neuguinea. Süßwasser.
♂: Kräftiger gefärbt. V: +
Z: Eier pelagisch; Meerwasser (!). F: K
T: 22–26°C, L: 9 cm, pH: >7, SG: 4

Tetracentrum honessi 4/716
Honess' Olivenbarsch
H: Neuguinea. Süßwasser.
GU: Unbekannt.
V: +
Z: Freilaicher, Meerwasser (?). F: K,O
T: 22–26°C, L: 8,5 cm, pH: >7, SG: 3

Apogonidae — Kardinalfische

Familie Apogonidae

Die Familie der Kardinalfische besteht aus etwa 122 Arten in 22 Gattungen. Weitgehend Meeresbewohner, besiedeln die 9 *Glossamia*-Arten nur Süßgewässer Neuguineas und Australiens. Einige *Apogon* findet man auch in Brackwasser und unteren Flußläufen.

Es sind friedliche Schwarmfische, die gut z.B. mit Regenbogenfischen vergesellschaftet werden können. Sie haben zwei Rückenflossen.

Glossamia aprion aprion 2/1012

H: Australien.
GU: Unbekannt. V: +
Z: Natur: Maulbrüter, Vaterfamilie. F: K
T: 23–25°C, L: 12 cm, pH: >7, SG: 2

Australien: Küstennahes Queensland, Cattle Creek. Fundort von Glasbarschen, Grundeln und Regenbogenfischen (letztere siehe Gruppe 10).

Badidae — Blaubarsche

Familie Badidae

Die Familie der Blaubarsche wird manchmal lediglich als eine Unterfamilie (Badinae) der Nandidae angesehen. Eine gewisse Verwandtschaft zu den Anabantoidei (Gruppe 7) wird ebenfalls vermutet. Die Familie Badidae ist monotypisch, d.h., sie besteht aus nur der einen, unten aufgeführten Art (NELSON, 1994). Sie bewohnt je nach Unterart Süßgewässer in Pakistan, Indien, Burma und Thailand. Es handelt sich um eine farbenfrohe Art, welche schnell ihre Farben wechseln kann, wie einer ihrer Umgangsnamen (Chamäleonfisch) bereits andeutet.

Dieser Fisch bevorzugt ein versteckreich eingerichtetes Aquarium mit Sandboden. Auch sollte die Beleuchtung nicht zu hell ausfallen, wofür eine Schwimmpflanzendecke vorteilhaft ist.

Die Zucht kann bereits in kleinen Becken erfolgen, das Wasser sollte weich und leicht sauer sein: eventuell über Torf filtern.

Leider ist die Art schwer an Flockenfutter zu gewöhnen.

Badis badis 1/790
Blaubarsch
H: Indien.
♂: Farbiger, ventral konkav. V: +
Z: Höhle, Vaterfamilie; 30–100 Eier. F: K!
T: 23–26°C, L: 8 cm, pH: 7, SG: 4

Badis badis burmanicus 2/1013
Roter Badis, Chamäleonfisch
H: SO-Asien: Burma.
♂: Farbiger, ventral konkav. V: +
Z: Höhle, Vaterfamilie; <150 Eier. F: K!
T: 24–26°C, L: 8 cm, pH: <7, SG: 4

Badis badis siamensis 3/902
Thailändischer Blaubarsch
H: SO-Indien: Thailand, Phuket.
♂: Farbiger; ventral konkav. V: +
Z: Höhle, Vaterfamilie; 30–100 Eier. F: K
T: 22–26°C, L: 6 cm, pH: 7, SG: 4

Blenniidae — Schleimfische

Familie Blenniidae

Die Familie der Schleimfische ist im Atlantik, im Indischen Ozean und im Pazifik zu finden; nur wenige Arten besiedeln Süßwasser, einige Brackwasser. Sie besteht aus 53 Gattungen mit insgesamt 345 Arten.

Es handelt sich um bodenorientierte Fische ohne Schwimmblase. Ihr Körper ist nackt oder von kleinen Schuppen bedeckt.

Salaria fluviatilis ist sehr sauerstoffbedürftig. *S. basilisca* kann auf Dauer nur in Meerwasser gehalten werden; dort allerdings zusammen mit anderen Fischen und Wirbellosen.

Salaria basilisca 5/1004
Labyrinth-Schleimfisch
H: Mittelmeergeb. Sehr selten. Mw, Bw
♂: Gelber Helm. V: =
Z: Höhle, Vaterfam.; 1% Salzzusatz. F:O
T: 18–22°C, L: 18 cm, pH: >7, SG: 2–4

Salaria fluviatilis 1/825
H: Mittelmeergebiet. Sw
♂: Stärkerer Kamm auf dem Kopf. V: (–)
Z: Höhle, Vaterfam.; 200–300 E. F: K,O
T: 18–24°C, L: 15 cm, pH: 7, SG: 2–3

Bovichthyidae — Eisfische

Familie Bovichthyidae

Die Familie der Eisfische bewohnt Meerwasser (südliches Australien, Südamerika und Neuseeland) und Süßwasser (Australien und Tasmanien). Sie enthält etwa 11 Arten in 3 Gattungen.

Nur eine Art wandert in südostaustralische Süßgewässer, ansonsten findet man sie in antarktischen Gewässern – daher Eisfische.

Diese Art ist ein bodenorientierter Raubfisch, der trotzdem mit Kaltwasserfischen angemessener Größe vergesellschaftet werden kann.

Pseudaphritis bursinus 2/1058
Congolli, Tupong
H: SO-Australien, Tasmanien. Bw,Sw,Mw
GU: Unbekannt. V: =
Z: Nicht gelungen. F: K
T: 5–20°C, L: 20 cm, pH: >7, SG: 3

Centrarchidae — Sonnenbarsche

Familie Centrarchidae

Die Familie der Sonnenbarsche besteht aus 8 Gattungen mit insgesamt 29 Arten, welche alle in nordamerikanischen Süßgewässern zu finden sind.

Diese Familie enthält einige wichtige Arten für Sportangler und andere, die für Physiologiestudien in Labors verwendet werden; weswegen sie auch kommerziell gezüchtet werden.

Die größte Art ist *Micropterus salmoides* mit über 60 cm Länge, während die Gattung *Elassoma* Zwerge von 3,5 cm beiträgt. Letztere sind auch für ein tropisches Aquarium geeignet, während die anderen Arten kühlere Temperaturen brauchen. Alle müssen jedoch überwintert werden, um ihre Gesundheit zu erhalten und vor allem, um sie leichter vermehren zu können.

Die Arten wedeln entweder eine Grube aus oder legen ihre Eier wahllos zwischen Pflanzen (*Elassoma*). Bei allen Nestbauern betreibt das Männchen Brutpflege (Vaterfamilie), mit Ausnahme von *Micropterus*, wo beide Geschlechter in einer Elternfamilie sich um die Nachkommen kümmern.

Im allgemeinen sind diese Arten sehr empfindlich gegenüber pH- und Temperaturschwankungen und suboptimaler Wasserqualität (*Elassoma* sind nicht so sensibel). Eine großzügig dimensionierte Filteranlage und gewissenhafte Wartung sind daher notwendig. Das Aquarium sollte auch versteckreich eingerichtet sein, da die Fische sonst, vor allem die kleineren Arten, scheu werden. Gleichzeitig brauchen alle Arten der mittleren und unteren Wasserschichten einen offenen Schwimmraum.

Acantharchus pomotis 4/720, 5/979
Ohrenbarsch, Schlamm-Sonnenbarsch
H: N-Amerika: USA: New York bis Florida.
♂: Metallisch zur Laichzeit? V: =
Z: Sandgrube, ♂ bewacht. F: K!
T: 5–25°C, L: 21 cm, pH: 7, SG: 4

Acantharchus pomotis 4/720, 5/979
Ohrenbarsch, Schlamm-Sonnenbarsch

Ambloplites rupestris 2/1014, 5/980
Steinbarsch, Gemeiner Felsenbarsch
H: N-Am.: S-Kanada bis USA (Louisiana).
♂: V schwarz, Operkularrand golden. V:–
Z: Grube, Vaterfamilie. F: K
T: 10–25°C, L: 43 cm, pH: 7, SG: 4

Centrarchidae — Sonnenbarsche

Ambloplites rupestris 2/1014, 5/980
Steinbarsch, Gemeiner Felsenbarsch

Centrarchus macropterus 1/791
Pfauenaugensonnenbarsch, Pfauenaugenb.
H: N-Amerika: O-USA.
♂: Anale schwarz. ♀: Anale weiß. V: =
Z: Grube, ♂ pflegt; 200 Eier. F: K,O
T: 12–22°C, L: 16 cm, pH: 7, SG: 2

Chaenobryttus gulosus 1/792, (4/722)

Chaenobryttus gulosus 1/792, (4/722)

H: Nordamerika.
♂: Farbintensiver, schlanker. V: =
Z: Grube, ♂ pflegt; 1000 Eier. F: K,O
T: 10–20°C, L: 20 cm, pH: >7, SG: 2

Elassoma evergladei 2♂ 1♀ 1/792
Zwergbarsch, Schwarzer Zwergbarsch
H: N-Am.: USA: North Carolina bis Florida.
♂: Schwarze Flossen zur Laichzeit. V: +
Z: Zwischen Pflanzen; <60 Eier. F: K,O
T: 10–30°C, L: 3,5 cm, pH: >7, SG: 2

Elassoma okefenokee ♀ 2/1014
Okefenokee-Zwergsonnenbarsch
H: N-Am.: USA: SW-Georgia: Okefenokee.
♂: Zur Laichzeit dunkler. V: =
Z: Zwischen Pflanzen. F: K
T: 4–30°C, L: 4 cm, pH: <7, SG: 2–3

Centrarchidae   Sonnenbarsche

Elassoma zonatum ♂   4/722
Gebänderter Zwergbarsch
H: N-Amerika: O- u. SO-USA.
♂: Farbiger, größer.   V: +
Z: Zwischen Pflanzen.   F: K,O
T: 10–25°C, L: 3,8 cm, pH: 7, SG: 2–3

Elassoma zonatum ♂   4/722
Gebänderter Zwergbarsch
N-Florida

Enneacanthus chaetodon   1/794
Scheibenbarsch
H: N-Amerika: NO-USA.
♀: Meist dicker, kräftigere Farben. V: +
Z: Grube, Vaterfamilie; <500 Eier.   F: K
T: 4–22°C, L: 10 cm, pH: 7, SG: 3

Enneacanthus gloriosus   1/794
Kiemenfleck-Diamantbarsch
H: N–Amerika: O-USA.
♂: Hochrückiger, längere Flossen.   V: +
Z: Grube, Pflanzen; <500 Eier.   F: K
T: 10–22°C, L: 8 cm, pH: >7, SG: 2

Enneacanthus obesus   1/796
Diamantbarsch
H: N-Amerika: O-USA.
♂: Farbiger; D u A länger.   V: +
Z: Grube, Pflanzen, ♂ pflegt 500.   F: K,O
T: 10–22°C, L: 10 cm, pH: >7, SG: 2

Lepomis auritus   2/1016
H: N-Amerika: USA: Maine bis Virginia.
♂: Farbenprächtiger.   V: –
Z: Grube, ♂ pflegt; 1000 Eier.   F: K
T: 4–22°C, L: 20 cm, pH: >7, SG: 2

Centrarchidae   Sonnenbarsche

Lepomis cyanellus 1/796
Grüner Sonnenbarsch, Grasbarsch
H: N-Amerika: Kanada bis Mexiko.
♂: Niedriger, ♀: Dicker. **V:** =
Z: Grube, ♂ pflegt; 1000 Eier. **F:** K,O
T: 18–22°C, **L:** 20 cm, **pH:** >7, **SG:** 2

Lepomis gibbosus 1/798
Gemeiner Sonnenbarsch, Kürbiskernbarsch
H: N-Amerika.
♂: Farbintensiver. **V:** =
Z: Grube, ♂ pflegt; 1000 Eier. **F:** K
T: 4–22°C, **L:** 20 cm, **pH:** >7, **SG:** 1–2

Lepomis humilis 4/720
Orangeflecken-Sonnenbarsch
H: N-Amerika: Kanada, USA.
♂: Farbiger, dunkler. **V:** =
Z: Mulde, ♂ bewacht. **F:** K
T: 10–28°C, **L:** 10 cm, **pH:** >7, **SG:** 2

Lepomis macrochirus 1/798
Blauer Sonnenbarsch Selten
H: USA: Ohio Valey, Arkansas, Kentucky.
GU: Sehr schwer feststellbar. **V:** =
Z: Nicht bekannt. **F:** K
T: 4–22°C, **L:** 13 cm, **pH:** >7, **SG:** 2

Micropterus dolomieui 2/1016
Großer Schwarzbarsch
H: N-Am.: S-Kanada bis USA (Arkansas).
♂: Etwas schlanker u. dunkler. **V:** –
Z: Nicht erfolgt. **F:** K
T: 10–18°C, **L:** 50 cm, **pH:** >7, **SG:** 2–3

Micropterus salmoides 2/1018
Forellenbarsch
H: N-Amerika: S-Kanada bis Mexiko.
♂: Etwas schlanker u. dunkler. **V:** –
Z: Nicht erfolgt. **F:** K!
T: 10–18°C, **L:** 60 cm, **pH:** >7, **SG:** 4

Centropomidae — Riesenbarsche

Familie Centropomidae

Die Familie der Riesenbarsche besiedelt Süß-, Brack- und Meerwasser des atlantischen, indischen und pazifischen Raumes. Süßwasserarten sind vor allem in Afrika zu finden.

Von den insgesamt etwa 22 Arten in 3 Gattungen leben 7 *Lates* in afrikanischen Süßgewässern.

Riesenbarsche passen höchstens als Jungtiere in ein Heimaquarium. Später werden sie selbst für öffentliche Becken ein Problem, da sie zusätzlich zu ihrer Größe (siehe Kurzbeschreibung) auch aggressive Raubfische sind.

Über *Lates niloticus* ist in den letzten Jahren in Verbindung mit dem Viktoriasee viel berichtet worden (s. S. 673). Dort wurde diese Art ausgesetzt mit dem Ziel, der Bevölkerung eine bessere Nahrungsmittelquelle zu erschließen. Während anfänglich die Bevölkerung keine für solche Riesenfische geeignete Fischereiausrüstung zur Verfügung hatte, trat tatsächlich bald, leider nur kurzfristig, die gewünschte Besserung ein; doch die zur Zeit herrschende Situation ist neben einem Rückgang der Fanggewichte die der Bedrohung vieler endemischer Cichliden, welche die Hauptbeute des Nilbarsches sind. Das Endgleichgewicht der Arten ist noch nicht klar, es ist aber zu hoffen, daß wenigstens einige der bedrohten, bzw. bereits vermeintlich ausgestorbenen Arten, sich aus angepaßten Reliktpopulationen heraus am Ende wieder behaupten können.

Als Speise- und Angelfische sind die Arten dieser Familie geschätzt, aber als Aquarienfische sind sie ungeeignet.

Lates angustifrons juv. 4/724
Schmalstirn-Riesenbarsch
H: Afrika: Tanganjikasee. E.
♀: Fülliger. V: –
Z: Zu groß, pelagisch. F: K
T: 24–28°C, L: 135 cm, pH: >7, SG: 4

Lates calcarifer 2/1019
Barramundi, Riesenbarsch
H: Asien, Australien. Sw,Bw,Mw
GU: Geschlechtsumwandlung (?). V: –
Z: Noch nicht gelungen. Zu groß. F: K
T: 15–28°C, L: 180 cm, pH: >7, SG: 3–4

Lates microlepis 3/904
Kleinschuppiger Riesenbarsch
H: Afrika: Tanganjikasee. E.
GU: Unbekannt. V: –
Z: Zu groß. F: K
T: 24–28°C, L: 135 cm, pH: 7, SG: 4

Channidae — Schlangenkopffische

Familie Channidae

Die Familie der Schlangenkopffische besiedelt Süßgewässer im tropischen Afrika und südlichen Asien mit 2 Gattungen (*Channa* in Asien und *Parachanna* in Afrika) mit insgesamt 21 Arten (18 in Asien, 3 in Afrika).

Durch die Anwesenheit eines suprabranchialen zusätzlichen Atmungsorgans (Labyrinth), werden sie oftmals auch zusammen mit den Kletterfischen (Unterordnung Anabantoidei –Gruppe 7) aufgeführt, obwohl es Meinungen gegen eine enge Verwandtschaft beider gibt, da sich dieses Organ in beiden Gruppen unabhängig voneinander entwickelt hat.

Es finden zwei Arten der Fortpflanzung statt:
- Schwimmgelege. Es werden schwimmende Eier gelegt. Diese steigen zur Wasseroberfläche empor und werden dort vom Männchen bewacht (sie bauen aber kein Schaumnest).
- Maulbrüten. Bei Arten aus Fließgewässern brütet das Männchen die Eier in seinem Maul aus. Die Eizahl beträgt dabei fast nur ein Hundertstel im Vergleich zu Schwimmgelegen.

Gegen Salzzugaben sind alle Schlangenkopffische empfindlich, was z.B. bei einer Behandlung von Ektoparasiten nicht übersehen werden darf. Andererseits ist durch ihre Zusatzatmung der Sauerstoffgehalt des Wassers zweitrangig. Auch sonst sind es sehr widerstandsfähige Fische und sie tolerieren selbst trübe Gewässer. Dank dieser Eigenschaften und der Qualität ihres Fleisches, werden sie in der Speisefischzucht vor allem in Asien, aber vielfach auch in Afrika in Teichen gehalten. Hauptsächlich geht es um die Bevölkerungskontrolle der sich übermäßig vermehrenden Tilapien, die dort gezüchtet werden, da größere Schlangenkopffische Raubfische sind, die kaum Ersatzfutter annehmen.

Die kleineren Arten erreichen immer noch eine Länge um die 30 cm. Als räuberische Einzelgänger können auch sie nur mit größeren, wehrhaften anderen Arten vergesellschaftet werden, da sie sich untereinander oft verfolgen und bei Einzelhaltung häufig scheu sind. (Einige sind außerhalb der Paarungszeit relativ friedlich und können dann auch mit Artgenossen vergesellschaftet werden.) Bei guter Fütterung sind Schlangenkopffische weniger aggressiv und leichter zu vergesellschaften

Obwohl sie keine besonderen Ansprüche an die Wasserqualität stellen, sollte, bedingt durch ihren starken Stoffwechsel, eine gute Filterung vorhanden sein. Ansonsten brauchen sie Unterstände und freien Schwimmraum. Robuste Pflanzen werden nicht beschädigt.

Channa argus 2/1060
Amur-Schlangenkopf
H: Asien: China: Amur u. nördlich.
♀: Zur Laichzeit voller. V: =
Z: N.: Schwimmnest, Vfam., 50000. F: K!
T: 14–22°C, L: <85 cm, pH: 7, SG: 1–4

Channidae — Schlangenkopffische

Channa asiatica 3/671
Asiatischer Schlangenkopf
H: Asien: S-China, SO-Asien.
GU: Nicht unterscheidbar. V: –
Z: Schwimmgelege; <2000 Eier. F: K
T: 22–28°C, L: 30 cm, pH: 7, SG: 2

Channa gachua 3/672
Asiatischer Kleiner Schlangenkopf
H: SO-Asien.
GU: Schwer unterscheidbar. V: =
Z: Maulbrüter: ♂; 50–80 Eier. F: K
T: 22–26°C, L: 25 cm, pH: <7, SG: 2–3

Channa lucius 3/674
Glänzender Schlangenkopf
H: SO-Asien.
GU: Schwer unterscheidbar. V: –
Z: Nicht erfolgt. F: K
T: 22–26°C, L: 50 cm, pH: 7, SG: 2–4

Channa marulia 5/1005
Augenfleck-Schlangenkopf
H: Asien: Indien.
GU: Schwer zu unterscheiden V: =
Z: Unbekannt. F: K
T: 22–26°C, L: 60 cm, pH: 7, SG: 3

Channa micropeltes 1/827

H: Asien: Indien bis W-Malaysia.
♀: Zur Laichzeit voller? V: –
Z: ♂ pflegt, < 3000 Eier. F: K!
T: 25–28°C, L: <100 cm, pH: 7, SG: 4

Channa orientalis 1/828

H: Asien: Sri Lanka.
♀: Kräftiger. V: –
Z: ♂ Maulbrüter, <40 Eier. F: K
T: 23–26°C, L: 30 cm, pH: 7, SG: 4

Channidae   Schlangenkopffische

Channa punctata   3/676
Punktierter Schlangenkopf
H: Indien, Sri Lanka, China.
GU: Unbekannt.   V: –
Z: Schwimmgelege; nicht erfolgt.   F: K
T: 22–28°C, L: 35 cm, pH: 7, SG: 1–4

Channa striata   1/830
Quergestreifter Schlangenkopf
H: SO-Asien.
GU: Unbekannt.   V: –
Z: Schwimmgelege; ♂ pflegt.   F: K!
T: 23–27°C, L: 90 cm, pH: >7, SG: 4

Parachanna africana   2/1059
Afrikanischer Schlangenkopffisch
H: W-Afrika: Nigeria, Kamerun.
♂: Farbiger zur Laichzeit?   V: =
Z: Schwimme.; ♂ pflegt; lichtempf. F: K!
T: 25–28°C, L: 32 cm, pH: 7, SG: 1–2

Parachanna insignis   3/674
Gezeichneter Schlangenkopf
H: Tropisches Afrika: Kongobecken.
♂: Größer.   V: =
Z: Schwimmgelege; <3000 Eier.   F: K
T: 22–28°C, L: 40 cm, pH: <7, SG: 2–4

Parachanna obscura   1/828
Dunkelbäuchiger Schlangenkopf
H: Zentralafrika: Senegal bis Weißer Nil.
♀: Zur Laichzeit voller?   V: –
Z: ♂ pflegt, < 3000 Eier.   F: K!
T: 26–28°C, L: 35 cm, pH: 7, SG: 4

Parachanna obscura juv.   1/828
Dunkelbäuchiger Schlangenkopf

Coiidae — Dreischwanzbarsche

Coius sp. cf. *campbelli*

Familie Coiidae

Die Gattung *Datnioides* wurde von der Familie Lobotidae getrennt und der Familie Coiidae als Gattung *Coius* zugeordnet. Sie enthält mindestens 4 Arten in Süß- und Brackwasser von Indien bis Borneo und Neuguinea.

Einige brauchen 2–3 Eßlöffel Seesalz auf 10 l Wasser. Untereinander sind sie friedlich, wehren sich aber energisch gegen artfremde Angriffe.

Coius microlepis 1/802
Tigerbarsch, Tigerfisch Bw
H: Asien: Thai., Kambod., Borneo, Sum.
GU: Unbekannt. V: –
Z: Unbekannt. F: K
T: 22–26°C, L: 40 cm, pH: 7, SG: 3–4

Coius quadrifasciatus 1/802
Viergestreifter Tigerfisch Bw, (Sw)
H: Asien: Indien bis Indoaustralien.
GU: Unbekannt. V: –
Z: Unbekannt. F: K
T: 22–26°C, L: 30 cm, pH: 7, SG: 3–4

Gobiidae — Grundeln

Familie Gobiidae

Die Familie der Grundeln schließt im INDEX auch die oft als Familie angesehenen Schläfergrundeln (Familie Eleotridae) als Unterfamilie Eleotrinae mit ein. Die Arten der Gobiidae wurden daher auch nach Unterfamilien alphabetisch geordnet, um die Eleotrinae (u. andere Unterfamilien) als Einheit zu erhalten.

Gobiidae
- Amblyopinae (Aalgrundeln) 803
- Butinae (Schläfergrundeln) 804, 805
- Eleotrinae (Schläfergrundeln) 805–813
- Gobiinae (Meergrundeln) 814–822
- Gobionellinae (Zwerggrundeln) 822–825
- Oxudercinae 825, 826
- Sicydiinae 826, 827

An die 250 Gattungen mit über 2000 Arten sind weltweit in tropischen und subtropischen Gebieten zu finden. Ihre größte Artenvielfalt entfalten Grundeln in Meerwasser, aber viele Arten sind in Brack- und Süßwasser zu finden. Diese Familie stellt die meisten Meerwasserarten von allen und oftmals auch die meisten Süßwasserfische auf Inseln. Insgesamt enthält die Gobiidae ähnlich viele Arten wie die Cyprinidae (Gruppe 3) und die Cichlidae (Gruppe 8).

Viele der Süßwasserarten sind amphidrom; d. h., die Eier werden in Süßwasser gelegt, die planktonischen Larven werden dann von der Strömung in die Ästuarien getrieben. Dort und im Meer reifen sie heran. Zur Fortpflanzung wandern die Elterntiere wieder flußaufwärts in Süßwasser zurück. Auch gibt es anadrome Arten. Diese leben in Süßwasser, pflanzen sich aber in litoralem Meerwasser fort, um dann wieder flußaufwärts zu wandern.

Grundeln sind vor allem kleine Fische, die meisten erreichen um die 10 cm Länge. Die Familie enthält einige der kleinsten Arten (und damit der Wirbeltiere) der Welt: *Pandaka pygmaea* (S. 823) ist der kleinste Süßwasserfisch, während *Trimmatom nanus*, das kleinste bisher bekannte Wirbeltier (eine Meerwasserart – hier nicht vorgestellt), nur um wenig kleiner ist. Die größten Arten erreichen zwischen 50 und 60 cm Länge. Einige der Süßwasserarten dieser Größe werden rudimentär in Teichen als Speisefische gezüchtet, so z.B. *Dormitator latifrons*, eine Schläfergrundel aus dem westlichen Ecuador, welche als sehr widerstandsfähig gegenüber ungünstigen Wasserbedingungen bekannt ist und auch über einen Tag lang außerhalb des Wassers überlebt; eine vorteilhafte Eigenschaft in tropischen Ländern ohne eine wirksame Kühlkette.

Eine Besonderheit unter den Grundeln stellen die Schlammspringer dar (S. 826). Wie ihr Name bereits andeutet, leben diese Arten amphibisch an der Wassergrenze in Ästuarien und Mangrovensümpfen. Sie bewegen sich erstaunlich schnell über Land fort, und mit ihren obenständigen Augen können sie auch außerhalb des Wassers gut sehen.

Süß- und Brackwassergrundeln sind hauptsächlich Höhlenlaicher mit Vaterfamilie; einige sind Offenlaicher (Substratlaicher). Probleme für Aquarienhaltung kommen vor allem von zwei Seiten: einerseits sind viele Arten auf Brack- bzw. Meerwasser zur Eiablage angewiesen, andererseits – und

Gobiidae (Amblyopinae) — Aalgrundeln

dies ist das Hauptproblem – sind die schlüpfenden Larven vielfach noch so klein, daß deren Ernährung extrem aufwendig ist. Bei reinen Süßwasserarten sind gewöhnlicherweise die Larven etwas größer. Oftmals können die Geschlechter nicht aufgrund von Farb- oder Größenunterschieden identifiziert werden; da hilft normalerweise nur die Morphologie der Genitalpapille weiter: bei Männchen ist sie lang, abgeflacht und spitz, während sie bei Weibchen kürzer und stumpf ist.

Für eine Aquarienhaltung empfiehlt sich mit wenigen Ausnahmen eine Seesalzzugabe in das Wasser. Eine Vergesellschaftung mit anderen Friedfischen ist zwar möglich (ein paar Grundeln sind Räuber), aber da es sich oftmals um scheue, halophile Fische handelt, ist die Auswahl geeigneter Gesellschafter nicht groß.

Die Ventralen der Grundeln sind zu einem Saugnapf vereint, welcher es diesen bodenorientierten Fischen erlaubt, sich der Strömung zu widersetzen. Bei Schläfergrundeln ist das zwar im allgemeinen nicht der Fall, doch reicht dieser Unterschied allein nicht aus, um sie als Einheit zu identifizieren.

Gobioides broussonnetii 2/1090
Lila Aalgrundel Bw
H: Amerika: USA (Georgia) bis Brasilien.
GU: Unbekannt. V: –
Z: Unbekannt. F: K
T: 23–25°C, L: 63 cm, pH: >7, SG: 4

Gobioides grahamae 3/984
Bw
H: S-Amerika: Amazonasdelta, Guyana.
GU: Unbekannt. V: –
Z: Unbekannt. F: O,K
T: 25°C, L: 22 cm, pH: >7, SG: 4

Gobioides peruanus 3/984
Blaue Aalgrundel Sw,Bw
H: Amerika: Costa Rica bis N-Peru.
♂: Genitalpapille kleiner, flach. V: =
Z: Unbekannt. F: O
T: 25°C, L: 38 cm, pH: 7, SG: 4

Odontamblyopus rubicundus 4/776
Aalgrundel Bw
H: Indien bis Japan, Indonesien.
♂: Genitalpapille spitz. V: –
Z: Hormoninjekt.; in Bodengängen. F: K,O
T: 20–30°C, L: 33 cm, pH: >7, SG: 4

Gobiidae (Butinae) Schläfergrundeln

Bunaka gyrinoides 4/750

H: Indowestpazifische Region. Sw
GU: Unbekannt. V: =
Z: Unbekannt. Diadrom? F: K!
T: 22–28°C, L: 40 cm, pH: 7, SG: 3

Butis amboinensis 4/750

H: Indien bis Indonesien u. Neuguinea.
♂: Verlängerte D_2 u. Anale. V: –
Z: Unbekannt. F: K!
T: 22–28°C, L: 13 cm, pH: 7, SG: 3

Butis butis 2/1063
Spitzkopfgrundel

H: Indopazifik. Mw, Bw, Sw.
GU: Unbekannt. V: –
Z: Noch nicht gelungen. F: K!
T: 22–28°C, L: 15 cm, pH: >7, SG: 3

Butis gymnopomus 3/954
Gestreifte Spitzkopfgrundel

H: Indien bis Philippinen, Indonesien,...
♂: Verlängerte D_2 u. Anale. V: –
Z: Auf Steinen; ♂ pflegt. F: K
T: 25°C, L: 11,5 cm, pH: 7, SG: 3

Butis melanostigma 3/958

H: Asien: Indien bis Indochina. Bw
♂: Verlängerte D_2 u. Anale. V: –
Z: Unbekannt. F: K!
T: 25°C, L: 14 cm, pH: 7, SG: 3

Kribia kribensis 4/754

H: W-Afrika: Guinea bis Zaire.
GU: Unbekannt. V: =
Z: Unbekannt. F: K!
T: 22–28°C, L: 5,7 cm, pH: 7, SG: 3

Gobiidae (Butinae[1-5])   Schläfergrundeln
(Eleotrinae[6])   Schläfergrundeln

Kribia nana   4/756
Westafrikanische Zwerggrundel
H: W-Afrika: Nil, Tschadsee, Zaire-System.
♂: Dunkler; Flossenränder heller. V: (–)
Z: Höhlenlaicher; ♂ pflegt. F: K!
T: 24–26°C, L: 4 cm, pH: <7, SG: 3

Oxyeleotris lineolata   4/764
H: Australien. Sw
♂: Genitalpap. klein, flach, schmal. V: –
Z: N: Versteck; <70000 Eier. F: K!
T: 20–28°C, L: 40 cm, pH: 7, SG: 3

Oxyeleotris marmoratus   1/832
Marmorgrundel   Sw
H: Indonesien, Malaiische Halbi., Thai.
♂: Verlängerte D_2 u. Anale. V: –
Z: Unbekannt. F: K,O
T: 22–28°C, L: 50 cm, pH: 7, SG: 4

Oxyeleotris urophthalmoides   4/766
H: Sumatra, Borneo. Sw
♂: Genitalpap. klein, flach, schmal. V: –
Z: Unbekannt. F: K!
T: 23–28°C, L: 20 cm, pH: 7, SG: 3

Oxyeleotris urophthalmus   4/766
H: Bor., Malaii. Halbi., Thai?, Neug?. Sw
♂: Genitalpap. klein, flach, schmal. V: –
Z: Noch nicht gelungen. F: K!
T: 23–28°C, L: 28 cm, pH: 7, SG: 3

Batanga lebretonis ♂   2/1070, 3/954
Lehmgrundel   Bw,Sw
H: W-Afrika: Senegal bis S-Angola.
♂: Verlängerte D_2 u. Anale. V: =
Z: In Höhlen u. auf Pflanzen. F: O
T: 25°C, L: 12 cm, pH: >7, SG: 2–3

Gobiidae (Eleotrinae)　　　　　　　　　　　　　　　　　Schläfergrundeln

Batanga lebretonis ♀　　2/1070, 3/954
Lehmgrundel

Batanga lebretonis ♂　　3/954
Lehmgrundel
Schreckfärbung

Belobranchus belobranchus　　5/1012
Kehlstachel-Schläfergrundel　　Sw,Bw
H: Philippinen bis Neuguinea.
GU: Unbekannt.　　　　　　　　**V:** =
Z: Unbekannt.　　　　　　　　　**F:** K
T: +25°C, **L:** 20 cm, **pH:** >7, **SG:** 3

Dormitator maculatus ♂　　1/832, 3/958
Gefleckte Schläfergrundel　　Sw,Bw,Mw
H: Am.: USA (North Carolina) bis Brasilien.
♂: Verlängerte D_2 u. Anale.　　**V:** =
Z: Nach Frischwasserzufuhr.　　**F:** H,O
T: 20–27°C, **L:** 25 cm, **pH:** >7, **SG:** 3–4

Dormitator maculatus ♀　　1/832, 3/958
Gefleckte Schläfergrundel　　Sw,Bw,Mw

Eleotris amblyopsis　　4/752
　　　　　　　　　　　　Bw, Sw
H: Amerika: Surinam bis Costa Rica.
♂: Verlängerte D_2 u. Anale.　　**V:** –
Z: Unbekannt.　　　　　　　　　**F:** K,O
T: 23–28°C, **L:** 10 cm, **pH:** >7, **SG:** 3

Gobiidae (Eleotrinae) — Schläfergrundeln

Eleotris fusca 3/960
Sw, Bw
H: Indopa. zw. O-Afrika, Melanesien, Polyn.
♂: Verlängerte D_2 u. Anale. V: –
Z: Planktonische Larven. F: K
T: 25°C, L: 26 cm, pH: >7, SG: 3

Eleotris melanosoma 3/960
Schwarzbauchgrundel Bw, Sw
H: Von O-Afrika bis Tahiti.
♂: Verlängerte D_2 u. Anale. V: –
Z: Unbekannt; ♂ pflegt. F: K,O
T: 25°C, L: 20 cm, pH: >7, SG: 3

Eleotris pisonis 4/752
Bw, Sw
H: Am.: USA: South Carolina bis Brasilien.
GU: Unbekannt. V: =
Z: Unbekannt. F: O
T: 20–27°C, L: 20 cm, pH: >7, SG: 3

Eleotris vittata 5/1012
Bw, Sw
H: Afrika: Senegal, Namibia, Nigeria.
♂: Größere, flachere Genitalpapille. V: –
Z: Unbekannt. F: K!
T: 22–28°C, L: 24 cm, pH: >7, SG: 3–4

Gobiomorphus australis 2/1064
Streifengrundel Sw,Bw
H: Australien: O-Queensland, Neusüdwales.
GU: Keine bekannt. V: =
Z: Noch nicht geglückt. F: K!
T: 18–25°C, L: 22 cm, pH: >7, SG: 2

Gobiomorphus basalis ♂ 5/1018

H: Australien: Neuseeland.
♂: Verlängerte D_2 u. Anale. V: +
Z: Wintermonate 10°C, J 5,7 mm. F: K
T: 4–22°C, L: 9 cm, pH: 7, SG: 3

Gobiidae (Eleotrinae) — Schläfergrundeln

Gobiomorphus basalis ♀ 5/1018

Gobiomorphus cotidianus 5/1020
Sw, Bw

H: Australien: Neuseeland.
♂: Verlängerte D_1, D_2 u. Anale. V: +
Z: Höhlen u. offen; <2000 E. F: K!
T: 4–22°C, L: 15 cm, pH: 7, SG: 3

Gobiomorphus huttoni ♂ 5/1022
Rotflossen-Schläfergrundel Sw, Bw

H: Australien: Neuseeland.
♂: Verlängerte D_1, D_2 u. A; farbiger. V: =
Z: Höhlen; <20000 E; im Meer. F: K!
T: 4–20°C, L: 12 cm, pH: 7, SG: 3

Gobiomorphus huttoni ♀ 5/1022
Rotflossen-Schläfergrundel

Gobiomorus dormitor 5/1024
Riesengrundel Sw, Bw

H: Florida, Texas bis Surinam.
♂: Verlängerte D_2 u. Anale. V: –
Z: Zu groß. F: K!
T: 4–22°C, L: 90 cm, pH: 7, SG: 4

Gobiomorus dormitor juv. 5/1024
Riesengrundel

Gobiidae (Eleotrinae) — Schläfergrundeln

Gobiomorus maculatus 5/1026
Sw,Bw
H: Amerika: N-Mexiko bis N-Peru.
♂: Verlängerte D_2 u. A; farbiger. V: –
Z: Unbekannt. F: K!
T: 22–30°C, L: 32 cm, pH: 7, SG: 4

Hannoichthys africanus 5/1030
Afrikanische Schläfergrundel Sw,Bw
H: Afrika: Senegal bis S-Angola.
GU: Unbekannt. V: =
Z: Unbekannt. F: K!
T: +28°C, L: 20 cm, pH: 7, SG: 3

Hemieleotris latifasciatus ♂ 2/1064
Breitstreifengrundel
H: Amerika: W-Costa Rica bis Ecuador.
♂: Längere D_2 u. A; Glanzfleck D_1. V: +
Z: Enge Höhlen. F: K
T: 22–26°C, L: 12 cm, pH: 7, SG: 2

Hemieleotris latifasciatus juv. ♀ 2/1064
Breitstreifengrundel

Hypseleotris compressa ♂ 2/1066
Australische Kärpflingsgrundel Brutfärb.
H: Australien u. Neuguinea. Sw,Bw
♂: Farbiger; Laichz. leuchtend rot. V: +
Z: Unbekannt; ♂ pflegt. F: K,O
T: 10–30°C, L: 11 cm, pH: 7, SG: 2

Hypseleotris cyprinoides ♂ 5/1032
H: Indowestpazifische Region. Sw,Bw
GU: Siehe Fotos. V: +
Z: Blätter, Steinplatten; Aufz. erfolglos. F: K
T: 22–28°C, L: 7 cm, pH: 7, SG: 2

Gobiidae (Eleotrinae) Schläfergrundeln

Hypseleotris cyprinoides ♀ 5/1032

Hypseleotris galii 2/1066
Feuerschwanzschläfergrundel Sw
H: Australien: SO-Queensland, O-NSW.
♂: Größere Flossen, farbiger. V: =
Z: Hartsubstrat; 100 Eier. F: K,O
T: 10–30°C, L: 8 cm, pH: 7, SG: 2

Hypseleotris guentheri ♂ 2/1068
Kärpflingsgrundel
H: SO-Asien: Sulawesi. Sw
♂: Größer; farbiger. V: +
Z: Aufzucht nicht gelungen. F: K,O
T: 25–27°C, L: 7 cm, pH: 7, SG: 1–2

Hypseleotris cf. *guentheri* ♂ 5/1034
H: N-Neuguinea. Sw
♂: Verlängerte D_2 u. A; farbiger. V: +
Z: An Wurzeln. F: K
T: 22–28°C, L: 7 cm, pH: 7, SG: 2

Hypseleotris klunzingeri ♂ 2/1068
Klunzingers Schläferg., Westliche Kärpflingsg.
H: Australien: Murray-Darling-System. Sw
♂: Größer; längere Flossen. V: +
Z: Natur: kleine Eier; ♂ pflegt. F: K,O
T: 10–30°C, L: 6,5 cm, pH: 7, SG: 1–2

Hypseleotris swinhornis o.♂,u.♀ 3/962
H: Asien: China (N von Hongkong). Sw
♂: Verlängerte D_2 u. A; dunkler. V: +
Z: Unbekannt; ♂ pflegt. F: K,O
T: 18–22°C, L: <8 cm, pH: 7, SG: 2

Gobiidae (Eleotrinae) Schläfergrundeln

Madagaskar: Matsabory, Maintimaso.

Hypseleotris tohizonae 4/754

H: Madagaskar. Sw
♂: Verlängerte D_2 u. A; farbiger. V: ?
Z: Unbekannt. F: K
T: 22–26°C, L: 10 cm, pH: 7, SG: 2

Mogurnda adspersa 3/962

H: Australien. Sw
♂: Genitalpapille spitz; farbiger. V: =
Z: Substrat/Höhlenl.; ♂ pflegt. F: K
T: 16–20°C, L: 14 cm, pH: 7, SG: 3

Mogurnda kutubuensis ♀ 4/756
Kutubu-Schläfergrundel

H: Papua Neuguinea: Kutubusee. Sw
♂: Genitalpapille spitz, flach, lang. V: =
Z: Unbekannt. F: K,O
T: 23–28°C, L: 11 cm, pH: 7, SG: 3

Mogurnda mogurnda 2/1070
Tüpfelgrundel

H: Australien und Neuguinea. Sw
♂: Bauchseite etwas dunkler. V: –
Z: Höhlenl; Vaterfam; <200 E. F: K,O
T: 24–26°C, L: <17 cm, pH: 7, SG: 3

Mogurnda nesolepis ♂ 4/758
Gelbbauch-Schläfergrundel

H: N-Neuguinea. Sw
♂: Verlängerte D_2 u. A, größere K. V: =
Z: Höhlendecke; ♂ pflegt; <80 E. F: K
T: 22–27°C, L: 5,6 cm, pH: 7, SG: 3

Gobiidae (Eleotrinae) — Schläfergrundeln

Mogurnda nesolepis ♀ 4/758
Gelbbauch-Schläfergrundel

Mogurnda pulchra ♂ 4/760
Moresby-Tüpfelgrundel
H: SO-Papua Neuguinea. Sw
♂: Verlängerte D_2 u. Anale. V: =
Z: Substratl.; ♂ pflegt; <200 E. F: K
T: 23–28°C, L: 10 cm, pH: 7, SG: 3

Mogurnda pulchra ♀ 4/760
Moresby-Tüpfelgrundel

Mogurnda sp. „Papuan" 4/762
Gebänderte Tüpfelgrundel
H: O-Papua Neuguinea.
♂: Verlängerte D_2 u. Anale. V: =
Z: Höhlenlaicher; ♂ pflegt. F: K
T: 22–27°C, L: 8 cm, pH: 7, SG: 3

Mogurnda spilota ♀ 4/762
Gefleckte Kutubu-Schläfergrundel
H: Papua Neuguinea: Kutubusee. Sw
♂: Genitalpapille spitz, flach, lang. V: =
Z: Unbekannt. F: K,O
T: 23–28°C, L: 15 cm, pH: 7, SG: 3

Mogurnda variegata ♀ 4/764
Gescheckte Kutubu-Schläfergrundel
H: Papua Neuguinea: Kutubusee. Sw
♂: Genitalpapille spitz, flach, lang. V: =
Z: Unbekannt. F: K,O
T: 23–28°C, L: 15 cm, pH: 7, SG: 3

Gobiidae (Eleotrinae) — Schläfergrundeln

Ophieleotris aporos 2/1072
Manilaschläfergrundel
H: Indopazifischer Raum. Bw,Mw
♂: Farbiger. V: –
Z: Gelungen; kein Bericht. F: K!
T: 20–30°C, L: 40 cm, pH: >7, SG: 2

Ophiocara porocephala 2/1072
Schlangenkopfschläfergrundel
H: Indopazifischer Raum. Bw
GU: Unbekannt. V: –
Z: Unbekannt. F: K!
T: 20–30°C, L: 30 cm, pH: >7, SG: 2

Padogobius martensi 5/1021

Perccottus glehni 3/964
Chinesische Schläfergrundel, Goloweschka
H: Asien: GUS-St., China, NO-Korea. Sw
♂: Größer? V: =
Z: N: Substratl, ♂ pflegt; <1000 E. F: K!
T: 15–30°C, L: 25 cm, pH: 7, SG: 3

Ratsirakia legendrei 5/1043

H: Madagaskar. Sw
♂: Verlängerte D_2 u. Anale. V: =
Z: Natur: 2000 E an Pflanzen. F: K
T: 25°C, L: 17 cm, pH: 7, SG: 3

Tateurndina ocellicauda o. ♀, u. ♂ 2/1074
Schwanzfleck-Schläfergrundel
H: Neuguinea: O-Papua. Sw
♂: Hellere Anale u. Dorsale. V: +
Z: Verstecklaicher; ♂ pflegt. F: O
T: 22–26°C, L: 7,5 cm, pH: 7, SG: 2

Gobiidae (Gobiinae) — Meergrundeln

Acentrogobius audax 3/972

H: Mosambik, Riukiu-Inseln. Bw
♂: 3 schmale vert. Linien vorne. V: =
Z: Unbekannt. F: K!
T: 25°C, L: 9 cm, pH: >7, SG: 3

Acentrogobius cyanomos ♂ 5/1008

H: Indien bis Thailand u. Indonesien. Bw
♂: Verlängerte D_1, D_2 u. Anale. V: =
Z: Versteckbrüter? F: K
T: 22–28°C, L: 12 cm, pH: >7, SG: 3

Acentrogobius pflaumii 5/1016

Acentrogobius viridipunctatus 3/972

H: Indischer Ozean, W-Pazifik. Bw
♂: Genitalpap. lang, stachelförmig. V: =
Z: Natur: Verstecklaicher. F: K
T: 25°C, L: 16,5 cm, pH: >7, SG: 3

Benthophilus macrocephalus 3/976
Kaspische Kaulquappengrundel
H: Kaspisches Meer: Küste. Sw,Bw
♂: Verlängerte D_2 u. Anale; größer. V: =
Z: Noch nicht erfolgt. F: K
T: 4–20°C, L: 12 cm, pH: >7, SG: 3

Bentophilus stellatus 3/978
Stern-Kaulquappengrundel
H: Schwarzmeerbecken. Sw,Bw
♂: Verlängerte D_2 u. Anale; größer. V: =
Z: Nat: <2500 E bei 30–35 m Tiefe. F: K
T: 4–20°C, L: ♂ 13,5 cm, pH: >7, SG: 3

Gobiidae (Gobiinae) — Meergrundeln

Brachygobius doriae Laichfärbung 1/836

H: Asien: O-Malaysia: Sarawak. Bw,Sw
♂: Kräftiger gefärbt. V: (–)
Z: Versteckl.; ♂ pflegt; 150–200 E. F: K!
T: 22–29°C, L: 4,2 cm, pH: >7, SG: 3

Brachygobius doriae 1/836
Normalfärbung

Brachygobius kabiliensis 3/978

H: Asien: N-Borneo. Bw,Sw
♂: Spitze Genitalpapille. V: (–)
Z: Unbekannt. F: K!
T: 25°C, L: 2,5 cm, pH: 7, SG: 2

Chlamydogobius eremius ♂ 2/1090
Wüstengrundel

H: Australien: Zentral u. S-Australien.
♂: Größer, viel farbiger. V: =
Z: Höhlenlaicher; Vaterfamilie. F: K,O
T: 10–35°C, L: 6 cm, pH: >7, SG: 2

Evorthodus lyricus ♂ 3/980
Lyragrundel Bw,(Sw)

H: Amerika: USA (Virginia) bis Brasilien.
♂: Verlängerte D_1 u. Kaudale. V: =
Z: Höhlenlaicher; Vaterfam; 100 E. F: O
T: 20–30°C, L: 10 cm, pH: >7, SG: 4

Evorthodus lyricus ♀ 3/980
Lyragrundel Bw,(Sw)

Gobiidae (Gobiinae) — Meergrundeln

Exyrias belissimus   5/1014

Exyrias puntang ♂   5/1014
Bw

H: Andamanen, Japan, China, N-Australien.
♂: Genitalpapille, spitz u. flach.   V: =
Z: Unbekannt.   F: O
T: 23–28°C, L: 16 cm, pH: >7, SG: 3

Exyrias puntang   5/1014

Glossogobius bicirrhosus   3/982
Bw,(Sw)

H: Asien: Riukiu-I., Philippinen, Indonesien.
♂: Fadenartig verlängerte D_1.   V: =
Z: Unbekannt.   F: K
T: 25°C, L: 8,5 cm, pH: >7, SG: 3

Glossogobius biocellatus   5/1017
Bw

H: SO-Afrika–S-China, Jap., N-Australien.
♂: Genitalpapille zugespitzt.   V: =
Z: Noch nicht gelungen.   F: K
T: 22–28°C, L: 11 cm, pH: >7, SG: 3–4

Glossogobius giuris   3/982
Flachkopfgrundel   Bw,Sw

H: Indien, O-Afrika, Rotes Meer–W-Pazifik.
♂: Genitalpapille zugespitzt.   V: =
Z: Aufzucht nicht gelungen? Sw, Bw   F: O
T: 25°C, L: 42 cm, pH: 7, SG: 3

Gobiidae (Gobiinae) — Meergrundeln

Gobiosoma bosci   5/1030
Nackte Grundel   Bw
H: Am.: O-USA (Long Island) bis Mexiko.
♂: Genitalpapille zugespitzt; dunkler. V: =
Z: In Muschel- u. Austernschalen.   F: K
T: 25°C, L: 6,4 cm, pH: >7, SG: 3

Hypogymnogobius xanthozona   1/836
Goldringelgrundel, Hummelgr.   Bw,Sw
H: SO-Asien: Indonesien.
♂: Intensiver gefärbt.   V: (–)
Z: Höhlenl.; Vaterfam.; 150–200 E.   F: K!
T: 25–30°C, L: 4,5 cm, pH: >7, SG: 3

Knipowitschia longecaudata ♂   3/986
Langschwanzgrundel   Sw,Bw
H: Schwarzes, Asowsches Meer, Kaspisee.
♂: Dunkle Bänder; D u, A größer. V: (–)
Z: Verstecklaicher; Vaterfamilie.   F: K
T: 22–28°C, L: 11 cm, pH: >7, SG: 3–4

Knipowitschia longecaudata ♀   3/986
Langschwanzgrundel   Sw,Bw

Lophogobius cyprinoides ♂ WF   3/988
  Bw, Mw
H: M-Amerika: S-Florida bis Venezuela.
♂: Farbige D₁; dunkler.   V: ?
Z: Höhlenlaicher; Mw.   F: O
T: 24–28°C, L: 10 cm, pH: >7, SG: 3

Mesogobius batrachocephalus   3/988
Krötengrundel   Bw,(Sw)
H: Schwarzes, Asow., Kaspisches Meer.
♂: Größer; Genitalpapille spitz.   V: –
Z: Höhlenlaicher; Vaterfamilie.   F: K!
T: 4–18°C, L: 37 cm, pH: >7, SG: 3

Gobiidae (Gobiinae) Meergrundeln

Nematogobius maindroni 4/772

H: W-Afrika: Senegal bis Angola. Bw,Sw
GU: Unbekannt. **V:** +
Z: Unbekannt. **F:** K!
T: 20–25°C, **L:** <8 cm, **pH:** 7, **SG:** 3

Neogobius cephalarges constructor
3/992

H: Asien: GUS-Staaten: S-Kaspisches Meer.
GU: Keine bekannt. **V:** ?
Z: Unbekannt. **F:** K!
T: 16–22°C, **L:** 13 cm, **pH:** 7, **SG:** 3

Neogobius eurycephalus 5/1036
Bw,Sw

H: Asowsches M., NW des Schwarzen M.
♂: Dunkel u. größer. **V:** =
Z: Natur: Dez.–April. **F:** K!
T: 4–20°C, **L:** 20 cm, **pH:** >7, **SG:** 3

Neogobius fluviatilis ♂ 3/992
Flußgrundel Sw

H: Asien: Schwarzes u. Kaspisches Meer.
♂: Größere Flossen; gelbl. z. Laichz. **V:** =
Z: Mai–Sep.; Substratl.; ♂ pflegt. **F:** K!
T: 4–20°C, **L:** 20 cm, **pH:** 7, **SG:** 3

Neogobius fluviatilis ♀ 3/992
Flußgrundel

Neogobius gymnotrachelus 3/995
Nackthals-Grundel Sw,Bw

H: Schwarzes, Asowsches M., Kaspisee.
♂: Dunkler, Genitalpapille spitz. **V:** =
Z: April–Juni; Höhlenl.; ♂ pflegt. **F:** K!
T: 4–20°C, **L:** 16 cm, **pH:** >7, **SG:** 3

Gobiidae (Gobiinae) — Meergrundeln

Neogob. gymnotrachelus macrophthalmus
Kaspische Großaugengrundel 5/1036
H: Asien: Kaspisee. Bw
GU: Unbekannt. V: =
Z: April–Juli (Aug.); Substratl., <570. F: K!
T: 4–18°C, L: 6,7 cm, pH: >7, SG: 3–4

Neogobius kessleri ♂ 3/996
Kessler-Grundel Sw,Bw
H: NW-Schwarzes Meer, Kaspisee, Iran.
♂: Genitalpapille zugespitzt. V: =
Z: März–April (Mai); ♂ pflegt. F: K!
T: 4–20°C, L: 22 cm, pH: 7, SG: 3

Neogobius melanostomus ♂ 3/996
Schwarzmund-Grundel Sw,Bw
H: Schwarzes, Asowsches, Kaspisches M.
♂: Größer; z. Laichzeit schwärzlich. V: =
Z: Substratl; ♂ pflegt; <5000 E. F: K!
T: 4–20°C, L: 25 cm, pH: >7, SG: 3

Neogobius ratan goebeli 4/774

Neogobius ratan ratan ♂ 4/774
Bw
H: N-Schwarzes u. N-Asowsches Meer.
♂: Zur Laichzeit schwärzlich. V: =
Z: März–Mai; Versteckllaicher. F: K!
T: 4–20°C, L: 23 cm, pH: >7, SG: 3

Neogobius ratan ratan ♀ 4/774

819

Gobiidae (Gobiinae) — Meergrundeln

Oligolepis acutipennis ♂ 2/1092

H: S- u. SO- Asien. Mw,Bw,(Sw)
♂: Längere Flossen; größer. V: =
Z: Höhlenl; Larv. pelagisch; erfolglos. F:O
T: 22–26°C, L: 12 cm, pH: >7, SG: 3

Padogobius martensii 2/1094
Panizza-Grundel, Gardasee-Grundel

H: Europa: N-Italien. Sw
♂: Schlanker; D_1 mit Flecken. V: +
Z: Substratlaicher; ♂ pflegt; einfach. F: K!
T: 10–18°C, L: 6 cm, pH: >7, SG: 2–3

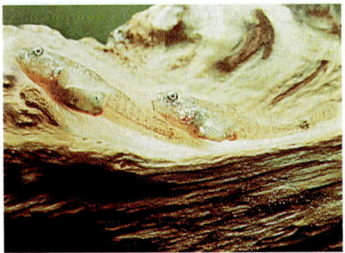

Pomatochistus marmoratus 4/778
Bw

H: O-Atl., Mittel-., Schwarzes, Asowsches M.
♂: 4 vertikale Balken, dunkle Brust. V: =
Z: Natur: Versteckl.; <1200 E. F: K,O
T: 20–28°C, L: 6,5 cm, pH: >7, SG: 3

Porogobius schlegelii 5/1041

H: W-Afrika: Senegal bis Zaire. Bw,Sw
♂: Genitalpapille spitz, länger. V: =
Z: Unbekannt. F: K!
T: +25°C, L: 15 cm, pH: >7, SG: 3

Proterorhinus marmoratus ♂ 2/1096
Marmorierte Grundel Sw,Bw

H: Österreich, Schwarzes, Kaspisches Meer.
♂: Zur Laichzeit D_1 mit rotem Punkt. V: =
Z: Natur: Bodenlaicher. F: K!
T: 10–18°C, L: <11 cm, pH: >7, SG: 2–3

Pseudapocryptes lanceolatus 4/778
Lanzettgrundel Bw

H: Indien, Burma, Thai., Viet., Kal., Java.
♂: Genitalpapille spitz. V: =
Z: Nicht gelungen. F: K!
T: 23–28°C, L: 22 cm, pH: >7, SG: 4

Gobiidae (Gobiinae) — Meergrundeln

Redigobius balteatus 2/1088
Vaimosagrundel Bw
H: SO-Asien: Kali., Viet., Sri L., Philipp...
♂: Verlängerte D_2 u. Anale. **V:** =
Z: Höhlenl; ♂ pflegt. Aufz. schwierig. **F:** K!
T: 25–28°C, **L:** 5 cm, **pH:** >7, **SG:** 3–4

Redigobius bikolanus ♂ 4/780
Sw,Bw
H: Südafrika–Japan, Guam, NO-Australien.
♂: Verlängerte D_2 u. Anale; größer. **V:** =
Z: Höhlenl; 1000 E. Aufz. erfolglos. **F:** K!
T: 21–28°C, **L:** 4,5 cm, **pH:** 7, **SG:** 3

Redigobius bikolanus ♀ 4/780

Redigobius chrysosoma 4/776
Sw,Bw
H: Borneo, Neuguinea, N-Australien.
♂: Genitalpapille spitz u. flach. **V:** +
Z: Unbekannt. **F:** K!
T: 23–28°C, **L:** 6,2 cm, **pH:** 7, **SG:** 3

Redigobius chrysosoma 4/776

(Foto 5/1016)

Stenogobius gymnopomus 3/1000
H: Asien: Indien, Indonesien. Sw,Bw
♂: Verlängerte D_1 u. Kaudale. **V:** =
Z: Unbekannt. **F:** O
T: 25°C, **L:** 13,5 cm, **pH:** >7, **SG:** 3

Gobiidae (Gobiinae[1])
Gobiidae (Gobionellinae[2-6])

Meergrundeln
Zwerggrundeln

Yongeichthys thomasi 5/1050
Bw,Sw
H: W-Afrika: Guinea Bissau bis Zaire.
♂: Genitalpapille spitz. V: =
Z: Unbekannt. F: K!
T: 25°C, L: 6 cm, pH: >7, SG: 3

Gobiopterus brachypterus 5/1028
H: Sumatra, Java, Australien, Philippinen.
♂: Papille schlank und spitz. V: ?
Z: Unbekannt. F: K
T: 25°C, L: 3 cm, pH: 7, SG: 4

Gobiopterus chuno 2/1092
Glasgrundel
H: SO-Asien: Indien, Bang., Thai., Singapur.
GU: Unbekannt. V: +
Z: Unbekannt. F: K
T: 23–26°C, L: 2,5 cm, pH: ?, SG: 4

Mugilogobius adeia ♂ 4/772
H: Asien: Sulawesi: Matanosee. Sw
♂: Verlängerte D_1, D_2 u. Anale. V: =
Z: Höhlenl.; ♂ pflegt. Aufz. erfolglos. F: K!
T: 22–28°C, L: 4,3 cm, pH: 7, SG: 3

Mugilogobius chulae 3/990
Bw,Mw
H: Asien: Thai., Philipp., Taiwan, Riukiu.
♂: Verlängerte D_1, D_2 u. Anale. V: +
Z: Höhlenl.; ♂ pflegt. Aufzucht möglich F: K!
T: 25–28°C, L: 5 cm, pH: >7, SG: 2–3

Mugilogobius inhacae 3/990
Bw
H: W-Ind. Ozean: Mosambik, Seychellen.
♂: Verlängerte D_2 u. Anale. V: ?
Z: Unbekannt. F: K?
T: 22–25°C, L: 4 cm, pH: >7, SG: 3

Gobiidae (Gobionellinae) — Zwerggrundeln

Mugilogobius valigouva 5/1034
Bw
H: Asien: Sri Lanka, Indien, Pakistan.
♂: Verlängerte D_1, D_2 u. Anale. V: ?
Z: Unbekannt. F: K!
T: 22–28°C, L: 2,5 cm, pH: >7, SG: 2–3

Pandaka pygmaea 2/1094
Zwerggrundel
H: SO-Asien: Philippinen. Bw
♂: ♂ 9 mm; z. Laichzeit schlanker. V: =
Z: Noch nicht gelungen. F: K,O
T: 24–30°C, L: ♀ 15 mm, pH: >7, SG: 3

Pseudogobius javanicus 2/1100
Sw
H: Asien: Trop. W-Pazifik, Indien bis Riukiu I.
♂: Genitalpapille spitz. V: =
Z: Substratlaicher; ♂ pflegt. F: O
T: 23–25°C, L: 3 cm, pH: 7, SG: 3

Rhinogobius brunneus lindbergi 2/1098

H: Asien: Rußland: Amurbecken. Sw
GU: Unbekannt. V:(–)
Z: Unbekannt. F: K!
T: 16–20°C, L: 4,5 cm, pH: 7, SG: 3

Rhinogobius sp. 1 5/1044
Sw
H: Asien: Taiwan.
♂: Längere D_1, D_2 u. A; farbiger. V: =
Z: Versteckbrüter. F: K!
T: 25°C, L: 8 cm, pH: 7, SG: 3

Rhinogobius sp. 1 5/1044
(Foto S. 5/1040)

Gobiidae (Gobionellinae)　　　　　　　　　　　　　　　　Zwerggrundeln

Rhinogobius sp. 1　　　　5/1044
(Foto S. 5/1040)

Rhinogobius sp. 2　　　　5/1044

H: Rußland: Peter-der-Große-Bucht. Sw
♂: Längere D_1, D_2 u. A; farbiger.　V: =
Z: Versteckbrüter.　　　　　　　　F: K!
T: 4–20°C, L: 6,5 cm, pH: 7, SG: 3

Nordborneo: Regang River bei Song Sarawak.

Rhinogobius wui ♂　　2/1100, 3/998
Weißwangen-Grundel　　　(5/1026)

H: Asien: S-China: Bergland, Hongkong. Sw
♂: D_2 u. Anale länger; Kopf breiter. V: (–)
Z: Höhlenl.; ♂ pflegt; <50 große E.　F: K!
T: 15–25°C, L: 4,5 cm, pH: 7, SG: 2

Rhinogobius wui ♂　　2/1100, 3/998
Weißwangen-Grundel　　　(5/1026)

♂: Branchiostegalmembranen mit roter Zeichnung.

Rhinogobius wui ♀　　2/1100, 3/998
Weißwangen-Grundel　　　(5/1026)

Gobiidae (Gobionellinae[1-5])
Gobiidae (Oxudercinae[6])

Zwerggrundeln

Schismatogobius deraniyagalai ♂ 5/1046

Schismatogobius deraniyagalai ♀ 5/1046

H: Asien: Sri Lanka. Sw
♂: Großes rotes Maul. V: (−)
Z: Höhlenl.; ♂ pflegt; Aufz. erfolglos. F: K!
T: 22–27°C, L: 4,6 cm, pH: 7, SG: 3

Schismatogobius deraniyagalai ♂? 5/1046

Stigmatogobius sadanundio 1/838
Gefleckte Grundel, Rittergrundel Sw,Bw
H: SO-Asien: Sumatra, Borneo, Java.
♂: Flossen größer. V: (−)
Z: Höhlenl.; ♂ pflegt; <1000 E; Bw. F:K,H
T: 20–26°C, L: 8,5 cm, pH: >7, SG: 3

Tridentiger bifasciatus 5/1048
Gestreifte Grundel Bw,Sw
H: Asien: China, Taiwan, Korea, Japan.
♂: Papille spitz; Kopf breiter. V: −
Z: Noch nicht erfolgt. F:K
T: 10–25°C, L: 12 cm, pH: >7, SG: 3

Apocryptes bato 5/1008

H: Indien, Bengalen, Bang., Burma. Bw
♂: K extrem lang, Papille spitz. V: =
Z: Zur SW-Monsunzeit. F: O
T: 23–28°C, L: 17 cm, pH: >7, SG: 4

Gobiidae (Oxudercinae[1-4])
Gobiidae (Sicydiinae[5,6])

Boleophthalmus pectinirostris 2/1088
Mw,Bw,(Sw)
H: SO-Asien: Japan, China, Thai., Burma.
GU: Unbekannt. V: =
Z: Unbekannt; (amphibisch). F: K
T: 26–30°C, L: 20 cm, pH: >7, SG: 4

Parapocryptes serperaster 3/998
Rillengrundel Bw
H: Asien: S-China, Thai, Malay., Indien.
GU: Unbekannt. V: =
Z: Unbekannt. F: O,H
T: 25°C, L: 22 cm, pH: >7, SG: 3–4

Periophthalmus barbarus 1/838
Schlammspringer Bw (amphibisch)
H: Rotes M.–Madag., SO-Asien, Australien.
GU: Unbekannt. V: (–)
Z: Noch nicht gelungen. F: K
T: 25–30°C, L: 15 cm, pH: ≫7, SG: 4

Periophthalmus papilio 2/1096
Schmetterlings-Schlammspringer
H: W-Afrika: Küsten. Bw (amphibisch)
GU: Unbekannt. V: =
Z: Noch nicht gelungen. F: K!
T: 26–30°C, L: 25 cm, pH: >7, SG: 4

Awaous lateristriga 5/1010
Seitenbandgrundel
H: Afrika: Senegal bis Angola. Sw,Bw
♂: Genitalpapille länger, spitzer. V: =
Z: Wahrscheinlich amphidrom. F: K
T: 22–28°C, L: 26 cm, pH: 7, SG: 3–4

Awaous lateristriga juv. 5/1010
Seitenbandgrundel

Gobiidae (Sicydiinae)

Awaous strigatus ♂ 3/974
Schmetterlingsgrundel
H: S-Amerika: Kol. bis Bras: Küste. Sw
♂: Verlängerte D_2 u. Anale. **V:** =
Z: Höhlenl.; ♂ pflegt; Aufz. erfolglos. **F:** O
T: 25–27°C, **L:** 10 cm, **pH:** 7, **SG:** 3

Awaous strigatus ♀ 3/974
Schmetterlingsgrundel

Awaous taiasica WF 3/976

H: S-Amerika: Florida– SO-Bras. Sw, Bw
♂: Genitalpapille lang, stachelförmig. **V:** =
Z: Unbekannt; diadrom. **F:** K
T: 22–30°C, **L:** 30 cm, **pH:** 7, **SG:** 4

Sicydium punctatum ♂ 5/1038
Klettengrundel Sw
H: Amerika: Martinique, Trinidad, Kol., Ven.
♂: D_1, D_2 u. A länger; Papille spitz. **V:** =
Z: Höhlenl.; amphidrom; Aufz. erfolglos. **F:** O
T: 22–27°C, **L:** 8 cm, **pH:** 7, **SG:** 3

Sicyopus jonklaasi ♂ 3/1000
Lippenstiftgrundel
H: SO-Asien: Sri Lanka. Sw
♂: Rote Oberlippe u. Schwanzstiel. **V:** =
Z: Unbekannt. (Amphidrom) **F:** K!
T: 23–25°C, **L:** 5 cm, **pH:** 7, **SG:** 3

Stiphodon ornatus 2/1098
Leuchtgobius Sw
H: Indo., Philipp., Neuguinea, Japan,...
♂: Farblicher Unterschied. **V:** +
Z: Teilerfolg. **F:** O
T: 24–28°C, **L:** 4,5 cm, **pH:** 7, **SG:** 3

Kuhliidae

Familie Kuhliidae

Diese Familie besiedelt Meer-, Brack- und Süßwasser des indopazifischen Raumes. Nachdem die Gattungen *Edelia* und *Nannoperca* nun der Familie Percichthyidae (S. 832) zugeordnet wurden, enthält die Familie Kuhliidae nur eine Gattung mit etwa 8 Arten. Nur die aufgeführte Art ist hauptsächlich in Süßwasser zu finden, während einige andere Arten zeitweise in Flüsse eindringen.

Die gezeigte Art kann auch in Süßwasserbecken gehalten werden. Auf Vegetation kann verzichtet werden, aber das mit Steinen und Wurzeln eingerichtete Becken sollte strömungsreich mit einer leistungsstarken Pumpe und einer guten Filterung ausgerüstet sein, da sich die Fische in der Natur auch in schnell fließenden Bächen aufhalten.

Kuhlia rupestris 2/1028
Felsen-Flaggenbarsch
H: Indopazifische Küstengebiete.
GU: Unbekannt. V: =
Z: Noch nicht gelungen. F: K!
T: 20–26°C, L: 45 cm, pH: 7, SG: 4

Kurtidae   Kurter

Familie Kurtidae

Die Familie der Kurter besteht aus nur einer Gattung mit zwei Arten. Es handelt sich um Brack- und Süßwasserbewohner, die selten in Meerwasser gefunden werden. Sie besiedeln den indomalaiischen Raum bis Australien.

Die vorgestellte Art ist unseres Wissens noch nicht in einem Aquarium gepflegt worden. Es ist aber bekannt, daß sie sehr anfällig gegenüber Pilzinfektionen ist und daß die Fische beim Fang leicht einen tödlichen Anfall erleiden. Die Eier werden vom Männchen als Klumpen an einem Nackenhaken herumgetragen. Entwicklungsstadien oder Brutpflege sind noch unbekannt.

Kurtus gulliveri 3/910
Australischer Kurter, Höckerkopf
H: Neuguinea, Australien.
♂: Haken am Kopf. V: +
Z: Natur: Eiklumpen am Haken. F: K!
T: 20–28°C, L: 60 cm, pH: 7, SG: 3–4

Lutjanidae — Schnapper

Familie Lutjanidae

Die Familie der Schnapper besteht aus 5 Unterfamilien mit insgesamt 125 Arten in 21 Gattungen, die tropische und subtropische Gebiete, selten Süßwasser, bewohnen. Im Gegensatz dazu sind *Lutjanus fuscescens*, *L. goldiei* und möglicherweise *L. maxweberi* nur aus Süßwasser und Ästuarien bekannt (NELSON, 1994).

Beliebte Speisefische, manchmal rufen sie allerdings in Menschen die Fischvergiftung Ciguatera hervor, wenn bestimmte giftige Algen sich besonders vermehrt haben.

Lutjanus argentimaculatus 2/1033
Mangrovenbarsch
H: Tropischer Indopazifik. Bw, Mw, Sw
GU: Unbekannt. V: –
Z: Unbekannt. F: K
T: 16–30°C, L: 100 cm, pH: >7, SG: 3

Monodactylidae — Flossenblätter

Familie Monodactylidae

Die Familie der Flossenblätter bewohnt Brack- und Meerwasser im westlichen Afrika und Indopazifik. Zeitweise wird auch Süßwasser aufgesucht, doch kann eine Langzeitaquarienhaltung nur in Brack- oder Meerwasser stattfinden. Die Familie besteht aus 2 Gattungen mit insgesamt 5 Arten.

Flossenblätter sind Schwarmfische, die bisher in Aquarien noch nicht vermehrt worden sind.

Monodactylus argenteus 1/804
Silberflossenblatt
H: Afrika, Asien. Brackwasser.
GU: Unbekannt. V: =
Z: Noch nicht gelungen. F: O
T: 22–28°C, L: 25 cm, pH: >7, SG: 3–4

Psettus sebae 2/1034
Seba-Flossenblatt
H: W-Afrika: Senegal–Zaire. Mw, Bw.
GU: Unbekannt. V: =
Z: Noch nicht gelungen. F: O
T: 24–28°C, L: 20 cm, pH: >7, SG: 3–4

Nandidae — Nanderbarsche

Amazonasnebenfluß bei Santarém, Brasilien.

Familie Nandidae

Die Familie der Nanderbarsche ist in Süßgewässern Westafrikas, Südasiens und des nordöstlichen Südamerika zu finden. Nach einigen Meinungen gehören auch die Blaubarsche (hier in der Familie Badidae – S. 791) als Unterfamilie Badinae dazu. Im INDEX werden nur die beiden anderen Unterfamilien (Nandinae und Pristolepidinae) mit insgesamt 9 Arten in 6 Gattungen den Nanderbarschen zugerechnet.

Das Maul dieser meist spezialisierten Raubfische ist groß und weit vorstreckbar. Um sich ihrer Beute leichter nähern zu können, imitieren einige in der Strömung treibende Blätter.

Der Schwimmraum im Aquarium sollte dicht mit robusten Pflanzen eingerahmt werden, Sandboden und Verstecke aus Steinen und Wurzeln runden die Einrichtung ab.

Monocirrhus polyacanthus 1/805
Blattfisch
H: Südamerika: Peru.
♀: Manchmal voller. V: =
Z: Substratlaicher; <300 E, Vfam. F: K!
T: 22–26°C, L: 12 cm, pH: <7, SG: 3–4

Nandidae   Nanderbarsche

Nandus nandus   1/806
Nanderbarsch
H: SO-Asien: Indien, Burma, Thailand.
♂: Dunkler, größere Flossen.   V: –
Z: Freilaicher; <300 Eier.   F: K!
T: 22–26°C, L: 20 cm, pH: 7, SG: 2–3

Nandus nebulosus   2/1035
Nebelbarsch
H: SO-Asien: Thai., Malaiische Halbi., Indo.
GU: Unbekannt.   V: –
Z: Freilaicher; <300 Eier.   F: K!
T: 22–26°C, L: 12 cm, pH: 7, SG: 2–3

Polycentropsis abbreviata   3/911
Afrikanischer Vielstachler
H: Afrika: Nigeria, Kamerun, Gabun.
♀: Schwach konvex, etwas heller. V: –
Z: Schaumnest, ♂; <100 Eier.   F: K!
T: 26–30°C, L: 8 cm, pH: <7, SG: 3–4

Polycentrus punctatus   1/806
Schomburgks Vielstachler, S-Am.Vielstach.
H: NO-Südamerika.
♂: Dunkler.   V: =
Z: Höhlenbrüter, Vaterfam.; <600 E. F: K!
T: 22–26°C, L: 10 cm, pH: <7, SG: 2

Pristolepis grooti juv.   3/912
Streifen-Nanderbarsch, Tiger-Nanderb.
H: SO-Asien: Burma, Thai., bis Indonesien.
GU: Unbekannt.   V: =
Z: Unbekannt.   F: O
T: 23–28°C, L: 21 cm, pH: 7, SG: 3

Polycentropsis abbreviata   3/911
Afrikanischer Vielstachler

Percichthyidae — Dorschbarsche

Familie Percichthyidae

Die Familie der Dorschbarsche besteht aus 11 Gattungen mit etwa 22 Arten. Diese besiedeln Süßwasser und selten Brackwasser in Australien und Südamerika, wo sie vor allem in Argentinien und Chile vertreten sind.

Die Gattung *Gadopsis* wird auch in ihre eigene Familie, die Gadopsidae – sogar als Teil der Ordnung Gadiformes – eingeordnet. Andererseits werden die Gattungen *Edelia* und *Nannoperca*, früher Kuhliidae (S. 828), nun als Teil der Familie Percichthyidae betrachtet (NELSON, 1994).

Die kleineren Gattungen (*Edelia*, *Nannatherina* und *Nannoperca*), Zwergbarsche genannt, sind in Australien beliebte Aquarienfische. Es handelt sich um friedliche Gesellschaftsfische untereinander, für Cichliden und andere Fische ähnlicher Größe. In Artbecken pflanzen sie sich ohne größere Probleme fort; die Fortpflanzung kann auch durch einen teilweisen Wasserwechsel ausgelöst werden. Brutpflege scheint keine stattzufinden.

Für ihre Aquarienhaltung sind normale Verhältnisse vollkommen ausreichend: Ein gut bepflanztes Becken mit Sandboden und einigen Verstecken aus Steinen und Wurzeln zusammen mit Wasser, das durchschnittliche Wasserwerte aufweist, ist alles, was sie brauchen. Für ihre Ernährung ist gefriergetrocknetes Futter und Flockenfutter ausreichend, kleines Lebendfutter ist natürlich, wie für Karnivoren üblich, ein Leckerbissen.

Von den größeren Arten beschäftigt sich die die australische Speisefischzucht vor allem mit *Plectoplites ambiguus*, der in Teichen gezüchtet wird und an deren künstlicher Ernährung intensiv gearbeitet wird. Auch *Gadopsis marmoratus* ist untersucht worden, aber die erzielten Ergebnisse waren denen mit Forellen erreichten unterlegen (BARDACH et al., 1972).

Edelia obscura 2/1027
Yarra Zwergbarsch
H: Australien.
♂: Schlanker. V: +
Z: Unbekannt. F: K,O
T: 10–30°C, L: 7,5 cm, pH: 7, SG: 2

Edelia vittata 2/1028
Westaustralischer Zwergbarsch
H: Australien.
♂: Dunklere Flossen, schlanker. V: +
Z: Eier klebrig, sinken, 20–60. F: K,O
T: 10–30°C, L: 7 cm, pH: 7, SG: 2

Percichthyidae | Dorschbarsche

Gadopsis marmoratus 2/1075
Süßwasserdorsch
H: SO-Australien: Süßgewässer.
♂: Kleiner u. schlanker. V: =
Z: Höhlenlaicher; demersale Eier. F: K
T: 5–20°C, L: <60 cm, pH: 7, SG: 3

Macquaria australasica 2/1036
Macquarie's Barsch, Silberauge
H: Australien.
GU: Unbekannt. V: +
Z: Natur: Sept–Nov; <200 000 E. F: K
T: 4–25°C, L: 35 cm, pH: 7, SG: 3

Nannatherina balstoni 2/1030
Balstons Zwergbarsch
H: Australien.
♂: Schlanker, farbiger (Laichz.). V: +
Z: Unbekannt. F: K
T: 15–30°C, L: 8 cm, pH: <7, SG: 2

Nannoperca australis 2/1030
Südaustralischer Zwergbarsch
H: Australien.
♂: Schlanker, farbiger (Laichz.). V: +
Z: Einfach; keine Brutpflege. F: K,O
T: 10–30°C, L: 8 cm, pH: 7, SG: 2

Nannoperca oxleyana 2/1032
Nördlicher Zwergbarsch
H: Australien.
♂: Schlanker, schwarz (Laichz.). V: +
Z: Einfach. F: K,O
T: 16–30°C, L: 7,5 cm, pH: 7, SG: 2

Plectoplites ambiguus 2/1036
Australischer Goldbarsch
H: Australien.
GU: Unbekannt. V: =
Z: Teichwirtschaft. F: K
T: 10–30°C, L: 75 cm, pH: 7, SG: 4

Percidae — Echte Barsche

Familie Percidae

Die Familie der Echten Barsche besteht aus 10 Gattungen mit insgesamt 162 Arten in 2 Unterfamilien (Percinae und Luciopercinae). Sie bewohnen Süßgewässer der nördlichen Halbkugel. Es handelt sich also weitgehend um Kaltwasserfische. Mit 102 Arten präsentieren sich die Springbarsche Nordamerikas der Gattung *Etheostoma* als die zahlreichsten.

Diese bodenorientierten Fische haben eine rückgebildete Schwimmblase und leben in Fließgewässern. Bei vielen dieser Arten werden die Männchen zur Laichzeit sehr farbenprächtig; sie können sogar - ähnlich den Karpfenfischen - Laichausschlag entwickeln. Sonstige Geschlechtsunterschiede sind vor allem an der Genitalpapille sichtbar: bei Männchen ist sie dreieckig und spitz, bei Weibchen ist sie rund und stumpf.

Außerhalb von Nordamerika sind *Etheostoma*-Arten bisher selten gehalten worden. Da im Aquarium das Biotop möglichst nachgeahmt werden sollte, ist es wichtig, das Ursprungsgebiet der zu haltenden Art zu kennen. Arten aus strömungsreichen Gewässern brauchen Kiesboden und Steine mit bewegtem, sauerstoffreichem Wasser mit einem pH-Wert um neutral, mit mittlerer Härte und klar. Eine starke Strömungspumpe ist daher oftmals unerläßlich. Arten aus stehenden Gewässern, wie z.B. der Sumpfspringbarsch, können in ihren Anforderungen mit amazonischen Arten verglichen werden (aber natürlich etwas kühler). Die Information über ihre Fortpflanzung beruht auf Beobachtungen in der Natur. Die Eier werden unter Steine und in den Kies gelegt (an Wasserpflanzen z.B. beim Sumpfspringbarsch). Zu dieser Zeit sind Männchen territorial.

Unter den großen Arten ist *Perca fluviatilis* (Flußbarsch – S. 837) mehrfach in der Speisefischzucht versucht worden, doch als reiner Fleischfresser hat sich seine Ernährung im Teich als zu teuer herausgestellt. Andere große Percidae sind als Angelfische beliebt, weshalb es Zuchtprogramme mit dem Ziel, diese Arten in Seen und Flüssen auszusetzen, gibt, um das Angebot für Angler zu verbessern.

Etheostoma blennoides, eine der über 100 Arten von Springbarschen.

Percidae   Echte Barsche

Etheostoma blennioides 3/914
Grünseiten-Springbarsch
H: Nordamerika: O-USA.
♂: Kurze, spitze Genitalpapille.   V: =
Z: Natur: April–Mai; 460–1830 E.   F: K
T: 4–18°C, L: 15 cm, pH: 7, SG: 3

Etheostoma blennioides newmanii
Grünseiten-Springbarsch   3/914

Etheostoma caeruleum 3/916
Regenbogen-Springbarsch
H: Nordamerika: O-USA, SO-Kanada.
♂: Wesentlich farbenprächtger.   V: =
Z: Natur: 800 Eier.   F: K
T: 4–18°C, L: 8 cm, pH: 7, SG: 2–3

Etheostoma flabellare 3/918
Fächerschwanz-Springbarsch
H: S-Kanada, mittlere bis O-USA.
♂: Genitalpapille sehr klein.   V: =
Z: Natur: Steinunterseite; 450 Eier. F: K
T: 4–18°C, L: 8 cm, pH: 7, SG: 3

Etheostoma fusiforme 3/918
Sumpfspringbarsch
H: Nordamerika: O-USA.
♂: Genitalpapille sehr klein.   V: =
Z: Natur: an Wasserpflanzen.   F: K
T: 14–26°C, L: 6 cm, pH: 7, SG: 2

Etheostoma cf. *fusiforme* 3/918
Sumpfspringbarsch
H: Nordamerika: O-USA: N-Florida.

Percidae   Echte Barsche

Etheostoma maculatum 4/726
Nadelstich-Riesenbarsch
H: N-Amerika: USA.
♂: Farbiger; größere V u. P.   V: =
Z: Wie andere der Gattung.   F: K
T: 10–24°C, L: 6,5 cm, pH: 7, SG: 2–3

Etheostoma microperca 4/726
Minispringbarsch
H: N-Amerika: USA.
♂: Etwas kräftiger gefärbt.   V: (–)
Z: Unbekannt.   F: K
T: 10–22°C, L: 3,5 cm, pH: >7, SG: 3

Etheostoma nigrum 3/920
Schwarzer Springbarsch
H: N-Amerika: O-USA.
♂: Schwärzlich zur Laichzeit. V: =
Z: Natur: April–Juni, Vaterfamilie. F: K
T: 4–18°C, L: 6 cm, pH: 7, SG: 2–3

Etheostoma olmstedi 4/728
Mosaik-Springbarsch
H: USA.
♂: Farbiger.   V: (–)
Z: Wie andere der Gattung.   F: K
T: 10–24°C, L: 5 cm, pH: 7, SG: 1–2

Etheostoma spectabile 3/920
Orangekehliger Springbarsch
H: N-Amerika: USA.
♂: Farbiger, Genitalpap. dreieckig. V: =
Z: Natur: April, Mai; <1200 E. F: K
T: 4–18°C, L: 8 cm, pH: 7, SG: 2–3

Etheostoma tetrazonum 4/728
Vierbinden-Springbarsch
H: N-Amerika: USA.
♂: Farbiger.   V: –
Z: Kiesboden, a. zw. Algenpolstern. F: K
T: 10–28°C, L: 6 cm, pH: 7, SG: 2–3

Percidae   Echte Barsche

Gymnocephalus acerina 4/730
Don-Kaulbarsch
H: N-Zuflüsse des Schwarzen Meeres.
GU: Unbekannt.   V: =
Z: Noch nicht erfolgt (?).   F: K
T: 10–24°C, L: 12–21 cm, pH: 7, SG: 3

Gymnocephalus baloni 4/730
Balons Kaulbarsch
H: Europa: unteres Donaubecken.
GU: Nicht beschrieben.   V: =
Z: Zwischen Steinspalten?   F: K,O
T: 10–20°C, L: 12 cm, pH: 7, SG: 3

Gymnocephalus cernuus 1/808
Kaulbarsch
H: Europa, Asien.
GU: Keine vorhanden.   V: =
Z: März–Mai, einzeln an Pfl. u. Steine. F:K!
T: 10–20°C, L: 25 cm, pH: 7, SG: 2–3

Gymnocephalus schraetser 3/922
Schrätzer
H: Europa: Donau u. Nebenflüsse.
GU: Nicht erkennbar.   V: =
Z: Natur: April, Mai.   F: K
T: 4–18°C, L: 25 cm, pH: >7, SG: 3

Perca fluviatilis 1/808
Flußbarsch
H: Ganz Europa.
♂: Oft lebhafter gefärbt.   V: =
Z: N: März–Juni, „Barschschnüre".   F: K!
T: 10–22°C, L: 45 cm, pH: >7, SG: 4

Percina caprodes caprodes 5/981
Logbarsch, Schweinsb., Zebra-Springb., Manitou-S.
H: N-Amerika: Kanada, O-USA.
♂: D_1 mit rotem Saum; A größer.   V: =
Z: Gruppen; E. kleben in Mulden.   F: K
T: 4–20°C, L: 18 cm, pH: 7, SG: 3

Percidae   Echte Barsche

Percina sciera 4/732
Rauchspringbarsch
H: USA.
♂: Farbiger, Laichausschlag.   V: =
Z: Wie *Etheostoma*.   F: K!
T: 10–24°C, L: 13 cm, pH: 7, SG: 2–3

Romanichthys valsanicola 4/734
Groppenbarsch
H: Europa: Rumänien.
GU: Nicht bekannt.   V: (–)
Z: Zwischen feinen Kies.   F: K
T: 10–20°C, L: ca.12 cm, pH: 7, SG: 4

Stizostedion lucioperca 3/922
Zander, Schill
H: Mittel- u. Osteuropa.
GU: Schwer zu unterscheiden.   V: –
Z: April–Mai, in Kies, an Pfla.; ♂ pflegt.   F: K!
T: 6–22°C, L: 70 cm, pH: 7, SG: 3

Stizostedion volgensis 4/734
Wolgazander, Steinschill
H: Europa: N-Schwarzes Meer.
GU: Schwer zu unterscheiden.   V: –
Z: Natur: April–Mai, zw. Steinen.   F: K!
T: 8–22°C, L: 35 cm, pH: >7, SG: 4

Zingel streber 4/736
Streber
H: Europa: Donau.   selten
GU: Nicht zu unterscheiden.   V: –
Z: Unbekannt.   F: K!
T: 5–20°C, L: 20 cm, pH: 7, SG: 3

Zingel zingel 3/924
Zingel
H: Europa.   selten
GU: Unbekannt.   V: –
Z: Natur: März–Mai, Kiesgeröll.   F: K!
T: 4–18°C, L: <50 cm, pH: 7, SG: 3

BARSCHA.

Polynemidae — Fadenflosser

Familie Polynemidae

Die Familie der Fadenflosser besteht aus 7 Gattungen mit insgesamt 33 Arten. Etwa 4 Arten sind nur aus Süßwasser bekannt (vor allem aus Borneo), während die Familie allgemein in allen tropischen und subtropischen Meeren anzutreffen ist (NELSON, 1994).

Die Brustflossen sind zweigeteilt, wobei der vordere Teil aus bis zu 15 freien, langen Strahlen besteht (= Fadenflosser).

Für Heimaquarien ungeeignet.

Polynemus borneensis 5/1085
Borneo-Fadenflosser, „Fisch mit Haaren"
H: Malaysia, Borneo; Ästuarien. Bw
GU: Unbekannt. V: –?
Z: Im Meer: pelagische Eier. F: K
T: 24–28°C, L: 35 cm, pH: >7, SG: 4

Pomacentridae — Riffbarsche

Familie Pomacentridae

Die Familie der Riffbarsche besteht hauptsächlich aus marinen Arten aller Meere, mit einem Schwerpunkt im Indopazifik; nur wenige sind Brackwasserbewohner. Die Systematik der Pomacentridae ist durch verschiedene Farben innerhalb der gleichen Art und zwischen verschiedenen Verbreitungsgebieten erschwert. ALLEN (1991) spricht von 28 Gattungen mit insgesamt etwa 315 Arten und 6 bekannten, aber unbeschriebenen Arten in 4 Unterfamilien.

Diese Familie ist vor allem Meerwasseraquarianern bekannt, da viele ihrer Arten mit Meeresanemonen in Symbiose leben (*Amphiprion*).

Neopomacentrus taeniurus ♂ 4/738
Süßwasser-Demoiselle
H: W-Indischer Ozean. Bw
♂: Längere Flossenstrahlen. V: –
Z: Versteckl.; ♂ pflegt, 1800 E. F: K,O
T: 23–28°C, L: 9 cm, pH: >7, SG: 3

Stegastes otophorus 4/738
Süßwasser-Georg
H: Karibik: Kuba. Bw
GU: Unbekannt. V: –
Z: Nat.: Verstecklaicher, ♂ pflegt. F: O
T: 21–28°C, L: 14 cm, pH: >7, SG: 3

Scatophagidae — Argusfische

Familie Scatophagidae

Die Argusfische sind eine kleine Familie von nur 2 Gattungen mit insgesamt etwa 4 Arten. Zumindest *Scatophagus tetracanthus* pflanzt sich in Süßwasser fort, aber hauptsächlich werden diese Arten in Meer- und Brackwasser angetroffen. Ihr Verbreitungsgebiet ist der indopazifische Raum (NELSON, 1994).

Es handelt sich um friedliche, lebhafte Schwarmfische, die zumindest in Brackwasser, als Erwachsene aber in Meerwasser gehalten werden sollten. Sie brauchen viel freien Schwimmraum und eine leistungsstarke Filterung, da sie gegen Nitrit sehr empfindlich sind. Die Fische machen im Laufe ihrer Enwicklung eine Metamorphose durch. Ernähren kann man diese Allesfresser mit Flockenfutter, aber auch Lebendfutter und pflanzliche Kost werden nicht verschmäht.

Bedingt durch die verlangte Wasserzusammensetzung, ist die Haltung dieser Fische nur im Jugendstadium einfach.

Scatophagus argus argus 1/810
Gemeiner Argusfisch, Grüner Argusfisch
H: Tropischer Indopazifik. Bw
GU: Unbekannt. V: +
Z: Unbekannt (auch Natur). F: O
T: 20–28°C, L: 30 cm, pH: >7, SG: 4

Scatophagus argus atromaculatus 1/810
Rotstirnargusfisch, „*S. rubrifrons*" Adult
H: Sri Lanka u. Neuguinea bis Australien.

Scatophagus tetracanthus 1/810
Afrikanischer Argusfisch
H: O-Afrika. Mw, Bw, Sw.
GU: Unbekannt. V: +
Z: Noch nicht nachgezüchtet. F: O
T: 22–30°C, L: 40 cm, pH: >7, SG: 3

Selenotoca multifasciata 5/982
Punktstreifen-Argusfisch, Silberargus
H: Australien, Indonesien. Bw
GU: Unbekannt. V: +,!
Z: Noch nicht nachgezüchtet. F: O,H
T: 20–28°C, L: <40 cm, pH: >7, SG: 1–4

Serranidae — Sägebarsche, Zackenbarsche

Familie Serranidae

Die Familie der Säge- und Zackenbarsche besteht aus 62 Gattungen mit an die 450 Arten in 3 Unterfamilien (NELSON, 1994). Nur wenige sind Süßwasserbewohner. Viele Arten sind Zwitter.

Diese Raubfische sind oft auch innerartlich aggressiv, doch ist *Siniperca chua-tsi* als Jungfisch ansprechend gefärbt und daher ein beliebter Aquarienfisch in den GUS-Staaten. *Maccullochella macquariensis* ist in Australien ein wichtiger Speisefisch, der in Teichen gezüchtet wird.

Maccullochella macquariensis 2/1038
Trout Cod, Murray Cod
H: Australien.
GU: Keine bekannt. V: –
Z: Natur: Substratlaicher, 20 000 E. F: K!
T: 18–28°C, L: 80 cm, pH: 7, SG: 3–4

Maccullochella macquariensis var. *peelii*
2/1038

Siniperca chua-tsi 3/925
Aucha-Barsch
H: Asien: Amur: Mittel- u. Unterlauf. Sw
♂: Etwas größer u. dunkel. V: –
Z: Natur: Juni, Juli. F: K!
T: 4–22°C, L: 30 cm, pH: >7, SG: 2–3

Siniperca chua-tsi 3/925
Aucha-Barsch

Siniperca kawamebari 4/742
Jap. Auchabarsch, Süßw.-Zackenbarsch
H: Japan, Südkorea. Sw
♂: Größer; rote Anale. V: –
Z: Unbekannt. F: K
T: 10–23°C, L: 13 cm, pH: 7, SG: 3

Sillaginidae

Familie Sillaginidae

Diese Familie enthält hauptsächlich litorale Meerwasserarten, die nur selten in angrenzende Süßgewässer vordringen. Die Familie besteht aus 3 Gattungen mit insgesamt 31 Arten.

Die Art *Sillaginopsis pannijus* hat keine Schwimmblase. Sie ist ein beliebter Angelfisch mit wohlschmeckendem weißem Fleisch. Als Jungfische können sie bis zu einer Länge von 18 cm in Süßwasser gehalten werden, danach brauchen sie Brackwasser.

Sillaginopsis panijus   4/824

H: Asien: Indien, Küstengewässer.   Bw
♂: Etwas kleiner u. farbiger.   V: =
Z: Natur: Juv. 2–3 Monate im Sw. F: K,O
T: 22–28°C, L: 44 cm, pH: >7, SG: 4

Teraponidae   Tigerfische, Grunzbarsche

Familie Teraponidae (früher auch Theraponidae)

Die Familie der Tigerfische und Grunzbarsche ist in litoralem Meerwasser, Brackwasser und Süßwasser zu finden. Sie besteht aus 16 Gattungen mit etwa 45 Arten. Die meisten Süßwasserarten sind in Australien und Neuguinea zu finden (NELSON, 1994).

Meist streitlustige Raubfische, können in geräumigen Aquarien trotzdem die mittelgroßen Arten vor allem als Jungfische mit anderen Fischen (z. B. Cichliden) vergesellschaftet werden.

Hephaestus carbo kann im Aquarium sehr zahm werden.

Die großen Arten sind geschätzte Sport- und Speisefische in ihrem Verbreitungsgebiet, und *Bidyanus bidyanus* hat sich bereits in Teichen vermehrt.

Amniataba percoides   2/1040
Gestreifter Grunzbarsch
H: N-Australien.
GU: Keine äußeren bekannt.   V: –
Z: Nicht erfolgt.   F: K
T: 22–28°C, L: 20 cm, pH: 7, SG: 3

Teraponidae — Tigerfische, Grunzbarsche

Bidyanus bidyanus 2/1040
Austral. Silberbarsch, Silberner Tigerfisch
H: Australien.
GU: Keine äußeren bekannt. V: –
Z: Teichwirtschaft: 500 000 Eier. F: K,O
T: 10–30°C, L: 50 cm, pH: 7, SG: 4

Hephaestus carbo 2/1042
Schwarzer Grunzbarsch
H: N-Australien.
GU: Keine äußeren bekannt. V: –
Z: Noch nicht gelungen. F: K
T: 25–30°C, L: <33 cm, pH: 7, SG: 3

Hephaestus fuliginosus 2/1042
Rußiger Grunzbarsch
H: Australien.
GU: Keine äußeren bekannt. V: –
Z: Noch nicht gelungen. F: K
T: 25–30°C, L: 50 cm, pH: 7, SG: 4

Leiopotherapon unicolor 2/1044
Australischer Tüpfelbarsch
H: N-Australien.
GU: Keine äußeren bekannt. V: =
Z: Natur: Fruchtbarer Freilaicher. F: H
T: 15–30°C, L: 15 cm, pH: 7, SG: 2

Pingalla midgleyi 3/928
Midgley's Grunzbarsch
H: N-Australien.
GU: Keine äußeren bekannt. V: =
Z: Nicht erfolgt. F: H,O
T: 23–35°C, L: 14,5 cm, pH: <7, SG: 3

Scortum barcoo 2/1044
Barcoo Barsch
H: Australien.
GU: Keine äußeren bekannt. V: –
Z: Natur: Freilaicher. F: K,O
T: 10–30°C, L: 30 cm, pH: 7, SG: 2

Toxotidae — Schützenfische

Familie Toxotidae

Die Familie der Schützenfische besteht aus nur einer Gattung mit sechs Arten, die litorales Meerwasser, Brack- und Süßwasser von Indien bis zu den Philippinen, Australien und Polynesien besiedeln.

Ihren Umgangsnamen verdanken die Schützenfische der Fähigkeit, mit ihrem Maul einen Wasserstrahl gezielt auf Insekten zu richten, die an Pflanzen über der Wasseroberfläche sitzen, um diese so „abzuschießen". Es handelt sich um oberflächenorientierte Arten.

In der Natur werden *Toxotes*-Arten in Trupps angetroffen. Im Aquarium können sie vor allem mit artfremden Fischen vergesellschaftet werden. Untereinander sind gleich große Schützenfische ebenfalls friedlich, während sie bei Größenunterschieden unverträglich sind.

Das Aquarium sollte großflächig sein und mäßige, brackwasserbeständige Bepflanzung aufweisen. Die Arten sind wärmebedürftig.

Toxotes chatareus 1/812
H: Asien. Bw.
GU: Keine äußeren bekannt. V: =
Z: Unbekannt. F: K!
T: 25–30°C, L: 27 cm, pH: >7, SG: 3–4

Toxotes jaculatrix 1/812
H: Asien. Mw, Bw, Sw.
GU: Unbekannt. V: =
Z: Nicht erfolgt. F: K!
T: 25–30°C, L: 24 cm, pH: >7, SG: 3–4

Toxotes lorentzi 2/1046
Lorentz' Schützenfisch
H: Australien, Neuguinea. Sw.
GU: Keine äußeren bekannt. V: =
Z: Unbekannt. F: K!
T: 24–32°C, L: <23 cm, pH: 7, SG: 3–4

Toxotes oligolepis 2/1046
Großschuppiger Schützenfisch
H: Australien, Neuguinea. Sw.
GU: Unbekannt. V: =
Z: Unbekannt. F: K!
T: 24–30°C, L: 15 cm, pH: 7, SG: 3–4

Gruppe 10 Teleostei
Verschiedene Echte Knochenfische

Tetraodon fangi; Kugelfische (S. 919 ff.) sind zwar „putzig", aber keine Anfängerfische.

Iriatherina werneri; Regenbogenfische (S. 850 ff.) werden immer beliebter.

Gruppe 10

Teleostei
Verschiedene Echte Knochenfische

Division Teleostei

Gruppe 10 ist eine Sammelgruppe, die alle jene Echte Knochenfisch-Ordnungen behandelt, die sich nicht in eine der vorhergehenden Gruppen einordnen lassen. Es finden sich demnach in dieser Gruppe sehr verschiedene Ordnungen, wobei einige für die Aquaristik wenig geeignet sind (z.B. Salmoniformes – Lachsartige – S. 906 ff., Mugiliformes – Meeräschenartige – S. 887).

Die Echten Knochenfische haben ihren Ursprung wahrscheinlich im Trias (d.h. im Erdmittelalter, vor 200–220 Millionen Jahren). Heute sind sie die artenreichste Gruppe unter den Wirbeltieren. Etwa 96 % aller Fische sind Echte Knochenfische. Diese werden laut NELSON (1994) in 38 Ordnungen mit 426 Familien mit insgesamt über 23 500 Arten in mehr als 4 000 Gattungen eingeteilt. Von diesen 38 Ordnungen haben 26 Ordnungen Arten (ca. 10 000), die zumindest zeitweise mit Süßwasser in Verbindung stehen.

Um verwandte Arten gemeinsam vorstellen zu können, haben wir uns entschlossen, die Familien dieser Gruppe nach ihren Ordnungen alphabetisch aufzuführen. Diese Einteilung weicht zwar etwas von der des AQUARIEN ATLAS ab, da aber hier seine Arten insgesamt vorgestellt werden, ergeben sich zusammenhängende „Minigruppen".

Einige Ordnungen sind von besonderem Interesse für den Aquarianer; auf diese wird im nachfolgenden Teil ausführlicher eingegangen.

Nicht immer werden alle Familien innerhalb einer Ordnung vorgestellt: von wenigen Ausnahmen abgesehen sind es nur jene mit Süßwasservertretern, die auch in einem der Bände des AQUARIEN ATLAS aufgeführt sind.

Trinectes fasciatus (?), eine Rechtsaugenflunder. Dieses Exemplar wurde im ecuadorianischen Amazonasbeckenrand gefangen.

Gruppe 10 — Teleostei
Verschiedene Echte Knochenfische

Systematische Übersicht der in Gruppe 10 behandelten Familien (alphabetisch nach Ordnung).

Bitte beachten Sie, daß die in Gruppe 10 des AQUARIEN ATLAS aufgeführten Familien innerhalb der Ordnung Perciformes nun im INDEX in Gruppe 9 zu finden sind.

ANGUILLIFORMES	849
Anguillidae	849
Muraenidae	849
Ophichthidae	849
ATHERINIFORMES	850–865
Atherinidae	852
Bedotiidae	853
Melanotaeniidae	854
Phallostethidae	863
Pseudomugilidae	863
Telmatherinidae	865
BATRACHOIDIFORMES	866
Batrachoididae	866
BELONIFORMES	866–871
Adrianichthyidae (früher Oryziatidae in Gruppe 5)	867
Belonidae	869
Hemiramphidae	870
CLUPEIFORMES	872
Clupeidae	872
Denticipitidae	872
ELOPIFORMES	872
Megalopidae	872
ESOCIFORMES	873, 874
Esocidae	873
Umbridae	874
GADIFORMES	875
Gadidae	875
Lotidae (jetzt Unterfamilie der Gadidae)	
Phycidae	875
GASTEROSTEIFORMES	876–879
Gasterosteidae	876
Indostomidae	878
Syngnathidae	878
GONORHYNCHIFORMES	880, 881
Kneriidae	880
Phractolaemidae	881
GYMNOTIFORMES	882–885
Apteronotidae	882
Electrophoridae	883
Gymnotidae	883
Hypopomidae	884
Rhamphichthyidae	885
Sternopygidae (mit Eigenmanniidae)	885

Gruppe 10 — Teleostei
Verschiedene Echte Knochenfische

MUGILIFORMES	886,887
Mugilidae	887
OSMERIFORMES	888–891
Aplochitonidae (hier als Teil der Galaxiidae)	
Galaxiidae	889
Lepidogalaxidae	891
Retropinnidae	891
OSTEOGLOSSIFORMES	892–902
Gymnarchidae	893
Mormyridae	893
Notopteridae	900
Osteoglossidae	901
Pantodontidae	902
PERCIFORMES – siehe Gruppe 9	783–844
Bleniidae	
Bovichthyidae	
Channidae	
Eleotridae (als Eleotrinae Teil der Gobiidae)	
Gadopsidae (Teil der Percichthyidae)	
Gobiidae	
Luciocephalidae (Unterordnung Anabantoidei – Gruppe 7)	
Percichthyidae	
Polynemidae	
Sciaenidae	
Sillaginidae	
PERCIFORMES	903
Aphredoderidae	903
PLEURONECTIFORMES	903,904
Achiridae	903
Soleidae	904
SALMONIFORMES	905–910
Coregonidae (jetzt Unterfamilie der Salmonidae, siehe dort)	
Salmonidae	906
Thymallidae (jetzt Unterfamilie der Salmonidae, siehe dort)	
SCORPAENIFORMES	911–913
Comephoridae	911
Cottidae	911
Cottocomephoridae (jetzt Unterfamilie der Cottidae, siehe dort)	
Platycephalidae	913
Scorpaenidae	913
SYNBRANCHIFORMES	914–918
Mastacembelidae	915
Synbranchidae	918
TETRAODONTIFORMES	919–922
Tetraodontidae	919
Triacanthidae	922

ANGUILLIFORMES
Anguillidae[2-4]
Muraenidae[5]
Ophichthidae[6]

AALARTIGE
Echte Aale
Muränen

Ordnung Anguilliformes

Die Aalartigen bestehen aus 15 Familien mit 738 Arten in 141 Gattungen (NELSON, 1994). Es ist oft schwer zu erkennen, welche Larve zu welcher erwachsenen Art gehört.

Aale unternehmen weite Wanderungen, um sich zu vermehren (z.B. *Anguilla anguilla* von Europa zur Sargassosee). Aalblut enthält ein starkes Nervengift. Es handelt sich aber trotzdem um beliebte Speisefische, die auch kommerziell gezüchtet werden.

Anguilla anguilla 3/935
Europäischer Aal
H: Europa.
♀: 60 cm größer. V: –
Z: Natur: weite Wanderungen. F: K,O
T: 4–20°C, L: ♀ 150 cm, pH: 7, SG: 1–4

Anguilla japonica 4/744
Asiatischer Aal
H: W-USA, Japan, China.
♀: 60 cm größer. V: –
Z: Im Alter von 7–10 Jahren; Meer. F: K,O
T: 4–27°C, L: ♀ 120 cm, pH: 7, SG: 1–4

Anguilla rostrata 4/744
Amerikanischer Aal
H: O-Kanada, O-USA, Karibik.
♀: 60 cm größer. V: –
Z: Weite Wanderungen; Meer. F: K,O
T: 4–25°C, L: ♀ 120 cm, pH: 7, SG: 1–4

Gymnothorax tile 5/1080
Süßwassermuräne 1% Bw
H: Philippinen, Indo., Sum., Bor., Sing.
GU: Nicht erkennbar. V: =
Z: Pelagische Eier?; Meer. F: K
T: 23–28°C, L: 60 cm, pH: >7, SG: 4

Dalophis boulengeri 5/1081
Delphinaal
H: NW-Afrika: Mauretanien bis zum Kongo.
GU: Unbekannt. V: =
Z: Weite Wanderungen; Meer. F: K,O
T: 23–28°C, L: 60 cm, pH: >7, SG: 4

ATHERINIFORMES — ÄHRENFISCHARTIGE

Ordnung Atheriniformes

Diese Ordnung besteht aus 3 Unterordnungen mit 8 Familien und 47 Gattungen mit insgesamt über 280 Arten. Die beiden reine Meerwasserarten enthaltenden Familien werden hier nicht behandelt.

ATHERINIFORMES
- Atherinidae 852, 853
- Bedotiidae 853
- Melanotaeniidae 854–863
- Phallostethidae 863
- Pseudomugilidae 863–865
- Telmatherinidae 865

Wenn wir als Aquarianer von den Ährenfischartigen sprechen, denken wir eigentlich nur an die Regenbogenfische und Blauaugen Australiens und Papua Neuguineas. Auf diese Arten konzentriert sich auch der AQUARIEN ATLAS und somit auch dieser INDEX. Trotzdem sei erwähnt, daß auch reine Meerwasserfamilien (Dentatherinidae und Notocheiridae) und einige Unterfamilien der Atherinidae mit amerikanischen Verbreitungsgebieten dazugehören.

Geographische Verbreitung

Das aquaristisch interessante Gebiet konzentriert sich vor allem auf Australien und Papua Neuguinea.

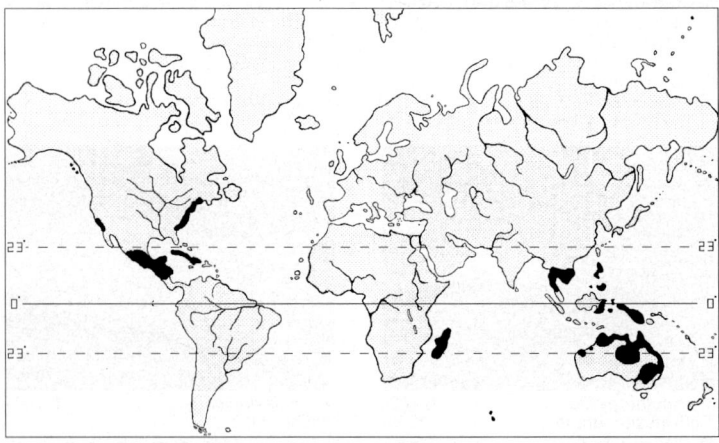

Verbreitungsgebiet der Atheriniformes (Süßwasser).

Die Familien im einzelnen

Was die Salmler (Gruppe 2) für Südamerika sind, sind diese Regenbogenfische für den australischen Raum. Ihre Farbenpracht und Schwimmfreudigkeit zusammen mit ihrer bescheidenen Größe und oftmals geringen Ansprüchen machen aus diesen Friedfischen ideale Arten für Gesellschaftsbecken. Ihre Beliebtheit hat in den letzten Jahren stark zugenommen, was mit einer deutlichen Verbesserung der Auswahl der angebotenen Arten einhergeht.

Die Ährenfischartigen sind leicht mit Flockenfutter und gefriergetrocknetem Futter zu ernähren; es handelt sich um Allesfresser, deren Nahrung jedoch eher eiweißreich sein sollte. Sie sind Freilaicher zwischen Pflanzen. Als Aquariendekoration bieten sich dichte Bepflanzung und Stein- und Wurzelverstecke an. Die meisten Arten sind Schwarmfische. Ein freier Schwimmraum muß erhalten bleiben, und die Filterung sollte großzügig dimensioniert sein, denn die meisten Arten sind klares, bewegtes und sauerstoffreiches Wasser gewohnt (es gibt Ausnahmen). Der Bodengrund sollte aus Sand bestehen.

Familie Atherinidae
Die Familie der Ährenfische enthält etwa 25 Gattungen mit insgesamt 165 Arten in 4 Unterfamilien. Es handelt sich weitgehend um Meeresbewohner, doch etwa 50 Arten sind Süßwasserfische. Sie sind im südlichen mexikanischen Plateau, den östlichen USA, Kuba (*Alepidomus evermanni*) sowie Australien und Neuguinea (etwa 20 Arten in der Gattung *Craterocephalus*) beheimatet.

Craterocephalus lacustris (S. 852) ist zwar friedlich, aber sehr stressempfindlich, so daß für ihn ein Artbecken empfohlen wird.

Familie Bedotiidae
Diese Familie besteht aus 2 Gattungen mit insgesamt 9 Arten. Ihr Verbreitungsgebiet ist auf Madagaskar beschränkt.

Familie Melanotaeniidae
Diese sind die Regenbogenfische schlechthin. Die Familie besteht aus 53 Arten in 6 Gattungen. Sie sind in Nord- und Ostaustralien und in Neuguinea sowie auf einigen Nachbarinseln zu finden. Männchen sind meist hochrückiger und farbiger, doch brauchen einige Arten lange Zeit, um auszufärben.

Die meisten Arten bevorzugen neutrales bis leicht alkalisches Wasser und mittlere Härte.

Familie Phallostethidae
Vier Gattungen in 2 Unterfamilien mit insgesamt 19 Arten gehören zur Familie Phallostethidae. Diese sind in Brack- und Süßgewässern Südostasiens beheimatet. Eine besondere Eigenschaft ihrer Mitglieder ist die Anwesenheit eines Priapiums (ein andropodiumähnliches Begattungsorgan) bei Männchen. Die Befruchtung findet intern statt, aber es werden Eier gelegt. Das Priapium liegt entweder rechts oder links, die Analöffnung auf der gegenüberliegenden Seite; es handelt sich um asymmetrische Fische.

ATHERINIFORMES
Atherinidae

Ährenfische

Familie Pseudomugilidae
Die Familie der Blauaugenfische besteht aus 15 Arten in 3 Gattungen in Brack- und Süßwasser, sowie selten in Meerwasser des indoaustralischen Raumes.

Familie Telmatherinidae
Die Sulawesi Regenbogenfische bestehen aus etwa 17 Arten in 4 Gattungen, die in Süß- und Brackwasser von Sulawesi und von Inseln westlich von Neuguinea leben. Sie fallen durch ihre „eigenwilligen Flossenanordnungen" auf.

Craterocephalus eyresii 2/1054

H: S-Australien u. Nordterritorium.
GU: Unbekannt. **V:** +
Z: Kein Bericht. **F:** K,O
T: 24–30°C, **L:** 10 cm, **pH:** 7, **SG:** 2–3

Craterocephalus kailolae 5/998
Kailola-Hartköpfchen
H: O-Papua Neuguinea.
GU: Unbekannt. **V:** +
Z: Freilaicher über Pflanzen? **F:** K,O
T: 22–24°C, **L:** 7 cm, **pH:** 7, **SG:** 4

Craterocephalus lacustris 5/998
Kutubu-Hartköpfchen
H: O-Papua Neuguinea: Kutubusee.
GU: Nicht erkennbar. **V:** +(–,Stress)
Z: Unbekannt. **F:** K,O
T: 22–24°C, **L:** <13 cm, **pH:** >7, **SG:** 4

Craterocephalus marjoriae 2/1054
Marjorie-Süßwasserährenfisch
H: Australien: S-Queensland: Küstenflü.
GU: Unbekannt. **V:** +
Z: Kein Bericht. **F:** K,O
T: 24–30°C, **L:** 8 cm, **pH:** 7, **SG:** 2

Craterocephalus nouhuysi 5/1000
Fly Hartköpfchen
H: Australien.
GU: Nicht erkennbar. **V:** +
Z: Freilaicher über Pflanzen? **F:** K,O
T: 22–24°C, **L:** 12 cm, **pH:** >7, **SG:** 3

ATHERINIFORMES
Atherinidae[1, 4]
Bedotiidae[5, 6]

Ährenfische

Craterocephalus stercusmuscarum   2/1056
Gesprenkelter Süßwasserährenfisch
H: Australien: Queensland.
GU: Unbekannt.   V: +
Z: Kein Bericht.   F: O
T: 24–30°C, L: 10 cm, pH: <7, SG: 2

Labidesthes siccula   5/1000
Rotmaul-Ährenfisch
H: N-Amerika: USA, Kanada.
♂: Farbiger, blutrotes Maul.   V: =
Z: Freilaicher über Pflanzen?   F: K,O
T: 10–20°C, L: 13 cm, pH: 7, SG: 3–4

Menidia menidia   5/1002
Mondährenfisch
H: O-Küste USA. (Brackwasser)
♂: Schlanker zur Laichzeit.   V: +
Z: Gezeitenbereich über Gras.   F: K,O
T: 8–24°C, L: 10 cm, pH: >7, SG: 3–4

Quirichthys stramineus   2/1056

H: Australien: Queensland, Nordterritorium.
GU: Unbekannt.   V: +
Z: Kein Bericht.   F: K,O
T: 25–30°C, L: 7 cm, pH: 7, SG: 2–3

Bedotia geayi   1/822
Madagaskar-Ährenfisch, Rotschwanz-Ä.
H: Madagaskar.
♂: Farbiger; D1 spitz.   V: +
Z: Pflanzenlaicher.   F: K,O
T: 20–24°C, L: 15 cm, pH: 7, SG: 2

Rheocles sikurae   5/1002

H: Madagaskar: Andasibe.
GU: Unbekannt.   V: =
Z: Pflanzenlaicher?   F: K,O
T: 18–22°C, L: 8 cm, pH: 7, SG: 3

ATHERINIFORMES
Melanotaeniidae   Regenbogenfische

Cairnsichthys rhombosomoides 2/1108
Cairns-Regenbogenfisch

H: Australien: N-Queensland.
♂: Hochrückiger, gelbe Flossenränd. V: +
Z: Freilaicher zw. Pflanzen.   F: K,O
T: 21–25°C, L: ♂ 8 cm, pH: >7, SG: 3–4

Cairnsichthys rhombosomoides ♂ 5/1063
Cairns Regenbogenfisch

Chilatherina axelrodi ♂   3/1012
Axelrods Regenbogenfisch

H: Papua Neuguinea: Bei Bewani.
♂: Hochrückiger; spitze Flossen.   V: +
Z: Freilaicher zw. Pflanzen.   F: O
T: 27–30°C, L: ♂ 10 cm, pH: >7, SG: 2

Chilatherina bleheri ♂   2/1108
Blehers Regenbogenfisch

H: Neuguinea: Irian Jaya.
♂: Schlanker, farbiger.   V: +
Z: Freilaicher zw. Pflanzen.   F: K,O
T: 23–27°C, L: ♂ 10 cm, pH: >7, SG: 2

Chilatherina bulolo ♀   4/789
Bulolo-Regenbogenfisch

H: Papua Neuguinea: Markham-System.
♂: Hochrückiger, farbiger.   V: =
Z: Freilaicher zw. Pflanzen.   F: O
T: 24–26°C, L: 8 cm, pH: 7, SG: 2

Chilatherina campsi   2/1110
Hochland-Regenbogenfisch

H: Papua Neuguinea: Zentrales Hochland.
♂: Etwas hochrückiger u. farbiger. V: +
Z: Natur: Dauerl. zw. Pflanzen.   F: K,O
T: 21–26°C, L: ♂ 10 cm, pH: >7, SG: 2–3

ATHERINIFORMES
Melanotaeniidae   Regenbogenfische

Chilatherina crassispinosa ♂ 4/790
Silberregenbogenfisch, Silberner Regenb.
H: N- Neuguinea.
♂: Hochrückiger, farbiger.   V: +
Z: Dauerlaicher zw. Pflanzen.   F: O
T: 25–30°C, L: ♂ 9 cm, pH: >7, SG: 2

Chilatherina crassispinosa ♀ 2/1110
Silberregenbogenfisch, Silberner Regenb.

Chilatherina fasciata ♂ 2/1112
Gestreifter Regenbogenfisch
H: Papua Neuguinea: Wanam-See.
♂: Farbiger, heller.   V: +
Z: Freilaicher zw. Pflanzen.   F: K,O
T: 28–32°C, L: ♂ 11 cm, pH: >7, SG: 2

Chilatherina lorentzi ♀ 3/1012
Lorentz-Regenbogenfisch
H: N-Papua Neuguinea.
♂: Hochrückiger, spitzere D u. A.   V: +
Z: Freilaicher zw. Pflanzen.   F: O
T: 26–30°C, L: ♂ 12 cm, pH: >7, SG: 2

Chilatherina sentaniensis 2/1112
Sentani-Regenbogenfisch
H: Neuguinea: Sentani-See?
♂: 1,5 cm größer.   V: =
Z: Unbekannt.   F: K,O
T: 24–28°C, L: ♂ 11,5 cm, pH: 7, SG: 2–3

Glossolepis incisus ♂ 1/850
Lachsroter Regenbogenf., Roter Guinea R.
H: Neuguinea: Sentani-See.
♂: Hochrückiger, mehr rot.   V: +
Z: Freilaicher zw. Pflanzen.   F: K,O
T: 22–24°C, L: 15 cm, pH: >7, SG: 2

ATHERINIFORMES
Melanotaeniidae   Regenbogenfische

Glossolepis maculosus 2/1114
Gefleckter Regenbogenfisch
H: Neuguinea: Omsis-Fluß.
♂: Etwas hochrückiger u. farbiger. V: +
Z: Dauerlaicher zw. Pflanzen. F: K,O
T: 23–27°C, L: 6 cm, pH: >7, SG: 2

Glossolepis multisquamatus ♂ 2/1114
Sepik-Regenbogenfisch
H: Neuguinea: Untere Sepik-Fluß.
♂: Hochrückiger, farbiger. V: +
Z: Freilaicher zw. Pflanzen. F: K,O
T: 26–30°C, L: ♂ 13 cm, pH: 7, SG: 2

Glossolepis multisquamatus ♂ 4/790
Sepik-Regenbogenfisch

Glossolepis multisquamatus ♂ 4/790
Sepik-Regenbogenfisch

Glossolepis ramuensis ♂ 4/792
Ramu-Regenbogenfisch
H: Papua Neuguinea: Ramu-System.
♂: Hochrückiger, farbiger. V: +
Z: Freilaicher zw. Pflanzen. F: O
T: 24–27°C, L: 8 cm, pH: 7, SG: 1

Glossolepis wanamensis ♂ 2/1116
Lake Wanam-Regenbogenfisch
H: Papua Neuguinea: Lake Wanam. E
♂: Hochrückiger; D₁ u. A größer. V: +
Z: Freilaicher zw. Pflanzen. F: K,O
T: 26–30°C, L: ♂ 10 cm, pH: >7, SG: 2

ATHERINIFORMES
Melanotaeniidae
Regenbogenfische

Iriatherina werneri o.♂,u.♀ 2/1116
Filigran-Regenbogenfisch
H: S-Neuguinea, N-Australien.
♂: Größere Flossen, farbiger. V: +
Z: Freilaicher zw. Javamoos. F: K,O
T: 24–28°C, L: ♂ 5 cm, pH: 7, SG: 2–3

Melanotaenia affinis ♂ 2/1118
H: N-Neuguinea.
♂: Spitze Dorsale u. Anale, farbiger. V: +
Z: Freilaicher. F: K,O
T: 20–30°C, L: 12 cm, pH: >7, SG: 2

Melanotaenia angfa ♂ 4/792
Yakati-Regenbogenfisch
H: Neuguinea: Yakati River.
♂: Hochrückiger u. farbiger? V: +
Z: Freilaicher zw. Pflanzen? F: O?
T: 24–26°C, L: 13 cm, pH: 7, SG: 3

Melanotaenia arfakensis 4/794
Arfak-Regenbogenfisch
H: Neuguinea: Prafi-System.
♂: Seitenband deutl., dunkl. Flossen. V: +
Z: Freilaicher; etwas schwieriger. F: O
T: 24–28°C, L: 9 cm, pH: 7, SG: 2–3

Melanotaenia boesemani ♂ 2/1118
Boeseman's Regenbogenfisch
H: Neuguinea: Ajamaru Seen.
♂: Hochrückiger, farbiger, orange. V: +
Z: Dauerlaicher zw. Pflanzen. F: K,O
T: 27–30°C, L: ♂ 10 cm, pH: >7, SG: 2

Melanotaenia boesemani ♂ 2/1118
Boeseman's Regenbogenfisch
Ausgefärbt.

ATHERINIFORMES
Melanotaeniidae   Regenbogenfische

Melanotaenia eachamensis ♂ 2/1120
Lake Eacham Regenbogenfisch
H: Australien: Lake Eacham. E
♂: Hochrückiger, farbiger.   V: +
Z: Unbekannt.   F: K,O
T: 24–30°C, L: 8 cm, pH: >7, SG: 2

Melanotaenia exquisita ♂   2/1120

H: Australien: Edith River, Lake Malkyllumbo.
♂: Hochrückiger, farbiger.   V: +
Z: Unbekannt.   F: K,O
T: 24–30°C, L: ♂ 7 cm, pH: 7, SG: 2

Melanotaenia fluviatilis ♂   1/850
Australischer Perlmutterregenbogenfisch
H: Australien: New South Wales, Queensl.
♂: Rote Linien am Schwanzstiel.   V: +
Z: Freilaicher zw. Pflanzen.   F: K,O
T: 22–25°C, L: 10 cm, pH: >7, SG: 2

Melanotaenia fredericki   4/794
Sorong-Regenbogenfisch
H: Neuguinea: Irian Jaya.
♂: Etwas farbiger, Flossen auch rund! V: +
Z: Freilaicher zw. Pflanzen.   F: O
T: 24–28°C, L: 10 cm, pH: 7, SG: 2–3

Melanotaenia goldiei o.♀, u.♂   2/1122
Goldie Regenbogenfisch
H: Neuguinea u. Aru Inseln: Verbreitet.
♂: Hochrückiger, farbiger, größer.   V: +
Z: Freilaicher zw. Pflanzen.   F: K,O
T: 25–28°C, L: 12 cm, pH: >7, SG: 2

Melanotaenia gracilis   2/1122
Schlanker Regenbogenfisch
H: Australien: N-Westaustralien.
♂: Hochrückiger, größer.   V: +
Z: Unbekannt.   F: K,O
T: 22–28°C, L: ♂ 7,5 cm, pH: >7, SG: 2

ATHERINIFORMES
Melanotaeniidae

Regenbogenfische

Melanotaenia herbertaxelrodi ♂ 2/1124
Lake Tebera-Regenbogenfisch
H: Papua Neuguinea: Lake Tebera Bassin.
♂: Hochrückiger, farbiger. V: +
Z: Freilaicher zw. Pflanzen. F: K,O
T: 20–26°C, L: 9 cm, pH: >7, SG: 2

Melanotaenia irianjaya ♂ 4/796
Irian Jaya-Regenbogenfisch
H: Neuguinea: Irian Jaya.
♂: Etwas farbenprächtiger. V: +
Z: Freilaicher zw. Pflanzen. F: O
T: 23–26°C, L: <10 cm, pH: <7, SG: 2

Melanotaenia irianjaya ♀ 4/796
Irian Jaya-Regenbogenfisch

Melanotaenia lacustris 3/1015
Kutubu-Regenbogenfisch, Aquamarin-R.
H: S-Neuguinea: Kutubu-See. E
♂: Dunklere, längere Flossen; farbiger. V: +
Z: Freilaicher zw. Pflanzen. F: O
T: 20–24°C, L: 12 cm, pH: >7, SG: 2–3

Melanotaenia maccullochi 1/852
Zwergregenbogenfisch
H: NO-Australien, im Süden bis Sydney.
♂: Spitzere Flossen, farbiger. V: +
Z: Freilaicher zw. Pflanzen. F: K,O
T: 20–25°C, L: 7 cm, pH: >7, SG: 1

Melanotaenia maccullochi ♂ 3/1016
Zwergregenbogenfisch
H: S-Papua Neuguinea Variante.
♂: Farbiger, schlanker. V: +
Z: Freilaicher zw. Pflanzen. F: O
T: 24–30°C, L: <7 cm, pH: 7, SG: 1

KNOCHENF.

ATHERINIFORMES
Melanotaeniidae   Regenbogenfische

Melanotaenia maccullochi ♂ 3/1016
Zwergregenbogenfisch
H: Australien: Harvey Creek.

Melanotaenia monticola u.♀,o.♂ 3/1018
Gebirgsregenbogenfisch
H: Papua Neuguinea: bei Mendi.
♂: Hochrückiger, spitzere Flossen. **V:** +
Z: Freilaicher zw. Pflanzen.   **F:** O
T: 18–22°C, **L:** 9 cm, **pH:** 7, **SG:** 3

Melanotaenia nigrans ♂ 2/1124
Großer Regenbogenfisch
H: SW-Papua Neuguinea.
♂: A u. D_2 mit schwarzem Saum. **V:** +
Z: Freilaicher zw. Pflanzen.   **F:** K,O
T: 18–24°C, **L:** ♂ 7 cm, **pH:** >7, **SG:** 1

Melanotaenia oktediensis ♂ 4/798
Oktedi-Regenbogenfisch
H: S-Papua Neuguinea: Ok Tedi River.
♂: 2. Dorsale u. Anale länger.   **V:** +
Z: Freilaicher zw. Pflanzen.   **F:** O
T: 23–26°C, **L:** 11 cm, **pH:** 7, **SG:** 2–3

Melanotaenia papuae ♂ 2/1126
Papua-Regenbogenfisch (var?)
H: Neuguinea: Bei Port Moresby.
♂: Größer, farbiger.   **V:** +
Z: Freilaicher zw. Pflanzen.   **F:** K,O
T: 22–32°C, **L:** ♂ 6,5 cm, **pH:** >7, **SG:** 2

Melanotaenia papuae ♂ 4/798
Papua-Regenbogenfisch
H: Neuguinea: Bei Port Moresby.
♂: Etwas größer u. farbiger.   **V:** +
Z: Freilaicher zw. Pflanzen.   **F:** O
T: 24–30°C, **L:** ♂ 7,5 cm, **pH:** >7, **SG:** 1–2

ATHERINIFORMES
Melanotaeniidae

Regenbogenfische

Melanotaenia parkinsoni ♂ 2/1126
Parkinsons Regenbogenfisch
H: Neuguinea: Kamp Welsh River.
♂: Hochrückiger, farbiger. V: +
Z: Freilaicher zw. Pflanzen. F: K,O
T: 26–30°C, L: ♂ 12 cm, pH: >7, SG: 2–3

Melanotaenia praecox ♂ 4/796
Diamant-Regenbogenfisch
H: Neuguinea: Irian Jaya.
♂: Hochrückiger, farbiger, größer. V: +
Z: Freilaicher zw. Pflanzen. F: K,O
T: 22–28°C, L: 6 cm, pH: <7, SG: 2–3

Melanotaenia sexlineata ♂ 4/800
Fly River-Regenbogenfisch
H: Papua Neuguinea: Oberer Fly River.
♂: Hochrückiger, gelber. V: +
Z: Freilaicher zw. Pflanzen. F: O
T: 24–26°C, L: 7 cm, pH: >7, SG: 2

Melanotaenia splendida australis ♂
Westlicher Regenbogenfisch 2/1128
H: Westaustralien.
♂: Farbiger, längere Flossen. V: +
Z: Freilaicher zw. Pflanzen. F: K,O
T: 22–28°C, L: ♂ 10 cm, pH: 7, SG: 2

Melanotaenia splendida australis ♀
Westlicher Regenbogenfisch 4/800

Melanotaenia splendida inornata o.♀
2/1131

ATHERINIFORMES
Melanotaeniidae   Regenbogenfische

Melanotaenia splendida rubrostriata ♂
Rotgestreifter Regenbogenfisch 2/1128
H: Neuguinea: Zentral Irian Jaya.
♂: Hochrückiger, farbiger, größer. V: +
Z: Freilaicher zw. Pflanzen. F: K,O
T: 24–28°C, L: ♂ 13 cm, pH: >7, SG: 2–3

Melanotaenia splendida splendida ♂
Kap York-Regenbogenfisch 1/852
H: Australien: Kap York Halbinsel.
♂: Hochrückiger, farbiger. V: +
Z: Freilaicher zw. Pflanzen. F: K
T: 20–25°C, L: 15 cm, pH: 7, SG: 2

Melanotaenia splendida tatei ♂ 3/1018
Wüstenregenbogenfisch
H: Zentral-Australien.
♂: Hochrückiger, A u. D_2 spitzer. V: +
Z: Freilaicher zw. Pflanzen. F: O
T: 20–30°C, L: <10 cm, pH: 7, SG: 2

Melanotaenia trifasciata ♂ 2/1132
Juwelen Regenbogenfisch
H: Australien: Nordterritorium, Cap York.
♂: Farbiger, spitzere A u. D_2. V: +
Z: Freilaicher zw. Pflanzen. F: K,O
T: 25–30°C, L: 12 cm, pH: 7, SG: 2

Melanotaenia trifasciata ♂ 2/1132
Juwelen Regenbogenfisch
Giddy River, Arnhemland

Melanotaenia trifasciata ♂ 2/1132
Juwelen Regenbogenfisch
Coen, Cape York Halbinsel, NO-Australien

ATHERINIFORMES
Melanotaeniidae 1–3
Phallostethidae[4]
Pseudomugilidae[5–6]

Regenbogenfische

Blauaugen

Melanotaenia trifasciata ♂ 2/1132
Juwelen Regenbogenfisch

Rhadinocentrus ornatus ♂ 2/1140
„Regenbogenbarsch", Weichstrahl-Sonnenf.
H: Australien: N-Neusüdwales, S-Queensl.
♂: Spitze D_2; farbiger; 3 cm größer. V: +
Z: Dauerlaicher; leicht. F: K,O
T: 20–30°C, L: ♂ 7 cm, pH: <7, SG: 2

Rhadinocentrus ornatus ♂ 2/1140
„Regenbogenbarsch", Weichstrahl-
Sonnenfisch
Blaue Form

Gulaphallus mirabilis ♂ 5/1082
Phallus-Wunderfisch
H: Philippinen. 1–2% Bw.
♂: Mit Priapium (Begattungsorgan). V: +
Z: Innere Befrucht., Eierleger. F: K
T: 23–28°C, L: 3,3 cm, pH: >7, SG: 4

Kiunga ballochi 3/1026
Kiunga-Blauauge
H: Papua Neuguinea: Oberer Fly River.
GU: Unbekannt. V: +
Z: Unbekannt. F: O
T: 24–26°C, L: 3 cm, pH: >7, SG: 3

Pseudomugil conniae ♂ 2/1134
Popondetta-Regenbogenfisch, Connies R.
H: Papua Neuguinea: Bei Popondetta.
♂: D_1 höher; farbiger V: =
Z: Freilaicher zw. Pflanzen. F: K,O
T: 25–28°C, L: ♂ 5,5 cm, pH: >7, SG: 2

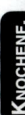

ATHERINIFORMES
Pseudomugilidae   Blauaugen

Pseudomugil furcatus o. ♀, u. ♂   2/1134
Gabelschwanz-Regenbogenfisch
H: O-Neuguinea.
♂: D₁ ausgezogen; farbiger   V: +
Z: Freilaicher zw. Pflanzen.   F: K,O
T: 24–26°C, L: ♂ 5,5 cm, pH: >7, SG: 2

Pseudomugil gertrudae ♂   2/1136
Gertruds R., Gepunkteter R., Geflecktes Blauauge
H: Australien, Neuguinea, Aru Inseln.
♂: Farbiger, längere Flossen.   V: +
Z: Dauerlaicher; 28 Tage lagern. F: K,O
T: 25–30°C, L: 3 cm, pH: <7, SG: 2

Pseudomugil mellis ♂ ♂   2/1136
Honig-Regenbogenfisch, Honig-Blauauge
H: Australien: Queensland.
♂: Farbiger, längere Flossen.   V: +
Z: Dauerlaicher zw. Pflanzen.   F: K,O
T: 24–28°C, L: 3 cm, pH: <7, SG: 2

Pseudomugil novaeguineae   4/820
Guinea-Blauauge
H: Neuguinea.
♂: Farbiger, spitzere Flossen.   V: +
Z: Freilaicher zw. Pflanzen.   F: K,O
T: 26–30°C, L: 3,5 cm, pH: 7, SG: 2–3

Pseudomugil paludicola   3/1026
Sumpf-Blauauge
H: W-Papua Neuguinea.
GU: Unbekannt.   V: –
Z: Freilaicher zw. Pflanzen?   F: O
T: 26–30°C, L: 3–3,5 cm, pH: >7, SG: 3

Pseudomugil paskai ♂   4/820
Paska-Blauauge
H: Papua Neuguinea: Nahe Kiunga.
♂: Ausgezogene Flossen; farbiger. V: +
Z: Freilaicher zw. Pflanzen.   F: K,O
T: 22–26°C, L: 3 cm, pH: 7, SG: 3–4

ATHERINIFORMES
Pseudomugilidae[1-3]
Telmatherinidae[4-6]

Blauaugen
Sulawesi Regenbogenfische

Pseudomugil signifer ♂ 1/822
Schmetterlingsährenfisch, Celebes-Ährenf.
H: Australien: N- u. O-Queensland.
♂: Größer; farbiger. V: +
Z: Freilaicher zw. Pflanzen. F: K,O
T: 23–28°C, L: 4,5 cm, pH: 7, SG: 2

Pseudomugil signifer Cairns Form 2/1138
Schmetterlingsregenbogenf., Pazifik-Blauau.
H: Australien: N- u. O-Queensland.
♂: Farbiger, längere Flossen V: +
Z: Dauerlaicher zw. Pflanzen. F: K,O
T: 23–28°C, L: 4 cm, pH: <7, SG: 2

Pseudomugil tenellus 2/1138
Schönes Blauauge
H: Australien: O-Alligator River System.
♂: Etwas intensiver gefärbt. V: +
Z: Dauerlaicher zw. Pflanzen. F: K,O
T: 28–35°C, L: 4 cm, pH: <7, SG: 2

Telmatherina celebensis 3/938
Towoeti Sonnenstrahlfisch
H: Indonesien: Sulawesi: Towoeti-See.
♂: Flossen etwas verlängert. V: +
Z: Freilaicher zw. Pflanzen. F: O
T: 24–26°C, L: 8 cm, pH: 7, SG: 3–4

Telmatherina ladigesi o.♂, u.♀ 1/824
Celebes Sonnenstrahlfisch
H: Indonesien: Sulawesi.
♂: Flossen verlängert; farbiger V: +
Z: Freilaicher zw. Pflanzen. F: K,O
T: 22–28°C, L: 7,5 cm, pH: 7, SG: 2–3

Tominanga sanguicauda 5/1100
Blutschwanz-Ährenfisch
H: Indonesien: Sulawesi.
♂: Flossen verlängert; farbiger V: =
Z: Bisher nicht beschrieben. F: K,O
T: 20–26°C, L: 6 cm, pH: 7, SG: 3

BATRACHOIDIFORMES
Batrachoididae

FROSCHFISCHARTIGE
Froschfische

Ordnung Batrachoidiformes

Die Ordnung der Froschfischartigen besteht aus nur einer Familie mit 3 Unterfamilien mit insgesamt 69 Arten in 19 Gattungen. Es handelt sich hauptsächlich um bodenorientierte litorale Meerwasserbewohner, aber auch Brackwasser- und einige wenige Süßwasserbewohner sind dabei.

Einige Froschfische (so auch die vorgestellte Art) können quakende Laute erzeugen. Die Stacheln ihrer vorderen Dorsale und der Kiemendeckeldornen können giftig sein; das Gift erzeugt nur Schmerzen und ist sonst nicht gefährlich (außer bei Allergie). Viele der Arten können in sehr sauerstoffarmem Wasser leben und sogar mehrere Stunden außerhalb des Wassers überdauern.

Froschfische sind wenig aktive, bodenorientierte Raubfische, die ihre Beute mit einem kräftigen Sog ins Maul spülen. Im Aquarium brauchen sie Versteckmöglichkeiten und zumindest 2,5–3% Salzgehalt; Langzeithaltung in Süßwasser ist nicht möglich.

Batrachus grunniens 3/939
Froschfisch, „Löwenkopfwels" Mw,Bw
H: Indischer Ozean, auch Flußmündungen.
GU: Unbekannt. V: –
Z: Unbekannt. F: K
T: 23–28°C, L: 20 cm, pH: >7, SG: 4

BELONIFORMES

Ordnung Beloniformes

Diese Ordnung besteht aus 5 Familien mit 191 Arten in 38 Gattungen. Etwa 51 Arten leben in Süßwasser und leichtem Brackwasser. Früher wurden sie als Teil der Cyprinodontiformes (Gruppe 5) angesehen (NELSON, 1994).

Die Exocoetidae – Fliegende Fische – sind Teil der Beloniformes, aber als reine Meerwasserbewohner werden sie hier im INDEX nicht behandelt.

Für die Süßwasseraquaristik interessant sind die folgenden Familien:

Familie Adrianichthyidae

Arten dieser Familie – auch Reisfische oder Asiatische Leuchtaugenfische genannt – besiedeln Süß- und Brackwasser von Indien bis Japan und dem Indoaustralischen Archipel. Die Familie besteht aus 3 Unterfamilien mit 18 Arten in 4 Gattungen.

Im Aquarium sollte für mehrere Arten dem Wasser etwas Salz (Tendenz zum Brackwasser) zugegeben werden. Auch gibt es Arten, die gegenüber Stickstoffverbindungen sehr empfindlich sind und eine starke Filterung brauchen. Die Dekoration sollte ihren Schwerpunk bei einer dichten Rand-

BELONIFORMES
Adrianichthyidae (mit den früheren Oryziidae) — Reisfische

vegetation haben, damit unterlegene Exemplare der in einigen Fällen auftretenden innerartlichen Aggression besser ausweichen können.

Da die Fische dieser Familie relativ farblos sind, hat sie wenig Verbreitung in der Aquaristik gefunden, obwohl die Fortpflanzungsweise ihrer Arten ungewöhnlich ist: Die befruchteten Eier werden vom Weibchen erst einige Zeit an der Bauchunterseite herumgetragen bevor sie zwischen Pflanzen verteilt werden oder sogar bis die Jungen schlüpfen.

Familie Belonidae
Die 10 Gattungen mit 32 Arten enthalten etwa 11 Arten von Hornhechten, die auf Süßwasser in Südamerika, Indien und Südostasien beschränkt sind.

Es sind schreckhafte Arten, die aus dem Wasser springen und sich leicht verletzen können. Aquaristisch ist noch nicht viel über sie bekannt.

Familie Hemiramphidae
Unter den 85 Arten der insgesamt 12 Gattungen sind etwa 24 in Süßgewässern des indoaustralischen Raumes und Südamerika zu finden. Vier Gattungen von Halbschnäblern (*Dermogenys, Hemiramphus, Nomorhamphus, Zenarchopterus*) haben eine modifizierte Analflosse (hier Andropodium genannt und analog dem Gonopodium der Lebendgebärenden Zahnkarpfen), welche als Begattungsorgan die interne Befruchtung der Weibchen ermöglicht. Die ersten drei Gattungen sind lebendgebärend, während die vierte eierlegend ist.

Oryzias celebensis ♀♀ 1/572
Celebesbärbling
H: O-Asien: Indonesien: S-Celebes.
♂: Ausgefranste Anale, längere D. V: =
Z: Eiertraube ins Pflanzendickicht. F: K,O
T: 22–30°C, L: 5 cm, pH: >7, SG: 3

Oryzias latipes ♂ 2/1148
Japankärpfling, Medaka
H: O-Asien: Japan, China, S-Korea.
♂: Farbiger, Flossen größer. V: +
Z: Eiertraube ins Pflanzendickicht. F: O,K
T: 18–24°C, L: 3,5 cm, pH: 7, SG: 2

Oryzias latipes ♀ 2/1148
Japankärpfling, Medaka
Mit Eiertraube.

BELONIFORMES
Adrianichthyidae (mit den früheren Oryziidae) — Reisfische

Oryzias latipes iliensis ♂   5/462
Kaspischer Leuchtaugenfisch
H: Asien: Zuflüsse des Kaspischen Meeres.
♂: Anale länger. ♀: Eitraube.   V: +
Z: Eiertraube ins Pflanzendickicht. F: K,O
T: 12–24°C, L: 4 cm, pH: 7, SG: 2

Oryzias melastigmus ♂   1/572
Schwarzfleckiger Reiskärpfling, Javakärpfl.
H: S-Asien: Sri Lanka, Indien, bis Java.
♂: Ausgefranste Anale, längere D.   V: +
Z: Eiertraube ins Pflanzendickicht. F: O,K
T: 22–26°C, L: 5 cm, pH: 7, SG: 2–3

Oryzias minutillus ♂   3/579
Zwergreiskärpfling
H: SO-Asien: SO-Thailand bis Malaysia.
♂: Etwas größer u. schlanker.   V: +
Z: Eiertraube ins Pflanzendickicht. F: K
T: 22–26°C, L: 2 cm, pH: 7, SG: 4

Oryzias nigrimas ♂   5/462
Schwarzmantel-Reiskärpfling
H: Indonesien: Sulawesi: Lake Poso.
♂: Dunkler, Flossen verlängert.   V: (–)
Z: Eiertraube ins Pflanzendickicht. F: K
T: 20–26°C, L: 6 cm, pH: >7, SG: 2–3

Oryzias sp. „Bentota" ♂ *O. melastigmus*?
Sri Lanka-Leuchtaugenf., Bentota-Reiskär.
H: Sri Lanka: Bei Beruwala.   5/464
♂: Farbiger, Flossen größer; kleiner. V: +
Z: Eiertraube ins Pflanzendickicht. F: K,O
T: 18–25°C, L: 4 cm, pH: ≫7, SG: 4

Xenopoecilus sarasinorum   5/464
Sarasins Schaufelkärpfling
H: Sulawesi: Lindu See. E
♂: Längere Flossen, etwas größer. V: +
Z: Eiertraube bis Schlupf.   F: K
T: 24–30°C, L: 8 cm, pH: >7, SG: 2

BELONIFORMES
Adrianichthyidae[1,2] (mit den früheren Oryziidae)   Reisfische
Belonidae[3–6]   Hornhechte

Xenopoecilus oophorus ♂   5/466

Xenopoecilus oophorus ♀   5/466

H: Sulawesi: Poso See. E.
♂: Kürzere Ventralen.   V: +
Z: Eiertraube bis Schlupf.   F: K
T: 23–28°C, L: 6,5 cm, pH: >7, SG: 3

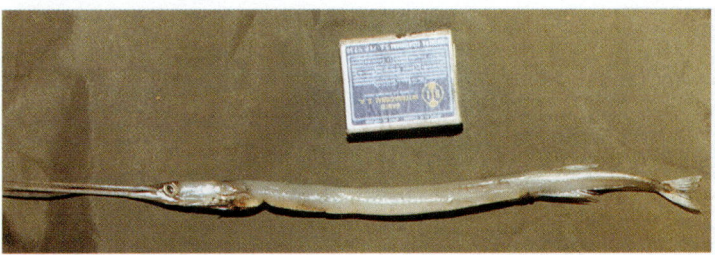

Hornhecht aus dem Rio Suno, einem Klarwasserfluß mit Stein/Sandboden, der in den Rio Napo oberhalb von Coca mündet (Ostecuador, Südamerika). Der Fisch wurde nachts zufällig an der Oberfläche schwimmend in seichtem Wasser über offenem Sand einige Meter vom Ufer gesichtet und mit einem Käscher gefangen. Leider hat er den Transport zur Farm nicht überstanden.

Potamorrhapis guianensis   3/940

H: Amazonien, Guyana-L., Paraguay.
GU: Unbekannt.   V: =
Z: Noch nicht gelungen.   F: K
T: 23–26°C, L: <40 cm, pH: 7, SG: 3–4

Xenentodon cancila   1/826
Süßwasser-Hornhecht

H: Asien: Indien, Sri Lanka, Thai., Burma,...
♂: D u. A mit schwarzem Saum.   V: =
Z: An Pflanzenblättern <15 E. täglich. F: K
T: 22–28°C, L: 32 cm, pH: 7, SG: 4

BELONIFORMES
Belonidae[1]
Hemiramphidae[2-6]

Hornhechte
Halbschnäbler

Xenentodon cancila 1/826
Süßwasser-Hornhecht

Dermogenys ebrardtii 3/1002
Ebrardt-Halbschnäbler
H: SO-Asien: Celebes.
♂: Anale als Andropodium. V: =
Z: 28–42 TT, 20 J, 20 mm. F: K
T: 24–26°C, L: 9 cm, pH: 7, SG: 3

Dermogenys pusillus ♂ 1/841
Hechtköpfiger Halbschnäbler
H: SO-Asien: Thai., Sing., Indo., Malai.Halbi.
♂: Anale als Andropodium. V: =
Z: 20–60 TT, 10–30 J; nicht leicht. F: K
T: 18–30°C, L: 7 cm, pH: 7, SG: 3

Dermogenys pusillus sumatranus o.♂, u.♀
Sumatra-Halbschnäbler 2/1102
H: SO-Asien: Indonesien, Singapur.
♂: Anale als Andropodium; kleiner. V: =
Z: 42–56 TT, <30 J; nicht leicht. F: K
T: 26–30°C, L: ♂ 5 cm, pH: 7, SG: 3

Dermogenys viviparus ♂ 4/782
Luzon Halbschnäbler
H: Philippinen: Luzon.
♂: Anale Andropodium; 2 cm kl. V: +
Z: 42 TT, 25 J. F: K,O
T: 23–28°C, L: ♀ 8,5 cm, pH: 7, SG: 3

Hemirhamphodon chrysopunctatus
Leuchtpunkt-Halbschnäbler 3/1002
H: SO-Asien: S-Borneo: um Benjarmasin.
♂: Anale als Andropodium. V: −
Z: Unbekannt. F: K
T: 24–28°C, L: 8,5 cm, pH: <7, SG: 4

BELONIFORMES
Hemiramphidae
Halbschnäbler

Hemirhamphodon pogonognathus 2/1102
Zahnleistenhalbschnäbler
H: SO-Asien: Thai., Sing., Indo., Malai.Halbi.
♂: Hinterteil Anale Andropodium. V: =
Z: 30–40 J, 12 mm; über 21 Tage. F: K,O
T: 22–28°C, L: ♂ 9 cm, pH: >7, SG: 3

Hemirhamphodon (?) *sp.* 5/1052
Eierlegender Halbschnäbler (!)
H: SO-Asien: Indonesien.
♀: Flächige Anale; rundlicher. V: +
Z: Dauerlaicher zw. Pflanzen. F: K
T: 22–26°C, L: 6 cm, pH: <7, SG: 2

Nomorhamphus liemi liemi l.♀,r.♂ 1/842

H: Indonesien: S-Sulawesi: Maros-Hochl.
♂: Andropodium; 3 cm kleiner. V: +
Z: 42–56 TT, <11 J, 18 mm. F: K
T: 24–26°C, L: ♀ 9 cm, pH: 7, SG: 3

Nomorhamphus liemi snijdersi 1/842

H: Indonesien: Sulawesi: O von Maros.
♂: Andropodium. V: +
Z: 42–56 TT, <11 J, 18 mm. F: K
T: 23–26°C, L: ♀ 9 cm, pH: 7, SG: 3

Zenarchopterus dispar ♀ 4/782
Halbschnabelhecht
H: SO-Asien: Weit verbreitet.
♂: Fiederige Anale. V: –
Z: Fakultativ lebendgebärend? F: K
T: 24–28°C, L: 15 cm, pH: >7, SG: 3–4

Zenarchopterus kampeni ♀ 5/1053
Neuguinea Halbschnäbler
H: Neuguinea: Unterer Sepik, Ramu,....
♂: Anale umgebildet. V: =
Z: Innere Befruchtung? Eierlegend. F: K
T: 24–28°C, L: 18 cm, pH: 7, SG: 3–4

CLUPEIFORMES
Clupeidae[1]
Denticipitidae[2]

Heringsfische
Süßwasseringe

Ordnung Clupeiformes

Die Ordnung der Heringsartigen besteht weitgehend aus Meerwasserfischen, die uns sicher weltweit vom Speiseteller her bekannt sind. Insgesamt zählt man 5 Familien mit fast 360 Arten in 83 Gattungen. Davon sind 80 Arten zumindest zeitweilig auf Süßwasser angewiesen (NELSON, 1994).

Die Fische brauchen viel freien Schwimmraum, und manche Arten ersticken, wenn sie sich nicht genug bewegen können (so auch *Denticeps clupoides*). Es sollte immer ein Schwarm gehalten werden, weshalb ein großes Aquarium gebraucht wird. *Nematolosa erebi* ist sehr stressempfindlich.

Nematolosa erebi 2/1062
Australischer Süßwasserhering
H: Australien, Neuguinea.
♂: Rote Schnauze zur Laichzeit. V: =
Z: Unbekannt. F: O
T: 15–25°C, L: 47 cm, pH: 7, SG: 4

Denticeps clupeoides ♀ 5/1006
Goldstreifen-Süßwasserhering
H: Afrika: SW-Nigeria, SO-Benin, SW-Kam.
♂: Farbigere Flossen. V: +
Z: Unbekannt; Krankheitsanfällig. F: K
T: 20–25°C, L: 5 cm, pH: <7, SG: 3–4

ELOPIFORMES
Megalopidae

Tarpune

Ordnung Elopiformes

Diese Ordnung ist relativ klein mit nur 8 Arten, die sich auf 2 Gattungen in 2 Familien verteilen.

Es handelt sich weitgehend um große Meerwasserbewohner. Für das Heimaquarium sind nur Jungfische geeignet. Die vorgestellte Art sollte zumindest in Brackwasser gehalten werden. Eine Vergesellschaftung kann mit Brackwasserarten erfolgen (z.B. *Monodactylus* spp.), doch erfordert die Haltung dieser Schwarmfische bereits im Artbecken viel Platz.

Megalops cyprinoides 2/1107
Indopazifischer Tarpun
H: Indopaz. Raum: <100 km flußaufwärts.
GU: Unbekannt. V: –
Z: Frühjahr/Sommer. F: K
T: 22–24°C, L: 150 cm, pH: >7, SG: 3–4

ESOCIFORMES
Esocidae   Hechte

Ordnung Esociformes

Die Ordnung der Hechte und Hundsfische besteht aus nur 4 Gattungen mit 10 Arten in 2 Familien. Ihr Verbreitungsgebiet ist auf die nördliche Halbkugel beschränkt. Es handelt sich um Kaltwasserfische, wobei *Dallia pectoralis* (S. 874) einen Extremfall darstellt: diese Art überlebt, solange ihre Körperhöhlenflüssigkeit nicht auch gefroren ist.

Familie Esocidae

Die Familie der Hechte enthält eine Gattung mit 5 Arten. Unter den Hechten ist *Esox lucius* die am meisten gezüchtete. In Nordamerika fast ausschließlich als Sportfisch vermehrt und ausgesetzt, wird er in Europa in der Karpfenfischzucht zur Kontrolle unerwünschter Vermehrung eingesetzt. Hechte sind stationäre Raubfische des Stoßräuber-Typs.

Sie können in Aquarien nur einzeln gehalten werden, da sie sich auch gegenseitig fressen. An die Wasserbedingungen stellen sie keine gehobenen Ansprüche, brauchen aber Unterstände, aus denen sie hervorstoßen.

Familie Umbridae

Die Familie der Hundsfische besteht aus 3 Gattungen mit mindestens 5 Arten. Die Gattung *Dallia* nimmt eine Sonderstellung ein, doch geht die Tendenz in den letzten Jahren dahin, sie in die Familie der Umbridae mit einzubeziehen (NELSON, 1994).

Diese Arten können sich im Schlammboden der Gewässer eingraben (daher in USA: „Mudminnows"). Hundsfische können über ihre Schwimmblase fast ihren gesamten Sauerstoffbedarf decken. Werden sie am Luftholen gehindert, sterben sie selbst in sauerstoffreichen Gewässern an Sauerstoffmangel.

Für die Aquarienhaltung ist eine dichte Randbepflanzung unter Berücksichtigung eines freien Schwimmraums und die Benutzung von feinem Sand als Bodengrund das wichtigste. Mit *Dallia pectoralis* gibt es wenig Erfahrung, aber wahrscheinlich braucht die Art ein Kühlaggregat.

Esox lucius 3/965
Europäischer Hecht
H: Europa u. Sibirien, Nordamerika.
♂: 60 cm kleiner. V: –
Z: Feb. bis Mai an Wasserpflanzen. F: K
T: 10–22°C, L: ♀ 150 cm, pH: 7, SG: 1

Esox niger 3/966
Amerikanischer Hecht
H: Nordamerika: S-Kanada, USA.
♂: Etwas kleiner. V: –
Z: Noch nicht erfolgt. F: K
T: 10–20°C, L: 80 cm, pH: 7, SG: 1–2

ESOCIFORMES
Umbridae

Hundsfische

Dallia pectoralis 3/1044
Fächerfisch
H: Arktische u. subarktische Gewässer.
♂: Blaßrote Flossen zur Laichzeit. V: +,–
Z: Natur: Mai–August, 40–300 E. F: K
T: 4–14°C, L: <33 cm, pH: 7, SG: 4

Novumbra hubbsi ♂ 4/830
H: USA: Olympic-Halbinsel.
♂: Dunkler. V: =
Z: Frühjahr, an Pflanzen. F: K,O
T: 4–25°C, L: 8 cm, pH: 7, SG: 2

Novumbra hubbsi ♀ 4/830

Umbra krameri 3/1044
Ungarischer Hundsfisch
H: Europa: Donau-Unterlauf. Gefährdet.
♂: Kleiner, blasser zur Laichzeit. V: =
Z: Grube, 200–300 E, Mutterfamilie. F: K
T: 10–23°C, L: 11,5 cm, pH: <7, SG: 1–2

Umbra limi 1/870
Amerikanischer Hundsf., Central Mudminnow
H: Nordamerika: Kanada, USA.
♂: Kleiner, zur Laichzeit gelb bis rot. V: =
Z: Grube, 200–300 E, Mutterfamilie. F: K
T: 17–22°C, L: ♀ 15 cm, pH: <7, SG: 2

Umbra pygmaea 1/870
Amerikanischer Hundsf., Eastern Mudminnow
H: Nordamerika: USA: Long Island.
♂: Kleiner. V: +
Z: Grube, 200–300 E, Mutterfamilie. F: K
T: 17–23°C, L: ♀ 15 cm, pH: <7, SG: 2

GADIFORMES
Gadidae (Lotinae[5])
Phycidae (Gaidropsarinae[6])

DORSCHARTIGE
Dorschfische

Ordnung Gadiformes

Die Ordnung der Dorschartigen besteht aus 12 Familien mit etwa 482 Arten in 85 Gattungen. Sie ist weltweit verbreitet, und in der Meeresfischfangindustrie ist sie mit über einem Viertel an der Weltfangquote beteiligt. Die Systematik innerhalb der Ordnung ist noch nicht eindeutig geklärt; so wird z.B. die Unterfamilie Lotinae oft auch als Familie angesehen (NELSON, 1994). Nur wenige Arten sind in Brackwasser zu finden, in Süßwasser ist nur eine beheimatet (von einer anderen gibt es Süßwasserpopulationen).

Von der Wasserzusammensetzung aus gesehen, ist nur *Lota lota* für ein Süßwasseraquarium geeignet. Als sehr räuberische und groß werdende Art ist jedoch lediglich Einzelhaltung im Artbecken als Jungfisch möglich. Die Temperaturansprüche der Art (es handelt sich um einen Kaltwasserfisch) können im Sommer auch den Gebrauch einer Kühlanlage notwendig machen. Da die Art nachtaktiv und tarnfarbig ist, wird sie nicht oft in Hobbyaquarien angetroffen. Eine Zucht im Aquarium ist noch nicht gelungen.

Gaidropsaurus mustellaris ist eine Meerwasserart, welche im Aquarium in Brackwasser (als Jungfisch allerdings auch in Süßwasser) gehalten werden kann. Das Aquarium sollte von vornherein als Brackwasseraquarium geplant sein. Gegenüber Artgenossen friedlich, ist eine Vergesellschaftung im Aquarium bei anderen Arten nur mit größeren (Brackwasser-) Fischen möglich. Wie die vorerwähnte Art, ist auch diese nicht besonders attraktiv, und eine Haltung über die Sommermonate kann ebenfalls eine Kühlanlage bedingen.

Keine der beiden Arten kann für das Aquarium empfohlen werden.

Lota lota 3/967
Quappe, Rutte, Trüsche
H: Europa: N des Balkans u. Pyrenäen.
GU: Unbekannt. V: =
Z: Nat: Nov.–März; Eier mit Ölkugel. F: K!
T: 4–18°C, L: 60 cm, pH: >7, SG: 3

Gaidropsarus mustellaris 4/768
Seequappe selten
H: Ostsee- u. Atlantik-Zufl. Mw, 1% Bw
GU: Unbekannt. V: =
Z: Plankt. Larven in Flußmündungen. F: K!
T: 5–18°C, L: 50 cm, pH: >7, SG: 4

GASTEROSTEIFORMES — STICHLINGSFISCHE
Gasterosteidae — Stichlinge

Ordnung Gasterosteiformes

Die Ordnung der Stichlingsfische hat eine weltweite – vor allem marine – tropische und subtropische Verbreitung. Die Einteilung der Ordnung wird, systematisch gesehen, noch nicht allgemein anerkannt; wir folgen – wie auch sonst weitgehend im INDEX – NELSON (1994). Demnach besteht die Ordnung aus zwei Unterordnungen, den Stichlingen (Gasterosteoidei) und den Seenadeln (Syngnathoidei), mit insgesamt 257 Arten in 71 Gattungen und 11 Familien. Von diesen sind etwa 19 Süßwasserarten und weitere 40 Arten findet man in Brackwasser.

Unterordnung Gasterosteoidei
Süß- und Brackwasserarten sind in der Familie Gasterosteidae enthalten. Die Nieren der Stichlinge scheiden eine klebrige Flüssigkeit aus, mit der die Männchen ein Nest aus Pflanzenmaterial bauen. Es handelt sich um Kaltwasserfische, die im Winter kühl gehalten werden müssen (5–8 °C), damit sie im kommenden Frühjahr ablaichen.

Unterordnung Syngnathoidei
Vor allem die Familien Indostomidae und Syngnathidae (Seenadeln) enthalten Süß- und Brackwasserarten. Das Maul dieser Fische ist röhrenförmig mit einer kleinen Öffnung.

Die Familie Indostomidae ist monotypisch, sie enthält nur die hier gebrachte Art *Indostomus paradoxus* (S. 878). Dieser Winzling sollte vorzugsweise in einem Artbecken gepflegt werden, doch sind kleine, friedliche Gesellschaftsfische, z. B. der Gattung *Rasbora*, durchaus angebracht. Eine Besonderheit dieser Fische ist, daß sie ihren Kopf nach oben und unten bewegen können.

Eine Gattung in der Familie Syngnathidae (Unterfamilie Hippocampinae) ist uns allen bekannt: *Hippocampus* – die Seepferdchen – mit etwa 25 Arten; leider sind diese alle auf Meerwasser angewiesen.

Für Süßwasser- (und Brackwasser-) Aquarianer bietet die mehrheitlich Meerwasser bewohnende Familie Syngnathidae (Seenadeln) mit insgesamt etwa 190 Arten in 51 Gattungen einige Alternativen.

Die Männchen der Seenadeln haben eine Bruttasche, in welcher sie in einer Vaterfamilie die Eier erbrüten. Bei einigen Arten ist dies bereits im Aquarium gelungen. Die Ernährung der Elterntiere ist aufwendig: meistens wird nur kleines Lebendfutter angenommen.

Apeltes quadracus 3/968
Amerikanischer Stichling, Vierstachliger Sti.
H: Nordamerika: Labrador bis Virginia.
♂: Farbiger zur Laichzeit. V: =
Z: 1%S; Nest, Vaterfamilie. F: K!
T: 4–20°C, L: 6 cm, pH: 7, SG: 2

GASTEROSTEIFORMES
Gasterosteidae

Stichlinge

Culaea inconstans inconstans 3/968
Fünfstacheliger Stichling
H: Nordamerika: S-Kanada, NO-USA.
♂: Zur Laichzeit schwarz. V: =
Z: Nest, polygam, Vaterfamilie. F: K!
T: 4–18°C, L: 7 cm, pH: 7, SG: 3

Culaea inconstans pygmaeus ♂ 3/968
Fünfstacheliger Stichling

Culaea inconstans pygmaeus 3/968
Fünfstacheliger Stichling

Culaea inconstans pygmaeus 3/968
Fünfstacheliger Stichling
Nest

Gasterosteus aculeatus ♂ mit Eiern 1/834
Dreistachliger Stichling, Großer Stichling
H: Europa außer Donaugebiet.
♂: Lebhafter; zur Laichzeit farbiger. V: =
Z: Nest, <50 E; polygam, Vfam. F: K!
T: 4–22°C, L: 12 cm, pH: <7, SG: 2

Pungitius platygaster aralensis 4/770
Aral-Stichling
H: Asien: Küsten des Aralsees, Teniz-See,...
♂: Hochzeitskleid. V: =
Z: Natur: Nest; polygam, Vfam. F: K
T: 4–20°C, L: 5,3 cm, pH: 7, SG: 2

GASTEROSTEIFORMES
Gasterosteidae[1, 2]
Indostomidae[3, 4]
Syngnathidae[5, 6]

Stichlinge

Seenadeln

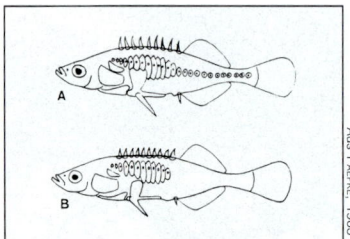

Pungitius platygaster platygaster (A)
Pungitius platygaster aralensis (B)
4/770

Pungitius pungitius 1/834
Neunstachliger Stichling, Kleiner St., Zwergst.
H: Europa außer Donaugebiet u. Mittelmeer.
♂: Zur Laichzeit farbiger. V: =
Z: Nest, <50 E; polygam, Vfam. F: K!
T: 10–20°C, L: 7 cm, pH: <7, SG: 2

Indostomus paradoxus ♂ 3/1004
„Burma-Stichling"
H: SO-Asien: Oberes Burma u. Thailand,
♂: Schlanker; D breiter schwarz. V: +
Z: 20 E an Stein; Vfam. F: K
T: 24–28°C, L: 3 cm, pH: <7, SG: 2–3

Indostomus paradoxus ♀ 3/1004
„Burma-Stichling"
Kambodscha, Thailand.

Doryichthys deokhatoides ♂ 3/1038

H: SO-Asien: Malaysia, Indonesien.
♂: Bauchseite mit 2 Längskanten. V: +
Z: Noch nicht gelungen; Vfam. F: K!
T: 24–28°C, L: 13 cm, pH: 7, SG: 4

Enneacampus ansorgii 1/864

H: W-Afrika: Von Kamerun bis Gabun.
♂: Bauchfurche. V: +
Z: In Bruttasche; Vaterfamilie. F: K!
T: 24–28°C, L: 15 cm, pH: 7, SG: 4

GASTEROSTEIFORMES
Syngnathidae   Seenadeln

Hippichthys spicifer 4/828
Braune Seenadel, Indische Seenadel
H: Rotes Meer bis Indonesien.
♂: Bruttasche.   V: =
Z: 10 g/l Salz; Bauchtasche, Vfam.   F: K!
T: 23–28°C, L: 18 cm, pH: >7, SG: 4

Syngnathus lineatus 3/1039

Syngnathus nigrolineatus 3/1038
Schwarzmeer-Seenadel
H: Europa, Asien: Asow. u. Schwarzes Meer.
♂: Bauchfurche; kleiner.   V: +
Z: Noch nicht gelungen; Vfam.   F: K!
T: 22–24°C, L: 21,5 cm, pH: >7, SG: 4

Microphis brachyurus aculeatus 1/865
Große Süßwassernadel
H: Afrika: Küstengew. von Sen. bis Ang.
♂: Bauchtasche.   V: (–)
Z: 10 g/l Salz; Bauchtasche, Vfam.   F: K!
T: 22–26°C, L: 20 cm, pH: >7, SG: 4

Ordnung Gonorhynchiformes

Die Ordnung der Sandfische besteht aus 4 Familien mit etwa 35 Arten (28 Süßwasser) in 7 Gattungen. (NELSON, 1994). Diese Familien gehören einer von 4 Unterordnungen an.

Die Familie Gonorhynchidae ist nur im Meer zu finden.

Die monotypische Familie Chanidae ihrerseits ist mit ihrer algenfressenden Meerwasserart *Chanos chanos* in Südostasien die Grundlage für eine wichtige Speisefischzucht. Die Metamorphose der Junglarven findet in Brackwasser statt; diese Jungfische werden dann gefangen, um in Teichen herangefüttert zu werden. Die Art wird nicht in Gefangenschaft vermehrt und ist auch kein Aquarienfisch.

Die Familie Kneriidae enthält 27 Arten, alle Bewohner der Süßgewässer im tropischen Afrika und im Nil. Die Gattungen *Kneria* und *Parakneria* werden hier mit einigen Arten vorgestellt. Das Hauptmerkmal zur Trennung der beiden Gattungen ist das Vorhandensein eines Occipitalorgans bei männlichen Tieren der Gattung *Kneria*. Die Aufgabe dieses Organs ist noch nicht eindeutig geklärt: Im Aquarium wurde das Anheften eines Männchens an ein Weibchen beobachtet, aber es wurden keine Gameten abgegeben. Auch sind vermutlich einige *Kneria*-Arten eher als *Parakneria* zu bezeichnen (SEEGERS, DATZ 9/96). Eine andere, nicht geteilte Eigenschaft dieser sonst recht ähnlichen Fische bezieht sich auf die relative Stellung der Dorsalflosse zu den Ventralen: Bei *Kneria* liegt der Beginn der Dorsale stets über oder hinter dem Ansatz der Ventralen, bei *Parakneria* befindet er sich deutlich davor (SEEGERS, DATZ 11/96).

Die Aquarienhaltung dieser aus sauerstoffreichen und klaren Fließgewässern stammenden, bodenorientierten Friedfische setzt starke Filterung mit entsprechender Strömung voraus. Die Wassertemperatur muß eher kühl sein. Beleuchtung sollte stark sein, um Algenwachstum zu fördern. Diese Algen werden von den Fischen von glatten Oberflächen „abgelutscht". Die Arten können mit anderen Friedfischen, die ähnliche Ansprüche stellen, vergesellschaftet werden. Ihre Zucht ist artbedingt einfach bis noch nicht gelungen.

Die Familie Phractolaemidae – Afrikanische Schlammfische – ist monotypisch. Ihre Art, *Phractolaemus ansorgei*, hat eine lungenartig modifizierte Schwimmblase, die ihr zusätzliches Luftatmen ermöglicht. Das Maul dieses bodenorientierten und stark wühlenden Friedfisches ist sehr klein. Seine Haltung sollte in einem gedämpft beleuchteten Aquarium mit weichem Boden und dichter Bepflanzung erfolgen.

Kneria sp. WF (3/1005)

H: Afrika: Zaire: Shaba.

GONORHYNCHIFORMES
Kneriidae[1-5]
Phractolaemidae[6]

Afrikanische Schlammfische

Kneria sp. 1/844

H: Afrika: Angola bis Ostafrika.
♂: Occipitalorgan. V: +
Z: Nach zusammenhaften Freil.; Efam. F: O
T: 18–22°C, L: 7 cm, pH: 7, SG: 1–2

Kneria sp. aff. *spekii* 3/1006

H: Afrika: Tansania.
♂: Occipitalorgan. V: +
Z: Keine Pflege. F: O
T: 20–22°C, L: 5,5 cm, pH: 7, SG: 2

Parakneria tanzaniae 5/1054
Tansania-Paraknerie

H: O-Afrika: Zentraltansania (Hochland).
♂: Schlanker, kleiner? V: +
Z: Unbekannt. F: O
T: 18–22°C, L: 7 cm, pH: >7, SG: 3

Parakneria sp. aff. *tanzaniae* 3/1006

H: O-Afrika: Tansania.
♂: Schlanker. V: +
Z: Unbekannt. F: O
T: 22–24°C, L: 7,5 cm, pH: 7, SG: 2–3

Parakneria thysi 5/1054
Thys' Paraknerie

H: Afrika: Zairesystem.
GU: Unbekannt. V: +
Z: Laichwanderungen? F: O
T: 18–22°C, L: 5 cm, pH: 7, SG: 3

Phractolaemus ansorgei 1/861
Afrikanischer Schlammfisch

H: W-Afrika: Nigerdelta, Äthiopien, Zaire.
♂: Weiße Knötchen am Kopf; ... V:+
Z: Noch nicht gelungen. F: K
T: 25–30°C, L: 15 cm, pH: 7, SG: 2

GYMNOTIFORMES
Apteronotidae[6]

NACKTAALARTIGE
Geist-Messeraale

Ordnung Gymnotiformes

Die Ordnung der Nacktaalartigen ist nur in Süßgewässern Süd- und Mittelamerikas (in letzterem Bereich nur die Familie Gymnotidae) zu finden. Sie besteht aus 6 Familien mit insgesamt über 62 Arten (man rechnet noch mit vielen Neuentdeckungen) in 23 Gattungen (NELSON, 1994).

Diese Ordnung fällt durch die äußere Gestalt ihrer Mitglieder auf: sie haben weder Bauchflossen noch eine Dorsale, ihre Schwanzflosse fehlt ebenfalls oder ist sehr zurückgebildet, und ihre Anale ist sehr strahlenreich (über 140) und dient mit ihren wellenartigen Bewegungen sowohl als Antrieb als auch als Rücktrieb. Diese auch als „Südamerikanische Messerfische" bezeichneten Fische können Teile ihrer Kaudalregion bei Verlust regenerieren.

Alle Arten haben ein mehr oder weniger stark entwickeltes elektrisches Organ (stark entwickelt bei *Electrophorus electricus*), mit dessen Hilfe sie sich in ihren dunklen Heimatgewässern orientieren und „verständigen".

Es handelt sich um dämmerungs- und nachtaktive, versteckt lebende Fische. Die auf elektrischen Feldern basierende Orientierung bietet eine merkwürdige Möglichkeit: diese Messerfische „verstecken" sich tagsüber in durchsichtigen Plastikrohrhöhlen und bleiben so einem Betrachter sichtbar. Ansonsten brauchen sie versteckreich eingerichtete Aquarien und können nur mit Vorsicht vergesellschaftet werden. Untereinander sind sie meistens bissig, aber gleichzeitig eingesetzte Exemplare vertragen sich besser. Artfremde Gesellschafter dürfen als Beute von der Größe her nicht in Betracht kommen, sonst verschwinden einige davon jede Nacht.

Die Fortpflanzung von Messerfischen ist vereinzelt schon gelungen. Exotische Wasserwerte sind dabei nicht notwendig, leicht sauer und weich ist ausreichend. Wichtig scheint die Imitation der Regenzeit zu sein. Das bedeutet: nach Absenken des Wasserspiegels, erneutes Auffüllen mit einhergehender Senkung des Leitwerts und der Wassertemperatur mit folgendem erneuten Anstieg der Temperatur und der Imitation von Regen; eine geringe Strömung scheint auch zu helfen.

Die Familie Apteronotidae – Geist-Messeraale – ist die einzige innerhalb der Ordnung, bei der die Kaudale nicht mit der Anale in Verbindung steht.

Electrophorus electricus, die einzige (?) Art der Familie Electrophoridae, erzeugt eine ausreichende elektrische Energie (hohe Spannung, geringer Strom), um seine Beute mit einem elektrischen Schlag zu töten. Sie wird über 2 Meter lang.

Die Arten der Familie Rhamphichthyidae graben sich als einzige – tagsüber – in den weichen Bodengrund ein.

Adontosternarchus devenanzii 5/988

H: Venezuela: Rio Portuguesa.
♂: Etwas schlanker. V: =
Z: Hochwasser imitieren. F: K!
T: 20–30°C, L: 20 cm, pH: 7, SG: 3

GYMNOTIFORMES
Apteronotidae[1-4]
Electrophoridae[5]
Gymnotidae[6]

Geist-Messeraale
Elektrische Aale
Nacktrücken-Messeraale

Apteronotus albifrons 1/821
Amerikanischer Weißstirn Messerfisch
H: Ven., Guy., Bras., Peru, Ec.
GU: Unbekannt. V: =
Z: Siehe Ordnungs-Einleitung. F: K,O
T: 23–28°C, L: <50 cm, pH: 7, SG: 3

Apteronotus albifrons 1/821
Amerikanischer Weißstirn Messerfisch
(Foto s. S. 3/937)

Apteronotus leptorhynchus 3/936

H: Brasilien, Peru, Guyana Länder.
GU: Unbekannt. V: =
Z: Unbekannt. F: K,O
T: 24–28°C, L: 40 cm, pH: 7, SG: 3

Platyurosternarchus macrostomus 5/988

H: Brasilien, Guyana, Peru, Venezuela.
GU: Unbekannt. V: ?
Z: Noch nicht erfolgt. F: K
T: 22–28°C, L: 40 cm, pH: 7, SG: 3

Electrophorus electricus 1/831
Zitteraal
H: Bras., Peru, Ecuador, Venezuela, Guyana.
GU: Unbekannt. V: –,!
Z: Unbekannt. F: K
T: 23–28°C, L: 230 cm, pH: 7, SG: 3

Gymnotus anguillaris 5/994

H: Sur., Brasilien, Guyana, Peru?, Ven?.
GU: Nicht bekannt. V: =
Z: Noch nicht gelungen. F: K
T: 22–30°C, L: 30 cm, pH: 7, SG: 3

GYMNOTIFORMES
Gymnotidae[1-4]
Hypopomidae[5,6]

Messeraale

Gymnotus carapo 1/840
Gebänderter Messerf., Amerikanischer M.
H: Guatemala, Amazonien, Rio de la Plata.
GU: Nicht bekannt. V: =
Z: Noch unbekannt. F: K
T: 22–28°C, L: 60 cm, pH: 7, SG: 2–3

Gymnotus coatesi 5/994

H: Venezuela, Brasilien.
GU: Nicht bekannt. V: =
Z: Noch nicht gelungen. F: K
T: 22–30°C, L: 30 cm, pH: 7, SG: 3

Gymnotus pedanopterus 5/996

H: Venezuela, Brasilien.
GU: Nicht bekannt. V: =
Z: Noch nicht gelungen. F: K
T: 22–28°C, L: 30 cm, pH: 7, SG: 3

Gymnotus sp. 5/996

H: Tropisches Südamerika.
GU: Nicht bekannt. V: –
Z: Noch nicht gelungen. F: K
T: 20–30°C, L: 30 cm, pH: 7, SG: 3

Brachypopomus sp. 5/992

H: Venezuela, Brasilien.
GU: Unbekannt. V: =
Z: Siehe Ordnungseinleitung. F: K,O
T: 22–28°C, L: 30 cm, pH: <7, SG: 3

Steatogenes elegans 1/862

H: Guyana, Brasilien, Peru.
GU: Unbekannt. V: =
Z: Noch nicht gelungen. F: K
T: 22–26°C, L: 20 cm, pH: <7, SG: 3

GYMNOTIFORMES
Rhamphichthyidae[1,2]
Sternopygidae[3–6]

Amerikanische Messerfische
Glasmesserfische

Gymnorhamphichthys rondoni 5/990
Mäuseschwanz-Glasmesserfisch
H: Par., Bras., Sur., Ven., Kol., Peru.
GU: Unbekannt. V: (–)
Z: Unbekannt. F: K
T: 25–28°C, L: 15 cm, pH: <7, SG: 3–4

Gymnorhamphichthys cf. *rondoni* 5/990
Mäuseschwanz-Glasmesserfisch
Eventuell ein Jungtier.

Eigenmannia lineata 4/827

H: Tropisches Südamerika: Weit verbreitet.
♂: Hoden erscheinen weißlich; größer. V: =
Z: Imitation der Regenzeit. F: K!
T: 20–30°C, L: ♂ 35 cm, pH: 7, SG: 3

Eigenmannia cf. *lineata* 5/992

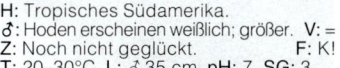

H: Tropisches Südamerika.
♂: Hoden erscheinen weißlich; größer. V: =
Z: Noch nicht geglückt. F: K!
T: 20–30°C, L: ♂ 35 cm, pH: 7, SG: 3

Eigenmannia virescens 1/862
Grüner Messerfisch
H: Weit in den Tropen verbreitet.
♂: 25 cm größer. V: =
Z: Siehe Ordnungseinleitung. F: K
T: 22–28°C, L: ♂ 45 cm, pH: <7, SG: 2–3

Sternopygus macrurus 3/1029

H: Guyana-L., Brasilien, Peru, Bolivien.
♂: Größer. V: –
Z: Unbekannt. F: K!
T: 22–28°C, L: 90 cm, pH: <7, SG: 3–4

Am Rande des Amazonasbeckens (hier ein Rio Napo-Zufluß am ostandinen Abhang Ecuadors) ist das Wasser reißend und noch relativ fischarm, doch kann man bereits einige Loricariidae, Characiidae und Lebiasinidae darin finden.

MUGILIFORMES
Mugilidae

MEERÄSCHENARTIGE
Meeräschen

Ordnung Mugiliformes

Die Ordnung der Meeräschenartigen enthält nur die Familie Mugilidae mit etwa 17 Gattungen und mindestens 66 Arten. Die Stellung dieser Familie ist umstritten, so wird sie verschiedentlich zu den Perciformes oder auch zu den Atheriniformes gerechnet (NELSON, 1994). Ihre Mitglieder sind in allen tropischen und gemäßigten litoralen Meeres- und Brackwasserzonen anzutreffen.

Als Aquarienfische ist die Familie insgesamt wenig geeignet, doch als Speisefisch ist die Gewöhnliche Meeräsche (*Mugil cephalus*) in Südostasien zusammen mit *Chanos chanos* (s. S. 880) die wichtigste Art, die in Küstenteichen gezüchtet wird. Inzwischen ist auch ihre künstliche (hormoneingeleitete) Vermehrung gelungen.

Rhinomigil corsula hat obenständige Augen, mit denen sie über die Wasseroberfläche blickt; es ergibt sich dadurch ein vieraugenähnlicher Anblick.

Crenimugil labrosus juv. (5/1074)

Crenimugil labrosus (5/1074)

Liza dumerili 5/1075

H: Küstengewässer Westafrikas. 2%Bw
GU: Unbekannt. V: +
Z: Im Meer. F: K
T: 20–25°C, L: 28 cm, pH: >7, SG: 4

Mugil cephalus 5/1076
Gewöhnliche Meeräsche Mw,Bw
H: Atlantikküsten, Indien bis Hongkong.
♂: Hochzeitskleid; 1/3 kleiner. V: =
Z: Im Meer. F: K
T: 5–25°C, L: <90 cm, pH: >7, SG: 4

MUGILIFORMES
Mugilidae

MEERÄSCHENARTIGE
Meeräschen

Rhinomugil corsula 5/1078
Indische Meeräsche 0,5 % Bw
H: Indien, Burma, Bengalen, Hindustan.
GU: Unbekannt. V: +
Z: N: Eier u. Larven planktonisch. F: K,O
T: 22–30°C, L: 48 cm, pH: >7, SG: 4

Rhinomugil corsula 5/1078
Indische Meeräsche 0,5 % Bw

OSMERIFORMES

Ordnung Osmeriformes

Diese Ordnung besteht aus 13 Familien in 2 Unterordnungen mit 236 Arten in 74 Gattungen. Die hier behandelten (Süß- und Brackwasser-) Familien (Galaxiidae, Lepidogalaxiidae und Retropinnidae) gehören alle zur Unterordnung Osmeroidei (NELSON 1994). MOYLE u. CECH (1988) zählen die Familien Galaxiidae und Retropinnidae zu den Salmoniformes und die Lepidogalaxiidae zu den Esociformes.

Die Familie Lepidogalaxiidae ist monotypisch. *Lepidogalaxias salamandroides* vergräbt sich in feuchten Sand, um Trockenperioden zu überdauern; Befruchtung ist intern, aber es werden Eier gelegt (PUSEY u. STEWARD, 1989).

Galaxiidae haben keine Adipose, während die sonst sehr ähnlichen Retropinnidae eine haben. Die geographische Verbreitung der Galaxiidae auf der südlichen Halbkugel wird als einer der Hinweise gedeutet, daß die Kontinente früher zusammenhingen (siehe auch Characiformes, S. 40).

Wenige Einzelheiten sind über diese kleinen bis mittelgroßen Fische bekannt. Sie werden als das südliche ökologische Gegenstück zu den nördlichen Salmoniden betrachtet (letztere sind aber bereits – als Speisefische – weltweit verbreitet worden).

Galaxien sind mit wenigen Ausnahmen (z.B. *Galaxias cleaveri*, ein nächtlicher Einzelgänger, der sich auch gerne in den Bodengrund eingräbt) friedliche, bewegungsfreudige Schwarmfische der mittleren Wasserschichten.

Die Fortpflanzungsbiologie vieler Arten ist unbekannt, aber es gibt auch Fälle, in denen in Artbecken ohne besonderes Zutun die Fische spontan laichen (z.B. *Galaxiella pusilla* – Substratlaicher).

OSMERIFORMES
Galaxiidae

Galaxien

Brachygalaxias bullocki u. ♂, o. ♀   2/1076

H: Südamerika: S-Chile.
♂: Weißer Fleck.   V: ?
Z: Noch nicht gelungen.   F: K!
T: 15–20°C, L: <6 cm, pH: 7, SG: 4

Brachygalaxias gothei u. ♀, o. ♂   2/1076

H: Südamerika: S-Chile.
♂: Mit rotem Band.   V: ?
Z: Zufall; mehrere ♂♂ folgen 1♀.   F: K
T: 15–22°C, L: 5 cm, pH: 7, SG: 3–4

Galaxias auratus   2/1078
Goldene Galaxie

H: Australien: Tasmanien.
GU: Unbekannt.   V: +
Z: Noch nicht erfolgt.   F: K,O
T: 10–28°C, L: 24 cm, pH: 7, SG: 2–3

Galaxias cleaveri   2/1078
Tasmanischer Schlammfisch

H: Australien: Tasmanien, Victoria (selten).
GU: Unbekannt.   V: (–)
Z: Unbekannt.   F: K!
T: 10–20°C, L: 14 cm, pH: 7, SG: 4

Galaxias maculatus   2/1080
Gefleckte Galaxie

H: S- u. W-Australien bis Chile.
GU: Unbekannt.   V: (–)
Z: Natur: Brackwasser, Seegras.   F: K!
T: 10–22°C, L: 19 cm, pH: 7, SG: 3

Galaxias olidus   2/1080
Gebirgsgalaxie

H: Australien: Victoria.
GU: Unbekannt.   V: +
Z: Unbekannt.   F: K,O
T: 4–30°C, L: 13,5 cm, pH: 7, SG: 3–4

OSMERIFORMES
Galaxiidae

Galaxien

Galaxias „fuscus" olidus 2/1080
Gebirgsgalaxie

Galaxias rostratus 2/1082
Flachköpfige Galaxie
H: Australien: Murray Fluß. Sehr selten
GU: Unbekannt. V: +
Z: Unbekannt. F: K,O
T: 10–26°C, L: 13 cm, pH: 7, SG: 3–4

Galaxias tanycephalus 2/1082

H: Australien: Tasmanien.
♂: Farbiger, größer. V: +
Z: Unbekannt. F: K!
T: 10–26°C, L: 15 cm, pH: 7, SG: 3

Galaxias truttaceus 2/1084
Forellen-Galaxie
H: SW-Australien bis Tasmanien.
GU: Unbekannt. V: +
Z: Unbekannt. F: K
T: 6–20°C, L: 13 cm, pH: 7, SG: 3

Galaxias zebratus 4/769
Kap-Galaxias
H: Südafrika: Kap-Region.
♂: Farbiger, größer. V: =
Z: Unbekannt. F: K,O
T: 24–26°C, L: 20 cm, pH: 7, SG: 2–3

Galaxiella munda 2/1084
Schlamm-Zwerggalaxie
H: W-Australien.
♂: Farbiger, kleiner. V: +
Z: Unbekannt. F: K,O
T: 8–24°C, L: 5 cm, pH: 7, SG: 2

OSMERIFORMES
Galaxiidae[1-3]
Lepidogalaxiidae[4]
Retropinnidae[5,6]

Galaxien
Salamanderfische

Galaxiella nigrostriata 2/1086
Schwarzstreifen-Zwerggalaxie
H: W-Australien.
♂: Farbiger, schlanker. V: (−)
Z: Unbekannt. F: K,O
T: 10–25°C, L: 3,5 cm, pH: 7, SG: 3

Galaxiella pusilla 2/1086
Zwerggalaxie
H: Australien: S-Victoria.
♂: Farbiger, 1,5 cm kleiner. V: (−)
Z: Substratlaicher. F: K,O
T: 10–30°C, L: ♀ 4,5 cm, pH: 7, SG: 2

Paragalaxias mesotes 2/1086
Tasmanische Paragalaxie
H: Australien: Tasmanien.
GU: Unbekannt. V: (−)
Z: Unbekannt. F: K,O
T: 5–20°C, L: 8 cm, pH: 7, SG: 3

Lepidogalaxias salamandroides 2/1104
Salamanderfisch
H: Australien: Südküste.
♂: Anale mit hautartigem Lappen. V:(−)
Z: Unbekannt. F: K!
T: 8–25°C, L: 6,5 cm, pH: <7, SG: 3

Prototroctes maraena 2/1053
Grayling, Cucumber Hering
H: Australien: Küstenflüsse. Bedroht.
♂: Schlanker? V: −
Z: Laicht in Süßwasser. F: K,O
T: 10–25°C, L: 30 cm, pH: 7, SG: 3

Retropinna semoni 3/1028
Australischer Stint
H: Australien: S-Queensl., Neusüdwales,...
♂: Größere Flossen. V: (−)
Z: Laichrost; ruhiges Wasser. F: K,O
T: 10–25°C, L: 8 cm, pH: 7, SG: 2

KNOCHENF.

Ordnung Osteoglossiformes

Die Ordnung der Knochenzüngler besteht aus 2 Unterordnungen: den Notopteroidei (Nilhechte, Elefantenfische – die Familien Gymnarchidae, Hiodontidae [2 Arten in der Gattung *Hiodon*, im ATLAS noch nicht erfaßt], Mormyridae und Notopteridae) und den Osteoglossoidei (Knochenzüngler – die Familien Osteoglossidae und Pantodontidae). Insgesamt besteht die Ordnung aus 6 Familien mit etwa 217 Arten in 29 Gattungen. Die meisten Arten sind Teil der Familie Mormyridae (etwa 18 Gattungen mit an die 200 Arten).

Geographische Verbreitung

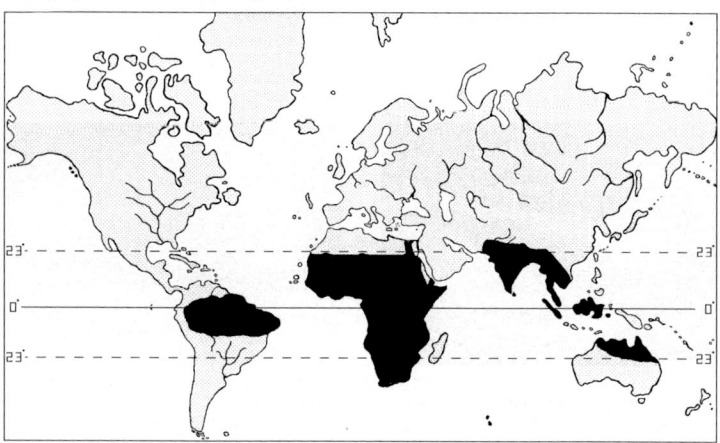

Verbreitungsgebiet der Ordnung Osteoglossiformes (ohne Hiodontidae = in Nordamerika).

Die Familien im einzelnen

Familie Gymnarchidae

Eine monotypische Familie mit nur der Art *Gymnarchus niloticus*. Diese ist kein geeigneter Aquarienfisch: neben seiner erreichbaren Länge von 150 cm, handelt es sich um einen Räuber, der selbst größere Beute mit elektrischen Schlägen zu betäuben imstande ist. In der Natur baut das Männchen ein Nest aus Pflanzenteilen, welches 1 m unter der Wasseroberfläche schwebt. Dort hinein werden ca. 1000 Eier von 1 cm Durchmesser gelegt. Die Jungfische sind zum Zeitpunkt des Verlassens des Nestes bereits 10 cm lang.

Weiche Böden werden bevorzugt, da die Fische diese nach Würmern durchsuchen. Die Art hat nur Ventralflossen und eine sehr strahlenreiche Dorsale. Mit ihren wellenartigen Bewegungen kann sie sich wahlweise vorwärts oder rückwärts bewegen.

OSTEOGLOSSIFORMES
Gymnarchidae[5]
Mormyridae[6]

KNOCHENZÜNGLERARTIGE
Nilhechte
Elefantenfische

Familie Mormyridae
Die afrikanischen Elefantenfische (im AQUARIEN ATLAS auch Nilhechte) besiedeln nur das tropische Afrika und den Nil. Ihr Umgangsname spielt auf das rüsselartig verlängerte Maul einiger Arten an. Elefantenfische haben eine dicke, drüsenreiche Haut und ein elektrisches Organ am Schwanzstiel, welches zur Abgrenzung der Reviere eingesetzt wird.

Als kleine bis große Fische (6 bis ca. 50 cm, doch erreicht eine Art 150 cm) gibt es praktisch für jede Beckengröße geeignete Arten. Die meisten sind gesellig und nachtaktiv. Ihre Zucht ist schwer, ein Nachahmen der Regenzeit scheint unerläßlich zu sein (s. S. 882).

Familie Notopteridae
Die (afrikanischen und südostasiatischen) Messerfische haben eine breite Analflosse, die mit der Kaudalen einen über 100-strahligen Flossensaum bildet. Die Ventralen und die Dorsale sind klein oder fehlen ganz. Die Familie kann atmosphärische Luft atmen (über die Schwimmblase).
Mit zunehmendem Alter untereinander oftmals aggressiv und territorial, Fremdfischen gegenüber jedoch meist friedlich.

Familie Osteoglossidae
Die Familie der Knochenzüngler besteht aus 5 Gattungen mit insgesamt 7 Arten. Es handelt sich um große, behäbige Raubfische, die, solange sie gut gefüttert werden, auch mit großen ruhigen Arten (*Geophagus* spp., *Leporinus* spp. u.a.) gehalten werden können. Ihre großen Schuppen geben ihnen ein urtümliches Aussehen. *Arapaima gigas*, ein obligater Luftatmer, ist der größte beschuppte Süßwasserfisch. Alle Arten sind in ihrer Heimat beliebte Speisefische, doch sind einige im Handel nicht zu finden, da sie geschützt sind.

Familie Pantodontidae
Diese monotypische Familie enthält nur *Pantodon buchholzi*, den Schmetterlingsfisch. Dieser oberflächenorientierte Raubfisch kann mit Fischen angemessener Größe der mittleren und unteren Wasserschichten vergesellschaftet werden.

Gymnarchus niloticus 5/1051
Nilhecht
H: Nil, Niger, Tschad, Gambiabecken.
GU: Unbekannt. V: –
Z: Nest, 1000 Eier 10 mm Ø. F: K
T: 23–28°C, L: 150 cm, pH: 7, SG: 4

Brienomyrus brachyistius 5/1064
H: Nigeria, Liberia, Gambia bis Zaire.
♂: Anale größer? V: =
Z: Eier in die Anale bei Hochwasser. F: K
T: 20–28°C, L: 28 cm, pH: 7, SG: 4

OSTEOGLOSSIFORMES
Mormyridae

KNOCHENZÜNGLERARTIGE
Elefantenfische

Brienomyrus longianalis 5/1064

H: Unterer Nil, S-Kamerun.
♂: Anale größer? V: =
Z: Noch nicht erfolgt. F: K
T: 22–26°C, L: 15 cm, pH: 7, SG: 4

Brienomyrus niger 4/802

H: Zaire-, Niger-, Volta-, Tschadsystem, Senegal, Gambia, Weißer Nil.
♂: Basis der Anale eingebuchtet. V: =
Z: Imitation von Regen, usw. F: K
T: 22–28°C, L: 13 cm, pH: ≪7, SG: 4

Campylomormyrus alces 4/802

H: Zaire, Angola: Zairebecken.
♂: Anale eingebuchtet. V: =
Z: Noch nicht gelungen. F: K
T: 22–28°C, L: 36 cm, pH: ≪7, SG: 4

Campylomormyrus elephas 3/1020

H: Zairebecken.
GU: Unbekannt. V: =
Z: Noch nicht gelungen. F: K
T: 26–28°C, L: 40 cm, pH: 7, SG: 3–4

Campylomormyrus numenius 5/1066
Ibis Nilhecht, Elefantenfisch

H: Zairebecken.
♂: Ausgezogene Anale. V: ?
Z: In Überschwemmungsgebieten. F: K
T: 22–25°C, L: 65 cm, pH: 7, SG: 4

Campylomormyrus rhynchophorus 4/804

H: Zairebecken.
♂: Anale eingebuchtet. V: =
Z: Imitation von Regen. F: K
T: 22–28°C, L: 22 cm, pH: <7, SG: 3–4

OSTEOGLOSSIFORMES KNOCHENZÜNGLERARTIGE
Mormyridae Elefantenfische

Campylomormyrus tamandua 1/854

Campylomormyrus tamandua 4/804

H: Volta, Niger, Thad-, Schari-, Zairebecken.
♂: Anale an der Basis eingebuchtet. V: =
Z: Imitation der Regenzeit. F: K
T: 22–24°C, L: 43 cm, pH: <7, SG: 4

Gnathonemus petersii 1/854
Tapirfisch, Elefanten-Rüsself., Spitzbartf.
H: Zairebecken, Nigeria, Kamerun.
♂: Anale an der Basis eingebuchtet. V: =
Z: Noch nicht gelungen. F: K,O
T: 22–28°C, L: 23 cm, pH: 7, SG: 3

Gnathonemus schilthuisiae 2/1142
Schilthuis' Nilhecht
H: Mittlerer Kongofluß.
GU: Unbekannt. V: =
Z: Noch nicht gelungen. F: K,O
T: 24–28°C, L: 10 cm, pH: 7, SG: 3

Hippopotamyrus discorhynchus 4/806

H: Zairebecken, Tanganjika-, Malawisee,...
♂: Anale mit eingebuchteter Basis. V: =
Z: Imitation der Regenzeit. F: K
T: 22–28°C, L: <30 cm, pH: <7, SG: 3–4

Hippopotamyrus paugyi ♂ 5/1066
Löffelschnabel-Nilhecht
H: Zairebecken.
♂: Anale konkav u. länger. V: +
Z: Unbekannt. F: K
T: 23–27°C, L: 18 cm, pH: 7, SG: 3

OSTEOGLOSSIFORMES / KNOCHENZÜNGLERARTIGE
Mormyridae / Elefantenfische

Hippopotamyrus pictus ♀ 4/806

H: Weißer Nil, Goldk., Burkina Faso, Nig.
♂: Basis der Anale eingebuchtet. V: =
Z: Imitation der Regenzeit. F: K,O
T: 22–28°C, L: 30 cm, pH: <7, SG: 3–4

Hippopotamyrus psittacus 5/1068
Papageien-Nilhecht

H: Oberer Zaire, Oberer Niger.
♂: Größere Anale? V: =
Z: Zwischen Steinen u. Felsspalten. F: K
T: 20–24°C, L: 18 cm, pH: 7, SG: 3

Hyperopisus bebe 4/808

H: Nilbecken, Äth., Sen., Volta, Tschad.
♂: Schwach eingebuchtete Anale. V: =
Z: Noch nicht gelungen. F: K
T: 22–28°C, L: 51 cm, pH: 7, SG: 3–4

Isichthys henryi 4/808

H: Sierra Leone bis Nigeria, Kam., Gabun.
♂: Anale mit eingebuchteter Basis. V: =
Z: Imitation der Regenzeit. F: K
T: 22–28°C, L: 29 cm, pH: <7, SG: 3–4

Marcusenius brachyistius 2/1142

H: Sierra Leone, Liberia, Elfenbeinküste.
GU: Unbekannt. V: =
Z: Noch nicht gelungen. F: K
T: 25–28°C, L: 18 cm, pH: 7, SG: 3

Marcusenius longianalis 2/1144
Schmaler Nilhecht

H: Nigeria, Kamerun.
GU: Unbekannt. V: –
Z: Noch nicht gelungen. F: K,O
T: 25–30°C, L: 15 cm, pH: 7, SG: 3

OSTEOGLOSSIFORMES
Mormyridae

KNOCHENZÜNGLERARTIGE
Elefantenfische

Marcusenius macrolepidotus 2/1144
Großschuppiger Nilhecht
H: Südliches O-Afrika.
GU: Unbekannt. V: =
Z: Noch nicht gelungen. F: K
T: 22–26°C, L: 25 cm, pH: 7, SG: 3

Marcusenius macrolepidotus 4/810
Großschuppiger Nilhecht
H: Ghana, Zaireb., Tan., Kenia, Malawisee,...
♂: Basis der Anale eingebuchtet. V: =
Z: Imitation der Regenzeit. F: K
T: 22–28°C, L: <15 cm, pH: <7, SG: 3–4

Mormyrops anguilloides 4/810
H: Sen., Gam., Nig., Volta, Tschad, Zaire u. Sambesibecken, Tan.- u. Mal-See.
♂: Basis der Anale eingebuchtet. V: =
Z: Imitation der Regenzeit. F: K
T: 22–28°C, L: 150 cm!, pH: 7, SG: 3–4

Mormyrops curtus 4/812

H: Zaire: Unterer Zaire.
♂: Basis der Anale eingebuchtet. V: =
Z: Noch nicht gelungen. F: K
T: 22–28°C, L: 40 cm, pH: <7, SG: 3–4

Mormyrus boulengeri 5/1068
Tubenmaul-Nilhecht
H: Mittleres Zairebecken.
♂: Größere Anale. V: –
Z: Natur: Zw. Felsspalten u. Algen. F: K
T: 23–26°C, L: 25 cm, pH: 7, SG: 4

Mormyrus bozasi 4/812

H: Kongo Republik.
♂: Basis der Anale eingebuchtet. V: =
Z: Imitation der Regenzeit? F: K
T: 22–28°C, L: 36 cm, pH: 7, SG: 3–4

OSTEOGLOSSIFORMES
Mormyridae

KNOCHENZÜNGLERARTIGE
Elefantenfische

Mormyrus caballus 4/814

H: Zairebecken, Kamerun, Angola.
♂: Basis der Anale eingebuchtet. V: =
Z: Imitation der Regenzeit? F: K
T: 22–28°C, L: 20 cm, pH: <7, SG: 3–4

Mormyrus caschive 4/814

H: Nilb., Eduard-, Albert-, Georgesee,...
♂: Basis der Anale eingebuchtet. V: =
Z: Imitation der Regenzeit? F: K
T: 22–28°C, L: 52 cm, pH: <7, SG: 3–4

Mormyrus kannume 3/1020
Tapir-Rüsselfisch

H: Nil und viele der großen Seen.
GU: Unbekannt. V: –
Z: Unbekannt F: K
T: 22–26°C, L: 50 cm, pH: 7, SG: 3

Mormyrus proboscirostris 4/816

H: Zaire: Oberer Zaire.
♂: Basis der Anale eingebuchtet. V: =
Z: Imitation der Regenzeit? F: K
T: 22–28°C, L: 20 cm, pH: <7, SG: 3–4

Mormyrus rume proboscirostris 3/1022

H: Angola, Zaire: Oberer Zaire.
GU: Unbekannt. V: =
Z: Noch nicht erfolgt. F: K
T: 24–28°C, L: 60 cm, pH: <7, SG: 3–4

Petrocephalus bane ansorgii 5/1070
Spatennilhecht

H: Oberer Niger; Nominatform im Nil.
♂: Größere Anale. V: =
Z: Nest in Überschwemmungsgeb. F: K!
T: 20–25°C, L: 20 cm, pH: 7, SG: 3

OSTEOGLOSSIFORMES
Mormyridae

KNOCHENZÜNGLERARTIGE
Elefantenfische

Petrocephalus bovei 2/1146

H: Unterer Nil; Senegal- u. Gambiafluß.
GU: Unbekannt. V: =
Z: Pflanzennest im Dunkeln. F: K
T: 23–26°C, L: 12 cm, pH: 7, SG: 4

Petrocephalus catostoma ♂ 2/1146

H: O- u. S-Afrika; weit verbreitet.
♂: Anale in Wellenform. V: –
Z: Unbekannt. F: K
T: 23–26°C, L: 13 cm, pH: 7, SG: 3

Petrocephalus christyi 4/816

H: Zairebecken.
♂: Stärker eingebuchtete Anale. V: =
Z: Imitation der Regenzeit. F: K
T: 22–28°C, L: 11 cm, pH: <7, SG: 3–4

Petrocephalus keatingii 5/1070
(evtl. Petrocephalus catostoma)

H: Afrika: Zairebecken, Nigeria.
♂: Stärker eingebuchtete Anale. V: =
Z: Imitation des Hochwassers. F: K!
T: 20–30°C, L: 12 cm, pH: 7, SG: 3

Petrocephalus levequei 5/1072

Petrocephalus simus 3/1022

H: Von Lybien bis Zaire.
♂: Stärker eingebuchtete Anale. V: –
Z: Noch nicht gelungen. F: K
T: 24–28°C, L: 12 cm, pH: 7, SG: 3

899

OSTEOGLOSSIFORMES
Mormyridae[1-5]
Notopteridae[6]

KNOCHENZÜNGLERARTIGE
Elefantenfische
Altwelt-Messerfische

Petrocephalus soudanensis 5/1072

Pollimyrus adspersus 4/818

H: Zairebecken, Kamerun, Nigeria.
♂: Stärker eingebuchtete Anale. **V:** =
Z: Imitation der Regenzeit? **F:** K
T: 22–28°C, **L:** 8 cm, **pH:** <7, **SG:** 3–4

Pollimyrus isidori 4/818
H: Nil, Gambia, Niger-Volta-, Tschadbecken, Elfenbeinküste.
♂: Stärker eingebuchtete Anale. **V:** =
Z: Imitation der Regenzeit. **F:** K
T: 22–28°C, **L:** 10 cm, **pH:** <7, **SG:** 3–4

Pollimyrus macularius 5/1073

H: Senegal, Gambia, Burkina Faso,...
♂: Stärker eingebuchtete Anale. **V:** =
Z: Imitation der Regenzeit. **F:** K
T: 22–28°C, **L:** 6 cm, **pH:** <7, **SG:** 3–4

Pollimyrus nigripinnis 3/1024
Schwarzflossiger Nilhecht

H: Zaire: Mittleres Zairebecken.
GU: Unbekannt. **V:** –
Z: Noch nicht gelungen. **F:** K
T: 24–26°C, **L:** 12 cm, **pH:** 7, **SG:** 3–4

Chitala ornata 2/1150
Tausenddollarfisch

H: SO-Asien: Thai., Bur., Große Sundainseln.
GU: Unbekannt. **V:** –
Z: Substratlaicher, Vaterfamilie. **F:** K
T: 24–28°C, **L:** <100 cm, **pH:** <7, **SG:** 3

OSTEOGLOSSIFORMES
Notopteridae[1-3]
Osteoglossidae[4-6]

KNOCHENZÜNGLERARTIGE
Altwelt-Messerfische
Knochenzüngler

Notopterus notopterus 1/856
Asiatischer Fähnchen-Messerfisch
H: SO-Asien: Indien, Bur., Thai., Malay,...
GU: Unbekannt. V: –
Z: Substratlaicher; Vaterfamilie. F: K!
T: 24–28°C, L: 35 cm, pH: <7, SG: 3

Papyrocranus afer 3/1025
Afrikanischer Fähnchen-Messerfisch
H: W-Afrika und Zairebecken.
GU: Unbekannt. V: –
Z: Gelungen; Vaterfamilie. F: K
T: 24–30°C, L: <62 cm, pH: <7, SG: 3

Xenomystus nigri 1/856
Afrikanischer Messerfisch
H: Afrika: Zaire, Gabun, Niger, Liberia.
GU: Unbekannt. V: –
Z: Natur: 150–200 E, 2 mm Ø. F: K!
T: 22–28°C, L: 30 cm, pH: <7, SG: 2–3

Arapaima gigas 2/1151
Paiche, Piracurú, Arapaima
H: Südamerika: Amazonien. Geschützt.
♂: Zur Laichzeit dunkler Kopf, farbiger. V: –
Z: Natur: in Gruben Vfam, Efam. F: K!
T: 25–29°C, L: <300 cm, pH: <7, SG: 4

Heterotis niloticus 2/1152
Westafrikanischer Knochenzüngler
H: W- u. Zentralafrika.
GU: Nicht erkennbar. V: =
Z: N: Pflanzennest; Mutterfamilie. F: K,O
T: 25–30°C, L: 90 cm, pH: 7, SG: 4

Osteoglossum bicirrhosum 1/858
Gabelbart, Arowana, Arahuana, Knochenzüngler
H: Südamerika: Amazonien.
♂: Unterkiefer u. Anale länger. V: =
Z: ♂ Mb, 60 T; 8–10 cm lang. F: K
T: 24–30°C, L: <120 cm, pH: <7, SG: 4

OSTEOGLOSSIFORMES
Osteoglossidae[1-5]
Pantodontidae[6]

KNOCHENZÜNGLERARTIGE
Knochenzüngler
Schmetterlingsfische

Osteoglossum ferreirai 1/858
Schwarzer Knochenzüngler
H: Südamerika: Rio Negro.
GU: Unbekannt. V: =
Z: ♂ Mb, 56 T; 9 cm lang. F: K
T: 24–30°C, L: 100 cm, pH: <7, SG: 4

Scleropages formosus 2/1152
H: Australien, SO-Asien. Geschützt.
GU: Unbekannt. V: =
Z: Natur: ♀ Mb; Mutterfamilie. F: K
T: 24–30°C, L: 90 cm, pH: <7, SG: 2–3

Scleropages jardini 2/1154
Gepunkteter Barramundi
H: N-Australien, Neuguinea.
GU: Unbekannt. V: =
Z: Natur: ♂ Mb? Vaterfamilie? F: K
T: 24–30°C, L: 80 cm, pH: <7, SG: 3

Scleropages leichardtii 2/1154
Gepunkteter Barramundi
H: Australien: Queensland: Fitzroy River.
GU: Unbekannt. V: =
Z: Natur: ♂ Mb? Vaterfamilie? F: K
T: 24–30°C, L: 80 cm, pH: <7, SG: 3

Scleropages leichardtii 2/1154
Gepunkteter Barramundi

Pantodon buchholzi 1/860
Schmetterlingsfisch
H: Afrika: Nigeria, Kamerun, Zaire.
♂: Hinterrand der Anale eingebuchtet. V: =
Z: <220 Schwimmeier. F: K
T: 23–30°C, L: 10 cm, pH: <7, SG: 3

PERCOPSIFORMES
Aphredoderidae

Ordnung Percopsiformes

Dies ist eine Süßwasser-Ordnung mit 3 Familien. Die Familie Aphredoderidae enthält nur die unten aufgeführte Art.

Die Position der Analöffnung ist bei Jungfischen normal, wandert aber mit dem Alter nach vorn; auch wird mit der Zeit ein Analflossenstrahl zum dritten Stachel. Die Art sollte kühl überwintert werden.

Aphredoderus sayanus 4/718
Piratenbarsch
H: USA: Minnesota bis Texas.
GU: Gering. V: –
Z: Nest; Eltern bewachen. F: K!
T: 5–26°C, L: 13 cm, pH: 7, SG: 3–4

PLEURONECTIFORMES SCHOLLENARTIGE
Achiridae Schollen

Ordnung Pleuronectiformes

Die Schollenartigen sind überwiegend Meerwasserfische. Von 11 Familien mit insgesamt 570 Arten in 123 Gattungen sind nur 20 Arten zumindest teilweise in Süßwasser anzutreffen (NELSON, 1994). Der INDEX stellt 2 Familien (Achiridae und Soleidae) mit einigen ihrer Arten vor. Beide sind Rechtsaugenflundern, d.h., daß bei den anfänglich symmetrischen, „normal schwimmenden" Jungfischen das linke Auge auf die rechte Seite wandert, sobald sie im Verlauf ihres Wachstums auf ein Flach-am-Boden-liegen mit seitlicher Schwimmlage (links nach unten) übergehen.

Achirus achirus 4/826
Zwergsüßwasserflunder
H: Südamerika: Sur., Bras., Peru, Uru.
GU: Unbekannt. V: +
Z: Unbekannt. F: K
T: 25–28°C, L: 10 cm?, pH: <7, SG: 3–4

Trinectes fasciatus (?) 5/984
Zwergflunder, Amerikanische Seezunge
H: S-Nordamerika, Südamerika (Ecuador).
GU: Unbekannt. V: +
Z: Noch nicht gelungen. F: O
T: 20–24°C, L: 25 cm, pH: 7, SG: 3–4

PLEURONECTIFORMES
Achiridae[1-3]
Soleidae[4-6]

SCHOLLENARTIGE
Schollen
Seezungen

Trinectes fasciatus (?) 5/984
Zwergflunder, Amerikanische Seezunge
Jungtier.

Trinectes maculatus 5/984
Gefleckte Flunder, Sandflund., Hogshocker
H: Nordamerika: Küsten bis Florida.
GU: Unbekannt. **V:** +
Z: Gelungen. **F:** K,O
T: 5–22°C, **L:** 45 cm, **pH:** 7, **SG:** 1–4

Trinectes maculatus 5/984
Gefleckte Flunder, Sandflund., Hogshocker
Jungtier.

Brachirus salinarum 2/1157
Australische Süßwasserseezunge (Bw)
H: Australien: Golf von Carpentaria Zuflüsse.
GU: Unbekannt. **V:** =
Z: Unbekannt. **F:** K,O
T: 22–30°C, **L:** 15 cm, **pH:** >7, **SG:** 3–4

Platichthys flesus 5/1084
Gemeine Flunder (2% Salzzugabe)
H: Nord- u. Ostsee, Mittelmeer, Schwarzes Meer, Küsten Nordamerikas.
GU: Unbekannt. **V:** =
Z: Pelagische Eier im Meer. **F:** K,O
T: 5–25°C, **L:** 60 cm, **pH:** >7, **SG:** 4

Solea selheimi 4/825
Mw, (Bw)
H: Australien: Golf von Carpentaria Zuflüsse.
GU: Unbekannt. **V:** =
Z: Unbekannt. **F:** K
T: 22–26°C, **L:** <15 cm, **pH:** >7, **SG:** 2–4

Ordnung Salmoniformes

Die Systematik der Salmoniformes ist umstritten. Die Unterfamilien Coregoninae und Thymallinae werden auch als Familien (Coregonidae und Thymallidae) angesehen. Wir folgen hier – wie sonst meist auch – NELSON (1994), wonach sie als Unterfamilien angesehen werden.

Das natürliche Verbreitungsgebiet der Lachsartigen ist die nördliche Halbkugel. Lachse als Könige der Fische zu bezeichnen, hat nicht wie beim Diskus einen ästhetischen, sondern einen kulinarischen Grund. Lachse und Forellen werden weltweit in kühlen Gebieten als Speisefische gezüchtet bzw. in Seen als Angelfische ausgesetzt. In tropischen Regionen geschieht gleiches mit Forellen auf größeren Höhenlagen, wo die Temperatur kühl genug ist. Auf der südlichen Halbkugel ist z.B. Chile in Südamerika aktiv an der Lachszucht beteiligt (es gibt dort übrigens auch Anfangsprojekte mit Stör-Arten). Alle Salmoniformes sind Kaltwasserfische, Lachse darunter die empfindlichsten. Für alle Arten muß während der Sommermonate ein Kühlaggregat im Aquarienfilterkreislauf zwischengeschaltet werden. Als sehr aktive Schwarmfische, die obendrein noch sauerstoffbedürftig sind und fast ausnahmslos eine beachtliche Länge erreichen, kann ihre Haltung in einem Heimaquarium nicht empfohlen werden. Nur Spezialisten (und Speisemärkte) sollten sich auf eine Haltung dieser Fische einlassen.

Die Laichwanderungen der Lachse sind allgemein bekannt. Zu Tausenden (siehe Foto unten) steigen die Fische aus dem Meer empor auf dem Weg zurück in ihre Geburtsgewässer; um an ihr Ziel zu gelangen, überwin-

Oncorhynchus nerka, Laichplatz, Kanada: British Columbia

SALMONIFORMES
Salmonidae

LACHSARTIGE
Lachsfische

den sie selbst Wasserfälle. Einmal an ihrem „Geburtskiesbett" angelangt, laichen sie dort ab und sterben vor Erschöpfung. Einige nicht-anadrome Fische laichen mehrfach. Während der Laichwanderung sind Männchen leicht an einem vergrößerten Oberkiefer (Lachshaken) zu erkennen.

Alle Salmoniformes sind Fleischfresser.

In der Speisefischzucht werden Lachse hauptsächlich in Fjorden und Buchten in Netzgehegen gezüchtet. Norwegen, die Vereinigten Staaten, Kanada und Chile sind die größten Produzenten. Der Abtransport der Stoffwechselprodukte durch Meeresströmungen ist ein produktionsbedingtes Umweltproblem. Der Einsatz von Chemikalien gegen Fischkrankheiten ein anderes

Forellen werden hauptsächlich im Inland in Zementtanks mit dauerndem Wasseraustausch gezüchtet. Die günstigste Wachstumstemperatur liegt bei etwa 15 °C, während die Fische bei etwa 9 °C zum Ablaichen gebracht werden (hauptsächlich Regenbogenforellen).

Coregonus albula pereslavicus 4/748
Renke, Maräne, Schäpel
H: N-Europa, N-Asien.
GU: Unbekannt. V: =
Z: Nat.: Über Sand- u. Kiesbänken. F: K
T: 4–18°C, L: 34 cm, pH: 7, SG: 4

Coregonus autumnalis migratorius 3/944
Baikal-Omul, Baikalrenke
H: Rußland: Baikalsee. E.
GU: Unbekannt. V: =
Z: Natur: In Flüssen <47000 benth.E. F: K
T: 4–16°C, L: 56 cm, pH: >7, SG: 4

Coregonus lavaretus 3/944
Kleine Maräne
H: Europa, Asien.
GU: Unbekannt. V: =
Z: Natur: In freiem Wasser. F: K
T: 4–16°C, L: 57 cm, pH: >7, SG: 4

Coregonus muksun 4/748
Renke, Maräne, Schäpel
H: N-Europa, N-Asien.
GU: Unbekannt. V: =
Z: N: Über Sand- u. Kiesbänken. F: K
T: 4–18°C, L: 15–75 cm, pH: 7, SG: 4

SALMONIFORMES
Salmonidae

LACHSARTIGE
Lachsfische

Coregonus oxyrhynchus 3/941
Schnäpel, Gangfisch, Kleine Schwebrenke
H: N-Europa, N-Asien. Gefährdet.
♂: Nicht unterscheidbar. V: =
Z: Natur: In freiem Wasser. F: K
T: 4–20°C, L: <50 cm, pH: 7, SG: 3

Coregonus pidschian 4/748
Renke, Maräne, Schäpel
H: N-Europa, N-Asien.
GU: Unbekannt. V: =
Z: N: Über Sand- u. Kiesbänken. F: K
T: 4–18°C, L: 25–52 cm, pH: 7, SG: 4

Coregonus sardinella 4/748
Renke, Maräne, Schäpel
H: N-Europa, N-Asien.
GU: Unbekannt. V: =
Z: N: Über Sand- u. Kiesbänken. F: K
T: 4–18°C, L: 15–33 cm, pH: 7, SG: 4

Coregonus sp. 4/748
Renke, Maräne, Schäpel (Foto S. 4/747)
H: N-Europa, N-Asien.
GU: Unbekannt. V: =
Z: N: Über Sand- u. Kiesbänken. F: K
T: 4–18°C, L: 15–85 cm, pH: 7, SG: 4

Hucho hucho 3/1030
Huchen
H: Europa: Donau.
♂: Zur Laichzeit „Lachshaken". V: –
Z: Laichwanderung März bis Mai. F: K
T: 6–18°C, L: <150 cm, pH: 7, SG: 3

Oncorhynchus gorbuscha ♀♀,♂♂ 5/1087
Buckelkopflachs, Rosa Lachs
H: NW-USA, NO-Asien.
♂: Zur Laichzeit „Lachshaken", rosa. V: –
Z: Laichwanderung z.„Geburtsort". F: K
T: 4–12°C, L: 76 cm, pH: 7, SG: 4

SALMONIFORMES
Salmonidae

LACHSARTIGE
Lachsfische

Oncorhynchus keta ♂ 5/1088
Hundslachs, Chumlachs
H: Nordamerika, Asien.
♂: Weiße Spitzen an Ventralen u. Anale. V: –
Z: Laichwanderung z. „Geburtsort". F: K
T: 4–10°C, L: 102 cm, pH: 7, SG: 4

Oncorhynchus kisutch Jährlinge 5/1088
Silberlachs, Coholachs
H: Nordamerika, SO-Asien.
♂: Flanken leuchtend rot. V: –
Z: Laichwanderung z. „Geburtsort". F: K
T: 4–10°C, L: 98 cm, pH: 7, SG: 4

Oncorhynchus mykiss 3/1030
Regenbogenforelle
H: Nordamerika, jetzt auch Europa.
♂: Zur Laichzeit „Lachshaken". V: –
Z: Gruben im Kies (90 T bis Schlupf). F: K
T: 10–20°C, L: 50 cm, pH: 7, SG: 4

Oncorhynchus nerka ♂ 5/1091
Roter Lachs (4/823)
H: Nordamerika, NO-Asien.
♂: Zur Laichzeit „Lachshaken"; rot. V: –
Z: Laichwanderung z. „Geburtsort". F: K
T: 4–10°C, L: 85 cm, pH: 7, SG: 4

Oncorhynchus tschawytscha 5/1096
Königslachs (4/823)
H: Nordamerika: USA: Alaska.
♂: Zur Laichzeit bräunlich rot. V: –
Z: Laichwanderung z. „Geburtsort". F: K
T: 4–12°C, L: 147 cm, pH: 7, SG: 4

Salmo salar ♂ 3/1033
Lachs, Salm
H: N-Europa.
♂: Ältere mit „Lachshaken". V: –
Z: Laichwanderung Sept. bis Feb. F: K
T: 6–18°C, L: <150 cm, pH: 7, SG: 4

SALMONIFORMES
Salmonidae

LACHSARTIGE
Lachsfische

Salmo salar juv. 3/1033
Lachs, Salm

Salmo salar 3/1033
Lachs, Salm

Salmo trutta f. *fario* juv. 3/1034
Bachforelle
H: Europa, N-Afrika.
♂: Zur Laichzeit „Lachshaken". V: –
Z: Kiesgruben; Jan. bis März. F: K
T: 2–16°C, L: 50 cm, pH: 7, SG: 4

Salmo trutta × *Salvelinus fontinalis* 4/822
Tigerfisch
H: Europa. Hybride.
♂: Zur Laichzeit „Lachshaken". V: –
Z: Unfruchtbarer Naturhybride. F: K
T: 5–15°C, L: 50 cm, pH: 7, SG: 3

Salvelinus alpinus salvelinus ♂ 3/1035
Tiefsee-Saibling, Schwarzreuter
H: Europa: Tiefe Seen des Alpengebiets.
♂: Farbiger. V: –
Z: Über Kiesboden; 20–80 m Tiefe. F: K
T: 4–16°C, L: 15 cm, pH: 7, SG: 4

Salvelinus fontinalis ♂♂ 3/1036
Bachsaibling
H: O-Nordamerika, jetzt auch Europa.
♂: Farbiger? V: –
Z: Oktober bis März. F: K
T: 10–14°C, L: 40 cm, pH: 7, SG: 4

SALMONIFORMES
Salmonidae

LACHSARTIGE
Lachsfische

Salvelinus fontinalis 3/1036
Bachsaibling

Salvelinus lepechini 5/1098

H: N-Asien: Sibirien.
♂: Farbiger. V: –
Z: Laichwanderung. F: K
T: 5–18°C, L: 75 cm, pH: 7, SG: 4

Salvelinus malma 5/1098

H: Nordamerika, Asien.
♂: Farbiger. V: –
Z: Anadrome Laichwanderung. F: K
T: 4–18°C, L: 63 cm, pH: 7, SG: 4

Thymallus thymallus 3/1042
Äsche

H: Europa.
♂: Größere Flossen; größer. V: –
Z: Kiesgruben, März bis Juni. F: K
T: 6–18°C, L: 50 cm, pH: 7, SG: 3–4

Thymallus thymallus l.♀, r.♂ 5/1108
Äsche

Thymallus thymallus ♂ 5/1108
Äsche beim Laichen

SCORPAENIFORMES
Comephoridae[3, 4]
Cottidae[5, 6]

DRACHENKÖPFE
Ölfische
Groppen

Ordnung Scorpaeniformes

Die Systematik der Drachenköpfe wird nicht einheitlich anerkannt; laut NELSON (1994) besteht die Ordnung aus 25 Familien mit 266 Gattungen. Von ihren insgesamt 1271 Arten stehen jedoch nur 62 mit Süßwasser in Verbindung; 52 von diesen sind Groppen.

Die Familie Comephoridae enthält nur die beiden lebendgebärenden Ölfische (siehe unten); beides sind Kaltwasserarten, die in großen Tiefen (750–1 000 m) leben. Ihr Fleisch ist sehr ölig; Ventralflossen fehlen. Fast alle Weibchen sterben nach dem Gebären. Die Familie Cottidae (Groppen) besteht ebenfalls nur aus Kaltwasserarten. Die Baikalgroppen werden nun auch dazugerechnet (Unterfam. Cottocomephorinae). Die Platycephalidae bestehen aus Meerwasserarten und einigen wenigen, die in Brackwasser eindringen; bodenorientierte Räuber, die sich eingraben. Die Arten der Scorpaenidae (Unterfamilie Tetraroginae) haben sehr giftige Flossenstacheln. Wie für die Ordnung allgemein, sollte ihre Haltung Spezialisten vorbehalten bleiben; keine empfehlenswerten Aquarienfische.

Comephorus baicalensis 3/942
Großer Ölfisch
H: Asien: Rußland: Baikalsee. E
♂: Kleiner; 3–4% sind ♂.   V: ?
Z: Lebendgebärend; July-Okt.   F: K
T: 4–18°C, L: ♀ 19 cm, pH: 7, SG: 3–4

Comephorus dybowskii 3/942
Kleiner Ölfisch
H: Asien: Rußland: Baikalsee. E
♂: 5 cm kleiner; 12–21% sind ♂.   V: ?
Z: Lebendgebärend; Feb.-März.   F: K
T: 4–18°C, L: ♀ 14 cm, pH: 7, SG: 3–4

Batrachocottus baicalensis 3/950
Großköpfige Baikalgroppe
H: Asien: Rußland: Baikalsee. (E)
♂: Dünne Flossenstrahlen.   V: =
Z: März, April; Vaterfamilie.   F: K
T: 4–20°C, L: 19 cm, pH: 7, SG: 3

Cottocomephorus comephoroides 3/950
Langflossige Baikalgroppe juv.
H: Asien: Rußland: Baikalsee, Angara.
♂: Dunkelbraune Pektorale.   V: =
Z: Feb–April; Vaterfamilie.   F: K
T: 4–20°C, L: 19 cm, pH: 7, SG: 3

SCORPAENIFORMES
Cottidae

Groppen

Cottocomephorus grewingki ♂ 3/952
Gelbflossige Baikalgroppe
H: Asien: Rußland: Baikalsee. E
♂: Laichausschlag, größer. V: =
Z: Küste, <2400E; Vaterfamilie. F: K
T: 4–20°C, L: 19 cm, pH: 7, SG: 2–3

Cottocomephorus grewingki ♀ 3/952
Gelbflossige Baikalgroppe

Cottus cognatus 5/1007
Schleimige Groppe
H: O-Sibirien, N-Nordamerika.
GU: Unbekannt. V: =
Z: Zwischen Steinen; Vaterfam. F: K,O
T: 4–16°C, L: 8 cm, pH: 7, SG: 3

Cottus gobio 3/947
Groppe, Koppe, Kaulkopf, Mühlkoppe
H: Europa.
♂: Farbiger, größerer Kopf. V: =
Z: Erfolgt; Hb, <1000 E; Vaterfam. F: K
T: 10–16°C, L: 15 cm, pH: >7, SG: 2–3

Cottus gobio 3/947
Groppe, Koppe, Kaulkopf, Mühlkoppe

Paracottus kessleri adult ♂ 3/948
Sandgroppe
H: Asien: Rußland: Baikalsee u. Flüsse.
♂: Flacher Kopf, dicke Flossenstrahlen. V:=
Z: Mai, Juni; Vaterfamilie. F: K
T: 4–20°C, L: 14 cm, pH: 7, SG: 2–3

SCORPAENIFORMES
Cottidae[1, 2]
Platycephalidae[3]
Scorpaenidae[4–6]

Groppen
Flachköpfe
Skorpionfische

Paracottus kneri 3/948
Steingroppe
H: Asien: Rußland: Baikal- u. Bauntsee.
♂: Größer, dickere Flossenstrahlen.   V: =
Z: Mai–Juli; zw. Steinen; Vfam.   F: K
T: 4–20°C, L: <14 cm, pH: 7, SG: 2–3

Procottus jeittelesi 3/952
Rote Baikalgroppe
H: Asien: Rußland: Baikalsee. E
♂: Größer, dickere Flossenstr.; dunkler. V:=
Z: Nov.–Feb.; Vaterfamilie.   F: K
T: 4–20°C, L: 35 cm, pH: 7, SG: 3

Platycephalus indicus 4/724
Indi. Flachkopf, Schaufelk., Indian. Teufel
H: Küsten Indiens, Madagaskar.
GU: Unbekannt.   V: –
Z: Pelagisch im Meer.   F: K
T: 22–28°C, L: 45 cm, pH: >7, SG: 4

Nothestes robusta 2/1156
Bullrout, Kroki   Mw Bw
H: Australien: Queensland, Neusüdwales.
GU: Unbekannt.   V: =,!
Z: Noch nicht gelungen.   F: K
T: 10–30°C, L: 35 cm, pH: >7, SG: 4

Vespicula depressifrons 4/740
Mw Bw
H: Indonesien, Philippinen, Neuguinea.
GU: Unbekannt.   V: =,!
Z: Eier pelagisch; 0,8% Salzgehalt. F: K
T: 22–28°C, L: 10 cm, pH: 7, SG: 3

Vespicula depressifrons 4/740

Atypische Färbung

Synbranchiformes

Ordnung Synbranchiformes

Diese Ordnung besteht aus 3 Familien mit insgesamt etwa 87 Arten in 12 Gattungen. Sie sind in den Tropen und Subtropen zu finden und mit Ausnahme von 3 Arten sind alle Süßwasserbewohner. Der INDEX behandelt zwei der Familien.

Familie Mastacembelidae

Das Verbreitungsgebiet der Stachelaale erstreckt sich vom tropischen Afrika bis Südostasien. Ihr Körper ist aal- bis bandförmig, ihr Kopf ist spitz mit einer rüsselförmigen, beweglichen „Nase" (Rostrum). Eine Serie von einzelnen Stacheln (9–42) liegt vor der strahlenreichen Dorsalflosse (daher Stachelaale). Die Anale ist ebenfalls sehr strahlenreich. Beide Flossen bilden zusammen mit der Kaudale einen mehr oder weniger übergangslosen Saum; Ventralflossen haben sie keine. Stachelaale haben eine Schwimmblase.

Als bodenorientierte, nachtaktive Fische verbringen viele Arten den Tag im Boden vergraben; es ist daher wichtig, daß dieser weich und nicht scharfkantig ist. Auch sollte das Aquarium ihrem natürlichen Biotop entsprechend dicht bepflanzt und gedämpft beleuchtet werden. Bei Gefahr vergraben sie sich blitzschnell im Bodengrund. Die größeren Arten sind regionale Speisefische. Ein ausführlicher Bericht über Haltung und Zucht von *Mastacembelus* sp. aff. *circumcinctus* ist im AQUARIEN ATLAS Band 5, Seite 1056 ff. zu finden. Es handelt sich um einen Pflanzenlaicher (Javamoos), der etwa 30 Eier legt.

Der Tanganjikasee in Afrika; Heimatbiotop zahlloser Buntbarsche, aber auch einiger endemischer Stachelaale.

Familie Synbranchidae

Das Verbreitungsgebiet der Kiemenschlitzaale schließt das tropische Südamerika, Afrika und Südostasien mit Indonesien und Australien ein. Dorsale, Kaudale und Anale bilden einen Flossensaum, der oftmals verschwindend niedrig ist. Ventrale und Pektorale sowie eine Schwimmblase fehlen diesen bodenorientierten, aalförmigen Fischen (keine Verwandtschaft). Ihre Kiemen sind reduziert und wären in den sumpfigen, sauerstoffarmen Biotopen, in denen diese „Aale" gefunden werden, auch keine große Hilfe für die Fische. Sie haben vielmehr verschiedene Möglichkeiten entwickelt, atmosphärischen Sauerstoff zu assimilieren: über gefäßreiche Membranen im Schlund, eine lungenartige Modifikation der Kiemenhöhle oder über den Enddarm.

Es handelt sich um Raubfische, die in einem Aquarium nur mit Gesellschaftern angemessener Größe oder in einem Artaquarium gehalten werden können. Als nachtaktive, versteckt lebende Fische bekommt man sie selten zu Gesicht.

Aethiomastacembelus loennbergii 4/786
Lönnbergs Stachelaal
H: Afrika: Tschad-, Benue- u. Nigerbecken.
GU: Unbekannt. V: =
Z: Noch nicht gelungen. F: K
T: 25–30°C, L: 26 cm, pH: 7, SG: 3

Aethiomastacembelus cf. *moori* 5/1060
Tanganjikasee-Stachelaal
H: Afrika: Tanganjikasee. E.
GU: Unbekannt. V: =
Z: Noch nicht gelungen; (zu groß). F: K
T: 20–24°C, L: 44 cm, pH: >7, SG: 4

Aethiomastacembelus praesens 5/1060

H: Afrika: Ghana: Prah-River-System.
GU: Unbekannt. V: =
Z: Noch nicht gelungen. F: K,O
T: 23–26°C, L: <20 cm, pH: <7, SG: 2–3

Aethiomastacembelus shiranus 4/786
Shire-Stachelaal
H: Afrika: Malawisee. E.
GU: Unbekannt. V: ?
Z: Noch nicht gelungen. F: K
T: 23–27°C, L: 26 cm, pH: >7, SG: 3

SYNBRANCHIFORMES
Mastacembelidae   Stachelaale

Afromastacembelus flavidus   3/1008

H: Afrika: Tanganjikasee. Sehr selten. E.
GU: Unbekannt.   V: =
Z: Noch nicht gelungen.   F: K
T: 24–28°C, L: 27 cm, pH: >7, SG: 3

Afromastacembelus moorii   2/1105
Moore's Stachelaal

H: Afrika: Tanganjikasee.
GU: Unbekannt.   V: –
Z: Noch nicht gelungen.   F: K
T: 25–28°C, L: 44 cm, pH: >7, SG: 3–4

Afromastacembelus plagiostomus   2/1106

H: Afrika: Tanganjikasee.
GU: Unbekannt.   V: ?
Z: Noch nicht gelungen.   F: K
T: 25–28°C, L: 35 cm, pH: >7, SG: 3–4

Afromastacembelus tanganicae   3/1008
Tanganjika-Stachelaal

H: Afrika: Tanganjikasee. E.
GU: Unbekannt.   V: =
Z: Noch nicht gelungen.   F: K
T: 24–28°C, L: 19 cm, pH: >7, SG: 3

Caecomastacembelus cryptacanthus
4/784

H: Afrika: Kam., Nig., mittl. Zairebecken.
GU: Unbekannt.   V: –?
Z: Algennester? Keine Brutpflege.   F: K
T: 24–30°C, L: 25 cm, pH: 7, SG: 3

Caecomastacembelus frenatus   4/784
Zügel-Stachelaal

H: Afrika: Tanganjikasee. E.
GU: Unbekannt.   V: –?
Z: Noch nicht gelungen.   F: K
T: 23–27°C, L: 25 cm, pH: >7, SG: 3

SYNBRANCHIFORMES
Mastacembelidae

Stachelaale

Macrognathus aculeatus 1/848
Augenfleck-Stachelaal
H: SO-Asien: Thai., Sum., Mol., Bor., Java.
GU: Unbekannt. V: =
Z: >1000 E. 1% Bw. F: K
T: 23–28°C, L: 35 cm, pH: 7, SG: 3

Mastacembelus armatus 1/846
Stachelaal, Riesenstachelaal
H: SO-Asien: Indien, Sri L., Thai., S-Ch., Sum.
♂: Zur Laichzeit wesentlich schlanker. V: =
Z: Noch nicht gelungen. 1% Bw. F: K
T: 22–28°C, L: 75 cm, pH: 7, SG: 3

Mastacembelus armatus favus 5/1062
Stachelaal, Riesenstachelaal

Mastacembelus circumcinctus 1/846
Gürtelstachelaal
H: SO-Asien: SO-Thailand.
GU: Unbekannt. V: =
Z: Siehe Ordnungseinleitung. F: K
T: 24–27°C, L: 16 cm, pH: 7, SG: 3

Mastacembelus circumcinctus 5/1056
Gürtelstachelaal

Mastacembelus circumcinctus 5/1062
Gürtelstachelaal

SYNBRANCHIFORMES
Mastacembelidae[1–4]
Synbranchidae[5, 6]

Stachelaale
Kiemenschlitzaale

Mastacembelus circumcinctus 1/846
Gürtelstachelaal (gelbe Form)
H: SO-Asien: SO-Thailand.
GU: Unbekannt. V: =
Z: Siehe Ordnungseinleitung. F: K
T: 24–28°C, L: 16 cm, pH: 7, SG: 3

Mastacembelus erythrotaenia 1/848
Rotstreifen-Stachelaal, Feueraal
H: SO-Asien: Thai., Bur., Sumatra, Borneo.
♀: Voller, wenn reif. V: =
Z: Noch nicht gelungen. 1% Bw. F: K
T: 24–28°C, L: 100 cm, pH: 7, SG: 3

Mastacembelus zebrinus 1/848
Bänder-Stachelaal, Zebrastachelaal
H: SO-Asien: Thailand: bei Trang.
GU: Unbekannt. V: =
Z: Noch nicht gelungen. 1% Bw. F: K
T: 23–28°C, L: 9 (31) cm, pH: 7, SG: 3

Mastacembelus zebrinus 3/1010
Bänder-Stachelaal, Zebrastachelaal

Monopterus albus 2/1158
Ostasiatischer Kiemenschlitzaal
H: Asien: von Japan bis Thailand u. Burma.
GU: Unbekannt. V: –
Z: Natur: Schaumnest; Brutpflege. F: K
T: 25–28°C, L: 90 cm, pH: 7, SG: 3–4

Synbranchus marmoratus 2/1158
Amerikanischer Kiemenschlitzaal
H: Mittel- u. Südamerika: S-Mex. bis S-Bras.
GU: Unbekannt. V: –
Z: Unbekannt. F: K
T: 20–22°C, L: 150 cm, pH: 7, SG: 3–4

KNOCHENF.

TETRAODONTIFORMES
Tetraodontidae

KUGELFISCHARTIGE
Kugelfische

Ordnung Tetraodontiformes

Die Kugelfischartigen bestehen aus 9 Familien mit etwa 100 Gattungen. Von den insgesamt 339 Arten können 20 in Süßwasser gefunden werden (12 sind reine Süßwasserbewohner) (NELSON, 1994).

Die Eigenschaft einiger ihrer Familien (so auch der hier vorgestellten Tetraodontidae), ihren Magen mit Wasser zu füllen und sich dadurch kugelartig einem Raubfisch als „zu groß" zu präsentieren, hat der Ordnung (und Familie) ihren Namen gegeben. Nimmt man solch einen Fisch aus dem Wasser, füllt sich sein Magen mit Luft. Vorsicht, für einige Arten kann das tödlich sein.

In der japanischen Kochkunst ist Kugelfischzubereitung einer der kulinarischen Höhepunkte. Die Innereien vieler dieser Arten sind hochgiftig (Tetraodotoxin = ein Nervengift), jahreszeitlich kann auch die Muskulatur dieses Gift enthalten und so kommt es immer wieder einmal zu Todesfällen nach einem festlichen Fugu-Restaurantbesuch.

Die Süß- und Brackwasserarten innerhalb der Tetraodontidae sind exotische Bewohner unserer Aquarien. Ihre Fortbewegungsart weicht von der der meisten unserer „Standardarten" ab. Sie haben keine Ventralflossen und bewegen sich durch propellerartige Drehungen ihrer Pectoralen fort. Die Dorsale und Anale mit der Kaudale als Ruder sorgen für schnelles Schwimmen. Dies, zusammen mit ihrem „Gesichtsausdruck", macht aus Kugelfischen putzige Beckeninsassen. Außerdem werden sie zahm. Problematisch ist lediglich ihre Bissigkeit untereinander und zum Teil auch gegenüber artfremden Fischen. Als Jungtiere sind viele Arten fast Schwarmfische, aber mit zunehmendem Alter werden sie territorial. Einige Arten sind auf Brackwasser für eine Langzeithaltung angewiesen.

Die Arten der Familie Triacanthidae (Dreistachler) sind als Speisefische und aquaristisch unbedeutend. Die gezeigte Art sollte ausgewachsen in Meerwasser gehalten werden.

Carinotetraodon lortedi o.♀, u.♂   1/866
Kammkugelfisch
H: SO-Asien: Thailand.
♂: Siehe Fotos.   V: –
Z: Javamoos, 350 E; ♂♀ herausfangen F:K
T: 24–28°C, L: 6,5 cm, pH: <7, SG: 3

Chelichthys asellus   5/1101
Assel-Kugelfisch
H: Südamerika: W-Brasilien.
GU: Unbekannt.   V: =
Z: Noch nicht gelungen.   F: K
T: 22–28°C, L: 14 cm, pH: <7, SG: 3

TETRAODONTIFORMES
Tetraodontidae

KUGELFISCHARTIGE
Kugelfische

Chelonodon patoca 2/1160

H: SO-Afrika bis SO-Asien, Australien,...
GU: Unbekannt. V: =
Z: Noch nicht gelungen. Bw. F: K!
T: 23–28°C, L: 25 cm, pH: >7, SG: 3

Chonerhinus modestus 3/1040

H: O-Asien: S-Thai., Malaysia u. Indonesien.
GU: Unbekannt. V: –
Z: Noch nicht gelungen. F: K,O
T: 23–28°C, L: 13 cm, pH: 7, SG: 3

Colomesus psittacus 2/1160
Papageienkugelfisch

H: S-Am.: Venez., Guyana, Brasilien, Peru.
GU: Unbekannt. V: =
Z: Noch nicht gelungen. F: K,O
T: 23–26°C, L: 25 cm, pH: 7, SG: 3

Tetraodon biocellatus 1/868
Palembang-Kugelfisch

H: SO-Asien: Thai,. Malai.Halbi., Bor., Sum.
♂: Kleiner, schlanker. V: –
Z: Unbekannt. F: K
T: 22–26°C, L: 6 cm, pH: 7, SG: 2–3

Tetraodon cf. *biocellatus* 5/1104

Tetraodon cutcutia 3/1040

H: Asien: Indien, Sri Lanka, Bangladesh.
♂: Größer, dunkler; Hochzeitskleid. V: –
Z: Substratlaicher, Vaterfamilie. F: K,O
T: 24–28°C, L: 8 cm, pH: 7, SG: 3

TETRAODONTIFORMES
Tetraodontidae

KUGELFISCHARTIGE
Kugelfische

Tetraodon fahaka 2/1162
Nilkugelfisch
H: Afrika: Sen., Gam., Nig., Nil, Tschad,...
GU: Unbekannt. **V:** –
Z: Natur: In größeren Tiefen. **F:** K
T: 24–26°C, **L:** 45 cm, **pH:** 7, **SG:** 3

Tetraodon fangi 5/1102
Fangs Kugelfisch
H: Asien.
♂: Farbiger? **V:** –
Z: Natur: Substratlaicher, Vaterfam. **F:** K
T: 20–25°C, **L:** 10 cm?, **pH:** 7, **SG:** 3–4

Tetraodon fangi 5/1102
Fangs Kugelfisch
Beim Ablaichen.

Tetraodon leiurus brevirostris 2/1162

H: SO-Asien: Vermutlich Thailand.
♀: Zur Laichzeit „Negativfarben". **V:** –
Z: Substratlaicher, 300–500 E; Vfam. **F:** K
T: 24–28°C, **L:** 12 cm, **pH:** 7, **SG:** 3

Tetraodon mbu 2/1164
Goldringelkugelfisch
H: Afrika: Mittlerer u. unterer Kongo.
GU: Unbekannt. **V:** –
Z: Noch nicht gelungen. **F:** K
T: 24–26°C, **L:** 75 cm, **pH:** 7, **SG:** 4

Tetraodon miurus 2/1164
Brauner Kugelfisch
H: Afrika: Mittlerer u. unterer Kongo.
GU: Unbekannt. **V:** –
Z: Noch nicht gelungen. **F:** K
T: 24–28°C, **L:** 15 cm, **pH:** 7, **SG:** 4

TETRAODONTIFORMES
Tetraodontidae[1-5]
Triacanthidae[6]

KUGELFISCHARTIGE
Kugelfische
Dreistachler

Tetraodon nigroviridis 1/866
Grüner Kugelfisch
H: SO-Asien: Indonesien, Sumatra, Borneo.
GU: Unbekannt. V: –
Z: Substratlaicher, Bw, Vaterfam. F: K,O
T: 24–28°C, L: 17 cm, pH: 7, SG: 3

Tetraodon schoutedeni 1/868
Kongokugelfisch, Leopardkugelfisch
H: Afrika: Unterer Zaire: Stanley Pool.
♂: Wesentlich kleiner. V: =
Z: Frei/Substratlaicher; Vaterfam. F: K
T: 22–26°C, L: 10 cm, pH: 7, SG: 3

Tetraodon sp. 5/1102

H: Asien. 0,5% Bw.
GU: Unbekannt. V: –
Z: Noch nicht gelungen. F: K
T: 20–25°C, L: 12 cm, pH: 7, SG: 3–4

Tetraodon sp. 5/1106
Zwergkugelfisch
H: Asien: Indien: Ganges u. Nebenflüsse.
GU: Unbekannt. V: –
Z: Noch nicht gelungen. F: K
T: 24–26°C, L: 8 cm, pH: >7, SG: 3–4

Tetraodon travancorius 5/1105
Malabar-Kugelfisch
H: Asien: Indien, Burma. Sw, Bw.
GU: Unbekannt. V: =
Z: Noch nicht gelungen. F: K
T: 22–28°C, L: 15 cm, pH: 7, SG: 3

Triacanthus biaculeatus 5/1109
H: Pers. Golf, Golf v. Oman, China, Japan, Philippinen, Australien. >0,5% Bw.
GU: Unbekannt. V: =
Z: Unbekannt. F: K
T: 20–30°C, L: 20 cm, pH: >7, SG: 4

Abkürzungen

Vollglasaquarium um die Jahrhundertwende; aus dem Katalog "Aquarien" der Firma A. Glaschker, Leizpig. Beachte Heizung (Bunsenbrenner), Boden- und oberen Kantenschutz.

Allgemeine Abkürzungen

Durch unser Bestreben, auf begrenztem Raum eine hohe Informationsdichte zu erreichen, ohne auf Piktogramme zurückgreifen zu müssen, wurde oft die Verwendung von Abkürzungen unvermeidbar. Abkürzungen, welche nur in einer Gruppe vorkommen, sind in der Einleitung zur entsprechenden Gruppe aufgeführt.
Im INDEX allgemein finden folgende Abkürzungen unter den verschiedenen Rubriken Verwendung:

Wissenschaftlicher Name:
- **cf.:** [confero = vergleichen] höchstwahrscheinlich handelt es sich auf dem Foto um die genannte Art, aber nicht mit Sicherheit, da es doch Unterschiede gibt.
- **sp. aff.:** [species = Art, affinis = benachbart, Affinität] Die gezeigte Art ist sehr ähnlich der genannten Art, es handelt sich aber um eine andere, noch nicht bestimmte.

Abkürzungen

Habitat:
Afrika:

Ä-Guinea	Äquatorial Guinea	Lib.	Liberia
Ägyp.	Ägypten	Nig.	Nigeria
Äth.	Äthiopien	Sam.	Sambia
Elf.	Elfenbeinküste	Sen.	Senegal
Gam.	Gambia	S.Leone	Sierra Leone
Gab.	Gabun	Sud.	Sudan
Goldk.	Goldküste	Tan.	Tansania
Gui.	Guinea	Z-Af.Rep.	Zentralafrikanische Republik
Kam.	Kamerun		

Amerika:

Ama.	Amazonasfluß	Kol.	Kolumbien
Arg.	Argentinien	Mex.	Mexiko
Bol.	Bolivien	Nic.	Nicaragua
Bras.	Brasilien	Pan.	Panama
Ec.	Ecuador	Par.	Paraguay
Franz.G.	Französisch Guyana	Sur.	Surinam(e)
Gua.	Guatemala	Tri.	Trinidad
Guy.	Guyana	Uru.	Uruguay
Guy.L.	Guyana-Länder	Ven.	Venezuela
Hon.	Honduras		

Asien:

Bang.	Bangladesch	Malay.	Malaysia
Beng.	Bengalen	Malaii.Halbi.	Malaiische Halbinsel
Bor.	Borneo		
Bur.	Burma	Pak.	Pakistan
Ch.	China	Thai.	Thailand
Kal.	Kalimantan	Sing.	Singapur
Kamb.	Kambodscha	Sri L.	Sri Lanka
Indo.	Indonesien	Sum.	Sumatra

Zucht:

E	Eier
J	Junge
TT	Tage Tragzeit
WL	Wochen Lagerung

Himmelsrichtungen:

N-	Nord-, nördlich
O-	Ost-, östlich
S-	Süd-, südlich
W-	West-, westlich

Sonstige:

E	Endemisch
Nat.	In der Natur
zw.	zwischen

Flossen:

A	Anale (Afterflosse)
D	Dorsale (Rückenflosse)
D_1	Vordere Dorsale
D_2	Hintere Dorsale
K	Kaudale (Schwanzflosse)
P	Pektoralen (Brustflossen)
V	Ventralen (Bauchflossen)

Glossar

Dieses Glossar enthält auch Stichwörter, welche in den verschiedenen Bänden des AQUARIEN ATLAS vorkommen (Botanik, Chemie u.a. Bereiche).

Abdomen: Körperhohlraum mit den Organen. Bei Gliederfüßern (Krebsen, Garnelen usw.) der Teil des Körpers, der hinter dem Thorax (Brust) oder Cephalothorax (Kopfbrust) liegt (der „Schwanz").

Ablegerpflanze: Tochterpflanze, die an Ausläufern der Mutterpflanze gebildet wird, später festwurzelt und schließlich selbständig wird. (Siehe Band 1, S. 76)

Achselsproß: Bei höheren Pflanzen bilden sich die Seitensprosse als Achselsprosse aus (Achselknospen), die von teilungsfähig gebliebenem Gewebe in den Blattachseln erzeugt werden. Achselknospen bleiben auch entwicklungsfähig, wenn die Blätter abgefallen sind.

Adipose: Fettflosse, z.B. bei Salmlern vorhandene kleine Flosse hinter der Dorsale. Bei Welsen kann die Fettflosse groß sein.

Adventivpflanzen: Vegetativ an einem Organ (z.B. Blatt) der Mutterpflanze gebildete Jungsprosse. (Siehe Band 1, S. 78)

Adventivwurzeln: Neu angelegte Wurzeln, die sich an abgeschnittenen oder verletzten Sproßteilen (auch an Blättern) bilden.

agam: Ohne dauerhafte Paarbindung, Fische, welche keinen dauerhaften Bund zwischen den sich fortpflanzenden Partnern eingehen. Diese Art der Fortpflanzung ist besonders bei ↓ Mbuna-Buntbarschen zu beobachten. Da gilt im allgemeinen, daß das Männchen sich bald nach der Befruchtung nach einem anderen Weibchen umsieht. Erbrütung der Eier und Larven sowie das Hüten der Brut sind in diesem Fall nur Aufgabe des Weibchens; das Männchen kümmert sich nicht um die Nachkommenschaft.

Ähre: Blütenstand mit Einzelblüten ohne Stiel an einer Hauptachse.

alkalisch: Laugenhaft. pH-Wert über 7,0. Beispiele sind Gewässer mit hoher Härte; z.B. ostafrikanische Seen (Malawi, Tanganjika) haben einen pH-Wert von über 8,0. Lackmus-Papier färbt sich blau.

Ammoniak (NH_3): Gasförmige Verbindung von Stickstoff und Wasserstoff. NH_3 ist für Lebewesen hochgiftig. In saurem Wasser (pH <7) kommt es nur als ↓ Ammonium (ungiftig) vor. Besonders in Aquarien ostafrikanischer Buntbarsche ist wegen der alkalischen pH-Werte des öfteren eine Kontrolle angebracht. (Siehe Band 1, S. 38)

Ammonium (NH_4^+): Ungiftig im Vergleich zu ↑ Ammoniak. Die in der Aquaristik angewandten Meßmethoden geben immer die Summe von Ammoniak und Ammonium an, wobei der Ammoniumanteil mit steigendem pH-Wert abnimmt.

Amöben: Mikroskopische, amorphe (ohne feste Gestalt also) Einzeller, die aus einer nackten Protoplasmamasse bestehen. Sie verändern laufend ihre Form während sie sich fortbewegen und Nahrung aufnehmen. Unter ungünstigen Lebensbedingungen wird eine ↓ Zyste gebildet. Sie können sowohl harmlose Darmbewohner als auch ↓ Parasiten sein. Fortpflanzung erfolgt durch Teilung.

Glossar

amphidrom: Reife Fische laichen im Süßwasser, die geschlüpften Larven werden von der Strömung ins Meer oder Brackwassermündungsgebiet getrieben und entwickeln sich im Plankton. Als Erwachsene kehren die Fische in Süßwasser zurück um dort abzulaichen.

anadrom: Wanderfische, die im Süßwasser schlüpfen, dann aber bald in das Meer abwandern, um dort den Großteil ihres Lebens zu verbringen. Zum Laichen wandern sie wieder flußaufwärts (z.B. Lachs). Gegenteil: ↓ katadrom.

Anale: Afterflosse eines Fisches. Sie beginnt direkt hinter der Analöffnung.

Andropodium: Gonopodium. Eine Modifikation der Afterflosse, die manchen Arten lebendgebärender Fische als Kopulationsorgan dient, vor allem den Poeciliinae.

Anämie: Eine bedeutende Verminderung des Hämoglobinspiegels (roter Blutfarbstoff) und der Anzahl der roten Blutkörperchen, was den Sauerstofftransport im Blut vermindert. Anämie entsteht u.a. durch Blutverlust, verringerte Blutbildung im Knochenmark oder durch gesteigerten Abbau der roten Blutkörperchen in der Milz. Mangel an Vitaminen oder Eisen, das Bestandteil des ↓ Hämoglobins ist, führen ebenfalls zur Anämie.

Antibiotikum: Zahlreiche Chemikalien, wie z.B. Penizillin und Streptomycin, die, von Mikroorganismen und Pilzen synthetisiert, die Fähigkeit haben, in schwachen Konzentrationen das Wachstum von Bakterien und anderen Mikroorganismen zu hemmen (bakteriostatische Wirkung) oder diese zu töten (bakterizide Wirkung). Antibiotika werden in der medikamentösen Behandlung von Infektionskrankheiten eingesetzt.

Ascites: Bauchwassersucht. Krankhafte Ansammlung von Flüssigkeit in der freien Bauchhöhle. Bei entzündlichen Prozessen findet sich eine eiweiß- und zellreiche trübe Flüssigkeit, der bei Tuberkulose und Krebs auch Blut beigemengt sein kann. In den übrigen Fällen handelt es sich um den Austritt einer eiweißarmen, klaren Flüssigkeit in den Bauchraum. (Band 1, S. 928 f.)

Ascorbinsäure (Vitamin C): Der Mensch (außer im ersten Lebensjahr), das Meerschweinchen und die meisten Fische sind auf die Zufuhr von Ascorbinsäure mit der Nahrung angewiesen. Vitamin C ist wasserlöslich und erfüllt vielfältige Körperfunktionen. Mangelerscheinungen variieren von Art zu Art, jedoch handelt es sich hauptsächlich um ↓ Lordose, ↓ Skoliose, Verringerung der Blutkörperchen, Blutungen, ↑ Ascites und verformte Kiemendeckel. Vitamin C ist sehr labil bei Hitze und zerfällt im Laufe der Lagerung, unter alkalischen Bedingungen und durch Oxydation. Deshalb ist immer auf frisches, nach Gebrauch gut verschlossenes und kühl aufbewahrtes Futter zu achten. Neuerdings gibt es ein stabilisiertes, nicht so empfindliches Vitamin C.

Assimilation: Umwandlung von körperfremden Nährstoffen unter Energieverbrauch zu körpereigenen Substanzen (Assimilaten).

Atrophie: Degeneration des Körpers, eines Organs, oder eines Teiles dessen als Folge einer mangelhaften Ernährung oder einer Krankheit.

Glossar

Aufwuchs: Weitgehend eine Schicht Algen, die sich auf einer harten Unterlage unter Sonnenlicht bildet mit einer Vielzahl der darin lebenden wirbellosen Organismen. Viele Fische haben sich auf das Abweiden dieser Schicht spezialisiert (Aufwuchsfresser, ↓ Mbuna).

Bakterien: Einzellige Mikroorganismen, charakterisiert durch das Fehlen eines Zellkerns. Ihre Zellwand besteht größtenteils aus proteinhaltigen Zuckern (Peptidoglykan), im Unterschied zu Pflanzen, deren Wände aus Zellulose bestehen. Die bisher etwa 2.500 bekannten Bakterien erscheinen in einer der drei Formen: Bazillen (Stäbchen), Kokken (Kugeln) und Spirillen (Spiralen). Je nach der Bakterie sind sie entweder nützlich (z.B., Fermente, Darmflora, biologische Filter), unschädlich oder krankheitserregend (z.B. mit ↑ Antibiotika zu behandeln).

Basisbürtig: An der Basis, am Bodenniveau, „unten" seinen Ursprung habend.

Beifang: Beim kommerziellen Fang von Aquarienfischen kommt es des öfteren vor, daß andere Arten mitgefangen werden. Dabei handelt es sich normalerweise um Arten in geringeren Stückzahlen, die schwerer zu fangen oder unbekannt sind und deren systematisches Fangen und Vermarkten sich nicht lohnt. Diese sogenannten Beifänge erreichen die Aquariengeschäfte sporadisch und in geringer Stückzahl. Oftmals wird die Art erst beim Importeur als verschieden erkannt und – bei wünschenswerten Arten – als etwas Besonderes angeboten.

benthonisch: Verbunden mit oder auf, in oder dicht über dem Bodengrund von Gewässern (dem Benthos). (Gegenteil: ↓ pelagisch)

Blattspreite: Im typischen Fall besteht ein Laubblatt aus der meist flächig entwickelten Blattspreite – in der bei fast allen Pflanzen die Prozesse der Photosynthese ablaufen – dem Blattstiel und dem Blattgrund (Ansatzstelle des Blattes am Sproß). Die Blattspreite ist bei einfachen Blättern ungeteilt, hat aber gewöhnlich einen mehr oder weniger stark gelappten Rand. Bei zusammengesetzten Blättern sitzen an der ursprünglichen Mittelrippe (Blattspindel) mehrere kleine Blattspreiten.

Blütenspatha: Blütenscheide. ↓ Spatha.

Brackwasser: Salzhaltiges Süßwasser. Während „normales" Meerwasser über 30 g/l Salz enthält, sind es bei Brackwasser zwischen 2 und 25 g/l. Siehe auch Band 1, S. 38.

bullos: Ein beulen- oder waffelartiges Aussehen einer Oberfläche, z.B. einer ↑ Blattspreite.

Carapax: Ein Chitinschild (↓ Chitin), das die Kopfbrust (↑ Abdomen) vieler Gliederfüßer umgibt.

Chitin: Hornähnlicher Stoff im Panzer der Gliederfüßer. Chitin ist ein stickstoffhaltiger Vielfachzucker (Polysaccharid) mit unverzweigten Kettenmolekülen (N-Acetylglucosamin). Es baut das recht feste Außenskelett der Gliederfüßer auf und ist so starr, daß es nicht mitwachsen kann. Tiere mit einer Chitinhaut müssen sich deshalb häuten, um zu wachsen. Chitin kommt in Hummerschalen und Maikäferflügeln besonders rein vor. Im Pflanzenreich kommt es in den Zellwänden von Pilzen vor.

Glossar

Ciliata: Wimpertierchen. Einzeller mit einer Vielzahl von Wimpern, welche zur Fortbewegung und zum Nahrungserwerb dienen. Im Gegensatz zu anderen Protozoen haben sie zwei Zellkerne, einen Macronucleus und einen Micronucleus. Zu den Wimpertierchen gehören z.b.: Pantoffeltierchen, Glockentierchen, Trompetentierchen.

Cyclops: Ruderfußkrebse der Gattung *Cyclops* mit einem zentral gelegenen Auge vorne am Körper. Sie sind 0,6–5,5 mm lang und werden oft gezüchtet oder in Teichen gefangen, um als Nahrung für größere Fischbrut zu dienen.

Daphnien: Wasserflöhe; früher das meistverwendete Zierfischfutter. Je nach Art bis zu 6 mm groß.

Degeneration: Entartung und Rückbildung. Veränderung eines Lebewesens oder eines Organs in das Negative. Durch Inzucht können sich Degenerationen in der Form von blasseren Farben, geringerer Größe, unregelmäßiger Beschuppung usw. ergeben. Eine gewissenhafte Auswahl der Zuchttiere seitens des Züchters ist deshalb besonders wichtig, will man doch die Art über Generationen hinweg im Aquarienmillieu erhalten.

Detergenzien: Synthetische Reinigungsmittel ähnlich den Seifen in ihrer Fähigkeit, Fette und Öle in eine „wasserlösliche" Emulsion zu bringen, um Schmutz zu entfernen. Achtung: Detergenzien dürfen nicht zum Reinigen von Aquarien oder deren Technik verwendet werden, da sie die Schleimhäute der Fische schädigen!

Diffusor: Poröses Luftleitungsendstück durch das Luft/Sauerstoff/CO_2 in das Aquariumwasser eingebracht wird. Die Poren teilen die Luft in kleine Bläschen, um so die Kontaktzeit zu verlängern und die Kontaktoberfläche zu vergrößern. Der Betriebsdruck liegt etwas höher als bei einfachem Austritt der Luft am Schlauchende, was für die erforderliche Leistung der Luftpumpe berücksichtigt werden muß.

digen: Durch die Verschmelzung zweier Zellen gezeugt.

diadrom: Die Fähigkeit einer Fischart, sich frei zwischen Süß- und Meerwasser bewegen zu können. ↓ katadrom, ↑ anadrom

Dichromatismus: [gr.: di = zwei, chrom = Farbe] Zwei sich in der Farbe unterscheidende, aber sonst ähnliche Formen innerhalb einer Art, insbesondere geschlechtsbedingt (geschlechtlicher Dichromatismus).

Dimorphismus: [gr.: di = zwei, morph = Form] Innerhalb einer selben Art die Präsenz von zwei Formen, die sich im Aussehen (Form, Farbe usw.) unterscheiden, insbesondere geschlechtsbedingt (geschlechtlicher Dimorphismus).

DNS: Desoxyribonukleinsäure; eine Nukleinsäure, aus der Gene bestehen. Es handelt sich also um die Substanz, mit deren Hilfe das Erbgut von Elternlebewesen an die Nachkommen weitergegeben wird. Auf Zellniveau bewahrt sie die Information in den Tochterzellen nach der Zellteilung. Die Säure wird größtenteils im Zellkern gefunden.

disjunkt: Nicht zusammenhängend. Z.B., wenn eine Art in zwei von einander entfernten Gebieten nachgewiesen wurde, aber ein bedeutendes Zwischengebiet diese Art (anscheinend) nicht beherbergt.

Glossar

Dolde: Schirmähnlicher Blütenstand. Die Seitenachsen mit Ihren Blüten scheinen einem Punkt der Hauptachse zu entspringen.

dorsal: Auf den Rücken bezogen, auf die obere Hälfte des Fisches.

Dorsale: Die Rückenflosse eines Fisches. Siehe Band 1, S. 157.

Eifleckmethode: Eine Befruchtungsweise der Eier bei Maulbrütern; vor allem im Malawisee weit verbreitet. Die Anale der Männchen zeigt ein Muster mit gelben, eiartigen Punkten. Nachdem ein Weibchen abgelaicht hat, nimmt es sofort alle Eier in sein Maul. Wenn es die Eiattrappen des Männchens entdeckt, schnappt es nach diesen und es gelangen dadurch die Spermien in das Maul des Weibchens, und die dort befindlichen Eier werden so befruchtet. Bei manchen Arten haben Männchen sehr lang ausgezogene Ventralen mit gelben Spitzen anstelle der Attrappen der Anale.

Eiweiße (Proteine): Eiweiße gehören zu den wichtigsten Bausteinen aller pflanzlichen und tierischen Zellen. Sie sind für das Leben unerläßlich. Der Tierkörper ↑ assimiliert sie zum Wachsen. Manche Fischgruppen (Fleischfresser wie etwa die Salmoniden) können keine Proteine pflanzlichen Ursprungs verwerten; sie brauchen also tierische Proteine, am besten von Fischen. Andere Fische haben ein spezialisiertes Verdauungssystem (lange Gedärme), um pflanzliche Proteine zu verdauen (Pflanzenfresser wie z.B. Tilapien und Harnischwelse). Proteine sind der teuerste Bestandteil (Menge mal Preis) des Fischfutters.

Ektoparasiten: Außenschmarotzer, die auf der Körperoberfläche des Wirts (Haut oder leicht zugängliche Körperhöhlen, wie der Kiemenraum) leben: z.B. *Ichthyophtyrius*, *Oodinium* u.a. (Band 1, S. 910ff.) und Krebse wie *Ergasilus* u.a. (Band 1, S. 922ff.)

Elternfamilie: Beide Geschlechter pflegen die Brut, wobei die Verteidigung des Reviers hauptsächlich Aufgabe des Männchens ist.

Embolie: Verstopfung von Blutgefäßen durch einen Fremdkörper, z.B. Blutgerinnsel oder Luftblase.

emers: Über der Wasseroberfläche seiend: z.B. Teile der Wasserpflanzen (Blätter und Blüten der Schwertpflanzen (*Echinodorus*), die den Wasserspiegel durchstoßen. ↓ submers.

endemisch: Pflanzen oder Tiere, die nur in einem einzigen, meist kleinen und natürlich abgeschlossenen Gebiet vorkommen (z.B. auf einer Insel oder in einem See), sind dort endemisch.

Endoparasit: Innenschmarotzer. Z.B. Darmwürmer. ↓ Parasit.

endständig: Am Ende eines Körpers (z.B. Spitze eines Stammes) liegend.

Enzym: Ein Protein (↑ Eiweiß), das als ↓ Katalysator wirkt. Als Protein kann es durch Hitze, Chemikalien usw. seine Eigenschaften verlieren. Seine Funktionsfähigkeit ist damit verloren, da die räumliche Struktur oft der Schlüssel zur katalytischen Funktion ist.

Epidermis: Die äußere, nichtsensible, nichtdurchblutete Zellschicht der Haut bei Tieren und Pflanzen.

Epithel: Hautgewebe, charakterisiert durch dichtliegende Zellen mit wenig Zwischenzellsubstanz. Es überzieht freie Flächen auch im Körperinneren.

Glossar

Fahne: Oberer Teil der ↓ Spatha (oberhalb des ↓ Kragens, falls vorhanden) einer Cryptocorynenblume.

fakultativ: Die Möglichkeit, eine Wahl zu haben, z.B. nicht nur parasitisch leben zu müssen. Gegenteil ↓ obligat.

ferrophil: Eisenliebend. Eigenschaft einiger Pflanzenarten, günstig auf Eisendüngung anzusprechen.

fertil: Fruchtbar. Die Fähigkeit von Organismen, Nachkommen hervorzubringen.

Fieder: Kleines Blättchen, welches zu mehreren ein Blatt bildet.

flottierend: An der Wasseroberfläche schwimmend.

flutend: Dicht unter der Wasseroberfläche, teilweise diese durchstoßend, treibende Pflanzen(teile).

Freilaicher: Fischarten, die ihre Eier wahllos im Wasser verteilen, anstatt sie an eine Unterlage anzuheften.

Fruchtblatt: Teil des weiblichen Teils der Blüte (↓ Stempel). Ein einfacher Stempel hat nur ein Fruchtblatt.

Fruchtknoten: Teil des ↓ Stempels, welcher die Samen hervorbringt.

Fundortform: Abweichungen in Farbe und/oder Aussehen einer Art, die den Individuen einer begrenzten geographischen Lage gemeinsam sind. Diese Abweichungen sind jedoch taxonomisch nicht bedeutend genug, um den Status einer Unterart zu ergeben.

Gamet: Fortpflanzungszelle.

Gametogenese: Prozeß der Geschlechtszellenbildung.

Ganzrandig: Der Rand einer ↑ Blattspreite weist keinerlei Zähnchen auf, sondern ist glatt.

Gelappt: Der Rand einer ↑ Blattspreite hat große, runde Abschnitte. Der Einschnitt nähert sich etwa $1/4$ dem Mittelnerv.

Genotyp: Das Erbbild eines Lebewesens (zum Unterschied von einem Erscheinungsbild eines Lebewesens, als Ergebnis der Umwelteinflüsse auf dieses genetisch bedingte Erbbild, = Phänotyp).

gezackt: Der Rand einer ↑ Blattspreite weist Zähne senkrecht zum Mittelnerv auf.

glattrandig: ↑ ganzrandig.

Gram-Färbung: Eine nach dem dänischen Bakteriologen H.C. GRAM entwickelte Methode zur Einteilung von Bakterien. Der Bakterienausstrich wird mit einem basischen Farbstoff (z.B. Kristallviolett oder Methylviolett) gefärbt und anschließend mit einer Jod-Jodkalium-Lösung gebeizt, dann langsam mit einem neutralen Wirkstoff (Alkohol oder Aceton) entfärbt. Es schließt eine Gegenfärbung an, z.B. mit Fuchsin oder Safranin. Bakterien bleiben entweder blau (gram-positiv) oder werden rot (gram-negativ). Viele der gram-positiven Bakterien werden erfolgreich mit Penicillin und Sulfonamiden behandelt, während bei gram-negativen Bakterien Tetrazyklin oder Chloramphenikol einzusetzen ist.

Glossar

Granulom: Krankhafte Gewebeveränderung mit körnchenartiger Geschwulstbildung.

Griffel: Teil des ↓ Stempels zwischen ↑ Fruchtknoten und ↓ Narbe. Normalerweise verlängert.

Habitat: Das Verbreitungsgebiet einer Tierart.

Habitus: Das Gesamtbild eines Lebewesens, bestehend aus Verhalten und Aussehen.

Haftlaicher: Arten, deren Eier klebende Eigenschaften besitzen. Diese Eier werden normalerweise an ein Substrat (Stein, Blatt) angeheftet.

Hämoglobin: Ein eisenhaltiges, sauerstofftransportierendes Molekül. Es befindet sich auf den roten Blutkörperchen von Wirbeltieren. Es ist für den O_2 und CO_2 Transport zu und von den Zellen verantwortlich. Das Hämoglobin der Roten Mückenlarven ähnelt im Aufbau sehr dem menschlichen Hämoglobin.

Herbivoren: Pflanzenfresser: Algen und Pflanzenteile. Siehe Band 1, S. 201.

Hermaphrodit: Zwitter, also Lebewesen, die sowohl männliche als auch weibliche Geschlechtsprodukte hervorbringen. Je nach der Art kann dies sowohl simultan (gleichzeitig) als auch konsekutiv (nacheinander) geschehen.

Histologie: Biologische Wissenschaft, die sich mit dem Studium von Körpergeweben befaßt.

Hochblatt: Endständiges Blatt, auch Braktee genannt. Ein modifiziertes Blatt in der Nähe der Blüten. Es unterscheidet sich durch seine geringere Größe und vereinfachte Form von den „normalen" Laubblättern.

Hormone: Chemische Anreger, von Hormondrüsen gebildet und in kleinsten Mengen direkt an den Blutstrom abgegeben. Von diesem im Körper verteilt, regeln sie den Stoffwechsel an einem spezifischen Zielort. Jedes Hormon hat ein antagonistisches (entgegenwirkendes) Hormon. Das Spiel beider (z.B. Adrenalin-Noradrenalin, Insulin-Glucagon) ist der Regulationsmechanismus. Auch drosselt sich die Hormonproduktion ab einer bestimmten Konzentration im Blut von selbst. In der Aquakultur ist das Spritzen von Hypophyse- (Hirnanhangdrüse-) Hormonen von ausschlaggebender Bedeutung in der Zucht der Mehrheit der Wanderfische, z.B. *Colossoma* sp., manchen Karpfenähnlichen, Welsen usw. Ohne diesen künstlichen Eingriff käme es zwar oftmals zur Reife der Eier, eine Ablage würde aber Mangels eines Reizes nicht erfolgen.

Hüllblatt: ↑ Hochblätter, die die Blüten umhüllen oder Knospen schützen.

Hyphen: Fadenförmige Pilzzellen.

Immersion: Ein-, Untertauchen; medizinisch: Dauerbad.

Immunität: Fähigkeit eines Organismus, von außen eindringende Krankheitserreger und deren Gifte abwehren zu können.

Infektion: Eindringen von Krankheitserregern in den Körper (mit oder ohne Krankheitsbild).

Glossar

Infusorien: Einzellige, mikroskopische Organismen, die sich entwickeln, wenn Wasser auf organische Reste gegossen wird und dort längere Zeit verbleibt (Aufguß). Bei diesen sog. „Aufgußtierchen" handelt es sich in erster Linie um Geißel- oder Wimpertierchen. Sie sind mobil und ernähren sich von Bakterien, mikroskopischen Algen und Mikroorganismen. Aquarianer können zu Hause selber Infusorien züchten, indem sie z.B. Bananenschalen oder Heu aufgießen. Der Schwamm eines eingefahrenen Filters ist eine weitere Quelle. Infusorien sind ein notwendiges erstes Futter für kleinste Fischbrut, für die geriebene Flocken oder *Artemia*-Nauplien anfänglich zu groß sind (z.B. Kletterfisch-Brut).

Insektizid: Insektentötendes Mittel; für Fische und insbesondere Krebstiere sehr schädlich. Bei Verwendung von Insektiziden ist das Becken abzudecken und die Membranpumpe abzustellen. Zusätzlich sollte eine Bewegung der Wasseroberfläche vermieden werden.

Internodium: Der zwischen zwei Blattansatzstellen (Knoten) liegende, blattfreie Sproßabschnitt bei Pflanzen (z.B. bei Bambus und anderen Gräsern).

Interzellulär: Zwischen den Zellen liegend.

intrazellulär: Innerhalb der Zelle liegend.

Ion: Elektrisch geladenes Atom oder molekulares Teilchen. S. Bd. 1, S. 38.

Karnivoren: Fleischfresser. Hier sind sowohl Raubfische als auch Fische gemeint, die nur Insekten und deren Larven, Fleisch, Würmer, Krebse und andere tierische Nahrung annehmen. Siehe Band 1, S. 200f.

katadrom: Fische, die die meiste Zeit ihres Lebens in Süßwasser verbringen, aber in Meerwasser eindringen, um zu laichen (z.B. Amerikanischer Aal). Gegenteil: ↑ anadrom.

Katalysator: Element oder Molekül, welches chemische Vorgänge beschleunigt oder überhaupt erst ermöglicht. Der Katalysator verbraucht sich dabei selbst nicht und kann in weitgehend unveränderter Form und Menge wiedergewonnen werden. ↑ Enzym.

Kaudale: Schwanzflosse. Die kaudal (hinten) gelegene Flosse. Siehe Band 1, S. 157.

Kelch: Sammelbegriff der ↓ Kelchblätter. Auch Kalyx.

Kelchblatt: Grünes Blatt, gefolgt von farbigen Blütenblättern (↓ Kronblatt).

Kiemenrechen: Eine Reihe von fingerartigen Fortsätzen der Kiemenbögen (wie die Zinken eines Rechens), den Kiemenlamellen gegenüber. Er dient bei Planktonfressern zum Herausfiltern der Schwebstoffe aus dem Atmungswasser, wozu er besonders lang und dicht entwickelt ist. Bei Raubfischen ist der Abstand zwischen den einzelnen, auch zurückgebildeten, „Zinken" weiter.

kleistogam: Selbstbestäubend, bei geschlossenen Blüten.

Kohlendioxid: CO_2, farbloses und nicht brennbares Gas mit schwach säuerlichem Geruch und Geschmack. Es entsteht bei Verbrennung von kohlenstoffhaltigen Substanzen (Kohle, Treibstoffe, organische Verbindungen), bei der alkoholischen Gärung sowie bei der menschlichen, tierischen und pflanzlichen Atmung.

Glossar

Kohlendioxid kommt frei in der Atmosphäre (0,03%), im Wasser gelöst und in der Erdkruste in Form verschiedener Karbonate (Dolomit, Kalkstein, Kreide, Marmor u.a.) vor. Kohlendioxid wird unter Normalbedingungen bei −78°C fest (Trockeneis), flüssiges Kohlendioxid existiert nur unter Druck. In Wasser ist es – besonders bei steigendem Druck – gut löslich und bildet dabei z.T. die Kohlensäure. Siehe Band 1, S. 31 ff.

Kolben: Einfacher Blütenstand mit ungestielten Einzelblüten an einer fleischig-verdickten Zentralachse.

Kommensalismus: Beziehung zwischen zwei verschiedenen Arten. Dabei zieht eine Art Nutzen, während die andere weder Nutzen (↓ Symbiose) zieht, noch Schaden (↓ Parasitismus) nimmt.

Kosmopolit: Weltweit verbreitete Pflanzen- oder Tierart. Gegenteil: ↑ endemisch.

Kragen: Teil einer Wasserkelch- (*Cryptocoryne*) Blüte. Rand an der ↓ Spatha zwischen ↑ Fahne und ↓ Schlund.

kranial: Am Kopfende, „vorne" liegend.

Kronblatt: Das meist farbige Blatt einer Blüte. Baustein der ↓ Krone.

Krone: Alle Kronblätter zusammen. Der sichtbarste und im allgemeinen farbigste Teil einer Blüte.

Kupfersulfat: $CuSO_4 \cdot 5H_2O$ (Kupfervitriol) wird u.a. in der Schädlingsbekämpfung und in der Galvanotechnik verwendet. Im Aquarium wird es hauptsächlich zur Bekämpfung von Ektoparasiten (*Ichthyophthirius* und *Oodinium*, Band 1, S. 910 ff.) angewendet. Nicht bei weichem Wasser verwenden, da es dann auch für Fische extrem giftig ist!

Kutikula (Cuticula): Die Kutikula vieler Tiere ist eine nichtzellige äußere Schicht auf der ↑ Epidermis, von der sie abgeschieden wird. Als dickere Schicht aus Kalk bildet sie das Außenskelett der Weichtiere, aus Chitin das der Gliedertiere.

Laichausschlag: Die Anwesenheit von Hautknötchen, normalerweise in der ↑ Kranialgegend der Männchen Karpfenähnlicher Fische, während der Fortpflanzungszeit. Ihr Aussehen ähnelt dem der Weißpünktchenkrankheit, ist jedoch größer und lokalisiert. Die Punkte bedürfen keiner medikamentösen Behandlung.

lanzettlich: Form der ↑ Blattspreite. Schmal mit progressiver Verjüngung zu Spitzen an beiden Enden. Die breiteste Stelle ist etwas näher an der Basis.

larvophil: Typ des Maulbrüters. Fischarten, die ihre Larven im Maul erbrüten. Im allgemeinen wird auf ein hartes Substrat gelaicht, wo auch die Befruchtung stattfindet. Anschließend betreibt der Fisch Brutpflege, bis die Larven schlüpfen, wozu er sie gegebenenfalls auch aus ihren Eihüllen befreit. Dann werden die Larven in den Mundraum aufgenommen, um dort bis zum Freischwimmen gepflegt zu werden. ↓ Ovophiler Maulbrüter.

latent: Versteckt, verborgen, gebunden, aufgespeichert.

lateral: Seitlich, bei Fischen meist in Verbindung mit der Seitenlinie.

Limnivoren: Aufwuchsfresser. ↑ Aufwuchs. Siehe Band 1, S. 202.

Glossar

Linear: Lange und schlanke ↑ Blattspreite mit parallelen Rändern.
Litoral: Die Küstenzone eines statischen Wasserkörpers (See, Meer, Ozean).
lokal: Örtlich, örtlich beschränkt.
Lordose: Frontale (bei Fischen nach oben u. unten) Krümmung der Wirbelsäule.
l-Typ (Eier): Eier, die mit ihrer Längsachse an eine Unterlage angeheftet werden. ↓ p-Typ.
makroskopisch: Mit freiem Auge sichtbar. („Makro", griechisch, „lang", „groß").
Mann-Mutter-Familie: Ein polygames Männchen beansprucht ein Großrevier, welches die Brutreviere einiger Weibchen umfaßt. An der eigentlichen Pflege des Nachwuchses ist das Männchen nicht beteiligt. (z.B. *Apistogramma*).
Maulbrüter: Die Brutpflege im Maul bis zum Freischwimmen der Jungfische, angefangen mit frisch gelegten Eiern (↓ ovophiler Maulbrüter) oder frisch geschlüpften Larven (↑ larvophiler Maulbrüter). Meistens ist die Erbrütung Aufgabe des Weibchens, aber es gibt auch Fischarten, bei denen beide Eltern oder auch nur das Männchen (selten) abwechselnd oder gleichzeitig maulbrüten.
Mbuna: Ein Typ Malawisee-Buntbarsch, der in enger Verbindung zu felsigen Biotopen lebt. Weitere Eigenschaften: u.a. vergleichsweise wenige Kopfschuppen, Eiflecken an der Afterflosse (vor allem bei Männchen) und nur ein funktioneller Eierstock. Meistens handelt es sich um ↑ agame ↑ Aufwuchsfresser.
Membran: Dünnes, feines Häutchen, mit trennender oder abgrenzender Funktion. Semipermeable Membranen erlauben den Durchfluß von Wasser, halten aber Ionen, Bakterien usw. zurück. In der Aquaristik die Membran einer Luftpumpe oder eines Osmosegerätes.
mikroskopisch: Nur durch das Mikroskop erkennbar, verschwindend klein. („Mikro", griechisch, „klein").
Mimese: Tarnungsschutzsystem einer Tierart, beruhend auf Nachahmung in Verhalten und Erscheinung eines belebten oder unbelebten Vorbildes. Angleichungstarnung.
Mimikry: Abschreckungsschutzsystem einer Tierart. Im allgemeinen beruhend auf Vorspiegelung abstoßender oder abschreckender Eigenschaften wie Gift, Stacheln oder unangenehmem Geruch/Geschmack, wodurch der Imitator ebenfalls von Feinden gemieden wird.
Monochrom: Einfarbig, hier bezeichnend für das Fehlen farblicher Unterschiede zwischen den Geschlechtern einer Art.
monogam: Ein Weibchen pro Männchen in der vorherrschenden Sozialstruktur, im Unterschied zu polygam, wo im allgemeinen ein Männchen mit mehreren Weibchen ablaicht (Harem bei Zwergbuntbarschen z.B.).
Monogenese: Ungeschlechtliche Fortpflanzung.

Glossar

Monomorph: Einförmig. Das Fehlen von geschlechtsbedingten Unterschieden in Form (z.B. Flossenlänge, Körpergröße/-proportionen) und Farbe (nur Farbe = ↑ monochrom) innerhalb einer Art.

Mormyrasten: Elektrorezeptoren der Nilhechte (Elefantenfische) Afrikas.

Morphe: Form.

Mucosa: Schleimhaut.

Mutterfamilie: Soziale Struktur, nach welcher das Weibchen die Brutpflege übernimmt. Die Bindung zum männlichen Geschlecht beschränkt sich auf den Moment des Ablaichens bis zur Befruchtung der Eier.

Narbe: Teil des weiblichen Blütengeschlechtsteiles (↓ Stempel), welches den Pollen empfängt.

Natriumthiosulfat: Wirkstoff in Chlorbindemitteln; macht gechlortes Leitungswasser für Aquarien brauchbar.

Nekrose: Absterben eines Organs oder Gewebes infolge örtlicher Stoffwechselstörungen.

nekrotisch: Abgestorben, brandig.

Nerv: Auch Vene und Ader genannt: die linienartigen Verdickungen der ↑ Blattspreite.

Nervatur: Aderung des Blattes; Aderung eines Insektenflügels.

Nominatform: Die Form einer Art, die als Referenz für Unterarten dient. Der Name der Unterart ist eine Wiederholung des Artennamens (z.B. *Symphysodon aequifasciatus aequifasciatus*, der Braune Diskus).

obligat: Notwendig. Keine Wahl haben, gezwungen sein. Gegenteil ↑ fakultativ.

Odontoden: Stachelartige Fortsätze bei Loricariidae, die insbesondere von den sexuell aktiven Männchen während der Fortpflanzungszeit gebildet werden. Odontoden werden hauptsächlich am Kopf und auf den Pektoralstacheln gebildet, sie können aber auch am Körper entlang verteilt sein. Nach Ende der Fortpflanzungsperiode fallen sie ab.

Omnivoren: Allesfresser. Siehe Band 1, S. 202.

Ovipar: Eierlegend.

ovophil: Typ des Maulbrüters. Fischarten, die ihre Eier im Maul erbrüten. Die Eier werden im offenen Wasser oder im Maul des Weibchens befruchtet. In letzterem Fall, schnappt das Weibchen nach den Eiflecken auf der Afterflosse des Männchens, wodurch das Weibchen die Spermien „einatmet". Die Eier werden im Mundraum bis zum Freischwimmen der geschlüpften Larven erbrütet. ↑ Larvophiler Maulbrüter.

Pädogenese: Fortpflanzung im Larvenstadium. Eizellen entwickeln sich ohne Befruchtung, z.B. bei ↑ Daphnien.

Parasit: Lebewesen, welches auf einem (↑ Ektoparasit) oder in einem (↑ Endoparasit) anderen Lebewesen (↓ Wirt) lebt, um sich von ihm zu ernähren.

Glossar

Parasitismus: Ausschlaggebend dieser Form des Zusammenlebens zweier Arten ist, daß der Vorteil der einen (↑ Parasit) mit einem Schaden der anderen (↓ Wirt) einhergeht.

Pathogenität: Fähigkeit, Krankheiten hervorzurufen.

Pektoralen: Brustflossen eines Fisches. Siehe Band 1, S. 157.

pelagisch: Im freien Wasser (pelagial) sich bewegend oder treibend, ohne Beziehung zum Boden oder dem ↑ Litoral (z.B. ↑ Plankton).

Phyllodium: Ein wie eine Spreite verbreiteter Blattstiel mit der Assimilationsfunktion einer ↑ Blattspreite. Die Spreite selbst ist zurückgebildet.

Physoklist: Fisch, dessen Schwimmblase keine Verbindung zum Darm hat (kein *Ductus pneumaticus*). Der Gasdruck in der Schwimmblase wird über Gasdrüsen geregelt. Meist handelt es sich um stammesgeschichtlich höher entwickelte Fische. Gegenteil: ↑ Physostom.

Physostom: Fische, deren Schwimmblase über einen Luftgang (*Ductus pneumaticus*) mit dem Darm in Verbindung steht. Über diesen Gang wird ausschließlich oder teilweise der Gasdruck in der Schwimmblase geregelt. Gegenteil: ↑ Physoklist.

Pigmente: Farbstoffe in Pflanzen- und Tierzellen; z.B. Karotinoide sind für Rottöne verantwortlich. Bei mangelhaftem Fischfutter können diese Farben mit der Zeit bei den Fischen verblassen.

Planarien: Gruppe meist 0,2–40 mm langer, weißlicher bis sehr dunkel gefärbter Strudelwürmer, die entweder in Süßgewässern und Meeren, oder im Humus und unter Blättern auf dem Land vorkommen. Ihr Körper ist breit und flach. Oftmals mit *Tubifex* in Zuchtaquarien eingeschleppt fressen sie den Fischlaich.

Plankton: Freischwebende pflanzliche (Phytoplankton) und tierische (Zooplankton) Kleinlebewesen. Sie treiben mit der Strömung in horizontaler Richtung, können sich aber eigenständig je nach Lichteinfall in vertikaler Richtung bewegen. Sie sind die Grundnahrung vieler Fische.

polygam: Mehr als einen Geschlechtspartner habend. Bei Fischen ist der gewöhnlichere Fall, daß ein Männchen mit mehreren Weibchen lebt bzw. ablaicht (*Apistogramma*, Maulbrüter des Malawisees).

Population: Bevölkerungsgruppe. Gruppe von Fischen einer Art und bestimmter Herkunft, die von anderen Gruppen der gleichen Art aus anderen Gebieten unterschieden werden kann. Die Unterschiede reichen allerdings nicht aus, um den einzelnen Gruppen den Status einer ↓ Unterart zu verleihen. Insbesondere bei den Killifischen ein relativ oft auftretender Fall. Es ist wichtig, die Fundortangabe mit dem Fisch weiterzugeben, um so zu ermöglichen, daß die einzelnen Populationen in Gefangenschaft genetisch erhalten bleiben. ↓ Rasse.

primär: Die Grundlage bildend, wesentlich, ursprünglich. Ausschlaggebend und notwendig.

Protein: ↑ Eiweiß. Für Lebewesen unerläßliche chemische Verbindungen. Alle ↑ Enzyme und zahlreiche ↑ Hormone sind Proteine.

Glossar

p-Typ (Eier): Eier, die mit ihrem Pol an eine Unterlage (z.B. Dach einer Höhle) angeheftet werden.

Pyridoxin: Wie Pyridoxol, Pyridoxal und Pyridoxamin zur Vitamin-B_6-Gruppe gehörend. Vitamin B_6 spielt im Aminosäurestoffwechsel bei der Übertragung von Aminogruppen eine Rolle; sein Mangel ruft Krankheitserscheinungen hervor. Vitamin B_6 ist in tierischen und pflanzlichen Nahrungsmitteln (Leber, Hefe, Kartoffeln) zu finden.

Querder: Im Boden lebende Larve der Neunaugen (s. Gruppe 0).

Quirl: Mehr als zwei seitliche Pflanzenglieder, die auf gleicher Höhe der Sproßachse oder eines Seitensprosses entspringen; auch Blatt- und Blütenwirtel. (↓ Wirtel)

Rasse: Eine taxonomische Einteilung unterhalb der Art oder Unterart. Lokalpopulationen (↑ Population), z.B. verschiedener Färbung oder Größe, die sich jedoch fruchtbar miteinander kreuzen (vermehren), können Rassen sein. Die Definition ist biologisch nicht genau festgelegt. Variationsbreiten innerhalb einer Art können zu verschiedenen Rassen erklärt werden. Sollte kein Genaustausch zwischen den einzelnen Vorkommensgebieten möglich sein (z.B. Trennung durch großen Fluß, Wasserfall, ausgedehnte Sandflächen zwischen Felsbiotopen usw.), kann im Laufe von Jahrtausenden (durch natürliche Mutationen) aus der Rasse eine Unterart oder Art entstehen (z.B. Buntbarsche der ostafrikanischen Seen).

Regenzeit-Imitation: Einige Fische laichen nur im Aquarium, wenn man die Regenzeit möglichst naturgetreu nachahmt: 1. Kürzere Tageslichtzeiten, maximal 10 Stunden; 2. Dunkel, keine Sonne ins Aquarium lassen, Beleuchtung auf 1/4 bis 1/2 der sonstigen Stärke; 3. Weichwasser bis maximal 4° dGH; 4. Regentropfennachahmung, z.B. durch Filterauslauf, den man über die Aquarium-Querspange oder über eine andere Glasscheibe ins Aquarium tropfen läßt; 5. Reichliche Nahrungsgaben; 6. Hoher Sauerstoffbedarf; 7. Temperaturabsenkung um 2-3° C auf ca. 24° C.

Resorption: Rückbildung. Es kann vorkommen, daß reife Eier nicht gelegt werden (↑ Hormone), sondern wieder resorbiert werden. Aufsaugen, Einsaugen in die Blut- oder Lymphbahn.

Respiration: Äußere Atmung.

rheophil: Strömungsliebend. Eigenschaft von Organismen, die sich an das Leben in schnell fließenden Gewässern angepaßt haben. Bei Fischen zeigt sich diese Anpassung u.a. durch eine besonders stromlinienförmige Körperform, rückgebildete Schwimmblase, Saugmaul und ruckartige Schwimmweise, aber auch durch erhöhten Sauerstoffbedarf und eine größere Empfindlichkeit gegenüber belastetem Wasser.

Rhizom: Unter dem Boden wachsender Sproß. Er speichert Nährstoffe, ist aber nicht an der ↑ Assimilation beteiligt. Er wächst unbegrenzt weiter, die ältesten Teile sterben ab.

Riboflavin: (Vitamin B_2). Riboflavin kommt in den Zellen in Form von FMN (Flavinmononukleotid) und FAD (Flavinadenindinukleotid) vor. Es spielt eine wichtige Rolle bei der Zellatmung. Wegen seines reichen Vorkommens in Milch und Käse hatte es früher die Bezeichnung Lactoflavin.

Glossar

Rosette: Blattanordnung, bei der meist dichtgedrängte Blätter an der Sproßbasis einer Pflanze (grundständige Blätter) stehen. Die ↑ Internodien sind extrem kurz.

Scheidenblatt: Ein langes, mehr oder weniger röhrenförmiges Blatt, welches ein Organ ganz oder teilweise umgibt.

schizogen: Durch Spaltung oder Auseinanderweichen von Zellwänden entstanden.

Schizogonie: Eine Form der ungeschlechtlichen Fortpflanzung: eine Vielkernige „Mutter"-Zelle teilt sich in einkernige „Kinder"-Zellen.

Schlund: Teil einer Cryptocorynen-Blüte. Teil der ↓ Spatha unterhalb des Kragens, falls vorhanden, aber oberhalb des Ovariums.

Schule: Gruppe von Fischen gleichen Geschlechts oder Alters.

Schwarm: Sammelbegriff für eine größere Anzahl gleicher Fische, Vögel oder Insekten in gleichem Bewegungszustand.

Schwarzwasser: Dunkles, teefarbenes Wasser geringer bis keiner Härte und sehr niedrigem pH-Wert (ca. 4,5) mit leicht antiseptischer Wirkung. Der Nährstoffgehalt ist gleichfalls gering; die einzige Vegetation dieser Gewässer sind hineinragende Landpflanzen. Seine Farbe wird durch Huminsäuren hervorgerufen. Der Río Negro (= Schwarzer Fluß) in Brasilien führt Schwarzwasser.

Schwefelwasserstoff: H_2S, Wasserstoffsulfid. Farbloses, unangenehm riechendes (verfaulte Eier), sehr giftiges, wasserlösliches Gas, das bei der Zersetzung von Eiweiß unter anaeroben Bedingungen entsteht. Anzeichen dafür sind schwarze Zonen im Boden. Sollte das Filtermaterial danach riechen, ist es durch neues zu ersetzen.

Sektion: Artengruppe. Z.B. Sektion *Parapetenia,* als Bezeichnung einer Gruppe zentralamerikanischer Cichliden mit einer Anzahl gemeinsamer Eigenschaften.

sekundär: Nachträglich hinzukommend; in zweiter Linie in Betracht kommend. Weniger wichtig.

selbstfertil: Selbstbefruchtend. Die Art braucht keinen Pollen einer anderen Pflanze, um fruchtbare Samen zu erzeugen.

Selbstverzweiger: Pflanze, die „von sich aus", ohne Eingriff des Züchters also, Zweige hervorbringt, die man ab einer bestimmten Größe trennen kann, um damit ein neues Individuum heranzuziehen.

sitzend: Ohne Stiel direkt mit einer Achse (Ast, Stamm) verbunden. Blatt ohne Blattstiel.

Skoliose: Seitliche Verkrümmung der Wirbelsäule.

Solitär(pflanze): Einzeln, außerhalb einer Gruppe stehende (voluminöse) Pflanze.

spatelförmig: ↑ Blattspreite mit einer rundlichen, stumpfen Spitze, welche sich zur Basis hin verjüngt. Die breiteste Stelle liegt nahe an der Spitze.

Spatha: Ein Hochblatt, welches bei der Familie Araceae den Blüten das farbige Aussehen gibt und sie überragt (Blütenscheide).

Glossar

Spathaspreite: Der breite Teil einer ↑ Spatha.

Sporangium: Einzellige oder mehrzellige Behälter, in denen Sporen gebildet und aus denen sie gereift entlassen werden.

Spreite: ↑ Blattspreite.

Staubblatt: Das männliche pollentragende Geschlechtsorgan einer Blüte. Es besteht aus Staubfaden und Staubbeutel.

Staubgefäß: ↑ Staubblatt.

Stempel: Das weibliche Geschlechtsorgan einer Blüte, bestehend aus ↑ Narbe, ↑ Griffel und ↑ Fruchtknoten.

Stickstoff: Chemisches Symbol N (vom lateinischen „Nitrogenium"), ein farb-, geruch- und geschmackloses, reaktionsträges, ungiftiges, in Form zweiatomiger Moleküle, N_2, bestehendes Gas. In Organismen ist es in Proteinen und Nukleinsäuren enthalten und kann von Pflanzen und Tieren nur in Form von Stickstoffverbindungen aufgenommen werden; einige Mikroorganismen (stickstoffoxydierende Bakterien) können elementaren Stickstoff in Stickstoffverbindungen überführen. Stickstoff ist eines der Hauptprobleme der Aquaristik. ↑ Ammoniak.

Stimulanzien: Anregend wirkende Substanzen.

Sublitoral: Unterhalb des Uferbereichs (↑ Litoral) in Binnengewässern.

submers: Untergetaucht; unterhalb der Wasseroberfläche befindlich, vor allem bei Pflanzen.

Substratlaicher: ↑ Haftlaicher.

Symbiose: Das Zusammenleben zweier Arten, wobei jeder Partner (Symbiont), im Gegensatz zum ↑ Parasitismus oder ↑ Kommensalismus, Nutzen aus dieser Verbindung zieht.

Therapie: Krankenbehandlung, Heilbehandlung.

Thrombose: Verstopfung von Blutgefäßen durch Blutgerinnsel.

Trugdolde: Blütenstand ähnlich einer ↑ Dolde. Diese wird durch die gestauchten Seitenachsen mit Ausnahme der eigentlichen Blüten vorgetäuscht.

Tubus: Röhre. ↑ Schlund der *Cryptocoryne*.

Unterart: (Subspezies, Rasse). Gruppe von Individuen innerhalb einer Art, die untereinander mehr gemeinsam haben als zu den weiteren Mitgliedern der Art. Individuen verschiedener Unterarten können sich untereinander unbegrenzt fruchtbar kreuzen, was jedoch nicht dazu führen sollte, dies in Gefangenschaft zu fördern; im Gegenteil, die einzelnen Unterarten sollten immer rein erhalten bleiben. Fischunterarten kommen meist aus ↑ disjunktiven Gewässern, die jedoch nahe beieinander liegen.

Utrikel: Pflanzenteile, die in der Lage sind, tierische Nahrung (*Cyclops* u.a.) aufzunehmen (z.B. der Wasserschlauch).

Vakuole: Mit Flüssigkeit oder Nahrung gefülltes Bläschen im Zellplasma.

Varietät: Abart. Eine unter der Unterart stehende systematische Kategorie. In einer Varietät werden diejenigen Individuen zusammengefaßt, die sich aus verschiedenen Gründen deutlich von den anderen Individuen derselben Art oder Unterart unterscheiden.

Glossar

Vaterfamilie: Soziale Struktur, nach welcher das Männchen die Brutpflege übernimmt. Die Bindung zum weiblichen Geschlecht beschränkt sich auf den Moment des Ablaichens.

Vater-Mutter-Familie: Das Weibchen pflegt Eier und Larven. Nach dem Freischwimmen führt die Brut auch das Männchen, welches bis dahin das Revier verteidigt hat.

vegetative Vermehrung: Ungeschlechtliche Fortpflanzung. Bei mehrzelligen Pflanzen ist die Bildung von Sporen, Brutknospen, Knollen, Zwiebeln, Ausläufern und Rhizomen eine Form der ungeschlechtlichen Fortpflanzung.

ventral: Den Bauch betreffend.

Ventralen: Bauchflossen eines Fisches. Siehe Band 1, S. 157.

Virus: Gruppe kleinster Krankheitserreger, die bakteriendichte Filter passieren und nur mit Hilfe der Gene einer lebendigen Zelle sich fortpflanzen können. Erreger von AIDS, Pocken usw. Sie sprechen nicht auf Antibiotika an, aber für viele gibt es Impfstoffe, um einer Infektion vorzubeugen.

vivipar: Lebendgebärend, im Gegensatz zu ↑ ovipar.

Weißwasser: Z.B. das Wasser des Amazonas. Normalerweise milchig trübe, mit nahe an neutralem pH-Wert und gewisser Härte. Flüsse mit diesem Typ Wasser entspringen Gebirgen, die der Erosion ausgesetzt sind. ↑ Schwarzwasser.

Wirtel: Die Gesamtheit (mindestens zwei) der an einem Knoten der Sproßachse stehenden Laub- oder Blütenblätter.

zirkumtropisch: Tropische Zonen rund um den Erdball.

Zwitterblüte: Eine Blüte mit männlichem und weiblichem Geschlecht. Sie hat also Staub- und Fruchtblätter.

Zyste: Wiederstandsfeste Kapsel (z.B. Zysten von *Artemia salina*), die von zahlreichen niederen Pflanzen und Tieren als Fortpflanzungskeim gebildet wird. Zysten sind sehr resistent gegenüber ungünstigen Umweltbedingungen (Trockenheit, extreme Temperaturen, Salzgehalt des Wassers usw.). Wenn sich die Bedingungen bessern, schlüpft das Lebewesen.

Zytologie: Wissenschaft und Lehre von der Zelle, ihrem Aufbau und ihren Funktionen.

Literaturverzeichnis

Das folgende Literaturverzeichnis bezieht sich direkt auf die im INDEX gebrachten Informationen. Ein ausführlicheres Verzeichnis kann am Ende eines jeden AQUARIEN ATLAS gefunden werden. Als Quelle der Kurzbeschreibungen seien die 5 Bände des AQUARIEN ATLAS hier nochmals aufgeführt:

Mergus Verlag GmbH, Postfach 86, 49302 Melle, Deutschland:
  Riehl, R. und Baensch, H. A., 1997. Aquarien Atlas Band 1, 11. Auflage.
  Baensch, H. A. und Riehl, R., 1993. Aquarien Atlas Band 2, 6. Auflage.
  Riehl, R. und Baensch, H. A., 1996. Aquarien Atlas Band 3, 4. Auflage.
  Baensch, H. A. und Riehl, R., 1995. Aquarien Atlas Band 4, 1. Auflage.
  Baensch, H. A. und Riehl, R., 1997. Aquarien Atlas Band 5, 1. Auflage.

Allen, G.R., 1991. Riffbarsche der Welt. Mergus Verlag GmbH, Postfach 86, 49302 Melle, Deutschland.

Burgess, W. E., 1989. Freshwater and Marine Catfishes. T.F.H. Publications Inc., Neptune City, NJ 07753, USA.

Estevez R., M., 1990. La Cachama - Cultivo en estanques. 4. Auflage. Litografía Cafetera Ltda, Manizales, Kolumbien.

Ferraris, C., Jr., 1991. Catfish in the Aquarium. Tetra Press, Morris Plains, NJ 07950, USA.

Fink, S.V. und Fink, W.L., 1981. Interrelationships of the ostariophysan fishes (Teleostei). J. Linn. Soc. (Zool.) 72(4): 297–353.

Fischer, G.W., 1991. Acclimation to captivity, predatory characteristics and production economics of Tucunare, *Cichla monoculus* (Spiz, 1831) (Pisces: Cichlidae), including polyculture with tilapia, *Oreochromis niloticus* (L.), in Amazonian Ecuador. Doctoral Diss., Texas A&M University, College Station, TX, USA.

Franke, H.J., 1985. Handbuch der Welskunde. Landbuch-Verlag GmbH, Hannover, Deutschland.

Konings, A., 1988. Tanganyika Cichlids. Verduijn Cichlids & Lake Fish Movies. 2761 DL Zevenhuizen, Holland, und 4352 Herten 6, Deutschland.

Konings, A., 1989. Malawi Cichlids in their natural habitat. Verduijn Cichlids & Lake Fish Movies. 2761 DL Zevenhuizen, Holland, und 4352 Herten 6, Deutschland.

Linke, H., 1990. Labyrinthfische – Farbe im Aquarium. 3. überarbeitete Auflage, Tetra Verlag, 4520 Melle 1, Deutschland.

Meyer, M.K., Wischnath, L. und Foerster, W., 1985. Lebendgebärende Zierfische: Arten der Welt. Mergus Verlag GmbH, Postfach 86, 49302 Melle, Deutschland.

Moyle, P.B. und Cech, Jr., J.J., 1988. Fishes—an Introduction to Ichthyology. 2. Auflage. Prentice Hall, New Jersey 07632, USA.

Literaturverzeichnis

Nelson, J.S., 1994. Fishes of the World. 3. Auflage. John Wiley & Sons, Inc., New York, USA.

Paepke, H.-J.,1983. Die Hechtlinge – Gasterosteidae. A. Ziemsen Verlag. Wittenberg, Deutschland.

Pinter, H., 1983. Handbuch der Aquarienfisch-Zucht, 4. Auflage. Alfred Kernen Verlag, Stuttgart, Deutschland.

Pitcher, T. J. und Hart, P. J. B., (eds.), 1995. The Impact of Species Changes in African Lakes. Chapman & Hill, Fish and Fisheries Series 18, New York, USA.

Pusey, B.J. und Steward, T., 1989. Internal fertilization in *Lepidogalaxias salamandroides* Mees (Pisces: Lepidogalaxiidae). Zool. J. Linn. Soc. 97(1): 69–79.

van Ramshorst, J.D., (ed.), 1995/1978. The complete Aquarium Encyclopedia of Tropical Freshwater Fish. Chartwell Books, Inc., 1 P.O.Box 7100, Edison New Jersey 00818-7100, USA/Elsevier Publishing Projects, S, Λ, Lausanne, Schweiz.

Roberts, T.R., 1992. Systematik revision of the Southeast Asian anabantoid fish genus *Osphronemus*, with description of two new species. Ichthyol. Explor. Freshwaters 2(4): 351–360.

Sterba, G., 1987. Süßwasserfische der Welt. Urania-Verlag, Leipzig, Jena, Berlin, Deutschland.

World Conservation Monitoring Centre – Rote Liste (Fische)

Animal Redlist – Stand: 11. Oktober 1996
World Conservation Monitoring Centre, Cambridge, UK.
Internet Adresse: http://iucn.org/themes/ssc

Die wissenschaftlichen Namen sind direkt aus der Roten Liste übernommen worden; es können daher Unterschiede zu der im INDEX verwendeten Nomenklatur bestehen.
Es werden nur Süß- und Brackwasserarten aufgeführt.

Zeichenerklärung:
Ex: Extinct = ausgestorben
Exw: Extinct in wild = in der Natur ausgestorben
CE: Critically endangered = kritisch gefährdet
E: Endangered = gefährdet
V: Vulnerable = anfällig
NT: Near threatened = bald bedroht
CD: Conservation dependant = Schutzmaßnahmenabhängig

CEPHALASPIDOMORPHI
PETROMYZONTIFORMES
PETROMYZONTIDAE

Eudontomyzon danfordi (NT)
H: Bosnien und Herzegowina, Bulgarien, Jugoslawien, Kroatien, Moldawien, Österreich, Rumänien, Slowakei, Tschechische Republik, Ukraine, Ungarn

Eudontomyzon hellenicus (V)
H: Griechenland

Eudontomyzon vladykovi (NT)
H: Bulgarien, Jugoslawien, Österreich, Rumänien

Lampetra fluviatilis (NT)
H: Albanien, Belgien, Dänemark, Deutschland, Estland, Finnland, Frankreich, Großbritannien, Irland, Italien, Lettland, Litauen, Luxemburg, Niederlande, Norwegen, Österreich, Polen, Portugal, Rußland, Schweden, Schweiz, Slowakei, Spanien, Tschechische Republik

Lampetra hubbsi (NT)
H: USA

Lampetra minima (Ex)
H: USA

Lampetra planeri (NT)
H: Belgien, Bulgarien, Deutschland, Estland, Finnland, Frankreich, Großbritannien, Irland, Italien, Lettland, Litauen, Luxemburg, Niederlande, Norwegen, Österreich, Portugal, Rußland, Schweden, Schweiz, Slowakei, Spanien, Tschechische Republik

Lethenteron zanandreai (E)
H: Italien, Kroatien, Slowenien

Mordacia praecox (V)
H: Australien

ELASMOBRANCHII
PRISTIFORMES
PRISTIDAE

Pristis microdon (E)
H: Australien, Indien, Indonesien, östlicher Indischer Ocean, Papua Neuguinea, Südafrika, Thailand, westlicher Zentralpacifik

ACTINOPTERYGII
ACIPENSERIFORMES
ACIPENSERIDAE

Acipenser baerii (V)
H: Rußland

Acipenser baerii baerii (E)
H: Rußland

Acipenser baerii baikalensis (E)
H: Rußland

Acipenser baerii stenorrhynchus (V)
H: Rußland

Acipenser brevirostrum (V)
H: Kanada, Nordwestatlantik, USA, zentraler Westatlantik

Acipenser dabryanus (CE)
H: China

World Conservation Monitoring Centre – Rote Liste (Fische)

Acipenser fulvescens (V)
H: Kanada, USA

Acipenser guldenstaedti (E)
H: Aserbaidschan, Bulgarien, Iran, Jugoslawien, Kasachstan, Mittelmeer und Schwarzes Meer, Moldawien, Rumänien, Rußland, Türkei, Turkmenistan, Ukraine, Ungarn

Acipenser gueldenstaedti (E)
H: Aserbaidschan, Iran, Jugoslawien, Kasachstan, Mittelmeer und Schwarzes Meer, Rumänien, Rußland, Turkmenistan, Ukraine, Ungarn

Acipenser medirostris (V)
H: Kanada, nordöstlicher Pazifik, USA

Acipenser mikadoi (E)
H: Japan, nordwestlicher Pazifik, Rußland

Acipenser naccarii (V)
H: Albanien, Italien, Jugoslawien, Kroatien

Acipenser nudiventris (E)
H: Aserbaidschan, Bulgarien, Iran, Kasachstan, Mittelmeer und Schwarzes Meer, Moldawien, Rumänien, Rußland, Ukraine, Ungarn, Usbekistan

Acipenser nudiventris (CE)
H: Ungarn, Rumänien

Acipenser oxyrinchus oxyrinchus (NT)
H: Kanada, Mexiko, Nordwestatlantik, USA, zentraler Westatlantik

Acipenser persicus (E)
H: Aserbaidschan, Georgien, Iran, Mittelmeer und Schwarzes Meer, Rußland, Türkei

Acipenser persicus (V)
H: Aserbaidschan, Iran, Mittelmeer und Schwarzes Meer, Rußland

Acipenser nudiventris (Ex)
H: Mittelmeer und Schwarzes Meer, Kasachstan, Usbekistan

Acipenser ruthenus (V)
H: Bosnien und Herzegowina, Deutschland, Jugoslawien, Kasachstan, Lettland, Litauen, Österreich, Rumänien, Rußland, Schweiz, Slowakei, Tschechische Republik, Ukraine, Ungarn

Acipenser schrencki (E)
H: China, Rußland

Acipenser sinensis (E)
H: China

Acipenser stellatus (E)
H: Aserbaidschan, Bulgarien, Georgien, Iran, Jugoslawien, Kasachstan, Mittelmeer und Schwarzes Meer, Moldawien, Rumänien, Rußland, Turkmenistan, Ukraine, Ungarn

Acipenser stellatus (V)
H: Aserbaidschan, Iran, Kasachstan, Mittelmeer und Schwarzes Meer, Rußland, Turkmenistan

Acipenser sturio (CE)
H: Albanien, Algerien, Belgien, Deutschland, Estland, Finnland, Frankreich, Georgien, Griechenland, Großbritannien, Irland, Italien, Jugoslawien, Marokko, Mittelmeer und Schwarzes Meer, Niederlande, nordöstlicher Atlantik, Norwegen, Polen, Portugal, Rumänien, Rußland, Schweden, Schweiz, Spanien, Türkei, Ukraine, Ungarn

Acipenser transmontanus (NT)
H: Kanada, pazifischer Nordosten, USA

Acipenser transmontanus (E)
H: USA

Huso dauricus (E)
H: China, Rußland

Huso huso (Ex)
H: Mittelmeer und Schwarzes Meer, Italien

Huso huso (E)
H: Aserbaidschan, Bulgarien, Iran, Italien, Jugoslawien, Kasachstan, Mittelmeer und Schwarzes Meer, Moldawien, Rumänien, Rußland, Turkmenistan, Ukraine, Ungarn

Huso huso (CE)
H: Mittelmeer und Schwarzes Meer, Rußland

Pseudoscaphirhynchus fedtschenkoi (CE)
H: Kasachstan

Pseudoscaphirhynchus hermanni (CE)
H: Turkmenistan, Usbekistan

Pseudoscaphirhynchus kaufmanni (E)
H: Tajikistan, Turkmenistan, Usbekistan

Scaphirhynchus albus (E)
H: USA

World Conservation Monitoring Centre – Rote Liste (Fische)

Scaphirhynchus platorynchus (V)
H: USA

Scaphirhynchus suttkusi (CE)
H: USA

POLYODONTIDAE

Polyodon spathula (V)
H: USA

Psephurus gladius (CE)
H: China

OSTEOGLOSSIFORMES
OSTEOGLOSSIDAE

Scleropages formosus (E)
H: Brunei, Kambodscha, Indonesien, Malaysia, Philippinen, Singapur, Thailand, Vietnam

Scleropages leichhardti (NT)
H: Australien

NOTOPTERIDAE

Chitala blanci (NT)
H: Kambodscha, Thailand

CLUPEIFORMES
CLUPEIDAE

Alosa alabamae (E)
H: USA

Alosa Mazedonien (V)
H: Griechenland

Clupeonella abrau muhlisi (V)
H: Türkei

Jenkinsia parvula (V)
H: Venezuela, Zentraler Westatlantik

Tenualosa thibaudeaui (E)
H: Kambodscha, Laos, Thailand, Vietnam

CYPRINIFORMES
CYPRINIDAE

Acanthobrama hulensis (Ex)
H: Israel

Acheilognathus elongatus (E)
H: China

Acheilognathus longipinnis (V)
H: Japan

Alburnus akili (V)
H: Türkei

Alburnus albidus (V)
H: Kroatien, Italien, Türkei

Anabarilius polylepis (E)
H: China

Anaecypris hispanica (E)
H: Portugal, Spanien

Aulopyge hugeli (V)
H: Bosnien und Herzegowina, Kroatien

Balantiocheilos melanopterus (E)
H: Indonesien, Malaysia, Thailand

Barbopsis devecchi (V)
H: Somalien

Barbus andrewi (V)
H: Südafrika

Barbus brevipinnis (V)
H: Mosambik, Südafrika

Barbus calidus (E)
H: Südafrika

Barbus caninus (NT)
H: Italien, Schweiz

Barbus capensis (V)
H: Südafrika

Barbus comizo (V)
H: Portugal, Spanien

Barbus erubescens (CE)
H: Südafrika

Barbus euboicus (CE)
H: Griechenland

Barbus guiraonis (V)
H: Spanien

Barbus haasi (V)
H: Spanien

Barbus hospes (NT)
H: Namibia, Südafrika

Barbus kimberleyensis (V)
H: Südafrika

Barbus microcephalus (V)
H: Portugal, Spanien

Barbus motebensis (V)
H: Südafrika

Barbus plebejus (NT)
H: Kroatien, Italien, Slowenien, Schweiz

World Conservation Monitoring Centre – Rote Liste (Fische)

Barbus prespensis (V)
H: Albanien, Griechenland, Mazedonien

Barbus sclateri (NT)
H: Portugal, Spanien

Barbus serra (E)
H: Südafrika

Barbus steindachneri (V)
H: Portugal

Barbus treurensis (CD)
H: Südafrika

Barbus trevelyani (CE)
H: Südafrika

Barbus tyberinus (NT)
H: Italien

Caecobarbus geertsi (V)
H: Zaire

Caecocypris basimi (V)
H: Irak

Capoeta pestai (NT)
H: Türkei

Carassius carassius (NT)
H: Belorussland, Belgien, Bosnien und Herzegowina, Bulgarien, Dänemark, Deutschland, Estland, Finnland, Frankreich, Griechenland, Großbritannien, Italien, Jugoslawien, Kroatien, Lettland, Litauen, Luxemburg, Moldawien, Niederlande, Österreich, Polen, Rumänien, Rußland, Schweden, Schweiz, Slowakei, Slowenien, Tschechische Republik, Türkei, Ukraine, Ungarn

Cephalakompsus pachycheilus (CE)
H: Philippinen

Chalcalburnus belvica (NT)
H: Albanien, Griechenland, Mazedonien

Chela caeruleostigmata (CE)
H: Kambodscha, Thailand

Chondrostoma genei (NT)
H: Italien, Slowenien

Chondrostoma holmwoodii (V)
H: Türkei

Chondrostoma lusitanicum (V)
H: Portugal

Chondrostoma prespensis (NT)
H: Albanien, Griechenland, Mazedonien

Chondrostoma scodrensis (CE)
H: Albanien, Jugoslawien

Cyprinella alvarezdelvillari (CE)
H: Mexiko

Cyprinella bocagrande (CE)
H: Mexiko

Cyprinella caerulea (V)
H: USA

Cyprinella callitaenia (NT)
H: USA

Cyprinella formosa (V)
H: Mexiko, USA

Cyprinella monacha (NT)
H: USA

Cyprinella panarcys (E)
H: Mexiko

Cyprinella proserpina (V)
H: Mexiko, USA

Cyprinella santamariae (V)
H: Mexiko

Cyprinella xanthicara (V)
H: Mexiko

Cyprinus carpio (CE)
H: Bulgarien, Kroatien, Österreich, Rumänien, Slowakei, Slowenien, Jugoslawien, Ungarn,

Cyprinus micristius (E)
H: China

Cyprinus yilongensis (Ex)
H: China

Danio pathirana (CE)
H: Sri Lanka

Dionda diaboli (V)
H: Mexiko, USA

Dionda dichroma (V)
H: Mexiko

Dionda mandibularis (CE)
H: Mexiko

Epalzeorhynchos bicolor (Exw)
H: Thailand

Eremichthys acros (V)
H: USA

Erimystax cahni (V)
H: USA

Evarra bustamantei (Ex)
H: Mexiko

Evarra eigenmanni (Ex)
H: Mexiko

World Conservation Monitoring Centre – Rote Liste (Fische)

Evarra tlahuacensis (Ex)
H: Mexiko

Garra barreimiae (V)
H: Arabische Emirate, Oman

Garra dunsirei (V)
H: Oman

Garra longipinnis (V)
H: Oman

Gibbibarbus cyphotergous (V)
H: China

Gila alvordensis (V)
H: USA

Gila boraxobius (V)
H: USA

Gila crassicauda (Ex)
H: USA

Gila cypha (V)
H: USA

Gila ditaenia (V)
H: Mexiko, USA

Gila elegans (E)
H: Mexiko, USA

Gila intermedia (NT)
H: Mexiko, USA

Gila modesta (CE)
H: Mexiko

Gila nigrescens (CE)
H: Mexiko, USA

Gila purpurea (V)
H: Mexiko, USA

Gobio hettitorum (V)
H: Türkei

Hampala lopezi (CE)
H: Philippinen

Hybognathus amarus (E)
H: USA

Iberocypris palaciosi (E)
H: Spanien

Iotichthys phlegethontis (V)
H: USA

Iranocypris typhlops (V)
H: Iran

Labeo fisheri (E)
H: Sri Lanka

Labeo lankae (CE)
H: Sri Lanka

Labeo seeberi (CE)
H: Südafrika

Ladigesocypris ghigii (V)
H: Griechenland, Türkei

Lepidomeda albivallis (CE)
H: USA

Lepidomeda altivelis (Ex)
H: USA

Lepidomeda vittata (V)
H: USA

Leuciscus illyricus (V)
H: Kroatien

Leuciscus keadicus (V)
H: Griechenland

Leuciscus lucumontis (NT)
H: Italien

Leuciscus turskyi (Ex)
H: Kroatien

Leuciscus microlepis
H: Kroatien

Leuciscus polylepis (E)
H: Kroatien

Leuciscus svallize (V)
H: Kroatien

Leuciscus ukliva (CE)
H: Kroatien

Lythrurus snelsoni (V)
H: USA

Macrhybopsis gelida (V)
H: USA

Macrhybopsis meeki (NT)
H: USA

Mandibularca resinus (CE)
H: Philippinen

Meda fulgida (V)
H: USA

Moapa coriacea (CE)
H: USA

Neolissochilus theinemanni (V)
H: Indonesien

Notropis aguirrepequenoi (V)
H: Mexiko

Notropis amecae (Ex)
H: Mexiko

Notropis aulidion (Ex)
H: Mexiko

World Conservation Monitoring Centre – Rote Liste (Fische)

Notropis buccula (V)
H: USA

Notropis cahabae (CE)
H: USA

Notropis imeldae (V)
H: Mexiko

Notropis mekistocholas (CE)
H: USA

Notropis melanostomus (V)
H: USA

Notropis moralesi (CE)
H: Mexiko

Notropis orca (Ex)
H: Mexiko, USA

Notropis perpallidus (CD)
H: USA

Notropis saladonis (Ex)
H: Mexiko

Notropis simus (E)
H: Mexiko, USA

Onychostoma alticorps (E)
H: Taiwan

Opsaridium peringueyi (V)
H: Südafrika

Oregonichthys crameri (V)
H: USA

Oregonichthys kalawatseti (CD)
H: USA

Ospatulus palaemophagus (E)
H: Philippinen

Ospatulus truncatus (CE)
H: Philippinen

Pachychilon pictum (NT)
H: Albanien, Griechenland, Jugoslawien

Paraphoxinus alepidotus (V)
H: Kroatien

Paraphoxinus croaticus (V)
H: Kroatien

Paraphoxinus ghetaldi (V)
H: Kroatien

Paraphoxinus metohiensis (V)
H: Kroatien

Phenacobius teretulus (V)
H: USA

Phoxinellus anatolicus (E)
H: Türkei

Phoxinellus egridiri (CE)
H: Türkei

Phoxinellus handlirschi (CE)
H: Türkei

Phoxinellus pleurobipunctatus (NT)
H: Griechenland

Phoxinellus zeregii (NT)
H: Türkei

Phoxinellus zeregii fahirae (V)
H: Türkei

Phoxinellus zeregii meandri (NT)
H: Türkei

Phoxinus cumberlandensis (V)
H: USA

Phoxinus tennesseensis (NT)
H: USA

Phreatichthys andruzzi (V)
H: Somalien

Plagopterus argentissimus (V)
H: USA

Pogonichthys ciscoides (Ex)
H: USA

Pogonichthys macrolepidotus (E)
H: USA

Poropuntius tawarensis (V)
H: Indonesien

Probarbus jullieni (E)
H: Kambodscha, Laos, Malaysia, Thailand, Vietnam

Pseudobarbus afer (NT)
H: Südafrika

Pseudobarbus asper (V)
H: Südafrika

Pseudobarbus burchelli (E)
H: Südafrika

Pseudobarbus burgi (CE)
H: Südafrika

Pseudobarbus phlegethon (E)
H: Südafrika

Pseudobarbus quathlambae (CE)
H: Lesotho

Pseudobarbus tenuis (E)
H: Südafrika

Pseudophoxinus beoticus (E)
H: Griechenland

Pseudophoxinus stymphalicus (NT)
H: Griechenland

World Conservation Monitoring Centre – Rote Liste (Fische)

Ptychocheilus lucius (V)
H: USA

Puntius amarus (CE)
H: Philippinen

Puntius asoka (E)
H: Sri Lanka

Puntius bandula (CE)
H: Sri Lanka

Puntius baoulan (CE)
H: Philippinen

Puntius clemensi (CE)
H: Philippinen

Puntius cumingii (CD)
H: Sri Lanka

Puntius disa (CE)
H: Philippinen

Puntius flavifuscus (CE)
H: Philippinen

Puntius hemictenus (V)
H: Philippinen

Puntius herrei (CE)
H: Philippinen

Puntius katalo (CE)
H: Philippinen

Puntius lanaoensis (CE)
H: Philippinen

Puntius lindog (V)
H: Philippinen

Puntius manalak (CE)
H: Philippinen

Puntius manguaoensis (V)
H: Philippinen

Puntius martenstyni (E)
H: Sri Lanka

Puntius nigrofasciatus (CD)
H: Sri Lanka

Puntius pleurotaenia (CD)
H: Sri Lanka

Puntius sirang (V)
H: Philippinen

Puntius speleops (V)
H: Thailand

Puntius titteya (CD)
H: Sri Lanka

Puntius tras (CE)
H: Philippinen

Puntius tumba (V)
H: Philippinen

Rasbora baliensis (V)
H: Indonesien

Rasbora tawarensis (V)
H: Indonesien

Rasbora vaterifloris (CD)
H: Sri Lanka

Rasbora wilpita (E)
H: Sri Lanka

Relictus solitarius (E)
H: USA

Rhinichthys cobitis (V)
H: USA

Rhinichthys deaconi (Ex)
H: USA

Rhodeus ocellatus smithi (CE)
H: Japan

Rutilus lemmingii (V)
H: Portugal, Spanien

Rutilus macedonicus (NT)
H: Griechenland

Rutilus macrolepidotus (V)
H: Portugal

Rutilus meidingeri (E)
H: Österreich, Deutschland, Slowakei

Scardinius graecus (V)
H: Griechenland

Schizothorax lepidothorax (E)
H: China

Sinocyclocheilus anatirostris (V)
H: China

Sinocyclocheilus angularis (V)
H: China

Sinocyclocheilus anophthalmus (V)
H: China

Sinocyclocheilus hyalinus (V)
H: China

Sinocyclocheilus microphthalmus (V)
H: China

Stypodon signifer (Ex)
H: Mexiko

Spratellicypris palata (CE)
H: Philippinen

Tanakia tango (V)
H: Japan

World Conservation Monitoring Centre – Rote Liste (Fische)

Tor yunnanensis (E)
H: China

Typhlobarbus nudiventris (V)
H: China

Typhlogarra widdowsoni (V)
H: Irak

Vimba melanops (V)
H: Griechenland, Mazedonien

CATOSTOMIDAE

Chasmistes muriei (Ex)
H: USA

Lagochila lacera (Ex)
H: USA

COBITIDAE

Botia sidthimunki (CF)
H: Laos, Thailand

Cobitis calderoni (V)
H: Portugal, Spanien

Cobitis meridionalis (NT)
H: Albanien, Griechenland, Mazedonien

Cobitis paludica (NT)
H: Portugal, Spanien

Lepidocephalichthys jonklaasi (E)
H: Sri Lanka

Misgurnis fossilis (NT)
H: Belorussland, Belgien, Bosnien und Herzegowina, Bulgarien, Deutschland, Estland, Frankreich, Jugoslawien, Kroatien, Lettland, Litauen, Luxemburg, Moldawien, Niederlande, Österreich, Polen, Rumänien, Rußland, Schweiz, Slowakei, Slowenien, Tschechische Republik, Ukraine, Ungarn

Protocobitis typhlops (V)
H: China

Sabanjewia larvata (NT)
H: Italien

BALITORIDAE

Acanthocobitis urophthalmus (CD)
H: Sri Lanka

Hemimyzon taitungensis (V)
H: Taiwan

Homaloptera thamicola (V)
H: Thailand

Nemacheilus smithi (V)
H: Iran

Nemacheilus troglocataractus (V)
H: Thailand

Nemacheilus tschaiyssuensis (V)
H: Türkei

Oreonectes anophthalmus (V)
H: China

Schistura jarutanini (V)
H: Thailand

Schistura oedipus (V)
H: Thailand

Schistura sijuensis (V)
H: Indien

Sinogastromyzon puliensis (V)
H: Taiwan

Sphaerophysa dianchiensis (V)
H: China

Sundoreonectes tiomanensis (V)
H: Malaysia

Triplophysa gejiuensis (V)
H: China

Triplophysa xiangxensis (V)
H: China

Yunnanilus macrogaster (V)
H: China

Yunnanilus niger (V)
H: China

Yunnanilus nigromaculatus (E)
H: China

CATOSTOMIDAE

Catostomus bernardini (V)
H: Mexiko, USA

Catostomus cahita (V)
H: Mexiko

Catostomus conchos (V)
H: Mexiko

Catostomus leopoldi (V)
H: Mexiko

Catostomus microps (E)
H: USA

Catostomus santaanae (V)
H: USA

Catostomus snyderi (NT)
H: USA

World Conservation Monitoring Centre – Rote Liste (Fische)

Catostomus warnerensis (V)
H: USA

Catostomus wigginsi (V)
H: Mexiko

Chasmistes brevirostris (E)
H: USA

Chasmistes cujus (CE)
H: USA

Cycleptus elongatus (NT)
H: Mexiko, USA

Deltistes luxatus (E)
H: USA

Moxostoma hamiltoni (NT)
H: USA

Moxostoma hubbsi (V)
H: Kanada

Xyrauchen texanus (E)
H: USA

CHARACIFORMES
CHARACIDAE

Astyanax mexicanus jordani (V)
H: Mexiko

Gymnocharacinus bergi (E)
H: Argentinien

SILURIFORMES
DIPLOMYSTIDAE

Diplomystes chilensis (E)
H: Chile

ICTALURIDAE

Ictalurus mexicanus (V)
H: Mexiko

Ictalurus pricei (V)
H: Mexiko

Noturus baileyi (CE)
H: USA

Noturus flavipinnis (V)
H: USA

Noturus gilberti (V)
H: USA

Noturus lachneri (V)
H: USA

Noturus munitus (NT)
H: USA

Noturus placidus (NT)
H: USA

Noturus stanauli (V)
H: USA

Noturus taylori (V)
H: USA

Noturus trautmani (CE)
H: USA

Prietella lundbergi (V)
H: Mexiko

Prietella phreatophila (E)
H: Mexiko

Satan eurystomus (V)
H: USA

Trogloglanis pattersoni (V)
H: USA

BAGRIDAE

Austroglanis barnardi (CE)
H: Südafrika

Austroglanis gilli (V)
H: Südafrika

Coreobagrus ichikawai (V)
H: Japan

Pseudobagrus medianalis (E)
H: China

SILURIDAE

Silurus mento (E)
H: China

PANGASIIDAE

Pangasianodon gigas (E)
H: China, Kambodscha, Laos, Myanmar

AMBLYCIPITIDAE

Liobagrus nigricauda (E)
H: China

SISORIDAE

Oreoglanis siamensis (V)
H: Thailand

CLARIIDAE

Clarias cavernicola (CE)
H: Namibia

World Conservation Monitoring Centre – Rote Liste (Fische)

Clarias maclareni (CE)
H: Kamerun

Encheloclarias curtisoma (CE)
H: Malaysia

Encheloclarias kelioides (CE)
H: Indonesien, Malaysia

Encheloclarias prolatus (V)
H: Malaysia

Encheloclarias tapeinopterus (V)
H: Indonesien

Horaglanis krishnai (V)
H: Indien

Uegitglanis zammaranoi (V)
H: Somalia

HETEROPNEUSTIDAE

Heteropneustes microps (V)
H: Sri Lanka

ARIIDAE

Arius bonillai (E)
H: Kolumbien, östlicher Zentralpazifik, zentraler Westatlantik

PLOTOSIDAE

Oloplotosus torobo (V)
H: Papua Neuguinea

MOCHOKIDAE

Chiloglanis bifurcus (E)
H: Südafrika

PIMELODIDAE

Rhamdia reddelli (V)
H: Mexiko

Rhamdia zongolicensis (V)
H: Mexiko

TRICHOMYCTERIDAE

Rhizosomichthys totae (Ex)
H: Kolumbien

Trichomycterus chungarensis (V)
H: Chile

Trichomycterus laucaensis (NT)
H: Chile

Trichomycterus rivulatus (NT)
H: Chile

SALMONIFORMES
UMBRIDAE

Novumbra hubbsi (NT)
H: USA

Umbra krameri (V)
H: Bosnien und Herzegowina, Bulgarien, Jugoslawien, Kroatien, Moldawien, Österreich, Rumänien, Slowakei, Slowenien, Tschechische Republik, Ukraine, Ungarn

LEPIDOGALAXIIDAE

Lepidogalaxias salamandroides (NT)
H: Australien

OSMERIDAE

Hypomesus transpacificus (E)
H: USA

PLECOGLOSSIDAE

Plecoglossus altivelis ryukyuensis (E)
H: Japan

SALANGIDAE

Neosalanx regani (V)
H: Japan

RETROPINNIDAE

Prototroctes maraena (V)
H: Australien

Prototroctes oxyrhynchus (Ex)
H: Neuseeland

GALAXIIDAE

Galaxias argenteus (V)
H: Neuseeland

Galaxias fontanus (CE)
H: Australien

Galaxias fuscus (CE)
H: Australien

Galaxias gracilis (V)
H: Neuseeland

Galaxias johnstoni (CE)
H: Australien

Galaxias pedderensis (CE)
H: Australien

Galaxias postvectis (V)
H: Neuseeland

World Conservation Monitoring Centre – Rote Liste (Fische)

Galaxias rekohua (V)
H: Neuseeland

Galaxias rostratus (V)
H: Australien

Galaxias tanycephalus (V)
H: Australien

Galaxias zebratus (NT)
H: Südafrika

Galaxiella munda (NT)
H: Australien

Galaxiella nigrostriata (NT)
H: Australien

Galaxiella pusilla (V)
H: Australien

Neochanna apoda (NT)
H: Neuseeland

Neochanna burrowsius (V)
H: Neuseeland

Paragalaxias mesotes (V)
H: Australien

SALMONIDAE

Acantholingua ohridana (V)
H: Albanien, Mazedonien

Coregonus alpenae (Ex)
H: Kanada, USA

Coregonus hoyi (V)
H: Kanada, USA

Coregonus huntsmani (V)
H: Kanada, USA

Coregonus johannae (Ex)
H: Kanada, USA

Coregonus kiyi (V)
H: Kanada, USA

Coregonus nigripinnis (Ex)
H: Kanada

Coregonus reighardi (CE)
H: Kanada

Coregonus zenithicus (V)
H: Kanada, USA

Hucho hucho (E)
H: Bosnien und Herzegowina, Deutschland, Jugoslawien, Kroatien, Österreich, Polen, Rumänien, Slowakei, Slowenien, Tschechische Republik, Ukraine, Ungarn

Oncorhynchus apache (CE)
H: USA

Oncorhynchus chrysogaster (V)
H: Mexiko

Oncorhynchus formosanus (CE)
H: Taiwan

Oncorhynchus gilae (E)
H: USA

Oncorhynchus ishikawai (E)
H: Japan

Salmo carpio (V)
H: Italien

Salmo letnica (V)
H: Albanien, Mazedonien

Salmo platycephalus (CE)
H: Türkei

Salmothymus obtusirostris (E)
H: Jugoslawien, Kroatien

Salvelinus agassizi (Ex)
H: USA

Salvelinus confluentus (V)
H: Kanada, USA

Salvelinus japonicus (E)
H: Japan

Salvethymus svetovidovi (V)
H: Rußland

Stenodus leucichthys leucichthys (E)
H: Aserbaidschan, Kasachstan, Rußland

PERCOPSIFORMES
AMBLYOPSIDAE

Amblyopsis rosae (V)
H: USA

Amblyopsis spelaea (V)
H: USA

Speoplatyrhinus poulsoni (NT)
H: USA

Typhlichthys subterraneus (V)
H: USA

OPHIDIIFORMES
BYTHITIDAE

Lucifuga simile (V)
H: Kuba

Lucifuga spelaeotes (V)
H: Bahamas

World Conservation Monitoring Centre – Rote Liste (Fische)

Lucifuga subterranea (V)
H: Kuba

Lucifuga teresinarum (V)
H: Kuba

Saccogaster melanomycter (V)
H: Kolumbien, zentraler Westatlantik

Stygicola dentata (V)
H: Kuba

Typhliasina pearsei (V)
H: Mexiko

BATRACHOIDIFORMES
BATRACHOIDIDAE

Batrachoides manglae (V)
H: Kolumbien, östlicher Zentralpazifik, Venezuela, zentraler Westatlantik

Sanopus astrifer (V)
H: Belize, zentraler Westatlantik

Sanopus greenfieldorum (V)
H: Belize, zentraler Westatlantik

Sanopus reticulatus (V)
H: Belize, zentraler Westatlantik

Sanopus splendidus (V)
H: Belize, Mexiko, zentraler Westatlantik

ATHERINIFORMES
ATHERINIDAE

Basilichthys australis (NT)
H: Chile

Cairnsichthys rhombosomoides (V)
H: Australien

Cauque mauleanum (NT)
H: Chile

Chilatherina bleheri (V)
H: Indonesien

Chilatherina sentaniensis (CE)
H: Indonesien

Chirostoma bartoni (V)
H: Mexiko

Craterocephalus amniculus (V)
H: Australien

Craterocephalus centralis (NT)
H: Australien

Craterocephalus dalhousiensis (V)
H: Australien

Craterocephalus fluviatillis (E)
H: Australien

Craterocephalus gloveri (V)
H: Australien

Craterocephalus helenae (NT)
H: Australien

Craterocephalus lacustris (V)
H: Papua Neuguinea

Craterocephalus lentiginosus (NT)
H: Australien

Glossolepis incisus (V)
H: Indonesien

Glossolepis wanamensis (CE)
H: Papua Neuguinea

Kiunga ballochi (CE)
H: Papua Neuguinea

Melanotaenia arfakensis (V)
H: Indonesien

Melanotaenia boesemani (E)
H: Indonesien

Melanotaenia eachamensis (V)
H: Australien

Melanotaenia gracilis (NT)
H: Australien

Melanotaenia lacustris (V)
H: Papua Neuguinea

Melanotaenia oktediensis (V)
H: Papua Neuguinea

Melanotaenia parva (V)
H: Indonesien

Melanotaenia pygmaea (NT)
H: Australien

Menidia conchorum (NT)
H: USA

Menidia extensa (V)
H: USA

Paratherina cyanea (V)
H: Indonesien

Paratherina labiosa (V)
H: Indonesien

Paratherina lineata (V)
H: Indonesien

Paratherina striata (V)
H: Indonesien

Paratherina wolterecki (V)
H: Indonesien

World Conservation Monitoring Centre – Rote Liste (Fische)

Poblana alchichica (CE)
H: Mexiko

Poblana letholepis (E)
H: Mexiko

Poblana squamata (E)
H: Mexiko

Pseudomugil mellis (E)
H: Australien

Rheocles sikorae (Ex)
H: Madagaskar

Rheocles wrightae (CE)
H: Madagaskar

Scaturiginichthys vermeilipinnis (CE)
H: Australien

Telmatherina abendanoni (V)
H: Indonesien

Telmatherina antoniae (V)
H: Indonesien

Telmatherina celebensis (V)
H: Indonesien

Telmatherina ladigesi (V)
H: Indonesien

Telmatherina obscura (V)
H: Indonesien

Telmatherina opudi (V)
H: Indonesien

Telmatherina prognatha (V)
H: Indonesien

Telmatherina sarasinorum (V)
H: Indonesien

Telmatherina wahjui (V)
H: Indonesien

Tominanga aurea (V)
H: Indonesien

Tominanga sanguicauda (V)
H: Indonesien

PHALLOSTETHIDAE

Phallostethus dunckeri (V)
H: Malaysia

CYPRINODONTIFORMES
APLOCHEILIDAE

Campellolebias brucei (V)
H: Brasilien

Cynolebias boitonei (V)
H: Brasilien

Cynolebias constanciae (V)
H: Brasilien

Cynolebias marmoratus (V)
H: Brasilien

Cynolebias minimus (V)
H: Brasilien

Cynolebias opalescens (V)
H: Brasilien

Cynolebias splendens (V)
H: Brasilien

Nothobranchius sp. (E)
H: Namibia

Pachypanchax sakaramyi (V)
H: Madagaskar

CYPRINODONTIDAE

Aphanius anatoliae (E)
H: Türkei

Aphanius burduricus (E)
H: Türkei

Aphanius splendens (CE)
H: Türkei

Aphanius sureyanus (CE)
H: Türkei

Aphanius transgrediens (CE)
H: Türkei

Crenichthys baileyi (V)
H: USA

Crenichthys nevadae (V)
H: USA

Cualac tessellatus (E)
H: Mexiko

Cyprinodon alvarezi (Exw)
H: Mexiko

Cyprinodon beltrani (E)
H: Mexiko

Cyprinodon bovinus (CE)
H: USA

Cyprinodon ceciliae (Ex)
H: Mexiko

Cyprinodon diabolis (V)
H: USA

Cyprinodon elegans (E)
H: USA

World Conservation Monitoring Centre – Rote Liste (Fische)

Cyprinodon fontinalis (E)
H: Mexiko

Cyprinodon inmemoriam (Ex)
H: Mexiko

Cyprinodon labiosus (E)
H: Mexiko

Cyprinodon latifasciatus (Ex)
H: Mexiko

Cyprinodon longidorsalis (Exw)
H: Mexiko

Cyprinodon macrolepis (E)
H: Mexiko

Cyprinodon maya (E)
H: Mexiko

Cyprinodon meeki (CE)
H: Mexiko

Cyprinodon pachycephalus (CE)
H: Mexiko

Cyprinodon pecosensis (CE)
H: USA

Cyprinodon radiosus (E)
H: USA

Cyprinodon simus (E)
H: Mexiko

Cyprinodon spp. (Ex)
H: Mexiko

Cyprinodon tularosa (V)
H: USA

Cyprinodon verecundus (CE)
H: Mexiko

Cyprinodon veronicae (CE)
H: Mexiko

Fundulus albolineatus (Ex)
H: USA

Fundulus julisia (V)
H: USA

Fundulus waccamensis (V)
H: USA

Lucania interioris (CE)
H: Mexiko

Megupsilon aporus (Exw)
H: Mexiko

Orestias chungarensis (V)
H: Chile

Orestias laucaensis (NT)
H: Chile

Pantanodon Madagaskariensis (E)
H: Madagaskar

Valencia hispanica (E)
H: Spanien

Valencia letourneuxi (E)
H: Albanien, Griechenland

GOODEIDAE

Allotoca maculata (CE)
H: Mexiko

Ameca splendens (Exw)
H: Mexiko

Ataeniobius toweri (E)
H: Mexiko

Characodon audax (V)
H: Mexiko

Characodon garmani (Ex)
H: Mexiko

Characodon lateralis (E)
H: Mexiko

Empetrichthys merriami (Ex)
H: USA

Girardinichthys multiradiatus (V)
H: Mexiko

Girardinichthys viviparus (CE)
H: Mexiko

Goodea gracilis (V)
H: Mexiko

Hubbsina turneri (CE)
H: Mexiko

Ilydon whitei (CE)
H: Mexiko

Skiffia francesae (Exw)
H: Mexiko

Xenoophorus captivus (E)
H: Mexiko

POECILIIDAE

Gambusia alvarezi (V)
H: Mexiko

Gambusia amistadensis (Ex)
H: USA

Gambusia eurystoma (CE)
H: Mexiko

Gambusia gaigei (V)
H: USA

World Conservation Monitoring Centre – Rote Liste (Fische)

Gambusia georgei (Ex)
H: USA

Gambusia heterochir (V)
H: USA

Gambusia hurtadoi (V)
H: Mexiko

Gambusia krumholzi (V)
H: Mexiko

Gambusia longispinis (V)
H: Mexiko

Gambusia nobilis (V)
H: USA

Gambusia senilis (NT)
H: Mexiko, USA

Poecilia latipunctata (CE)
H: Mexiko

Poecilia sulphuraria (CE)
H: Mexiko

Poeciliopsis occidentalis (NT)
H: Mexiko, USA

Poeciliopsis occidentalis sonorensis (V)
H: Mexiko

Priapella bonita (Ex)
H: Mexiko

Xiphophorus couchianus (CE)
H: Mexiko

Xiphophorus gordoni (E)
H: Mexiko

Xiphophorus meyeri (E)
H: Mexiko

BELONIFORMES
ADRIANICHTHYIDAE

Adrianichthys kruyti (CE)
H: Indonesien

Oryzias celebensis (V)
H: Indonesien

Oryzias marmoratus (V)
H: Indonesien

Oryzias matanensis (V)
H: Indonesien

Oryzias nigrimas (V)
H: Indonesien

Oryzias orthognathus (E)
H: Indonesien

Oryzias profundicola (V)
H: Indonesien

Xenopoecilus oophorus (E)
H: Indonesien

Xenopoecilus poptae (CE)
H: Indonesien

Xenopoecilus sarasinorum (E)
H: Indonesien

HEMIRAMPHIDAE

Dermogenys megarramphus (NT)
H: Indonesien

Dermogenys weberi (V)
H: Indonesien

Nomorhamphus towoeti (V)
H: Indonesien

Tondanichthys kottelati (V)
H: Indonesien

GASTEROSTEIFORMES
GASTEROSTEIDAE

Pungitius hellenicus (CE)
H: Griechenland

SYNGNATHIFORMES
SYNGNATHIDAE

Solegnathus dunckeri (V)
H: Australien, südwestlicher Pazifik, westlicher Zentralpazifik,

Solegnathus hardwickii (V)
H: Nordwestlicher Pacifik, westlicher Zentralpazifik

Syngnathus watermayeri (CE)
H: Südafrika

SYNBRANCHIFORMES
SYNBRANCHIDAE

Ophisternon infernale (E)
H: Mexiko

COTTIDAE

Cottus asperrimus (V)
H: USA

Cottus echinatus (Ex)
H: USA

World Conservation Monitoring Centre – Rote Liste (Fische)

Cottus extensus (V)
H: USA

Cottus greenei (V)
H: USA

Cottus leiopomus (V)
H: USA

Cottus petiti (CE)
H: Frankreich

Cottus pygmaeus (CE)
H: USA

PERCIFORMES
PERCICHTHYIDAE

Edelia obscura (V)
H: Australien

Maccullochella ikei (E)
H: Australien

Maccullochella macquariensis (E)
H: Australien

Maccullochella peelii mariensis (NT)
H: Australien

Nannoperca oxleyana (E)
H: Australien

Nannoperca variegata (V)
H: Australien

TERAPONTIDAE

Bidyanus bidyanus (V)
H: Australien

Hephaestus adamsoni (V)
H: Papua Neuguinea

Hephaestus epirrhinos (NT)
H: Australien

Leiopotherapon aheneus (NT)
H: Australien

Leiopotherapon macrolepis (NT)
H: Australien

Pingalla midgleyi (NT)
H: Australien

Syncomistes kimberleyensis (NT)
H: Australien

Syncomistes rastellus (NT)
H: Australien

Varia jamoerensis (V)
H: Indonesien

CENTRARCHIDAE

Ambloplites cavifrons (V)
H: USA

Micropterus notius (NT)
H: USA

ELASSOMATIDAE

Elassoma boehlkei (NT)
H: USA

Elassoma okatie (V)
H: USA

PERCIDAE

Crystallaria asprella (V)
H: USA

Etheostoma acuticeps (NT)
H: USA

Etheostoma aquali (V)
H: USA

Etheostoma australe (V)
H: Mexiko

Etheostoma boschungi (E)
H: USA

Etheostoma cinereum (V)
H: USA

Etheostoma cragini (NT)
H: USA

Etheostoma ditrema (V)
H: USA

Etheostoma fonticola (V)
H: USA

Etheostoma grahami (V)
H: Mexiko, USA

Etheostoma kanawhae (NT)
H: USA

Etheostoma luteovinctum (NT)
H: USA

Etheostoma maculatum (NT)
H: USA

Etheostoma moorei (V)
H: USA

Etheostoma nianguae (V)
H: USA

Etheostoma nuchale (E)
H: USA

Etheostoma okaloosae (E)
H: USA

World Conservation Monitoring Centre – Rote Liste (Fische)

Etheostoma osburni (NT)
H: USA

Etheostoma pallididorsum (V)
H: USA

Etheostoma pellucidum (V)
H: Kanada, USA

Etheostoma pottsi (V)
H: Mexiko

Etheostoma rubrum (NT)
H: USA

Etheostoma sellare (Ex)
H: USA

Etheostoma striatulum (V)
H: USA

Etheostoma trisella (V)
H: USA

Etheostoma tuscumbia (V)
H: USA

Etheostoma wapiti (V)
H: USA

Gymnocephalus schraetzer (V)
H: Bulgarien, Deutschland, Jugoslawien, Kroatien, Moldawien, Österreich, Rumänien, Slowakei, Tschechische Republik, Ukraine, Ungarn

Percarina demidoff (V)
H: Moldawien, Rußland, Ukraine

Percina antesella (V)
H: USA

Percina aurolineata (V)
H: USA

Percina burtoni (V)
H: USA

Percina cymatotaenia (E)
H: USA

Percina jenkinsi (V)
H: USA

Percina lenticula (V)
H: USA

Percina macrocephala (NT)
H: USA

Percina nasuta (NT)
H: USA

Percina pantherina (V)
H: USA

Percina rex (V)
H: USA

Percina tanasi (V)
H: USA

Percina uranidea (NT)
H: USA

Romanichthys valsanicola (CE)
H: Rumänien

Zingel asper (CE)
H: Frankreich, Schweiz

Zingel streber (V)
H: Bosnien und Herzegowina, Bulgarien, Deutschland, Griechenland, Italien, Jugoslawien, Kroatien, Moldawien, Österreich, Schweiz, Slowakei, Slowenien, Tschechische Republik, Ukraine, Ungarn

Zingel zingel (V)
H: Bosnien und Herzegowina, Bulgarien, Deutschland, Jugoslawien, Kroatien, Moldawien, Österreich, Rumänien, Slowakei, Slowenien, Tschechische Republik, Ukraine, Ungarn

CICHLIDAE

Allochromis welcommei (CE)
H: Uganda

Astatotilapia dwarf bigeye scraper (CE)
H: Kenia

Astatotilapia shovelmouth (E)
H: Uganda

Astatotilapia barbarae (E)
H: Uganda

Astatotilapia brownae (E)
H: Tansania

Astatotilapia latifasciata (CE)
H: Uganda

Astatotilapia martini (Ex)

Astatotilapia megalops (Ex)

Astatotilapia piceata (E)
H: Tansania

Astatotilapia velifer (V)
H: Uganda

Chetia brevis (V)
H: Mosambik, Südafrika

Cichlasoma bartoni (V)
H: Mexiko

Cichlasoma labridens (E)
H: Mexiko

Cichlasoma minckleyi (V)
H: Mexiko

World Conservation Monitoring Centre – Rote Liste (Fische)

Cichlasoma pantostictum (V)
H: Mexiko

Cichlasoma steindachneri (V)
H: Mexiko

Enterochromis paropius (CE)
H: Tansania

Gaurochromis obtusidens (Ex)

Gaurochromis simpsoni (E)
H: Uganda

Haplochromis ruby (CE)
H: Uganda

Haplochromis annectidens (CE)
H: Uganda

Haplochromis lividus (Exw)

Haplochromis obliquidens (E)
H: Tansania, Uganda

Harpagochromis artaxcrxcs (Ex)

Harpagochromis boops (Ex)

Harpagochromis cavifrons (Ex)

Harpagochromis frogmouth (V)
H: Kenia, Uganda

Harpagochromis guiarti complex (CE)
H: Uganda

Harpagochromis maculipinna (Ex)

Harpagochromis michaeli (Ex)

Harpagochromis nyanzae (Ex)

Harpagochromis pachycephalus (Ex)

Harpagochromis paraplagiostoma (Ex)

Harpagochromis pectoralis (Ex)

Harpagochromis plagiostoma (CE)
H: Uganda

Harpagochromis spekii (Ex)

Harpagochromis thuragnathus (Ex)

Harpagochromis victorianus (Ex)

Harpagochromis worthingtoni (CE)
H: Uganda

Hoplotilapia retrodens (Ex)

Konia dikume (CE)
H: Kamerun

Konia eisentrauti (CE)
H: Kamerun

Labrochromis ishmaeli (Exw)

Labrochromis mylergates (Ex)

Labrochromis pharyngomylus (Ex)

Labrochromis teegelaari (Ex)

Lipochromis backflash *cryptodon* (CE)
H: Uganda

Lipochromis black *cryptodon* (CE)
H: Tansania

Lipochromis microdon (Ex)

Lipochromis parvidens-like (CE)
H: Uganda

Lipochromis small obesoid (CE)
H: Uganda

Lipochromis maxillaris (CE)
H: Kenia

Lipochromis melanopterus complex (CE)
H: Tansania

Macropleurodus bicolor (CE)
H: Tansania

Myaka myaka (CE)
H: Kamerun

Oreochromis esculentus (V)
H: Kenia, Tansania, Uganda

Oreochromis variabilis (V)
H: Kenia, Uganda

Oxylapia polli (V)
H: Madagaskar

Paralabidochromis beadlei (CE)
H: Uganda

Paralabidochromis chilotes complex (V)
H: Kenia, Tansania, Uganda

Paralabidochromis chromogynos (V)
H: Kenia, Tansania, Uganda

Paralabidochromis crassilabris (V)
H: Kenia, Tansania, Uganda

Paralabidochromis victoriae (CE)
H: Kenia

Paretroplus dami (V)
H: Madagaskar

Paretroplus kieneri (V)
H: Madagaskar

Paretroplus maculatus (CE)
H: Madagaskar

Paretroplus petiti (CE)
H: Madagaskar

Platytaeniodus degeni (Exw)

Prognathochromis arcanus (Ex)

World Conservation Monitoring Centre – Rote Liste (Fische)

Prognathochromis argenteus (Ex)
Prognathochromis bartoni (Ex)
Prognathochromis bayoni (Ex)
Prognathochromis decticostoma (Ex)
Prognathochromis dentex (Ex)
Prognathochromis estor (Ex)
Prognathochromis flavipinnis (Ex)
Prognathochromis gilberti (Ex)
Prognathochromis gowersi (Ex)
Prognathochromis howesi complex (E)
H: Tansania

Prognathochromis long snout (E)
H: Uganda

Prognathochromis longirostris (Ex)
Prognathochromis macrognathus (Ex)
Prognathochromis mandibularis (Ex)
Prognathochromis mento (CE)
H: Tansania

Prognathochromis nanoserranus (Ex)
Prognathochromis nigrescens (Ex)
Prognathochromis paraguiarti (Ex)
Prognathochromis percoides (Ex)
Prognathochromis perrieri (Exw)
Prognathochromis prognathus (Ex)
Prognathochromis pseudopellegrini (Ex)
Prognathochromis venator (E)
H: Uganda

Prognathochromis vittatus (Ex)
Prognathochromis worthingtoni (CE)
H: Uganda

Prognathochromis xenostoma (Ex)
Psammochromis acidens (V)
H: Kenia, Tansania, Uganda

Psammochromis aelocephalus (V)
H: Kenia, Tansania, Uganda

Psammochromis cassius (Ex)
Ptychochromoides sp. (V)
H: Madagaskar

Ptychochromoides betsileanus (CE)
H: Madagaskar

Ptyochromis Rusinga oral sheller (CE)
H: Kenia

Ptyochromis rainbow sheller (CE)
H: Kenia, Tansania

Ptyochromis annectens (E)
H: Kenia

Ptyochromis granti (E)
H: Kenia

Ptyochromis sauvagei (V)
H: Kenia, Tansania

Pungu maclareni (CE)
H: Kamerun

Pyxichromis orthostoma (V)
H: Uganda

Pyxichromis parorthostoma (Ex)
Sarotherodon caroli (CE)
H: Kamerun

Sarotherodon galileus Ejagham (V)
H: Kamerun

Sarotherodon linnellii (CE)
H: Kamerun

Sarotherodon lohbergeri (CE)
H: Kamerun

Sarotherodon steinbachi (CE)
H: Kamerun

Serranochromis meridianus (CD)
H: Südafrika

Stomatepia mariae (CE)
H: Kamerun

Stomatepia mongo (CE)
H: Kamerun

Stomatepia pindu (CE)
H: Kamerun

Tilapia jewel (V)
H: Kamerun

Tilapia little black (V)
H: Kamerun

Tilapia yellow-green (V)
H: Kamerun

Tilapia bakossiorum (V)
H: Kamerun

Tilapia bemini (V)
H: Kamerun

Tilapia bythobathes (V)
H: Kamerun

Tilapia deckerti (V)
H: Kamerun

World Conservation Monitoring Centre – Rote Liste (Fische)

Tilapia flava (V)
H: Kamerun

Tilapia guinasana (CE)
H: Namibia

Tilapia gutturosa (V)
H: Kamerun

Tilapia imbriferna (V)
H: Kamerun

Tilapia kottae (V)
H: Kamerun

Tilapia snyderae (V)
H: Kamerun

Tilapia spongotroktis (V)
H: Kamerun

Tilapia thysi (V)
H: Kamerun

Xystichromis bayoni (Ex)

Xystichromis Kyoga flameback (CE)
H: Uganda

Xystichromis nuchisquamulatus (E)
H: Kenia

Xystichromis phytophagus (CE)
H: Kenia

Yssichromis argens (Exw)

Yssichromis pyrrhocephalus (V)
H: Kenia, Tansania

ELEOTRIDAE

Boroda expatria (V)
H: Philippinen

Butis butis (NT)
H: Mosambik, Südafrika

Eleotris melanosoma (NT)
H: Mosambik, Südafrika

Gobiomorphus alpinus (V)
H: Neuseeland

Hypseleotris dayi (NT)
H: Südafrika

Hypseleotris ejuncida (NT)
H: Australien

Hypseleotris kimberleyensis (NT)
H: Australien

Hypseleotris regalis (NT)
H: Australien

Kimberleyeleotris hutchinsi (NT)
H: Australien

Kimberleyeleotris notata (NT)
H: Australien

Mogurnda furva (V)
H: Papua Neuguinea

Mogurnda spilota (V)
H: Papua Neuguinea

Mogurnda variegata (V)
H: Papua Neuguinea

Mogurnda vitta (V)
H: Papua Neuguinea

Typhleotris madgascarensis (V)
H: Madagaskar

Typhleotris pauliani (V)
Category/Criteria:Vulnerable/D2
H: Madagaskar

GOBIIDAE

Chlamydogobius gloveri (V)
H: Australien

Chlamydogobius micropterus (CE)
H: Australien

Chlamydogobius squamigenus (CE)
H: Australien

Croilia mossambica (NT)
H: Mosambik, Südafrika

Economidichthys pygmaeus (V)
H: Griechenland

Economidichthys trichonis (V)
H: Griechenland

Eucyclogobius newberryi (V)
H: USA

Glossgobius flavipinnis (V)
H: Indonesien

Glossogobius ankaranensis (CE)
H: Madagaskar

Glossogobius biocellatus (NT)
H: Mosambik, Südafrika, Tansania

Glossogobius intermedius (V)
H: Indonesien

Glossogobius matanensis (V)
H: Indonesien

Knipowitschia croatica (V)
H: Kroatien

Knipowitschia punctatissima (V)
H: Italien

Knipowitschia thessala (V)
H: Griechenland

World Conservation Monitoring Centre – Rote Liste (Fische)

Lentipes whittenorum (V)
H: Indonesien

Mistichthys luzonensis (CD)
H: Philippinen

Mugilogobius adeia (V)
H: Indonesien

Mugilogobius latifrons (V)
H: Indonesien

Oligolepis keiensis (NT)
H: Mosambik, Südafrika

Padogobius martensii (NT)
H: Italien, Kroatien, Slowenien, Schweiz

Padogobius nigricans (V)
H: Italien

Pandaka pygmaea (CE)
H: Philippinen

Papillogobius melanobranchus (NT)
H: Mosambik, Südafrika

Papillogobius reichei (NT)
H: Mosambik, Südafrika, Tansania

Priolepis robinsi (NT)
H: Zentralwestatlantik

Redigobius bikolanus (NT)
H: Mosambik, Südafrika

Redigobius dewaali (NT)
H: Mosambik, Südafrika

Sicydium stimpsoni (NT)
H: USA

Sicyopus axillimentus (V)
H: Philippinen

Silhouettea sibayi (NT)
H: Mosambik, Südafrika

Stiphodon surrrufus (V)
H: Philippinen

Stupidogobius flavipinnis (V)
H: Indonesien

Taenioides jacksoni (NT)
H: Südafrika

Tamanka sarasinorum (V)
H: Indonesien

Weberogobius amadi (CE)
H: Indonesien

ANABANTIDAE

Sandelia bainsii (E)
H: Südafrika

BELONTIIDAE

Belontia signata (CD)
H: Sri Lanka

Betta burdigala (V)
H: Indonesien

Betta chini (V)
H: Malaysia

Betta chloropharynx (V)
H: Indonesien

Betta hipposideros (V)
H: Malaysia

Betta livida (E)
H: Malaysia

Betta macrostoma (V)
H: Brunei

Betta miniopinna (CE)
H: Indonesien

Betta persephone (CE)
H: Malaysia

Betta simplex (V)
H: Thailand

Betta spilotogena (CE)
H: Indonesien

Betta tomi (V)
H: Malaysia

Malpulutta kretseri (CD)
H: Sri Lanka

Parosphromenus harveyi (E)
H: Malaysia

CITES

CONVENTION ON INTERNATIONAL TRADE IN ENDANGERED SPECIES OF WILD FAUNA AND FLORA (CITES) APPENDIX III
Stand: 11 Juni 1992

PISCES

CERATODIFORMES
Ceratodidae
Neoceratodus forsteri

COELACANTHIFORMES
Coelacanthidae
Latimeria chalumnae

ACIPENSERIFORMES
Acipenseridae
Acipenser brevirostrum
Acipenser oxyrhynchus
Acipenser sturio
Polyodontidae
Polyodon spathula

OSTEOGLOSSIFORMES
Osteoglossidae
Arapaima gigas
Scleropages formosus

CYPRINIFORMES
Cyprinidae
Caecobarbus geertsi
Probarbus jullieni
Catostomidae
Chasmistes cujus

SILURIFORMES
Schilbeidae
Pangasianodon gigas

PERCIFORMES
Sciaenidae
Cynoscion macdonaldi

Register

Wissenschaftliche Namen sind **fett** gedruckt. Arten und Gattungen sind zusätzlich *kursiv* aufgeführt, während höhere Taxa (Familien, usw.) in KAPITÄLCHEN gebracht werden.
Synonyme und andere „wissenschaftliche" Benennungen (Handelsnamen u.a.) sind *kursiv* und mager aufgeführt.
Die Hochzahl bezieht sich auf die Position der Art auf der angegebenen Seite, da aus Platzgründen in den einzelnen Steckbriefen der Arten solche Bezeichnungen nicht aufgeführt werden.
Umgangsnamen sind gerade und mager gedruckt.

A

Aal, Amerikanischer	4/744, 849
-, Asiatischer	4/744, 849
-, Europäischer	3/935, 849
Aal-Dornauge	2/338, 169
Aal-Raubwels	300
Aalartige	849
Aalbüschelwels	2/488, 302
Aale	3/930, 3/935, 4/744, 849
-, Elektrische	1/816, 883
Aalgrundel	4/776, 803
-, Blaue	3/984, 803
-, Lila	2/1090, 803
Aalgrundeln	803
Aalstrich-Barbensalmler	4/126, 128
Aalstrichschmerle	1/368, 165
Aalwels	2/484, 300
-, Schwarzer	2/568, 377
Aalwelse	2/568–2/571, 5/446, 376, 377
abacinum*, *Diapteron	2/640, 420
-, *Aphyosemion*	2/640, 420[1]
abbotti, *Taenioides*	4/776, 803[6]
Abbottina elongata	5/118, 173
-, rivularis	3/168, 173
- sinensis	3/168, 173[6]
abbreviata, *Hemimyzon*	5/88, 154[5]
-, *Homaloptera*	5/88, 154[5]
-, Polycentropsis	3/911, 831
abbreviatus, *Distichodus*	1/226, 56[1]
-, *Procatopus*	2/670, 499[4]
aberrans*, *Procatopus	2/668, 499
Abessinische Schmerle	4/144, 156
ablabes*, *Barbus	2/362, 178
- type desert, *Barbus*	4/174, 187[1]
-, *Barbodes*	2/362, 178[3]
-, *Barbus*	4/174, 187[1]
-, *Enteromius*	2/362, 178[3]
-, *Puntius*	2/362, 178[3]
Aboinabarbe	4/166, 178
aboinensis*, *Barbus	4/166, 5/138, 192[6], 178
abramioides, *Cyprinus*	4/190, 198[1]
-, *Hypselobarbus*	4/190, 198[1]
abramis*, *Astyanax	5/52, 97
Abramis ballerus	4/164, 174
- bipunctatus	1/379, 176[2]
- blicca	3/201, 195[5]
- brama	3/169, 174
- crysoleucas	5/185, 220[1]
- melanops	3/272, 5/224, 174[4,5]
- microlepis	3/170, 174[6]
- pekinensis	5/192, 223[6]
- sapa bergi	5/118, 174
- sopa	5/118, 174[3]
- terminalis	5/184, 218[6]
abramis, *Tetragonopterus*	5/52, 97[6]
- vimba	3/272, 5/224, 174
Abramites hypselonotus	1/233, 66
- microcephalus	1/233, 66[2]
- nigripinnis	3/100, 66[3]
- solarii	3/100, 66
abruptus, *Leucaspius*	1/424, 215[2]
abyssinicus*, *Nemacheilus	4/144, 156
-, *Noemacheilus*	4/144, 156[2,3]
Acahara hakonensis	5/222, 241[1]
Acanthalburnus microlepis	3/170, 174
- punctulatus	3/170, 174[6]
Acantharchus pomotis	4/720, 5/979, 793
Acanthicus adonis	2/502, 3/361, 316, 317
- hystrix	3/363, 317
Acanthobrama bogdanovi	3/202, 197[3]
- kuschakewitschi	3/202, 197[3]
Acanthocephalus guppii	1/598, 529[1-6]
- reticulatus	1/598, 529[1-6]
acanthochira, *Pseudopimelodus*	2/564, 374[5]
Acanthocobitis botia	2/348, 151
- phuketensis	5/84, 151[3]
- urophthalmus	3/276, 151
- zonalternans	5/84, 151
Acanthodermus aurantiacus	3/378, 339[1]
Acanthodoras cataphractus	1/481, 304
Acanthogobio maculatus	3/220, 208[6]
- paltscheuskii	3/220, 208[6]
acanthomias, *Synodontis*	2/530, 357
Acanthoperca gulliveri	4/712, 789[2]
- wolfii	1/800, 788[2]
Acanthophacelus bifurca	4/510, 516
- bifurcus	3/618, 4/530, 534[4,5]
- melanzonus	2/740, 4/530, 5/620, 534[4-6], 535[1-4]
Acanthophthalmus fasciatus	1/364, 4/160, 170[3,4]
- kuhlii	1/364, 4/160, 170[1-4]
- shelfordii	1/364, 171[2]
Acanthopodus argenteus	1/804, 829[5]
Acanthopsis choirorhynchus	1/366, 163[2]
acanthopterus, *Leuciscus*	4/189, 195[3]

Register

Acanthorhodeus asmussi 2/358, 175
- - *sungariensis* 2/358, 175[4]
- *barbatulus* 5/120, 175
- *chankaensis* 2/358, 175[4]
- *lanchiensis* 5/192, 224[1]
- *macropterus* 5/120, 175

Acantophthalmus anguillaris 2/338, 169[6]
- *muraeniformis* 5/114, 170[5]
- *pangia* 2/338, 170[6]
- *semicinctus* 2/340, 171[1]
- *vermicularis* 2/338, 169[6]

Acantopsis biaculeata 1/366, 163[2]
- *choerorhynchos* 1/366, 163[2]
- *dialuzona* 1/366, 163
- *dialyzona* 1/366, 163[2]
- *diazona* 1/366, 163[2]
- sp. 5/104, 163

Acara aequinoctialis 1/672, 730[6]
- *amphiacanthoides* 1/784, 779[6]
- *bartoni* 3/718, 708[6], 709[1]
- *bimaculata* 2/862, 751[5]
- *brasiliensis* 1/704, 765[2]
- *centralis* 3/724, 752[1]
- *coeruleopunctata* 2/814, 729[4]
- *cognatus* 2/812, 729[3]
- *coryphaenoides* 2/864, 770[1]
- *crassa* 1/686, 770[2]
- *crassipinnis* 1/682, 748[1]
- *curviceps* 1/662, 770[5]
- *diadema* 2/814, 729[5]
- *dimerus* 3/724, 752[1]
- *dorsigera* 1/662, 770[6]
- *faceta* 1/688, 752[2]
- *festiva* 1/742, 771[2]
- *flavilabris* 5/862, 771[1]
- *freniferus* 5/862, 771[1]
- *fusco-maculata* 2/882, 781[2]
- *geayi* 1/666, 729[1]
- *gronovii* 2/862, 751[5]
- *guianensis* 1/666, 5/846, 770[3,4]
- *heckelii* 2/812, 729[2]
- *lapidifera* 3/862, 775[4]
- *margarita* 2/862, 751[5]
- *marginatus* 2/862, 751[5]
- *maronii* 1/668, 753[3,4]
- *minuta* 1/670, 753[1]
- *nassa* 2/812, 729[3]
- *ocellatus* 1/682, 748[1]
- *pallida* 2/816, 730[2,3]
- *pallidus* 2/816, 730[2,3]
- *portalegrense* 1/670, 753[1]
- *psittacum* 2/876, 769[5,6]
- *punctata* 2/862, 751[5]
- *punctulata* 1/696, 1/744, 754[2], 773[2]
- *rectangularis* 3/732, 707[3,4]
- *rivulata* 1/672, 730[6]
- *rostratus* 2/812, 729[3]
- *sapayensis* 2/816, 731[1]
- *spectabilis* 3/714, 750[1]
- *subocularis* 1/684, 2/812, 3/708, 729[2], 748[4-6]
- *taenia* 3/752, 753[2]
- *tetracanthus* 2/882, 781[2]
- *tetramerus* 1/672, 3/680, 4/588, 731[3,4], 751[4]
- *thayeri* 1/664, 771[4]
- *unicolor* 2/812, 729[3]
- *viridis* 1/672, 731[3]
- *vittata* 2/818, 731[5]

Acarichthys geayi 1/666, 729
- *heckelii* 2/812, 729

acaroides, *Heros* 1/688, 752[2]

Acaronia nassa 2/812, 729
- *trimaculata* 3/680, 731[4]

Acaropsis nassa 2/812, 729[3]
- *rostratus* 2/812, 729[3]

Acentrogobius acutipinnis 2/1092, 820[1]
- *audax* 3/972, 814
- *balteatus* 2/1088, 821[1]
- *chlorostigma* 3/972, 814[4]
- *cyanomos* 5/1008, 814
- *ennorensis* 3/972, 814[1]
- *pflaumii* 5/1016, 814
- *puntang* 5/1014, 816[2,3]
- *schlegelii* 5/1041, 820[4]
- *spilopterus* 5/1008, 814[2]
- *viridipunctatus* 3/972, 814

Acerina acerina 4/730, 837[1]
- *cernua* 1/808, 837[3]
- *czekanowskii* 1/808, 837[3]
- *fischeri* 1/808, 837[3]

acerina, *Gymnocephalus* 4/730, 837
-, *Perca* 4/730, 837[1]

Acerina rossica 4/730, 837[1]
- *vulgaris* 1/808, 837[3]
- *zillii* 1/778, 3/894, 704[2,3]

Acestra acus 1/488, 326[1]
- *gracilis* 1/488, 326[3]
- *knerii* 4/286, 326[4]

Acestrorhynchus altus 3/112, 90
- cf. *microlepis* 5/50, 91
- *falcirostris* 2/251, 90

Acharnes chacoensis 4/608, 761[3]
- *speciosus* 2/856, 750[6]

Acheilognathus chankaensis 2/358, 175
- *chii* 5/192, 224[1]
- *tabira* 5/122, 5/206, 235[6], 175

achigan, *Bodianus* 2/1016, 796[5]

Achilognathus himantegus 5/192, 224[1]

ACHIRIDAE 4/826, 5/984–5/986, 903

Achirus achirus 4/826, 5/984, 903[6], 904[1], 903
- - *mollis* 5/984, 903[6], 904[1]
- *fasciatus* 5/984, 903[6], 904[1]
- *maculatus* 5/984, 904[2,3]
-, *Pleuronectes* 4/826, 903[5]
-, *Solea* 5/984, 903[6], 904[1]

Achtbinden-Trugbarbe 2/382, 202
Achtbindenbuntbarsch 1/692, 714
Acigöl-Anatolienkärpfling 4/416, 472

Acipenser acutirostris 3/76, 28[3]

Register

- *baeri* 3/74, 28
- *cataphractus* 2/204, 29[6]
- *dauricus* 3/82, 29[3]
- *dubius* 1/207, 28[5]
- *glaber* 3/76, 28[4]
- *gmelini* 1/207, 28[5]
- *gueldenstaedti* 3/74, 28
- *hellops* 3/78, 29[1]
- *huso* 3/82, 29[1]
- *ieniscensis* 1/207, 28[5]
- *kamensis* 1/207, 28[5]
- *lagenarius* 2/215, 30[1]
- *medirostris* 3/76, 28
- *micadoi* 3/76, 28[3]
- *nudiventris* 3/76, 28
- *orientalis* 3/82, 29[3]
- *platorhynchus* 2/204, 29[6]
- *plecostomus* 2/506, 330[6]
- *pygmaeus* 1/207, 28[5]
- *ruthenicus* 1/207, 28[5]
- *ruthenus* 1/207, 28
- *schipa* 3/76, 28[4]
- *schrencki* 3/78, 28
- *schypa* 3/76, 28[4]
- *stellatus* 3/78, 28
- *stenorhynchus* 3/74, 28[1]
- - var. *baicalensis* 3/74, 28[1]
- *sturio* 3/81, 29

ACIPENSERIDAE 1/206–1/207, 2/204, 3/74–3/85, 28, 29

ACIPENSERIFORMES 28–30

acipenserinus, Hemiodontichthys 5/340, 328
-, Leptodoras 2/492, 306[1]

Acnodon normani 1/350, 91
acora, Chromys 1/742, 772[5]
Acrossocheilus deauratus 5/122, 175
- paradoxus 5/178, 217[1]
- sumatranus 2/360, 176[1]
Acrossochilus rabaudi 5/178, 217[1]
acrostoma, Sphaerichthys 2/804, 991
aculeatus, Gasterosteus 1/834, 877
-, Leiurus 1/834, 877[5]
-, Macrognathus 1/848, 917
-, Microphis 1/865, 4/828, 879[6]
-, - brachyurus 1/865, 879
-, - (Doryichthys) 1/865, 4/828, 879[6]
-, Oostethus brachyurus 1/865, 4/828, 879[6]
-, Plecostomus 2/502, 3/366, 321[6], 322[1]
acuminiatus, Cyprinus 1/414, 201[2]
acus, Acestra 1/488, 326[1]
-, **Farlowella** 1/488, 326
acuticaudata, Haplochilus senegalensis var. 4/398, 429[2-4]
acuticeps, Geophagus 2/906, 764
-, Satanoperca 2/906, 764[6]
acutidens, Alestes 1/222, 4/36, 52[4]
-, Brachyalestes 1/222, 4/36, 52[4]
-, Curimatus 2/238 68[3]

- elongatus, Micralestes 4/38, 52[5]
- humilis, Micralestes 2/226, 4/38, 52[6]
-, Leporinus 2/238 68[3]
-, **Micralestes** 1/222, 4/36, 4/38, 52
- occidentalis, Micralestes 4/40, 53[1]
acutipennis,Gobius 2/1092, 820[1]
-, **Oligolepis** 2/1092, 820
acutipinnis, Acentrogobius 2/1092, 820[1]
-, Aparrius 2/1092, 820[1]
-, Ctenogobius 2/1092, 820[1]
-, Gobius 2/1092, 820[1]
-, Opsariichthys 5/188, 221[6]
-, Stenogobius 2/1092, 820[1]
acutirostre, Ctenopoma 1/619, 569
-, Ctenopoma 1/624, 570[5]
acutirostris, Acipenser 3/76, 28[3]
-, Anguilla 3/935, 849[2]
-, Chrysichthys 3/290, 262[1]
-, **Crenicichla** 5/766, 754
acutivelis, Arius 3/290, 262[1]
acutiventralis, Alfaro 2/715, 516[5]
acutum, Chuco 3/746, 715[3]
-, Cichlasoma 3/746, 715[3]
acutus, Corydoras 1/460, 270
Adamas formosus 2/584, 396
adeia, Mugilogobius 4/772, 822
adele, Leuciscus 5/222, 241[1]
Adinia multifasciata 1/521, 483
- xenica 1/521, 483[3]
Adiniops guentheri 1/568, 432[4]
- kuhntae 4/406, 433[5]
- palmqvisti 1/570, 435[1]
- rachovii 1/570, 435[4]
Adlerschnabel-Pacu 4/138, 95
adloffi, Cynolebias 2/634, 440
Adloffs Fächerfisch 2/634, 440
adoketa, Nannacara 5/878, 772, 773
adolfi, Tilapia 2/980, 695[2]
adolfoi, Corydoras 3/328, 271
Adolfos Panzerwels 3/328, 271
adolphi, Tilapia 3/835, 695[3]
adonis, Acanthicus 2/502, 3/361, 316, 317
- signifer, Lepidarchus 1/220, 52
Adonissalmler 1/220, 52
Adontosternarchus balaenops 5/988, 882[6]
- **devenanzii** 5/988, 882
ADRIANICHTHYIDAE 1/572, 2/1148, 5/462–5/467, 867–869
Adriatischer Hasel 5/180, 217
adspersa, Eleotris 3/962, 811[3]
-, **Mogurnda** 3/962, 811
adspersus, Callichthys 1/476, 296[1]
-, Decapogon 1/476, 296[1]
-, Krefftius 3/962, 811[3]
-, Leuciscus 4/208, 225[2]
-, Leucos 4/208, 225[2]
-, Marcusenius 4/818, 900[2]
-, Mormyrus 4/818, 900[2]
-, Phoxinellus 4/208, 225
-, Pollimyrus 4/818, 900

967

Register

aegypticus, Salmo 4/45, 56[6]
aenaeus, Centrarchus 2/1014, 793[6], 794[1]
aenea, Cichla 2/1014, 793[6], 794[1]
aeneocolor, Astatotilapia 5/730, 676
-, Haplochromis 5/730, 676[3]
aeneofuscus var. guineensis,
  Gobius 5/1010, 826[5,6]
aeneum, Hoplosternum 1/460, 271[2-4]
aeneus, Ambloplites 2/1014, 793[6], 794[1]
-, Callichthys 1/460, 5/252, 271[2-4]
-, *Corydoras* 1/460, 5/252, 271
-, *Corydoras* cf. 5/253, 271
-, *Corydoras* sp. aff. 5/253, 271
-, Hoplosternum 5/252, 271[2-4]
Aequidens centralis 3/724, 752[1]
- *coeruleopunctatus* 2/814, 729
- curviceps 1/662, 770[5]
- *diadema* 2/814, 729
- dimerus 3/724, 752[1]
- dorsigera 1/662, 770[6]
- dorsigerus 1/662, 770[6]
- duopunctatus 1/664, 2/816, 730[2,3]
- geayi 1/666, 729[1]
- guianensis 5/846, 770[3,4]
- hercules 1/696, 754[2]
- hoehnei 4/640, 773[5]
- latifrons 1/670, 730[5]
- madeirae 1/696, 754[2]
- mariae 1/668, 729
- metae 3/680, 730
- paraguayensis 2/818, 731[2,5]
- pallidus 1/664, 2/816, 730
- patricki 4/576, 730
- portalegrensis 1/670, 753[1]
- pulcher 1/670, 730
- rivulatus 1/672, 730
- sapayensis 2/816, 731
- stollei 3/680, 731[4]
- subocularis 2/812, 729[2]
- *syspilus* 2/818, 731
- tetramerus 1/672, 3/680, 731
- thayeri 1/664, 771[4]
- vittatus 2/818, 731
aequifasciatus aequifasciatus,
  Symphysodon 2/554, 1/770, 777
- axelrodi, Symphysodon 1/771, 776
- haraldi, Symphysodon 2/554, 1/771, 777
aequinoctialis, Acara 1/672, 730[6]
aequipinnatus, Danio 1/416, 201
aequipinnis, Apistogramma 1/676, 732[6], 3/682, 733[1]
-, Hippopotamyrus 4/806, 896[1]
aesopus, Serrasalmus 1/358, 96[2]
Aethiomastacembelus cf. moori 5/1060, 915
- loennbergii 4/786, 915
- praesens 5/1060, 915
- shiranus 4/786, 915
aethiopicus aethiopicus,

Protopterus 3/86, 38
afer congensis, Notopterus 3/1025, 901[2]
-, Notopterus 3/1025, 901[2]
-, *Papyrocranus* 3/1025, 901
affine, Cichlasoma 3/881, 723[1]
-, Cichlosoma 3/881, 723[1]
-, Distichodus 1/226, 56[1]
affinis, Alestes 4/28, 49[3]
-, Amblyodoras 1/482, 304[5]
-, Aphyocharax 1/242, 74[4]
-, Aplocheilus 1/548, 5/472, 418[5,6], 419[1]
-, Astronotus 3/881, 723[1]
-, Brachyalestes imberi 1/216, 47[2]
-, *Brycinus* 4/28, 49
-, *Bryconops* 2/246, 76
-, *Cheirodon* 2/264, 102
-, Chromis 3/892, 702[4]
-, Creatochanes 2/246, 76[4]
-, *Cynolebias* 5/506, 441
-, *Distichodus* 1/226, 56
-, Doras 1/482, 304[5]
-, Esox 3/966, 873[6]
-, *Gambusia* 2/722, 4/492, 4/540, 526[3,4], 545[2,3], 520
-, Gobius 3/996, 819[3]
-, *Hassar* 5/298, 305
-, Heros 3/881, 723[1]
-, Heterandria 2/722, 520[3]
-, holbrooki, Gambusia 1/590, 522[2]
-, Leporinus fasciatus 1/238, 67[6]
-, *Leporinus* 1/238, 67
-, Lucania 3/574, 487[6]
-, Melanotaenia 2/1118, 857
-, Neogobius melanostomus 3/996, 819[3]
-, *Otocinclus* 1/492, 336
-, *Otocinclus* cf. 340
-, Oxydoras 5/298, 305[3]
-, *Parodon* 2/318, 136
-, Plecostomus 1/490, 331[1]
-, - commersoni 1/490, 331[1]
-, *Pseudochalceus* 2/292, 123[5]
-, Rhombatractus 2/1118, 857[2]
-, Schizothorax 5/214, 239[3]
-, Tetragonopterus 2/246, 76[4]
-, *Thorichthys* 3/881, 723
-, Tilapia 3/892, 702[4]
afra, Cynotilapia 2/890, 611
-, Chromis 2/890, 611[5]
africana, Channa 2/1059, 800[3]
-, Eleotris 5/1030, 809[2]
-, *Parachanna* 2/1059, 800
africanus, Anabas 1/620, 5/636, 570[3]
-, Bostrychus 5/1030, 809[2]
-, Hanno 5/1030, 809[2]
-, *Hannoichthys* 5/1030, 809
-, Ophicephalus 2/1059, 800[3]
-, Ophiocephalus 2/1059, 800[3]
Afrikanische Hechtsalmler 2/233, 62
- Längsstreifenbarbe 4/174, 187
- Längsstrichbarbe 1/390, 184

Register

- Lungenfische 1/208, 2/221, 3/86, 38
- Schläfergrundel 5/1030, 809
- Schlammfische 1/818, 1/861, 881
Afrikanischer Argusfisch 1/810, 840
- Bodensalmler 1/230, 58
- Breitbandsalmler 4/46, 59
- Dreistreifensalmler 2/230, 61
- Einstreifensalmler 1/228, 3/96, 58
- Fähnchen-Messerfisch 3/1025, 901
- Glaswels 2/572, 2/574, 379
- Großschuppensalmler 1/216, 48
- Hechtsalmler 2/233, 62
- Hochrückensalmler 3/96, 55
- Längsbandsalmler 4/54, 62
- Leuchtstrichsalmler 5/20, 51
- Lungenfisch 2/221, 3/86, 38
- Messerfisch 1/856, 901
- Mondsalmler 3/94, 4/24, 48
- Raubwels 2/486, 301
- Rotflossensalmler 2/226, 53
- Schlammfisch 1/861, 881
- Schlangenkopffisch 2/1059, 800
- Schmetterlingsbuntbarsch 1/748, 688
- Vielstachler 3/911, 831
- Weißfischsalmler 4/30, 49
Afrikanisches Moderlieschen 3/234, 214
afrofisheri, Synodontis 2/530, 5/428, 361[5], 358
Afromastacembelus flavidus 3/1008, 916
- frenatus 4/784, 916[6]
- moori 5/1060, 915[4]
- *moorii* 2/1105, 916
- *plagiostomus* 2/1106, 916
- shiranus 4/786, 915[6]
- *tanganicae* 3/1008, 916
Agalaxias zebratus 4/769, 890[5]
(-)-, Galaxias 4/769, 890[5]
Agamyxis pectinifrons 1/482, 304
agassii agassii, Orestias 5/495, 481, 482
- tschudii, Orestias 5/498, 482
Agassiz' Zwergbuntbarsch 1/674, 731, 732
agassizi, Aphyocharax 1/284, 2/244, 75[2]
-, Cylindrosteus 2/212, 32[5]
-, *Leuciscus souffia* 3/240, 217
-, Leuciscus 3/240, 217[3]
-, Moenkhausia 1/302, 120[6]
-, Pimephales 3/254, 227[1,2]
-, Poecilurichthys 1/302, 120[6]
-, Rhinelepis 5/410, 313[5,6], 314[6], 347[1,3]
-, Syngnathus 3/1038, 879[5]
agassizii, Apistogramma 1/674, 731
-, *Apistogramma* cf. 5/660, 732
-, Biotodoma 1/674, 731[6]
-, *Corydoras* 1/460, 272
-, Geophagus 1/674, 731[6]
-, Mesops 1/674, 731[6]
-, Telestes 3/240, 217[3]
-, Vastres 2/1151, 901[4]
AGENEIOSIDAE 2/433, 247

Ageneiosus brevifilis 2/433, 247
- dawalla 2/433, 247[5]
- inermis 2/433, 247[5]
- *marmoratus* 4/224, 247
- sebae 2/433, 247[5]
- silondia 5/449, 380[6]
Agila-Bachling 2/674, 455, 456
agilae, Rivulus 2/674, 5/574, 455, 456
agilis, Rasbora 2/420, 233[6]
aglestes, Glossogobius 5/1017, 816[5]
Agmus lyriformis 2/436, 253[1]
- scabriceps 3/298, 252[6]
- verrucosus 3/298, 252[6]
Agosia oscula 5/204, 235[3]
agramma, Chanda 2/1020, 786
Agrammobarbus babaulti 3/182, 179[1]
(-) oligogrammus, Barbus 5/130, 188[6]
agrammus, Ambassis 2/1020, 786[6]
Aguarunichthys torosus 5/435, 368
agulha, Hemigrammus 3/130, 105[1]
aguosus, Pleuronectes 5/984, 904[2,3]
-, Rhombus 5/984, 904[2,3]
-, Scophthalmus 5/984, 904[2,3]
„Ahero", Nothobranchius sp. 4/410, 436[3]
ahli, „Haplochromis" 3/768, 636[3]
-, *Aphyosemion* 4/364, 396
-, - calliurum 4/364, 396[4]
-, *Sciaenochromis* 3/768, 636
Ahls Prachtkärpfling 4/364, 396
- Rotmaulsalmler 1/278, 107
Ährenfische, Blutschwanz- 5/1100, 865
-, Celebes- 1/822, 865
-, Madagaskar- 1/822, 853
-, Rotmaul- 5/1000, 853
-, Rotschwanz- 1/822, 853
Ährenfischartige 850, 851
Ährenfische 1/814, 1/822, 2/1054–2/1057, 3/938, 852, 853
Aiereba 4/14, 34[5]
aiereba, Paratrygon 4/14, 34[5]
-, Trygon 4/14, 34[5]
Ainia couchiana 2/760, 552[2,3]
airebejensis, Cyprinodon 2/586, 473[2]
Aitel 3/238, 216
akakianus, Barbus 5/132, 189[4-6]
akamkpaense, Aphyosemion 3/486, 415[1]
akarensis, Betta 5/640, 575, 577
akeleyi, Barbus 3/192, 186[1]
aksakianus, Schizothorax 5/214, 239[3]
aksaranus, Aphanius chantrei 3/547, 471[2,3]
Aland 1/424, 5/177, 216
Alandblecke 1/379, 176
Alaska-Saugdöbel 4/148, 161
alasoides, Liza 5/1075, 887[5]
alba, Fluta 2/1158, 918[5]
-, Muraena 2/1158, 918[5]
albater, Aspidoras 2/455, 268
alberti, Synodontis 1/502, 358
Albertsee-Leuchtaugenfisch 5/470, 491
albesceus, Canthophrys 5/110, 171[6]

Register

albicans, Pseudariodes 1/510, 373²
albicolaris, Leiocassis 2/450, 263³
albicollis, Leiocassis 2/450, 263³
albicopus, Mylossoma 1/356, 94⁶
albicrux, Parauchenipterus 5/234, 256
-, Trachycorystes 5/234, 256³
albidus, Alburnus 4/164, 177
-, Cyprinus 4/164, 177¹
-, Leuciscus 4/164, 177¹
albifrons, Apteronotus 1/821, 3/937, 883
-, Gymnotus 1/821, 883¹,²
-, Sternarchus 1/821, 883¹,²
Albino, Blauschwarzer 5/632, 554
- -Dornauge 4/160, 170
-, Roter 5/633, 553
-, Schwarzer 5/631, 554
albipinnatus belingi, Gobio 5/160, 207
- taenuicorpus, Gobio 3/218, 208⁴
albipinne, Corynopoma 1/250, 86⁴
albipinnis, Stevardia 1/250, 86⁴
albipunctatus, Cynolebias 5/506, 441
albivallis, Crenichthys baileyi 3/552, 488
albofasciatus, Pimelodus 2/560, 373
albolineata, Danio 1/404, 196²
-, Nuria 1/404, 196²
albolineatus, Brachydanio 1/404, 196
-, Fundulus 3/564, 485⁴
albonubes, Tanichthys 1/446, 240
albopunctata, Crenicichla 5/768, 754
-, - saxatilis var. 5/768, 754⁵,⁶
Alborella 4/164, 177
albula pereslavicus, Coregonus 4/749, 906
albulus, Apomoris 2/1016, 795⁶
-, Bryttus 2/1016, 795⁶
Alburnellus jaculus 5/188, 221¹
Alburnoides bipunctatus 1/379, 176
- - eichwaldi 5/124, 176
- - fasciatus 3/174, 176
- eichwaldi 5/124, 176³
- oblongus 3/170, 176
- taeniatus 2/360, 176
Alburnus albidus 4/164, 177
- alburnus 3/173, 177
- - hohenackeri 3/174, 177³
- alexandrinus 3/234, 214⁵
-, Aphyocharax 1/242, 74
- bipunctatus 1/379, 176²
- chalcoides 4/190, 198²
- charusini hohenackeri 3/174, 177
-, Cheirodon 1/242, 74²
- chipeoides 4/190, 198²
-, Cyprinus 3/173, 177²
-, Danio 1/416, 201³
- formosus 2/398, 220⁴
- hohenackeri 3/174, 177³
- -, Alburnus 3/174, 177³
- latissimus 4/190, 198²
- longissimus 4/190, 198²
- lucidus 3/173, 177²
- lucidus var. lacustris 3/173, 177²
- maculatus 3/174, 176⁴
- niloticus 3/234, 214⁵
- nitidus 5/188, 221¹
-, Paragoniates 1/252, 89
- punctulatus 3/170, 174⁶
- rubellus 5/188, 221¹
- svallize 5/180, 217⁵
- taeniatus 2/360, 176²
albus, Chalcinus 2/248, 77⁴
-, Lepidosteus 2/212, 32⁵
-, Monopterus 2/1158, 918
-, Salmo 1/358, 95⁶
-, Tripotheus 2/248, 77
alcalicus grahami, Oreochromis 2/978, 681
- -, Sarotherodon 2/978, 681⁴
alces, Campylomormyrus 4/802, 894
-, Gnathonemus 4/802, 894³
alepidota, Gobiosoma 5/1030, 817¹
alepidotus, Gobius 5/1030, 817¹
Alestes acutidens 1/222, 4/36, 52⁴
- affinis 4/28, 49³
- baremose 5/18, 47¹
- baremoze 5/18, 47
- - tchadense 5/18, 47¹
- bequaerti 1/216, 47²
- brevis 4/28, 49⁴
- chaperi 1/218, 47³
- curtus 1/216, 47²
- erythropterus 2/224, 47⁴
- fuchsii 1/216, 47²
- - taeniata 1/216, 47²
- humilis (non Boulenger) 1/216, 47²
- imberi 1/216, 3/90, 4/28, 49³, 53³, 47
- lemairii 1/216, 47²
- leuciscus 4/30, 49⁵
- longipinnis 1/218, 47
- macrolepidotus 4/30, 49⁶
- - macrolepidotus 4/30, 49⁶
- - rhodopleura 4/30, 49⁶
- - schoutedeni 4/30, 4/32, 49⁶, 50¹
- nigrilineatus 4/30, 49⁵
- nurse 2/224, 4/30, 49⁵, 47
- rüppellii 2/224, 47⁴
- schoutedeni 4/32, 50¹
- senegalensis 2/224, 4/30, 47⁴, 49⁵
- splendens 5/18, 47¹
- wytsi 5/18, 47¹
ALESTIIDAE 1/216–1/223, 2/224–2/227, 3/89–3/95, 4/22–4/42, 5/18–5/25
ALESTIINAE 47–54
Alestopetersius interruptus 1/222, 54⁴
- smykalai 4/22, 47
Alexanders Breitmaulfisch 5/438, 370
alexandri, Aphanius cypris 2/586, 474²
-, Cynolebias 1/550, 446¹
-, - nigripinnis 1/550, 446
-, Lophiosilurus 5/438, 370
alexandrinus, Alburnus 3/234, 214⁵
alfari, Cichlasoma 2/860, 708

Register

-, *Copora*	2/860, 708²	altamazonica, *Curimata*	2/306, 145⁶
-, *Parapetenia*	2/860, 708²	-, *Potamorhina*	2/306, 145⁶
Alfaro acutiventralis	2/715, 516⁵	-, **Semitapicis**	**2/306, 145**
- *amazonum*	2/715, 516⁵	altamazonicus, *Curimatus*	2/306, 145⁶
- *cultratus*	2/715, 516	alternans, *Ancistrus*	
- *huberi*	2/716, 516	*multiradiatus* var.	2/514, 334²
alfaroi, *Cichlasoma*	2/860, 708²	-, *Pterygoplichthys*	2/514, 334²
alga, *Chaetostomus*	1/486, 317⁵	**alternus, *Ochmacanthus***	**5/454, 388**
Algenfresser	1/418, 1/448, 200	alticolus, *Catostomus*	3/165, 161⁵
-, Goldbrauner	1/420, 203	altifrons, *Astatheros*	2/859, 708³
-, Rotstrich-	5/150, 200	-, *Astronotus*	2/859, 708³
Algensalmler	1/330, 2/318, 136	-, ***Cichlasoma***	**2/859, 708**
-, Blauer	3/154, 136	-, *Geophagus*	1/706, 766¹
-, La Plata	2/318, 136	-, *Heros*	2/859, 708³
-, Tiete-	4/132, 136	altipinna, *Pseudorasbora*	2/406, 227⁶
aliata, *Corynopoma*	1/250, 86⁴	-, ***Rhoadsia***	**4/76, 91**
-, *Stevardia*	1/250, 86⁴	altipinnis, *Bergia*	1/250, 88²
alipes, *Salvelinus alpinus*	3/1035, 909⁵	-, *Eutropius*	4/332, 380³
Allabenchelys brevior	5/294, 300²	-, *Liposarcus*	1/496, 326⁵
- *longicauda*	5/294, 300²	altispinosa, *Crenicara*	3/802, 772³,⁴
alleni, *Parosphromenus*	**3/662, 587**	-, ***Microgeophagus***	**3/802, 772**
Allens Prachtgurami	3/662, 587	altispinosus, *Papiliochromis*	3/802, 772³,⁴
Alligator Ohrgitter-Harnischwels	5/386, 340	***Altolamprologus calvus***	**2/926, 641**
Alligatorhecht	2/212, 32	- *compressiceps*	1/732, 641
Allodontichthys polylepis	**4/452, 506**	altum, *Pterophyllum*	1/765, 774
- *hubbsi*	4/452, 506	Altum Scalar	1/765, 774
- *zonistius*	4/454, 506	altus, *Acestrorhynchus*	3/112, 90
Alloheterandria nigroventralis	3/630, 549³,⁴	-, *Barbus*	3/179, 5/144, 195², 178
Alloophorus regalis	**4/456, 507**	-, *Hemigrammalestes*	3/92, 53⁵
- *robustus*	4/456, 507	-, *Micralestes*	4/26, 49²
- *zonistius*	4/454, 506⁵,⁶	-, *Nannopetersius*	3/92, 53⁵
Allophallus kidderi	2/720, 519³	-, ***Oreoleuciscus***	**5/190, 222³**
Allopoecilia caucana	3/614, 538³	-, *Petersius*	3/92, 53⁵
allos, *Rasbora*	3/260, 233³	-, ***Phenacogrammus***	**3/92, 53**
Allotis humilis	4/720, 796³	-, *Phoxinus*	4/214, 225⁶
Allotoca (Allotoca) maculata	**4/460, 507**	-, *Puntius*	3/179, 178⁵
- *(Neophorus) diazi*	4/458, 507	-, *Pygocentrus*	1/356, 95³,⁴
- (-) *goslinei*	4/458, 507	Altwelt-Messerfisch	900
alluaudi, *Astatore*	3/690, 676¹	alvarezi, *Cyprinodon*	4/422, 475
-, ***Astatoreochromis***	**3/690, 676**	-, *Gambusia*	4/480, 520
-, -Buntbarsch	3/690, 676	-, ***Xiphophorus***	**2/756, 4/550, 550**
-, *Haplochromis*	3/690, 676¹	-, - *helleri*	2/756, 4/550, 550⁵,⁶
- *occidentalis, Astatoreochromis*	3/690, 676¹	Alvarezkärpfling	4/480, 520
Alpensalmler, Mazuruni-	5/77, 136	*Alvarius lateralis*	5/1026, 809¹
alpestris, *Blennius*	1/825, 792⁴	amandae, *Hyphessobrycon*	4/91, 109
alpinus alipes, *Salvelinus*	3/1035, 909⁵	**amandajanea, *Corydoras***	**5/254, 272**
- *arcturus, Salvelinus*	3/1035, 909⁵	**amapaensis, *Corydoras***	**3/328, 272**
-, *Galaxias*	2/1080, 889⁵	Amapa-Panzerwels	3/328, 272
-, *Gobiomorphus*	5/1018, 807⁶, 808¹	***Amaralia hypsiura***	**3/298, 252**
-, *Mesistes*	2/1080, 889⁵	amargosae, *Cyprinodon*	
-, *Salmo*	3/1035, 909⁵	*nevadensis*	4/430, 478
-, - *umbla* var.	3/1035, 909⁵	Amargosa-Wüstenkärpfling	4/430, 478
- ***salvelinus, Salvelinus***	**3/1035, 909**	amarus, *Cyprinus*	1/442, 235⁴,⁵
- *stagnalis, Salvelinus*	3/1035, 909⁵	-, ***Rhodeus***	**1/442, 235**
alta, *Crenicichla*	**4/596, 5/789, 755**	-, - *sericeus*	1/442, 235⁴,⁵
altae, *Centromochlus*	5/238, 258¹	**amates amates, *Phallichthys***	**1/594, 535**
-, *Tatia*	5/238, 258¹	- *pittieri, Phallichthys*	2/732, 536
Altai-Osman	3/249, 222	-, *Poecilia*	1/594, 535⁶
		-, *Poeciliopsis*	1/594, 535⁶
		amazonarum, *Cichlasoma*	3/716, 751

971

Register

Amazonen-Kärpfling, Kleiner 4/510, 516
-, *Prochilodus* 2/306, 145[5]
amazoni, Bleptonema 1/252, 89[4]
amazonum, Alfaro 2/715, 516[5]
-, *Petalosoma* 2/715, 516[5]
-, *Petalurichthys* 2/715, 516[5]
AMBASSIDAE 1/788, 1/800, 2/1008, 2/1020–2/1026, 3/905–3/909, 4/710–4/717, 5/978, 786–789
Ambassis agrammus 2/1020, 786[6]
- *buruensis* 3/908, 787[2,3]
- *commersonii* 2/1020, 787[4]
- *confinis* 4/712, 789[1]
- *elongatus* 2/1022, 787[5]
- *gigas* 4/712, 789[2]
- ***gymnocephalus*** **4/711, 786**
- cf. *gymnocephalus* 4/708, 5/978, 786
- *lala* 1/800, 788[1]
- *macleayi* 2/1022, 787[6]
- *ranga* 1/800, 788[1]
- *safgha* 2/1020, 4/711, 786[3-5], 787[4]
- *wolfii* 1/800, 788[2]
ambiacus, Corydoras 2/458, 272
ambigua, Datnia 2/1036, 833[6]
-, *Macquaria* 2/1036, 833[6]
ambiguus, Plectoplites **2/1036, 833**
Ambloplites aeneus 2/1014, 793[6], 794[1]
- *ictheloides* 2/1014, 5/980, 793[6], 794[1]
- *pomotis* 4/720, 793[2,4]
- *rupestris* 2/1014, 5/980, 793, 794
amblycephala, Megalobrama **5/183, 218**
Amblydoras hancockii 1/482, 304
Amblyodoras affinis 1/482, 304[5]
AMBLYOPINAE 803
amblyopsis, Culius 4/752, 806[6]
-, *Eleotris* 4/752, 806
Amblyopus brasiliensis 2/1090, 803[3]
- *hermannianus* 4/776, 803[6]
- *mayenna* 4/776, 803[6]
- *mexicanus* 2/1090, 803[3]
- *peruanus* 3/984, 803[5]
- *rubicundus* 4/776, 803[6]
amboinensis, Butis **4/750, 804**
-, *Coregonus* 1/310, 124[2]
-, *Cryptopterus* 1/515, 382[4]
-, *Eleotris* 4/750, 804[2]
ambyiacus, Auchenipterus 2/442, 255[4]
Ameca splendens **2/703, 508**
amecae, Ilyodon 4/466, 510[5,6]
„-", - *furcidens* 4/466, 510
Ameca-Hochlandkärpfling 2/703, 508
 - -Leopard-Hochlandkärpfling 4/466, 510
Ameiurus lacustris 3/360, 311[3]
- ***melas*** **3/359, 311**
- *natalis* 5/308, 311
- *nebulosus* 3/360, 311
- *punctatus* 1/485, 311[4,5]
- *vulgaris* 3/360, 311[3]
americanus, Cataphractus 1/481, 304[3]

Amerikanische Lungenfische 2/207, 38
- Messerfische 1/814, 1/819, 1/821, 1/862, 3/936, 3/1029, 5/990, 885
- Rotflossenorfe 1/428, 220
- Schwarznase 3/264, 235
- Seezunge 5/984, 903, 904
Amerikanischer Aal 4/744, 849
- Hecht 3/966, 873
- Hundsfisch 1/870, 874
- Kiemenschlitzaal 2/1158, 918
- Maifisch 3/566, 486
- Messerfisch 1/840, 884
- Schlammfisch 2/205, 32
- Stichling 3/968, 876
- Streifensalmler 3/124, 98
- Weißstirn-Messerfisch 1/821, 883
Amerikanisches Neunauge 4/8, 25
Amia calva 2/205, 32
- *canina* 2/205, 32[2]
- *centiginosa* 2/205, 32[2]
- *cinera* 2/205, 32[2]
- *marmorata* 2/205, 32[2]
- *occidentalis* 2/205, 32[2]
- *ocillicauda* 2/205, 32[2]
- *ornata* 2/205, 32[2]
- *piquotii* 2/205, 32[2]
- *reticulata* 2/205, 32[2]
- *subcoerulea* 2/205, 32[2]
- *thompsonii* 2/205, 32[2]
- *viridis* 2/205, 32[2]
Amiatus calvus 2/205, 32[2]
amieti, Aphyosemion 3/458, 396
Amiets Prachtkärpfling 3/458, 396
AMIIDAE 2/202, 2/205, 32
AMIIFORMES 32
Amiurus catus 3/360, 311[3]
- *nebulosus* 3/360, 311[3]
- *vulgaris* 3/360, 311[3]
Ammocoetes branchialis 5/8, 25[6]
Ammocryptocharax elegans **4/116, 78**
- ***cf. minutus*** **4/118, 78**
- ***vintonae*** **4/116, 78**
Amniataba percoides 2/1040, 842
amnicola, Cobitis 5/110, 171[6]
amoenum, Aphyosemion 3/460, 397
amorea, Gobius 4/752, 807[3]
amphiacanthoides, Acara 1/784, 779[6]
-, *Uaru* 1/784, 779
amphibia, Rhinoeryptis 3/86, 38[3]
amphigramma, Barbus **3/181, 178**
AMPHILIIDAE 3/291–3/295, 4/225–4/227, 4/234, 5/228–5/232, 248–250
Amphilius atesuensis **3/291, 248**
- *brevidorsalis* 3/292, 249[1]
- *cubangoensis* 3/292, 249[1]
- *grandis* 3/292, 249[1]
- *hargeri* 3/292, 249[1]
- *jacksoni* 3/292, 249[1]
- ***jacksonii*** **4/225, 248**
- *kreffti* 3/292, 249[1]

Register

- *oxyrhinus* 3/292, 249[1]
- *pictus* 3/291, 248[2]
- *platychir* 3/291, 248[2]
- **sp. nov.** 3/292, 248
- *transvaalensis* 3/292, 249[1]
- **uranoscopus** 3/292, 249
- amphiloxus, Nematobrycon 1/304, 121[2,3]
- Amphiprion scansor 1/619, 569[2]
- *testudineus* 1/619, 569[2]
- **amphoreus, Rivulus** 2/676, 456
- amploris, Caquetaia 5/740, 749[6]
- Amur-Elritze 3/152, 225
- -Gründling, Weißflossiger 3/218, 208
- -Raubkarpfen 3/246, 222
- -Schlangenkopf 2/106, 798
- -Stachelwels 3/322, 266
- -Stör 3/78, 28
- Amurbarbe, Gefleckte 3/220, 208
- Amurbitterling 5/208, 236
- amurensis, Gobiosoma 3/268, 238[6]
- -, *Microphysiogobio tungtingensis* 3/244, 219
- -, *Opsariichthys uncirostris* 3/246, 222
- -, *Pseudogobio* 3/268, 238[6]
- -, *Rostrogobio* 3/244, 219[2]
- -, *Saurogobio* 3/244, 219[2]
- Amurgründling, Schlanker 3/244, 219
- Amurwels 5/450, 383
- ANABANTIDAE 1/618–1/625, 2/788–2/793, 3/637–3/641, 5/636-5/639, 568–572
- anabantoides, Betta 2/794, 578[5]
- Anabas africanus 1/620, 5/636, 570[3], 571[4]
- *ansorgii* 1/620, 571[3]
- *argentoventer* 1/620, 571[4]
- *bainsii* 2/792, 572[5]
- *capensis* 2/792, 572[6]
- *congicus* 2/788, 571[5,6]
- *damasi* 2/788, 572[1]
- *elongatus* 1/619, 569[2]
- *fasciatus* 1/621, 572[2]
- *fasciolatus* 1/621, 572[2]
- *houyi* 1/623, 570[2]
- *macrocephalus* 1/619, 3/637, 569[1,2]
- *maculatus* 1/622, 1/623, 569[5], 572[4]
- *microcephalus* 1/619, 569[2]
- *multispinis* 2/790, 3/638, 569[6], 570[1]
- *muriei* 1/623, 570[2]
- *nanus* 1/623, 572[4]
- *nigropannosus* 2/790, 570[4]
- *ocellatus* 1/624, 570[5]
- **oligolepis** 3/637, 569
- *oxyrhynchus* 1/624, 570[6]
- *pellegrini* 3/640, 571[1]
- *peterici* 1/620, 571[4]
- *petherici* 3/640, 571[2]
- *pleurostigena* 1/622, 569[5]
- *rhodesianus* 2/790, 569[6], 570[1]
- *scandens* 1/619, 3/638, 569[2,6], 570[1]
- *spinosus* 1/619, 569[2]
- *testudineus* 1/619, 569
- *trifoliatus* 1/619, 569[2]
- *variegatus* 1/619, 569[2]
- *vermayi* 2/790, 569[6], 570[1]
- *weeksii* 1/624, 570[5]
- anabatoides, Betta 2/794, 578[5], 575
- ANABLEPIDAE 1/814, 1/820, 2/702, 3/435, 3/583, 394, 504
- ANABLEPINAE 504
- **Anableps anableps** 1/820, 504
- *anonymus* 1/820, 504[2]
- **dowi** 3/583, 504
- *gronovii* 1/820, 504[2]
- *lineatus* 1/820, 504[2]
- *surinamensis* 1/820, 504[2]
- *tetrophthalmus* 1/820, 504[2]
- -, *Cobitis* 1/820, 504[2]
- Anacyrtus argenteus 2/252, 81[6]
- *dayi* 4/68, 82[5]
- *gibbosus* 2/252, 81[3]
- *macrolepis* 2/252, 81[3]
- *pauciradiatus* 3/112, 81[4]
- Anacyrtus microlepis 1/248, 81[2]
- Anadoras grypus 2/489, 304
- anagenys, Cyrtocara 4/616, 612[5]
- -, **Exochochromis** 4/616, 612
- analialbis, Aphyocharax 1/252, 89[4]
- analipunctatus, Brachydanio 1/406, 196[4]
- analis, Aphyocharax 1/252, 89[4]
- -, Aplocheilichthys 4/360, 497[3]
- -, Haplochilus 4/360, 497[3]
- -, Hemibrycon 3/144, 123[1]
- -, **Piabarchus** 3/144, 123
- anaphyrmus, Haplochromis 4/640, 622[4]
- -, Maravichromis 4/640, 622[4]
- -, **Mylochromis** 4/640, 622
- anastoma, Chela 4/192, 198[3]
- **anatoliae, Aphanius** 3/547, 471
- *burduricus, Aphanius* 4/414, 471[5,6]
- -, Cyprinodon 3/547, 471[2,3]
- *splendens, Aphanius* 4/414, 471[4]
- *sureyanus, Aphanius* 4/414, 471[5,6]
- **transgrediens, Aphanius** 4/414, 4/416, 471[5,6], 472
- Anatolichthys burdurensis 4/414, 471[5,6]
- *splendens* 4/414, 471[4]
- *- saldae* 4/414, 471[4]
- *transgrediens* 4/416, 472[1,2]
- Anatolienkärpfling 3/547, 471
- -, Acigöl- 4/416, 472
- -, Burdur- 4/414, 471
- -, Glänzender 4/414, 471
- -, Östlicher 4/418, 472, 472
- **Ancistrinae sp.** 5/352, 316
- Ancistrus annectens 3/368, 327[5]
- *aurantiacus* 3/378, 339[1]
- *cirrhosus* 1/486, 2/502, 317[3,4], 321[6]
- **dolichopterus** 1/486, 2/502, 3/365, 321[6], 317
- *duodecimalis* 2/516, 348[1]

Register

- gibbiceps 1/496, 326[5]
- hoplogenys 1/486, 5/310, 317
- cf. hoplogenys 5/310, 317, 318
- leucostictus 1/486, 317[5]
- cf. leucostictus 5/324, 318
- sp. aff. leucostictus 3/364, 318
- longimanus 3/384, 348[2]
- multiradiatus 1/496, 334[3]
- - var. alternans 2/514, 334[2]
- nigricans 3/378, 339[1]
- niveatus 3/380, 339[4]
- pulchra 1/494, 343[1]
- punctatus 2/516, 327[2]
- ranunculus 5/316, 318
- scaphirhynchus 3/367, 325[4,5]
- sp. 4/271, 4/272, 5/310, 5/312, 5/318, 5/320, 5/322, 319–321
- - „angelicus" 5/310, 317[6], 318[1,2]
- - „Barcelos" 5/323, 321
- - „Black" 5/316, 320
- - „goldspot" 5/324, 318[3,4]
- - „São Gabriel" 5/322, 5/323, 321
- tamboensis 4/274, 321
- temminckii 1/486, 2/502, 317[3,4], 321
- cf. temminckii 3/366, 322
- triradiatus 4/274, 322
- vittatus 1/494, 345[4]
- - var. vermiculata 1/494, 345[4], 4/298, 345[1–3]
andamanensis, Gobius 5/1014, 816[2,3]
Andenkärpfling, Gelber 5/500, 482
-, Großer 5/495, 481
-, Müllers 5/503, 482
-, Tschuds 5/498, 482
Andenwelse 254
andersi, Xiphophorus 2/756, 551
andreae, Chromis 1/778, 3/894, 704[2,3]
-, Tilapia 3/894, 704[3]
andreaseni, Procatopus 2/668, 499[2]
andrewsi, Lefua 2/344, 155[3]
androsensis, Lophogobius 3/988, 817[5]
anduzei, Nannostomus 4/134, 141
Anematichthys apogon 1/412, 200[5]
- apogonides 1/412, 200[5]
angelicus, Synodontis 1/502, 358
„angelicus", Ancistrus sp. 5/310, 317[6], 318[1,2]

„angelicus", Peckoltia 5/366, 315[2]
angfa, Melanotaenia 4/792, 857
Angola-Barbe 4/182, 188
Angolawels 2/484, 300
angolensis, Clarias 2/484, 5/294, 300[6], 300
- (p.), Clarias 4/264, 301[1,4]
-, Gnathonemus 4/810, 897[2]
-, Marcusenius macrolepidotus 4/810, 897[2]
Angora-Bartgrundel 3/280, 151
angorae angorae, Orthrias 3/280, 152[1]
angorae bureschi, Barbatula 5/84, 152

- bureschi, Noemacheilus 5/84, 152[6]
- -, Orthias 5/84, 152[6]
- **, Barbatula** 3/280, 152
-, - bureschi 5/84, 152
-, Nemachilus 3/280, 152[1]
Angostura-Buntbarsch 3/842, 721
Anguilla acutirostris 3/935, 849[2]
- **anguilla** 3/935, 849
- bibroni 3/935, 849[2]
- bostoniensis 4/744, 849[4]
- capitone 3/935, 849[2]
- chrysypa 4/744, 849[4]
- fluviatilis 3/935, 849[2]
- **japonica** 4/744, 849
- latirostris 3/935, 849[2]
- marginatus 3/935, 849[2]
- microptera 3/935, 849[2]
anguilla, Muraena 3/935, 849[2]
Anguilla rostrata 4/744, 849
- vulgaris 3/935, 849[2]
- - var. rostrata 4/744, 849[4]
anguillaris, Acantophthalmus 2/338, 169[6]
- Clarias 300
-, Cobitophis 2/338, 169[6]
-, **Gymnotus** 5/994, 883
-, Heterobranchus 2/488, 302[1]
-, **Pangio** 2/338, 169
-, Silurus 2/488, 302[1]
anguillicaudata, Cobitis 2/348, 169[1]
anguillicaudatus, Misgurnus 2/348, 169
-, Misgurnus cf. 169
Anguillidae 3/930, 3/935, 4/744, 849
Anguilliformes 849
anguilliformes, Protopterus 3/86, 38[3]
anguilliformis, Galaxias 2/1078, 889[4]
-, Protopterus 2/221, 38[3]
-, Saxilaga 2/1078, 889[4]
anguilloides voltae, Mormyrops 4/810, 897[3]
-, **Mormyrops (Mormyrops)** 4/810, 897
-, Mormyrops 4/810, 897[3]
-, Oxyrhynchus 4/810, 897[3]
angulatus, Chalceus 1/244, 77[5]
-, Chalcinus 1/244, 77[5]
-, **Triportheus** 1/244, 77
angulifer, Astronotus 3/732, 707[3,4]
-, Heros 3/732, 707[3,4]
anguliferum, Cichlasoma 3/732, 707[3,4]
-, Cichlosoma 3/732, 707[3,4]
angustifrons, Lates 4/724, 797
angustolinea, Nannaethiops 4/54, 62[1]
anilipunctatus, Danio 1/406, 196[4]
anisitsi, Aphyocharax 1/242, 74
-, Hyphessobrycon 1/266, 105[4]
-, **Liposarcus** 2/514, 334
-, Pterygoplichthys 2/514, 334[2]
-, - sp. aff. 5/360, 334[4]
Anisitsia notatus 2/314, 134[5]
Anisocentrus campsi 2/1110, 854[6]
anisurus, Metynnis 1/352, 4/136, 92[3,4]

Register

„Anjungan", *Betta* sp. 4/566, 583[2]
„-", *Parophromenus* sp. 4/574, 589[1]
anjunganensis, Parosphromenus 4/572, 587
annator, Craterocephalus 5/1000, 852[6]
annectens, Ancistrus 3/368, 327[5]
- **annectens, Protopterus** 2/221, 3/86, 38
-, *Cyrtocara* 2/892, 627[5]
-, *Gambusia* 5/624, 548[3]
-, *Haplochromis* 2/892, 627[5]
-, ***Hemiancistrus*** 3/368, 327
-, *Lepidosiren* 2/221, 3/86, 38[3]
-, ***Priapichthys*** 5/624, 548
-, ***Protomelas*** 2/892, 627
-, *Protopterus* 2/221, 38[3]
-, *Rhinocryptis* 2/221, 38[3]
-, *Rhinoeryptis* 3/86, 38[3]
-, *Tropheus* 1/782, 667[6], 668[1-6], 669[1-6], 670[1]
annobonensis, Eleotris 5/1012, 807[4]
annulata, Melanura 1/870, 874[6]
annulatus, Epiplatys 1/558, 438[6]
-, *Haplochilus* 1/558, 438[6]
-, ***Pseudepiplatys*** 1/558, 438
Anodos notatus 2/314, 134[5]
Anodus taeniurus 1/320, 145[3]
anomala, Nannacara 1/744, 773
anomalis, Tetragonopterus 4/106, 116[5]
Anomalochromis thomasi 1/748, 688
anomalura, Oxygaster 5/190, 223
-, *Parachela* 5/190, 223[5]
-, *Nannostomus* 1/342, 141[2]
anonas, Poeciliopsis 4/536, 544[1,2]
anonymus, Anableps 1/820, 504[2]
Anoplopterus atesuensis 3/291, 248[2]
- *uranoscopus* 3/292, 249[1]
Anoptichthys antrobius 1/256, 98[5]
- *fasciatus* 3/124, 98[4]
- *hubbsi* 1/256, 98[5]
- *jordani* 1/256, 98[5]
ANOSTOMIDAE 1/233–1/241, 2/234–2/242, 3/100–3/107, 4/60–4/62, 66–70
Anostomus anostomus 1/234, 66
- *gracilis* 2/234, 66
- *gronovii* 1/234, 66[4]
- *plicatus* 1/236, 3/100, 70[5], 66
- *salmoneus* 1/234, 66[4]
- ***spiloclistron*** 3/102, 67
- *taeniatus* 1/234, 67
- ***ternetzi*** 1/236, 67
- *trimaculatus* 1/236, 70[5]
-, Dreifleck- 1/236, 70
anostomus, Leporinus 1/234, 66[4]
-, *Pithecocharax* 1/234, 66[4]
-, *Salmo* 1/234, 66[4]
ansorgei, Epiplatys 5/474, 420[5,6], 421[1-3]
-, ***Nannocharax*** 5/28, 58
-, *Nannopetersius* 3/94, 53[6]
-, *Petersius* 3/94, 53[6]
-, *Phenacogrammus* 3/94, 53[6]
-, ***Phractolaemus*** 1/861, 881
-, *Phractura* 3/294, 249[6], 250[1]
Ansorges Blauer Kongosalmler 3/94, 53
- Hechtling 5/474, 420, 421
- Salmler 1/230, 3/98, 60
ansorgi, Neolebias 3/98, 60[3]
ansorgii, Anabas 1/620, 571[3]
-, *Ctenopoma* 1/620, 571[3]
-, ***Enneacampus*** 1/864, 878
-, ***Epiplatys*** 5/474, 420, 421
-, *Haplochilus* 5/474, 420[5,6], 421[1-3]
- *Micraethiops* 1/230, 3/98, 60[3]
-, ***Microctenopoma*** 1/620, 571
-, *Nannocharax* 2/230, 59[4], 4/46
- ***Neolebias*** 1/230, 3/98, 60
-, *Panchax* 5/474, 420[5,6], 421[1-3]
-, *Pelmatochromis* 2/1000, 701[4]
-, ***Petrocephalus bane*** 5/1070, 898
-, *Phenacogrammus* 3/94, 53
-, ***Phractura*** 3/294, 249, 250
-, *Syngnathus* 1/864, 878[6]
-, *Thysia* 2/1000, 701[4]
-, ***Thysochromis*** 2/1000, 701
Antennenharnischwels, Blauer 3/365, 317
Antennen-Stachelwels 2/452, 264
Antennenwels, Blauer 1/486, 317
-, Gelbpunkt- 5/324, 318
-, Gemeiner 1/510, 373
-, Gestreifter 2/558, 378
-, Großer Marmor- 3/418, 371
-, Grundel- 3/416, 370
-, Grüner 5/445, 374
-, Guatemala- 2/566, 375
-, Hirschgeweih- 3/366, 322
-, Kleiner Marmor- 2/554, 371
-, Langflossen- 3/420, 375
-, Langkopf- 3/372, 333
-, Leopard- 2/556, 371
-, Mees' 3/414, 369
-, Rotflossen- 2/556, 371
-, Rotpunkt- 5/318, 320
-, Steindachners 5/442, 372
-, Stier- 5/435, 368
-, Weißstreifen- 2/560, 373
-, Wurmlinien- 5/318, 321
-, Zander- 3/420, 374
Antennenwelse 1/510–1/512, 2/552–2/567, 3/413–3/421, 368–375
antenori, Cynolebias 2/638, 444[6]
Anthrazit-Harnischwels 3/376, 336
Anthias testudineus 1/619, 569[2]
anthurus, Crenicichla 3/756, 755
anticolus, Blennius 1/825, 792[4]
antillarum, Fundulus 4/442, 485[2]
antinorii, Aplocheilichthys 2/626, 490
-, *Haplochilichthys* 2/626, 490[6]
-, *Haplochilus* 2/626, 490[6]
-, *Micropanchax* 2/626, 490[6]

Register

antistius, Chaenobryttus 1/792, 794[3,4]
antrobius, Anoptichthys 1/256, 98[5]
anzuetoi, Heterandria 4/496, 528
-, Pseudoxiphophorus 4/496, 528[1]
Apamila-Kärpfling 4/544
Apareiodon gransabana 5/77, 136
- *piracicabae* 1/330, 4/132, 136
- sp. 136
Aparrius acutipinnis 2/1092, 820[1], 547
Apeltes quadracus 3/968, 876
apeltes, Gasterosteus 3/968, 876[6]
aphanes, Klausewitzia 2/298, 3/146, 80[6], 81[1]
-, *Odontocharacidium* cf. 2/298, 3/146, 80, 81
Aphaniops richardsoni 4/418, 473[3,4]
Aphanius anatoliae 3/547, 471
- - *burduricus* 4/414, 471[5,6]
- - *splendens* 4/414, 471[4]
- - *sureyanus* 4/414, 471[5,6]
- - *transgrediens* 4/414, 4/416, 471[5,6], 472
- *apodus* 3/549, 4/420, 472
- *asquamatus* 2/585, 472
- *burduricus* 4/414, 471[5,6]
- - *iconii* 3/547, 471[2,3]
- *calaritanus* 1/522, 473[5]
- *chantrei* 4/418, 472, 473
- - *aksaranus* 3/547, 471[2,3]
- - *flavianalis* 3/547, 471[2,3]
- - *meandricus* 3/547, 471[2,3]
- - *obrukensis* 3/547, 471[2,3]
- - *venustus* 3/547, 471[2,3]
- *cypris alexandri* 2/586, 474[2]
- - *boulengeri* 2/586, 474[2]
- - *orontis* 2/586, 474[2]
- *dispar* 2/586, 3/550, 474[3,4], 473
- - *richardsoni* 4/418, 473
- *fasciatus* 1/522, 473
- *iberus* 1/522, 473, 474
- *mento* 2/586, 474
- *sirhani* 3/550, 474
- *sophiae* 4/418, 5/484, 472[6], 473[1], 474
- - *mentoides* 2/586, 474[2]
- - *similis* 2/586, 474[2]
- *splendens* 4/414, 471
- *sureyanus* 4/414, 471
Aphanotorulus frankei 4/276, 322
aphantogramma, Barbus 3/182, 179[1]
Aphianus anatoliae sureyanus 4/420
- dispar richardsoni 4/421
APHREDODERIDAE 4/718, 903
Aphredoderus sayanus 4/718, 903
Aphrya lacustris 3/1044, 874[4]
aphya, Phoxinus 1/430, 226[1-3]
APHYOCHARACINAE 74–76
Aphyocharax affinis 1/242, 74[4]
- *agassizi* 1/284, 2/244, 75[2]
- *alburnus* 1/242, 74
- *analialbis* 1/252, 89[4]

- *analis* 1/252, 89[4]
- *anisitsi* 1/242, 74
- *avary* 1/242, 5/34, 74[2], 75
- *axelrodi* 4/106, 116[6]
- *dentatus* 2/243, 74
- *eryhrurus* 1/242, 74[2]
- *erythrurus* 4/80, 75
- *filigerus* 1/252, 89[4]
- *maxillaris* 1/308, 123[2]
- *nattereri* 1/284, 2/244, 75[2]
- *paraguayensis* 1/284, 2/244, 75
- *rathbuni* 2/244, 75
- cf. *rathbuni* 5/34, 75
- sp. aff. *rathbuni* 5/38, 75
- *rubripinnis* 1/242, 74[4]
- *stramineus* 2/244, 5/34, 75[3-5]
Aphyocypris chinensis 5/202, 227[5]
- *pooni* 1/446, 240[1-3]
- „-*pooni*" 3/222, 209[4,5]
Aphyoplatys duboisi 3/456, 396
Aphyosemion s.a. *Callopanchax*
Aphyosemion abacinum 2/640, 420[1]
- *ahli* 4/364, 396
- *akamkpaense* 3/486, 415[1]
- *amieti* 3/458, 396
- *amoenum* 3/460, 397
- *arnoldi* 2/588, 397
- *aureum* 2/588, 397
- *australe* 1/524, 397
- *bamilekorum* 2/590, 397
- *banforense* 3/460, 397, 398
- *batesii* 3/462, 398
- *beauforti* 1/532, 407[4]
- *bertholdi* 1/580, 398
- *bitaeniatum* 1/525, 2/610, 398
- *bivittatum* 1/524, 1/534, 3/478, 3/486, 409[4], 415[6], 416[6], 398
- - *multicolor* 2/610, 398[4,5]
- *bochtleri* 2/602, 408[1]
- *bualanum „Mbam"* 4/370, 402[5]
- *bualanum* 1/526, 403[2]
- - *kekemense* 3/462, 399
- - „*burundi*" 3/486, 415[1]
- *buytaerti* 3/464, 399
- *calabaricus* 1/582, 409[3]
- *calliurum* 2/590, 4/372, 399
- - *ahli* 4/364, 396[4], 403[1]
(-) *calliurus* var. *caeruleus*,
Panchax 4/364, 396[4]
- (*Callopanchax*) *petersi* 4/378, 413[1]
- *cameronense* 2/592, 399
- - „*Garu*" 4/401, 399
- - *haasi* 4/364, 399
- - *halleri* 4/366, 400
- - *obscurum* 4/366, 400
- *castaneum* 2/594, 401[4]
- *caudofasciatum* 2/592, 400
- *celiae* 3/464, 401
- *chauchei* 4/370, 401
- *chaytori* 1/582, 401

Register

- *christyi* 2/594, 2/604, 4/380, 409[1], 415[2], 401
- *cinnamomeum* 2/594, 401
- *citrineipinnis* 3/466, 401
- „COBWEST" 4/370, 401[2]
- *coeleste* 2/596, 402
- *coeruleum* 1/538, 415[5]
- *cognatum* 1/526, 2/596, 3/476, 409[2], 402
- *congicum* 2/598, 402
- *cyanostictum* 1/556, 420[2]
- *dargei* 4/370, 402
- *decorsei* 2/594, 401[4]
- *deltaense* 1/528, 402
- *edeanum* 4/372, 403
- *elberti* 1/526, 403
- *elegans* 2/598, 403
- *escherichi* 2/608, 403
- *etzeli* 2/692, 403
- *exigoideum* 1/528, 403
- *exiguum* 1/530, 404
- *fallax* 1/532, 2/602, 3/466, 407[4], 404
- *filamentosum* 1/530, 404
- *flavipinnis* 4/404, 430[1,2]
- *franzwerneri* 3/469, 405
- *fredrodi* 5/468, 405
- *(Fundulopanchax) schreineri* 3/462, 398[2]
- *(-) unistrigatus* 3/478, 409[4]
- *gabunense boehmi* 2/600, 405
- - *gabunense* 2/600, 405
- - *marginatum* 2/600, 405
- *gardneri* 1/532, 405
- - *gardneri* 3/470, 405
- - *lacustre* 3/472, 406
- - *mamfense* 3/472, 406
- - *nigerianum* 1/532, 3/472, 406
- - *obuduense* 3/472, 406[5]
- *georgiae* 3/496, 420[4]
- - *fulgens* 3/496, 420[3]
- *geryi* 2/692, 406
- *guignardi* 4/372, 407
- *guineense geryi* 2/692, 406[6]
- *guineensis* 2/694, 407
- *gulare* 1/532, 407
- - *schwoiseri* 3/466, 404[2-5]
- *haasi* 4/364, 399[6]
- *halleri* 4/366, 400[1-3]
- *hanneloreae* 3/474, 407
- *heinemanni* 4/374, 407
- - *bochtleri* 2/602, 408
- - *herzogi* 5/472, 408
- *hofmanni* 3/474, 408
- *huwaldi* 5/542, 430[3,4]
- *jaundense* 1/530, 404[1]
- *jeanpoli* 2/694, 408
- *joergenscheeli* 3/476, 408
- „K 4" 3/488, 417[4]
- *kiyawense* 3/526, 438[5]
- *kribianum* 2/602, 3/466, 404[2-5]
- *kunzi* 3/462, 398[2]
- *labarrei* 2/604, 408
- *lamberti* 2/604, 409
- *lefiniense* 3/476, 409
- *liberiense* 1/582, 409[3]
- *liberiensis* 1/582, 3/460, 397[6], 398[1], 409
- *loboanum* 1/530, 404[1]
- *loennbergii* 3/478, 409
- *louessense* 2/606, 3/490, 417[5], 409
- *lujae* 4/376, 412[3]
- *maculatum* 2/608, 410
- *maeseni* 2/696, 410
- *margaretae (?)* 2/594, 401[4]
- *marmoratum* 1/532, 410
- *meinkeni* 3/482, 3/484, 411[6], 413[6]
- *melanopteron* 2/598, 402[4]
- *microphthalmum* 2/608, 403[4]
- *mimbon* 2/610, 410
- *mirabile* 1/536, 410
- - *intermittens* 4/374, 410, 411
- - *moense* 4/376, 411
- - *traudeae* 3/478, 411
- *moense* 4/376, 411[2]
- *monroviae* 3/480, 419[3,4]
- „-*muelleri*" 1/580, 398[3]
- *multicolor* 2/610, 1/525, 398[4,5]
- *ndianum* 3/482, 411
- *nigrifluvi* 3/460, 4/372, 398[1], 397[6], 407[1,2]
- *obscurum* 4/366, 400[4,5]
- *occidentale toddi* 1/540, 419[5]
- *occidentalis* 1/584, 419[5]
- *ocellatum* 2/612, 411
- *oeseri* 3/482, 411
- *ogoense* 4/376, 412[3]
- - *ogoense* 2/612, 412
- - *ottogartneri* 4/376, 412[3]
- - *pyrophore* 2/614, 412
- *ottogartneri* 4/376, 412[3]
- *pascheni* 2/616, 412
- *(-) pascheni, Panchax* 2/616, 412[6]
- *petersi* 4/378, 413[1]
- *petersii* 2/696, 4/378, 413
- *poliaki* 4/380, 413
- *primigenium* 2/616, 413
- *puerzli* 1/536, 413
- *pulchripinnis* 4/378, 413[1]
- *punctatum* 3/484, 413
- *raddai* 3/484, 413
- *rectogoense* 2/618, 414
- *riggenbachi* 1/538, 414
- *robertsoni* 2/618, 414
- *roloffi* 1/580, 5/468, 414
- - *geryi* 2/692, 406[6]
- *(Roloffia) monroviae* 3/480, 419[3,4]
- *rubrifascium* 1/526, 403[2]
- *rubrolabiale* 2/620, 414
- „-*ruwenzori*" 1/530, 404[6]

Register

- *santaisabellae* 3/482, 411[6]
- *scheeli* 3/486, 415
- *schioetzi* 4/380, 415
- *schluppi* 2/620, 415
- *schmitti* 2/698, 415
- *schoutedeni* 2/594, 401[4]
- *schwoiseri* 2/602, 404[2-5]
- *seymouri* 3/526, 438[5]
- *simulans* 2/608, 403[4]
- *sjoestedti* 1/538, 415
- *spectabile* 3/462, 398[2]
- *splendopleure* 3/486, 415
- *spoorenbergi* 2/622, 416
- *spurrelli* 1/542, 1/564, 417[3], 430[6]
- *striatum ogoense* 3/484, 413[5]
- *striatum sangmelinense* 4/376, 412[3]
- *striatum* 1/540, 4/366, 4/376, 400[4,5], 412[3], 416
- *tessmanni* 1/526, 403[2]
- *thysi* 2/622, 416
- *toddi* 1/540, 419[6]
- *viride* 2/698, 416[5]
- *viridis* 2/698, 416
- *volcanum* 1/534, 416
- *wachtersi mikeae* 2/624, 417
- - *wachtersi* 3/488, 417
- *walkeri* 1/542, 1/564, 430[6], 417
- *wildekampi* 3/488, 417
- aff. *wildekampi* 3/484, 413[5]
- *zygaima* 3/490, 417
apiamici, Rivulus 5/596, 465[1-3]
Apistes depressifrons 4/740, 913[5,6]
Apistogramma: s. a. Zwergbuntbarsch
Apistogramma aequipinnis 1/676, 3/682, 732[6], 733[1]
- *agassizii* 1/674, 731
- cf. *agassizii* 5/660, 732
-, "Azur"- 5/724, 745, 746
- *bitaeniata* 1/674, 2/820, 732
-, "Blue-Sky"- 5/724, 754, 746
-, Blutkehl- 5/710, 746, 747
- *borelli* 1/676, 3/682, 3/686, 739[6], 740[1,2], 732, 733
-, "Breitbinden"- 5/716, 744
- *cacatuoides* 1/676, 733
- *caetei* 2/820, 733
- *commbrae* 2/822, 733
- *cruzi* 3/682, 5/662, 734
- *diplotaenia* 5/664, 734
- Doppelband- 5/664, 734
- *elizabethae* 5/666, 734, 735
- *eunotus* 2/822, 735
-, "Gabelband"- 5/718, 745
-, Glanzbinden- 5/700, 742
- *geissleri* 5/670, 735
-, "Gelbwangen"- 5/720, 745
- *gephyra* 2/824, 5/672, 5/670, 735, 736
- *gibbiceps* 2/824, 5/675, 736
- *gossei* 5/676, 737
- *guttata* 5/678, 737
- *hippolytae* 2/826, 737
- *hoignei* 5/678, 5/682, 737, 738
- *hongsloi* 2/826, 5/680, 738
- *inconspicua* 3/685, 5/683, 738
- *iniridae* 2/828, 739
- *juruensis* 5/684, 739
- *klausewitzi* 1/674, 2/820, 732[4,5]
- *kleei* 1/674, 2/820, 732[4,5]
-, Längsstreifen- 5/694, 741
- *linkei* 3/686, 5/683, 739
- *luelingi* 3/686, 5/687, 739, 740
- *macmasteri* 1/678, 5/688, 740
- *meinkeni* 5/689, 740
- *mendezi* 5/694, 741
- *moae* 5/697, 741
- *nijsseni* 2/828, 741
- *norberti* 4/576, 741
- *ornatipinnis* 1/678, 746[3]
- *ortmanni* 5/698, 741, 742
- - *rupununi* 5/706, 743[6]
-, "Pandurini" 5/724, 745, 746
-, Parallelstreifen- 5/662, 734
- *paucisquamis* 5/700, 742
- sp. aff. *payaminosis* 728
- *perense* var. *bitaeniata* 1/674, 732[4]
- *pertensis* 2/830, 742
- cf. *pertensis* 5/702, 742
- *piauensis* 5/704, 743
- *ramirezi* 1/748, 772[5]
- *regani* 2/830, 5/708, 743
- *reitzigi* 1/676, 3/682, 732[6], 733[1]
- *resticulosa* 3/688, 743
- *ritense* 1/676, 3/682, 732[6], 733[1]
- *rondoni* 1/676, 3/682, 732[6], 733[1]
-, Rotkeil- 5/710, 746, 747
-, "Rotstrich"- 5/680
- *rupununi* 5/706, 743
-, Rußkopf- 5/694, 741
-, Segelflossen- 5/710, 746, 747
- sp. aff. *payaminonis* 728
- sp. 5/716–5/724, 744–746
- sp. "Tiquié 1" 5/692, 744
- sp. "Tucurui" 5/706, 744
- *staecki* 3/688, 746
- *steindachneri* 1/678, 746
- *sweglesi* 2/820, 732[5]
- *trifasciata* 1/680, 746
-, "Tumuremo"- 5/698, 741, 742
-, Tüpfelstreif- 5/704, 743
- *uaupesi* 5/710, 746, 747
- *urteagai* 5/714, 747
-, "U2"- 1/676, 733[2]
- *viejita* 2/832, 747
-, "Vierstreifen"- 5/722, 745
- *weisei* 3/874, 778[2]
- *wickleri* 1/678, 746[3]
-, Zweifleck- 5/706, 743
Apistogrammoides pucallpaensis 2/832, 747

978

Register

Apistus binotopterus 4/740, 913[5,6]
- plagiometopon 4/740, 913[5,6]
apleurogramma, Barbus 3/182, 179
Aplites salmoides 2/1018, 796[6]
APLOCHEILICHTHYIDAE 3/436–3/454, 4/346–4/363, 490–499
Aplocheilichthys analis 4/360, 497[3]
- antinorii 2/626, 490
- baudoni 4/346, 491[2,3]
- cabindae 4/362, 498[3]
- camerunensis 3/436, 491
- carlislei 2/628, 492[2]
- chobensis 4/346, 491[2,3]
- dhonti 1/544, 495[2]
- eduardensis 4/358, 496[4,5]
- flavipinnis 4/404, 430[1,2]
- gambiensis 3/442, 494[5]
- hannerzi 4/350, 493[2,3]
- (Hypsopanchax) deprimozi 4/360, 497[3]
- hutereaui 4/346, 491
- johnstoni 2/626, 3/436, 492[3], 491
- kassenjiensis 4/346, 5/470, 491, 492
- katangae 2/628, 492
- kingi 3/444, 495[1]
- kongoranensis 3/436, 492
- lacustris 3/438, 492
- lamberti 4/350, 492
- sp. aff. lamberti 4/350, 492
- loemensis 3/452, 4/362, 498[3,5]
- longicauda 3/444, 495[1]
- macrophthalmus 1/542, 3/446, 4/354, 495[3-5], 493
- - hannerzi 4/350, 493
- - scheeli 4/354, 495[4,5]
- macrurus 4/352, 494[3,4]
- maculatus 3/438, 493
- - lacustris 3/438, 492[4]
- mahagiensis 4/346, 491[5,6], 492[1]
- manni 3/442, 494[5]
- meyburgi 2/628, 493
- micrurus 4/362, 498[3]
- moeruensis 3/440, 493
- monikae 4/354, 495[6]
- myaposae 3/440, 494
- myersi 4/352, 494
- ngaensis 3/454, 499[1]
- nimbaensis 4/352, 494
- normani 3/442, 494
- omoculatus 3/444, 494
- pfaffi 3/444, 495
- pfefferi 4/358, 496[4,5]
- pumilus 1/544, 495
- rancureli 3/446, 495
- schalleri 4/346, 491[2,3]
- scheeli 4/354, 495
- schioetzi 4/354, 495
- sp. „Mbeya" 3/446, 496[3]
- sp. „Uvinza" 4/358, 496
- spilauchen 1/544, 496
- spilauchen 4/350, 492[5,6]
- terofali 4/354, 495[6]
- typus 1/544, 496[2]
- usanguensis 3/446, 496
- vitschumbaensis 4/358, 496
APLOCHEILIDAE 2/584, 3/456–3/546, 4/364–4/413, 5/468–5/483, 395–468
APLOCHEILINAE 395–438
Aplocheilus affinis 1/548, 5/472, 418[5,6], 419[1]
- azureus 4/392, 426[5]
- biafranus 4/384, 421[6], 422[1]
- blockii 1/546, 417
- boulengeri 4/384, 422[3,4]
- callipteron 4/402, 429[5,6]
- celebensis 1/572, 867[4]
- chaperi sheljuzhkoi 4/396, 428[5]
- chaperi 4/386, 422[5]
- chobensis 4/346, 491[2,3]
- chrysostigmus 1/548, 419[2]
- dayi 1/546, 418
- - werneri 3/492, 418
- dovii 3/435, 395[1,2]
- duboisi 3/456, 396[2,3]
- fasciolatus 4/386, 423[6]
- hildegardae 4/388, 425[1]
- javanicus 1/572, 868[2]
- johnstoni 2/626, 491[4]
- latipes 2/1148, 867[5,6]
- - var. auratus 2/1148, 867[5,6]
- lineatus 1/548, 5/472, 419
- longiventralis 4/390, 425[4]
- melastigmus 1/572, 868[2]
- multifasciatus 4/390, 425[6]
- olbrechtsi 4/392, 427[1]
- omalonotus 3/524, 438[2]
- panchax 1/548, 419
- parvus 1/546, 417[6]
- peruanus 3/542, 464[6]
- phoeniceps 4/394, 427[2,3]
- rubrostigma 1/548, 5/472, 418[5,6], 419[1]
- sangmelinensis 2/652, 427[1]
- sexfasciatus 1/562, 3/504, 428[2,3]
- spilargyreia 4/398, 429[2-4]
- vittatus 1/548, 5/472, 418[5,6], 419[1]
- zimiensis 4/388, 424[3]
APLOCHITONIDAE 2/1050, 2/1053, 848
Apocryptes bato 5/1008, 825
- batoides 5/1008, 825[6]
- brachypterus 5/1028, 822[2]
- dentatus 4/778, 820[6]
- lanceolatus 4/778, 820[6]
- pectinirostris 2/1088, 826[1]
- serperaster 3/998, 826[2]
Apocryptodon edwardi 4/778, 820[6]
apoda, Pleuronectes 5/984, 903[6], 904[1]
-, Tellia 3/549, 472[3,4]
„Apodoca", Monterrey-Platy 2/761, 552
apodus, Aphanius 3/549, 4/420, 472
apogon, Anematichthys 1/412, 200[5]

Register

Apogon aprion 2/1012, 790[2]
apogon, Barbus 1/412, 200[5]
-, *Cyclocheilichthys* 1/412, 200
-, *Systomus* 1/412, 200[5]
APOGONIDAE 2/1008, 2/1012, 790
apogonides, Anematichthys 1/412, 200[5]
apogonius, Gobius 1/838, 825[4]
apogonoides, Negambassis 4/714, 789[3,4]
apogonoides, Systomus 1/412, 200[5]
-, *Tetracentrum* 4/714, 789
(Apollonia) melanostomus, Gobius 3/996, 819[3]
(-) - melanostomus, Gobius 3/996, 819[3]
Apomotis albulus 2/1016, 795[6]
- chaetodon 1/794, 795[3]
- cyanellus 1/796, 796[1]
- obesus 1/796, 795[5]
aporos, Ophieleotris 2/1072, 813
-, *Ophiocara* 2/1072, 813[1]
aporus, Eleotris 2/1072, 813[1]
-, *Megupsilon* 3/576, 481
Aposturisoma myriodon 4/278, 322
appendiculata, Chromis 4/626, 768[5]
appendiculatus, Heros 4/626, 768
appendix, Lampeta 4/8, 25[3]
-, Lepomis 2/1016, 795[6]
aprion, Apogon 2/1012, 790[2]
- aprion, Glossamia 2/1012, 790
APTERONOTIDAE 1/814, 1/821, 3/936, 5/988, 882, 883
Apteronotus albifrons 1/821, 3/937, 883
- leptorhynchus 3/936, 883
apus, Channallabes 2/484, 300
-, Gymnallabes 2/484, 300[1]
Aquamarin-Regenbogenfisch 3/1015, 859
arabi, Synodontis 2/550, 365[6]
araguaia", „Corydoras 2/464, 280[2]
araguaiaensis, Corydoras 3/289, 4/236, 5/257, 272
Araguaia-Panzerwels 4/236, 5/257, 272
araguaiense, Cichlasoma 4/588, 751
Arahuana 1/858, 901
aralensis, Gasterosteus platygaster var. 4/770, 877[6]
-, *Pungitius platygaster* 4/770, 878
-, *Pygosteus platygaster* 4/770, 877[6]
Aral-Stichling 4/770, 877
aralychensis, Leuciscus cephalus orientalis natio 3/238, 216[2]
Arapaima 2/1151, 901
Arapaima gigas 2/1151, 901
arapeera, Chalceus 1/244, 76[6]
archboldi, Rhombatractus 2/1124, 860[3]
Archicheir minutus 1/344, 141[6]
Archocentrus nanoluteus 4/590, 714[1]
(-) centrarchus, Cichlasoma 3/722, 709[5], 706, 707
- spinosissimus 4/590, 5/726
arcturus, Salvelinus alpinus 3/1035, 909[5]

arcuatus, Corydoras 1/460, 273
arcus, Leporinus 1/240, 70
arcuscelestis, Etheostoma 3/920, 836[5]
ardebilicus, Leuciscus cephalus orientalis natio 3/238, 216[2]
arekaima, Pimelodus 1/510, 373[2]
arenaria, Peckoltia cf. 5/398, 342
arenata, Canthophrys 2/348, 151[1]
arfakensis, Melanotaenia 4/794, 857
Arfak-Regenbogenfisch 4/794, 857
argentata, Cobitis (Acoura) 2/348, 151[1]
argentea, Charax 2/252, 81[6]
-, Neobola 5/204, 234[6]
-, *Rastineobola* 3/273, 5/204, 229, 234
-, *Vieja* 4/702, 725
argenteum, Mylossoma 1/356, 94[6]
argenteus, Acanthopodus 1/804, 829[5]
-, Anacyrtus 2/252, 81[6]
-, Chaetodon 1/804, 829[5]
-, *Cynopotamus* 2/252, 82
-, Cyrtocharax 2/252, 81[6]
-, Engraulicypris 5/204, 234[6]
-, Hydrocyan 2/252, 81[6]
-, *Metynnis* 1/352, 4/136, 92
-, *Monodactylus* 1/804, 829
-, *Neosilurus* 2/568, 376
-, Panchax 1/572, 868[2]
-, Plotosus 2/568, 376[5]
-, Psettus 1/804, 829[5]
-, Sarchirus 2/210, 32[4]
-, Tetragonopterus 1/310, 124
argentilineatus, Periophthalmus 1/838, 826[3]
argentimaculata, Sciaena 2/1033, 829[2]
argentimaculatus, Lutjanus 2/1033, 829
argentina, Piabuca 2/292, 89[1]
argentinus, Chalcinopelecus 1/250, 88[2]
-, Characinus 2/292, 89[1]
-, Pimelodus 1/485, 311[4,5]
-, Salmo 2/292, 89[1]
argentivittatus, Macrones 5/244, 264[1]
-, *Mystus* 5/244, 264
argentoventer, Anabas 1/620, 571[4]
-, Ctenopoma 1/620, 5/636, 570[3], 571[4]
-, *Microctenopoma* 1/620, 571
argirops, Copeina 1/332, 139[1]
argus, Scatophagus 1/810, 840
- atromaculatus, Scatophagus 1/810, 840
-, Cacodoxus 1/810, 840[3]
-, Chaetodon 1/810, 840[3]
-, *Channa* 2/1060, 798
-, Cichla 2/856, 5/750, 751[1]
-, Cychla 2/856, 750[6]
-, Ephippus 1/810, 840[3]
-, Ophicephalus 2/1060, 798[6]
-, Ophiocephalus 2/1060, 798[6]
Argusfisch, Afrikanischer 1/810, 840
-, Gemeiner 1/810, 840
-, Grüner 1/810, 840

Register

-, Punktstreifen-	5/982, 840
Argusfische	1/789, 5/982, 840
Argyreus atronasus	3/264, 235[1]
- *nasutus*	2/424, 235[2]
- *osculus*	5/204, 235[3]
argyroleuca, Blicca	3/201, 195[5]
argyropomus, Gasterosteus	1/834, 877[5]
argyrostictus, Geophagus	**4/618, 765**
argyrotaenia, Parluciosoma	**2/404, 224**
-, *Barbus*	5/144, 195[2]
-, *Leuciscus*	2/404, 224[4]
-, *Opsarius*	2/404, 224[4]
-, *Rasbora*	2/404, 224[4]
argyrotaenoides, Rasbora	1/438, 231[2]
argystus, Pimelodus	1/485, 311[4,5]
Ariane Panzerwels	5/269, 284
ARIIDAE	2/434, 3/297, 251
Ariodes clarias	1/510, 373[2]
aripirangensis, Nannostomus	1/342, 141[2]
Aristeus fitzroyensis	1/852, 862[2]
- *fluviatilis*	1/850, 858[3]
- *goldiei*	2/1122, 858[5]
- *loriae*	2/1128, 862[1]
- *rufescens*	1/852, 862[2]
Aristichromis nobilis	3/226, 210[2]
Aristochromis christyi	**2/834, 5/728, 601**
„*-lombardoi*"	4/662, 625[1,2]
Arius acutivelis	3/290, 262[1]
- *australis*	3/297, 251[2]
- *berneyi*	2/434, 251[5]
- ***graeffei***	**2/434, 3/297, 251[5], 251**
- „*jordani*"	2/434, 251[4]
- *leptaspis*	3/297, 251[2]
- *nodosus*	2/446, 257[4]
- *oncina*	2/494, 306[2,3]
- *oncinus*	2/494, 306[2,3]
- *rita*	5/248, 266[6]
- ***seemani***	**2/434, 251**
Arizonakärpfling	3/622, 546
Arktische Lamprete	4/11, 25
arlingtonia, Fundulus	2/654, 483[5]
Armatogobio dabryi	3/268, 238[6]
armatus, Callichthys	1/460, 273[2]
-, ***Corydoras***	**1/460, 3/336, 273**
- *favus, Mastacembelus*	5/1062, 917
-, *Gastrodermus*	1/460, 273[2]
-, *Hypselobagrus*	2/452, 264[3]
-, *Macrognathus*	1/846, 917[2]
-, *Macrones*	2/452, 264[3]
-, ***Mastacembelus***	**1/846, 917**
-, - cf.	2/452, 264
Armbrustsalmler	1/244, 77
armstrongi, Hemigrammus	1/272, 108[1,2]
arnaudii, Lepidosiren	3/86, 38[5,6]
-, *Polypterus*	2/218, 30[6]
arnoldi, Aphyosemion	**2/588, 397**
-, *Cichlasoma*	2/864, 770[1]
-, *Copeina*	1/332, 139[2]
-, ***Copella***	**1/332, 139**
-, *Fundulus*	2/588, 397[2]
-, *Limia*	1/596, 4/502, 532[1-3]
-, *Myleus*	3/162, 93[5]
-, *Otocinclus*	2/508, 337[1]
-, *Pelmatochromis*	2/1000, 701[4]
Arnoldichthys spilopterus	**1/216, 48**
Arnolds Prachtkärpfling	2/588, 397
- Rotaugensalmler	1/216, 48
Arothron modestus	3/1040, 920[2]
Arowana	1/858, 901
artedi, Brachyrhamphichthys	5/992, 884[5]
-, *Rhamphichthys*	5/992, 884[5]
artedii, Tetragonopterus	1/310, 124[2]
Arthrodon schoutedeni	1/868, 922[2]
aruana, Cynolebias	5/558, 452[3]
-, ***Plesiolebias***	**5/558, 452**
Aruana-Fächerkärpfling	5/558, 452
arubensis, Poecilia vandepolli	5/624, 542[4,5]
-, *Poecilia*	5/624, 542[4,5]
arulius, Barbus	**1/380, 179**
-, *Puntius*	1/380, 179[2]
Äsche	3/1042, 5/1107, 910
Äschen	3/934, 3/1042
Äschengeradsalmler	2/228, 56
Aschenputtel-Buntbarsch	5/958, 778
ascita, Mystus	1/510, 373[2]
asellus, Chelichthys	**5/1101, 919**
-, *Colomesus*	5/1101, 919[6]
Ash Meadows-Wüstenkärpfling	4/432, 478
ashanteensis, Mugil	5/1076, 887[6]
ashbysmithii, Ctenopoma	2/790, 570[4]
asiatica, Channa	3/671, 798
asiaticus asiaticus, Myxocyprinus	4/202, 219
-, *Carpiodes*	4/202, 219[6]
- *nankinensis, Myxocyprinus*	4/202, 219[6]
-, *Ophicephalus*	3/671, 799[1]
-, *Ophiocephalus*	3/671, 799[1]
Asiatischer Aal	4/744, 849
- Fähnchen-Messerfisch	1/856, 901
- Kleiner Schlangenkopf	3/672, 799
- Rotflossenwels	2/454, 265
- Schlangenkopf	3/671, 798, 800
Asiphonichthys condei	**1/248, 81**
Asmuss' Stachelbitterling	2/358, 175
asmussi, Acanthorhodeus	**2/358, 175**
-, *Devario*	2/358, 175[1]
- *sungariensis, Acanthorhodeus*	2/358, 175[1]
asoka, Barbus	3/182, 228[4]
-, *Puntius*	3/182, 228
asotus, Parasilurus	**5/450, 383**
-, *Silurus*	2/578, 5/450, 383[2,6]
asper, Callichthys	1/458, 270[5]
Aspidoras albater	**2/455, 268**
- *fuscoguttatus*	3/324, 269
-, Gefleckter	5/251, 269
- ***menezesi***	**2/456, 269**
- *pauciradiatus*	2/456, 269
- *raimundi*	5/250, 269

981

Register

- *rochai* 3/324, 269
- *spilotus* 5/251, 269
- **Aspius aspius aspius** 3/176, 177
- - *taeniatus* 3/176, 177
- *bipunctatus* 1/379, 176[2]
- *eryhrostomus* 3/176, 177[5]
- *fasciatus* 3/174, 176[4]
- *owsianka* 1/424, 215[2]
- *rapax* 3/176, 177[4]
- *transcaucasicus* 3/176, 177[5]
- *aspius*, *Cyprinus* 3/176, 177[4]
- ASPREDINIDAE 1/454, 2/436–2/439, 3/298, 5/233, 252, 253
- *Aspredo cotylephorus* 2/438, 253[5,6]
- *Aspro zingel* 3/924, 838[6]
- **Asprotilapia leptura** 3/690, 641
- *asquamatus*, *Aphanius* 2/585, 472
- -, *Kosswigichthys* 2/585, 472[5]
- Assam-Clownwels 3/426, 385
- Assel-Kugelfisch 5/1101, 919
- *assimills*, *Systomus* 1/388, 184[2]
- *Astatheros altifrons* 2/859, 708[3]
- - *lethrinus* 2/860, 708[2]
- - *longimanus* 2/872, 713[1]
- - *maculicauda* 2/872, 713[4]
- - *oblongus* 3/738, 707[5]
- - *rectangularis* 3/732, 707[3,4]
- - *robertsoni* 3/746, 715[4]
- - *rostratum* 3/746, 715[4]
- - *tuyrensis* 3/754, 717[6]
- *Astatichthys coeruleus* 3/916, 835[3]
- *Astatore alluaudi* 3/690, 676[1]
- **Astatoreochromis alluaudi** 3/690, 676
- - - *occidentalis* 3/690, 676[1]
- - *straeleni* 3/692, 676
- *Astatotilapia aeneocolor* 5/730, 676
- - *bloyeti* 3/692, 688
- - *brownae* 3/694, 676
- - *burtoni* 1/680, 676
- - *calliptera* 3/694, 676
- - *desfontainii* 5/730, 688
- - *jeanneli* 4/674, 682[5,6]
- - *lacrimosa* 5/732, 677
- - *limax* 4/622, 5/732, 677
- - *martini* 2/834, 677
- - *nubila* 3/696, 677
- (-) *nyererei*, *Haplochromis* 4/622, 678
- *Astatotilapia* sp. 3/697, 677
- *asterias*, *Myloplus* 1/354, 94[3]
- *asterifrons*, *Astrodoras* 2/490, 305
- *asterifrons*, *Doras* 2/490, 305[1]
- *Asterropteryx cyprinoides* 5/1032, 809[6], 810[1]
- ***astrigata*, *Lebiasina*** 1/336, 140
- -, *Piabucina* 1/336, 140[1]
- *astroblepa*, *Crenicichla* 4/596, 755[4,5]
- ASTROBLEPIDAE 254
- *Astrodoras asterifrons* 2/490, 305
- *Astronotus affinis* 3/881, 723[1]
- - *altifrons* 2/859, 708[3]

- - *angulifer* 3/732, 707[3,4]
- - *beani* 3/720, 709[2]
- - *bifasciatus* 2/862, 709[3]
- - *bimaculatus* 2/862, 751[5]
- - *centrarchus* 3/722, 709[5]
- - *crassa* 1/686, 770[2]
- - *dovii* 2/866, 710[4]
- - *friedrichsthalii* 2/869, 710[6]
- - *godmani* 3/726, 707[2]
- - *helleri* 3/886, 724[1,2]
- - *intermedius* 3/732, 707[3,4]
- - *kraussii* 2/850, 749[4,5]
- - *lentiginosus* 3/876, 722[3,4]
- - *longimanus* 2/872, 713[1]
- - *microphthalmus* 3/738, 707[5]
- - *motaguensis* 3/740, 713[6]
- - *nigrofasciatum* 1/690, 714[4]
- - **ocellatus** 1/682, 748
- - *parma* 2/872, 713[4]
- - *psittacus* 2/876, 769[5,6]
- - *rectangularis* 3/732, 707[3,4]
- - *rostratum* 3/746, 715[4]
- - *severus* 1/694, 769[3,4]
- - *spectabilis* 3/714, 750[1]
- - *splendida* 2/966, 721[6]
- - *troscheli* 2/884, 718[2]
- - *tuba* 4/698, 725[1]
- - *urophthalmus* 2/884, 718[2]
- - *vittatus* 2/818, 731[5]
- **Astyanax abramis** 5/52, 97
- - *aurocaudatus* 1/258, 102[3]
- - *bartlettii* 1/255, 98[1]
- - **bimaculatus** 1/255, 98
- - *brevirhinus* 4/80, 98
- - **daguae** 5/52, 98
- - *fasciatus fasciatus* 3/124, 98
- - - *mexicanus* 1/256, 98
- - „-*fasciatus*" 3/126, 99[4]
- - *giton* 3/124, 98
- - *guianensis* 3/126, 99
- - *iheringii* 5/56, 101[1]
- - *jacuhiensis* 1/255, 98[1]
- - *kennedyi* 3/144, 123[3]
- - *lacustris* 1/255, 98[1]
- - cf. *maximus* 4/82, 99
- - *nigripinnis* 4/106, 116[5]
- - *orientalis* 1/255, 98[1]
- - *pectinatus* 3/118, 84[5]
- - cf. *ribeirae* 4/82, 99
- - *riesei* 1/256, 100
- - *scabripinnis* 3/126, 99
- - *simulata* 2/290, 121[1]
- - sp. 5/17, 5/54, 99
- - - „Cabruta" 5/54, 99
- - - „Lago Tefé" 4/84, 100
- - **zonatus** 2/260, 100
- *atabapensis*, *Cichla* 2/856, 5/750, 750[6], 751[1]
- „Atabapo-rot" 5/792, 758
- **Ataeniobius toweri** 3/584, 508

Register

atakorensis, Barbus 3/184, 179
Atapochilus guentheri 4/318, 356[5]
ater, Copidoglanis 2/568
-, *Lambertia* 2/568, 377[1]
-, ***Neosilurus*** 2/568, 377
- *sepikensis, Lambetichthys* 2/568, 377[1]
atesuensis, Amphilius 3/291, 248
-, *Anoplopterus* 3/291, 248[2]
-, *Chimarrhoglanis* 3/291, 248[2]
-, *Pimelodus* 3/291, 248[2]
Atherina hepsetus 5/1002, 853[3]
- *menidia* 5/1002, 853[3]
- *nigrans* 2/1124, 860[3]
- *nouguysi* 5/1000, 852[6]
- *signata* 1/822, 2/1138, 865[1,2]
- *sikurae* 5/1002, 853[6]
Atherinichthys eyresii 2/1054, 852[2]
- *nigrans* 2/1124, 860[3]
ATHERINIDAE 1/814, 1/822–1/824, 2/1054–2/1057, 3/938, 5/998–5/1003, 852, 853
ATHERINIFORMES 850–865
atherinoides, Glaridichthys 2/728, 527[3]
athiensis, Oreochromis 3/830, 694[6]
-, *Tilapia* 3/830, 694[6]
-, - *nilotica* 3/830, 694[6]
„Äthiopica", *Barbus* sp. 3/196, 192
Äthiopischer Lungenfisch 3/86, 38
atopodus, Tyttocharax 4/72, 88
Atoyac-Schwertplaty 2/756, 2/764, 551, 555
atpar, Cachius 4/192, 198[3]
-, *Chela* 4/192, 198[3]
-, *Cyprinus* 4/192, 198[3]
-, *Leuciscus* 4/192, 198[3]
-, *Oxygaster* 4/192, 198[3]
Atractosteus lucius 2/212, 32[6]
atrarius, Pimelodus 3/360, 311[3]
atratulus atratulus, Rhinichthys 3/264, 235
-, *Cyprinus* 3/264, 235[1]
atratus, Rivulus 3/530, 456
atremius, Rhodeus 5/206, 235
-, - *sinensis* 5/206, 235[6]
atricauda, Hydrargyra 1/870, 874[5]
atriculata, Lepidosiren 2/207, 38[1]
atrifasciatus, Mystus 1/456, 265[2]
atrilatus, Zygonectes 1/590, 522[2]
atripinna, Haplochilichthys 4/346, 491[5,6], 492[1]
atripinnis atripinnis, Goodea 3/588, 509
-, *Characodon* 3/588, 509[2,3]
-, *Goodea* 2/710, 4/464, 5/608, 509[4,6], 510[1], 512[5]
-, *Haplochilus* 3/436, 492[3]
-, *luitpoldi, Goodea* 5/608, 509
- *martini, Goodea* 5/608, 509
arizona, Quintana 2/752, 549
„*atrofisheri*", *Synodontis* 2/530, 358[1]
atromaculatum, Cichlasoma 2/860, 708
atromaculatus, Chaetodon 1/810, 840[3]

-, *Cyprinus* 5/216, 239[5]
-, ***Scatophagus argus*** 1/810, 840
-, ***Semotilus*** 5/216, 239
atronasus, Argyreus 3/264, 235[1]
-, *Cyprinus* 3/264, 235[1]
-, *Leuciscus* 3/264, 235[1]
-, *Rhinichthys* 3/264, 235[1]
atropatenus, Rutilus 4/212, 236
atropersonatus, Corydoras 2/460, 273
atrora, Gambusia 3/598, 520
atrorus, Cyprinodon 3/556, 475
attenuatus, Galaxias 2/1080, 889[5]
-, *Lamprologus* 4/634, 649[2]
-, ***Lepidiolamprologus*** 4/634, 649
-, *Mesistes* 2/1080, 889[5]
attu, Silurus 2/578, 383[6]
-, ***Wallago*** 2/578, 383
. -, *Wallagonia* 2/578, 383[6]
atukorali, Horadandia 3/224, 209
atzi, Gambusia 3/608, 525[3]
Aucha-Barsch 3/915, 841
Auchabarsch, Japanischer 4/742, 841
Auchenipterichthys longimanus 2/440, 255
- ***thoracatus*** 2/442, 255
AUCHENIPTERIDAE 2/440–2/447, 3/300–3/302, 4/228–4/230, 5/234–5/242, 254–258
Auchenipterus ambyiacus 2/442, 255[5]
- *demerarae* 2/442, 255[5]
- *dentatus* 2/442, 255[5]
- *furcatus* 2/446, 257[4]
- *galeatus* 2/442, 5/236, 256[5,6], 257[1]
- *glaber* 2/444, 5/236, 256[5,6], 257[1]
- *immaculatus* 2/444, 5/236, 256[5,6], 257[1]
- *longimanus* 2/440, 255[2,3]
- *maculosus* 2/444, 5/236, 256[5,6], 257[1]
- *nodosus* 2/446, 257[4]
- *nuchalis* 2/442, 255
- *osteomystax* 2/442, 255[5]
- *punctatus* 2/444, 256[5,6]
- *robustus* 2/444, 5/236, 256[5,6], 257[1]
- *thoracatus* 2/442, 255[4]
- *thoracicus* 2/442, 255[4]
Auchenoglanis balayi 5/244, 265[5]
- *ballayi gravoti* 5/244, 265[4]
- cf. ***biscurarus*** 3/303, 260
- *loennbergi* 3/304, 260[3]
- *macrostoma* 1/456, 265[5]
- ***ngamensis*** 3/304, 260
- ***occidentalis*** 2/448, 260
- *pulcher* 5/244, 265[4]
- *punctatus* 4/231, 260
audax, Acentrogobius 3/972, 814
Augenfleck-Ceylonschmerle 2/348, 151
- -Kammbarsch, Grüner 2/856, 750
- -Kampffisch 2/796, 581
- -Prachtbarsch 1/750, 697
- -Prachtgrundkärpfling 4/408, 434
- -Schlangenkopf 5/1005, 799

Register

- -Stachelaal	1/848, 917	-, *Poecilobrycon*	1/340,1/346, 140[5], 142[4]
Augenfleckbärbling	1/432, 231	-, *Pseudotropheus*	1/738, 620[2]
Augenfleckbuntbarsch	1/694, 769	*aurea exsul, Tilapia*	2/978, 694[1]
Augenflecken-Fiederbartwels	4/322, 364	-, *Lampetra*	4/11, 25[4]
- -Harnischwels	3/390, 351	-, *Tilapia*	2/978, 694[1]
Augenfleckenschmerle	3/276, 151	*aureatus, Scobinancistrus*	4/308, 351
Augenfleckkärpfling	2/744, 543	*aureocephalus, Nannacara*	3/804, 775
Augenflecksalmler	2/244, 75	*aureoguttatus, Cynolebias*	5/544, 450[1]
Augenfleckwels	2/448, 260	-, *Leptolebias*	5/544, 450
Augenstrichsalmler	2/326, 143	*aureum, Aphyosemion*	2/588, 397
augierasi, Synodontis	2/540, 360[6]	-, *Cichlasoma*	3/882, 723[2,3]
aula, Gardonus	3/264, 237[6]	-, *Cichlosoma*	3/882, 723[2,3]
-, *Leuciscus*	3/264, 4/202, 4/212, 237[6]	-, *Loricaria*	2/518, 351[6], 352[1]
-, *Leucos*	3/264, 237[6]	-, *Mylossoma*	4/138, 94
-, *Rutilus*	4/212, 236	-, *Sarotherodon*	2/978, 694[1]
Aulonocara baenschi	2/836, 601, 602	-, *Sturisoma*	2/518, 351, 352
-, Blauer Orchideen-	4/578, 605	*aureus, Chromis*	2/978, 694[1]
-, „Blue gold"-	3/704, 604	-, *Eupomotis*	1/798, 796[2]
- *ethelwynnae*	3/698, 602	-, *Fundulus*	3/568, 486[2]
- *gertrudae*	5/734, 603	-, *Haplochilus*	3/568, 486[2]
- *hansbaenschi*	1/682, 3/700, 603	-, *Heros*	3/882, 723[2,3]
- *hueseri*	2/845, 3/702, 604	-, *Nemacheilus*	2/348, 151[1]
- *jacobfreibergi*	1/780, 604	-, *Oreochromis*	2/978, 694
- *kandeensis*	2/839, 605[1,2]	-, *Sparus*	1/798, 796[2]
- *korneliae*	2/845, 3/704, 604	-, *Thorichthys*	3/882, 723
- *macrochir*	4/580, 605[3,4]	*aurita, Paratilapia*	2/948, 650[5]
- *maylandi*	2/838, 604	*auritus, Hemichromis*	2/914, 690[6]
- - *kandeensis*	4/578, 605	-, *Ichthelis*	2/1016, 795[6]
- *microstoma*	5/970, 638[1]	-, *Labrus*	2/1016, 795[6]
-, Northern	3/698, 602	-, *Lepomis*	2/1016, 795
-, „nyassae"	1/682, 603[2]	-, *Limnochromis*	2/948, 650
-, „Red flush"	3/700, 603	-, *Macrodon*	2/308, 130[5,6]
- *rostratum*	4/580, 605	-, *Pelmatochromis*	2/948, 650[5]
- *saucosi*	3/704, 605	*aurocaudatus, Astyanax*	1/258, 102[3]
- sp. „walteri"	5/736, 606	-, *Carlastyanax*	1/258, 102
- *stuartgranti*	2/842, 606	*aurogutattus, Zygonectes*	2/654, 483[6]
Aulonocranus dewindti	3/707, 641	*aurolineatus, Danio*	1/416, 201[3]
Aulophallus kidderi	2/720, 519[3]	-, *Paradanio*	1/416, 201[3]
aulopygius, Centromachlus	3/300, 257[5]	-, *Perilampus*	1/416, 201[3]
aulopygius, Centromochlus	3/300, 257[5]	*auropurpureus, Barilius*	5/164, 210[3]
aurantiaca, Peckoltia	3/378, 339[1]	-, *Inlecypris*	5/164, 210
aurantiacus, Acanthodermus	3/378, 339[1]	*aurora, Catostomus*	4/148, 161[3]
-, *Ancistrus*	3/378, 339[1]	-, *Pseudotropheus*	1/756, 629
-, *Hypostomus*	3/378, 339[1]	*aurotaenia, Rasbora*	2/420, 233[5]
-, *Parancistrus*	3/378, 5/382, 339	*australasica, Macquaria*	2/1036, 833
aurata bulgarica, Cobitis	4/162, 171[4]	*australe, Aphyosemion*	1/524, 397
- -, *Sabanejewia*	4/162, 171	-, *Geophagus*	1/708, 767[6]
-, *Cobitis*	5/84, 152[6]	-, *Panchax*	1/524, 397[4]
-, *Gambusia*	4/482, 521	-, *Pyrrhulina brevis*	2/324, 142
-, *Rivulus urophthalmus* var.	3/546, 467[2]	*australis, Arius*	3/297, 251[2]
-, *Tilapia*	1/738, 620[2]	-, *Eleotris*	2/1064, 807[5]
auratus, Aplocheilus latipes var.	2/1148, 867[5,6]	-, *Geophagus*	1/708, 767[6]
		-, *Gobiomorphus*	2/1063, 807
-, *Carassius*	1/410, 197	-, *Gymnogeophagus*	1/708, 767
-, *Chrysichthys*	3/308, 262[3]	-, *Haplochilus calliurus* var.	1/524, 397[4]
-, *Cyprinus*	1/410, 197[4]	-, *Melanotaenia splendida*	2/1128, 4/800, 861
-, *Galaxias*	2/1078, 889		
- *gibelio, Carassius*	3/204, 197	-, *Moenkhausia*	1/302, 120[6]
-, *Melanochromis*	1/738, 620	-, *Mogurnda*	2/1064, 807[5]
-, *Mugil*	5/1075, 887[5]	-, *Nannoperca*	2/1030, 833

Register

-, *Neoarius*	3/297, 251[2]
-, *Neoatherina*	4/800, 861[4,5]
-, *Nevatherina*	2/1128, 861[4,5]
-, *Pyrrhulina*	2/326, 143[5]
Australische Kärpflingsgrundel	2/1066, 809
- Lungenfische	2/201, 37
- Süßwasserseezunge	2/1157, 904
Australischer Goldbarsch	2/1036, 833
- Kurter	3/910, 828
- Lungenfisch	2/206, 37
- Perlmutterregenbogenfisch	1/850, 858
- Silberbarsch	2/1040, 843
- Stint	3/1028, 891
- Süßwasserhering	2/1062, 872
- Tüpfelbarsch	2/1044, 843
Austrochanda macleayi	2/1022, 787[6]
austrocolumbiana, *Priapichthys*	4/548, 548
Austrofundulus dolichopterus	1/584, 468[3]
- *limnaeus*	2/630, 5/568, 455[5], 440
- *myersi*	2/630, 440[2,3]
- *stagnalis*	2/630, 440[2,3]
- *transilis*	5/568, 455[5]
- - *limnaeus*	2/630, 440[2,3]
autumnalis migratorius, *Coregonus*	3/944, 906
autumnalis, Salmo	3/944, 906[4]
avary, Aphyocharax	1/242, 5/34, 74[2], 75
Awaous bustamantei	5/1010, 826[5,6]
- *decemlineatus*	3/974, 827[1,2]
- *lateristriga*	5/1010, 826
- *mexicanus*	3/976, 827[3]
- *puntangoides*	5/1014, 816[2,3]
- *strigatus*	3/974, 827
- *taiasica*	3/976, 827
axelrodi, Aphyocharax	4/106, 116[6]
-, *Cheirodon*	1/260, 121[5]
-, *Chilatherina*	3/1012, 854
-, *Chuco*	2/864, 770[1]
-, *Corydoras*	1/460, 273
-, *Megalamphodus*	4/106, 116
-, *Neolebias*	4/50, 60
-, *Paracheirodon*	1/260, 121
-, *Rasbora*	2/410, 229
-, *Symphysodon aequifasciatus*	1/771, 776
Axelrodia fowleri	2/261, 100[5]
- *riesei*	1/256, 100[4]
- *stigmatias*	2/261, 100
Axelrods Rasbora	2/410, 229
- Regenbogenfisch	3/1012, 854
aymonieri, Gyrinocheilus	1/448, 4/220, 242
-, *Psilorhynchus*	1/448, 4/220, 242[2,4]
„Azur"-Apistogramma	5/724, 745, 746
Azur-Cichlide	5/944, 636
Azurcichlide	5/944, 636
azureus, Aplocheilus	4/392, 426[5]
-, *Copadichromis* sp. aff.	3/778, 608
-, *Epiplatys olbrechtsi*	4/392, 426
-, *Epiplatys*	4/392, 426[5]

B

babaulti, Agrammobarbus	3/182, 179[1]
-, *Barbus*	3/182, 179[1]
-, *Simochromis*	2/984, 664
Babaults Maulbrüter	2/984, 664
(Babka) gymnotrachelus, Gobius	3/995, 818[6]
(-) - gymnotrachelus, Gobius	3/995, 818[6]
Bachforelle	3/1034, 909
Bachling, Agila-	2/674, 455, 456
-, Bonds	5/570, 456
-, Brauner	2/676, 457
-, Bunter	2/682, 464
-, Christinas	5/572, 457
-, Coca-	5/578, 459
-, Eleganter	5/576, 459
-, Gelber	1/578, 468
-, Gemalter	5/596, 465
-, Gestreckter	5/578, 459
-, Gran Sabana-	5/580, 460
-, Guyana-	2/680, 460
-, Kleinflossen-	5/594, 463
-, Kuba-	1/578, 458
-, Kurzkopf-	5/572, 457
-, Limoncocha-	5/590, 462
-, Lülings	3/540, 462
-, Magdalena-	5/592, 463
-, Marmorierter	2/682, 464
-, Martinique	2/680, 458
-, Mexiko-	2/688, 466
-, Orinoco-	5/576, 458
-, Panama-	3/538, 461
-, Peru-	3/542, 464
-, Punktierter	2/684, 3/542, 465
-, Puyo-	5/588, 462
-, Roloffs	2/686, 466
-, Rotschwanz-	5/580, 459
-, Santos-	2/686, 466
-, Schwarzsaum-	5/586, 461
-, Spatelschwanz-	3/544, 465
-, Webers	5/603, 467
BACHLINGE	439–468
Bachneunauge	2/201, 5/8, 25
Bachpricke	2/201, 5/8, 25
Bachsaibling	3/1036, 909, 910
Bachschmerle, Orangefleck-	2/352, 157
-, Türkische	5/86, 152
Bachzwergdöbel	5/216, 239
Back-Gammon-Salmler	5/30, 59
Bacu, Gemeiner	2/498, 308
baculis, Chanda	3/906, 787
baderi, Corydoras	1/470, 273
BADIDAE	1/786, 1/790, 2/1013, 3/903, 791
badiipinnis, Geophagus	2/852, 750[4]
Badis badis	1/790, 791
- - *burmanicus*	2/1013, 791
- - *siamensis*	3/902, 791

985

Register

- *buchanani* 1/790, 791³
badis, *Labrus* 1/790, 791³
Badis, Roter 2/1013, 791
badius, *Fundulus heteroclitus* 4/442, 485²
baenschi, *Aulonocara* 2/836, 601, 602
-, *Poeciliopsis* 2/744, 543
Baenschs Malawibuntbarsch 2/847, 601, 602
- Zahnkärpfling 2/744, 543
baeri, *Acipenser* 3/74, 28
Bagarius bagarius 2/580, 385¹
- *buchanani* 2/580, 385¹
- *lica* 2/580, 385¹
bagarius, *Pimelodus* 2/580, 385¹
Bagarius yarrelli 2/580, 385
BAGRIDAE 1/455–1/457, 2/448–2/454, 3/303–3/323, 4/231–4/235, 5/244–5/248, 259–266
Bagroides macracanthus 3/304, 260
Bagrus bajad 4/232, 261
- *bayad bayad* 4/232, 261¹
- - *macropterus* 4/232, 261¹
- *calvarius* 3/322, 266²
- *clarias* 1/510, 373²
- *docmac* 2/448, 261
- *filamentosus* 4/232, 261
- *laticeps* 3/310, 262⁴
- *nemurus* 2/454, 265¹
- *nigrita* 3/310, 262⁴
- *pictus* 2/554, 375⁵
- *stenomus* 3/314, 263³
- *wyckii* 3/320, 265³
Bahia-Fächerfisch 5/508, 441
bahianus, ***Corymbophanes*** 5/334, 314, 325

baianinho, „*Corydoras* 5/264, 281¹·²
baicalensis, *Acipenser stenorhynchus* var. 3/74, 28¹
-, *Batrachocottus* 3/950, 911
-, *Callionymus* 3/942, 911³
-, *Comephorus* 3/942, 911
-, *Cottus* 3/950, 911⁵
-, *Elaeorhous* 3/942, 911³
Baikal-Omul 3/944, 906
Baikalgroppe, Gelbflossige 3/952, 912
-, Großköpfige 3/950, 911
-, Langflossige 3/950, 911
-, Rote 3/952, 913
Baikalocottus grewingki 3/952, 912¹·²
Baikalrenke 3/944, 906
baileyi albivallis, ***Crenichthys*** 3/552, 488
- *baileyi*, *Crenichthys* 4/444, 488, 489
-, *Cyprinodon* 4/444, 488⁵, 489¹
-, - *macularius* 4/444, 488⁵, 489¹
- *grandis*, *Crenichthys* 4/446, 489
- *moapae*, *Crenichthys* 4/446, 489
- *thermophilus*, *Crenichthys* 4/448, 489
bainsii, *Anabas* 2/792, 572⁵
-, *Sandelia* 2/792, 572
-, *Spirobranchus* 2/792, 572⁵

Baione fontinalis 3/1036, 909⁶, 910¹
bairdii, *Phenawgastler* 3/118, 84⁵
-, *Tetragonopterus* 3/118, 84⁵
bajad, ***Bagrus*** 4/232, 261
-, *Silurus* 2/448, 4/232, 261¹·²
Bajad-Stachelwels 4/232, 261
bakeri, *Rhamphodermogenys* 4/782, 870⁵
balaenops, *Adontosternarchus* 5/988, 882⁶
Balantiocheilus melanopterus 1/380, 177
balayi, *Auchenoglanis* 5/244, 265⁴
-, *Parauchenoglanis* 5/244, 265
-, *Pimelodus* 5/244, 265⁴
balboae, *Fundulus* 3/568, 486³·⁴
-, *Oxyzygonectes* 3/568, 486³·⁴
Balchaschelritze 5/198, 226
Balchaschpfrille 5/198, 226
Balistes biaculeatus 5/1109, 922⁶
Balitora burmanica 1/449, 151
balitora, *Cyprinus* (*Garra*) 4/222, 228²
Balitora kwangsiensis 3/286, 151
- *melanosoma* 1/449, 151⁴·⁵
balitora, *Psilorhynchus* 4/222, 5/226, 228
BALITORIDAE 1/449, 2/348–2/355, 3/274–3/287, 4/142–4/147, 5/84–5/103, 150–160
ballayi gravoti, *Auchenoglanis* 5/244, 265⁴
ballerus, ***Abramis*** 4/164, 174
-, *Cyprinus* 4/164, 174¹
ballochi, ***Kiunga*** 3/1026, 863
Ballonkopf-Erdfresser 1/708, 768
baloni, ***Gymnocephalus*** 4/730, 873
Balons Kaulbarsch 4/730, 837
Balsadichthys whitei 2/708, 511²
balsanus, *Profundulus* 2/670, 500²
Balsas Hochlandkärpfling 2/708, 511
- -Kärpfling 4/536, 544
balsas, ***Poeciliopsis*** 4/524, 4/536, 544
balstoni, *Nannatherina* 2/1030, 833
Balstons Zwergbarsch 2/1030, 833
baltearum, *Cichlasoma* 2/874, 714²·³
balteata, *Vaimosa* 2/1088, 821¹
balteatus, *Acentrogobius* 2/1088, 821¹
-, *Redigobius* 2/1088, 821
balunga, ***Betta*** 5/642, 576
Balung-Kampffisch 5/642, 576
balzanii, *Fundulus* 5/604, 468⁴·⁵
-, *Geophagus* 1/708, 768⁵
-, *Gymnogeophagus* 1/708, 768
-, *Haplochilus* 5/604, 468⁴·⁵
-, *Rivulichthys* 5/604, 468⁴·⁵
-, *Rivulus* 5/604, 468⁴·⁵
-, *Trigonectes* 5/604, 468
bambusa, *Elopichthys* 5/152, 202
-, *Leuciscus* 5/152, 202⁴
Bamileke-Prachtkärpfling 2/590, 397
bamilekorum, *Aphyosemion* 2/590, 397
banana, *Chonophorus* 3/976, 827³
-, *Gobius* 3/976, 827³
bancanensis, *Chaca* 3/352, 298²

Register

bandata, Denariusa	2/1024, 788	-, Aalstrich-	4/126, 128
Bänder-Stachelaal	1/848, 918	-, Gestreifter	1/320, 129
Bänderkärpfling	1/604, 533	-, Gezeichneter	3/152, 145
Bänderschmerle	2/350, 156	-, Gills	3/148, 128
-, Grüne	3/166, 163	-, Grauer	3/150, 145
-, Schlanke	4/152, 164	-, Längsband-	2/303, 129
bandula, Barbus	3/197, 179	-, Myers	3/150, 129
Bandullabarbe	3/197, 179	-, Nasen-	3/148, 128
bane ansorgii, Petrocephalus	5/1070, 898	-, Olivin-	4/128, 129
-, *Mormyrus*	5/1070, 898[6]	*barberi*", „Mimagoniates	2/254, 3/120
banforense, Aphyosemion	3/460, 397, 398	Barberos Tetra	2/254, 3/120, 86[2]
		- -, Kleinschuppiger	3/120, 5/45, 86–88
banforensis, Roloffia	4/372, 407[1,2]	Barbichthys leavis	2/362, 178[1]
Banjowelse	1/454, 252, 253	- *nitidus*	2/362, 178
bankanensis, Chaca	3/352, 298	- - var. *sumatranus*	2/362, 178[1]
banneaui maracaiboensis,		Bärbling, Devario-	1/416, 201
Trichomycterus	5/456, 389	-, Espes	1/434, 231
barbarus, Gobius	1/838, 826[3]	Barbodes ablabes	2/362, 178[3]
-, *Periophthalmus*	1/838, 826	- barilioides	2/364, 180[2]
barbata, Loricaria	2/523, 352[2]	- binotatus	2/366, 180[5]
-, *Oxyloricaria*	2/523, 352[2]	(-) camptacanthus, Puntius	5/124, 181[2]
Barbatula angorae	3/280, 152	- camtacanthus	5/124, 181[2]
- *angorae bureschi*	5/84, 152	- daruphani	2/368, 183[2]
- *barbatula*	1/376, 152	- maculatus	2/366, 180[5]
- - *ciscaucasica*	5/86, 152	- pentazona	1/396, 190[3]
- - *toni*	3/274, 152	- rubripinna	1/394, 189[2,3]
- *brandti*	3/282, 152	Barbodon lacustris	3/266, 238[4]
barbatula, Cobitis	1/374, 1/376, 152[2], 167[6]	**Barboides gracilis**	4/166, 178
		(-) pleuroteania, Puntius	5/134, 228[5]
Barbatula cristata	5/86, 153	barbouri, Floridichthys carpio	3/574, 481[2]
- *insignis*	3/282, 153	**Barbus ablabes**	2/362, 4/174, 187[1], 178
- *labiata*	3/280, 153	- - type desert	4/174, 187[1]
- *namiri*	3/284, 153	- *aboinensis*	4/166, 5/138, 192[6], 178
- *panthera*	3/284, 153	- (Agrammobarbus)	
- *robusta*	4/154, 166[1]	oligogrammus	5/130, 188[6]
- *toni*	1/376, 3/274, 152[2,4]	- akakianus	5/132, 189[4-6]
- - *posteroventralis*	3/274, 152[2]	- akeleyi	3/192, 186[1]
- *tonifowleri*	1/376, 3/274, 152[2,4]	- *altus*	3/179, 5/144, 195[2], 178
- - *posteroventralis*	1/376, 152[2]	- amphigramma	3/181, 178
barbatulus, Acanthorhodeus	5/120, 175	- aphantogramma	3/182, 179[1]
-, *Nemachilus*	1/376, 152[2]	- apleurogramma	3/182, 179
-, *Noemacheilus*	1/376, 152[2]	- apogon	1/412, 205[5]
- *toni, Noemacheilus*	3/274, 152[4]	- argyrotaenia	5/144, 195[2]
barbatum, Sturisoma	2/523, 352	- arulius	1/380, 179
barbatus, Callichthys	1/460, 273[6], 274[1]	- asoka	3/182, 228[4]
-, *Corydoras*	1/460, 273, 274	- atakorensis	3/184, 179
-, *Scleromystax*	1/460, 273[6], 274[1]	- babaulti	3/182, 179[1]
Barbe	2/364, 180	- *bandula*	3/197, 179
-, Angola-	4/182, 188	- *barbus*	2/364, 5/167, 180
-, Everetts	1/386, 183	- - borystenicus	5/126, 180
-, Foerschs	3/190, 184	- barilioides	2/364, 180
-, Gurda-	4/206, 222	- baudoni	4/168, 180
-, Jae-	2/368, 185	- - ubangensis	4/168, 180[3]
-, Janssens	2/370, 185	- - var. *ubangensis*	4/168, 180[3]
-, Musumbi-	4/182, 188	- *bicaudatus"*	2/366, 180[4]
-, Neumayers	3/194, 188	- bilitonensis	2/366, 180[5]
-, Schwanefelds	1/398, 190	- *bimaculatus*	2/366, 180
-, Somphongs	3/200, 202	- *binotatus*	2/366, 3/196, 180
-, Toppins	2/376, 194	- bocoutri	3/179, 178[5]
Barbensalmler	1/318, 2/303, 3/148, 4/126, 127–129, 144, 145	- brachynemus	2/362, 178[1]

987

Register

- *breiyeri* 4/186, 194[3]
- *callipterus* 1/382, 181
- *camptacanthus* 3/189, 5/124, 183[4], 181
- - var. *melanipterus* 3/190, 184[5]
- *camtacanthus* var. *cottesi* 1/390, 184[6]
- *candens* 3/184, 181
- *canius* 4/170, 181
- *carpenteri* 4/180, 187[6]
- *carpio* 3/194, 188[3]
- *caudovittatus* 3/186, 182
- *chilotes sakaniae* 3/186, 181[6]
- *chlorotaenia* 4/168, 5/138, 192[6], 182
- *chola* 3/186, 182
- *ciscaucasicus* 5/126, 182
- *conchonius* 1/382, 182
- *congicus* 4/170, 182, 183
- *cosuatis* 3/198, 222[2]
- *cumingi* 1/384, 183
- barbus, Cyprinus 2/364, 179[6]
- Barbus deauratus 5/122, 175[6]
- *decioi* 3/192, 187[5]
- *decipiens* 4/186, 194[3]
- *denisonii* 5/150, 200[2]
- *deserti* 4/174, 187[1]
- *donaldsonsmithi* 4/173, 183
- *eburneensis* 3/189, 183
- *euchilus* 3/186, 181[6]
- *eutaenia* 4/174, 183
- *everetti* 1/386, 183
- *fasciatus* 1/386, 5/83, 184
- *filamentosus* 1/388, 184
- *flomoi* 3/189, 183[4]
- *fluviatilis* 2/364, 179[6]
- - var. *borystenicus* 5/126, 180[1]
- *foerschi* 3/190, 184
- *frenatus* 1/402, 194[1]
- *gambiensis* 4/174, 187[1]
- *gelius* 1/388, 184
- *gibbosus* 5/132, 189[4-6]
- *gobioides* 2/362, 178[1]
- *goniosoma* 2/366, 180[5]
- *gracei* 5/128, 181[5]
- *graellsi* 5/128, 181
- *guirali* 3/190, 184
- *hampal* 3/220, 208[5]
- *helleri* 3/181, 178[6]
- *hoevenii* 2/394, 213[6], 214[1]
- *holotaenia* 1/390, 184
- *hulstaerti* 1/390, 185
- *ivongoensis* 5/132, 189[4-6]
- *jae* 2/368, 185
- cf. *jae* 5/130, 185
- *janssensi* 2/370, 185
- *janthochir* 3/206, 200[6]
- *johorensis* 1/384, 185
- *kahajani* 1/396, 191[4]
- *kalopterus* 1/418, 203[3]
- *katangae* 4/186, 194[3]
- *kerstenii* 4/174, 183[5]
- - *kerstenii* 3/192, 186
- *kessleri* 1/390, 4/174, 183[5], 184[6]
- *khudree* 3/270, 240[6]
- *kiperegensis* 5/144, 195[2]
- "*kuda*" 3/182, 228[4]
- *kurumani* 4/186, 194[3]
- *kusanensis* 2/366, 180[5]
- (Labeobarbus) *hamiltonii* 3/270, 240[6]
- *laevis* 2/362, 178[1]
- *lapsus* 3/182, 179[1]
- *lateristriga* 1/392, 5/144, 186
- *leonensis* 2/370, 186
- *lepidus* 4/173, 183[3]
- *lestradei* 3/186, 181[6]
- *lineatus* 2/372, 186
- *lineomaculatus* 2/372, 186
- - var. *quadrilineatus* 2/372, 186[6]
- *longicauda* 3/181, 5/132, 178[6], 189[4-6]
- *lorenzi* 4/166, 178[2]
- *luazomela* 3/194, 188[3]
- *lufukiensis* 4/170, 182[5,6]
- *lumiensis* 3/192, 186[1]
- *macropristis meruensis* 3/181, 178[6]
- *macropristis* 5/132, 189[4-6]
- *macrops* 4/174, 187
- *maculatus* 2/366, 180[5]
- *magdalenae* 4/180, 187
- *mahecola* 1/388, 184[2]
- *marginatus* 3/244, 219[5]
- *martorelli* 4/178, 187
- *matsudai* 5/178, 217[1]
- *megalepis* 3/270, 240[6]
- *melanampyx* 1/386, 184[1]
- *melanipterus* 3/190, 184[5]
- *melanopterus* 1/380, 177[6]
- *meridionalis* 4/178, 187
- *minchinii* 3/192, 186[1]
- *miochilus* 3/186, 181[6]
- *miolepis miolepis* 3/192, 187
- *mohasicus* 3/182, 179[1]
- *mohasiensis* 3/182, 179[1]
- - var. *paucisquamara* 3/192, 186[1]
- „*monicae*" 5/130, 185[4]
- *mosal* 3/270, 240[6]
- *multilineatus* 4/180, 187
- *mursa* 5/214
- *musumbi* 4/182, 188
- *nairobiensis* 3/194, 188[3]
- *narayani* 2/374, 188
- *neumayeri* 3/194, 188
- *nicholsi* 3/192, 187[5]
- *nigeriensis* 4/168, 180[3]
- *nigrofasciatus* 1/392, 188
- *nigrolineata* 3/192, 186[1]
- *nyanzae* 5/128, 188
- *oligogrammus* 5/130, 188
- *oligolepis* 1/394, 189
- *oresigenes* 2/366, 180[5]
- *orphoides* 1/394, 189
- *palavanensis* 2/366, 180[5]

Register

- *paludinosus* 5/132, 189
- *paludinosus* 5/138, 193²
- *paradoxus* 5/178, 217¹
- *partipentazona* 3/194, 190
- *pellegrini* 4/177, 190
- *pentazona pentazona* 1/396, 190
- - *schwanefeldi* 1/398, 190
- *percivali* 3/194, 183³
- - var. *kitalensis* 3/194, 183³
- *perince* 4/184, 190
- *pernice* 4/184, 190⁵
- *pfefferi* 5/144, 195²
- *phutunio* 2/374, 190
- *pierrei* 2/369, 183
- *platyrhinus* 5/142, 194²
- *plebejus tauricus* 3/198, 191
- *pleurotaenia* 5/134, 228⁵
- *pojeri* 3/186, 181⁶
- *polyspilos* 2/366, 180⁵
- *portali* 3/194, 183³
- *progeneius* 3/270, 240⁶
- *punctitaeniatus* 4/184, 191
- *quadripunctatus* 5/134, 191
- *rhomboocellatus* 1/396, 191
- *rubripinnis* 1/394, 189²,³
- *rufua* 3/182, 179¹
- *sachsi* 5/140, 192²
- *sahjadriensis* 5/136, 191
- *salessei* 2/370, 186⁴
- *scheemanni* 3/182, 179¹
- „*schuberti"* 1/398, 1/398, 5/140, 191⁶, 192², 192
- *schwanenfeldi* 2/368, 183
- *semibarbus* 3/220, 208⁶
- *semifasciolatus* 1/398, 5/140, 191, 192
- *serrifer* 3/194, 183³
- - var. *trimaculata* 4/177, 190²
- *somphongsi* 3/200, 202²
- sp. 5/142, 192
- *spurelli* 2/362, 178³
- *squamosissimus* 3/192, 187⁵
- *stigmatopygus* 5/136, 192
- *stoliczkanus* 1/400, 2/376, 193⁵, 193
- *sublineatus* 5/138, 192
- *sumatranus* 3/194, 190¹
- *svenssoni* 4/168, 180³
- *sylvaticus* 4/186, 193
- *taeniopterus* 2/362, 178¹
- *taitensis* 5/138, 193
- *tauricus* 3/198, 191¹
- *terio* 5/140, 193
- *tetrazona* 1/363, 1/400, 193
- *thikensis* 3/181, 178⁶
- *ticto* 1/400, 193
- - *stoliczkanus* 2/376, 193⁶
- *titteya* 1/402, 194
- *toppini* 2/376, 194
- *treadwelli* 3/192, 187⁵
- *trimaculatus* 4/186, 5/134, 191³, 194
- *trispilos* 5/142, 194

- *trispilus* 3/189, 4/173, 183³,⁴
- - var. *quinquepunctata* 3/189, 183⁴
- *tsotsorogensis* 5/132, 189⁴⁻⁶
- *umbeluziensis* 2/376, 194⁴
- *venustus* 4/188, 194
- *vinciguerrai* 5/132, 189⁴⁻⁶
- *vittatus* 2/378, 194
- *viviparus* 1/402, 195
- *voltae* 4/168, 180³
- *weidholzi* 4/174, 187¹
- *welwitschii* 5/132, 189⁴⁻⁶
- *zanzibaricus* 5/144, 195
- - var. *paucior* 3/192, 186¹
- *zanzibariensis* var. *paucior* 3/182, 179¹
- *zelleri* 1/392, 5/144, 186²,³
„Barcelos", *Ancistrus* sp. 5/323, 321
Barcoo Barsch 2/1044, 843
barcoo*, *Scortum 2/1044, 843
-, *Therapon* 2/1044, 843⁶
baremose, *Alestes* 5/18, 47¹
baremoze*, *Alestes 5/18, 47
- *tchadense*, *Alestes* 5/18, 47¹
-, *Myletes* 5/18, 47¹
bariliodes, *Capoeta* 2/364, 180²
barilioides, *Barbodes* 2/364, 180²
-, *Barbus* 2/364, 180
-, *Puntius* 2/364, 180²
Barilius auropurpureus 5/164, 210³
- *barna* 4/189, 195
- *batesii* 4/210, 5/146, 228⁶, 229¹
- *bibie* 4/192, 199²
- *boweni* 2/408, 221⁵
- *chrystyi* 1/404, 221⁴
- *gatensis* 5/146, 195
- *moorii* 3/254, 229²
- *neavii* 2/408, 221⁵
- *nigeriensis* 4/210, 229³
- *nigrofasciatus* 1/406, 196⁴
- *niloticus* 3/234, 214⁵
- - *occidentalis* 3/234, 214⁵
- - *voltae* 3/234, 214⁵
- *papillatus* 4/189, 195³
- *peringueyi* 2/408, 221⁵
- *rugosus* 5/146, 195⁴
- *senegalensis* 3/256, 229⁴
- - *orientalis* 3/256, 229⁴
- *stephensoni* 2/408, 221⁵
- *stevensoni* 2/408, 221⁵
- *thebensis* 3/234, 214⁵
- *zambezensis* 2/408, 221⁵
baringoensis, *Oreochromis niloticus* 3/828, 682
Baringo-Nilbuntbarsch 3/828, 682
barlowi, *Pseudotropheus* 4/676, 629
barmoiensis, *Epiplatys* 2/642, 421
Barmoi-Hechtling 2/642, 421
barna*, *Barilius 4/189, 195
-, *Cyprinus* 4/189, 195³
-, *Leuciscus* 4/189, 195³

989

Register

barnardi, *Hemigrammopetersius* 3/89, 50
-, *Rhabdalestes* 3/89, 50[5]
baroi, *Epiplatys sexfasciatus* 3/504, 428
Barombia maclareni 5/930, 683[5]
Barramundi 2/1019, 797
-, Gepunkteter 2/1154, 902
barreimiae barreimiae, *Garra* 5/154, 204
barreto, *Gobioides* 2/1090, 803[3]
barrigonae, *Hemigrammus* 4/92, 104
Barrigona-Tetra 4/92, 104
Barsch, Aucha- 3/915, 841
-, Barcoo 2/1044, 843
-, Macquariés 2/1036, 833
Barschartige 783–785
Barsche, Echte 1/788, 3/914–3/924, 4/726–4/736, 834–838
Barschfische 1/786–1/813, 2/1008–2/1047, 3/903–3/929, 4/708–4/742, 5/977–5/982
Bartellose Linienbarbe 2/372, 186
Bartgrundel 1/376, 152
-, Angora 3/280, 151
-, Brandt's 3/282, 152
-, Kura 3/282, 152
-, Kuschakewitschs 3/278, 160
bartlettii, *Astyanax* 1/255, 98[1]
bartoni, *Acara* 3/718, 708[6], 709[1]
-, „*Cichlasoma*" 3/718, 708, 709
Bartoni Cichlide 3/718, 708, 709
bartoni, *Cichlosoma* 3/718, 708[6], 709[1]
-, *Cylindrosteus* 2/212, 32[5]
bartrami, *Fundulus* 3/560, 484[1]
Bartschmerle, Sibirische 3/274, 152
Bartwels, Gemeiner 2/523, 352
-, Nadelstreifen- 2/524, 352
-, Panama- 2/524, 352
Baryancistrus sp. 4/280, 322, 323
basalis, *Eleotris* 5/1018, 807[6], 808[1]
-, *Gobiomorphus* 5/1018, 807, 808
basilare, *Cichlasoma* 2/864, 709[6]
basilaris, *Heros* 2/864, 709[6]
basilisca, *Salaria* 5/1004, 792
basiliscus, *Blennius* 5/1004, 792[3]
Bassamsler 1/266, 107
basudensis, *Zenarchopterus* 5/1053, 871[6]
Batanga lebretonis 2/1070, 3/954, 805, 806
- - *microphthalmus* 2/1070, 3/954, 805[6], 806[1,2]
Batasio tengana 3/306, 261
batensoda, *Brachysynodontis* 4/310, 355
-, *Synodontis* 4/310, 355[1]
Bates Prachtbuntbarsch 2/854, 688
-' Prachtkärpfling 3/462, 398
batesii, *Aphyosemion* 3/462, 398
-, *Barilius* 4/210, 5/146, 228, 229[1]
-, *Chiloglanis* 4/316, 355
-, *Chromidotilapia* 2/854, 688
-, „*Eseka*", *Chromidotilapia* 4/586, 689
-, *Fundulopanchax* 3/462, 398[2]

-, *Fundulus* 3/462, 398[2]
-, *Microsynodontis* 5/424, 357
-, *Pelmatochromis* 2/854, 4/586, 688[6], 689[1]
-, *Raddaella* 3/462, 398[2]
-, *Raiamas* 4/210, 5/146, 228, 229
Bathyaethiops breuseghemi 3/94, 48
- *caudomaculatus* 3/92, 4/24, 4/26, 48
- *greeni* 4/26, 48
- *pseudonummifer* 4/26, 49
- sp. 3/93, 49
bathypogon, *Clarias* 4/262, 301[1]
bato, *Apocryptes* 5/1008, 825
-, *Gobius* 5/1008, 825[6]
batoides, *Apocryptes* 5/1008, 825[6]
batrachocephalus, *Gobius* 3/988, 817[6]
-, - *batrachocephalus* forma 3/988, 817[6]
-, *Mesogobius* 3/988, 817
Batrachocottus baicalensis 3/950, 911
Batrachoglanis parahybae 3/418, 371[4]
- *raninus* 2/564, 374[5]
BATRACHOIDIDAE 3/939, 866
BATRACHOIDIFORMES 866
Batrachops cyanonotus 5/772, 756[4,5]
- *ocellatus* 4/608, 761[3]
- *punctulatus* 4/606, 760[5]
- *reticulatus* 4/606, 760[5]
- *semifasciatus* 2/848, 4/608, 761[3], 748
batrachus, *Clarias* 1/480, 300
Batrachus grunniens 3/939, 866
- *indicus* 4/724, 913[3]
batrachus, *Macropteronotus* 1/480, 300[5]
-, *Silurus* 1/480, 300[5]
Bauchfleck-Tanganjikaseebuntbarsch 3/820, 657
„Bauchrutscher", *Crenicichla* sp. 5/794, 761[1,2]
baudoni, *Aplocheilichthys* 4/346, 491[2,3]
-, *Barbus* 4/168, 180
-, *Garra* 4/196, 206[2]
-, *Gnathonemus* 4/802, 894[2]
-, *Micropanchax* 4/346, 491[2,3]
- *ubangensis*, *Barbus* 4/168, 180[3]
- var. *ubangensis*, *Barbus* 4/168, 180[3]
Baudonibarbe 4/168, 180
bayad bayad, *Bagrus* 4/232, 261[1]
- *macropterus*, *Bagrus* 4/232, 261[1]
-, *Porcus* 4/232, 261[1]
-, - *docmac* 4/232, 261[1]
-, *Silurus* 4/232, 261[1]
bayoni, *Clinodon* 2/913, 679[1]
-, *Hemitilapia* 2/913, 679[1]
beadlei, *Synechoglanis* 1/485, 311[4,5]
beani, *Astronotus* 3/720, 709[2]
-, *Belonocharax* 2/300, 4/125, 126[4,5]
-, „*Cichlasoma*" 3/720, 709
-, *Cichlasoma* 3/720, 709[2]
-, *Ctenolucius* 2/230, 4/125, 126[4,5]
-, - *hujeta* 2/300, 4/125, 126
-, *Heros* 3/720, 709[2]

Register

-, *Luciocharax* 2/300, 4/125, 126[4,5]
-, *Parapetenia* 3/720, 709[2]
-, *Poecilichtys* 3/920, 836[3]
Beans Buntbarsch 3/720, 709
beauforti, Aphyosemion 1/532, 407[4]
-, *Botia* 2/342, 163
Beaufortia leveretti 4/142, 153
Beauforts Schmerle 2/342, 163
bebe bebe, Hyperopisus 4/808, 896[3]
- *chariensis, Hyperopisus* 4/808, 896[3]
-, *Hyperopisus* 4/808, 896
- *occidentalis, Hyperopisus* 4/808, 896[3]
beckfordi, Nannostomus 1/342, 141
Bedotia geayi 1/822, 853
BEDOTIIDAE 853
BEDOTIINAE 5/1002
Bedula hamiltonii 1/806, 831[1]
- *nebulosus* 2/1035, 831[2]
Beilbauch-Weißfisch 3/224, 209
Beilbauchfisch, Gabel- 1/326, 132
-, Gefleckter 1/326, 132
-, Marmorierter 1/326, 132
-, Schwarzschwingen- 1/324, 131
Beilbauchfische 1/324, 131, 132
bejeus, Colisa 1/634, 590[3]
-, *Trichopodus* 1/634, 590[3]
„Belinga", *Parananochromis* sp. 4/664, 696
belingi, Gobio albipinnatus 5/160, 207
Belingi-Gründling 5/160, 207
belissimus, Exyrias 5/1014, 816
belizanus, Belonesox 1/590, 4/476, 517[2], 517
-, *Culius* 4/752, 807[3]
- *maxillosus, Belonesox* 4/476, 517
Belize-Platy 2/772, 559
- -Schwertträger 2/764, 555
belladorsalis, Pelmatochromis 4/586, 678[1]
bellica, Betta 1/628, 3/642, 576
bellicosus, Haplochromis 5/742, 607[4,5]
bellottii, Cynolebias 1/550, 441
-, *Hemigrammus* 3/130, 105
-, *Tetragonopterus* 3/130, 105[1]
belobrancha, Eleotris 5/1012, 806[3]
Belobranchus belobranchus 5/1012, 806
- *quoyi* 5/1012, 806[3]
- *taeniopterus* 5/1012, 806[3]
Belone cancila 1/826, 869[6], 870[1]
- *guianensis* 3/940, 869[5]
- *taeniata* 3/940, 869[5]
Belonesox belizanus 1/590, 4/476, 517[2], 517
- - *maxillosus* 4/476, 517
BELONIDAE 1/814, 1/826, 3/940, 869, 870
BELONIFORMES 866–871
Belonocharax beani 2/300, 4/125, 126[4,5]
Belonoglanis brieni 5/228, 249
- *curvirostris* 4/226, 249[3]
- *nudipectus* 4/226, 249[3]
- *tenuis* 4/226, 249
Belonophago tinanti 2/228, 55

Belontia hasselti 1/626, 575
- *signata* 1/626, 575
BELONTIIDAE 1/626–1/651, 2/794–2/809, 3/636, 3/642–3/669, 4/565–4/574, 5/640-5/653, 573–592
BELONTIINAE 575
beltrani, Cyprinodon 4/422, 475
bemini, Tilapia 4/690, 685
benacensis, Gobio 5/162, 207
beni, Creagrutus 2/270, 103
beniensis, Rivulus 3/534, 3/544, 459[1], 465[6]
benjamini, Entomocorus 4/228, 255, 256
bensoni, Poecilia 1/544, 496[2]
benthicola, Ctenochromis 5/806, 643
-, *Haplochromis* 5/806, 643[2]
Benthochromis tricoti 4/584, 641
Benthophilus macrocephalus 3/976, 814
- - *maeoticus* 3/978, 814[6]
- - *ponticus* 3/978, 814[6]
- - var. *maeotica* 3/978, 814[6]
- - var. *nudus* 3/978, 814[6]
- *maeoticus* 3/978, 814[6]
- *monstrosus* 3/978, 814[6]
- *stellarus leobergius* 3/978, 814[6]
- *stellatus casachicus* 3/978, 814[6]
- - *stellatus* 3/978, 814[6]
Bentophilus stellatus 3/978, 814
bentosi bentosi, Hyphessobrycon 1/280, 109
-, *Hyphessobrycon callistus* 1/280, 109[6]
- *rosaceus, Hyphessobrycon* 1/280, 110
„Bentota", *Oryzias* sp. 5/464, 868
- -Reiskärpfling 5/464, 868
bequaerti, Alestes 1/216, 47[2]
-, *Gobius* 5/1050, 822[1]
berdmorei, Botia 1/366, 163
-, *Syncrossus* 1/366, 163[5]
Berg-Schwertträger, Nördlicher 4/560, 561
- -Wunderkärpfling 4/376, 411
bergi, Abramis sapa 5/118, 174
-, *Gymnocharacinus* 3/110, 77
Bergia altipinnis 1/250, 88[2]
bergianus, Nemachilus 3/280, 152[1]
Berglabeo 3/230, 211
Bergplattschmerle 5/94, 159
Bergs Brassen 5/118, 174
berkenkampi, Epiplatys 2/642, 5/474, 420[5,6], 421[1–3], 421
Berkenkamps Hechtling 2/642, 421
berlandieri, Lepidosteus 2/212, 32[6]
berneyi, Arius 2/434, 251[5]
-, *Hexanematichthys* 2/434, 251[5]
Berneys Kreuzwels 2/434, 251
bertholdi, Aphyosemion 1/580, 398
-, *Roloffia* 1/580, 398[3]
Bertholds Prachtkärpfling 1/580, 398
bertoni, Corydoras 2/468, 282[2]
Betta akarensis 5/640, 575, 577
- *anabatoides* 2/794, 2/794, 578[5], 575

Register

- *anabantoides* 2/794, 578[5]
- *balunga* 5/642, 576
- *bellica* 1/628, 3/642, 576
- *bleekeri* 3/642, 576[3-5]
- *brederi* 3/644, 576
- *brownorum* 4/566, 577
- *burdigala* 5/644, 577
- *chini* 5/640, 575[4,5]
- *climacura* 3/644, 5/640, 575[4,5], 577[3]
- - „Matang" 3/644, 577[4]
- - „Spitzkopf" 3/644, 577[5,6]
- *coccina* 1/628, 3/646, 5/645, 578
- sp. aff. *coccina* 4/566, 577[1]
- *edithae* 2/794, 578
- *enisae* 5/648, 578, 579
- *fasciata* 1/628, 3/642, 576[3-5]
- *foerschi* 2/796, 579
- - „Nataisedawak" 4/570, 579
- - „Tarantang" 4/570, 579
- *fusca* 3/648, 5/646, 579, 580
- *imbellis* 1/630, 3/650, 5/646, 5/650, 583[1], 580
- *livida* 5/645, 578[1-4]
- *macrophthalma* 2/798, 3/653, 5/647, 585[1], 580, 582
- *macrostoma* 2/796, 581
- *miniopinna* 5/645, 581[5,6], 582[1,2]
- *ocellara* 2/800, 585[4]
- *patoti* 3/654, 582
- *persephone* 3/656, 5/645, 581, 582
- *phuket* 3/650, 580[4]
- *picta* 2/798, 3/648, 579[5,6], 580[1,2], 582
- *prima* 5/651, 582
- *pugnax* 1/630, 1/632, 3/644, 3/648, 5/648, 576[6], 579[5,6], 580[1,2], 584[1-6], 582
- *rubra* 1/630, 1/632, 2/798, 5/646, 5/650, 582[3], 584[1-6], 583
- *rutilans* 4/566, 583
- *schalleri* 5/646, 579[5,6], 580[1,2]
- *simplex* 4/568, 583
- *smaragdina* 1/632, 583
- sp. „Anjungan" 4/566, 583[2]
- - „Krabi" 4/568, 583[3-5]
- *spilotogena* 5/647, 580[5,6], 581[1]
- *splendens* 1/632, 3/650, 4/565, 580[3,4], 584
- „*splendens*" 1/630, 583[1]
- *strohi* 4/570, 579[3]
- *taeniata* 2/794, 2/798, 3/644, 5/640, 575[4,5], 577[3-6], 578[5], 585
- *tomi* 5/647, 580[5,6], 581[1]
- *trifasciata* 1/632, 2/798, 3/648, 579[5,6], 580[1,2], 582[3], 584[1-6], 585[1]
- *tussyae* 3/658, 585
- *unimaculata* 2/800, 585
- *waseri* 3/653, 580[5,6], 581[1]
- Bettas 575, 589, 590
- Beulenkopf, Tanganjikasee- 1/700, 644
- Beulenkopfmaulbrüter 1/718, 611

- *biaculeata, Acantopsis* 1/366, 163[2]
- *biaculeatus, Balistes* 5/1109, 922[6]
- -, *Gasterosteus* 1/834, 877[5]
- -, *Triacanthus* 5/1109, 922
- Biafra-Hechtling 4/384, 421, 422
- *biafranus, Aplocheilus* 4/384, 421[6], 422[1]
- -, *Epiplatys* 4/384, 421, 422
- *bibie, Barilius* 4/192, 199[2]
- -, *Chelaethiops* 4/192, 199
- -, *Leuciscus* 4/192, 199[2]
- -, *Pelecus* 4/192, 199[2]
- *bibroni, Anguilla* 3/935, 849[3]
- *bicarinatus, Chaenothorax* 1/458, 270[3], 3/326, 270[4]
- *bicirrhis, Cryptopterichthys* 1/515, 382[4]
- -, *Silurus* 1/515, 382[4]
- *bicirrhosa, Illana* 3/982, 816[4]
- *bicirrhosum, Ischnosoma* 1/858, 901[6]
- -, *Osteoglossum* 1/858, 901
- *bicirrhosus, Glossogobius* 3/982, 816
- -, *Gobius* 3/982, 816[4]
- -, *Plecostomus* 2/506, 330[6]
- *bicolor, Bunocephalus* 1/454, 253[2]
- -, *Epalzeorhynchos* 1/422, 202
- -, *Epalzeorhynchus* 1/422, 202[5]
- -, *Haplochromis* 3/790, 680[5]
- -, *Labeo* 1/422, 5/152, 205[5,6]
- -, *Leiocassis* 2/450, 263[3]
- - Mutante „tricolor", *Epalzeorhynchos* 5/152
- -, *Paratilapia* 3/790, 680[5]
- -, *Phractocephalus* 2/556, 371[6]
- -, *Pirarara* 2/556, 371[6]
- *bidens, Colossoma* 2/328, 92[1]
- -, *Myletes* 2/328, 92[1]
- -, *Opsariichthys* 5/188, 221
- -, *Reganina* 2/328, 92[1]
- *bidorsalis, Heterobranchus* 4/268, 302
- *bidyana, Terapon* 2/1040, 843[1]
- -, *Therapon* 2/1040, 843[1]
- *Bidyanus bidyanus* 2/1040, 843
- *bifasciatus, Cichlasoma* 2/862, 709
- -, *Cichlosoma* 2/862, 709[3]
- *bifasciatus, Astronotus* 2/862, 709[3]
- -, *Cichlaurus* 2/862, 709[3]
- -, *Epiplatys* 2/644, 422
- -, *Haplochilus* 2/644, 422[2]
- -, *Hyphessobrycon* 1/282, 1/286, 111[3], 110
- -, *Nannostomus* 1/342, 141
- -, *Neolamprologus* 4/642, 651
- -, *Tridentiger* 5/1048, 825
- *bifrenata, Hemitremia* 2/398, 220[2]
- „*bifrenatus*", *Chalinochromis* sp. 3/716, 643
- -, *Hybopsis* 2/398, 220[2]
- -, *Notropis* 2/398, 220
- -, *Telmatochromis* 1/774, 666
- *bifurca, Acanthophacelus* 4/510, 516
- -, *Micropoecilia* 3/618, 4/530, 534[4,5]
- *bifurcata, Cobitis* 2/348, 169[1]

Register

bifurcus, Acanthophacelus 3/618, 4/530, 534[4,5]
bikolana, Vaimosa 4/780, 821[2,3]
bikolanus, Pseudogobius 4/780, 821[2,3]
-, **Redigobius** **4/780, 821**
bilineata, Characodon 3/592, 511[3,4]
-, *Cobitis taenia* 4/163, 167
-, Goodea 3/592, 511[3,4]
-, Neotoca 3/592, 511[3,4]
-, **Skiffia** **3/592, 511**
bilineatus, Cichla 5/750, 750[5]
-, Serrasalmus 2/332, 5/80, 95[2]
bilitonensis, Barbus 2/366, 180[5]
billingsiana, Cliola 1/428, 220[5]
-, Cyprinella 1/428, 220[5]
bilobatum, Hypoptopoma 1/490, 330[1]
bilturio, Cobitis 2/348, 151[1]
bimacularus, Salmo 1/255, 98[1]
bimaculata, Acara 2/862, 751[5]
-, Cichla 2/862, 751[5]
-, Gambusia 2/728, 528[2]
-, - (Pseudoxiphophorus) 2/728, 528[2]
-, **Heterandria** 2/728, 3/608, 528[4], 528
-, **Lebiasina** 3/156, 140
-, Perca 2/862, 751[5]
-, Sciaena 2/862, 751[5]
bimaculatum, Cichlasoma 2/862, 4/588, 751[4], 751
bimaculatus, Astronotus 2/862, 751[5]
bimaculatus, Astyanax **1/255, 98**
-, Barbus 2/366, 180
- bimaculatus, Pseudoxiphophorus 2/728, 528[2]
-, Callichrous 1/516, 382[5]
-, Charax 1/255, 98[1]
-, Cichlasoma 2/862, 751[5]
-, Cichlaurus 2/862, 751[5]
-, Gnathopogon 2/366, 180[4]
-, **Hemichromis** 1/722, 690
-, Heros 2/862, 751[5]
- jonesii, Pseudoxiphophorus 3/608, 528[4]
-, Labrus 2/862, 751[5]
-, **Mystus** **1/456, 264**
-, **Ompok** **1/516, 382**
- peninsulae, Pseudoxiphophorus 2/728, 528[2]
-, Poecilioides 2/728, 528[2]
-, Pseudoxiphophorus 2/728, 3/608, 528[2,4]
-, Puntius 2/366, 180[4]
-, Silurus 1/516, 382[5]
- taeniatus, Pseudoxiphophorus 2/728, 528[2]
-, Xiphophorus 2/728, 528[2]
bimucronata, Cobitis 2/348, 151[1]
binghami, Ceratobranchia 3/128, 102[4]
binotatus, Barbodes 2/366, 180[5]
-, Barbus 2/366, 3/196, 180
-, Nemacheilus 3/274, 156

-, Noemacheilus 3/274, 156[4]
-, Puntius 2/366, 180[5]
binotopterus, Apistus 4/740, 913[5,6]
biocellatum", „Cichlasoma 1/692, 714[5]
biocellatus, Glossogobius **5/1017, 816**
-, Gobius (Glossogobius) 5/1017, 816[5]
-, Gobius 5/1017, 816[5]
-, **Tetraodon** **1/868, 920**
-, **Tetraodon** cf. 5/1104, 920
Biotaecus opercularis 5/738, 749[2,3]
Biotodoma agassizii 1/674, 731[6]
- cupido 1/684, 3/708, 748
- cf. cupido 5/738, 748
- trifasciatum 1/680, 746[4]
- **wavrini** **3/708, 749**
Biotoecus opercularis 5/738, 749
bipartita, Hypseleotris 5/1032, 809[6], 810[1]
bipartitus, Mesomisgurnus 5/112, 169[2]
-, **Misgurnus** **5/112, 169**
-, Nemachilus 5/112, 169[2]
bipunctatus, Abramis 1/379, 176[2]
-, **Alburnoides** **1/379, 176**
-, Alburnus 1/379, 176[2]
-, Aspius 1/379, 176[2]
-, Cyprinus 1/379, 176[2]
- eichwaldi, Alburnoides 5/124, 176
- fasciatus, Alburnoides 3/174, 176
-, Leuciscus 1/379, 176[2]
-, Spirlinus 1/379, 176[2]
birchmanni, Xiphophorus 3/632, 551
-, - montezumae 3/633, 551[2,3]
birdi, Botia 3/166, 166[2]
biribiri, Salmo 1/240, 3/106, 69[4,5]
birtwistlei, Gobiella 2/1092, 822[3]
Bischofskärpfling 2/716, 517
-, Falscher 4/478, 517, 518
biscurarus, Auchenoglanis cf. 3/303, 260
bison, Lepidosteus 2/210, 32[4]
bispinosa, Somileptes 5/110, 171[6]
bispinosus, Gasterosteus 1/834, 877[5]
bitaeniata, Apistogramma 1/674, 2/820, 732
-, - perense var. 1/674, 732[4]
bitaeniatum, Aphyosemion 1/525, 2/610, 398
bitaeniatus, Chaetobranchus 2/850, 750[2,3]
bithypogon, Clarias 4/262, 301[1]
bitteri, Plesiolebias 5/558, 5/560, 452
Bitterling 1/442, 235
-, China- 5/120, 175
-, Hongkong- 2/406, 236
-, Japanischer 5/206, 235
-, Lights 5/200, 227
-, Tabira- 5/122, 175
-, Taiwan- 5/192, 224
Bitterlingsbarbe 1/402, 194
Bitters, Fächerkärpfling 5/558, 452
Bivibranchia protractila 2/310, 133
bivittatum, Aphyosemion 1/524, 1/534, 3/478, 3/486, 409[4], 415[6], 416[6], 398

993

Register

- -, *Fundulopanchax* 1/524, 398[6]
- - multicolor, *Aphyosemion* 2/610, 398[4,5]
- bivittatus, *Fundulus* 1/524, 2/610, 398[4-6]
- **biwae, *Gnathopogon*** **5/158, 207**
- -, *Leucogobio* 5/158, 207[2]
- Biwa-Gründlingsbarbe 5/158, 207
- ***bjoerkna*, *Blicca*** **3/201, 195**
- -, *Cyprinus* 3/201, 195[5]
- „Black", *Ancistrus* sp. 5/316, 320
- - Molly 1/602, 542
- *blanchardi, Rasbora* 5/188, 221[6]
- *blanfordii, Cyprinodon* 5/484, 474[5]
- -, *Discognathus* 3/212, 205[3]
- Blattfisch 1/805, 830
- Blauauge, Geflecktes 2/1136, 864
- -, Guinea- 4/820, 864
- -, Honig- 2/1136, 864
- -, Kiunga- 3/1026, 863
- -, Paska- 4/820, 864
- -, Pazifik 2/1138, 865
- -, Schönes 2/1136, 865
- -, Sumpf- 3/1026, 864
- Blauaugen 3/1026, 4/820, 863–865
- Blauaugen-Harnischwels 2/510, 338
- - -Kärpfling 1/606, 547
- - - Gedrungener 2/750, 547
- - -Tanganjikasee-Buntbarsch 4/644, 654
- Blauband-Molly 4/520, 538
- Blaubarsch 1/790, 791
- -, Thailändischer 3/902, 791
- Blaubarsche 1/786, 1/790, 2/1013, 3/903, 791
- Blaue Aalgrundel 3/984, 803
- - Orchideen-Aulonocara 4/578, 605
- Blauer Algensalmler 3/154, 136
- - Antennenharnischwels 3/365, 317
- - Antennenwels 1/486, 317
- - Corematodus 5/760, 611
- - Diamantsalmler 4/22, 47
- - Diskus 2/995, 777
- - Fächerfisch 1/552, 441
- - Fadenfisch 1/648, 3/668, 592
- - Fadenmaulbrüter 1/746, 660
- - Flügelbärbling 4/192, 198
- - Glassalmler 1/252, 89
- - Gurami 1/648, 3/668, 592
- - Imitatorwels 3/413, 369
- - Kielbauchbärbling 2/378, 198
- - Kongocichlide 1/744, 693
- - Kongosalmler 1/222, 54
- - - , Ansorges 3/94, 53
- - Leopardmaulbrüter 2/898, 623
- - Leuchtaugenfisch 3/442, 494
- - Loretosalmler 3/138, 113
- - Malawibuntbarsch 1/762, 635
- - Neon 1/294, 122
- - Olbrechts-Hechtling 4/392, 426
- - Panzerwels 4/250, 283
- - Perlmuttbärbling 3/262, 234

- Perusalmler 1/258, 100
- Prachtgrundkärpfling 2/662, 431
- Prachtkärpfling 1/538, 415
- Raubsalmler 1/322, 130
- Schwertträger 2/756, 4/550, 550
- Segelflossenkärpfling 5/549, 451
- Sonnenbarsch 1/798, 796
- Zwergraubsalmler 3/156, 140
- Blaugelber Otopharynx 5/898, 5/900, 624, 625
- -Kärpfling 4/492, 526
- Urinwels 4/338, 388
- Blaugoldener Buntbarsch 3/704, 604
- Blaukehlchen 1/690, 714
- Blaunasenorfe 4/204, 221
- Blaupunkt-Grundelbuntbarschl 2/986, 665
- Blaupunktbuntbarsch 1/670, 730
- Blaupunktsalmler 1/334, 139
- Blauschwarzer Albino 5/632, 554
- - Utaka 5/896, 624
- Blauspiegel-Kärpfling 4/490, 523
- Blauspiegelplaty 1/611, 557
- Blaustirn-Kaiserbuntbarsch 4/578, 605
- Blaustreifenbachling 2/690, 468
- Blaustrichbarbe 2/364, 180
- Blaustrichtetra 1/260, 103
- Blauweißer Utaka-Malawisee-Buntbarsch 5/756, 609
- *bleekeri, Betta* 3/642, 576[3-5]
- -, *Hypselobagrus* 3/318, 264[5]
- -, *Macrones* 3/318, 264[5]
- **-, *Mystus*** **3/318, 264**
- -, *Paracara* 5/902, 782[1]
- -, *Paratilapia* 4/668, 782[2-4]
- **-, *Paratilapia*** **5/902, 782**
- Bleekers Stachelwels 3/318, 264
- *bleheri, Chilatherina* 2/1108, 854
- -, *Hemigrammus* 1/272, 3/130, 105
- -, *Phenacogrammus* cf. 5/22, 54[1]
- Blehers Kongosalmler 5/22, 54
- - Regenbogenfisch 2/1108, 854
- Blei 3/169, 174
- BLENNIIDAE 1/814, 1/825, 5/1004, 792
- *blennioides, Diplesion* 3/914, 835[1]
- -, *Diplesium* 3/914, 835[1]
- **-, *Etheostoma*** **3/914, 835**
- -, *Gobius* 2/1096, 820[5]
- **- *newmanii, Etheostoma*** **3/914, 835**
- *blennioperca, Hyostoma* 3/914, 835[1]
- *Blennius alpestris* 1/825, 792[4]
- - *anticolus* 1/825, 792[4]
- - *basiliscus* 5/1004, 792[3]
- - *fluviatilis* 1/825, 792[4]
- - *frater* 1/825, 792[4]
- - *lupulus* 1/825, 792[4]
- *blennoides, Diplesion* 3/914, 835[1]
- *Bleptonema amazoni* 1/252, 89[4]
- *blicca, Abramis* 3/201, 195[5]
- *Blicca argyroleuca* 3/201, 195[5]
- - *bjoerkna* **3/201, 195**

Register

blicca, *Cyprinus*	3/201, 195[5]
Blicca laskyr	3/201, 195[5]
Blicke	3/201, 195
Blinder Höhlensalmler	1/256, 98
- Höhlenwels	2/486, 301
blochi, *Corydoras blochi*	1/462, 274
-, *Pimelodus* cf.	5/442, 373
-, *vittatus*, *Corydoras*	1/462, 274
blochii, *Doras*	1/481, 304[3]
-, *Pimelodus*	1/510, 373
-, *Piramutana*	2/560, 373[4]
blockii, *Aplocheilus*	1/546, 417
-, *Haplochilus panchax* var.	1/546, 417[6]
-, *Panchax panchax* var.	1/546, 417[6]
bloyeti, *Astatotilapia*	3/692, 688
-, *Hemichromis*	3/692, 688[4]
bloyetii, *Haplochromis*	3/692, 688[4]
Bloyets Maulbrüter	3/692, 688
„Blue Diamond"	4/22, 47
„-gold"-*Aulonocara*	3/704, 604
„- **Red Fin**", *Haplochromis* sp.	5/830, 679
„--Sky"-*Apistogramma*	5/724, 745, 746
Blutelritze	5/197, 226
Blutkehl-Apistogramma	5/710, 746, 747
Blutsalmler	1/282, 110
Blutschwanz-Ährenfisch	5/1100, 865
Blutschwanzsalmler	2/276, 108
boadzulu*, *Copadichromis	2/894
-, *Cyrtocara*	2/894
-, *Haplochromis*	2/894
boalis, *Silurus*	2/578, 383[6]
bochtleri, *Aphyosemion*	2/602, 408[1]
-, - *herzogi*	2/602, 408
bocourti, *Cichlasoma*	5/838, 718[6]
-, *Herichthys*	5/838, 718
-, *Heterobagrus*	2/450, 263
-, *Neetroplus*	5/838, 718[6]
bocoutri, *Barbus*	3/179, 178[5]
Bodensalmler	1/314, 2/295–2/298, 3/146, 4/116–4/123, 78–81
-, Afrikanischer	1/230, 58
-, Breitband-	2/230, 59
-, Gebänderter	1/314, 78
-, Kleiner	4/46, 58
-, Kurznasiger	4/118, 78
-, Masken-	5/30, 60
-, Peru-	2/295, 79
-, Rio Negro-	2/295, 79
-, Seybolds	5/30, 60
-, Steindachners	4/123, 80
Bodianus achigan	2/1016, 796[5]
- *rupestris*	2/1014, 5/980, 793[6], 794[1]
Boehlkea fredcochui	1/258, 100
boehlkei*, *Thayeria	1/312, 124
boehmi*, *Aphyosemion gabunense	2/600, 405
boesemani*, *Hemigrammus	2/272, 105
-, *Melanotaenia*	2/1118, 857
Boeseman's Regenbogenfisch	2/1118, 857
bogdanovi, *Acanthobrama*	3/202, 197[3]
Boggiania ocellata	4/608, 761[3]
Böhms Prachtkärpfling	2/600, 405
boitonei*, *Cynolebias	2/636, 441
-, *Simpsonichthys*	2/636, 441[4]
bokermanni*, *Cynolebias	5/508, 5/514, 441
-, *Pterolebias*	5/562, 453[2,3]
Boleichthys fusiformis	3/918, 835[5,6]
Boleophthalmus chinensis	2/1088, 826[1]
- *inornatus*	2/1088, 826[1]
- ***pectinirostris***	2/1088, 826
- *serperaster*	3/998, 826[2]
- *taylori*	4/778, 820[6]
Boleosoma brevipinne	3/920, 836[3]
- *fusiforme*	3/918, 835[5,6]
- *maculatum*	3/920, 836[3]
- *mesaea*	3/920, 836[3]
- *mesotum*	3/920, 836[3]
- *mutatum*	3/920, 836[3]
- *nigrum*	3/920, 836[3]
- - *olmstedi*	4/728, 836[4]
- *olmsteadi*	3/920, 836[3]
- *olmstedi*	3/920, 836[3]
- - *maculatum*	3/920, 836[3]
Bolivianischer Riesenpanzerwels	4/238, 274
- Schmetterlingsbuntbarsch	3/802, 772
bolivianus, *Corydoras*	4/238, 274
Bolivien-Cichlasoma	3/720, 751
boliviense, *Cichlasoma*	3/720, 751
bomae, *Eutropius*	4/332, 380[3]
Bombonia spicifer	4/828, 879[1]
bondi coppenamensis*, *Corydoras	3/330, 275
-, *Corydoras bondi*	1/462, 274
-, *Cyprinodon variegatus*	4/424, 475[5,6]
-, *Cyprinodon*	4/424, 475
-, *Moenkhausia*	1/264, 104[3]
-, *Phenacogaster*	1/264, 104[3]
-, *Rivulus*	5/570, 456
-, *Rivulus* cf.	5/570, 456
-, *Xenagoniates*	1/252, 90
Bonds Bachling	5/570, 456
bongbong, *Galaxias*	2/1080, 889[6], 890[1]
bono, *Pomotis*	1/672, 731[3]
boops*, *Ophthalmotilapia	3/826, 659
-, *Tilapia*	3/826, 659[4]
borapetensis, *Rasbora*	1/431, 230
Boraras brigittae	1/440, 3/262, 195, 230
- *maculatus*	1/436, 196
borealis, *Micropercops dabryi*	3/962, 810[6], 811[1]
borelli*, *Apistogramma	1/676, 3/682, 3/686, 739[6], 740[1,2], 732, 733
borellii, *Heterogramma*	1/676, 3/682, 732[6], 733[1]
Borellis Zwergbuntbarsch	1/674, 732, 733
Borleyi Eastern", „*Haplochromis*	4/594, 610[6], 611[1]
borleyi*, *Copadichromis	2/894, 608

995

Register

-, *Cyrtocara*	2/894, 608[5]	- *maculata*	1/316, 126
-, *Haplochromis*	2/894, 608[5]	- *ocellatus*	2/300, 126[2]
borneensis, Polynemus	5/1085, 839	boulengeri, *Aphanius cypris*	2/586, 474[2]
Borneo Fadenflosser	5/1085, 839	-, *Aplocheilus*	4/384, 422[3,4]
Borneodornauge	1/364, 171	-, ***Bryconaethiops***	5/18, 50
Borneo-Glaswels	2/578, 382	-, - *microstoma* var.	5/18, 50[2]
- -Kampffisch, Großer	2/794, 575	-, *Dalophis*	5/1081, 849
Borneoschmerle, Sattelfleck-	2/428, 154	-, *Enantiopus*	2/1007, 672,[1]
boruca, Lebiasina	4/133, 140	-, *Epiplatys*	4/384, 422
-, *Piabucina*	4/133, 140[3]	-, - sp. aff.	4/382, 422
Boruca-Buntbarsch	3/724, 710	-, *Euchilichthys* cf.	4/318, 356
- -Zwerggraubsalmler	4/133, 140	-, *Haplochilus*	4/390, 425[6]
borystenicus, Barbus barbus	5/126, 180	-, *Julidochromis*	3/808, 651[4]
-, - *fluviatilis* var.	5/126, 180[1]	-, *Lamprologus*	3/808, 651[4]
bosci, Gobiosoma	5/1030, 817	-, *Mormyrops*	5/1068, 897[5]
-, *Gobius*	5/1030, 817[1]	-, *Mormyrus*	5/1068, 897
bostocki, Plotosus	5/446, 377	-, *Neolamprologus*	3/808, 5/893, 651
-, *Tandanus*	5/446, 377[1]	-, *Panchax*	4/384, 422[3,4]
bostoniensis, Anguilla	4/744, 849[4]	-, *Pelmatochromis*	4/586, 678[1]
Bostrychus africanus	5/1030, 809[2]	-, *Plecostomus*	2/506, 330[6]
botia, Acanthocobitis	2/348, 151	-, *Retroculus*	3/862, 775[4]
Botia beauforti	2/342, 163	-, *Xenotilapia*	2/1007, 672
- *berdmorei*	1/366, 163	*Boulengerochromis microlepis*	3/710, 642
- *birdi*	3/166, 166[2]	Boulengers Hechtling	4/384, 422
- ***dario***	3/166, 4/150, 163	- Schneckenbuntbarsch	3/808, 651
- *eos*	2/340, 5/105, 164	***boultoni, Haplochromis***	5/742, 607[4,5]
- *fasciata*	4/152, 164	***bovallii, Poecilocharax***	5/74, 85
- *geto*	3/166, 166[2]	*bovei, Mormyrus*	2/1146, 899[1]
- *helodes*	1/368, 164	-, *Petrocephalus*	2/1146, 899
- *histrionica*	3/166, 166[2]	BOVICHTHYIDAE	2/1050, 2/1058, 792
- *horae*	1/368, 165[4,5]	*bovinus, Cyprinodon*	4/424, 476
- *lecontei*	2/342, 5/106, 164	-, - *variegatus* var.	5/486, 476[2,3]
- *lohachata*	1/370, 164	*boweni, Barilius*	4/812, 897
- „*lohachata"*	5/105, 164	***bozasi, Mormyrus***	2/1146, 897
- ***macracanthus***	1/370, 5/108, 165	Brabantbuntbarsch	1/782, 667-670
- *macrolineata*	3/166, 163[6]	-, Gabelschwanz-	1/784, 670, 671
- *modesta*	1/368, 1/372, 5/107, 165[4,5], 166[3,4]	-, Weißpunkt-	1/782, 667
		Brachirus salinarum	2/1157, 904
- *morleti*	1/368, 5/107, 165	*(-) selheimi, Solea*	4/825, 904
- *multifasciata*	4/152, 164[2]	*brachiurus, Gymnotus*	1/840, 884[1]
- *nebulosa*	2/348, 151[1]	Brachsen	3/169, 174
- *nigrolineata*	5/109, 165	- Indischer	1/412, 199
Botia robusta	4/154, 166	Brachsensalmler	1/233, 66
- *rostrata*	3/166, 166	-, Schöner	3/100, 66
- *rubrilabris*	4/158, 168[6]	*Brachyalestes acutidens*	1/222, 4/36, 52[4]
- *rubripinnis*	1/372, 166	- *imberi*	1/216, 47[2]
- *selangoricus*	2/352, 158[1]	- - *affinis*	1/216, 47[2]
- ***sidthimunki***	1/372, 5/110, 166	- - *curtis*	1/216, 47[2]
- *striata*	2/344, 4/151, 167	- - *imberi*	1/216, 47[2]
- *superciliaris*	4/152, 167	- - *kingsleyi*	1/216, 47[2]
- *taenia*	1/374, 167[6]	- *nurse*	2/224, 47[4]
- *variegata*	4/156, 4/158, 168[3,6]	- *rüppellii*	2/224, 47[4]
- „*weinbergi"*	2/344, 167[1]	*brachycentrus, Gasterosteus*	1/834, 877[5]
botsumtwensis, Chromidotilapia	4/586, 678[1]	***Brachychalcinus orbicularis***	1/254, 96
		Brachydanio albolineatus	1/404, 196
boucardi, Pimelodus	2/566, 375[3]	- *analipunctatus*	1/406, 194[4]
bouchellei, Cichlasoma	2/860, 708[2]	- *frankei*	1/409, 196
Boulengerella cuvieri	2/300, 126[2]	- *kerri*	1/406, 196
- *lateristriga*	2/299, 126	- *nigrofasciatus*	1/406, 196
- *lucia*	2/300, 126	- *rerio*	1/408, 196

Register

Brachygalaxias bullocki	2/1076, 889
- *gothei*	2/1076, 889
- *nigrostriatus*	2/1086, 891[1]
- *pusillus*	2/1086, 891[1]
- - *flindersiensis*	2/1086, 891[2]
- - *tasmanensis*	2/1086, 891[2]
Brachygobius doriae	1/836, 815
- *kabiliensis*	3/978, 815
Brachyhypopomus sp.	5/992, 884
brachyistius, Brienomyrus	5/1064, 893
-, *Marcusenius*	2/1142, 5/1064, 893[6], **896**
-, *Mormyrus*	2/1142, 5/1064, 893[6], 896[5]
brachynemus, Barbus	2/362, 178[1]
brachynotopterus, Osteochilus	3/250, 223[2]
-, *Rohita*	3/250, 223[2]
Brachypetersius huloti	5/22, 54[3]
- *pseudonummifer*	4/26, 49
Brachyplatystoma juruense	4/324, 368, 369
brachypomus, Chalcinus	2/250, 78[1]
-, *Colossoma*	2/328, **92**
-, *Myletes*	2/328, 92[1]
-, *Piaractus*	2/328, 92[1]
brachypterus, Apocryptes	5/1028, 822[2]
-, *Gobiopterus*	**5/1028, 822**
-, *Leptogobius*	5/1028, 822[2]
-, *Pimelodus*	3/420, 375[4]
-, *Zygonectes*	2/722, 520[3]
Brachyrhamdia imitator	2/552, 369
- *marthae*	3/413, 5/436, 369
- *meesi*	3/414, 369
- *rambarrani*	3/418, 5/262, 372[4]
- sp.	5/441, 369
Brachyrhamphichthys artedi	5/992, 884[5]
- *elegans*	1/862, 884[4]
Brachyrhaphis cascajalensis	4/476, 517
- *episcopi*	2/716, 517
- cf. *episcopi*	4/478, 517, 518
- *hartwegi*	2/718, 518
- *olomina*	2/718, 518[5]
- *parismina*	3/595, 518
- *rhabdophora*	2/718, 518
- *roseni*	3/596, 518, 519
- *terrabensis*	3/598, 519
- *umbratilis*	2/752, 550[4]
brachysoma, Horabagrus	5/448, 379
-, *Pseudobagrus*	5/448, 379[3]
Brachysynodontis batensoda	4/310, 355
brachyurus aculeatus, Microphis	1/865, 879
- -, *Oostethus*	1/865, 4/828, 879[6]
-, *Microphis*	1/865, 4/828, 879[6]
brama, Abramis	3/169, 174
-, *Cyprinus*	3/169, 174[2]
bramula, Leuciscus	5/184, 5/192, 218[6], 223[6]
branchialis, Ammocoetes	5/8, 25[6]
-, *Petromyzon*	2/201, 4/7, 5/8, 25[1, 2, 6]
brandti, Barbatula	3/282, 152
- *brandti, Orthrias*	3/282, 152[5]
-, *Leuciscus*	5/222, 241[1]
-, *Nemacheilus*	3/282, 152[5]
-, *Orthrias brandti*	3/282, 152[5]
-, *Richardsonius*	5/222, 241[1]
-, *Telestes*	5/222, 241[1]
-, *Tribolodon*	**5/222, 241**
- var. *oxiana, Nemachilus*	5/96, 157[4]
brandtii, Noemacheilus	3/282, 152[5]
Brandt's Bartgrundel	3/282, 152
branneri, Micropoecilia	3/612, 537[5]
-, *Poecilia*	**3/612, 537**
bransfordi, Rhamdia	2/566, 375[3]
brashnikowi, Leiocassis	3/312, 265[6]
-, *Liocassis*	3/312, 265[6]
-, *Macrones*	3/312, 265[6]
-, *Pelteobagrus*	**3/312, 265**
Brasilianischer Leierflosser	2/636, 441
brasiliense, Pygydium	5/458, 389[3]
brasiliensis, Acara	1/704, 765[3]
-, *Amblyopus*	2/1090, 803[3]
-, *Chromis*	1/704, 765[2]
-, *Erythrinus*	2/308, 130[5,6]
-, *Fundulus*	2/676, 457[1]
-, *Geophagus*	**1/704, 765**
-, *Haplochilus*	2/676, 457[1]
-, *Plecostomus*	2/506, 330[6]
-, *Rivulus*	2/676, 457
- var. *fasciata, Crenicichla*	4/598, 756[2]
- - *johanna, Cychla*	2/886, 757[6]
- - *strigata, Crenicichla*	1/698, 763[6]
- - *vittata, Crenicichla*	1/698, 763[6]
Brasilperlmutterfisch	1/704, 765
Brassen	3/169, 174
-, Bergs	5/118, 174
Brassenbarbe	1/398, 190
Bratpfannenwels, Großkopf-	3/298, 252
-, Hoher	2/436, 253
-, Vierstrahl-	5/233, 253
-, Zweifarbiger	1/454, 253
Bratpfannenwelse	1/454, 3/298, 5/233, 252, 253
Braune Seenadel	4/828, 879
Brauner Bachling	2/676, 457
- Diskus	1/770, 776
- Gebirgswels	3/428, 386
- Kongosalmler	4/40, 54
- Kugelfisch	2/1164, 921
- Mühlsteinsalmler	3/162, 93
- Otocinclus	2/510, 337
- Siebenflossenwels	5/436, 370
- Tüpfelantennen-Harnischwels	3/364, 318
„-Wangenstrich-Erdfresser"	5/814, 765
brauschi, Haplochromis	5/968, 685[2]
-, *Thoracochromis*	**5/968, 685**
brederi, Betta	3/644, 576
Breders Maulbrütender Kampffisch	3/644, 576

Register

breei, Corydoras	3/341, 4/236, 275
Brees Panzerwels	4/236, 275
breidohri, Paratheraps	3/842, 721
Breitband-Bodensalmler	2/230, 59
Breitbandsalmler	1/230, 60
-, Afrikanischer	4/46, 59
„Breitbinden"-Apistogramma	5/716, 744
Breitflossenkärpfling	2/738, 539, 540
Breitmaulfisch, Alexanders	5/438, 370
Breitmaul-Kärpfling	4/482, 521
Breitstreifengrundel	2/1064, 809
Breitstreifenkärpfling	2/749, 545
Breitstreifen-Tanganjikasee-Buntbarsch	4/654, 657
Breitzahn-Limia	4/500, 531
breiyeri, Barbus	4/186, 194[3]
breuseghemi, Bathyaethiops	3/94, 48
brevianalis, Eutropius	4/331, 380[2]
-, *Lamprologus*	1/734, 658[5]
-, *Schilbe (Eutropius)*	4/331, 380
brevibarbis, Chrysichthys	3/306, 261
-, *Chrysobagrus*	3/306, 261[5]
-, *Clarotes*	3/306, 261[5]
-, *Pimelodus*	3/306, 261[5]
brevicauda, Erythrinus	1/322, 130[1]
-, *Labeo niloticus*	4/198, 212[1]
-, *Phractura*	5/230, 250
brevicepes, Clarias	4/263, 301[2]
-, *Evorthodus*	3/980, 815[5,6]
-, *Rivulus*	5/572, 5/584, 457
brevidens, Hydrocyon	5/36, 77[3]
brevidorsalis, Amphilius	3/292, 249[1]
brevifilis, Ageneiosus	2/433, 247[5]
-, *Pseudageneiosus*	2/433, 247[5]
brevimanus, Tilapia	4/690, 701
(Brevimyrus) niger, Brienomyrus	4/802
brevior, Allabenchelys	5/294, 300[2]
-, *Clarias*	5/294, 300[2]
brevipes, Salmo	3/1033, 908[6], 909[1,2]
brevipinne, Boleosoma	3/920, 836[3]
brevipinnis, Creagrutus	4/88, 103
brevirhinus, Astyanax	4/80, 98
brevirostre, Characidium	4/118, 78
-, *Sturisoma*	2/524, 352[3]
brevirostris, Corydoras melanistius	2/470, 282
-, *Tetraodon leiurus*	2/1162, 5/1104, 921
-, *Triacanthus*	5/1109, 922[6]
brevis, Alestes	4/28, 49[4]
- *australe, Pyrrhulina*	2/324, 142
- *brevis, Pyrrhulina*	2/324, 142
-, *Brycinus*	4/28, 49
-, *Eonemacheilus*	3/276, 160[6]
-, *Hemiancistrus*	2/512, 5/394, 342[3,4]
-, *Lamprologus*	2/922, 651[5,6]
-, *Leptoglanis*	5/228, 249
- *lugubris, Pyrrhulina*	2/324, 142
-", „*Melanochromis*	2/918, 615[2]
-, *Mochocus*	5/426, 357[3]
-, *Mochokus*	5/426, 357
-, *Nannocharax*	4/46, 58
-, *Neolamprologus*	2/922, 651
-, *Noemacheilus*	3/276, 160[6]
-, *Peckoltia*	2/512, 342
-, - cf.	5/394, 342
-, *Pyrrhulina*	2/326, 143[5]
-, - *brevis*	2/324, 142
-, *Rachovia*	2/672, 454
-, *Racoma*	5/214, 239[3]
-, *Rivulus*	2/672, 454[6]
-, *Tramitichromis*	5/728
-, *Tridens*	1/517, 389[4]
-, *Tridensimilis*	1/517, 389
-, *Tridentopsis*	1/517, 389[4]
-, *Xiphophorus*	1/606, 1/609, 3/631, 5/632, 552[6], 553[1-4], 6,554[1-6]
-, - *helleri*	1/606, 552[6], 553[1,2]
-, *Yunnanilus*	3/276, 160
breviventralis, Ctenopoma	3/640, 571[2]
brichardi, Chalinochromis	2/852, 642
-, *Lamprologus*	1/732, 652[1]
-, *Neolamprologus*	1/732, 652
-, *Synodontis*	2/532, 358
-, *Teleogramma*	1/774, 701
-, *Tropheus*	2/1004, 667
Brichards Fiederbartwels	2/532, 358
brieni, Belonoglanis	5/228, 249
-, *Cyprichromis*	3/838, 662[1,2]
-, *Nothobranchius*	3/518, 4/412, 435[3], 437[2]
-, *Paracyprichromis*	3/838, 662
Brienomyrus brachyistius	5/1064, 893
- *longianalis*	5/1064, 894
- *niger*	4/802, 894
brigittae, Boraras	1/440, 3/262, 195, 230
-, - *urophthalma*	1/440, 195[6]
Brillantsalmler	1/302, 120
Brisbania staigeri	2/1107, 872[6]
britskii, Brochis	3/326, 270
-, *Parotocinclus* cf.	5/386, 340
Britskis Panzerwels	3/326, 270
brittani, Rasbora	2/410, 230
Brittanichthys myersi	3/116, 83
- sp.	4/104, 83
Brittans Rasbora	2/410, 230
- Salmler	3/116, 83
Brochis britskii	3/326, 270
- *coeruleus*	1/458, 3/326, 270[3,4]
- *dipterus*	1/458, 3/326, 270[3,4]
- *multiradiatus*	2/458, 270
- *splendens*	1/458, 3/326, 270
broussonnetii, Gobioides	2/1090, 803
-, *Ognichodes*	2/1090, 803[3]
-, *Plecopodus*	2/1090, 803[3]
brownae, Astatotilapia	3/694, 676
-, *Haplochromis*	3/694, 676[4]
browni, Solea	5/984, 903[6], 904[1]
-, *Tilapia*	3/832, 695[1]
brownorum, Betta	4/566, 577
Browns Maulbrüter	3/694, 676

Register

brucei, Campellolebias 5/504, 440
-, *Cynolebias* 5/504, 440[4]
brucii, Haplochilus 3/470, 405[6]
Brückensalmler 2/256, 876
brueningi, „Roloffia" 1/580, 414[4,5]
bruneus, Chaetobranchus 2/852, 750[4]
-, *Labrus* 2/862, 751[5]
Brünings Prachtkärpfling 1/580, 414
brunneum, Ctenopoma 3/640, 571[2]
brunneus lindbergi, Rhinogobius 2/1098, 823
-, *Rivulus* cf. 3/532, 457
„*bruno"*, *Hypostomus* 4/282, 324[6]
„- ", *Panaque* 4/282, 324[6]
Brycinus affinis 4/28, 49
- *brevis* 4/28, 49
- *chaperi* 1/218, 47[3]
-, Großschuppen- 4/32, 50
-, Großschuppiger 4/30, 49
- *imberi* 1/216, 47[2]
- *leuciscus* 4/30, 49
- *macrolepidotus* 4/30, 49
- *schoutedeni* 4/32, 50
Brycon acrolepidotus 1/244
- *cephalus* 3/108, 75
- *erythrurus* 3/108, 76[5]
- *falcatus* 1/244, 76
- *macrolepidotus* 1/244, 76[6]
- *melanopterus* 2/246, 76
- cf. *rubricauda* 5/35, 76
- *schomburgki* 1/244, 76[1]
- *siebenthalae* 2/246, 76[2]
Bryconaethiops boulengeri 5/18, 50
- *macrops* 4/32, 50
- *microstoma* 2/224, 50
- - var. *boulengeri* 5/18, 50[2]
- *yseuxi* 2/224, 50[4]
Bryconalestes longipinnis 1/218, 47[3]
Bryconamericus dentatus 2/243, 74[6]
- *iheringi* 5/56, 101
- *scopiferus* 4/86, 101
- sp. aff. *stramineus* 3/128, 101
Bryconella pallidifrons 4/86, 101
BRYCONINAE 75–78
Bryconops affinis 2/246, 76
- *caudomaculatus* 2/262, 101
- *(Creatochanes) inpai* 4/88, 102
- *melanurus* 2/246, 2/264, 76[4], 102
Bryttosus kawamebari 4/742, 841[6]
Bryttus albulus 2/1016, 795[6]
- *chaetodon* 1/794, 795[3]
- *fasciatus* 1/796, 795[5]
- *gloriosus* 1/794, 795[4]
- *humilis* 4/720, 796[3]
- *longulus* 1/796, 796[1]
- *melanops* 1/796, 796[1]
- *mineopas* 1/796, 796[1]
- *murinus* 1/796, 796[1]
- *obesus* 1/796, 795[5]
- *signifer* 1/796, 796[1]

- *unicolor* 2/1016, 795[6]
bualanum, Aphyosemion 1/526, 403[2]
- **kekemense, Aphyosemion** 3/462, 399
- „Mbam", *Aphyosemion* 4/370, 402[5]
bualanus, Haplochilus 1/526, 403[2]
bubelina, Cyprinella 1/428, 220[5]
bucco, Tridentiger 5/1048, 825[5]
Buccochromis heterotaenia 4/582, 606, 607
- *lepturus* 3/772, 607
- *rhoadesii* 5/740, 607
bucculentus, Chonophorus 3/976, 827[3]
-, *Rhinogobius* 3/976, 827[3]
-, *Syngnathus* 3/1038, 879[5]
bucephalus, Geophagus 1/704, 2/910, 5/824, 765[2], 768[3]
buchanani, Badis 1/790, 791[3]
-, *Bagarius* 2/580, 385[1]
-, *Catla* 4/190, 198[1]
-, *Panchax* 1/548, 419[2]
-, *Rasbora* 2/404, 2/418, 224[4], 232[6]
buchholzi, Pantodon 1/860, 902
Buckel-Stachelwels 3/304, 260
Buckelbarbe 5/124, 181
„Buckelkopf", *Laetacara* sp. 5/861, 771
Buckelkopfbuntbarsch 1/768, 699
Buckelkopfflachs 5/1087, 907
Buckliger Ohrgitter-Harnischwels 5/378, 337
budgetti, Synodontis 4/320, 358
Budgetts Fiederbartwels 4/320, 358
buescheri, Lamprologus 3/808, 652[2]
-, *Neolamprologus* 3/808, 652
buettikoferi, Chromis 5/906, 696[3]
-, *Clarias* 5/294, 300
-, *Paratilapia* 5/906, 696[3]
-, *Pelmatochromis* 5/906, 696
-, *Tilapia* 5/906, 696[3]
buffei, Eutropiellus 1/513, 2/572, 379
-, *Eutropius* 1/513, 2/572, 379[2]
bufonius, Cephalosilurus 2/566, 374[6]
-, *Pimelodus* 2/566, 374[6]
-, *Pseudopimelodus* 2/566, 374[6]
-, - *zungaro* 2/566, 374
bufonius, Zungaro 2/566, 374[6]
Bujurquina vittata 2/818, 731[5]
bulgarica, Cobitis aurata 4/162, 171[4]
-, *Sabanejewia aurata* 4/162, 171
Bulldoggen-Hochlandkärpfling 4/456, 507
Bullenkärpfling 2/718, 518
bulleri, Cichlasoma 3/840, 720[3]
-, *Fluviatilus* 2/1062, 872[1]
-, *Paraneetroplus* 3/840, 720
bullocki, Brachygalaxias 2/1076, 889
-, *Galaxias* 2/1076, 889[1]
Bullockia maldonadoi 3/431, 387
Bullrout 2/1156, 913
bulolo, Centatherina 2/1110, 855[1,2]
-, *Centratherina* 4/789, 4/790, 854[5], 855[1,2]

999

Register

-, *Chilatherina*	4/789, 854
Bulolo-Regenbogenfisch	4/789, 854
bulumae, Clarias	5/294, 300[6]
bumbanus, Mormyrus	4/814, 898[1]
-, - *caballus*	4/814, 898[1]
Bunaka gyrinoides	**4/750, 804**
- *pinguis*	4/750, 804[1]
- *sticta*	4/750, 804[1]
Bunocephalichthys verrucosus	
scabriceps	3/298, 252
- - *verrucosus*	2/436, 253
Bunocephalus bicolor	1/454, 253[2]
- *coracoideus*	1/454, 253[2]
- *hypsiurus*	3/298, 252[5]
- *knerii*	2/436, 253[3]
- *scabriceps*	3/298, 252[6]
- *verrucosus scabriceps*	3/298, 252[6]
Buntbarsch, Alluaudi-	3/690, 676
-, Angostura-	3/842, 721
-, Aschenputtel-	5/958, 778
-, Beans	3/720, 709
-, Blauaugen-Tanganjikasee-	4/644, 654
-, Blau-goldener	3/704, 604
-, Blauweißer Utaka-Malawisee-	5/756, 609
-, Boruca-	3/724, 710
-, Breitstreifen-Tanganjikasee-	4/654, 657
-, Candelaria-	3/730, 711
-, Centrarchus-	3/722, 709
-, Chonga-	4/666, 720
-, Diadem-	2/814, 729
-, Dimerus	3/724, 752
-, Diquis	3/724, 710
-, Dreifleck-	5/758, 610
-, Einfleck-Tanganjikasee-	4/634, 649
-, Esmeralda-	3/740, 752
-, Evelyns	4/616, 612
-, Fimanga-	5/902, 782
-, Friedrichsthal's	2/869, 710
-, Gebänderter Petrochromis-	4/670, 663
-, Gebänderter	2/818, 731
-, Gelber Lepturus-	5/740, 607
-, Gelblippen-	1/664, 771
-, Gesprenkelter	3/728, 711
-, Getupfter	2/872, 713
-, Goldsaum	1/672, 730
-, Grüner Utaka-	5/896, 624
-, Grünglanz-	3/680, 731
-, Guinas-	3/890, 685
-, Haiti-	5/876, 781
-, Heckels	2/812, 729
-, Hecq's Tanganjikasee-	5/892, 653
-, Hogaboom-	3/730, 711
-, Iceblue-Labidochromis-	5/860, 618
-, Indischer	1/702, 781
-, Kendalls Tanganjikasee-	4/634, 650
-, Kondensstreifen-	3/702, 604
-, Kotsovato-	5/905, 782
-, Krausses	2/850, 749
-, Leloup-Tanganjikasee-	4/644, 654
-, Lemaire-Tanganjikasee-	5/820, 646
-, Leptura-	3/690, 641
-, Lifalilis	1/722, 691
-, Lyons	3/737, 713
-, Managua-	1/688, 721
-, Marakeli-	4/668, 782
-, Mazaruni-	5/866, 771
-, Mehrfachstreifen-	4/582, 606, 607
-, Meta-	3/680, 730
-, Mitternacht-	3/698, 602
-, Mondabu-Tanganjikasee-	4/646, 655
-, Negro-	3/704, 605
-, Nicaragua-	2/874, 714
-, Panama-	3/742, 714, 715
-, Panuco-	3/734, 712
-, Papagallo-	3/734, 711
-, Pozolera-	4/702, 725
-, Punktierter	1/702, 3/744, 715, 781
-, Rotbuckel-	1/704, 765
-, Roter	1/722, 690
-, Rotgrüner	1/686, 770
-, Sajica-	2/878, 715
-, Salvins	1/692, 715
-, Sapayo-	2/816, 731
-, Schwarzbauch Malawisee-	4/700, 638
-, Schwarzflecken	2/860, 708
-, Siebolds	2/880, 716
-, Silberglanz-	5/758, 610
-, Smaragd-	1/686, 770
-, Straelens	3/692, 676
-, Tiefsee-Tanganjikasee-	5/806, 643
-, Vielfachgebänderter Tanganjikasee-	4/632, 648
-, Wavrins	3/708, 749
-, Weißer	3/750, 716
-, Weißgebänderter Tanganjikasee-	4/630, 648
-, Wulstlippen-Malawisee-	5/812, 612
-, „Yellow Regal"-	2/847, 601, 602
-, Zilles	1/778, 3/894, 704
Buntbarsche s.a. Cichliden	
Bunte Limia	4/508, 533
Bunter Bachling	2/682, 464
- Platy	2/770, 558
- Prachtkärpfling	1/524, 397
burdigala, Betta	**5/644, 577**
Burdur-Anatolienkärpfling	4/414, 472
burdurensis, Anatolichthys	4/414, 471[5,6]
-, *Kosswigichthys*	4/414, 471[5,6]
burduricus iconii, Aphanius	3/547, 471[2,3]
-, *Aphanius*	4/414, 471[5,6]
-, - *anatoliae*	4/414, 471[5,6]
-, *Nemacheilus*	5/84, 152[6]
-, *Noemacheilus angorae*	5/84, 152[6]
-, *Orthias angorae*	5/84, 152[6]
burgeoni, Perissodus	3/846, 662[3]
-, ***Telmatochromis***	**5/966, 666**
burgessi, Corydoras	**4/240, 275**
burica, Lebiasina	4/133, 140[3]

Register

„Burma-Stichling" 3/1004, 878
Burmanesischer
 Schokoladengurami 3/662, 591
burmanica, Balitora 1/449, 151
-, *Dangila* 2/392, 212[4,5]
burmanicus, Badis badis 2/1013, 791
-, *Labiobarbus* 2/392, 212
burmeisteri, Gobius 3/995, 818[6]
bursinus, Eleginus 2/1058, 792[6]
-, *Pseudaphritis* 2/1058, 792
Bürstenmaul-Drachenflosser 4/72, 88
Bürstennasenwels 2/502, 321
burtoni, Astatotilapia 1/680, 676
-, *Chromis* 1/680, 676[5]
-, *Haplochromis* 1/680, 676[5]
Burtons Maulbrüter 1/680, 676
buruensis, Ambassis 3/908, 787[2,3]
-, *Chanda* 3/908, 787
„*burunai*", *Aphyosemion* 3/486, 415[1]
Buschfisch, Gebänderter 1/621, 572
-, Gefleckter 1/622, 569
-, Kap- 2/792, 572
-, Orange- 1/620, 571
-, Pellegrins 3/640, 571
-, Petherick's 3/640, 571
-, Pfauenaugen 1/624, 570
-, Schokoladen- 1/624, 570
-, Schwarzfleck 1/622, 569
-, Silberner 1/620, 571
-, Vielstacheliger 2/790, 570
-, Vielstachliger 2/790, 3/638, 569
-, Zweifleck- 2/790, 570
bussei, Gasterosteus 1/834, 878[2]
bustamantei, Awaous 5/1010, 826[5,6]
busumana, Tilapia 2/1000, 701
busumanum, Sarotherodon 2/1000, 701[6]
busumanus, Chromis 1/778, 2/1000, 701[6], 704[2]
butamantei, Gobius 5/1010, 826[5,6]
buthopogon, Clarias 4/262, 301[1]
***buthupogon**, Clarias* 4/262, 301
buthypogon, Clarias 4/262, 301[1]
BUTINAE 804, 805
Butis amboinensis 4/750, 804
- *butis* 2/1063, 804
butis, Cheilodipterus 2/1063, 804[3]
-, *Eleotris* 2/1063, 804[3]
Butis gymnopomus 3/954, 804
- *leucurus* 4/750, 804[2]
- *melanostigma* 3/958, 804
- *prismaticus* 2/1063, 804[3]
butleri, Poecilia 3/612, 537
Butler-Molly 3/612, 537
Butterbrassen 4/712, 789
buttikoferi, Chromis 2/1002, 702[1]
-, *Tilapia* 2/1002, 702
büttikoferi, Chrysichthys 3/290, 262[1]
-, *Clarias* 5/294, 300[6]
butupogon, Clarias 4/262, 301[1]
***buytaerti**, Aphyosemion* 3/464, 399

Buytaerts Prachtkärpfling 3/464, 399
bythipogon, Clarias 4/262, 301[1]
- *(p.), Clarias* 4/264, 301[4]

C

„C 1" 4/246, 280
„C 4" 4/260, 295
C 5 5/268, 274
„C 5" 4/238, 290
C 6 5/284, 290
C 7 5/284, 291
C 9 5/284, 291
C 10 5/256, 291
C 11 4/244, 5/286, 291
C 12 5/256, 291
„C 15" 5/264, 281
C 16 5/286, 291
C 17 5/286, 292
C 18 5/292, 292
C 19 5/270, 292
C 21 5/288, 292
C 22 5/288, 292
C 23 5/272, 289
C 24 5/288, 292
C 25 5/271, 286
C 26 5/290, 293
C 27 5/278, 289
C 28 5/290, 293
C 29 5/290, 293
C 30 5/292, 293
caballus bumbanus, Mormyrus 4/814, 898[1]
- *lualabae, Mormyrus* 4/814, 898[1]
-, *Mormyrus* 4/814, 898
cabeda, Leuciscus cephalus 4/200, 215
cabindae, Aplocheilichthys 4/362, 498[3]
-, *Haplochilus* 4/362, 498[3]
-, *Micropanchax* 4/362, 498[3]
-, *Plataplochilus* 4/362, 498
-, *Procatopus* 3/452, 4/362, 498[3,5]
Cabinda-Leuchtaugenfisch 4/362, 498
„Cabruta", *Astyanax* sp. 5/54, 99
Cabrutasalmler 5/54, 99
cacabet, Illana 3/982, 816[4]
cacatuoides, Apistogramma 1/676, 3/684, 733
Cachius atpar 4/192, 198[3]
cachius, Chela 4/192, 198
-, *Cyprinus* 4/192, 198[3]
-, *Leuciscus* 4/192, 198[3]
-, *Perilampus* 4/192, 198[3]
Cacodoxus argus 1/810, 840[3]
Caecomastacembelus cryptacanthus 4/784, 916
- *frenatus* 4/784, 916
- *loennbergii* 4/786, 915[3]
Caenotropus labyrinthicus 4/126, 125
caerulea, Cyrtocara 5/742, 607[4,5]

1001

Register

-, *Paratilapia*	5/742, 607[4,5]
caeruleostigmata, Chela	**2/378, 198**
-, *Laubuca*	2/378, 198[4]
caerulescens, Pimelodus	1/485, 311[4,5]
caeruleum, Etheostoma	**3/916, 835**
-, *Fundulus*	1/538, 415[5]
caeruleus, Champsochromis	**5/742, 607**
-, *Haplochromis*	5/742, 607[4,5]
-, *Labidochromis*	**2/920, 615**
- *likomae", „Labidochromis*	1/740, 620[6]
-, *Panchax (Aphyosemion)* *calliurus* var.	4/364, 396[4]
caetei, Apistogramma	**2/820, 733**
Caete-Zwergbuntbarsch	2/820, 733
cagoara, Salmo	2/234, 67[4,5]
Cairns Regenbogenfisch	2/1108, 5/1063, 854
Cairnsichthys rhombosomoides	**2/1108, 5/1063, 854**
cajali, Cichlasoma	2/882, 717[4]
calabarica, Roloffia	1/582, 409[3]
calabaricus, Aphyosemion	1/582, 409[3]
-, *Calamichthys*	1/210, 30[2]
-, *Calamoichthys*	1/210, 30[2]
-, *Erpetoichthys*	**1/210, 30**
-, *Herpetichthys*	1/210, 30[2]
Calamichthys calabaricus	1/210, 30[2]
Calamoichthys calabaricus	1/210, 30[2]
calaritanus, Aphanius	1/522, 473[5]
-, *Cyprinodon*	1/522, 473[5]
-, *Lebias*	1/522, 473[5]
calcarifer, Holocentrus	2/1019, 797[4]
-, *Lates*	**2/1019, 797**
calciati, Tilapia	3/828, 694[4]
Calcula cephalopeltis	5/1081, 849[6]
caliente, Goodea	3/588, 4/464, 509[2,3,6], 510[1]
-, *Xenendum*	3/588, 509[2,3]
calientis, Goodea	3/588, 4/464, 5/608, 509[2-4,6], 510[1]
-, *Goodeo*	5/608, 509[5]
callainos, Pseudotropheus	**5/914, 629**
callarias, Silurus	1/510, 2/534, 2/560, 359[3], 373[2,4]
callichromus, Metynnis	1/352, 92[5,6]
Callichrous bimaculatus	1/516, 382[5]
- *eugeneiatus*	2/578, 382[6]
Callichrus macrostomus	2/578, 383[6]
CALLICHTHYIDAE	1/458–1/478, 2/455–2/483, 3/324–3/351, 4/236–4/261, 5/249–5/293, 267–296
Callichthys adspersus	1/476, 296[1]
- *aeneus*	1/460, 5/252, 271[2-4]
- *armatus*	1/460, 273[2]
- *asper*	1/458, 270[5]
- *barbatus*	1/460, 273[6], 274[1]
- *callichthys*	**1/458, 270**
callichthys, Cataphractus	1/458, 270[5]
Callichthys coelatus	1/458, 270[5]
- *exaratus*	1/478, 3/351, 296[5,6]
- *hemiphractus*	1/458, 270[5]
- *laeviceps*	1/458, 270[5]
- *laevigatus*	2/480, 296[3]
- *littoralis*	2/480, 296[3]
- *longifilis*	1/478, 3/351, 296[5,6]
- *loricatus*	1/458, 270[5]
- *paleatus*	1/470, 285[4,5]
- *pectoralis*	2/482, 296[4]
- *personatus*	1/478, 3/351, 296[5,6]
- *raimundi*	5/250, 269[4]
callichthys, Silurus	1/458, 270[5]
Callichthys splendens	1/458, 3/326, 270[3,4]
- *subulatus*	2/480, 296[3]
- *taiosh*	3/326, 270[4]
- *tamoata*	1/458, 270[5]
- *thoracatus*	1/478, 3/351, 296[5,6]
Callieleotris platycephalus	1/832, 805[3]
Calliomorus chaca	4/724, 913[3]
- *indicus*	4/724, 913[3]
Callionymus baicalensis	3/942, 911[3]
- *indicus*	4/724, 913[3]
Calliptera Maulbrüter	3/694, 676
calliptera, Astatotilapia	**3/694, 676**
-, *Tilapia*	3/694, 676[6]
callipteron, Aplocheilus	4/402, 429[5,6]
-, *Epiplatys (Episemion)*	4/402, 429[5,6]
-, *Episemion*	**4/402, 429**
callipterus, Barbus	**1/382, 181**
-, *Chromis*	3/694, 676[6]
-, *Ctenochromis*	3/694, 676[6]
-, *Haplochromis*	3/694, 676[6]
-, *Lamprologus*	**3/796, 647**
callistus bentosi, Hyphessobrycon	1/280, 109[6]
-, *Hyphessobrycon*	**1/282, 110**
- *rosaceus, Hyphessobrycon*	1/280, 110[1]
- *rubrostigma, Hyphessobrycon*	1/284, 111[2]
- *serpae, Hyphessobrycon*	4/100, 115[5]
-, *Tetragonopterus*	1/282, 110[4]
calliura, Leptochromis	3/862, 664[5]
-, *Paratilapia*	3/862, 664[5]
-, *Rasbora*	1/440, 2/420, 233[5], 234[1]
calliurum ahli, Aphyosemion	4/364, 396[4]
-, *Aphyosemion*	**2/590, 4/372, 403[1], 399**
Calliurus diaphanus	1/796, 796[1]
- *fasciatus*	2/1016, 796[5]
- *floridensis*	1/792, 794[3,4]
- *melanops*	1/792, 1/796, 794[3,4], 796[1]
- *punctulatus*	1/792, 2/1016, 794[3,4], 796[5]
calliurus, Cheirodon	2/269, 84[2]
-, *Haplochilus*	1/524, 2/590, 397[4], 399[3]
-, *Lamprologus*	3/862, 664[5]
-, *Leptochromis*	3/862, 664[5]
-, *Reganochromis*	**3/862, 664**
- var. *australis, Haplochilus*	1/524, 397[4]
- - *caeruleus, Panchax* *(Aphyosemion)*	4/364, 396[4]

Register

Callochromis macrops	3/712, 642
- - melanostigma	3/712, 642³
- melanostigma	3/712, 642
- pleurospilus	3/714, 642
- rhodostigma	3/714, 642³
- stappersii	3/714, 3/762, 642³, 645³
callolepis, Cichlasoma	4/688, 723⁴
-, Copeina	1/332, 1/334, 139²,⁴
-, Heros	4/688, 723⁴
-, Thorichthys	4/688, 723
Callopanchax siehe auch Aphyosemion	
Callopanchax monroviae	3/480, 419
- occidentalis	1/584, 419
(-) petersi, Aphyosemion	4/378, 413¹
- toddi	1/540, 419
calmoni, Serrasalmus	2/332, 5/80, 95
calobrense, „Cichlasoma"	3/722, 709
calobrensis, Cichlaurus	3/722, 709⁴
calva, Amia	2/205, 32
calvarius, Bagrus	3/322, 266²
-, Silurus	3/322, 266²
calverti, Phenacogaster	4/112, 122
calvus, Altolamprologus	2/926, 641
-, Amiatus	2/205, 32²
-, Lamprologus	2/926, 641¹,²
Calypsotetra	4/106, 116
camaronensis, Chrysichthys	4/234, 261⁶
cambodgiensis, Cirrhina	5/156, 204⁶
-, Garra	5/156, 204
camelopardalis, Synodontis	2/534, 359
cameronense, Aphyosemion	2/592, 399
- „Garu", Aphyosemion	2/592, 399
- haasi, Aphyosemion	4/401, 399
- halleri, Aphyosemion	4/366, 400
- obscurum, Aphyosemion	4/366, 400
cameronensis, Chilochromis	4/312, 355³
-, Chiloglanis	3/395, 4/312, 355
-, Chrysichthys	4/234, 261⁶
-, Haplochilus	2/592, 4/401, 399⁴,⁵
-, Raddabarbus	4/166, 178²
camerunensis, Aplocheilichthys	3/436, 491
-, Clarias	4/263, 301
- (p.), Clarias	4/262, 301¹
-, Eleotris	5/1030, 809²
-, Tilapia	3/892, 702⁴
cametana, Crenicichla	4/596, 755
campbelli, Myxostomus	2/337, 161⁶
Campellolebias brucei	5/504, 440
- dorsimaculata	5/504, 440
campsi, Anisocentrus	2/1110, 854⁶
-, Chilatherina	2/1110, 854
camptacanthus, Barbus	3/189, 5/124, 183⁴, 181
-, Puntius	5/124, 181²
-, - (Barbodes)	5/124, 181²
- var. melanipterus, Barbus	3/190, 184⁵
Campylomormyrus alces	4/802, 894
- elephas	3/1020, 894
- ibis	5/1066, 894⁵
- numenius	5/1066, 894
- rhynchophorus	4/804, 894
- tamandua	4/806, 895
camtacanthus, Barbodes	5/124, 181²
- var. cottesi, Barbus	1/390, 184⁶
canalae, Gnatholepis	5/1014, 816²,³
-, Gobius	5/1014, 816²,³
canaliculatus, Mugil	5/1075, 887⁵
-, Strializa	5/1075, 887⁵
canaliferus, Otothyris	2/510, 337⁶
canarensis, Eleotris	4/750, 804¹
-, Perilampus	1/416, 201³
cancellus, Haplochromis	3/782, 628⁴⁻⁶
cancila, Belone	1/826, 869⁶, 870¹
-, Esox	1/826, 869⁶, 870¹
-, Mastemcembalus	1/826, 869⁶, 870¹
-, Xenentodon	1/826, 869, 870
Candelaria-Buntbarsch	3/730, 711
candens, Barbus	3/184, 181
candidi, Taeniacara	3/874, 778
canina, Amia	2/205, 32²
-, Umbra	3/1044, 874⁴
caninus, Telmatochromis	1/776, 666⁴
canius, Barbus	4/170, 181
-, Cyprinus	4/170, 181⁴
Canthophrys albesceus	5/110, 171⁶
- arenata	2/348, 151¹
- mooreh	2/348, 151¹
- (Somileptes) unispina	2/348, 151¹
cantini, Tylognathus	3/230, 211¹
cantoris, Osphromenus trichopterus var.	1/646, 592³
-, Trichopus	1/648, 3/668, 592⁴⁻⁶
capensis, Anabas	2/792, 572⁶
-, Clarias	2/488, 4/265, 301⁵,⁶, 302¹
-, Galaxias	4/769, 890⁵
-, Sandelia	2/792, 572
-, Spirobranchus	2/792, 572⁶
capitone, Anguilla	3/935, 849²
Capoeta bariliodes	2/364, 180²
capoeta capoeta, Varicorhinus	3/270, 241
- gracilis, Varicorhinus	5/222, 241
Capoeta chola	3/186, 182²
capoeta, Cyprinus	3/270, 241²
Capoeta damascina	3/202, 197
- - sevrice	5/148, 197
- fundulus	3/270, 241²
capoeta gracilis, Varicorhinus	5/222, 241
Capoeta guentheri	1/398, 5/140, 191⁶, 192¹,²
- hulstaerti	1/390, 185¹
- oligolepis	1/394, 189¹
- sauvagei	5/164, 209²,³
- syrica	3/202, 197¹
capoeta, Varicorhinus capoeta	3/270, 241
Capoetobrama kuschakewitschi	3/202, 197
caprodes caprodes, Percina	5/981, 837
- zebra, Percina	5/981, 837⁶
captiva, Goodea	2/710, 512⁵
captivus, Xenoophorus	2/710, 512

1003

Register

-, *Corydoras* 2/468, 281[5]
-, *Loricaria* 4/306, 351[5]
-, *Odontostilbe* 3/118, 84[1]
caquetae, Spatuloricaria cf. 4/306, 351
Caquetaia amploris 5/740, 749[6]
- *kraussii* 2/850, 749
- *myersi* 5/740, 749
- *spectabilis* 3/714, 750
carachama, Monistiancistrus 3/376, 5/410, 313[5,6], 314[6], 347[1,3], 336
-, *Rhinelepis* 3/376, 336[4]
Carachamawels 1/496, 396
carapo, Gymnotus 1/840, 884
-, *Sternopygus* 1/840, 3/1029, 884[1], 885[5]
Carapus fasciatus 1/840, 884[1]
carapus, Gymnotus 1/840, 884[1]
Carapus inaequilabiatus 1/840, 884[1]
- *macrourus* 3/1029, 885[6]
- *sanguinolentus* 3/1029, 885[6]
carapus, Sternopygus 1/840, 884[1]
Carassiops compressus 2/1066, 809[5]
- *galii* 2/1066, 810[2]
- *klunzingeri* 2/1068, 810[5]
Carassius auratus 1/410, 197
- - *gibelio* 3/204, 197
- *carassius* 1/410, 197
carassius, Cyprinus 1/410, 197[6], 197[4]
Carassius gibelio 3/204, 197[5]
- *vulgaris* 1/410, 197[6]
- - var. *kolenty* 3/204, 197[5]
carbo, Hephaestus 2/1042, 843
-, *Therapon* 2/1042, 843[2]
cardinalis, Hyphessobrycon 1/260, 121[6]
Cardiopharynx schoutedeni 4/584, 642
cardiostigma, Crenicichla 5/770, 755, 756
caria, Tetrodon 3/1040, 920[6]
caribi, Salmo 1/358, 95[6]
carinata, Loricaria 5/365, 335[5]
carinatum, Hypoptopoma 3/370, 329
Carinotetraodon chlupatyi 1/866, 919[5]
- *lortedi* 1/866, 919
- *somphongsi* 1/866, 919[5]
caris, Chaetodon 2/906, 781[4]
Carlastyanax aurocaudatus 1/258, 102
Carlhubbsia kidderi 2/720, 519
- *stuarti* 4/480, 519
carlislei, Aplocheilichthys 2/628, 492[2]
-, *Haplochilus* 2/628, 492[2]
carnegiei, Cnesterodon 2/720, 5/610, 519
-, *Lasiancistrus* 3/372, 333
-, *Pseudancistrus* 3/372, 333[2]
Carnegie-Kärpfling 2/720, 519
Carnegiella marthae marthae 1/324, 131
- *myersi* 1/324, 132
- *strigata fasciata* 1/326, 132
- - *strigata* 1/326, 132
carpenteri, Barbus 4/180, 187[6]
-, *Puntius* 4/180, 187[6]
carpinte, Cichlasoma 3/788, 719[1]

carpintis, Cichlasoma 3/788, 719[1]
-, ***Herichthys*** 3/788, 719
-, *Neetroplus* 1/724, 3/788, 710[1,2], 719[1]
carpio barbouri, Floridichthys 3/574, 481[2]
-, *Barbus* 3/194, 188[3]
-, ***Cyprinus*** 1/414, 5/117, 201
Carpiodes asiaticus 4/202, 219[6]
carrikeri, Parodon 3/154, 136[6]
carsevennensis, Copeina 1/332, 139[2]
-, *Crenicichla johanna* var. 2/886, 757[6]
carsonii, Clarias 4/266, 302[2]
carvalhoi, Cynolebias 5/508, 442[4]
casachicus, Benthophilus stellatus 3/978, 814[6]
cascajalensis, Brachyrhaphis 4/476, 517
-, *Gambusia* 4/476, 517[3,4]
Cascajal-Kärpfling 4/476, 517
caschive, Mormyrus 4/814, 898
Cascudo 5/392, 341
caspia, Cobitis 5/112, 167
castaneum, Aphyosemion 2/594, 401[4]
castelnaui, Cylindrosteus 2/212, 32[5]
castor, Hippopotamyrus 4/806, 896[1]
castroi, Rineloricaria 3/388, 5/420, 348
casuarius, Steatocranus 1/768, 699
cataphracta, Loricaria 5/365, 335[5]
cataphractus, Acanthodoras 1/481, 304
-, *Acipenser* 2/204, 29[6]
Cataphractus americanus 1/481, 304[3]
- *callichthys* 1/458, 270[5]
- *costatus* 1/484, 307[5]
- *depressus* 1/458, 270[5]
cataphractus, Doras 1/481, 304[3]
-, *Gasterosteus* 1/834, 877[5]
Cataphractus punctatus 1/470, 287[2]
cataphractus, Scaphirhynchus 2/204, 29[6]
-, *Silurus* 1/481, 304[3]
cataractae, Ceratichthys 2/424, 235[2]
-, *Gobio* 2/424, 235[2]
-, *Rhinichthys* 2/424, 235
catebus, Gobius 3/982, 816[6]
catemaco, Poeciliopsis 3/620, 544
Catemaco-Kärpfling 3/620, 544
- -Platy 2/774, 560
- -Schwertträger 2/765, 3/631, 553, 556
catemaconis, Poecilia 3/614, 538
catenata, Hydrargyra 3/560, 483[4]
-, *Poecilia* 3/560, 483[4]
-, *Xenisma* 3/560, 483[4]
catenatum, Characidium 4/123, 80[2]
catenatus, Fundulus 3/560, 483
-, *Hypsopanchax* 3/448, 497
-, *Zygonectes* 3/560, 483[4]
Catfish, Hairy Tiger 5/381, 338
Catfish, Yellow 2/446, 257
Catla buchanani 4/190, 198[1]
- *catla* 4/190, 198
catla, Cyprinus 4/190, 198[1]
-, *Leuciscus* 4/190, 198[1]
Catlabarbe 4/190, 198

1004

Register

Catonotus fasciatus	3/918, 835[4]
- flabellatus	3/918, 835[4]
- kennicotti	3/918, 835[4]
Catopra fasciata	3/912, 831[5,6]
- nandioides	3/912, 831[5,6]
- nandoides	3/912, 831[5,6]
- siamensis	3/912, 831[5,6]
Catoprion mento	**2/328, 91**
catostoma, Petrocephalus	2/1146, 5/1070, 899
CATOSTOMIDAE	2/337, 3/165, 4/148, 161
Catostomus alticolus	3/165, 161[5]
- aurora	4/148, 161[3]
- catostomus catostomus	4/148, 161
- - rostratus	4/148, 161
- chloropteron	3/165, 161[5]
- commersonii	3/165, 161
- communis	3/165, 161[5]
catostomus, Cyprinus	4/148, 161[3]
Catostomus fasciolaris	2/337, 161[6]
- flexuosus	3/165, 161[5]
- forsterianus	4/148, 161[3]
- gibbosus	2/337, 161[6]
- gracilis	3/165, 161[5]
- hudsonius	4/148, 161[3]
- longirostrum	4/148, 161[3]
catostomus, Mormyrus	2/1146, 899[2]
Catostomus nanomycon	4/148, 161[3]
- pallidus	3/165, 161[5]
Catostomus reticulatus	3/165, 161[5]
catostomus, Stomacatus	4/148, 161[3]
Catostomus sucklii	3/165, 161[5]
- teres	3/165, 161[5]
catus, Amiurus	3/360, 311[3]
-, Pimelodus	3/360, 311[3]
caucae, Roeboides	**1/248, 82**
Cauca-Molly	3/614, 538
caucana, Allopoecilia	3/614, 538[3]
-, Mollienesia	3/614, 538[3]
-, Poecilia	**3/614, 538**
caucanus, Girardinus	3/614, 538[3]
Cauca-Raubglassalmler	1/248, 83
caucasica, Gobio uranoscopus var.	5/162, 207[6]
caudafurcatus, Pimelodus	1/485, 311[4,5]
caudalis, Hemigrammopetersius	**1/218, 50**
-, Petersius	1/218, 50[6]
-, Poecilia	4/520, 538[6], 539[1]
caudifasciatus, Nanochromis	**2/954, 692**
-, Pelmatochromis	2/954, 692[4]
caudimacula, Otocinclus	5/390, 341[3,4]
caudimaculata, Poecilia	3/610, 536[6], 537[1,2]
-, Rasbora	**2/412, 230**
caudimaculatus, Corydoras	**2/460, 275**
-, Girardinus	1/594, 3/610, 536[6], 537[1,2]
-, Glaridichthys	1/594, 3/610, 536[6], 537[1,2]
-, Phallocerus	**1/594, 3/610, 536, 537**
caudofasciata tricolor, Limia	1/596, 531[6]
caudofasciatum, Aphyosemion	**2/592, 400**
caudomaculatum, Ctenopoma	3/640, 571[2]
caudomaculatus, Bathyaethiops	**3/92, 4/24, 4/26, 48**
-, Bryconops	2/262, 101
-, Creatochanes	2/262, 101[5,6]
-, Hemigrammalestes	4/24, 48[3]
- latus, Micralestes	4/24, 48[3]
-, Phalloceros	1/594, 3/610, 536[6], 537[1,2]
, Phenacogrammus	4/24, 48[3]
-, Poecilia	1/594, 536[6], 537[1,2]
caudomarginata, Tilapia	4/684, 5/938, 698[3]
caudomarginatus, Rivulus	**2/679, 457**
-, Sarotherodon	4/680, 5/938, 698
caudopunctatus, Lamprologus	3/812, 652[3]
-, Neolamprologus	**3/812, 652**
caudovittata, Gambusia	3/630, 549[3,4]
caudovittatus, Barbus	**3/186, 181**
-, Hemigrammus	**1/266, 105**
-, Synechopterus	4/716, 789[5]
-, Synodontis	**3/398, 359**
-, Tetracentrum	4/716, 789
cauticeps, Geophagus	2/906, 764[6]
cavalliensis, Chromidotilapia	**4/638, 689**
-, Limbochromis	4/638, 689[2]
-, Nanochromis	4/638, 689[2]
cavernicola, Clarias	**2/486, 301**
cavifrons, Pseudolates	2/1019, 797[4]
celebensis, Aplocheilus	1/572, 867[4]
-, Haplochilus	1/572, 867[4]
-, Oryzias	**1/572, 867**
-, Telmatherina	3/938, 5/1100, 865[6], 865
Celebes-Ährenfisch	1/822, 865
- Sonnenstrahlfisch	1/824, 865
Celebesbärbling	1/572, 867
celiae, Aphyosemion	**3/464, 401**
Celias Prachtkärpfling	3/464, 401
cenia, Gagata	**3/426, 385**
-, Pimelodus	3/426, 385[4]
Centatherina bulolo	2/1110, 855[1,2]
- crassispinosa	2/1110, 855[1,2]
- tenuis	2/1110, 854[6]
centiginosa, Amia	2/205, 32[2]
Central mudminnow	1/870, 874
centrale, Cichlasoma	2/882, 717[4]
centralis, Acara	3/724, 752[1]
-, Aequidens	3/724, 752[1]
CENTRARCHIDAE	1/786, 1/791–1/799, 2/1014–2/1018, 4/720–4/723, 5/979–5/980, 793–796
centrarchoides, Uaru	4/626, 768[5]
Centrarchus aenaeus	2/1014, 793[6], 794[1]
centrarchus, Astronotus	3/722, 709[5]
Centrarchus-Buntbarsch	3/722, 709
centrarchus, Cichlasoma	3/722, 709[5]
-, „Cichlasoma"	3/722, 709
-, - (Archocentrus)	3/722, 709[5]
Centrarchus cyanopterus	2/812, 729[3], 2/862, 751[5]
centrarchus, Heros	3/722, 709[5]

1005

Register

Centrarchus irideus	1/791, 794²
- macropterus	**1/791, 794**
- notatus	5/844, 768⁶, 769¹·²
- obscurus	2/1016, 796⁵
- pentacanthus	2/1014, 793⁶
- pomotis	4/720, 5/979, 793²·⁴
- sparoides	1/791, 794²
- viridis	1/792, 794³·⁴
Centratherina bulolo	4/789, 4/790, 854⁵, 855¹·²
Centrogaster rhombeus	1/804, 829⁵
Centromachlus aulopygius	3/300, 257⁵
Centromochlus altae	5/238, 258¹
- aulopygius	3/300, 257⁵
- creutzbergi	3/300, 257⁵
- perugiae	5/238, 258¹
CENTROMOCHILIDAE	254
Centropodus rhombeus	1/804, 829⁵
Centropogon robustus	2/1156, 913⁴
CENTROPOMIDAE	2/1008–2/1019, 3/904, 4/724, 797
Centropomus rupestris	2/1028, 828²
centropristoides, Haplochromis	3/694, 676⁶
- victorianus, Haplochromis	3/696, 677⁵
cephalarges constructor,	
- -, Neogobius	**3/992, 818**
-, Gobius	3/996, 819³
- var. ratan, Gobius	4/774, 819⁵·⁶
CEPHALASPIDOMORPHI	23
cephalopeltis, Calcula	5/1081, 849⁶
-, Sphagebranchus	5/1081, 849⁶
Cephalosilurus bufonius	2/566, 374⁶
cephalotaenia steineri, Rasbora	3/260, 233³
-, Leuciscus	2/412, 224⁵
-, **Parluciosoma**	**2/412, 224**
-, Rasbora	2/412, 2/416, 224⁵, 231³
cephalotes, Chilodus	3/150, 145¹
-, Prochilodus	3/150, 145¹
cephalotus, Mugil	5/1076, 887⁶
cephalus, Brycon	**3/108, 75**
- cabeda, Leuciscus	4/200, 215
- **cephalus, Leuciscus**	**3/238, 216**
-, Chalceus	3/108, 75⁶
-, Cyprinus	3/238, 216¹
-, **Leuciscus cephalus**	**3/238, 216**
-, Megalobrycon	3/108, 75⁶
-, **Mugil**	**5/1076, 887**
- orientalis, Leuciscus	3/238, 216
- - natio aralychensis, Leuciscus	3/238, 216²
- - - ardebilicus, Leuciscus	3/238, 216²
- - - zangicus, Leuciscus	3/238, 216²
-, Squalius	3/238, 216¹
cerasogaster, Hemichromis	**3/786, 690**
-, Paratilapia	3/786, 690⁴
Ceratichthys cataractae	2/424, 235²
Ceratobranchia binghami	3/128, 102⁴
- elatior	3/128, 102⁴
- obtusirostris	3/128, 102
Ceratocheilus osteomystax	2/442, 255⁵
CERATODONTIDAE	2/206, 2/201, 37
CERATODONTIFORMES	38
Ceratodus forsteri	2/206, 37⁵
- miolepis	2/206, 37⁵
cernua, Acerina	1/808, 837³
-, Perca	1/808, 837³
cernuus, Gymnocephalus	**1/808, 837**
ceros Moenkhausia	2/284, 117
Cerossalmler	2/284, 117
cervinus, Corydoras	**5/258, 275**
cesarpintoi, Parotocinclus	**5/386, 340**
cessiana, Tilapia	**4/692, 702**
CETOPSIDAE	4/269, 297
Cetopsis coecutiens	**4/269, 297**
Cetopsorhamdia hasemani	3/416, 370⁴
- pijpersi	3/416, 370⁴
ceylonensis ceylonensis, Garra	**3/211, 205**
Ceylon-Längsbandbarbe	5/134, 228
- -Makropode	1/626, 575
- -Saugbarbe	3/211, 205
- -Stachelflosser	1/626, 575
- -Zwergbarbe	3/224, 209
Ceylonbarbe	1/384, 183
Ceylonschmerle, Augenfleck-	2/348, 151
„CH 5", Haplochromis	5/828, 680²
„CH 6", Haplochromis sp.	4/674, 682⁵·⁶
„CH 33", Haplochromis	5/832, 679⁵·⁶, 680¹
CH 34	5/830, 679
„CH 36", Haplochromis	5/834, 679³
„CH 38", Haplochromis	5/826, 678⁴
Chaca bancanensis	3/352, 298²
- **bankanensis**	**3/352, 298**
- **chaca**	**1/479, 3/352, 298**
chaca, Calliomorus	4/724, 913³
-, Platystacus	1/479, 3/352, 298⁴
chacca, Platycephalus	4/724, 913³
CHACIDAE	1/479, 3/352, 298
chacoensis, Acharnes	4/608, 761³
-, Cichla	4/608, 761³
-, Crenicichla	4/608, 761³
-, **Cynolebias**	**5/510, 442**
Chaco-Fächerfisch	5/510, 442
Chaenobryttus antistius	1/792, 794³·⁴
- coronarius	1/792, 794³·⁴
- cyanellus	1/796, 796¹
- **gulosus**	**1/792, 4/722**
Chaenothorax bicarinatus	1/458, 3/326, 270³·⁴
- eigenmanni	3/326, 270⁴
- multiradiatus	2/458, 270²
- semiscutatus	1/458, 3/326, 270³·⁴
Chaenotropus punctatus	1/318, 125¹
Chaetobranchopsis orbicularis	**2/850, 750**
Chaetobranchus bitaeniatus	2/850, 750²·³
- bruneus	2/852, 750⁴
- **flavescens**	**2/852, 750**
- robustus	2/852, 750⁴
chaetodon, Apomotis	1/794, 795³

1006

Register

Chaetodon argenteus 1/804, 829[5]
- argus 1/810, 840[3]
- atromaculatus 1/810, 840[3]
- caris 2/906, 781[4]
- chinensis 2/803, 586[3]
chaetodon, Enneacanthus 1/794, 795
Chaetodon maculatus 1/702, 781[3]
chaetodon, Mesogonistus 1/794, 795[3]
Chaetodon pairatalis 1/810, 840[3]
chaetodon, Pomotis 1/794, 795[3]
Chaetodon quadrifasciatus 1/802, 801[6]
- rhombeus 2/1034, 829[6]
- striatus 1/810, 840[5]
- suratensis 2/906, 781[4]
- tetracanthus 1/810, 840[5]
Chaetostoma sp. 2/506, 5/326, 5/328, 314, 323
- *thomasi* 2/504, 323
Chaetostomus alga 1/486, 317[5]
- dolichopterus 1/486, 3/365, 317[3,4]
- gibbiceps 1/496, 326[5]
- hoplogenys 1/486, 317[5]
- leucostictus 1/486, 5/324, 317[5], 318[3,4]
- malacops 1/486, 317[5]
- nigrolineatus 1/492, 338[2]
- oligospilus 5/396, 342[5]
- punctatus 2/516, 327[2]
- spinosus 3/380, 346[4]
- tectirostris 1/486, 317[5]
- vittatus 1/494, 345[4]
chagresi, Pimelodella 5/440, 372
-, Pimelodus 5/440, 372[1]
Chalcalburnus chalcoides 4/190, 198
Chalceus angulatus 1/244, 77[5]
- ararapeera 1/244, 76[6]
- cephalus 3/108, 75[6]
- erythrurus 1/244, 76[6]
- *erythrurus* 3/108, 76
- fasciatus 1/238 68[2]
- guile 2/224, 47[4]
- *macrolepidotus* 1/244, 76
- macrolepidotus 3/108, 76[5]
- nigrotaeniatus 1/240, 3/106, 69[4,5]
- rotundatus 2/250, 78[1]
chalceus, Tetragonopterus 1/310, 124
Chalcinopelecus argentinus 1/250, 88[2]
Chalcinus albus 2/248, 77[4]
- angulatus 1/244, 75[5]
- brachypomus 2/250, 78[1]
- guentheri 2/250, 78[1]
- knerii 2/248, 77[4]
- muelleri 2/250, 78[1]
- nematurus 1/244, 77[5]
- pictus 2/248, 77[6]
- trifurcatus 2/250, 78[1]
chalcoides, Alburnus 4/190, 198[2]
-, *Chalcalburnus* 4/190, 198
-, Cyprinus 4/190, 198[2]
chalcopyrus, Plataplochilus 3/450, 498
Chalinochromis brichardi 2/852, 642

- sp. „*bifrenatus*" 3/716, 643
Chamäleonfisch 2/1013, 791
chamberlaini, Cottus 5/1007, 912[3]
„chameleo", Pseudotropheus 3/852, 629[6]
Chameleon-Kampffisch 2/796, 579
champotone, Cichlasoma 3/886, 724[1,2]
Champsochromis caeruleus 5/742, 607
- esox 5/934, 635[6]
- *spilorhynchus* 2/904, 607, 608
Chanchito 1/688, 752
Chanda agramma 2/1020, 786
- *baculis* 3/906, 787
- *buruensis* 3/908, 787
- commersoni 4/711, 786[3-5]
- commersonii 2/1020, 787
- *elongata* 2/1022, 787
- gulliveri 4/712, 789[2]
- lala 1/800, 788[1]
- *macleayi* 2/1022, 787
- *ranga* 1/800, 788
- sp. 3/905, 788
- *wolfii* 1/800, 788
- - „Disco gelb" 4/710
- - „Disco rot" 4/710
CHANDIDAE siehe AMBASSIDAE
changi, Pseudobagrus 3/322, 266[2]
changua, Gobius 4/778, 820[6]
chankaensis, Acanthorhodeus 2/358, 175[4]
-, Acheilognathus 2/358, 175
- *chankaensis, Squalidus* 3/268, 239
-, Devario 2/358, 175[4]
-, Gnathopogon 3/268, 239[6]
-, Gobio 3/268, 239[6]
-, Leucogobio 3/268, 239[6]
Chanka-Gründling 3/268, 239
Chankapfrille 5/170, 213
Channa gachua 3/672, 799
- obscura 1/828, 800[5,6]
Channa africana 2/1059, 800[3]
- *argus* 2/1060, 798
- *asiatica* 3/671, 798
- *gachua* 3/672, 799
- insignis 3/674, 800[4]
- *lucius* 3/674, 799
- *marulia* 2/1060, 5/1005, 799
- *micropeltes* 1/827, 799
- obscura 3/674, 800[4]
- *orientalis* 1/828, 3/672, 799[2], 799
- *punctata* 3/676, 800
- *striata* 1/830, 800
Channallabes apus 2/484, 300
CHANNIDAE 1/814, 1/827–1/830, 2/1059–2/1061, 3/671–3/676, 5/1005, 798–800
Chanodichthys sterzii 5/192, 223[6]
chantrei aksaranus, Aphanius 3/547, 471[2,3]
-, Cyprinodon 4/418, 472[6], 473[1]
- flavianalis, Aphanius 3/547, 471[2,3]
- meandricus, Aphanius 3/547, 471[2,3]

1007

Register

- *obrukensis, Aphanius* 3/547, 471[2,3]
- *venustus, Aphanius* 3/547, 471[2,3]
- *-, Aphanius* 4/418, 472, 473
- *Chapalichthys encaustus* 2/704, 508
- *- pardalis* 3/587, 508
- *chapare, Gephyrocharax* 4/70, 86
- Chapare-Drüsensalmler 4/70, 86
- *chaperi, Alestes* 1/218, 47[3]
- *-, Aplocheilus* 4/386, 422[5]
- *-, Brycinus* 1/218, 47[3]
- *- chaperi, Epiplatys* 4/386, 422
- *-, Haplochilus* 4/386, 422[5]
- *-, Panchax* 4/386, 422[5]
- *- sheljuzhkoi, Aplocheilus* 4/396, 428[5]
- *- -, Epiplatys* 4/396, 428[5]
- *- spillmanni, Epiplatys* 2/644, 422
- *chapini, Varicorhinus* 5/142, 194[2]
- *chaplini, Fundulus* 3/560, 484[1]
- CHARACIDAE 1/242–1/313, 2/243–2/294, 3/108–3/145, 4/63–4/116, 5/34–5/71, 47–54, 71–124
- CHARACIDIIDAE 1/314, 2/295–2/298, 3/146, 4/116–4/121, 5/72
- CHARACIDIINAE 78–81
- *Characidium brevirostre* 4/118, 78
- *- catenatum* 4/123, 80[2]
- *- fasciatum* 1/314, 78
- *- sp. aff. fasciatum* 2/295, 79
- *- ladigesi* 4/123, 80[2]
- *- purpuratum*-Gruppe 4/120, 79, 80
- *- rachovii* 1/314, 79
- *- sp.* 4/120, 79
- *- steindachneri* 4/123, 80
- *- zebra* 1/314, 78[6]
- CHARACIFORMES 39–145
- CHARACINAE 81–83
- *Characinus argentinus* 2/292, 89[1]
- *- nefasch* 4/45, 56[6]
- *- piabuca* 2/292, 89[1]
- *Characodon atripinnis* 3/588, 509[2,3]
- *- bilineata* 3/592, 511[3,4]
- *- eiseni* 2/712, 513[1]
- *- encaustus* 2/704, 508[4]
- *- ferrugineus* 2/712, 513[2]
- *- furcidens* 3/590, 510[3,4]
- *- lateralis* 2/706, 508
- *- luitpoldi* 5/608, 509[5]
- *- multiradiatus* 2/706, 509[1]
- *- variatus* 2/712, 3/588, 509[2,3], 513[2]
- *Characynus gibbosus* 2/252, 81[3]
- *- pauciradiatus* 3/112, 81[4]
- *Charax argentea* 2/252, 81[6]
- *- bimaculatus* 1/255, 98[1]
- *- copei* 4/63, 81[5]
- *- gibbosus* 2/252, 81
- *- pauciradiatus* 3/112, 81
- *- tectifer* 4/63, 82
- *chariensis, Hyperopisus bebe* 4/808, 896[3]
- *-, Labeo* 2/390, 211[4]
- *Charisella fredericki* 4/794, 858[4]

- *charmuth, Macropteronotus* 2/488, 302[1]
- *charrieri, Syrrhothonus* 4/778, 820[3]
- *charus, Pimelodus* 2/566, 374[6]
- *-, Pseudopimelodus* 2/566, 3/418, 371[4], 374[6]
- *-, Zungaro* 2/566, 374[6]
- *charusini hohenackeri, Alburnus* 3/174, 177
- *charybdis, Lepomis* 1/792, 794[3,4]
- *chatareus, Coius* 1/812, 844[3]
- *-, Toxotes* 1/812, 844
- *Chatoessus erebi* 2/1062, 872[1]
- *chauchei, Aphyosemion* 4/370, 401
- Chauches Prachtkärpfling 4/370, 401
- *chaytori, Aphyosemion* 1/582, 401
- *-, Roloffia* 1/582, 401[3]
- Chaytons Prachtkärpfling 1/582, 401
- *Cheatostomus niveatus* 3/380, 339[4]
- „Checkerboard", *Haplochromis* sp. 5/832, 679[5,6], 680[1]
- *Cheilochromis euchilus* 1/712, 608
- *Cheilodipterus butis* 2/1063, 804[3]
- *Cheirodon affinis* 2/264, 102
- *- alburnus* 1/242, 74[2]
- *- axelrodi* 1/260, 121[6]
- *- calliurus* 2/269, 84[2]
- *- fugitiva* 3/118, 84[1]
- *- galusdae* 2/266, 102
- *- jaguaribensis* 2/269, 84[2]
- *- kriegi* 2/266, 103
- *- macropterus* 2/269, 84[2]
- *- micropterus* 2/269, 84[2]
- *- pallidifrons* 4/86, 101[4]
- *- parahybae* 1/260, 103
- *- pequira* 3/116, 83[6]
- *- piaba* 2/269, 84[2]
- *- pulchra* 5/40, 84[3]
- CHEIRODONTINAE 83–85
- *Chela anastoma* 4/192, 198[3]
- *- atpar* 4/192, 198[3]
- *- cachius* 4/192, 198
- *- caeruleostigmata* 2/378, 198
- *- dadyburjori* 2/380, 198
- *- fasciata* 2/380, 198
- *- laubuca* 1/412, 199
- *- mouhoti* 2/378, 198[4]
- *- oxygastroides* 2/402, 224[2,3]
- *Chelaethiops bibie* 4/192, 199
- *- elongatus* 5/148, 199
- *- rukwaensis* 3/205, 199
- *Chelichthys asellus* 5/1101, 919
- *Chelonodon dumerilii* 2/1160, 920[1]
- *- patoca* 2/1160, 920
- *cheni, Pseudogastromyzon* 2/430, 158
- *cheradophilus, Cynolebias* 2/636, 442
- *cheroni, Rasbora* 2/420, 233[5]
- *chevalieri, Eleotris* 4/756, 805[1]
- *-, Epiplatys* 1/558, 423
- *-, Haplochilus* 1/558, 423[1]
- *-, Panchax* 1/558, 423[1]

Register

Chevaliers Hechtling	1/558, 423
Cheyenne Trugdornwels	5/240, 258
Chiapas Kärpfling	2/746, 545
chiarinii, Discognathus	3/212, 205[3]
chica, Poecilia	2/736, 538
Chichancanab-Kärpfling	4/422, 475
chii, Acheilognathus	5/192, 224[1]
Chilatherina axelrodi	3/1012, 854
- bleheri	2/1108, 854
- bulolo	4/789, 854
- campsi	2/1110, 854
- crassispinosa	2/1110, 4/790, 855
- fasciata	2/1112, 855
- lorentzi	2/1112, 3/1012, 855[3], 855
- sentaniensis	2/1112, 855
Chilenischer Schmerlenwels	3/431, 387
Chilesalmler	2/266, 102
chilo, Gobius	3/996, 819[3]
Chilochromis cameronensis	4/312, 355[3]
CHILODONTIDAE	1/318, 125
Chilodus cephalotes	3/150, 145[1]
chilodus, Citharinus	1/318, 125[1]
Chilodus insignis	3/152, 145[2]
- labyrinthicus	4/126, 125[2]
- punctatus	1/318, 125
Chiloglanis batesii	4/316, 355
- cameronensis	3/395, 4/312, 355
- deckenii	3/396, 355
- cf. deckenii	4/312, 355
- cf. neumanni	3/396, 355
- paratus	2/527, 356
- somereni	4/314, 356
- sp. „Kisangani"	4/314, 356
Chilogobio czerskii	3/266, 238[3]
- soldatovi	3/266, 238[3]
chilotes, Haplochromis	5/826, 678
-, Paralabidochromis	5/826, 678[4]
- Paratilapia	5/826, 678[4]
- sakaniae, Barbus	3/186, 181[6]
Chilotilapia rhoadesii	2/854, 608
Chimarrhoglanis atesuensis	3/291, 248[2]
- leroyi	3/292, 249[1]
China-Bitterling	5/120, 175
chinchoxcanus, Epiplatys	1/562, 428[6]
chinensis, Aphyocypris	5/202, 227[5]
-, Boleophthalmus	2/1088, 826[1]
-, Chaetodon	2/803, 586[3]
-, Leuciscus waleckii	5/180, 217[6]
-, Macropodus	1/638, 2/803, 586[3-5]
- x M. opercularis, Macropodus	3/636, 586
-, Polyacanthus	2/803, 586[3]
Chinesische Plattschmerle	5/88, 154
- Schläfergrundel	3/964, 813
Chinesischer Flossensauger	2/430, 3/286, 152, 158
- Lampionfisch	3/222, 209
chini, Betta	5/640, 575[4,5]
chipeoides, Alburnus	4/190, 198[2]
chipoka", „Melanochromis	2/951, 620[3]
chipokae, Melanochromis	2/951, 620
Chirostoma sicculum	5/1000, 853[2]
chisumulae, Labidochromis	5/848, 616
chitala, Notopterus	2/1150, 900[6]
-, Notopterus	2/1150, 900[6]
Chitala ornata	2/1150, 900
Chlamydogobius eremius	2/1090, 815
chloropteron, Catostomus	3/165, 161[5]
chlorostigma, Acentrogobius	3/972, 814[4]
-, Gobius	3/972, 814[4]
chlorotaenia, Barbus	4/168, 5/138, 192[6], 182
chlupatyi, Carinotetraodon	1/866, 919[5]
chobensis, Aplocheilichthys	4/346, 491[2,3]
-, Aplocheilus	4/346, 491[2,3]
chocoensis, Diphyacantha	3/628, 548[5,6]
-, Priapichthys	3/628, 548
Chocó-Kärpfling	3/628, 548
choerorhynchus, Acantopsis	1/366, 163[2]
choirorhynchus, Acanthopsis	1/366, 163[2]
chola, Barbus	3/186, 182
-, Capoeta	3/186, 182[2]
-, Cyprinus	3/186, 182[2]
-, Puntius	3/186, 182[2]
-, Systomus	3/186, 182[2]
Chondrostoma dembeensis	3/212, 205[3]
-, potanini	3/249, 222[4]
-, syriacum	3/202, 197[1]
Chonerhinus modestus	3/1040, 920
Chonga-Buntbarsch	4/666, 720
Chonophorus banana	3/976, 827[3]
- bucculentus	3/976, 827[3]
(-) lateristriga, Awaous	5/1010, 826
- mexicanus	3/976, 827[3]
- taiasica	3/976, 827[3]
Chramulja, Gewöhnliche	3/270, 241
Chriopeoides pengelleyi	2/633, 469
Chriopeops goodei	1/566, 487[5]
christinae, Rivulus	5/572, 457
Christinas Bachling	5/572, 457
Christyella nyassana	2/908, 613[4]
christyi, Aphyosemion	2/594, 2/604, 4/380, 401[1], 415[2], 401
-, Aristochromis	2/834, 5/728, 601
-, Haplochilus	2/594, 401[4]
-, Lamprologus	3/812, 652[4]
-, Mastacembelus	2/1105, 916[2]
-, Microsynodontis	5/424, 357[1]
-, Neolamprologus	3/812, 652
-, Petrocephalus	4/816, 899
-, Tilapia	3/892, 703[4]
Christys Buntbarsch	2/834, 5/728, 601
- Lethrinopsbuntbarsch	5/728, 601
- Prachtkärpfling	2/594, 401
Chromichthys elongatus	2/914, 690[6]
Chromidotilapia batesii	2/854, 688
- - „Eseka"	4/586, 689
- botsumtwensis	4/586, 678[1]
- cavalliensis	4/638, 689
- finleyi	1/684, 689

1009

Register

- *guentheri* 1/686, 4/586, 678, 689
- *kingsleyae* 5/744, 689
- *linkei* 2/856, 690
Chromis affinis 3/892, 702[4]
- afra 2/890, 611[5]
- andreae 1/778, 3/894, 704[2,3]
- appendiculata 4/626, 768[5]
- aureus 2/978, 694[1]
- brasiliensis 1/704, 765[2]
- buettikoferi 5/906, 696[3]
- butoni 1/680, 676[5]
- busumanus 1/778, 2/1000, 701[6], 704[2]
- buttikoferi 2/1002, 702[1]
- callipterus 3/694, 676[5]
- desfontainii 5/730, 689[5]
- diagramma 3/868, 665[2]
- dumerili 1/768, 694[3]
- facetus 1/688, 752[2]
- faidherbi 3/894, 704[3]
- fenestrata 3/726, 710[5]
- fusco-maculatus 2/882, 781[2]
- guentheri 3/828, 694[4]
- guineensis 3/892, 702[4]
- horei 3/758, 643[3]
- johnstonii 2/900, 626[6]
- lateralis 3/864, 698[4]
- lateristriga 5/872, 622[5,6]
- latus 3/892, 702[4]
- menzalensis 3/894, 704[3]
- microcephalus 2/984, 698[6]
- mossambicus 1/768, 694[3]
- nebulifera 4/666, 720[5]
- nilotica 3/828, 694[4]
- niloticus 3/828, 694[4]
- obliquidens 2/913, 679[1]
- ogowensis 4/696, 703[6]
- ovalis 3/850, 683[1]
- philander 3/850, 683[1]
- polycentra 3/892, 702[4]
- proxima 1/706, 796[1]
- punctata 1/672, 3/680, 4/588, 731[3,4], 751[4]
- rendallii 3/892, 703[4]
- rivulatus 1/672, 730[6]
- sparrmani 3/894, 703[5]
- spilurus 3/832, 695[1]
- taenia 3/752, 753[2]
- tholloni 4/696, 703[6]
- tiberianis 3/864, 698[4]
- tristrami 1/778, 3/894, 704[2,3]
- uniocellata 3/680, 731[4]
- uniocellatus 1/672, 731[3]
- williamsi 3/856, 635[1]
- zillii 1/778, 3/894, 704[2,3]
Chromys acora 1/742, 772[1]
- lapidifera 3/862, 775[4]
- ucayalensis 2/852, 750[4]
Chrosomus erythrogaster 3/229, 210[4,5]
chrstyi, Mastacembelus 5/1060, 915[4]
chrysargyrea, Moenkhausia 4/108, 118

chrysargyreus, Tetragonopterus 4/108, 118[1,2]
chryseus, Deschauenseeia 1/646, 592[2]
Chrysichthys acutirostris 3/290, 262[1]
- auratus 3/308, 262[3]
- **brevibarbis** 3/306, 261
- büttikoferi 3/290, 262[1]
- camaronensis 4/234, 261[6]
- cameronensis 4/234, 261[6]
- coriscanus 3/290, 262[1]
- cranchii 3/310, 262[4]
- **furcatus** 4/234, 261
- kingsleyae 3/308, 262[3]
- lagoensis 3/290, 262[1]
- laticeps 3/310, 262[4]
- macropogon 3/310, 262[4]
- macrops 3/290, 3/308, 262[1,3]
- nigrita 3/310, 262[4]
- **nigrodigitatus** 3/290, 262
- ogowensis 3/290, 262[1]
- **ornatus** 3/308, 262
- persimilis 3/308, 262[3]
- pictus 3/308, 262[2]
- pitmani 3/310, 262[4]
- **walkeri** 3/308, 262
Chrysobagrus brevibarbis 3/306, 261[5]
chrysogaster, Haplochromis 5/874, 623[1]
-, **Naevochromis** 5/874, 623
chrysonota, Cyrtocara 1/710, 609[1]
-, Paratilapia 1/710, 609[1]
chrysonotus, Copadichromis 1/710, 609
-, Haplochromis 1/710, 3/778, 608[4], 609[1]
chrysophekadion, Labeo 1/426, 290
-, Morulius 1/426, 210[6]
-, Rohita 1/426, 210[6]
chrysopunctatus, Hemirhamphodon 3/1002, 870
chrysosoma, Cyprinogobius 4/776, 821[4,5]
-, Lophogobius 4/776, 821[4,5]
-, **Redigobius** 4/776, 5/1016, 821
chrysostigmus, Aplocheilus 1/548, 419[2]
chrysotaenia, Rasbora 3/256, 230
chrysotus, Fundulus 2/654, 483
-, Haplochilus 2/654, 483[5]
-, Micristius 2/654, 483[5]
-, Zygonectes 2/654, 483[5]
chrystyi, Barilius 1/404, 221[4]
-, **Opsaridium** 1/404, 221
chrysypa, Anguilla 4/744, 849[4]
chua-tsi, Siniperca 3/925, 841
Chuco acutum 3/746, 715[3]
- axelrodi 2/864, 770[1]
- globosum 2/872, 713[4]
- **godmanni** 3/726, 5/746, 707
- **intermedius** 3/732, 707
- manana 2/872, 713[4]
- **microphthalmus** 3/738, 5/746, 707
- milleri 3/738, 707[5]
- sp. „Rio Guarumo" 5/748, 708

Register

chucunaque, Rivulus 3/532, 5/574, 5/603, 467[6], 458
chulae, Mugilogobius 3/990, 822
-, *Vaimosa* 3/990, 822[5]
Chumlachs 5/1088, 908
chuna, Colisa 1/634, 5/650, 590
-, *Trichogaster* 1/634, 590[2]
-, *Trichopodus* 1/634, 590[2]
chuno, Gobiopterus 2/1092, 5/1028, 822
-, *Gobius* 2/1092, 822[3]
Cichla aenea 2/1014, 793[6], 794[1]
- *argus* 2/856, 5/750, 750[6], 751[1]
- *atabapensis* 2/856, 5/750, 750[6], 751[1]
- *bilineatus* 5/750, 750[5]
- *bimaculata* 2/862, 751[5]
- *chacoensis* 4/608, 761[3]
- *fasciata* 2/1016, 796[5]
- *minima* 2/1016, 796[5]
- **monoculus** 2/856, 5/750, 750[6], 750
- *ocellaris* 2/856, 750
- *ohioensis* 2/1016, 796[5]
- **orinocensis** 2/856, 5/750, 750[6], 751
- *temensis* 5/748, 5/766, 751
- *toucounarai* 5/750, 750[5]
- *tucunare* 5/748, 751[2]
- *unitaeniatus* 5/748, 751[2]
Cichlasoma acutum 3/746, 715[3]
- *affine* 3/881, 723[1]
- *alfari* 2/860, 708
- *alfaroi* 2/860, 708[2]
- **altifrons** 2/859, 708
- *amazonarum* 3/716, 751
- *anguliferum* 3/732, 707[3,4]
- **araguaiense** 4/588, 751
- (*Archocentrus*) *centrarchus* 3/722, 709[5]
- *arnoldi* 2/864, 770[1]
- *atromaculatum* 2/860, 708
- *aureum* 3/882, 723[2,3]
- *baltearum* 2/874, 714[2,3]
- „-" *bartoni* 3/718, 708, 709
- *basilare* 2/864, 709[6]
- *beani* 3/720, 709[2]
- „-" *beani* 3/720, 709
- *bifasciatum* 2/862, 709
- **bimaculatum** 2/862, 751
- *bimaculatum* 4/588, 751[4]
- *bimaculatus* 2/862, 751[5]
- „*biocellatum*" 1/692, 714[5]
- *bocourti* 5/838, 718[6]
-, Bolivien- 3/720, 751
- *boliviense* 3/720, 751
- *bouchellei* 2/860, 708[2]
- *bulleri* 3/840, 720[3]
- *cajali* 2/882, 717[4]
- „-" *calobrense* 3/722, 709
- *callolepis* 4/688, 723[4]
- *carpinte* 3/788, 719[1]
- *carpintis* 3/788, 719[1]
- *centrale* 2/882, 717[4]

- *centrarchus* 3/722, 709[5]
- „-" **centrarchus** 3/722, 709
- *champotone* 3/886, 724[1,2]
- *citrinellum* 2/864, 709
- *coeruleogula* 3/738, 5/746, 707[5,6]
- *coryphaenoides* 2/864, 770[1]
- *crassa* 1/686, 770[2]
- *cutteri* 2/878, 716[1,2]
- **cyanoguttatum** 1/724, 3/788, 719[1], 710
- *dimerus* 3/724, 752
- „-" *diquis* 3/724, 710
- *dovii* 2/866, 710
- *dowi* 2/866, 710[4]
- *eigenmanni* 4/666, 720[5]
- *ellioti* 3/884, 723[5,6]
- *erythraeum* 2/870, 2/870, 712[1]
- *evermanni* 3/738, 713[3]
- „-" *facetum* 1/688, 752
- „-" *fenestratum* 3/726, 710
- *fenestratum* var. *parma* 2/872, 713[4]
- *festae* 2/866, 752
- *festivum* 1/742, 772[1]
- **friedrichsthalii** 2/869, 710
- *gadovii* 3/726, 710[5]
- *geddesi* 4/588, 711[1]
- „-" **geddesi** 4/588, 711
-, Gelber 3/734, 712
- *globosum* 2/872, 713[4]
- „-" *godmani* 3/726, 707[2]
- *gordonsmithi* 2/882, 717[4]
- „-" **grammodes** 3/728, 711
- *granadense* 2/864, 709[6]
- *guentheri* 3/738, 5/746, 707[5,6]
- *guija* 3/738, 713[3]
- *guiza* 3/738, 713[3]
- „-" **guttulatum** 3/728, 711
- *haitiensis* 5/876, 781[5,6]
- *hartwegi* 3/842, 721[3-5]
- *hedricki* 1/692, 714[5]
- *hellabrunni* 1/686, 770[2]
- *helleri* 3/886, 724[1,2]
- „-" **heterospillum** 3/730, 711
- *heterospilus* 4/702, 725[3]
- *hicklingi* 2/880, 717[2,3]
- „-" **hogaboomorum** 3/730, 711
- *immaculata* 4/590, 5/726, 706[6], 707[1]
- *insigne* 1/742, 772[1]
- *insignis* 1/742, 772[1]
- „-" *intermedium* 3/732, 707[3,4]
- *irregulare* 3/876, 722[2]
- „-" **istlanum** 3/734, 711
- *istlarius* 3/734, 711[6]
- *kraussii* 2/850, 749[4,5]
- **labiatum** 2/870, 712
- „-" **labridens** 3/734, 712
- *lentiginosum* 3/876, 722[3,4]
- *lethrinus* 2/860, 708[2]
- *lobochilus* 2/870, 712[1]
- *loisellei* 5/752, 712[5,6]

1011

Register

- *longimanus*	2/872, 713	- *umbriferum*	2/884, 718
„-" *lyonsi*	3/737, 713	- *urophthalmus*	2/884, 718
„-" *macracantum*	3/738, 713	- *zonatum*	4/668, 5/976, 725[6]
- *maculicauda*	2/872, 713	Cichlaurus bifasciatus	2/862, 709[3]
„-" *managuense*	1/688, 721[1]	- *bimaculatus*	2/862, 751[5]
- *manana*	2/872, 713[4]	- *calobrensis*	3/722, 709[4]
- *meeki*	1/690, 3/738, 713[3], 724[3]	- *godmani*	3/726, 707[2]
- *melanurum*	4/705, 725[4]	- *hicklingi*	2/880, 717[2,3]
- *microphthalmus*	3/738, 5/746, 707[5,6]	- *intermedius*	3/732, 707[3,4]
- *milleri*	3/738, 5/746, 707[5,6]	- *microphthalmus*	3/738, 707[5]
- *minckleyi*	5/754, 713	- *ornatum*	3/740, 752[6]
- *mojarra*	2/882, 717[4]	- *psittacus*	2/876, 769[5,6]
„-" *motaguense*	3/740, 713	- *umbrifer*	2/884, 718[1]
„-" *nanoluteus*	4/590, 714	cichlid, trout	5/742, 607
- *nicaraguense*	2/874, 714	CICHLIDAE	1/654–1/785, 2/811–2/1007,
- *nigritum*	2/872, 713[4]		3/677–3/901, 4/575–4/707,
- *nigrofasciatum*	1/690, 714		5/655–5/976, 595–782
- *octofasciatum*	1/692, 714	Cichlide, Azur-	5/944, 636
- *orinocoense*	5/754, 752	-, Bartoni-	3/718, 708, 709
„-" *ornatum*	3/740, 752	-, Forellen-	5/742, 607
„-" *panamense*	3/742, 714, 715	-, Godman-	3/726, 707
„-" *pantostictum*	3/744, 715	-, Letourneaux' Roter	2/916, 691
- *parma*	2/872, 713[4]	-, Paynés Roter	2/916, 691
- *pasione*	3/888, 724[4,5]	-, „Staubsauger-"	5/818, 646
- *pearsei*	3/790, 4/626, 719[2,3]	-, Uganda-Großmaul-	5/930, 683
- *popenoei*	2/872, 713[1]	Cichliden	1/654–1/785, 2/811–2/1007,
- *portalegrense*	1/670, 753		3/677–3/901, 4/575,
- *psittacus*	2/876, 769[5,6]		5/655–5/976, 595–782
- *punctatum*	2/880, 716[3]	Cichlosoma affine	3/881, 723[1]
- *rectangure*	3/732, 707[3,4]	- *anguliferum*	3/732, 707[3,4]
„-" *regani*	3/744, 725[5]	- *aureum*	3/882, 723[2,3]
„-" *robertsoni*	3/746, 715	- *bartoni*	3/718, 708[6], 709[1]
„-" *rostratum*	3/746, 715	- *bifasciatum*	2/862, 709[3]
- *sajica*	2/878, 715	- *friedrichsthalii*	2/869, 710[6]
„-" *salvini*	1/692, 715	- *godmani*	3/726, 707[2]
- *septemfasciatum*	2/878, 716	- *intermedium*	3/732, 707[3,4]
- *severum*	1/694, 4/626, 768[5], 769[3,4]	- *istlanum*	3/734, 711[6]
- *sexfasciatum*	3/726, 710[5]	- *labridens*	3/734, 712[2–4]
- *sieboldii*	2/880, 716	- *lentiginosum*	3/876, 722[3,4]
- *socolofi*	3/890, 724[6]	- *managuense*	1/688, 721[1]
„-" sp. „Grüner von Panama"	3/750, 716	- *motaguense*	3/740, 713[3]
„-" sp. „Usumacinta"	3/750, 716	- *ornatum*	3/740, 752[6]
- *spectabile*	3/714, 750[1]	- *robertsoni*	3/746, 715[3]
- *spilotum*	2/874, 714[2,3]	- *rostratum*	3/746, 715[4]
„-" *spilurum*	1/694, 716	- *steindachneri*	3/752, 717[1]
(-) *spinosissimus*, Heros	4/590, 5/726, 706[6], 707[1]	Cienegas-Kärpfling, Cuatro	4/486, 523
		cilensis, Cyprinodon	2/586, 473[2]
- *spinosissimum* var. *immaculata*	4/590, 5/726, 706[6], 707[1]	**cincta**, Crenicichla	4/598, 756
		cinderella, Teleocichla	5/958, 778
- *steindachneri*	3/752, 5/756, 717	*cinera*, Amia	2/205, 32[2]
- *synspilum*	2/880, 717	*cinerascens*, Pimelodus	2/566, 375[3]
- *taenia*	3/752, 753	*cinereus*, Cynolebias	5/508, 442
- *teapae*	4/664, 720[4]	*cingularis*, Fundulus	2/654, 483[6]
- *temporale*	1/686, 770[2]	**cingulatus**, Fundulus	2/654, 483
- *terrabae*	2/880, 716	*cinnamoena*, Pangia	2/338, 170[6]
- *tetracanthus*	2/882, 781	**cinnamomeum**, Aphyosemion	2/594, 523
- *trimaculatum*	2/882, 717	**circumcinctus**, Mastacembelus	1/846, 3/1010, 5/1056, 917, 918
- *tuba*	4/698, 725[1]		
„-" *tuba*	3/754, 717	Ciriola	5/8, 25
„-" *tuyrense*	3/754, 717	Cirrhina cambodgiensis	5/156, 204[6]

1012

Register

Cirrhinus fasciatus	1/386, 184[1]	- *depressus*	4/265, 301[5,6]
- *molitorella*	3/250, 199	- *dolloi*	4/264, 301[4]
cirrhosa, Loricaria	5/365, 335[5]	- *dorsimarmoratus*	5/294, 300[6]
cirrhosus, Ancistrus	1/486, 2/502, 317[3,4], 321[6]	- *duchaillui*	4/263, 301[2]
		- *dumerilii (p.)*	4/262–4/264, 301[1,2,4]
ciscaucasica, Barbatula barbatula 5/86, 152		- *ekibondoi (p.)*	4/262, 301[1]
ciscaucasicus, Barbus	5/126, 182	- **gabonensis**	2/484, **4/264**, 300[3], 301[1], 301
-, *Gobio*	5/162, 207	- *gariepinus*	2/486, 4/265, 301
ciscaucasius, Gobio uranoscopus	5/162, 207[6]	- *guentheri*	4/265, 301[5,6]
CITHARINIDAE	1/224–1/232, 2/228–2/232, 3/96–3/98, 4/43–4/59, 5/26–5/32, 55	- *guienensis*	5/294, 300[6]
		- *laeviceps*	5/296, 302[3]
		- *lazera*	2/488, 4/263, 4/265, 301[2,5,6]
Citharinoides citharus	3/96, 55[4]	- *liberiensis*	5/294, 300[6]
Citharinus chilodus	1/318, 125[1]	- *lindicus*	4/262, 301[1]
- *citharinus*	3/96, 55[4]	- **liocephalus**	**4/266, 302**
- *citharus*	**3/96, 55**[4]	- *longibarbis*	4/262, 301[1]
- **congicus**	**4/43, 55**	- *longicauda*	5/294, 300[2]
- *geoffroyi*	3/96, 55[4]	- *longiceps*	2/488, 4/265, 301[5,6], 302[1]
- *martini*	4/45, 56[6]	- *macracanthus*	2/488, 4/265, 301[5,6], 302[1]
Citharops citharus	3/96, 55[4]		
citharus, Citharinoides	3/96, 55[4]	- *macromystax*	5/294, 300[6]
-, ***Citharinus***	**3/96, 55**	- *magur*	1/480, 300[5]
-, *Citharops*	3/96, 55[4]	- *malaris*	4/265, 301[5,6]
citrineipinnis, Aphyosemion	**3/466, 401**	- *marpus*	1/480, 300[5]
citrinellum, Cichlasoma	**2/864, 709**	- *megapogon*	4/262, 301[1]
-, *Erythrichthys*	2/864, 709[6]	- *microphthalmus*	4/265, 301[5,6]
citrinellus, Heros	**2/864, 709**[6]	- *monkei*	4/263, 301[2]
citrinipinnis, Cynolebias	5/544, 450[2]	- *moorii*	4/265, 301[5,6]
citripinnis, Leptolebias	5/544, 450[2]	- *mossambicus*	4/265, 301[5,6]
cladophorus, Rivulus	**5/575, 458**	- *neumanni*	4/266, 302[2]
Clariallabes longicauda	**5/294, 300**	- *nigeriae*	4/263, 301[2]
Clarias angolensis	2/484, 5/294, 300[6], **300**	- *noensis*	4/263, 301[2]
		- *notozygurus*	4/265, 301[5,6]
- *angolensis (p.)*	4/264, 301[1,4]	- *obscurus*	4/262, 301[1]
- **anguillaris**	**300**	- *ornatus*	4/266, 302[2]
clarias, Ariodes	1/510, 373[2]	- *orontis*	2/488, 4/265, 301[5,6], 302[1]
-, *Bagrus*	1/510, 373[2]	- *phillipsi*	4/266, 302[2]
Clarias bathypogon	4/262, 301[1]	*clarias, Pimelodus*	2/560, 373[4]
- **batrachus**	**1/480, 300**	*Clarias platycephalus*	4/263, 301[2]
- *bithypogon*	4/262, 301[1]	- *poensis*	4/263, 301[2]
- *breviceps*	4/263, 301[2]	*clarias, Pseudariodes*	1/510, 373[2]
- *brevior*	5/294, 300[2]	*Clarias punctatus*	1/480, 300[5]
- **buettikoferi**	**5/294, 300**	- *robecchii*	4/265, 301[5,6]
- *bulumae*	5/294, 300[6]	- **salae**	**5/296, 302**
- *buthopogon*	4/262, 301[1]	*clarias, Silurus*	1/510, 2/534, 2/560, 359[3], 373[2,4]
- **buthupogon**	**4/262, 301**		
- *buthypogon*	4/262, 301[1]	*Clarias smithii*	4/265, 301[5,6]
- *büttikoferi*	5/294, 300[6]	- *submarginatus*	4/263, 4/266, 301[2], 302[2]
- *butupogon*	4/262, 301[1]		
- *bythipogon*	4/262, 301[1]	- - *liocephalus*	4/266, 302[2]
- *bythipogon (p.)*	4/264, 301[4]	- - *thysvillensis*	4/263, 301[2]
- **camerunensis**	**4/263, 301**	**clarias, Synodontis** 2/534, 2/550, 65[6], 359	
- *camerunensis (p.)*	4/262, 301[1]	*Clarias syriacus*	2/488, 4/265, 301[5,6], 302[1]
- *capensis*	2/488, 4/265, 301[5,6], 302[1]	- *tsanensis*	4/265, 301[5,6]
- *carsonii*	4/266, 302[2]	- *vinciguerrae*	4/265, 301[5,6]
- **cavernicola**	**2/486, 301**	- *walkeri*	4/262, 4/263, 301[1,2]
- *congicus*	4/264, 301[4]	- *xenodon*	2/488, 4/265, 301[5,6], 302[1]
- *curtus (p.)*	4/263, 301[2]	- *youngicus*	4/266, 302[2]

Register

- zygouron 4/262, 301[1]
CLARIIDAE 1/480, 2/484–2/488, 3/354, 4/262–4/268, 5/294–5/296, 299–302
Clarisilurus kemratensis 2/500, 309[5]
Clarotes brevibarbis 3/306, 261[5]
- heuglinii 3/310, 262[4]
- *laticeps* 3/310, 262
clauseni, Phractura 4/226, 250
Clausens Quappenwels 4/226, 250
claviformis, Myxostoma 2/337, 161[6]
cleaveri, Galaxias 2/1078, 889
-, *Lixagasa* 2/1078, 889[4]
-, *Saxilaga* 2/1078, 889[4]
Cleithracara maronii 1/668, 753
clemenciae, Xiphophorus 2/758, 4/451, 551
climacura, Betta 3/644, 5/640, 575[4,5], 577
- „Matang", *Betta* 3/644, 577
- „Spitzkopf", *Betta* 3/644, 577
Clinodon bayoni 2/913, 679[1]
clintonii, Lepidosteus 2/210, 32[4]
Cliola billingsiana 1/428, 220[5]
- *cliola* 1/428, 220[5]
- *forbesi* 1/428, 220[5]
- *gibbosa* 1/428, 220[5]
- *hypseloptera* 2/398, 220[4]
- *iris* 1/428, 220[5]
- *jugalis* 1/428, 220[5]
- *lutrensis* 1/428, 220[5]
- *montiregis* 1/428, 220[5]
- *suavis* 1/428, 220[5]
Cloud-Plecko, Golden 4/302, 351
Clown, Mega 5/402, 344
-, Tanganjikasee- 1/702, 645
Clownbarbe 1/386, 183
Clownwels 2/580, 385
-, Assam- 3/426, 385
Clupea cyprinoides 2/1107, 872[6]
- *hudsonia* 5/186, 220[3]
- *sternicla* 1/328, 132[5]
- *setipinna* 2/1107, 872[6]
CLUPEIDAE 2/1050, 2/1062, 872
CLUPEIFORMES 872
clupeoides, Denticeps 5/1006, 872
-, *Salmo* 1/244, 77[5]
Clupisudis niloticus 2/1152, 901[5]
Cnesterodon carnegiei 2/720, 5/610, 519
- *decemmaculatus* 2/720, 5/610, 5/610, 519[5,6], 520
- *scalpridens* 4/532, 541[6]
Cnesterostoma polyodon 3/790, 680[5]
coatesi, Gymnotus 5/994, 884
Cobitichthys enalios 2/348, 169[1]
COBITIDAE 1/360, 1/364–1/375, 2/338–2/348, 3/166, 4/150–4/162, 5/104–5/116, 162–171
cobitiformis, Mormyrus 4/808, 896[4]
Cobitis (Acoura) argentata 2/348, 151[1]
- *amnicola* 5/110, 171[6]
- *anableps* 1/820, 504[2]
- *anguillicaudata* 2/348, 169[1]
- *aurata* 5/84, 152[6]
- - *bulgarica* 4/162, 171[4]
- *barbatula* 1/374, 1/376, 152[2], 167[6]
- *bifurcata* 2/348, 169[1]
- *bilturio* 2/348, 151[1]
- *bimucronata* 2/348, 151[1]
- *caspia* 5/112, 167
cobitis, Crossocheilus 2/384, 200[1]
Cobitis cucura 5/110, 171[6]
- *dario* 3/166, 163[6]
- *dorsalis* 2/350, 156[5]
- *elegans* 2/354, 5/102, 158[3], 160[1]
- *elongata* 1/374, 167[6]
- *fasciata* 2/350, 156[5]
- *fossilis* 1/374, 169[3]
- - var. *mohoity* 1/374, 169[3]
- *fuerstenbergii* 1/376, 152[2]
- *galilaea* 5/86, 152[3]
- *geta* 3/166, 166[2]
- *geto* 3/166, 166[2]
- *gibbosa* 2/348, 151[1]
- *gongota* 5/110, 171[6]
- *heteroclita* 4/442, 485[2]
- *kuhlii* 1/364, 170[3,4]
- „-*leoparda*" 3/284, 153[5]
- *longicauda* 3/286, 158[5]
Cobitis macracanthus 1/370, 165[2,3]
- *macrolepidota* 4/442, 485[2]
- *maculata* 2/348, 169[1]
- *majalis* 3/566, 486[1]
- *merga* 5/94, 157[2]
- *micropus* 1/374, 169[3]
- *montana* 5/94, 159[4]
- *ocellata* 2/348, 151[1]
- *oculata* 5/110, 171[6]
- *pangia* 2/338, 170[6]
- *panthera* 3/284, 153[5]
- *pectoralis* 2/348, 169[1]
- *persa* 3/280, 152[1]
- *punctifer* 4/769, 890[5]
- *romanica* 5/116, 171[5]
- *rubrispinis* 2/348, 169[1]
- *savona* 4/147, 157[5]
- *stoliczkae* 2/354, 158[3]
- *striata* 3/280, 152[1]
- *taenia* 3/280, 4/163, 152[1], 167
- - *bilineata* 4/163, 167
- - *taenia* 1/374, 167
- *thermalis* 2/346, 168[2]
- *toni* 1/376, 3/274, 152[2,4]
- *turio* 2/348, 151[1]
- *uranoscopus* 2/354, 158[3]
- *urophthalmus* 3/276, 151[2]
- *xanthi* 4/152, 164[2]
- *zanthi* 4/152, 164[2]
- *zebrata* 4/769, 890[5]
- *zonalternans* 5/84, 153[3]
Cobitophis anguillaris 2/338, 169[6]
- *perakensis* 2/338, 169[6]

1014

Register

cobujius, Cojus 1/619, 569[2]
„COBWEST", Aphyosemion 4/370, 401[2]
Coca-Bachling 5/578, 459
coccina, Betta 1/628, 3/646, 5/645, 578
-, - sp. aff. 4/566, 577[1]
coccinatus, Epiplatys 3/498, 423
- (?), Epiplatys 2/650, 427[5]
coccogenis, Serrasalmus 2/332, 5/80, 95[2]
Cochliodon cf. **cochliodon** 5/332, 324
- *cochliodon* 2/504, 324
cochliodon, Hypostomus 2/504, 324[1]
Cochliodon hypostomus 2/504, 324[1]
- nigrolineatus 1/492, 338[2]
- *oculeus* 5/332, 324
cochliodon, Panaque 2/504, 324[1]
-, Plecostomus 2/504, 324[1]
Cochliodon, Riesen- 4/282, 324
-, Schoko- 5/332, 324
Cochliodon sp. 4/282, 5/331, 314, 324
Cochliodonwels 2/504, 324
Cod, Murray 2/1038, 841
-, Trout 2/1038, 814
codalus, Petersius 1/222, 54[4]
coecutiens, Cetopsis 4/269, 297
-, Silurus 4/269, 297[6]
coelatus, Callichthys 1/458, 270[5]
coeleste, Aphyosemion 2/596, 402
Coelurichthys inequalis 2/254, 5/42, 87[2,3]
- lateralis 2/254, 5/42, 87[2,3]
- *microlepis* 2/254, 3/120, 5/45, 87[4-6], 88[1], 86
- tenuis 2/254, 3/120, 5/42, 87[2,3], 86
coenicola, Poecilia 4/442, 485[2]
coenosus, Silurus 3/360, 311[3]
coeruleogula, Cichlasoma 3/738, 5/746, 707[5,6]
coeruleopunctata, Acara 2/814, 729[4]
coeruleopunctatus Aequidens 2/814, 729
coeruleum, Aphyosemion 1/538, 415[5]
coeruleus, Astatichthys 3/916, 835[3]
-, Brochis 1/458, 3/326, 270[3,4]
-, Poecilichthys 3/916, 835[3]
- spectabilis, Poecilichthys 3/920, 836[5]
-, *Theraps* 3/879, 722
Coetus grunniens 3/939, 866[2]
cognatum, Aphyosemion 1/526, 2/596, 3/476, 409[2], 402
cognatus, Acara 2/812, 729[3]
-, *Cottus* 5/1007, 912
Coholachs 5/1088, 908
COIIDAE 801
Coius chatareus 1/812, 844[3]
- microlepis 1/802, 801
- nandus 1/806, 831[1]
- polota 1/802, 801[6]
- quadrifasciatus 1/802, 801
Cojus cobujius 1/619, 569[2]
colchicus, Phoxinus phoxinus 5/197, 226
Colima-Hochlandkärpfling 4/454, 506
Colisa bejeus 1/634, 590[3]

- *chuna* 1/634, 5/650, 590
- *fasciata* 1/634, 590
- *labiosa* 1/636, 590
- *lalia* 1/636, 2/800, 590
- *lalius* 1/636, 590[5]
- ponticeriana 1/634, 590[3]
- *sota* 1/634, 5/650, 590[2]
colisa, Trichopodus 1/634, 590[3]
Colisa unicolor 1/636, 590[5]
- vulgaris 1/634, 590[3]
Coliscus parietalis 3/254, 227[1,2]
collettii, Moenkhausia 1/300, 118
-, Tetragonopterus 1/300, 118[3]
Colletti-Salmler 1/300, 118
colombianus, Heterandria 3/626, 547[2,3]
-, Poeciliopsis 3/626, 547[2,3]
Colomesus asellus 5/1101, 919[6]
- psittacus 2/1160, 920
- psittacus 5/1101, 919[6]
Colonkärpfling 2/716, 517
Colossoma brachypomus 2/328, 92
- *bidens* 2/328, 92[1]
- *macropomum* 1/350, 92
- mitrei 2/328, 92[1]
- nigripinnis 1/350, 92[2]
- oculus 1/350, 92[2]
colyeri, Synodontis 3/404, 363[2]
colymbetes, Euanemus 2/442, 255[5]
coma, Moenkhausia 2/284, 118[4]
COMEPHORIDAE 3/930, 3/942, 911
comephoroides, Cottocomephorus 3/950, 911
-, - grewingki var. 3/950, 911[6]
-, Cottus 3/950, 911[6]
Comephorus baicalensis 3/942, 911
- *dybowskii* 3/942, 911
comma, Moenkhausia 2/284, 118
commbrae, Apistogramma 2/822, 733
-, Heterogramma 2/822, 733[6]
commersoni affinis, Plecostomus 1/490, 331[1]
-, *Chanda* 4/711, 786[3-5]
-, Plecostomus 1/490, 331[1]
- scabriceps, Plecostomus 1/490, 331[1]
commersonii, Ambassis 2/1020, 787[4]
-, *Catostomus* 3/165, 161
-, *Chanda* 2/1020, 787
-, Cyprinus 3/165, 161[5]
Commersons Glasbarsch 4/711, 786
Commerson's Glasbarsch 2/1020, 787
communis, Catostomus 3/165, 161[5]
complanata, Cyprinella 1/428, 220[5]
compressa, Hypseleotris 2/1066, 809
-, Priapella 2/750, 547
compressiceps, Altolamprologus 1/732, 641
-, Crenicichla 4/600, 756
-, Cyrtocara 1/710, 612[1]
-, *Dimidiochromis* 1/710, 612
-, Haplochromis 1/710, 612[1]

1015

Register

-, *Lamprologus* 1/732, 641³
-, *Paratilapia* 1/710, 612¹
compressirostris, Gnathonemus 4/804, 894⁶
-, *Nemacheilus* 3/274, 152⁴
-, *Nemachilus* 1/376, 152²
compressus, Carassiops 2/1066, 809⁵
-, *Eleotris* 2/1066, 809⁵
-, *Hemigrammus* 3/134, 110⁵
-, *Hyphessobrycon* 3/134, 110
-, *Tetragonopterus* 1/254, 96⁵
conchonius, Barbus 1/382, 182
-, *Cyprinus* 1/382, 182⁴
-, *Puntius* 1/382, 182⁴
-, *Systomus* 1/382, 182⁴
Conchos-Kärpfling 4/492, 525, 526
- -Wüstenkärpfling 4/428, 476
conchui, Microbrycon 1/258, 100⁶
concolor, Corydoras 1/462, 276
-, *Gobius* 5/1014, 816²′³
-, *Macropodus* 1/638, 586
-", „*Macropodus opercularis* 1/638, 586²
condel, Asiphonichthys 1/248, 81
condiscipulus, Corydoras 5/258, 5/268, 276, 284
confinis, Ambassis 4/712, 789¹
-, *Parambassis* 4/712, 789
confluentus, Fundulus 3/560, 484
congensis, Eutropius 4/332, 380³
-, *Notopterus afer* 3/1025, 901²
congica, Parailia 2/572, 2/574, 379⁵, 379
congicum, Aphyosemion 2/598, 402
-, *Ctenopoma* 2/788, 5/638, 571⁵′⁶
-, *Microctenopoma* 2/788, 5/638, 571
congicus, Anabas 2/788, 571⁵′⁶
-, *Barbus* 4/170, 182
-, *Citharinus* 4/43, 55
-, *Clarias* 4/264, 301⁴
-, *Panchax* 2/598, 402⁴
- *rukwaensis, Engraulicypris* 3/205, 199⁴
-, *Synodontis* 2/536, 359
congoensis, Garra 3/212, 205
-, *Lamprologus* 2/926, 692
congolensis, Eutropius 4/332, 380³
Congolli 2/1058, 792
Congopanchax myersi 4/352, 494²
„*conilea*", *Corydoras* 4/254, 286¹
connieae ,Pseudomugil 2/1134, 863
-, *Popondetta* 2/1134, 863⁶
-, *Popondichthys* 2/1134, 863⁶
Connies Regenbogenfisch 2/1134, 863
conserialis, Petersius 3/90, 93
constanciae, Cynolebias 5/512, 442
Constanzes Fächerkärpfling 5/512, 442
constructor, Gobio 3/992, 818²
-, *Gobius* 3/992, 818²
-, *Neogobius cephalarges* 3/992, 818
Conta conta 3/424, 385
conta, Hara 3/424, 385¹
-, *Pimelodus* 3/424, 385¹

continens, Xiphophorus 4/552, 551
contractus, Synodontis 2/536, 359
-, *Rhinogobius* 3/976, 827³
Copadichromis sp. aff. *azureus* 3/778, 608
- *boadzulu* 2/894
- *borleyi* 2/894, 608
- *chrysonotus* 1/710, 609
- *cyaneus* 5/756, 609
- *jacksoni* 4/592, 609
- „*Kadango*" 3/770, 609
- *mbenjii* 4/592, 610
- *pleurostigma* 5/758, 610
- sp. 1/711, 610
- *trimaculatus* 5/758, 610
- *verduyni* 4/594, 610, 611
copei, Charax 4/63, 81⁵
-, *Corydoras* 3/330, 276
-, *Moenkhausia* 2/286, 118
-, *Tetragonopterus* 2/286, 118⁵
Copeina argirops 1/332, 139¹
- *arnoldi* 1/332, 139²
- *callolcpis* 1/332, l/334, 139²′⁴
- *carsevennensis* 1/332, 139²
- *eigenmanni* 1/332, 139²
- *guttata* 1/332, 139
- *metae* 1/334, 139³
copelandi, Hyphessobrycon 1/280, 110
Copelandia eriarcha 1/796, 795⁵
Copelands Salmler 1/280, 110
Copella arnoldi 1/332, 139
- *metae* 1/334, 139
- *nattereri* 1/334, 139
- *nigrofasciata* 1/334, 139
- *spilota* 3/158, 143⁶
- *stoli* 3/158, 144¹
- *vilmae* 2/320, 139
„ -*vilmai*" 2/320, 139⁶
Copesalmler 2/286, 118
Copidoglanis obscurus 5/446, 377⁵
Copora alfari 2/860, 708²
coppenamensis, Corydoras bondi 3/330, 275
Coppenam-Panzerwels 3/330, 275
coppingeri, Galaxias 2/1080, 889⁵
(Coptodon) guineensis, Tilapia 3/892, 702
- *zillii* 1/778, 3/894, 704²′³
coracoideus, Bunocephalus 1/454, 253²
-, *Dysichthys* 1/454, 253
-, *Trachycorystes* 2/442, 255⁴
coreanus, Elxis 2/344, 155³
CorEGONIDAE siehe SALMONIDAE
Coregonus albula pereslavicus 4/749, 906
- *amboinensis* 1/310, 124²
- *autumnalis migratorius* 3/944, 906
- *lavaretus* 3/944, 906
- *macrophthalmus* 3/941, 907¹
- *migratorius* 3/944, 906⁴
- *muksum* 4/749, 906
- *omul* 3/944, 906⁴
- *oxyrhynchus* 3/941, 907

Register

- *pidschian* 4/478, 907
- *sardinella* 4/749, 907
- sp. 4/748, 907
- *wartmanni* 3/944, 906[5]
- Corematodus taeniatus 5/760, 611
- -, Blauer 5/760, 611
- Coreoperca kawamebari 4/742, 841[6]
- coriaceus, Cyprinus 1/414, 201[2]
- -, Trachelyopterus 5/240, 258
- coriparoides tenuicorpus, Gobio 3/218, 208[4]
- coriscanus, Chrysichthys 3/290, 262[1]
- coronarius, Chaenobryttus 1/792, 794[3,4]
- coronatus, Gasteropelecus 1/328, 132[5]
- Coronogobius schlegelii 5/1041, 820[4]
- coropinae, Gymnotus 5/994, 883[6]
- „correae", Corydoras 4/254, 286[1]
- corsula, Liza 5/1078, 888[1,2]
- -, Rhinomugil 5/1078, 888
- cortesi, Corydoras 4/240, 276
- cortezi, Xiphophorus 2/758, 551, 552
- -, - montezumae 2/758, 3/632, 551[6], 552[1]
- Cortez-Schwertträger 2/758, 551, 552
- coruchi, Etroplus 1/702, 781[3]
- corumbae, Heterogramma 2/822, 3/685, 733[6], 738[5,6]
- Corumba-Zwergbuntbarsch 2/822, 733
- corusla, Mugil 5/1078, 888[1,2]
- Corydoras acutus 1/460, 270
- - adolfoi 3/328, 270
- - aeneus 1/460, 5/252, 271
- - cf. aeneus 5/253, 271
- - sp. aff. aeneus 5/253, 271
- - agassizii 1/460, 272
- - amandajanea 5/254, 272
- - amapaensis 3/328, 272
- - ambiacus 2/458, 272
- „-araguaia" 2/464, 280[2]
- - araguaiaensis 3/289, 4/236, 5/257, 272
- - arcuatus 1/460, 273
- - armatus 1/460, 3/336, 273
- - atropersonatus 2/460, 273
- - axelrodi 1/460, 273
- - baderi 1/470, 273
- - „baianinho" 5/264, 281[1,2]
- - barbatus 1/460, 273, 274
- - bertoni 2/468, 282[2]
- - blochi blochi 1/462, 274
- - - vittatus 1/462, 274
- - bolivianus 4/238, 274
- - bondi bondi 1/462, 274
- - - coppenamensis 3/330, 275
- - breei 3/341, 4/236, 275
- - burgessi 4/240, 275
- - caquetae 2/468, 281[5]
- - caudimaculatus 2/460, 275
- - cervinus 5/258, 275
- - concolor 1/462, 276

- *condiscipulus* 5/258, 5/268, 276, 284
- „*conilea*" 4/254, 286[1]
- *copei* 3/330, 276
- „*correae*" 4/254, 286[1]
- *cortesi* 4/240, 276
- *crypticus* 4/242, 276
- *davidsandsi* 3/332, 276
- „*-deckeri*" 3/336, 282[1]
- *delphax* 2/462, 3/332, 277
- *dubius* 1/466, 294[6]
- *duplicareus* 5/260, 5/262, 277
- *edentatus* 2/496, 308[2]
- *ehrhardti* 2/462, 277
- *eigenmanni* 1/460, 273[6], 274[1]
- *elegans* 1/464, 277
- - *nijsseni* 4/253, 284[1,2]
- *ellisae* 1/464, 5/260, 278
- *ephippifer* 4/242, 278
- *episcopi* 1/466, 294[6]
- *eques* 1/464, 278
- *evelynae* 1/464, 278
- *flaveolus* 4/244, 278
- *fowleri* 3/334, 278
- -, Fowlers 3/334, 278
- *funelli* 2/466, 281[4]
- *garbei* 1/464, 279
- *geoffroy* 1/470, 287[2]
- *geryi* 4/244, 291[4]
- *gomezi* 4/246, 279
- *gossei* 5/263, 279
- *gracilis* 1/466, 279
- *grafi* 2/458, 272[5]
- *griseus* 1/466, 279
- *guapore* 2/464, 279
- *habrosus* 1/466, 280
- *haraldschultzi* 2/464, 280
- *hastatus* 1/466, 280
- *imitator* 3/334, 280
- *incolicana* 4/246, 280
- -, Janes 5/254, 272
- *julii* 2/466, 280
- *juquiaae* 4/250, 283[6]
- *kronei* 1/460, 273[6], 274[1]
- -, Kupferfleck- 5/260, 277
- *lacerdai* 5/264, 281
- -, Lacerdas 5/264, 281
- *latus* 4/223, 4/238, 5/267, 274[4,5], 281
- *leopardus* 2/466, 281
- *leucomelas* 2/468, 281
- *loretoensis* 3/336, 281
- *loxozonus* 1/462, 3/336, 282
- *macropterus* 2/468, 282
- *macrosteus* 1/460, 5/252, 271[2-4]
- *maculifer* 4/248, 282
- *marmoratus* 1/470, 285[4,5]
- *melanistius brevirostris* 2/470, 282
- - *longirostris* 2/458, 272[5]
- - *melanistius* 1/468, 282
- *melanotaenia* 2/470, 282

1017

Register

- *melini* 1/468, 3/332, 283
- *meridionalis* 2/462, 277[5]
- *metae* 1/468, 283
- sp. aff. *multimaculatus* 4/248, 283
- *myersi* 4/256, 287[4-6]
- *napoensis* 1/474, 3/338, 283
- *narcissus* 4/250, 283
- *nattereri* 4/250, 283
- *nijsseni* 4/253, 284
- *oiapoquensis* 5/269, 284
- *ornatus* 1/470, 2/472, 284
- *orphanoprerus* 3/338, 284[6], 285[1]
- *orphnopterus* 2/472, 3/338, 284, 285
- *orphonopterus* 2/472, 284[6], 285[1]
- *osteocarus* 3/340, 285
- *ourastigma* 4/254, 285
- *paleatus* 1/470, 285
- *panda* 2/474, 285
- -, Parallelstreifen- 1/474, 286
- *parallelus* 1/474, 4/254, 286
- *pastazensis orcesi* 3/342, 286
- *pauciradiatus* 2/456, 269[3]
- *pinheiroi* 5/271, 286
- *polystictus* 2/474, 3/342, 286
- *prionotus* 3/348, 286
- *pulcher* 3/344, 287
- cf. *punctatus* 1/470, 287
- *pygmaeus* 1/472, 287
- *rabauti* 1/468, 1/472, 4/256, 287
- *raimundi* 5/250, 269[4]
- *reticulatus* 1/472, 288
- *robineae* 2/477, 288
- *robustus* 5/272, 288
- cf. *sanchesi* 4/258, 288
- cf. *saramaccensis* 4/258, 288
- *sarareensis* 5/272, 289
- *schultzei* 5/252, 271[2-4]
- *schwartzi* (?) 5/249
- - *surinamensis* 3/346, 294[2]
- *semiaquilus* 5/274, 289
- *semiscutatus* 3/326, 270[4]
- *septentrionalis* 1/474, 2/478, 289
- *serratus* 5/262, 5/276, 277, 289
- -, Seuss' 5/278, 289
- *seussi* 5/278, 289
- *similis* 4/260, 290
- *simulatus* 2/478, 290
- *sodalis* 1/474, 3/344, 290
- sp. 4/244, 5/256, 5/268, 5/270, 5/284, 5/290, 5/292, 290–293
- - - „Miguelito" 4/260, 295[2]
- - - „Perreira" 4/246, 280[5]
- - - „Purus" 4/260, 295[2]
- *steindachneri* 2/480, 293
- *stenocephalus* 5/276, 293
- *sterbai* 2/480, 294
- *surinamensis* 3/346, 294
- *sychri* 1/474, 294
- *treitlii* 5/278, 294
- -, Treitls 5/278, 294
- *trilineatus* 1/466, 294
- „-*triseriatus*" 3/348, 286[6]
- *undulatus* 5/280, 295
- „U6" 2/456, 269[3]
- *venezuelanus* 5/252, 271[2-4]
- *vermelinhos"* 2/474, 286[4,5]
- *virescens* 2/474, 3/342, 286[4,5]
- *virginiae* 4/260, 295
- *wotroi* 2/470, 282[4]
- *xinguensis* 5/280, 295
- *zygatus* 3/348, 5/282, 295

Corymbophanes bahianus 5/334, 314, 325

Corynopoma albipinne 1/250, 86[4]
- *aliata* 1/250, 86[4]
- *riisei* 1/250, 86
- *searlesi* 1/250, 86[4]
- *veedoni* 1/250, 86[4]

coryphaenoides, Acara 2/864, 770[1]
-, Cichlasoma 2/864, 770[1]
-, Heros 2/864, 770[1]
-, *Hypselecara* 2/864, 770
coryphaeus, Heros 1/694, 769[3,4]
Corythroichthys spicifer 4/828, 879[1]
Costa Rica-Molly 4/520, 538, 539
costae, Cynolebias 5/512, 442[6], 443[1]
costai, Cynolebias 4/450, 5/512, 5/514, 442, 443

Costas Fächerfisch 5/512, 442, 443
costalesi, Gobionellus 3/980, 815[4,5]
-, Smaragdus 3/980, 815[4,5]
Costello-Salmler 1/268, 106
costata, Diplophysa 2/344, 155[3]
-, Lefua 2/344, 155
costatus, Cataphractus 1/484, 307[5]
-, Doras 1/482, 1/484, 304[5], 307[5]
-, *Platydoras* 1/484, 307
-, Silurus 1/484, 307[5]
cosuatis, Barbus 3/198, 222[2]
-, Cyprinus 3/198, 222[2]
-, Leuciscus 3/198, 222[2]
-, Oreichthys 3/298, 222
cotidianus, Gobiomorphus 5/1020, 808
-, Cyprinus 4/206, 222[5]
-, Rohtee 4/206, 222[5]
cotio, Osteobrama 4/206, 222
cotra, Trichopodus 1/634, 590[3]
cottesi, Barbus camtacanthus var. 1/390, 184[6]

COTTIDAE 3/932, 3/946–3/949, 5/1007, 911–913

COTTOCOMEPHORIDAE 3/932, 3/950–3/953, 848

Cottocomephorus comephoroides 3/950, 911
- *grewingki* 3/952, 912
- - var. *comephoroides* 3/950, 911[6]
- *megalops* 3/950, 911[6]

cottoides, Microglanis 3/418, 371[4]
-, Pseudopimelodus 3/418, 371[4]

Register

Cottus baicalensis	3/950, 911[5]
- *chamberlaini*	5/1007, 912[3]
- ***cognatus***	**5/1007, 912**
- *comephoroides*	3/950, 911[6]
- *ferugineus*	3/947, 912[4,5]
- ***gobio***	**3/947, 912**
- *grewingki*	3/952, 912[1,2]
- *grunniens*	3/939, 866[2]
- *inermis*	3/952, 912[1,2]
- *insidiator*	4/724, 913[3]
- *jeittelesi*	3/952, 913[2]
- *kaganowskii*	5/1007, 912[3]
- *kessleri*	3/948, 912[6]
- *kneri*	3/948, 913[1]
- *madagascariensis*	4/724, 913[3]
- *microstomus*	3/947, 912[4,5]
- *philonips*	5/1007, 912[3]
- *spatula*	4/724, 913[3]
- *trigonocephalus*	3/948, 912[6]
cotylephorus, *Aspredo*	2/438, 253[5,6]
-, *Platystacus*	2/438, 253
couchi, *Moniana*	1/428, 220[5]
couchiana, *Ainia*	2/760, 552[2,3]
-, *Gambusia*	2/760, 552[2,3]
-, *Limia*	2/760, 552[2,3]
-, *Mollienisia*	2/760, 552[2,3]
-, *Poecilia*	2/760, 552[2,3]
couchianus gordoni, *Xiphophorus*	2/762, 552[5]
- *Platypoecilus*	2/760, 552[2,3]
-, *Xiphophorus*	2/760, 552
-, - *variatus* x	2/780, 564
couchii, *Poecilia*	2/760, 552[2,3]
Couesius plumbeus	4/194, 199
courteti, *Synodontis*	2/538, 359
coxii, *Galaxias*	2/1080, 889[6], 890[1]
crabro, *Pseudotropheus*	3/852, 629
cranchii, *Chrysichthys*	3/310, 262[4]
crassa, *Acara*	1/686, 770[2]
-, *Astronotus*	1/686, 770[2]
-, *Cichlasoma*	1/686, 770[2]
-, *Heros*	1/686, 770[2]
crassiceps, *Rachoviscus*	3/123, 90
crassilabris, „*Geophagus*"	**3/766, 718**
-, *Liocassis*	5/246, 266[1]
-, *Pelteobagrus*	5/246, 266
-, *Satanoperca*	3/766, 718[3,4]
crassipinnis, *Acara*	1/682, 748[1]
crassispinosa, *Centatherina*	2/1110, 855[1,2]
-, *Chilatherina*	2/1110, 4/790, 855
crassispinosus, *Rhombatractus*	2/1110, 4/790, 855[1,2]
crassus, *Lamprologus*	4/644, 654[6]
Craterocephalus annator	5/1000, 852[6]
- *eyresii*	2/1054, 852
- *fluviatilis*	2/1056, 853[1]
- *kailolae*	5/998, 852
- *lacustris*	5/998, 852
- *marjoriae*	2/1054, 852
- *nouhuysi*	5/1000, 852
- *stercusmuscarum*	2/1056, 853
craticula, *Zygonectes*	2/658, 485[5]
Crayracion fahaka	2/1162, 921[1]
- *palembangensis*	1/868, 920[4,5]
Creagrutus beni	**2/270, 103**
- *brevipinnis*	4/88, 103
- *lepidus*	5/56, 103
Creatochanes affinis	2/246, 76[4]
- *caudomaculatus*	2/262, 101[5,6]
(-) *inpai*, *Bryconops*	4/88, 102
- *melanurus*	2/246, 2/264, 76[4]
Crenicara altispinosa	3/802, 772[3,4]
- *elegans*	1/696, 754[2]
- *filamentosa*	1/696, 753
- *latruncularium*	5/764, 753, 754
- *maculata*	5/808, 764[5]
- *punctulata*	1/696, 754
- *praetoriusi*	5/808, 764[5]
Crenichthys baileyi albivallis	3/552, 488
- - *baileyi*	4/444, 488, 489
- - *grandis*	4/446, 489
- - *moapae*	4/446, 489
- - *thermophilus*	4/448, 489
- *nevadae*	4/448, 489
Crenicichla acutirostris	5/766, 754
- *albopunctata*	5/768, 754
- *alta*	4/596, 5/789, 755
- *anthurus*	3/756, 755
- *astroblepa*	4/596, 755[4,5]
- *brasiliensis* var. *fasciata*	4/598, 756[2]
- - - *strigata*	1/698, 763[6]
- - - *vittata*	1/698, 763[6]
- *cametana*	4/596, 755
- *cardiostigma*	5/770, 755, 756
- *chacoensis*	4/608, 761[3]
- *cincta*	4/598, 756
- *compressiceps*	4/600, 756
- *cyanonotus*	5/772, 756
- *cyclostoma*	4/600, 756
- *dorsocellata*	4/606, 760[3,4]
- *dorsocellatus*	1/698, 759[2,3]
- *edithae*	4/602, 757
- *elegans*	4/606, 760[5]
- *geayi*	4/604, 757
- *jegui*	5/774, 757
- *johanna*	2/886, 757
- - var. *carsevennensis*	2/886, 757[6]
- - - *strigata*	1/698, 763[6]
- - - *vittata*	1/698, 763[6]
- *labrina*	5/776, 758
- *lacustris* var. *semifasciata*	4/608, 761[3]
- *lenticulata*	5/778, 758
- *lepidota*	2/886, 4/602, 4/610, 757[1,2], 764[1], 758
- *lucius*	3/756, 755[3]
- cf. *lugubris*	5/792, 758
- *marmorata*	5/778, 758
- *monogramma*	5/960, 779[1]
- *multispinosa*	5/780, 759
- *notophthalmus*	1/698, 4/606, 5/782, 760[3,4], 759

1019

Register

- obtusirostris 2/886, 757[6]
- orinocensis 2/856, 750[6]
- ornata 5/778, 758[3]
- percna 5/786, 759
- phaiospilus 5/784, 759
- polysticta 5/786, 760[1,2]
- proselytus 5/962, 779[2]
- pterogramma 4/596, 755[1,2]
- punctata 5/786, 760
- regani 4/606, 760
- reticulata 4/606, 4/610, 763[5], 760
- saxatilis 2/886, 3/756, 758[4], 760
- - var. albopunctata 5/768, 754[5,6]
- - sp. aff. sedentaria 5/794, 761
- semifasciata 4/608, 761
- simoni 4/608, 761[3]
- - sp. „Bauchrutscher" 5/794, 761[1,2]
- - „Jabuti/Santarém" 5/788, 761
- - „Orinoco" 5/796, 761
- - „Puerto Gaitán" 5/790, 762
- - „Rotpunkt Inirida" 5/792, 762
- - „Sinóp" 5/796, 762
- - „Xingú I" 5/798, 762
- - „Xingú II" 5/802, 763
- - „Xingú III" 5/804, 763
- stocki 4/610, 763
- strigata 1/698, 763
- sveni 4/610, 764
- vaillanti 3/756, 4/596, 755[1,2], 760[6]
- vittata 4/612, 5/781, 764
- wallacii 2/888, 764

crenidens, Hemiodus 2/314, 134[5]
Crenimugil labrosus 5/1074, 887
CRENUCHIDAE 1/317, 3/147, 5/74
CRENUCHINAE 85
Crenuchus spilurus 1/317, 85
creolus, Girardinus 3/604, 526, 527
-, Toxus 3/604, 526[6], 527[1]
creutzbergi, Centromochlus 3/300, 257[5]
-, Tatia 3/300, 257
„crimson", Haplochromis 4/622, 678[6]
cristagalli, Gobius 3/988, 817[5]
cristata, Barbatula 5/86, 153
cristatus, Hemichromis 2/914, 690
-, Nemachilus 5/86, 153[1]
-, Parotocinclus 5/388, 341
cromei, Rasbora 2/420, 233[5]
Crossocheilus cobitis 2/384, 200[1]
- denisonii 5/150, 200
- reticulatus 2/384, 200
- cf. reticulatus 5/221, 200
- siamensis 1/418, 200
Crossochilus reba 3/211, 205[1]
Crossoloricaria rhami 4/284, 325
- venezuelae 4/284, 325
Crossostoma tinkhami 2/426, 154
Cruxentina nasa 3/148, 128[3]
cruzi, Apistogramma 3/682, 5/662, 734
cryptacanthus,
  Caecomastacembelus 4/784, 916

-, Mastacembelus 4/784, 4/786, 915[3], 916[5]
crypticus, Corydoras 4/242, 276
cryptocallus, Rivulus 2/680, 458
cryptodon, Planiloricaria 5/407, 345, 346
-, Pseudohemiodon 5/407, 345[5,6], 346[1]
Cryptops humboldtii 1/862, 885[5]
- lineatus 1/862, 885[5]
- virescens 1/862, 885[5]
Cryptopterichthys bicirrhis 1/515, 382[4]
- palembangensis 1/515, 382[4]
Cryptopterus amboinensis 1/515, 382[4]
- macrocephalus 2/576, 382[3]
- micropus 2/576, 382[2]
cryptopterus, Cryptopterus 2/576, 382[2]
-, **Kryptopterus** 2/576, 382
-, Silurus 2/576, 382[2]
crysoleucas, Abramis 5/185, 220[1]
-, Cyprinus 5/185, 220[1]
-, Notemigonus 5/185, 220
crystallodon, Cyprinodon 5/484, 474[5]
-, Lebias 5/484, 474[5]
**Ctenobrycon spilurus
  hauxwellianus** 1/262, 103
ctenocephalus, Gastromyzon 5/88, 154
Ctenochromis benthicola 5/806, 643
- callipterus 3/694, 676[6]
- horei 3/758, 643
- obliquidens 2/913, 679[1]
- philander 3/850, 683[1]
- polli 3/758, 690
- sauvagei 3/858, 683[2,3]
Ctenogobius acutipinnis 2/1092, 820[1]
- dentifer 5/1008, 814[2]
- similis 5/1044, 824[2]
- thomasi 5/1050, 822[1]
- wui 2/1100, 3/998, 824[4-6]
ctenolepis, Xenodexia 4/550, 5/628, 550
CTENOLUCIIDAE 1/316, 2/299–2/302, 4/125, 125, 126
Ctenolucius beani 2/230, 4/125, 126[4]
- hujeta 2/300, 126[6]
- - beani 2/300, 4/125, 126
- - hujeta 2/300, 126
Ctenopharyngodon idella 1/414, 200
Ctenopharynx pictus 2/902, 611
Ctenopoma acutirostre 1/619, 569
- acutirostre 1/624, 570[5]
- ansorgii 1/620, 571[3]
- argentoventer 1/620, 5/636, 570[3], 571[4]
- ashbysmithii 2/790, 570[4]
- breviventralis 3/640, 571[2]
- brunneum 3/640, 571[2]
- caudomaculatum 3/640, 571[2]
- congicum 2/788, 5/638, 571[5,6]
- damasi 2/788, 572[1]
- davidae 3/640, 571[2]
- denticulatum 1/624, 570[5]
- fasciolatum 1/621, 572[2]

Register

- *gabonense* 2/790, 570[4]
- *garuanum* 3/640, 571[2]
- *intermedium* 4/565, 5/638, 572[3]
- *intermedius* 5/638, 572[3]
- **kingsleyae** 1/622, 569
- *machadoi* 3/638, 3/640, 569[6], 570[1], 571[2]
- **maculatum** 1/622, 569
- *microlepidotum* 2/792, 572[5]
- *multifasciata* 1/622, 569[5]
- *multispine* 2/790, 3/638, 569[6], 570[1]
- **multispinis** 2/790, 3/638, 569, 570
- *multispinnis* 3/638, 569[6], 570[1]
- *muriei* 1/623, 570
- *nanum* 1/623, 5/638, 571[5,6], 572[3,4]
- *nebulosum* 5/636, 570
- *nigropannosum* 2/790, 570
- *ocellatum* 1/624, 570
- *oxyrhynchum* 1/624, 570
- *pekkolai* 3/640, 571[2]
- *pellegrini* 3/640, 571
- *peterici* 1/620, 571[4]
- *petherici* 1/624, 3/640, 5/636, 570[3,5], 571
- *riggenbachi* 3/640, 571[2]
- Ctenopoma vermayi 3/640, 571[2]
- *weeksii* 1/622, 569[5]
- Ctenops nobilis 1/650, 590[1], 3/660
- *pumilus* 1/650, 589[5]
- *vittatus* 1/650, 590[1]
- ctenopsoides, Macropodus 2/803, 586[3]
- **Cualac tessellatus** 3/554, 474, 475
- Cuatro-Cienegas-Kärpfling 4/486, 523
- cubangoensis, Amphilius 3/292, 249[1]
- -, Cyphomyrus 4/806, 895[5]
- -, Marcusenius 4/806, 895[5]
- CUBANICHTHINAE 469
- **Cubanichthys cubensis** 2/634, 469
- *pengelleyi* 2/633, 469[3]
- **cubensis, Cubanichthys** 2/634, 469
- -, Fundulus 2/634, 469[4]
- -, Gambusia 1/604, 533[5,6], 534[1]
- -, Heterandria 1/592, 527[4]
- -, Limia 1/604, 4/508, 533[5,6], 534[1]
- -, Poecilia 1/604, 4/508, 533[5,6], 534[1]
- Cucumber Hering 2/1053, 891
- cucura, Cobitis 5/110, 171[6]
- cuelfuensis, Noemacheilus 2/354, 158[3]
- **Culaea inconstans inconstans** 3/968, 877
- - - *pygmaeus* 3/968, 877
- culiciphaga, Hemigrammocapoeta 5/164, 209[2,3]
- Culius amblyopsis 4/752, 806[6]
- *belizanus* 4/752, 807[3]
- *fuscus* 3/960, 807[1]
- *insulindicus* 3/960, 807[3]
- *macrocephalus* 3/960, 807[2]
- *macrolepis* 3/960, 807[2]
- *melanosoma* 3/960, 807[2]
- *perniger* 4/752, 807[3]

- Culter leucisculus 3/224, 209[1]
- -, *mongolicus* 3/207, 203[5]
- -, *rutilus* 3/207, 203[5]
- cultratum, Petalosoma 2/715, 516[5]
- **cultratus, Alfaro** 2/715, 516
- -, Cyprinus 3/252, 224[6]
- -, **Pelecus** 3/252, 224
- -, Petalurichthys 2/715, 516[5]
- Cultriculus kneri 3/224, 209[1]
- **cumingi, Barbus** 1/384, 183
- cumingii, Puntius 1/384, 183[1]
- cumuni, Nannostomus 1/344, 141[6]
- Cumuru-Panzerwels 5/269, 284
- cundinga, Cyprinodon 2/1107, 872[6]
- -, Elops 2/1107, 872[6]
- Cunnigtons Tanganjikabarsch 3/811, 649
- cunningtoni, Lamprologus 2/928, 649[3], 3/811, 649[4]
- -, Lepidiolamprologus 2/928, 3/811, 649
- **Cunningtonia longiventralis** 5/806, 643
- cupanus, Macropodus 1/642, 589[1]
- -, Polyacanthus 1/642, 589[4]
- -, Pseudosphromenus 1/642, 589
- - var. dayi, Polyacanthus 1/642, 587[4]
- **cupido, Biotodoma** 1/684, 3/708, 748
- -, Biotodoma cf. 5/738, 748
- -, Geophagus 1/684, 3/708, 748[4-6]
- -, Mesops 1/684, 3/708, 748[4-6]
- *cupreus*, Hemigrammus 4/92, 105
- curianalis, Lamprichthys 1/566, 498[1]
- Curimata altamazonica 2/306, 145[6]
- - *cyprinoides* 4/126, 128
- - *elegans* 2/303, 129[5]
- - **gillii** 3/148, 105
- - *lineopunctata* 4/128, 129[4]
- - *metae* 4/128, 129[6]
- - *multilineata* 1/320, 129[2]
- - *nasa* 3/148, 128
- - *pantostictos* 4/130, 129[3]
- - *spilura* 2/304, 128
- CURIMATIDAE 1/320, 2/303–2/307, 3/148–3/153, 4/126–4/131, 127–129
- **Curimatopsis evelynae** 4/130, 128
- - *macrocephalus* 2/304, 128[6]
- - **macrolepis** 2/304, 128
- - *myersi* 3/150, 129
- Curimatus acutidens 2/238 68[3]
- - *cyprinoides* 4/126, 128[1]
- - *frederici* 2/238 68[3]
- - *taeniurus* 1/320, 145[3]
- curtifilis, Megalops 2/1107, 872[6]
- **Curtipenis elegans** 4/520, 538[5]
- **curtirostra, Farlowella** 5/334, 5/336, 326
- curtis, Brachyalestes imberi 1/216, 47[2]
- curtus, Alestes 1/216, 47[2]
- - (p.), Clarias 4/263, 301[2]
- -, **Mormyrops (Mormyrops)** 4/812, 897
- -, Oxyrhynchus 4/812, 897[4]
- curviceps, Acara 1/662, 770[5]

1021

Register

-, Aequidens	1/662, 770[5]	- flavomaculata	5/748, 751[2]
-, Laetacara	1/662, 770	- labrina	5/776, 758[1,2]
-, Mormyrops	4/810, 897[3]	- rubroocellata	1/682, 748[1]
curvifrons, Mormyrus	4/814, 898[1]	- rutilans	3/756, 760[6]
-, Pseudosimochromis	2/970, 3/852, 664	- trifasciata	2/856, 5/750, 750[6], 751[1]
-, Simochromis	2/970, 3/852, 664[3,4]	Cychlasoma pulchrum	1/670, 730[5]
curvirostris, Belonoglanis	4/226, 249[3]	- taenia	3/752, 753[2]
-, Labeotropheus	1/730, 615[3,4]	Cyclocheilichthys apogon	1/412, 200
cutcutia, Leisomus	3/1040, 920[6]	- janthochir	3/206, 200
-, Monotretus	3/1040, 920[6]	- rubripinnis	1/412, 200[5]
-, **Tetraodon**	**3/1040, 920**	cyclorhynchus, Labeo	2/390, 212[3]
-, Tetrodon	3/1040, 920[6]	cyclostoma, Crenicichla	4/600, 756
cutteri, Cichlasoma	2/878, 716[1,2]	cyclurus, Lophiobagrus	2/452, 236
cuvieri, Boulengerella	2/300, 126[2]	cylindraceus, Rivulus	1/578, 458
-, Dangila	3/232, 212[6]	cylindricus, Cyprinus	1/322, 130[1]
-, Gasterosteus	1/834, 877[5]	-, Labeo	3/230, 211
-, Hydrocynus	2/300, 126[2]	„-", Lamprologus	3/814, 652[5]
-, Hydrocyonoides	2/233, 62[6]	-, **Neolamprologus**	**3/814, 652**
-, Vastres	2/1151, 901[4]	Cylindrosteus agassizi	2/212, 32[5]
-, Xiphostoma	2/300, 126[2]	- bartoni	2/212, 32[5]
Cuviers Fransenlipper	3/232, 212	- castelnaui	2/212, 32[5]
- Hechtsalmler	2/300, 126	- productus	2/212, 32[5]
Cyanblauer Fächerfisch	5/515, 443	- rafinesquei	2/212, 32[5]
cyanea, Cyrtocara	5/756, 609[2,3]	- zadocki	2/212, 32[5]
cyanella, Icthelis	1/796, 796[1]	cymatogramma, Pileoma	3/914, 835[1]
cyanellus, Apomotis	1/796, 796[1]	Cynodon scomberoides	5/50, 91[2,3]
-, Chaenobryttus	1/796, 796[1]	Cynodonichthys tenuis	2/688, 466[6]
-, Lepidomus	1/796, 796[1]	**Cynolebias adloffi**	**2/634, 440**
-, **Lepomis**	**1/796, 796**	- affinis	5/506, 441
-, Telipomis	1/796, 796[1]	- albipunctatus	5/506, 441
cyaneus, Copadichromis	**5/756, 609**	- alexandri	1/550, 446[1]
-, **Cynolebias**	**5/515, 443**	- antenori	2/638, 446[6]
-, Haplochromis	5/756, 609[2,3]	- aruana	5/558, 452[3]
-, **Nothobranchius**	**2/662, 431**	- aureoguttatus	5/544, 450[1]
cyanochlorus, Pimelodus	3/428, 386[3]	- bellottii	1/550, 441
cyanoclavis, Gobius	5/1008, 814[2]	- boitonei	2/636, 441
cyanoguttatum, Cichlasoma	**1/724, 3/788, 719[1], 710**	- **bokermanni**	**5/508, 5/514, 441**
		- brucei	5/504, 440[4]
-, Herichthys	1/724, 710[1,2]	- carvalhoi	5/508, 442[4]
cyanoguttatus, Heros	1/724, 710[1,2]	- **chacoensis**	**5/510, 442**
cyanomos, Acentrogobius	**5/1008, 814**	- **cheradophilus**	**2/636, 442**
-, Gobius	5/1008, 814[2]	- **cinereus**	**5/508, 442**
-, Rhinogobius	5/1008, 814[2]	- citrinipinnis	5/544, 450[2]
cyanonotus, Batrachops	5/772, 756[4,5]	- **constanciae**	**5/512, 442**
-, **Crenicichla**	**5/772, 756**	- costae	5/512, 442[6], 443[1]
cyanophthalmus, Panchax	1/572, 868[2]	- **costai**	**4/450, 5/512, 442, 443**
cyanopterus, Centrarchus	2/812, 729[3], 2/862, 751[5]	- **cyaneus**	**5/515, 443**
		- dolichopterus	1/584, 468[3]
cyanostictum, Aphyosemion	1/556, 420[2]	- **elongatus**	**3/491, 443**
cyanostictum, Diapteron	**1/556, 420**	- **flammeus**	**5/516, 443**
cyanostictus, Eretmodus	**1/702, 645**	- **flavicaudatus**	**5/516, 443**
cyanotaenia, Leuciscus	2/404, 224[4]	- aff. **flavicaudatus**	**5/528, 444**
Cyathopharynx furcifer	**2/888, 3/760, 643, 644**	- **fractifasciatus**	**5/546, 450[4-6]**
		- fulminantis	5/518, 444
- grandoculis	2/888, 3/760, 643[5,6], 644[1]	- gibberosus	1/550, 441[3]
- schoutedeni	4/584, 642[5]	- glaucopterus	5/560, 452[6]
Cychla argus	2/856, 750[6]	- GO-2	5/512, 442[6], 443[1]
- brasiliensis var. johanna	2/886, 757[6]	- **griseus**	**5/518, 444**
- fasciata	2/886, 757[6]	- **hellneri**	**5/520, 444**
- flavo-maculata	2/856, 750[6]	- **heloplites**	**2/638, 444**

1022

Register

- holmbergi	3/491, 443³	CYPRINIDAE	1/376–1/447, 2/358–2/425, 3/168–3/273, 4/164–4/219, 5/117–5/225, 172–241
- lacortei	5/549, 451¹		
- ladigesi	1/554, 5/546, 449⁵, 450⁴⁻⁶	CYPRINIFORMES	146–149
- leitaoi	5/546, 450³	Cyprinion hughi	5/156, 205⁵
- leptocephalus	5/522, 445	- imberba	4/196, 206³
- maculatus	1/550, 441³	- poilanei	4/196, 206³
- magnificus	5/522, 445	Cyprinodon airebejensis	2/586, 473²
- melanotaenia	3/494, 449⁶	- alvarezi	4/422, 475
- minimus	5/546, 450⁴⁻⁶	- anatoliae	3/547, 471²,³
- monstrosus	5/524, 445	- atrorus	3/556, 475
- myersi	5/526, 445	- baileyi	4/444, 488⁵, 489¹
- nanus	5/544, 450²	- beltrani	4/422, 475
- nigripinnis alexandri	1/550, 446	- blanfordii	5/484, 474⁵
- - nigripinnis	1/552, 446	- bondi	4/424, 475
- nonoiuliensis	3/494, 446	- bovinus	4/424, 476
- notatus	5/529, 446	- calaritanus	1/522, 473⁵
- opaleecena	5/544, 450²	- chantrei	4/418, 472⁶, 473¹
- opalescens	5/546, 450⁴⁻⁶	- cilensis	2/586, 473²
- pantanalensis	5/560, 452⁶	- crystallodon	5/484, 474⁵
- paranaguensis	5/544, 450¹	- cundinga	2/1107, 872⁶
- perforatus	5/531, 446, 447	- desioi	2/586, 473²
- porosus	5/532, 447	- dispar	2/586, 4/418, 473²⁻⁴
- prognathus	5/532, 5/534, 447	- eilensis	2/586, 473²
- robustus	1/550, 3/491, 441³, 443³	- elegans	5/486, 476
- sp. „GO-3"	5/549, 451³	- eximius	4/428, 476
- sp. „Para-Bitter"	5/558, 452⁴,⁵	- fasciatus	1/522, 473⁵
- spinifer	3/491, 443³	- flavulus	3/566, 486¹
- stellatus	5/535, 447	- floridae	1/564, 481¹
- vandenbergi	5/537, 448	- fontinalis	4/428, 476
- vazferreirai	5/538, 448	- gibbosus	3/558, 481¹
- viarius	2/638, 448	- hammonis	2/586, 4/418, 473²⁻⁴
- withei	1/552, 449	- iberus	1/522, 473⁶, 474¹
- wolterstorffi	5/540, 449	- labiosus	5/488, 477
- zonatus	5/540, 449	- lineatus	2/702, 504⁶
Cynopoecilus fluminensis	5/544, 450²	- lunatus	2/586, 473²
- ladigesi	1/554, 449	- lykaoniensis	3/547, 471²,³
- melanotaenia	3/494, 449	- macrolepis	3/556, 477
Cynopotamus argenteus	2/252, 82	- macularius	1/554, 477
- gibbosus	2/252, 81³	- - baileyi	4/444, 488⁵, 489¹
- microlepis	1/248, 81²	- - eremus	4/430, 477
- pauciradiatus	3/112, 81⁴	- marmoratus	1/522, 473⁵
Cynotilapia afra	2/890, 611	- maya	5/490, 478
Cyphocharax multilineatus	1/320, 129	- multidentatus	2/702, 504⁶
- pantostictos	4/130, 129	- nevadensis amargosae	4/430, 478
- spilurus	2/304, 128⁴	- **mionectes**	1/556, 4/432, 478
Cyphomyrus cubangoensis	4/806, 895⁵	- - **pectoralis**	4/432, 478
- discorhynchus	4/806, 895⁵	- - shoshone	5/484, 478
- psittacus	5/1068, 896²	- orthonotus	2/666, 434⁶
Cyphotilapia demeusii	4/688, 701³	- ovinus	4/438, 480⁵,⁶
- frontosa	1/700, 644	- pachycephalus	4/435, 479
Cyprichromis brieni	3/838, 662¹,²	- parvus	3/574, 487⁶
- leptosoma	1/700, 644	- **pecosensis**	4/436, 479
- microlepidotus	2/890, 3/760, 644	- persicus	5/484, 474⁵
- nigripinnis	2/892, 644	- pluristriatus	5/484, 474⁵
- pavo	4/614, 645	- punctatus	5/484, 474⁵
Cyprinella billingsiana	1/428, 220⁵	- radiosus	5/492, 479
- bubelina	1/428, 220⁵	- richardsoni	4/418, 473³,⁴
- complanata	1/428, 220⁵	- rubrofluviatilis	4/436, 480
- forbesi	1/428, 220⁵	- salinus	4/438, 480²
- suavis	1/428, 220⁵		

Register

- - *salinus*	4/438, 480	- coriaceus	1/414, 201[2]
- sophiae	5/484, 474[5]	- cosuatis	3/198, 222[2]
- stoliczkanus	2/586, 473[2]	- cotio	4/206, 225[5]
- sureyanus	4/414, 471[5,6]	- crysoleucas	5/185, 220[1]
- *tularosa*	5/494, 480	- cultratus	3/252, 224[6]
- umbra	3/1044, 874[4]	- cylindricus	1/322, 130[1]
- variegatus bondi	4/424, 475[5,6]	- daniconius	2/414, 230[6]
- - *dearborni*	3/558, 480	- dentex	5/18, 47[1]
- - *ovinus*	4/438, 5/492, 480	- devario	1/416, 201[3]
- - var. *bovinus*	5/486, 476[2,3]	- elatus	1/414, 201[2]
- - *variegatus*	3/558, 481	- erythrophthalmus	1/444, 5/210, 237[1,2]
CYPRINODONTIDAE	1/518–1/585, 2/583–2/700, 3/547–3/578, 4/414–4/450, 5/484–5/494, 469–482	- fundulus	3/270, 241[2]
		- (Garra) balitora	4/222, 228[2]
		- gelius	1/388, 184[4]
		- gibbosus	3/201, 195[5]
CYPRINODONTIFORMES	390–503	- gobio	1/420, 208[1]
CYPRINODONTINAE	469–482	- hungaricus	1/414, 201[2]
Cyprinogobius chrysosoma	4/776, 821[4,5]	- idus	1/424, 5/177, 216[3-5]
cyprinoides, Asterropteryx	5/1032, 809[6], 810[1]	- jeses	5/177, 216[4,5]
		- labeo	4/148, 161[4]
-, Clupea	2/1107, 872[6]	- lamta	2/386, 205[6]
-, *Curimata*	4/126, 128	- laskyr	3/201, 195[5]
-, Curimatus	4/126, 128[1]	- laubuca	1/412, 199[1]
-, Eleotris	5/1032, 809[6], 810[1]	- leuciscus	3/240, 217[2]
-, Elops	2/1107, 872[6]	- macrolepidotus	1/414, 201[2]
-, *Hypseleotris*	5/1032, 810	- mosal	3/270, 240[6]
-, *Lophogobius*	3/988, 817	- oblongus	2/337, 161[6]
-, *Megalops*	2/1107, 872	- orfus	5/177, 216[4,5]
-, Mormyrus	5/1070, 898[6]	- phoxinus	1/430, 226[1-3]
-, Salmo	4/126, 128[1]	- phutunio	2/374, 190[6]
cyprinorum, Cyprinus rex	1/414, 201[2]	- rapax	3/176, 177[4]
Cyprinus abramioides	4/190, 198[1]	- rasbora	2/418, 232[6]
- acuminiatus	1/414, 201[2]	- regina	1/414, 201[2]
- albidus	4/164, 177[1]	- rerio	1/408, 196[5]
- alburnus	3/173, 177[2]	- rex cyprinorum	1/414, 201[2]
- amarus	1/442, 235[4,5]	- rostratus	4/148, 161[4]
- aspius	3/176, 177[4]	- sericeus	5/208, 236[3]
- atpar	4/192, 198[3]	- specularis	1/414, 201[2]
- atratulus	3/264, 235[1]	- sucetta	2/337, 161[6]
- atromaculatus	5/216, 239[5]	- taeniatus	3/176, 177[5]
- atronasus	3/264, 235[1]	- teres	3/165, 161[5]
- auratus	1/410, 197[4]	- terio	5/140, 193[3]
- ballerus	4/164, 174[1]	- ticto	1/400, 193[5]
- barbus	2/364, 179[6]	- tinca	5/219, 240[4,5]
- barna	4/189, 195[3]	- vimba	3/272, 5/224, 174[4,5]
- bipunctatus	1/379, 176[2]	cypris alexandri, Aphanius	2/586, 474[1]
- bjoerkna	3/201, 195[5]	- boulengeri, Aphanius	2/586, 474[2]
- blicca	3/201, 195[5]	-, Lebias	2/586, 474[2]
- brama	3/169, 174[2]	- orontis, Aphanius	2/586, 474[2]
- cachius	4/192, 198[3]	Cyrene festiva	2/392, 212[5]
- canius	4/170, 181[4]	cyrius, Gobius	3/992, 818[2]
- capoeta	3/270, 241[2]	-, - platyrostris var.	3/992, 818[2]
- carassius	1/410, 197[6]	Cyrtocara anagenys	4/616, 612[5]
- *carpio*	1/414, 5/117, 201	- annectens	2/892, 627[5]
- catla	4/190, 198[1]	- borleyi	2/894, 608[5]
- catostomus	4/148, 161[3]	- caerulea	5/742, 607[4,5]
- cephalus	3/238, 216[1]	- chrysonota	1/710, 609[1]
- chalcoides	4/190, 198[2]	- compressiceps	1/710, 612[1]
- chola	3/186, 182[2]	- cyanea	5/756, 609[2,3]
- commersonii	3/165, 161[5]	- electra	2/896, 626[4,5]
- conchonius	1/382, 182[4]		

Register

- epichorialis	1/712, 619³
- euchila	1/712, 608²
- eucinostomus	5/896, 624²
- fenestratus	2/898, 627⁶
- formosa	3/777, 619⁴,⁵
- fuscotaeniatus	2/898, 623²
- gracilis	5/946, 636⁵,⁶
- heterodon	5/898, 624⁵,⁶
- heterotaenia	4/582, 606⁶, 607¹
- jacksoni	4/592, 609⁴
- johnstonii	2/900, 626⁶
- kiwinge	5/810, 678²,³
- labrosa	1/714, 621¹
- labrosus	2/900, 627¹,²
- lateristriga	5/872, 622⁵,⁶
- lepturus	3/772, 607²
- linni	1/716, 623³,⁴
- lithobates	4/662, 625¹,²
- livingstonii	1/716, 623⁵
- macrostoma	4/700, 638²,³
- melanonotus	3/774, 627³,⁴
„-microcephalus"	5/896, 624³
- milomo	2/900, 627¹,²
- modesta	5/950, 637²,³
- mola	3/774, 619⁶, 620¹
- moorii	1/718, 611
- ornata	5/812, 612³,⁴
- ovata	5/900, 625³
- ovatus	2/902, 625³
- pholidophorus	5/952, 637⁴,⁵
- pictus	2/902, 611⁴
- placodon	2/904, 637⁶
- pleurostigma	5/758, 610²
- polystigma	1/718, 623⁶, 624¹
- rhoadesii	5/740, 607³
- rostrata	1/720, 3/778, 612⁶, 613¹
- similis	3/780, 628¹
- spilopterus	5/910, 628²,³
- spilorhynchus	2/904, 607⁶, 608¹
- taeniolata	3/782, 628⁴⁻⁶
- tetraspilus	5/900, 625⁴
- urotaenia	5/838, 614⁵
- venusta	1/720, 624⁴
Cyrtocaria trimaculata	5/758, 610⁴,⁵
Cyrtocharax argenteus	2/252, 81⁶
Cyrtus gulliveri	3/910, 828⁶
czekanowski modestus, Moroco	5/170, 213⁵
- szufzbebsus, Phoxinus	5/170, 213⁵
czekanowskii, Acerina	1/808, 837³
- **czerskii, Lagowskiella**	**5/170, 213**
-, Phoxinus	5/170, 213⁴
- **Phoxinus**	**2/404, 225**
- **suifunensis, Lagowskiella**	**5/170, 213**
czerskii, Chilogobio	3/266, 238³
-, Gobio	3/266, 238³
-, **Lagowskiella czekanowskii**	**5/170, 213**
-, Phoxinus czekanowskii	5/170, 213⁴
-, Sarcocheilichthys	3/266, 238³
-, - **nigripinnis**	**3/266, 238**

D

dabryanus, Misgurnus	5/114, 171³
-, **Paramisgurnus**	**5/114, 171**
dabryi, Armatogobio	3/268, 238⁶
- borealis, Micropercops	3/962, 810⁶, 811¹
-, Hypophthalmichthys	3/226, 210¹
- immaculatus, Saurogobio	3/268, 238⁶
-, **Saurogobio**	**3/268, 238**
-, Saurogobius	3/244, 219²
Dactylophallus denticulatus	4/496, 527²
- ramsdeni	4/496, 527²
dadyburjori, Chela	**2/380, 198**
Dadyburjors Kielbauchbärbling	2/380, 198
daemon, Geophagus	**2/908, 5/942, 776³, 765**
-, - satanoperca	2/908, 765³
-, Satanoperca	2/908, 765³
Daffodil Schneckenbarsch	2/925, 658
„daffodil", Lamprologus sp.	2/925, 658¹
„-", **Neolamprologus sp.**	**2/925, 658**
dagesti, Discognathus waterloti	4/196, 206²
dageti, Epiplatys	**1/560, 423**
-, Synodontis	2/538, 360³
-, **Tilapia**	**4/692, 702**
daguae, Astyanax	5/52, 98
dahuricus, Nasus	5/152, 202⁴
dailly, Hoplosternum thoracarum	3/351, 296²
Dallia delicatissima	3/1044, 874¹
- **pectoralis**	**3/1044, 874**
Dalmatinischer Zwergdöbel	4/212, 236
Dalophis boulengeri	**5/1081, 844**
damascina, Capoeta	3/202, 197
- sevrice, Capoeta	5/148, 197
damascinus, Varicorhinus	5/148, 197²
damasi, Anabas	2/788, 572¹
-, Ctenopoma	2/788, 572¹
-, **Microctenopoma**	**2/788, 572**
Damaskus-Weißling	5/148, 197
Damaskusbarbe	5/148, 197
Damba, Steinfarbener	5/905, 782
d'anconai, Oreochromis	3/832, 695¹
Dangila burmanica	2/392, 212⁴,⁵
- cuvieri	3/232, 212⁶
- festiva	2/392, 212⁵
- leptocheila	3/232, 212⁶
- lipocheilus	2/362, 178¹
daniconius, Cyprinus	2/414, 230⁶
- **daniconius, Rasbora**	**2/414, 230**
- **labiosa, Rasbora**	**2/414, 230**
-, Opsarius	2/414, 230⁶
Danio aequipinnatus	**1/416, 201**
- **albolineata**	**1/404, 196²**
- alburnus	1/416, 201³
- anilipunctatus	1/406, 196⁴
- auroflineatus	1/416, 201³
- devario	1/416, 201

1025

Register

- kerri 1/406, 196³
- lineolatus 1/416, 201³
- malabaricus 1/416, 201³
- micronema 1/416, 201³
- nigrofasciatus 1/406, 196⁴
- osteographus 1/416, 201³
- **pathirana** 5/150, 201
- **regina** 2/382, 201
- rerio 1/408, 196⁵

danrica var. macayensis, Nuria 2/384, 204²
„Dar es Salaam",
Nothobranchius sp. 3/512, 432²
dardennii, Limnotilapia 2/986, 665¹
-, **Simochromis** 2/986, 665
-, Tilapia 2/986, 665¹
dargei, Aphyosemion 4/370, 402
Darienichthys dariensis 4/548, 549¹
Darien-Kärpfling 4/548, 549
dariensis, Darienichthys 4/548, 549¹
-, Gambusia 4/548, 549¹
-, **Priapichthys** 4/548, 549
dario, Botia 3/166, 4/150, 163
-, Cobitis 3/166, 163⁶
darlingi, Labeo 3/230, 211¹
daruphani, Barbodes 2/368, 183⁶
-, **Barbus** 2/368, 183
-, Puntius 2/368, 183²
Dasiatis uarnak 4/14, 34⁴
DASYATIDAE 4/14, 33–36
Dasybatus (Himanturus) uarnak 4/14, 34⁴
Datnia ambigua 2/1036, 833⁶
Datnioides microlepis 1/802, 801⁵
- quadrifasciatus 1/802, 801⁶
daurica, Nuria 3/210, 204³
- var. malabarica, Nuria 3/208, 204¹
dauricus, Acipenser 3/82, 29³
-, **Huso** 3/82, 29
davidae, Ctenopoma 3/640, 571²
davidi, Synodontis 2/536, 359⁵
David's Rückenschwimmender
Kongowels 2/536, 359
davidsandsi, Corydoras 3/332, 276
daviesi", „Pseudotropheus 1/740, 620⁶
dawalla, Ageneiosus 2/433, 247⁵
-, Hypophthalmus 2/433, 247⁵
dayi, Anacyrtus 4/68, 82⁵
-, **Aplocheilus** 1/546, 418
-, Haplochilus 1/546, 418¹
-, Hypseleotris 5/1032, 809⁶, 810¹
-, Macropodus 1/642, 587⁴
-, Panchax 1/546, 418¹
-, **Parosphromenus** 1/642, 587
-, Polyacanthus 1/642, 587⁴
-, - cupanus var. 1/642, 587⁴
-, **Roeboides** 4/68, 82
- **werneri, Aplocheilus** 1/492, 418
Days Raubglassalmler 4/68, 83
dearborni, Cyprinodon variegatus 3/558, 480
deauratus, Acrossocheilus 5/122, 175

-, Barbus 5/122, 175⁶
debryi, Onychodon 3/226, 210¹
Decapogon adspersus 1/476, 296¹
- urostriatum 1/476, 296²
decaradiatus, Trachelyichthys 5/242, 258
decemfasciata, Panchax
grahami var. 4/398, 429²⁻⁴
decemlineatus, Awaous 3/974, 827¹,²
decemmaculata, Poecilia 5/610, 520¹
decemmaculatus, Cnesterodon 2/720, 5/610, 5/610, 519⁵,⁶, 520
-, **Distichodus** 1/224, 56
-, Girardinus 5/610, 520¹
-, Glaridichthys 5/610, 520¹
-, Gulapinnus 5/610, 520¹
decioi, Barbus 3/192, 187⁵
decipiens, Barbus 4/186, 194³
deckenii, Chiloglanis 3/396, 355
-, Chiloglanis cf. 4/312, 355
deckeri", „Corydoras 3/336, 282¹
Deckers Panzerwels 3/336, 282
decorsei, Aphyosemion 2/594, 401⁴
decorus, Synodontis 1/501, 360
degeni, Platytaeniodus 4/674, 682
deheyni, Phenacogrammus 4/40, 54
deissneri, Osphronemus 1/640, 587⁴⁻⁶
-, **Parosphromenus** 1/640, 5/652, 587
-, **Parosphromenus** sp. aff. 5/652, 587
Deissners Prachtgurami 1/640, 587
dejoannis, Petrocephalus 5/1070, 898⁶
Dekeyseria scaphirhyncha 3/367, 325
delhezi, Polypterus 2/216, 30
delicatissima, Dallia 3/1044, 874¹
deliciosus, Mormyrops 4/810, 897³
delineatus, Leucaspius 1/424, 4/208, 225³, 215
-, Squalius 1/424, 215²
delphax, Corydoras 2/462, 3/332, 277
Delphinaal 5/1081, 849
Delphinbarbe 5/212, 239
Delphinbuntbarsch 1/666, 770
Delphinwels, Guyana- 2/433, 247
-, Marmor- 4/224, 247
Delphinwelse 2/433, 4/224, 247
Delta-Prachtkärpfling 1/528, 402
deltaense, Aphyosemion 1/528, 402
Deltaflügel-Zwergwels 4/335, 386
deltaphilus, Rivulus 5/576, 458
(Deltentosteus) leopardinus,
Gobius 4/778, 820³
(-) longecaudatus, Gobius 3/986, 817³,⁴
dembeensis, Chondrostoma 3/212, 205³
-, Discognathus 3/212, 205³
-, **Garra** 3/212, 205
demerarae, Auchenipterus 2/442, 255⁵
demeusii, Cyphotilapia 4/688, 701³
-, Haplochromis 4/688, 701³
-, Paratilapia 4/688, 701³
-, **Thoracochromis** 4/688, 701
Demoiselle, Süßwasser- 4/738, 839

Register

Denariusa bandata	2/1024, 788
dendera, *Mormyrus*	4/810, 897[3]
Denisonbarbe	5/150, 200
denisonii, *Barbus*	5/150, 200[2]
-, *Crossocheilus*	5/150, 200
-, *Labeo*	5/150, 200[2]
-, *Puntius*	5/150, 200[2]
dentata, *Trutta*	2/292, 89[1]
dentatus, *Aphyocharax*	**2/243, 74**
-, *Apocryptes*	4/778, 820[6]
-, *Auchenipterus*	2/442, 255[5]
-, *Bryconamericus*	2/243, 74[6]
-, *Doras*	3/356, 307[6]
-, *Euanemus*	2/442, 255[5]
-, *Hemibrycon*	2/243, 74[6]
- jabonero, *Hemibrycon*	4/90, 104[5]
-, *Piabucus*	2/292, 89
-, *Platydoras*	3/356, 307
dentex, *Cyprinus*	5/18, 47[1]
Denticeps clupeoides	**5/1006, 872**
DENTICIPITIDAE	5/1006, 872
denticulatum, *Ctenopoma*	1/624, 570[5]
denticulatus, *Dactylophallus*	4/496, 527[2]
-, *Girardinus*	4/496, 527
dentifer, *Ctenogobius*	5/1008, 814[2]
deokhatoides, *Doryichthys*	3/1038, 878
-, *Syngnathus*	3/1038, 878[5]
depauwi, *Synodontis*	2/530, 2/550, 5/428, 357[6], 361[5], 366[1]
depressa, *Rhamdia*	2/566, 375[3]
depressifrons, *Apistes*	4/740, 913[5,6]
-, *Prosopodasys*	4/740, 913[5,6]
-, ***Vespicula***	**4/740, 913**
depressirostris, *Pseudorasbora*	2/406, 227[6]
depressus, *Cataphractus*	1/458, 270[5]
-, *Clarias*	4/265, 301[5,6]
deprimozi, *Aplocheilichthys* (*Hypsopanchax*)	4/360, 497[3]
-, *Haplochilus* (*Hypsopanchax*)	4/360, 497[3]
-, *Hypsopanchax*	4/360, 497[3]
dequesne, *Mormyrus*	5/1070, 898[6]
-, *Petrocephalus*	5/1070, 898[6]
deraniyagalai, *Schismatogobius*	**5/1046, 825**
derhami, *Rivulus*	3/534, 459
Dermogenys ebrardtii	**3/1002, 870**
- pogonognathus	2/1102, 871[1]
- *pusillus*	1/841, 870
- - *sumatranus*	2/1102, 870
- *viviparus*	4/782, 870
descalvadensis, *Roeboides*	4/68, 82
Descalvado-Raubglassalmler	4/68, 83
descampsi, *Ectodus*	**3/762, 645**
Deschauenseeia chryseus	1/646, 592[2]
desert, *Barbus ablabes type*	4/174, 187[1]
deserti, *Barbus*	4/174, 187[1]
desfontainesi, *Haplochromis*	5/730, 689[5]
desfontainii, *Astatotilapia*	5/730, 688
-, *Chromis*	5/730, 689[5]
-, *Labrus*	5/730, 689[5]
-, *Sparus*	5/730, 689[5]
desioi, *Cyprinodon*	2/586, 473[2]
desmotes, *Leporinus*	**2/236, 68**
detantus, *Doras*	3/356, 307[6]
Devario asmussi	2/358, 175[1]
- -Bärbling	1/416, 201
- *chankaensis*	2/358, 175[4]
devario, Danio	**1/416, 201**
devaro, *Cyprinus*	1/416, 201[4]
devenanzii, *Adontosternarchus*	**5/988, 882**
dewindti, *Aulonocranus*	**3/707, 641**
-, *Paratilapia*	3/707, 641[5]
dhonti, *Aplocheilichthys*	**1/544, 495[2]**
-, *Haplochilus*	1/544, 495[2]
-, *Lamprologus*	1/776, 666[4]
-, *Telmatochromis*	1/776, 666
diadema, *Acara*	2/814, 729[5]
diadema, *Aequidens*	**2/814, 729**
Diadem-Buntbarsch	2/814, 729
Diagonal-Panzerwels	1/468, 283
diagramma, *Chromis*	3/868, 665[2]
-, ***Simochromis***	**3/868, 665**
dialuzona, *Acantopsis*	1/366, 163
dialyzona, *Acantopsis*	1/366, 163[2]
Diamant-Killifisch	1/521, 483
- -Piranha	2/334, 96
- -Regenbogenfisch	4/796, 361
Diamantbarsch	1/796, 795
-, Kiemenfleck-	1/794, 795
Diamantkopf-Neontetra	4/64, 122
Diamantsalmler	2/260, 100
-, Blauer	4/22, 47
Diamond", „Blue	4/22, 47
Dianema longibarbis	**1/476, 296**
- *urostriata*	1/476, 296
diaphanus, *Calliurus*	1/796, 796[1]
-, ***Fundulus***	**2/656, 484**
diaphanus, *Hydrargira*	2/656, 484[2]
Diapteron abacinum	**2/640, 420**
- *cyanostictum*	1/556, 420
- *fulgens*	3/496, 420
- *georgiae*	3/496, 420
Diaz' Hochlandkärpfling	4/458, 507
diazi, *Allotoca* (*Neoophorus*)	**4/458, 507**
-, *Neoophorus*	4/458, 507[3]
diazona, *Acantopsis*	1/366, 163[2]
dibaphus, *Rivulus*	3/534, 459
Dicerophallus echeagarayi	5/618, 521[3,4]
dichroura, *Moenkhausia*	3/140, 118
-, *Moenkhausia* sp. aff.	5/62, 119
dichrourus, *Tetragonopterus*	3/140, 118[6]
Dick	3/76, 28
dickfeldi, *Julidochromis*	**1/726, 646**
Dickfelds Schlankcichlide	1/726, 646
Dickkopfsalmler	3/123, 89, 90
Dicklippenmaulbrüter	1/752, 626
Dicklippenschmerle	3/280, 153
Dicklippen-Schmerle, Gefleckte	2/354, 158

1027

Register

- -Wüstenfisch	5/488, 477	Diskussalmler	1/254, 96
Dickmaulsalmler	2/292, 123	*dispar, Aphanius*	2/586, 3/550, 474[3,4], 473
Dickopf-Scheibensalmler	1/352, 92	-, *Cyprinodon*	2/586, 4/418, 473[2-4]
Dicrossus maculatus	5/808, 764	-, *Fundulus*	3/562, 4/440, 484[5]
digrammus, Nannostomus	2/322, 141	-, - notti	3/562, 484[3,4]
Dimerus Buntbarsch	3/724, 752	-, *Hemiculter*	3/224, 209[1]
dimerus, Acara	3/724, 752[1]	-, *Hemirhamphus*	4/782, 871[5]
-, *Aequidens*	3/724, 752[1]	-, *Lebias*	2/586, 473[2]
-, *Cichlasoma*	3/724, 752	- *richardsoni, Aphanius*	4/418, 4/421, 473
dimidiatus, Nanochromis	1/744, 5/884, 692	-, *Zenarchopterus*	4/782, 871
-, *Pelmatochromis*	1/744, 692[5]	-, *Zygonectes*	3/562, 484[3,4]
Dimidiochromis compressiceps	1/710, 612	*disparis, Liniparhomaloptera*	2/430, 155
- *kiwinge*	5/810, 678	-, *Linipaxhomaloptera*	2/430, 155[5]
dinema, Morulius	1/426, 210[6]	*dispersus, Haplochromis philander*	1/754, 698[2]
Dionda episcopa	4/194, 202	-, *Hemihaplochromis philander*	1/754, 698[2]
Dioplites variabilis	2/1016, 796[5]		
Diphyacantha chocoensis	3/628, 548[5,6]	-, *Pseudocrenilabrus philander*	1/754, 698
Diplesion blennioides	3/914, 835[1]	*dispilomma, Melanocharacidium*	5/72, 80
- *blennoides*	3/914, 835[1]	*dissimilis, Lepidosiren*	2/207, 38[1]
Diplesium blennioides	3/914, 835[1]	*Distichodina stigmaturus*	5/26, 57[4]
Diplophysa costata	2/344, 155[3]	*Distichodus abbreviatus*	1/226, 56[1]
- *dorsalis*	2/350, 156[5]	- *affine*	1/226, 56[1]
- *kungessana*	2/350, 156[5]	- *affinis*	1/226, 56
- *papilloso labiata*	2/354, 158[4]	- *decemmaculatus*	1/224, 56
- *strauchi*	2/354, 158[4]	- *fasciolatus*	1/224, 56
Diplophysia labiata	3/280, 153[3]	-, Grauband-	1/224, 56
Diplopterus pulcher	1/845, 593[4]	- *leptorhynchus*	1/226, 56[4]
diplotaenia, Apistogramma	5/664, 734	- *lusosso*	1/226, 56
dipterus, Brochis	1/458, 3/326, 270[3,4]	- *martini*	1/224, 56[3]
dipus, Periophthalmus	1/838, 826[3]	- *notospilus*	2/228, 56
Diquis Buntbarsch	3/724, 710	- *rostratus*	4/45, 56
diquis, „Cichlasoma"	3/724, 710	-, Rotflossen-	1/226, 56
Discherodontus halei	3/200, 202	- *sexfasciatus*	1/228, 57
Discognathichthys rossicus	5/158, 206[4]	- *stigmaturus*	5/26, 57[4]
Discognathus blanfordii	3/212, 205[3]	*divaricatus, Myleus*	3/162, 93[6]
- *chiarinii*	3/212, 205[3]	*dixoni, Noemacheilus*	2/344, 155[3]
- *dembeensis*	3/212, 205[3]	Döbel	3/238, 216
- *giarrabensis*	3/212, 205[3]	-, Italienischer	4/200, 215
- *hindii*	3/212, 205[3]	-, Kaukasischer	3/238, 216
- *johnstonii*	3/212, 205[3]	-, Waleckis	5/180, 217
- *lamta*	2/386, 5/154, 204[4,5], 205[6]	Döbelschneider	3/237, 214
- *obtusus*	3/216, 205[6]	*dobula, Leuciscus*	3/238, 3/264, 216[1], 237[6]
- *ornatus*	4/196, 206[2]		
- *phryne*	5/158, 206[4]	-, *Squalius*	3/238, 216[1]
- *pingi*	4/196, 206[3]	*Docimodus evelynae*	4/616, 612
- *quadrimaculatus*	3/212, 205[3]	*docmac, Bagrus*	2/448, 261
- *vinciguerrae*	3/212, 205[3]	- *bayad, Porcus*	4/232, 261[1]
- *wanae*	5/158, 206[4]	-, *Porcus*	2/448, 261[2]
- *waterloti*	4/196, 206[2]	*docmak, Silurus*	2/448, 261[2]
- - *dagesti*	4/196, 206[2]	*doidyxoaon, Myleus*	3/162, 93[6]
discorhynchus, Cyphomyrus	4/806, 895[5]	*dolichocephalus, Gobius*	3/976, 827[3]
-, *Hippopotamyrus*	4/806, 895	*dolichoptera, Xenocara*	1/486, 3/365, 317[3,4]
-, *Marcusenius*	4/806, 895[5]		
-, *Mormyrus*	4/806, 895[5]	*dolichopterus, Ancistrus*	1/486, 2/502, 3/365, 321[6], 317
-, *Petrocephalus*	4/806, 895[5]		
discus, Symphysodon	1/772, 2/992, 777	-, *Austrofundulus*	1/584, 468[3]
Diskus, Blauer	2/995, 777	-, *Chaetostomus*	1/486, 3/365, 317[3,4]
-, Brauner	1/770, 776	-, *Cynolebias*	1/584, 468[3]
-, Echter	1/772, 777		
-, Grüner	1/770, 776, 777		

Register

-, Terranatos	1/584, 468	dormitatus, Philypnus	5/1024, 808[5,6]
Doliichthys stellarus	3/978, 814[6]	**dormitor, Gobiomorus**	**5/1024, 808**
dolloi, Clarias	4/264, 301[4]	-, Philypnus	5/1024, 808[5,6]
-, Protopterus	**1/208, 38**	Dornauge, Aal-	2/338, 169
dolomieui, Micropterus	**2/1016, 796**	-, Albino-	4/160, 170
Dolores-Kärpfling	4/486, 522	-, Geflecktes	1/364, 170
- -Wüstenkärpfling	3/556, 477	-, Halbgebändertes	2/340, 171
domina, Sillago	4/824, 842[2]	-, Muränen-	5/114, 170
dominicensis, Gambusia	4/484, 521[6], 522[1]	-, Vietnam-	4/160, 170
-, Limia	**2/730, 4/500, 4/506, 533[2], 531**	-, Zimtfarbenes	2/338, 170
-, Mollienesia	4/518, 4/524, 539[4], 541[4]	Dorngrundel	1/374, 167
-, Platypoecilus	4/518, 541[4]	Dorngrundeln	1/360, 165–171
-, Poecilia	2/730, 4/500, 4/506, 4/518, 4/524, 531[2-4], 533[2], 539[4], 541[4]	dorni, Rivulus	2/676, 457[1]
Dominika-Molly	4/518, 541	Dornwels, Geflecker	2/489, 304
Domino-Fiederbartwels	2/536, 359	-, Gemeiner	1/481, 304
- -Neolebias	4/52, 61	-, Holdens	5/304, 308
donaldsonsmithi, Barbus	**4/173, 183**	-, Kopfstrich-	1/484, 304
Don-Kaulbarsch	4/730, 837	-, Punktierter	2/440, 255
Doppelband-Apistogramma	5/664, 734	-, Schulterfleck-	5/302, 307
Doppelfleck-Glaswels	1/516, 382	-, Schwarzer	2/496, 308
„Doppelmaul"	5/212, 239	-, Sommersprossen-	5/304, 308
Doppelstreifentetra	4/88, 103	Dornwelse	1/481–1/484, 2/489–2/499, 3/355–3/357, 5/297–5/306, 303–308
DORADIDAE	1/481–1/484, 2/489–2/499, 3/355–3/357, 5/297–5/306, 303–308	-, Falsche	2/440–2/447, 3/300–3/302, 5/234–5/242, 254–258
Doras affinis	1/482, 304[5]	dorsalis, Cobitis	2/350, 156[5]
- asterifrons	2/490, 305[1]	-, Diplophysa	2/350, 156[5]
- blochii	1/481, 304[3]	-, Epiplatys	4/386, 423[6]
- cataphractus	1/481, 304[3]	-, Hyperopisus	4/808, 896[3]
- costatus	1/482, 1/484, 304[5], 307[5]	-, Nemacheilus	2/350, 156[5]
- dentatus	3/356, 307[6]	-, Noemacheilus	2/350, 156[5]
- detantus	3/356, 307[6]	-, Platypoecilus maculatus	1/614, 563[5]
- dorbignyi	2/498, 308[5]	**-, Triplophysa**	**2/350, 156**
- **eigenmanni**	**5/297, 305**	Dorsalstich-Plattschmerle	5/100, 159
- granulosus	2/498, 308[3]	Dorschbarsche	2/1009, 2/1036, 832, 833
- grypus	2/489, 304[6]	Dorschfische	3/933, 3/967, 4/768, 875
- hancockii	1/482, 304[5]	dorsigera, Acara	1/662, 770[6]
- humboldti	2/496, 308[2]	-, Aequidens	1/662, 770[6]
- lentiginosus	5/304, 308[4]	**-, Laetacara**	**1/662, 770**
- maculatus	2/498, 308[3]	dorsigerus, Aequidens	1/662, 770[6]
- murica	2/498, 308[3]	dorsimaculata, Rasbora	2/412, 230[4]
- muricus	2/498, 308[3]	**dorsimaculatus, Campellolebias**	**5/504, 440**
- nebulosus	2/498, 308[5]		
- niger	2/496, 308[2]	dorsimarmoratus, Clarias	5/294, 300[6]
- paraguayensis	5/306, 308[6]	**dorsiocellata, Rasbora dorsiocellata**	**1/432, 231**
- pectinifrons	1/482, 304[4]	dorsocellata, Crenicichla	4/606, 760[3,4]
- polygramma	1/481, 304[3]	dorsocellatus, Crenicichla	1/698, 759[2,3]
- truncatus	1/482, 304[5]	dorsonotatus, Noemacheilus	2/354, 158[3]
dorbignyi, Doras	2/498, 308[5]	(Doryichthys) aculeatus, Microphis	4/828, 1/865, 879[6]
-, Oxydoras	2/498, 308[5]	- **deokhatoides**	**3/1038, 878**
-, Rhinodoras	**2/998, 308**	- juillerati	4/828, 1/865, 879[6]
doriae, Brachygobius	1/836, 815	- lineatus	4/828, 1/865, 879[6]
-, Gobius	1/836, 815[1,2]	- macropterus	4/828, 1/865, 879[6]
-, Pseudocorynopoma	**1/250, 88**	(-) smithii, Microphis	4/828, 1/865, 879[6]
Dormitator gymnocephalus	3/958, 806[4,5]	dovii, Aplocheilus	3/435, 395[1,2]
- lineatus	1/832, 3/958, 806[4,5]	-, Astronotus	2/866, 710[4]
- **maculatus**	**1/832, 3/958, 806**	**-, Cichlasoma**	**2/866, 710**
- microphthalmus	1/832, 806[4,5]	-, Fundulus	3/435, 395[1,2]
dormitator, Platycephalus	5/1024, 808[5,6]		
dormitatrix, Eleotris	5/1024, 808[5,6]		

1029

Register

-, *Haplochilus* 3/435, 395[1,2]
-, *Heros* 2/866, 710[4]
-, *Oxyzygonectes* 3/435, 395
-, *Parapetenia* 2/866, 710[4]
-, *Poecilia* 4/520, 538[6], 539[1]
-, *Zygonectes* 3/435, 395[1,2]
dowi, Anableps 3/583, 504
-, *Cichlasoma* 2/866, 710[4]
-, *Oxyzygonectes* 3/435, 395[1,2]
Dows Vierauge 3/583, 504
Drachenfisch 4/218, 5/224, 241
-, Taiwan- 4/218, 241
Drachenflosser 1/250, 88
-, Bürstenmaul- 4/72, 88
-, Schlußlicht- 1/246, 82
Drachenköpfe 2/1051, 911–913
Drachenwels 5/316, 318
drakei, Pseudogobio 3/268, 238[6]
-, *Saurogobio* 3/268, 238[6]
Dreibandbarbe 1/380, 179
Dreibandsalmler 1/288, 112
Dreibinden-Ziersalmler 1/346, 142
Dreieckspanzerwels 1/464, 278
Dreifarbiger Jamaika-Kärpfling 1/596, 531
Dreifleck-Anostomus 1/236, 70
 - -Buntbarsch 5/758, 610
Dreifleckbarbe, Rote 3/184, 181
Dreifleckerdfresser 2/908, 765
Dreilinien-Panzerwels 1/466, 294
Dreilinienrasbora 1/440, 234
Dreipunktbarbe 4/177, 5/142, 190, 194
Dreipunkttetra 2/266, 103
Dreischwanzbarsche 1/788, 801
Dreistachler 4/829, 5/1109, 922
Dreistachliger Stichling 1/834, 877
Dreistreifen-Gebirgswels 3/428, 386
 - -Panzerwels, Schlanker 3/348, 286
Dreistreifensalmler, Afrikanischer 2/230, 61
Dreistreifenzwergbuntbarsch 1/680, 746
Dreitupfen-Kopfsteher 1/236, 70
drepanon, Odontostilbe 3/118, 84[1]
druryi, Tilapia 3/892, 703[4]
Drüsensalmler 1/250, 88
-, Chapare- 4/70, 86
-, Venezuela- 4/70, 87
dubia, Tilapia mariae 1/778, 703[1,2]
-, *Tilapia* 1/778, 703[1,2]
dubius, Acipenser 1/207, 28[5]
-, *Corydoras* 1/466, 294[6]
-, *Galaxias* 4/769, 890[5]
Duplikat-Panzerwels 5/260, 277
duboisi, Aphyoplatys 3/456, 396
-, *Aplocheilus* 3/456, 396[2,3]
-, *Epiplatys* 3/456, 396[2,3]
-, *Tropheus* 1/782, 667
duchaillui, Clarias 4/263, 301[1]
dulcis, Pygocentrus 1/358, 96[2]
Dules guamensis 2/1028, 828[2]
dumasi, Melanotaenia 2/1122, 858[5]

dumerili, Chromis 1/768, 694[3]
-, *Liza* 5/1075, 887
-, *Mugil* 5/1075, 887[5]
-, *Tilapia* 1/768, 694[3]
dumerilii, Chelonodon 2/1160, 920[1]
 - (p.), *Clarias* 4/262–4/264, 301[1,2,4]
-, *Eleotris* 5/1012, 807[4]
-, *Paratrygon* 2/219, 35[5]
-, *Plataxoides* 2/976, 774[2]
-, *Potamotrygon* 2/219, 35[5]
-, ***Pterophyllum*** 2/976, 774
-, *Taeniura* 2/219, 35[5]
-, *Trygon* 2/219, 35[5]
Dumerils Segelflosser 2/976, 774
dundu, Silurus 2/558, 372[2]
dungerni, Metynnis 1/352, 4/136, 92[3,4]
Dunkelbäuchiger Schlangenkopf 1/827, 800
Dunkler Kampffisch 3/648, 579, 580
 - Perlmutterbuntbarsch 2/910, 768
duodecimalis, Ancistrus 2/516, 348[1]
-, *Hypostomus* 2/516, 3/384, 348[1,2]
-, ***Pterygoplichthys*** 2/516, 348
duodecimspinosus, Geophagus 1/708, 768[1]
Duopalatinus malarmo 3/414, 369
duopunctatus, Aequidens 1/664, 2/816, 730[2,3]
duplicareus, Corydoras 5/260, 5/262, 277
duriventre, Mylossoma 1/356, 94
duriventris, Myletes 1/356, 4/138, 94[5,6]
dusonensis, Rasbora 1/438, 231
dybowskii, Comephorus 3/942, 911
-, *Eleotris* 3/964, 813[4]
dybrowskii, Hypophthalmichthys 3/226, 210[1]
Dysichthys coracoideus 1/454, 253
 - *knerii* 2/436, 253
 - *quadriradiatus* 5/233, 253

E

eachamensis, Melanotaenia 2/1120, 858
Eastern Mudminnow 1/870, 874
Ebrardt-Halbschnäbler 3/1002, 870
ebrardti, Nomorhamphus 3/1002, 870[2]
ebrardtii, Dermogenys 3/1002, 870
-, *Hemirhamphus* 3/1002, 870[2]
Ebrobarbe 5/128, 181
eburneensis, Barbus 3/189, 183
-, *Synodontis* 2/538, 360
echeagarayi, Dicerophallus 5/618, 521[3,4]
-, ***Gambusia*** 5/618, 521
-, *Heterophallus* 5/618, 521[3,4]
Echte Aale 849
 - Barsche 1/788, 1/808, 3/914–3/924, 4/726–4/736, 834–838
 - Störe 1/206, 28, 29

Register

- Welse 1/515–1/516, 2/576–2/579, 3/423, 381–383
Echter Diskus 1/772, 777
- Roter Kongosalmler 3/90, 53
Eclectochromis ornatus 5/812, 612
Ectodus descampsi 3/762, 645
- *foae* 2/888, 3/760, 643[5,6], 644[1]
- *longianalis* 3/762, 645[4]
- *melanogenys* 3/762, 645[4]
Ecuadorbuntbarsch, Roter 2/866, 752
ecuadoriensis, Hyphessobrycon 5/17, 99
edeanum, Aphyosemion 4/372, 403
Edea-Prachtkärpfling 4/372, 403
Edelia obscura 2/1027, 832
- *vittata* 2/1028, 832
Edelsteinkärpfling 3/558, 481
-, Nördlicher 4/438, 480
edentatus, Corydoras 2/496, 308[2]
edentula, Platirostra 2/215, 30[1]
edithae, Betta 2/794, 578
-, *Crenicichla* 4/602, 757
Ediths Kampffisch 2/794, 578
eduardensis, Aplocheilichthys 4/358, 496[4,5]
-, *Haplochilichthys* 4/358, 496[4,5]
eduardiana, Tilapia nilotica 4/660, 682[3]
eduardianus, Oreochromis niloticus 4/660, 682
edulis, Myletes 2/328, 92[1]
edwardi, Apocryptodon 4/778, 820[6]
efasciatus, Heros 1/694, 769[3,4]
eggersi, Nothobranchius 3/506, 431
ehrenbergii, Mormyrus 5/1070, 898[6]
-, *Petrocephalus* 5/1070, 898[6]
ehrhardti, Corydoras 2/462, 277
eichwaldi, Alburnoides 5/124, 176[3]
-, - *bipunctatus* 5/124, 176
Eidechsensalmler 1/296, 88
Eierfleck-Fiederbartwels 2/540, 362
Eierlegende Zahnkarpfen 1/518–1/585, 2/583–2/700, 3/433–3/580, 4/340–4/450, 5/461–5/606, 390–487
Eierlegende Halbschnäbler 5/1052, 871
eigenmanni, Chaenothorax 3/326, 270[4]
-, *Cichlasoma* 4/666, 720[5]
-, *Copeina* 1/332, 139[2]
-, *Corydoras* 1/460, 273[6], 274[1]
-, *Doras* 5/297, 305
-, *Loricaria* 5/416, 348[6]
-, *Metynnis* 1/352, 4/136, 92[3,4]
-, *Moenkhausia* 4/110, 119
-, *Oxydoras* 5/297, 305[2]
-, *Potamorrhaphis* 3/940, 869[5]
-, *Rineloricaria* 5/416, 348
Eigenmannia humboldtii 1/862, 885[5]
- *lineata* 4/827, 885
- cf. *lineata* 5/992, 885
- *virescens* 1/862, 4/827, 5/992, 885[3,4], 885
EIGENMANNIIDAE 5/992, 847

Eigenmanns Tetra 4/110, 119
- Zwergdornwels 5/297, 305
Eilandbarbe 1/394, 189
eilensis, Cyprinodon 2/586, 473[2]
eimekei, Pterophyllum 1/766, 774[4,6], 775[2]
eimincki, Nothobranchius 3/516, 434[2]
Einbinden Fadenwels 5/440, 372
- -Ziersalmler 1/340, 140
Einfarbiger Panzerwels 1/462, 276
Einfleck-Kärpfling 3/606, 527
- -Tanganjikasee-Buntbarsch 4/634, 649
Einflecksalmler 2/314, 134
Einpunkt-Fiederbartwels 1/506, 363
Einstreifensalmler, Afrikanischer 1/228, 3/96, 58
einthovenii, Leuciscus 2/416, 231[3]
-, *Polyacanthus* 1/626, 575[2]
-, *Rasbora* 2/416, 231
Eirmotus octozona 2/382, 202
eiseni, Characodon 2/712, 513[1]
-, *Xenotoca* 2/712, 513
Eisens-Kärpfling 2/712, 513
Eisfische 792
eisentrauti, Konia 5/846, 680
-, *Tilapia* 5/846, 680[6]
ekibondoi (p.), Clarias 4/262, 301[1]
El Potosi-Kärpfling 3/576, 481
- -Wüstenkärpfling 4/422, 475
El Quince-Schwertträger 4/552, 551
Elachocharax georgiae 2/297, 80
elachys, Hyphessobrycon 3/134, 111
Elaeorhous baicalensis 3/942, 911[3]
Elassoma evergladei 1/792, 794
- *okefenokee* 2/1014, 794
- *zonatum* 4/722, 795
elatior, Ceratobranchia 3/128, 102[4]
elatus, Cyprinus 1/414, 201[2]
-, *Squalius* 3/264, 237[6]
elberti, Aphyosemion 1/526, 403
eleanorae, Pyrrhulina 5/78, 143
electra, Cyrtocara 2/896, 626[4,5]
-, *Haplochromis* 2/896, 626[4,5]
-, *Placidochromis* 2/896, 626
„Electric Blue Kande Island", *Haplochromis* 5/946, 637[1]
electricus, Electrophorus 1/831, 883
-, *Gymnarchus* 5/1051, 893[5]
-, *Gymnotus* 1/831, 883[5]
-, *Malapterus* 1/500, 353
-, *Silurus* 1/500, 353[5]
ELECTROPHORIDAE 1/816, 883
Electrophorus electricus 1/831, 883
- *multivalvulus* 1/831, 883[5]
Elefanten-Rüsselfisch 1/854, 895
Elefantenfisch 5/1066, 894
Elefantenfische 893–900
elegans, Ammocryptocharax 4/116, 78
-, *Aphyosemion* 2/598, 403
-, *Brachyrhamphichthys* 1/862, 884[6]

1031

Register

- -, *Cobitis* 2/354, 5/102, 158³, 160¹
- -, *Corydoras* 1/464, 277
- -, *Crenicara* 1/696, 754²
- -, *Crenicichla* 4/606, 760⁵
- -, *Curimata* 2/303, 129⁵
- -, *Curtipenis* 4/520, 538⁵
- -, *Cyprinodon* 5/486, 476
- -, *Gastrodermus* 1/464, 277⁶
- -, *Haplochilus* 2/598, 403³
- -, *Haplochromis* 4/622, 677²,³
- -, *Hemigrammus* 1/266, 105
- -, *Labeo* 2/337, 161⁶
- -, *Mollienisia* 4/520, 538⁵
- -, *Neoheterandria* 4/514, 535
- - nijsseni, *Corydoras* 4/253, 284¹,²
- -, *Paradanio* 4/192, 198³
- -, *Poecilia* 4/520, 538
- -, *Pseudotropheus* 5/916, 630
- -, *Pterolebias* 1/552, 449¹
- -, *Rasbora* 1/432, 231
- -, - *lateristriata* var. 1/432, 231⁴
- -, *Rhamphichthys* 1/862, 884⁶
- -, *Rivulus* 5/576, 459
- -, *Sicydium* 2/1098, 827⁶
- -, **Steatogenes** 1/862, 884
- -, *Steindachnerina* 2/303, 129
- -, *Stiphodon* 2/1098, 827
- -, *Stipodon* 2/1098, 827⁶
- Elegant-Kärpfling 4/514, 535
- Eleganter Bachling 5/576, 459
- - Prachtkärpfling 2/598, 403
- - -Wüstenfisch 5/486, 476
- *Eleginus bursinus* 2/1058, 792⁶
- Elektrische Aale 1/816, 883
- - Welse 1/500, 3/394, 353
- ELEOTRIDAE siehe GOBIIDAE
- ELEOTRINAE 805–813
- *eleotriodes, Gobius* 5/1017, 816⁵
- *Eleotris adspersa* 3/962, 811³
- - *africana* 5/1030, 809²
- - *amblyopsis* 4/752, 806
- - *amboinensis* 4/750, 804²
- - *annobonensis* 5/1012, 807⁴
- - *aporus* 2/1072, 813¹
- - *australis* 2/1064, 807⁵
- - *basalis* 5/1018, 807⁶, 808¹
- - *belobrancha* 5/1012, 806³
- - *butis* 2/1063, 804³
- - *camerunensis* 5/1030, 809²
- - *canarensis* 4/750, 804¹
- - *chevalieri* 4/756, 805¹
- - *compressus* 2/1066, 809⁵
- - *cyprinoides* 5/1032, 809⁶, 810¹
- - *dormitatrix* 5/1024, 808⁵,⁶
- - *dumerilii* 5/1012, 807⁴
- - *dybowskii* 3/964, 813⁴
- - *fortis* 3/960, 807²
- - *fusca* 3/960, 807
- - *glehni* 3/964, 813⁴
- - *grandisquama* 1/832, 3/958, 806⁴,⁵
- - *güntheri* 2/1068, 810³
- - *gundlachi* 1/832, 3/958, 806⁴,⁵
- - *gymnopomus* 2/1063, 3/954, 804⁴
- - *gyrinoides* 4/750, 804¹
- - *gyrinus* 4/752, 807³
- - *humeralis* 2/1063, 804³
- - *huttoni* 5/1022, 808³,⁴
- - *insulindica* 3/960, 807²
- - *isthmensis* 4/752, 806⁶
- - *klunzingeri* 2/1068, 810⁵
- - *kribensis* 4/754, 804⁶
- - *lanceolata* 4/778, 820⁶
- - *lateralis* 5/1026, 809¹
- - *laticeps* 3/982, 816⁶
- - *latifasciatus* 2/1064, 809⁴,⁵
- - *lebretonis* 2/1070, 3/954, 805⁶, 806¹,²
- - *legendrei* 5/1043, 813⁵
- - *lembus* 5/1026, 809¹
- - *lineolatus* 4/764, 805²
- - *longiceps* 5/1024, 808⁵,⁶
- - *macrocephalus* 2/1072, 3/960, 807², 813¹
- - *macrolepis* 3/960, 807²
- - *marmorata* 1/832, 805³
- - *melanopterus* 2/1063, 804³
- - **melanosoma** 3/960, 807
- - *melanostigma* 3/958, 804⁵
- - *mogurnda* 2/1070, 811⁵
- - *monteiri* 5/1012, 807⁴
- - *mugiloides* 1/832, 3/958, 806⁴,⁵
- - *nanus* 4/756, 805¹
- - *(Odonteleotris) nesolepis* 4/758, 811⁶, 812¹
- - *omocyaneus* 1/832, 3/958, 806⁴,⁵
- - *omosema* 2/1070, 3/954, 805⁶, 806¹,²
- - *ophicephalus* 2/1072, 813²
- - *pectoralis* 4/754, 811²
- - *pisonis fusca* 3/960, 807¹
- - **pisonis** 4/752, 807
- - *pleskei* 3/964, 813⁴
- - *porocephala* 2/1072, 813²
- - *prismatica* 2/1063, 804³
- - *pseudacanthopomus* 3/960, 807¹
- - *siamensis* 4/766, 805⁵
- - *sikurae* 5/1002, 853⁶
- - *sima* 1/832, 3/958, 806⁴,⁵
- - *somnolentus* 1/832, 806⁴,⁵
- - *somnulentus* 3/958, 806⁴,⁵
- - *striata* 3/962, 811³
- - *swinhornis* 3/962, 810⁶, 811¹
- - *taenioptera* 5/1012, 806³
- - *tohizonae* 4/754, 811²
- - *urophthalmoides* 4/766, 805⁴
- - *urophthalmus* 4/766, 805⁵
- - *viridis* 2/1072, 813²
- - **vittata** 5/1012, 807
- - *wolffii* 3/958, 804⁵
- *elephas, Campylomormyrus* 3/1020, 894
- -, *Gnathonemus* 1/854, 3/1020
- Elfenbein-Fiederbarwels 2/538, 360

Register

Elfenwels 2/502, 3/363, 316, 317
-, Schöner 3/361, 316, 317
elizabethae, Apistogramma 5/666, 734, 735
ellenriederi, Leiocassis 3/314, 263[3]
ellioti, Cichlasoma 3/884, 723[5,6]
-, *Thorichthys* 3/884, 723
Ellipesurus motoro 2/219, 35[5]
ellipsoidea, Lebias 3/558, 481[1]
ellipticus, Myloplus 1/354, 94[3]
ellisae, Corydoras 1/464, 5/260, 278
elongata, Abbottina 5/118, 173
-, *Chanda* 2/1022, 787
-, *Cobitis* 1/374, 167[6]
-, *Leptobotia* 4/156, 168
-, *Mollienesia* 4/538, 544[4]
-, *Poecilia* 4/538, 544[4]
-, *Poeciliopsis* 4/538, 544
„elongate", *Nothobranchius palmqvisti* 3/510, 431[5,6]
elongatus, Ambassis 2/1022, 787[5]
-, *Anabas* 1/619, 569[2]
-, *Chelaethiops* 5/148, 199
-, *Chromichthys* 2/914, 690[6]
-, *Cynolebias* 3/491, 443
-, *Hemichromis* 2/914, 690
-, *Lamprologus* 2/928, 4/636, 649[5,6]
-, - *savoryi* 1/732, 652[1]
-, *Lepidiolamprologus* 2/928, 4/636, 649
-, *Micralestes* 4/38, 52
-, - *acutidens* 4/38,52[5]
-, *Nothobranchius* 3/510, 431
-, *Poeciliopsis* 4/538, 544[4]
-, *Pomotis* 2/1016, 795[6]
-, *Pseudotropheus* 1/756, 630
-, *Rivulus* 5/578, 459
-, *Steatocranus* 1/768, 699[6]
Elopichthys bambusa 5/152, 202
ELOPIFORMES 872
Elops cundinga 2/1107, 872[6]
- *cyprinoides* 2/1107, 872[6]
El-Potosi-Kärpfling 3/576, 481
Elritze 1/430, 226
-, Amur- 3/152, 225
-, Fettköpfige 3/154, 227
-, Tschekanowski- 2/404, 225
Elxis 2/356, 169[4,5]
- *coreanus* 2/344, 155[3]
- *nikkonis* 5/92, 155[4]
emarginatus, Hypostomus 4/290, 330
-, *Hypostomus* cf. 5/346, 330
-, *Plecostomus* 4/290, 330[2]
emini, Nothobranchius 3/516, 434[2]
EMPETRICHTHYINAE 488, 489
Empetrichthys latos latos 4/462, 489
enalios, Cobitichthys 2/348, 169[1]
Enantiopus boulengeri 2/1007, 672[1]
- *longianalis* 3/762, 645[4]
- *melanogenys* 3/762, 645
- *ochrogenys* 3/765, 645

encaustus, Chapalichthys 2/704, 508
-, *Characodon* 2/704, 508[4]
endrachtensis, Platycephalus 4/724, 913[3]
Engelantennenwels 2/562, 373
Engmaulsalmler 1/233–1/240, 2/234–2/242, 3/100–3/107, 4/60
-, Wolfs 4/62, 70
Engraulicypris argenteus 5/204, 236[6]
- *congicus rukwaensis* 3/205, 199[4]
- *spinifer* 3/246, 219[1]
enisae, Betta 5/648, 578, 579
Enneacampus ansorgii 1/864, 878
Enneacanthus chaetodon 1/794, 795
- *eriarchus* 1/796, 795[5]
- *gloriosus* 1/794, 795
- *guttatus* 1/796, 795[5]
- *margarotis* 1/794, 1/796, 795[4,5]
- *obesus* 1/796, 795
- *pinniger* 1/794, 1/796, 795[4,5]
- *simulans* 1/796, 795[5]
ennorensis, Acentrogobius 3/972, 814[1]
Enteromius ablabes 2/362, 178[3]
- *potamogalis* 2/362, 178[3]
Entomocorus benjamini 4/228, 255, 256
- *gameroi* 3/300, 256
Eonemacheilus brevis 3/276, 160[6]
eos, „*Hyphessobrycon* 1/284, 75[2]
-, *Botia* 2/340, 5/105, 164
Epalzeorhynchos bicolor 1/422, 202
- - Mutante "tricolor" 5/152
- *erythrurus* 1/422, 203
- *frenatus* 2/388, 202, 203
- *kalopterus* 1/418, 203
- *munensis* 2/388, 203
- *siamensis* 1/418, 200[4]
- *stigmaeus* 1/420, 203
Ephippicharax orbicularis 1/254, 96[5]
ephippifer, Corydoras 4/242, 278
Ephippus argus 1/810, 840[5]
- *multifasciatus* 1/810, 840[5]
epichorialis, Cyrtocara 1/712, 619[3]
-, *Haplochromis* 1/712, 619[3]
-, *Maravichromis* 1/712, 619
Epicyrtus exodon 1/246, 82[1]
- *gibbosus* 2/252, 81[3]
- *macrolepis* 2/252, 81[3]
- *microcepis* 1/248, 81[2]
- *paradoxus* 1/246, 82[1]
- *pauciradiatus* 3/112, 81[4]
Epiplatys annulatus 1/558, 438[6]
- *ansorgei* 5/474, 420[5,6], 421[1-3]
- *ansorgii* 5/474, 420, 421
- *azureus* 4/392, 426[5]
- *barmoiensis* 2/642, 421
- *berkenkampi* 2/642, 5/474, 420[5,6], 421[1-3], 421
- *biafranus* 4/384, 421, 422
- *bifasciatus* 2/644, 422
- *boulengeri* 4/384, 422
- sp. aff. *boulengeri* 4/384, 422

1033

Register

- *chaperi chaperi* 4/386, 422
- *chaperi sheljuzhkoi* 4/396, 428[5]
- *chaperi spillmanni* 2/644, 422
- *chevalieri* 1/558, 423
- *chinchoxcanus* 1/562, 428[6]
- *coccinatus* 3/498, 423
- *coccinatus* (?) 2/650, 427[5]
- *dageti* 1/560, 423
- *dorsalis* 4/386, 423[6]
- *duboisi* 3/456, 396[2,3]
- *(Episemion) callipteron* 4/402, 429[5,6]
- *esekanus* 3/498, 423
- *etzeli* 2/646, 4/386, 422[5], 423
- *fasciolatus fasciolatus* 4/386, 423
- - *huwaldi* 3/500, 424[2]
- - *lamottei* 1/560, 425[3]
- - *olbrechtsi* 4/392, 427[1]
- - *puetzi* 3/500, 4/392, 427[1], 424
- - *tototaensis* 3/500, 424
- - *zimiensis* 4/388, 424
- *grahami* 2/646, 424
- *guineensis* 5/477, 424
- *hildegardae* 4/388, 425
- *homalonotus* 3/524, 438[2]
- *huberi* 2/648, 425
- *kassiapleuensis* 4/394, 426[6]
- *lamottei* 1/560, 425
- *longiventralis* 4/390, 425
- *macrostigma* 1/562, 4/396, 428[5,6]
- *matlocki* 4/386, 423[6]
- *mesogramma* 2/648, 425
- *multifasciatus* 4/390, 425
- *ndelensis* 2/644, 422[2]
- *neumanni* 5/479, 426
- cf. *nigricans* 3/502, 426
- *nigromarginatus* 2/646, 424[4]
- *njalaensis* 3/502, 426
- *olbrechtsi* 2/650, 4/388, 425[1], 427[4]
- - *azureus* 4/392, 426
- - *kassiapleuensis* 4/394, 426
- - *olbrechtsi* 4/392, 427
- *petersi* 2/696, 413[1]
- *petersii* 4/378, 413[1]
- *phoeniceps* 4/394, 427
- *roloffi* 2/650, 427
- *ruhkopfi* 2/650, 427
- *sangmelinensis* 2/652, 427
- *sexfasciatus baroi* 3/504, 428
- - *leonensis* 4/386, 423[6]
- - *multifasciatus* 4/390, 425[6]
- - *petersii* 4/378, 413[1]
- - *rathkei* 3/504, 428
- - *sexfasciatus* 1/562, 2/652, 428
- - *togolensis* 4/396, 428
- *sheljuzhkoi* 4/396, 428
- *singa* 1/562, 428
- sp. „Lac Fwa" 4/398, 429
- *spilargyreius* 4/398, 429
- *spilauchen* 1/544, 496[2]
- *spillmanni* 2/644, 422[6]
- *steindachneri* 2/644, 422[2]
- *stictopleuron* 2/660, 497[1]
- *taeniatus* 2/644, 422[2]
- *zimiensis* 4/386, 4/388, 423[6], 424[1]
- *episcopa, Dionda* 4/194, 202
- *episcopi, Brachyrhaphis* 2/716, 517
- -, **Brachyrhaphis** cf. 4/478, 517, 518
- -, *Corydoras* 1/466, 294[6]
- -, *Gambusia* 2/716, 4/478, 517[5,6], 518[1]
- -, *Priapichthys* 2/716, 4/478, 517[5,6], 518[1]
- **Episemion callipteron** 4/402, 429
- (-) -, *Epiplatys* 4/402, 429[5,6]
- *eptomaculata lara, Limia* 2/752, 549[6]
- *eques, Corydoras* 1/464, 278
- -, *Goeldiella* 3/308, 262[2]
- -, *Nannobrycon* 1/340, 140
- -, *Nannostomus* 1/340, 140[5,6]
- -, *Osteogaster* 1/464, 278[3]
- *erberi, Rivulus* 5/578, 459
- Erdfresser, Ballonkopf- 1/708, 768
- -", „Brauner Wangenstrich- 5/814, 765
- -", „Gelber Wangenstrich- 5/818, 766
- -, Gestreifter 2/910, 768
- -, La Plata 1/708, 767
- -, Stromschnellen- 3/862, 775
- -, Tränenstrich- 4/618, 765
- *erebi, Chatoessus* 2/1062, 872[1]
- -, *Nematalosa* 2/1062, 872
- *eremius, Chlamydogobius* 2/1090, 815
- -, *Gobius* 2/1090, 815[4]
- **Eremophilus mutisii** 4/337, 388
- *eremus, Cyprinodon macularius* 4/430, 477
- *Erethistes maesotensis* 4/336, 385[3]
- - *pusillus* 4/336, 385
- *Eretmodus cyanostictus* 1/702, 645
- *erhardti, Metynnis* 1/352, 92[5,6]
- *eriarcha, Copelandia* 1/796, 795[5]
- *eriarchus, Enneacanthus* 1/796, 795[5]
- *ericae* (?), *Micropanchax* 2/628, 493[5]
- *erikssoni, Misgurnus* 5/112, 169[2]
- *Erimyzon goodei* 2/337, 161[6]
- - *sucetta* 2/337, 161
- *Erpetoichthys calabaricus* 1/210, 30
- *erro, Xenoophorus* 2/710, 512[5]
- „Erwarti", *Labidochromis* 4/628, 616[5]
- *eryhrostictus, Morulius* 1/426, 210[6]
- *eryhrostomus, Aspius* 3/176, 177[5]
- *erythraeum, Cichlasoma* 2/870, 712[1]
- *Erythrichthys citrinellum* 2/864, 709[6]
- ERYTHRINIDAE 1/322, 2/308, 130
- *Erythrinus brasiliensis* 2/308, 130[5,6]
- - *brevicauda* 1/322, 130[1]
- - *eryhrinus* 1/322, 130
- - *gronovii* 1/322, 130[2]
- - *kessleri* 1/322, 130[1]
- - *longipinnis* 1/322, 130[1]
- - *macrodon* 2/308, 130[5,6]
- - *microcephalis* 1/322, 130[1]
- - *microcephalus* 2/308, 130[5,6]
- - *salmoneus* 1/322, 130[1]

1034

Register

- salvus 1/322, 130²
erythrinus, Synodus 1/322, 130¹
Erythrinus trahira 2/308, 130⁵,⁶
- unitaeniatus 1/322, 130²
- vittatus 1/322, 130²
Erythroculter mongolicus 3/207, 203
erythrodon, Spathodus 2/986, 665
erythrogaster, Chrosomus 3/229, 210⁴,⁵
-, **Rhinichthys** 3/229, 210
erythrogastrum, Poecilosoma 3/916, 835³
erythromicron, Microrasbora 2/396, 219
erythrophthalmus, Cyprinus 1/444, 5/210, 237¹,²
-, Leuciscus 1/444, 237¹
-, **Rutilus** 1/444, 237
- scardata, Rutilus 5/210, 237²
-, Scardinius 1/444, 237¹
erythrops, Icthelis 2/1014, 793⁶, 794¹
-, **Stethaprion** 4/78, 96
erythropterus, Alestes 2/224, 47⁴
-, Megalobrycon 3/108, 75⁶
erythrostigma, Hyphessobrycon 1/284, 111
erythrotaenia, Macrognathus 1/848, 918²
-, **Mastacembelus** 1/848, 918
erythrozonus, Hemigrammus 1/268, 106
erythrurus, Aphyocharax 1/242, 4/80, 74², 75
-, Brycon 3/108, 76⁵
-, Chalceus 1/244, 3/108, 76⁶, 76
-, **Epalzeorhynchos** 2/388, 203
-, Labeo 1/422, 202⁶
-, Plethodectes 3/108, 76⁵
Escambia River-Fundulus 4/440, 484
escambiae, Fundulus 4/440, 484
-, Zygonectes 4/440, 484⁵
escherichi, Aphyosemion 2/608, 403
-, Panchax 2/592, 4/401, 2/608, 399⁴,⁵, 403⁴
esculenta, Tilapia 4/660, 681⁵
esculentus, Oreochromis 4/660, 681
esduardiana, Tilapia 4/660, 682³
„Eseka", Chromidotilapia batesii 4/586, 689
- -Hechtling 3/498, 423
esekanus, Epiplatys 3/498, 423
Esmeralda-Buntbarsch 3/740, 752
Esocidae 3/932, 3/965–3/966, 873
Esociformes 873, 874
Esomus lineatus 3/208, 204
- malayensis 2/384, 204
- metallicus 3/210, 204
Esox affinis 3/966, 873⁶
- cancila 1/826, 869⁶, 870¹
esox, Champsochromis 5/934, 635⁶
Esox flavulus 3/566, 486¹
- lucius 3/965, 873
- malabaricus 2/308, 130⁵,⁶
- niger 3/966, 873
- osseus 2/210, 32⁴
- ovinus 4/438, 480⁵,⁶

- panchax 1/548, 419²
esox, Paratilapia 5/934, 635⁶
Esox phaleratus 3/966, 873⁶
- pisciculus 4/442, 485²
- pisculentus 4/442, 485²
- reticulatus 3/966, 873⁶
esox, Rhamphochromis 5/934, 635
Esox tridecemlineatus 3/966, 873⁶
- tristoechus 2/212, 32⁶
- truttaceus 2/1084, 890⁴
- viridis 2/210, 32⁴
- zonatus 3/566, 486¹
espei, Nannostomus 1/344, 141
-, Poecilobrycon 1/344, 141⁵
-, **Rasbora** 1/434, 231
-, - hereromorpha 1/434, 231⁵
Espes Bärbling 1/434, 231
- Ziersalmler 1/344, 141
estherae, Pseudotropheus 1/763, 5/918, 630, 631
etentaculatum, Hypostoma 3/384, 348²
etentaculatus, Pterygoplichthys 3/384, 348
ethelwynnae, Aulonocara 3/698, 602
Etheostoma arcuscelestis 3/920, 836⁵
- blennioides 3/914, 835
- newmanii 3/914, 835
- caeruleum 3/916, 835
- flabellare 3/918, 835
- fontinalis 3/918, 835⁴
- fusiforme 3/918, 835
- cf. fusiforme 3/918, 835
- lepidum 3/920, 836⁵
- linsleyi 3/918, 835⁴
- maculatum 4/726, 836
- microperca 4/726, 836
- nigrum 3/920, 836
- - olmstedi 4/728, 836⁴
- notata 2/1016, 796⁵
- **olmstedi** 4/728, 836
- spectabile 3/920, 836
- **tetrazonum** 4/728, 836
- uramidea 4/728, 836⁶
- variatum 3/920, 836⁵
- varietum 3/920, 836⁵
Etroplus coruchi 1/702, 781³
- **maculatus** 1/702, 781
- meleagris 2/906, 781⁴
- **suratensis** 2/906, 781
etzeli, Aphyosemion 2/692, 403
-, **Epiplatys** 2/646, 4/386, 422⁵, 423
-, Roloffia 2/692, 403⁵
Etzels Hechtling 2/646, 423
- Prachtkärpfling 2/692, 403
„-Toddi", Roloffia sp. 5/542, 430³,⁴
Euanoeus colymbetes 2/442, 255⁵
- dentatus 2/442, 255
- maculosus 2/444, 5/236, 256⁵,⁶, 257¹
- nodosus 2/446, 257⁴
- nuchalis 2/442, 255⁵
Eucalia inconstans 3/968, 877¹⁻⁴

Register

euchila, Cyrtocara	1/712, 608[2]	-, Puntius	1/386, 183[6]
Euchilichthys cf. boulengeri	4/318, 356	-, Rasbora	2/404, 224[4]
- **guentheri**	4/318, 356	Everetts Barbe	1/386, 183
euchilus, Barbus	3/186, 181[6]	**evergladei, Elassoma**	1/792, 794
-, Cheilochromis	1/712, 608	evermanni, Cichlasoma	3/738, 713[3]
-, Haplochromis	1/712, 608[2]	Evorthodus breviceps	3/980, 815[5,6]
Euchosistopus koelreuteri	1/838, 826[3]	- **lyricus**	3/980, 815
eucinostomus, Cyrtocara	5/896, 624[2]	exanthematosus, Gobius	3/996, 819[3]
-, Haplochromis	5/896, 624[2]	exaratus, Callichthys	1/478, 3/351, 296[5,6]
-, **Nyassachromis**	5/896, 624	exasperatus, Melanochromis	1/740, 620[4,5]
Euctenogobius latus	3/976, 827[3]	**Exastilithoxus fimbriatus**	5/336, 325
- lyricus	3/980, 815[5]	exigoideum, Aphyosemion	1/528, 403
- strigatus	3/974, 827[1,2]	**exiguum, Aphyosemion**	1/530, 404
eugeneiatus, Callichrous	2/578, 382[6]	exiguus, Haplochilus	1/530, 404[1]
-, **Ompok**	2/578, 382	exilis, Trachelyichthys	3/302, 258
-, Silurodes	2/578, 382[6]	eximius, Cyprinodon	4/428, 476
Eugnathichthys macroterolepis	5/32, 57	**Exochochromis anagenys**	4/616, 612
eunotus, Apistogramma	2/822, 735	exodon, Epicytus	1/246, 82[1]
Eupallasella percnurus	4/214, 225	**Exodon paradoxus**	1/246, 82
Eupomotis aureus	1/798, 796[2]	Exoghossops geei	3/266, 238[4]
- euyorus	2/1016, 795[6]	Exoglossum mirabile	5/194, 225[1]
- gibbosus	1/798, 796[2]	**exquisita, Melanotaenia**	2/1120, 858
- macrochirus	1/798, 796[4]	exsul, Hemichromis	2/916, 691[2]
eupterus, Synodontis	1/508, 360	-, Tilapia aurea	2/978, 694[1]
Europäischer Aal	3/935, 849	-, Xenoophorus	2/710, 512[5]
- Hecht	3/965, 873	extensus, Fundulus	2/656, 484[2]
- Schlammpeitzger	1/374, 169	**Exyrias belissimus**	5/1014, 816
eurycephalus, Gobius	5/1036, 818[3]	- **puntang**	5/1014, 816
-, **Neogobius**	5/1036, 818	- puntangoides	5/1014, 816[2,3]
-, Schizothorax intermedius	5/214	eyresii, Atherinichthys	2/1054, 852[2]
eurystoma, Gambusia	4/482, 521	-, Craterocephalus	2/1054, 852
-, Synodontis	3/406, 364[5,6]		
eurystomus, Schizothorax intermedius morpha	5/214	**F**	
-, Synodontis	3/396, 3/406, 4/312, 355[4,5], 364[5,6]		
eutaenia, Barbus	4/174, 183	faceta, Acara	1/688, 752[2]
Eutosphemus japonais	4/11, 25[4]	facetum, Cichlasoma	1/688, 752
Eutropiellus buffei	1/513, 2/572, 379	facetus, Chromis	1/688, 752[2]
- vandeweyeri	1/513, 2/572, 379[2]	-, Heros	1/688, 752[2]
Eutropius altipinnis	4/332, 380[3]	Fächerfisch	3/1044, 874
- bomae	4/332, 380[3]	-, Adloffs	2/634, 440
- brevianalis	4/331, 380[2]	-, Bahia-	5/508, 441
- buffei	1/513, 2/572, 379[2]	-, Blauer	1/552, 441
- congensis	4/332, 380[3]	-, Chaco-	5/510, 442
- congolensis	4/332, 380[3]	-, Costas	5/512, 442, 443
- gastratus	4/332, 380[3]	-, Cyanblauer	5/515, 443
- grenfelli	4/332, 380[3]	-, Gebänderter	2/634, 440
- liberiensis	4/332, 380[3]	-, Gelbflossiger	5/516, 443, 444
- longifilis	4/330, 379[6]	-, Gestreifter	5/540, 449
- mentalis	4/332, 380[3]	-, Hellners	5/520, 444
- niloticus	4/332, 380[3]	-, Juwelen-	5/518, 444
euyorus, Eupomotis	2/1016, 795[6]	-, Kleinköpfiger	5/522, 445
evelynae, Corydoras	1/464, 278	-, Ladiges'	1/554, 444
-, Curimatopsis	4/130, 128	-, Monster-	5/524, 445
-, Docimodus	4/616, 612	-, Myers	5/526, 445
-, **Xiphophorus**	2/762, 552	-, Pantanal-	5/560, 452
-, - variatus	2/762, 552[4]	-, Pernambuco-	5/532, 447
Evelyns Buntbarsch	4/616, 612	-, Schwarzer	1/554, 446
everetti, Barbus	1/386, 183	-, Smaragd-	1/554, 449
		-, Vandenbergs	5/537, 448

Register

-, Vazferreiras	5/538, 448	„-Schlußlichtsalmler"	4/98, 107
-, Weißpunkt-	5/506, 441	„-" Sternflecksalmler	4/114, 123
-, Whites	1/554, 449	- Streifendornwels	2/446, 258
Fächerkärpfling	5/506, 441	„-Ulrey"	1/288, 112
-, Aruana-	5/558, 452	*falsus, Hemigrammus ocellifer*	4/98, 107²
-, Bitters	5/558, 452	*famula, Petrochromis*	2/968, 662
-, Constanzes	5/512, 442	*fangi, Tetraodon*	5/1102, 921
-, Gestreckter	3/491, 443	Fangs Kugelfisch	5/1102, 921
-, Grüner	5/508, 442	*fario, Salmo*	3/1034, 909³
-, Schwarzband-	3/494, 449	-, - *trutta* f.	3/1034, 909
Fächerschwanz-Springbarsch	3/918, 835	*Farlowella acus*	1/488, 326
Fadendornwels	2/446, 257	- *curtirostra*	5/334, 5/336, 326
Fadenfisch, Blauer	1/648, 3/668, 592	- *gracilis*	1/488, 326
-, Gestreifter	1/634, 590	- *knerii*	4/286, 326
-, Mondschein-	1/646, 592	*farmini, Leuciscus*	5/180, 217⁶
-, Wulstlippiger	1/636, 590	Fasan-Schleierkärpfling	5/564, 453
Fadenfische	590–592	*fasciata, Betta*	1/628, 3/642, 576³⁻⁵
Fadenflossen-Zwergbuntbarsch	2/828, 739	-, *Botia*	4/152, 164
		-, *Carnegiella strigata*	1/326, 132
Fadenflosser, Borneo	5/1085, 839	-, *Catopra*	3/912, 831⁵,⁶
Fadenglasbarsch	2/1026, 788	-, *Chela*	2/380, 198
Fadenmaulbrüter	4/658, 660	-, *Chilatherina*	2/1112, 855
-, Blauer	1/746, 660	-, *Cichla*	2/1016, 796⁵
-, Hellblauer	3/826, 659	-, *Cobitis*	2/350, 156⁶
Fadenmautbrüter, Großer	2/888, 643, 644	-, *Colisa*	1/634, 590
Faden-Prachtgurami	2/807, 558	-, *Crenicichla brasiliensis* var.	4/598, 756²
Fadenprachtkärpfling	1/530, 404	-, *Cychla*	2/886, 757⁶
Fadensalmler	2/224, 50	-, *Gambusia*	3/620, 3/626, 544⁵, 547²,³
„Fadenwels", Einbinden	5/440, 372	-, *Heterandria*	3/620, 544⁵
-, Gestreifter	2/558, 372	-, *Homaloptera*	5/98, 159¹
-, Schlanker	2/558, 372	-, *Parabotia* (s. *Botia*)	4/152, 164
fahaka, Crayracion	2/1162, 921¹	-, *Poecilia*	4/442, 485²
-, *Tetraodon*	2/1162, 921	-, *Poeciliopsis*	3/620, 544
-, *Tetrodon*	2/1162, 921¹	*fasciatum, Characidium*	1/314, 78
Fähnchen-Messerfisch, Afrikanischer	3/1025, 901	-, *Characidium* sp. aff.	2/295, 79
- -, Asiatischer	1/856, 901	-, *Platystoma*	1/510, 375¹
Fähnchenwels	3/358, 309	-, *Pseudoplatystoma*	1/510, 375
Fähnchenwelse	309	*fasciatus, Acanthophthalmus*	1/364, 170³,⁴
Fahnen-Kirschflecksalmler	1/284, 111	-, *Achirus*	5/984, 903⁶, 904¹
faidherbi, Chromis	3/894, 704³	-, *affinis, Leporinus*	1/238 67⁶
fainzilberi, Pseudotropheus	1/758, 631	-, *Alburnoides bipunctatus*	3/174, 176
fairweatheri, Phallichthys	2/734, 536	-, *Anabas*	1/621, 572²
Fairweather-Kärpfling	2/734, 536	-, *Anoptichthys*	3/124, 98⁴
falcatus, Brycon	1/244, 76	-, *Aphanius*	1/522, 473
-, *Girardinus*	2/728, 527	-, *Aspius*	3/174, 176⁴
-, *Glaridichthys*	2/728, 527³	-, *Astyanax fasciatus*	3/124, 98
falcicula, Lamprologus	5/888, 652⁶, 653¹	-, *Barbus*	1/384, 1/386, 5/83, 184
-, *Neolamprologus*	5/888, 652, 653	-, *Bryttus*	1/796, 795⁵
falcirostris, Acestrorhynchus	2/251, 90	-, *Calliurus*	2/1016, 796⁵
-, *Hydrogon*	2/251, 90⁶	-, *Carapus*	1/840, 884¹
-, *Xiphoramphus*	2/251, 90⁶	-, *Catonotus*	3/918, 835⁴
-, *Xiphorhynchus*	2/251, 90⁶	-, *Chalceus*	1/238, 68²
fallax, Aphyosemion	1/532, 2/602, 3/466, 407⁴, 404	-, *Cirrhinus*	1/386, 184¹
		-, *Cyprinodon*	1/522, 473⁵
-, *Rineloricaria*	1/498, 349	-, *fasciatus, Leporinus*	1/238, 68
Falsche Dornwelse	2/440–2/447, 3/300–3/302, 5/234–5/242, 254–258	-, *Fundulus*	3/566, 4/442, 485², 486¹
		-, *Gasteropelecus*	1/326, 132²
Falscher Bischofskärpfling	4/478, 517, 518	-, *Giton*	1/840, 884¹
- Rotflossensalmler	2/243, 74	-, *Gymnotus*	1/840, 884¹
		-, *Lamprologus*	2/930, 653³

1037

Register

-, Lebias	1/522, 473[5]
-, Leporinus fasciatus	1/238, 68
-, - novem	1/238 68[2]
-, Metynnis	1/352, 2/330, 92[5,6], 93[1]
-, - hypsauchen	2/330, 93
- mexicanus, Astyanax	1/256, 98
-, Nannocharax	1/230, 58
-, - sp. cf.	5/30, 60
-, Nemacheilus	2/350, 156
-, Nemachilus	2/350, 156[6]
-, Neolamprologus	2/930, 653
-, Noemacheilus	2/350, 156[6]
-, Nothobranchius	4/406, 432
-, Opsarius	4/189, 195[3]
-, Parabotia	4/152, 164[2]
-, Petrochromis	4,670, 662[6], 663[1]
-, Pimephales	3/254, 227[1,2]
-, Pleuronectes	5/984, 903[6], 904[1]
-, Poecilurichthys	3/124, 98[4]
-, Polyacanthus	1/634, 590[3]
-, Pomotis	1/784, 2/876, 769[5,6], 779[6]
-, Pristolepis	3/912, 831
-, Pseudogastromyzon	5/98, 159
-, Rhombatractus	2/1112, 855[3]
-, Salmo	1/238, 68[2]
-, Scatophagus	1/810, 840[5]
-, Schizodon	2/242, 70
-, Silurus	1/510, 375[1]
-, Tetragonopterus	5/56, 101[1]
-, Trichogaster	1/634, 1/636, 590[3,5]
-, Trinectes	5/984, 903, 904
fasciolaris, Catostomus	2/337, 161[6]
fasciolata, Parabotia	4/152, 164[2]
-, Schistura	5/100, 159[3]
fasciolatum, Ctenopoma	1/621, 572[2]
-, Microctenopoma	1/621, 572
fasciolatus, Anabas	1/621, 572[2]
-, Aplocheilus	4/386, 423[6]
-, Distichodus	1/224, 56
-, Epiplatys fasciolatus	4/386, 423
-, Haplochilus	4/386, 423[6]
- huwaldi, Epiplatys	3/500, 424[2]
- lamottei, Epiplatys	1/560, 425[3]
-, olbrechtsi, Epiplatys	4/392, 427[1]
-, Panchax	4/386, 423[6]
-, Petrochromis	2/968, 4/670, 663[5], 662, 663
- puetzi, Epiplatys	3/500, 4/392, 427[1], 424
- tototaensis, Epiplatys	3/500, 424
- zimiensis, Epiplatys	4/388, 424
fascipinna, Synodontis	2/542, 362[6]
favus, Mastacembelus armatus	5/1062, 917
Federsalmler	1/280, 2/310, 110, 133
fedtschenkoae, Noemacheilus	2/354, 158[3]
fedtschenkoi, Schizothorax intermedius m.	5/214
Feenbarsch	1/732, 652
Feenbuntbarsch	1/780, 604
Felichthys nodosus	2/446, 257[4]
felicianus, Trifarcius	3/558, 481[1]
felis, Pimelodus	3/360, 311[3]
Felsen-Flaggenbarsch	2/1028, 828
Felsenbarsch, Gemeiner	5/980, 793, 794
Felsenkammbuntbarsch	3/756, 760
fenestrata, Chromis	3/726, 710[5]
fenestratum, "Cichlasoma"	3/726, 710
- var. parma, Cichlasoma	2/872, 713[4]
fenestratus, Cyrtocara	2/898, 627[6]
-, Haplochromis	2/898, 627[6]
-, Protomelas	2/898, 627
Fensterbuntbarsch	3/726, 710
ferox, Macrodon	2/308, 130[5,6]
ferreirai, Osteoglossum	1/858, 902
ferrugineus, Characodon	2/712, 513[2]
-, Gobius	4/778, 820[3]
ferugineus, Cottus	3/947, 912[4,5]
festae, Cichlasoma	2/866, 752
-, Heros	2/866, 752[3,4]
-, Isorineloricaria	3/372, 332[4]
-, Parapetaenia	5/870, 752[3,4]
-, Plecostomus	3/372, 332[4]
-, Poecila	2/752, 549[2]
-, Priapichthys	2/752, 549
-, Pseudopoecilia	2/752, 549[2]
Festakärpfling	2/752, 549
festiva, Acara	1/742, 772[1]
-, Cyrene	2/392, 212[5]
-, Dangila	2/392, 212[5]
festivum, Cichlasoma	1/742, 772[1]
festivus, Heros	1/742, 772[1]
-, Labiobarbus	2/392, 212
-, Mesonauta	1/742, 772
Fettköpfige Elritze	3/154, 227
Fettwels	1/510, 373
-, Frosch-	2/564, 374
Feuer-Maulbrüter	5/834, 679
Feueraal	1/848, 918
Feuerbuntbarsch, Viktoria-	5/732, 677
Feuerkopfbuntbarsch	2/880, 717
Feuermaulbuntbarsch	1/690, 724
Feuerrochen	4/16, 34
Feuerschwanzschläfergrundel	2/1066, 810
Fieder-Hexenwels	3/386, 348
Fiederbartel-Harnischwels	3/374, 314, 335
Fiederbartwels, Augenflecken-	4/322, 364
-, Brichards	2/532, 358
-, Budgetts	4/320, 358
-, Domino-	2/536, 359
-, Eierfleck-	2/540, 362
-, Einpunkt-	1/506, 363
-, Elfenbein-	2/538, 360
-, Gabelschwanz	2/548, 364
-, Gambia-	4/322, 361
-, Gelbbinden-	1/504, 361
-, Greshoffs	5/428, 361
-, Großaugen	3/402, 362
-, Kamerun-	3/410, 365

Register

-, Khartoum-	3/400, 361
-, Kuckucks-	2/546, 3/406, 364
-, Küsten-	3/404, 363
-, Langflossen-	2/540, 360
-, Leopard-	2/534, 359
-, Leuchtbaken	3/398, 361
-, Marmor-	3/402, 362
-, Marmorierter	1/504, 2/550, 366
-, Membran-	2/528, 356
-, Njassa	2/544, 363
- Paynes	2/528, 357
-, Pfennig-	2/544, 363
-, Polls	3/406, 364
-, Roberts	5/430, 365
-, Rostbrauner	2/548, 365
-, Rotflossen-	2/534, 359
-, Schalls	2/550, 365
-, Scherenschwanz-	3/409, 366
-, Schmuckflossen-	1/508, 360
-, Schwarzer	2/542, 362
-, Schwarzgefleckter	3/404, 363
-, Vielpunkt-	2/542, 362
-, Viktoriasee-	5/432, 366
-, Waterlots	3/410, 366
-, Weißflossen-	3/398, 359
Fiederbartwelse	1/501–1/508, 2/527–2/551, 3/395–3/411, 4/310–4/323, 5/424–5/433, 354–366
filamentissima, Harttia	5/356, 332[6], 333[1]
filamentosa, Crenicara	1/696, 753
-, *Gymnochanda*	2/1026, 788
-, *Hara*	3/424, 385[1]
-, *Harttia*	5/356, 332[6], 333[1]
-, *Lamontichthys*	5/356, 332[6], 333[1]
-, *Loricaria*	5/365, 335[5]
-, *Parasturisoma*	5/356, 332[6], 333[1]
-, *Pyrrhulina*	1/332, 1/348, 2/326, 139[2], 143[5], 143
filamentosum, Aphyosemion	1/530, 404
filamentosus, Bagrus	4/232, 261
-, *Barbus*	1/388, 184
-, *Fundulopanchax*	1/530, 404[6]
-, *Lamontichthys*	5/356, 332
-, *Leuciscus*	1/388, 184[2]
-, *Macropodus*	1/638, 586[4,5]
-, *Megalops*	2/1107, 872[6]
-, *Parosphromenus*	2/807, 588
-, *Porcus*	4/232, 261[3]
-, *Puntius*	1/388, 184[2]
-, *Synodontis*	2/540, 360
Filament-Störwels	5/356, 332, 333
filigera, Prionobrama	1/252, 89
filigerus, Aphyocharax	1/252, 89[4]
Filigran-Regenbogenfisch	2/1116, 857
Filirasbora rubripinna	5/172, 214[4]
filomenae, Moenkhausia	1/302, 120[6]
Fimanga-Buntbarsch	5/902, 782
fimbriatus, Exastilithoxus	5/336, 325
-, *Otocinclus*	2/508, 337[1]
-, *Pseudacanthicus*	5/336, 325[6]
findlayi, Galaxias	2/1080, 889[6], 890[1]
Fingerkärpfling	3/606, 527
finleyi, Chromidotilapia	1/684, 689
"Fire", *Haplochromis* sp.	5/834, 679
"Fisch mit Haaren"	5/1085, 839
fischeri, Acerina	1/808, 837[3]
Fischers Trugdornwels	5/234, 256
fisheri, Parauchenipterus	5/234, 256
-, *Trachycorystes*	5/234, 256[4]
fitzroyensis, Aristeus	1/852, 862[2]
Fitzroyia multiaentatus	2/702, 504[6]
flabellare, Etheostoma	3/918, 835
flabellaris, Poecilichthys	3/918, 835[4]
flabellatus, Catonotus	3/918, 835[4]
Flachkopf, Indischer	4/724, 913
Flachkopf-Zwergharnischwels	3/367, 325
Flachköpfe	4/724, 913
Flachkopfgrundel	3/982, 816
Flachköpfige Galaxie	2/1082, 890
Flachkopfpleco	4/308, 328
Flachkopfwelse	4/224, 247
Flaggenbarsch, Felsen-	2/1028, 828
Flaggenbuntbarsch	1/742, 772
Flaggensalmler	1/274, 109
-, Schwarzer	1/288, 112
Flaggenschwanz-Panzerwels	2/477, 288
"Flame Oxyrhynchus"	5/872, 622
flammeus, Cynolebias	5/488, 5/516, 443
-, *Hyphessobrycon*	1/286, 111
flava, Loricaria	2/506, 330[6]
flaveolus, Corydoras	4/244, 278
flavescens, Chaetobranchus	2/852, 750
flavianalis, Aphanius chantrei	3/547, 471[2,3]
flavicaudatus, Cynolebias	5/516, 443
-, *Cynolebias* aff. sp.	5/528, 444
flavidus, Afromastacembelus	3/1008, 916
-, *Mastacembelus*	3/1008, 916[1]
flavigulis, Labidochromis	5/850, 616
flavilabris, Acara	5/862, 771[1]
-, *Laetacara* cf.	5/862, 771
"Flavimanus"	5/812, 612
flavipinnis, Aphyosemion	4/404, 430[1,2]
-, *Aplocheilichthys*	4/404, 430[1,2]
-, *Foerschichthys*	4/404, 430
-, *Haplochromis*	5/828, 680[2]
-, *Xenotilapia*	3/898, 672
flavitaeniatus, Synodontis	1/504, 361
flavofasciata, Vaillantella	5/103, 160[5]
flavo-maculata, Cychla	2/856, 750[6]
flavomaculata, Cychla	5/748, 751[2]
flavulus, Cyprinodon	3/566, 486[1]
-, *Esox*	3/566, 486[1]
-, *Nemacheilus*	5/96, 157[4]
-, *Noturus*	5/308, 311
-, *Plecostomus*	2/506, 330[6]
-, *Pseudotropheus*	4/676, 631
-, *Triportheus*	1/244, 77[5]
Flecken-Trugdornwels	5/240, 258
Fleckenantennenwels	2/560, 373
Fleckenbarbe	1/388, 2/366, 180, 184

1039

Register

Fleckenloser Kaudi	3/610, 536	Flußbarsch	1/808, 837
Fleckensalmler	1/270, 107	Flußgrundel	3/992, 818
Fleckschwanzsalmler	1/317, 85	Flußhund	2/252, 82
flesus, Platichthys	**5/1084, 904**	Flußneunauge	4/7, 25
-, Pleuronectes	5/1084, 904[5]	*Fluta alba*	2/1158, 918[5]
flexilis, Otocinclus	**2/508, 337**	*Fluvialosa bulleri*	2/1062, 872[1]
Flexipenis vittata	**2/722, 520**	- *paracome*	2/1062, 872[1]
- *vittatus*	2/722, 520[2]	*fluviatilis, Anguilla*	3/935, 849[2]
flexuolaris, Lepomis	2/1016, 796[5]	-, *Aristeus*	1/850, 858[3]
flexuosus, Catostomus	3/165, 161[5]	-, *Barbus*	2/364, 179[6]
Flickenbarbe	5/212, 238	-, *Blennius*	1/825, 792[4]
Fliegensalmler	1/246, 82	-, *Craterocephalus*	2/1056, 853[1]
flindersiensis, Brachygalaxias		- *fluviatilis, Gobius*	3/992, 818[4,5]
pusillus	2/1086, 891[2]	- *forma fluviatilis, Gobius*	3/992, 818[4,5]
Flitterkärpfling	2/703, 508	-, *Gobio*	1/420, 208[1]
Flittersalmler	1/290, 3/136, 112	-, *Gobius*	3/992, 818[4,5]
flomoi, Barbus	3/189, 183[4]	-, - *fluviatilis*	3/992, 818[4,5]
floridae, Cyprinodon	1/564, 481[4]	-, - - *forma*	3/992, 818[4,5]
-, *Jordanella*	**1/564, 481**	-, - (*Neogobius*)	3/992, 818[4,5]
Floridakärpfling	1/564, 481	-, *Hemirhamphus*	1/841, 870[3]
floridensis, Calliurus	1/792, 794[3,4]	-, **Lampetra**	**4/7, 25**
-, *Fundulus*	2/656, 484[6]	-, **Melanotaenia**	**1/850, 858**
Floridichthys carpio barbouri	3/574, 481[2]	-, - *splendida*	1/850, 858[3]
- ***polyommus***	**3/574, 481**	-, *Neetroplus*	2/958, 720[1,2]
floripinnis, Haplochilus	4/442, 486[6]	-, *Nematocentris*	1/850, 858[3]
Flösselaal	1/210, 30	-, **Neogobius**	**3/992, 818**
Flösselhecht, Senegal-	2/218, 30	- *pallasi, Gobius*	3/992, 818[4,5]
-, Zaire-	2/216, 30	-, ***Perca***	**1/808, 5/977, 837**
Flösselhechte	1/210, 2/216–2/218, 30	-, *Petromyzon*	4/7, 25[1]
Flossenblatt, Seba-	2/1034, 829	-, ***Salaria***	**1/825, 792**
Flossenblätter	1/788, 1/804, 2/1034, 829	- *var. borystenicus, Barbus*	5/126, 180[1]
Flossenfresser, Gestreifter	2/232, 62	- *var. nigra, Gobius*	3/992, 818[4,5]
-, Gezeichneter	3/99, 57	- *var. ocellata, Tetraodon*	1/868, 920[4,5]
-, Nadel-	2/228, 55	*Fluvidraco fluvidraco*	3/322, 266[2]
Flossensauger s. a. Plattschmerlen		FLUVIPHYLACINAE	499
Flossensauger, Chinesischer	2/430, 3/286, 152, 158	***Fluviphylax pygmaeus***	**3/448, 499**
-, Fukien-	2/426, 154	Fly Hartköpfchen	5/1000, 852
-, Grüner	5/90, 155	- River-Regenbogenfisch	4/800, 861
-, Leveretts	4/142, 153	*foae, Ectodus*	2/888, 3/760, 643[5,6], 644[1]
-, Pracht-	2/428, 154	-, *Ophthalmotilapia*	2/888, 3/760, 643[5,6], 644[1]
-, Punktierter	2/426, 154		
-, Stachelkopf-	5/88, 154	***foerschi, Barbus***	**3/190, 184**
-, Wuis	4/142, 160	-, ***Betta***	**2/796, 579**
Flugbarbe, Goddard's	3/208, 203	- „Nataisedawak", ***Betta***	**4/570, 579**
-, Malayische	2/384, 204	-, ***Nothobranchius***	**3/512, 432**
Flügelbärbling, Blauer	4/192, 198	- „Tarantang", ***Betta***	**4/570, 579**
Flügelflosser	1/550, 468	***Foerschichthys flavipinnis***	**4/404, 430**
Flügelpanzerwels	5/274, 289	Foerschs Barbe	3/190, 84
Flügelschuppensalmler	2/256, 88	- Kampffisch	2/796, 579
Flügelstörwels	5/414, 347	- Prachtgrundkärpfling	3/512, 432
Fluminense-Zwergfächerfisch	5/544, 450	*folium, Polyodon*	2/215, 30[1]
fluminensis, Cynopoecilus	5/544, 450[2]	*fonticola, Fundulus*	4/442, 485[2]
-, ***Leptolebias***	**5/544, 450**	*fontinalis, Baione*	3/1036, 909[6], 910[1]
Flunder, Gefleckte	5/984, 904	-, *Cyprinodon*	4/428, 476
-, Gemeine	5/1084, 904	-, *Etheostoma*	3/918, 835[4]
Flußbarbe	2/364, 179	-, *Salmo*	3/1036, 909[6], 910[1]
-, Indische	1/412, 200	-, - *trutta* x *Salvelinus*	4/822, 909
-, Große	3/220, 208	-, *Salvelinus*	3/1036, 909, 910
-, Schönflossen-	3/206, 201	*Fontinus zebrinus*	2/658, 487[2]
		forbesi, Cliola	1/428, 220[5]

Register

-, *Cyprinella*	1/428, 220[5]	Frauenfisch	4/214, 237
Forelle, Südamerikanische	3/108, 75	Frauennerfling	4/216, 237
Forellen-Cichlide	5/742, 607	*fredcochui, Boehlkea*	**1/258, 100**
- -Galaxie	2/1084, 890	*frederici, Curimatus*	2/238 68[3]
- -Raubsalmler	5/36, 77	*fredericki, Charisella*	4/794, 858[4]
Forellenbarbe	4/178, 187	-, *Melanotaenia*	**4/794, 858**
Forellenbarsch	2/1018, 796	*fredrodi, Aphyosemion*	**5/468, 405**
Forellensalmler	1/332, 139	*freibergi, Labidochromis*	**4/628, 616**
formosa, Cyrtocara	3/777, 619[4,5]	*trempongi, Hemichromis*	**4/624, 680**
-, *Gambusia*	1/592, 528[3]	*frenatus, Afromastacembelus*	4/784, 916[6]
-, *Heterandria*	**1/592, 528**	-, *Barbus*	1/402, 194[1]
-, *Hydrargyra*	1/592, 528[3]	-, *Caecomastacembelus*	**4/784, 916**
-, *Rineloricaria*	**5/416, 349**	-, *Epalzeorhynchos*	1/422, 2/388, 203
Formosiana tinkhami	2/426, 154[1]	-, *Epalzeorhynchus*	1/422, 202[6]
formosum, Osteoglossum	2/1152, 902[2]	-, *Labeo*	1/422, 202[6]
formosus, Adamas	**2/584, 396**	-, *Mastacembelus*	4/784, 916[6]
-, *Alburnus*	2/398, 220[4]	-, *Rivulus*	**5/580, 459**
-, *Girardinus*	1/592, 528[3]	*freniferus, Acara*	5/862, 771[1]
-, *Haplochromis*	3/777, 619[4,5]	*fria, Poecila*	2/752, 549[2]
-, *Maravichromis*	**3/777, 619**	-, *Priapichthys*	2/752, 549[2]
-, *Scleropages*	**2/1151, 902**	-, *Pseudopoecilia*	2/752, 549[2]
forskalii, Hydrocyon	4/42, 52[1]	*friderici, Leporinus*	**2/238, 68**
-, *Labeo*	2/388, 3/230, 211	-, *Salmo*	2/238, 68[3]
forsteri, Ceratodus	2/206, 37[5]	Friderici-Salmler	2/238, 68
-, *Galaxias*	2/1084, 890[4]	Friedlicher Kämpfer	1/630, 583
-, *Neoceratodus*	**2/206, 37**	- Kampffisch	3/650, 580
forsterianus, Catostomus	4/148, 161[3]	*friedrichsthalii, Astronotus*	2/869, 710[6]
fortis, Eleotris	3/960, 807[2]	-, *Cichlosoma*	2/869, 710[6]
fossilis, Cobitis	1/374, 169[3]	-, *Parapetenia*	2/869, 710[6]
-, *Heteropneustes*	**2/500, 309**	Friedrichsthal's Buntbarsch	2/869, 710
-, *Misgurnus*	**1/374, 169**	*frisii meidingeri, Pararutilus*	4/214, 237[3]
-, *Saccobranchus*	2/500, 309[5]	- -, *Rutilus*	4/214, 237[3]
-, *Silurus*	2/500, 309[5]	*frontosa, Cyphotilapia*	**1/700, 644**
- var. *mohoity, Cobitis*	1/374, 169[3]	-, *Paratilapia*	1/700, 644[2]
Fossorochromis rostratus	1/720, 3/778, 612, 613	*frontosus, Pelmatochromis*	1/700, 644[2]
		Frosch-Fettwels	2/564, 374
fosteri, Priapichthys	3/626, 547[2,3]	Froschfisch	3/939, 866
fouloni, Tilapia	2/894, 703[5]	Froschfischartige	866
fowleri, Axelrodia	2/261, 100[5]	Froschfische	866
-, *Corydoras*	**3/334, 278**	Froschwels	1/480, 300
-, *Pseudorasbora parva*	5/202, 227[5]	*fryeri, Sciaenochromis*	**5/944, 636**
-, *Pseudorasbora*	2/406, 5/202, 227[6], 227	*fuchsii, Alestes*	1/216, 47[2]
		- *taeniata, Alestes*	1/216, 47[2]
Fowlerina orbicularis	1/254, 96[5]	*fucini, Leuciscus*	3/264, 237[6]
Fowlers Corydoras	3/334, 278	*fuelleborni, Haplochromis*	5/810, 678[2,3]
fractifasciatus, Cynolebias	5/546, 450[4-6]	-, *Labeotropheus*	**1/730, 615**
-, *Leptolebias*	5/546, 450[4-6]	-, *Synodontis* sp. aff.	**4/320, 361**
Frances' Hochlandkärpfling	4/468, 511	*fuerstenbergii, Cobitis*	1/376, 152[2]
francesae, Skiffia	**4/468, 511**	*fugax, Hemichromis*	1/722, 690[3]
frankei, Aphanotorulus	**4/276, 322**	„*fugi*", *Gymnocharacinus*	3/110, 77[1,2]
„-', *Brachydanio*	**1/409, 196**	*fugitiva, Cheirodon*	3/118, 84[1]
Fransenflosser	1/250, 88	-, *Odontostilbe*	**3/118, 84**
Fransenlipper, Cuviers	3/232, 212	Fukien-Flossensauger	2/426, 154
-, Grüner	1/422, 202	*fukiensis, Sarcocheilichthys*	
-, Nil-	2/388, 3/230, 211	*sinensis*	3/266, 5/212, 238[4], 238
-, Schwarzer	1/426, 210	*fulgens, Aphyosemion georgiae*	3/496, 420[3]
Französischer Strömer	5/178, 217		
franzwerneri, Aphyosemion	3/469, 405	-, *Diapteron*	**3/496, 420**
frater, Blennius	1/825, 792[4]	*fuliginosus, Hephaestus*	**2/1042, 843**
fratercula, Scaphiodon	3/202, 197[1]	-, *Synbranchus*	2/1158, 918[6]

Register

-, *Therapon*	2/1042, 843³
fulminantis, Cynolebias	**5/518, 444**
fulvidraco, Pelteobagrus	**3/322, 266**
-, *Pimelodus*	3/322, 266²
-, *Pseudobagrus*	3/322, 266²
Fundulichthys virescens	2/406, 227⁶
FUNDULIDAE	**483–487**
funduloides, Zygonectes	3/571, 486⁵
Fundulopanchax batesii	3/462, 398²
- *bivittatum*	1/524, 398⁶
- *filamentosus*	1/530, 404⁶
- *gardneri*	1/532, 3/470, 405⁶
- *gularis*	1/532, 407⁴
- **huwaldi**	**5/542, 430**
- *loennbergii*	3/478, 409⁴
- *luxophthalmus*	1/542, 493¹
- *multicolor*	2/610, 398⁴,⁵
- *sjoestedti*	1/538, 415⁵
- **sp. „Lago"**	**5/542, 430**
(-) *schreineri, Aphyosemion*	3/462, 398²
- *splendopleuris*	3/486, 415⁶
- *spurrelli*	3/466, 404²⁻⁵
(-) *unistrigatus, Aphyosemion*	3/478, 409⁴
Fundulosoma thierryi	**1/564, 430**
Fundulus albolineatus	3/564, 485⁴
- *antillarum*	4/442, 485²
- *arlingtonia*	2/654, 483⁵
- *arnoldi*	2/588, 397²
- *aureus*	3/568, 486²
- *balboae*	3/568, 486³,⁴
- *balzanii*	5/604, 468⁴,⁵
- *bartrami*	3/560, 484¹
- *batesii*	3/462, 398²
- *bivittatus*	1/524, 2/610, 398⁴⁻⁶
- *brasiliensis*	2/676, 457¹
- *caeruleum*	1/538, 415⁵
fundulus, Capoeta	3/270, 241²
Fundulus catenatus	**3/560, 483**
- *chaplini*	3/560, 484¹
- **chrysotus**	**2/654, 483**
- *cingularis*	2/654, 483⁶
- **cingulatus**	**2/654, 483**
- **confluentus**	**3/560, 484**
- *cubensis*	2/634, 469⁴
fundulus, Cyprinus	3/270, 241²
Fundulus diaphanus	**2/656, 484**
- *dispar*	3/562, 4/440, 484⁵, **484**
- *dovii*	3/435, 395¹,²
-, Escambia River-	4/440, 484
- **escambiae**	**4/440, 484**
- *extensus*	2/656, 484²
- *fasciatus*	3/566, 4/442, 485², 486¹
- *floridensis*	2/656, 484⁶
- *fonticola*	4/442, 485²
- *fuscus*	1/870, 874⁴
- *gambiensis*	3/526, 438⁵
- *gardneri*	1/532, 3/470, 405⁶
- *goodei*	1/566, 487⁵
- **grandis**	2/656, 4/440, 485¹, **484**
- *grandissimus*	**4/440, 485**
-, Großer Yucatan-	4/440, 485
- *guentheri*	1/568, 432⁴
- *gularis*	1/532, 407⁴
- *gustavi*	3/462, 398²
- *guttatus*	4/440, 484⁵
- **heteroclitus**	**4/442, 485**
- - *badius*	4/442, 485²
- *hispanicus*	3/578, 500⁵
- *insularis*	3/566, 486¹
- **jenkinsi**	**3/564, 485**
- **julisiae**	**3/564, 485**
- *kansae*	2/658, 487²
-, Ketten-	3/560, 483
- *kompi*	2/654, 483⁵
- *kuhntae*	4/406, 433⁵
- *labialis*	3/577, 500¹
- *letourneuxi*	2/700, 500⁴
- *limbatus*	3/571, 486⁵
- **lineolatus**	**2/658, 485**
- *loennbergii*	3/478, 409⁴
- **luciae**	**3/566, 485**
- **majalis**	**3/566, 486**
- *melanospilus*	3/516, 434²
- *microlepis*	2/666, 434³
- *mkuziensis*	2/666, 434⁴
- *neumanni*	3/516, 434⁴
- *nisorius*	4/442, 485²
- **notatus**	**3/568, 486**
- *(Nothobranchius) orthonotus*	3/522, 437³
- *notti*	4/440, 484⁵
- - *dispar*	3/562, 484³,⁴
- *oaxacae*	2/670, 500²
- *ocellaris*	3/560, 484¹
- **olivaceus**	**3/568, 486**
- *orthonotus*	3/516, 434²
- *pachycephalus*	2/670, 500²
- *pallidus*	2/656, 484⁶
- *palmqvisti*	1/570, 435¹
- *pappenheimi*	3/478, 409⁴
- *paraguayensis*	5/554, 451⁵
- *parvipinnis*	4/456, 507²
- *patrizii*	2/668, 435²
- **pulvereus**	**3/571, 486**
- *robustus*	4/456, 507²
-, Rückenstrich-	4/442, 486
- **sciadicus**	**4/442, 486**
-, Seminolen-	4/444, 487
- **seminolis**	**4/444, 487**
- *similis*	3/566, 486¹
- *sjoestedti*	1/538, 415⁵
- *spilotus*	3/571, 486⁵
- *splendidus*	3/462, 398²
- *taeniopygus*	3/522, 437³
- *tenellus*	3/568, 486²
- *vinctus*	4/442, 485²
- *virescens*	2/406, 227⁶
- *viridescens*	4/442, 485²

Register

- *xenicus*	1/521, 483[3]
- *zebra*	4/442, 485[2]
- *zebrinus*	2/658, 487
funelli, Corydoras	2/466, 281[4]
Fünffleckbuntbarsch	2/1000, 701
Fünffleckmaulbrüter	1/720, 613
Fünfflecktilapie	1/778, 703
Fünfgürtelbarbe	1/396, 190
Fünfstacheliger Stichling	3/968, 877
Fünfstreifen-Schwertträger	2/764, 556
- -Tanganjikaseebuntbarsch	1/736, 658
Funkensalmler	4/91, 109
furca, Platypodus	1/638, 586[4,5]
furcatus, Auchenipterus	2/446, 257[4]
-, **Chrysichthys**	4/234, 261
-, Nemasiluroides	2/574, 380[1]
-, Popondetta	2/1134, 864[1]
-, Popondichthys	2/1134, 864[1]
-, *Pseudomugil*	2/1134, 864
furcidens „amecae", Ilyodon	4/466, 510
-, Characodon	3/590, 510[3,4]
-, Ilyodon	3/590, 510
furcifer, Cyathopharynx	2/888, 3/760, 643, 644
-, Lamprologus	2/932, 653[2]
-, **Neolamprologus**	2/932, 653
-, Paratilapia	2/888, 3/760, 643[5,6], 644[1]
-, Pimelodus	1/485, 311[4,5]
Furcipenis huberi	2/716, 516[6]
furzeri, Nothobranchius	2/662, 432
Furzers Prachtgrundkärpfling	2/662, 432
fusca, Betta	3/648, 5/646, 579, 580
-, *Eleotris*	3/960, 807
-, - *pisonis*	3/960, 807[1]
-, Hydrargyra	1/870, 874[5]
-, Poecilia	3/960, 807[1]
„fusciodes", Pseudotropheus	4/676, 629[3]
fuscoguttatus, Aspidoras	3/324, 269
fuscolineatus, Rivulus	2/536, 460
fusco-maculata, Acara	2/882, 781[2]
- -maculatus, Chromis	2/882, 781[2]
fuscotaeniatus, Cyrtocara	2/898, 623[2]
-, Haplochromis	2/898, 623[2]
-, **Nimbochromis**	2/898, 623
fuscus, Culius	3/960, 807[1]
-, Fundulus	1/870, 874[6]
-, Galaxias	2/1080, 889[6], 890[1]
„-" olidus, Galaxias	2/1080, 890
fusiforme, Boleosoma	3/918, 835[5,6]
-, *Etheostoma*	3/916, 3/918, 835
fusiformis, Boleichthys	3/918, 835[5,6]
-, Hololepis	3/918, 835[5,6]
Fwa-Hechtling	4/398, 429

G

Gabel-Beilbauchfisch	1/326, 132
„Gabelband"-Apistogramma	5/718, 745
Gabelbart	1/858, 901
Gabelschwanz-Brabantbuntbarsch	1/784, 670, 671
- -Fiederbartwels	2/548, 364
- -Regenbogenfisch	2/1134, 864
- -Schachbrettcichlide	1/696, 753
Gabelschwanzbuntbarsch	1/732, 652
Gabelschwanzwels	3/290, 262
Gabelwels Getüpfelter	1/485, 311
gabonense, Ctenopoma	2/790, 570[4]
gabonensis, Clarias	2/484, 4/262, 4/264, 300[3], 301[1], 301
gabonicus, Nanochromis	4/662, 695[5]
-, Parananochromis	4/662, 695
gabunense boehmi, Aphyosemion	2/600, 405
- *gabunense*, Aphyosemion	2/600, 405
- marginatum, Aphyosemion	2/600, 405
Gabun-Prachtkärpfling	2/600, 405
gachua, Channa	3/672, 799
-, Ophicephalus	3/672, 799[2]
GADIDAE siehe auch LOTIDAE	875
GADIFORMES	875
GADOPSIDAE	2/1050, 2/1075
Gadopsis marmoratus	2/1075, 833
gadovii, Cichlasoma	3/726, 710[5]
Gadus lota	3/967, 875[5]
- maculosus	3/967, 875[5]
- mustela	4/768, 875[6]
Gagata cenia	3/426, 385
- schmidti	2/580, 385
GAIDROPSARINAE	875
Gaidropsarus mustellaris	4/768, 875[6]
gaigei, Gambusia	4/480, 4/486, 520[4,5], 522[3,4]
gaillardi, Marcusenius	4/818, 900[3]
gairdneri, Salmo	3/1030, 908[3]
„Gaisi", Haplochromis	5/910, 628[2,3]
Galaxias (Agalaxias) zebratus	4/769, 890[5]
- alpinus	2/1080, 889[5]
- anguilliformis	2/1078, 889[4]
- attenuatus	2/1080, 889[5]
- **auratus**	2/1078, 889
- bongbong	2/1080, 889[6], 890[1]
- bullocki	2/1076, 889[1]
- capensis	4/769, 890[5]
- **cleaveri**	2/1078, 889
- coppingeri	2/1080, 889[5]
- coxii	2/1080, 889[6], 890[1]
- dubius	4/769, 890[5]
- findlayi	2/1080, 889[6], 890[1]
- forsteri	2/1084, 890[1]
- fuscus	2/1080, 889[6], 890[1]
„-" *olidus*	2/1080, 890
- gracillimus	2/1080, 889[5]
- hesperius	2/1084, 890[4]

Register

- *kayi*	2/1080, 889[6], 890[1]
-, Kap-	4/768, 890
galaxias, Leporacanthicus	3/386, 4/280, 333, 334
Galaxias maculatus	2/1080, 889
- *minutus*	2/1080, 889[5]
- *nigrostriatus*	2/1086, 891[1]
- *ocellatus*	2/1084, 890[4]
- *oconnori*	2/1080, 889[6], 890[1]
- **olidus**	2/1080, 889
- *ornatus*	2/1080, 889[6], 890[1]
- *planiceps*	2/1082, 890[2]
- - *waitii*	2/1082, 890[2]
- *punctifer*	4/769, 890[5]
- *punctulatus*	2/1080, 889[5]
- *pusillus*	2/1086, 891[2]
- - *nigrostriatus*	2/1086, 891[1]
- **rostratus**	2/1082, 890
- *schomburgkii*	2/1080, 889[6], 890[1]
- *scorpus*	2/1084, 890[4]
- **tanycephalus**	2/1082, 890
galaxias, Tatia	4/228, 257
Galaxias titcombi	2/1080, 889[5]
- *truttaceous*	2/1084, 890[4]
- **truttaceus**	2/1084, 890
- - *hesperius*	2/1084, 890[4]
- - *scorpus*	2/1084, 890[4]
- *upcheri*	2/1078, 889[4]
- *variegatus*	2/1080, 889[5]
- *waitii*	2/1082, 890[2]
- **zebratus**	4/769, 890
Galaxie, Flachköpfige	2/1082, 890
-, Forellen-	2/1084, 890
-, Gefleckte	2/1080, 889
-, Goldene	2/1078, 889
Galaxiella munda	2/1084, 890
- *nigrostriata*	2/1086, 891
- *pusilla*	2/1086, 891
Galaxien	889-891
GALAXIIDAE	2/1050, 2/1076-2/1087, 4/769, 889-891
galeatus, Auchenipterus	2/444, 5/236, 256[5,6], 257[1]
-, *Parauchenipterus*	2/444, 5/236, 256, 257
-, *Pimelodus*	2/444, 5/236, 256[5,6], 257[1]
-, *Siluris*	2/444, 5/236, 256[5,6], 257[1]
-, *Trachycorystes*	2/444, 5/236, 256[5,6], 257[1]
galii, Carassiops	2/1066, 810[2]
-, **Hypseleotris**	2/1066, 810
galilaea, Cobitis	5/86, 152[3]
-, *Tilapia*	5/940, 699[3]
galilaeus sanagaensis, Sarotherodon	4/680, 698
-, **Sarotherodon**	3/864, 698
-, *Sparus*	3/864, 698[4]
galilea, Tilapia	3/864, 698[4]
galusdae, Cheirodon	2/266, 102
Gambia-Fiederbartwels	4/322, 361
gambiensis, Aplocheilichthys	3/442, 494[5]
-, *Barbus*	4/174, 187[1]
-, *Fundulus*	3/526, 438[5]
-, *latifrons, Synodontis*	4/322, 361[3]
-, *Nothobranchius*	3/526, 438[5]
-, *Puntius*	4/174, 187[1]
-, **Synodontis**	4/322, 361
Gambuse, Schwarzkanten-	3/598, 520
Gambusia affinis affinis	2/722, 4/492, 4/540, 526[3,4], 545[2,3], 520
- - *holbrooki*	1/590, 522[2]
- **alvarezi**	4/480, 520
- *annectens*	5/624, 548[3]
- **atrora**	3/598, 520
- *atzi*	3/608, 525[3]
- **aurata**	4/482, 521
- *bimaculata*	2/728, 528[2]
- *cascajalensis*	4/476, 517[3,4]
- *caudovittata*	3/630, 549[3,4]
- *couchiana*	2/760, 552[2,3]
- *cubensis*	1/604, 533[5,6], 534[1]
- *dariensis*	4/548, 549[1]
- *dominicensis*	4/484, 521[6], 522[1]
- **echeagarayi**	5/618, 521
- *episcopi*	2/716, 4/478, 517[5,6], 518[1]
- **eurystoma**	4/482, 521
- *fasciata*	3/620, 3/626, 544[5], 547[2,3]
- *formosa*	1/592, 528[3]
- *gaigei*	4/480, 4/486, 520[4,5], 522[3,4]
- *gracilior*	4/494, 526[5]
- *gracilis*	2/722, 4/536, 520[3], 544[1,2]
- *heckeli*	2/746, 544[6]
- **hispaniolae**	4/484, 521, 522
- **holbrooki**	1/590, 522
- *humilis*	2/722, 520[3]
- **hurtadoi**	4/486, 522
- *infans*	4/536, 4/540, 544[1,2], 545[2,3]
- *jonesii*	3/608, 528[4]
- **krumholzi**	5/612, 522
- *latipunctata*	2/716, 4/478, 517[5,6], 518[1]
- **lemaitrei**	3/600, 523
- *lineolata*	2/738, 539[6], 540[1]
- **longispinis**	4/486, 523
- **luma**	4/490, 523
- **marshi**	2/724, 524
- *matamorensis*	2/738, 539[6], 540[1]
- *meadi*	3/600, 523[1,2]
- *modesta*	1/602, 542[1,2]
- **myersi**	4/482, 521[1,2]
- *nicaraguensis*	2/726, 526[2]
- - *sexradiatus*	2/726, 526[2]
- *nigroventralis*	3/630, 549[3,4]
- **nobilis**	4/492, 5/614, 525[6], 526[1], 524
- **panuco**	3/602, 524
- *parisimina*	3/595, 518[3,4]
- *patruelis holbrooki*	1/590, 522[2]
- *patruelis*	2/722, 520[3]
- *plumbea*	1/602, 542[1,2]
- *poecilioides*	2/738, 539[6], 540[1]
- *(Pseudoxiphophorus) bimaculata*	2/728, 528[2]

Register

- punctata 3/602, 5/616, 525[5], 524
- - punctulata 5/616, 524[5,6]
- puncticulata 2/724, 525
- - yucatana 2/724, 525
- rachowi 3/608, 525
- regani 2/726, 525
- rhabdophora 2/718, 518[5]
- rhizophorae 3/602, 525
- senilis 4/492, 525, 526
- sexradiata 2/726, 526
- speciosa 2/722, 4/492, 520[3], 526
- terrabensis 3/598, 519[2]
- turrubarensis 3/626, 547[2,3]
- umbratilis 2/752, 550[4]
- vittata 1/604, 2/722, 4/508, 520[2], 533[5,6], 534[1]
- wrayi 4/494, 526
- yucatana 2/724, 525[1,2]
- gameroi, Entomocorus 3/300, 256
- Gamitana 1/350, 92
- Gammon-Salmler, Back 5/30, 59
- Gangesbärbling 2/418, 232
- gangetica, Silondia 5/449, 380[6]
- Gangfisch 3/941, 907
- garbei, Corydoras 1/464, 279
- Gardasee-Grundel 2/1094, 820
- gardneri, Aphyosemion 1/532, 405
- -, - gardneri 3/470, 405
- -, Fundulopanchax 1/532, 3/470, 405[6]
- -, Fundulus 1/532, 3/470, 405[6]
- lacustre, Aphyosemion 3/472, 406
- mamfense, Aphyosemion 3/472, 406
- nigerianum, Aphyosemion 1/532, 3/472, 406
- obuduense, Aphyosemion 3/472, 406[5]
- Gardners Prachtkärpfling 3/470, 405
- Gardonus aula 3/264, 237[6]
- - rutilus 1/444, 238[1]
- gariepinus, Clarias 2/486, 4/265, 301
- -, Silurus 2/486, 4/265, 301[5,6]
- Garmanella pulchra 2/660, 481
- garmani, Girardinus 1/592, 527[4]
- -, Gobius 3/980, 815[4,5]
- Garra barreimiae barreimiae 5/154, 204
- baudoni 4/196, 206[2]
- cambodgiensis 5/156, 204, 207
- ceylonensis ceylonensis 3/211, 205
- congoensis 3/212, 205
- dembeensis 3/212, 205
- ghorensis 3/214, 205
- giarrabensis 3/212, 205[3]
- hindii 3/212, 205[3]
- hughi 5/156, 205
- johnstonii 3/212, 205[3]
- lamta 2/386, 205
- nasuta 3/214, 206
- occidentalis 4/196, 206[2]
- ornata 4/196, 206
- ornatus 4/196, 206[2]
- pingi 4/196, 206
- cf. pingi 206
- rossica 5/158, 206
- rossicus 5/158, 206[4]
- rufa 3/216, 206
- spinosa 2/386, 207[1]
- taeniata 2/386, 5/156, 204[6], 207[1]
- taeniatops 2/386, 207[1]
- vinciguerrae 3/212, 205[3]
- waterloti 4/196, 206[2]
- Garraribanica ghorensis 3/214, 205[4]
- Gartners Prachtkärpfling 4/376, 412
- „Garu", Aphyosemion cameronense 4/401, 399
- garuanum, Ctenopoma 3/640, 571[2]
- Gäse 5/177, 216
- GASTEROPELECIDAE 1/324–1/329, 131, 132
- Gasteropelecus coronatus 1/328, 132[5]
- fasciatus 1/326, 132[2]
- maculatus 1/326, 132
- gasteropelecus, Salmo 1/328, 132[5]
- Gasteropelecus securis 1/328, 132[6]
- stellatus 1/328, 132[6]
- sternicla 1/328, 132
- strigatus 1/326, 132[3]
- vesca 1/326, 132[3]
- Gasterostea pungitius 1/834, 878[2]
- GASTEROSTEIDAE 1/816–1/834, 3/968–3/971, 4/770, 876–878
- GASTEROSTEIFORMES 876–879
- Gasterosteus aculeatus 1/834, 877
- apeltes 3/968, 876[6]
- argyropomus 1/834, 877[5]
- biaculeatus 1/834, 877[5]
- bispinosus 1/834, 877[5]
- brachycentrus 1/834, 877[5]
- bussei 1/834, 878[2]
- cataphractus 1/834, 877[5]
- cuvieri 1/834, 877[5]
- globiceps 3/968, 877[1-4]
- gymnurus 1/834, 877[5]
- inconstans 3/968, 877[1-4]
- leiurus 1/834, 877[5]
- micropus 3/968, 877[1-4]
- millepunctatus 3/968, 876[6]
- niger 1/834, 877[5]
- noveboracensis 1/834, 877[5]
- obolarius 1/834, 877[5]
- occidentalis 1/834, 878[2]
- platygaster var. aralensis 4/770, 877[6]
- ponticus 1/834, 877[5]
- pungitius 1/834, 878[2]
- quadracus 3/968, 876[6]
- semiarmatus 1/834, 877[5]
- semiloricatus 1/834, 877[5]
- spinulosus 1/834, 877[5]
- teraculeatus 1/834, 877[5]
- tetracanthus 1/834, 877[5]
- trachurus 1/834, 877[5]
- gastratus, Eutropius 4/332, 380[3]
- Gastrodermus armatus 1/460, 273[2]

1045

Register

- *elegans* 1/464, 277[6]
- *Gastromyzon ctenocephalus* 5/88, 154
- *leveretti* 4/142, 153[6]
- *punctulatus* 2/426, 154
- *gastrotaenia, Syngnathus* 4/828, 879[1]
- -, - *spicifer* var. 4/828, 879[1]
- *gatensis, Barilius* 5/146, 195
- -, *Leuciscus* 5/146, 195[4]
- -, *Opsarius* 5/146, 195[4]
- Gavial-Hechtsalmler 2/300, 126
- *gavialis, Lepidosteus* 2/210, 32[4]
- *Gavialocharax monodi* 4/57, 57[5]
- *geayi, Acara* 1/666, 729[1]
- -, *Acarichthys* 1/666, 729
- -, *Aequidens* 1/666, 729[1]
- -, *Bedotia* 1/822, 853
- -, *Crenicichla* 4/604, 757
- -, *Guianacara* cf. 5/822, 767
- -, *Rivulus* 2/680, 5/575, 458[3], 460
- Gebänderte Tüpfelgrundel 4/762, 812
- Gebänderter Bodensalmler 1/314, 78
  - Buntbarsch 2/818, 731
  - Buschfisch 1/621, 572
  - Fächerfisch 2/634, 440
  - Harnischwels 1/498, 350
  - Kampffisch 2/798, 585
  - Leporinus 1/238, 68
  - Messerfisch 1/840, 884
  - Petrochromis-Buntbarsch 4/670, 663
  - Prachtkärpfling 1/524, 398
  - Schizodon 2/242, 70
  - Schwertträger 4/558, 561
  - Ziersalmler 1/344, 141
  - Zwergbarsch 4/722, 795
  - Zwergbuntbarsch 5/882, 773, 774
  - Zwergschilderwels 1/494, 343
- Gebirgs-Harnischwels 2/506, 323
- Gebirgsbachschmerle, Schöne 4/144, 155, 156
- Gebirgsgalaxie 2/1080, 889, 890
- Gebirgsharnischwels, Gepunkteter 5/328, 323
- -, Rio Meta- 5/328, 314, 323
- -, Weißpunkt- 5/326, 323
- Gebirgsregenbogenfisch 3/1018, 860
- Gebirgswels, Brauner 3/428, 386
- -, Dreistreifen- 3/428, 386
- -, Lampen- 5/452, 386
- Gebirgswelse 3/424-3/430, 4/335-4/336, 384–386
- *geddesi, Cichlasoma* 4/588, 711[1]
- -, *"Cichlasoma"* 4/588, 711
- -, *Herichthys* 4/588, 711
- -, *Tanocichla* 4/588, 711[1]
- Gedrungener Blauaugen-Kärpfling 2/750, 547
- *geei, Exoghossops* 3/266, 238[4]
- -, *Sarcocheilichthys* 3/266, 238[4]
- Gefleckte Amurbarbe 3/220, 208
  - Dicklippen-Schmerle 2/354, 158
- Flunder 5/984, 904
- Galaxie 2/1080, 889
- Grundel 1/838, 825
- Kutubu-Schläfergrundel 4/762, 812
- Schläfergrundel 1/832, 806
- Gefleckter Aspidoras 5/251, 269
  - Beilbauchfisch 1/326, 132
  - Buschfisch 1/622, 569
  - Dornwels 2/489, 304
  - Hechtsalmler 1/316, 126
  - Kammbuntbarsch 2/848, 748
  - Kaudi 1/594, 3/610, 537
  - Knochenhecht 2/210, 32
  - Leporinus 2/238, 69
  - Ohrgitter-Harnischwels 5/392, 341
  - Poeciliopsis 4/542, 546
  - Prachtkärpfling 2/608, 410
  - Raubbuntbarsch 2/966, 721
  - Regenbogenfisch 2/1114, 856
  - Riesenfiederbartwels 2/530, 357
  - Sägesalmler 1/358, 95
  - Scheibensalmler 1/354, 93
  - Schmerlenwels 3/432, 388
  - Schnabelsalmler 1/232, 62
  - Schwertträger 1/609, 553
  - Silberkarpfen 3/226, 210
  - Spitzschwanzmakropode 1/640, 586
- Geflecktes Blauauge 2/1136, 864
  - Dornauge 1/364, 170
- *geissleri, Apistogramma* 5/670, 735
- Geist-Messeraale 882-884
- „Gelb", *Labidochromis* sp. 3/792, 618
- Gelbbauch-Schläfergrundel 4/758, 811, 812
- Gelbbinden-Fliederbartwels 1/504, 361
- Gelbbrauner Petrotilapia 4/672, 625, 626
- Gelbbrust-Zwergbuntbarsch 3/686, 739
- Gelbbrustbuntbarsch 3/881, 723
- Gelber Andenkärpfling 5/500, 482
  - Bachling 1/578, 468
  - Cichlasoma 3/734, 712
  - Guapote 5/752, 712
  - Harnischwels 3/390, 350
  - Hechtkärpfling 4/476, 517
  - Katzenwels 5/308, 311
  - Kongosalmler 1/218, 50
  - Lepturus-Buntbarsch 5/740, 607
  - Leuchtaugenfisch 3/438, 493
  - Maulbrüter 1/760, 634
  - Phantomsalmler 2/282, 117
  - Platy 2/780, 564
  - Prachtkärpfling 1/532, 407
  - Salmler 1/282, 110
  - Schlankcichlide 1/726, 647
  - Schwertträger 2/758, 3/631, 551, 553
  - Stachelwels 3/303, 260
  - „-von Rio" 1/282, 110
  - Wangenstrich-Erdfresser 5/818, 766
- Gelbflossen-Glanzsalmler 3/108, 76
  - -Kropfsalmler 2/248, 77

1046

Register

- -Panzerwels 2/470, 282
- Gelbflossensaumwels 2/570, 377
- Gelbflossige Baikalgruppe 3/952, 912
- Gelbflossiger Fächerfisch 5/516, 443, 444
  - Prachtkärpfling 4/404, 430
- Gelblippen-Buntbarsch 1/664, 771
- Gelbpunkt-Antennenwels 5/324, 318
  - -Otocinclus 5/388, 341
- „Gelb-Rot", *Haplochromis* sp. 5/832, 679[5,6], 680[1]
- Gelbsaumwels 4/280, 322, 323
- „Gelbwangen"-Apistogramma 5/720, 745
- *gelius, Barbus* 1/388, 184
  - -, *Cyprinus* 1/388, 184[4]
  - -, *Systomus* 1/388, 184[4]
- Gemalter Bachling 5/596, 465
  - Schwielenwels 1/478, 296
- *gembra, Mesoprion* 2/1033, 829[2]
- Gemeine Flunder 5/1084, 904
- Gemeiner Antennenwels 1/510, 373
  - Argusfisch 1/810, 840
  - Bacu 2/498, 308
  - Bartwels 2/523, 352
  - Dornwels 1/481, 304
  - Felsenbarsch 5/980, 793, 794
  - Hechtling 1/548, 419
  - Knochenhecht 2/210, 32
  - Nadelwels 1/488, 326
  - Scheibensalmler 4/138, 94
  - Sonnenbarsch 1/798, 796
  - Stechrochen 1/209, 35
- *genalutea, Petrotilapia* 4/672, 625
  - -, *Petrotilapia* cf. 4/657, 626
- Genetzter Süßwasserrochen 4/18, 36
  - Zwergbuntbarsch 2/830, 742
- *genibarbis, Pseudorinelepis* 5/410, 313, 314, 347
  - -, *Rinelepis* 5/410, 313[5,6], 314[6], 347[1,3]
- *Genyochromis mento* 4/618, 613
- *geoffroy, Corydoras* 1/470, 287[2]
  - -, *Mormyrus* 4/814, 898[2]
  - -, *Citharinus* 3/96, 55[4]
- *geoffroyi, Heterobranchus* 4/268, 302[4]
- *Geophagus acuticeps* 2/906, 764
  - *agassizii* 1/674, 731[6]
  - *altifrons* 1/706, 766[1]
  - *argyrostictus* 4/618, 765
  - *australe* 1/708, 767[6]
  - *australis* 1/708, 767[6]
  - *badiipinnis* 2/852, 750[4]
  - *balzanii* 1/708, 768[1]
  - *brasiliensis* 1/704, 765
  - *bucephalus* 1/704, 2/910, 5/824, 765[2], 768[2,3]
  - *cauticeps* 2/906, 764[6]
  - „-" *crassilabris* 3/766, 718
  - *cupido* 1/684, 3/708, 748[4-6]
  - *daemon* 2/908, 5/942, 776[3], 765
  - *duodecimspinosus* 1/708, 768[1]
  - *grammepareius* 5/814, 765
  - *gymnogenys* 2/910, 768[2]
  - *hondae* 1/706, 5/814, 465
  - *jurupari* 1/704, 775[6]
  - *labiatus* 1/704, 2/910, 5/824, 765[2], 768[2,3]
  - *lapidifera* 3/862, 775[4]
  - *leucostictus* 1/704, 3/864, 775[6], 776[2]
  - *magdalena* 5/814, 765[5]
  - *magdalenae* 1/706, 5/814, 765[5]
  - *megasema* 1/706, 766[1]
  - *obscura* 1/704, 765[2]
  - *pappaterra* 1/704, 3/866, 775[6], 776[4]
  - *pellegrini* 4/620, 765
  - „-*pindae*" 5/814, 765[5]
  - *proximus* 1/706, 766
  - *pygmaeus* 1/704, 2/910, 765[2], 768[2]
  - *(Retroculus) lapidifer* 3/862, 775[4]
  - *(-) lapidifera* 3/862, 775[4]
  - *rhabdotus* 1/704, 2/910, 768[4], 765[2]
  - *scymnophilus* 1/704, 2/910, 5/824, 765[2], 768[2,3]
  - sp. 5/814, 3/766, 766
  - - - „Orinoco" 5/816, 766
  - - - „Rio Areões" 5/816, 766
  - *satanoperca daemon* 2/908, 765[3]
  - *steindachneri* 1/706, 5/814, 765[5]
  - *surinamensis* 1/706, 4/618, 765[1], 766[1]
  - *taeniopareius* 5/818, 766
  - *thayeri* 2/812, 729[2]
  - *vittatus* 1/668, 729[6]
  - *wavrini* 3/708, 749[1]
- Georg, Süßwasser- 4/738, 839
- *georgettae, Hyphessobrycon* 4/94, 111
- *georghievi, Knipowitschia* 3/986, 817[3,4]
- *georgiae, Aphyosemion* 3/496, 420[4]
  - -, *Diapteron* 3/496, 420
  - -, *Elachocharax* 2/297, 80
  - *fulgens, Aphyosemion* 3/496, 420[3]
  - -, *Petitella* 1/308, 122
- *Georgichthys scaphignathus* 3/266, 238[4]
- Georgies Prachtkärpfling 3/496, 420
- Georgis Rotmaulsalmler 1/308, 122
  - Tetra 4/94, 111
- *gephyra, Apistogramma* 2/824, 5/670, 5/672, 735, 736
- *Gephyrocharax chapare* 4/70, 86
  - *valencia* 2/256, 86
  - *venezuelae* 4/70, 87
- *Gephyrochromis* sp. aff. *lawsi* 4/620, 613
  - *moorii* 2/908, 613
  - *(-) linnellii, Tilapia* 5/938, 684[1]
- *Gephyroglanis longipinnis* 3/310, 262
  - *rotundiceps* 3/316, 249[5]
  - sp. 3/312, 262
- *gephyrogramma, Teleocichla* 5/960, 778
- Gepunkteter Barramundi 2/1154, 902
  - Gebirgsharnischwels 5/328, 323
  - Kamerun-Prachtkärpfling 4/366, 400
  - Regenbogenfisch 2/1136, 864
  - Scheibensalmler 3/160, 93

1047

Register

Geradsalmler	1/224–1/232, 2/228–2/232, 3/96–3/98, 4/43–4/59, 5/26–5/32, 55
-, Kongo-	4/43, 55
-, Zebra-	1/228, 57
-, Zehnfleck-	1/224, 56
Gertenwels, Schmuck-	5/416, 349
gertrudae, Aulonocara	**5/734, 603**
-, *Pseudomugil*	2/1136, 864
Gertruds Regenbogenfisch	2/1136, 864
Gerundeter Kropfsalmler	2/250, 78
gerupensis, Silurus	1/512, 375[6]
gerupoca, Silurus	2/552, 370[1]
geryi, Aphyosemion	**2/692, 406**
-, - *guineense*	2/692, 406[6]
-, - *roloffi*	2/692, 406[6]
-, *Corydoras*	4/244, 291[4]
-, *Roeboexodon*	4/66, 82[3]
-, *Roloffia*	2/692, 406[6]
Gesäumter Schillersalmler	1/310, 124
Gescheckte Kutubu-Schläfergrundel	4/764, 812
Gescheckter Hassar	5/298, 305
Gesprenkelter Buntbarsch	3/728, 711
- Süßwasserährenfisch	2/1056, 853
- Weißfisch	5/204, 235
Gestreckter Bachling	5/578, 459
- Fächerkärpfling	3/491, 443
- Glasbarsch	2/1022, 787
- Prachtgrundkärpfling	3/510, 431
- Raubmaulbrüter	2/904, 607, 608
- Schabemundmaulbrüter	1/730, 615
- Silbersalmler	2/246, 76
Gestreifte Grundel	5/1048, 825
- Spitzkopfgrundel	3/954, 804
Gestreifter Antennenwels	2/558, 372
- Barbensalmler	1/320, 129
- Erdfresser	2/910, 768
- Fächerfisch	5/540, 449
- Fadenfisch	1/634, 590
- „Fadenwels"	2/558, 372
- Flossenfresser	2/232, 62
- Glaswels	2/576, 382
- Grundelbuntbarsch	1/702, 645
- Grunzbarsch	2/1040, 842
- Kopfsteher	1/234, 67
- Leporinus	1/240, 70
- Ohrgitter-Harnischwels	1/492, 336
- Prachtgrundkärpfling	4/406, 432
- Prachtkärpfling	1/540, 416
- Raubsalmler	1/322, 130
- Regenbogenfisch	2/1112, 855
- Scheibensalmler	2/330, 93
- Schleierkärpfling	1/576, 454
- Schnabelsalmler	2/232, 62
- Schneider	2/360, 176
- Zügelbuntbarsch	3/716, 643
gestri, Parodon	3/154, 136[6]
geta, Cobitis	3/166, 166[2]
geto, Botia	3/166, 166[2]
-, *Cobitis*	3/166, 166[2]
-, *Schistura*	3/166, 166[2]
Getüpfelter Gabelwels	1/485, 311
Getupfter Buntbarsch	2/872, 713
Gewellter Panzerwels	5/280, 295
Gewöhnliche Chramulja	3/270, 241
- Meeräsche	5/1076, 887
Gewölkter Glaswels	4/331, 380
Gezeichneter Barbensalmler	3/152, 145
- Flossenfresser	3/99, 57
- Schlangenkopf	3/674, 800
- Schnabelsalmler	3/99, 57
„GHP 23/80"	412
Ghana Prachtkärpfling	1/542, 417
- -Kaulquappen-Schmerlenwels	3/291, 248
ghigii, Ladigesocypris	**5/168, 213**
-, *Leucaspius*	5/168, 213[1,2]
ghorensis, Garra	**3/214, 205**
-, *Garraribanica*	3/214, 205[4]
giarrabensis, Discogobio	3/212, 205[3]
-, *Garra*	3/212, 205[3]
gibberosus, Cynolebias	1/550, 441[3]
gibbiceps, Ancistrus	1/496, 326[5]
-, *Apistogramma*	2/824, 5/675, 736
-, *Chaetostomus*	1/496, 326[5]
-, *Glyptoperichthys*	1/496, 326
-, *Hemiancistrus*	1/496, 326[5]
-, *Heros*	4/664, 720[4]
-, *Paraneetroplus*	4/664, 720
-, *Steatocranus*	3/870, 700
gibbosa, Cliola	1/428, 220[5]
-, *Cobitis*	2/348, 151[1]
-, *Moniana*	1/428, 220[5]
-, *Perca*	1/798, 796[2]
gibbosus, Anacyrtus	2/252, 81[3]
-, *Barbus*	5/132, 189[4-6]
-, *Catostomus*	2/337, 161[6]
-, *Characynus*	2/252, 81[3]
-, *Charax*	2/252, 81
-, *Cynopotamus*	2/252, 81[3]
-, *Cyprinodon*	3/558, 451[1]
-, *Cyprinus*	3/201, 195[5]
-, *Epicyrtus*	2/252, 81[3]
-, *Eupomotis*	1/798, 796[2]
-, *Lepomis*	1/798, 796
-, *Otocinclus*	5/378, 337
-, *Pomotis*	1/798, 796[2]
-, *Salmo*	2/252, 81[3]
-, *Systomus*	5/140, 193[3]
gibelio, Carassius	3/204, 197[5]
-, - *auratus*	3/204, 197
-, *Syprinus*	3/204, 197[5]
Giebel	3/204, 197
gigas, Ambassis	4/712, 789[2]
-, *Arapaima*	2/1151, 901
-, *Haplochromis*	3/772, 607[2]
-, *Labidochromis*	5/852, 616, 617
-, *Sudis*	2/1151, 901[4]
gilli, Xystroplites	2/1016, 795[6]

Register

gillii, Curimata 3/148, 128
-, *Lepomis* 1/792, 794[3,4]
-, **Poecilia** 4/520, 538, 539
-, *Rivasella* 3/148, 128[2]
-, *Xiphophorus* 4/520, 538[6], 539[1]
Gills Barbensalmler 3/148, 128
- Molly 4/520, 538, 539
Giraffenbuntbarsch 3/876, 722
Giraffenwels 2/448, 260
Girardinichthys multiradiatus 2/706, 509
Girardinus caucanus 3/614, 538[3]
- *caudimaculatus* 1/594, 3/610, 536[6], 537[1,2]
- *creolus* 3/604, 526, 527
- *decemmaculatus* 5/610, 520[1]
- *denticulatus* 4/496, 527
- *falcatus* 2/728, 527
- *formosus* 1/592, 528[3]
- *garmani* 1/592, 527[4]
- *guppii* 1/598, 529[1-6]
- *iheringii* 2/736, 537[3]
- *januarius* 2/736, 537[3]
- *lutzi* 2/746, 4/542, 544[6], 545[5,6]
- ***metallicus*** 1/592, 527
- *microdactylus* 3/606, 527
- *occidentalis* 3/622, 546[1]
- *petersi* 1/598, 529[1-6]
- *pleurospilus* 2/746, 4/538, 544[6]
- *poeciloides* 1/598, 529[1-6]
- *pygmaeus* 1/592, 527[4]
- *reticulatus* 1/598, 3/610, 529[1-6], 536[6], 537[1,2]
- *sonoriensis* 3/622, 546[1]
- *uninotatus* 3/606, 527
- *vandepolli* 1/602, 5/624, 542[1,2,4,5]
- *versicolor* 4/508, 533[3,4]
- *zonatus* 2/736, 537[3]
giton, Astyanax 3/124, 98
Giton fasciatus 1/840, 884[1]
Gitterorfe, Taiwan 5/178, 217
giuris, Glossogobius 3/582, 816
-, *Gobius* 3/982, 816[6]
glaber, Acipenser 3/76, 28[4]
-, *Auchenipterus* 2/444, 5/236, 256[5,6], 257[1]
-, ***Steatocranus*** 2/990, 700
-, *Trachycorystes* 2/444, 5/236, 256[5,6], 257[1]
GLANDULOCAUDINAE 86–88
Glaniopsis multiradiata 2/428, 154
glanis, Silurus 3/423, 383
Glanzbinden-Apistogramma 5/700, 742
Glänzender Anatolienkärpfling 4/414, 471
- Kupfertetra 4/92, 105
- Rotkehlbuntbarsch 3/714, 750
- Schlangenkopf 3/674, 799
- Spitzkopfbuntbarsch 2/852, 750
Glanzflossen-Prachtkärpfling 3/486, 415
Glanzmaulbrüter 3/714, 642
Glanzsalmler 1/244, 76

-, Gelbflossen- 3/108, 76
Glanzstrichsalmler 2/272, 105
Glanztetra 1/272, 107
Glaridichthys atherinoides 2/728, 527[3]
- *caudimaculatus* 1/594, 536[6], 537[1,2], 3/610, 536[6], 537[1,2]
- *decemmaculatus* 5/610, 520[1]
- *falcatus* 2/728, 527[3]
- *latidens* 2/749, 545[4]
- *torralbasi* 3/606, 527[6]
- *uninotatus* 3/606, 527[6]
Glaridodon latidens 2/749, 545[4]
- *uninotatus* 3/606, 527[6]
Glasbarbe 2/402, 224
-, Indische 1/412, 199
Glasbarsch, Commersons 4/711, 786
-, Commerson's 2/1020, 787
-, Gestreckter 2/1022, 787
-, Indischer 1/800, 788
-, Macleays 2/1022, 787
-, Wolffs 1/800, 788
Glasbarsche 1/788, 1/800, 2/1008, 2/1020–2/1026, 3/905–3/909, 4/710–4/717, 5/978, 786–789
Glasbeilbauchfisch 1/324, 132
Glasgrundel 2/1092, 822
Glaskärpfling 2/752, 549
Glasmesserfisch, Mäuseschwanz- 5/990, 885
Glasminor 1/290, 113
Glasrasbora 1/440, 234
Glassalmler, Blauer 1/252, 89
-, Goldband- 3/118, 84
-, Goldstirn- 1/252, 90
-, Goldstrich- 1/266, 105
-, Kleinschuppiger 1/248, 81
-, Piaba- 3/144, 123
-, Rotflossen- 1/252, 89
-, Zweipunkt- 4/114, 124
Glastetra, Großfleckiger 5/41, 84
Glaswels, Afrikanischer 2/572, 2/574, 379
-, Borneo- 2/578, 382
-, Doppelfleck- 1/516, 382
-, Gestreifter 2/576, 382
-, Gewölkter 4/331, 380
-, Indischer 1/515, 382
-, Marmorierter 3/422, 380
-, Schwalbenschwanz- 2/572, 379
Glaswelse 1/513–1/514, 2/572–2/575, 3/422, 5/448, 378–380
Glattdick 3/76, 28
Glatzkopf 4/711, 786
glaucicaudis, Procatopus 2/670, 499[4]
glaucopterus, Cynolebias 5/560, 452[6]
-, ***Plesiolebias*** 5/560, 452
glehni, Eleotris 3/964, 813[4]
-, ***Perccottus*** 3/964, 813
glencoensis, Neosilurus 2/570, 377
-, *Tandanus* 2/570, 377[2,3]
Gitterorfe, Taiwan 5/178, 217

1049

Register

globiceps, Gasterosteus 3/968, 877[1-4]
globosum, Chuco 2/872, 713[4]
-, Cichlasoma 2/872, 713[4]
gloriosus, Bryttus 1/794, 795[4]
-, Enneacanthus 1/794, 795
Glossamia aprion aprion 2/1012, 790
Glossogobius aglestes 5/1017, 816[5]
- bicirrhosus 3/982, 816
- biocellatus 5/1017, 816
- giuris 3/982, 816
- tenuiformis 3/982, 816[6]
- vaisiganis 5/1017, 816[5]
(-) biocellatus, Gobius 5/1017, 816[5]
Glossolepis incisus 1/850, 855
- maculosus 2/1114, 856
- multisquamatus 2/1114, 4/790, 856
- ramuensis 4/792, 856
- wanamensis 2/1116, 856
Glühkohlen-Maulbrüter 3/696, 677
Glühkohlenbarbe 1/386, 184
Glühlichtsalmler 1/268, 106
Glutsalmler, Panama 2/258, 89
Glyphisodon kakaitsel 1/702, /81[3]
- zillii 1/778, 3/894, 704[2,3]
Glyptoperichthys gibbiceps 1/496, 326
- joselimaianus 4/286, 326
- cf. lituratus 3/384, 327
- punctatus 2/516, 327
Glyptosternum kükenthali 3/428, 386[3]
- platypogon 3/428, 386[3]
- rericulatum 3/426, 385
- stoliczkae 3/426, 385[6]
Glyptothorax cf. lampris 5/452, 386
- laosensis 3/428, 386[4]
- cf. laosensis 5/452, 386
- platypogon 3/428, 386
- trilineatus 3/428, 386
gmelini, Acipenser 1/207, 28[5]
-, Sterlethus 1/207, 28[5]
Gnathocharax steindachneri 1/246, 82
Gnathochromis permaxillaris 5/818, 646
- pfefferi 3/768, 646
Gnatholepis canalae 5/1014, 816[2,3]
- maculipinnis 5/1014, 816[2,3]
- puntang 5/1014, 816[2,3]
- puntangoides 5/1014, 816[2,3]
- sindonis 5/1014, 816[2,3]
Gnathonemus alces 4/802, 894[3]
- angolensis 4/810, 897[2]
- baudoni 4/802, 894[2]
- compressirostris 4/804, 894[6]
- elephas 1/854, 3/1020
- graeverti 4/810, 897[2]
- ibis 5/1066, 894[5]
- macrolepidotus 2/1144, 4/810, 897[1,2]
- moeruensis 4/810, 897[2]
- numenius 5/1066, 894[5]
- petersii 1/854, 895
- pictus 1/854, 4/806, 895[3]
- rhynchophorus 4/804, 894[6]

- schilthuisiae 2/1142, 895
- tamandua 1/854, 4/804, 895[1,2]
Gnathopogon bimaculatus 2/366, 180[4]
- biwae 5/158, 207
- chankaensis 3/268, 239[6]
- tsianensis 5/160, 207
- ussuriensis 3/268, 239[6]
GO-2, Cynolebias 5/512, 442[6], 443[1]
„GO-3", Cynolebias sp. 5/549, 451[1]
„Goba B", Nothobranchius sp. 4/406, 432[1]
„Goba", Nothobranchius sp. aff.
 microlepis 4/406, 432[1]
Gobiella birtwistlei 2/1092, 822[3]
- pellucida 2/1092, 822[3]
GOBIIDAE 1/816, 1/832, 1/836–1/839,
 2/1063–2/1074, 2/1088–2/1101,
 3/972–3/1001, 4/750–4/767,
 4/772–4/781, 5/1008–5/1050, 802–827
GOBIINAE 814–822
Gobio albipinnatus belingi 5/160, 207
- - taenuicorpus 3/218, 208[4]
- benacensis 5/162, 207
- cataractae 2/424, 235[2]
- chankaensis 3/268, 239[6]
- ciscaucasicus 5/162, 207
- constructor 3/992, 818[2]
- coriparoides tenuicorpus 3/218, 208[4]
gobio, Cottus 3/947, 912
-, Cyprinus 1/420, 208[1]
Gobio czerskii 3/266, 238[3]
- fluviatilis 1/420, 208[1]
- **gobio** 1/420, 208
- - soldatovi 3/217, 208
- - tenuicorpus 3/218, 208[4]
- - tungussicus 3/218, 208
gobio, Mugilostoma 3/980, 815[4,5]
Gobio plumbeus 4/194, 199[6]
- rivularis 3/168, 173[6]
- sodatovi tungussicus 3/218, 208[3]
- soldatovi 3/217, 208[2]
- **tenuicorpus** 3/218, 208
- uranoscopus ciscaucasius 5/162, 207[6]
- - var. caucasica 5/162, 207[6]
- ussuriensis 3/268, 239[6]
„-vaimosa" 2/1088, 821[1]
- venatus 1/420, 208[1]
Gobiobarbus labeo var.
 maculatus 3/220, 208[6]
Gobiochromis irvinei 3/872, 700[4,5]
- tinanti 2/990, 700[6]
gobioides, Barbus 2/362, 178[1]
- barreto 2/1090, 803[3]
- **broussonnetii** 2/1090, 803
- **grahamae** 3/984, 803
- **peruanus** 3/984, 803
- rubicundus 4/776, 803[6]
- unicolor 3/984, 803
Gobiomorphus alpinus 5/1018, 807[6], 808[1]
- australis 2/1064, 807
- basalis 5/1018, 807, 808

1050

Register

- *cotidianus* 5/1020, 808
- *huttoni* 5/1022, 808
- *stokelli* 5/1022, 808[3,4]
- **Gobiomorus dormitor** 5/1024, 808
- *koelreuteri* 1/838, 826[3]
- *lateralis* 5/1026, 809[1]
- *maculatus* 5/1026, 809
- GOBIONELLINAE 822–825
- Gobionellus costalesi 3/980, 815[5,6]
- *lyricus* 3/980, 815[5,6]
- *strigatus* 3/974, 827[1,2]
- **Gobiopterus brachypterus** 5/1028, 822
- *chuno* 2/1092, 5/1028, 822
- Gobiosoma alepidota 5/1030, 817[1]
- *amurensis* 3/268, 238[6]
- *bosci* 5/1030, 817
- *molestum* 5/1030, 817[1]
- Gobious oblongus 2/1090, 803[3]
- Gobius acutipennis 2/1092, 820[1]
- *aeneofuscus* var. guineensis 5/1010, 826[5,6]
- *affinis* 3/996, 819[3]
- *alepidotus* 5/1030, 817[1]
- *amorea* 4/752, 807[3]
- *andamanensis* 5/1014, 816[2,3]
- *apogonius* 1/838, 825[4]
- *(Apollonia) melanostomus* 3/996, 819[3]
- *(-) melanostomus* 3/996, 819[3]
- *(Babka) gymnotrachelus* 3/995, 818[6]
- *(-) gymnotrachelus* 3/995, 818[6]
- *banana* 3/976, 827[3]
- *barbarus* 1/838, 826[3]
- *bato* 5/1008, 825[6]
- *batrachocephalus* 3/988, 817[6]
- *bequaerti* 5/1050, 822[1]
- *bicirrhosus* 3/982, 816[4]
- *biocellatus* 5/1017, 816[5]
- *blennioides* 2/1096, 820[5]
- *bosci* 5/1030, 817[1]
- *burmeisteri* 3/995, 818[6]
- *butamantei* 5/1010, 826[5,6]
- *canalae* 5/1014, 816[2,3]
- *catebus* 3/982, 816[6]
- *cephalarges* 3/996, 819[3]
- - var. *ratan* 4/774, 819[5,6]
- *changua* 4/778, 820[6]
- *chilo* 3/996, 819[3]
- *chlorostigma* 3/972, 814[4]
- *chuno* 2/1092, 822[3]
- *concolor* 5/1014, 816[2,3]
- *constructor* 3/992, 818[2]
- *cristagalli* 3/988, 817[5]
- *cyanoclavis* 5/1008, 814[2]
- *cyanomos* 5/1008, 814[2]
- *cyprinoides* 3/988, 817[5]
- *cyrius* 3/992, 818[2]
- *(Deltentosteus) leopardinus* 4/778, 820[3]
- *(-) longecaudatus* 3/986, 817[3,4]
- *dolichocephalus* 3/976, 827[3]
- *doriae* 1/836, 815[1,2]
- *eleotriodes* 5/1017, 816[5]
- *eremius* 2/1090, 815[4]
- *eurycephalus* 5/1036, 818[3]
- *exanthematosus* 3/996, 819[3]
- *ferrugineus* 4/778, 820[3]
- *fluviatilis* 3/992, 818[4,5]
- - *fluviatilis* 3/992, 818[4,5]
- - forma *fluviatilis* 3/992, 818[4,5]
- - *pallasi* 3/992, 818[4,5]
- - var. *nigra* 3/992, 818[4,5]
- - forma *batrachocephalus* 3/988, 817[6]
- *garmani* 3/980, 815[4,5]
- *giuris* 3/982, 816[6]
- *(Glossogobius) biocellatus* 5/1017, 816[5]
- *grossholzii* 3/996, 919[3]
- *guineensis* 5/1010, 826[5,6]
- *gymnopomus* 2/1063, 3/1000, 3/954, 804[4], 821[6]
- *gymnotrachelus* 3/995, 818[6]
- *kessleri* 3/996, 819[2]
- *kraussii* 3/974, 827[1,2]
- *lacteus* 3/992, 818[4,5]
- *lateristriga* 5/1010, 826[5,6]
- *leopardinus* 4/778, 820[3]
- *longecaudatus* 3/986, 817[3,4]
- *lugens* 3/996, 819[3]
- *lyricus* 3/980, 815[5]
- *macrocephalus* 3/976, 814[5]
- *macrophthalmus* 3/995, 5/1036, 818[6], 819[1]
- *macropterus* 2/1096, 820[5]
- *macropus* 3/995, 818[6]
- *maculipinnis* 5/1014, 816[2,3]
- *maindroni* 4/772, 818[1]
- *marmoratus* 2/1096, 4/778, 820[3,5]
- - forma *reticulatus* 4/778, 820[3]
- *martensii* 2/1094, 820[2]
- *martinicus* 3/976, 827[3]
- *melanio* 3/996, 819[3]
- *melanostigma* 2/1092, 820[1]
- *melanostomus* 3/996, 819[3]
- *mendroni* 4/772, 818[1]
- *nasalis* 2/1096, 820[5]
- *(Neogobius) fluviatilis* 3/992, 818[4,5]
- *nonultimus* 3/988, 817[6]
- *oligolepis* 2/1092, 820[1]
- *pappenheimi?* 5/1041, 820[4]
- *parvus* 3/980, 815[5]
- *pasuruensis* 2/1092, 820[1]
- *pectinirostris* 2/1088, 826[1]
- *pisonis* 4/752, 807[3]
- *platycephalus* 3/996, 819[2]
- *platyrostris* var. *cyrius* 3/992, 818[2]
- *(Ponticola) kessleri* 3/996, 819[2]
- *(-) ratan* 4/774, 819[5,6]
- *(-) - ratan* 4/774, 819[5,6]
- *puntang* 5/1014, 816[2,3]
- *puntangoides* 5/1014, 816[2,3]

1051

Register

- *quadricapillus* 2/1096, 820⁵
- *ratan* 4/774, 819⁵,⁶
- *rhodopterus* 4/778, 820³
- *richardsonii* 3/1000, 821⁶
- *rubromaculatus* 2/1096, 820⁵
- *russelii* 3/982, 816⁶
- *sadanundio* 1/838, 825⁴
- *schlegelii* 5/1041, 820⁴
- *semilunaris* 2/1096, 820⁵
- *setosus* 2/1092, 820¹
- *spectabilis* 3/982, 816⁶
- *spilurus* 2/1092, 820¹
- *steveni* 3/992, 818⁴,⁵
- *sulcatus* 3/996, 819³
- *sumatranus* 5/1017, 816⁵
- *taiasica* 3/976, 827³
- *temminckii* 2/1092, 820¹
- *thomasi* 5/1050, 822¹
- *trautvetteri* 4/774, 819⁵,⁶
- *venenatus* 3/972, 814³
- *virescens* 3/996, 819³
- *viridipallidus* 5/1030, 817¹
- *viridipunctatus* 3/972, 814³
- *weidemanni* 3/992, 818²
- *wurdemanni* 3/980, 815⁴,⁵
- *xanthozona* 1/836, 817²
- Godman-Cichlide 3/726, 707
- *godmani, Astronotus* 3/726, 707²
- -, „*Cichlasoma*" 3/726, 707²
- -, *Cichlaurus* 3/726, 707²
- -, *Cichlosoma* 3/726, 707²
- -, *Heros* 3/726, 5/746, 707²
- -, *Pimelodus* 2/566, 375³
- -, *Rivulus* 2/688, 466⁶
- ***godmanni, Chuco*** 3/726, 5/746, 707
- ***goebeli, Neogobius ratan*** 4/774, 819
- *Goeldiella eques* 3/308, 262²
- *goeldii, Heros* 1/686, 770²
- -, *Metynnis* 1/354, 93²
- Gold-Prachtkärpfling 2/588, 397
- Gold-Steinbeißer 4/162, 171
- Goldauge 2/654, 483
- Goldband-Glassalmler 3/118, 84
- Goldbandsalmler 2/270, 103
- Goldbarbe 5/122, 175
- Goldbarsch, Australischer 2/1036, 833
- Goldbartwels 2/518, 351, 352
- Goldbinden-Ziersalmler 1/344, 141
- - -Zebraantennenwels 4/324, 368, 369
- Goldbrassen 5/185, 220
- Goldbraune Moenkhausia 2/290, 120
- Goldbrauner Algenfresser 1/420, 203
- Goldbuntbarsch 3/882, 723
- Goldcichlide, Langgestreckter Tanganjikasee- 2/932, 654
- -, Tanganjikasee- 1/734, 654
- Golden Cloud-Plecko 4/302, 351
- „golden", *Haplochromis* sp. 5/830, 679⁴
- Golden Helleri 5/630, 554
- Goldene Galaxie 2/1078, 889

- Goldener Mondplaty 1/611, 558
- - Mühlsteinsalmler 4/138, 94
- Goldfasan Prachtkärpfling 1/584, 419
- Goldfisch 1/410, 197
- Goldfleckbarbe 5/140, 193
- Goldflecksalmler, Roter 1/286, 111
- Goldflossen-Harnischwels 3/378, 339
- Goldflossensalmler 4/84, 100
- Goldglanzsalmler 2/274, 109
- Goldglassalmler 2/288, 120
- Goldie Regenbogenfisch 2/1122, 858
- ***goldiei, Aristeus*** 2/1122, 858⁵
- -, ***Melanotaenia*** **2/1122, 858**
- -, *Rhombosoma* 2/1122, 858⁵
- Goldkopf-Kaiserbuntbarsch 2/838, 604
- - -Schachbrettcichlide 3/804, 773
- Goldküsten-Hechtling 4/386, 422
- Goldmäulchen 1/404, 221
- Goldohr 2/654, 483
- Goldorfe 1/424, 216
- Goldpunktfächerfisch 5/544, 450
- Goldringelgrundel 1/836, 817
- Goldringelkugelfisch 2/1164, 921
- Goldrücken Moderlieschen 5/174, 215
- Goldsaum-Buntbarsch 1/672, 730
- - -Hochlandkärpfling 2/714, 513
- Goldschmerle 5/84, 152
- „goldspot", *Ancistrus* sp. 5/324, 318³,⁴
- Goldstaubsalmler 1/290, 116
- Goldstirn-Glassalmler 1/252, 90
- Goldstreifen-Kopfsteher 1/236, 67
- - -Süßwasserhering 5/1006, 872
- Goldstreifenbärbling 2/420, 233
- Goldstrich-Glassalmler 1/266, 105
- Goldtetra 1/272, 108
- „Goldtilapia" 2/578, 694
- Golf-Killifisch 2/656, 484
- ***goliath, Hydrocynus*** **2/226, 51**
- -, *Hydrocyon* 2/226, 51⁶
- Goloweschka 3/964, 813
- Gómez-Panzerwels 4/246, 279
- ***gomezi, Corydoras*** **4/246, 279**
- *gongota, Cobitis* 5/110, 171⁶
- -, ***Somileptes*** **5/110, 171**
- -, *Somileptus* 5/110, 171⁶
- *goniosoma, Barbus* 2/366, 180⁵
- -, *Puntius* 2/366, 180⁵
- -, *Systomus* 2/366, 180⁵
- *Gonocephalus laticeps* 3/310, 262⁴
- GONORHYNCHIFORMES 880, 881
- *Goodea atripinnis* 2/710, 4/464, 5/608, 509⁴,⁶, 510¹, 512⁵
- - - ***atripinnis*** 3/588, 509
- - - ***luitpoldi*** 5/608, 509
- - - ***martini*** 5/608, 509
- - *bilineata* 3/592, 511³,⁴
- - *caliente* 3/588, 4/464, 509²,³,⁶, 510¹
- - *calientis* 3/588, 4/464, 5/608, 509²⁻⁴,⁶, 510¹
- - *captiva* 2/710, 512⁵

1052

Register

- gracilis 4/464, 509, 510
- lermae 4/468, 511[6], 512[1]
- luitpoldi 5/608, 509[5]
- multipunctata 3/594, 4/470, 512[2-4]
- toweri 3/584, 508[2,3]
- whitei 2/708, 511[2]
goodei, Chriopeops 1/566, 487[5]
-, Erimyzon 2/337, 161[6]
-, Fundulus 1/566, 487[5]
-, *Lucania* 1/566, 487
GOODEIDAE 2/703–2/714, 3/584–3/594, 4/452–4/475, 5/608, 488–513
Goodeide, Regenbogen- 2/706, 508
GOODEINAE 505–513
Goodeo calientis 5/608, 509[5]
gorami, Osphromenus 3/670, 594[5]
-, Osphronemus 1/652, 3/670, 594
gorbuscha, Oncorhynchus 5/1087, 907
-, Salmo 5/1087, 907[6]
gordoni, Xiphophorus 2/762, 552
-, - couchianus 2/762, 552[5]
gordonsmithi, Cichlasoma 2/882, 717[4]
gorlap, Neogobius kessleri 3/996, 819[2]
goslinei, Allotoca (Neoophorus) 4/458, 507
Goslines Hochlandkärpfling 4/458, 507
gossei, Apistogramma 5/676, 737
-, *Corydoras* 5/263, 279
Gosses Panzerwels 5/263, 279
gothei, Brachygalaxias 2/1076, 889
gourami, Osphromenus 3/670, 594[5]
-, Osphronemus 1/652, 594[6]
gracei, Barbus 5/128, 181[5]
graciliceps, Rachoviscus 5/48, 90
gracilior, Gambusia 4/494, 526[5]
-, **Pseudotropheus tropheops** 5/923, 634
gracilis, Acestra 1/488, 326[3]
-, *Anostomus* 2/234, 66
-, *Barboides* 4/166, 178
-, Catostomus 3/165, 161[5]
-, *Corydoras* 1/466, 279
-, *Cyrtocara* 5/946, 636[5,6]
-, *Farlowella* 1/488, 326
-, Gambusia 2/722, 4/536, 520[3], 544[1,2]
-, *Goodea* 4/464, 509, 510
-, Haplochromis 5/946, 636[5,6]
-, Hemigrammus 1/268, 106[1]
-, Hemiodon 2/310, 133[4]
-, *Hemiodopsis* 2/310, 133
-, *Lamprologus* 5/891, 653[4]
-, Lepisosteus 2/210, 32[4]
-, *Melanotaenia* 2/1122, 858
-, *Muraena* 5/1080, 849[5]
-, Nannocharax niloticus 4/48, 59[3]
-, *Neolamprologus* 5/891, 653
-, Perissodus 3/846, 662[3]
-, *Pimelodella* 2/558, 372
-, Pimelodus 1/485, 2/558, 311[4,5], 372[2]
-, *Poecilia* 5/610, 520[1]
-, *Poeciliopsis* 2/746, 4/538, 544
-, Procatopus 2/668, 499[2]
-, Pseudanos 2/234, 66[5]
-, *Rasbora* 3/258, 232
-, Rhamdia 2/558, 372[2]
-, Scaphiodon 5/222, 241[3]
-, Schizodon 2/234, 66[5]
-, *Sciaenochromis* 5/946, 636
-, *Tomeurus* 5/626, 549, 550
-, Varicorhinus capoeta 5/222, 241
-, Xiphophorus 2/746, 4/538, 544[6]
-, Zygonectes 2/722, 520[3]
gracillimus, Galaxias 2/1080, 889[5]
-, Mesistes 2/1080, 889[5]
graciosus, Pimelodus 1/485, 311[4,5]
graeffei, Arius 2/434, 3/297, 251[5], 251
-, Hexanematichthys 2/434, 251
graellsi, Barbus 5/128, 181
graeverti, Gnathonemus 4/810, 897[2]
grafi, Corydoras 2/458, 272[5]
grahamae, Gobioides 3/984, 803
grahami var. decemfasciata, Panchax 4/398, 429[2-4]
grahami, Epiplatys 2/646, 424
-, Haplochilus 2/646, 424[4]
-, Oreochromis alcalicus 2/978, 681
-, Sarotherodon alcalicus 2/978, 681[4]
-, Tilapia 2/978, 681[4]
Grahams Hechtling 2/646, 424
- Soda-Maulbrüter 2/978, 681
Grammatotria lemairii 5/820, 646
grammepareius, Geophagus 5/814, 765
Grammichthys lineatus 5/984, 903[6], 904[1]
grammodes, „Cichlasoma" 3/728, 711
Gran Sabana-Bachling 5/580, 460
granadense, Cichlasoma 2/864, 709[6]
granderus, Haplochromis 2/894, 608[5]
grandidieri, Ptychochromis 3/858, 782[6]
-, Tilapia 3/858, 782[6]
grandipinnis, Photogenis 2/398, 220[4]
grandis, Amphilius 3/292, 249[1]
-, Crenichthys baileyi 4/446, 489
-, *Fundulus* 1/440, 485[1], 484
grandisquama, Eleotris 1/832, 3/958, 806[4,5]
grandisquamis, Moenkhausia 4/110, 119
-, Tetragonopterus 4/110, 119[3]
grandissimus, Fundulus 4/440, 485
grandoculis, Cyathopharynx 2/888, 3/760, 643[5,6], 644[1]
grandoculis, Tilapia 2/888, 3/760, 643[5,6], 644[1]
gransabana, Apareiodon 5/77, 136
-, Parodon 5/77, 136[2]
gransabanae, Rivulus 5/580, 460
granti, Hypomasticus 3/102, 68[4]
-, Leporinus 3/102, 68
Grants Leporinus 3/102, 68
- Malawibuntbarsch 2/847, 606
granulosus, Doras 2/498, 308[3]
-, Pterodoras 2/498, 308
-, Synodontis 3/398, 361

Register

Grasbarsch	1/796, 796	- Fadenmaulbrüter	2/888, 3/760, 643, 644
Graskarpfen	1/414, 200	- Harlekinwels	3/418, 371
Grauband-Distichodus	1/224, 56	- Kampffisch	2/800, 585
Graublauer Kärpfling	4/496, 527	- Marmor-Antennenwels	3/418, 371
Graue Schmerle	2/350, 156	- Maulbrütender Kampffisch	3/653, 580, 581
Grauer Barbensalmler	3/150, 145	- Ölfisch	3/942, 911
- Hechtcichlide	2/886, 757	- Pseudoschaufelstör	3/84, 29
- Kammbuntbarsch	2/886, 757	- Quellkärpfling	4/446, 489
- Leporinus	3/106, 70	- Regenbogenfisch	2/1124, 860
- Panzerwels	1/466, 279	- Schwarzbarsch	2/1016, 796
- Prachtkärpfling	2/616, 412	- Silberstachelwels	3/310, 262
- Platy	2/770, 558	- Stichling	1/834, 877
gravoti, Auchenoglanis ballayi	5/244, 265[4]	- Yucatan-Fundulus	4/440, 485
grayi, Lepidosteus	2/212, 32[5]	Großfleckiger Glastetra	5/41, 84
Grayling	2/1053, 891	Großflossen-Hochlandkärpfling	2/706, 509
Graziler Pseudotropheus	5/923, 634	Großflosser	1/638, 586
„greeberi", Pseudotropheus	3/856, 632[1]	Großgeperlter „Peckoltia"	5/314, 316
greeni, Bathyaethiops	**4/26, 48**	*grossholzii, Gobius*	3/996, 819[3]
-, *Phenacogrammus*	4/26, 48[6]	***grossidens, Limia***	**4/500, 531**
Greens Salmler	4/26, 48	Großkopf-Bratpfannenwels	3/298, 252
greenwayi, Scolichthys	2/754, 549	Großkopfbuntbarsch	2/864, 770
Greenways Kärpfling	2/754, 549	Großköpfige Baikalgroppe	3/950, 911
grenfelli, Eutropius	4/332, 380[3]	Großlippenmaulbrüter	1/712, 608
-, *Schilbe (Eutropius)*	**4/332, 380**	Großmaul-Cichlide, Uganda-	5/930, 638
greshakei, Pseudotropheus	3/855, 631	- -Kampffisch	2/796, 581
greshoffi, Synodontis	5/428, 361	- -Stachelwels	3/304, 260
Greshoffs Fiederbartwels	5/428, 361	Großmaulwels	1/479, 3/352, 298
grewingki, Baikalocottus	3/952, 912[1,2]	-, Indonesischer	3/352, 298
-, *Cottocomephorus*	**3/952, 912**	Großmaulwelse	1/479, 298
-, *Cottus*	3/952, 912[1,2]	Großschuppenbarbe	2/360, 176
- var. *comephoroides, Cottocomephorus*	3/950, 911[6]	Großschuppen-Brycinus	4/32, 50
Griechisches Moderlieschen	5/174, 215	Großschuppenkärpfling, Jamaika-	2/633, 469
griemi, Hyphessobrycon	1/286, 111	Großschuppensalmler	2/292, 123
Griessalmler Roter	1/256, 100	-, Afrikanischer	1/216, 48
grisea, Unibranchapertura	2/1158, 918[6]	-, Südamerikanischer	1/244, 76
griseus, Corydoras	1/466, 279	Großschuppiger Brycinus	4/30, 49
-, *Cynolebias*	**5/518, 444**	- Leporinus	3/104, 69
grislagine, Leuciscus	3/240, 217[2]	- Nilhecht	2/1144, 897
gronovii, Acara	2/862, 751[5]	- Schützenfisch	2/1046, 844
-, *Anableps*	1/820, 504[2]	„Grufti"	4/242, 276
-, *Anostomus*	1/234, 66[4]	**„grün", *Pimelodus* sp.**	**5/445, 374**
-, *Erythrinus*	1/322, 130[2]	Grundcichlide, Kongo-	2/926, 692
Groppe	3/947, 912	-, Werners	1/736, 692
-, Schleimige	5/1007, 912	Grundel-Antennenwels	3/416, 370
Groppen	3/932, 3/946, 911, 913	-, Gardasee-	2/1094, 820
Groppenbarsch	4/734, 838	-, Gefleckte	1/838, 825
Großaugen Fiederbartwels	3/402, 362	-, Gestreifte	5/1048, 825
Großaugengrundel, Kaspische	5/1036, 819	-, Kessler-	3/996, 819
Großaugenmaulbrüter	1/760, 633	-, Marmorierte	2/1096, 820
Großaugen-Maulbrüter, Nördlicher	3/712, 642	-, Nackte	5/1030, 817
- -, Südlicher	3/712, 642	-, Nackthals-	3/995, 818
Großaugensalmler, Kleiner	4/28, 49	-, Panizza-	2/1094, 820
-, Masken-	4/32, 50	- -Prachtkärpfling	3/469, 405
Große Flußbarbe	3/220, 208	-, Schwarzmund-	3/996, 819
- Süßwassernadel	1/865, 4/828, 879	„-" -Teleocichla	5/966, 779
Großer Andenkärpfling	5/495, 481	-, Weißwangen-	3/998, 824
- Borneo-Kampffisch	2/794, 575	Grundelbunrbarsch, Marliers	2/989, 665

1054

Register

-, Blaupunkt- 2/986, 665
Grundelbuntbarsch, Gestreifter 1/702, 645
Grundeln 1/816, 1/832, 1/836–1/839, 2/1063–2/1074, 2/1088–2/1101 3/954–3/964, 3/972–3/1001, 4/750–4/767, 4/772–4/781, 5/1008–5/1050, 802-827
Gründelsalmler 2/310, 133
Grundfächerfisch 2/636, 442
Gründling 1/420, 208
-, Belingi- 5/160, 207
-, Chanka- 3/268, 239
-, Kaukasischer 5/162, 207
-, Po- 5/162, 207
-, Soldators 3/217, 208
-, Weißflossiger Amur- 3/218, 208
Gründlingsbarbe, Biwa- 5/158, 207
-, Trinan 5/160, 207
Gründlingswels 5/372, 316
Grundsalmler, Grüngebänderter 2/318, 136
- Rachows 1/314, 79
Grüne Bänderschmerle 3/166, 163
- Schmerle 1/372, 166
Grüner Antennenwels 5/445, 374
- Argusfisch 1/810, 840
- Augenfleck-Kammbarsch 2/856, 750
- Diskus 1/770, 776, 777
- Fächerkärpfling 5/508, 442
- Flossensauger 5/90, 155
- Fransenlipper 1/422, 202
- Kärpfling 4/538, 544
- Kugelfisch 1/866, 922
- Leporinus 1/238, 67
- Messerfisch 1/862, 885
- Neon 1/268, 106
- Panzerwels 1/458, 3/326, 270
- Prachtgrundkärpfling 3/514, 433
- Prachtkärpfling 2/698, 416
- Schwertträger 2/768, 553
- Sonnenbarsch 1/796, 796
- Stör 3/76, 28
- Streifenhechtling 1/546, 418
- Strömungsbuntbarsch 4/664, 720
- Utaka-Buntbarsch 5/896, 624
- von Panama, „Cichlasoma" sp. 3/750, 716
- Zwergpfeilsalmler 2/298, 80
Grünflossenbuntbarsch 1/690, 714
Grüngebänderter Grundsalmler 2/318, 136
Grünglanz-Buntbarsch 3/680, 731
grunniens, Batrachus 3/939, 866
-, Coetus 3/939, 866[2]
-, Cottus 3/939, 866[2]
Grünseiten-Springbarsch 3/914, 835
Grunzbarsch, Gestreifter 2/1040, 842
-, Midgleys 3/928, 843
-, Rußiger 2/1042, 843
-, Schwarzer 2/1042, 843
Grunzbarsche 3/928, 842, 843

grypus, Anadoras 2/489, 304
-, Doras 2/489, 304[6]
Grystes macquariensis 2/1038, 841[2,3]
- nigricans 2/1016, 796[5]
- salmoides 2/1018, 796[6]
Guacamaya-Rochen 5/16, 36
guacari, Hypostomus 2/506, 330[6]
-, Plecostomus 2/506, 330[6]
guamensis, Dules 2/1028, 828[2]
guapore, Corydoras 2/464, 279
Guapore Panzerwels 2/464, 280
Guapote, Gelber 5/752, 712
Guatemala-Antennenwels 2/566, 375
Guatemalakärpfling 1/594, 535
guatemalensis, Pimelodus 2/566, 375[3]
-, Rhamdia 2/566, 375
Guavina gyrinoides 4/750, 804[1]
guavina, Macrodon 2/308, 130[5,6]
gueldenstaedti, Acipenser 3/74, 28
guentheri, Adiniops 1/568, 432[4]
-, Atapochilus 4/318, 356[5]
-, Capoeta 1/398, 5/140, 191[6], 192[1,2]
-, Chalcinus 2/250, 78[1]
-, Chromidotilapia 1/686, 4/586, 678, 689
-, Chromis 3/828, 694[4]
-, Cichlasoma 3/738, 5/746, 707[5,6]
-, Clarias 4/265, 301[5,6]
-, Euchilichthys 4/318, 356
-, Fundulus 1/568, 432[4]
-, Hemichromis 1/686, 689[4]
-, Hypseleotris cf. 5/1034, 810
-, Hypseleotris 2/1068, 810
-, Nothobranchius 1/568, 3/510, 3/516, 431[5,6], 434[2], 432
-, Pelmatochromis 1/686, 4/586, 678[1], 689[4]
-, Puntius 1/398, 5/140, 191[6], 192[1,2]
-, Schizolecis 5/422, 351
-, Synodontis 2/528, 356[6]
-, Triportheus 2/250, 78[1]
-, Xiphophorus 1/609, 3/631, 5/632, 553[3,4,6] 554[1-6]
-, - helleri 1/609, 2/764, 553[3], 555[1]
Guianacara sp. geayi 5/822, 767
- - „Orinoco" 5/820, 767
- - „Owroewefi" 5/843, 5/822, 767
- sp. „Rotwange" 5/824, 767
guianensis, Acara 1/666, 5/846, 770[3,4]
-, Aequidens 5/846, 770[3,4]
-, Astyanax 3/126, 99
-, Belone 3/940, 869[5]
-, Krobia 1/666, 5/846, 770
-, Potamorrhaphis 3/940, 869
guienensis, Clarias 5/294, 300[6]
guignardi, Aphyosemion 4/372, 407
-, Roloffia 4/372, 407[1,2]
Guignards Prachtkärpfling 4/372, 407
guija, Cichlasoma 3/738, 713[3]
guile, Chalceus 2/224, 47[4]
-, Myletes 2/224, 47[4]

1055

Register

guilinensis, Leptobotia 4/158, 168
guinasana, Tilapia 3/890, 685
Guinas-Buntbarsch 3/890, 685
Guinea-Blauauge 4/820, 864
 -Hechtling 5/477, 424
 - -Prachtkärpfling 2/694, 407
 - Regenbogenfisch, Roter 1/850, 855
Guineabuntbarsch 3/892, 702
guineense geryi, Aphyosemion 2/692, 406[6]
guineensis, Aphyosemion 2/694, 407
 -, *Chromis* 3/892, 702[4]
 -, *Epiplatys* 5/477, 424
 -, *Gobius* 5/1010, 826[5,6]
 -, - *aeneofuscus* var. 5/1010, 826[5,6]
 -, *Haligenes* 3/892, 702[4]
 -, *Roloffia* 2/694, 407[3]
 -, *Tilapia* 3/892, 4/694, 702[6], 702
 -, - *zillii* 3/892, 702[4]
Guineischer Lachssalmler 2/233, 62
guirali, Barbus 3/190, 184
guiza, Cichlasoma 3/738, 713[3]
Gulaphallus mirabilis 5/1082, 863
Gulapinnus decemmaculatus 5/610, 520[1]
gulare, Aphyosemion 1/532, 407
 -, *Hypoptopoma* 5/344, 329
 - *schwoiseri, Aphyosemion* 3/466, 404[2-5]
gularis, Fundulopanchax 1/532, 407[4]
 -, *Fundulus* 1/532, 407[4]
 -, *Tetrodon* 3/1040, 920[6]
gulliveri, Acanthoperca 4/712, 789[2]
 -, *Chanda* 4/712, 789[2]
 -, *Cyrtus* 3/910, 828[6]
 -, *Kurtus* 3/910, 828
 -, *Parambassis* 4/712, 789
gulosus, Chaenobryttus 1/792, 4/722, 794
 -, *Lepomis* 1/792, 794[3,4]
 -, *Pomotis* 1/792, 794[3,4]
gundlachi, Eleotris 1/832, 3/958, 806[4,5]
güntheri, Microlepidogaster 5/422, 351[2]
 - , *Eleotris* 2/1068, 810[3]
Günthers Prachtbarsch 1/686, 678, 689
 - Prachtgrundkarpfling 1/568, 432
guppii, Acanthocephalus 1/598, 529[1-6]
 -, *Girardinus* 1/598, 529[1-6]
Guppy 1/598, 529
guppyi, Heterandria 1/598, 529[1-6]
 -, *Pseudauchenipterus* 2/446, 257[4]
Gurami 3/670, 594
 -, Blauer 1/648, 3/668, 592
 -, Knurrender 1/650, 590
 -, Küssender 1/652, 593
 -, Malaiischer 1/644, 591
 -, Mondschein 1/646, 592
 -, Schallers Knurrender 3/668, 589
 - Wabenschwanz- 1/626, 575
Gurda-Barbe 4/206, 222
Gürtelbuntbarsch 4/668, 5/976, 725
Gürtelkärpfling 2/654, 483
Gürtelstachelaal 1/846, 3/1010, 917, 918

gurupyensis, Myleus 3/162, 93
 -, Myloplus 3/162, 93[5]
gustavi, Fundulus 3/462, 398[2]
Güster 3/201, 195
guttata, Apistogramma 5/678, 737
 -, Copeina 1/332, 139
 -, Pyrrhulina 1/332, 139[1]
guttatus, Enneacanthus 1/796, 795[5]
 -, Fundulus 4/440, 484[5]
 -, *Hemichromis* 4/624, 691
 -, Perilampus 1/412, 199[1]
 -, Pomotis 1/796, 795[5]
guttulatum, „Cichlasoma" 3/728, 711
guttulatus, Heros 3/728, 711[3]
Guyana-Bachling 2/680, 460
 - -Delphinwels 2/433, 247
guyanensis Hemigrammus 2/272, 106
 -, *Roeboexodon* 4/66, 82
Guzmán-Wüstenkärpfling 4/428, 476
Gymnallabes apus 2/484, 300[1]
GYMNARCHIDAE 5/1051, 893
Gymnarchus electricus 5/1051, 893[5]
 - *niloticus* 5/1051, 893
Gymnocephalus acerina 4/730, 837
gymnocephalus, Ambassis 4/711, 786
 -, *Ambassis* cf. 4/708, 5/978, 786
Gymnocephalus baloni 4/730, 837
 - *cernuus* 1/808, 837
gymnocephalus, Dormitator 3/958, 806[4,5]
 -, *Lutjanus* 4/711, 786[3-5]
 -, *Prioidichthys* 4/711, 786[3-5]
Gymnocephalus schraetser 3/922, 837
Gymnochanda filamentosa 2/1026, 788
Gymnocharacinus „fugi" 3/110, 77[1,2]
 - *bergi* 3/110, 77
Gymnocorymbus nemopterus 1/254, 96[5]
 - *socolofi* 2/270, 104
 - *ternetzi* 1/262, 104
 - *thayeri* 1/264, 104
gymnogaster, Thymallus 3/1042, 910[4-6]
gymnogenys, Geophagus 2/910, 768[2]
 -, *Gymnogeophagus* 2/910, 768
Gymnogeophagus australis 1/708, 768
 - *balzanii* 1/708, 768
 - *gymnogenys* 2/910, 768
 - *labiatus* 5/824, 765
 - *rhabdotus* 2/910, 768
Gymnognathus harmandi 5/152, 202[4]
gymnopomus, Butis 3/954, 804
 -, *Eleotris* 2/1063, 3/954, 804[4]
 -, *Gobius* 2/1063, 3/1000, 3/954, 804[4], 821[6]
 -, *Stenogobius* 2/1063, 3/954, 3/1000, 804[4], 821
Gymnorhamphichthys rondoni 5/990, 885
Gymnostomus labiatus 5/178, 217[1]
gymnothorax, Thymallus 3/1042, 910[4-6]
Gymnothorax tile 5/1080, 846
GYMNOTIDAE 1/816,1/840, 5/994–5/997, 883, 884

Register

GYMNOTIFORMES 882–885
gymnotrachelus, Gobius 3/995, 818⁶
- gymnotrachelus,
  Gobius (Babka) 3/995, 818⁶
- macrophthalmus, Mesogobius 3/995, 818⁶
- **macrophthalmus, Neogobius** 5/1036, 819
- -, Mesogobius 3/995, 818⁶
- -, **Neogobius** 3/995, 818
- otschakovinus, Mesogobius 3/995, 818⁶
Gymnotus albifrons 1/821, 883¹,²
- anguillaris 5/994, 883
- brachiurus 1/840, 884¹
- **carapo** 1/840, 884
- carapus 1/840, 884¹
- **coatesi** 5/994, 884
- coropinae 5/994, 883⁶
- electricus 1/831, 883⁵
- fasciatus 1/840, 884¹
- macrurus 3/1029, 885⁶
- notopterus 1/856, 901¹
- **pedanopterus** 5/996, 884
- putaol 1/840, 884¹
- regius 1/831, 883⁵
- sp. 5/996, 884
gymnurus, Gasterosteus 1/834, 877⁵
GYRINOCHEILIDAE 1/448, 4/220, 242
Gyrinocheilops kaznakoi 1/448, 4/220, 242²,⁴
Gyrinocheilus aymonieri 1/448, 4/220, 242
- kaznakoi 1/448, 4/220, 242²,⁴
- kaznakovi 1/448, 4/220, 242²,⁴
- kaznakowi 4/220, 242
gyrinoides, Bunaka 4/750, 804
- -, Eleotris 4/750, 804¹
- -, Guavina 4/750, 804¹
gyrinus, Eleotris 4/752, 807³

H

Haas' Prachtkärpfling 4/364, 399
haasi, Aphyosemion 4/364, 399⁶
-, - cameronense 4/364, 399
habereri, Mormyrus 4/814, 898¹
habrosus, Corydoras 1/466, 280
Hadroterus sciera 4/732, 838¹
- scierus 4/732, 838¹
Haibarbe 1/380, 177
Haimaul-Salmler 4/66, 82
Hairy Tiger Catfish 5/381, 338
Haiti-Buntbarsch 5/876, 781
Haiti-Limia 4/500, 531
haitiensis, Cichlasoma 5/876, 781⁵,⁶
-, Nandopsis 5/876, 781
Haiwels 1/509, 367
-, Schwarzflossen- 3/412, 367
Haiwelse 3/412, 367

hajomaylandi, Pseudotropheus 3/856, 631
Haken-Scheibensalmler 1/354, 94
hakonensis, Acahara 5/222, 241¹
-, Telestes 5/222, 241¹
hakuensis, Leuciscus 5/222, 241¹
Halbbrachsen 3/201, 195
Halbgebänderter Wunderkärpfling 4/374, 410, 411
Halbgebändertes Dornauge 2/340, 171
Halbschnabelhecht 4/782, 871
Halbschnäbler 1/817, 1/841–1/843, 2/1102, 3/1002, 870, 871
-, Ebrardt- 3/1002, 870
-, Eierlegender 5/1052, 871
-, Hechtkopfiger 1/841, 870
-, Leuchtpunkt- 3/1002, 870
-, Luzon 4/782, 870
-, Neuguinea- 5/1053, 871
-, Sumatra- 2/1102, 870
Halbstreifen-Schrägschwimmer 2/294, 124
Halbstrichsalmler 2/326, 143
Halbstrich-Schlanksalmler 4/134, 143
halei, Discherodontus 3/200, 202
-, Puntius 3/200, 202²
Haligenes guineensis 3/892, 702⁴
- tristrami 1/778, 3/894, 704²,³
halleri, Aphyosemion 4/366, 400¹⁻³
-, - cameronense 4/366, 400
Hallers Prachtkärpfling 4/366, 400
Halophryne trispinosus 3/939, 866²
hamatus, Salmo 3/1033, 908⁶, 909¹,²
hamiltonii, Barbus (Labeobarbus) 3/270, 240⁶
-, Bedula 1/806, 831¹
-, Tor 3/270, 240⁶
hammondi, Pimelodus 1/485, 311⁴,⁵
hammonis, Cyprinodon 2/586, 4/418, 473²⁻⁴
hampal, Barbus 3/220, 208⁵
Hampala macrolepidota 3/220, 208
hancockii, Amblydoras 1/482, 304
-, Doras 1/482, 304⁵
hanneloreae, Aphyosemion 3/474, 407
Hannelores Prachtkärpfling 3/474, 407
hannerzi, Aplocheilichthys 4/350, 493²,³
-, - macrophthalmus 4/350, 493
Hanno africanus 5/1030, 809²
Hannoichthys africanus 5/1030, 809
hansbaenschi, Aulonocara 1/682, 3/700, 603
Haplocheilichthys nimbaensis 4/352, 494³,⁴
Haplochilichthys antinorii 2/626, 490⁶
- atripinna 4/346, 491⁵,⁶, 492¹
- eduardensis 4/358, 496⁴,⁵
- hutereaui 4/346, 491²,³
- johnstoni 2/626, 491⁴
- kassenjiensis 4/346, 5/470, 491⁵,⁶, 492¹
- katangae 2/628, 492²
- kongoranensis 3/436, 492³

1057

Register

- *mahagiensis* 4/346, 5/470, 491[5,6], 492[1]
- *moeruensis* 3/440, 493[6]
- *myaposae* 3/440, 494[1]
- *ngaensis* 3/454, 499[1]
- *pfefferi* 4/358, 496[4,5]
- *pumilus* 1/544, 495[2]
- *vitschumbaensis* 4/358, 496[4,5]

Haplochilus analis 4/360, 497[3]
- *annulatus* 1/558, 438[6]
- *ansorgii* 5/474, 420[5,6], 421[1-3]
- *antinorii* 2/626, 490[6]
- *atripinnis* 3/436, 492[3]
- *aureus* 3/568, 486[2]
- *balzanii* 5/604, 468[4,5]
- *bifasciatus* 2/644, 422[2]
- *boulengeri* 4/390, 425[6]
- *brasiliensis* 2/676, 457[1]
- *brucii* 3/470, 405[6]
- *bualanus* 1/526, 403[2]
- *cabindae* 4/362, 498[3]
- *calliurus* 1/524, 2/590, 397[4], 399[3]
- - var. *australis* 1/524, 397[4]
- *cameronensis* 2/592, 4/401, 399[4,5]
- *carlislei* 2/628, 492[2]
- *celebensis* 1/572, 867[4]
- *chaperi* 4/386, 422[5]
- *chevalieri* 1/558, 423[1]
- *christyi* 2/594, 401[4]
- *chrysotus* 2/654, 483[5]
- *dayi* 1/546, 418[1]
- *dhonti* 1/544, 495[2]
- *dovii* 3/435, 395[1,2]
- *elegans* 2/598, 403[3]
- *exiguus* 1/530, 404[1]
- *fasciolatus* 4/386, 423[6]
- *floripinnis* 4/442, 486[6]
- *grahami* 2/646, 424[4]
- *hartii* 3/536, 460[6]
- *hutereaui* 4/346, 491[2,3]
- (*Hypsopanchax*) *deprimozi* 4/360, 497[3]
- (-) *platysternus* 4/360, 497[4,5]
- (-) *zebra* 4/362, 497[6]
- *infrafasciatus* 2/652, 3/504, 4/398, 428[2,3], 429[2-4]
- *johnstonii* 2/626, 491[4]
- *katangae* 2/628, 492[2]
- *latipes* 2/1148, 867[5,6]
- *liberiensis* 1/582, 409[3]
- *lineatus* 1/548, 5/472, 418[5,6], 419[1]
- *lineolatus* 1/548, 5/472, 418[5,6], 419[1]
- *loemensis* 3/452, 498[5]
- *longiventralis* 4/390, 425[5]
- *luciae* 1/566, 485[6]
- *lujae louessensis* 2/606, 409[5,6]
- - var. *ogoensis* 2/612, 412[1,2]
- *macrostigma* 1/562, 428[6]
- *macrurus* 4/354, 495[6]
- *marnoi* 4/398, 429[2-4]
- *melanops* 1/590, 522[2]
- *modestus* 4/360, 497[3]
- *moeruensis* 3/440, 493[6]
- *multifasciatus* 4/390, 425[6]
- *myaposae* 3/440, 494[1]
- *omalonotus* 3/524, 438[2]
- *panchax* 1/548, 419[2]
- - var. *blockii* 1/546, 417[6]
- *peruanus* 3/542, 464[6]
- *petersi* 4/378, 413[1]
- *petersii* 2/696, 4/378, 413[1]
- *platysternus* 4/360, 497[4,5]
- *playfairii* 1/574, 438[3]
- *pulchellus* 3/568, 486[3,4]
- *pumilus* 1/544, 495[2]
- *riggenbachi* 1/538, 414[2]
- *rubropictus* 5/472, 418[5,6], 419[1]
- *rubrostigma* 5/472, 418[5,6], 419[1]
- *sarasinorum* 5/464, 868[6]
- *senegalensis* 1/562, 4/398, 428[6], 429[2-4]
- - var. *acuticaudata* 4/398, 429[2-4]
- *spilargyreia* 4/398, 429[2-4]
- *spilargyreius* 4/390, 425[4]
- *spilauchen* 1/544, 496[2]
- *striatus* 1/540, 416[2]
- *tanganicanus* 1/566, 498[1]
- *walkeri* 1/542, 417[3]

Haplochromis aeneocolor 5/730, 676[3]
- „-" *ahli* 3/768, 636[3]
- *alluaudi* 3/690, 676[1]
- *anaphyrmus* 4/640, 622[4]
- *annectens* 2/892, 627[5]
- *bellicosus* 5/742, 607[4,5]
- *benthicola* 5/806, 643[2]
- *bicolor* 3/790, 680[5]
- *bloyetii* 3/692, 688[4]
- *borleyi* 2/894, 608[5]
- „Borleyi Eastern" 4/594, 610[6], 611[1]
- *boultoni* 5/742, 607[4,5]
- *brauschi* 5/968, 685[2]
- *brownae* 3/694, 676[4]
- *burtoni* 1/680, 676[5]
- *caeruleus* 5/742, 607[4,5]
- *cancellus* 3/782, 628[4-6]
- *callipterus* 3/694, 676[6]
- *centropristoides* 3/694, 676[6]
- - *victorianus* 3/696, 677[5]
- „CH 33" 5/832, 679[5,6], 680[1]
- „CH 36" 5/834, 679[3]
- „CH 38" 5/826, 678
- „CH 5" 5/828, 680[2]
- **chilotes** **5/826, 678**
- *chrysogaster* 5/874, 623[1]
- *chrysonotus* 1/710, 3/778, 608[4], 609[1]
- *compressiceps* 1/710, 612[1]
- „crimson" 4/622, 678[6]
- *cyaneus* 5/756, 609[2,3]
- *demeusii* 4/688, 701[3]
- *desfontainesi* 5/730, 689[5]
- *electra* 2/896, 626[4,5]

Register

- „Electric Blue Kande Island" 5/946, 637¹
- elegans 4/622, 677²,³
- epichorialis 1/712, 619³
- euchilus 1/712, 608²
- eucinostomus 5/896, 624²
- fenestratus 2/898, 627⁶
- flavipinnis 5/828, 680²
- formosus 3/777, 619⁴,⁵
- fuelleborni 5/810, 678²,³
- fuscotaeniatus 2/898, 623²
- „Gaisi" 5/910, 628²,³
- gigas 3/772, 607²
- gracilis 5/946, 636⁵,⁶
- granderus 2/894, 608⁵
- heterodon 5/898, 624⁵,⁶
- heterotaenia 4/582, 606⁶, 607¹
- horei 3/758, 643³
- „-" ishmaeli **5/828, 678**
- cf. ishmaeli 5/830, 679⁴
- jacksoni 3/768, 4/592, 609⁴, 636³
- jahni 2/896, 626⁴,⁵
- jeanneli 4/674, 682⁵,⁶
- johnstonii 2/900, 626⁶
- kiwinge 5/810, 678²,³
- labrosus 1/714, 2/900, 621¹, 627¹,²
- lacrimosus 5/732, 677¹
- lacrymosus 5/732, 677¹
- lateristriga 5/872, 622⁵,⁶
- lepturus 3/772, 607²
- limax 4/622, 5/732, 677²,³
- linni 1/716, 623³,⁴
- livingstonii 1/716, 623⁵
- „-" cf. **lobochilus 3/772, 613**
- longipes 2/904, 607⁶, 608¹
- macrops 4/674, 682⁵,⁶
- macrorhynchus 1/720, 3/778, 612⁶, 613¹
- macrostoma 4/700, 638²,³
- martini 2/834, 677⁴
- „-" melanonotus 3/774, 627³,⁴
- microcephalus 5/896, 624³
- modestus 5/950, 637²,³
- „-" mola 3/774, 619⁶, 620¹
- moorii 1/718, 611⁶
- multicolor 1/754, 697⁵
- nicholsi 3/850, 698¹
- nigricans 2/960, 681³
- nubilus 3/696, 677⁵
- **nyererei 4/622, 678**
- **obliquidens 2/913, 679**
- ornatus 5/812, 612³,⁴
- orthostoma 5/930, 683⁶
- ovatus 2/902, 5/900, 625²,³
- pfefferi 3/768, 646¹
- philander 3/850, 683¹
- - dispersus 1/754, 698²
- pholidophorus 5/952, 637⁴,⁵
- pictus 2/902, 611⁴
- placodon 2/904, 637⁶

- pleurostigma 5/758, 610²
- polli 3/758, 690²
- polyacanthus 2/962, 4/686, 695⁴, 699⁵
- polystigma 1/718, 623⁶, 624¹
- Rainbow 3/780, 628¹
- rhoadesii 5/740, 607³
- rostratus 1/720, 612⁶, 613¹
- „-" rostratus 3/778, 613¹
- sauvagei 3/858, 683²,³
- serranoides 3/768, 636³
- sexfasciatus 2/900, 626⁶
- „-" similis 3/780, 628¹
- simulans 1/720, 624¹
- „-" sp. **2/846, 2/950, 614**
- sp. „34" 5/828, 680²
- - „CH 6" 4/674, 682⁵,⁶
- - „Checkerboard" 5/832, 679⁵,⁶, 680¹
- - „Gelb-Rot" 5/832, 679⁵,⁶, 680¹
- - „golden" 5/830, 679⁴
- - „Thick Skin" 5/828, 680²
- - „Zebra" 5/834, 680³
- - „Blue Red Fin" 5/830, 679
- - „Fire" 5/834, 679
- - „Kenia-Gold" 5/830, 679
- - „Rock Kribensis" **5/832, 679, 680**
- - „Thick Skin Like" **5/828, 680**
- - „Zebra-Obliquidens" **5/834, 680**
- sparsidens 3/692, 684³
- spilopterus 5/910, 628²,³
- spilorhynchus 2/904, 607⁶, 608¹
- „- steveni Eastern" **3/784, 614**
- „- Maleri" **3/784, 614**
- straeleni 3/692, 676²
- „Sulphur Head" 4/662, 625
- „-" taeniolata 3/782, 628⁴⁻⁶
- tetraspilus 5/900, 625⁴
- trimaculatus 5/758, 610⁴,⁵
- „Tolae" 5/742, 607⁴,⁵
- urotaenia 5/838, 614⁵
- venustus 1/720, 624¹
- wingatii 2/998, 685³
- xenognathus 3/861, 683⁴
- Haplotaxodon microlepis 3/786, 646
- tricoti 4/584, 641⁶
- microlepis 3/786, 646⁴
- Hara conta 3/424, 385¹
- filamentosa 3/424, 385¹
- **hara 3/430, 386**
- **jerdoni 4/335, 386**
- hara, Pimelodus 3/430, 386¹
- haraldi, Symphysodon aequifasciatus 1/771, 2/554, 776, 777
- haraldschultzi, Corydoras 2/464, 280
- -, Hyphessobrycon **4/94, 111**
- haraldsiolii, Rivulus 5/582, 460
- hargeri, Amphilius 3/292, 249¹
- Haridichthys reticulatus 1/598, 529¹⁻⁶
- Harlekinwels, Großer 3/418, 371
- -, Kleiner 2/554, 371

1059

Register

harmandi, Gymnognathus	5/152, 202[4]
Harnisch-Schnabelsalmler	4/58, 62
Harnischwels, Aeligator Ohrgitter-	5/386, 340
-, Anthrazit-	3/376, 336
-, Augenflecken-	3/390, 351
-, Blauaugen-	2/510, 338
-, Brauner Tüpfelantennen	3/364, 318
-, Buckliger Ohrgitter-	5/378, 337
-, Fiederbartel-	3/374, 314, 335
-, Gebänderter	1/498, 350
-, Gebirgs-	2/506, 323
-, Gefleckter Ohrgitter-	5/392, 341
-, Gelber	3/390, 350
-, Gestreifter Ohrgitter-	1/492, 336
-, Goldflossen-	3/378, 339
-, Helm-Ohrgitter-	5/388, 341
-, Jaguribe-	4/290, 330
-, Kiel-	3/370, 329
-, Längsstreifen-Ohrgitter-	3/378, 337
-, Mosaik-	4/274, 321
-, Netzmuster-	5/358, 333
-, Opal-	5/308, 315
-, Pitbull	5/372, 316
-, Plattkopf-	5/408, 346
-, Punktierter Ohrgitter-	2/508, 337
-, Schwarzer	3/376, 336
-, Schwarzlinien-	1/492, 338
-, Sichel-	4/296, 338
-, Stein -	3/374, 335
-, Weißdorn-	3/388, 348
-, Zebra-	4/288, 329
Harnischwelse	1/486–1/499, 2/502–2/526, 3/361–3/393, 4/270–4/309, 5/310–5/422, 312–352
Harnröhrenwels, Venezuela-	5/458, 389
„Harnröhrenwels"	1/517, 389
harrisi, Trichopsis	1/650, 590[1]
-, - vittatus	3/668, 589[6]
harrisoni, Nannostomus	**1/344, 141**
hartii, Haplochilus	3/536, 460[6]
-, Rivulus	**3/536, 460**
Hartköpfchen, Fly	5/1000, 852
-, Kailola	5/998, 852
-, Kutubu-	5/998, 852
Harttia filamentissima	5/356, 332[6], 333[1]
- filamentosa	5/356, 332[6], 333[1]
- kronei	**5/338, 327**
- loricariformis	**5/338, 327**
- microps	5/414, 347[4,5]
hartwegi, Brachyrhaphis	**2/718, 518**
-, Cichlasoma	3/842, 721[3-5]
-, Paratheraps	**3/842, 721**
Hartwegs Kärpfling	2/718, 518
harveyi, Parosphromenus	**3/664, 588**
Harveys Prachtgurami	3/664, 588
Hasel	3/240, 217
-, Adriatischer	5/180, 217
hasemani, Cetopsorhamdia	3/416, 370[4]
-, Imparfinis	3/416, 370[4]
-, Rineloricaria	5/418, 349
Hasemania marginata	1/264, 104[4]
- melanura	1/264, 104[4]
- nana	1/264, 104
Hasemans Hexenwels	5/418, 349
Hassar affinis	**5/298, 305**
-, Gescheckter	5/298, 305
- notospilus	2/490, 305
- orestis	2/490, 305[4]
-, Rio Poto	5/298, 305
- ucayalensis	5/298, 305
- wilderi	3/355, 305
hasselquistii, Myletes	5/18, 47[1]
hasselti, Belontia	**1/626, 575**
-, Osteochilus	**1/428, 222**
-, Rohita	1/428, 222[6]
hasseltii, Polyacanthus	1/626, 575[2]
hastata, Odontostilbe	4/66, 84[6]
-, Saccoderma	**4/66, 84**
hastatus, Corydoras	**1/466, 280**
-, Microcorydoras	1/466, 280[3]
Hatcheria maldonadoi	3/431, 387[6]
haugi, Pelmatochromis	5/744, 689[5,6]
Hausen	3/82, 29
-, Kaluga-	3/82, 29
hauxwellianus, Ctenobrycon spilurus	**1/262, 103**
Hawaii-Hochflosser-Variatus	4/562, 563
- -Pinselhochflosser-Variatus	4/562, 563, 564
- -Pinselschwanz-Variatus	4/562, 563, 564
- -Pinselschwanzhochflosser	4/563, 564
Hecht, Amerikanischer	3/966, 873
-, Europäischer	3/965, 873
Hechtbärbling	1/426, 218
-, Seitenfleck-	3/242, 218
Hechtbuntbarsch, Malawi-	4/616, 612
-, Malawisee-	5/934, 635
-, Orangen-	5/798, 762
-, Schlanker Malawisee-	5/936, 636
-, Sterngucker-	4/596, 755
Hechtcichlide, Grauer	2/886, 757
-, Wallace's	2/888, 764
Hechte	3/965, 3/932, 873
Hechtkärpfling	1/590, 517
-, Gelber	4/476, 517
Hechtkopf	1/845, 593
Hechtköpfe	1/817, 1/845, 593
Hechtkopfiger Halbschnäbler	1/841, 870
Hechtkopfsalmler	5/50, 91
Hechtling, Ansorges	5/474, 420, 421
-, Barmoi-	2/642, 421
-, Berkenkamps	2/642, 421
-, Biafra	4/384, 421, 422
-, Blauer Olbrechts-	4/392, 426
-, Boulengers	4/384, 422
-, Chevaliers	1/558, 423
-, Eseka-	3/498, 423
-, Etzels	2/646, 423

Register

-, Fwa-	4/398, 429	- brevis, Xiphophorus	1/606, 552[6], 553[1,2]
-, Gemeiner	1/548, 419		
-, Goldküsten-	4/386, 422	-, Cichlasoma	3/886, 724[1,2]
-, Grahams	2/646, 424	-, Golden	5/630, 554
-, Guinea-	5/477, 424	- guentheri, Xiphophorus	1/609, 2/764, 553[3], 555[1]
-, Hildegards	4/388, 425		
-, Hubers	2/648, 425	- helleri, Xiphophorus	1/606, 552[6], 553[1,2]
-, Kassiapleu-	4/394, 426		
-, Madagaskar-	3/524, 428	-, Heros	3/886, 724[1,2]
-, Neumanns	5/479, 426	- meeki, Thorichthys	1/690, 724[3]
-, Njala-	3/502, 426	-, Mollienesia	1/606, 3/631, 552[6], 553[1,2,4]
-, Olbrechts	4/392, 427	Helleri, Rotstreifen-	5/630, 554
-, Querstreifen-	4/386, 423	-, Schwarzer	5/632, 554
-, Roloffs	2/650, 427	-, Schwarzer Albino-	5/631, 554
-, Ruhkopf-	2/650, 427	-, Schwertloser	3/633, 551
-, Sangmelima-	2/652, 428	helleri signum, Xiphophorus	2/780, 563[1]
-, Schönflossen-	4/402, 429	- strigatus, Xiphophorus	1/606, 2/765, 552[6], 553[1,2,4]
-, Schönkopf-	4/394, 427		
-, Sheljuzhkos	4/396, 428	**-, Thorichthys**	**3/886, 724**
-, Spillmanns	2/644, 422	**-, Xiphophorus**	**1/606, 1/609, 2/764, 3/631, 5/630, 5/632, 552–556**
-, Totota-	3/500, 424		
-, Vielstreifen-	4/390, 425	Hellgrüner Panzerwels	5/267, 281
-, Zimi-	4/388, 424	**hellneri, Cynolebias**	**5/520, 444**
-, Biafra-	4/384, 422	Hellners Fächerfisch	5/520, 444
Hechtlinge	4/364, 395–438	hellops, Acipenser	3/78, 29[1]
Hechtsalmler	1/316, 2/299–2/302, 4/125, 125, 126	Helmcichlide	1/768, 699
		Helm-Ohrgitter-Harnischwels	5/388, 341
- Afrikanische	2/233, 62	Helmwels	2/490, 305
-, Afrikanischer	2/233, 62	helodes, Botia	1/368, 164
-, Cuviers	2/300, 126	Helogenes marmoratus	3/358, 309
-, Gavial-	2/300, 126	- unidorsalis	3/358, 309[2]
-, Gefleckter	1/316, 126	HELOGENIDAE	3/358, 309
-, Hujeta-	2/300, 126	heloplites, Cynolebias	2/638, 444
-, Schokoladen-	4/125, 126	Helostoma oligacanthum	1/652, 5/654, 593[2,4]
heckeli, Gambusia	2/746, 544[6]		
-, Leuciscus rutilus	4/216, 238[2]	- rudolfi	1/652, 5/654, 593[2,4]
-, Rutilus rutilus	**4/216, 238**	- servus	1/652, 5/654, 593[2,4]
-, Xiphophorus	2/702, 504[6]	- tambakkan	1/652, 5/654, 593[2,4]
heckelii, Acara	2/812, 729[2]	- **temminckii**	**1/652, 5/654, 593**
-, Acarichthys	**2/812, 729**	HELOSTOMATIDAE	1/652, 5/654, 593
Heckels Buntbarsch	2/812, 729	hemelrycki, Parectodus	5/820, 646[3]
- Plötze	4/216, 238	**Hemiancistrus annectens**	**3/368, 327**
Hecq's Tanganjikasee-Buntbarsch	5/892, 653	- brevis	2/512, 5/394, 342[2,]
hecqui, Lamprologus	5/892, 653[5]	- gibbiceps	1/496, 326[5]
-, Neolamprologus	**5/892, 653**	- landoni	3/369, 327
hedricki, Cichlasoma	1/692, 714[5]	- platyrhynchus	5/396, 342[6]
heinemanni, Aphyosemion	**4/374, 407**	- pulcher	1/494, 343[1]
Heinemanns Prachtkärpfling	4/374, 407	- scaphirhynchus	3/367, 325[4,5]
heinrothi, Metynnis	1/352, 4/136, 92[3,4]	**- sp.**	**5/368, 328**
helfrichii, Polyacanthus	1/626, 575[2]	- spinosus	3/380, 346[4]
Helicophagus hypophthalmus	1/509, 367[5]	- vittatus	1/494, 345[4]
hellabrunni, Cichlasoma	1/686, 770[2]	Hemibagrus hoevenii	2/454, 265[1]
Hellblauer Fadenmaulbrüter	3/826, 659	- nemurus	2/454, 265[1]
Heller Vierpunktkopfsteher	3/100, 66	**- wyckii**	**3/320, 265**
Helleri	1/606, 552	- wykii	3/320, 265[3]
helleri alvarezi, Xiphophorus	2/756, 4/550, 550[5,6]	Hemibarbus joiteni	3/220, 208[6]
		- labeo	4/148, 161[4]
-, Astronotus	3/886, 724[1,2]	- - maculatus	3/220, 208[6]
-, Barbus	3/181, 178[6]	- longibarbis	3/220, 208[6]
		- maculatus	**3/220, 4/148, 161[4], 208**

1061

Register

Hemibrycon analis	3/144, 123[1]	- *tangensis*	4/36, 51
- *dentatus*	2/243, 74[6]	*Hemigrammus agulha*	3/130, 105[1]
- - *jabonero*	4/90, 104[5]	- *armstrongi*	1/272, 108[1,2]
- *jabonero*	4/90, 104	- *barrigonae*	4/92, 104
Hemichromis auritus	2/914, 690[6]	- *bellottii*	3/130, 105
- *bimaculatus*	1/722, 690	- *bleheri*	1/272, 3/130, 105
- *bloyeti*	3/692, 688[4]	- *boesemani*	2/272, 105
- *cerasogaster*	3/786, 690	- *caudovittatus*	1/266, 105
- *cristatus*	2/914, 690	- *compressus*	3/134, 110[5]
- *elongatus*	2/914, 690	- *cupreus*	4/92, 105
- *exsul*	2/916, 691[2]	- *elegans*	1/266, 105
- *frempongi*	4/624, 680	- *erythrozonus*	1/268, 106
- *fugax*	1/722, 690[3]	- *gracilis*	1/268, 106[1]
- *guentheri*	1/686, 689[4]	- *guyanensis*	2/272, 106
- *guttatus*	4/624, 691	- *heterorhabdus*	1/288, 112[2]
- *letourneauxi*	2/916, 691	- *hyanuary*	1/268, 106
- *lifalili*	1/722, 691	- sp. aff. *hyanuary*	4/96, 106
- *livingstonii*	1/716, 623[5]	- *levis*	1/266, 106
- *modestus*	5/950, 637[2,3]	- *marginatus*	1/266, 107
- *paynei*	2/916, 691	- *mattei*	4/98, 107
- *retrodens*	3/790, 680[5]	- *melanochrous*	2/274, 108[3]
- *robustus*	3/866, 684[5]	- *melanopterus*	1/282, 110[4]
- *rolandi*	2/916, 691[2]	- *micropterus*	3/132, 107
- *saharae*	2/916, 691[2]	- *nanus*	1/264, 107[4]
- *schwebischi*	5/744, 689[5,6]	- *ocellifer*	1/270, 107
- sp.	5/837, 691	- - *falsus*	4/98, 107[2]
- - „*lughelli*"	5/836, 691	- *orthus*	3/130, 105[1]
- *stellifer*	3/788, 692	- *proneki*	2/274, 108[3]
- *subocellatus*	1/750, 697[3]	- *pulcher*	1/270, 107
- *tersquamatus*	1/686, 4/586, 678[1], 689[4]	- *rhodostomus*	1/278, 107
- *thomasi*	1/748, 688[3]	- *rodwayi*	1/266, 1/272, 108
- *voltae*	1/686, 4/586, 678[1], 689[4]	- *schmardae*	2/274, 108
Hemiculter dispar	3/224, 209[2]	- *stictus*	2/276, 108
- *kneri*	3/224, 209[1]	- *tridens*	3/132, 108
- *leucisculus*	3/224, 209	- *ulreyi*	1/274, 109
- *schrenki*	3/224, 209[1]	- *unilineatus*	1/274, 109
- *varpachovskii*	3/224, 209[1]	- sp. aff. *unilineatus*	4/104, 109
Hemidoras leporhinus	2/492, 307[2]	*hemigrammus unilineatus,*	
- *linnelli*	2/492, 306[1]	Poecilurichthys	1/274, 109[2]
- *notospilus*	2/490, 305[4]	*Hemigrammus vorderwinkleri*	2/274, 109
- *onestes*	2/490, 305[4]	*Hemihaplochromis multicolor*	1/754, 697[5]
- *stubeli*	2/496, 307[3]	- *philander*	3/850, 683[1]
Hemieleotris latifasciatus	2/1064, 809	- - *dispersus*	1/754, 698[2]
Hemigrammalestes altus	3/92, 53[5]	*Hemimyzon abbreviata*	5/88, 154[5]
- *caudomaculatus*	4/24, 48[3]	- *sinensis*	5/88, 154
- *interruptus*	1/222, 4/40, 54[2,4]	HEMIODIDAE	1/330, 2/310–2/319, 3/154, 4/132
Hemigrammocapoeta culiciphaga	5/164, 209[2,3]	*Hemiodon gracilis*	2/310, 133[4]
- *sauvagei*	5/164, 5/166, 209	*Hemiodontichthys acipenserinus*	5/340, 328
Hemigrammocharax lineostriatus	5/26, 57		
- *multifasciatus*	5/26, 57	HEMIODONTIDAE	5/76, 133–136
Hemigrammocypris lini	3/222, 209	*Hemiodopsis gracilis*	2/310, 133
hemigrammoides, *Moenkausia*	3/142, 119	- *microlepis*	2/313, 133
Hemigrammopetersius barnardi	3/89, 50	- *quadrimaculatus quadrimaculatus*	1/330, 133
- *caudalis*	1/218, 50	- - *vorderwinkleri*	3/154, 134
- *intermedius*	3/89, 4/34, 50[5], 51	- *sterni*	2/312, 134
- *occidentalis*	4/40, 53[1]	*Hemiodus crenidens*	2/314, 134[5]
- cf. *pulcher*	5/20, 51	- *microcephalus*	2/314, 134[5]
- *septentrionalis*	4/34, 51	- *orthonops*	2/312, 134
- *smykalai*	4/22, 47[5,6]		

Register

- *quadrimaculatus* 1/330, 3/154, 133[6], 134[1]
- *unimaculatus* 2/314, 134
- *hemioliopterus, Phractocephalus* 2/556, 371
- -, *Silurus* 2/556, 371[6]
- *Hemioplites simulans* 1/794, 1/796, 795[4], 795[5]
- *hemiphractus, Callichthys* 1/458, 270[5]
- HEMIRAMPHIDAE 1/817, 1/841–1/843, 2/1102, 3/1002, 4/782, 5/1052, 870, 871
- *Hemirhamphodon chrysopunctatus* 3/1002, 870
- - *pogonognathus* 2/1102, 4/785, 871
- - sp. 5/1052, 871
- *Hemirhamphus dispar* 4/782, 871[5]
- - *ebrardtii* 3/1002, 870[2]
- - *fluviatilis* 1/841, 870[3]
- - *kampeni* 5/1053, 871[6]
- - *pogonognathus* 2/1102, 871[1]
- - *sumatranus* 2/1102, 870[4]
- - *viviparus* 4/782, 870[5]
- *Hemisorubim platyrhynchos* 2/552, 370
- *Hemisynodontis membranaceus* 2/528, 356
- - *nigrita* 2/542, 362[6]
- - *schall* 2/550, 365[6]
- *Hemitaeniochromis urotaenia* 5/838, 614
- *Hemitilapia bayoni* 2/913, 679[1]
- - *oxyrhynchus* 2/918, 614, 615
- *Hemitremia bifrenata* 2/398, 220[2]
- *hendrichsi, Rivulus* 2/688, 466[2]
- *Henicorhynchus molitorella* 3/250, 199[5]
- *henlei, Potamotrygon* 4/16, 34
- -, *Taeniura* 2/219, 35[5]
- -, *Trygon* 2/219, 4/16, 34[6], 35[5]
- *henryi, Isichthys* 4/808, 896
- -, *Mormyrops* 4/808, 896[4]
- -, *Mormyrus* 4/808, 896[4]
- *henshalli, Zygonectes* 2/654, 483[5]
- *Hephaestus carbo* 2/1042, 843
- - *fuliginosus* 2/1042, 843
- HEPSETIDAE 2/233, 62
- *hepsetus, Atherina* 5/1002, 853[3]
- *Hepsetus odoe* 2/233, 62
- *Heptapterus mustelinus* 5/436, 370
- *herbertaxelrodi, Hyphessobrycon* 1/288, 112
- -, *Melanotaenia* 2/1124, 859
- *hercules, Aequidens* 1/696, 754[2]
- *hereromorpha espei, Rasbora* 1/434, 231[5]
- *Herichthys bocourti* 5/838, 718
- - *carpintis* 3/788, 719
- - *cyanoguttatum* 1/724, 710[1,2]
- - *geddesi* 4/588, 711
- - *pearsei* 3/790, 4/626, 719
- - sp. „Rio Nautla/Misautla" 5/840, 719
- - - „Rio Tuxpán/Rio Pantepec" 5/840, 719
- - *tamasopoensis* 5/842, 719
- - *underwoodi* 2/880, 4/698, 716[3], 725[1]
- Hering, Cucumber 2/1053, 891
- Heringsfische 2/1062, 872
- *hermannianus, Amblyopus* 4/776, 803[6]
- *herniearus, Mylossoma* 4/138, 94[5]
- *Heros acaroides* 1/688, 752[2]
- - *affinis* 3/881, 723[1]
- - *altifrons* 2/859, 708[3]
- - *angulifer* 3/732, 707[3,4]
- - *appendiculatus* 4/626, 768
- - *aureus* 3/882, 723[2,3]
- - *basilaris* 2/864, 709[6]
- - *beani* 3/720, 709[2]
- - *bimaculatus* 2/862, 751[5]
- - *callolepis* 4/688, 723[4]
- - *centrarchus* 3/722, 709[5]
- - (*Cichlasoma*) *spinosissimus* 4/590, 5/726, 706[6], 707[1]
- - *citrinellus* 2/864, 709[6]
- - *coryphaenoides* 2/864, 770[1]
- - *coryphaeus* 1/694, 769[3,4]
- - *crassa* 1/686, 770[2]
- - *cyanoguttatus* 1/724, 710[1,2]
- - *dovii* 2/866, 710[4]
- - *efasciatus* 1/694, 769[3,4]
- - *facetus* 1/688, 752[2]
- - *festae* 2/866, 752[3,4]
- - *festivus* 1/742, 772[1]
- - *gibbiceps* 4/664, 720[4]
- - *godmani* 3/726, 5/746, 707[2]
- - *goeldii* 1/686, 770[2]
- - *guttulatus* 3/728, 711[3]
- - *helleri* 3/886, 724[1,2]
- - *heterodontus* 3/738, 713[3]
- - *insignis* 5/871, 772[2]
- - *intermedius* 3/732, 707[3,4]
- - *istlanus* 3/734, 711[6]
- - *jenynsii* 1/688, 752[2]
- - *labiatus* 2/870, 712[1]
- - *labridens* 3/734, 712[2-4]
- - *lentiginosus* 3/876, 722[3,4]
- - *macracanthus* 3/738, 713[3]
- - *maculipinnis* 3/884, 723[5,6]
- - *managuense* 1/688, 721[1]
- - *margaritifer* var. 3/754, 717[6]
- - *melanopogon* 4/705, 725[4]
- - *melanurus* 4/705, 725[4]
- - *microphthalmus* 3/738, 707[5]
- - *modestus* 1/694, 769[3,4]
- - *motaguensis* 3/740, 713[6]
- - *multispinosus* 1/724, 718[5]
- - *nebulifer* 4/666, 720[5]
- - *nicaraguensis* 2/874, 714[2,3]
- - *niger* 2/864, 770[1]
- - *nigricans* 2/882, 781[2]
- - *nigrofasciatus* 1/690, 714[4]
- - cf. *notatus* 5/844, 768, 769
- - *oblongus* 3/738, 5/746, 707[5,6]

1063

Register

- octofasciatus 1/692, 714[5]
- parma 2/872, 3/726, 710[5], 713[4]
- psittacus 2/876, 769[5,6]
- robertsoni 3/746, 715[3]
- rostratus 3/746, 715[4]
- salvini 1/692, 715[6]
- severus 1/694, 4/626, 768[5], 769
- sieboldii 2/880, 716[3]
- spectabilis 3/714, 750[1]
- spilurus 1/694, 716[6]
- spurius 1/694, 769[3,4]
- temporalis 1/686, 1/724, 710[1,2], 770[2]
- tetracanthus 2/882, 781[2]
- triagramma 1/692, 715[6]
- trimaculatus 2/882, 717[4]
- troscheli 2/884, 718[2]
- tuba 3/754, 4/698, 717[5], 725[1]
- urophthalmus 2/884, 718[2]
- **Herotilapia multispinosa** 1/724, 716
- Herpetoichthys calabaricus 1/210, 30[2]
- herse, Mormyrus 4/810, 897[3]
- **herzogi bochtleri, Aphyosemion** 2/602, 408
- **- herzogi, Aphyosemion** 5/472, 408
- Herzogs Prachtkärpfling 2/602, 408
- hesperius, Galaxias 2/1084, 890[4]
- -, - truttaceus 2/1084, 890[4]
- Heterandria affinis 2/722, 520[3]
- - anzuetoi 4/496, 528
- - **bimaculata** 2/728, 3/608, 528[4], 528
- - colombianus 3/626, 547[2,3]
- - cubensis 1/592, 527[4]
- - fasciata 3/620, 544[5]
- - **formosa** 1/592, 528
- - guppyi 1/598, 529[1-6]
- - holbrooki 1/590, 522[2]
- - **jonesi** 3/608, 528
- heterandria, Limia 4/522, 539[2,3]
- Heterandria lutzi 2/746, 4/542, 544[6], 545[5,6]
- - metallica 1/592, 527[4]
- - minor 4/530, 534[3]
- - occidentalis 3/622, 546[1]
- - **ommata** 1/592, 3/572, 487[3,4], 528[3]
- - patruelis 2/722, 520[3]
- - pleurospilus 2/746, 544[6]
- **heterandria, Poecilia** 4/522, 539
- Heterandria uninotata 1/590, 522[2]
- -, Variabler 4/496, 528
- - versicolor 4/508, 533[3,4]
- - zonata 2/732, 534[2]
- heteristia, Poecilia 3/612, 537[5]
- **Heterobagrus bocourti** 2/450, 263
- Heterobranchus anguillaris 2/488, 302[1]
- - **bidorsalis** 4/268, 302
- - geoffroyi 4/268, 302[4]
- - intermedius 4/268, 302[4]
- - **isopterus** 4/266, 302
- - laticeps 3/354, 302[6]
- - **longifilis** 3/354, 302
- - macronema 4/266, 302[5]
- - senegalensis 4/268, 302[4]

- heteroclita, Cobitis 4/442, 485[2]
- heteroclitus badius, Fundulus 4/442, 485[2]
- **-, Fundulus** 4/442, 485
- heterodon, Cyrtocara 5/898, 624[5,6]
- -, Haplochromis 5/898, 624[5,6]
- **-, Otopharynx** 5/898, 624
- heterodonta, Ophthalmochromis ventralis 3/826, 659[5]
- **-, Ophthalmotilapia** 3/826, 659
- heterodontus, Heros 3/738, 713[3]
- -, Ophthalmochromis 3/826, 659[5]
- -, Ophthalmotilapia ventralis 3/826, 659[5]
- Heterogramma borellii 1/676, 3/682, 732[6], 733[1]
- - commbrae 2/822, 733[6]
- - corumbae 2/822, 3/685, 733[6], 738[5,6]
- - steindachneri 1/678, 746[3]
- - taeniatum 3/685, 738[5,6]
- - - pertense 2/830, 5/702, 742[2,5,6]
- - trifasciatum 1/680, 746[4]
- heterolepis, Pellegrina 1/244, 76[6]
- **heteromorpha, Rasbora** 1/434, 231
- Heterophallus echeagarayi 5/618, 521[3,4]
- - **milleri** 4/498, 528
- - rachowi 3/608, 525[3]
- heteropictus, Pseudotropheus 2/972, 5/921, 632
- **Heteropneustes fossilis** 2/500, 309
- - kemratensis 2/500, 309[5]
- - **microps** 2/500, 309
- HETEROPNEUSTIDAE 2/500, 309
- heteroptera, Rineloricaria 3/388, 349
- heterorhabdus, Hemigrammus 1/288, 112[2]
- **-, Hyphessobrycon** 1/288, 112
- -, Tetragonopterus 1/288, 112[2]
- heterorhynchos, Schismatorhynchos 5/212, 239
- heterorhynchus, Lobocheilus 5/212, 239[2]
- **heterospilum, „Cichlasoma"** 3/730, 711
- heterospilus, Cichlasoma 4/702, 725[3]
- -, Vieja 4/702, 725
- heterotaenia, Buccochromis 4/582, 606, 607
- -, Cyrtocara 4/582, 606[6], 607[1]
- -, Haplochromis 4/582, 606[6], 607[1]
- **Heterotis niloticus** 2/1152, 901
- heudelotii macrocephala, Tilapia 2/984, 698[6]
- **-, Sarotherodon melanotheron** 4/682, 699
- -, Tilapia 4/682, 699[1]
- heuglinii, Clarotes 3/310, 262[4]
- Hexanematichthys berneyi 2/434, 251[5]
- - graeffei 2/434, 251
- - seemani 2/434, 251[4]
- Hexenwels 1/498, 349
- -, Fieder- 3/386, 348
- -, Hasemans 5/418, 349
- -, Peitschenschwanz- 5/407, 345, 346
- -, Roter 4/306, 350
- -, Schwarzschwanz- 5/422, 350

1064

Register

hicklingi, Cichlasoma 2/880, 717[2,3]
-, Cichlaurus 2/880, 717[2,3]
„Highfin Shark, Siam" 2/362, 178
hilarii, Parodon 2/318, 136[5]
hildebrandi, Mormyrus 4/814, 898[2]
-, Rivulus 3/538, 461
hildegardae, Aplocheilus 4/388, 425[1]
-, Epiplatys 4/388, 425
Hildegards Hechtling 4/388, 425
himantegus, Achilognathus 5/192, 224[1]
-, Paracheilognathus 5/192, 224
Himantura oxyrhynchus 4/14, 34
Himantura uarnak 4/14, 34[4]
(Himanturus) uarnak, Dasybatus 4/14, 34[4]
Himmelblauer Prachtkärpfling 2/596, 402
hindii, Discognathus 3/212, 205[3]
-, Garra 3/212, 205[3]
Hippichthys spicifer 4/828, 879
hippolytae, Apistogramma 2/826, 737
Hippopotamyrus aequipinnis 4/806, 896[1]
- castor 4/806, 896[1]
- discorhynchus 4/806, 895
- paugyi 5/1066, 895
- pictus 4/806, 896
- psittacus 5/1068, 896
Hirschgeweih-Antennenwels 3/366, 322
Hisonotus notatus 2/508, 5/376, 336[3], 337[4]
hispanica letourneuxi, Valencia 2/700, 500[6]
-, Hydrargyra 3/578, 500[5]
-, *Valencia* 2/700, 3/578, 500[6], 500
hispanicus, Fundulus 3/578, 500[5]
hispaniolae, Gambusia 4/484, 521, 522
Hispaniola-Molly 4/524, 539
hispaniolana, Poecilia 4/524, 539
histrionica, Botia 3/166, 166[2]
hnilickai, Poeciliopsis 2/746, 545
Hochflossenbarbe 2/362, 178
Hochflosser-Variatus, Hawaii- 4/562, 563, 564
Hochlandkärpfling, Ameca- 2/703, 508
-, - -Leopard- 4/466, 510
-, Balsas 2/708, 511
-, Bulldoggen- 4/456, 507
-, Colima- 4/454, 506
-, Diaz' 4/458, 507
-, Frances' 4/468, 511
-, Goldsaum- 2/714, 513
-, Goslines 4/458, 507
-, Großflossen- 2/706, 509
-, Hubbs 4/452, 506
-, Lennons 2/708, 511
-, Lerma- 4/468, 511, 512
-, Magdalena- 4/460, 507
-, Nymphen- 2/712, 513
-, Pahrump- 4/462, 489
-, Resolana- 2/710, 512
-, Schlanker Schwarzflossen- 4/464, 509, 510
-, Schwarzflossen- 3/588, 509
-, Seitentupfen- 2/704, 508
-, Towers 3/584, 508
-, Turners 4/464, 510
-, Vielpunkt- 4/470, 512
-, Vielschuppen- 4/452, 506
-, Weißsaum- 4/472, 513
-, Zwerg- 4/456, 507
Hochland-Platy 2/762, 552
- -Poeciliopsis 4/540, 545
- -Regenbogenfisch 2/1110, 854
Hochlandkärpflinge 3/584–3/594, 4/451–4/475, 5/607, 505–513
Hochrücken-Kärpfling 4/534, 543
Hochrücken-Zwergbuntbarsch 2/822, 735
Hochrückengeradsalmler 3/96, 55
Hochrückensalmler 1/262, 103
-, Afrikanischer 3/96, 55
Hochrückiger Kletterfisch 3/637, 569
Höckerkopf 3/910, 828
hoefleri, Liza saliens 5/1075, 887[5]
-, Mugil 5/1075, 887[5]
hoehnei, Aequidens 4/640, 773[5]
-, Nannacara [„Aequidens"] 4/640, 5/880, 773
hoevenii, Barbus 2/394, 213[6], 214[1]
-, Hemibagrus 2/454, 265[1]
-, *Leptobarbus* 2/394, 213
-", „Stigmatogobius 3/990, 822[5]
hofmanni, Aphyosemion 3/474, 408
Hofmanns Prachtkärpfling 3/474, 408
Hogaboom-Buntbarsch 3/730, 711
hogaboomorum, „Cichlasoma" 3/730, 711
Hogshock 5/984, 904
hohenackeri, Alburnus 3/174, 177[3]
-, - alburnus 3/174, 177[3]
-, - charusini 3/174, 177
Hoher Bratpfannenwels 2/436, 253
- Segelflosser 1/764, 774
Höhlenmolly 4/526, 541
Höhlensalmler Blinder 1/256, 98
Höhlenwels, Blinder 2/486, 301
hoignei, Apistogramma 5/678, 5/682, 737, 738
-, *Pterolebias* 5/562, 453
holacanthus, Neopoecilia 2/744, 4/534, 543[2-4]
holacanthus, Poecilia 2/744, 4/534, 543[2-4]
holbrooki, Gambusia 1/590, 522
-, - affinis 1/590, 522[2]
-, - patruelis 1/590, 522[2]
-, Heterandria 1/590, 522[2]
-, Schizophallus 1/590, 522[2]
holdeni, Pseudodoras 5/304, 308
-, Pterodoras 5/304, 308[1]
Holdens Dornwels 5/304, 308
hollandi, Limia 5/622, 539[5]
-, Pamphorichthys 5/622, 539[5]
-, Parapoecilia 5/622, 539[5]
-, *Poecilia* 5/622, 539

1065

Register

Hollandichthys multifasciatus 2/292, 123[5]
hollyi, Synodontis 3/404, 3/410, 363[6], 365[3]
holmbergi, Cynolebias 3/491, 443[3]
holmiae, Rivulus 3/536, 5/600, 460[6], 467[4,5]
-, Rivulus sp. aff. 2/685, 5/584, 461[3,4], 461
Holocentrus calcarifer 2/1019, 797[4]
Hololepis fusiformis 3/918, 835[5,6]
holopercnus, Synodontis 5/428, 361[5]
Holopristis ocellifer 1/270, 107[4]
- *riddlei* 1/308, 123[2]
Holoshestes pequira 3/116, 834
holotaenia, Barbus 1/390, 184
Holotaxis laetus 2/326, 4/134, 143[3,4]
homalonorus, Pachypanchax 3/524, 438[2]
-, Epiplatys 3/524, 438[2]
Homaloptera abbreviata 5/88, 154[5]
- *fasciata* 5/98, 159[1]
- *kwangsiensis* 3/286, 151[6]
- *orthogoniata* 2/428, 154
- sp. 5/90, 155
- cf. *stephensoni* 5/90, 155
HOMALOPTERIDAE siehe BALITORIDAE
hondae, Geophagus 1/706, 5/814, 765
Honess' Olivenbarsch 4/716, 789
honessi, Tetracentrum 4/716, 789
-, Xenambassis 4/716, 789[6]
„Hongi", Labidochromis sp. 5/858, 618
Hongkong-Bitterling 2/406, 236
Hongkongbarbe 1/398, 191
hongsloi, Apistogramma 2/826, 5/680, 738
Honig-Blauauge 2/1136, 864
- -Regenbogenfisch 2/1136, 864
- -Stachelwels 5/246, 266
Honiggurami 1/634, 590
hopeiensis, Leptobotia 2/346, 4/152, 164[2], 168[5]
Hoplarchus pentacanthus 2/876, 769[5,6]
- *psittacus* 2/876, 769
Hoplerythrinus unitaeniatus 1/322, 130
Hopliancistrus sp. 5/342, 5/343, 328
- cf. *tricornis* 4/308, 328
Hoplias malabaricus 2/308, 130
- *microlepis* 2/308, 130[5,6]
hoplogenys, Ancistrus 1/486, 5/310, 317
-, Ancistrus cf. 5/310, 317
-, Chaetostomus 1/486, 317[5]
-, Xenocara 1/486, 317[5]
Hoplosternum aeneum 1/460, 271[2-4]
- *aeneus* 5/252, 271[2-4]
- *laevigatum* 2/480, 296[3]
- *littorale* 2/480, 296
- *longifilis* 1/478, 3/351, 296[5,6]
- *magdalenae* 1/478, 3/351, 296[5,6]
„-*magdalenae*" 2/482, 296[4]
- *pectorale* 2/482, 296
- *pectoralis* 2/482, 296[4]
- *punctatum* 3/351, 296[6]
- *stevardii* 2/480, 296[3]

- *thoracarum dailly* 3/351, 296[6]
- - *surinamensis* 3/351, 296[6]
- *thoracatum* 1/478, 296
- - var. *niger* 3/351, 296
- *thorae* 1/478, 3/351, 296[5,6]
Hoplotilapia retrodens 3/790, 680
Horabagrus brachysoma 5/448, 379
Horadandia atukorali 3/224, 209
horae, Botia 1/368, 165[4,5]
Hora's Schmerle 1/368, 165
horei, Chromis 3/758, 643[3]
-, Ctenochromis 3/758, 643
-, Haplochromis 3/758, 643[3]
-, Labeo 4/198, 212[1]
-, Tilapia 3/758, 643[3]
Hornhecht, Süßwasser- 1/826, 869, 870
Hornhechte 1/814, 1/826, 3/940, 869, 870
hornorum, Oreochromis urolepis 2/980, 695
-, Sarotherodon 2/980, 695[2]
-, Tilapia 2/980, 695[2]
- *zanzibarica*, Tilapia 2/980, 695[2]
horridus, Hypostomus 4/290, 330[2]
-, Plecostomus 4/290, 330[2]
hosii, Rasbora 2/420, 233[3]
houghi, Pimelodus 1/485, 311[4,5]
houyi, Anabas 1/623, 570[2]
Hubbs Hochlandkärpfling 4/452, 506
hubbsi, Allodontichthys 4/452, 506
-, Anoptichthys 1/256, 98[5]
-, Novumbra 4/830, 874
Hubbsina turneri 4/464, 510
huberi, Alfaro 2/716, 516
-, Epiplatys 2/648, 425
-, Furcipenis 2/716, 516[6]
-, Priapichthys 2/716, 516[6]
Hubers Hechtling 2/648, 425
„Hubschrauber-Wels" 2/578, 383
Huchen 3/1030, 907
Hucho hucho 3/1030, 907
hucho, Salmo 3/1030, 907[5]
hudsonia, Clupea 5/186, 220[3]
hudsonius, Catostomus 4/148, 161[3]
-, Notropis 5/186, 220
hueseri, Aulonocara 2/845, 3/702, 604
hughi, Cyprinion 5/156, 205[5]
-, Garra 5/156, 205[5]
Hughs Saugbarbe 5/156, 205
hujeta beani, Ctenolucius 2/300, 4/125, 126
-, Ctenolucius 2/300, 126[6]
Hujeta-Hechtsalmler 2/300, 126
hujeta hujeta, Ctenolucius 2/300, 126
-, Xiphostoma 2/300, 126[6]
huloti, Brachypetersius 5/22, 54[3]
-, Micralestes 5/22, 54[3]
-, Phenacogrammus 5/22, 54
Hulots Kongosalmler 5/22, 54
hulstaerti, Barbus 1/390, 185
-, Capoeta 1/390, 185[1]

Register

Humboldtcichlide 5/748, 751
humboldti, Doras 2/496, 308[2]
humboldtii, Cryptops 1/862, 885[5]
-, Eigenmannia 1/862, 885[5]
-, *Orestias* **5/496**
-, Sternopygus 1/862, 885[5]
humeralis, Eleotris 2/1063, 804[3]
-, Oligocephalus 3/918, 835[4]
-, *Opsodoras* 5/302, 307
-, Salmo 1/358, 95[6]
humilis, Alestes 1/216, 47[2]
-, Allotis 4/720, 796[3]
-, Bryttus 4/720, 796[3]
-, Gambusia 2/722, 520[3]
-, *Lepomis* **4/720, 796**
-, *Micralestes* **2/226, 4/38, 52**
-, - acutidens 2/226, 4/38, 52[6]
-, Pelmatochromis 2/964, 696[5,6]
-, *Pelvicachromis* **2/964, 696**
Hummelgrundel 1/836, 817
hummelincki, Rachovia 3/528, 3/530, 455[3], **455**
Hummelwels 1/455, 263
Hundsalmler 2/251, 90
Hundsbarbe 4/170, 4/178, 181, 187
Hundsfisch Amerikanischer 1/870, 874
-, Ungarischer 3/1044, 874
Hundsfische 1/819, 1/870, 3/1044, 874
Hundskärpfling 3/494, 449
Hundskopf-Wachssalmler 3/112, 81
Hundslachs 5/1088, 908
Hundsalmler, Roter 3/112, 90
hungaricus, Cyprinus 1/414, 201[2]
hunnuii, Syngnathus 4/828, 879[1]
Huro nigricans 2/1018, 796[6]
huronensis, Lepisosteus 2/210, 32[4]
hurtadoi, Gambusia **4/486, 522**
huso, Acipenser 3/82, 29[4]
Huso dauricus **3/82, 29**
- huso 3/82, 29
hutchinsoni, Lissochilus 2/360, 176[1]
hutereaui, Aplocheilichthys **4/346, 491**
-, Haplochilichthys 4/346, 491[2,3]
-, Haplochilus 4/346, 491[2,3]
-, *Panchax* 4/346, 491[2,3]
Hutereaus Leuchtaugenfisch 4/346, 491
huttoni, Eleotris 5/1022, 808[3,4]
-, *Gobiomorphus* **5/1022, 808**
huwaldi, Aphyosemion 5/542, 430[3,4]
-, Epiplatys fasciolatus 3/500, 424[2]
-, *Fundulopanchax* **5/542, 430**
-, Roloffia 5/542, 430[3,4]
hyanuary, Hemigrammus 1/268, 106
-, *Hemigrammus* sp. aff. **4/96, 106**
Hybopsis bifrenatus 2/398, 220[2]
Hydrargira diaphanus 2/656, 484[2]
- multifasciatus 2/656, 484[2]
Hydrargyra atricauda 1/870, 874[5]
- catenata 3/560, 483[4]
- formosa 1/592, 528[3]
- fusca 1/870, 874[5]
- hispanica 3/578, 500[5]
- limi 1/870, 874[5]
- luciae 3/566, 485[6]
- maculata 2/666, 434[6]
- majalis 3/566, 486[1]
- nigrofasciata 4/442, 485[2]
- notata 3/568, 486[2]
- ornata 4/442, 485[2]
- swampina 4/442, 485[2]
- trifasciata 3/566, 486[1]
- vernalis 3/566, 486[1]
- zebra 2/658, 487[2]
Hydrocyon argenteus 2/252, 81[6]
Hydrocynus cuvieri 2/300, 126[2]
- *goliath* **2/226, 51**
- longipinnis 2/300, 126[2]
- lucius 2/300, 126[2]
- maculatus 1/316, 126[3]
- ocellatum 2/300, 126[2]
- *vittatus* **4/42, 52**
Hydrocyon brevidens 5/36, 77[3]
- forskalii 4/42, 52[1]
- goliath 2/226, 51[6]
- lineatus 4/42, 52[1]
- lucius 2/300, 126[2]
- microlepis 5/50, 91[1]
- scomberoides 4/74, 5/50, 91[2,3]
Hydrocyonoides cuvieri 2/233, 62[6]
Hydrogon falcirostris 2/251, 90[6]
Hydrolycus scomberoides **4/74, 5/50, 91**
Hygrogonus ocellatus 1/682, 748[1]
Hylopanchax silvestris 2/660, 497[1]
- *stictopleuron* **2/660, 497**
Hylsilepis iris 1/428, 220[5]
Hymenophysa macracantha 1/370, 165[2,3]
Hyostoma blennioperca 3/914, 835[1]
- newmanii 3/914, 835[1]
Hypancistrus zebra 4/288, 329
Hyperopisus bebe **4/808, 896**
- - bebe 4/808, 896[3]
- - chariensis 4/808, 896[3]
- - occidentalis 4/808, 896[3]
- dorsalis 4/808, 896[3]
- occidentalis tenuicauda 4/808, 896[3]
- tenuicauda 4/808, 896[3]
Hyphessobrycon amandae **4/91, 109**
- anisitsi 1/266, 105[4]
- *bentosi bentosi* **1/280, 109**
- - *rosaceus* **1/280, 110**
- *bifasciatus* 1/282, 1/286, 111[3], **110**
- callistus 1/282, 110
- - bentosi 1/280, 109[6]
- - rosaceus 1/280, 110[1]
- - rubrostigma 1/284, 111[2]
- serpae 4/100, 115[2]
- cardinalis 1/260, 121[6]
- *compressus* **3/134, 110**
- *copelandi* **1/280, 110**
- *ecuadoriensis* **5/17, 99**

1067

Register

- *elachys*	3/134, 111
- „*eos*"	1/284, 75[2]
- *erythrostigma*	1/284, 111
- *flammeus*	1/286, 111
- *georgettae*	4/94, 111
- *griemi*	1/286, 111
- *haraldschultzi*	4/94, 111
- *herbertaxelrodi*	1/288, 112
- *heterorhabdus*	1/288, 112
- *igneus*	3/136, 112
- *inconstans*	1/290, 3/136, 112
- *innesi*	1/307, 4/64, 122[1-3]
- *loretoensis*	1/290, 112
- *loweae*	5/64, 112
- *luetkeni*	3/138, 113
- *melanopterus*	1/282, 110[4]
- *metae*	2/278, 113
- „*metae*"	1/290, 112[5]
- *minimus*	4/98, 113
- *minor*	1/290, 113
- *newboldi*	5/64, 113
- *ornatus*	1/280, 109[6]
peruvianus	3/138, 113
- *pulchripinnis*	1/292, 114
- *pyrrhonotus*	5/66,114
- *reticulatus*	2/280, 114
- „*robertsi*"	1/292, 114
- *robustulus*	1/290, 114
- *rosaceus*	1/280, 110[1]
- *rubrostigma*	1/284, 111[2]
- „*saizi*"	5/66, 114
- *scholzei*	1/294, 115
- *serpae*	4/100, 115
- *simulans*	1/294, 122[4]
- *socolofi*	2/280, 115
- *stegemanni*	4/100, 115
- *stigmatias*	2/261, 100[5]
- *thompsoni*	4/86, 101[4]
- *tropis*	4/102, 115
- *tukunai*	4/102, 115
- *vilmae*	1/290, 116
- *werneri*	3/140, 116
- „*White Fin*"	5/62, 116
- *xanthozona*	1/836, 817
Hypomasticus granti	3/102, 68[4]
- *megalepis*	3/104, 69[2]
Hypophthalmichthys dabryi	3/226, 210[1]
- *dybrowskii*	3/226, 210[1]
- *molitrix*	3/226, 210
- *nobilis*	3/226, 210
Hypophthalmus dawalla	2/433, 247[5]
hypophthalmus, Helicophagus	1/509, 367[5]
Hypophthalmus nuchalis	2/442, 255[5]
hypophthalmus, Pangasius	1/509, 367
HYPOPOMIDAE	5/992, 884
Hypopomus mülleri	5/992, 884[5]
Hypoptopoma bilobatum	1/490, 330[1]
- *carinatum*	3/370, 329
- *gulare*	5/344, 329
- sp.	5/344, 5/346, 329
- *thoracatum*	1/490, 330
Hypostoma etentaculatum	3/384, 348[2]
Hypostominae sp.	5/372, 316
Hypostomus aurantiacus	3/378, 339[1]
- „*bruno*"	4/282, 324[4,5]
- *cochliodon*	2/504, 324[1]
hypostomus, Cochliodon	2/504, 324[1]
Hypostomus duodecimalis	2/516, 3/384, 348[1,2]
- *emarginatus*	4/290, 330
- cf. *emarginatus*	5/346, 330
- *guacari*	2/506, 330[6]
- *horridus*	4/290, 330[2]
- *jaguribensis*	4/290, 330
„*-margaretifer*"	3/380, 339[4]
- **margaritifer**	4/292, 330
- *multiradiatus*	1/496, 334[3]
- *niveatus*	3/380, 339[4]
- *pardalis*	1/496, 334[3]
- *plecostomus*	2/506, 330
- *punctatus*	1/490, 331
- *regani*	3/370, 331
- *schneideri*	2/502, 3/366, 321[6], 322[1]
- sp.	5/348-5/351, 331, 332
- *spinosus*	3/380, 346[4]
- *subcarinatus*	1/490, 331[1]
- *temminckii*	2/502, 3/366, 321[6], 322[1]
-, Una-	5/352, 316
- *unicolor*	5/352, 332
- cf. *watwata*	5/354, 332
- „*wuchereri*"	2/506, 323[2]
hypsauchen fasciatus, Metynnis	2/330, 93
hypsauchen, Metynnis	1/352, 92
-, Myletes	1/352, 92[5,6]
Hypselecara coryphaenoides	2/864, 770
- *temporalis*	2/686, 770
Hypseleotris bipartita	5/1032, 809[6], 810[1]
- *compressa*	2/1066, 809
- *cyprinoides*	5/1032, 809, 810
- *dayi*	5/1032, 809[6], 810[1]
- *galii*	2/1066, 810
- *guentheri*	2/1068, 810
- cf. *guentheri*	5/1034, 810
- *klunzingeri*	2/1068, 810
- *swinhornis*	3/962, 810
- *tohizonae*	4/754, 811
Hypselobagrus armatus	2/452, 264[3]
- *bleekeri*	3/318, 264[5]
Hypselobarbus abramioides	4/190, 198[1]
hypselonotus, Abramites	1/233, 66
-, Leporinus	1/233, 66[2]
hypseloptera, Cliola	2/398, 220[4]
hypselopterus, Leuciscus	2/398, 220[4]
-, Notropis	2/398, 220
hypselurus, Pimelodus	3/420, 375[4]
hypsiura, Amaralia	3/298, 252
hypsiurus, Bunocephalus	3/298, 252[5]
Hypsopanchax catenatus	3/448, 497
- *deprimozi*	4/360, 497[3]
(-) -, Haplochilus	4/360, 497[3]

1068

Register

- *modestus* 4/360, 497
- *platysternus* 4/360, 497
- (-) -, Haplochilus 4/360, 497[4,5]
- *silvestris* 2/660, 497[1]
- *zebra* 4/362, 497
- (-) -, Haplochilus 4/362, 497[6]
Hystricodon paradoxus 1/246, 82[1]
hystrix, Acanthicus 3/363, 317
-, Potamotrygon 4/16, 5/11, 35
-, Trygon 4/16, 35[1]

I

ianthinus, Labidochromis 2/920, 617
ibericus, Lebias 1/522, 474[1], 473[6]
iberus, Aphanius 1/522, 472, 474
-, Cyprinodon 1/522, 474[1], 473[6]
ibis, Campylomormyrus 5/1066, 894[5]
-, Gnathonemus 5/1066, 894[5]
Ibisnilhecht 5/1066, 894
Icana-Panzerwels 1/246, 280, 280
Iceblue-Labidochromis-
  Buntbarsch 5/860, 618
Ichthelis auritus 2/1016, 795[6]
- *rubricauda* 2/1016, 795[6]
Ichthyborus monodi 4/57, 57
- *ornatus* 3/99, 57
- *quadrilineatus* 4/58, 58
Ichthyowels 5/358, 333
iconii, Aphanius burduricus 3/547, 471[2,3]
ICTALURIDAE 1/485, 3/359–3/360,
  5/308, 310, 311
Ictalurus melas 3/359, 311[1]
- *natalis* 5/308, 311[2]
- *nebulosus* 3/360, 311[3]
- - *marmoratus* 3/360, 311[3]
- - *nebulosus* 3/360, 311[3]
- *punctatus* 1/485, 311
- *robustus* 1/485, 311[4,5]
- *simpsoni* 1/485, 311[4,5]
Icthelis cyanella 1/796, 796[1]
- *erythrops* 2/1014, 793[6], 794[1]
- *melanops* 1/796, 796[1]
ictheloides, Ambloplites 2/1014, 5/980,
  793[6], 794[1]
-, Lepomis 2/1014, 793[6], 794[1]
idella, Ctenopharyngodon 1/414, 200
-, Leuciscus 1/414, 201[1]
idus, Cyprinus 1/424, 5/177, 216[3-5]
Idus idus 1/424, 5/177, 216[3-5]
idus, Leuciscus 1/424, 5/176, 5/177, 216
Idus melanotus 1/424, 5/177, 216[3-5]
- *waleckii* 5/180, 217[6]
ieniscensis, Acipenser 1/207, 28[5]
ifati, Thayeria 2/294, 124
igneus, Hyphessobrycon 3/136, 112
-, Rivulus 5/584, 461
Iguanodectes rachovii 1/296, 88[6]
- *spilurus* 1/296, 88

- *tenuis* 1/296, 88[6]
IGUANODECTINAE 88, 89
iheringi, Bryconamericus 5/56, 101
-, Microglanis 2/554, 371
iheringii, Astyanax 5/56, 101[1]
-, Girardinus 2/736, 537[3]
-, Tetragonopterus 5/56, 101[1]
iliensis, Oryzias latipes 5/462, 868
(Iljinia) microps leopardinus,
  Pomatoschistus 4/778, 820[3]
Illana bicirrhosa 3/982, 816[4]
- *cacabet* 3/982, 816[4]
illyricus, Leuciscus 4/202, 216
-, Rutilus 4/202, 216[6]
Ilyodon amecae 4/466, 510[5,6]
- *furcidens* 3/590, 510
- - „amecae" 4/466, 510
- *lennoni* 2/708, 511
- *paraguayense* 3/590, 510[3,4]
- *whitei* 2/708, 511
imbellis, Betta 1/630, 583[1], 3/650,
  5/646, 5/650, 580
imberba, Cyprinion 4/196, 206[3]
imberi, Alestes 1/216, 3/90, 4/28,
  49[3], 53[3], 47
- *affinis, Brachyalestes* 1/216, 47[2]
-, Brachyalestes 1/216, 47[2]
-, - *imberi* 1/216, 47[2]
-, Brycinus 1/216, 47[2]
- *curtis, Brachyalestes* 1/216, 47[2]
- *imberi, Brachyalestes* 1/216, 47[2]
- *kingsleyi, Brachyalestes* 1/216, 47[2]
-, Myletes 1/216, 47[2]
imitator, Brachyrhamdia 2/552, 369
-, *Corydoras* 3/334, 280
Imitator-Panzerwels 3/334, 280
Imitatorwels 2/552, 369
-, Blauer 3/413, 369
-, Masken- 3/418, 372
immacularus, Salmo 1/358, 95[6]
immaculata, Cichlasoma 4/590, 5/726,
  706[6], 707[1]
-, - *spinosissimum* var. 4/590, 5/726,
  706[6], 707[1]
-, Unibranchapertura 2/1158, 918[6]
immaculatus, Auchenipterus 2/444,
  5/236, 256[5,6], 257[1]
-, Rivulus 5/586, 461
-, Saurogobio dabryi 3/268, 238[6]
-, Systomus 3/186, 182[2]
Imparfinis hasemani 3/416, 370[4]
- *longicauda* 3/416, 370
- *longicaudus* 3/416, 370[3]
- *minutus* 3/416, 370
imperialis, Uaru 1/784, 779[5]
inaequilabiatus, Carapus 1/840, 884[1]
incisus, Glossolepis 1/850, 855
incolicana, Corydoras 4/246, 280
inconspicua, Apistogramma 3/685,
  5/683, 738

1069

Register

inconstans, Culaea inconstans 3/968, 877
- *, Eucalia* 3/968, 877[1-4]
- *, Gasterosteus* 3/968, 877[1-4]
- *, Hyphessobrycon* 1/290, 3/136, 112
- *pygmaeus, Culaea* 3/968, 877
Indianischer Teufel 4/724, 913
indicus, Batrachus 4/724, 913[3]
- *, Calliomorus* 4/724, 913[3]
- *, Callionymus* 4/724, 913[3]
- *, Megalops* 2/1107, 872[6]
- *, Platycephalus* 4/724, 913
- *, Triacanthus* 5/1109, 922[6]
Indische Flußbarbe 1/412, 200
- Glasbarbe 1/412, 99
- Meeräsche 5/1078, 888
- Seenadel 4/828, 879
Indischer Brachsen 1/412, 199
- Buntbarsch 1/702, 781
- Flachkopf 4/724, 913
- Glasbarsch 1/800, 788
- Glaswels 1/515, 382
- Steinbeißer 2/346, 168
- Streifenbuntbarsch 2/906, 781
- Streifenwels 1/456, 265
Indo-Australischer Tüpfelrochen 4/14, 34
Indonesischer Großmaulwels 3/352, 298
Indopazifischer Tarpun 2/1107, 872
INDOSTOMIDAE 3/933, 3/1004, 878
Indostomus paradoxus 3/1004, 878
inducta, Tilapia 4/660, 682[3]
inermis, Ageneiosus 2/433, 247[5]
- *, Cottus* 3/952, 912[1,2]
infans, Gambusia 4/536, 4/540, 544[1,2], 545[2,3]
- *, Leptorhaphis* 4/540, 545[2,3]
- *, Poeciliopsis* 4/540, 545
infrafasciatus, Haplochilus 2/652, 3/504, 4/398, 428[2,3], 429[2-4]
infraocularis, Sorubim 1/512, 375[6]
inhacae, Mugilogobius 3/990, 822
- *, Stigmatogobius* 3/990, 822[6]
iniridae, Apistogramma 2/828, 739
Inirida-Panzerwels 2/462, 277
„Inka-Steinbuntbarsch" 5/956, 778
Inlecypris auropurpureus 5/164, 210
innesi, Hyphessobrycon 1/307, 4/64, 122[1-3]
- *, Paracheirodon* 1/307, 4/64, 122
inornata, Melanotaenia splendida 2/1131, 861
inornatus, Boleophthalmus 2/1088, 826[1]
inpai, Bryconops (Creatochanes) 4/88, 102
Inpaichthys kerri 1/296, 116
insculptus, Luciocharax 2/300, 126[6]
Inselbärbling 1/406, 196
insidiator, Cottus 4/724, 913[3]
- *, Platycephalus* 4/724, 913[3]
insigne, Cichlasoma 1/742, 772[1]
insignis, Barbatula 3/282, 153

- *, Channa* 3/674, 800[4]
- *, Chilodus* 3/152, 145[2]
- *, Cichlasoma* 1/742, 772[1]
- *, Heros* 5/871, 772[2]
- *, Mesonauta* 5/871, 772
- *, Nemacheilus* 3/282, 153[2]
- *, Ophicephalus* 3/674, 800[4]
- *, Orthrias* 3/282, 153[2]
- *, Parachanna* 3/674, 800
- *, Parauchenipterus* 5/236, 257
- *, Prochilodus* 3/152, 145[2]
- *, Semaprochilodus* 3/152, 145
- *tortonesei, Noemacheilus* 3/282, 153[2]
insularis, Fundulus 3/566, 486[1]
insulindica, Eleotris 3/960, 807[2]
insulindicus, Culius 3/960, 807[2]
intermedia, Leptobotia 4/152, 164[2]
- *, Moenkhausia* 1/300, 119
- *, - sp. aff.* 3/142, 119
- *, Phractura* 3/294, 4/226, 5/230, 249[6], 250[1,3], 250
- *, Praetormosiana sp. cf.* 2/430, 155[5]
- *, Priapella* 1/606, 547
intermedium, „Cichlasoma" 3/732, 707[3,4]
- *, Cichlasoma* 3/732, 707[3,4]
- *, Ctenopoma* 4/565, 5/638, 572[3]
- *, Microctenopoma* 5/638, 572
intermedius, Astronotus 3/732, 707[3,4]
- *, Chuco* 3/732, 707
- *, Cichlaurus* 3/732, 707[3,4]
- *, Ctenopoma* 5/638, 572[3]
- *eurycephalus, Schizothorax* 5/214
- *, Hemigrammopetersius* 3/89, 4/34, 50[5], 51
- *, Heros* 3/732, 707[3,4]
- *, Heterobranchus* 4/268, 302[4]
- *, Macrodon* 2/308, 130[5,6]
- *, Pelmatochromis* 3/898, 704[4]
- *, Petersius* 4/34, 51[1]
- *, Schilbe* 1/514, 380
- *, Schizothorax* 5/214, 239
- *, Tylochromis* 3/898, 704
intermittens, Aphyosemion mirabile 4/374, 410, 411
interruptus, Alestopetersius 1/222, 54[4]
- *, Hemigrammalestes* 1/222, 4/40, 54[2,4]
- *, Micralestes* 1/222, 54[4]
- *, Nothobranchius* 3/512, 432
- *, - jubbi* 3/512, 432[5]
- *, Phenacogrammus* 1/222, 54
inurus, Zygonectes 2/722, 3/562, 484[3,4], 520[3]
Iodotropheus sprengerae 2/918, 615
Irian Jaya-Regenbogenfisch 4/796, 859
irianjaya, Melanotaenia 4/796, 859
Iriatherina werneri 2/1116, 857
iridescens, Rivulus 3/538, 462
irideus, Centrarchus 1/791, 794[2]
- *, Labrus* 1/791, 794[2]
- *, Leucaspius* 5/174, 5/176, 215

Register

-, Salmo	3/1030, 908[3]	jaculus, Alburnellus	5/188, 221[1]
iridia, Salmo	3/1030, 908[3]	**jae, Barbus**	**2/368, 185**
iridopsis, Salmo	1/358, 95[6]	-, Barbus cf.	5/130, 185
iris, Cliola	1/428, 220[5]	-, Mormyrus	4/814, 898[1]
-, Hylsilepis	1/428, 220[5]	Jae-Barbe	2/368, 185
irregulare, Cichlasoma	3/876, 722[2]	jaguaribensis, Cheirodon	2/269, 84[2]
irregularis, Theraps	**3/876, 722**	Jaguarwels	2/494, 306
irsacae, Tanganicodus	**2/997, 666**	Jaguribé-Harnischwels	4/290, 330
irvinei, Gobiochromis	3/872, 700[4,5]	**jaguribensis, Hypostomus**	**4/290, 330**
-, Leprotilapia	3/872, 700[4,5]	-, Plecostomus	4/290, 330[4]
-, **Steatocranus**	**3/872, 700**	jahni, Haplochromis	2/896, 626[4,5]
irwini, Megalodoras	3/356, **5/300, 306**	jalapae, Xiphophorus	1/606, 3/631,
Ischnosoma bicirrhosum	1/858, 901[6]		5/632, 552[6], 553[1,2,4]
ishmaeli, Haplochromis	**5/828, 678**	Jamaika-Großschuppenkärpfling	2/633, 469
-, Haplochromis cf.	5/830, 679[4]	- -Kärpfling	4/494, 526
-, Labrochromis	5/828, 678[5]	- - Dreifarbiger	1/596, 531
Isichthys henryi	**4/808, 896**	Jamapa-Platy	2/770, 558
isidori isidori, Marcusenius	4/818, 900[3]	James' Leporinus	4/60, 68
-, Mormyrus	4/818, 900[3]	**jamesi, Leporinus** cf.	**4/60, 68**
-, Petrocephalus	4/818, 900[3]	Jan Paps Prachtgrundkärpfling	2/664, 432
-, **Pollimyrus**	**4/818, 900**	**janeiroensis, Rivulus**	**5/588, 462**
isopterus, Heterobranchus	4/266, 302	Janes Corydoras	5/254, 272
Isorineloricaria festae	3/372, 332[4]	**janpapi, Nothobranchius**	**2/664, 432**
- spinosissima	3/372, 332	Janssens Barbe	2/370, 85
isthmensis, Eleotris	4/752, 806[6]	**janssensi, Barbus**	**2/370, 185**
-, Phallichthys	2/732, 536[1]	janthochir, Barbus	3/206, 200[6]
-, Poeciliopsis	2/732, 536[1]	-, **Cyclocheilichthys**	**3/206, 200**
istlanum, Cichlosoma	3/734, 711[6]	-, Systomus	3/206, 200[6]
-, „Cichlasoma"	3/734, 711	januarius, Girardinus	2/736, 537[3]
istlanus, Heros	3/734, 711[6]	-, **Phalloptychus**	**2/736, 537**
istlarius, Cichlasoma	3/734, 711[6]	-, Poecilia	2/736, 537[3]
Italienischer Döbel	4/200, 215	Januarkärpfling	2/736, 537
itanyi, Krobia	1/666, 770[3,4]	Japanischer Auchabarsch	4/742, 841
lutrensis, Notropis	**1/428, 220**	- Bitterling	5/206, 235
ivongoensis, Barbus	5/132, 189[4–6]	Japankärpfling	2/1148, 887
		japonais, Eutosphemus	4/11, 25[4]
J		**japonica, Anguilla**	**4/744, 849**
		japonicum, Lethenteron	**4/11, 25**
Jabonero Tetra	4/90, 104	japonicus, Petromyzon	4/11, 25[4]
jabonero, Hemibrycon dentatus	4/90, 104[5]	**jardini, Scleropages**	**2/1154, 902**
jabonero, Hemibrycon	**4/90, 104**	Jaro, Haplochromis sp.	2/846, 614
„Jabuti/Santarém", Crenicichla sp.	5/788, 761	jaundense, Aphyosemion	1/530, 404[1]
jacksoni, Amphilius	3/292, 249[1]	jaundensis, Panchax	1/530, 404[1]
-, Brycinus	1/216, 47[2]	Javakampffisch	2/798, 582
-, **Copadichromis**	**4/592, 609**	Javakarpfen	1/428, 222
-, Cyrtocara	4/592, 609[4]	Javakärpfling	1/572, 668
-, Haplochromis	3/768, 4/592, 609[4], 636[3]	javanensis, Monopterus	2/1158, 918[5]
jacksonii, Amphilius	**4/225, 248**	javanicus, Aplocheilus	1/572, 868[2]
Jacksons Quappenwels	4/225, 248	-, Monopterus	2/1158, 918[5]
jacobfreibergi, Aulonocara	**1/780, 604**	-, Oryzias	1/572, 868[2]
-, Trematocranus	1/780, 604[3]	-, **Pseudogobius**	**2/1100, 823**
jacuhiensis, Astyanax	1/255, 98[1]	jeanesianus, Liposarcus	1/496, 334[3]
-, Tetragonopterus	1/255, 98[1]	-, Pterygoplichthys	1/496, 334[3]
jaculator, Toxotes	1/812, 844[4]	jeanneli, Astatotilapia	4/674, 682[5,6]
jaculatrix, Labrus	1/812, 844[4]	-, Haplochromis	4/674, 682[5,6]
-, Sciaena	1/812, 844[4]	**jeanpoli, Aphyosemion**	**2/694, 408**
-, **Toxotes**	**1/812, 844**	-, Roloffia	2/694, 408[4]
		jegui, Crenicichla	**5/774, 757**
		jeittelesi, Cottus	3/952, 913[2]

1071

Register

-, *Procottus*	3/952, 913	*jubbi interruptus, Nothobranchius*	3/512, 432[5]
jelskii, Phoxinus	4/214, 225[6]		
jenkinsi, Fundulus	**3/564, 485**	-, *Nothobranchius*	2/664, 433
-, *Zygonectes*	3/564, 485[3]	Jubbs Prachtgrundkärpfling	2/664, 433
Jenynsia lineata	**2/702, 504**	*jubelini, Mormyrus*	3/1022, 4/814, 898[2,5]
jenynsii, Heros	1/688, 752[2]		
jerdoni, Hara	4/335, 386	*jucundus, Phallotorynus*	4/516, 537
Jesen	5/177, 216	-, *Rivulus* sp. aff.	5/588, 462
jeses, Cyprinus	5/177, 216[4,5]	*jugalis, Cliola*	1/428, 220[5]
jimi, Parotocinclus	**5/388, 341**	*jugalls, Moniana*	1/428, 220[5]
joanjohnsonae, Labidochromis	1/740, 620[4,5]	*juillerati, Doryichthys*	1/865, 4/828, 879[6]
		Julidochromis boulengeri	3/808, 651[4]
-, *Melanochromis*	1/740, 620	- *dickfeldi*	1/726, 646
-, *Pseudotropheus*	1/740, 620[4,5]	- *marlieri*	1/726, 646
joannisii, Mormyrus	5/1070, 898[6]	- *ocellatus*	2/942, 648[2]
-, *Petrocephalus*	5/1070, 898[6]	- *ornatus*	1/726, 647
-, *Otocinclus*	5/344, 329[4]	- *regani*	1/728, 647
Jobertina rachovi	1/314, 79[3]	- *transcriptus*	1/728, 647
joergenscheeli, Aphyosemion	3/476, 408	*julii, Corydoras*	2/466, 280
johanna, Crenicichla	**2/886, 757**	Julipanzerwels	2/466, 280
-, *Cychla brasiliensis* var.	2/886, 757[6]	***julisiae, Fundulus***	**3/564, 485**
- var. *carsevennensis, Crenicichla*	2/886, 757[6]	*juquiaae, Corydoras*	4/250, 283[6]
		juruense, Brachyplatystoma	**4/324, 368, 369**
- - *strigata, Crenicichla*	1/698, 763[6]		
- - *vittata, Crenicichla*	1/698, 763[6]	-, *Platystoma*	4/324, 368[6], 369[1]
johannii, Melanochromis	**1/740, 620**	-, *Silurus*	4/324, 368[6], 369[1]
-, *Pseudotropheus*	1/740, 620[6]	***juruensis, Apistogramma***	**5/684, 739**
johnstoni, Aplocheilichthys	**2/626, 3/436, 492[3], 491**	*jurupari, Geophagus*	1/704, 775[6]
		-, *Satanoperca*	1/704, 775
-, *Aplocheilus*	2/626, 491[4]	-, *Satanoperca* cf.	5/942, 776
-, *Haplochilichthys*	2/626, 491[4]	*juscatus, Periophthalmus*	1/838, 826[3]
-, *Micropanchax*	2/626, 491[4]	*juvens, Pterygoplichthys*	2/514, 334[2]
johnstonii, Chromis	2/900, 626[6]	Juwelen Regenbogenfisch	2/1132, 862, 863
-, *Cyrtocara*	2/900, 626[6]		
-, *Discognathus*	3/212, 205[3]	Juwelen-Fächerfisch	5/518, 444
-, *Garra*	3/212, 205[3]	Juwelenbarsch, Wald-	2/914, 690
-, *Haplochilus*	2/626, 491[4]		
-, *Haplochromis*	2/900, 626[6]		
-, ***Placidochromis***	**2/900, 626**	**K**	
-, *Tilapia*	2/900, 626[6]		
Johnstons Leuchtaugenfisch	2/626, 491	„K 4", *Aphyosemion*	3/488, 417[4]
johorensis, Barbus	**1/384, 185**	„K 86/9", *Nothobranchius*	5/482, 436
joiteni, Hemibarbus	3/220, 208[6]	„-", *Nothobranchius* sp.	4/410, 436[3]
joka, Tilapia	**2/1002, 702**	„K 86/13, Sio River", *Nothobranchius* sp.	3/518, 435[5]
jokeannae, Trachycorystes	2/444, 5/236, 257[1], 256[5,6]	*kabia, Melanotaenia*	2/1114, 4/790, 856[2-4]
jonesi, Heterandria	**3/608, 528**		
jonesii, Gambusia	3/608, 528[4]	***kabiliensis, Brachygobius***	**3/978, 815**
-, *Mollienesia*	3/608, 528[4]	*kacherba, Tilapia*	2/978, 694[1]
-, *Pseudoxiphophorus*	3/608, 528[4]	„***Kadango", Copadichromis***	**3/770, 609**
-, - *bimaculatus*	3/608, 528[4]	***kafuensis, Nothobranchius***	**3/522, 435**
jonklaasi, Sicyopus	**3/1000, 827**	*kaganowskii, Cottus*	5/1007, 912[3]
Jordan-Perlmutterkärpfling	4/418, 473	*kahajani, Barbus*	1/396, 191[4]
Jordanella floridae	**1/564, 481**	Kahlhecht	2/205, 32
- *pulchra*	2/660, 481[3]	Kahlhechte	2/205, 2/201, 32
jordani, Anoptichthys	1/256, 98[5]	***kailolae, Craterocephalus***	**5/998, 852**
„-", *Arius*	2/434, 251[4]	Kailola-Hartköpfchen	5/998, 852
Jordanische Saugbarbe	3/214, 205	Kaimanfisch	2/212, 32
Jordan-Perlmutterkärpfling	4/418, 473	Kaiser-Moorii	1/782, 669
joselimaianus, Glyptoperichthys	4/286, 326		

1072

Register

Kaiserbuntbarsch 1/682, 3/700, 603
-, Blaustirn- 4/578, 605
-, Goldkopf 2/838, 604
-, Sandfarbener 4/580, 605
-, Schwefelkopf- 2/838, 604
Kaisersalmler 1/304, 121
-, Rotaugen- 1/304, 121
Kaisertetra 1/304, 121
Kakadu-Zwergbuntbarsch 1/676, 733
kakaitsel, Glyphisodon 1/702, 781[3]
Kaktuswels, Rotflossiger 4/304, 346
-, Xingu- 4/304, 346
Kalabar Prachtkärpfling 1/582, 409
kalopterus, Barbus 1/418, 203[3]
-, *Epalzeorhynchos* **1/418, 203**
kalochroma, Leuciscus 1/436, 232[1]
-, *Rasbora* **1/436, 232**
„Kaloleni", *Nothobranchius* sp. 3/510, 431[5,6]
kalolo, Periophthalmus 1/838, 826[3]
Kaluga-Hausen 3/82, 29
kamensis, Acipenser 1/207, 28[5]
Kameraden-Panzerwels 5/258, 276
Kamerun-Fiederbartwels 3/410, 365
- -Kärpfling 1/530, 404
- -Leuchtaugenfisch 3/436, 491
- -Prachtkärpfling 2/592, 399
- -Prachtkärpfling, Gepunkteter 4/366, 400
-, Roter von 1/230, 60
- -Saugbarbe 3/212, 205
Kammbarsch, Grüner Augenfleck- 2/856, 750
Kammbuntbarsch 2/886, 758
-, Gefleckter 2/848, 748
-, Gestreifter 1/698, 763
-, Grauer 2/886, 757
Kammdornwels 1/482, 304
Kammkugelfisch 1/866, 919
Kammschuppen-Kärpfling 4/550, 550
- -Regenbogenfisch 1/850, 855
kampeni, Hemirhamphus 5/1053, 871[6]
-, *Zenarchopterus* **5/1053, 871**
Kämpfer, Friedlicher 1/630, 583
Kampffisch, Augenfleck- 2/796, 581
-, Balung- 5/642, 576
-, Breders Maulbrütender 3/644, 576
-, Chameleon 2/796, 579
-, Dunkler 3/648, 579, 580
-, Ediths 2/794, 578
-, Foerschs 2/796, 579
-, Friedlicher 3/650, 580
-, Gebänderter 2/798, 585
-, Großer 2/800, 585
-, - Borneo- 2/794, 575
-, - Maulbrütender 3/653, 580, 583
-, Großmaul- 2/796, 581
-, Kleiner 1/630, 583
-, Kriegerischer 1/630, 582
-, Langflossen- 5/648, 578, 579
-, Laub- 3/656, 581, 582
-, Leiterflossen- 3/644, 5/640, 575, 577
-, Maulbrütender 1/630, 582
-, Roter 1/628, 578
-, Rotwein- 5/644, 577
-, Schlanker Kleiner 3/658, 585
-, - Streitbarer 3/642, 576
-, Schwarzer 3/654, 581
-, Siamesischer 1/632, 584
-, Smaragd- 1/632, 583
-, Weinroter 3/646, 578
kandeensis, Aulonocara 2/839, 605[1,2]
-, - *maylandi* **4/578, 605**
kangrae, Nemacheilus **5/92, 157**
-, *Nemacheilus* 5/94, 159[4]
kannume, Mormyrus **3/1020, 898**
kansae, Fundulus 2/658, 487[2]
-, *Plancterus* 2/658, 487[2]
Kansuschmerle 4/154, 166
Kap-Buschfisch 2/792, 572
- -Galaxias 4/768, 890
„-Lopez" 1/524, 397
- York-Regenbogenfisch 1/852, 862
kapirat, Notopterus 1/856, 901[1]
Kaplabyrinthfisch, Östlicher 2/792, 572
-, Westlicher 2/792, 572
Kaplansalmler 2/314, 134
Karausche 1/410, 197
Kardinalfisch 1/446, 240
-, Schleier- 1/447, 240
Kardinalfische 2/1008, 790
Kardinaltetra 1/260, 121
Karfunkelsalmler 1/270, 107
karomo, Oreochromis **2/980, 694**
-, *Sarotherodon* 2/980, 694[2]
-, *Tilapia* 2/980, 694[2]
Karpfen 1/414, 201
Karpfenähnliche Fische 1/360–1/449, 2/337–2/431, 3/165–3/287, 4/141–4/221, 5/83–5/226, 147–242
Karpfenfische 1/377–1/447, 2/358–2/425, 3/168–3/273, 4/164–4/218, 5/118–5/224, 172–241
Karpfenschmerle 1/449, 151
Kärpfling, Apamila- 4/544, 547
-, Balsas- 4/536, 544
-, Blauaugen 1/606, 547
-, Blaugelber- 4/492, 526
-, Blauspiegel- 4/490, 523
-, Breitmaul- 4/482, 521
-, Carnegie- 2/720, 519
-, Cascajal- 4/476, 517
-, Catemaco- 3/620, 544
-, Chiapas 2/746, 545
-, Chichancanab- 4/422, 475
-, Chocó- 3/628, 548
-, Conchos- 4/492, 525, 526
-, Cuatro-Cienegas- 4/486, 523
-, Darien- 4/548, 549
-, Dolores- 4/486, 522

1073

Register

-, Dreifarbiger Jamaika-	1/596, 531	-, Westliche	2/1068, 810
-, Einfleck-	3/606, 527	*kashabi, Tilapia*	2/978, 694[1]
-, Eisens-	2/712, 513	Kaspische Großaugengrundel	5/1036, 819
-, El-Potosi-	3/576, 481		
-, Elegant-	4/514, 535	- Kaulquappengrundel	3/976, 814
-, Fairweather-	2/734, 536	Kaspischer Leuchtaugenfisch	5/462, 868
-, Gedrungener Blauaugen-	2/750, 547	- Rapfen	3/176, 177
-, Graublauer	4/496, 527	- Steinbeißer	5/112, 167
-, Greenways	2/754, 549	***kassenjiensis, Aplocheilichthys***	**4/346**
-, Grüner	4/538, 544		**5/470, 491, 492**
-, Hartwegs	2/718, 518	-, *Haplochilichthys*	4/346, 491[5,6], 492[1],
-, Hochrücken-	4/534, 543		5/470, 491[5,6], 492[1]
-, Jamaika-	4/494, 526	-, *Micropanchax*	5/470, 491[5,6], 492[1]
-, Kamerun-	1/530, 404	*kassiapleuensis, Epiplatys*	4/394, 426[6]
-, Kammschuppen-	4/550, 550	*-, - olbrechtsi*	**4/394, 426**
-, Kleiner Amazonen-	4/510, 516	Kassiapleu-Hechtling	4/394, 426
-, Kleinflossen-	3/624, 546	***katangae, Aplocheilichthys***	**2/628, 492**
-, Korfu-	2/700, 500	-, *Barbus*	4/186, 194[3]
-, Kreolen-	3/604, 526, 527	-, *Haplochilichthys*	2/628, 492[2]
-, Leuchtaugen-	1/606, 547	-, *Haplochilus*	2/628, 492[2]
-, Limonen-	4/482, 521	-, *Micropanchax*	2/628, 492[2]
-, Lutz'	4/542, 545	Katanga-Leuchtaugenfisch	2/628, 492
-, Mangroven-	3/602, 525	Katzenaugenschmerle	5/110, 171
-, Meißelzahn-	4/532, 541	Katzenwels	3/360, 311
-, Millers	4/498, 528	-, Gelber	5/308, 311
-, Mopskopf-	5/556, 452	-, Schwarzer	3/359, 311
-, Nariño-	4/548, 548	Katzenwelse	1/485, 3/359, 3/360, 310, 311
-, Olmeken-	4/546, 548		
-, Panuco-	3/602, 524	Kaudi, Fleckenloser	3/610, 537
-, Para-	4/530, 534	-, Gefleckter	1/594, 3/610, 537
-, Parana-	4/516, 537	***kaufmanni, Pseudoscaphirhynchus***	**3/84, 29**
-, Parismina-	3/595, 518		
-, Pittier-	2/732, 536	-, *Scaphirhynchus*	3/84, 29[5]
-, Querstreifen-	3/620, 544	Kaukasischer Döbel	3/238, 216
-, Rachow-	3/608, 525	- Gründling	5/162, 207
-, Regans	2/726, 525	Kaukasusbarbe	5/126, 182
-, Rotflossen-	4/484, 521, 522	Kaulbarsch	1/808, 837
-, Salado-	2/724, 524	-, Balons	4/730, 837
-, Santo Domingo-	2/730, 531	-, Don-	4/730, 837
-, Scarlls	3/624, 546	Kaulkopf	3/947, 912
-, Schwarzbinden-	4/502, 532	Kaulquappengrundel, Kaspische	3/976, 814
-, Schwarzfleck-	4/514, 536		
-, Schwarzflossen-	3/630, 549	-, Stern-	3/978, 814[6], 814
-, Schwarzsaum-	2/722, 520	Kaulquappen-Schmerlenwels,	
-, Schwarzstrich-	4/542, 545	Ghana-	3/291, 248
-, Seitenfleck-	4/538, 544	Kaulquappenwels,	
-, Sirhan-	3/550, 474	Ostafrikanischer	3/292, 248
-, Stuarts	4/480, 519	-, Roter	3/294, 249, 250
-, Térraba-	3/598, 519	*kawamebari, Bryttosus*	4/742, 841[6]
-, Totuma	3/600, 523	-, *Coreoperca*	4/742, 841[6]
-, Turrubarés-	3/626, 547	-, *Serranus*	4/742, 841[6]
-, Venezolanischer	2/630, 440	*-, Siniperca*	**4/742, 841**
-, Vielpunkt-	3/594, 512	*kayi, Galaxias*	2/1080, 889[6], 890[1]
-, Yucatán-	2/724, 525	*kaznakoi, Gyrinocheilops*	1/448, 4/220, 242[2,4]
-, Zweifleck-	2/728, 528		
Kärpflingsbuntbarsch,		-, *Gyrinocheilus*	1/448, 4/220, 242[2,4]
Kleinschuppiger	2/890, 644	*kaznakovi, Gyrinocheilus*	1/448, 4/220, 242[2,4]
-, Schwarzflossiger	2/892, 644		
Kärpflingsgrundel	2/1068, 810	***kaznakowi, Gyrinocheilus***	**4/220, 242**
-, Australische	2/1066, 809	***keatingii, Petrocephalus***	**5/1070, 899**

Register

Kehlkopfsalmler 1/250, 88
Kehlstachel-Schläfergrundel 5/1012, 806
Keilfleckbärbling 1/434, 231, 231
Keilfleckbuntbarsch 1/784, 779
Keilfleckrasbora 1/434, 231
kekemense, Aphyosemion
 bualanum 3/462, 399
Kekem-Pachtkärpfling 3/462, 399
kelaartii, Ophicephalus 1/828, 799[6]
kemratensis, Clarisilurus 2/500, 309[5]
-, *Heteropneustes* 2/500, 309[5]
„*ken(n)yi*", *Pseudotropheus* 2/974, 632[5,6]
Kenaru 2/570, 377
kendalli, Lamprologus 4/634, 650[1]
-, *Lepidiolamprologus* **4/634, 650**
Kendalls Tanganjikasee
 -Buntbarsch 4/634, 650
„Kenia-Gold", *Haplochromis* sp. 5/830, 679
Kenia-Schmerlenwels 3/292, 249
kennedyi, Astyanax 3/144, 123[3]
-, *Psellogrammus* **3/144, 123**
kennerlyi, Myxostomus 2/337, 161[6]
kennicotti, Catonotus 3/918, 835[4]
kerguennae, Neolebias **4/50, 60**
kerri, Brachydanio 1/406, 196
-, *Danio* 1/406, 196[3]
kerri, Inpaichthys **1/296, 116**
kerstenii, Barbus 4/174, 183[5]
-, - *kerstenii* **3/192, 186**
kervillei, Pararhodeus 5/200, 227[4]
-, *Phoxinellus* 5/200, 227[4]
-, *Pseudophoxinellus* **5/200, 227**
Kessler-Grundel 3/996, 819
kessleri, Barbus 1/390, 4/174, 183[5], 184[5]
-, *Cottus* 3/948, 912[6]
-, *Erythrinus* 1/322, 130[1]
-, *Gobius* 3/996, 819[2]
-, - (*Ponticola*) 3/996, 819[2]
- *gorlap, Neogobius* 3/996, 819[2]
- *kessleri, Nemacheilus* 3/278, 159[2]
-, -, *Neogobius* 3/996, 819[2]
-, *Lampetra* 4/12, 25[5]
-, *Lethenteron* **4/12, 25**
-, *Nemacheilus kessleri* 3/278, 159[2]
-, *Neogobius* **3/996, 819**
-, - *kessleri* 3/996, 819[2]
-, *Noemachilus* 3/278, 159[2]
-, *Paracottus* **3/948, 912**
-, *Petromyzon* 4/12, 25[5]
-, *Schistura kessleri* **3/278, 159**
Kesslers Neunauge 4/12, 25
- Schmerle 3/278, 159
keta, Oncorhynchus **5/1088, 908**
-, *Salmo* 5/1088, 908[1]
Ketten-Fundulus 3/560, 483
- -Leuchtaugenfisch 3/448, 497
Keulensalmler 1/330, 2/310–2/319,
 3/154, 4/132, 5/76, 133–136
-, Paraguay- 2/312, 134
-, Sterns 2/312, 134

khartoumensis, Synodontis cf. 3/400, 361
Khartoum-Fiederbartwels 3/400, 361
Khavlibarbe 5/136, 191
khudree, Barbus 3/270, 240[6]
-, *Tor* **3/270, 240**
kidderi, Allophallus 2/720, 519[3]
-, *Aulophallus* 2/720, 519[3]
-, *Carlhubbsia* **2/720, 519**
Kiel-Harnischwels 3/370, 329
„Kielbauch"-Salmler 5/61, 97
Kielbauchbärbling, Blauer 2/378, 198
-, Dadyburjors 2/380, 198
Kielbauchsalmler 1 5/63, 97
Kielstrichsalmler 2/246, 76
Kiemenfleck-Diamantbarsch 1/794, 795
Kiemenfleckbarbe 3/186, 182
Kiemensackwels 2/500, 309
Kiemensackwelse 2/500, 309
Kiemenschlitzaal,
 Amerikanischer 2/1158, 918
-, Ostasiatischer 2/1158, 918
Kiemenschlitzaale 2/1158, 2/1052
kieneri, Paretroplus **5/905, 782**
Kikambala-Prachtgrundkärpfling 3/512, 432
Killifisch 4/442, 485
-, Diamant- 1/521, 483
-, Golf- 2/656, 484
Killifische 1/518–1/585, 2/583–2/700,
 3/433–3/580, 4/341–4/450,
 5/461–5/605, 390–393
kilossae, Labeo 3/230, 211[1]
kilossana, Paratilapia 3/692, 688[4]
kingi, Aplocheilichthys 3/444, 495[1]
kingsleyae, Chromidotilapia **5/744, 689**
-, *Chrysichthys* 3/308, 262[3]
-, *Ctenopoma* 1/622, 569
-, *Pelmatochromis* 4/586, 5/744, 678[1], 689[5,6]
kingsleyi, Brachyalestes imberi 1/216, 47[2]
kiperegensis, Barbus 5/144, 195[2]
kiritvaithai, Lamprologus 3/808, 651[4]
-, *Neolamprologus* 3/808, 651[4]
kirkhami, Tilapia 3/892, 703[4]
kirki, Nothobranchius 1/568, 433
Kirks Prachtfundulus 1/568, 433
Kirschfleckensalmler 1/266, 1/272, 108
Kirschflecksalmler, Fahnen 1/284, 111
-, Rotrücken- 5/66, 114
-, Socolofs 2/280, 115
„Kisangani", *Chiloglanis* sp. 4/314, 356
„-", *Nanochromis* sp. 3/806, 693
kisutch, Oncorhynchus **5/1088, 908**
-, *Salmo* 5/1088, 908[2]
kitalensis, Barbus percivali var. 3/194, 188[3]
Kiunga ballochi **3/1026, 863**
- -Blauauge 3/1026, 863
kiwinge, Cyrtocara 5/810, 678[2,3]
-, *Dimidiochromis* 5/810, 678

1075

Register

- -, *Haplochromis* 5/810, 678[2,3]
- *kiyawense, Aphyosemion* 3/526, 438[5]
- *kiyawensis, Nothobranchius* 3/526, 438[5]
- -, *Pronothobranchius* 3/526, 438
- *klausewitzi, Apistogramma* 1/674, 732[4], 2/820, 732[5]
- *Klausewitzia aphanes* 2/298, 3/146, 80[6], 81[1]
  - *laterale* 4/116, 78[4]
  - *ritae* 5/72, 80
  - *vintoni* 4/116, 78[4]
- *kleei, Apistogramma* 1/674, 2/820, 732[4,5]
- Klein- und Großgepunkteter Loricariide 5/314, 315, 316
- Kleine Maräne 3/944, 906
  - Schwebrenke 3/941, 907
  - Süßwassernadel 1/864, 878
- Kleiner Amazonen-Kärpfling 4/510, 516
  - Bodensalmler 4/46, 58
  - Großaugensalmler 4/28, 49
  - Harlekinwels 2/554, 371
  - Kampffisch 1/630, 583
  - -, Schlanker 3/658, 585
  - Marmor-Antennenwels 2/554, 371
  - Maulbrüter 1/754, 697
  - Nadelwels 1/488, 326
  - Ölfisch 3/942, 911
  - Pracht-Zwerggurami 2/808, 589, 589
  - Raubsalmler 1/317, 85
  - Schlangenkopf, Asiatischer 3/672, 799
  - Schneckenbarsch 1/758, 632
  - Speichenwels 2/500, 309
  - Stichling 1/834, 878
  - Trahira 2/308, 130
  - Zitterwels 3/394, 353
- Kleinflossen-Bachling 5/594, 463
  - -Kärpfling 3/624, 546
- Kleingeperlter „Peckoltia" 5/315, 316
- Kleinköpfiger Fächerfisch 5/522, 445
- Kleinschuppiger Barberos-Tetra 3/120, 5/45, 86–88
  - Glassalmler 1/248, 81
  - Kärpflingsbuntbarsch 2/890, 644
  - Riesenbarsch 3/904, 797
- Kleinschwertträger 2/776, 562
- Klettengrundel 5/1038, 827
- Kletterfisch 1/619, 569, 569
  - -, Hochrückiger 3/637, 569
- Kletterfische 1/616–1/653, 2/787–2/809, 3/635–3/675, 4/565–4/573, 5/635–5/653, 565–572
- *klugei, Pelmatochromis* 1/752, 697[4]
- -, - *kribensis* 1/752, 697[4]
- *klunzingeri, Carassiops* 2/1068, 810[5]
  - -, *Eleotris* 2/1068, 810[5]
  - -, *Hypseleotris* 2/1068, 810
- Klunzingers Schläfergrundel 2/1068, 810
- *kneri, Cottus* 3/948, 913[1]
  - -, *Cultriculus* 3/224, 209[1]
  - -, *Hemiculter* 3/224, 209[1]

- -, *Paracottus* 3/948, 913
- *Kneria sp.* 1/844, 3/1005, 880
  - sp. aff. *spekii* 3/1006, 881
- *knerii, Acestra* 4/286, 326[4]
  - -, *Bunocephalus* 2/436, 253[3]
  - -, *Chalcinus* 2/248, 77[4]
  - -, *Dysichthys* 2/436, 253
  - -, *Farlowella* 4/286, 326
- KNERIIDAE 1/817, 1/844, 3/1006, 5/1054, 880, 881
- Kners Schnabelwels 4/286, 326
- *knipowitschi, Pomatoschistus* 3/986, 817[3,4]
- *Knipowitschia georghievi* 3/986, 817[3,4]
  - *longecaudata* 3/986, 817
  - (-) *longecaudatus, Pomatoschistus* 3/986, 817[3,4]
  - *longicaudata* 3/986, 817[3,4]
- Knochenhecht, Gefleckter 2/210, 32
  - -, Gemeiner 2/210, 32
- Knochenhechte 2/201, 32
- Knochenzüngler 1/818, 1/858, 2/1151–2/1155, 901, 902
- Knochenzüngler, Schwarzer 1/858, 902
  - -, Westafrikanischer 2/1152, 901
- Knochenzünglerartige 892–902
- Knurrender Gurami 1/650, 590
  - -, Schallers 3/668, 589
  - Zwerggurami 1/650, 589
- Knurrhahn, Tanganjikasee- 1/780, 667
- Kobalt-Zebra 5/914, 629
- Kobaltorangebarsch 1/740, 620
- Kobaltwels 1/456, 265
- *kochii, Rhombatractus* 2/1122, 858[5]
- *koelreuteri, Euchosistopus* 1/838, 826[3]
  - -, *Gobiomorus* 1/838, 826[3]
  - -, *Osphromenus trichopterus* var. 1/648, 3/668, 592[4–6]
  - -, *Periophthalmus* 1/838, 826[3]
- *koensis, Synodontis* cf. 3/400, 362
- Koi 1/414, 201
- Kokoda-Olivenbarsch 4/716, 789
- Kolabarbe 3/186, 182
- *kolenty, Carassius vulgaris* var. 3/204, 197[5]
- Komma-Schwertträger 2/780, 563
- Kommasalmler 2/284, 118
- *kompi, Fundulus* 2/654, 483[5]
- Komteßsalmler 4/112, 122
- Kondensstreifen-Buntbarsch 3/702, 604
- „Kongo I", *Phenacogrammus* 5/22, 54
- „Kongo II", *Phenacogrammus* 5/24, 54
- Kongo-Geradsalmler 4/43, 55
  - -Grundcichlide 2/926, 692
  - -Saugbarbe 3/212, 205
  - -Schlankstachelwels 3/312, 262
- Kongobuschfisch 2/788, 571
- Kongocichlide, Blauer 1/744, 693
  - -, Roter 1/744, 5/884, 692
- Kongohechtling 3/456, 396

1076

Register

Kongokugelfisch	1/868, 922	-, *Petenia*	2/850, 749[4,5]
kongoranensis, Aplocheilichthys	3/436, 492	kreffti, *Amphilius*	3/292, 249[1]
-, *Haplochilichthys*	3/436, 492[3]	*Krefftius adspersus*	3/962, 811[3]
Kongosalmler, Blauer	1/222, 54	Kreolen-Kärpfling	3/604, 526, 527
-, Ansorges Blauer	3/94, 53	***kretseri, Malpulutta***	1/640, 586
-, Blehers	5/22, 54	Kreuzbandbarbe	5/144, 186
-, Brauner	4/40, 54	Kreuzflecksalmler	3/132, 108
-, Echter Roter	3/90, 53	Kreuzstreifen-Schokoladengurami	2/806, 591
-, Gelber	1/218, 50	Kreuzwels, Berneys	2/434, 251
-, Hulots	5/22, 54	-, Westamerikanischer	2/434, 251
-, Limonen-	5/24, 54	Kreuzwelse	2/434, 3/297, 251
-, Roter	1/216, 47	*kribensis, Eleotris*	4/754, 804[6]
Kongowels, David's Rückenschwimmender	2/536, 359	- *klugei, Pelmatochromis*	1/752, 697[4]
-, Rückenschwimmender	1/506, 363	-, *Kribia*	4/754, 804
Konia eisentrauti	5/846, 680	-, *Pelmatochromis*	1/752, 697[4]
Königscichlide	1/750, 697	Kribi-Prachtkärpfling	2/602, 404
Königsdanio	2/382, 201	***Kribia kribensis***	4/754, 804
Königslachs	5/1096, 908	- *nana*	4/756, 805
Königssalmler	1/296, 116	*kribianum, Aphyosemion*	2/602, 3/466, 404[2-5]
Königsstachelwels	2/450, 263	Kriegerischer Kampffisch	1/630, 582
Königstiger-Pleco	5/400, 343	***kriegi, Cheirodon***	2/266, 103
Kopfbinden-Panzerwels	1/468, 283	Krim-Schneider	3/174, 176
Kopfbindensalmler	1/348, 144	Krimbarbe	3/198, 191
Kopfkielwels	5/380, 338	Kristallschmerle	5/86, 153
Kopfleisten-Störwels	4/278, 322	***Krobia guianensis***	1/666, 5/846, 770
Kopfsteher, Dreitupfen-	1/236, 70	- *itanyi*	1/666, 770[3,4]
-, Gestreifter	1/234, 67	Kroki	2/1156, 913
-, Goldstreifen-	1/236, 67	*kronei, Corydoras*	1/460, 273[6], 274[1]
-, Punktierer	1/318, 125	-, *Harttia*	5/338, 327
-, Vierfleck-	2/234, 66	-, *Scleromystax*	1/460, 273[6], 274[1]
Kopfstrich-Dornwels	1/484, 304	***Kronichthys subteres***	5/354, 332
Koppe	3/947, 912	Kropfsalmler, Gelbflossen-	2/248, 77
Korallenplaty	1/610, 557	-, Gerundeter	2/250, 78
-, Simpson	1/611, 558	-, Punktierter	1/244, 77
Korallenwelse	2/568–2/571, 5/446, 376, 377	-, Silberner	2/248, 77
Korea-Raubkarpfen	5/188, 221	Krötengrundel	3/988, 817
Korfu-Kärpfling	2/700, 500	***krumholzi, Gambusia***	5/612, 522
korneliae, Aulonocara	2/845, 3/704, 604	Kryptopterichthys macrocephalus	2/576, 382[3]
Korthaus' Prachtfundulus	1/568, 433	***Kryptopterus cryptopterus***	2/576, 382
korthausae, Nothobranchius	1/568, 433	- *macrocephalus*	2/576, 382
Kosatok-Stachelwels	3/312, 265	- *micropus*	2/576, 382[2]
Kosswigichthys asquamatus	2/585, 472[5]	- *minor*	1/515, 382
- *burdurensis*	4/414, 471[5,6]	„KTZ 85/20", *Nothobranchius* sp.	5/480, 436[4]
- *splendens saldae*	4/414, 471[4]		
- *splendens*	4/414, 471[4]	„KTZ 85/28", *Nothobranchius* sp.	3/520, 435[6], 436[1]
- - *splendens*	4/414, 471[4]		
- *transgrediens*	4/416, 472[1,2]	Kuba-Bachling	1/578, 458
Kotsovato-Buntbarsch	5/905, 782	- -Limia	4/508, 533, 534
kottae, Tilapia	4/694, 685	Kubabuntbarsch	2/882, 781
Kottelatlimia pristes	4/156, 168	Kubakärpfling	1/604, 2/634, 469, 453
„Krabi", *Betta* sp.	4/568, 583[3,4,5]	Kuckucks-Fiederbartwels	2/546, 3/406, 364
krameri, Umbra	3/1044, 874		
Krausse's Buntbarsch	2/850, 749	*kuda", „Barbus*	3/182, 228[4]
kraussii, Astronotus	2/850, 749[4,5]	Kugelfisch, Assel-	5/1101, 919
-, *Caquetaia*	2/850, 749	-, Brauner	2/1164, 921
-, *Cichlasoma*	2/850, 749[4,5]	-, Fangs	5/1102, 921
-, *Gobius*	3/974, 827[1,2]	-, Grüner	1/866, 922

1077

Register

-, Malabar- 5/1105, 922
-, Palembang- 1/868, 920
Kugelfischartige 919–922
Kugelfische 1/819, 1/866–1/869, 2/1160–2/1165, 3/1040, 5/1101–5/1106, 919–922
Kugelflecksalmler 1/290, 114
kuhli, Polyacanthus 1/626, 575[2]
Kuhlia rupestris 2/1028, 828
kuhlii, Acanthophthalmus 1/364, 4/160, 170[1-4]
-, Cobitis 1/364, 170[3,4]
- myersi, Pangio 1/364, 170
-, Panchax 1/548, 419[2]
-, Pangio 4/160, 170
- sumatranus, Pangio 1/364, 170
KUHLIIDAE 2/1008, 2/1027–2/1032, 828
kuhntae, Adiniops 4/406, 433[5]
-, Fundulus 4/406, 433[5]
-, Nothobranchius 4/406, 433
-, - (Adiniops) 4/406, 433[5]
Kuhnts Prachtgrundkärpfling 4/406, 433
kuiperi, Nemachilus 2/352, 158[1]
Kuipers Schmerle 2/352, 158
kükenthali, Glyptosternum 3/428, 386[3]
kuldschiensis, Phoxinus 5/198, 226[5]
kumirii, Nannostomus 1/344, 141[6]
kundinga, Megalops 2/1107, 872[6]
kundsha, Salmo 3/1035, 909[5]
kungessana, Diplophysa 2/350, 156[5]
kungessanus, Noemacheilus 2/350, 156[5]
kungweensis, Lamprologus 3/814, 653[6], 654[1]
-, Neolamprologus 3/814, 653
kunzi, Aphyosemion 3/462, 398[2]
Kupferfleck-Corydoras 5/260, 277
Kupfermaulbrüter 1/754, 698
Kupfersalmler 1/264, 104
Kupferstrichsalmler 1/234, 67
Kupfertetra, Glänzender 4/92, 105
Kura Bartgrundel 3/282, 152
Kuraschneider 3/237, 214
Kürbiskernbarsch 1/798, 796
Kurter 3/910, 828
-, Australischer 3/910, 828
KURTIDAE 3/910, 828
Kurtus gulliveri 3/910, 828
kurumani, Barbus 4/186, 194[3]
Kurzer Zwergquappenwels 5/228, 249
Kurzkopf-Bachling 5/572, 457
Kurznasiger Bodensalmler 4/118, 78
kusanensis, Barbus 2/366, 180[5]
kuschakewitschi, Acanthobrama 3/202, 197[3]
-, Capoetobrama 3/202, 197
-, Nemacheilus 3/278, 160[4]
-, Triplophysa 3/278, 160
Kuschakewitschs Bartgrundel 3/278, 160
Küßende Guramis 593

Küssender Gurami 1/652, 593
Küsten-Fiederbartwels 3/404, 363
Küstenzwergdöbel 5/186, 220
kutubuensis, Mogurnda 4/756, 811
Kutubu-Hartköpfchen 5/998, 852
- -Regenbogenfisch 3/1015, 859
- -Schläfergrundel 4/756, 811
- -, Gefleckte 4/762, 812
- -, Gescheckte 4/764, 812
Kwai-Plattschmerle 5/98, 160
kwangsiensis, Balitora 3/286, 151
-, Homaloptera 3/286, 151[6]
-, Sinohomaloptera 3/286, 151[6]
Kyburz' Salmler 4/112, 123
kyburzi, Pseudochalceus 4/112, 123

L

„L 1" 4/286, 326
L 2 5/381, 5/398, 5/404, 338, 343
L 4 5/310, 5/366, 315, 317, 318
(L 4/L 5), Loricariidae sp. 5/366, 315
L 5 5/310, 5/366, 315, 317, 318
L 6 5/396, 342
„L 14" 4/308, 351
L 17 5/342, 328
„L 17" 4/308, 328
„L 18" 4/280, 323
L 20 5/368, 328
„L 22" 4/286, 326
„L 24" 4/304, 346
„L 25" 4/304, 346
L 28 5/366, 315
L 30 5/382, 315
L 31 5/382, 339
L 34 5/316, 318
L 46 4/288, 329
„L 47" 4/302, 339
„L 48" 4/302, 351
„L 50" 4/282, 317
L 60 5/331, 314, 324
L 66 5/400, 343
L 67 5/343, 343
L 73 5/310, 5/366, 315, 317, 318
L 74 5/381, 338
„L 81" 4/280, 322
L 82 5/368, 315
„L 88" 4/272, 318
„L 89" 4/274, 321
„L 90" 4/296, 338
L 95 5/410, 313, 314, 347
L 102 5/402, 344
„L 102" 4/300, 344
L 106 5/370, 315
L 107 5/312, 5/313, 320
L 108 5/346, 320
L 110 5/318, 320
L 116 5/346, 330
L 121 5/396, 342

Register

L 122	5/370, 315	(Labeobarbus) hamiltonii, Barbus	3/270, 240[6]
„L 122"	4/300, 344	- tor	3/270, 240[6]
L 126	5/362, 334	Labeotropheus curvirostris	1/730, 615[3,4]
L 127	5/352, 316	- fuelleborni	1/730, 615
„L 127"	4/292, 335	- trewavasae	1/730, 615
L 129	5/403, 344	labialis, Fundulus	3/577, 500[1]
L 133	5/346, 330	-, Profundulus	3/577, 500
L 135	5/396, 342	-, Zoogoneticus	3/577, 500[1]
L 136b	5/314, 315	labiata, Barbatula	3/280, 153
L 146	5/328, 314, 323	-, Diplophysa papilloso	2/354, 158[4]
L 148	5/328, 323	-, Diplophysia	3/280, 153[3]
L 153	5/346, 330	-, Tilapia	1/738, 650[6]
„L156"	4/272, 320	labiatum, Cichlasoma	2/870, 712
L 157	5/318, 320	labiatus, Geophagus	1/704, 2/910, 5/824, 765[2], 768[3]
L 163	5/370, 316		
L 166	5/346, 330	-, Gymnogeophagus	5/824, 768
L 169	5/398, 343	-, Gymnostomus	5/178, 217[1]
L 174	5/374, 316	-, Heros	2/870, 712[1]
„L 177"	4/280, 323	-, Leuciscus	5/178, 217
L 182	5/323, 321	-, Lobochilotes	1/738, 650
L 183	5/316, 5/323, 320, 321	-, Nemacheilus	3/280, 153[3]
L 184	5/312, 320	Labidesthes siccula	5/1000, 853
L 192	5/354, 332	Labidochromis-Buntbarsch, Iceblue-	5/860, 618
L 194	5/358, 333		
„La Escalara", Rivulus sp.	5/586, 461[5,6]	**Labidochromis caeruleus**	2/920, 615
La Plata Algensalmler	2/318, 136	„- - likomae"	1/740, 620[4,5]
- -Erdfresser	1/708, 767	- chisumulae	5/848, 616
labarrei, Aphyosemion	2/604, 408	- „Erwarti"	4/628, 616[5]
Labeo bicolor	1/422, 5/152, 202[5]	- flavigulis	5/850, 616
- chariensis	2/390, 211[4]	- freibergi	4/628, 616
- chrysophekadion	1/426, 210	- gigas	5/852, 616, 617
- cyclorhynchus	2/390, 212[3]	- ianthinus	2/920, 617
- cylindricus	3/230, 211	- joanjohnsonae	1/740, 620[4,5]
labeo, Cyprinus	4/148, 161[4]	- lividus	1/714, 617
Labeo darlingi	3/230, 211[1]	- maculicauda	5/854, 617
- denisonii	5/150, 200[2]	- mbenjii	5/856, 617
- elegans	2/337, 161[6]	- pallidus	3/794, 618
- erythrurus	1/422, 202[6], 203[1]	- sp. „Gelb"	3/792 , 618
- forskalii	2/388, 3/230, 211	- - „Hongi"	5/858, 618
- frenatus	1/422, 202[3]	- - „Puulu"	5/858, 618
labeo, Hemibarbus	4/148, 161[4]	„-tanganicae"	3/792, 618[2]
Labeo horei	4/198, 212[1]	- vellicans	2/922, 618
- kilossae	3/230, 211[1]	- zebroides	5/860, 618
-, Limpopo-	3/232, 211	Labiobarbus burmanicus	2/392, 212
- loveridgei	3/230, 211[1]	- festivus	2/392, 212
labeo maculatus, Hemibarbus	3/220, 208[6]	- leptocheilus	3/232, 212
Labeo niloticus brevicauda	4/198, 212[1]	labiosa, Colisa	1/636, 590
- obscurus	2/390, 211[4]	-, Rasbora daniconius	2/414, 230
- parvulus	3/230, 211[1]	labiosus, Cyprinodon	5/488, 477
- parvus	2/390, 211	-, Trichogaster	1/636, 590[4]
- rubropunctatus	5/168, 211	labridens, „Cichlasoma"	3/734, 712
- ruddi	3/232, 211	-, Cichlosoma	3/734, 712[2-4]
- senegalensis	4/198, 212	-, Heros	3/734, 712[2-4]
- tibesti	4/198, 212	-, Parapetenia	3/734, 712[2-4]
- toboensis	2/390, 211[4]	labrina, Crenicichla	5/776, 758
labeo var. maculatus, Gobiobarbus	3/220, 208[6]	-, Cychla	5/776, 758[1,2]
		Labrochromis ishmaeli	5/828, 678[5]
Labeo variegatus	2/390, 212	labrodon, Tylochromis	5/970, 704[5]
- walkeri	2/390, 211[4]	labrosa, Cyrtocara	1/714, 621[1]

1079

Register

labrosus, Crenimugil 5/1074, 887
-, *Cyrtocara* 2/900, 627[1,2]
-, *Haplochromis* 1/714, 2/900, 621[1], 627[1,2]
-, *Melanochromis* 1/714, 2/900, 627[1,2], 621
Labrus auritus 2/1016, 795[6]
- *badis* 1/790, 791[3]
- *bimaculatus* 2/862, 751[5]
- *bruneus* 2/862, 751[5]
- *desfontainii* 5/730, 689[5]
- *irideus* 1/791, 794[2]
- *jaculatrix* 1/812, 844[4]
- *macropterus* 1/791, 794[2]
- *niloticus* 3/828, 694[4]
- *opercularis* 1/638, 586[4,5]
- *salmoides* 2/1018, 796[6]
- *trichopterus* 1/648, 3/668, 592[4-6]
labyrinthicus, Caenotropus 4/126, 125
-, *Chilodus* 4/126, 125[2]
-, *Microdus* 4/126, 125[2]
Labyrinth-Schleimfisch 5/1004, 792
Labyrinthsalmler 4/126, 125
Labyrinthwelse 1/453, 1/480, 2/484–2/488, 3/354, 4/262–4/268, 5/294–5/296, 299–302
„Lac Fwa", *Epiplatys* sp. 4/398, 429
lacerdai, Corydoras 5/264, 281
Lacerdas Corydoras 5/264, 281
Lachs 3/1033, 908, 909
-, Rosa 5/1087, 907
-, Roter 5/1091, 908
Lachsartige 905–910
Lachsbarbe 5/190, 5/214, 222, 239
-, Pelzamis 5/214, 239
Lachsfische 3/1030, 3/934, 906–910
Lachsroter Regenbogenfisch 1/850, 855
Lachssalmler 1/322, 130
-, Guineischer 2/233, 62
Lachswels 3/297, 251
lacortei, Cynolebias 5/549, 451[1]
-, *Maratecoara* 5/549, 451
-, *Nematobrycon* 1/304, 121
lacrimosa, Astatotilapia 5/732, 677
-, *Tilapia* 5/732, 677[1]
lacrimosus, Haplochromis 5/732, 677[1]
lacrymosus, Haplochromis 5/732, 677[1]
lacteus, Gobius 3/992, 818[4,5]
lacustre, Aphyosemion gardneri 3/472, 406
lacustris, Alburnus lucidus var. 3/173, 177[2]
-, *Ameiurus* 3/360, 311[3]
-, *Aphrya* 3/1044, 874[4]
-, *Aplocheilichthys* 3/438, 492
-, - *maculatus* 3/438, 492[4]
-, *Astyanax* 1/255, 98[1]
-, *Barbodon* 3/266, 238[4]
-, *Craterocephalus* 5/998, 852
-, *Leporinus* 3/104, 68

-, *Melanotaenia* 3/1015, 859
-, *Procatopus* 2/670, 499[4]
-, *Sarcocheilichthys* 3/266, 238[4]
-, - *sinensis* 3/266, 238[4]
- var. *semifasciata, Crenicichla* 4/608, 761[3]
Ladige's Fächerfisch 1/554, 449
ladigesi, Characidium 4/123, 80[2]
-, *Cynolebias* 1/554, 5/546, 449[5], 450[4-6]
-, *Cynopoecilus* 1/554, 449
-, *Telmatherina* 1/824, 865
Ladigesia roloffi 1/220, 52
Ladigesocypris ghigii 5/168, 213
Ladislavia taczanowskii 3/234, 213
Laemolyta taeniata 1/234, 67[2]
laeta, Pyrrhulina 2/326, 4/134, 143
laetabilis, Moniana 1/428, 220[5]
Laetacara curviceps 1/662, 770
- *dorsigera* 1/662, 770
- cf. *flavilabris* 5/862, 771
- sp. „Buckelkopf" 5/861, 771
- , Orangetlossen- 5/862, 771
- *thayeri* 1/664, 771
laetus, Holotaxis 2/326, 4/134, 143[3,4]
laeviceps, Callichthys 1/458, 270[5]
-, *Clarias* 5/296, 302[3]
laevigatum, Hoplosternum 2/480, 296[3]
laevigatus, Callichthys 2/480, 296[3]
laevis, Barbichthys 2/362, 238
-, *Barbus* 2/362, 178[1]
-, *Phoxinus* 1/430, 226[1-3]
- var. *sumatranus, Barbichthys* 2/362, 178[1]
lagenarius, Acipenser 2/215, 30[1]
„Lago", *Fundulopanchax* sp. 5/542, 430
„- Tefé", *Astyanax* sp. 4/84, 99, 100
lagoensis, Chrysichthys 3/290, 262[1]
Lagowskiella czekanowskii czerskii 5/170, 213
- - *suifunensis* 5/170, 213
- *lagowskii* 3/252, 225
lagowskii, Lagowskiella 3/252, 225
- *lagowskii, Phoxinus* 3/252, 225[5]
„Lagunero" 2/866, 710
Lake Albert-Leuchtaugenfisch 4/346, 491, 492
Lake Eacham Regenbogenfisch 2/1120, 858
Lake Eduard-Nilbuntbarsch 4/660, 682
- - -Maulbrüter, Roter 4/622, 677
Lake Tebera-Regenbogenfisch 2/1124, 859
„Lake Victoria", *Nothobranchius* sp. 4/410, 436
- Wanam-Regenbogenfisch 2/1116, 856
lala, Ambassis 1/800, 788[1]
-, *Chanda* 1/800, 788[1]
-, *Pseudambassis* 1/800, 788[1]
lalia, Colisa 1/636, 2/800, 590
lalius, Colisa 1/636, 590[5]

1080

Register

- -, *Trichogaster* 1/636, 590[5]
- -, *Trichopodus* 1/636, 590[5]
- *lalokiensis, Xenambassis* 4/714, 789[3,4]
- *lamberti, Aphyosemion* 2/604, 409
- **-, *Aplocheilichthys*** 4/350, **492**
- -, *Aplocheilichthys* sp. aff. 4/350, **492**
- -, *Micropanchax* 4/350, 492[5,6]
- *Lambertia ater* 2/568, 377[1]
- *Lambertichthys ater sepikensis* 2/568, 377[1]
- Lamberts Leuchtaugenfisch 4/350, 492
- - Prachtkärpfling 2/604, 409
- *lamina, Pseudohemiodon* 4/285, 325
- *Lamontichthys filamentosa* 5/356, 332[6], 333[1]
- - *filamentosus* 5/356, 332, 333
- ***lamottei, Epiplatys*** 1/560, **425**
- -, - *fasciolatus* 1/560, 425[3]
- *lamottenii, Lampetra* 4/8, 25[3]
- Lampen-Gebirgswels 5/452, 386
- *Lampetra appendix* 4/8, 25[3]
- - *aurea* 4/11, 25
- - *fluviatilis* **4/7, 25**
- - *kessleri* 4/12, 25[5]
- - *lamottenii* 4/8, 25[3]
- - *opisthodon* 4/7, 25[1]
- - ***planeri*** 2/201, **5/8**, 25
- - - *reissneri* 4/12, 25[5]
- - ***wilderi*** **4/8, 25**
- Lampionfisch, Chinesischer 3/222, 209
- Lamprete, Arktische 4/11, 25
- *Lamprichthys curianalis* 1/566, 498[1]
- - *ranganicanus* 1/566, **498**
- ***lampris, Glyptothorax* cf.** 5/452, **386**
- *Lamprologus attenuatus* 4/634, 649[2]
- - *boulengeri* 3/808, 651[4]
- - *brevianalis* 1/734, 658[5]
- - *brevis* 2/922, 651[5,6]
- - *brichardi* 1/732, 652[1]
- - *buescheri* 3/808, 652[2]
- - ***callipterus*** 3/796, **647**
- - *calliurus* 3/862, 664[5]
- - *calvus* 2/926, 641[1,2]
- - *caudopunctatus* 3/812, 652[3]
- - *christyi* 3/812, 652[4]
- - *compressiceps* 1/732, 641[3]
- - ***congoensis*** **2/926, 692**
- - *crassus* 4/644, 654[6]
- - *cunningtoni* 2/928, 3/811, 649[3,4]
- - *„cylindricus"* 3/814, 652[5]
- - *dhonti* 1/776, 664[4]
- - *elongatus* 2/928, 4/636, 649[5,6]
- - *falcicula* 5/888, 652[6], 653[1]
- - *fasciatus* 2/930, 653[3]
- - *furcifer* 2/932, 653[2]
- - *gracilis* 5/891, 653[4]
- - *hecqui* 5/892, 653[5]
- - *kendalli* 4/634, 650[1]
- - *kiritvaithai* 3/808, 651[4]
- - *kungweensis* 3/814, 653[6], 654[1]
- - *leleupi longior* 2/932, 654[4]
- - *leleupi* 1/734, 654[2]
- - *leloupi* 4/644, 654[3]
- - *lemairii* 2/934, **647**
- - *marginatus* 1/734, 658[5]
- - *meeli* 2/934, 655[1]
- - ***meleagris*** 5/862, **648**
- - *modestus nyassae* 3/796, 647[4,5]
- - *mondabu* 4/646, 655[4]
- - *moorii* 2/938, 671[4-6]
- - *multifasciatus* 3/817, 655[5]
- - *mustax* 2/941, 655[6]
- - *niger* 4/648, 656[1]
- - *nkambae* 2/942, 650[2]
- - *obscurus* 3/819, 656[4]
- - *ocellatus* 2/942, 3/814, 653[6], 654[1], **648**
- - *ornatipinnis* 2/944, **648**
- - *pleuromaculatus* 3/820, 657[1]
- - *pleurostigma* 2/928, 4/634, 4/636, 649[2,5,6]
- - *profundicola* 3/820, 650[3]
- - *pulcher* 3/822, 657[2]
- - *reticularus* 3/796, 647[4,5]
- - *savoryi elongatus* 1/732, 652[1]
- - - *pulcher* 3/822, 657[2]
- - - *savoryi* 2/944, 657[3]
- - ***sexfasciatus*** 2/946, 4/652, 657[4,5]
- - ***signatus*** **4/632, 648**
- - sp. *„vaitha"* 3/808, 651[4]
- - sp. *„daffodil"* 2/925, 658[1]
- - ***speciosus*** **4/630, 648, 649**
- - *splendens* 4/654, 658[4]
- - *taeniurus* 2/922, 651[5,6]
- - *„Tempo"* 3/796, 647
- - *tetracanthus* 1/734, 658[5]
- - *toae* 3/836, 661[6]
- - *tretocephalus* 1/736, 658[6]
- - *vaithae* 3/808, 651[4]
- - *vaithai* 3/808, 651[4]
- - *wauthioni* 2/946, 659[3]
- - *werneri* 1/736, **692**
- *lamta, Cyprinus* 2/386, 205[5]
- -, *Discognathus* 2/386, 5/154, 204[4,6], 205[6]
- -, ***Garra*** **2/386, 205**
- *lanceolata, Eleotris* 4/778, 820[6]
- -, *Loricaria* 2/518, 349[6]
- -, ***Rineloricaria*** **2/518, 349**
- *lanceolatus, Apocryptes* 4/778, 820[6]
- -, *Loricariichthys* 2/518, 349[6]
- -, ***Pseudapocryptes*** **4/778, 820**
- *lanchiensis, Acanthorhodeus* 5/192, 224[1]
- *landgrafi, Neolebias* 1/230, 3/98, 60[2,3]
- ***landoni, Hemiancistrus*** **3/369, 327**
- Langbart 1/510, 373
- Langbärtiger Panzerwels 1/476, 296
- Langflossen-Antennenwels 3/420, 375
- -Fiederbartwels 2/540, 360
- -Kampffisch 5/648, 578, 579

1081

Register

- -Quappenwels	5/232, 250
- -Schmerlenwels	5/454, 388
Langflossensammler	1/218, 47
Langflossige Baikalgroppe	3/950, 911
Langflossiger Schlankstachelwels	3/310, 262
- Schleierkärpfling	1/576, 453
Langgestreckter Tanganjika-Goldcichlide	2/932, 654
Langkopf-Antennenwels	3/372, 333
Langnasen-Weißfisch	2/424, 235
Längsbandbarbe, Ceylon-	5/134, 228
Längsband-Barbensalmler	2/303, 129
Längsbandbärbling	2/416, 231
Längsbandkärpfling	3/568, 486
Längsbandorfe	2/398, 220
Längsbandsalmler, Afrikanischer	4/54, 62
Längsband-Saugbarbe	5/156, 204
Längsbandziersalmler	1/342, 141
Langschnäuziger Zweipunktanzerwels	5/260, 278
Langschwanzgrundel	3/986, 817
Längsstreifen-Apistogramma	5/694, 741
- -Öhrgitter-Harnıschwels	3/378, 337
- -Scherenschwanzsalmler	3/142, 119
Längsstreifenbarbe, Afrikanische	4/174, 187
Längsstrichbarbe, Afrikanische	1/390, 184
lanisticola, Pseudotropheus	1/758, 632
Lanzenharnischwels	2/518, 349
Lanzettgrundel	4/778, 820
laosensis, Glyptothorax	3/428, 386[4]
-, *Glyptothorax* cf.	5/452, 386
lapidifer, Geophagus (Retroculus)	3/862, 775[4]
-, *Retroculus*	3/862, 775
lapidifera, Acara	3/862, 775[4]
-, *Geophagus*	3/862, 775[4]
-, - *(Retroculus)*	3/862, 775[4]
Lappen-Lipper	3/242, 218
lapsus, Barbus	3/182, 179[1]
lara, Eptomaculata	2/752, 549[5]
-, *Limia eptomaculata*	2/752, 549[5]
lascha, Leuciscus	3/264, 237[6]
Lasiancistrus carnegiei	3/372, 333
- *scolymus*	5/358, 333
- sp.	5/358, 5/360, 333
laskyr, Blicca	3/201, 195[5]
-, *Cyprinus*	3/201, 195[5]
Lasur-Wunderkärpfling	1/536, 410
lata, Loricaria	5/365, 335[5]
-, *Tilapia*	3/892, 702[4]
laterale, Klausewitzia	4/116, 78[4]
lateralis, Alvarius	5/1026, 809[1]
-, *Characodon*	2/706, 508
-, *Chromis*	3/864, 649[4]
-, *Coelurichthys*	5/42, 87[2,3]
-, *Eleotris*	5/1026, 809[1]
-, *Gobiomorus*	5/1026, 809[1]
-, *Mimagoniates*	2/254, 5/42, 87
-, *Pelmatochromis*	5/970, 704[5]
-, *Philypnus*	5/1026, 809[1]
-, *Tilapia*	3/864, 698[4]
-, *Tylochromis*	5/970, 704
-, *Zygonectes*	3/568, 486[3,4]
lateristriata-allos, Rasbora	3/260, 233[3]
- var. *elegans, Rasbora*	1/432, 231[4]
- var. *trifasciata, Rasbora*	2/420, 233[5]
lateristriga, Awaous (Chonophorus)	5/1010, 826
-, *Barbus*	1/392, 5/144, 186
-, *Boulengerella*	2/299, 126
-, *Chromis*	5/872, 622[5,6]
-, *Cyrtocara*	5/872, 622[5,6]
-, *Gobius*	5/1010, 826[5,6]
-, *Haplochromis*	5/872, 622[5,6]
-, *Maravichromis*	5/872, 622[5,6]
-, *Mylochromis*	5/872, 622
-, *Pimelodella*	2/558, 372
-, *Pimelodus*	2/558, 372[3]
-, *Pseudorhamdia*	2/558, 372[3]
-, *Puntius*	1/392, 5/144, 186[2,3]
-, *Rhamdia*	2/558, 372[3]
-, *Systomus*	1/392, 5/144, 186[2,3]
-, *Tilapia*	5/872, 622[5,6]
-, *Xiphostoma*	2/299, 126[1]
lateristrigus, Pimelodus	2/558, 372[3]
Laternensalmler	1/270, 107
Lates angustifrons	4/724, 797
- *calcarifer*	2/1019, 797
- *mariae*	3/904, 797[6]
- *microlepis*	3/904, 797
laticauda laticauda, Rhamdia	3/420, 375
laticaudus, Pimelodus	3/420, 375[4]
laticeps, Bagrus	3/310, 262[4]
-, *Chrysichthys*	3/310, 262[4]
-, *Clarotes*	3/310, 262
-, *Eleotris*	3/982, 816[6]
-, *Gonocephalus*	3/310, 262[4]
-, *Heterobranchus*	3/354, 302[6]
-, *Loricaria*	5/408, 346[5,6]
-, *Octonematichthys*	3/310, 262[4]
-, *Paratrygon*	1/209, 35[3]
-, *Pimelodus*	3/310, 262[4]
-, *Potamotrygon*	1/209, 35
-, *Pseudohemiodon*	5/408, 346
latidens, Glaridichthys	2/749, 545[4]
-, *Glaridodon*	2/749, 545[4]
-, *Poeciliopsis*	2/749, 545
latifasciatus, Eleotris	2/1064, 809[4,5]
-, *Hemieleotris*	2/1064, 809
-, *Nannocharax*	4/46, 59
latifrons, Aequidens	1/670, 730[5]
-, *Leuciscus*	3/238, 216[1]
-, *Synodontis gambiensis*	4/322, 361[3]
-, *Tilapia*	3/892, 703[4]
LATILIIDAE	4/824
latipes, Aplocheilus	2/1148, 867[5,6]
-, *Haplochilus*	2/1148, 867[5,6]

Register

- *iliensis, Oryzias*   5/462, 868
- *-, Oryzias*   2/1148, 867
- *-, Poecilia*   2/1148, 867[5,6]
- - var. *auratus, Aplocheilus*   2/1148, 867[5,6]
- *latipinna, Mollienisia*   2/738, 539[6], 540[1]
- **-, Poecilia**   2/738, 539, 540
- *latipunctata, Gambusia*   2/716, 4/478, 517[5,6], 518[1]
- *-, Mollienesia*   3/617, 540[3,4]
- **-, Poecilia**   3/617, 540
- *latirostris, Anguilla*   3/935, 849[2]
- *-, Lepidosteus*   2/212, 32[5]
- *-, Loricaria*   5/418, 5/420, 349[6], 350[1,2]
- *-, Rineloricaria*   5/418, 349
- *-, - sp. aff.*   5/420, 350
- *latissimus, Alburnus*   4/190, 198[2]
- **latos latos, Empetrichthys**   4/462, 489
- *latruncularium, Crenicara*   5/764, 753, 754
- *latus, Chromis*   3/892, 702[4]
- *-, Corydoras*   4/223, 4/238, 5/267, 274[4,5], 281
- *-, Euctenogobius*   3/976, 827[3]
- *-, Micralestes caudomaculatus*   4/24, 48[3]
- Laube   3/173, 177
- Laubensalmler   1/242, 74
- -, Venezuela-   4/80, 75
- Laub-Kampffisch   3/656, 581, 582
- *Laubuca caeruleostigmata*   2/378, 198[4]
- **laubuca, Chela**   1/412, 199
- *-, Cyprinus*   1/412, 199[1]
- *Laubuca laubuca*   1/412, 199[1]
- *laubuca, Leuciscus*   1/412, 199[1]
- *-, Perilampus*   1/412, 199[1]
- *Laubuca siamensis*   1/412, 199[1]
- Laubwels   2/436, 253
- *lavaretus, Coregonus*   3/944, 906
- *-, Salmo*   3/944, 906[5]
- *lawsi, Gephyrochromis* sp. aff.   4/620, 613
- *layangi, Rasbora*   2/412, 230[4]
- **lazera, Clarias**   2/488, 4/263, 4/265, 301[2,5,6], 302
- LDA 1   5/399, 345
- LDA 2   5/400, 344
- „LDA 3"   4/271, 320
- LDA 4   5/315, 339
- LDA 8   5/318, 321
- LDA 15   5/343, 328
- LDA 17   5/334, 314, 325
- LDA 19   5/402, 5/403, 344
- LDA 25   5/372, 316
- Le Conte-Schmerle   2/342, 164
- **laevis, Barbichthys**   2/362, 178
- *Lebias calaritanus*   1/522, 473[5]
- - *crystallodon*   5/484, 474[5]
- - *cypris*   2/586, 474[2]
- - *dispar*   2/586, 473[2]
- - *ellipsoidea*   3/558, 481[1]
- - *fasciatus*   1/522, 473[5]
- - *ibericus*   1/522, 473[6], 474[1]
- - *lineata*   2/702, 504[6]
- - *mento*   2/586, 474[2]
- - *multidentata*   2/702, 504[6]
- - *ovinus*   4/438, 480[5,6]
- - *punctatus*   5/484, 474[5]
- - *rhomboidalis*   3/558, 481[1]
- - *sophiae*   5/484, 474[5]
- *Lebiasina astrigata*   1/336, 140
- - *bimaculata*   3/156, 140
- - *boruca*   4/133, 140
- - *burica*   4/133, 140[3]
- - *multimaculata*   2/320, 140
- LEBIASINIDAE   1/332–1/349, 2/320–2/327, 3/156–3/159, 4/133–4/135, 5/78, 137–144
- *Lebistes parae*   3/618, 534[4,5]
- - *poeciloides*   1/598, 529[1-6]
- - *reticulatus*   1/598, 2/742, 529
- *lebretonis, Batanga*   2/1070, 3/954, 805, 806
- *-, Eleotris*   2/1070, 3/954, 805[6], 806[1,2]
- *- microphthalmus, Batanga*   2/1070, 3/954, 805[6], 806[1,2]
- *lecontei, Botia*   2/342, 5/106, 164
- *ledae, Leuciscus*   5/222, 241[1]
- *leeri, Trichogaster*   1/644, 592
- *-, Trichopodus*   1/644, 592[1]
- *-, Trichopus*   1/644, 592[1]
- *-, Wallago*   383
- *lefiniense, Aphyosemion*   3/476, 409
- Lefini-Prachtkärpfling   3/476, 409
- *Lefua andrewsi*   2/344, 155[3]
- - *costara*   2/344, 155
- - *nikkonis*   5/92, 155
- - *pleskei*   2/344, 155[3]
- *legendrei, Eleotris*   5/1043, 813[5]
- *-, Ratsirakia*   5/1043, 813
- Lehm-Segelschilderwels   2/516, 348
- Lehmbrauner Pleco   5/532, 332
- Lehmgrundel   3/954, 805, 806
- Lehmpanzerwels   2/480, 296
- *Leiarius longibarbis*   2/554, 375[5]
- - *pictus*   2/554, 375[5]
- - *marmoratus*   4/326, 370
- *leichardtii, Scleropages*   2/1154, 902
- Leichthardt's Sägefisch   2/220, 36
- Leierflosser, Brasilianischer   2/636, 441
- Leierschwanzbachling   5/590, 463
- *leightoni, Loricaria*   3/393, 352[5,6]
- *-, Oxyloricaria*   3/393, 352[5,6]
- *-, Sturisoma*   3/393, 352[5,6]
- *-, Sturisomatichthys*   3/393, 352
- Leightons Störwels   3/393, 352
- *Leiocassis albicollis*   2/450, 263[3]
- - *albicollis*   2/450, 263[3]
- - *bicolor*   2/450, 263[3]
- - *brashnikowi*   3/312, 265[6]
- - *ellenriederi*   3/314, 263[3]
- - *micropogon*   1/455, 263

1083

Register

- siamensis 2/450, 263
- stenomus 3/314, 263
- ussuriensis 3/314, 266[5]
Leiodon viridipunctatus 5/1106, 922[4]
Leiopotherapon unicolor 2/1044, 843
Leiosynodontis maculosus 2/550, 365[6]
Leisomus cutcutia 3/1040, 920[6]
- marmoratus 3/1040, 920[6]
leitaoi, Cynolebias 5/546, 450[3]
-, **Leptolebias** 5/546, 450
Leitaos Zwergfächerfisch 5/546, 450
Leiterflossen-Kampffisch 3/644, 5/640, 575, 577
Leiterschmerle 3/166, 166
Leiurus aculeatus 1/834, 877[5]
leiurus brevirostris, Tetraodon 2/1162, 5/1104, 921
-, Gasterosteus 1/834, 877[5]
leleupi longior, Lamprologus 2/932, 654[4]
-, Lamprologus 1/734, 654[2]
-, **Neolamprologus** 1/734, 654
leloupi, Lamprologus 4/644, 654[3]
, **Neolamprologus** 4/644, 654
Leloup-Tanganjikasee
 -Buntbarsch 4/644, 654
Lemaire-Tanganjikasee
 -Buntbarsch 5/820, 646
lemairii, Alestes 1/216, 47[2]
-, **Grammatotria** 5/820, 646
-, **Lamprologus** 2/934, 647
lemaitrei, Gambusia 3/600, 523
lemassoni, Tilapia 2/978, 694[1]
Lembesseia parvianalis 1/602, 542[1,2]
lembus, Eleotris 5/1026, 809[1]
Lembus maculatus 5/1026, 809[1]
lennoni, Ilyodon 2/708, 511
Lennons Hochlandkärpfling 2/708, 511
lenticulata, Crenicichla 5/778, 758
lentiginosum, Cichlasoma 3/876, 722[3,4]
-, Cichlosoma 3/876, 722[3,4]
lentiginosus, Astronotus 3/876, 722[3,4]
-, Doras 5/304, 308[4]
-, Heros 3/876, 722[3,4]
-, **Pterodoras** 5/304, 308
-, **Theraps** 3/876, 722
leobergius, Benthophilus stellarus 3/978, 814[6]
Leon Creek-Wüstenkärpfling 4/424, 476
leonensis, Barbus 2/370, 186
-, Epiplatys sexfasciatus 4/386, 423[8]
-, **Sarotherodon melanotheron** 4/684, 699
-, Tilapia 4/684, 699[2]
-, **Tylochromis** 4/700, 704
leonina, Moniana 1/428, 220[5]
Leopard-Antennenwels 2/556, 371
- -Fiederbartwels 2/534, 359
- -Hochlandkärpfling, Ameca- 4/466, 510
- -Panzerwels 2/466, 281

- -Schilderharnischwels 4/276, 322
- -Trugdornwels 5/238, 257
Leopardenbuntbarsch 2/866, 710
Leopardflecken-Stachelwels 3/316, 263
leopardinus, Gobius 4/778, 820[3]
-, - (Deltentosteus) 4/778, 820[3]
-, **Parauchenipterus** 5/238, 257
-, Pomatoschistus (Iljinia) microps 4/778, 820[3]
-, Pomatoschistus microps 4/778, 820[3]
-, Trachycorystes 5/238, 257[3]
Leopardkärpfling 3/590, 510
Leopardkugelfisch 1/868, 922
Leopardmaulbrüter, Blauer 2/898, 623
Leopardschmerle 5/96, 157
leopardus, Corydoras 2/466, 281
-, **Pseudacanthicus** 4/304, 346
leopoldi, Plataxoides 2/976, 774[2]
-, **Potamotrygon** 5/15, 35
Leopolds Stachelrochen 5/15, 35
lepecheni, Salmo 5/1098, 910[2]
lepechini, Salvelinus 5/1098, 909
Lepidarchus adonis signifer 1/220, 52
Lepidiolamprologus attenuatus 4/634, 649
- **cunningtoni** 2/928, 3/811, 650
- **elongatus** 2/928, 4/636, 649
- **kendalli** 4/634, 650
- **nkambae** 2/942, 650
- **profundicola** 3/820, 650
Lepidocephalichthys pristes 4/156, 168[1]
- thermalis 2/346, 168[2]
Lepidocephalus thermalis 2/346, 168
**Lepidogalaxias
 salamandroides** 2/1104, 891
LEPIDOGALAXIIDAE 2/1051, 2/1104, 891
Lepidomus cyanellus 1/796, 796[1]
„**lepidophage", Melanochromis** 3/800, 621
Lepidopomus miniatus 2/1016, 795[6]
Lepidosiren annectens 2/221, 3/86, 38[3]
- arnaudii 3/86, 38[5,6]
- atriculata 2/207, 38[1]
- dissimilis 2/207, 38[1]
- **paradoxa** 2/207, 38
- tobal 2/221, 3/86, 38[3]
LEPIDOSIRENIDAE 1/206, 2/207, 38
LEPIDOSIRENIFORMES 38
Lepidosteus berlandieri 2/212, 32[6]
- latirostris 2/212, 32[5]
- manjuàri 2/212, 32[5]
- oculatus 2/210, 32[3]
- platystomus 2/212, 32[5]
- spatula 2/212, 32[6]
lepidota, Crenicichla 2/886, 4/602, 4/610, 757[1,2], 764[1], 758
lepidum, Etheostoma 3/920, 865[5]
lepidura, Moenkhausia 2/288, 120
lepidurus, Pelmatochromis 5/970, 704[5]
-, Tetragonopterus 2/288, 120[1]
lepidus, Barbus 4/173, 183[3]
-, **Creagrutus** 5/56, 103

1084

Register

LEPISOSTEIDAE	2/201, 2/210–2/213, 32
Lepisosteus albus	2/212, 32[5]
- *bison*	2/210, 32[4]
- *clintonii*	2/210, 32[4]
- *gavialis*	2/210, 32[4]
- *gracilis*	2/210, 32[4]
- *grayi*	2/212, 32[5]
- *huronensis*	2/210, 32[4]
- *leptorhynchus*	2/210, 32[4]
- *lineatus*	2/210, 32[4]
- *longirostris*	2/210, 32[4]
- *loricatus*	2/210, 32[4]
- **oculatus**	**2/210, 32**
- **osseus**	**2/210, 32**
- *otarius*	2/210, 32[4]
- *oxyurus*	2/210, 32[4]
- **platostomus**	**2/212, 32**
- *productus*	2/210, 32[3]
- *semiradiatus*	2/210, 32[4]
- *treculii*	2/210, 32[4]
- **tristoechus**	**2/212, 32**
- *viridis*	2/212, 32[6]
Lepomis appendix	2/1016, 795[6]
- **auritus**	**2/1016, 795**
- *charybdis*	1/792, 794[3,4]
- **cyanellus**	**1/796, 796**
- *flexuolaris*	2/1016, 796[5]
- **gibbosus**	**1/798, 796**
- *gillii*	1/792, 794[3,4]
- *gulosus*	1/792, 794[3,4]
- **humilis**	**4/720, 796**
- *ictheloides*	2/1014, 793[6], 794[1]
- **lirus**	1/796, 796[1]
- **macrochirus**	**1/798, 796**
- *melanops*	1/796, 796[1]
- *microps*	1/796, 796[1]
- *mineopas*	1/796, 796[1]
- *miniatus*	2/1016, 795[6]
- *murinus*	1/796, 796[1]
- *salmonea*	2/1016, 796[5]
- *trifasciata*	2/1016, 796[5]
Lepomotis nephelus	1/798, 796[4]
Leporacanthicus galaxias	3/386, 4/280, 333, 334
Leporellosalmler	2/234, 67
Leporellus timbore	2/234, 67[4,5]
- *vittatus*	2/234, 67
leporhinus, *Hemiodoras*	2/492, 307[2]
-, *Opsodoras*	2/492, 307
Leporinodus vittatus	2/234, 67[4,5]
Leporinus acutidens	2/238 68[3]
- **affinis**	**1/238, 67**
- *anostomus*	1/234, 66[4]
- *arcus*	1/240, 70
- *desmotes*	2/236, 68
- *fasciatus affinis*	1/238 67[6]
- - *fasciatus*	1/238, 68
- *friderici*	2/238, 68
-, Gebänderter	1/238, 68
-, Gefleckter	2/238, 69
-, Gestreifter	1/240, 70
- *granti*	3/102, 68
-, Grants	3/102, 68
-, Grauer	3/106, 70
-, Großschuppiger	3/104, 69
-, Grüner	1/238, 67
- *hypselonotus*	1/233, 66[2]
-, James'	4/60, 68
- cf. *jamesi*	4/60, 68
- *lacustris*	3/104, 68
- „*maculatus*"	2/238, 3/102, 68[4], 69
- *maculifrons*	2/234, 67[4,5]
- *margaritaceus*	1/240, 3/106, 69[4,5]
-, Maulbeer	4/60, 69
- **megalepis**	2/238, 3/104, 68[3], 69
- *melanopleura*	1/314, 79[3]
- *moralesi*	4/60, 69
- *muelleri*	4/60, 69[3]
- *nigrotaeniatus*	1/240, 3/106, 69
- *novem fasciatus*	1/238 68[2]
- *octofasciatus*	2/240, 69
- *pellegrini*	2/240, 70
-, Pellegrins	2/240, 70
- *pictus*	2/234, 67[4,5]
-, Punktstreifen-	1/240, 3/106, 69
-, Rotflossen-	2/240, 69
-, Rüssel-	2/236, 68
-, See-	3/104, 68
- *solarii*	3/100, 69[3]
- **steyermarki**	**3/106, 70**
- **striatus**	**1/240, 70**
- *ternetzi*	3/100, 66[3]
- *vittatus*	2/234, 67[4,5]
- **wolfei**	**4/62, 70**
Leprotilapia irvinei	3/872, 700[4,5]
leptaspis, *Arius*	3/297, 251[2]
Leptobarbus hoevenii	**2/394, 213**
- **melanopterus**	**4/200, 214**
- **melanotaenia**	**2/394, 214**
- *pingi*	4/196, 206[3]
- **rubripinna**	**5/172, 214**
Leptobotia elongata	**4/156, 168**
- **guilinensis**	**4/158, 168**
- *hopeiensis*	2/346, 4/152, 164[2], 168[5]
- *intermedia*	4/152, 164[2]
- **mantschurica**	**2/346, 168**
- **rubrilabris**	**4/158S, 168**
leptocephala, *Ussuria*	1/374, 169[3]
leptocephalus, *Cynolebias*	5/522, 445
leptocheila, *Dangila*	3/232, 212[6]
leptocheilus, **Labiobarbus**	**3/232, 212**
Leptochromis calliura	3/862, 664[5]
- *calliurus*	3/862, 664[5]
Leptocypris niloticus	**3/234, 214**
Leptodoras acipenserinus	2/492, 306[1]
- *linnelli*	2/492, 306
Leptoglanis brevis	**5/228, 249**
- sp. aff. *rotundiceps*	3/316, 249
Leptogobius brachypterus	5/1028, 822[2]
Leptolebias aureoguttatus	**5/544, 450**

1085

Register

- *citripinnis* 5/544, 450[2]
- *fluminensis* 5/544, 450
- *fractifasciatus* 5/546, 450[4-6]
- *leitaoi* 5/546, 450
- *minimus* 5/546, 450
- *nanus* 5/544, 450[2]
- **Leptolucania ommata** 3/572, 487
- *Leptorhaphis infans* 4/540, 545[2,3]
- **leptorhynchus, Apteronotus** 3/936, 883
- -, *Distichodus* 1/226, 56[4]
- -, *Lepisosteus* 2/210, 32[4]
- -, *Sternarchus* 3/936, 883[3]
- **leptosoma, Cyprichromis** 1/700, 644
- -, *Limnochromis* 1/700, 644[3]
- -, *Paratilapia* 1/700, 644[3]
- -, *Rasbora* 1/438, 232[3]
- -, *Rhamphochromis* 5/936, 636
- -, *Systomus* 2/374, 190[6]
- *Leptotilapia tinanti* 2/990, 700[6]
- **leptura, Asprotilapia** 3/690, 641
- Leptura-Buntbarsch 3/690, 641
- **lepturus, Buccochromis** 3/772, 607
- l epturus-Buntbarsch, Gelber 5/740, 607
- *lepturus, Cyrtocara* 3/772, 607[2]
- -, *Haplochromis* 3/772, 607[2]
- *lermae, Goodea* 4/468, 511[6], 512[1]
- -, *Skiffia* 4/468, 511, 512
- Lerma-Hochlandkärpfling 4/468, 511, 512
- *Leroyi chimarrhoglanis* 3/292, 249[1]
- **Lestradea perspicax** 3/800, 650
- *lestradei, Barbus* 3/186, 181[6]
- **Lethenteron japonicum** 4/11, 25
- - *kessleri* 4/12, 25
- - *reissneri* 4/11, 25[4]
- - *zanandreai* 5/8, 25
- LETHENTERONINAE (= PETROMYZONIDAE) 4/7
- Lethrinops „Yellow Collar" 5/864, 619
- Lethrinopsbuntbarsch, Christys 5/728
- *lethrinus, Astatheros* 2/860, 708[2]
- -, *Cichlasoma* 2/860, 708[2]
- *letonai, Priapichthys* 2/746, 4/538, 544[2]
- Letourneaux' Roter Cichlide 2/916, 691
- **letourneauxi, Hemichromis** 2/916, 691
- *letourneuxi, Fundulus* 2/700, 500[6]
- -, *Valencia* 2/700, 500
- -, - *hispanica* 2/700, 500[6]
- *Leucabramis vimba* 3/272, 5/224, 174[4,5]
- **Leucalburnus satunini** 3/237, 214
- *Leucaspius abruptus* 1/424, 215[2]
- - *delineatus* 1/424, 215
- - *delineatus* 4/208, 225[3]
- - *ghigii* 5/168, 213[1,2]
- - *irideus* 5/174, 5/176, 215
- - *prosperoi* 5/174, 215
- - *relictus* 1/424, 215[2]
- - *stymphalicus* 4/208, 225[3]
- Leuchtaugenfisch, Albertsee- 5/470, 491
- -, Blauer 3/442, 494
- -, Cabinda- 4/362, 498
- -, Gelber 3/438, 493
- -, Hutereaus 4/346, 491
- -, Johnstons 2/626, 491
- -, Kamerun- 3/436, 491
- -, Kaspischer 5/462, 868
- -, Katanga- 2/628, 492
- -, Ketten- 3/448, 497
- -, Lake Albert- 4/346, 491, 492
- -, Lamberts 4/350, 492
- -, Meyburgs 2/628, 493
- -, Moeru- 3/440, 493
- -, Nimba- 4/352, 494
- -, Normans 3/442, 494
- -, Orangesaum- 4/350, 493
- -, Pfaffs 3/444, 495
- -, Roter 1/542, 493
- -, Ruwenzori- 4/360, 497
- -, Scheels 4/354, 495
- -, Schioetz' 4/354, 495
- -, Schwarzer 2/626, 490
- -, Sri Lanka- 5/464, 868
- -, Südamerikanischer 3/448, 499
- -, Usangu- 3/446,496
- -, Uvinza- 4/358, 496
- -, Vitschumba- 4/358, 496
- -, Zebra- 4/362, 497
- Leuchtaugen-Kärpfling 1/606, 547
- Leuchtaugenfische 490–499
- Leuchtbaken Fiederbartwels 3/398, 361
- Leuchtband-Schmerlenwels 5/460, 389
- Leuchtflecksalmler 2/262, 101
- Leuchtgobius 2/1098, 827
- Leuchtpunkt-Halbschnäbler 3/1002, 870
- Leuchtstrichbärbling 4/192, 199
- Leuchtstrichsalmler 4/104, 83
- -, Afrikanischer 5/20, 51
- *leucisculus, Culter* 3/224, 209[1]
- -, *Hemiculter* 3/224, 209
- *Leuciscus acanthopterus* 4/189, 195[3]
- - *adele* 5/222, 241[1]
- - *adspersus* 4/208, 225[2]
- - *agassizi* 3/240, 217[3]
- - *albidus* 4/164, 177[1]
- *leuciscus, Alestes* 4/30, 49[5]
- *Leuciscus argyrotaenia* 2/404, 224[4]
- - *atpar* 4/192, 198[3]
- - *atronasus* 3/264, 235[1]
- - *aula* 3/264, 4/202, 4/212, 237[6]
- - *bambusa* 5/152, 202[4]
- - *barna* 4/189, 195[3]
- - *bibie* 4/192, 199[2]
- - *bipunctatus* 1/379, 176[2]
- - *bramula* 5/184, 5/192, 218[6], 223[6]
- - *brandti* 5/222, 241[1]
- **leuciscus, Brycinus** 4/30, 49
- *Leuciscus cachius* 4/192, 198[3]
- - *catla* 4/190, 198[1]
- - *cephalotaenia* 2/412, 224[5]
- - **cephalus cabeda** 4/200, 215
- - - *cephalus* 3/238, 216
- - - *orientalis* 3/238, 216

1086

Register

- - - natio aralychensis 3/238, 216[2]
- - - - ardebilicus 3/238, 216[2]
- - - - zangicus 3/238, 216[2]
- cosuatis 3/198, 222[2]
- cyanotaenia 2/404, 224[4]
leuciscus, Cyprinus 3/240, 217[2]
Leuciscus dobula 3/238, 3/264, 216[1], 237[6]
- einthovenii 2/416, 231[3]
- erythrophthalmus 1/444, 237[1]
- farmini 5/180, 217[6]
- filamentosus 1/388, 184[2]
- fucini 3/264, 237[6]
- gatensis 5/146, 195[4]
- grislagine 3/240, 217[2]
- hakuensis 5/222, 241[1]
- hypselopterus 2/398, 220[4]
- idella 1/414, 201[1]
- *idus* 1/424, 5/176, 5/177, 216
- *illyricus* 4/202, 216
- kalochroma 1/436, 232[1]
- *labiatus* 5/178, 217
- lascha 3/264, 237[6]
- latifrons 3/238, 216[1]
- laubuca 1/412, 199[1]
- ledae 5/222, 241[1]
- *leuciscus* 3/240, 217
- lineolatus 1/416, 201[3]
- lutrensis 1/428, 220[5]
- macedonicus 5/210, 237[4]
- medius 5/222, 241[1]
- molitorella 3/250, 195[5]
- molitrix 3/226, 210[1]
- nasutus 2/424, 235[2]
- niloticus 3/234, 214[5]
- nobilis 3/226, 210[2]
- orientalis 3/238, 216[2]
- oxygastroides 2/402, 224[2,3]
- pagellus 3/264, 237[6]
- parvus 2/406, 227[6]
- pauperum 3/264, 237[6]
- phoxinus 1/430, 226[1-3]
- platypus 4/218, 241[4]
- pusillus 2/406, 227[6]
- pygmaeus 1/870, 874[6]
- rasbora 2/418, 232[6]
- rubella 3/264, 237[6]
- rubellus 5/188, 221[1]
- rubicio 3/264, 237[6]
- rutilus 1/444, 238[1]
- - heckeli 4/216, 238[2]
- sachalinensis 5/222, 241[1]
- scardafa 1/444, 237[1]
- scardinus 3/264, 237[6]
- schisturus 5/222, 241[1]
- schwenkii 2/404, 224[4]
- sinensis 5/180, 217[6]
- *souffia agassizi* 3/240, 217
- - *souffia* 5/178, 217
leuciscus, Squalius 3/240, 217[2]

Leuciscus sumatranus 2/420, 233[5]
- *svallize* 5/180, 217
- taczanowskii 5/222, 241[1]
- temmincki 4/218, 241[6]
- thebensis 3/234, 214[5]
- trasimenicus 3/264, 237[6]
- trinema 1/426, 218[4]
- virgo 4/216, 237[5]
- vulgaris 3/240, 217[2]
- *waleckii* 5/180, 217
- - chinensis 5/180, 217[6]
- zambezensis 2/408, 221[5]
leucofrenata, Microlepidogaster 5/376, 336
leucofrenatus, Otocinclus 3/376, 5/376, 336[2], 337
Leucogobio biwae 5/158, 207[2]
- chankaensis 3/268, 239[6]
- polytaenia microbarbus 5/160, 207[3]
- - tsianensis 5/160, 207[3]
- tsianensis 5/160, 207[3]
leucomaenis, Salmo 3/1035, 909[6]
leucomelas, Corydoras 2/468, 281
Leucos adspersus 4/208, 225[2]
- aula 3/264, 237[6]
leucosticta, Satanoperca 1/704, 3/864, 775[6], 776
-, Tilapia 2/982, 681[6], 682[1]
leucostictus, Ancistrus 1/486, 317[5]
-, *Ancistrus* cf. 5/324, 318
-, *Ancistrus* sp. aff. 3/364, 318
-, Chaetostomus 1/486, 5/324, 317[5], 318[3,4]
-, Geophagus 1/704, 3/864, 775[6], 776[2]
-, *Oreochromis* 2/982, 681, 682
-, Sarotherodon 2/982, 681[6], 682[1]
leucurus, Butis 4/750, 804[2]
levequei, Petrocephalus 5/1072, 899
leveretti, Beaufortia 4/142, 153
-, Gastromyzon 4/142, 153[6]
Leveretts Flossensauger 4/142, 153
levis, Hemigrammus 1/266, 106
lhasae, Noemacheilus 2/354, 158[3]
lhuysi, Marcusenius 5/1073, 900[4]
-, Mormyrus 4/802, 894[2]
-, Pollimyrus 4/802, 5/1073, 894[2], 900[4]
Liauchenoglanis maculatus 3/316, 263
Liberia-Prachtkärpfling 1/582, 409
liberiense, Aphyosemion 1/582, 409[3]
liberiensis, Aphyosemion 1/582, 3/460, 397[6], 398[1], 409
-, Clarias 5/294, 300[6]
-, Eutropius 4/332, 380[3]
-, Haplochilus 1/582, 409[3]
-, „Roloffia" 1/582, 409[3]
lica, Bagarius 2/580, 385[1]
liemi snijdersi, Nomorhamphus 1/842, 871
-, Nomorhamphus liemi 1/842, 871
Lifalilis Buntbarsch 1/722, 691

1087

Register

lifalili, *Hemichromis* 1/722, 691
lighti, *Pseudoperilampus* 2/406, 5/200, 236¹, 227
Lights Bitterling 5/200, 227
likomae, *Labidochromis caeruleus* 1/740, 620⁶
lil(i)ancinius", „*Pseudotropheus* 2/974, 632⁵,⁶
Lila Aalgrundel 2/1090, 803
lilith, *Satanoperca* 5/942, 776
lima, *Silurus* 1/512, 2/560, 373⁴, 375⁶
-, *Sorubim* 1/512, 375
limax, *Astatotilapia* 4/622, 5/732, 677
-, *Haplochromis* 5/732, 677²,³
limbatus, *Fundulus* 3/571, 486⁵
-, *Sternopygus* 1/862, 885⁵
Limbochromis cavalliensis 4/638, 689²
limi, *Hydrargyra* 1/870, 874⁵
- *pygmaea*, *Umbra* 1/870, 874⁶
-, *Umbra* 1/870, 874
Limia arnoldi 1/596, 4/502, 532¹⁻³
-, Breitzahn- 4/500, 531
-, Bunte 4/508, 533
- *caudofasciata tricolor* 1/596, 531⁶
- *couchiana* 2/760, 552²,³
- *cubensis* 1/604, 4/508, 533⁵,⁶, 534¹
- *dominicensis* 2/730, 4/500, 4/506, 533², 531
- -, *Limia nigrofasciata* x 1/596, 532
- *eptomaculata lara* 2/752, 549⁵
- *grossidens* 4/500, 531
-, Haiti- 4/500, 531
- *heterandria* 4/522, 539²,³
- *hollandi* 5/622, 539⁵
-, Kuba- 4/508, 533, 534
- *lineolata* 2/738, 539⁶, 540¹
- *matamorensis* 2/738, 539⁶, 540¹
- *melanogaster* 1/596, 531
- *nigrofasciata* 1/596, 4/502, 532
- - x *Limia dominicensis* 1/596, 532
- *pauciradiata* 4/504, 532
- *pavonina* 1/604, 4/508, 533⁵,⁶, 534¹
- *perugiae* 2/730, 532
- *poecilioides* 2/738, 3/574, 487⁶, 539⁶, 540¹
-, Puerto Plata- 4/504, 532
-, Schwefelquellen- 4/506, 533
- *sulphurophila* 4/506, 533
-, Tiburon- 4/506, 533
- *tricolor* 1/596, 531⁶
- *tridens* 4/504, 533
- *venusta* 3/574, 487⁶
- cf. *versicolor* 4/508, 533
- *vittata* 1/604, 4/508, 533
- *zonata* 2/732, 549
limnaeus, *Austrofundulus* 2/630, 5/568, 455⁵, 440
-, - *transilis* 2/630, 440²,³
Limnochromis auritus 2/948, 650
- *leptosoma* 1/700, 644³
- *microlepidotus* 2/890, 3/760, 644⁴,⁵
- *nigripinnis* 2/892, 644⁶
- *otostigma* 1/780, 667¹
- *permaxillaris* 5/818, 646²
- *pfefferi* 3/768, 646¹
Limnotilapia dardennii 2/986, 665¹
Limoncocha-Bachling 5/590, 462
limoncochae, *Rivulus* 5/578, 5/590, 459⁴, 462
Limonen-Kärpfling 4/482, 521
- -Kongosalmler 5/24, 54
Limpopo-Labeo 3/232, 211
lindbergi, *Rhinogobius brunneus* 2/1098, 823
lindicus, *Clarias* 4/262, 301¹
lineata, *Eigenmannia* 4/827, 885
-, *Eigenmannia* cf. 5/992, 885
-, *Jenynsia* 2/702, 504
-, *Lebias* 2/702, 504⁶
-, *Unibranchapertura* 2/1158, 918⁶
lineatum, *Panchax* 1/548, 5/472, 418⁵,⁶, 419¹
lineatus, *Anableps* 1/820, 504²
-, *Aplocheilus* 1/548, 5/472, 419
-, *Barbus* 2/372, 186
-, *Cryptops* 1/862, 885⁵
-, *Cyprinodon* 2/702, 504⁶
-, *Dormitator* 1/832, 3/958, 806⁴,⁵
-, *Doryichthys* 1/865, 4/828, 879⁶
-, *Esomus* 3/208, 204
-, *Grammichthys* 5/984, 903⁶, 904¹
-, *Haplochilus* 1/548, 5/472, 418⁵,⁶, 419¹
-, *Hydrocyon* 4/42, 52¹
-, *Lepisosteus* 2/210, 32⁴
-, *Panchax* 1/548, 5/472, 418⁵,⁶, 419¹
-, *Sternopygus* 1/862, 5/992, 885⁴,⁵
-, *Syngnathus* 3/1039, 879
-, *Tetrodon* 2/1162, 921¹
-, *Zygonectes* 4/442, 486⁶
lineoatus, *Danio* 1/416, 201³
lineolata, *Gambusia* 2/738, 539⁶, 540¹
-, *Limia* 2/738, 539⁶, 540¹
-, *Oxyeleotris* 4/764, 805
-, *Poecilia* 2/738, 539⁶, 540¹
lineolatus, *Eleotris* 4/764, 805²
-, *Fundulus* 2/658, 485
-, *Haplochilus* 1/548, 5/472, 418⁵,⁶, 419¹
-, *Leuciscus* 1/416, 201³
-, *Zygonectes* 2/658, 485⁵
lineomaculatus, *Barbus* 2/372, 186
- var. *quadrilineatus*, *Barbus* 2/372, 186⁶
lineopunctata, *Curimata* 4/128
-, *Pseudocurimata* 4/128, 129
lineostriatus, *Hemigrammocharax* 5/26, 57
lini, *Hemigrammocypris* 3/222, 209
Linienbarbe 1/384, 185
-, Bartellose 2/372, 186
Liniendornwels 1/484, 307
Linienkärpfling 2/702, 2/658, 485, 504

Register

Liniparhomaloptera disparis 2/430, 155
Linipaxhomaloptera disparis 2/430, 155[5]
linkei, Apistogramma 3/686, 5/683, 739
-, *Chromidotilapia* 2/856, 690
-, *Parosphromenus* 4/572, 588
Linkes Prachtbuntbarsch 2/856, 690
- Prachtgurami 4/572, 588
linnelli, Hemidoras 2/492, 306[1]
-, *Leptodoras* 2/492, 306
linnellii, Sarotherodon 5/938, 684
-, *Tilapia* 5/938, 684[1]
-, - *(Gephyrochromis)* 5/938, 684[1]
-, - *(Sarotherodon)* 5/938, 684[1]
linni, Cyrtocara 1/716, 623[3,4]
-, *Haplochromis* 1/716, 623[3,4]
-, *Nimbochromis* 1/716, 623
linsleyi, Etheostoma 3/918, 835[4]
Liocassis brashnikowi 3/312, 265[6]
- *crassilabris* 5/246, 266[1]
- *stenomus* 3/314, 263[3]
liocephalus, Clarias 4/266, 302
-, - *submarginatus* 4/266, 302[2]
Liosomadoras morrowi 2/494, 306[2,3]
- *oncinus* 2/494, 306
lipocheilus, Dangila 2/362, 178[1]
Liposarcus altipinnis 1/496, 326[5]
- *anisitsi* 2/514, 334
- *jeanesianus* 1/496, 334[3]
- *multiradiatus* 1/496, 334
- *pardalis* 1/496, 5/360, 334[3], 334
- *scrophus* 1/496, 326[5]
- *varius* 1/496, 334[3]
Lippenstiftgrundel 3/1000, 827
Lipper, Lappen- 3/242, 218
lippincottianus, Metynnis 1/354, 93
-, *Myletes* 1/354, 93[2]
Lirangabärbling 5/148, 199
lirus, Lepomis 1/796, 796[1]
Lissochilichthys matsudai 5/178, 217[1]
Lissochilus hutchinsoni 2/360, 176[1]
- *sumatranus* 2/360, 176[1]
literata, Lycodontis 5/1080, 849[5]
lithobates, Cyrtocara 4/662, 625[1,2]
-, *Otopharynx* 4/662, 5/898, 625
lithoides, Lithoxus 3/374, 335
Litholepis tristoechus 2/212, 32[6]
Lithoxancistrus orinoco 5/362, 334
- sp. 4/292, 335
Lithoxus lithoides 3/374, 335
littorale, Hoplosternum 2/480, 296
littoralis, Callichthys 2/480, 296[3]
lituratus, Glyptoperichthys cf. 3/384, 327
livida, Betta 5/645, 581[5,6], 582[1,2]
lividus, Labidochromis 1/714, 617
livingstonii, Cyrtocara 1/716, 623[5]
-, *Haplochromis* 1/716, 623[5]
-, *Hemichromis* 1/716, 623[5]
-, *Nimbochromis* 1/716, 3/793, 623
-, *Pseudotropheus* 2/972, 632
-, *Tilapia* 2/972, 632[4]

Livingstons
  Schneckenbuntbarsch 2/972, 632
„Liwonde, U 10",
  Nothobranchius sp. 4/406, 433[5]
Lixagasa cleaveri 2/1078, 889[4]
Liza alasoides 5/1075, 887[5]
- *corsula* 5/1078, 888[1,2]
- *dumerili* 5/1075, 887
- *saliens hoefleri* 5/1075, 887[5]
Lizettea pelewensis 4/750, 804[1]
Inequalis, Coelurichthys 5/42, 87[2,3]
loboanum, Aphyosemion 1/530, 404[1]
loboanus, Panchax 1/530, 404[1]
Lobocheilus heterorhynchus 5/212, 239[2]
- *quadrilineatus* 3/242, 218
- *rhabdoura* 5/182, 218
Lobochilotes labiatus 1/738, 650
lobochilus, Cichlasoma 2/870, 712[1]
-, *„Haplochromis"* cf. 3/772, 613
Lobotes ocellatus 1/682, 748[1]
LOBOTIDAE 1/788, 1/802
loemensis, Aplocheilichthys 3/452, 498[5], 4/362, 498[3]
-, *Haplochilus* 3/452, 498[5]
-, *Plataplochilus* 3/452, 498
-, *Procatopus* 3/452, 498[5]
loennbergi, Auchenoglanis 3/304, 260[3]
-, *Parauchenoglanis* 3/304, 260[3]
loennbergii,
  Aethiomastacembelus 4/786, 915
-, *Aphyosemion* 3/478, 409
-, *Caecomastacembelus* 4/786, 915[3]
-, *Fundulopanchax* 3/478, 409[4]
-, *Fundulus* 3/478, 409[4]
-, *Mastacembelus* 4/786, 915[3]
Löffelschnabel-Nilhecht 5/1066, 895
Löffelstör 2/215, 30
Logbarsch 5/981, 837
lohachata, Botia 1/370, 164
„*lohachata", Botia* 5/105, 165
lohbergeri, Sarotherodon 4/682, 684
-, *Tilapia* 4/682, 684[2]
loisellei, Cichlasoma 5/752, 712[5,6]
-, *Parapetaenia* 5/752, 712[5,6]
Lomanetia multisquamata 2/1114, 856[2-4]
Lombardisches Neunauge 5/8, 25
lombardoi", „Aristochromis 4/662, 625[1,2]
lombardoi, Pseudotropheus 2/974, 632
longecaudata, Knipowitschia 3/986, 817
longecaudatus, Gobius 3/986, 817[3,4]
-, - *(Deltentosteus)* 3/986, 817[3,4]
-, *Pomatoschistus*
   (Knipowitschia) 3/986, 817[3,4]
longianalis, Brienomyrus 5/1064, 894
-, *Ectodus* 3/762, 645[4]
-, *Enantiopus* 3/762, 645[4]
-, *Marcusenius* 2/1144, 5/1064, 894[1], 896
longibarbis, Clarias 4/262, 301[1]
-, *Dianema* 1/476, 296

1089

Register

-, *Hemibarbus* 3/220, 208[6]
-, *Leiarius* 2/554, 375[5]
-, *Sciades* 2/554, 375[6]
longicauda, Allabenchelys 5/294, 300[2]
-, Aplocheilichthys 3/444, 495[1]
-, Barbus 3/181, 5/132, 178[6], 189[4-6]
-, **Clariallabes** 5/294, 300
-, *Clarias* 5/294, 300[2]
-, *Cobitis* 3/286, 158[5]
-, **Imparfinis** 3/416, 370
-, *Nannorhamdia* 3/416, 370[3]
-, *Nemachilus malapterurus* 5/96, 157[5], 5/86, 153[1]
-, **Paracobitis malapterura** 3/286, 158
-, *Phractura* 5/232, 250
-, *Pimelodus* 3/416, 370[3]
-, *Rhamdia* 3/416, 370[3]
longicaudata, Knipowitschia 3/986, 817[3,4]
-, *Olyra* 5/434, 367[2]
longicaudatus, Olyra 5/434, 367
longicaudus, Imparfinis 3/416, 370[3]
-, *Nemachilus malapterurus* 3/286, 158[5]
longiceps, Clarias 2/488, 4/265, 301[5,6], 302[1]
-, Eleotris 5/1024, 808[5,6]
longifilis, Callichthys 1/478, 3/351, 296[5,6]
-, *Eutropius* 4/330, 379[6]
-, **Heterobranchus** 3/354, 302
-, *Hoplosternum* 1/478, 3/351, 296[5,6]
-, *Parailia* 2/572, 379[4]
-, **Pareutropius** 4/330, 379
longimanus, Ancistrus 3/384, 348[2]
-, *Astatheros* 2/872, 713[1]
-, *Astronotus* 2/872, 713[1]
-, **Auchenipterichthys** 2/440, 255
-, *Auchenipterus* 2/440, 255[2,3]
-, **Cichlasoma** 2/872, 713
longior, Lamprologus leleupi 2/932, 654[4]
-, **Neolamprologus** 2/932, 654
longipes, Haplochromis 2/904, 607[6], 608[1]
longipinne, Xiphostoma 2/300, 126[2]
longipinnis, Alestes 1/218, 47
-, *Bryconalestes* 1/218, 47[3]
-, *Erythrinus* 1/322, 130[1]
-, **Gephyroglanis** 3/310, 262
-, *Hydrocynus* 2/300, 126[2]
-, *Mormyrus* 4/814, 898[2]
-, **Poptella** 4/78, 96
-, **Pterolebias** 1/576, 5/562, 453
-, *Tetragonopterus* 4/78, 96[6]
-, *Torkhudree* 3/270, 240[6]
-, **Trichogenes** 5/454, 388
longirostris, Corydoras melanistius 2/458, 272[4]
-, *Lepisosteus* 2/210, 32[4]
-, *Mormyrus* 4/814, 898[2]
-, *Nanochromis* 3/840, 695[6]
-, **Parananochromis** 3/840, 695
-, *Pelmatochromis* 3/840, 695[6]

-, *Saurogobio* 3/268, 238[6]
-, **Synodontis** 2/540, 362
longirostrum, Catostomus 4/148, 161[3]
longispinis, Gambusia 4/486, 523
longissimus, Alburnus 4/190, 198[2]
longiventralis, Aplocheilus 4/390, 425[4]
longiventralis, Cunningtonia 5/806, 643
-, **Epiplatys** 4/390, 425
-, *Haplochilus* 4/390, 425[4]
-, *Panchax* 4/390, 425[4]
longulus, Bryttus 1/796, 796[1]
-, *Pomotis* 1/796, 796[1]
Lönnbergs Prachtkärpfling 3/478, 409
- Stachelaal 4/786, 915
Lophiobagrus cyclurus 2/452, 263
Lophiosilurus alexandri 5/438, 370
Lophogobius androsensis 3/988, 817[5]
- chrysosoma 4/776, 821[4,5]
- **cyprinoides** 3/988, 817
lophophanes, Otothyris 2/510, 336
Lophopsetta maculata 5/984, 904[2,3]
Lopıdoglanis ater 2/568, 377[1]
Ioppei, Synodontis 3/404, 363[6]
Lorentz-Regenbogenfisch 3/1012, 855
Lorentz' Schützenfisch 2/1046, 844
lorentzi, Chilatherina 2/1112, 3/1012, 855[3], 855
-, *Protoxotes* 2/1046, 844[5]
-, *Rhombatractrus* 3/1012, 855[4]
-, **Toxotes** 2/1046, 844
lorenzi, Barbus 4/166, 178[2]
loretoensis, Corydoras 3/336, 281
-, **Hyphessobrycon** 1/290, 112
Loreto-Panzerwels 3/336, 281
Loretosalmler 1/290, 112
-, Blauer 3/138, 113
loriae, Aristeus 2/1128, 862[1]
Loricaria aureum 2/518, 351[6], 352[1]
- barbata 2/523, 352[2]
- caquetae 4/306, 351[5]
- carinata 5/365, 335[5]
- cataphracta 5/365, 335[5]
- cirrhosa 5/365, 335[5]
- eigenmanni 5/416, 348[6]
- filamentosa 5/365, 335[5]
- flava 2/506, 330[6]
- lanceolata 2/518, 349[5]
- lata 5/365, 335[5]
- laticeps 5/408, 346[5,6]
- latirostris 5/418, 5/420, 349[6], 350[1,2]
- leightoni 3/393, 352[5,6]
- macrops 3/386, 348[4]
- melanoptera 2/504, 324[1]
- microlepidogaster 1/498, 350[3]
- **nickeriensis** 3/374, 314, 335
- panamensis 2/524, 352[4]
- parva 1/498, 349[1]
- paulina 5/418, 349[6]
- plecostomoides 2/502, 321[6]
- plecostomus 2/506, 330[6]

1090

Register

- *punctata* 2/516, 327[2]
- *reffeana* 3/390, 351[1]
- *simillima* 5/365, 335
- *typus* 3/390, 351[1]
- *valenciennesii* 3/390, 351[1]
- *variegata venezuelae* 4/284, 325[3]
loricariformis, Harttia 5/338, 327
Loricariichthys lanceolatus 2/518, 349[5]
- *platymetopon* 4/294, 335
- *ucayalensis* 4/294, 336
„LORICARIIDAE sp." 5/314, 5/366, 5/368, 5/370, 5/374, 315, 316
LORICARIIDAE 1/450, 1/486–1/499, 2/502–2/526, 3/361–3/393, 4/270–4/309, 5/310–5/423, 312–335, 338–342, 344–352
loricatus, Callichthys 1/458, 270[5]
-, *Lepisosteus* 2/210, 32[4]
-, *Macrognathus* 2/210, 32[4]
-, *Phago* 4/58, 62
lortedi, Carinotetraodon 1/866, 919
lorteti, Tetraodon 1/866, 919[5]
Iota, Gadus 3/967, 875[5]
Lota lota 3/967, 875
- *maculosa* 3/967, 875[5]
- *vulgaris* 3/967, 875[5]
LOTIDAE 3/967, 4/768, 847
LOTINAE 875
Lotta lota 3/967, 875[5]
Lotusbarbe 5/126, 180
louessense, Aphyosemion 2/606, 3/490, 417[5], 409
louessensis, Haplochilus lujae 2/606, 409[5,6]
Louesse-Prachtkärpfling 2/606, 409
louka, Tilapia 4/694, 702
lourensi, Nothobranchius 3/514, 433
loveridgei, Labeo 3/230, 211[1]
loweae, Hyphessobrycon 5/64, 112
Löwenkopfwels 3/939, 866
loxozonus, Corydoras 1/462, 3/336, 282
lualabae, Mormyrus caballus 4/814, 898[1]
luazomela, Barbus 3/194, 188[3]
Lucania affinis 3/574, 487[6]
- *goodei* 1/566, 487
- *ommata* 3/572, 487[3,4]
- *parva venusta* 3/574, 487[6]
- *parva* 3/574, 487
- *venusta* 3/574, 487[6]
luceri, Platystoma 1/512, 375[6]
-, *Sorubim* 1/512, 375[6]
lucerna, Pseudotropheus 1/756, 629[1,2]
lucia, Boulengerella 2/300, 126
-, *Spixostoma* 2/300, 126[2]
luciae, Fundulus 3/566, 485
-, *Haplochilus* 3/566, 485[6]
-, *Hydrargyra* 3/566, 485[6]
-, *Zygonectes* 3/566, 485[6]
lucidus, Alburnus 3/173, 177[6]
- var. *lacustris, Alburnus* 3/173, 177[2]

luciliae, Mannichthys 4/174, 187[1]
LUCIOCEPHALIDAE 1/817, 1/845, 593
Luciocephalus pulcher 1/845, 593
Luciocharax beani 2/300, 4/125, 126[4,5]
- *insculptus* 2/300, 126[6]
- *striatus* 4/125, 126[4]
Luciolates stappersii 4/724, 797[2]
Lucioperca lucioperca 3/922, 838[3]
lucioperca, Perca 3/922, 838[3]
-, *Sander* 3/922, 838[3]
Lucioperca sandra 3/922, 838[3]
lucioperca, Stizostedion 3/922, 838
-, *Stizosterhium* 3/922, 838[3]
Lucioperca volgensis 4/734, 838[4]
Luciosoma pellegrini 3/242, 218[3]
„*-setigerum*" 3/242, 218[3]
- *spilopleura* 3/242, 218
- *trinema* 1/426, 218
lucius, Atractosteus 2/212, 32[6]
-, *Channa* 3/674, 799
-, *Crenicichla* 3/756, 755[3]
-, *Esox* 3/965, 873
-, *Hydrocynus* 2/300, 126[2]
-, *Hydrocyon* 2/300, 126[2]
-, *Ophicephalus* 3/674, 799[3]
-, *Ophiocephalus* 3/674, 799[3]
-, *Xiphostoma* 2/300, 126[2]
luekei, Nothobranchius 3/514, 434
luelingi, Apistogramma 3/686, 5/687, 739, 740
-, *Rivulus* 3/540, 462
luetkeni, Hyphessobrycon 3/138, 113
lufukiensis, Barbus 4/170, 182[5,6]
lugens, Gobius 3/996, 819[3]
„*lughelli*", *Hemichromis* sp. 5/836, 691
lugubris, Crenicichla cf. 5/792, 758
-, *Pyrrhulina brevis* 2/324, 142
luitpoldi, Characodon 5/608, 509[5]
-, *Goodea* 5/608, 509[5]
-, - *atripinnis* 5/608, 509
-, *Xenedum* 5/608, 509[5]
lujae, Aphyosemion 4/376, 412[3]
- *louessensis, Haplochilus* 2/606, 409[5,6]
- var. *ogoensis, Haplochilus* 2/612, 412[1,2]
Lükes Prachtgrundkärpfling 3/514, 434
lukugae, Paratilapia 3/707, 641[5]
Lülings Bachling 3/540, 462
- Zwergbuntbarsch 3/686, 739, 740
luma, Gambusia 4/490, 523
lumbricus, Muraena 2/1158, 918[6]
lumiensis, Barbus 3/192, 186[1]
luna, Myleus 2/330, 4/136, 94[1,2]
-, - *rubripinnis* 2/330, 4/136
-, *Myloplus* 2/330, 4/136, 94[1,2]
-, *Tetragonopterus* 2/330, 4/136, 94[1,2]
lunatus, Cyprinodon 2/586, 473[2]
Lungenfisch, Afrikanischer 2/221, 3/86, 38
Lungenfisch, Äthiopischer 3/86, 38

1091

Register

-, Australischer 2/206, 37
-, Südamerikanischer 2/207, 38
Lungenfische, Afrikanische 1/208, 2/221, 3/86, 38
-, Amerikanische 2/207, 38
-, Australische 2/201, 37
lungi, Rivulus 3/546, 467[2]
lupulus, Blennius 1/825, 792[4]
Lurchfisch 2/207, 38
lusosso, Distichodus 1/226, 56
luteus, Orestias 5/500, 482
LUTJANIDAE 2/1010, 2/1033, 829
Lutjanus argentimaculatus 2/1033, 829
 - *gymnocephalus* 4/711, 786[3-5]
 - *scandens* 1/619, 569[2]
 - *testudo* 1/619, 569[2]
lutrensis, Cliola 1/428, 220[5]
-, *Leuciscus* 1/428, 220[5]
-, *Notropis* 1/428, 220
Lutz' Kärpfling 4/542, 545
lutzi, Girardinus 2/746, 4/542, 544[6], 545[5,6]
-, *Heterandria* 2/746, 4/542, 544[6], 545[5,6]
-, *Poeciliopsis* 2/746, 4/542, 544[6], 545
luxophthalmus, Fundulopanchax 1/542, 493[1]
Luzon Halbschnäbler 4/782, 870
Lycocyprinus sexfasciatus 1/562, 428[3]
Lycodontis literata 5/1080, 849[5]
 - *punctata* 5/1080, 849[5]
lykaoniensis, Cyprinodon 3/547, 471[2,3]
Lyons Buntbarsch 3/737, 713
lyonsi, „Cichlasoma" 3/737, 713
lyra, Physopyxis 5/302, 307
Lyradornwels 5/302, 307
Lyragalaxias oconneri 2/1080, 889[6], 890[1]
Lyragrundel 3/980, 815
Lyratail Schwertträger, Roter 1/606, 535
lyricauda, Rivulus 5/586, 5/590, 463
lyricus, Euctenogobius 3/980, 815[5,6]
-, ***Evorthodus*** 3/980, 815
-, *Gobionellus* 3/980, 815[5,6]
-, *Gobius* 3/980, 815[5,6]
lyriformis, Agmus 2/436, 253[1]

M

maasi, Vaillantella 5/103, 160
macantzatza, Tahuantinsuyoa 5/956, 778
macayensis, Nuria danrica var. 2/384, 204[2]
Macculochella macquariensis 2/1038, 841
 - - var. *peelii* 2/1038, 841
maccullochi, Melanotaenia 1/852, 3/1016, 859, 860

-, *Nematocentris* 1/852, 3/1016, 859[5,6], 860[1]
macdonaldi, Zygonectes 4/442, 486[6]
macedonicus, Leuciscus 5/210, 237[4]
-, ***Rutilus*** 5/210, 237
machadoi, Ctenopoma 3/638, 3/640, 569[6], 570[1], 571[2]
mackeani, Tilapia 3/892, 703[4]
mackenziei, Nemacheilus 2/348, 151[1]
maclareni, Barombia 5/930, 683[5]
-, ***Pungu*** 5/930, 683
macleayi, Ambassis 2/1022, 787[6]
-, *Austrochanda* 2/1022, 787[6]
-, ***Chanda*** 2/1022, 787
-, *Pseudoambassis* 2/1022, 787[6]
Macleays Glasbarsch 2/1022, 787
macmasteri, Apistogramma 1/678, 5/688, 740
Macquaria ambigua 2/1036, 833[6]
 - *australasica* 2/1036, 833
macquariensis, Grystes 2/1030, 841[2,3]
-, ***Maccullochella*** 2/1038, 341
Macquaries Barsch 2/1036, 833
macracantha, Hymenophysa 1/370, 165[2,3]
macracanthum, „Cichlasoma" 3/738, 713
macracanthus, Bagroides 3/304, 260
-, ***Botia*** 1/370, 5/108, 165
-, *Clarias* 2/488, 4/265, 301[5,6], 302[1]
-, *Cobitis* 1/370, 165[2,3]
-, *Heros* 3/738, 713[3]
-, *Pseudobagrichthys* 3/304, 260[6]
macrocentra, Tilapia 3/864, 698[4]
macrocephala, Tilapia 2/984, 3/864, 698[4,6]

-, - *heudelotii* 2/984, 698[6]
macrocephalus, Anabas 1/619, 3/637, 569[1,2]
-, ***Benthophilus*** 3/976, 814
-, *Cryptopterus* 2/576, 382[3]
-, *Culius* 3/960, 807[2]
-, *Curimatopsis* 2/304, 128[6]
-, *Eleotris* 2/1072, 3/960, 807[2], 813[1]
-, *Gobius* 3/976, 814[6]
-, *Kryptopterichthys* 2/576, 382[3]
-, ***Kryptopterus*** 2/576, 382
 - *maeoticus, Benthophilus* 3/978, 814[6]
 - *ponticus, Benthophilus* 3/978, 814[6]
 - var. *maeotica, Benthophilus* 3/978, 814[6]
 - - *nudus, Benthophilus* 3/978, 814[6]
macrochir, Aulonocara 4/580, 605[3,4]
macrochirus, Eupomotis 1/798, 796[4]
-, ***Lepomis*** 1/798, 796
Macrodon auritus 2/308, 130[5,6]
macrodon, Erythrinus 2/308, 130[5,6]
Macrodon ferox 2/308, 130[5,6]
 - *guavina* 2/308, 130[5,6]
 - *intermedius* 2/308, 130[5,6]
 - *malabaricus* 2/308, 130[5,6]
 - *patana* 2/308, 130[5,6]

Register

macrodon, Synodontis 2/534, 359[3]
Macrodon tareira 2/308, 130[5,6]
- *teres* 2/308, 130[5,6]
- *trahira* 2/308, 130[5,6]
Macrognathus aculeatus 1/848, 917
- *armatus* 1/846, 917[2]
- *erythrotaenia* 1/848, 918[2]
- *loricatus* 2/210, 32[4]
- *maculatus* 1/848, 917[1]
macrognathus, Petrochromis 3/846, 663
macrolepidota, Cobitis 4/442, 485[2]
-, **Hampala** 3/220, 208
macrolepidotus, Alestes 4/30, 49[6]
- *angolensis, Marcusenius* 4/810, 897[2]
-, **Brycinus** 4/30, 49
-, *Brycon* 1/244, 76[6]
-, **Chalceus** 1/244, 3/108, 76[5], 76
-, *Cyprinus* 1/414, 201[2]
-, *Gnathonemus* 2/1144, 4/810, 897[1,2]
- *macrolepidotus, Alestes* 4/30, 49[6]
-, **Marcusenius** 2/1144, 4/810, 897
-, *Mormyrops* 4/810, 897[2]
-, *Mormyrus* 2/1144, 4/810, 897[1,2]
- *rhodopleura, Alestes* 4/30, 49[6]
- *schoutedeni, Alestes* 4/30, 4/32, 49[6], 50[1]
macrolepis, Anacyrtus 2/252, 81[3]
-, *Culius* 3/960, 807[2]
-, **Curimatopsis** 2/304, 128
-, **Cyprinodon** 3/556, 477
-, *Eleotris* 3/960, 807[2]
-, *Epicyrtus* 2/252, 81[3]
-, **Phenagoniates** 2/258, 89
-, *Roeboides* 2/258, 89[3]
-, *Satanoperca* 1/704, 3/864, 775[6], 776[2]
macrolineata, Botia 3/166, 163[6]
macromystax, Clarias 5/294, 300[6]
macronema, Heterobranchus 4/266, 302[5]
-, *Pimelodus* 1/510, 373[2]
Macrones argentivittatus 5/244, 264[1]
- *armatus* 2/452, 264[3]
- *bleekeri* 3/318, 264[5]
- *brashnikowi* 3/312, 265[6]
- *nemurus* 2/454, 265[1]
- *wykii* 3/320, 265[3]
macronotus, Scatophagus 1/810, 840[3]
macrophthalma, Betta 2/798, 3/653, 5/647, 585[1], 580, 581
macrophthalmus, Aplocheilichthys 1/542, 3/446, 4/354,495[3-5], 493
-, *Coregonus* 3/941, 907[1]
-, *Gobius* 3/995, 5/1036, 818[6], 819[1]
- *hannerzi, Aplocheilichthys* 4/350, 493
-, *Megalops* 2/1107, 872[6]
-, *Mesogobius* 5/1036, 819[1]
-, - *gymnotrachelus* 3/995, 818[6]
-, **Neogobius gymnotrachelus** 5/1036, 819
-, *Pseudotropheus* 1/760, 633

-, *Rhamphochromis* 5/936, 636
- *scheeli, Aplocheilichthys* 4/354, 495[4,5]
-, *Tylochromis* 3/712, 642[2]
Macropode 1/638, 586
Macropodus chinensis 1/638, 2/803, 586[3-5]
- *chinensis* x *Macropodus opercularis* 3/636, 586
- *concolor* 1/638, 586[4,5], 586
- *ctenopsoides* 2/803, 586[3]
- *cupanus* 1/642, 589[4]
- *dayi* 1/642, 587[4]
- *filamentosus* 1/638, 586[4,5]
- *ocellatus* 2/803, 586
- *opercularis* 1/638, 586
- *„-concolor"* 1/638, 586[2]
- - var. *spechti* 1/638, 586[2]
- -, *Macropodus chinensis* x 3/636, 586
- - var. *viridi-auratus* 1/638, 586[4,5]
- *pugnax* 1/630, 582[5,6]
- *pugnax* var. 3/650, 580[3,4]
- *venustus* 1/638, 586[4,5]
- *viridi-auratus* 1/638, 586[4,5]
macropogon, Chrysichthys 3/310, 262[4]
macropolus, Perilampus 4/192, 198[3]
macropomum, Colossoma 1/350, 92
macropristis, Barbus 5/132, 189[4-6]
- *meruensis, Barbus* 3/181, 178[6]
macrops, Barbus 4/174, 187
-, **Bryconaethiops** 4/32, 50
-, **Callochromis** 3/712, 642
-, *Chrysichthys* 3/290, 3/308, 262[1,3]
-, *Haplochromis* 4/674, 682[5,6]
-, *Loricaria* 3/386, 348[4]
- *melanostigma, Callochromis* 3/712, 642[3]
-, *Paratilapia* 3/712, 642[2]
-, **Ricola** 3/386, 348
-, *Synodontis* 3/402, 362
Macropteronotus batrachus 1/480, 300[5]
- *charmuth* 2/488, 302[1]
- *magur* 1/480, 300[5]
macropterus, Acanthorhodeus 5/120, 175
-, *Bagrus bayad* 4/232, 261[1]
-, **Centrarchus** 1/791, 794
-, *Cheirodon* 2/269, 84[2]
-, *Corydoras* 2/468, 282
-, *Doryichthys* 1/865, 4/828, 879[6]
-, *Gobius* 2/1096, 820[5]
-, *Labrus* 1/791, 794[2]
-, *Megalops* 2/1107, 872[6]
-, *Mylesinus* 2/328, 91[6]
-, **Nannocharax** 4/48, 59
macropus, Gobius 3/995, 818[6]
-, **Xenurobrycon** 3/122, 88
macrorhynchus, Haplochromis 1/720, 3/778, 612[6], 613[1]
macrospila, Piramutana 1/510, 2/560, 373[2,4]
macrospilus, Otocinclus 3/378, 337[5]

1093

Register

macrosteus, Corydoras 1/460, 5/252, 271[2-4]
macrostigma, Epiplatys 1/562 4/396, 428[5,6]
-, Haplochilus 1/562, 428[6]
-, Panchax 1/562, 428[6]
macrostoma, Auchenoglanis 1/456, 265[5]
-, **Betta** 2/796, 581
-, Cyrtocara 4/700, 638[2,3]
-, Haplochromis 4/700, 638[2,3]
-, **Parauchenoglanis** 1/456, 265
-, Tilapia multifasciata 4/682, 699[1]
-, **Tyrannochromis** 4/700, 638
macrostomus, Callichrus 2/578, 383[6]
-, **Platyurosternarchus** 5/988, 883
-, Rhamphosternarchus 5/988, 883[4]
-, Sternarchorhamphus 5/988, 883[4]
-, Sternarchorhyncus 5/988, 883[4]
-, Sternarchus 5/988, 883[4]
macroterolepis, Eugnathichthys 5/32, 57
macrourus, Carapus 3/1029, 885[5]
macrurus, Aplocheilichthys 4/352, 494[3,4]
-, Gymnotus 3/1029, 885[5]
-, Haplochilus 4/354, 495[6]
- manni, Micropanchax 3/442, 494[5]
-, Rivulus 1/576, 453[2,3]
-, **Sternopygus** 3/1029, 885
macularius baileyi, Cyprinodon 4/444, 488[5], 489[1]
-, Cyprinodon 1/554, 477
- eremus, Cyprinodon 4/430, 477
-, **Marcusenius** 5/1073, 900[4]
-, **Pollimyrus** 5/1073, 900
maculata, Allotoca (Allotoca) 4/460, 507
-, Boulengerella 1/316, 126
-, Cobitis 2/348, 169[1]
-, Crenicara 5/808, 764[5]
-, Hydrargyra 2/666, 434[6]
-, Lophopsetta 5/984, 904[2,3]
-, Melanotaenia 2/1128, 862[1]
-, Methynnis 3/160, 93[3]
-, Poecilia 1/610, 4/554, 557[5,6] 558[1-4], 559[4-6], 560[1]
-, Rasbora 1/436, 196[1]
-, Sciaena 1/832, 3/958, 806[4,5]
-, Strophidon 5/1080, 849[5]
maculatum, Aphyosemion 2/608, 410
-, Boleosoma 3/920, 836[3]
-, - olmstedi 3/920, 836[3]
-, **Ctenopoma** 1/622, 569
-, **Etheostoma** 4/726, 836
-, Xiphostoma 1/316, 126[3]
maculatus, Acanthogobio 3/220, 208[6]
-, Achirus 5/984, 904[2,3]
-, Alburnus 3/174, 176[4]
-, Anabas 1/622, 1/623, 569[5], 572[4]
-, **Aplocheilichthys** 3/438, 493
-, Barbodes 2/366, 180[5]
-, Barbus 2/366, 180[5]
-, **Boraras** 1/436, 196

-, Chaetodon 1/702, 781[3]
-, Cynolebias 1/550, 441[3]
-, **Dicrossus** 5/808, 764
-, Doras 2/498, 308[3]
-, **Dormitator** 1/832, 3/958, 806
- dorsalis, Platypoecilus 1/614, 563[5]
-, Etroplus 1/702, 781
-, Galaxias 2/1080, 889
-, Gasteropelecus 1/326, 132
-, Gobiobarbus labeo var. 3/220, 208[6]
-, **Gobiomorus** 5/1026, 809
-, Hemibarbus 3/220, 4/148, 161[4], 208
-, - labeo 3/220, 208[6]
-, Hydrocynus 1/316, 126[3]
- lacustris, Aplocheilichthys 3/438, 492[4]
-, Lembus 5/1026, 809[1]
-, **Leporinus** 2/238, 3/102, 68[4], 69
-, **Liauchenoglanis** 3/316, 263
-, Macrognathus 1/848, 917[1]
-, Mesistes 2/1080, 889[5]
-, **Metynnis** 3/160, 93
-, Myletes 3/160, 93[3]
-, Myleus 3/162, 93[5]
-, Nothonotus 4/726, 836[1]
-, **Phago** 1/232, 62
-, Philypnus 5/1026, 809[1]
-, Pimelodus 1/485, 1/510, 2/560, 311[4,5], 373[2], 373
-, Platypoecilus 1/610, 2/770, 2/772, 4/554, 557[5,6], 558[1-6], 559[1-6], 560[1]
-, Pleuronectes 5/984, 904[2,3]
-, Poecilurichthys 1/255, 98[1]
-, Procerus 2/215, 30[1]
-, Puntius 2/366, 180[5]
-, Sargus 1/810, 840[3]
-, Serrasalmus 1/358, 96[2]
-, Synodontis 1/506, 363[4]
-, Systomus 2/366, 180[5]
-, Tetragonopterus 1/255, 98[1]
-, Thoracocharax 1/326, 132[4]
-, Trichopodus 1/648, 3/668, 592[4-6]
-, Trinectes 5/984, 904
-, **Xiphophorus** 1/610, 2/770, 4/554, 557–560
-, Zoogoneticus 4/456, 507[2]
maculicauda, Astatheros 2/872, 713[4]
-, Cichlasoma 2/872, 713
-, Labidochromis 5/854, 617
-, Otocinclus 2/508, 5/390, 337[4], 341[3,4]
-, **Parotocinclus** 5/390, 341
maculifer, Corydoras 4/248, 282
-, Poeciliopsis 2/752, 550[4]
maculifrons, Leporinus 2/234, 67[4,5]
maculipinnis, Gnatholepis 5/1014, 816[2,3]
-, Gobius 5/1014, 816[2,3]
-, Heros 3/884, 723[5,6]
-, Pterolebias 2/672, 455[2]
-, Rachovia 2/672, 455

Register

maculosa, Lota	3/967, 875[5]
maculosus, Auchenipterus	2/444, 5/236, 256[5,6], 257[1]
-, Euanemus	2/444, 5/236, 256[5,6], 257[1]
-, Gadus	3/967, 875[5]
-, Glossolepis	2/1114, 856
-, Leiosynodontis	2/550, 365[6]
-, Synodontis	2/550, 365[6]
-, *Trachelyopterus*	5/240, 258
madagascariensis, Cottus	4/724, 913[3]
-, Ptychochromis	3/858, 782[6]
-, Tilapia	3/858, 782[6]
Madagaskar-Ährenfisch	1/822, 853
- -Hechtling	3/524, 438
madeirae, Aequidens	1/696, 754[2]
-, Odontostilbe	3/118, 84[1]
-, Prionobrama	1/252, 89[4]
Madigania unicolor	2/1044, 843[4]
Madrashechtling	1/546, 417
maeotica, Benthophilus macrocephalus var.	3/978, 814[6]
maeoticus, Benthophilus	3/978, 814[6]
-, - macrocephalus	3/978, 814[6]
maeseni, Aphyosemion	2/696, 410
-, Roloffia	2/696, 410[2]
Maeseni-Prachtkärpfling	2/696, 410
maesotensis, Erethistes	4/336, 385[3]
Magadi-Maulbrüter	2/978, 681
„magarae", Neolamprologus sp.	2/936, 658
Magdalena-Bachling	5/592, 463
-, Hochlandkärpfling	4/460, 507
magdalenae, Barbus	4/180, 187
-, Geophagus	1/706, 5/814, 765[5]
-, Hoplosternum	1/478, 3/351, 296[5,6]
-, *Rivulus*	5/592, 463
-, Thoracocharax	1/326, 132[4]
Magdalenenbarbe	4/180, 187
magnificus, Cynolebias	5/522, 445
magnifluvis, Schistura	5/100, 159
Magnum-Orangesaumwels	4/302, 339
magur, Clarias	1/480, 300[5]
-, Macropteronotus	1/480, 300[5]
mahagiensis, Aplocheilichthys	4/346, 491[5,6], 492[1]
-, Haplochilichthys	4/346, 5/470, 491[5,6], 492[1]
-, Micropanchax	5/470, 491[5,6], 492[1]
mahecola, Barbus	1/388, 184[2]
Maifisch, Amerikanischer	3/566, 486
maindroni, Gobius	4/772, 818[1]
-, *Nematogobius*	4/772, 818
Mairenke	4/190, 198
majalis, Cobitis	3/566, 486[1]
-, *Fundulus*	3/566, 486
-, Hydrargyra	3/566, 486[1]
Makropode, Ceylon-	1/626, 575
-, Roter	3/636, 586
-, Schwarzer	1/638, 586
-, Wabenschwanz-	1/626, 575
Malabar-Kugelfisch	5/1105, 922
malabarica, Nuria daurica var.	3/208, 204[1]
„Malabaricus"	1/416, 201
malabaricus, Danio	1/416, 201[3]
-, Esox	2/308, 130[5,6]
-, *Hoplias*	2/308, 130
-, Macrodon	2/308, 130[5,6]
-, Perilampus	1/416, 201[3]
-, Synodus	2/308, 130[5,6]
Malabarkärpfling	1/416, 201
malacops, Chaetostomus	1/486, 317[5]
malacopterus, Systomus	3/198, 222[2]
Malaiischer Gurami	1/644, 591
malapterura longicauda, Paracobitis	3/286, 158
MALAPTERURIDAE	1/500, 3/394, 353
Malapterurus electricus	1/500, 353
malapterurus longicauda, Nemachilus	5/96, 157[5]
- longicaudus, Nemachilus	3/286, 158[5]
Malapterurus microstoma	3/394, 353
malaris, Clarias	4/265, 301[5,6]
malarmo, Duopalatinus	3/414, 369
-, Platysilurus	3/414, 369[6]
Malarmowels	3/414, 369
Malawi-Hechtbuntbarsch	4/616, 612
- -Schuppenfresser	4/618, 613
Malawibuntbarsch, Blauer	1/762, 635
-, Baenschs	2/847, 601, 602
-, Grants	2/847, 606
Malawisee-Buntbarsch, Blauweißer Utaka-	5/756, 609
- -, Schwarzbauch	4/700, 638
- -, Wulstlippen-	5/812, 612
- -Hechtbuntbarsch	5/934, 635
- -, Schlanker	5/936, 636
- -Zebrabuntbarsch, Roter	5/918, 630
malayanus, Osphromenus	1/644, 591[4]
malayensis, Esomus	2/384, 204
-, Nuria	2/384, 204[2]
Malayische Flugbarbe	2/384, 204
maldonadoi, Bullockia	3/431, 387
-, Hatcheria	3/431, 387[6]
-, Poeciliopsis	3/626, 547[2,3]
malinche, Xiphophorus	5/634, 560
malma, Salmo	5/1098, 910[3]
-, Salvelinus	5/1098, 910
Malpulutta kretseri	1/640, 586
mamfense, Aphyosemion gardneri	3/472, 406
Mamfe-Prachtkärpfling	3/472, 406
manaensis, Rivulus	2/674, 455[6], 456[1]
Managua-Buntbarsch	1/688, 721
managuense, Cichlasoma	1/688, 721[1]
-, Cichlosoma	1/688, 721[1]
-, Heros	1/688, 721[1]
-, Parapetenia	1/688, 721[1]
managuensis, Parapetenia	1/688, 721
manana, Chuco	2/872, 713[4]
-, Cichlasoma	2/872, 713[4]

1095

Register

mandalayensis, Nemacheilus
   rubidipinnis 2/348, 151[1]
„Mandor", *Parosphromenus* sp. 4/572, 587[2]
Mandschurenschmerle 2/346, 168
mandschurieus, Rhodeus 5/208, 236[3]
Mangroven-Kärpfling 3/602, 525
Mangrovenbarsch 2/1033, 829
Manilaschläfergrundel 2/1072, 813
Manitou-Springbarsch 5/981, 837
manjuari, Lepidosteus 2/212, 32[6]
manni, Aplocheilichthys 3/442, 494[5]
   -, *Micropanchax macrurus* 3/442, 494[5]
   -, *Poropanchax* 3/442, 494[5]
   -, *Zygonectes* 1/992, 3/572, 487[3,4]
Mannichthys luciliae 4/174, 187[1]
mantschurica, Leptobotia 2/346, 168
mapae, Vastres 2/1151, 901[4]
maracaiboensis, Trichomycterus
   banneaui 5/456, 389
maraena, Prototroctes 2/1053, 891
Marakeli-Buntbarsch 4/668, 782
Maräne 4/748, 906, 907
Maräne, Kleine 3/944, 906
Maratecoara lacortei 5/549, 451
Maravichromis anaphyrmus 4/640, 622[4]
   - ***epichorialis*** 1/712, 619
   - ***formosus*** 3/777, 619
   - *lateristriga* 5/872, 622[5,6]
   - ***mola*** 3/774, 619, 620
marcgravii, Sternopygus 3/1029, 885[6]
Marcusenius adspersus 4/818, 900[2]
   - ***brachyistius*** 2/1142, 5/1064, 893[6], 896
   - *cubangoensis* 4/806, 895[5]
   - *discorhynchus* 4/806, 895[5]
   - *gaillardi* 4/818, 900[3]
   - *isidori isidori* 4/818, 900[3]
   - *lhuysi* 5/1073, 900[4]
   - *longianalis* 2/1144, 5/1064, 894[1], 896
   - *macrolepidotus* 2/1144, 4/810, 897
   - - *angolensis* 4/810, 897[5]
   - *macularius* 5/1073, 900[4]
   - *niger* 4/802, 894[2]
   - *nigripinnis* 3/1024, 900[5]
   - *psittacus* 5/1068, 896[2]
   - *rudebeckii* 4/818, 900[3]
   - *tanganicanus* 4/806, 895[5]
margareraceus, Leporinus 3/106, 69[5]
margaretae (?), Aphyosemion 2/594, 401[4]
margarita, Acara 2/862, 751[5]
margaritaceus, Leporinus 1/240, 3/106, 69[4]
margaritifer, Hypostomus 4/292, 330
   -, *Plecostomus* 4/292, 330[5]
   - *var., Heros* 3/754, 717[6]
margarotis, Enneacanthus 1/794, 1/796, 795[4,5]
marginata, Hasemania 1/264, 104[4]

marginatum, Aphyosemion
   gabunense 2/600, 405
marginatus, Acara 2/862, 751[5]
   -, *Anguilla* 3/935, 849[2]
   -, *Barbus* 3/244, 219[5]
   -, ***Hemigrammus*** 1/266, 107
   -, *Lamprologus* 1/734, 658[5]
   -, ***Mystacoleucus*** 3/244, 214
   -, ***Nannostomus*** 1/346, 142
   -, *Simochromis* 5/948, 665
mariae, Aequidens 1/668, 729
   - *dubia, Tilapia* 1/778, 703[1,2]
   -, *Lates* 3/904, 797[6]
   -, *Otocinclus* 3/378, 337[5]
   -, *Paratilapia* 5/954, 684[6]
   -, ***Stomatepia*** 5/954, 684
   -, *Tilapia* 1/778, 703
„Mariakani", *Nothobranchius* sp. 3/510, 431[5,6]
Marienbuntbarsch 1/778, 703
marjoriae, Craterocephalus 2/1054, 852
Marjoric-Süßwasserährenfisch 2/1054, 852
Markiana nigripinnis 4/106, 116
marlieri, Julidochromis 1/726, 646
   -, *Spathodus* 2/585, 665
Marliers Grundelbuntbarsch 2/989, 665
Marmor-Antennenwels, Großer 3/418, 371
   - -, Kleiner 2/554, 371
   - -Delphinwels 4/224, 247
   - -Fiederbartwels 3/402, 362
marmorata, Amia 2/205, 32[2]
   -, ***Crenicichla*** 5/778, 758
   -, *Eleotris* 1/832, 805[3]
   -, *Unibranchapertura* 2/1158, 918[6]
marmoratum, Aphyosemion 1/532, 410
marmoratus, Ageneiosus 4/224, 247
   -, *Corydoras* 1/470, 285[4,5]
   -, *Cyprinodon* 1/522, 473[5]
   - *forma reticulata, Gobius* 4/778, 820[3]
   -, *Gadopsis* 2/1075, 833
   -, *Gobius* 2/1096, 4/778, 820[3,5]
   -, *Helogenes* 3/358, 309
   -, *Ictalurus nebulosus* 3/360, 311[3]
   -, *Leiarius* 4/326, 370
   -, *Leisomus* 3/1040, 920[6]
   -, *Nandus* 1/806, 831[1]
   -, *Oxyeleotris* 1/832, 805
   -, *Pomatoschistus* 4/778, 820
   -, *Proterorhinus* 2/1096, 820
   -, *Rhinichthys* 2/424, 235[2]
   -, *Rivulus* 1/578, 2/682, 458[5], 464[4]
   -, *Schilbe* 3/422, 380
   -, *Sciades* 4/326, 370[5]
   -, ***Synbranchus*** 2/1158, 918
   -, *Synodontis* 3/402, 362
   -, *Xyphophorus* 4/557, 560[3]
Marmorgrundel 1/832, 805
Marmorierte Grundel 2/1096, 820
Marmorierter Bachling 2/682, 464
   - Beilbauchfisch 1/326, 132

Register

- Fiederbartwels 1/504, 2/550, 366
- Glaswels 3/422, 380
- Panzerwels 1/470, 285
- Prachtkärpfling 1/534, 410
- Schmerlenwels 5/458, 389
- Stachelwels 3/308, 262
- Süßwasserrochen 4/16, 35
- Marmorkarpfen 3/226, 210
- Marmor-Prachtantennenwels 4/326, 370
- marnoi, Haplochilus 4/398, 429[2-4]
- Maronibuntbarsch 1/668, 753
- maronii, Acara 1/668, 753[3,4]
- -, Cleithracara 1/668, 753
- marpus, Clarias 1/480, 300[5]
- marshi, Gambusia 2/724, 524
- martensi, Padogobius 5/1021, 813
- martensii, Gobius 2/1094, 820[2]
- -, Padogobius 2/1094, 820
- marthae, Brachyrhamdia 3/413, 5/436, 369
- -, Carnegiella marthae 1/324, 131
- -, Pimelodella 5/436, 369[3]
- martini, Astatotilapia 2/834, 677
- -, Citharinus 4/45, 56[6]
- -, Distichodus 1/224, 56[3]
- -, Goodea atripinnis 5/608, 509
- -, Haplochromis 2/834, 677[4]
- -, Tilapia 2/834, 677[4]
- martinicus, Gobius 3/976, 827[3]
- Martinique-Bachling 2/680, 458
- martorelli, Barbus 4/178, 187
- marulia, Channa 2/1060, 5/1005, 799
- marulius, Ophicephalus 2/1060, 5/1005, 799[4]
- -, Ophiocephalus 2/1060, 5/1005, 799[4]
- marunguensis, Neolamprologus 3/822, 4/644, 654
- Marygold-Pinselschwanz-Platy 4/560, 564
- - - -Variatus 4/562, 563, 564
- marylinae, Nannostomus 3/157, 142
- Marylins Ziersalmler 3/157, 142
- Maschenbuntbarsch 3/738, 707
- Masken-Bodensalmler 5/30, 60
- - -Großaugensalmler 4/32, 50
- - -Imitatorwels 3/418, 372
- Maskenbuntbarsch 2/852, 642, 716
- Maskenkärpfling 3/562, 484
- MASTACEMBELIDAE 1/817, 1/846–1/849, 2/1105–2/1106, 3/1008–3/1011, 4/784–4/787, 5/1056–5/1062, 915–918
- Mastacembelis tanganicae 3/1008, 916[4]
- Mastacembelus armatus 1/846, 917
- - - favus 5/1062, 917
- - christyi 2/1105, 916[2]
- - chrstyi 5/1060, 915[4]
- - circumcinctus 1/846, 3/1010, 5/1056, 5/1062, 917, 918
- - cryptacanthus 4/784, 4/786, 915[3], 916[5]
- - erythrotaenia 1/848, 918
- - flavidus 3/1008, 916[1]
- - frenatus 4/784, 916[6]
- - loennbergii 4/786, 915[3]
- - moori 5/1060, 915[4]
- - moorii 2/1105, 916[2]
- - - nigrofasciatus 2/1105, 916[2]
- - plagiostomus 2/1106, 916[3]
- - shiranus 4/786, 915[6]
- - taeniagaster 1/846, 5/1062, 917[4-6], 918[1]
- - zebrinus 1/848, 3/1010, 918
- Mastemcembalus cancila 1/826, 869[6], 870[1]
- matamorensis, Gambusia 2/738, 539[6], 540[1]
- -, Limia 2/738, 539[6], 540[1]
- „Matang", Betta climacura 3/644, 577
- matlocki, Epiplatys 4/386, 423[6]
- matsudai, Barbus 5/178, 217[1]
- -, Lissochilichthys 5/178, 217[1]
- mattei, Hemigrammus 4/98, 107
- Mattes Tetra 4/98, 107
- Maulbeer-Leporinus 4/60, 69
- Maulbinden-Saugdöbel 4/148, 161
- Maulbrütender Kampffisch 1/630, 582
- - -, Breders 3/644, 576
- - -, Großer 3/653, 580, 581
- Maulbrüter, Babaults 2/984, 664
- -, Bloyets 3/692, 688
- -, Browns 3/694, 676
- -, Burtons 1/680, 676
- -, Calliptera 3/694, 676
- -, Feuer- 5/834, 679
- -, Gelber 1/760, 634
- -, Glühkohlen- 3/696, 677
- -, Grahams Soda- 2/978, 681
- -, Kleiner 1/754, 697
- -, Magadi- 2/978, 681
- -, Mosambik- 1/768, 694
- -, Nichols 3/850, 698
- -, Nordafrikanischer 5/730, 688
- -, Nördlicher Großaugen- 3/712, 642
- -, Orangeblauer 1/763, 630
- -, Papyrus 5/730, 768
- -, Paraguay- 1/708, 768
- -, Roter Lake Edward- 4/622, 677
- -, Stahlblauer 1/742, 622, 773
- -, Südlicher Großaugen- 3/712, 642
- -, Vielfarbiger 1/754, 697
- -, Viktoria-Wulstlippen- 5/826, 678
- maus, Mesoprion 2/1033, 829[2]
- Mäuseschwanz-Glasmesserfisch 5/990, 885
- maxillaris, Aphyocharax 1/308, 123[2]
- -, Pristella 1/308, 123
- maxillosus, Belonesox belizanus 4/476, 517
- -, Salminus 5/36, 77
- maxima, Pyrrhulina 2/326, 4/134, 143[3,4]
- maximiliani, Sternarchus 1/821, 883[1,2]

1097

Register

maximus, Astyanax cf.	4/82, 99
maya, Cyprinodon	5/490, 478
Maya-Wüstenfisch	5/490, 478
mayenna, Amblyopus	4/776, 803[6]
mayeri, Nothobranchius	4/406, 433[5]
maylandi, Aulonocara	2/838, 604
- kandeensis, Aulonocara	4/578, 605
-, Poecilia	4/524, 540
Maylands Molly	4/524, 540
Mazarunia mazarunii	5/866, 771
Mazaruni-Buntbarsch	5/866, 771
mazarunii, Mazarunia	5/866, 771
Mazuruni-Alpensalmler	5/77, 136
„Mbam", Aphyosemion bualanum	4/370, 402[5]
Mbam-Prachtkärpfling	4/370, 402
mbenjii, Copadichromis	4/592, 610
-, *Labidochromis*	5/856, 617
„Mbeya", Aplocheilichthys sp.	3/446, 496[3]
mbu, Tetraodon	2/1164, 921
meadi, Gambusia	3/600, 523[1,2]
meandricus, Aphanius chantrei	3/547, 471[2,3]
Medaka	2/1148, 867
medirostris, Acipenser	3/76, 28
medius, Leuciscus	5/222, 241[1]
-, Cichlasoma	1/690, 3/738, 713[3], 724[2]
-, *Roeboides*	3/114, 83
-, *Thorichthys*	1/690, 724
-, - helleri	1/690, 724[3]
-, *Tilapia*	1/778, 703[1,2]
Meeks Raubglassalmler	3/114, 83
meeli, Lamprologus	2/934, 655[1]
-, *Neolamprologus*	2/934, 655
Meeräsche, Gewöhnliche	5/1076, 887
-, Indische	5/1078, 888
Meeräschen	888
Meeräschenartige	887, 888
Meergrundeln	4/772, 814, 822
Mees' Antennenwels	3/414, 369
meesi, Brachyrhamdia	3/414, 369
Mega Clown	5/402, 344
megacephalus, Silurus	2/562, 373[5]
Megalamphodus axelrodi	4/106, 116
- *megalopterus*	1/298, 117
- *micropterus*	5/68, 117
- *rogoaguae*	2/282, 117[4]
- *roseus*	2/282, 117
- sp.?	2/282, 117
- *sweglesi*	1/298, 2/282, 117[4], 117
megalepis, Barbus	3/270, 240[6]
-, *Hypomasticus*	3/104, 69[2]
-, *Leporinus*	2/238, 3/104, 68[3], 69
Megalobrama amblycephala	5/183, 218
- skolkovii	5/184, 5/192, 218[6], 223[6]
- terminalis	5/184, 218
Megalobrycon cephalus	3/108, 75[6]
- erythropterus	3/108, 75[6]
- melanopterum	2/246, 76[2]

Megalodoras irwini	3/356, 5/300, 306
- *paucisquamatus*	5/300, 306
Megalonema rhabdostigma	2/562, 373[5]
MEGALOPIDAE	2/1107, 872
megalops, Cottocomephorus	3/950, 911[6]
Megalops curtifilis	2/1107, 872[6]
- cyprinoides	2/1107, 872
- filamentosus	2/1107, 872[6]
- indicus	2/1107, 872[6]
- kundinga	2/1107, 872[6]
- macrophthalmus	2/1107, 872[6]
- macropterus	2/1107, 872[6]
- oligolepis	2/1107, 872[6]
megalops, Pimelodus	1/485, 311[4,5]
Megalops setipinnis	2/1107, 872[6]
megalopterus, Megalamphodus	1/298, 117
megalostictus, Phenacogaster	5/41, 84
megapogon, Clarias	4/262, 301[1]
megasema, Geophagus	1/706, 766[1]
Megupsilon aporus	3/576, 481
Mehrfachstreifen-Buntbarsch	4/582, 606, 607
meidingeri, Pararutilus frisii	4/214, 237[3]
- *Rutilus*	4/214, 237
-, *Rutilus frisii*	4/214, 237[3]
meinkeni, Aphyosemion	3/482, 3/484, 411[6], 413[6]
-, *Apistogramma*	5/689, 740
-, *Rasbora* cf.	3/258, 232
Meißelzahn-Kärpfling	4/532, 541
Mekong-Plattschmerle	5/100, 159
melanampyx, Barbus	1/386, 184[1]
melanio, Gobius	3/996, 819[3]
melanipterus, Barbus	3/190, 184[5]
-, - camptacanthus var.	3/190, 184[5]
melanistius brevirostris, Corydoras	2/470, 282
-, *Corydoras melanistius*	1/468, 282
- longirostris, Corydoras	2/458, 272[5]
melanocephalus, Plargyrus	3/254, 227[1,2]
Melanocharacidium dispilomma	5/72, 80
Melanochromis auratus	1/738, 620
„- brevis"	2/918, 615[2]
„- chipoka"	2/951, 620[3]
- chipokae	2/951, 620
- exasperatus	1/740, 620[4,5]
- joanjohnsonae	1/740, 620
- johannii	1/740, 620
- labrosus	1/714, 2/900, 627[1,2], 621
- „lepidophage"	3/800, 621
- melanopterus	2/952, 621
- parallelus	2/952, 621
- simulans	5/868, 622
- vermivorus	1/742, 622
melanochrous, Hemigrammus	2/274, 108[3]
Melanodactylus nigrodigitatus	3/290, 262[1]
melanogaster, Limia	1/596, 531
-, *Poecilia*	1/596, 531[6]
-, *Synodontis*	4/310, 355[1]
Melanogenes microcephalus	2/984, 698[6]

Register

melanogenys, Ectodus 3/762, 645[4]
-, Enantiopus 3/762, 645
melanonotus, Cyrtocara 3/774, 627[3,4]
-, „Haplochromis" 3/774, 627[3,4]
-, **Platygnathochromis** 3/774, 627
melanopleura, Leporinus 1/314, 79[3]
-, **Osteochilus** 2/400, 223
- rendallii, Tilapia 3/892, 703[4]
-, Rohita 2/400, 223[1]
-, Tilapia 3/892, 4/692, 703[4]
melanopogon, Heros 4/705, 725[4]
melanops, Abramis 3/272, 5/224, 174[4,5]
-, Bryttus 1/796, 796[1]
-, Calliurus 1/792, 1/796, 794[3,4], 796[1]
-, Haplochilus 1/590, 522[2]
-, Icthelis 1/796, 796[1]
-, Lepomis 1/796, 796[1]
-, Zygonectes 3/562, 484[3,4]
melanoptera, Loricaria 2/504, 324[1]
melanopteron, Aphyosemion 2/598, 402[4]
melanopterum, Megalobrycon 2/246, 76[2]
melanopterus, **Balantiocheilus** 1/380, 177
-, Barbus 1/380, 177[6]
-, **Brycon** 2/246, 76
-, Eleotris 2/1063, 804[3]
-, Hemigrammus 1/282, 110[4]
-, Hyphessobrycon 1/282, 110[4]
-, **Leptobarbus** 4/200, 214
-, **Melanochromis** 2/952, 621
-, Panchax 1/548, 419[2]
-, Puntius 1/380, 177[6]
-, Systomus 1/380, 177[6]
melanosoma, Balitora 1/449, 151[4,5]
-, Culius 3/960, 807[2]
-, **Eleotris** 3/960, 807
melanospilus, Fundulus 3/516, 434[2]
-, **Nothobranchius** 1/519, 3/516, 434
-, Nothobranchius 4/406, 433[5]
melanostictus, Synodontis 3/404, 363[2]
melanostigma, Butis 3/958, 804
-, Callochromis 3/712, 642
-, - macrops 3/712, 642[3]
-, Eleotris 3/958, 804[5]
-, Gobius 2/1092, 820[1]
-, Pelmatochromis 3/712, 642[3]
-, Rhinogobius 2/1092, 820[1]
-, **Saccoderma** 5/38, 85
-, Stenogobius 2/1092, 820[1]
melanostoma, Pyrrhulina 2/326, 4/134, 143[3,4]
melanostomus affinis, Neogobius 3/996, 819[3]
-, Gobius 3/996, 819[3]
-, - (Apollonia) 3/996, 819[3]
- melanostomus, Gobius (Apollonia) 3/996, 819[3]
-, **Neogobius** 3/996, 819
Melanotaenia affinis 2/1118, 857
- angfa 4/792, 857
- arfakensis 4/794, 857
- boesemani 2/1118, 857
- Corydoras 2/470, 282
melanotaenia, Cynolebias 3/494, 449[6]
-, Cynopoecilus 3/494, 449
Melanotaenia dumasi 2/1122, 858[5]
- eachamensis 2/1120, 858
- exquisita 2/1120, 858
- fluviatilis 1/850, 858
- fredericki 4/794, 858
- goldiei 2/1122, 858
- gracilis 2/1122, 858
- herbertaxelrodi 2/1124, 859
- irianjaya 4/796, 859
- kabia 2/1114, 4/790, 856[2-4]
- lacustris 3/1015, 859
melanotaenia, **Leptobarbus** 2/394, 214
Melanotaenia maccullochi 1/852, 3/1016, 859, 860
- maculata 2/1128, 862[1]
- monticola 3/1018, 860
- multisquamata 2/1114, 4/790, 856[2-4]
- nigrans 2/1124, 860
- oktediensis 4/798, 860
- papuae 2/1126, 4/798, 860
- parkinsoni 2/1126, 861
- praecox 4/796, 861
- rosacea 2/1114, 4/790, 856[2-4]
- sexfasciata 3/1016, 859[5,6], 860[1]
- sexlineata 3/1016, 4/800, 859[5,6], 860[1], 861
- solata 2/1128, 4/800, 861[4,5]
- splendida australis 2/1128, 4/800, 861
- - fluviatilis 1/850, 858[3]
- - inornata 2/1131, 861
- - rubrostriata 2/1128, 862
- - splendida 1/852, 862
- - tatei 3/1018, 862
- trifasciata 2/1132, 862, 863
MELANOTAENIIDAE 1/817, 1/850–1/853, 2/1108–2/1133, 3/1012–3/1019, 4/788–4/801, 5/1063, 854–863
melanotheron heudelotii, Sarotherodon 4/682, 699
- leonensis, Sarotherodon 4/684, 699
-, Sarotherodon 2/984, 698
-, Tilapia 2/984, 698[6]
melanotus, Idus 1/424, 5/177, 216[3-5]
-, Rhamphochromis 5/936, 636[1]
melanozona, Micropoecilia 4/530, 534[4,5]
melantereon, Roloffia 2/694, 408[4]
Melanura annulata 1/870, 874[6]
melanura, Hasemania 1/264, 104[4]
melanurum, Cichlasoma 4/705, 725[4]
melanurus, Bryconops 2/246, 2/264, 76[4], 102

-, Creatochanes 2/246, 2/264, 76[4], 102[2]
-, Heros 4/705, 725[4]
-, Paratheraps 4/705, 725[4]
-, Pygocentrus 1/358, 96[2]
-, Tetragonopterus 2/264, 102[2]

Register

-, *Vieja*	4/705, 725
melanzona, *Micropoecilia*	3/618, 534[4,5]
-, *Poecilia*	3/618, 4/530, 534[4,5]
melanzonus, *Acanthophacelus*	2/740, 4/530, 5/620,534[4-6], 535[1-4]
-, *Micropoecilia*	2/740, 534[6], 535[1-4]
melapterurus longicauda, *Nemachilus*	5/86, 153[1]
-, *Nemachilus*	5/86, 153[1]
melas, *Ameiurus*	3/359, 311
-, *Ictalurus*	3/359, 311[1]
melastigma, *Oryzias*	5/464, 868
melastigmus, *Aplocheilus*	1/572, 868[2]
-, *Oryzias*	1/572, 868
meleagris, *Etroplus*	2/906, 781[4]
-, *Lamprologus*	5/862, 647
melini, *Corydoras*	1/468, 3/332, 276[6] 283
mellis, *Pseudomugil*	2/1136, 864
melogramma, *Moenkhausia*	2/288, 120
membranaceus, *Hemisynodontis*	2/528, 356
-, *Pimelodus*	2/528, 356[6]
-, *Synodontis*	2/528, 4/310, 355[1], 356[6]
Membran-Fiederbartwels	2/528, 356
mena, *Sorubim*	2/564, 374[3]
mendezi, *Apistogramma*	5/694, 741
mendroni, *Gobius*	4/772, 818[1]
menezesi, *Aspidoras*	2/456, 269
menidia, *Atherina*	5/1002, 853[3]
Menidia menidia	5/1002, 853
mentalis, *Eutropius*	4/332, 380[3]
-, *Platypoecilus*	1/602, 4/520, 538[6], 539[1], 542[1,2]
mento, *Aphanius*	2/586, 474
-, *Catoprion*	2/328, 91
-, *Genyochromis*	4/618, 613
-, *Lebias*	2/586, 474[2]
-, *Serrasalmus*	2/328, 91[6]
mentoides, *Aphanius sophiae*	2/586, 474[2]
menzalensis, *Chromis*	3/894, 704[3]
-, *Tilapia*	1/778, 3/894, 703[1,2]
merga, *Cobitis*	5/94, 157[2]
-, *Nemacheilus*	5/94, 157
-, *Noemachilus*	5/94, 157[2]
Mergaschmerle	5/94, 157
meridionalis, *Barbus*	4/178, 187
-, *Corydoras*	2/462, 277[5]
Merodontotus tigrinus	4/326, 371
meruensis, *Barbus macropristis*	3/181, 178[6]
mesaea, *Boleosoma*	3/920, 836[3]
mesaeus, *Poecilichthys*	3/920, 836[3]
Mesistes alpinus	2/1080, 889[5]
- attenuatus	2/1080, 889[5]
- gracillimus	2/1080, 889[5]
- maculatus	2/1080, 889[5]
Mesobola spinifer	3/246, 219
Mesogobius batrachocephalus	3/988, 817
- gymnotrachelus	3/995, 818[6]

- - macrophthalmus	3/995, 818[6]
- - otschakovinus	3/995, 818[6]
- macrophthalmus	5/1036, 819[1]
Mesogonistus chaetodon	1/794, 795[3]
mesogramma, *Epiplatys*	2/648, 425
Mesomisgurnus bipartitus	5/112, 169[2]
Mesonauta festivus	1/742, 772
- *insignis*	5/871, 772
- *surinamensis*	1/806, 831[4]
Mesoprion gembra	2/1033, 829[2]
- *maus*	2/1033, 829[2]
Mesops agassizii	1/674, 731[6]
- *cupido*	1/684, 3/708, 748[4-6]
mesotes, *Paragalaxias*	2/1086, 891
mesotum, *Boleosoma*	3/920, 836[3]
Messeraale	1/816, 1/840, 5/988, 5/992–5/996, 882–884
Messerbuntbarsch	1/710, 612
Messerfisch, Afrikanischer	1/856, 901
-, - Fähnchen-	3/1025, 901
-, Amerikanischer	1/840, 884
-, - Weißstirn-	1/821, 883
-, Asiatischer Fähnchen-	1/856, 901
-, Gebänderter	1/840, 884
-, Grüner	1/862, 885
Messerfische	1/818, 1/856, 2/1150, 3/1025, 5/987, 900, 901
-, Amerikanische	1/814, 1/819, 1/821, 1/862, 3/936, 3/1029, 5/990, 885
Messerkärpfling	2/715, 516
Messing-Panzerwels	4/242, 276
Messingbarbe	1/398, 191
-, Vietnamesische	5/140, 192
Messingmaulbrüter	1/754, 698
Messingsalmler	1/272, 108
-, Patagonischer	3/110, 77
Messingschwertträger	2/765, 556
Messingtetra	1/282, 110
Meta-Buntbarsch	3/680, 730
metae, Aequidens	3/680, 730
-, *Copeina*	1/334, 139[3]
-, *Copella*	1/334, 139
-, *Corydoras*	1/468, 283
-, *Curimata*	4/128, 129[6]
-, *Hyphessobrycon*	2/278, 113
-", „*Hyphessobrycon*	1/290, 112[5]
-, *Steindachnerina*	4/128, 129
Metall-Panzerwels	1/460, 5/252, 271, 272
- -Riesenharnischwels	3/384, 327
metallica, *Heterandria*	1/592, 527[4]
-, *Poecilia*	1/592, 527[4]
metallicus, *Esomus*	3/210, 203, 204
-, *Girardinus*	1/592, 527
-, *Notropis*	2/398, 204[4]
Metallkärpfling	1/592, 527
Metasalmler	1/334, 139
Methynnis maculata	3/160, 93[3]
Metynnis anisurus	1/352, 4/136, 92[3,4]

Register

- *argenteus* 1/352, 92
- *callichromus* 1/352, 92[5,6]
- *dungerni* 1/352, 4/136, 92[3,4]
- *eigenmanni* 1/352, 4/136, 92[3,4]
- *erhardti* 1/352, 92[5,6]
- *fasciatus* 1/352, 2/330, 92[5,6], 93[1]
- *goeldii* 1/354, 93[2]
- *heinrothi* 1/352, 4/136, 92[3,4]
- *hypsauchen* 1/352, 92
- - *fasciatus* 2/330, 93
- *lippincottianus* 1/354, 93
- *maculatus* 3/160, 93
- *mola* 3/160, 93
- *(Myleocollops) argenteus* 4/136, 92
- *orbicularis* 1/354, 93[2]
- *otuquensis* 3/160, 93[4]
- *roosevelti* 1/354, 3/160, 93[2,3]
- *seitzi* 1/354, 93[2]
- *smethlageae* 1/352, 92[3]
- *snethlageae* 4/136, 92[4]
- *unimaculatus* 4/138, 94[5]

mexicana „Cavemolly",
Poecilia cf. 4/526, 541
- *mexicana*, Poecilia 2/738, 541
mexicanus, Amblyopus 2/1090, 803[3]
-, Astyanax fasciatus 1/256, 98
-, Awaous 3/976, 827[3]
-, Chonophorus 3/976, 827[3]
-, Tlaloc 3/577, 500[1]
Mexiko-Bachling 2/688, 466
Mexikomolly 2/738, 541
meyburgi, Aplocheilichthys 2/628, 493
Meyburgs Leuchtaugenfisch 2/628, 493
meyeri, Xiphophorus 4/557, 560
mianowskii, Micraspius 2/406, 227[6]
mica, Mystus 3/320, 264
micadoi, Acipenser 3/76, 28[3]
Micraethiops ansorgii 1/230, 3/98, 60[2,3]
Micralestes acutidens 1/222, 4/36, 4/38, 52

- - *elongatus* 4/38, 52[5]
- - *humilis* 2/226, 4/38, 52[6]
- - *occidentalis* 4/40, 53[1]
- *altus* 4/26, 49[2]
- *caudomaculatus latus* 4/24, 48[3]
- *elongatus* 4/38, 52
- *huloti* 5/22, 54[3]
- *humilis* 2/226, 4/38, 52
- *interruptus* 1/222, 54[4]
- *occidentalis* 4/40, 53
- *septentrionalis* 4/34, 51[4]
- **sp.** 2/226, 53
- *stormsi* 2/226, 3/90, 52[6], 53
- *tangensis tangensis* 4/36, 51[5]
- *woosnami* 2/226, 52[6]

Micraspius mianowskii 2/406, 227[6]
Micristius chrysotus 2/654, 483[5]
micristius, Pareutropius 4/330, 379[6]
Micristius zonatus 3/566, 486[1]

microbarbus, Leucogobio
polytaenia 5/160, 207[3]
Microbrycon cochui 1/258, 100[6]
microcephala, Tilapia 2/984, 698[6]
microcephalis, Erythrinus 1/322, 130[1]
microcephalus, Abramites 1/233, 66[2]
-, Anabas 1/619, 569[2]
-, Chromis 2/984, 698[6]
-", „Cyrtocara 5/896, 624[3]
-, Erythrinus 2/308, 130[5,6]
-, Haplochromis 5/896, 624[3]
-, Hemiodus 2/314, 134[5]
-, Melanogenes 2/984, 698[6]
-, Mormyrus 5/1064, 893[6]
-, Nyassachromis 5/896, 624
-, Osteochilus 3/250, 223
-, Rohita 3/250, 223[2]
Microcorydoras hastatus 1/466, 280[3]
Microctenopoma ansorgii 1/620, 571
- *argentoventer* 1/620, 571
- *congicum* 2/788, 5/638, 571
- *damasi* 2/788, 572
- *fasciolatum* 1/621, 572
- *intermedium* 5/638, 572
- *nanum* 1/623, 572
microdactylus, Girardinus 3/606, 527
microdon, Pristis 2/220, 36
-, Squalus 2/220, 36[6]
Microdontochromis tenuidentatus 4/638, 651

Microdus labyrinthicus 4/126, 125[2]
Microgeophagus altispinosa 3/802, 772
- *ramirezi* 1/748, 2/963, 772
Microglanis cottoides 3/418, 371[4]
- *iheringi* 2/554, 371
- *parahybae* 3/418, 371
Micrognathus suvensis 4/828, 879[1]
Microlepidogaster güntheri 5/422, 351[2]
- *leucofrenata* 5/376, 336
microlepidogaster, Loricaria 1/498, 350[3]
Microlepidogaster notata 5/376, 336
microlepidogaster, Rineloricaria 1/498, 350
microlepidotum, Ctenopoma 2/792, 572[5]
microlepidotus, Cyprichromis 2/890, 3/760, 644
-, Limnochromis 2/890, 3/760, 644[4,5]
microlepis, Abramis 3/170, 174[4]
-, Acanthalburnus 3/170, 174
-, Acestrorhynchus cf. 5/50, 91
-, Anacyrtus 1/248, 81[2]
-, Boulengerochromis 3/710, 642
-, Coelurichthys 2/254, 3/120, 5/45, 87[4-6], 86
-, Coius 1/802, 801
-, Cynopotamus 1/248, 81[2]
-, Datnioides 1/802, 801[5]
-, Epicyrtus 1/248, 81[2]
-, Fundulus 2/666, 434[3]

Register

- „Goba",
    Nothobranchius sp. aff. 4/406, 432[1]
- , *Haplotaxodon* 3/786, 646
- , *Hemiodopsis* 2/313, 133
- , *Hoplias* 2/308, 130[5,6]
- , *Hydrocyon* 5/50, 91[1]
- , *Lates* 3/904, 797
- , *Mimagoniates* 2/254, 3/120, 5/45, 86[1], 88[1], 87, 88
- , *Nothobranchius* 2/666, 434
- , *Osphromenus* 1/646, 592[2]
- , *Paragoniates* 2/254, 3/120, 5/45, 87[4–6], 88[1]
- , *Paratilapia* 3/710, 642[1]
- , *Perissodus* 3/846, 662
- , *Roeboides* 1/248, 81[2]
- , *Tilapia* 3/710, 642[1]
- , *Trichogaster* 1/646, 592
- , *Trichopodus* 1/646, 592[2]
- , *Trichopsis* 1/646, 592[2]
- , *Trichopus* 1/646, 592[2]
- , *Xiphorhamphus* 5/50, 91[1]
micronema, Danio 1/416, 201[3]
Micronemacheilus pulcher 4/144, 5/108, 155, 156
Micronemacheilus cf. **pulcher** 154
Micropanchax antinorii 2/626, 490[6]
- *baudoni* 4/346, 491[2,3]
- *cabindae* 4/362, 498[3]
- *ericae* (?) 2/628, 493[5]
- *johnstoni* 2/626, 491[4]
- *kassenjiensis* 5/470, 491[5,6], 492[1]
- *katangae* 2/628, 492[2]
- *lamberti* 4/350, 492[5,6]
- *macrurus manni* 3/442, 494[5]
- *mahagiensis* 5/470, 491[5,6], 492[1]
- *moeruensis* 3/440, 493[6]
- *myaposae* 3/440, 494[1]
- *nimbaensis* 4/352, 494[3,4]
- *pfaffi* 3/444, 495[1]
- *rancureli* 3/446, 495[3]
- *scheeli* 4/354, 495[4,5]
- *schioetzi* 4/354, 495[6]
micropeltes, Channa 1/827, 799
- , *Ophiocephalus* 1/827, 799[5]
micropepeltes, Ophiocephalus 1/827, 799[5]
microperca, Etheostoma 4/726, 836
Microperca punctulata 4/726, 836[2]
Micropercops dabryi borealis 3/962, 810[6], 811[1]
- *swinhornis* 3/962, 810[6], 811[1]
Microphis aculeatus 1/865, 4/828, 879[6]
- *brachyurus* 1/865, 4/828, 879[6]
- - *aculeatus* 1/865, 879
- (*Doryichthys*) *aculeatus* 1/865, 4/828, 879[6]
- (-) *smithii* 1/865, 4/828, 879[6]
- *smithii* 1/865, 4/828, 879[6]
microphthalmum, Aphyosemion 2/608, 403[4]
microphthalmus, Astronotus 3/738, 707[5]
- , *Batanga lebretonis* 2/1070, 3/954, 805[6], 806[1,2]
- , *Chuco* 3/738, 5/746, 707
- , *Cichlasoma* 3/738, 5/746, 707[5,6]
- , *Cichlaurus* 3/738, 707[5]
- , *Clarias* 4/265, 301[5,6]
- , *Dormitator* 1/832, 806[4,5]
- , *Heros* 3/738, 707[5]
Microphysiogobio tungtingensis amurensis 3/244, 219
Micropoecilia bifurca 3/618, 4/530, 534[4,5]
- *branneri* 3/612, 537[5]
- *melanozona* 3/618, 4/530, 534[4,5]
- *melanzonus* 2/740, 534[6], 535[1–4]
- *minor* 4/530, 534
- *parae* 3/618, 4/530, 534
- *picta* 2/740, 5/620, 534, 535
micropodon, Leiocassis 1/455, 236
microps, Harttia 5/414, 347[4,5]
- , *Heteropneustes* 2/500, 309
- , *Lepomis* 1/796, 796[1]
- *leopardinus, Pomatoschistus* 4/778, 820[3]
- - , - (*Iljinia*) 4/778, 820[3]
- , *Neoplecostomus* 5/378, 336
- , *Plecostomus* 5/378, 5/385, 336[5], 340[3]
- , *Pterosturisoma* 5/414, 347
- , *Saccobranchus* 2/500, 309[6]
microptera, Anguilla 3/935, 849[2]
micropterus, Cheirodon 2/269, 84[2]
Micropterus dolomieui 2/1016, 796
micropterus, Hemigrammus 3/132, 107
- , *Megalamphodus* 5/68, 177
Micropterus salmoides 2/1018, 796
micropus, Cobitis 1/374, 169[3]
- , *Cryptopterus* 2/576, 382[2]
- , *Gasterosteus* 3/968, 877[1–4]
- , *Kryptopterus* 2/576, 382[2]
- , *Rivulus* 5/594, 463
Microrasbora erythromicron 2/396, 219
- *rubescens* 2/396, 219
micros, Nannocharax 2/230, 59[4,5]
microstoma, Aulonocara 5/970, 638[1]
- , *Bryconaethiops* 2/224, 50
- , *Malapterus* 3/394, 353
- , *Pseudotropheus* 2/974, 633
- , *Trematochromis* 5/970, 638
- var. *boulengeri,* *Bryconaethiops* 5/18, 50[2]
microstomus, Cottus 3/947, 912[4,5]
- , *Panchax* 2/592, 4/401, 399[4,5]
- , *Sternopygus* 1/862, 4/827, 5/992, 885[3–5]
Microsynodontis batesii 5/424, 357
- *christyi* 5/424, 357[1]
- sp. *polli* 5/424, 357
micrurus, Aplocheilichthys 4/362, 498[3]
midgleyi, Pingalla 3/928, 843
Midgley's Grunzbarsch 3/928, 843

Register

Migori-Stromschnellenwels	4/314, 356
migratorius, Coregonus	3/944, 906[4]
-, - autumnalis	3/944, 906
-, Salmo	3/944, 906[4]
„Miguelito", Corydoras sp.	4/260, 295[2]
- -Panzerwels	4/260, 295
mikeae, Aphyosemion wachtersi	**2/624, 417**
Milchstraßen-Trugdornwels	4/228, 257
milesi, Pimephales	3/254, 227[1,2]
-, Rivulus	5/592, 463[3]
millepunctatus, Gasterosteus	3/968, 876[6]
milleri, Chuco	3/738, 707[5]
-, Cichlasoma	3/738, 5/746, 707[5,6]
-, Heterophallus	**4/498, 528**
-, Xiphophorus	2/774, 560
Millers Kärpfling	4/498, 528
Millionenfisch	1/598, 529
milomo, Cyrtocara	2/900, 627[1,2]
-, Placidochromis	2/900, 627
Milomobuntbarsch	2/900, 627
miltotaenia, Plataplochilus	**3/452, 498**
-, Procatopus	3/452, 498[6]
„Mimagoniates barberi"	2/254, 3/120, 86[2]
- lateralis	5/42, 87
- microlepis	3/120, 5/45, 86[1], 88[1], 87
mimbon, Aphyosemion	**2/610, 410**
Mimik-Moenkhausia	2/290, 121
mimophyllus, Monocirrhus	1/805, 830[6]
mimus, Plataplochilus	3/454, 499[1]
minchinii, Barbus	3/192, 186[1]
minckleyi, „Cichlasoma"	5/754, 713
Mindouli-Prachtkärpfling	3/490, 417
mineopas, Bryttus	1/796, 796[1]
-, Lepomis	1/796, 796[1]
miniatus, Lepidopomus	2/1016, 795[6]
-, Lepomis	2/1016, 795[6]
-, Zoogoneticus	4/458, 507[3]
Mini-Molly	4/530, 534
„Minihai"	2/434, 251
minima, Cichla	2/1016, 796[5]
minimus, Cynolebias	5/546, 450[4-6]
-, Hyphessobrycon	**4/98, 113**
-, Leptolebias	**5/546, 450**
„Minimus", Parotocinclus sp.	5/394, 342[1]
miniopinna, Betta	5/645, 581[6], 582[1,2]
Minispringbarsch	4/726, 836
Minitetra	4/98, 113
Minnilus notatus	5/198, 226[6]
- rubellus	5/188, 221[1]
Minnow, Rundnasen-	4/194, 202
minor, Heterandria	4/530, 534[3]
-, Hyphessobrycon	1/290, 113
-, Kryptopterus	**1/515, 382**
-, Micropoecilia	**4/530, 534**
-, Pamphorichthys	4/530, 534[3]
-, Poecilia	4/530, 534[3]
minuta, Acara	1/670, 753[1]
-, Rhamaia	3/416, 370[4]
-, Rhamdella	3/416, 370[4]
minutillus, Oryzias	3/579, 868
minutus, Ammocryptocharax cf.	4/118, 78
-, Archicheir	1/344, 141[6]
-, Galaxias	2/1080, 889[5]
-, Imparfinis	**3/416, 370**
-, Schizothorax	5/214, 239[3]
-, Stigmatogobius	4/780, 821[2,3]
miochilus, Barbus	3/186, 181[6]
miolepis, Barbus miolepis	**3/192, 187**
-, Ceratodus	2/206, 37[5]
mionectes, Cyprinodon nevadensis	1/556, 4/432, 478
mirabile, Aphyosemion	**1/536, 410**
-, Exoglossum	5/194, 225[1]
- intermittens, Aphyosemion	4/374, 410, 411
- moense, Aphyosemion	4/376, 411
- traudeae, Aphyosemion	3/478, 411
mirabilis, Gulaphallus	5/1082, 863
-, Phenacobius	5/194, 225
-, Rhamphichthys	1/862, 884[6]
Miralestes voltae	4/40, 53[1]
Misgurnus anguillicaudatus	2/348, 169
- cf. anguillicaudatus	169
- bipartitus	5/112, 169
- dabryanus	5/114, 171[3]
- erikssoni	5/112, 169[2]
- fossilis	1/374, 169
mitrei, Colossoma	2/328, 92[1]
Mittelmeer-Ukelei	4/164, 177
Mittelmeerkärpfling	1/522, 473
Mitternacht-Buntbarsch	3/698, 602
Mitternachtswels	2/442, 255
miurus, Tetraodon	2/1164, 921
mkuziensis, Fundulus	2/666, 434[6]
„Mnanzini", Nothobranchius sp.	4/410, 438[1]
- -Prachtgrundkärpfling	4/410, 438
moae, Apistogramma	**5/697, 741**
moapae, Crenichthys baileyi	**4/446, 489**
Moapa-Quellkärpfling	4/446, 489
Mochocus brevis	5/426, 357[3]
- niloticus	5/426, 357[4]
MOCHOKIDAE	1/501–1/508, 2/527–2/551, 3/395–3/411, 4/310–4/323, 5/424–5/433, 354–366
Mochokiella paynei	**2/528, 357**
Mochokus brevis	**5/426, 357**
- niloticus	5/426, 357
Moderlieschen	1/424, 215
-, Afrikanisches	3/234, 214
-, Goldrücken	5/174, 215
-, Griechisches	5/174, 215
-, Rhodos	5/168, 213
-, Türkisches	5/174, 215
modesta, Botia	1/368, 1/372, 5/107, 165[4,5], 166[3,4]
-, Cyrtocara	5/950, 637[2,3]
-, Gambusia	1/602, 542[1,2]
modestus, Arothron	2/1040, 920[2]

1103

Register

-, Chonerhinus	3/1040, 920	- sp. „Papuan"	4/762, 812
-, Haplochilus	4/360, 497[3]	- spilota	4/762, 812
-, Haplochromis	5/950, 637[2,3]	- variegata	4/764, 812
-, Hemichromis	5/950, 637[2,3]	Mohanga tanganicana	1/566, 498[1]
-, Heros	1/694, 769[3,4]	mohasicus, Barbus	3/182, 179[1]
-, **Hypsopanchax**	4/360, 497	mohasiensis, Barbus	3/182, 179[1]
-, Moroco czekanowski	5/170, 213[5]	- var. paucisquamara,	
-, **Neolamprologus**	2/938, 655	Barbus	3/192, 186[1]
- nyassae, Lamprologus	3/796, 647[4,5]	mohoity, Cobitis fossilis var.	1/374, 169[3]
-, Periophthalmus	1/838, 826[3]	mojarra, Cichlasoma	2/882, 717[4]
-, Platypanchax	4/360, 497[3]	mola, Cyrtocara	3/774, 619[6], 620[1]
-, **Rivulus**	5/595, 464	-, „Haplochromis"	3/774, 619[6], 620[1]
-, **Stigmatochromis**	5/950, 637	-, **Maravichromis**	3/774, 619, 620
-, Tetraodon	3/1040, 920[2]	-, **Metynnis**	3/160, 93
Moema piriana	5/552, 451	-, Myletes	3/160, 93[3,4]
Moenkhausia agassizi	1/302, 120[6]	molestum, Gobiosoma	5/1030, 817[1]
- australis	1/302, 120[6]	molitorella, Cirrhinus	3/250, 199
- bondi	1/264, 104[3]	-, Henicorhynchus	3/250, 199[5]
- ceros	2/284, 117	-, Leuciscus	3/250, 199[5]
- chrysargyrea	4/108, 118	molitrix, Hypophthalmichthys	3/226, 210
- collettii	1/300, 118	-, Leuciscus	3/226, 210[1]
- coma	2/284, 118[4]	Mollienesia caucana	3/614, 538[3]
- **comma**	2/284, 118	- couchiana	2/760, 552[2,3]
- copei	2/286, 118	- dominicensis	4/518, 4/524, 539[4], 541[4]
- dichroura	3/140, 119	- elongata	4/538, 544[4]
- sp. aff. dichroura	5/62, 119	- helleri	1/606, 3/631, 552[6], 553[1,2,4]
- eigenmanni	4/110, 119	- jonesii	3/608, 528[4]
-, Goldbraune	2/290, 120	- latipunctata	3/617, 540[3,4]
- **grandisquamis**	4/110, 119	- occidentalis	3/622, 546[1]
- hemigrammoides	3/142, 119	- petenensis	3/618, 541[5]
- filomenae	1/302, 120[6]	- sphenops	1/602, 3/614, 538[1,2], 542[1,2]
- intermedia	1/300, 119	- - pallida	4/524, 540[5,6]
- sp. aff. intermedia	3/142, 119	- - tropica	4/520, 538[6], 539[1]
- lepidura	2/288, 120	- sulphuraria	4/534, 542[3]
- melogramma	2/288, 120	- surinamensis	4/534, 543[3,4]
-, Mimik-	2/290, 121	- velifera	1/604, 542[6], 543[1]
- naponis	5/68, 120	- latipinna	2/738, 539[6], 540[1]
- phaenota	2/290, 120	- sphenops vandepolli	5/624, 542[4,5]
- pittieri	1/302, 120	- surinamensis	2/744, 543[2]
- profunda	1/264, 104[3]	Mollienisia elegans	4/520, 538[5]
-, Rotaugen-	1/302, 120	mollis, Achirus achirus	5/984, 903[6], 904[1]
-, Schwanzfleck	3/140, 119	-, Pleuronectes	5/984, 903[6], 904[1]
- sanctaefilomenae	1/302, 120	Molly, Black	1/602, 542
- simulata	2/290, 121	-, Blauband-	4/520, 538
- ternetzi	1/262, 104[2]	-, Butler-	3/612, 537
moense, Aphyosemion	4/376, 411[2]	-, Cauca-	3/614, 538
-, - mirabile	4/376, 411	-, Costa Rica-	4/520, 538, 539
moeruensis, Aplocheilichthys	3/440, 493	-, Dominika-	4/518, 541
-, Gnathonemus	4/810, 897[2]	-, Gills	4/520, 538, 539
-, Haplochilichthys	3/440, 493[6]	-, Hispaniola-	4/524, 539
-, Haplochilus	3/440, 493[6]	-, Maylands	4/524, 540
-, Micropanchax	3/440, 493[6]	-, Mini-	4/530, 534
Moeru-Leuchtaugenfisch	3/440, 493	-, Petén-	3/618, 541
Mogurnda adspersa	3/962, 811	-, Schwefel-	4/534, 542
- australis	2/1064, 807[5]	-, Schwertschwanz-	3/618, 541
mogurnda, Eleotris	2/1070, 811[5]	-, Venezuela-	4/522, 539
Mogurnda kutubuensis	4/756, 811	-, Vielstreifen-	4/524, 540
- mogurnda	2/1070, 811	Mond-Scheibensalmler	2/330, 4/136, 94
- nesolepis	4/758, 811, 812	mondabu, Lamprologus	4/646, 655[4]
- pulchra	4/760, 812	-, **Neolamprologus**	2/938, 4/646, 655[2,3], 655

1104

Register

Mondabu-Tanganjikasee
 -Buntbarsch 4/646, 655
Mondährenfisch 5/1002, 853
Mondfinsternis-Stachelwels 5/448, 379
Mondplaty, Goldener 1/611, 558
Mondsalmler, Afrikanischer 3/94, 4/24, 48
Mondschein-Fadenfisch 1/646, 592
- Gurami 1/646, 592
mongolicus, Culter 3/207, 203[5]
-, *Erythroculter* 3/207, 203
Mongolische Rotfeder 3/207, 203
Moniana couchi 1/428, 220[5]
- *gibbosa* 1/428, 220[5]
- *jugalls* 1/428, 220[5]
- *laetabilis* 1/428, 220[5]
- *leonina* 1/428, 220[5]
- *pulchella* 1/428, 220[5]
- *rutila* 1/428, 220[5]
„*monicae*", *Barbus* 5/130, 185[4]
monikae, Aplocheilichthys 4/354, 495[6]
Monistiancistrus carachama 3/376, 5/410, 313[5,6], 314[6], 347[1,3], **336**
monkei, Clarias 4/263, 301[2]
Monocirrhus mimophyllus 1/805, 830[6]
- *polyacanthus* 1/805, 830
monoculus, Cichla 2/856, 5/750, 750[6], **750**
MONODACTYLIDAE 1/788, 1/804, 2/1034, 829
Monodactylus argenteus 1/804, 829
- *rhombeus* 1/804, 829[5]
- *sebae* 2/1034, 829[6]
monodi, Gavialocharax 4/57, 57[5]
-, *Ichthyborus* 4/57, 57
-, *Tilapia* 2/978, 694[1]
monogramma, Crenicichla 5/960, 779[1]
-, *Teleocichla* 5/960, 779
-, *Teleocichla* cf. 5/964, 779[3]
Monopterus albus 2/1158, **918**
- *javanensis* 2/1158, 918[5]
- *javanicus* 2/1158, 918[5]
Monotretus cutcutia 3/1040, 920[6]
- *travancorius* 5/1105, 922[5]
Monrovia-Prachtkärpfling 3/480, 419
monroviae, Aphyosemion 3/480, 419[3,4]
-,*Callopanchax* 3/480, 419
-, *Roloffia* 3/480, 419[3,4]
Monster-Fächerfisch 5/524, 445
monstrosa, Pseudorasbora 2/406, 227[6]
monstrosus, Benthophilus 3/978, 814[6]
-, *Cynolebias* 5/524, 445
montalbani, Vaimosa 4/780, 821[2,3]
montana, Cobitis 5/94, 159[4]
-, *Poecilia* **4/518, 541**
-, *Schistura* **5/94, 159**
montanus, Schistura 5/94, 159[4]
-, *Tylognathus* 3/230, 211[1]
monteiri, Eleotris 5/1012, 807[4]
Monterrey-Platy 2/760, 552
- - „Apodoca" 2/761, 552
Montezuma-Schwertträger 1/612, 560

montezumae birchmanni, Xiphophorus 3/633, 551[2,3]
- *cortezi, Xiphophorus* 2/758, 3/632, 551[6], 552[1], **560**
- *montezumae, Xiphophorus* 1/612, 3/632, 4/560, 560[5], 561[4-6]
-, *Xiphophorus* 1/612, 2/774, 4/560, 561[4-6], **560**
monticola, Melanotaenia 3/1018, 860
montiregis, Cliola 1/428, 220[5]
mooreh, Canthophrys 2/348, 151[1]
Moores Stachelaal 2/1105, 916
moori,
 Aethiomastacembelus cf. 5/1060, 915
-, *Afromastacembelus* 5/1060, 915[4]
-, *Mastacembelus* 5/1060, 915[4]
moorii, Afromastacembelus 2/1105, 916
-, *Barilius* 3/254, 229[2]
-, *Clarias* 4/265, 301[5,6]
-, *Cyrtocara* 1/718, 611
-, *Gephyrochromis* 2/908, 613
-, *Haplochromis* 1/718, 611[6]
-, *Lamprologus* 2/938, 671[4-6]
-, *Mastacembelus* 2/1105, 916[2]
-, *Neochromis* 2/938, 671[4-6]
- *nigrofasciatus,*
 Mastacembelus 2/1105, 916[2]
-, *Raiamas* 3/254, 229
Moorii, Sattelfleck- 2/1004, 667
-, Schoko- 2/1004, 667
moorii, Tropheus 1/782, 2/1004, 2/1005, 3/896, 667[2,3], **667–670**
-, *Variabilichromis* 2/938, 671
Moorkarpfen 1/410, 197
Moosbarbe 1/363, 1/400, 193
Mopskopf-Kärpfling 5/556, 452
moralesi, Leporinus 4/60, 69
Moresby-Tüpfelgrundel 4/760, 812
morleti, Botia 1/368, 5/107, 165
Mormonen-Quellkärpfling 4/448, 489
MORMYRIDAE 1/817, 1/854, 2/1142–2/1147, 3/1020–3/1024, 4/802–4/819, 5/1064–5/1073, **893–900**
Mormyrops anguilloides voltae 4/810, 897[3]
- *boulengeri* 5/1068, 897[5]
- *curviceps* 4/810, 897[3]
- *deliciosus* 4/810, 897[3]
- *henryi* 4/808, 896[4]
- *macrolepidotus* 4/810, 897[2]
- ***anguilloides*** **4/810, 897**
- *curtus* **4/812, 897**
- *tubirostris* 5/1068, 897[5]
Mormyrus adspersus 4/818, 900[2]
- *anguilloides* 4/810, 897[3]
- *bane* 5/1070, 898[6]
- ***boulengeri*** 5/1068, **897**
- *bovei* 2/1146, 899[1]
- ***bozasi*** **4/812, 897**
- *brachyistius* 2/1142, 5/1064, 893[6], 896[5]

1105

Register

- *bumbanus* 4/814, 898[1]
- **caballus** **4/814, 898**
- - *bumbanus* 4/814, 898[1]
- - *lualabae* 4/814, 898[1]
- *catostomus* 2/1146, 899[2]
- **caschive** **4/814, 898**
- *cobitiformis* 4/808, 896[4]
- *curvifrons* 4/814, 898[1]
- *cyprinoides* 5/1070, 898[6]
- *dendera* 4/810, 897[3]
- *dequesne* 5/1070, 898[6]
- *discorhynchus* 4/806, 895[5]
- *ehrenbergii* 5/1070, 898[6]
- *geoffroy* 4/814, 898[2]
- *habereri* 4/814, 898[1]
- *henryi* 4/808, 896[4]
- *herse* 4/810, 897[3]
- *hildebrandi* 4/814, 898[2]
- *isidori* 4/818, 900[3]
- *jae* 4/814, 898[1]
- *joannisii* 5/1070, 898[6]
- *jubelini* 3/1022, 4/814, 898[2,5]
- **karinume** **3/1020, 898**
- *lhuysi* 4/802, 894[2]
- *longipinnis* 4/814, 898[2]
- *longirostris* 4/814, 898[2]
- *macrolepidotus* 2/1144, 4/810, 897[1,2]
- *microcephalus* 5/1064, 893[6]
- *niger* 4/802, 894[2]
- *niloticus* 4/814, 898[2]
- *oxyrhynchus* 4/814, 898[2]
- *petersii* 1/854, 895[3]
- *pictus* 4/806, 896[1]
- **proboscirostris** 3/1022, **4/816, 898**[5], **898**
- *psittacus* 5/1068, 896[2]
- **rume proboscirostris** 3/1022, 4/816, 898[4], **898**
- *simus* 3/1022, 899[6]
- *swanenburgi* 4/810, 897[3]
- *tamandua* 1/854, 4/804, 895[1,2]
- *tenuicauda* 3/1022, 899[6]
- *zambanenje* 4/810, 897[3]
- Moroco czekanowski modestus 5/170, 213[5]
- - *percnurus* 4/214, 225[6]
- Moronopsis rupestris 2/1028, 828[2]
- morpha eurystomus, Schizothorax intermedius 5/214
- morrisoni, Opsariichthys 5/188, 221[6]
- morrowi, Liosomadoras 2/494, 306[2,3]
- -, **Rineloricaria** **3/390, 350**
- Morsebarbe 5/138, 192
- Morulius chrysophekadion 1/426, 210[6]
  - *dinema* 1/426, 210[6]
  - *eryhrostictus* 1/426, 210[6]
  - *pectoralis* 1/426, 210[6]
- Mosaik-Harnischwels 4/274, 321
- - -Springbarsch 4/728, 836
- Mosaikfadenfisch 1/644, 592

- mosal, Barbus 3/270, 240[6]
- -, Cyprinus 3/270, 240[6]
- Mosambik-Maulbrüter 1/768, 694
- Moskitorasbora 3/262, 230
- mossambica, Tilapia 1/768, 694[3]
- mossambicus, Chromis 1/768, 694[3]
- -, Clarias 4/265, 301[5,6]
- -, **Oreochromis** **1/768, 694**
- -, Sarotherodon 1/768, 694[3]
- **motaguense, „Cichlasoma"** **3/740, 713**
- -, Cichlosoma 3/740, 713[6]
- motaguensis, Astronotus 3/740, 713[6]
- -, Heros 3/740, 713[6]
- -, Parapetenia 3/740, 713[6]
- -, Pimelodus 3/420, 375[4]
- motoro, Ellipesurus 2/219, 35[5]
- -, Paratrygon 2/219, 35[5]
- -, **Potamotrygon** **2/219, 5/10, 35**
- -, Raja 2/219, 35[5]
- -, Taeniura 2/219, 35[5]
- mouhoti, Chela 2/378, 198[4]
- Mudminnow, Central 1/870, 874
- -, Eastern 1/870, 874
- muelleri", „Aphyosemion 1/580, 398[3]
- -, Chalcinus 2/250, 78[1]
- -, Leporinus 4/60, 69[3]
- -, **Orestias** **5/503, 482**
- -, Paragoniates 1/252, 89[4]
- -, Silurus 2/578, 383[6]
- „Mugeta", Nothobranchius sp. 4/410, 436[3]
- Mugil ashanteensis 5/1076, 887[6]
- - auratus 5/1075, 887[5]
- - canaliculatus 5/1075, 887[5]
- - cephalotus 5/1076, 887[6]
- - **cephalus** **5/1076, 887**
- - corusla 5/1078, 888[1,2]
- - dumerili 5/1075, 887[5]
- - hoefleri 5/1075, 887[5]
- - oeur 5/1076, 887[6]
- MUGILIDAE **5/1074–5/1079, 888**
- MUGILIFORMES 887, 888
- Mugilogobius adeia 4/772, 822
- - **chulae** **3/990, 822**
- - **inhacae** **3/990, 822**
- - **valigouva** **5/1034, 823**
- mugiloides, Eleotris 1/832, 3/958, 806[4,5]
- Mugilostoma gobio 3/980, 815[4,5]
- Mühlkoppe 3/947, 912
- Mühlsteinsalmler 1/356, 94
- -, Brauner 3/162, 93
- -, Goldener 4/138, 94
- **muksun, Coregonus** **4/749, 907**
- mülleri, Hypopomus 5/992, 884[5]
- -, Rhamphichthys 5/992, 884[5]
- -, Taeniura 2/219, 35[5]
- -, Trygon 2/219, 35[5]
- Müllers Andenkärpfling 5/503, 482
- multiaentatus, Fitzroyia 2/702, 504[6]
- multicolor, Aphyosemion 1/525, 2/610, 398[4,5]

Register

-, - bivittatum	2/610, 398[4,5]	multispinis, Anabas	2/790, 3/638, 569[6], 570[1]
-, Fundulopanchax	2/610, 398[4,5]	-, Ctenopoma	2/790, 3/638, 569, 570
-, Haplochromis	1/754, 697[5]	multispinnis, Ctenopoma	3/638, 569[6], 70[1]
-, Hemihaplochromis	1/754, 697[5]	multispinosa, Crenicichla	5/780, 759
-, Paratilapia	1/754, 697[5]	-, Herotilapia	1/724, 718
-, Pseudocrenilabrus	1/754, 697	multispinosus, Heros	1/724, 718[5]
- victoriae, Pseudocrenilabrus	5/913, 697	multisquamata, Lomanetia	2/1114, 856[2-4]
multidentata, Lebias	2/702, 504[6]	-, Melanotaenia	2/1114, 4/790, 856[2-4]
multidentatus, Cyprinodon	2/702, 504[6]	-, Nematocentris	2/1114, 856[2-4]
multifasciata, Adinia	1/521, 483	multisquamatus, Glossolepis	2/1114, 4/790, 856
-, Botia	4/152, 164[2]	multivalvulus, Electrophorus	1/831, 883[5]
-, Ctenopoma	1/622, 569[5]	munda, Galaxiella	2/1084, 890
- macrostoma, Tilapia	4/682, 699[1]	munensis, Epalzeorhynchus	2/388, 203
-, Parapetenia	2/869, 710[6]	„Munyenze", Nothobranchius sp.	3/510, 431[5,6]
-, **Selenotoca**	5/982, 840		
multifasciatus, Aplocheilus	4/390, 425[6]	Muraena alba	2/1158, 918[5]
-, Ephippus	1/810, 840[5]	- anguilla	3/935, 849[2]
-, **Epiplatys**	4/390, 425	- gracilis	5/1080, 849[5]
-, - sexfasciatus	4/390, 425[6]	- lumbricus	2/1158, 918[6]
-, Haplochilus	4/390, 425[6]	- punctata	5/1080, 849[5]
-, **Hemigrammocharax**	5/26, 57	- tile	5/1080, 849[5]
-, Hollandichthys	2/292, 123[5]	- vermiculata	5/1080, 849[5]
-, Hydrargira	2/656, 484[2]	**MURAENIDAE**	5/1080, 849
-, Lamprologus	3/817, 655[5]	muraeniformis, Acantophthalmus	5/114, 170[5]
-, Nannocharax	5/26, 57[4]		
-, **Neolamprologus**	3/817, 655	-, Pangio	5/114, 170
-, Panchax	4/390, 425[6]	Muraenophis tile	5/1080, 849[5]
-, **Pseudochalceus**	2/292, 123	Muränen	849
-, Scatophagus	1/810, 840[5]	- -Dornauge	5/114, 170
-, Tetragonopterus	2/292, 123[5]	murica, Doras	2/498, 308[3]
multilineata, Curimata	1/320, 129[2]	muricus, Doras	2/498, 308[3]
-, Poecilia	2/738, 539[6], 540[1]	muriei, Anabas	1/623, 570[2]
multilineatus, Barbus	4/180, 187	-, Ctenopoma	1/623, 570
-, **Cyphocharax**	1/320, 129	murinus, Bryttus	1/796, 796[1]
-, **Xiphophorus**	4/558, 561	-, Lepomis	1/796, 796[1]
multimaculata, Lebiasina	2/320, 140	Murray Cod	2/1038, 841
multimaculatus, Corydoras sp. aff.	4/248, 283	**mursa, Barbus**	5/214
		mustax, Lamprologus	2/941, 655[6]
-, Synodontis	3/406, 364[3]	-, **Neolamprologus**	2/941, 655
multipunctata, Goodea	3/594, 4/470, 512[2-4]	mustela, Gadus	4/768, 875[6]
-, **Skiffia**	3/594, 4/470, 512	Mustela mustela	4/768, 875[6]
multipunctatum, Xenendum	3/594, 4/470, 512[2-4]	mustelinus, Heptapterus	5/436, 370
		-, Pimelodus	5/436, 370[2]
multipunctatus, Ollentodon	3/594, 4/470, 512[2-4]	mustellaris, Gaidropsarus	4/768, 875
		musumbi, Barbus	4/182, 188
-, **Synodontis**	2/542, 362	Musumbi-Barbe	4/182, 188
multiradiata, Glaniopsis	2/428, 154	mutatum, Boleosoma	3/920, 836[3]
multiradiatus, Ancistrus	1/496, 334[3]	**mutisii, Eremophilus**	4/337, 388
-, **Brochis**	2/458, 270	Muzquiz-Platy	4/557, 560
-, Chaenothorax	2/458, 270[2]	**myaposae, Aplocheilichthys**	3/440, 494
-, Characodon	2/706, 509[1]	-, Haplochilichthys	3/440, 494[1]
-, **Girardinichthys**	2/706, 509	-, Haplochilus	3/440, 494[1]
-, Hypostomus	1/496, 334[3]	-, Micropanchax	3/440, 494[1]
-, **Liposarcus**	1/496, 334	Myers Barbensalmler	3/150, 129
- var. alternans, Ancistrus	2/514, 334[2]	- Fächerfisch	5/526, 445
multispine, Ctenopoma	2/790, 569[6], 570[1], 3/638	**myersi, Aplocheilichthys**	4/352, 494
		-, Austrofundulus	2/630, 440[2,3]
multispines, Spirobranchus	3/638, 569[6], 570[1]	-, Brittanichthys	3/116, 83

1107

Register

-, *Caquetaia*	5/740, 749
-, *Carnegiella*	1/324, 132
-, *Congopanchax*	4/352, 494[2]
-, *Corydoras*	4/256, 287[4-6]
-, *Curimatopsis*	3/150, 129
-, *Cynolebias*	5/526, 445
-, *Gambusia*	4/482, 521[1,2]
-, *Pangio kuhlii*	1/364, 170
-, *Petenia*	5/740, 749[6]
-, *Rasbora*	1/438, 231[2]
mykiss, *Oncorhynchus*	3/1030, 908
(Myleocollops) argenteus, Metynnis	4/136, 92
Mylesinus macropterus	2/328, 91[6]
- *schomburgkii*	2/332, 94[4]
Myletes baremoze	5/18, 47[1]
- *bidens*	2/328, 92[1]
- *brachypomus*	2/328, 92[1]
- *duriventris*	1/356, 4/138, 94[5,6]
- *edulis*	2/328, 92[1]
- *guile*	2/224, 47[4]
- *hasselquistii*	5/18, 47[1]
- *hypsauchen*	1/352, 92[5,6]
- *imberi*	1/216, 47[2]
- *lippincottianus*	1/354, 93[2]
- *maculatus*	3/160, 93[3]
- *mola*	3/160, 93[4]
- *nigripinnis*	1/350, 92[2]
- *nurse*	2/224, 47[4]
- *oculus*	1/350, 92[2]
- *orinocensis*	1/352, 92[5,6]
- *palomet*	2/332. 94[4]
- *schreitmülleri*	1/352, 92[5,6]
Myleus arnoldi	3/162, 93[5]
- *divaricatus*	3/162, 93[6]
- *doidyxoaon*	3/162, 93[6]
- *gurupyensis*	3/162, 93
- *luna*	2/330, 4/136, 94[1,2]
- *maculatus*	3/162, 93[5]
- *pacu*	3/162, 93
- *rubripinnis luna*	2/330, 4/136, 94
- - *rubripinnis*	1/354, 94
- *schomburgkii*	2/332, 94
- *setiger*	3/162, 93[6]
- *trilobatus*	3/162, 93[6]
- *unilobatus*	3/162, 93[6]
Mylochromis anaphyrmus	4/640, 622
- *lateristriga*	5/872, 622
Myloplus asterias	1/354, 94[3]
- *ellipticus*	1/354, 94[3]
- *gurupyensis*	3/162, 93[5]
- *luna*	2/330, 4/136, 94[1,2]
- *rubripinnis*	1/354, 94[3]
- *schomburgkii*	2/332, 94[4]
Mylossoma albicopus	1/356, 94[6]
- *argenteum*	1/356, 94[6]
- *aureum*	4/138, 94
- *duriventre*	1/356, 94
- *herniearus*	4/138, 94[5]
- *ocellatus*	1/356, 94[6]
- *unimaculatus*	1/356, 4/138, 94[5,6]
myriodon, Aposturisoma	4/278, 322
myrnae, Pterobrycon	2/256, 88
mysorius, Perilampus	1/416, 201[3]
Mystacoleucus marginatus	3/244, 219
Mystus argentivittatus	5/244, 264
- cf. *armatus*	2/452, 264
- *ascita*	1/510, 373[2]
- *atrifasciatus*	1/456, 265[2]
- *bimaculatus*	1/456, 264
- *bleekeri*	3/318, 264
- *chitola*	2/1150, 900[6]
- *mica*	3/320, 264
- *nemurus*	2/454, 265
- *nigriceps*	3/318, 264
mystus, *Schilbe*	1/514, 380[4]
-, *Silurus*	1/514, 380[4]
Mystus vittatus	1/456, 265
- *wikii*	3/320, 265[3]
- *wyckii*	3/320, 265[3]
- *wykii*	3/320, 265[3]
Myxocyprinus asiaticus asiaticus	4/202, 219
- *asiaticus nankinensis*	4/202, 219[6]
Myxostoma claviformis	2/337, 161[6]
- *oblongum*	2/337, 161[6]
- *trisignatum*	3/165, 161[5]
Myxostomus campbelli	2/337, 161[6]
- *kennerlyi*	2/337, 161[6]
- *tenue*	2/337, 161[6]

N

-, N.S.C.-14, *Rivulus*	5/592, 463[3]
Nachtsalmler	1/320, 145
Nackenbindenbuntbarsch	1/668, 729
Nacktaalartige	882
Nackenfleckkärpfling	1/544, 496
Nackte Grundel	5/1030, 817
Nackthals-Grundel	3/995, 818
Nacktlaube	2/424, 239
Nacktrücken-Messeraale	883
Nacktschuppenkärpfling	2/585, 472
Nadel-Flossenfresser	2/228, 55
Nadelkärpfling	2/720, 519
Nadelstich-Riesenbarsch	4/726, 836
Nadelstreifen Bartwels	2/524, 352
Nadelwels, Gemeiner	1/488, 326
-, Kleiner	1/488, 326
Naevochromis chrysogaster	5/874, 623
nagyi, Parosphromenus	3/666, 528
Nagys Prachtgurami	3/666, 588
Nahtbarbe	1/402, 195
Nahtmolly	3/617, 540
nairobiensis, Barbus	3/194, 188[3]
namiri, Barbatula	3/284, 153
nana, Hasemania	1/264, 104
-, *Kribia*	4/756, 805
Nanacara taenia	1/744, 773[2]

1108

Register

Nanderbarsch 1/788, 1/806, 831
-, Streifen 3/912, 831
-, Tiger- 3/912, 831
Nanderbarsche 2/1035, 3/911–3/913, 830, 831
Nanderbuntbarsch 1/732, 641
NANDIDAE 1/788, 1/805–1/807, 2/1035, 3/911–3/913, 830, 831
nandioides, Catopra 3/912, 831[5,6]
nandoides, Catopra 3/912, 831[5,6]
Nandopsis haitiensis 5/876, 781
nandus, Coius 1/806, 831[1]
Nandus marmoratus 1/806, 831[1]
- nandus 1/806, 831
- nebulosus 2/1035, 831
nankinensis, Myxocyprinus asiaticus 4/202, 219[6]
Nannacara adoketa 5/878, 772, 773
- anomala 1/744, 773
- [„Aequidens"] hoehnei 4/640, 5/880, 773
- aureocephalus 3/804, 773
- taenia 5/882, 773, 774
Nannaethiops angustolinea 4/54, 62[1]
- tritaeniatus 2/230, 61[6]
- unitaeniatus 1/228, 3/96, 4/54, 61[4,5], 62[1], 58
Nannatherina balstoni 2/1030, 833
Nannobrycon eques 1/340, 140
- unifasciatus 1/340, 140
Nannocharax ansorgei 5/28, 58
- ansorgii 2/230, 4/46, 59[4]
- brevis 4/46, 58
- fasciatus 1/230, 58
- latifasciatus 4/46, 59
- macropterus 4/48, 59
- micros 2/230, 59[4,5]
- multifasciatus 5/26, 57[4]
- niloticus gracilis 4/48, 59[3]
- - occidentalis 4/48, 59[3]
- - tchadiensis 4/48, 59[3]
- occidentalis 4/48, 59
- parvus 2/230, 5/29, 59
- procatopus 5/30, 59
- seyboldi 5/30
- shariensis 4/54, 62[1]
- sp. cf. *fasciatus* 5/30, 60
Nannochromis nudiceps 5/884, 5/886, 692[6], 693[1]
Nannoperca australis 2/1030, 833
- obscura 2/1027, 832[5]
- oxleyana 2/1032, 833
Nannopetersius altus 3/92, 53[5]
- ansorgei 3/94, 53[6]
Nannorhamdia longicauda 3/416, 370[3]
Nannostomus anduzei 4/134, 141
- anomalus 1/342, 141[6]
- aripirangensis 1/342, 141[2]
- beckfordi 1/342, 141
- bifasciatus 1/342, 141

- cumuni 1/344, 141[6]
- digrammus 2/322, 141
- eques 1/340, 140[5]
- espei 1/344, 141
- harrisoni 1/344, 141
- kumirii 1/344, 141[6]
- marginatus 1/346, 142
- marylinae 3/157, 142
- nitidus 5/78, 142
- simplex 1/342, 141[2]
- trifasciatus 1/346, 142
- trilineatus 1/346, 142[4]
- unifasciatus 1/340, 140[6]
Nanochromis caudifasciatus 2/954, 692
- cavalliensis 4/638, 689[2]
- dimidiatus 1/744, 5/884, 692
- gabonicus 4/662, 695[5]
- longirostris 3/840, 695[6]
- nudiceps 1/746, 5/886, 693[2], 693
- parilus 1/746, 693
- robertsi 2/956, 693
-, Silberfleck- 3/806, 693
- sp. „Kisangani" 3/806, 693
- squamiceps 5/886, 693
- transvestitus 2/956, 681
nanoluteus, Archocentrus 4/590, 714[1]
-, „*Cichlasoma*" 4/590, 714
nanomycon, Catostomus 4/148, 161[3]
nanum, Ctenopoma 1/623, 5/638, 571[5,6], 572[3,4]
-, Microctenopoma 1/623, 572
nanus, Anabas 1/623, 572[4]
-, Cynolebias 5/544, 450[2]
-, Eleotris 4/756, 805[1]
-, Hemigrammus 1/264, 104[4]
-, Leptolebias 5/544, 450[2]
Napo-Panzerwels 1/474, 3/338, 283
napoensis, Corydoras 1/474, 3/338, 283
naponis, Moenkhausia 5/68, 120
Napotta 3/170, 174
narayani, Barbus 2/374, 188
narcissus, Corydoras 4/250, 283
Nariño-Kärpfling 4/548, 548
Narziß-Panzerwels 4/250, 283
nasa, Cruxentina 3/148, 128[3]
-, Curimata 3/148, 128
nasalis, Gobius 2/1096, 820[5]
Nasen-Barbensalmler 3/148, 128
- -Saugbarbe 3/214, 206
Nasenbuntbarsch 2/960, 659
Nasenharnischwels 5/340, 328
nassa, Acara 2/812, 729[3]
-, Acaronia 2/812, 729
-, Acaropsis 2/812, 729[3]
Nasus dahuricus 5/152, 202[4]
nasus, Parodon 2/318, 136[5]
nasuta, Garra 3/214, 206
-, Ophthalmotilapia 2/960, 659
-, Platycara 3/214, 206[1]
nasutus, Argyreus 2/424, 235[2]

1109

Register

-, Leuciscus	2/424, 235[2]
-, Ophthalmochromis	2/960, 659[6]
-, Rhinichthys	2/424, 235[2]
„Nataisedawak", Betta foerschi	4/570, 579
natalensis, Pseudocrenilabrus	3/850, 683[1]
-, Tilapia	1/768, 694[3]
natalis, Ameiurus	5/308, 311
-, Ictalurus	5/308, 311[2]
-, Pimelodus	5/308, 311[2]
-, Silurus	5/308, 311[2]
nattereri, Aphyocharax	1/284, 2/244, 75[2]
-, **Copella**	1/334, 139
-, **Corydoras**	4/250, 283
-, Pygocentrus	1/356, 95[3,4]
-, Pyrrhulina	1/334, 139[4]
-, Rooseveltiella	1/356, 95[3,4]
-, **Serrasalmus**	1/356, 95
-, Umbra	3/1044, 874[4]
Natterers Sägesalmler	1/356, 95
ndelensis, Epiplatys	2/644, 422[2]
Ndian-Prachtkärpfling	3/482, 411
ndianum, **Aphyosemion**	3/482, 411
neavii, Barilius	2/408, 221[5]
Nebelbarsch	2/1035, 831
Nebelbuntbarsch	4/666, 720
nebulifer, Heros	4/666, 720[5]
-, **Paraneetroplus**	4/666, 720
-, Theraps	4/666, 720[5]
nebulifera, Chromis	4/666, 720[5]
nebulosa, Botia	2/348, 151[1]
nebulosum, Ctenopoma	5/636, 570
nebulosus, Ameiurus	3/360, 311
-, Amiurus	3/360, 311[3]
-, Bedula	2/1035, 831[2]
-, Doras	2/498, 308[5]
-, Ictalurus	3/360, 311[3]
-, - nebulosus	3/360, 311[3]
- marmoratus, Ictalurus	3/360, 311[3]
-, **Nandus**	2/1035, 831
- nebulosus, Ictalurus	3/360, 311[3]
-, Pimelodus	3/360, 311[3]
Neetroplus bocourti	5/838, 718[6]
- carpintis	1/724, 3/788, 710[1,2], 719[1]
- fluviatilis	2/958, 720[1,2]
- **nematopus**	2/958, 720
- nicaraguensis	2/958, 720[1,2]
- panamensis	3/742, 714[6], 715[1]
- tuba	4/698, 725[1]
nefasch, Characinus	4/45, 56[6]
Negambassis apogonoides	4/714, 789[3,4]
Negro-Buntbarsch	3/704, 605
neilgherriensis, Rasbora	2/414, 230[6]
nelsoni, Platypoecilus	3/612, 537[6]
Nemacheilus abyssinicus	4/144, 156
- aureus	2/348, 151[1]
- **binotatus**	3/274, 156
- brandti	3/282, 152[5]
- bureschi	5/84, 152[6]
- compressirostris	3/274, 152[4]
- dorsalis	2/350, 156[5]
- **fasciatus**	2/350, 156
- flavus	5/96, 157[4]
- insignis	3/282, 153[2]
- kangrae	5/92, 5/94, 159[4], 157
- kessleri kessleri	3/278, 159[2]
- kuschakewitschi	3/278, 160[4]
- labiatus	3/280, 153[3]
- mackenziei	2/348, 151[1]
- **merga**	5/94, 157
- **notostigma**	2/352, 5/100, 159[5], 157
- oxianus	5/96, 157
- pantherus	3/284, 153[5]
- pardalis	5/96, 157
- robustus	4/154, 166[1]
- rubidipinnis	5/84, 151[3]
- - mandalayensis	2/348, 151[1]
- sargadensis	5/102, 160[1]
- savona	4/147, 157
- selangoricus	2/352, 158
- sibiricus	3/274, 152[4]
- sinuatus	2/348, 151[1]
- spilotus	5/98, 160[2]
- **stoliczkai**	2/354, 158
- **strauchi**	2/354, 158
- urophthalmus	2/348, 3/276, 151[1,2]
- „zebra"	5/94, 159[4]
- zonalternans	5/84, 151[3]
Nemachilus angorae	3/280, 152[1]
- barbatulus	1/376, 152[2]
- bergianus	3/280, 152[1]
- bipartitus	5/112, 169[2]
- brandti var. oxiana	5/96, 157[4]
- compressirostris	1/376, 152[2]
- cristatus	5/86, 153[1]
- fasciatus	2/350, 156[6]
- kuiperi	2/352, 158[1]
- melapterurus	5/86, 153[1]
- longicauda	5/96, 5/86, 153[1], 157[5]
- - longicaudus	3/286, 158[5]
- notostigma	2/352, 157[3], 158[2]
- oxianus natio zerarschani	5/96, 157[4]
- pechilensis	1/376, 152[2]
- persa	3/280, 152[1]
- sargadensis	5/102, 160[1]
- - turcmenicus	5/102, 160[1]
- sibiricus	1/376, 152[2]
- sturanyi	1/376, 152[2]
- translineatus	2/352, 158[1]
Nemasiluroides furcatus	2/574, 380[1]
Nematobrycon amphiloxus	1/304, 121[2,3]
- **lacortei**	1/304, 121
- palmeri	1/304, 121
Nematocentris fluviatilis	1/850, 858[3]
- maccullochi	1/852, 3/1016, 859[5,6], 860[1]
- multisquamata	2/1114, 856[2-4]
- nigra	2/1124, 860[3]
- novaeguineae	2/1122, 858[5]
- rubrostriatus	2/1128, 862[1]
- sexlineata	3/1016, 859[5,6], 860[1]

Register

- species 2 2/1122, 858[6]
- splendida 1/852, 862[2]
- tatei 3/1018, 862[3]
- winneckei 3/1018, 862[3]
Nematocentrus sexlineatus 4/800, 861[3]
Nematocharax venustus 5/70, 121
Nematogobius maindroni 4/772, 818
Nematolosa erebi 2/1062, 872
Nematopoma searlesi 1/250, 86[4]
nematopus, Neetroplus 2/958, 720
Nematocentris praecox 4/796, 861[2]
nematurus, Chalcinus 1/244, 77[5]
-, Triportheus 1/244, 77[5]
nemopterus, Gymnocorymbus 1/254, 96[5]
nemurus, Bagrus 2/454, 265[1]
-, Hemibagrus 2/454, 265[1]
-, Macrones 2/454, 265[1]
-, **Mystus** 2/454, 265
-, **Pseudostegophilus** 4/338, 388
Neoarius australis 3/297, 251[2]
Neoatherina australis 4/800, 861[4,5]
Neobola argentea 5/204, 234[6]
- spinifer 3/246, 219[1]
Neoborus ornatus 3/99, 57[6]
- quadrilineatus 4/58, 58[1]
Neoceratodus forsteri 2/206, 37
Neochromis moorii 2/938, 671[4-6]
- neodon 4/686, 684[4]
- nigricans 2/960, 681
- simotes nyassae 3/694, 676[6]
neodon, Neochromis 4/686, 684[4]
-, **Schwetzochromis** 4/686, 684
Neofundulus ornatipinnis 5/554, 451
- paraguayensis 5/554, 451
- paraguayensis 5/554, 5/556, 451[4,6]
- parvipinnis 5/556, 451
Neogobius cephalarges
　　constructor 3/992, 818
- eurycephalus 5/1036, 818
- fluviatilis 3/992, 818
(-) -, Gobius 3/992, 818[4,5]
- - gymnotrachelus 3/995, 818
- - macrophthalmus 5/1036, 819
- - kessleri 3/996, 819
- - gorlap 3/996, 819[2]
- - kessleri 3/996, 819[2]
- - melanostomus 3/996, 819
- - affinis 3/996, 819[3]
- - ratan goebeli 4/774, 819
- - ratan 4/774, 819
Neoheterandria elegans 4/514, 535
- umbratilis 2/752, 550[4]
Neolamprologus bifasciatus 4/642, 651
- boulengeri 3/808, 5/893, 651
- brevis 2/922, 651
- brichardi 1/732, 652
- buescheri 3/808, 652
- caudopunctatus 3/812, 652
- christyi 3/812, 652
- cylindricus 3/814, 652

- falcicula 5/888, 652, 653
- fasciatus 2/930, 653
- furcifer 2/932, 653
- gracilis 5/891, 653
- hecqui 5/892, 653
- kiritvaithai 3/808, 651[4]
- kungweensis 3/814, 653, 654
- leleupi 1/734, 654
- leloupi 4/644, 654
- longior 2/932, 654
- marunguensis 3/822, 4/644, 654
- meeli 2/934, 655
- modestus 2/938, 655
- mondabu 2/938, 4/646, 655[2,3], 655
- multifasciatus 3/817, 655
- mustax 2/941, 655
- niger 4/648, 656
- nigriventris 4/648, 656
- obscurus 3/819, 656
- pectoralis 4/650, 656
- pleuromaculatus 3/820, 657
- pulcher 3/822, 657
- savoryi savoryi 2/944, 657
- sexfasciatus 2/946, 4/652, 657
- signatus 4/632, 648[4,5]
- similis 4/654, 657
- sp. „daffodil" 2/925, 658
- - „magarae" 2/936, 658
- splendens 4/654, 658
- tetracanthus 1/734, 658
- tretocephalus 1/736, 658
- variostigma 5/894, 659
- ventralis 5/894, 659
- „walteri" 3/822, 654[5]
- wauthioni 2/946, 659
Neolebias ansorgi 3/98, 60[3]
- ansorgii 1/230, 3/98, 60
- axelrodi 4/50, 60
-, Domino- 4/52, 61
- kerguennae 4/50, 60
- landgrafi 1/230, 3/98, 60[2,3]
- powelli 4/52, 61
-, Roter 3/98, 60
-, Schwarzer 4/54, 62
- trewavasae 4/54, 61
- trilineatus 2/230, 61
- unifasciatus 4/54, 61[4,5], 62
- unitaeniatus 4/54, 62[1]
- univittatus 4/54, 62[1]
Neon, Blauer 1/294, 122
-, Grüner 1/268, 106
-, Roter 1/260, 121
„-, Schwarzer" 1/288, 112
Neonfisch 1/306, 122
Neonsalmler 1/306, 122
Neontetra 1/306, 122
-, Diamantkopf- 4/64, 122
-, Schleier- 4/64, 122
Neoophorus diazi 4/458, 507[3]
- regalis 4/456, 507[1]

1111

Register

Neoplecostomus microps	5/378, 336	Neza-Schwertträger	3/634, 561
Neopoecilia holacanthus	2/744, 4/534, 543[2-4]	*nezahualcoyotl, Xiphophorus*	3/634, 4/560, 561
Neopomacentrus taeniurus	4/738, 839	ngaensis, *Aplocheilichthys*	3/454, 499[1]
Neosilurus argenteus	2/568, 376	-, *Haplochilichthys*	3/454, 499[1]
- *ater*	2/568, 377	-, *Plataplochilus*	3/454, 499
- *glencoensis*	2/570, 377	-, *Procatopus*	3/454, 499[1]
Neotilapia tanganicae	3/832, 661[4,5]	ngamensis, *Auchenoglanis*	3/304, 260
Neotoca bilineata	3/592, 511[3,4]	Nicaragua-Buntbarsch	2/874, 714
nephelus, *Lepomotis*	1/798, 796[4]	*nicaraguense, Cichlasoma*	2/874, 714
Nerfling	5/177, 216	nicaraguensis, *Gambusia*	2/726, 526[2]
nerka, Oncorhynchus	4/823, 5/983, 5/1091, 908	-, *Heros*	2/874, 714[2,3]
		-, *Neetroplus*	2/958, 720[1,2]
-, *Salmo*	5/1091, 908[4]	- sexradiatus, *Gambusia*	2/726, 526[2]
nesolepis, *Eleotris* (*Odonteleotris*)	4/758, 811[6], 812[1]	Nichols Maulbrüter	3/850, 698
		nicholsi, Barbus	3/192, 187[5]
-, *Mogurnda*	4/758, 811, 812	-, *Haplochromis*	3/850, 698[1]
-, *Odonteleotris*	4/758, 811[6], 812[1]	-, *Paratilapia*	3/850, 698[1]
Netz-Panzerwels	1/472, 288	-, *Pseudocrenilabrus*	3/850, 698
Netzbarbe	3/192, 187	nickeriensis, *Loricaria*	3/374, 314, 335
Netzbärbling	2/418, 233	*niger, Brienomyrus*	4/802, 894
Netzkärpfling	2/716, 516	-, *Doras*	2/496, 308[2]
Netzmuster-Harnischwels	5/358, 333	-, *Esox*	3/966, 873
Netzpanzerwels, Türkisfarbener	5/268, 290	-, *Gasterosteus*	1/834, 877[5]
		-, *Heros*	2/864, 770[1]
Netzsalmler	2/280, 114	-, *Hoplosternum thoracatum* var.	3/351, 296
Netzschmerle	1/370, 164, 165		
Netzzahnkärpfling	3/608, 528	-, *Lamprologus*	4/648, 656[1]
Neuguinea-Halbschnäbler	5/1053, 871	-, *Marcusenius*	4/802, 894[1]
neumanni, Chiloglanis cf.	3/396, 355	-, *Mormyrus*	4/802, 894[2]
-, *Clarias*	4/266, 302[2]	-, *Neolamprologus*	4/648, 656
-, *Epiplatys*	5/479, 426	-, *Oreochromis*	3/830, 694[6]
-, *Fundulus*	3/516, 434[4]	-, - spilurus	3/830, 694
-, *Nothobranchius*	2/664, 3/516, 433[1], 434	-, *Oxydoras*	2/496, 308[2]
		-, *Pseudodoras*	2/496, 308
Neumanns Hechtling	5/479, 426	-, *Rhinodoras*	2/496, 308[2]
- Prachtgrundkärpfling	3/516, 434	-, *Serrasalmus*	1/358, 95[6]
neumayeri, Barbus	3/194, 188	- spilurum, *Sarotherodon*	3/832, 695[1]
Neumayers Barbe	3/194, 188	nigeriae, *Clarias*	4/263, 301[2]
Neunauge, Amerikanisches	4/8, 25	*nigerianum, Aphyosemion gardneri*	1/532, 3/472, 406
-, Kesslers	4/12, 25		
-, Lombardisches	5/8, 25	Nigeria-Prachtkärpfling	3/472, 406
Neunaugen	2/200–2/201, 4/7–4/11, 5/8, 23	nigeriensis, *Barbus*	4/168, 180[3]
		-, *Barilius*	4/210, 229[3]
Neunstachliger Stichling	1/834, 878	-, *Raiamas*	4/210, 229
nevadae, *Crenichthys*	4/448, 489	nigra, *Gobius fluviatilis* var.	3/992, 818[4,5]
Nevada-Quellkärpfling	4/448, 489	-, *Nematocentris*	2/1124, 860[3]
- -Wüstenfisch	1/556, 478	-, *Platypoecilus*	1/610, 557[5,6], 558[1-4]
nevadensis amargosae, Cyprinodon	4/430, 478	-, *spilurus, Tilapia*	3/832, 695[1]
		-, *Tilapia*	3/830, 694[6]
- *mionectes, Cyprinodon*	1/556, 4/432, 478	-, - spilurus	3/830, 694[6]
		nigrans, *Atherina*	2/1124, 860[3]
- *pectoralis, Cyprinodon*	4/432, 478	-, *Atherinichthys*	2/1124, 860[3]
- *shoshone, Cyprinodon*	5/484, 478	-, *Melanotaenia*	2/1124, 860
Nevatherina australis	2/1128, 861[4,5]	*nigrensis, Xiphophorus*	2/776, 4/558, 561[1-3], 562
newboldi, Hyphessobrycon	5/64, 113		
-, *Ramirezella*	5/64, 113[5]	-, - *pygmaeus*	2/776, 562[1-3]
newmanii, Etheostoma blennioides	3/914, 835	nigrescens, *Silurus*	3/360, 311[3]
		-, *Notopterus*	1/856, 901[3]
-, *Hyostoma*	3/914, 835[1]	-, *Xenomystus*	1/856, 901

Register

nigricans, Ancistrus 3/378, 339[1]
-, *Epiplatys* cf. 3/502, 426
-, *Grystes* 2/1016, 796[5]
-, *Haplochromis* 2/960, 681[3]
-, *Heros* 2/882, 781[2]
-, *Huro* 2/1018, 796[6]
-, *Neochromis* 2/960, 681
-, *Ophicephalus* 2/1060, 798[6]
-, *Parancistrus* 3/378, 339[1]
-, *Parapetenia* 2/882, 781[2]
-, *Pygocentrus* 1/358, 96[2]
-, *Tilapia* 2/960, 681[3]
nigricauda, Rineloricaria 5/422, 350
nigricaudus, Pseudopimelodus 4/328, 374
nigriceps, Mystus 3/318, 264
nigrifluvi, Aphyosemion 3/460, 4/372, 397[6], 398[1], 407[1,2]
-, *Roloffia* 4/372, 407[1,2]
nigrilineatus, Alestes 4/30, 49[5]
nigrimas, Oryzias 5/462, 868
nigripinnis, Abramites 3/100, 66[3]
- *alexandri, Cynolebias* 1/550, 446
-, *Astyanax* 4/106, 116[5]
-, *Colossoma* 1/350, 92[2]
-, *Cynolebias nigripinnis* 1/552, 446
- *Cyprichromis* 2/892, 644
- *czerskii, Sarcocheilichthys* 3/266, 238
-, *Limnochromis* 2/892, 644[6]
-, *Marcusenius* 3/1024, 900[5]
-, *Markianna* 4/106, 116
-, *Myletes* 1/350, 92[2]
-, *Paratilapia* 2/892, 644[6]
-, *Piaractus* 1/350, 92[2]
-, *Pollimyrus* 3/1024, 900
-, *Tetragonopterus* 4/106, 116[5]
nigrirostrum, Sturisoma 2/524, 352
nigrita, Bagrus 3/310, 262[4]
-, *Chrysichthys* 3/310, 262[4]
-, *Hemisynodontis* 2/542, 362[6]
-, *Octonematichthys* 3/310, 262[4]
-, *Synodontis* 2/542, 362
nigritum, Cichlasoma 2/872, 713[4]
nigriventer, Tyrannochromis 5/972, 5/974, 638
nigriventris, Neolamprologus 4/648, 656
-, *Synodontis* 1/506, 363
nigrodigitatus, Chrysichthys 3/290, 262
-, *Melanodactylus* 3/290, 262[1]
-, *Pimelodus* 3/290, 262[1]
nigrofasciata, Copella 1/334, 139
-, *Hydrargyra* 4/442, 485[2]
- x *Limia dominicensis, Limia* 1/596, 532
-, *Limia* 1/596, 4/502, 532
-, *Poecilia* 1/596, 4/502, 532[1-3]
-, *Pyrrhulina* 1/334, 139[5], 139[3]
nigrofasciatum, Astronotus 1/690, 714[4]
-, *Cichlasoma* 1/690, 714
nigrofasciatus, Barbus 1/392, 188
-, *Barilius* 1/406, 196[4]
-, *Brachydanio* 1/406, 196

-, *Danio* 1/406, 196[4]
-, *Heros* 1/690, 714[4]
-, *Mastacembelus moorii* 2/1105, 916[2]
-, *Puntius* 1/392, 188[4]
-, *Strabo* 1/852, 862[2]
nigrolineata, Barbus 3/192, 186[1]
-, *Botia* 5/109, 165
nigrolineatus, Chaetostomus 1/492, 338[2]
-, *Cochliodon* 1/492, 338[2]
-, *Panaque* 1/492, 338
-, *Pseudauchenipterus* 2/446, 257[4]
-, *Syngnathus* 3/1038, 879
nigromaculatus, Synodontis 3/404, 363
nigromarginatus, Epiplatys 2/646, 424[4]
-, *Procatopus* 2/668, 499[2]
nigropannosum, Ctenopoma 2/790, 570
nigropannosus, Anabas 2/790, 570[4]
nigrostriata, Galaxiella 2/1086, 891
nigrostriatus, Brachygalaxias 2/1086, 891[1]
-, *Galaxias* 2/1086, 891[1]
-, - *pusillus* 2/1086, 891[1]
nigrotaeniatus, Chalceus 1/240, 3/106, 69[4,5]
-, *Leporinus* 1/240, 3/106, 69
nigroventralis, Alloheterandria 3/630, 549[3,4]
-, *Gambusia* 3/630, 549[3,4]
-, *Priapichthys* 3/630, 549[3,4]
-, *Pseudopoecilia* 3/630, 549
nigroviridis, Tetraodon 1/866, 922
nigrum, Boleosoma 3/920, 836[3]
-, *Etheostoma* 3/920, 836
- *olmstedi, Boleosoma* 4/728, 836[4]
- -, *Etheostoma* 4/728, 836[4]
nijsseni, Apistogramma 2/828, 741
-, *Corydoras* 4/253, 284
-, - *elegans* 4/253, 284[1,2]
Nijssens Panzerwels 4/253, 284
nikkonis, Elxis 5/92, 155[4]
-, *Lefua* 5/92, 155
Nikkonschmerle 5/92, 155
Nil-Fransenlipper 2/388, 3/230, 211
Nil-Zwergfiederbartwels 5/426, 357
Nilbuntbarsch 3/828, 694
-, Baringo- 3/828, 682
-, Lake Eduard- 4/660, 682
Nilbuschfisch 1/623, 570
Nilem 1/428, 222
Nilglaswels 2/574, 379
Nilhecht 5/1051, 893
-, Großschuppiger 2/1144, 897
-, Ibis- 5/1066, 894[5], 894
-, Löffelschnabel- 5/1066, 895
-, Papageien- 5/1068, 896
-, Schilthuis' 2/1142, 895
-, Schmaler 2/1144, 896
-, Schwarzflossiger 3/1024, 900
-, Tubenmaul- 5/1068, 897

1113

Register

Nilhechte siehe a. Elefantenfische 1/817,
1/854, 2/1142–2/1147,
3/1020–3/1024, 4/802–4/819,
5/1064–5/1073, 893
Nilkugelfisch 2/1162, 921
nilotica athiensis, Tilapia 3/830, 694[6]
-, Chromis 3/828, 694[4]
- eduardiana, Tilapia 4/660, 682[3]
- regani, Tilapia 4/660, 682[3]
-, Tilapia 3/828, 694[4]
niloticus, Alburnus 3/234, 214[5]
-, Barilius 3/234, 214[5]
- **baringoensis, Oreochromis** 3/828, 682
- brevicauda, Labeo 4/198, 212[1]
-, Chromis 3/828, 694[4]
-, Clupisudis 2/1152, 901[5]
- **eduardianus, Oreochromis** 4/660, 682
-, Eutropius 4/332, 380[3]
- gracilis, Nannocharax 4/48, 59[3]
-, **Gymnarchus** 5/1051, 893
-, **Heterotis** 2/1152, 901
-, Labrus 3/828, 694[4]
-, **Leptocypris** 3/234, 214
-, Leuciscus 3/234, 214[5]
-, Mochocus 5/426, 357[4]
-, **Mochokus** 5/426, 357
-, Mormyrus 4/814, 898[2]
- **niloticus, Oreochromis** 3/828, 694
- occidentalis, Barilius 3/234, 214[5]
- -, Nannocharax 4/48, 59[3]
-, Salmo 4/45, 5/18, 47[1], 56[6]
-, Sarotherodon 3/828, 694[4]
-, Sudis 2/1152, 901[5]
- tchadiensis, Nannocharax 4/48, 59[3]
- voltae, Barilius 3/234, 214[5]
Nilwels 2/448, 261
nimbaensis, Aplocheilichthys 4/352, 494
-, Haplocheilichthys 4/352, 494[3,4]
-, Micropanchax 4/352, 494[3,4]
Nimba-Leuchtaugenfisch 4/352, 494
Nimbochromis fuscotaeniatus 2/898, 623
- linni 1/716, 623
- livingstonii 1/716, 3/793, 623
- **polystigma** 1/718, 623, 624
- venustus 1/720, 624
nisorius, Fundulus 4/442, 485[2]
nitidus, Alburnus 5/188, 221[1]
-, Barbichthys 2/362, 178
-, Nannostomus 5/78, 142
niveatus, Ancistrus 3/380, 339[4]
-, Cheatostomus 3/380, 339[4]
-, Hypostomus 3/380, 339[4]
-, **Parancistrus** 3/380, 339
njalaensis, Epiplatys 3/502, 426
Njala-Hechtling 3/502, 426
njassae, Synodontis 2/544, 363
Njassa-Fiederbartwels 2/544, 363
nkambae, Lamprologus 2/942, 650[2]
-, Lepidiolamprologus 2/942, 650
nobilis, Aristichthys 3/226, 210[2]

-, **Ctenops** 1/650, 3/660, 590[1], 585
-, **Gambusia** 4/492, 5/614, 525[6],
526[1], 524
-, **Hypophthalmichthys** 3/226, 210
-, Leuciscus 3/226, 210[2]
-, Salmo 3/1033, 908[6], 909[1,2]
nodosus, Arius 2/446, 257[4]
-, Auchenipterus 2/446, 257[4]
-, Euanemus 2/446, 257[4]
-, Felichthys 2/446, 257[4]
-, **Pseudauchenipterus** 2/446, 257
-, Silurus 2/446, 257[4]
Noemacheilus (Acanthocobitis)
phuketensis 5/84, 151[3]
- angorae bureschi 5/84, 152[6]
- aureus 2/348, 151[1]
- barbatulus 1/376, 152[2]
- - toni 3/274, 152[4]
- binotatus 3/274, 156[4]
- brandtii 3/282, 152[5]
- brevis 3/276, 160[6]
- cuelfuensis 2/354, 158[3]
- dixoni 2/344, 155[3]
- dorsalis 2/350, 156[5]
- dorsonotatus 2/354, 158[3]
- fasciatus 2/350, 156[6]
- fedtschenkoae 2/354, 158[3]
- insignis tortonesei 3/282, 153[2]
- kungessanus 2/350, 156[5]
- lhasae 2/354, 158[3]
- notostigma 2/352, 158[2], 157[3]
- phuketensis 5/84, 151[3]
- selangoricus 2/352, 158[1]
- stenurus 2/354, 158[3]
- stoli 2/354, 158[3]
- stoliczkai 2/354, 158[4]
- strauchi 2/354, 158[4]
- zonalternans 5/84, 151[3]
Noemacheilus abyssinicus 4/144, 156[2,3]
- kessleri 3/278, 159[2]
- merga 5/94, 157[2]
- prashari 3/278, 159[2]
noensis, Clarias 4/263, 301[2]
Nomorhamphus ebrardti 3/1002, 870[2]
- liemi liemi 1/842, 871
- - snijdersi 1/842, 871
nonoiuliensis, Cynolebias 3/494, 446
nonultimus, Gobius 3/988, 817[6]
norberti, Apistogramma 4/576, 741
Norberts Zwergbuntbarsch 4/576, 741
Nord-Platy 2/762, 552
Nordafrikanischer Maulbrüter 5/730, 688
Nördlicher Berg-Schwertträger 4/560, 561
- Edelsteinkärpfling 4/438, 480
- Großaugen-Maulbrüter 3/712, 642
- Zwergbarsch 2/1032, 833
normani, Acnodon 1/350, 91
-, **Aplocheilichthys** 3/442, 494
-, **Poropanchax** 3/442, 494[5]
Normans Leuchtaugenfisch 3/442, 494

1114

Register

Northern Aulonocara 3/698, 602
notata, Etheostoma 2/1016, 796[5]
-, Hydrargyra 3/568, 486[2]
-, *Microlepidogaster* 5/376, 336
notatus, Anisitsia 2/314, 134[5]
-, Anodos 2/314, 134[5]
-, Centrarchus 5/844, 768[6], 769[1,2]
-, *Cynolebias* 5/529, 446
-, *Fundulus* 3/568, 486
-, *Heros* cf. 5/655, 5/844, 768, 769
-, Hisonotus 2/508, 5/376, 336[3], 337[4]
-, Minnilus 5/198, 226[6]
-, Osphromenus 1/644, 1/652, 3/670, 591[4], 594[5,6]
-, *Otocinclus* 2/508, 5/376, 336[3], 337
-, Pimelodus 1/485, 311[4,5]
-, *Pimephales* 5/198, 226
-, Semotilus 3/568, 486[2]
-, Serrasalmus 2/334, 95
-, Synodontis 1/506, 363
-, Zygonectes 3/568, 486[2]
Notemigonus crysoleucas 5/185, 220
Notesthes robusta 2/1156, 913
Nothobranchius (Adiniops)
 kuhntae 4/406, 433[5]
- brieni 3/518, 4/412, 435[3], 437[2]
- cyaneus 2/662, 431
- eggersi 3/506, 431
- eimincki 3/516, 434[2]
- elongatus 3/510, 431
- emini 3/516, 434[2]
- fasciatus 4/406, 432
- foerschi 3/512, 432
- furzeri 2/662, 432
- gambiensis 3/526, 438[5]
- guentheri 1/568, 3/510, 3/516, 431[5,6], 434[2], 432
- interruptus 3/512, 432
- janpapi 2/664, 432
- jubbi 2/664, 433
- - interruptus 3/512, 432[5]
- kafuensis 3/522, 433
- kirki 1/568, 433
- kiyawensis 3/526, 438[5]
- korthausae 1/568, 433
- kuhntae 4/406, 433
- lourensi 3/514, 433
- luekei 3/514, 434
- mayeri 4/406, 433[5]
- melanospilus 1/519, 3/516, 4/406, 433[5], 434
- microlepis 2/666, 434
- sp. aff. *microlepis* „Goba" 4/406, 432[1]
- neumanni 2/664, 3/516, 433[1], 434
- ocellatus 4/408, 434
- orthonotus 2/666, 4/406, 433[5], 434
- cf. orthonotus 4/406, 433[5]
- palmquisti 3/512, 432[2]
- palmqvisti 1/570, 5/482, 437[5,6], 435
- - „elongate" 3/510, 431[5,6]
- *patrizii* 2/668, 435
- polli 3/518, 435
- rachovii 1/570, 435
- robustus 3/518, 435
- rubripinnis 3/520, 435, 436
- schoenbrodti 1/568, 433[3]
- seychellensis 3/516, 434[2]
- sjoestedti 1/538, 415[5]
- sp. „Ahero" 4/410, 436[3]
- - „Dar es Salaam" 3/512, 432[2]
- - „Goba B" 4/406, 432[1]
- - „K 86/13, Sio River" 3/518, 435[5]
- - „K 86/9" 4/410, 5/482, 436[3], 436
- - „Kaloleni" 3/510, 431[5,6]
- - „KTZ 85/20" 5/480, 436[4]
- - „KTZ 85/28'" 3/520, 435[6], 436[1]
- - „Lake Victoria" 4/410, 436
- - „Liwonde, U 10" 4/406, 433[5]
- - „Mariakani" 3/510, 431[5,6]
- - „Mnanzini" 4/410, 438[1]
- - „Mugeta" 4/410, 436[3]
- - „Munyenze" 3/510, 431[5,6]
- - „Odienya" 4/410, 436[3]
- - „Ruhoi" 3/506, 431[2-4]
- - „**Ruvuma**" 5/480, 436
- - „TZ 83/8" 3/520, 435[6], 436[1]
- - „U 11" 3/510, 431[5,6]
- - „Uganda" 3/510, 4/412, 431[5,6], 436
- steinforti 4/408, 436, 437
- symoensi 4/412, 437
- taeniopygus 3/518, 3/522, 435[3], 437
- „U 6" 3/512, 432[5]
- *ugandensis* 5/480, 437
- „Vivoplani" 3/512, 432[2]
- *vosseleri* 5/482, 437
- walkeri 1/564, 430[6]
- willerti 4/410, 438
Nothonotus maculatus 4/726, 836[1]
notophthalmus, Crenicichla 1/698, 4/606, 5/782, 760[3,4], 759
NOTOPTERIDAE 1/818, 1/856, 2/1150, 3/1025, 900, 901
Notopterus afer 3/1025, 901[2]
- - congensis 3/1025, 901[2]
- chitala 2/1150, 900[6]
notopterus, Gymnotus 1/856, 901[1]
Notopterus kapirat 1/856, 901[1]
- nigri 1/856, 901[3]
- notopterus 1/856, 701
- ocellifer 2/1150, 900[6]
notospilus, Distichodus 2/228, 56
-, Hassar 2/490, 305
-, Hemidoras 2/490, 305[4]
notostigma, Nemacheilus 2/352, 5/100, 159[5], 157
-, Nemachilus 2/352, 157[3], 158[2]
-, Noemacheilus 2/352, 157[3], 158[2]
-, *Schistura* 5/100, 159
nototaenia, Procatopus 1/574, 499
notozygurus, Clarias 4/265, 301[5,6]

Register

Notropis bifrenatus	2/398, 220	- microcephalus	5/896, 624
- hudsonius	5/186, 220	nyassae, Lamprologus modestus	3/796, 647[4,5]
- hypselopterus	2/398, 220		
- lutrensis	1/428, 220	-, Neochromis simotes	3/694, 676[6]
- metallicus	2/398, 220[4]	nyassana, Christyella	2/908, 613[4]
- petersoni	5/186, 220	nyererei,	
- rubellus	5/188, 221	Haplochromis (Astatotilapia)	4/622, 678
- welaka	4/204, 221		
notti dispar, Fundulus	3/562, 484[3,4]	Nyereres Viktoriabuntbarsch	4/622, 678
-, Fundulus	4/440, 484[5]	nyirica, Tilapia	3/832, 695[1]
-, Zygonectes	4/440, 484[5]	Nymphen-Hochlandkärpfling	2/712, 513
Noturus flavus	5/308, 311	nyongana, Tilapia	4/696, 703
nouguysi, Atherina	5/1000, 852[6]	nyongensis, Panchax	2/652, 427[6]
nouhuysi, Craterocephalus	5/1000, 852		
nourissati, Therops	5/968, 722		
novaeguineae, Nematocentris	2/1122, 858[5]	**O**	
-, Pseudomugil	4/820, 864	oaxacae, Fundulus	2/670, 500[2]
-, Rhombosoma	2/1122, 858[5]	-, Rhamdia	2/566, 375[3]
noveboracensis, Gasterosteus	1/834, 877[5]	Oaxaca-Schwertträger	2/765, 556
		obbesi, Parocheilus	2/568, 376[5]
novem fasciatus, Leporinus	1/238 68[2]	obesus, Apomotis	1/796, 795[5]
Novumbra hubbsi	4/830, 874	-, Bryttus	1/796, 795[5]
„NSC 1", Pterolebias sp.	5/552, 451[2,3]	-, Enneacanthus	1/796, 795
nubila, Astatotilapia	3/696, 677	-, Pomotis	1/796, 795[5]
-, Tilapia	3/696, 677[5]	-, Synodontis	3/404, 363
nubilus, Haplochromis	3/696, 677[5]	obliqua, Thayeria	1/312, 1/312, 124
nuchalis, Auchenipterus	2/442, 255	obliquidens, Chromis	2/913, 679[1]
-, Euanemus	2/442, 255[5]	-, Ctenochromis	2/913, 679[1]
-, Hypophthalmus	2/442, 255[5]	-, *Haplochromis*	2/913, 679
nuchimaculata, Poecilia	3/524, 438[2]	-, Tilapia	2/913, 679[1]
nuchimaculatus, Pachypanchax	3/524, 438[2]	-", Haplochromis sp. „Zebra-	5/834, 680
nudiceps, Nannochromis	5/884, 5/886, 692[6], 693[1]	oblonga, Pangio	2/338, 169
		oblongum, Myxostoma	2/337, 161[6]
-, Nanochromis	1/746, 2/956, 5/886, 693[2], 693	oblongus, Alburnoides	3/170, 176
		-, Astatheros	3/738, 707[5]
-, Pelteobagrus	5/246, 266	-, Cyprinus	2/337, 161[6]
-, Pseudoplesiops	2/956, 5/884, 5/886, 692[6], 693[1]	-, Gobious	2/1090, 803[3]
		-, Heros	3/738, 5/746, 707[5,6]
nudipectus, Belonoglanis	4/226, 249[3]	-, Squalalburnus	3/170, 176[5]
nudiventris, Acipenser	3/76, 28	obolarius, Gasterosteus	1/834, 877[5]
nudus, Benthophilus		obrukensis, Aphanius chantrei	3/547, 471[2,3]
macrocephalus var.	3/978, 814[6]		
numenius, Campylomormyrus	5/1066, 894	obscura, Channa	1/828, 3/674, 800[4-6]
-, Gnathonemus	5/1066, 894[5]	-, Edelia	2/1027, 832
nummifer, Petersius	4/26, 49[2]	-, Geophagus	1/704, 765[2]
-, Phenacogrammus	3/92, 53[5]	-, Nannoperca	2/1027, 832[5]
-, *Synodontis*	2/544, 363	-, *Parachanna*	1/827, 800
Nuria albolineata	1/404, 196[2]	obscurum, Aphyosemion	4/366, 400[4,5]
- danrica var. macayensis	2/384, 204[2]	-, - cameronense	4/366, 400
- daurica	2/210, 204[3]	obscurus, Centrarchus	2/1016, 795[5]
- - var. malabarica	3/208, 204[1]	-, Clarias	4/262, 301[1]
- malayensis	2/384, 204[2]	-, Copidoglanis	5/446, 377[5]
nurse, Alestes	2/224, 4/30, 49[5], 47	-, Labeo	2/390, 211[4]
-, Brachyalestes	2/224, 47[4]	-, Lamprologus	3/819, 656[4]
-, Myletes	2/224, 47[4]	-, *Neolamprologus*	3/819, 656
Nyanzabarbe	5/128, 188	-, Ophiocephalus	1/828, 3/674, 800[4-6]
nyanzae, Barbus	5/128, 188	-, Paleolamprologus	3/819, 656[4]
Nyassochromis eucinostomus	5/896, 624	-, Panchax	4/366, 400[4,5]
		-, Parophiocephalus	1/828, 3/674, 800[4-6]

Register

-, Rivulus 5/596, 464
-, Tetragonopterus 5/56, 101[1]
-, Uaru 1/784, 779[6]
obtusirostris, Ceratobranchia 3/128, 102
-, Crenicichla 2/886, 757[6]
obtusus, Discognathus 3/216, 206[5]
obuduense, Aphyosemion gardneri 3/472, 406[5]
occidentale toddi, Aphyosemion 1/540, 419[6]
- -, „Roloffia" 1/540, 419[6]
occidentalis, Amia 2/205, 32[2]
-, Aphyosemion 1/584, 419[5]
-, Astatoreochromis alluaudi 3/690, 676[1]
-, Auchenoglanis 2/448, 260
-, Barilius niloticus 3/234, 214[5]
-, Callopanchax 1/584, 419
-, Garra 4/196, 206[2]
-, Gasterosteus 1/834, 878[2]
-, Girardinus 3/622, 546[1]
-, Hemigrammopetersius 4/40, 53[1]
-, Heterandria 3/622, 546[1]
-, Hyperopisus bebe 4/808, 896[3]
-, Micralestes 4/40, 53
-, - acutidens 4/40, 53[1]
-, Mollienesia 3/622, 546[1]
-, Nannocharax 4/48, 59
-, - niloticus 4/48, 59[3]
-, Petersius 4/40, 53[1]
-, Pimelodus 2/448, 260[4]
-, Poecilia 3/622, 546[1]
-, Pygosteus 1/834, 878[2]
-, Roloffia 1/584, 5/542, 419[5], 430[3,4]
-, Sarotherodon 5/940, 699
- sonoriensis, Poeciliopsis 3/622, 546
- tenuicauda, Hyperopisus 4/808, 896[3]
-, Tilapia 5/940, 699[3]
ocellaris, Cichla 2/856, 750
-, Fundulus 3/560, 484[1]
ocellata, Betta 2/800, 585[4]
-, Boggiania 4/608, 761[3]
-, Cobitis 2/348, 151[1]
-, Tetraodon fluviatilis var. 1/868, 920[4,5]
ocellatum, Aphyosemion 2/612, 411
-, Ctenopoma 1/624, 570
-, Hydrocynus 2/300, 126[2]
-, Xiphostoma 2/300, 126[2]
ocellatus, Acara 1/682, 748[1]
-, Anabas 1/624, 570[5]
-, Astronotus 1/682, 748
-, Batrachops 4/608, 761[3]
-, Boulengerella 2/300, 126[2]
-, Galaxias 2/1084, 890[4]
-, Hygrogonus 1/682, 748[1]
-, Julidochromis 2/942, 648[2]
-, Lamprologus 2/942, 3/814, 653[6], 654[1], 648
-, Lobotes 1/682, 748[1]
-, Macropodus 2/803, 586
-, Mylossoma 1/356, 94[6]

-, Nothobranchius 4/408, 434
-, Paranothobranchius 3/524, 438
-, Paranthobranchius 4/408, 434[5]
-, Parasphaerichthys 3/662, 591
-, Poecilobrycon 1/340, 140[6]
-, Pseudoperilampus 2/406, 5/200, 227[3], 236[1]
-, Rhodeus 2/406, 5/220, 236
-, Rivulus 2/679, 2/682, 457[5], 464
- smithii, Rhodeus 5/206, 236
ocellicauda Tateurndina 2/1074, 813
ocellifer falsus, Hemigrammus 4/98, 107[2]
-, Hemigrammus 1/270, 107
-, Holopristis 1/270, 107[4]
-, Notopterus 2/1150, 900[6]
-, Pelmatochromis 5/906, 696
-, Synodontis 4/322, 364
-, Tetragonopterus 1/270, 107[4]
Ochmacanthus alternus 5/454, 388
- orinoco 4/338, 388
ochrogenys, Enantiopus 3/765, 645
-, Xenotilapia 3/765, 645[5]
ocillicauda, Amia 2/205, 32[2]
oconneri, Lyragalaxias 2/1080, 889[6], 890[1]
oconnori, Galaxias 2/1080, 889[6], 890[1]
Ocronema pleskei 2/344, 155[3]
octofasciatum, „Cichlasoma" 1/692, 714
octofasciatus, Heros 1/692, 714[5]
-, Leporinus 2/240, 69
Octonematichthys laticeps 3/310, 262[1]
- nigrita 3/310, 262[4]
octozona, Eirmotus 2/382, 202
oculata, Cobitis 5/110, 171[6]
oculatus, Lepidosteus 2/210, 32[3]
-, Lepisosteus 2/210, 32
oculeus, Cochliodon 5/332, 324
-, Panaque 5/332, 324[3]
oculus, Colossoma 1/350, 92[2]
-, Myletes 1/350, 92[2]
„Odienya", Nothobranchius sp. 4/410, 436[3]
odoe, Hepsetus 2/233, 62
-, Salmo 2/233, 62[6]
-, Sarcodaces 2/233, 62[6]
-, Xiphorhamphus 2/233, 62[6]
odöe, Xiphorhynchus 2/233, 62[6]
Odontamblyopus rubicundus 4/776, 803
Odonteleotris nesolepis 4/758, 811[6], 812[1]
(-) -, Eleotris 4/758, 811[6], 812[1]
Odontocharacidium cf. aphanes 2/298, 3/146, 80, 81
Odontostilbe caquetae 3/118, 84[1]
- drepanon 3/118, 84[1]
- fugitiva 3/118, 84
- hastata 4/66, 84[6]
- madeirae 3/118, 84[1]
- pequira 3/116, 83[6]
- piaba 2/269, 84
- pulchra 5/40, 84
- trementina 3/116, 83[6]

1117

Register

oeseri, Aphyosemion 3/482, 411
-, *Panchax* 3/482, 411[6]
Oesers Prachtkärpfling 3/482, 411
oeur, Mugil 5/1076, 887[6]
Ognichodes broussonnetii 2/1090, 803[3]
ogoense, Aphyosemion 4/376, 412[3]
-, - *striatum* 3/484, 413[5]
- *ogoense, Aphyosemion* 2/612, 412
- *ottogartneri, Aphyosemion* 4/376, 412
- *pyrophore, Aphyosemion* 2/614, 412
ogoensis, Haplochilus lujae var. 2/612, 412[1,2]
ogowensis, Chromis 4/696, 703[6]
-, *Chrysichthys* 3/290, 262[1]
Ogowe-Prachtkärpfling 2/612, 412
ohioensis, Cichla 2/1016, 796[5]
Ohrenbarsch 5/979, 793
Ohrgitter-Harnischwels, Alligator 5/386, 340
- -, Buckliger 5/378, 337
- -, Gefleckter 5/392, 341
- -, Gestreifter 1/492, 336
- -, Helm- 5/388, 341
- -, Längsstreifen- 3/378, 337
- -, Punktierter 2/508, 337
oiapoquensis, Corydoras 5/269, 284
okefenokee, Elassoma 2/1014, 794
Okefenokee
  -Zwergsonnenbarsch 2/1014, 794
oktediensis, Melanotaenia 4/798, 860
Oktedi-Regenbogenfisch 4/798, 860
Olbrechts Hechtling 4/392, 427
- -Hechtling, Blauer 4/392, 426
olbrechtsi, Aplocheilus 4/392, 427[1]
- *azureus, Epiplatys* 4/392, 426
-, *Epiplatys* 2/650, 4/388, 425[1], 427[4]
-, - *fasciolatus* 4/392, 427[1]
- *kassiapleuensis, Epiplatys* 4/394, 426
- *olbrechtsi, Epiplatys* 4/392, 427
olfax, Osphromenus 3/670, 594[5]
-, *Osphronemus* 1/652, 594[6]
Ölfisch, Großer 3/942, 911
Ölfisch, Kleiner 3/942, 911
Ölfische 3/942, 3/930, 911
olidus, Galaxias 2/1080, 889
-, - „*fuscus*" 2/1080, 890
oligacanthum, Helostoma 1/652, 593[2]
oligacanthus, Ptychochromis 3/858, 782
-, *Tilapia* 3/858, 782[6]
oligacenthum, Helostoma 5/654, 593[2]
Oligocephalus humeralis 3/918, 835[4]
oligogrammus, Barbus 5/130, 188
-, - (*Agrammobarbus*) 5/130, 188[6]
Oligolepis acutipennis 2/1092, 820
oligolepis, Anabas 3/637, 569
-, *Barbus* 1/394, 189
-, *Capoeta* 1/394, 189[1]
-, *Gobius* 2/1092, 820[1]
-, *Megalops* 2/1107, 872[6]
-, *Puntius* 1/394, 189[1]

-, *Systomus* 1/394, 189[1]
-, *Toxotes* 2/1046, 844
oligospila, Peckoltia 5/396, 342
oligospilus, Chaetostomus 5/396, 342[5]
olivacea, Poecilia 3/568, 486[3,4]
olivaceus, Fundulus 3/568, 486
-, *Polyacanthus* 1/626, 575[2]
-, *Zygonectes* 3/568, 486[3,4]
Olivenbarsch, Honess 4/716, 789
-, Kokoda- 4/716, 789
-, Sepik- 4/712, 789
Olivin-Barbensalmler 4/128, 129
Ollentodon multipunctatus 3/594, 4/470, 512[2-4]

olmecae, Priapella 4/546, 548
Olmeken-Kärpfling 4/546, 548
olmsteadi, Boleosoma 3/920, 836[3]
olmstedi, Boleosoma 3/920, 836[3]
-, - *nigrum* 4/728, 836[4]
-, *Etheostoma* 4/728, 836
-, - *nigrum* 4/728, 836[4]
- *maculatum, Boleosoma* 3/920, 836[3]
olomina, Brachyrhaphis 2/718, 518[5]
-, *Priapichthys* 2/718, 518[5]
Olyra longicaudata 5/434, 367[2]
- *longicaudatus* 5/434, 367
Olyrawels 5/434, 367
Olyrawelse 5/434, 367
OLYRIDAE 5/434, 367
omallii, Petromyzon 4/7, 25[1]
omalonota, Poecilia 3/524, 438[2]
omalonotus, Aplocheilus 3/524, 438[2]
-, *Haplochilus* 3/524, 438[2]
-, *Pachypanchax* 3/524, 438
omias, Synodontis 2/530, 357[6]
ommata, Heterandria 1/592, 3/572, 487[3,4], 528[3]
-, *Leptolucania* 3/572, 487
-, *Lucania* 3/572, 487[3,4]
ommatus, Rivulus 1/592, 3/572, 487[3,4], 528[3]

omoculatus, Aplocheilichthys 3/444, 494
omocyaneus, Eleotris 1/832, 3/958, 806[4,5]

omonti, Paraneetroplus 4/668, 720
omosema, Eleotris 2/1070, 3/954, 805[6], 806[1,2]

Ompok bimaculatus 1/516, 382
- *eugeneiatus* 2/578, 382
- *sabanus* 4/334, 383
Omul, Baikal- 3/944, 906
omul, Coregonus 3/944, 906[4]
-, *Salmo* 3/944, 906[4]
Onca 2/494, 306
oncina, Arius 2/494, 306[2,3]
oncinus, Arius 2/494, 306[2,3]
-, *Liosomadoras* 2/494, 306
Oncorhynchus gorbuscha 5/1087, 907
- *keta* 5/1088, 908
- *kisutch* 5/1088, 908

Register

- *mykiss* 3/1030, 908
- *nerka* 4/823, 5/983, 5/1091, 908
- *tschawytscha* 4/823, 5/1096, 908
onestes, Hemidoras 2/490, 305[4]
Onychodon debryi 3/226, 210[1]
oophorus, Xenopoecilus 5/466, 869
Oostethus brachyurus aculeatus 1/865, 4/828, 879[6]
opaleecena, Cynolebias 5/544, 450[2]
opalescens, Cynolebias 5/546, 450[4-6]
Opal-Harnischwels 5/368, 315
opercularis, Biotaecus 5/738, 749[2,3]
-, *Biotoecus* 5/738, 749
- *concolor*", „*Macropodus* 1/638, 586[2]
-, *Labrus* 1/638, 586[4,5]
-, *Macropodus* 1/638, 586
-, - *chinensis* x *Macropodus* 3/636, 586
-, *Polyacanthus* 1/638, 2/803, 586[3-5]
-, *Saraca* 5/738, 749[2,3]
- var. *viridi-auratus*, *Macropodus* 1/638, 586[4,5]
- var. *spechti*, *Macropodus* 1/638, 586[2]
Ophicephalus africanus 2/1059, 800[3]
- *argus* 2/1060, 798[6]
- *asiaticus* 3/671, 799[1]
ophicephalus, Eleotris 2/1072, 813[2]
Ophicephalus gachua 3/672, 799[2]
- *insignis* 3/674, 800[4]
- *kelaartii* 1/828, 799[6]
- *lucius* 3/674, 799[3]
- *marulius* 2/1060, 5/1005, 799[4]
- *nigricans* 2/1060, 798[6]
- *pekinensis* 2/1060, 798[6]
- *punctatus* 3/676, 800[1]
- *striatus* 1/830, 800[2]
OPHICHTHIDAE 5/1081, 849
Ophieleotris aporos 2/1072, 813
Ophiocara aporos 2/1072, 813[1]
- *ophiocephala* 2/1072, 813[2]
- *porocephala* 2/1072, 813
ophiocephala, Ophiocara 2/1072, 813[2]
Ophicephalus africanus 2/1059, 800[3]
- *argus* 2/1060, 798[6]
- *asiaticus* 3/671, 799[1]
- *lucius* 3/674, 799[3]
- *marulius* 2/1060, 5/1005, 799[4]
- *micropeltes* 1/827, 799[5]
- *micropepeltes* 1/827, 799[5]
- *obscurus* 1/828, 3/674, 800[4-6]
- *punctatus* 3/676, 800[1]
- *serpentinus* 1/827, 799[5]
- *stevensi* 1/827, 799[5]
- *striatus* 1/830, 800[2]
- *vagus* 1/830, 800[2]
ophthalmicus, Xenotis 2/1016, 795[6]
Ophthalmochromis heterodontus 3/826, 659[5]
Ophthalmochromis nasutus 2/960, 659[6]
- *ventralis* 1/746, 3/824, 4/658, 660[1-6], 661[1-3]

- - *heterodonta* 3/826, 659[5]
- - *ventralis* 4/658, 660[3]
Ophthalmotilapia boops 3/826, 659
- *foae* 2/888, 3/760, 643[5,6], 644[1]
- *heterodonta* 3/826, 659
- *nasuta* 2/960, 659
- *ventralis* 1/746, 3/824, 4/658, 660, 661
- - *heterodontus* 3/826, 659[5]
opisthodon, Lampetra 4/7, 25[1]
Opsaridium chrystyi 1/404, 221
- *zambezense* 2/408, 221
Opsariichthys acutipinnis 5/188, 221[6]
- *bidens* 5/188, 221
- *morrisoni* 5/188, 221[6]
- *uncirostris* 5/188, 221[6]
- - *amurensis* 3/246, 222
Opsarius argyrotaenia 2/404, 224[4]
- *daniconius* 2/414, 230[6]
- *fasciatus* 4/189, 195[3]
- *gatensis* 5/146, 195[4]
- *thebensis* 3/234, 214[5]
Opsodoras humeralis 5/302, 307
- *leporhinus* 2/492, 307
- *stubeli* 2/496, 307
Orangeblauer Maulbrüter 1/763, 630
Orange-Buschfisch 1/620, 571
Orangefleck-Bachschmerle 2/352, 157
Orangeflecken-Sonnenbarsch 4/720, 796
Orangeflecksalmler 4/106, 116
Orangeflossen-Laetacara 5/862, 771
- Panzerwels 2/480, 294
Orangekehliger Springbarsch 3/920, 836
Orangen-Hechtbuntbarsch 5/798, 762
Orangepunkt-Salmler 3/116, 83
Orangeroter Tigerbuntbarsch 2/866, 752
- Zwergsalmler 1/220, 52
Orangesaum-Leuchtaugenfisch 4/350, 493
Orangesaumwels, Magnum- 4/302, 339
orbicularis, Brachychalcinus 1/254, 96
-, *Chaetobranchopsis* 2/850, 750
-, *Ephippicharax* 1/254, 96[5]
-, *Fowlerina* 1/254, 96[5]
-, *Metynnis* 1/354, 93[2]
-, *Paratrygon* 4/14, 34
-, *Poptella* 1/254, 96[5]
-, *Raja* 4/14, 34[5]
-, *Tetragonopterus* 1/254, 96[5]
orcesi, Corydoras partazensis 3/342, 286
Orchideen-Aulonocara, Blaue 4/578, 605
- -Prachtgrundkärpfling 3/506, 431
oreas, Orthrias 1/376, 3/274, 152[2,4]
Oreias toni 1/376, 3/274, 152[2,4]
Oreichthys cosuatis 3/198, 222
- *parvus* 3/198, 222[2]
Oreinus plagiostomus 5/214, 239[3]
Oreochromis alcalicus grahami 2/978, 681
- *athiensis* 3/830, 694[6]
- *aureus* 2/978, 694

1119

Register

- *d'anconai* 3/832, 695[1]
- *esculentus* 4/660, 681
- *karomo* 2/980, 694
- *leucostictus* 2/982, 681, 682
- *mossambicus* 1/768, 694
- *niger* 3/830, 694[6]
- *niloticus baringoensis* 3/828, 682
- - *eduardianus* 4/660, 682
- - *niloticus* 3/828, 694
- *pangani pangani* 3/830, 694
- *spilurus niger* 3/830, 694
- - *spilurus* 3/832, 695
- *tanganicae* 3/832, 661
- *urolepis hornorum* 2/980, 695
- - *urolepis* 3/835, 695
- *variabilis* 3/836, 682
Oreoleuciscus altus 5/190, 222[3]
- pewzowi 5/190, 222
- potanini 3/249, 222
oresigenes, Barbus 2/366, 180[5]
Orestias agassii agassii 5/495, 481
- - - - x Orestias agassii tschudii 5/498, 482
- - tschudii 5/498, 482
- luteus 5/500, 482
- muelleri 5/503, 482
ORESTIIDAE 5/495-5/503
orestis, Hassar 2/490, 305[4]
Orfe 1/424, 5/177, 216
orfus, Cyprinus 5/177, 216[4,5]
orientalis, Acipenser 3/82, 29[3]
-, Astyanax 1/255, 98[1]
-, Barilius senegalensis 3/256, 229[4]
-, *Channa* 1/828, 3/672, 799[2], 799
-, Leuciscus 3/238, 216[2]
-, - *cephalus* 3/238, 216
- natio aralychensis, Leuciscus cephalus 3/238, 216[2]
- - ardebilicus, Leuciscus cephalus 3/238, 216[2]
- - zangicus, Leuciscus cephalus 3/238, 216[2]
-, Tetragonopterus 1/255, 98[1]
Orientkärpfling 2/586, 474
orinocensis, Cichla 2/856, 5/750, 750[6], 751
-, Crenicichla 2/856, 750[6]
-, Myletes 1/352, 92[5,6]
Orinoco-Bachling 5/576, 458
„Orinoco", Crenicichla sp. 5/796, 761
„-", Geophagus sp. 5/816, 766
„-", Guianacara sp. 5/820, 767
orinoco, Lithoxancistrus 5/362, 334
-, Ochmacanthus 4/338, 388
Orinoco-Schmerlenwels 4/338, 388
orinocoense, Cichlasoma 5/754, 752
Ornamentkamm-Pleco 5/348, 331
ornata, Amia 2/205, 32[2]
-, Chitala 2/1150, 900
-, Crenicichla 5/778, 758[3]

-, Cyrtocara 5/812, 612[3,4]
-, Garra 4/196, 206
-, Hydrargyra 4/442, 485[2]
ornaticauda, Parosphromenus 4/574, 589
ornatipinnis, Apistogramma 1/678, 746[3]
-, Lamprologus 2/944, 648
-, Neofundulus 5/554, 451
-, Polypterus 1/210, 30
-, Synodontis 1/506, 2/546, 363[1], 364
ornatum, „Cichlasoma" 3/740, 752
-, Cichlaurus 3/740, 752[6]
-, Cichlosoma 3/740, 752[6]
ornatus, Chrysichthys 3/308, 262
-, Clarias 4/266, 302[2]
-, Corydoras 1/470, 2/472, 284
-, Discognathus 4/196, 206[2]
-, Eclectochromis 5/812, 612
-, Galaxias 2/1080, 889[6], 890[1]
-, Garra 4/196, 206[2]
-, Haplochromis 5/812, 612[3,4]
-, Hyphessobrycon 1/280, 109[6]
-, Ichthyborus 3/99, 97
-, Julidochromis 1/726, 647
-, Neoborus 3/99, 57[6]
-, Pelteobagrus 3/322, 266
-, Phago 3/99, 57[6]
-, Phagoborus 3/99, 57[6]
-, Pimelodus 2/562, 373
-, Pseudobagrus 3/322, 266[4]
-, Pseudorhamdia 2/562, 373[5]
-, Rhadinocentrus 2/1140, 863
-, Rivulus 2/682, 464
-, Scarophagus 1/810, 840[3]
-, Stiphodon 2/1098, 827
-, Synodontis 2/542, 362[6]
orontis, Aphanius cypris 2/586, 474[2]
-, Clarias 2/488, 4/265, 301[5,6], 302[1]
orphanoprerus, Corydoras 3/338, 284[6], 285[1]
orphnopterus, Corydoras 2/472, 3/338, 284, 285
orphoides, Barbus 1/394, 189
-, Puntius 1/394, 189[2,3]
orphopterus, Corydoras 2/472, 284[6], 285[1]
Orthias angorae bureschi 5/84, 152[6]
Orthochromis polyacanthus 2/962, 4/686, 695[4], 699[5]
orthognathus, Petrochromis 3/848, 4/672, 663
orthogoniata, Homaloptera 2/428, 154
orthonops, Hemiodus 2/312, 134
orthonotus, Cyprinodon 2/666, 434[6]
-, Fundulus 3/516, 434[2]
-, - (Nothobranchius) 3/522, 437[3]
-, Nothobranchius 2/666, 4/406, 433[5], 434
-, Nothobranchius cf. 4/406, 433[5]
orthostoma, Haplochromis 5/930, 683[6]
-, Pyxichromis 5/930, 683

Register

Orthrias angorae angorae	3/280, 152[1]
- *brandti brandti*	3/282, 152[5]
- *insignis*	3/282, 153[2]
- *oreas*	1/376, 3/274, 152[2,4]
- *panthera*	3/284, 153[5]
orthus, Hemigrammus	3/130, 105[1]
ortmanni, Apistogramma	5/698, 741, 742
- *rupununi, Apistogramma*	5/706, 743[6]
ortonianus, Prochilodus	3/150, 145
ortonii, Tetragonopterus	1/310, 124[2]
Oryzias celebensis	1/572, 867
- *javanicus*	1/572, 868[2]
- *latipes*	2/1148, 867
- - *iliensis*	5/462, 868
- *melastigma*	5/464, 868
- *melastigmus*	1/572, 868
- *minutillus*	3/579, 868
- *nigrimas*	5/462, 868
- sp. „Bentota"	5/464, 869
ORYZIATIDAE	2/1148, 847
ORYZIIDAE	3/579, 868, 869
oscula, Agosia	5/204, 235[3]
osculus, Argyreus	5/204, 235[3]
-, *Rhinichthys*	5/204, 235
oseryi, Xiphostoma	2/300, 126[2]
Osman, Altai-	3/249, 222
OSMERIFORMES	888–891
osphromenoides selatanensis, Sphaerichthys	2/806, 591
-, *Sphaerichthys osphromenoides*	1/644, 591
Osphromenus gorami	3/670, 594[5]
- *gourami*	3/670, 594[5]
- *malayanus*	1/644, 591[4]
- *microlepis*	1/646, 592[2]
- *notatus*	1/644, 3/670, 591[4], 594[5]
- *olfax*	3/670, 594[5]
- *saigonensis*	1/648, 3/668, 592[4-6]
- *satyrus*	3/670, 594[5]
- *siamensis*	1/648, 3/668, 592[4-6]
- *striatus*	1/650, 590[1]
- *trichopterus*	1/644, 1/648, 3/668, 592[1,4-6]
- - var. *koelreuteri*	1/648, 3/668, 592[4-6]
- - - *cantoris*	1/646, 592[3]
- - *vittatus*	1/650, 590[1]
OSPHRONEMIDAE	1/652, 3/670, 594
Osphronemus deissneri	1/640, 587[4-6]
- *gorami*	1/652, 3/670, 594
- *gourami*	1/652, 594[6]
- *notatus*	1/652, 594[6]
- *olfax*	1/652, 594[6]
- *satyrus*	1/652, 594[6]
osseus, Esox	2/210, 32[4]
-, *Lepisosteus*	2/210, 32
Ossubtus xinguense	4/138, 95
Ostafrikanischer Quappenwels	3/292, 248
- Stromschnellenwels	3/396, 355
Ostasiatischer Kiemenschlitzaal	2/1158, 918
- Schlammpeitzger	2/348, 169
Osteobrama cotio	4/206, 222
osteocarus, Corydoras	3/340, 285
Osteochilus brachynotopterus	3/250, 223[2]
- *hasselti*	1/428, 222
- *melanopleura*	2/400, 223
- *microcephalus*	3/250, 223
- *spilopleura*	2/400, 223
- *triporus*	4/206, 223
- *vittatus*	3/250, 223[2]
Osteogaster eques	1/464, 278[3]
OSTEOGLOSSIDAE	1/818, 1/858, 2/1151–2/1155, 901, 902
OSTEOGLOSSIFORMES	892–902
Osteoglossum ferreirai	1/858, 902
- *bicirrhosum*	1/858, 901
- *formosum*	2/1152, 902[2]
- *vandelli*	1/858, 901[6]
osteographus, Danio	1/416, 201[3]
osteomystax, Auchenipterus	2/442, 255[5]
-, *Ceratocheilus*	2/442, 255[5]
Östlicher Anatolienkärpfling	4/418, 472, 473
- Kaplabyrinthfisch	2/792, 572
otarius, Lepidosteus	2/210, 32[4]
Otocinclus affinis	1/492, 336
- cf. *affinis*	340
- *arnoldi*	2/508, 337[1]
-, Brauner	2/510, 337
- *caudimacula*	5/390, 341[3,4]
- *fimbriatus*	2/508, 337[1]
- *flexilis*	2/508, 337
-, Gelbpunkt-	5/388, 341
- *gibbosus*	5/378, 337
- *joberti*	5/344, 329[4]
- *leucofrenatus*	3/376, 5/376, 336[2], 337
- *macrospilus*	3/378, 337[5]
- *maculicauda*	2/508, 5/390, 341[3,4]
- *mariae*	3/378, 337[5]
- *notatus*	2/508, 5/376, 336[3], 337
-, Rotflossen-	2/512, 340
- *vittatus*	3/378, 337
Otopharynx, Blaugelber	5/898, 624, 625
- *heterodon*	5/898, 624
- *lithobates*	4/662, 5/898, 625
- *ovatus*	2/902, 5/900, 625
- *tetraspilus*	5/900, 625
-, Vierfleck-	5/900, 625
otophorus, Pomacentrus	4/738, 839[6]
-, *Stegastes*	4/738, 839
otostigma, Limnochromis	1/780, 667[1]
-, *Triglachromis*	1/780, 667
Otothyris canaliferus	2/510, 337[6]
- *lophophanes*	2/510, 337
- (?) sp.	5/380, 338
otschakovinus, Mesogobius gymnotrachelus	3/995, 818[6]
ottogartneri, Aphyosemion	4/376, 412[3]
-, - *ogoense*	4/376, 412

1121

Register

otuquensis, Metynnis 3/160, 93[4]
ourastigma, Corydoras 4/254, 285
ovalis, Chromis 3/850, 683[1]
-, Tilapia 3/850, 683[1]
ovata, Cyrtocara 5/900, 625[3]
ovatus, Cyrtocara 2/902, 625[3]
-, Haplochromis 2/902, 5/900, 625[3]
-, **Otopharynx** 2/902, 5/900, 625
ovidius, Synodontis 2/540, 362[2]
ovinus, Cyprinodon 4/438, 480[5,6]
-, - **variegatus** 4/438, 5/492, 480
-, Esox 4/438, 480[5,6]
-, Lebias 4/438, 480[5,6]
Owens-Wüstenfisch 5/492, 479
„Owroewefi", Guianacara sp. 5/822, 5/843, 767
owsianka, Aspius 1/424, 215[2]
oxiana, Nemachilus brandti var. 5/96, 157[4]
oxianus natio zerarschani, Nemachilus 5/96, 157[4]
-, Nemacheilus 5/96, 157
oxleyana, Nannoperca 2/1032, 833
OXUDERCINAE 825, 826
Oxydoras affinis 5/298, 305[3]
- dorbignyi 2/498, 308[5]
- eigenmanni 5/297, 305[2]
- niger 2/496, 308[2]
- stubeli 2/496, 307[3]
Oxyeleotris lineolata 4/764, 805
- marmoratus 1/832, 805
- siamensis 4/766, 805[5]
- urophthalmoides 4/766, 805
- urophthalmus 4/766, 805
Oxygaster anomalura 5/190, 223
- atpar 4/192, 198[3]
- oxygastroides 2/402, 224[2,3]
oxygastroides, Chela 2/402, 224[2,3]
-, Leuciscus 2/402, 224[2,3]
-, Oxygaster 2/402, 224[2,3]
-, **Parachela** 2/402, 224
Oxyglanis sacchii 2/448, 260[4]
Oxyloricaria barbata 2/523, 352[2]
- leightoni 3/393, 352[5,6]
- panamensis 2/524, 352[4]
oxyrhinus, Amphilius 3/292, 249[1]
oxyrhynchum, Ctenopoma 1/624, 570
oxyrhynchus, Anabas 1/624, 570[6]
Oxyrhynchus anguilloides 4/810, 897[3]
oxyrhynchus, Coregonus 3/941, 907
Oxyrhynchus curtus 4/812, 897[4]
-, Flame 5/872, 622
oxyrhynchus, Hemitilapia 2/918, 614, 615
-, Himantura 4/14, 34
-, Mormyrus 4/814, 898[2]
Oxyssschmerle 5/96, 157
oxyurus, Lepidosteus 2/210, 32[4]
Oxyzygonectes balboae 3/568, 486[3,4]
- dovii 3/435, 395
- dowi 3/435, 395[1,2]
OXYZYGONECTINAE 394, 395

Ozolabärbling 4/189, 195

P

Pachtkärpfling, Kekem- 3/462, 399
pachycephalus, Cyprinodon 4/435, 479
-, Fundulus 2/670, 500[2]
-, Zacco 4/218, 241[6]
Pachypanchax homalonorus 3/524, 438[2]
- nuchimaculatus 3/524, 438[2]
- **omalonotus** 3/524, 438
- playfairii 1/574, 438
Pacu 3/162, 93
-, Adlerschnabel- 4/138, 195
pacu, Myleus 3/162, 93
Pacu, Schwarzer 1/350, 92
-, Silberner 2/328, 92
Padogobius martensi 5/1021, 813
Padogobius martensii 2/1094, 820
„Pagamon Cat" 5/438, 370[6], 371[1]
pagellus, Leuciscus 3/264, 237[6]
Pahrump-Hochlandkärpfling 4/462, 489
Paiche 2/1151, 901
pairatalis, Chaetodon 1/810, 840[3]
Palaeolamprologus toae 3/836, 661
palavanensis, Barbus 2/366, 180[5]
paleatus, Callichthys 1/470, 285[4,5]
-, Corydoras 1/470, 285
palembangensis, Crayracion 1/868, 920[4,5]
-, Cryptopterichthys 1/515, 382[4]
-, Silurus 1/515, 382[4]
-, Tetraodon 1/868, 920[4,5]
-, Tetrodon 1/868, 920[4,5]
Palembang-Kugelfisch 1/868, 920
Paleolamprologus obscurus 3/819, 656[4]
pallasi, Gobius fluviatilis 3/992, 818[4,5]
-, Schilus 4/734, 838[4]
pallida, Acara 2/816, 730[2,3]
-, Mollienesia sphenops 4/524, 540[5,6]
pallidifrons, Bryconella 4/86, 101
-, Cheirodon 4/86, 101[4]
pallidus, Acara 2/816, 730[2,3]
-, **Aequidens** 1/664, 2/816, 730
-, Catostomus 3/165, 161[5]
-, Fundulus 2/656, 484[6]
-, **Labidochromis** 3/794, 618
-, Pimelodus 1/485, 311[4,5]
-, Pomotis 1/796, 796[1]
pallopinna, Rasbora volzi 3/260, 233[3]
-, Rasbora 3/260, 233[3]
palmas, Polypterus 2/216, 30
palmeri, Nematobrycon 1/304, 121
palmquisti, Nothobranchius 3/512, 432[2]
palmqvisti, Adiniops 1/570, 435[1]
- „elongate", Nothobranchius 3/510, 431[5,6]
-, Fundulus 1/570, 435[1]
-, **Nothobranchius** 1/570, 5/482, 437[5,6], 435

Register

Palmqvists-Prachtgrundkärpfling	1/570, 435
palomet, Myletes	2/332. 94[4]
paltscheuskii, Acanthogobio	3/220, 208[6]
paludicola, Parosphromenus	**2/808, 589**
-, Pseudomugil	3/1026, 864
paludinosus, Barbus	5/132, 5/138, 193[2], 189
-, Puntius	5/132, 189[4-6]
paludosus, Polyacanthus	2/803, 586[3]
palustris, Synodus	2/308, 130[5,6]
Pamphoria scalpridens	4/532, 541[6]
Pamphorichthys hollandi	5/622, 539[5]
- minor	4/530, 534[3]
Panama-Bachling	3/538, 461
- -Bartwels	2/524, 352
- -Buntbarsch	3/742, 714, 715
- Glutsalmler	2/258, 89
-, „Cichlasoma" sp. Grüner von	3/750, 716
panamense, „Cichlasoma"	3/742, 714, 715
-, Sturisoma	2/524, 352
panamensis, Loricaria	2/524, 352[4]
-, Neetroplus	3/742, 714[6], 715[1]
-, Oxyloricaria	2/524, 352[4]
Panamichthys tristani	2/718, 518[5]
Panaque „bruno"	4/282, 324[4-6]
- cochliodon	2/504, 324[1]
- nigrolineatus	1/492, 338
- oculeus	5/332, 324[3]
- sp.	4/296, 5/381, 338
- suttoni	2/510, 338[6]
- **suttonorum**	**2/510, 338**
Panchax	1/548, 338
- ansorgii	5/474, 420[5,6], 421[1-3]
- (Aphyosemion) calliurus var. caeruleus	4/364, 396[4]
- (-) pascheni	2/616, 412[6]
panchax, Aplocheilus	**1/548, 419**
Panchax argenteus	1/572, 868[2]
- australe	1/524, 397[4]
- boulengeri	4/384, 422[3,4]
- buchanani	1/548, 419[2]
- chaperi	1/386, 422[5]
- chevalieri	1/558, 423[1]
- congicus	2/598, 402[4]
- cyanophthalmus	1/572, 868[2]
- dayi	1/546, 418[1]
- escherichi	2/592, 4/401, 2/608, 399[4,5], 403[4]
panchax, Esox	1/548, 419[2]
Panchax fasciolatus	4/386, 423[6]
- grahami var. decemfasciata	4/398, 429[2-4]
panchax, Haplochilus	1/548, 419[2]
Panchax hutereaui	4/346, 491[2,3]
- jaundensis	1/530, 404[1]
- kuhlii	1/548, 419[2]
- lineatum	1/548, 5/472, 418[5,6], 419[1]
- lineatus	1/548, 5/472, 418[5,6], 419[1]
- loboanus	1/530, 404[1]
- longiventralis	4/390, 425[4]
- macrostigma	1/562, 428[6]
- melanopterus	1/548, 419[2]
- microstomus	2/592, 4/401, 399[4,5]
- multifasciatus	4/390, 425[6]
- nyongensis	2/652, 427[6]
- obscurus	4/366, 400[4,5]
- oeseri	3/482, 411[6]
- panchax	1/548, 419[2]
- - var. blockii	1/546, 417[6]
- parvus	1/546, 417[6]
- petersii	4/378, 413[1]
- pictum	2/798, 582[3]
- pictus	3/482, 411[6]
- playfairii	1/574, 438[3]
- polychromus	1/524, 397[4]
- rubrostigma	5/472, 418[5,6], 419[1]
- sakaramyi	3/524, 438[2]
- sexfasciatus	1/562, 3/504, 428[2,3]
- spilargyreius	4/398, 429[2-4]
- var. blockii, Haplochilus	1/546, 417[6]
- - -, Panchax	1/546, 417[6]
- vexillifer	2/590, 399[3]
- zenkeri	2/652, 427[6]
panda, Corydoras	2/474, 285
Pandaka pygmaea	**2/1094, 823**
Panda-Zwergbuntbarsch	2/828, 741
Pandapanzerwels	2/474, 285
„Pandurini"-Apistogramma	5/724, 745, 746
pangani pangani, Oreochromis	**3/830, 694**
-, Sarotherodon	3/830, 694[5]
-, Tilapia	3/830, 694[5]
Panganibarbe, Rote	4/188, 194
PANGASIIDAE	1/509, 3/412, 367
Pangasius hypophthalmus	**1/509, 367**
- **pangasius**	**3/412, 367**
pangasius, Pimelodus	3/412, 367[6]
Pangasius sutchi	1/509, 367[5]
pangia, Acantophthalmus	2/338, 170[6]
Pangia cinnamoena	2/338, 170[6]
pangia, Cobitis	2/338, 170[6]
-, Pangio	2/338, 170
Pangio anguillaris	**2/338, 169**
- **kuhlii**	**1/364, 4/160, 170**
- - myersi	1/364, 170
- - sumatranus	1/364, 170
- muraeniformis	5/114, 170
- oblonga	2/338, 169
- pangia	2/338, 170
- piperata	2/338, 169
- semicinctus	2/340, 171
- shelfordii	1/364, 171
pangut, Rohtee	3/198, 222[2]
panijus, Sillaginopsis	**4/824, 842**
Panizza-Grundel	2/1094, 820
pantanalensis, Cynolebias	5/560, 452[6]
Pantanal-Fächerfisch	5/560, 452

Register

Pantanodon podoxys	3/450, 498	-, Orangeflossen-	2/480, 294
panthera, Barbatula	3/284, 153	-, Pfeffer und Salz-	2/482, 296
-, *Cobitis*	3/284, 153[5]	-, Robuster	5/272, 288
-, *Orthrias*	3/284, 153[5]	-, Rosafarbener	1/460, 237
pantherinus, Pseudariodes	1/510, 373[2]	-, Sanches'	4/258, 288
-, *Synodontis*	5/428, 361[5]	-, Sands'	3/332, 276
Pantherkärpfling	3/587, 508	-, Saramacca-	4/258, 288
pantherus, Nemacheilus	3/284, 153[5]	-, Schlanker Dreistreifen-	3/348, 286
Pantodon buchholzi	1/860, 902	-, Schlichter Schwarzrücken	2/478, 290
PANTODONTIDAE	1/818, 1/860, 902	-, Schraffierter	1/464, 277
pantostictos, Curimata	4/130, 129[3]	-, Schwanzfleck-	2/460, 275
-, *Cyphocharax*	4/130, 129	-, Schwanzstreifen-	1/476, 296
pantostictum, „Cichlasoma"	3/744, 715	-, Schwarzbinden	1/468, 282
Panuco-Buntbarsch	3/734, 712	-, Schwarzrücken-	1/468, 283
panuco, Gambusia	3/602, 524	-, Sichelfleck-	1/466, 280
Panuco-Kärpfling	3/602, 524	-, Siebenfleck-	2/478, 289
Panzerdornwels	5/306, 308	-, Silberstreifen-	1/460, 271
Panzertetra	4/63, 81	-, Similis-	4/260, 290
Panzerwels, Adolfos	3/328, 271	-, Smaragd-	1/458, 3/326, 270
-, Amapa-	3/328, 272	-, Steindachners	2/480, 293
-, Araguaia-	4/236, 5/257, 272	-, Sterbas	2/480, 294
-, Ariane	5/269, 284	-, Stromlinien-	1/460, 273
-, Blauer	4/250, 283	-, Surinam-	3/346, 294
-, Brees	4/236, 275	-, Vielgetupfter	4/248, 283
-, Britskis	3/326, 270	-, Xingú-	5/280, 295
-, Coppenam-	3/330, 275	Panzerwelse	5/249, 267–296
-, Cumuru-	5/269, 284	Papagallo-Buntbarsch	3/734, 711
-, Deckers	3/336, 282	Papageibuntbarsch	2/876, 769
-, Diagonal-	1/468, 283	Papageien-Nilhecht	5/1068, 896
-, Dreigestreifter	1/474, 294	Papageienkugelfisch	2/1160, 920
-, Dreilinien	1/466, 294	Papageienplaty	1/614, 563
-, Duplikat-	5/260, 277	*papilio, Periophthalmus*	2/1096, 826
-, Einfarbiger	1/462, 276	-, *Xenotilapia*	4/706, 672
-, Flaggenschwanz-	2/477, 288	*Papiliochromis altispinosus*	3/802, 772[3,4]
-, Gelbflossen-	2/470, 282	-, *ramirezi*	1/748, 772[5]
-, Gewellter	5/280, 295	*papillatus, Barilius*	4/189, 195[3]
-, Gómez	4/246, 279	*papilloso labiata, Diplophysa*	2/354, 158[4]
-, Gosses	5/263, 279	*pappaterra, Geophagus*	1/704, 3/866, 775[6], 776[4]
-, Grauer	1/466, 279	-, *Satanoperca*	3/866, 776
-, Grüner	1/458, 3/326, 270	*pappenheimi, Fundulus*	3/478, 409[4]
-, Guapore	2/464, 280	-?, *Gobius*	5/1041, 820[4]
-, Hellgrüner	5/267, 281	Papua-Regenbogenfisch	2/1126, 4/798, 860
-, Icana-	4/246, 280		
-, Imitator-	3/334, 280	*papuae, Melanotaenia*	2/1126, 4/798, 860
-, Inirida-	2/462, 277		
-, Kameraden-	5/258, 276	„Papuan", *Mogurnda* sp.	4/762, 812
-, Kopfbinden-	1/468, 283	*Papyrocranus afer*	3/1025, 901
-, Langbärtiger	1/476, 296	Papyrus Maulbrüter	5/730, 676
-, Langschnäuziger Zweipunkt-	5/260, 278	„Para-Bitter", *Cynolebias* sp.	5/558, 452[4,5]
-, Leopard-	2/466, 281	*Parabotia fasciata*	4/152, 164
-, Loreto-	3/336, 281	- *fasciatus*	4/152, 164[2]
-, Marmorierter	1/470, 285	- *fasciolata*	4/152, 164[2]
-, Messing-	4/242, 276	- *rubrilabris*	4/158, 168[6]
-, Metall-	1/460, 5/252, 271, 272	*Parabramis pekinensis*	5/192, 223
-, Miguelito-	4/260, 295	*Paracara bleekeri*	5/902, 782[1]
-, Napo-	1/474, 3/338, 283	- *typus*	4/668, 782[2-4]
-, Narziß-	4/250, 283	*Parachanna africana*	2/1059, 800
-, Netz	1/472, 288	- *insignis*	3/674, 800
-, Nijssens	4/253, 284	- *obscura*	1/828, 800

Register

Paracheilognathus himantegus 5/192, 224
Paracheirodon axelrodi 1/260, 121
- *innesi* 1/307, 4/64, 122
- *simulans* 1/294, 122
Parachela anomalura 5/190, 223[5]
- *oxygastroides* 2/402, 224
Paracobitis malapterura longicauda 3/286, 158
paracome, *Fluvialosa* 2/1062, 872[1]
Paracottus kessleri 3/948, 912
- *kneri* 3/948, 913
Paracyprichromis brieni 3/838, 662
Paradanio aurolineatus 1/416, 201[3]
- *elegans* 4/192, 198[3]
Paradiesfisch 1/638, 586
paradoxa, Lepidosiren 2/207, 38
paradoxus, *Acrossocheilus* 5/178, 217[1]
-, *Barbus* 5/178, 217[1]
-, *Epicyrtus* 1/246, 82[1]
-, *Exodon* 1/246, 82
-, *Hystricodon* 1/246, 82[1]
-, *Indostomus* 3/1004, 878
parae, *Lebistes* 3/618, 534[4,5]
-, *Micropoecilia* 3/618, 4/530, 534
-, *Poecilia* 3/618, 4/530, 534[4,5]
-, - *vivipara* 3/618, 4/530, 534[4,5]
paraense, *Serrasalmus* 1/358, 95[6]
Paragalaxias mesotes 2/1086, 891
- *zebratus* 4/769, 890[5]
Paragalaxie, Tasmanische 2/1086, 891
Paragoniates alburnus 1/252, 89
- *microlepis* 2/254, 3/120, 5/45, 86[1], 87[4–6], 88[1]
- *muelleri* 1/252, 89[4]
PARAGONIATINAE 89, 90
paraguayense, *Ilyodon* 3/590, 510[3,4]
paraguayensis, *Aequidens* 2/818, 731[2,5]
-, *Aphyocharax* 1/284, 2/244, 75
-, *Doras* 5/306, 308[6]
-, *Fundulus* 5/554, 451[5]
-, *Neofundulus* 5/554, 5/556, 451[4], 451[6], 451
-, *Parodon* 2/318, 136[1]
-, *Trachydoras* 5/306, 308
Paraguay-Keulensalmler 2/312, 134
- -Maulbrüter 1/708, 768
- -Raubglassalmler 3/114, 83
- -Schleierkärpfling 5/604, 468
parahybae, *Batrachoglanis* 3/418, 371[4]
-, *Cheirodon* 1/260, 103
-, *Microglanis* 3/418, 371
-, *Pogonopomoides* 3/376, 336[4]
-, *Pseudopimelodus* 3/418, 371[4]
Parailia congica 2/572, 2/574, 379[5], 379
- *longifilis* 2/572, 379[4]
- *pellucida* 2/574, 379
Para-Kärpfling 4/530, 534
Parakneria sp. aff. *tanzaniae* 3/1006, 881
- *tanzaniae* 5/1054, 881

- *thysi* 5/1054, 881
Paraknerie, Thys' 5/1054, 881
-, Tansania- 5/1054, 881
Paralabidochromis chilotes 5/826, 678[4]
Parallelstreifen-Apistogramma 5/662, 734
- -Corydoras 1/474, 286
- -Zwergbuntbarsch 3/682, 734
parallelus, Corydoras 1/474, 4/254, 286
-, *Melanochromis* 2/952, 621
Parambassis confinis 4/712, 789
- *gulliveri* 4/712, 789
Paramisgurnus dabryanus 5/114, 171
Paramolly 3/618, 534
paranaguensis, *Cynolebias* 5/544, 450[1]
Paraná-Kärpfling 4/516, 537
Parananochromis gabonicus 4/662, 695
- *longirostris* 3/840, 695
- sp. „Belinga" 4/664, 696
Parancistrus aurantiacus 3/378, 5/382, 339
- *nigricans* 3/378, 339[1]
- *niveatus* 3/380, 339
- sp. 4/302, 5/315, 5/383, 339
Paraneetroplus bulleri 3/840, 720
- *gibbiceps* 4/664, 720
- *nebulifer* 4/666, 720
- *omonti* 4/668, 720
- *sieboldii* 2/880, 716[3]
- *tuba* 4/698, 725[1]
paranensis, *Roeboides* 3/114, 83
Paranothobranchius ocellatus 3/524, 438
Paranthobranchius ocellatus 4/408, 434[5]
Parapetaenia loisellei 5/752, 712[5,6]
Parapetenia alfari 2/860, 708[2]
- *beani* 3/720, 709[2]
- *dovii* 2/866, 710[4]
- *festae* 5/870, 752[3,4]
- *friedrichsthalii* 2/869, 710[6]
- *labridens* 3/734, 712[2–4]
- *loisellei* 5/752, 712
- *managuense* 1/688, 721[1]
- *managuensis* 1/688, 721
- *motaguensis* 3/740, 713[6]
- *multifasciata* 2/869, 710[6]
- *nigricans* 2/882, 781[2]
- *steindachneri* 3/752, 717[1]
- *tetracantha* 2/882, 781[2]
- *urophthalma* 2/884, 718[2]
Paraphago rostratus 2/232, 62
Parapocryptes serperaster 3/998, 826
Parapoecilia hollandi 5/622, 539[6]
Pararhodeus kervillei 5/200, 227[4]
Pararutilus frisii meidingeri 4/214, 237[3]
Parasilurus asotus 5/450, 383
Parasphaerichthys ocellatus 3/662, 591
Parasturisoma filamentosa 5/356, 332[6], 333[1]

(Parasyngnathus) spicifer, Syngnathus 4/828, 879[1]
Paratheraps breidohri 3/842, 721

1125

Register

- *hartwegi* 3/842, 721
- *melanurus* 4/705, 725[4]
- *zonatus* 5/976, 725[6]
Paratherina sp. 5/1100, 865[6]
Paratilapia aurita 2/948, 650[5]
- *bicolor* 3/790, 680[5]
- **bleekeri** 4/668, 5/902, 782[2-4], 782
- *buettikoferi* 5/906, 696[3]
- *caerulea* 5/742, 607[4,5]
- *calliura* 3/862, 664[5]
- *cerasogaster* 3/786, 690[4]
- *chilotes* 5/826, 678[4]
- *chrysonota* 1/710, 609[1]
- *compressiceps* 1/710, 612[1]
- *demeusii* 4/688, 701[3]
- *dewindti* 3/707, 641[5]
- *esox* 5/934, 635[6]
- *frontosa* 1/700, 644[2]
- *furcifer* 2/888, 3/760, 643[5,6], 644[1]
- *kilossana* 3/692, 688[4]
- *leptosoma* 1/700, 644[3]
- *lukugae* 3/707, 641[5]
- *macrops* 3/712, 642[2]
- *mariae* 5/954, 684[6]
- *microlepis* 3/710, 642[1]
- *multicolor* 1/754, 697[5]
- *nicholsi* 3/850, 698[1]
- *nigripinnis* 2/892, 644[6]
- *pfefferi* 3/768, 646[1]
- **polleni** 4/668, 782
- **polleni** I 4/668, 5/903, 782
- **polleni** II 5/903, 782
- *polyodon* 3/790, 680[5]
- *retrodens* 3/790, 680[5]
- *rhoadesii* 5/740, 607[3]
- *thomasi* 1/748, 688[3]
- *ventralis* 1/746, 3/850, 4/658, 660[1,3,4]
- *wingatii* 2/998, 685[3]
Paratrygon aiereba 4/14, 34[5]
- *dumerilii* 2/219, 35[5]
- *laticeps* 1/209, 35[3]
- *motoro* 2/219, 35[5]
- **orbicularis** 4/14, 34
- sp. 1/205
paratus, Chiloglanis 2/527, 356
Parauchenipterus albicrux 5/234, 256
- *fisheri* 5/234, 256
- **galeatus** 2/444, 5/236, 256, 257
- *insignis* 5/236, 257
- *leopardinus* 5/238, 257
- *paseae* 2/444, 5/236, 256[5,6], 257[1]
- *striatulus* 5/236, 257[2]
Parauchenoglanis balayi 5/244, 265
- *loennbergi* 3/304, 260[3]
- *macrostoma* 1/456, 265
pardalis, Chapalichthys 3/587, 508
-, Hypostomus 1/496, 334[3]
-, Liposarcus 1/496, 5/360, 334[3], 334
-, Nemacheilus 5/96, 157
-, Plecostomus 1/496, 334[3]

-, Pterygoplichthys 1/496, 334[3]
Parectodus hemelrycki 5/820, 646[3]
Pareiorhina rudolphi 5/385, 340
Paretroplus kieneri 5/905, 782
Pareutropius longifilis 4/330, 379
- *micristius* 4/330, 379[6]
parietalis, Coliscus 3/254, 227[1,2]
parilus, Nanochromis 1/746, 693
pariolispos, Scobinancistrus 4/302, 351
parismina, Brachyrhaphis 3/595, 518
-, Gambusia 3/595, 518[3,4]
Parismina-Kärpfling 3/595, 518
parismina, Priapichthys 3/595,518[3,4]
parkinsoni, Melanotaenia 2/1126, 861
Parkinsons Regenbogenfisch 2/1126, 861
Parluciosoma argyrotaenia 2/404, 224
- *cephalotaenia* 2/412, 224
parma, Astronotus 2/872, 713[4]
-, Cichlasoma 2/872, 713[4]
-, - fenestratum var. 2/872, 713[4]
-, Heros 2/872, 3/726, 710[5], 713[4]
Parodon affinis 2/318, 136
- *carrikeri* 3/154, 136[5]
- *gestri* 3/154, 136[6]
- *gransabana* 5/77, 136[2]
- *hilarii* 2/318, 136[5]
- *nasus* 2/318, 136[5]
- *paraguayensis* 2/318, 136[1]
- *piracicabae* 1/330, 4/132, 136[3]
- *pirassunungae* 3/154, 136[6]
- *suborbitale* 2/318, 136
- *tortuosus* 5/77, 136[2]
- - *tortuosus* 3/154, 136
Parophiocephalus obscurus 1/828, 3/674, 800[4-6]
- *unimaculatus* 2/800, 585[4]
Parosphromenus alleni 3/662, 587
- *anjunganensis* 4/572, 587
- *dayi* 1/642, 587
- *deissneri* 1/640, 5/652, 587
- sp. aff. *deissneri* 5/652, 587
- *filamentosus* 2/807, 588
- *harveyi* 3/664, 588
- *linkei* 4/572, 588
- *nagyi* 3/666, 588
- *ornaticauda* 4/574, 588
- *paludicola* 2/808, 589
- *parvulus* 2/808, 589
- sp. „Anjungan" 4/574, 589[1]
- - „Mandor" 4/572, 587[2]
- - „Pudukuali" 4/572, 588[4]
Parotocinclus cesarpintoi 5/386, 340
- cf. *britskii* 5/386, 340
- *cristatus* 5/388, 341
- *jimi* 5/388, 341
- *maculicauda* 5/390, 341
- sp. „Minimus" 5/394, 342[1]
- - „Rio Cristalino" 5/394, 342
- *spilosoma* 5/392, 341
- cf. *spilosoma* 5/392, 341

Register

partipentazona, Barbus	3/194, 190	-, Epicyrtus	3/112, 81[4]
partipentazona, Puntius	3/194, 190[1]	-, Pseudoxiphophorus	2/728, 3/608, 528[2,4]
parva fowleri, Pseudorasbora	5/202, 227[5]	paucisqualis, Rasbora	2/416, 232[4]
-, Loricaria	1/498, 349[1]	paucisquamara, Barbus mohasiensis var.	3/192, 186[1]
-, Lucania	**1/574, 487**	**paucisquamatus, Megalodoras**	**5/300, 306**
-, Pseudorasbora	**2/406, 227**	**paucisquamis, Apistogramma**	**5/700, 742**
- venusta, Lucania	3/574, 487[6]	-, Rasbora	2/416, 232
parvianalis, Lembesseia	1/602, 542[1,2]	paugyi, Hippopotamyrus	5/1066, 895
parvipinnis, Fundulus	4/456, 507[2]	paulina, Loricaria	5/418, 349[6]
-, Neofundulus	5/556, 451	pauperum, Leuciscus	3/264, 237[6]
-, Trichopus	1/646, 592[2]	paviana, Rasbora	2/420, 233[5]
parvulus, Labeo	3/230, 211[1]	paviei, Rasbora	2/420, 3/258, 233[5], 232
-, Parosphromenus	**2/808, 589**	pavo, Cyprichromis	4/614, 645
parvus, Aplocheilus	1/546, 417[6]	pavonina, Limia	1/604, 4/508, 533[5,6], 534[1]
-, Cyprinodon	3/574, 487[6]	-, Poecilia	1/604, 533[5,6], 534[1]
-, Gobius	3/980, 815[5,6]	pavonius, Scarus	3/756, 760[6]
-, Labeo	**2/390, 211**	payaminonis, Apistogramma sp. aff.	728
-, Leuciscus	2/406, 227[6]	paynei, Hemichromis	2/916, 691
-, Nannocharax	**2/230, 59**	-, Mochokiella	2/528, 357
-, Oreichthys	3/198, 222[2]	Payne's Fiederbartwels	2/528, 357
-, Panchax	1/546, 417[6]	- Roter Cichlide	2/916, 691
pascheni, Aphyosemion	**2/616, 412**	Pazifik Blauauge	2/1138, 865
-, Panchax (Aphyosemion)	2/616, 412[6]	pearsei, Cichlasoma	3/790, 4/626, 719[2,3]
paseae, Parauchenipterus	2/444, 5/236, 256[5,6], 257[1]	-, Herichthys	3/790, 4/626, 719
pasione, Cichlasoma	3/888, 724[4,5]	pechilensis, Nemachilus	1/376, 152[2]
pasionis, Thorichthys	**3/888, 724**	Peckoltia „angelicus"	5/366, 315[2]
Paska-Blauauge	4/820, 864	- cf. *arenaria*	5/398, 342
paskai, Pseudomugil	**4/820, 864**	- *aurantiaca*	3/378, 339[1]
pastazensis orcesi, Corydoras	**3/342, 286**	- *brevis*	2/512, 342
Pastellbarbe	5/142, 192	- cf. *brevis*	5/394, 342
Pastellbuntbarsch	2/860, 708	„-" Großgeperlter	5/314, 316
pasuruensis, Gobius	2/1092, 820[1]	- Kleingeperlter	5/315, 316
Patagonischer Messingsalmler	3/110, 77	- *oligospila*	5/396, 342
patana, Macrodon	2/308, 130[5,6]	- *platyrhyncha*	5/396, 342[6]
patenensis, Pimelodus	2/566, 375[3]	- *platyrhynchus*	5/396, 342
pathirana, Danio	5/150, 201	- *pulchra*	1/494, 343
patoca, Chelonodon	2/1160, 920	- *scaphirhyncha*	3/367, 325[4,5]
-, Tetrodon	2/1160, 920[1]	- *scaphyrhynchus*	3/367, 325[4,5]
patoti, Betta	**3/654, 581**	- Schneeball-	4/300, 344
-, Rhombatractus	2/1128, 862[1]	- (?) sp.	4/300, 5/398, 5/400, 5/402–5/405, 343, 344
patricki, Aequidens	**4/576, 730**	- *vermiculata*	4/298, 345
patrizii, Fundulus	2/668, 435[2]	- cf. *vermiculata*	5/399, 345
-, Nothobranchius	2/668, 435	- *vittata*	1/494, 345
patruelis, Gambusia	2/722, 520[3]	Pecos River-Wüstenkärpfling	4/436, 479
-, Heterandria	2/722, 520[3]	**pecosensis, Cyprinodon**	**4/436, 479**
- *holbrooki*, Gambusia	1/590, 522[2]	pectinatus, Astyanax	3/118, 84[5]
-, Zygonectes	2/722, 520[3]	-, Phenacogaster	3/118, 84
paucimaculata, Poeciliopsis	**4/542, 546**	-, Tetragonopterus	3/118, 84[5]
paucior, Barbus zanzibaricus var.	3/192, 186[1]	**pectinifrons, Agamyxis**	**1/482, 304**
-, - zanzibariensis var.	3/182, 179[1]	-, Doras	1/482, 304[4]
pauciperforata, Rasbora	**1/438, 232**	pectinirostris, Apocryptes	2/1088, 826[1]
pauciradiata, Limia	**4/504, 532**	-, Boleophthalmus	2/1088, 826
pauciradiatus, Anacyrtus	3/112, 81[4]	-, Gobius	2/1088, 826[1]
-, Aspidoras	2/456, 269	**pectorale, Hoplosternum**	**2/482, 296**
-, Characynus	3/112, 81[4]	pectoralis, Callichthys	2/482, 296[4]
-, Charax	3/112, 81		
-, Corydoras	2/456, 269[3]		
-, Cynopotamus	3/112, 81[4]		

1127

Register

-, *Cobitis*	2/348, 169[1]		- *pellegrini*	1/686, 4/586, 678[1], 689[4]
-, *Cyprinodon nevadensis*	4/432, 478		- *pleurospilus*	3/714, 642[3]
-, *Dallia*	3/1044, 874		- *pulcher*	1/750, 697[1]
-, *Eleotris*	4/754, 811[2]		- *regani*	5/744, 689[5,6]
-, *Hoplosternum*	2/482, 296[4]		- *rhodostigma*	3/714, 642[3]
-, *Morulius*	1/426, 210[6]		- *roloffi*	2/966, 697[2]
-, *Neolamprologus*	4/650, 656		- *spekii*	5/930, 683[6]
-, *Salmo*	1/328, 132[6]		- *stappersii*	3/714, 3/762, 642[3], 645[3]
-, *Trichogaster*	1/646, 592		- *subocellatus*	1/750, 697[3]
-, *Trichopodus*	1/646, 592[3]		- *taeniatus*	1/752, 697[4]
pectorosus, Thoracocharax	1/328, 132[6]		- *tanganicae*	3/866, 684[5]
pedanopterus, Gymnotus	5/996, 884		- *tanganyicae*	3/866, 684[5]
Peitschenschwanz-Hexenwels	5/407, 345, 346		- *thomasi*	1/748, 688[3]
			- *xenotilapiaformis*	3/712, 642[2]
Peitschenwels	2/438, 253		*Pelteobagrus brashnikowi*	3/312, 265
pekinensis, Abramis	5/192, 223[6]		- *crassilabris*	5/246, 266
-, *Ophicephalus*	2/1060, 798[6]		- *fulvidraco*	3/322, 266
-, *Parabramis*	5/192, 223		- *nudiceps*	5/246, 266
Pekingbrassen	5/192, 223		- *ornatus*	3/322, 266
pekkolai, Ctenopoma	3/640, 571[2]		- *ussuriensis*	3/314, 266
Pelecus bibie	4/192, 199[2]		*Pelvicachromis humilis*	2/964, 696
- *cultratus*	3/252, 224		- *pulcher*	1/750, 697
pelewensis, Lizettea	4/750, 804[1]		- *roloffi*	2/966, 697
Pellegrina heterolepsis	1/244, 76[3]		- *subocellatus*	1/750, 697
pellegrini, Anabas	3/640, 571[1]		- *taeniatus*	1/752, 697
-, *Barbus*	4/177, 190		*pelzami, Schizothorax*	5/214, 239
-, *Ctenopoma*	3/640, 571		Pelzamis Lachsbarbe	5/214, 239
-, *Geophagus*	4/620, 765		*pengelleyi Chriopeoides*	2/633, 469
-, *Leporinus*	2/240, 70		-, *Cubanichthys*	2/633, 469[3]
-, *Luciosoma*	3/242, 218[3]		*peninsulae, Pseudoxiphophorus bimaculatus*	2/728, 528[2]
-, *Pelmatochromis*	1/686, 4/586, 678[1], 689[4]		Pennyfisch	2/1024, 788
			pentacanthus, Centrarchus	2/1014, 793[6]
Pellegrins Buschfisch	3/640, 571		-, *Hoplarchus*	2/876, 769[5,6]
- Leporinus	2/240, 70		*pentazona, Barbodes*	1/396, 190[3]
pellucida, Gobiella	2/1092, 822[3]		-, *Barbus pentazona*	1/396, 190
-, *Parailia*	2/574, 379		-, *Puntius*	1/396, 190[3]
-, *Physailia*	2/574, 379[5]		- *schwanefeldi, Barbus*	1/398, 190
Pelmatochromis ansorgii	2/1000, 701[4]		*pequira, Cheirodon*	3/116, 83[6]
- *arnoldi*	2/1000, 701[4]		-, *Holoshestes*	3/116, 83
- *auritus*	2/948, 650[5]		-, *Odontostilbe*	3/116, 83[6]
- *batesii*	2/854, 4/586, 688[6], 689[1]		*perakensis, Cobitophis*	2/338, 169[6]
- *belladorsalis*	4/586, 678[1]		*Perca acerina*	4/730, 837[1]
- *boulengeri*	4/586, 678[1]		- *bimaculata*	2/862, 751[5]
- *buettikoferi*	5/906, 696		- *cernua*	1/808, 837[3]
- *caudifasciatus*	2/954, 692[4]		- *fluviatilis*	1/808, 5/977, 837
- *dimidiatus*	1/744, 692[5]		- *gibbosa*	1/798, 796[2]
- *frontosus*	1/700, 644[2]		- *lucioperca*	3/922, 838[3]
- *guentheri*	1/686, 4/586, 678[1], 689[4]		- *scandens*	1/619, 569[2]
- *haugi*	5/744, 689[5,6]		- *schraetser*	3/922, 837[4]
- *humilis*	2/964, 696[5,6]		- *tanaicensis*	4/730, 837[1]
- *intermedius*	3/898, 704[4]		- *volgensis*	4/734, 838[4]
- *kingsleyae*	4/586, 5/744, 678[1], 689[5,6]		- *zingel*	3/924, 838[6]
- *klugei*	1/752, 697[4]		*Perccottus glehni*	3/964, 813
- *kribensis*	1/752, 697[4]		PERCICHTHYIDAE	2/1009, 2/1036, 832, 833
- - *klugei*	1/752, 697[4]		PERCIDAE	1/788, 1/808, 3/914–3/924, 4/726–4/736, 5/981, 834–838
- *lateralis*	5/970, 704[5]			
- *lepidurus*	5/970, 704[5]		PERCIFORMES	565–844
- *longirostris*	3/840, 695[2]		*Percina caprodes caprodes*	5/981, 837
- *melanostigma*	3/712, 642[3]		- - *zebra*	5/981, 837[6]
- *ocellifer*	5/906, 696			

1128

Register

- *sciera* 4/732, 838
- *percivali, Barbus* 3/194, 188³
- - var. *kitalensis, Barbus* 3/194, 188³
- *percna, Crenicichla* 5/786, 759
- *percnurus, Moroco* 4/214, 225⁶
  - *Eupallasella* 4/214, 225
  - -, *Phoxinus* 4/214, 225⁶
- *Percocypris pingi* 4/196, 206³
- **percoides, Amniataba** 2/1040, 842
  - -, *Therapon* 2/1040, 842⁶
- PERCOPSIFORMES 903
- *Percottus pleskei* 3/964, 813⁴
  - - *swinhornis* 3/962, 810⁶, 811¹
- *peregrinorum, Scaphiodon* 3/202, 197¹
- *perense* var. *bitaeniata, Apistogramma* 1/674, 732⁴
- *pereslavicus, Coregonus albula* 4/749, 906
- Perez Salmler 1/284, 111
- **perforatus, Cynolebias** 5/530, 5/531, 446, 447
- *Perilampus aurolineatus* 1/416, 201³
  - - *cachius* 4/192, 198³
  - - *canarensis* 1/416, 201³
  - - *guttatus* 1/412, 199¹
  - - *laubuca* 1/412, 199¹
  - - *macropolus* 4/192, 198³
  - - *malabaricus* 1/416, 201³
  - - *mysorius* 1/416, 201³
  - - *psilopteromus* 4/192, 198³
  - - *striatus* 1/408, 196⁵
- **perince, Barbus** 4/184, 190
- *peringueyi, Barilius* 2/408, 221⁵
- *Periophthalmus argentilineatus* 1/838, 826³
  - - *barbarus* 1/838, 826
  - - *dipus* 1/838, 826³
  - - *juscatus* 1/838, 826³
  - - *kalolo* 1/838, 826³
  - - *koelreuteri* 1/838, 826³
  - - *modestus* 1/838, 826³
  - - *papilio* 2/1096, 826
- *Perissodus burgeoni* 3/846, 662⁵
  - - *gracilis* 3/846, 662³
  - - *microlepis* 3/846, 662
  - - *straeleni* 3/848, 664²
- Perlbuschfisch 2/788, 569, 572
- Perlcichlide 1/724, 3/788, 710, 719
- „Perle von Likoma" 1/740, 620
- *perlee, Puntius* 3/186, 182²
- Perlfisch 4/214, 237
  - -, Surinam- 1/708, 766
- Perlhuhnwels 1/502, 350
- Perlmuttercichlide, Spitzkopf- 2/906, 764
- Perlmuttbärbling 2/422, 234
  - -, Blauer 3/262, 234
- Perlmutterbuntbarsch, Dunkler 2/910, 768
- Perlmutterkärpfling 2/586, 473
  - -, Jordan- 4/418, 473

- Perlmutterregenbogenfisch, Australischer 1/850, 858
- Perlscalar 5/928, 775
- **permaxillaris, Gnathochromis** 5/818, 646
  - -, *Limnochromis* 5/818, 646²
- Pernambuco-Fächerfisch 5/532, 447
- *pernice, Barbus* 4/184, 190⁵
- *perniger, Culius* 4/752, 807³
- „Perreira", *Corydoras* sp. 4/246, 280⁵
- **Perrunichthys perruno** 2/556, 371
- **perruno, Perrunichthys** 2/556, 371
- *persa, Cobitis* 3/280, 152¹
  - -, *Nemachilus* 3/280, 152¹
- **persephone, Betta** 3/656, 5/645, 581, 582
- Perserkärpfling 5/484, 474
- *persicus, Cyprinodon* 5/484, 474⁵
- *persimilis, Chrysichthys* 3/308, 262³
- *personatus, Callichthys* 1/478, 3/351, 296⁵, 296⁶
- **perspicax, Lestradea** 3/800, 150
- *perstriatus, Pseudochalceus* 2/292, 123⁵
- *pertense, Heterogramma taeniatum* 2/830, 5/702, 742⁴⁻⁶
- **pertensis, Apistogramma** 2/830, 742
  - -, *Apistogramma* cf. 5/702, 742
- *peruanus, Amblyopus* 3/984, 803⁵
  - -, *Aplocheilus* 3/542, 464⁶
  - -, **Gobioides** 3/984, 803
  - -, *Haplochilus* 3/542, 464⁶
  - -, **Rivulus** 3/542, 464
- Peru-Bachling 3/542, 464
  - -Bodensalmler 2/295, 79
  - -Riesenschilderwels 5/360, 334
  - -Schleierkärpfling 5/566, 453
- **peruensis, Pterolebias** 5/566, 453
- *perugiae, Centromochlus* 5/238, 258¹
  - -, *Limia* 2/730, 532
  - -, *Platypoecilus* 2/730, 532⁶
  - -, *Poecilia* 2/730, 532⁶
  - -, *Tatia* 5/238, 258
- Perugiakärpfling 2/730, 532
- Perusalmler, Blauer 1/258, 100
- **peruvianus, Hyphessobrycon** 3/138, 113
- *Petalosoma amazonum* 2/715, 516⁵
  - - *cultratum* 2/715, 516⁵
- *Petalurichthys amazonum* 2/715, 516⁵
  - - *cultratus* 2/715, 516⁵
- Petén-Molly 3/618, 541
- *petenensis, Mollienesia* 3/618, 541⁵
  - -, *Poecilia* 3/618, 541
- *Petenia kraussii* 2/850, 749⁴·⁵
  - - *myersi* 5/740, 749⁶
  - - *spectabilis* 3/714, 750¹
  - - *splendida* 2/966, 721
- *peterici, Anabas* 1/620, 571⁴
  - -, *Ctenopoma* 1/620, 571⁴
- Peters Prachtkärpfling 2/696, 4/378, 413
- *petersi, Aphyosemion* 4/378, 413¹
  - -, - *(Callopanchax)* 4/378, 413¹

1129

Register

-, Epiplatys	2/696, 413¹
-, Girardinus	1/598, 529¹⁻⁶
-, Haplochilus	4/378, 413¹
-, Roloffia	4/378, 413¹
petersii, Aphyosemion	2/696, 4/378, 413
-, Epiplatys	4/378, 413¹
-, - sexfasciatus	4/378, 413¹
-, Gnathonemus	1/854, 895
-, Haplochilus	2/696, 4/378, 413¹
-, Mormyrus	1/854, 895³
-, Panchax	4/378, 413¹
-, Roloffia	2/696, 4/378, 413¹
Petersius altus	3/92, 53⁵
- ansorgei	3/94, 53⁶
- caudalis	1/218, 50⁶
- conserialis	3/90, 53
- intermedius	4/34, 51¹
- nummifer	4/26, 49²
- occidentalis	4/40, 53¹
- septentrionalis	4/34, 51⁴
- spilopterus	1/216, 48¹
- tangensis	4/36, 51⁵
- ubalo	3/94, 53⁶
- woosnami	2/226, 4/38, 52⁶
petersoni, Notropis	5/186, 220
petherici, Anabas	3/640, 571²
-, Ctenopoma	1/624, 3/640, 5/636, 570³·⁵, 571
Pethericks Buschfisch	3/640, 571
Petitella georgiae	1/308, 122
petricola, Synodontis	2/546, 3/406, 364
Petrocephalus bane ansorgii	5/1070, 898
- bovei	2/1146, 899
- catostoma	2/1146, 5/1070, 899
- christyi	4/816, 899
- dejoannis	5/1070, 898⁶
- dequesne	5/1070, 898⁶
- discorhynchus	4/806, 895⁵
- ehrenbergii	5/1070, 898⁶
- isidori	4/818, 900³
- joannisii	5/1070, 898⁶
- keatingii	5/1070, 899
- levequei	5/1072, 899
- pictus	4/806, 896¹
- simus	3/1022, 899
- soudanensis	5/1072, 900
Petrochromis-Buntbarsch, Gebänderter	4/670, 662, 663
Petrochromis famula	2/968, 662
- fasciatus	4,670, 662⁶, 663¹
- fasciolatus	2/968, 3/845, 4/670, 663⁵, 662, 663
- macrognathus	3/846, 663
- orthognathus	3/848, 4/672, 663
- polyodon	2/968, 663
- sp.	3/845, 663
- trewavasae	2/970, 664
Petromyzon branchialis	2/201, 4/7, 5/8, 25¹·²·⁶
- fluviatilis	4/7, 25¹
- japonicus	4/11, 25⁴
- kessleri	4/12, 25⁵
- omallii	4/7, 25¹
- planeri	2/201, 5/8, 25²·⁶
- viatilis	5/8, 25⁶
(PETROMYZONIDAE), LETHENTERONINAE	4/7, 23
PETROMYZONTIDAE	2/200–2/201, 4/7–4/12, 5/8, 25
PETROMYZONTIFORMES	23
Petrotilapia, Gelbbrauner	4/672, 625, 626
Petrotilapia genalutea	4/672, 625
- cf. genalutea	4/657, 626
- tridentiger	1/752, 5/908, 626
pewzowi, Oreoleuciscus	5/190, 222
pfaffi, Aplocheilichthys	3/444, 495
-, Micropanchax	3/444, 495¹
Pfaffs Leuchtaugenfisch	3/444, 495
Pfauenaugen-Buschfisch	1/624, 570, 571
Pfauenaugenbarsch	1/791, 794
Pfauenaugenbuntbarsch	1/682, 748
Pfauenaugenkärpfling	2/740, 534, 535
Pfauenaugenmolly	3/612, 537
Pfauenaugensonnenbarsch	1/791, 794
Pfauenmaulbrüter	1/720, 624
Pfeffer und Salz-Panzerwels	2/482, 296
pfefferi, Aplocheilichthys	4/358, 496⁴·⁵
-, Barbus	5/144, 195²
-, Gnathochromis	3/768, 646
-, Haplochilichthys	4/358, 496⁴·⁵
-, Haplochromis	3/768, 646¹
-, Limnochromis	3/768, 646¹
-, Paratilapia	3/768, 646¹
-, Synodontis	2/530, 357⁶
Pfeffersalmler	2/261, 100
Pfeilbarbe	5/226, 228
Pfeilgebirgswels	5/452, 386
Pfennig-Fiederbartwels	2/544, 363
pflaumii, Acentrogobius	5/1016, 814
Pfrille	1/430, 226
phaenota, Moenkhausia	2/290, 120
Phago loricatus	4/58, 62
- maculatus	1/232, 62
- ornatus	3/99, 57⁶
- rostratus	4/58, 62³
Phagoborus quadrilineatus	4/58, 58¹
phaiospilus, Crenicichla	5/784, 759
phaleratus, Esox	3/966, 873⁶
Phallichthys amates amates	1/594, 535
- - pittieri	2/732, 536
- fairweatheri	2/734, 536
- isthmensis	2/732, 536¹
- pittieri	2/732, 536¹
- quadripunctatus	2/734, 536
- tico	4/514, 536
Phalloceros caudimaculatus	1/594, 3/610, 536, 537
- caudomaculatus	1/594, 3/610, 536⁶, 537¹·²
Phalloptychus januarius	2/736, 537
PHALLOSTETHIDAE	5/1082, 863

Register

Phallotorynus jucundus	4/516, 537
Phallus-Wunderfisch	5/1082, 863
Phantomsalmler, Gelber	2/282, 117
-, Roter	1/298, 117
-, Schwarzer	1/298, 117
phasianus, Pterolebias	5/564, 453
Phenacobius mirabilis	5/194, 225
Phenacogaster bondi	1/264, 104[3]
- *calverti*	4/112, 122
- *megalostictus*	5/41, 84
- *pectinatus*	3/118, 84
Phenacogrammus altus	3/92, 53
- *ansorgei*	3/94, 53[6]
- *ansorgii*	3/94, 53
- cf. *bleheri*	5/22, 54[1]
- *caudomaculatus*	4/24, 48[3]
- *deheyni*	4/40, 54
- *greeni*	4/26, 48[6]
- *huloti*	5/22, 54
- *interruptus*	1/222, 54
- „Kongo I"	5/22, 54
- „Kongo II"	5/24, 54
- *nummifer*	3/92, 53[5]
Phenagoniates macrolepis	2/258, 89
- *wilsoni*	2/258, 89[3]
Phenawgastler bairdii	3/118, 84[5]
philander, Chromis	3/850, 683[1]
-, *Ctenochromis*	3/850, 683[1]
-, *dispersus, Haplochromis*	1/754, 698[2]
-, *Hemihaplochromis*	1/754, 698[2]
- -, ***Pseudocrenilabrus***	**1/754, 698**
-, *Haplochromis*	3/850, 683[1]
-, *Hemihaplochromis*	3/850, 683[1]
- *philander, Pseudocrenilabrus*	3/850, 683
-, *Pseudocrenilabrus*	5/913, 697[6]
-, *Tilapia*	1/754, 3/850, 683[1], 698[2]
phillipsi, Clarias	4/266, 302[2]
philonips, Cottus	5/1007, 912[3]
Philypnus dormitatus	5/1024, 808[5,6]
- *dormitor*	5/1024, 808[5,6]
- *lateralis*	5/1026, 809[1]
- *maculatus*	5/1026, 809[1]
phoeniceps, Aplocheilus	4/394, 427[2,3]
-, ***Epiplatys***	**4/394, 427**
pholidophorus, Cyrtocara	5/952, 637[4,5]
-, *Haplochromis*	5/952, 637[4,5]
-, ***Stigmatochromis***	**5/952, 637**
Photogenis grandipinnis	2/398, 220[4]
Phoxinellus adspersus	**4/208, 225**
- *kervillei*	5/200, 227[4]
- ***stymphalicus***	**4/208, 225**
Phoxinus altus	4/214, 225[6]
- *aphya*	1/430, 226[1-3]
phoxinus, Cyprinus	1/430, 226[1-3]
Phoxinus czekanowskii	2/404, 5/170, 225
- - *czerskii*	5/170, 213[4]
- - *szufzbebsus*	5/170, 213[5]
- *jelskii*	4/214, 225[6]
- *kuldschiensis*	5/198, 226[5]
- *laevis*	1/430, 226[1-3]
- *lagowskii lagowskii*	3/252, 225[5]
phoxinus, Leuciscus	1/430, 226[1-3]
Phoxinus percnurus	**4/214, 225**
- *phoxinus*	1/430, 5/196, 226
- - *colchicus*	5/197, 226
- - *strandjae*	5/197, 226[4]
- *poljakowi*	5/198, 226
- *sabanejewi*	4/214, 225[6]
- *satunini*	3/237, 214[6], 215[1]
- *strauchi*	2/404, 225[4]
- *sublaevis*	2/404, 225[4]
- *variabilis*	4/214, 225[6]
Phractocephalus bicolor	2/556, 371[6]
- *hemioliopterus*	2/556, 371
PHRACTOLAEMIDAE	1/818, 1/861, 881
Phractolaemus ansorgei	1/861, 881
Phractura ansorgei	3/294, 250[1], 249[6]
- *ansorgii*	3/294, 249, 250
- *brevicauda*	5/230, 250
- *clauseni*	4/226, 250
- *intermedia*	3/294, 4/226, 5/230, 249[6], 250[1,3], 250
- *longicauda*	5/232, 250
phryne, Discognathus	5/158, 206[4]
phuket, Betta	3/650, 580[4]
phuketensis, Acanthocobitis	5/84, 151[3]
-, *Noemacheilus*	5/84, 151[3]
-, - (*Acanthocobitis*)	5/84, 151[3]
Phuketschmerle	5/84, 151
phutunio, Barbus	2/374, 190
-, *Cyprinus*	2/374, 190[6]
-, *Puntius*	1/384, 183[1]
-, *Systomus*	2/374, 190[6]
PHYCIDAE	875
physa, Tetrodon	2/1162, 921[1]
Physailia pellucida	2/574, 379[5]
Physopyxis lyra	**5/302, 307**
Piaba-Glassalmler	3/144, 123
piaba, Cheirodon	2/269, 84[2]
-, *Odontostilbe*	2/269, 84
Piabarchus analis	**3/144, 123**
Piabatetra	2/269, 84
Piabuca argentina	2/292, 89[1]
piabuca, Characinus	2/292, 89[1]
Piabuca spilurus	1/296, 88[6]
Piabucina astrigata	1/336, 140[1]
- *boruca*	4/133, 140[3]
Piabucosalmler	2/292, 89
Piabucus dentatus	2/292, 89
- *spilurus*	1/296, 88[6]
piapensis, Vaimosa	2/1100, 823[3]
Piaractus brachypomus	2/328, 92[1]
- *nigripinnis*	1/350, 92[2]
piauensis, Apistogramma	5/704, 743
picta, Betta	2/798, 3/648, 582, 579[5,6], 580[1,2]
-, *Micropoecilia*	2/740, 5/620, 534, 535
-, *Poecilia*	2/740, 5/620, 534[6], 535[1-4]

1131

Register

- -, Pseudobetta — 2/798, 582³
- -, Roter — 2/740, 5/620, 535
- -, Schwarzer — 2/740, 5/620, 535
- pictum, Panchax — 2/798, 582³
- pictus, Amphilius — 3/291, 248²
- -, Bagrus — 2/554, 375⁵
- -, Chalcinus — 2/248, 77⁶
- -, Chrysichthys — 3/308, 262²
- **-, Ctenopharynx** — **2/902, 611**
- -, Cyrtocara — 2/902, 611⁴
- -, Gnathonemus — 1/854, 4/806, 895³, 896¹
- -, Haplochromis — 2/902, 611⁴
- **-, Hippopotamyrus** — **4/806, 896**
- -, Leiaricus — 2/554, 375⁵
- -, Leporinus — 2/234, 67⁴,⁵
- -, Mormyrus — 4/806, 896¹
- -, Panchax — 3/482, 411⁶
- -, Petrocephalus — 4/806, 896¹
- **-, Pimelodus** — **2/562, 373**
- **-, Rivulus** — **5/596, 465**
- -, Sciadeichthys — 2/554, 375⁵
- **-, Sciades** — **2/554, 375**
- -, Triportheus — 2/248, 77
- pidschian, Coregonus — 4/748, 907
- pierrei, Barbus — 2/369, 183
- pigus virgo, Rutilus — 4/216, 237
- pijpersi, Cetopsorhamdia — 3/416, 370⁴
- Piku — 1/548, 419
- Pileoma cymatogramma — 3/914, 835¹
- Pimelodella chagresi — 5/440, 372
  - gracilis — 2/558, 372
  - lateristriga — 2/558, 372
  - marthae — 5/436, 369³
  - rambarrani — 3/418, 372
  - sp. — 5/440, 372
  - steindachneri — 5/442, 372
  - taeniophora — 2/558, 372²
- PIMELODIDAE — 1/510–1/512, 2/552–2/567, 3/413–3/421, 4/324–4/329, 5/435–5/445, 368–375
- Pimelodus albofasciatus — 2/560, 373
  - arekaima — 1/510, 373²
  - argentinus — 1/485, 311⁴,⁵
  - argystus — 1/485, 311⁴,⁵
  - atesuensis — 3/291, 248²
  - atrarius — 3/360, 311³
  - bagarius — 2/580, 385¹
  - balayi — 5/244, 265⁴
  - cf. **blochi** — **5/442, 373**
  - **blochii** — **1/510, 373**
  - boucardi — 2/566, 375³
  - brachypterus — 3/420, 375⁴
  - brevibarbis — 3/306, 261⁵
  - bufonius — 2/566, 374⁶
  - caerulescens — 1/485, 311⁴,⁵
  - catus — 3/360, 311³
  - caudafurcatus — 1/485, 311⁴,⁵
  - cenia — 3/426, 385⁴
  - chagresi — 5/440, 372¹
  - charus — 2/566, 374⁶
  - cinerascens — 2/566, 375³
  - clarias — 2/560, 373⁴
  - conta — 3/424, 385¹
  - cyanochlorus — 3/428, 386³
  - felis — 3/360, 311³
  - fulvidraco — 3/322, 266²
  - furcifer — 1/485, 311⁴,⁵
  - galeatus — 2/444, 5/236, 256⁵,⁶, 257¹
  - godmani — 2/566, 375³
  - gracilis — 1/485, 2/558, 311⁴,⁵, 372²
  - graciosus — 1/485, 311⁴,⁵
  - guatemalensis — 2/566, 375³
  - hammondi — 1/485, 311⁴,⁵
  - hara — 3/430, 386⁵
  - houghi — 1/485, 311⁴,⁵
  - hypselurus — 3/420, 375⁴
  - lateristriga — 2/558, 372²
  - lateristrigus — 2/558, 372³
  - laticaudus — 3/420, 375⁴
  - laticeps — 3/310, 262⁴
  - longicauda — 3/416, 370³
  - macronema — 1/510, 373²
  - **maculatus** — 1/485, 1/510, **2/560**, 311⁴,⁵, 373², 373
  - megalops — 1/485, 311⁴,⁵
  - membranaceus — 2/528, 356⁶
  - motaguensis — 3/420, 375⁴
  - mustelinus — 5/436, 370²
  - natalis — 5/308, 311²
  - nebulosus — 3/360, 311³
  - nigrodigitatus — 3/290, 262¹
  - notatus — 1/485, 311⁴,⁵
  - occidentalis — 2/448, 260⁴
  - **ornatus** — **2/562, 373**
  - pallidus — 1/485, 311⁴,⁵
  - pangasius — 3/412, 367⁶
  - patenensis — 2/566, 375³
  - **pictus** — **2/562, 373**
  - pirinampu — 3/420, 374²
  - platypogon — 3/428, 386³
  - raninus — 2/564, 374⁵
  - rigidus — 2/560, 373⁴
  - rita — 5/248, 266²
  - schall — 2/550, 365⁶
  - schomburgki — 1/510, 373²
  - silondia — 5/449, 380⁶
  - **sp. „grün"** — **5/445, 374**
  - synodontis — 2/534, 359³
  - taeniophorus — 2/558, 372²
  - tengana — 3/306, 261⁴
  - vulgaris — 3/360, 311³
  - vulpes — 1/485, 311⁴,⁵
  - wagneri — 2/566, 375³
- Pimephales agassizi — 3/254, 227¹,²
  - fasciatus — 3/254, 227¹,²
  - milesi — 3/254, 227¹,²
  - **notatus** — **5/198, 226**
  - **promelas promelas** — **3/254, 227**
- pindani", „Pseudotropheus — 2/976, 633⁵

Register

pindu, Stomatepia	5/954, 685
Pingalla midgleyi	3/928, 843
pingi, Discognathus	4/196, 206³
-, *Garra*	4/196, 206
-, *Garra* cf.	206
-, *Leptobarbus*	4/196, 206³
-, *Percocypris*	4/196, 206³
Pings Saugbarbe	4/196, 206
Pinguinsalmler	1/312, 124
pinguis, Bunaka	4/750, 804¹
pinheiroi, Corydoras	5/271, 286
pinima, Rivulus	5/596, 465¹⁻³
Pinirampus pirinampu	3/420, 374
- *typus*	3/420, 374²
pinniger, Enneacanthus	1/794, 1/796, 795⁴·⁵
Pinselflecksalmler	4/108, 118
Pinselhochflosser-Variatus, Hawaii-	4/562, 563, 564
Pinselschwanz-Platy, Marygold	4/560, 564
- -Variatus, Hawaii-	4/562, 563, 564
- -, Marygold	4/562, 563, 564
Pinselschwanzhochflosser, Hawaii	4/563, 564
piperata, Pangio	2/338, 169
piquotii, Amia	2/205, 32²
piracicabae, Apareiodon	1/330, 4/132, 136
-, *Parodon*	1/330, 4/132, 136³
Piracurú	2/1151,901
piracuru, Sudis	2/1151, 901⁴
Piramutana blochii	2/560, 373⁴
- *macrospila*	1/510, 2/560, 373²·⁴
Piranha, Diamant-	2/334, 96
-, Roter	1/356, 95
-, Schulterfleck-	2/334, 95
-, Schuppenfressender	2/328, 91
piranha, Serrasalmo	1/356, 95³·⁴
Pirarara bicolor	2/556, 371⁶
pirassunungae, Parodon	3/154, 136⁶
Piratenbarsch	4/718, 903
piriana, Moema	5/552, 451
pirinampu, Pimelodus	3/420, 374²
-, *Pinirampus*	3/420, 374
Pirinampus typus	3/420, 374²
piscatrix, Pseudorhamdia	1/510 2/560, 373²·⁴
pisciculus, Esox	4/442, 485²
pisculentus, Esox	4/442, 485²
pisonis fusca, Eleotris	3/960, 807¹
pisonis, Eleotris	4/752, 807
-, *Gobius*	4/752, 807³
Pitbull-Harnischwels	5/372, 316
Pithecocharax anostomus	1/234, 66⁶
- *trimaculatus*	1/236, 70⁵
pitmani, Chrysichthys	3/310, 262⁴
pittieri, Moenkhausia	1/302, 120
-, *Phallichthys*	2/732, 536¹
-, - *amates*	2/732, 536
-, *Poecilia*	2/732, 536¹
-, *Poeciliopsis*	2/732, 536¹
Pittier-Kärpfling	2/732, 536
Pituna poranga	5/556, 5/561, 452
PK 15, *Rivulus* sp.	5/575, 458³
Placidochromis electra	2/896, 626
- *johnstonii*	2/900, 626
- *milomo*	2/900, 627
placodon, Cyrtocara	2/904, 637⁶
-, *Haplochromis*	2/904, 637⁶
-, *Trematochranus*	2/904, 637
plagiometopon, Apistus	4/740, 913⁵·⁶
plagiostomus, Afromastacembelus	2/1106, 916
-, *Mastacembelus*	2/1106, 916³
-, *Oreinus*	5/214, 239³
Plancterus kansae	2/658, 487²
- *zebra*	2/658, 487²
planeri, Lampetra	5/8, 25
-, *Petromyzon*	2/201, 5/8, 25²·⁶
- *reissneri, Lampetra*	4/12, 25⁵
planiceps, Galaxias	2/1082, 890²
- *waitii, Galaxias*	2/1082, 890²
Planiloricaria cryptodon	5/407, 345, 346
Planirostra spathula	2/215, 30¹
Plargyrus melanocephalus	3/254, 227¹·²
Plataplochilus cabindae	4/362, 498
- *chalcopyrus*	3/450, 498
- *loemensis*	3/452, 498
- *miltotaenia*	3/452, 498
- *mimus*	3/454, 499¹
- *ngaensis*	3/454, 499
- *pulcher*	3/452, 3/454, 498⁶, 499¹
Platax scalaris	1/766, 774⁴·⁶, 775²
Plataxoides dumerilii	2/976, 774¹
- *leopoldi*	2/976, 774²
Platichthys flesus	5/1084, 904
Platinbeilbauchfisch	1/328, 132
Platirostra edentula	2/215, 30¹
platorhynchus, Acipenser	2/204, 29⁶
-, *Scaphirhynchus*	2/204, 29
platostomus, Lepisosteus	2/212, 32
Plattkopf-Harnischwels	5/408, 346
Plattschmerle, Chinesische	5/88, 154
-, Dorsalstich-	5/100, 159
-, Kwai-	5/98, 160
-, Mekong-	5/100, 154
-, Sinensis	5/88, 154
Plattschmerlen	1/376, 1/444, 2/350–2/355, 2/426–2/431, 3/274–3/287, 4/142–4/147, 5/84–5/102, 150–160
Platy	1/610, 4/554, 557
- „Apodoca", Monterrey-	2/761, 552
-, Belize-	2/772, 559
-, Bunter	2/770, 558
-, Catemaco-	2/774, 560
-, Gelber	2/780, 564
-, Grauer	2/770, 558
-, Hochland-	2/762, 552
-, Jamapa-	2/770, 558
-, Marygold-Pinselschwanz	4/560, 564

1133

Register

-, Monterrey-	2/760, 552
-, Muzquiz-	4/557, 560
-, Nord-	2/762, 552
-, Puebla-	2/762, 552
-, Schwarzer	2/772, 559
-, Schwert-	2/785, 564
-, Wagtail-	1/611, 558
Platycara nasuta	3/214, 206[1]
PLATYCEPHALIDAE	4/724, 913
platycephalus, Callieleotris	1/832, 805[3]
Platycephalus chacca	4/724, 913[3]
platycephalus, Clarias	4/263, 301[2]
Platycephalus dormitator	5/1024, 808[5,6]
- endrachtensis	4/724, 913[3]
platycephalus, Gobius	3/996, 819[2]
Platycephalus indicus	**4/724, 913**
- insidiator	4/724, 913[3]
- spatula	4/724, 913[3]
platychir, Amphilius	3/291, 248[2]
Platydoras costatus	**1/484, 307**
- dentatus	3/356, 307
platygaster aralensis, Pungitius	**4/770, 878**
- -, Pygosteus	4/770, 877[6]
- **platygaster, Pungitius**	**4/770, 878**
- var. aralensis, Gasterosteus	4/770, 877[6]
Platygnathochromis melanonotus	3/774, 627
platymetopon, Loricariichthys	4/294, 335
Platypanchax modestus	4/360, 497[3]
Platypodus furca	1/638, 586[4,5]
Platypoecilus couchianus	2/760, 552[2,3]
- dominicensis	4/518, 541[4]
- maculatus	1/610, 2/770, 2/772, 4/554, 557[5,6], 558[1-6], 559[1-6], 560[1]
- - dorsalis	1/614, 563[5]
- mentalis	1/602, 4/520, 538[6], 539[1], 542[1,2]
- nelsoni	3/612, 537[6]
- nigra	1/610, 557[5,6], 558[1-4]
- perugiae	2/730, 532[6]
- pulchra	1/610, 557[5,6], 558[1-4]
- quitzeoensis	2/714, 4/472, 513[3-6]
- rubra	1/610, 557[5,6], 558[1-4]
- spilonotus	1/602, 4/520, 538[6], 539[1], 542[1,2]
- tropicus	1/602, 4/520, 538[6], 539[1], 542[1,2]
- variatus	1/614, 2/760, 2/782, 552[2,3], 563[2-5]
- variegatus	1/614, 563[5]
- xiphidium	1/615, 2/785, 564[4,5]
platypogon, Glyptosternum	3/428, 386[3]
-, **Glyptothorax**	**3/428, 386**
-, Pimelodus	3/428, 386[3]
platypus, Leuciscus	4/218, 241[4]
-, **Zacco**	**4/218, 241**
platyrhinus, Barbus	5/142, 194[2]
platyrhyncha, Peckoltia	5/396, 342[6]
platyrhynchos, Hemisorubim	**2/552, 370**
-, Platystoma	2/552, 370[1]
platyrhynchus, Hemiancistrus	5/396, 342[6]
-, **Peckoltia**	**5/396, 342**
platyrostris var. cyrius, Gobius	3/992, 818[2]
Platysilurus malarmo	3/414, 369[6]
Platystacus chaca	1/479, 3/352, 298[4]
- **cotylephorus**	**2/438, 253**
platysternus, Haplochilus	4/360, 497[4,5]
-, - (Hypsopanchax)	4/360, 497[4,5]
-, **Hypsopanchax**	**4/360, 497**
Platystoma fasciatum	1/510, 375[1]
- juruense	4/324, 368[6], 369[1]
- luceri	1/512, 375[6]
- platyrhynchos	2/552, 370[1]
- punctifer	1/510, 375[1]
- sturio	2/564, 374[3]
- truncatum	1/510, 375[1]
Platystomatichthys sturio	**2/564, 374**
platystomus, Lepidosteus	2/212, 32[5]
Platytaeniodus degeni	**4/674, 682**
Platytropius siamensis	2/574, 380
Platyurosternarchus macrostomus	5/988, 883
playfairii, Haplochilus	1/574, 438[3]
-, **Pachypanchax**	**1/574, 438**
-, Panchax	1/574, 438[3]
plebejus tauricus, Barbus	3/198, 191
Pleco, Königstiger-	5/400, 343
-, Lehmbrauner	5/352, 332
-, Ornamentkamm-	5/348, 331
-, Rusty-	4/282, 324
-, Wabenkamm-	5/332, 324
Plecodus straeleni	**3/848, 664**
Plecopodus broussonnetii	2/1090, 803[3]
plecostomoides, Loricaria	2/502, 321[6]
„Plecostomus"	2/506, 330
plecostomus, Acipenser	2/506, 330[6]
Plecostomus aculeatus	2/502, 3/366, 321[6], 322[1]
- affinis	1/490, 331[1]
- bicirrhosus	2/506, 330[6]
- boulengeri	2/506, 330[6]
- brasiliensis	2/506, 330[6]
- cochliodon	2/504, 324[1]
- commersoni	1/490, 331[1]
- - affinis	1/490, 331[1]
- - scabriceps	1/490, 331[1]
- emarginatus	4/290, 330[2]
- festae	3/372, 332[4]
- flavus	2/506, 330[6]
- guacari	2/506, 330[6]
- horridus	4/290, 330[2]
plecostomus, Hypostomus	**2/506, 330**
Plecostomus jaguribensis	4/290, 330[4]
plecostomus, Loricaria	2/506, 330[6]
Plecostomus margaritifer	4/292, 330[5]
- microps	5/378, 5/385, 336[5], 340[3]
- pardalis	1/496, 334[3]

Register

- plecostomus 2/506, 330[6]
- punctatus 1/490, 331[1]
- regani 3/370, 331[2]
- seminudus 2/506, 330[6]
- sp. 5/350, 331[3-6], 332[1]
- spilosoma 5/392, 341[5,6]
- spinosissimus 3/372, 332[4]
- unicolor 5/352, 332[2]
- villarsii 4/290, 330[2]
Plectoplites ambiguus 2/1036, 833
Plectrophallus tristani 2/718, 518[5]
Plesiolebias aruana 5/558, 452
- **bitteri** 5/558, 5/560, 452
- **glaucopterus** 5/560, 452
pleskei, Eleotris 3/964, 813[4]
-, Lefua 2/344, 155[3]
-, Octonema 2/344, 155[3]
-, Percottus 3/964, 813[4]
Plethodectes erythrurus 3/108, 76[5]
pleuromaculatus, Lamprologus 3/820, 657[1]
-, **Neolamprologus** 3/820, 657
pleuromelas, Tilapia 3/864, 5/940, 698[4], 699[3]
Pleuronectes achirus 4/826, 903[5]
- aguosus 5/984, 904[2,3]
- apoda 5/984, 903[6], 904[1]
- fasciatus 5/984, 903[6], 904[1]
- flesus 5/1084, 904[5]
- maculatus 5/984, 904[2,3]
- mollis 5/984, 903[6], 904[1]
PLEURONECTIDAE 3/933, 5/1084
PLEURONECTIFORMES 903, 904
pleurops, Synodontis 2/548, 364
pleurospilus, Callochromis 3/714, 642
-, Girardinus 2/746, 4/538, 544[6]
-, Heterandria 2/746, 544[6]
-, Pelmatochromis 3/714, 642[3]
- pleurospilus, Poecilistes 2/746, 544[6]
-, Poeciliopsis 2/746, 544[6]
-, Poecilistes 2/746, 544[6]
-, - pleurospilus 2/746, 544[6]
-, **Simochromis** 3/868, 665
pleurostigena, Anabas 1/622, 569[5]
pleurostigma, Copadichromis 5/758, 610
-, Cyrtocara 5/758, 610[2]
-, Haplochromis 5/758, 610[2]
-, Lamprologus 2/928, 4/634, 4/636, 649[2,5,6]
pleurotaenia, Barbus 5/134, 228[5]
-, **Puntius** 5/134, 228
-, - (Barboides) 5/134, 228[5]
plicatus, Anostomus 1/236, 3/100, 70[5], 66
pliodus, Tetragonopterus 5/56, 101[1]
PLOTOSIDAE 2/568–2/571, 5/446, 376, 377
Plotosus argenteus 2/568, 376[5]
- **bostocki** 5/446, 377
- tandanus 2/570, 377[6]

Plötze 1/444, 238
-, Heckels 4/216, 238
-, Südeuropäische 3/264, 237
plumbea, Gambusia 1/602, 542[1,2]
plumbeus, Couesius 4/194, 199
-, Gobio 4/194, 199[6]
plumosus, Procatopus 2/668, 499[2]
pluristriatus, Cyprinodon 5/484, 474[5]
Po-Gründling 5/162, 207
podoxys, Pantanodon 3/450, 498
Poecilia amates 1/594, 535[6]
- arubensis 5/624, 542[4,5]
- bensoni 1/544, 496[2]
- branneri 3/612, 537
- butleri 3/612, 537
- **catemaconis** 3/614, 538
- catenata 3/560, 483[4]
- **caucana** 3/614, 538
- caudata 4/520, 538[6], 539[1]
- caudimaculata 3/610, 536[6], 537[1,2]
- caudomaculatus 1/594, 536[6], 537[1,2]
- **chica** 2/736, 538
- coenicola 4/442, 485[2]
- cubensis 1/604, 4/508, 533[5,6], 534[1]
- decemmaculata 5/610, 520[1]
- dominicensis 2/730, 4/500, 4/506, 4/518, 4/524, 531[2-4], 533[2], 539[4], 541[4]
- dovii 4/520, 538[6], 539[1]
- **elegans** 4/520, 538
- elongata 4/538, 544[4]
- fasciata 4/442, 485[2]
- festae 2/752, 549[2]
- fria 2/752, 549[2]
- fusca 3/960, 807[1]
- **gillii** 4/520, 538, 539
- gracilis 5/610, 520[1]
- **heterandria** 4/522, 539
- heteristia 3/612, 537[5]
- **hispaniolana** 4/524, 539
- holacanthus 2/744, 4/534, 543[2-4]
- **hollandi** 5/622, 539
- januarius 2/736, 537[3]
- latipes 2/1148, 867[5,6]
- **latipinna** 2/738, 539, 540
- - x Poecilia sphenops 2/740, 540
- latipunctata 3/617, 540
- lineolata 2/738, 539[6], 540[1]
- maculata 1/610, 4/554, 557[5,6], 558[1-4], 559[4-6], 560[1]
- **maylandi** 4/524, 540
- melanogaster 1/596, 531[6]
- melanzona 3/618, 4/530, 534[4,5]
- metallica 1/592, 527[4]
- mexicana mexicana 2/738, 541
- cf. mexicana „Cavemolly" 4/526, 541
- minor 4/530, 534[3]
- **montana** 4/518, 541
- multilineata 2/738, 539[6], 540[1]
- nigrofasciata 1/596, 4/502, 532[1-3]

1135

Register

- nuchimaculata 3/524, 438[2]
- occidentalis 3/622, 546[1]
- olivacea 3/568, 486[3,4]
- omalonota 3/524, 438[2]
- parae 3/618, 4/530, 534[4,5]
- pavonina 1/604, 533[5,6], 534[1]
- perugiae 2/730, 532[6]
- **petenensis** 3/618, 541
- picta 2/740, 5/620, 534[6], 535[1-4]
- pittieri 2/732, 536[1]
- poeciloides 1/598, 529[1-6]
- punctata 2/702, 504[6]
- reticulata 1/598, 2/742, 529[1-6]
- retropinna 3/624, 546[5]
- salvatoris 4/520, 538[6], 539[1]
- **scalpridens** 4/532, 541
- **sphenops** 1/602, 542
- „-sphenops" 2/738, 541[3]
- spilargyreia 4/398, 429[2-4]
- spilauchen 1/544, 496[2]
- spilonota 4/520, 538[6], 539[1]
- **sulphuraria** 4/534, 542
- -surinamensis 2/744, 4/534, 543[2-4]
- tenuis 4/520, 538[6], 539[1]
- tridens 4/506, 533[2]
- tropica 4/520, 538[6], 539[1]
- unimacula 2/744, 543[2]
- unimaculata 2/744, 4/534, 543[2-4]
- **vandepolli** 5/622, 5/624, 542
- - arubensis 5/624, 542[4,5]
- **velifera** 1/604, 542, 543
- vittata 1/604, 4/508, 533[5,6], 534[1]
- **vivipara** 2/744, 543
- - parae 3/618, 4/530, 534[4,5]
- cf. **vivipara** 4/534, 543
- zonata 2/732, 534[2]
- Poecilichthys coeruleus 3/916, 835[3]
- - spectabilis 3/920, 836[5]
- flabellaris 3/918, 835[4]
- spectabilis 3/920, 836[5]
- - pulchellus 3/920, 836[5]
- tetrazonus 4/728, 836[6]
- variatus 4/728, 836[6]
- versicolor 3/916, 835[5]
- Poecilichtys beani 3/920, 836[3]
- mesaeus 3/920, 836[3]
- POECILIIDAE 1/586–1/615, 2/715–2/786, 3/595–3/634, 4/476–4/563, 5/610–5/634, 490–499, 514–564,
- poecilinae 514-557, 559-564
- Poecilioides bimaculatus 2/728, 528[2]
- poecilioides, Gambusia 2/738, 539[6], 540[1]
- -, Limia 2/738, 3/574, 487[6], 539[6], 540[1]
- Poeciliodes reticulatus 1/598, 529[1-6]
- Poeciliopsis amates 1/594, 535[5]
- anonas 4/536, 544[1,2]
- **baenschi** 2/744, 543
- **balsas** 4/536, 544
- **catemaco** 3/620, 544
- colombianus 3/626, 547[2,3]
- **elongata** 4/538, 544
- elongatus 4/538, 544[4]
- fasciata 3/620, 544
- -, Gefleckter 4/542, 546
- **gracilis** 2/746, 4/538, 544
- **hnilickai** 2/746, 545
- -, Hochland- 4/540, 545
- **infans** 4/540, 545
- isthmensis 2/732, 536[1]
- **latidens** 2/749, 545
- lutzi 2/746, 4/542, 544[6], 545
- maculifer 2/752, 550[4]
- maldonadoi 3/626, 547[2,3]
- **occidentalis** 3/622, 546
- **paucimaculata** 4/542, 546
- pittieri 2/732, 536[1]
- pleurospilus 2/746, 544[6]
- porosus 4/540, 545[2,3]
- **prolifica** 3/622, 546
- **retropinna** 3/624, 546
- scarlli 3/624, 546
- **turneri** 4/544, 547
- **turrubarensis** 3/626, 547
- **viriosa** 2/750, 547
- Poecilistes pleurospilus 2/746, 544[6]
- - pleurospilus 2/746, 544[6]
- Poecilobrycon auratus 1/340, 1/346, 142[4], 140[5]
- espei 1/344, 141[5]
- ocellatus 1/340, 140[6]
- trifasciatus 1/346, 142[4]
- unifasciatus 1/340, 140[6]
- vittatus 1/346, 142[4]
- Poecilocharax bovallii 5/74, 85
- **weitzmani** 1/279, 3/147, 85
- poeciloides, Girardinus 1/598, 529[1-6]
- -, Lebistes 1/598, 529[1-6]
- -, Poecilia 1/598, 529[1-6]
- Poecilosoma erythrogastrum 3/916, 835[3]
- transversum 3/916, 835[3]
- Poecilurichthys agassizi 1/302, 120[6]
- fasciatus 3/124, 98[4]
- hemigrammus unilineatus 1/274, 109[2]
- maculatus 1/255, 98[1]
- zonatus 2/260, 100[3]
- poensis, Clarias 4/263, 301[2]
- poeyi, Rivulus 3/546, 467[2]
- pogonognathus, Dermogenys 2/1102, 871[1]
- -, Hemirhamphodon 2/1102, 871
- -, Hemirhamphus 2/1102, 871[1]
- Pogonopomoides parahybae 3/376, 336[4]
- poilanei, Cyprinion 4/196, 206[3]
- pojeri, Barbus 3/186, 181[6]
- **poliaki, Aphyosemion** 4/380, 413
- Poliaks Prachtkärpfling 4/380, 413
- **poljakowi, Phoxinus** 5/198, 226
- polota, Coius 1/802, 801[6]
- Pollenbuntbarsch 4/668, 782

Register

polleni I, *Paratilapia*	5/903, 782
- II, *Paratilapia*	5/903, 782
-, *Paratilapia*	4/668, 782
polli, Ctenochromis	3/758, 690
-, *Haplochromis*	3/758, 690[2]
-, *Microsynodontis* sp.	5/424, 357
-, *Nothobranchius*	3/518, 435
-, *Synodontis*	3/406, 364
-, *Tropheus*	1/784, 3/896, 670, 671
Pollimyrus adspersus	4/818, 900
- *isidori*	4/818, 900
- *lhuysi*	4/802, 5/1073, 894[2], 900[4]
- *macularius*	5/1073, 900
- *nigripinnis*	3/1024, 900
Poll's Fiederbartwels	3/406, 364
- Prachtgrundkärpfling	3/518, 435
Polyacanthus chinensis	2/803, 586[3]
- *cupanus* var. *dayi*	1/642, 587[4]
- *cupanus*	1/642, 589[4]
- *dayi*	1/642, 587[4]
- *einthovenii*	1/626, 575[2]
- *fasciatus*	1/634, 590[3]
polyacanthus, Haplochromis	2/962, 4/686, 695[4], 699[5]
Polyacanthus hasseltii	1/626, 575[2]
- *helfrichii*	1/626, 575[2]
- *kuhli*	1/626, 575[2]
polyacanthus, Monocirrhus	1/805, 830
Polyacanthus olivaceus	1/626, 575[2]
- *opercularis*	1/638, 2/803, 586[3-5]
polyacanthus, Orthochromis	2/962, 4/686, 695[4], 699[5]
Polyacanthus paludosus	2/803, 586[3]
polyacanthus, Rheohaplochromis	2/962, 4/686, 695[4], 699[5]
Polyacanthus signatus	1/626, 575[3]
polycentra, Chromis	3/892, 702[4]
-, *Tilapia*	3/892, 702[4]
Polycentropsis abbreviata	3/91, 831
Polycentrus punctatus	1/806, 831
- *schomburgki*	1/806, 831[4]
- *tricolor*	1/806, 831[4]
polychromus, Panchax	1/524, 397[4]
polygramma, Doras	1/481, 304[3]
polylepis, Allodontichthys	4/452, 506
POLYNEMIDAE	5/1085, 839
Polynemus borneensis	5/1085, 839
polyodon, Cnesterostoma	3/790, 680[5]
Polyodon folium	2/215, 30[1]
polyodon, Paratilapia	3/790, 680[5]
-, *Petrochromis*	2/968, 663
Polyodon spathula	2/215, 30
POLYODONTIDAE	2/203, 2/215, 30
polyommus, Floridichthys	3/574, 481
POLYPTERIDAE	1/206, 1/210, 2/216-2/218, 30
POLYPTERIFORMES	30
Polypterus arnaudii	2/218, 30[6]
- **delhezi**	2/216, 30
- *ornatipinnis*	1/210, 30
- *palmas*	2/216, 30
- *senegalensis*	2/218, 30[6]
- *senegalus*	2/218, 30
polyspilos, Barbus	2/366, 180[5]
polysticta, Crenicichla	5/786, 760[1,2]
polystictus, Corydoras	2/474, 3/342, 286
polystigma, Cyrtocara	1/718, 623[6], 624[1]
-, *Haplochromis*	1/718, 623[6], 624[1]
-, **Nimbochromis**	1/718, 623, 624
Polystigma, Rüssel-	1/716, 623
polytaenia microbarbus, Leucogobio	5/160, 207[3]
- *tsianensis, Leucogobio*	5/160, 207[3]
POMACENTRIDAE	4/738, 839
Pomacentrus otophorus	4/738, 839[6]
- *taeniurus*	4/738, 839[5]
Pomatoschistus (*Knipowitschia*) *longecaudatus*	3/986, 817[3,4]
- (*Iljinia*) *microps leopardinus*	4/778, 820[3]
- *knipowitschi*	3/986, 817[3,4]
- *marmoratus*	4/778, 820
- *microps leopardinus*	4/778, 820[3]
pomotis, Acantharchus	4/720, 5/979, 793
-, *Ambloplites*	4/720, 793[2,4]
Pomotis bono	1/672, 731[3]
pomotis, Centrarchus	4/720, 5/979, 793[2,4]
Pomotis chaetodon	1/794, 795[3]
- *elongatus*	2/1016, 795[6]
- *fasciatus*	1/784, 2/876, 769[5,6], 779[6]
- *gibbosus*	1/798, 796[2]
- *gulosus*	1/792, 794[3,4]
- *guttatus*	1/796, 795[5]
- *longulus*	1/796, 796[1]
- *obesus*	1/796, 795[5]
- *pallidus*	1/796, 796[1]
- *ravenelli*	1/798, 796[2]
- *solis*	2/1016, 795[6]
- *vulgaris*	1/798, 796[2]
Pompadurfisch	1/772, 777
Pongosalmler	1/330, 136[3]
ponticeriana, Colisa	1/634, 590[3]
(*Ponticola*) *kessleri, Gobius*	3/996, 819[2]
(-) *ratan, Gobius*	4/774, 819[5,6]
(-) - *ratan, Gobius*	4/774, 819[5,6]
ponticus, Benthophilus macrocephalus	3/978, 814[6]
-, *Gasterosteus*	1/834, 877[5]
pooni, Aphyocypris	1/446, 240[1-3]
popenoei, Cichlasoma	2/872, 713[1]
Popondetta connieae	2/1134, 863[6]
- *furcata*	2/1134, 864[1]
- -Regenbogenfisch	2/1134, 863
Popondichthys conieae	2/1134, 863[6]
- *furcatus*	2/1134, 864[1]
Poptella longipinnis	4/78, 96
- *orbicularis*	1/254, 96[5]
poranga, Pituna	5/556, 5/561, 452
-, *Rivulus*	5/556, 452[1,2]
Porcus bayad	4/232, 261[1]

1137

Register

- docmac	2/448, 261[2]	-, Blauer	2/662, 431
- - bayad	4/232, 261[1]	-, Foerschs	3/512, 432
- filamentosus	4/232, 261[3]	-, Furzers	2/662, 432
porocephala, Eleotris	2/1072, 813[2]	-, Gestreckter	3/510, 431
-, Ophiocara	2/1072, 813	-, Gestreifter	4/406, 432
Porocheilus obbesi	2/568, 376[5]	-, Grüner	3/514, 433
Porochilus rendahli	5/446, 377	-, Günthers	1/568, 432
Porogobius schlegelii	5/1041, 820	-, Jan Paps	2/664, 432
Poropanchax manni	3/442, 494[5]	-, Jubbs	2/664, 433
- normani	3/442, 494[5]	-, Kikambala-	3/512, 432
- rancureli	3/446, 495[3]	-, Kuhnts	4/406, 432
porosus, Cynolebias	5/532, 447	-, Lükes	3/514, 434
-, Poeciliopsis	4/540, 545[2,3]	-, Mnanzini-	4/410, 436
portalegrense, Acara	1/670, 753[1]	-, Neumanns	3/516, 434
-, **Cichlasoma**	1/670, 753	-, Orchideen-	3/506, 431
portalegrensis, Aequidens	1/670, 753[1]	-, Palmqvists	1/570, 435
portali, Barbus	3/194, 188[3]	-, Polls	3/518, 435
posteroventralis, Barbatula toni	3/274, 152[4]	-, Rotflossen	3/520, 435, 436
		-, Ruvuma-	5/480, 436
-, - tonifowleri	1/376, 152[2]	-, Schwarzfleckiger	3/516, 434
potamogalis, Enteromius	2/362, 178[3]	-, Steinforts	4/408, 436, 437
Potamophylax pygmaeus	3/448, 499[5,6]	-, Streifenflossiger	3/522, 437
Potamorrhaphis eigenmanni	3/940, 869[5]	-, Symoens	4/412, 437
- taeniata	3/940, 753[1]	-, Uganda-	4/412, 436, 437
Potamorrhapis guianensis	3/940, 869	-, Viktoria-	4/410, 436
Potamotrygon dumerilii	2/219, 35[5]	-, Vosselers	5/482, 437
- henlei	4/16, 34	Prachtgurami, Allens	3/662, 587
- hystrix	4/16, 35	-, Deissners	1/640, 587
- laticeps	1/209, 35	-, Faden-	2/807, 588
- leopoldi	5/15, 35	-, Harveys	3/664, 588
- motoro	2/219, 5/11, 35	-, Linkes	4/572, 588
- reticulatus	4/18, 36	-, Nagys	3/666, 588
- sp. aff. reticulatus	4/20, 36	-, Tweedies	2/808, 589
- schroederi	5/16, 36	Prachtkärpfling, Ahls	4/364, 396
- sp.	4/20, 36	-, Amiets	3/458, 396
POTAMOTRYGONIDAE	1/206, 1/209, 2/219, 4/14–4/20	-, Arnolds	2/588, 397
		-, Bamileke-	2/590, 397
potanini, Chondrostoma	3/249, 222[4]	-, Bates'	3/462, 398
-, Oreoleuciscus	3/249, 222	-, Bertholds	1/580, 398
powelli, Neolebias	4/52, 61	-, Blauer	1/538, 415
Pozolera-Buntbarsch	4/702, 725	-, Böhms	2/600, 405
Prachtantennenwels, Marmor-	4/326, 370	-, Brünings	1/580, 414
Prachtbarbe	1/382, 182	-, Bunter	1/524, 397
Prachtbarsch, Augenfleck-	1/750, 697	-, Buytaerts	3/464, 399
-, Günthers	1/686, 678, 689	-, Celias	3/464, 401
-, Roloffs	2/966, 697	-, Chauches	4/370, 401
-, Rotvioletter	1/750, 697	-, Chaytons	1/582, 401
-, Thomas	1/748, 688	-, Christys	2/594, 401
Prachtbuntbarsch, Bates	2/854, 688	-, Delta	1/528, 402
-, Linkes	2/856, 690	-, Edea-	4/372, 403
Prachtcorydoras	2/464, 280	-, Eleganter	2/598, 403
Prachtfiederbartwels	2/546, 364	-, Etzels	2/692, 403
Prachtflossenbarbe	1/382, 181	-, Gabun-	2/600, 405
Pracht-Flossensauger	2/428, 154	-, Gardners	3/470, 405
Prachtfundulus, Kirks	1/568, 433	-, Gartners	4/376, 412
-, Korthaus'	1/568, 433	-, Gebänderter	1/524, 398
-, Rachovs	1/570, 435	-, Gefleckter	2/608, 410
Prachtglanzbarbe	1/380, 179	-, Gelber	1/532, 407
Prachtgrundkärpfling,		-, Gelbflossiger	4/404, 430
Augenfleck-	4/408, 434	-, Georgies	3/496, 420

Register

-, Gepunkteter Kamerun- 4/366, 400
-, Gestreifter 1/540, 416
-, Ghana 1/542, 417
-, Glanzflossen- 3/486, 415
-, Gold- 2/588, 397
-, Goldfasan 1/584, 419
-, Grauer 2/616, 412
-, Grundel- 3/469, 405
-, Grüner 2/698, 416
-, Guignards 4/372, 407
-, Guinea- 2/694, 407
-, Haas' 4/364, 399
-, Hallers 4/366, 400
-, Hannelores 3/474, 407
-, Heinemanns 4/374, 407
-, Herzogs 2/602, 408
-, Himmelblauer 2/596, 402
-, Hofmanns 3/474, 408
-, Kalabar- 1/582, 409
-, Kamerun- 2/592, 399
-, Kekem 3/462, 399
-, Kribi- 2/602, 404
-, Lamberts 2/604, 409
-, Lefini- 3/476, 409
-, Liberia- 1/582, 409
-, Lönnbergs 3/478, 409
-, Louesse- 2/606, 409
-, Maeseni- 2/696, 410
-, Mamfe- 3/472, 406
-, Marmorierter 1/534, 410
-, Mbam- 4/370, 402
-, Mindouli- 3/490, 417
-, Monrovia- 3/480, 419
-, Ndian- 3/482, 411
-, Nigeria- 3/472, 406
-, Oesers 3/482, 411
-, Ogowe- 2/612, 412
-, Peters 2/696, 4/378, 413
-, Poliaks 4/380, 413
-, Punktierter 3/484, 413
-, Raddas 3/484, 413
-, Robertsons 2/618, 414
-, Roloffs 5/468, 414
-, Roter 1/526, 2/596, 402
-, Rotmaul- 2/620, 414
-, Rotpunkt- 2/614, 412
-, Scheels 3/486, 415
-, Schioetz' 4/380, 415
-, Schlupps 2/620, 415
-, Schmitt's 2/698, 415
-, Schulterfleck- 2/612, 411
-, Schwalbenschwanz- 3/466, 404
-, Schwanzstreifen- 2/592, 400
-, Schwarzflossiger 2/598, 402
-, Spoorenbergs 2/622, 416
-, Stahlblauer 1/532, 406
-, Thys' 2/622, 416
-, Traudes 3/478, 411
-, Uganda- 5/480, 437
-, Vielfarbiger 2/610, 398

-, Vulkan- 1/534, 416
-, Wachters' 2/624, 3/488, 417
-, Walkers 1/542, 417
-, Werners 3/469, 405
-, Wildekamps 3/488, 417
-, Zickzack- 2/692, 406
-, Zitronenflossiger 3/466, 401
Prachtkopfsteher 1/234, 66
-, Schriftzeichen- 3/102, 67
Prachtmaulbrüter 3/864, 698
Prachtphantomsalmler 2/282, 117
Prachtsalmler 1/317, 3/147, 5/74, 85
Prachtschmerle 1/370, 165
-, Schwarzstreifen- 5/109, 165
Pracht-Zwerggurami, Kleiner 2/808, 589
praecox*, *Melanotaenia 4/796, 861
-, *Nematrocentris* 4/796, 861[2]
-, *Rhombatractus* 4/796, 861[2]
Praeformosiana cf. *intermedia* 2/430, 155[5]
praesens*, *Aethiomastacembelus 5/1060, 915
praetoriusi, *Crenicara* 5/808, 764[5]
Prajadhipokia rex 2/450, 263[1]
prashari, *Noemachilus* 3/278, 159[2]
Prespaplötze 5/210, 237
Pretty Woman
   -Zwergfiederbartwels 5/424, 357
Priapella compressa 2/750, 547
- *intermedia* 1/606, 547
- *olmecae* 4/546, 548
Priapichthys annectens 5/624, 548
- *austrocolumbiana* 4/548, 548
- *chocoensis* 3/628, 548
- *dariensis* 4/548, 549
- *episcopi* 2/716, 4/478, 517[5,6], 518[1]
- *festae* 2/752, 549
- *fosteri* 3/626, 547[2,3]
- *fria* 2/752, 549[2]
- *huberi* 2/716, 516[6]
- *letonai* 2/746, 4/538, 544[6]
- *nigroventralis* 3/630, 549[3,4]
- *olomina* 2/718, 518[5]
- *parismina* 3/595, 518[3,4]
- *turrubarensis* 3/626, 547[2,3]
prima*, *Betta 5/651, 582
Primerosalmler 5/56, 101
primigenium*, *Aphyosemion 2/616, 413
Prioidichthys gymnocephalus 4/711, 786[3-5]
Prionobrama filigera 1/252, 89
- *madeirae* 1/252, 89[4]
- *sp.* 4/72, 89
prionomus, *Rhinodoras* 2/496, 30[2]
prionotus*, *Corydoras 3/348, 286
prismatica, *Eleotris* 2/1063, 804[3]
prismaticus, *Butis* 2/1063, 804[3]
Pristella maxillaris 1/308, 123
- *riddlei* 1/308, 123[2]
pristes, *Kottelatlimia* 4/156, 168
-, *Lepidocephalichthys* 4/156, 168

1139

Register

PRISTIDAE	2/203, 2/220, 36		*Protomelas annectens*	2/892, 627
Pristis microdon	2/220, 36		- *fenestratus*	2/898, 627
Pristolepis fasciatus	3/912, 831		- *similis*	3/780, 628
proboscirostris, Mormyrus	3/1022, 4/816, 898[5], 898		- *spilopterus*	5/910, 628
			- *taeniolatus*	3/782, 628
-, - *rume*	3/1022, 4/816, 898[4], 898		- *taeniolatus* var.	2/895, 628
Procatopus abbreviatus	2/670, 499[4]		PROTOPTERIDAE	1/208, 2/221, 3/86, 38
- *aberrans*	2/668, 499		*Protopterus aethiopicus*	
- *andreaseni*	2/668, 499[2]		*aethiopicus*	3/86, 38
- *cabindae*	3/452, 4/362, 498[3,5]		- *anguilliformes*	3/86, 38[3]
- *glaucicaudis*	2/670, 499[4]		- *anguilliformis*	2/221, 38[3]
- *gracilis*	2/668, 499[2]		- *annectens*	2/221, 38[3]
- *lacustris*	2/670, 499[4]		- - *annectens*	2/221, 3/86, 38
- *loemensis*	3/452, 498[5]		- *dolloi*	1/208, 38
- *miltotaenia*	3/452, 498[6]		- *rhinocryptis*	3/86, 38[3]
procatopus, Nannocharax	5/30, 59		*Prototroctes maraena*	2/1053, 891
Procatopus ngaensis	3/454, 499[1]		- *semoni*	3/1028, 891[6]
- *nigromarginatus*	2/668, 499[2]		*Protoxotes lorentzi*	2/1046, 844[5]
- *nototaenia*	1/574, 499		*protractila, Bivibranchia*	2/310, 133
- *plumosus*	2/668, 499[2]		*proxima, Chromis*	1/706, 766[1]
- *roseipinnis*	2/668, 499[2]		-, *Satanoperca*	1/706, 766[1]
- Rotrückiger	1/574, 499		*proximus, Geophagus*	1/706, 766
- *similis*	2/670, 499		*psammophilis, Sciaenochromis*	5/946, 637
Procerus maculatus	2/219, 30[1]			
Prochilodes cephalotes	3/150, 145[1]		*Psellogrammus kennedyi*	3/144, 123
PROCHILODONTIDAE	1/320, 2/306, 144		*Psettus argenteus*	1/804, 829[5]
PROCHILODONTINAE	3/150, 145		- *rhombeus*	1/804, 829[5]
Prochilodus amazonensis	2/306, 145[5]		- *sebae*	2/1034, 829
- *insignis*	3/152, 145[2]		*Pseudacanthicus fimbriatus*	5/336, 325[6]
- *ortonianus*	3/150, 145		- *leopardus*	4/304, 346
- *taeniurus*	1/320, 145[3]		- *serratus*	4/304, 346
- *theraponura*	2/306, 145[5]		- *spinosus*	3/380, 346
Procottus jeittelesi	3/952, 913		*pseudacanthopomus, Eleotris*	3/960, 807[1]
productus, Cylindrosteus	2/212, 32[5]		*Pseudageneiosus brevifilis*	2/433, 247[5]
-, *Lepisosteus*	2/210, 32[2]		*Pseudambassis lala*	1/800, 788[1]
-, *Saurogobio*	3/268, 238[6]		*Pseudancistrus carnegiei*	3/372, 333[2]
profunda, Moenkhausia	1/264, 104[3]		*Pseudanos gracilis*	2/234, 66[5]
profundicola, Lamprologus	3/820, 650[3]		- *trimaculatus*	1/236, 70
-, *Lepidiolamprologus*	3/820, 650		*Pseudaphritis bursinus*	2/1058, 792
PROFUNDULIDAE	500		*Pseudapocryptes lanceolatus*	4/778, 820
Profundulus balsanus	2/670, 500[1]		*Pseudariodes albicans*	1/510, 373[2]
- *labialis*	3/577, 500		- *clarias*	1/510, 373[2]
- *punctatus*	2/670, 500		- *pantherinus*	1/510, 373[2]
- *scapularis*	2/670, 500[2]		*Pseudauchenipterus guppyi*	2/446, 257[4]
progeneius, Barbus	3/270, 240[6]		- *nigrolineatus*	2/446, 257[4]
Prognathochromis prognathus	5/930, 683[6]		- *nodosus*	2/446, 257
prognathus, Cynolebias	5/532, 5/534, 447		*Pseudepiplatys annulatus*	1/558, 438
			Pseudeutropius siamensis	2/574, 380[1]
-, *Prognathochromis*	5/930, 683[6]		*Pseudoambassis macleayi*	2/1022, 787[6]
prolifica, Poeciliopsis	3/622, 546		*Pseudobagrichthys macracanthus*	3/304, 260[6]
promelas promelas, Pimephales	3/254, 227		*Pseudobagrus brachysoma*	5/448, 379[3]
proneki, Hemigrammus	2/274, 108[3]		- *changi*	3/322, 266[2]
Pronothobranchius kiyawensis	3/526, 438		- *fulvidraco*	3/322, 266[2]
			- *ornatus*	3/322, 266[4]
proselytus, Crenicichla	5/962, 779[2]		*Pseudobetta picta*	2/798, 582[3]
-, *Teleocichla*	5/962, 779		*Pseudochalceus affinis*	2/292, 123[5]
Prosopodasys depressifrons	4/740, 913[5,6]		- *kyburzi*	4/112, 123
prosperoi, Leucaspius	5/174, 215		- *multifasciatus*	2/292, 123
Proterorhinus marmoratus	2/1096, 820		- *perstriatus*	2/292, 123[5]

Register

Pseudocorynopoma doriae 1/250, 88
Pseudocrenilabrus multicolor 1/754, 697
- - *victoriae* 5/913, 697
- *natalensis* 3/850, 683[1]
- *nicholsi* 3/850, 698
- *philander* 5/913, 697[6]
- - *dispersus* 1/754, 698
- - *philander* 3/850, 683
Pseudocurimata lineopunctata 4/128, 129
Pseudodoras holdeni 5/304, 308
- *niger* 2/496, 308
Pseudogastromyzon cheni 2/430, 158
- *fasciatus* 5/98, 159
Pseudogobio amurensis 3/268, 238[6]
- *drakei* 3/268, 238[6]
- *rivularis* 3/168, 173[6]
- *sinensis* 3/168, 173[6]
Pseudogobius bikolanus 4/780, 821[2,3]
- *javanicus* 2/1100, 823
Pseudohemiodon cryptodon 5/407, 345[5,6], 346[1]
- *lamina* 4/285, 325
- *laticeps* 5/408, 346
Pseudolates cavifrons 2/1019, 797[4]
Pseudomugil connieae 2/1134, 863
- *furcatus* 2/1134, 864
- *gertrudae* 2/1136, 864
- *mellis* 2/1136, 864
- *novaeguineae* 4/820, 864
- *paludicola* 3/1026, 864
- *paskai* 4/820, 864
- *signatus* 1/822, 2/1138, 865[1,2]
- *signifer* 1/822, 2/1138, 865
- *tenellus* 2/1138, 865
PSEUDOMUGILIDAE 2/1134–2/1139, 3/1026, 4/820, 863–865
Pseudomystus stenomus 3/314, 263[3]
pseudonummifer, Bathyaethiops 4/26, 49
-, *Brachypetersius* 4/26, 49
Pseudoperilampus lighti 5/200, 227
- *lighti* 2/406, 236[1]
- *ocellatus* 2/406, 5/200, 236[1], 227[3]
- *smithii* 5/206, 236[2]
Pseudophoxinellus kervillei 5/200, 227
Pseudoplatystoma fasciatum 1/510, 375
Pseudopimelodus acanthochira 2/564, 374[5]
- *bufonius* 2/566, 374[6]
- *charus* 2/566, 3/418, 371[4], 374[6]
- *cottoides* 3/418, 371[4]
- *nigricaudus* 4/328, 374
- *parahybae* 3/418, 371[4]
- *raninus raninus* 2/564, 374
- *zungaro* 2/566, 374[6]
- - *bufonius* 2/566, 374
Pseudoplatystoma punctifer 1/510, 375[1]
- *tigrinum* 4/328, 375
Pseudoplesiops nudiceps 2/956, 5/884, 5/886, 692[6], 693[1]
- *squamiceps* 5/886, 693[6]

Pseudopoecilia festae 2/752, 549[2]
- *fria* 2/752, 549[2]
- *nigroventralis* 3/630, 549
Pseudopristella simulata 4/114, 123
Pseudorasbora altipinna 2/406, 227[6]
- *depressirostris* 2/406, 227[6]
- *fowleri* 2/406, 5/202, 227, 227[6]
- *monstrosa* 2/406, 227[6]
- *parva* 2/406, 227
- - *fowleri* 5/202, 227[5]
- *pumila* 2/408, 228
- *pusilla* 2/406, 227[6]
Pseudorhamdia lateristriga 2/558, 372[3]
- *ornatus* 2/562, 373[5]
- *piscatrix* 1/510, 2/560, 373[2,4]
- *uscita* 1/510, 373[2]
Pseudorinelepis genibarbis 5/410, 313, 314, 347

Pseudoscaphirhynchus kaufmanni 3/84, 29
Pseudoschaufelstör, Großer 3/84, 29
Pseudosimochromis curvifrons 2/970, 3/852, 664
Pseudosphromenus cupanus 1/642, 589
Pseudostegophilus nemurus 4/338, 388
Pseudotropheus auratus 1/738, 620[2]
- *aurora* 1/756, 629
- *barlowi* 4/676, 629
- *callainos* 5/914, 629
- „chameleo" 3/852, 629
- *crabro* 3/852, 629
- „-*daviesi*" 1/740, 620[6]
- *elegans* 5/916, 630
- *elongatus* 1/756, 630
- *estherae* 1/763, 5/918, 631
- *fainzilberi* 1/758, 631
- *flavus* 4/676, 631
- „*fusciodes*" 4/676, 629[3]
-, Grazilier 5/923, 634
- „*greeberi*" 3/856, 632[1]
- *greshakei* 3/854, 631
- *hajomaylandi* 3/854, 631
- *heteropictus* 2/972, 5/921, 632
- *joanjohnsonae* 1/740, 620[4,5]
- *johannii* 1/740, 620[6]
- „-*ken(n)yi*" 2/974, 632[5,6]
- *lanisticola* 1/758, 632
- „-*lil(i)ancinius*" 2/974, 632[5,6]
- *livingstonii* 2/972, 632, 632[4]
- *lombardoi* 2/974, 632
- *lucerna* 1/756, 629[1,2]
- *macrophthalmus* 1/760, 633
- *microstoma* 2/974, 633
- *pindani* 2/976, 633[5]
- „Red Top Ice Blue" 3/855, 631, 631[6]
- *saulosi* 4/678, 633
- *socolofi* 2/976, 633
- sp. „Tropheops Chilumba" 5/922, 633, 634
- *tropheops* 1/760, 5/924, 634

Register

- - *gracilior* 5/923, 634
- „-Lilac Mumbo" 1/760, 5/924, 634
- „-Mauve" 1/760, 5/924, 634
- „-Red Fin" 5/924, 634
- *williamsi* 3/856, 635
- *xanstomachus* 5/926, 635
- - „Yellow Chin" 5/928, 635
- *zebra* 1/762, 635
- „Zebra Yellow Throat Maleri" 5/926, 635[2-4]

Pseudoxiphophorus anzuetoi 4/496, 528[1]
(-) *bimaculata, Gambusia* 2/728, 528[2]
- *bimaculatus* 2/728, 3/608, 528[2,4]
- - *bimaculatus* 2/728, 528[2]
- - *jonesii* 3/608, 528[4]
- - *peninsulae* 2/728, 528[2]
- - *taeniatus* 2/728, 528[2]
- *jonesii* 3/608, 528[4]
- *pauciradiatus* 2/728, 3/608, 528[2,4]
- *reticulatus* 2/728, 3/608, 528[2,4]
- *terrabensis* 3/598, 519[2]
psilopteromus, Perilampus 4/192, 198[3]
PSILORHYNCHIDAE 4/222, 5/226
Psilorhynchus aymonieri 1/448, 4/220, 242[2,4]
- *balitora* 4/222, 228
- *sinensis* 5/88, 154[5]
- *sucatio* 5/226, 228
psittacum, Acara 2/876, 769[5,6]
psittacus, Astronotus 2/876, 769[5,6]
-, Cichlasoma 2/876, 769[5,6]
-, Cichlaurus 2/876, 769[5,6]
-, *Colomesus* 2/1160, 920
-, Colomesus 5/1101, 919[6]
-, Cyphomyrus 5/1068, 896[2]
-, Heros 2/876, 769[5,6]
-, *Hippopotamyrus* 5/1068, 896
-, *Hoplarchus* 2/876, 769
-, Marcusenius 5/1068, 896[2]
-, Mormyrus 5/1068, 896[3]
-, Tetraodon 2/1160, 920[3]
-, Tetrodon 2/1160, 920[3]
Pterobrycon myrnae 2/256, 88
Pterodoras granulosus 2/498, 308
- holdeni 5/304, 308[1]
- *lentiginosus* 5/304, 308
pterogramma, Crenicichla 4/596, 755[1,2]
Pterolebias bokermanni 5/562, 453[2,3]
- *elegans* 1/552, 449[1]
- *hoignei* 5/562, 453
- *longipinnis* 1/576, 5/562, 453
- *maculipinnis* 2/672, 455[2]
- *peruensis* 5/566, 453
- *phasianus* 5/564, 453
- sp. „NSC 1" 5/552, 451[2,3]
- - „Puerto-Ayacucho" 5/566, 454[3,4]
- *staecki* 3/527, 454
- *wischmanni* 3/528, 454
- *xiphophorus* 5/566, 5/568, 454
- *zonatus* 1/576, 454

- *zonatus* „shady" 5/562, 453[1]
Pterophyllum altum 1/765, 774
- dumerilii 2/976, 774
- eimekei 1/766, 774[4,6], 775[2]
- *scalare* 1/766, 3/679, 774, 775
- cf. *scalare* 5/928, 775
Pterosturisoma microps 5/414, 347
- sp. 4/296, 347
Pterygoplichthys alternans 2/514, 334[2]
- anisitsi 2/514, 334[2]
- sp. aff. *anisitsi* 5/360, 334[4]
- *duodecimalis* 2/516, 348
- *etentaculatus* 3/384, 348
- jeanesianus 1/496, 334[3]
- juvens 2/514, 334[2]
- pardalis 1/496, 334[3]
- punctatus 2/516, 327[2]
- sp. 2/514, 348
Ptychochromis grandidieri 3/858, 782[6]
- madagascariensis 3/858, 782[6]
- *oligacanthus* 3/858, 782
Ptyochromis sauvagei 3/858, 683
- *xenognathus* 3/861, 683
pucallpaensis, Apistogrammoides 2/832, 747
Pucallpa-Zwergbuntbarsch 2/832, 747
„Pudukuali", Parosphromenus sp. 4/572, 588[4]
Puebla-Platy 2/762, 552
„Puerto Gaitán", Crenicichla sp. 5/790, 762
- Plata-Limia 4/504, 532
„--Ayacucho", Pterolebias sp. 5/566, 454[3,4]
puerzli, Aphyosemion 1/536, 413
puetzi, Epiplatys fasciolatus 3/500, 4/392, 427[1], 424
pugnax, Betta 1/630, 1/632, 3/644, 3/648, 5/648, 577[6], 579[5,6], 580[1,2], 584[1-5], 582
-, Macropodus 1/630, 582[5,6]
- var, Macropodus 3/650, 580[3,4]
pulchella, Moniana 1/428, 220[5]
pulchellus, Haplochilus 3/568, 486[3,4]
-, Poecilichthys spectabilis 3/920, 836[5]
-, Syngnathus 1/864, 1/865, 4/828, 878[6], 879[2]
-, Zygonectes 3/568, 486[3,4]
pulcher, Aequidens 1/670, 730
-, *Auchenoglanis* 5/244, 265[4]
-, *Corydoras* 3/344, 287
-, *Diplopterus* 1/845, 593[6]
-, *Hemiancistrus* 1/494, 343[1]
-, *Hemigrammopetersius* cf. 5/20, 51
-, *Hemigrammus* 1/270, 107
-, Lamprologus 3/822, 657[2]
-, - *savoryi* 3/822, 657[2]
-, *Luciocephalus* 1/845, 593
-, *Micronemacheilus* 4/144, 5/108, 155, 156

1142

Register

-, *Micronemacheilus* cf. 154
-, *Neolamprologus* 3/822, 657
-, *Pelmatochromis* 1/750, 697[1]
-, *Pelvicachromis* 1/750, 697
-, *Plataplochilus* 3/452, 3/454, 498[6], 499[1]
-, *Synodontis* 5/428, 365
pulchra, *Ancistrus* 1/494, 343[1]
-, *Cheirodon* 5/40, 84[3]
-, *Garmanella* 2/660, 481
-, *Jordanella* 2/660, 481[3]
-, *Mogurnda* 4/760, 812
-, *Odontostilbe* 5/40, 84
-, *Peckoltia* 1/494, 343
-, *Platypoecilus* 1/610, 557[5,6], 558[1-4]
pulchripinnis, *Aphyosemion* 4/378, 413[1]
-, *Hyphessobrycon* 1/292, 114
pulchrum, *Cychlasoma* 1/670, 730[5]
pulvereus, *Fundulus* 3/571, 486
-, *Zygonectes* 3/571, 486[5]
pumila, *Pseudorasbora* 2/408, 228
-, *Trichopsis* 1/650, 589
pumilus, *Aplocheilichthys* 1/544, 495
-, *Ctenops* 1/650, 589[5]
-, *Haplochilichthys* 1/544, 495[2]
-, *Haplochilus* 1/544, 495[2]
punctata, *Acara* 2/862, 751[5]
-, *Channa* 3/676, 800
-, *Chromis* 1/672, 3/680, 4/588, 731[3,4], 751[4]
-, *Crenicichla* 5/786, 760
-, *Gambusia* 3/602, 5/616, 525[5], 524
-, *Loricaria* 2/516, 327[2]
-, *Lycodontis* 5/1080, 849[5]
-, *Muraena* 5/1080, 849[5]
-, *Poecila* 2/702, 504[6]
-, *punctulata*, *Gambusia* 5/616, 524[5,6]
-, *Strophidon* 5/1080, 849[5]
punctatum, *Aphyosemion* 3/484, 413
-, *Cichlasoma* 2/880, 716[3]
-, *Hoplosternum* 3/351, 296[6]
-, *Sicydium* 5/1038, 827
punctatus, *Ameiurus* 1/485, 311[4,5]
-, *Ancistrus* 2/516, 327[2]
-, *Auchenipterus* 2/444, 256[5,6]
-, *Auchenoglanis* 4/231, 260
-, *Cataphractus* 1/470, 287[2]
-, *Chaenotropus* 1/318, 125[1]
-, *Chaetostomus* 2/516, 327[2]
-, *Chilodus* 1/318, 125
-, *Clarias* 1/480, 300[5]
-, *Corydoras* cf. 1/470, 287
-, *Cyprinodon* 5/484, 474[5]
-, *Glyptoperichthys* 2/516, 327
-, *Hypostomus* 1/490, 331
-, *Ictalurus* 1/485, 311
-, *Lebias* 5/484, 474[5]
-, *Ophicephalus* 3/676, 800[1]
-, *Ophiocephalus* 3/676, 800[1]
-, *Plecostomus* 1/490, 331[1]

-, *Polycentrus* 1/806, 831
-, *Profundulus* 2/670, 500
-, *Pterygoplichthys* 2/516, 327[2]
-, *Rivulus* 2/684, 3/542, 5/596, 465[1-3], 465
-, *Silurus* 1/485, 311[4,5]
-, *Skiffia* 4/470, 512[2-4]
puncticulata yucatana, *Gambusia* 2/724, 525
punctifer, *Cobitis* 4/769, 890[5]
-, *Galaxias* 4/769, 890[5]
-, *Platystoma* 1/510, 375[1]
-, *Pseudoplatystoma* 1/510, 375[1]
punctitaeniatus, *Barbus* 4/184, 191
punctulata, *Acara* 1/696, 1/744, 754[2], 773[2]
-, *Crenicara* 1/696, 754
-, *Gambusia punctata* 5/616, 524[5,6]
-, *Microperca* 4/726, 836[2]
punctulatus, *Acanthalburnus* 3/170, 174[6]
-, *Alburnus* 3/170, 174[6]
-, *Batrachops* 4/606, 760[5]
-, *Calliurus* 1/792, 2/1016, 794[3,4], 796[5]
-, *Galaxias* 2/1080, 889[5]
-, *Gastromyzon* 2/426, 154
pungitius, *Gasterostea* 1/834, 878[2]
-, *Gasterosteus* 1/834, 878[2]
Pungitius platygaster aralensis 4/770, 877, 878
- pungitius 1/834, 878
pungitius, *Pygosteus* 1/834, 878[2]
Pungu maclareni 5/930, 683
Punjabschmerle 5/92, 157
Punktierer Kopfsteher 1/318, 125
- Zwerggraubsalmler 1/336, 140
Punktierter Bachling 2/684, 3/542, 465
- Buntbarsch 1/702, 3/744, 715, 781
- Dornwels 2/440, 255
- Flossensauger 2/426, 154
- Kropfsalmler 1/244, 77
- Ohrgitter-Harnischwels 2/508, 337
- Prachtkärpfling 3/484, 413
- Schilderwels 1/490, 331
- Schlangenkopf 3/676, 799
- Segelschilderwels 2/516, 327
- -Zwergpanzerwels 1/466, 279
Punktstreifen-Argusfisch 5/982, 840
- -Leporinus 1/240, 3/106, 69
puntang, *Acentrogobius* 5/1014, 816[2,3]
-, *Exyrias* 5/1014, 816
-, *Gnatholepis* 5/1014, 816[2,3]
-, *Gobius* 5/1014, 816[2,3]
puntangoides, *Awaous* 5/1014, 816[2,3]
-, *Exyrias* 5/1014, 816[2,3]
-, *Gnatholepis* 5/1014, 816[2,3]
-, *Gobius* 5/1014, 816[2,3]
Puntius ablabes 2/362, 178[3]
- altus 3/179, 178[5]
- arulius 1/380, 179[2]

1143

Register

- *asoka*	3/182, 228	-, *Leuciscus*	2/406, 227[6]
- *(Barbodes) camptacanthus*	5/124, 181[2]	-, *nigrostriatus, Galaxias*	2/1086, 891[1]
		- *sumatranus, Dermogenys*	2/1102, 870
- *(Barboides) pleurotaenia*	5/134, 228[5]	- *tasmanensis,*	
- *barilioides*	2/364, 180[2]	*Brachygalaxias*	2/1086, 891[2]
- *bimaculatus*	2/366, 180[4]	putaol, *Gymnotus*	1/840, 884[1]
- *binotatus*	2/366, 180[5]	Putzerfransenlipper	2/388, 203
- *camptacanthus*	5/124, 181[2]	„Puulu", *Labidochromis* sp.	5/858, 618
- *carpenteri*	4/180, 187[6]	Puyo-Bachling	5/588, 462
- *chola*	3/186, 182[2]	Puzzlebarbe	5/221, 200
- *conchonius*	1/382, 182[4]	**Pygidium** cf. *stellatum*	3/432, 388
- *cumingii*	1/384, 183[1]	**pygmaea, Pandaka**	2/1094, 823
- *daruphani*	2/368, 183[2]	-, *Umbra*	1/870, 874
- *denisonii*	5/150, 200[2]	-, - *limi*	1/870, 874[6]
- *everetti*	1/386, 183[6]	pygmaeus, *Acipenser*	1/207, 28[5]
- *filamentosus*	1/388, 184[2]	-, *Corydoras*	1/472, 287
- *gambiensis*	4/174, 187[1]	-, *Culaea inconstans*	3/968, 877
- *goniosoma*	2/366, 180[5]	-, *Fluviphylax*	3/448, 499
- *guentheri*	1/398, 5/140, 191[6], 192[1,2]	-, *Geophagus*	1/704, 2/910, 765[2], 768[2]
- *halei*	3/200, 202[2]	-, *Girardinus*	1/592, 527[4]
- *lateristriga*	1/392, 5/144, 186[2,3]	-, *Leuciscus*	1/870, 874[6]
- *maculatus*	2/366, 180[5]	-, *nigrensis, Xiphophorus*	2/776, 562[1-3]
- *melanopterus*	1/380, 177[6]	-, *Potamophylax*	3/448, 499[5,6]
- *nigrofasciatus*	1/392, 188[4]	- *pygmaeus, Xiphophorus*	1/612, 562[4]
- *oligolepis*	1/394, 189[1]	-, *Xiphophorus*	1/612, 2/778, 562
- *orphoides*	1/394, 189[2,3]	Pygocentrus altus	1/356, 95[3,4]
- *paludinosus*	5/132, 189[4-6]	-, *dulcis*	1/358, 96[2]
- *partipentazona*	3/194, 190[1]	-, *melanurus*	1/358, 96[2]
- *pentazona*	1/396, 190[3]	-, *nattereri*	1/356, 95[3,4]
- *perlee*	3/186, 182[2]	-, *nigricans*	1/358, 96[2]
- *phutunio*	1/384, 183[1]	-, *stigmaterythraeus*	1/356, 95[3,4]
- **pleurotaenia**	5/134, 288	Pygosteus occidentalis	1/834, 878[2]
- *rubripinna*	1/394, 189[2,3]	-, *platygaster aralensis*	4/770, 877[6]
- *schwanefeldi*	1/398, 190[4]	-, *pungitius*	1/834, 878[2]
- *semifasciocatus*	1/398, 191[6], 192[1]	Pygydium brasiliense	5/458, 389[3]
- *semifasciolatus*	5/140, 192[2]	-, *vermiculatum*	5/458, 389[3]
- *sophore*	2/378, 194[6]	**pyrophore, Aphyosemion**	
- *stoliczkanus*	2/376, 193[6]	**ogoense**	2/614, 412
- *sumatranus*	3/194, 190[1]	pyropunctata, *Rachovia*	3/530, 455
- *tetrazona*	1/400, 193[4]	pyrrhonotus, *Hyphessobrycon*	5/66, 114
- *tholonianus*	5/124, 181[2]	Pyrrhulina australis	2/326, 143[5]
- *ticto*	1/400, 193[5]	- *brevis*	2/326, 143[5]
- *titteya*	1/402, 194[1]	- - *australe*	2/324, 142
- *vittatus*	2/378, 194[6]	- - *brevis*	2/324, 142
purpuratum-Gruppe,		- - *lugubris*	2/324, 142
Characidium	4/120, 80	- *eleanorae*	5/78, 143
Purpurkopfbarbe	1/392, 788	- *filamentosa*	1/332, 1/348, 2/326, 139[2], 143[5], 143
Purpurprachtbarsch	1/750, 697		
Purpurtetra	2/278, 113	- *guttata*	1/332, 139[1]
„Purus", *Corydoras* sp.	4/260, 295[2]	- *laeta*	2/326, 4/134, 143
- Zwergschilderwels	2/512, 342	- *maxima*	2/326, 4/134, 143[3,4]
pusilla, Galaxiella	2/1086, 891	- *melanostoma*	2/326, 4/134, 143[3,4]
-, *Pseudorasbora*	2/406, 227[6]	- *nattereri*	1/334, 139[4]
-, *Zantecla*	2/1124, 860[3]	- *nigrofasciata*	1/334, 139[3,5]
pusillus, *Brachygalaxias*	2/1086, 891[2]	- *rachoviana*	1/332, 139[2]
-, *Dermogenys*	1/841, 870	- *rachowiana*	2/326, 143
-, *Erethistes*	4/336, 385	- *semifasciata*	2/326, 4/134, 143[3,4]
- *flindersiensis,*		- *spilota*	3/158, 143
Brachygalaxias	2/1086, 891[2]	- *stoli*	3/158, 144
-, *Galaxias*	2/1086, 891[2]	- *vittata*	1/348, 144

Register

Pyxichromis orthostoma	5/930, 683

Q

quadracus, *Apeltes*	3/968, 876
-, *Gasterosteus*	3/968, 876[6]
quadricapillus, *Gobius*	2/1096, 820[5]
quadrifasciatus, *Chaetodon*	1/802, 801[6]
-, *Coius*	1/802, 801
-, *Datnioides*	1/802, 801[6]
quadrilineatus, *Barbus lineomaculatus* var.	2/372, 186[6]
-, *Ichthyborus*	4/58, 58
-, *Lobocheilus*	3/242, 218
-, *Neoborus*	4/58, 58[1]
-, *Phagoborus*	4/58, 58[1]
-, *Tylognathus*	3/242, 218[1]
quadrimaculatus, *Discognathus*	3/212, 205[3]
-, *Hemiodopsis quadrimaculatus*	1/330, 133
-, *Hemiodus*	1/330, 3/154, 133[6], 134[1]
- *vorderwinkleri*, *Hemiodopsis*	3/154, 134
quadripunctatus, *Barbus*	5/134, 191
-, *Phallichthys*	2/734, 536
quadriradiatus, *Dysichthys*	5/233, 253
Quappe	3/967, 875
Quappenbuntbarsch	1/774, 701
Quappenwels, Clausens	4/226, 250
-, Jacksons	4/225, 248
-, Langflossen-	5/232, 250
-, Ostafrikanischer	4/292, 248
Quappenwelse	3/291–3/295, 4/225–4/227, 4/234, 5/228–5/232, 248, 249
Quellkärpfling, Großer	4/446, 489
-, Moapa-	4/446, 489
-, Mormonen-	4/448, 489
-, Nevada-	4/448, 489
-, White River-	4/444, 488, 489
Quellkärpflinge	488, 489
Querbandhechtling	1/560, 423
Quergestreifte Zwergrasbora	2/396, 219
Quergestreifter Schlangenkopf	1/830, 800
Querstreifen-Hechtling	4/386, 423
- -Kärpfling	3/620, 544
- -Zwergbuntbarsch	3/688, 746
Quetzalbuntbarsch	2/880, 717
quinquepunctata, *Barbus trispilus* var.	3/189, 183[4]
Quintana atrizona	2/752, 549
Quiribana-Schmerlenwels	5/454, 388
Quirichthys stramineus	2/1056, 853
Quiris stramineus	2/1056, 853[4]
Quitobaquito-Wüstenkärpfling	4/430, 477
quitzeoensis, *Platypoecilus*	2/714, 4/472, 513[3-6]
-, *Zoogoneticus*	2/714, 513
-, *Zoogoneticus* cf.	4/472, 513
quoyi, *Belobranchus*	5/1012, 806[3]

R

rabaudi, *Acrossochilus*	5/178, 217[1]
rabauti, *Corydoras*	1/468, 1/472, 4/256, 287
rachovi, *Jobertina*	1/314, 79[3]
-, *Xiphophorus*	1/606, 3/631, 552[6], 553[1-4]
Rachovia brevis	2/672, 454
- *hummelincki*	3/528, 3/530, 455[3], 455
- *maculipinnis*	2/672, 455
- *pyropunctata*	3/530, 455
-, Rotpunkt-	3/530, 455
- *splendens*	2/672, 454[6]
- *stellifer*	2/674, 455
- *transilis*	5/568, 455
rachoviana, *Pyrrhulina*	1/332, 139[2]
rachovii, *Adiniops*	1/570, 435[4]
-, *Characidium*	1/314, 79
-, *Iguanodectes*	1/296, 88[6]
-, *Nothobranchius*	1/570, 435
-, *Xiphophorus*	1/606, 5/632, 552[6], 553[1,2,6], 554[1-6]
Rachoviscus crassiceps	3/123, 89, 90
- *graciliceps*	5/48, 90
Rachovs Prachtfundulus	1/570, 435
rachowi, *Gambusia*	3/608, 525
-, *Heterophallus*	3/608, 525[3]
rachowiana, *Pyrrhulina*	2/326, 143
Rachow-Kärpfling	3/608, 525
Rachows Grundsalmler	1/314, 79
Racoma brevis	5/214, 239[3]
Raddabarbus camerounensis	4/166, 178[2]
Raddaella batesii	3/462, 398[2]
raddai, *Aphyosemion*	3/484, 413
Raddas Prachtkärpfling	3/484, 413
radiosus, *Cyprinodon*	5/492, 479
rafinesquei, *Cylindrosteus*	2/212, 32[5]
-, *Scaphirhynchus*	2/204, 29[6]
Raiamas batesii	4/210, 5/146, 228, 229
- cf. *meinkeni*	3/258, 232[2]
- *moorii*	3/254, 229
- *nigeriensis*	4/210, 229
- *paviei*	3/258, 232[5]
- *senegalensis*	3/256, 229
raimundi, *Aspidoras*	5/250, 269
-, *Callichthys*	5/250, 269[4]
-, *Corydoras*	5/250, 269[4]
Rainbow", „*Haplochromis*	3/780, 628[1]
Raja motoro	2/219, 35[5]
- *orbicularis*	4/14, 34[5]
rambarrani, *Brachyrhamdia*	3/418, 5/262, 372[4]
-, *Pimelodella*	3/418, 372
Ramirezella newboldi	5/64, 113[5]

Register

„Ramirezi" 1/748, 772
ramirezi, Apistogramma 1/748, 772[5]
-, **Microgeophagus** 1/748, 2/963, 772
-, *Papiliochromis* 1/748, 772[5]
ramsdeni, Dactylophallus 4/496, 527[2]
ramuensis, Glossolepis 4/792, 856
Ramu-Regenbogenfisch 4/792, 856
rancureli, Aplocheilichthys 3/446, 495
-, *Micropanchax* 3/446, 495[3]
-, *Poropanchax* 3/446, 495[3]
ranga, Ambassis 1/800, 788[1]
-, **Chanda** 1/800, 788
rangii, Tilapia 4/682, 699[1]
raninus, Batrachoglanis 2/564, 374[5]
-, *Pimelodus* 2/564, 374[5]
- **raninus Pseudopimelodus** 2/564, 374
ranunculus, Ancistrus 5/316, 318
rapax, Aspius 3/176, 177[4]
-, *Cyprinus* 3/176, 177[4]
Rapfen 3/176, 177
-, Kaspischer 3/176, 177
Rasbora agilis 2/420, 233[6]
- *allos* 3/260, 233[3]
- *argyrotaenia* 2/404, 224[4]
- *argyrotaenoides* 1/438, 231[2]
- *aurotaenia* 2/420, 233[5]
- *axelrodi* 2/410, 229
-, Axelrods 2/410, 229
- *blanchardi* 5/188, 221[6]
- *borapetensis* 1/431, 230
- *brigittae* 3/262, 230[2]
- *brittani* 2/410, 230
-, Brittans 2/410, 230
- *buchanani* 2/404, 2/418, 224[4], 232[6]
- *calliura* 1/440, 2/420, 233[5], 234[1]
- *caudimaculata* 2/412, 230
- *cephalotaenia* 2/412, 2/416, 231[3], 224[5]
- - *steineri* 3/260, 233[3]
- *cheroni* 2/420, 233[5]
- *chrysotaenia* 3/256, 230
- *cromei* 2/420, 233[5]
rasbora, Cyprinus 2/418, 232[6]
Rasbora daniconius
  daniconius 2/414, 230
- - *labiosa* 2/414, 230
- *dorsimaculata* 2/412, 230[4]
- *dorsiocellata*
  dorsiocellata 1/432, 231
- *dusonensis* 1/438, 231
- *einthovenii* 2/416, 231
- *elegans* 1/432, 231
- *espei* 1/434, 231
- *everetti* 2/404, 224[4]
- *gracilis* 2/420, 3/258, 233[4], 232
- *hereromorpha espei* 1/434, 231[5]
- *heteromorpha* 1/434, 231
- *hosii* 2/420, 233[5]
- *kalochroma* 1/436, 232
- *lateristriata-allos* 3/260, 233[3]

- *lateristriata* var. *elegans* 1/432, 231[4]
- - var. *trifasciata* 2/420, 233[5]
- *layangi* 2/412, 230[4]
- *leptosoma* 1/438, 232[3]
rasbora, Leuciscus 2/414, 2/418, 232[6]
Rasbora maculata 1/436, 196[1]
- cf. **meinkeni** 3/258, 232
- *myersi* 1/438, 231[2]
- *neilgherriensis* 2/414, 230[6]
- *pallopinna* 3/260, 233[3]
- **pauciperforata** 1/438, 232
- *paucisqualis* 2/416, 232[4]
- *paviana* 2/420, 233[5]
- **paviei** 2/420, 2/416, 233[5], 232
- *rasbora* 2/418, 232
- *reticulata* 2/418, 233
- *somphongsi* 3/260, 233
- *sompongsei* 3/260, 233[2]
- *sp.* 2/422, 233
- *steineri* 3/260, 233
-, Steiners 3/260, 233
- *stigmatura* 1/440, 234[1]
- **sumatrana** 2/420, 233
- *sumatrensis* 2/420, 233[5]
- *taeniata* 2/420, 233
- *tornieri* 2/412, 224[5]
- *trilineata* 1/440, 2/420, 233[5], 234
- **tubbi** 5/203, 234
-, Tubbs 5/203, 234
- *urophthalma brigittae* 1/440, 195[6]
- *vaillanti* 2/404, 224[4]
- *vaterifloris* 2/422, 3/262, 234[3,4]
- **vegae** 2/422, 234
- *volzi pallopinna* 3/260, 233[3]
- *zanzibariensis* 2/414, 230[6]
Rasboroides vaterifloris 2/422, 3/262, 234
Rastineobola argentea 3/273, 5/204, 229, 234
ratan, Gobius 4/774, 819[5,6]
-, - *cephalarges* var. 4/774, 819[5,6]
-, - *(Ponticola)* 4/774, 819[5,6]
- **goebeli, Neogobius** 4/774, 819
- *ratan, Gobius (Ponticola)* 4/774, 819[5,6]
- -, *Neogobius* 4/774, 819
rathbuni, Aphyocharax 2/244, 75
-, *Aphyocharax* cf. 5/34, 75
-, *Aphyocharax* sp. aff. 5/38, 75
rathkei, Epiplatys sexfasciatus 3/504, 428
Rathkes Sechsbandhechtling 3/504, 428
Ratsirakia legendrei 5/1043, 813
Raubbuntbarsch, Gefleckter 2/966, 721
Raubglassalmler, Cauca- 1/248, 83
-, Days 4/68, 83
-, Descalvado- 4/68, 83
-, Meeks- 3/114, 83
-, Paraguay- 3/114, 83
-, Thurns 5/37, 83
Raubkarpfen, Amur- 3/246, 222
-, Korea- 5/188, 221
Raubmaulbrüter, Gestreckter 2/904, 607, 608

Register

Raubsalmler	1/322, 2/308, 130	-, Blehers	2/1108, 854
-, Blauer	1/322, 130	-, Boeseman's	2/1118, 857
-, Forellen-	5/36, 77	-, Bulolo-	4/789, 854
-, Gestreifter	1/322, 130	-, Cairns	2/1108, 5/1063, 854
-, Kleiner	1/317, 85	-, Connies	2/1134, 863
-, Weitzmans	3/147, 85	-, Diamant-	4/796, 861
-, Zweitupfen-	1/246, 82	-, Filigran-	2/1116, 857
Raubwels, Aal	300	-, Fly River-	4/800, 861
-, Afrikanischer	2/486, 301	-, Gabelschwanz-	2/1134, 864
Raubwelse	1/453, 1/480, 2/484–2/488, 3/354, 4/262–4/268, 5/294–5/296, 299–302	-, Gefleckter	2/1114, 856
		-, Gepunkteter	2/1136, 864
		-, Gertruds	2/1136, 864
Rauchspringbarsch	4/732, 838	-, Gestreifter	2/1112, 855
Rauhflossensalmler	3/126, 99	-, Goldie	2/1122, 858
Rautenflecksalmler	1/266, 105	-, Großer	2/1124, 860
Rautensalmler	1/255, 98	-, Hochland-	2/1110, 854
ravenelli, Pomotis	1/798, 796[2]	-, Honig-	2/1136, 864
reba, Crossochilus	3/211, 205[1]	-, Irian Jaya-	4/796, 859
rebeli, Synodontis	3/410, 365	-, Juwelen	2/1132, 862, 863
rectangularis, Acara	3/732, 707[3,4]	-, Kammschuppen-	1/850, 855
-, *Astatheros*	3/732, 707[3,4]	-, Kap York-	1/852, 862
-, *Astronotus*	3/732, 707[3,4]	-, Kutubu-	3/1015, 859
rectangure, Cichlasoma	3/732, 707[3,4]	-, Lachsroter	1/850, 855
rectocaudatus, Rivulus	3/544, 465	-, Lake Eacham	2/1120, 858
rectogoense, Aphyosemion	2/618, 414	-, Lake Tebera-	2/1124, 859
„Red flush", Aulonocara	3/700, 603	-, - Wanam-	2/1116, 857
- River-Wüstenkärpfling	4/436, 480	-, Lorentz-	3/1012, 855
„Red Top Ice Blue", *Pseudotropheus*	3/855, 631	-, Oktedi-	4/798, 860
		-, Papua	2/1126, 860
Redigobius balteatus	2/1088, 821	-, Papua-	4/798, 860
- *bikolanus*	4/780, 821	-, Parkinsons	2/1126, 861
- *chrysosoma*	4/776, 5/1016, 821	-, Popondetta-	2/1134, 863
reffeana, Loricaria	3/390, 351[1]	-, Ramu-	4/792, 856
regalis, Alloophorus	4/456, 507	-, Roter Guinea	1/850, 855
-, *Neoophorus*	4/456, 507[1]	-, Rotgestreifter	2/1128, 862
regani, Apistogramma	2/830, 5/708, 743	-, Schlanker	2/1122, 858
-, „Cichlasoma"	3/744, 725[5]	-, Schmetterlings	2/1138, 865
-, *Crenicichla*	4/606, 760	-, Sentani-	2/1112, 855
-, *Gambusia*	2/726, 525	-, Sepik-	2/1114, 4/790, 856
-, *Hypostomus*	3/370, 331	-, Silberner	4/790, 855
-, *Julidochromis*	1/728, 647	-, Sorong-	4/794, 858
-, *Pelmatochromis*	5/744, 689[5,6]	-, Westlicher	2/1128, 4/800, 861
-, *Plecostomus*	3/370, 331[2]	-, Yakati-	4/792, 857
-, *Tilapia*	4/660, 682[3]	Regenbogenfische	1/817, 1/850–1/853, 2/1108–2/1133, 3/1012–3/1019, 4/788–4/801, 5/1063, 854–863
-, - *nilotica*	4/660, 682[3]		
-, *Vieja*	3/744, 725		
Reganina bidens	2/328, 92[1]	-, Sulawesi	865
Reganochromis calliurus	3/862, 664	Regenbogenforelle	3/1030, 908
Regans Kärpfling	2/726, 525	Regenbogensalmler	4/76, 91
- Schilderwels	3/370, 331	Regenbogentetra	1/304, 121
regeli, Schizothorax	5/214, 239[3]	Regenschirmkärpfling	2/754, 550
Regenbogen-Goodeide	2/706, 508	*regina, Cyprinus*	1/414, 201[2]
- -Schlanksalmler	2/320, 139	-, *Danio*	2/382, 201
- -Springbarsch	3/916, 835	*regius, Gymnotus*	1/831, 883[5]
„Regenbogenbarsch"	2/1140, 863	Rehsalmler	1/334, 139
Regenbogencichlide	1/724, 718	Reisfische	2/1148, 3/579, 867–869
Regenbogenfisch, Aquamarin-	3/1015, 859	Reiskärpfling, Bentota-	5/464, 868
-, Arfak-	4/794, 857	-, Schwarzfleckiger	1/572, 868
-, Axelrods	3/1012, 854	-, Schwarzmantel-	5/462, 868
		reissneri, Lampetra planeri	4/12, 25[5]

1147

Register

-, *Lethenteron*	4/11, 25[4]
reitzigi, *Apistogramma*	1/676, 3/682, 732[6], 733[1]
Reitzigs Zwergbuntbarsch	1/676, 732, 733
relictus, *Leucaspius*	1/424, 215[2]
rendahli, *Porochilus*	5/446, 377
rendalli, *Tilapia*	3/852, 703
rendallii, *Chromis*	3/892, 703[4]
-, *Tilapia melanopleura*	3/892, 703[4]
Rendalls Tilapie	3/892, 703
Renken	3/930, 3/941, 4/746–4/749, 906, 907
rericulatum, *Glyptosternum*	3/426, 385
rerio, *Brachydanio*	1/408, 196
-, *Cyprinus*	1/408, 196[5]
-, *Danio*	1/408, 196[5]
resolanae, *Xenotaenia*	2/710, 512
Resolana-Hochlandkärpfling	2/710, 512
resplendens, *Sawbwa*	2/424, 239
resticulosa, *Apistogramma*	3/688, 743
reticularus, *Lamprologus*	3/796, 647[4,5]
reticulata, *Amia*	2/205, 32[2]
-, *Crenicichla*	4/606, 4/610, 763[5], 760[5]
-, *Poecilia*	1/598, 2/742, 529[1-6]
-, *Rasbora*	2/418, 233
-, *Spatularia*	2/215, 30[1]
reticulatus, *Acanthocephalus*	1/598, 529[1-6]
-, *Batrachops*	4/606, 760[5]
-, *Catostomus*	3/165, 161[5]
-, *Corydoras*	1/472, 288
-, *Crossocheilus*	2/384, 200
-, *Crossocheilus* cf.	5/221, 200
-, *Esox*	3/966, 873[6]
-, *Girardinus*	1/598, 3/610, 529[1-6], 536[6], 537[1,2]
-, *Gobius marmoratus* forma	4/778, 820[3]
-, *Haridichthys*	1/598, 529[1-6]
-, *Hyphessobrycon*	2/280, 114
-, *Lebistes*	1/598, 529
-, *Poecilioides*	1/598, 529[1-6]
-, *Potamotrygon*	4/18, 36
-, *Potamotrygon* sp. aff.	4/20, 36
-, *Pseudoxiphophorus*	2/728, 3/608, 528[2,4]
-, *Tylognathus*	5/221, 200[3]
Retroculus boulengeri	3/862, 775[4]
- *lapidifer*	3/862, 775
(-) -, *Geophagus*	3/862, 775[4]
(-) *lapidifera, Geophagus*	3/862, 775[4]
- *xinguensis*	5/933, 775
retrodens, *Hemichromis*	3/790, 680[5]
-, *Hoplotilapia*	3/790, 680
-, *Paratilapia*	3/790, 680[5]
retropinna, *Poecilia*	3/624, 546[5]
-, *Poeciliopsis*	3/624, 546
Retropinna semoni	3/1028, 891
RETROPINNIDAE	2/1051, 3/1028, 891
Reusenmaulbuntbarsch	2/812, 729
rex cyprinorum, *Cyprinus*	1/414, 201[2]
-, *Prajadhipokia*	2/450, 263[1]
Rhabdacetiops trilineatus	2/230, 61[6]
Rhabdalestes barnardi	3/89, 50[5]
- *septentrionalis*	4/34, 51[4]
- *smykalai*	4/22, 47[5,6]
- *tangensis*	4/36, 51[5]
rhabdophora, *Brachyrhaphis*	2/718, 518
-, *Gambusia*	2/718, 518[5]
rhabdostigma, *Megalonema*	2/562, 373[5]
rhabdotus, *Geophagus*	1/704, 2/910, 765[2], 768[4]
-, *Gymnogeophagus*	2/910, 768
rhabdoura, *Lobocheilus*	5/182, 218
-, *Tylognathus*	5/182, 218[2]
Rhadinocentrus ornatus	2/1140, 863
- *rhombosomoides*	2/1108, 5/1063, 854[1,2]
Rhamdella minuta	3/416, 370[4]
Rhamdia bransfordi	2/566, 375[3]
- *depressa*	2/566, 375[3]
- *gracilis*	2/558, 372[2]
- **guatemalensis**	2/566, 375
- *lateristriga*	2/558, 372[3]
- *laticauda laticauda*	3/420, 375
- *longicauda*	3/416, 370[3]
- *minuta*	3/416, 370[4]
- *oaxacae*	2/566, 375[3]
- *scrificii*	2/566, 375[3]
- *wagneri*	2/566, 375[3]
rhami, *Crossoloricaria*	4/284, 325
RHAMPHICHTHYIDAE	1/819, 1/862, 3/1029, 5/990, 885
Rhamphichthys artedi	5/992, 884[5]
- *elegans*	1/862, 884[6]
- *mirabilis*	1/862, 884[6]
- *mülleri*	5/992, 884[5]
Rhamphochromis esox	5/934, 635
- **leptosoma**	5/936, 636
- **macrophthalmus**	5/936, 636
- *melanotus*	5/936, 636[1]
- sp.	5/935
Rhamphodermogenys bakeri	4/782, 870[5]
Rhamphosternarchus macrostomus	5/988, 883[4]
RHAPHIODONTINAE	90,91
Rheocles sikurae	5/1002, 853
Rheohaplochromis polyacanthus	2/962, 4/686, 695[4], 699[5]
rheophilus, *Theraps*	3/876, 722
Rhinelepis agassizi	5/410, 313[5,6], 314[6], 315[1,3]
- *carachama*	3/376, 336[4]
- *rudolphi*	5/385, 340[3]
Rhinichthys atratulus atratulus	3/264, 235
- *atronasus*	3/264, 235[1]
- **cataractae**	2/424, 235
- **erythrogaster**	3/229, 210
- *marmoratus*	2/424, 235[2]
- *nasutus*	2/424, 235[2]
- **osculus**	5/204, 235
Rhinobagrus ussuriensis	3/314, 266[5]

Register

Rhinocryptis annectens	2/221, 38[3]	- senckenbergianus	2/1122, 858[5]
Rhinodoras dorbignyi	**2/998, 308**	- sentaniensis	2/1112, 855[5]
- niger	2/496, 308[2]	- weberi	2/1122, 858[5]
- prionomus	2/496, 308[2]	Rhombenbarbe	1/396, 191
- teffeanus	2/496, 308[2]	rhombeus, Centrogaster	1/804, 829[5]
Rhinoeryptis amphibia	3/86, 38[3]	-, Centropodus	1/804, 829[5]
- annectens	3/86, 38[3]	-, Chaetodon	2/1034, 829[6]
rhinoeryptis, Protopterus	3/86, 38[3]	-, Monodactylus	1/804, 829[5]
Rhinoglanis typus	5/426, 357[4]	-, Psettus	1/804, 829[5]
Rhinoglanus vannutellii	5/426, 357[4]	-, Salmo	1/358, 95[6]
Rhinogobius brunneus lindbergi	**2/1098, 823**	-, Scomber	1/804, 829[5]
		-, Serrasalmus	1/358, 95
- bucculentus	3/976, 827[3]	rhomboidalis, Lebias	3/558, 481[1]
- contractus	3/976, 827[3]	**rhomboocellatus, Barbus**	**1/396, 191**
- cyanomos	5/1008, 814[2]	Rhombosoma goldiei	2/1122, 858[5]
- melanostigma	2/1092, 820[1]	- novaeguineae	2/1122, 858[5]
- similis	5/1044, 824[2]	- sepikensis	2/1118, 857[2]
- sp. 1	5/1044, 823, 824	- trifasciata	2/1132, 862[4-6], 863[1]
- sp. 2	5/1044, 824	**rhombosomoides,**	
- viridi-punctatus	3/972, 814[3]	**Cairnsichthys**	**2/1108, 5/1063, 854**
- wui	2/1100, 3/998, 5/1026, 824	-, Rhadinocentrus	2/1108, 5/1063, 854[1,2]
Rhinomugil corsula	**5/1078, 888**	Rhombus aguosus	5/984, 904[2,3]
rhizophorae, Gambusia	**3/602, 525**	**rhynchophorus,**	
rhoadesii, Buccochromis	5/740, 607	**Campylomormyrus**	**4/804, 894**
-, Chilotilapia	2/854, 608	-, Gnathonemus	4/804, 894[6]
-, Cyrtocara	5/740, 607[3]	ribeirae, Astyanax cf.	4/82, 99
-, Haplochromis	5/740, 607[3]	richardsoni, Aphaniops	4/418, 473[3,4]
-, Paratilapia	5/740, 607[3]	-, Aphanius dispar	4/418, 4/421, 473
Rhoadsia altipinna	**4/76, 91**	-, Cyprinodon	4/418, 473[3,4]
RHOADSIINAE	91	richardsonii, Gobius	3/1000, 821[6]
rhodesianus, Anabas	2/790, 569[6], 570[1]	Richardsonius brandti	5/222, 241[1]
Rhodeus amarus	**1/442, 235**	**Ricola macrops**	**3/386, 348**
- atremius	5/206, 235	riddlei, Holopristes	1/308, 123[2]
- mandschurieus	5/208, 236[3]	-, Pristella	1/308, 123[2]
- **ocellatus ocellatus**	**2/406, 5/220, 236**	riesei, Astyanax	1/256, 100
- - **smithii**	**5/206, 236**	-, Axelrodia	1/256, 100[4]
- sericeus	1/442, 5/208, 235[4,5]	Riesenbachling	3/536, 460
- - amarus	1/442, 235[4,5]	-, Roter	5/584, 461
- - sericeus	5/208, 236, 236[3]	Riesenbarbe	3/270, 240
- sinensis atremius	5/206, 235[6]	Riesenbarsch	2/1019, 797
- - suigensis	5/208, 236[4]	-, Kleinschuppiger	3/904, 797
- **suigensis**	**5/208, 236**	-, Nadelstich-	4/726, 836
- wangkinfui	2/406, 236[1]	-, Schmalstirn-	4/724, 797
rhodopleura, Alestes macrolepidotus	4/30, 49[6]	Riesenbarsche	2/1008, 2/1019, 3/904, 797
rhodopterus, Gobius	4/778, 820[3]	Riesenbitterling	5/120, 175
-, Triacanthus	5/1109, 922[6]	Riesenbuntbarsch	3/710, 642
Rhodos Moderlieschen	5/168, 213	Riesen-Cochliodon	4/282, 324
rhodostigma, Callochromis	3/714, 642[3]	Riesendiskus	2/996, 917
-, Pelmatochromis	3/714, 642[3]	Riesendornwels	5/300, 306
rhodostomus, Hemigrammus	**1/278, 107**	Riesenfächerfisch	3/494, 446
Rhombatractus lorentzi	3/1012, 855[4]	Riesenfiederbartwels, Gefleckter	2/530, 357
Rhombatractus affinis	2/1118, 857[2]		
- archboldi	2/1124, 860[3]	Riesenglasbarsch	4/712, 789
- crassispinosus	2/1110, 4/790, 855[1,2]	Riesengrundel	5/1024, 808
- fasciatus	2/1112, 855[3]	Riesenguppy, Wilder	2/742, 529
- kochii	2/1122, 858[5]	Riesenharnischwels, Metall-	3/384, 327
- patoti	2/1128, 862[1]	Riesenpacu	2/328, 92
- praecox	4/796, 861[2]		

1149

Register

Riesenpanzerwels, Bolivianischer	4/238, 274
Riesenscheibenbrassen	5/183, 218
Riesenschilderwels, Peru-	5/360, 334
Riesenstachelaal	1/846, 917
Riffbarsche	839
riggenbachi, *Aphyosemion*	1/538, 414
-, *Ctenopoma*	3/640, 571[2]
-, *Haplochilus*	1/538, 414[2]
rigidus, *Pimelodus*	2/560, 373[4]
riisei, *Corynopoma*	1/250, 86
-, *Stevardia*	1/250, 86[4]
Rillengrundel	3/998, 826
Rinelepis genibarbis	5/410, 313[5,6], 314[6], 347[1,3]
Rineloricaria castroi	3/388, 5/420, 348
- *eigenmanni*	5/416, 348
- *fallax*	1/498, 349
- *formosa*	5/416, 349
- *hasemani*	5/418, 349
- *heteroptera*	3/388, 349
- *lanceolata*	2/518, 349
- *latirostris*	5/418, 349
- sp. aff. *latirostris*	5/420, 350
- *microlepidogaster*	1/498, 350
- *morrowi*	3/390, 350
- *nigricauda*	5/422, 350
- sp. "rot"	4/306, 350
- *teffeana*	3/390, 351
Ringelhechtling	1/558, 438
Ringelschmerle	4/152, 164
Ringelwels, Siamesischer	2/450, 263
Ringrochen	4/14, 34
„Rio Areões", *Geophagus* sp.	5/816, 766
„Rio Cristalino", *Parotocinclus* sp.	5/394, 342
„Rio Guarumo", *Chuco* sp.	5/748, 708
Rio Meta-Gebirgsharnischwels	5/328, 314, 323
- -Salmler	2/278, 113
„Rio Nautla/Misautla", *Herichthys* sp.	5/840, 719
Rio Negro-Bodensalmler	2/295, 79
Rio Poto Hassar	5/298, 305
„Rio Tuxpán/Rio Pantepec", *Herichthys* sp.	5/840, 719
Rio, Roter von	1/286, 111
rita, *Arius*	5/248, 266[6]
-, *Pimelodus*	5/248, 266[6]
Rita rita	5/248, 266
ritae, *Klausewitzia*	5/72, 80
Ritas Zwergpfeilsalmler	5/72, 80
Ritawels	5/248, 266
ritense, *Apistogramma*	1/676, 3/682, 732[6], 733[1]
Rittergrundel	1/838, 825
Ritterkärpfling	2/710, 512
Rivasella gillii	3/148, 128[2]
rivularis, *Abbottina*	3/168, 173
-, *Gobio*	3/168, 173[6]
-, *Pseudogobio*	3/168, 173[6]
rivulata, *Acara*	1/672, 730[6]
rivulatus, *Aequidens*	1/672, 730
-, *Chromis*	1/672, 730[6]
Rivulichthys balzanii	5/604, 468[4,5]
- *rondoni*	5/552, 5/604, 451[2,3], 468[4,5]
RIVULIDAE	5/504–5/606
RIVULINAE	439–468
Rivulus agilae	2/674, 5/574, 455, 456
- *amphoreus*	2/676, 456
- *apiamici*	5/596, 465[1-3]
- *atratus*	3/530, 456
- *balzanii*	5/604, 468[4,5]
- *beniensis*	3/534, 3/544, 459[1], 465[6]
- *bondi*	5/570, 456
- cf. *bondi*	5/570, 456
- *brasiliensis*	2/676, 457
- *breviceps*	5/572, 5/584, 457
- *brevis*	2/672, 454[6]
- cf. *brunneus*	3/532, 457
- *caudomarginatus*	2/679, 457
- *christinae*	5/572, 457
- *chucunaque*	3/532, 5/574, 5/603, 467[6], 458
- *cladophorus*	5/575, 458
- *cryptocallus*	2/680, 458
- *cylindraceus*	1/578, 458
- *deltaphilus*	5/576, 458
- *derhami*	3/534, 459
- *dibaphus*	3/534, 459
- *dorni*	2/676, 457[1]
- *elegans*	5/576, 459
- *elongatus*	5/578, 459
- *erberi*	5/578, 459
- *frenatus*	5/580, 459
- *fuscolineatus*	3/536, 460
- *geayi*	2/680, 5/575, 458[3], 460
- *godmani*	2/688, 466[6]
- *gransabanae*	5/580, 460
- *haraldsiolii*	5/582, 460
- *hartii*	3/536, 460
- *hendrichsi*	2/688, 466[6]
- *hildebrandi*	3/538, 461
- *holmiae*	3/536, 5/600, 460[6], 467[4,5]
- *igneus*	5/584, 461
- *immaculatus*	5/586, 461
- *iridescens*	3/538, 462
- *janeiroensis*	5/588, 462
- sp.aff. *jucundus*	5/588, 462
- *limoncochae*	5/578, 5/590, 459[4], 462
- *luelingi*	3/540, 462
- *lungi*	3/546, 467[2]
- *lyricauda*	5/590, 463
- *macrurus*	1/576, 453[2,3]
- *magdalenae*	5/592, 463
- *manaensis*	2/674, 455[6], 463[1]
- *marmoratus*	1/578, 2/682, 458[5], 464[4]
- *micropus*	5/594, 463
- *milesi*	5/592, 463[3]
- *modestus*	5/595, 464

1150

Register

- N.S.C.-14 5/592, 463³
- obscurus 5/596, 464
- ocellatus 2/679, 2/682, 457⁵, 464
- ommatus 1/592, 3/572, 487³,⁴, 528³
- ornatus 2/682, 464
- peruanus 3/542, 464
- pictus 5/596, 465
- pinima 5/596, 465¹⁻³
- poeyi 3/546, 467²
- poranga 5/556, 452¹,²
- punctatus 2/684, 3/542, 5/596, 465¹⁻³, 465
- rectocaudatus 3/544, 465
- roloffi 2/686, 466
- rondoni 5/604, 468⁴,⁵
- rubrolineatus 3/544, 466
- santensis 2/686, 5/588, 462², 466
- -, Schleier 1/576, 453
- sp. 5/599, 466
- sp. aff. *holmiae* 2/685, 5/584, 461³,⁴, 461
- speciosus 5/602, 466
- sp. „La Escalara" 5/586, 461⁵,⁶
- - PK 15 5/575, 458³
- stellifer 2/674, 455⁴
- strigatus 2/680, 460²
- tenuis 2/688, 466
- uroflammeus uroflammeus 2/690, 467
- urophthalmus 3/546, 5/578, 459⁴, 467
- - - var. *aurata* 3/546, 467²
- violaceus 5/600, 467
- vittatus 5/596, 465¹⁻³
- volcanus 5/538, 461¹
- waimacui 5/600, 467
- weberi 3/533, 5/603, 467
- xanthonotus 1/578, 3/546, 467², 468
- xiphidius 2/690, 468
RL 46 3/498, 423
RL 56 4/392, 426
robbianus, *Synodontis* 2/548, 365
robecchii, *Clarias* 4/265, 301⁵,⁶
Roberts Fiederbartwels 5/430, 365
„robertsi", *Hyphessobrycon* 1/292, 114
-, *Nanochromis* 2/956, 693
-, *Synodontis* 5/430, 365
robertsoni, *Aphyosemion* 2/618, 414
-, *Astatheros* 3/746, 715³
-, „*Cichlasoma*" 3/746, 715
-, *Cichlosoma* 3/746, 715³
-, *Heros* 3/746, 715³
Robertsons Prachtkärpfling 2/618, 414
robineae, *Corydoras* 2/477, 288
robusta, *Barbatula* 4/154, 166¹
-, *Botia* 4/154, 166
-, *Notesthes* 2/1156, 913
Robuster Panzerwels 5/272, 288
robustulus, *Hyphessobrycon* 1/290, 114
robustus, *Alloophorus* 4/456, 507
-, *Auchenipterus* 2/444, 5/236, 256⁵,⁶, 257¹

-, *Centropogon* 2/1156, 913⁴
-, *Chaetobranchus* 2/852, 750⁴
-, *Corydoras* 5/272, 5/292, 288
-, *Cynolebias* 1/550, 3/491, 441³, 443³
-, *Fundulus* 4/456, 507²
-, *Hemichromis* 3/866, 684⁵
-, *Ictalurus* 1/485, 311⁴,⁵
-, *Nemacheilus* 4/154, 166¹
-, *Nothobranchius* 3/518, 435
-, *robustus*, *Serranochromis* 3/866, 684
-, *Serranochromis robustus* 3/866, 684
-, *Trachycorystes* 2/444, 5/236, 256⁵,⁶, 257¹
-, *Zoogoneticus* 4/456, 507²
rochai, *Aspidoras* 3/324, 269
Rochen, Guacamaya- 5/16, 36
„Rock Kribensis",
 Haplochromis sp. 5/832, 679, 680
rodwayi, *Hemigrammus* 1/272, 108
Roeboexodon geryi 4/66, 82³
- *guyanensis* 4/66, 82
Roeboides caucae 1/248, 82
- *dayi* 4/68, 82
- *descalvadensis* 4/68, 82
- *macrolepis* 2/258, 89³
- *meeki* 3/114, 83
- *microlepis* 1/248, 81²
- *paranensis* 3/114, 83
- *thurni* 5/37, 83
rogoaguae, *Megalamphodus* 2/282, 117⁴
Rohita brachynotopterus 3/250, 223²
- *chrysophekadion* 1/426, 210⁶
- *hasselti* 1/428, 222⁶
- *melanopleura* 2/400, 223¹
- *microcephalus* 3/250, 223²
- *triporus* 4/206, 223⁴
- *vittata* 3/250, 223²
Rohitichthys senegalensis 4/198, 212¹
Rohtee cotio 4/206, 222⁵
- *pangut* 3/198, 222²
rolandi, *Hemichromis* 2/916, 691²
roloffi, *Aphyosemion* 1/580, 5/468, 414
-, *Epiplatys* 2/650, 427
- *geryi*, *Aphyosemion* 2/692, 406⁶
-, *Ladigesia* 1/220, 52
-, *Pelmatochromis* 2/966, 697²
-, *Pelvicachromis* 2/966, 697
-, *Rivulus* 2/686, 466
-, *Roloffia* 5/468, 414⁴,⁵
Roloffia banforensis 4/372, 407¹,²
- *bertholdi* 1/580, 398³
„-" *brueningi* 1/580, 414⁴,⁵
„-" *calabarica* 1/582, 409³
„-" *chaytori* 1/582, 401³
- *etzeli* 2/692, 403⁵
- *geryi* 2/692, 406⁶
- *guignardi* 4/372, 407¹,²
- *guineensis* 2/694, 407³
- *huwaldi* 5/542, 430³,⁴
- *jeanpoli* 2/694, 408⁴

1151

Register

„-" liberiensis	1/582, 409³	
- maeseni	2/696, 410²	
- melantereon	2/694, 408⁴	
- monroviae	3/480, 419³,⁴	
- nigrifluvi	4/372, 407¹,²	
„-" occidentale toddi	1/540, 419⁶	
„-" occidentalis	1/584, 5/542, 419⁵, 430³,⁴	
- petersi	4/378, 413¹	
- petersii	2/696, 4/378, 413¹	
- roloffi	5/468, 414⁴,⁵	
- sp. „Etzels Toddi"	5/542, 430³,⁴	
„-" toddi	1/540, 419⁶	
Roloffs Bachling	2/686, 466	
- Hechtling	2/650, 427	
- Prachtbarsch	2/966, 697	
- Prachtkärpfling	5/468, 414	
romanica, Cobitis	5/116, 171⁵	
-, Sabanejewia	5/116, 171	
Romanichthys valsanicola	**4/734, 838**	
rondoni, Apistogramma	1/676, 3/682, 732⁶, 733¹	
-, Gymnorhamphichthys	5/990, 885	
-, Rivulichthys	5/552, 5/604, 451²,³, 468⁴,⁵	
-, Rivulus	5/604, 468⁴,⁵	
-, Trigonectes	5/552, 451²,³	
-, Urumara	5/990, 885¹,²	
-, Urumaria	5/990, 885¹,²	
roosevelti, Metynnis	1/354, 3/160, 93²,³	
Rooseveltiella nattereri	1/356, 95³,⁴	
Roosevelts Scheibensalmler	1/354, 93	
Rosa Lachs	5/1087, 907	
rosacea, Melanotaenia	2/1114, 4/790, 856²⁻⁴	
rosaceus, Hyphessobrycon	1/280, 110¹	
-, - bentosi	1/280, 110	
-, - callistus	1/280, 110¹	
Rosafarbener Panzerwels	1/460, 273	
Rosanasenweißfisch	5/188, 221	
Rosanasen-Zwergdöbel	5/188, 221	
roseipinnis, Procatopus	2/668, 499²	
roseni, Brachyrhaphis	3/596, 518, 519	
-, Xiphophorus	2/780, 564³	
Rosenkärpfling	3/596, 518, 519	
Rosensalmler	1/280, 110	
roseus, Megalamphodus	**2/282, 117**	
Rossbarbe	5/158, 206	
rossica, Acerina	4/730, 837¹	
-, Garra	5/158, 206	
rossicus, Discognathichthys	5/158, 206⁴	
-, Garra	5/158, 206⁴	
Rostbrauner Fiederbartwels	2/548, 365	
- Tetra	4/86, 101	
- Zwergbuntbarsch	3/685, 738	
Rostpanzerwels	1/468, 1/472, 4/256, 287	
rostrata, Anguilla	**4/744, 849**	
-, - vulgaris var.	4/744, 849⁴	
-, Botia	3/166,166	
-, Cyrtocara	1/720, 3/778, 612⁶, 613¹
-, Tilapia	1/720, 3/778, 612⁶, 613¹
rostratum, Astatheros	3/746, 715⁴
-, Astronotus	3/746, 715⁴
-, Aulonocara	**4/580, 605**
-, „Cichlasoma"	3/746, 715
-, Cichlasoma	3/746, 715⁴
rostratus, Acara	2/812, 729³
-, Acaropsis	2/812, 729³
-, Catostomus catostomus	**4/148, 161**
-, Cyprinus	4/148, 161⁴
-, Distichodus	**4/45, 56**
-, Fossorochromis	**1/720, 3778, 612, 613**
-, Galaxias	**2/1082, 890**
-, Haplochromis	1/720, 3/778, 612⁶, 613¹
-, Heros	3/746, 715⁴
-, Paraphago	**2/232, 62**
-, Phago	4/58, 62³
Rostrogobio amurensis	3/244, 219²
rot", „Atabapo-	5/792, 758
„rot", Rineloricaria sp.	4/306, 350
Rotauge	1/444, 238
Rotaugen-Kaisersalmler	1/304, 121
- -Moenkhausia	1/302, 120
Rotaugenplaty	2/772, 559
Rotaugensalmler, Arnolds	1/216, 48
Rotbrüstige Tilapie	3/892, 703
Rotbuckel-Buntbarsch	1/704, 765
Rote Baikalgroppe	3/952, 913
- Dreifleckbarbe	3/184, 181
- Panganibarbe	4/188, 194
Roter Albino	5/633, 553
- Badis	2/1013, 791
- Buntbarsch	1/722, 690
- Cichlide, Letourneaux'	2/916, 691
- -, Payne's	2/916, 691
- Ecuadorbuntbarsch	2/866, 752
- Goldflecksalmler	1/286, 111
- Griessalmler	1/256, 100
- Guinea Regenbogenfisch	1/850, 855
- Hexenwels	4/306, 350
- Hundssalmler	3/112, 90
- Kampffisch	1/628, 578
- Kaulquappenwels	3/294, 249, 250
- Kongocichlide	1/744, 5/884, 692
- Kongosalmler	1/216, 47
- -, Echter	3/90, 53
- Lachs	5/1091, 908
- Lake Edward-Maulbrüter	4/622, 677
- Leuchtaugenfisch	1/542, 493
- Lyratail Schwertträger	1/606, 553
- Makropode	3/636, 586
- Malawisee-Zebrabuntbarsch	5/918, 630
- Neolebias	3/98, 60
- Neon	1/260, 121
- Phantomsalmler	1/298, 117
- Picta	2/740, 5/620, 535
- Piranha	1/356, 95

Register

- Prachtkärpfling 1/526, 2/596, 402
- Riesenbachling 5/584, 461
- Sechsbandhechtling 3/504, 428
- Simpson Schwertträger 1/606, 553
- Spitzschwanzmakropode 1/642, 587
- von Kamerun 1/230, 60
- von Rio 1/286, 111
- Zebra 1/763, 5/918, 631
- Zwergfadenfisch 2/800, 590

Rotfeder 1/444, 237
-, Mongolische 3/207, 203
-, Osteuropäische Form 5/210, 237
- -Salmler 4/28, 49
Rotflossen-Antennenwels 2/556, 371
- -Distichodus 1/226, 56
- -Fiederbarwels 2/534, 359
- -Glassalmler 1/252, 89
- -Kärpfling 4/484, 521, 522
- -Leporinus 2/240, 69
- -Otocinclus 2/512, 340
- -Prachtgrundkärpfling 3/520, 435, 436
- -Schläfergrundel 5/1022, 808
Rotflossenbarbe 1/394, 189
Rotflossenorfe, Amerikanische 1/428, 220
Rotflossenprachtschmerle 2/342, 164
Rotflossenrasbora 1/431, 230
Rotflossensalmler 1/242, 74
-, Afrikanischer 2/226, 53
-, Falscher 2/243, 74
Rotflossenschmerle 5/84, 151
Rotflossenwels, Asiatischer 2/454, 265
Rotflossiger Kaktuswels 4/304, 346
Rotgestreifter Regenbogenfisch 2/1128, 862
Rotgrüner Buntbarsch 1/686, 770
Rothee ticto 1/400, 193[5]
Rotkehlbuntbarsch, Glänzender 3/714, 750
Rotkehlmaulbrüter 3/758, 690
Rotkeil-Apistogramma 5/710, 746, 747
Rotkopfsalmler 1/272, 3/130, 105
Rötliche Saugbarbe 3/216, 206
- Zwergsbarbra 2/396, 219
Rotlippenschmerle 4/158, 168
Rotmantelsalmler, Socolofs 2/270, 103
Rotmaul-Ährenfisch 5/1000, 853
- -Prachtkärpfling 2/620, 414
Rotmaulsalmler 1/278, 1/308, 122
-, Ahls 1/278, 107
-, Georgis 1/308, 122
Rotpunkt-Antennenwels 5/318, 320
„- Inirida", *Crenicichla* sp. 5/792, 762
- -Prachtkärpfling 2/614, 412
- -Rachovia 3/530, 455
Rotpunktbuntbarsch 3/722, 709
Rotpunktmaulbrüter 3/758, 643
Rotpunktsalmler 2/272, 106
Rotrücken-Kirschflecksalmler 5/66, 114
Rotrückiger Procatopus 1/574, 499
Rotsaumprachtkärpfling 2/590, 399

Rotsaum-Zwergbuntbarsch 2/824, 735, 736
Rotschwanz-Ährenfisch 1/822, 853
- -Bachling 5/580, 459
Rotschwanzbarbe 5/172, 214
Rotschwänzchensalmler 2/264, 102
Rotschwanzkärpfling 1/566, 487
Rotschwanzrasbora 1/431, 230
Rotstirnargusfisch 1/810, 840
Rotstreifenbarbling 1/438, 232
Rotstreifen-Helleri 5/630, 554
- -Stachelaal 1/848, 918
Rotstrich-Algenfresser 5/150, 200
„-" -Apistogramma 5/680, 738
- -Zwergbuntbarsch 2/826, 738
rotundatus, Triportheus 2/250, 78
-, *Chalceus* 2/250, 78[1]
rotundiceps, Gephyroglanis 3/316, 249[5]
-, *Leptoglanis* sp. aff. 3/316, 249
Rotvioletter Prachtbarsch 1/750, 697
„-", *Guianacara* sp. 5/824, 767
Rotwangen-Sattelfleckbuntbarsch 5/822, 767
Rotwangenbarbe 1/394, 189
Rotwein-Kampffisch 5/644, 577
„RPC 9" 2/622, 416
„RPC 18" 2/614, 412
„RPC 19" 2/624, 417
„RPC 20" 2/622, 416
„RPC 78/30" 3/488, 417
ruallagoo, Silurus 2/578, 383[6]
rubella, Leuciscus 3/264, 237[6]
rubellus, Alburnus 5/188, 221[1]
-, *Leuciscus* 5/188, 221[1]
-, *Minnilus* 5/188, 221[1]
-, *Notropis* 5/188, 221
rubescens, Microrasbora 2/396, 219
rubicio, Leuciscus 3/264, 237[6]
rubicundus, Amblyopus 4/776, 803[6]
-, *Gobioides* 4/776, 803[6]
-, *Odontamblyopus* 4/776, 803
-, *Taenioides* 4/776, 803[6]
rubidipinnis mandalayensis, Nemacheilus 2/348, 151[1]
-, *Nemacheilus* 5/84, 151[3]
rubilio rubilio, Rutilus 3/264, 237
-, *Rutilus* 4/212, 236[6]
Rubinsalmler 2/244, 75
rubra, Betta 1/630, 1/632, 2/798, 5/650, 582[3], 584[1-6], 583
-, *Platypoecilus* 1/610, 557[5,6], 558[1-4]
rubricauda, Brycon cf. 5/35, 76
-, *Ichthelis* 2/1016, 795[6]
rubrifascium, Aphyosemion 1/526, 403[2]
rubrifrons, Zygonectes 2/654, 453[6]
rubrilabris, Botia 4/158, 168[6]
-, *Leptobotia* 4/158, 168
-, *Parabotia* 4/158, 168[6]
rubripinna, Barbodes 1/394, 189[2,3]
-, *Filirasbora* 5/172, 214[4]

1153

Register

-, *Leptobarbus*	5/172, 214	*rupestris, Ambloplites*	2/1014, 5/980, 793, 794
-, *Puntius*	1/394, 189[2,3]	-, *Bodianus*	2/1014, 5/980, 793[6], 794[1]
rubripinnis, Aphyocharax	1/242, 74[4]	-, *Centropomus*	2/1028, 828[2]
-, *Barbus*	1/394, 189[2,3]	-, *Kuhlia*	2/1028, 828
-, *Botia*	1/372, 166	-, *Moronopsis*	2/1028, 828[2]
-, *Cyclocheilichthys*	1/412, 200[5]	*rüppellii, Alestes*	2/224, 47[4]
- *luna, Myleus*	2/330, 4/136, 94	-, *Brachyalestes*	2/224, 47[4], 47[4]
-, *Myloplus*	1/354, 94[3]	*rupununi, Apistogramma*	5/706, 743
-, *Nothobranchius*	3/520, 435, 436	-, - *ortmanni*	5/706, 743[6]
- *rubripinnis, Myleus*	1/354, 94	Rüsselbarbe, Schönflossige	1/418, 203
rubrispinis, Cobitis	2/348, 169[1]	-, Siamesische	1/418, 200
rubrofluviatilis, Cyprinodon	4/436, 480	Rüsselfisch, Elefanten-	1/854, 895
rubrolabiale, Aphyosemion	2/620, 414	-, Tapir-	3/1020, 898
rubrolineatus, Rivulus	3/544, 466	*russelii, Gobius*	3/982, 816[6]
rubromaculatus, Gobius	2/1096, 820[5]	Rüssel-Leporinus	2/236, 68
rubromarginatus, Trigonectes	5/606, 468	*russellii, Triacanthus*	5/1109, 922[6]
rubroocellata, Cychla	1/682, 748[1]	-, *Wallago*	2/578, 383[6]
rubropictus, Haplochilus	5/472, 418[5,6], 419[1]	Rüsselpanzerwels	2/472, 3/338, 284, 285
		Rüssel-Polystigma	1/716, 623
-, *Tetragonopterus*	1/242, 74[4]	Rüsselschmerle	1/366, 163
rubropunctata, Tilapia	3/758, 643[3]	-, Vietnam-	5/104, 163
rubropunctatus, Labeo	5/168, 211	Rüsselzahnwels	3/386, 333
rubrostigma, Aplocheilus	1/548, 5/472, 418[5,6], 419[1]	Rußiger Grunzbarsch	2/1042, 843
		Russische Saugschmerle	4/220, 242
-, *Haplochilus*	5/472, 418[5,6], 419[1]	Russischer Schlammbeißer	5/112, 169
-, *Hyphessobrycon*	1/284, 111[1]	- Waller	5/450, 383
-, - *callistus*	1/284, 111[2]	Rußkopf-Apistogramma	5/694, 741
-, *Panchax*	5/472, 418[5,6], 419[1]	Rusty Pleco	4/282, 324
rubrostriata, Melanotaenia splendida	2/1128, 862	*ruthenicus, Acipenser*	1/207, 28[5]
		ruthenus, Acipenser	1/207, 28
rubrostriatus, Nematocentris	2/1128, 862[1]	-, *Sterlethus*	1/207, 28[5]
Rückenschwimmender Kongowels	1/506, 363	*rutila, Moniana*	1/428, 220[5]
-, David's	2/536, 359	*rutilans, Betta*	4/566, 583
Rückenstrich-Fundulus	4/442, 486	-, *Cychla*	3/756, 760[6]
ruddi, Labeo	3/232, 211	*Rutilus atropatenus*	4/212, 236
rudebeckii, Marcusenius	4/818, 900[3]	- *aula*	4/212, 236
rudolfi, Helostoma	1/652, 5/654, 593[2,4]	*rutilus, Culter*	3/207, 203[5]
rudolphi, Pareiorhina	5/385, 340	*Rutilus erythrophthalmus*	1/444, 237
-, *Rhinelepis*	5/385, 340[3]	- - *scardata*	5/210, 237[2]
rufa, Garra	3/216, 206	- *frisii meidingeri*	4/214, 237[3]
rufescens, Aristeus	1/852, 862[2]	*rutilus, Gardonus*	1/444, 238[1]
-, *Scarus*	3/756, 760[6]	-, *heckeli, Leuciscus*	4/216, 238[2]
rufipes, Tetragonopterus	1/310, 124[1]	- -, *Rutilus*	4/216, 238
rufua, Barbus	3/182, 179[1]	*Rutilus illyricus*	4/202, 216[6]
Rufzeichensamler	5/18, 50	*rutilus, Leuciscus*	1/444, 238[1]
rugosus, Barilius	5/146, 195[4]	*Rutilus macedonicus*	5/210, 237
Ruhkopf-Hechtling	2/650, 427	- *meidingeri*	4/214, 237
ruhkopfi, Epiplatys	2/650, 427	- *pigus virgo*	4/216, 237
„Ruhoi", *Nothobranchius* sp.	3/506, 431[2-4]	- *rubilio*	4/212, 236[6]
rukwaensis, Chelaethiops	3/205, 199	- - *rubilio*	3/264, 237
-, *Engraulicypris congicus*	3/205, 199[4]	- - *rutilus*	1/444, 5/195, 238
Rumänischer Steinbeißer	5/116, 171	- - *heckeli*	4/216, 238
rume proboscirostris, Mormyrus	3/1022, 4/816, 898[4], 898	Rutte	3/967, 875
		„Ruvuma", *Nothobranchius* sp.	5/480, 436
Rundmäuler	5/8, 23–25	- -Prachtgrundkärpfling	5/480, 436
Rundnasen-Minnow	4/194, 202	*ruwenzori", „Aphyosemion*	1/530, 404[6]
Rundschwanzmakropode	2/803, 586	Ruwenzori-Leuchtaugenfisch	4/360, 497
rupecula, Schistura	159		

1154

Register

S

sabanejewi, Phoxinus	4/214, 225[6]
Sabanejewia aurata bulgarica	**4/162, 171**
- romanica	5/116, 171
sabanus, Ompok	**4/334, 383**
Säbelkärpfling	1/550, 468
sacchii, Oxyglanis	2/448, 260[4]
Saccobranchus fossilis	2/500, 309[5]
- microps	2/500, 309[6]
- singio	2/500, 309[6]
Saccoderma hastata	**4/66, 84**
- **melanostigma**	**5/38, 85**
sachalinensis, Leuciscus	5/222, 241[1]
sachsi, Barbus	5/140, 192[2]
sadanundio, Gobius	1/838, 825[4]
-, **Stigmatogobius**	**1/838, 825**
safgha, Ambassis	2/1020, 4/711, 786[3-5], 787[4]
Sägebarsche	2/1009, 2/1038, 4/742, 841
Sägebauch siehe Roter Piranha	
Sägefisch, Leichthardts	2/220, 36
Sägefische	2/220, 2/202, 36
Sägepanzerwels	5/276, 289
Sägerochen	2/220, 2/202, 36
Sägesalmler	1/350–1/359, 2/328–2/335, 3/160–3/163, 4/136–4/140, 5/80–5/82, 91–96
-, Gefleckter	1/358, 95
-, Natterers	1/356, 95
-, Schwarzband-	1/358, 96
saharae, Hemichromis	2/916, 691[2]
sahjadriensis, Barbus	**5/136, 191**
Saibling, Tiefsee-	3/1035, 909
saigonensis, Osphromenus	1/648, 3/668, 592[4–6]
„**saizi", Hyphessobrycon**	**5/66, 114**
Sajica-Buntbarsch	2/878, 715
sajica, Cichlasoma	**2/878, 715**
sakaniae, Barbus chilotes	3/186, 181[6]
sakaramyi, Panchax	3/524, 438[2]
Salado-Kärpfling	2/724, 524
salae, Clarias	5/296, 302
Salamanderfisch	2/1104, 891
Salamanderfische	2/1104, 2/1051, 891
salamandroides, Lepidogalaxias	**2/1104, 891**
salar, Salmo	3/1033, 908, 909
-, Trutta	3/1033, 908[6], 909[1,2]
Salaria basilisca	**5/1004, 792**
- **fluviatilis**	**1/825, 792**
- varus	1/825, 792[4]
saldae, Anatolichthys splendens	4/414, 471[4]
-, Kosswigichthys splendens	4/414, 471[4]
salessei, Barbus	2/370, 186[4]
saliens hoefleri, Liza	5/1075, 887[5]
salinarum, Brachirus	**2/1157, 904**
-, Trichobrachirus	2/1157, 904[4]
salinus, Cyprinodon	4/438, 480[2]
- **salinus, Cyprinodon**	**4/438, 480**
Salm	3/1033, 908, 909
Salminus maxillosus	**5/36, 77**
Salmler, Ansorges	1/230, 908[6], 60
-, Back-Gammon-	5/30, 59
-, Brittans	3/116, 83
-, Colletti-	1/300, 118
-, Copelands	1/280, 110
-, Costello-	1/268, 106
-, Friderici-	2/238, 68
-, Gelber	1/282, 110
-, Greens	4/26, 48
-, Haimaul-	4/66, 82
-, „Kielbauch"-	5/61, 97
-, Kyburz'	4/112, 123
-, Längsstreifen-Scherenschwanz-	3/142, 119
-, Orangepunkt-	3/116, 83
-, Perez	1/284, 111
-, Rio Meta-	2/278, 113
-, Rotfeder-	4/28, 49
-, Tukáno-	5/58, 97
-, Tukuna-	4/102, 115
-, Ulrey's	1/274, 109
Salmo aegypticus	4/45, 56[6]
- albus	1/358, 95[6]
- alpinus	3/1035, 909[5]
- anostomus	1/234, 66[4]
- argentinus	2/292, 89[1]
- autumnalis	3/944, 906[4]
- bimacularus	1/255, 98[1]
- biribiri	1/240, 3/106, 69[4,5]
- brevipes	3/1033, 908[6], 909[1,2]
- cagoara	2/234, 67[4,5]
- caribi	1/358, 95[6]
- clupeoides	1/244, 77[5]
- cyprinoides	4/126, 128[1]
- fario	3/1034, 909[3]
- fasciatus	1/238, 68[2]
- fontinalis	3/1036, 909[6], 910[1]
- friderici	2/238, 68[3]
- gairdneri	3/1030, 908[3]
- gasteropelecus	1/328, 132[5]
- gibbosus	2/252, 81[3]
- gorbuscha	5/1087, 907[6]
- hamatus	3/1033, 908[6], 909[1,2]
- hucho	3/1030, 907[5]
- humeralis	1/358, 95[6]
- immacularus	1/358, 95[6]
- irideus	3/1030, 908[3]
- iridia	3/1030, 908[3]
- iridopsis	1/358, 95[6]
- keta	5/1088, 908[1]
- kisutch	5/1088, 908[2]
- kundsha	3/1035, 909[5]
- lavaretus	3/944, 906[5]
- lepecheni	5/1098, 910[2]
- leucomaenis	3/1035, 909[5]
- malma	5/1098, 910[3]

1155

Register

- *migratorius* 3/944, 906[4]
- *nerka* 5/1091, 908[4]
- *niloticus* 4/45, 5/18, 47[1], 56[6]
- *nobilis* 3/1033, 908[6], 909[1,2]
- *odoe* 2/233, 62[6]
- *omul* 3/944, 906[4]
- *pectoralis* 1/328, 132[6]
- *rhombeus* 1/358, 95[6]
- **salar** 3/1033, **908, 909**
- *salvelinos stagnalis* 3/1035, 909[5]
- *salvelinus* 3/1035, 909[5]
- *saua* 1/310, 124[1]
- *spurius* 3/1033, 908[6], 909[1,2]
- *stagnalis* 3/1035, 909[5]
- *thymallus* 3/1042, 5/1107, 910[4–6]
- *timbure* 1/238, 68[2]
- *tiririca* 1/240, 70[3]
- **trutta** f. *fario* 3/1034, **909**
- - x *Salvelinus fontinalis* 4/822, 909
- *tshawytscha* 5/1096, 908[5]
- *umbla* var. *alpinus* 3/1035, 909[5]
- *unimaculatus* 2/314, 134[5]
- *salmoides*, *Aplites* 2/1018, 796[6]
- -, *Grystes* 2/1018, 796[6]
- -, *Labrus* 2/1018, 796[6]
- -, **Micropterus** 2/1018, **796**
- *salmonea*, *Lepomis* 2/1016, 796[5]
- *salmoneus*, *Anostomus* 1/234, 66[4]
- -, *Erythrinus* 1/322, 130[1]
- SALMONIDAE 3/934, 3/1030–3/1037, 4/822, 5/1086–5/1099, 906–910, 848
- Salt Creek-Wüstenfisch 4/438, 480
- *salvatoris*, *Poecilia* 4/520, 538[6], 539[1]
- *salvelinos stagnalis*, *Salmo* 3/1035, 909[5]
- *Salvelinus alpinus alipes* 3/1035, 909[5]
- - - *arcturus* 3/1035, 909[5]
- - - **salvelinus** 3/1035, **909**
- - - *stagnalis* 3/1035, 909[5]
- - **fontinalis** 3/1036, **909, 910**
- - -, *Salmo trutta* x 4/822, 909
- - *lepechini* 5/1098, 910
- - *malma* 5/1098, 910
- *salvelinus*, *Salmo* 3/1035, 909[5]
- *Salvelinus umbla stagnalis* 3/1035, 909[5]
- **salvini**, *Cichlasoma* 1/692, **715**
- -, *Heros* 1/692, 715[6]
- Salvins Buntbarsch 1/692, 715
- *salvus*, *Erythrinus* 1/322, 130[2]
- Samba-Schmerlenwels 5/456, 389
- San Diego-Wüstenkärpfling 4/435, 497
- **sanagaensis**, *Sarotherodon galileus* 4/680, **698**
- -, *Tilapia* 4/684, 698[5]
- Sanches' Panzerwels 4/258, 288
- **sanchesi**, *Corydoras* cf. 4/258, **288**
- **sanctaefilomenae**, *Moenkhausia* 1/302, **120**
- -, *Tetragonopterus* 1/302, 120[6]
- **Sandelia bainsii** 2/792, **572**
- - *capensis* 2/792, 572

Sander lucioperca 3/922, 838[3]
- *volgensis* 4/734, 838[4]
Sandfarbener Kaiserbuntbarsch 4/580, 605
Sandfische 880
Sandflunder 5/984, 904
Sandgroppe 3/948, 912
sandra, *Lucioperca* 3/922, 838[3]
Sands Panzerwels 3/332, 276
Sangmelima-Hechtling 2/652, 427
sangmelinense, *Aphyosemion striatum* 4/376, 412[3]
sangmelinensis, *Aplocheilus* 2/652, 427[6]
-, **Epiplatys** 2/652, **427**
sanguicauda, *Tominanga* 5/1100, **865**
sanguinolentus, *Carapus* 3/1029, 885[6]
Sansibarbarbe 5/144, 195
santaisabellae, *Aphyosemion* 3/482, 411[6]
santensis, *Rivulus* 2/686, 5/588, 462[2], 466
Santo Domingo-Kärpfling 2/730, 531
Santos-Bachling 2/686, 466
„Sao Gabriel", *Ancistrus* sp. 5/322, 5/323, 321
sapa bergi, *Abramis* 5/118, **174**
sapayensis, *Acara* 2/816, 731[1]
-, **Aequidens** 2/816, **731**
Sapayo-Buntbarsch 2/816, 731
Saraca opercularis 5/738, 749[2,3]
Saramacca-Panzerwels 4/258, 288
saramaccensis, *Corydoras* cf. 4/258, 288
sarareensis, *Corydoras* 5/272, **289**
sarasinorum, *Haplochilus* 5/464, 868[6]
-, **Xenopoecilus** 5/464, **868**
Sarasins Schaufelkärpfling 5/464, 868
Sarchirus argenteus 2/210, 32[4]
- *vittatus* 2/210, 32[4]
Sarcocheilichthys czerskii 3/266, 238[3]
- *geei* 3/266, 238[4]
- *lacustris* 3/266, 238[4]
- **nigripinnis czerskii** 3/266, **238**
- **sinensis** 3/266, 5/212, **238**
- - **fukiensis** 3/266, 5/212, 238[4], **238**
- - *lacustris* 3/266, 238[4]
- *soldatovi* 3/266, 238[3]
- *wakiyae* 3/266, 238[4]
Sarcodaces odoe 2/233, 62[6]
Sardine, Viktoria- 5/204, 234
sardinella, *Coregonus* 4/749, **907**
sargadensis, *Nemacheilus* 5/102, 160[1]
-, *Nemachilus* 5/102, 160[1]
-, **Schistura** 5/102, **160**
- *turcmenicus*, *Nemachilus* 5/102, 160[1]
Sargaschmerle 5/102, 160
Sargus maculatus 1/810, 840[3]
Sarotherodon alcalicus grahami 2/978, 681[4]
- *aureum* 2/978, 694[1]
- *busumanum* 2/1000, 701[6]

1156

Register

- *caudomarginatus* 4/680, 5/938, 698
- *galilaeus* 3/864, 698
- - *sanagaensis* 4/680, 698
- *hornorum* 2/980, 695²
- *karomo* 2/980, 694²
- *leucostictus* 2/982, 681⁶, 682¹
- *linnellii* 5/938, 684
- (-) *linnellii, Tilapia* 5/938, 684¹
- *lohbergeri* 4/682, 684
- *melanotheron* 2/984, 698
- - *heudelotii* 4/682, 699
- - *leonensis* 4/684, 699
- *mossambicus* 1/768, 694³
- *niger spilurum* 3/832, 695¹
- *niloticus* 3/828, 694⁴
- *occidentalis* 5/940, 699
- *pangani* 3/830, 694⁵
- *steinbachi* 5/940, 684
- *tanganicae* 3/832, 661⁴·⁵
- *tournieri tournieri* 4/684, 699
- *variabilis* 3/836, 682⁴
- *zillii* 3/894, 704³
Satanoperca acuticeps 2/906, 764⁶
- *crassilabris* 3/766, 718³·⁴
- *daemon* 2/908, 765³
satanoperca, Geophagus daemon 2/908, 765³
Satanoperca jurupari 1/704, 775
- cf. *jurupari* 5/942, 776
- *leucosticta* 1/704, 3/864, 775⁶, 776
- *lilith* 5/942, 776
- *macrolepis* 1/704, 3/864, 775⁶, 776²
- *pappaterra* 3/866, 776
- *proxima* 1/706, 766¹
Sattelfleck-Borneoschmerle 2/428, 154
- -Moorii 2/1004, 667
Sattelfleckbarbe 3/196, 180
Sattelfleckbuntbarsch 1/666, 729
-, Rotwangen- 5/822, 767
Sattelpanzerwels 4/254, 286
satunini, Leucalburnus 3/237, 214
-, *Phoxinus* 3/237, 215¹, 214⁶
satyrus, *Osphromenus* 3/670, 594⁵
-, *Osphronemus* 1/652, 594⁴
saua, *Salmo* 1/310, 124¹
sauaharae, *Sineleorris* 3/962, 810⁶, 811¹
Saugbarbe, Ceylon- 3/211, 205
-, Hughs 5/156, 205
-, Jordanische 3/214, 205
-, Kamerun- 3/212, 205
-, Kongo- 3/212, 205
-, Längsband- 5/156, 204
-, Nasen- 3/214, 206
-, Pings 4/196, 206
-, Rötliche 3/216, 206
Saugdöbel 2/337, 161
-, Alaska- 4/148, 161
-, Maulbinden- 4/148, 161
Sauglippenbuntbarsch 1/712, 608
Saugmaulelritze 5/194, 225

Saugmaulwels 2/506, 330
Saugschmerle, Russische 4/220, 242
-, Siamesische 1/448, 242
-, Zitronen- 4/220, 242
Saugschmerlen 4/220, 242
saulosi, Aulonocara 3/704, 605
-, *Pseudotropheus* 4/678, 633
Saurogobio amurensis 3/244, 219²
- *dabryi* 3/268, 238
- - *immaculatus* 3/268, 238⁶
- *drakei* 3/268, 238⁶
- *longirostris* 3/268, 238⁶
- *productus* 3/268, 238⁶
Saurogobius dabryi 3/244, 219²
sauvagei, *Capoeta* 5/164, 209²·³
-, *Ctenochromis* 3/858, 683²·³
-, *Haplochromis* 3/858, 683²·³
-, *Hemigrammocapoeta* 5/164, 209
-, *Ptyochromis* 3/858, 638
-, *Tilapia* 3/858, 4/690, 683²·³, 701⁵
Savannenpanzerwels 2/474, 3/342, 286
savona, *Cobitis* 4/147, 157⁶
-, *Nemacheilus* **4/147, 157**
-, *Schistura* 4/147, 157⁶
Savonaschmerle 4/147, 157
savoryi elongatus, *Lamprologus* 1/732, 652¹
- *pulcher, Lamprologus* 3/822, 657²
- *savoryi, Lamprologus* 2/944, 657³
- -, *Neolamprologus* 2/944, 657
sawa, *Tetragonopterus* 1/310, 124¹
Sawbwa resplendens 2/424, 239
saxatilis, *Crenicichla* 2/886, 3/756, 758⁴, 760
-, *Sparus* 3/756, 760⁶
- var. *albopunctata, Crenicichla* 5/768, 754⁵·⁶
Saxilaga anguilliformis 2/1078, 889⁴
- *cleaveri* 2/1078, 889⁴
sayanus, Aphredoderus 4/718, 903
scabra, *Trinectes* 5/984, 903⁶, 904¹
scabriceps, *Agmus* 3/298, 252⁶
-, *Bunocephalichthys verrucosus* 3/298, 252
-, *Bunocephalus* 3/298, 252⁶
-, - *verrucosus* 3/298, 252⁶
-, *Plecostomus commersoni* 1/490, 331¹
scabripinnis, Astyanax 3/126, 99
-, *Tetragonopterus* 3/126, 99⁴
Scalar, Altum 1/765, 774
scalare, Pterophyllum 1/766, 3/679, 774, 775
-, *Pterophyllum* cf. 5/928, 775
scalaris, *Platax* 1/766, 774⁴·⁶, 775²
-, *Zeus* 1/766, 774⁴·⁶, 775²
scalpridens, *Cnesterodon* 4/532, 541⁶
-, *Pamphoria* 4/532, 541⁶
-, *Poecilia* **4/532, 541**
scandens, *Anabas* 1/619, 3/638, 569²

1157

Register

-, *Lutjanus* 1/619, 569²
-, *Perca* 1/619, 569²
-, *Sparus* 1/619, 569²
scaphignathus, Georgichthys 3/266, 238⁴
Scaphiodon fratercula 3/202, 197¹
- *gracilis* 5/222, 241³
- *peregrinorum* 3/202, 197¹
- *socialis* 3/202, 197¹
scaphirhyncha, Dekeyseria 3/367, 325
-, *Peckoltia* 3/367, 325⁴,⁵
scaphirhynchus, Ancistrus 3/367, 325⁴,⁵
Scaphirhynchus cataphractus 2/204, 29⁶
scaphirhynchus, Hemiancistrus 3/367, 325⁴,⁵
Scaphirhynchus kaufmanni 3/84, 29⁵
scaphyrhynchus, Peckoltia 3/367, 325⁴,⁵
Scaphyrhynchus platorhynchus 2/204, 29
- *rafinesquei* 2/204, 29⁶
scapularis, Profundulus 2/670, 500²
scardafa, Leuciscus 1/444, 237¹
scardata, Rutilus erythrophthalmus 5/210, 237²
Scardinius erythrophthalmus 1/444, 237¹
scardinus, Leuciscus 3/264, 237⁶
scarlli, Poeciliopsis 3/624, 546
Scarlls Kärpfling 3/624, 546
Scarus pavonius 3/756, 760⁶
- *rufescens* 3/756, 760⁶
SCATOPHAGIDAE 1/789, 1/810, 5/982, 840

Scatophagus argus argus 1/810, 840
- - *atromaculatus* 1/810, 840
- *fasciatus* 1/810, 840⁵
- *macronorus* 1/810, 840⁵
- *multifasciatus* 1/810, 840⁵
- *ornatus* 1/810, 840³
- *tetracanthus* 1/810, 840
Schabemundbuntbarsch 1/730, 615
Schabemundmaulbrüter, Gestreckter 1/730, 615
Schachbrettcichlide 5/808, 764
-, Gabelschwanz- 1/696, 753
-, Goldkopf- 3/804, 773
Schachbrett-Schlankcichlide 1/726, 646
- -Zwergstachelwels 4/234, 250
Schachbrettschmerle 1/372, 5/110, 166
Schafpacu 1/350, 91
schall, Hemisynodontis 2/550, 365⁶
-, *Pimelodus* 2/550, 365⁶
-, *Silurus* 2/550, 365⁶
-, *Synodontis* 2/550, 365
schalleri, Aplocheilichthys 4/346, 491²,³
-, *Betta* 5/646, 579⁵,⁶, 580¹,²
-, *Trichopsis* 3/668, 589
Schallers Knurrender Gurami 3/668, 589
Schalls Fiederbartwels 2/550, 365
Schäpel 4/748, 4/749, 906, 907
Schattenkärpfling 2/754, 550

Schaufelfadenfisch 1/646, 592
Schaufelkärpfling, Sarasins 5/464, 868
Schaufelkopf 4/724, 913
Schaufelmaul 1/510, 375
-, Unterständiges 2/552, 370
Schaufelstör 2/204, 29
scheeli, Aphyosemion 3/486, 415
-, *Aplocheilichthys* 4/354, 495
-, - *macrophthalmus* 4/354, 495⁴,⁵
-, *Micropanchax* 4/354, 495⁴,⁵
Scheels Leuchtaugenfisch 4/354, 495
- Prachtkärpfling 3/486, 415
scheemanni, Barbus 3/182, 179¹
Scheibenbarsch 1/794, 795
Scheibenbrassen, Seitenstrich- 5/184, 218
Scheibensalmler 1/352, 4/136, 92
-, Dickopf- 1/352, 92
-, Gamitana- 2/328, 92
-, Gefleckter 1/354, 93
-, Gemeiner 4/138, 94
-, Gepunkteter 3/160, 93
-, Gestreifter 2/330, 93
-, Haken- 1/354, 94
-, Mond- 2/330, 4/136, 94
-, Roosevelts 1/354, 93
-, Schomburgks 2/332, 94
-, Schreitmüllers 1/352, 92
Scherenschwanz-Fiederbartwels 3/409, 366
- -Salmler, Längsstreifen- 3/142, 119
- -Schnabelsalmler 4/58, 58
Scherenschwanzsalmler 1/300, 119
Schied 3/176, 177
Schiedling 4/190, 198
Schilbe (Eutropius) brevianalis 4/331, 380
- *(-) grenfelli* 4/332, 380
- *intermedius* 1/514, 380
- *marmoratus* 3/422, 380
- *mystus* 1/514, 380⁴
SCHILBEIDAE 1/513–1/514, 2/572–2/575, 3/422, 4/330–4/333, 5/448, 378–380
Schilderharnischwels, Leopard- 4/276, 322
Schilderwels, Punktierter 1/490, 331
-, Regans 3/370, 331
-, Waben- 1/496, 326
Schilfsalmler 3/134, 111
Schill 3/922, 838
Schillerbärbling 1/404, 196
Schillersalmler 1/310, 124
-, Gesäumter 1/310, 124
Schilthuis' Nilhecht 2/1142, 895
schilthuisiae, Gnathonemus 2/1142, 895
Schilus pallasi 4/734, 838⁴
Schioetz' Leuchtaugenfisch 4/354, 495
- Prachtkärpfling 4/380, 415
schioetzi, Aphyosemion 4/380, 415
-, *Aplocheilichthys* 4/354, 495
-, *Micropanchax* 4/354, 495⁶
Schip 3/76, 28

1158

Register

schipa, Acipenser	3/76, 28[4]
Schismatogobius deraniyagalai	5/1046, 825
Schismatorhynchos	
heterorhynchos	5/212, 239
Schistura fasciolata	5/100, 159[3]
- *geto*	3/166, 166[2]
- *kessleri kessleri*	3/278, 159
- *magnifluvis*	5/100, 159
- *montana*	5/94, 159
- *montanus*	5/94, 159[4], 159
- *notostigma*	5/100, 159
- *rupecula*	159
- *sargadensis*	5/102, 160
- *savona*	4/147, 157[6]
- sp.	2/356, 169
- sp. aff. *spilota*	5/98, 160
- *subfusca*	159
- *zonata*	159
schisturus, *Leuciscus*	5/222, 241[1]
Schizodon fasciatus	2/242, 70
-, Gebänderter	2/242, 70
- *gracilis*	2/234, 66[5]
- *trimaculatus*	1/236, 70[5]
Schizolecis guentheri	5/422, 351
Schizophallus holbrooki	1/590, 522[2]
Schizothorax affinis	5/214, 239[3]
- *aksaiensis*	5/214, 239[3]
- *intermedius*	5/214, 239
- - *eurycephalus*	5/214
- - m. *eurystomus*	5/214
- - m. *fedtschenkoi*	5/214
- *minutus*	5/214, 239[3]
- *pelzami*	5/214, 239
- *regeli*	5/214, 239[3]
- *schumacheri*	5/214, 239[3]
Schläfer	1/716, 623
Schläfergrundel, Afrikanische	5/1030, 809
-, Chinesische	3/964, 813
-, Gefleckte	1/832, 806
-, Gefleckte Kutubu-	4/762, 812
-, Gelbbauch-	4/758, 811, 812
-, Gescheckte Kutubu-	4/764, 812
-, Kehlstachel-	5/1012, 806
-, Klunzingers	2/1068, 810
-, Kutubu-	4/756, 811
-, Rotflossen-	5/1022, 808
-, Schwanzfleck-	2/1074, 813
Schläfergrundeln s.a. Grundeln	804–813
Schlafwels	4/228, 255, 256
Schlamm-Sonnenbarsch	4/720, 5/979, 793
- -Zwerggalaxie	2/1084, 890
Schlammbeißer	1/374, 169
-, Russischer	5/112, 169
Schlammfisch, Afrikanischer	1/861, 881
-, Amerikanischer	2/205, 132
-, Tasmanischer	2/1078, 889
Schlammfische, Afrikanische	1/818, 1/861, 881
Schlammpeitzger, Europäischer	1/374, 169
-, Ostasiatischer	2/348, 169
Schlammspringer	1/838, 826
-, Schmetterlings-	2/1096, 826
Schlangenhautfadenfisch	1/646, 592
Schlangenkopf, Amur-	2/1060, 798
-, Asiatischer Kleiner	3/672, 799
-, Asiatischer	3/671, 798, 800
-, Augenfleck-	5/1005, 799
-, Dunkelbäuchiger	1/827, 800
-, Gezeichneter	3/674, 800
-, Glänzender	3/674, 799
-, Punktierter	3/676, 799
-, Querstreifter	1/830, 800
Schlangenkopffisch, Afrikanischer	2/1059, 800
Schlangenkopffische	1/814, 1/827–1/830, 2/1059–2/1061, 3/671–3/676, 5/1005, 798–800
Schlangenkopfschläfergrundel	2/1072, 813
Schlankbärbling	2/414, 3/258, 230, 232
Schlankcichlide, Dickfelds	1/726, 646
-, Gelber	1/726, 647
-, Schachbrett-	1/726, 646
-, Schwarzweißer	1/728, 647
-, Vierstreifen-	1/728, 647
Schlanker Amurgründling	3/244, 219
- Dreistreifen-Panzerwels	3/348, 286
- Fadenwels	2/558, 372
- Kleiner Kampffisch	3/658, 585
- Malawisee-Hechtbuntbarsch	5/936, 636
- Regenbogenfisch	2/1122, 858
- Schwarzflossen Hochlandkärpfling	4/464, 509, 510
- Streitbarer Kampffisch	3/642, 576
Schlanksalmler	1/244, 1/332–1/349, 2/320–2/327, 3/156–3/159, 4/133–4/135, 5/78, 137–144
-, Halbstrich-	4/134, 143
-, Regenbogen-	2/320, 139
Schlankstachelwels, Kongo-	3/312, 262
-, Langflossiger	3/310, 262
schlegelii, *Acentrogobius*	5/1041, 820[4]
-, *Coronogobius*	5/1041, 820[4]
-, *Gobius*	5/1041, 820[4]
-, ***Porogobius***	**5/1041, 820**
Schleie	5/219, 240
Schleier-Kardinalfisch	1/447, 240
- -Neontetra	4/64, 122
- Rivulus	1/576, 453
- -Venusfisch	1/446, 240
Schleierhechtling, Schwertschwanz-	5/566, 454
Schleierkärpfling	5/562, 453
-, Fasan-	5/564, 453
-, Gestreifter	1/576, 454
-, Langflossiger	1/576, 453
-, Paraguay-	5/604, 468
-, Peru-	5/566, 453

1159

Register

-, Staecks	3/527, 454
-, Wischmanns	3/528, 454
Schleierskalar	1/766, 774
Schleimfisch, Labyrinth-	5/1004, 792
Schleimfische	1/814, 1/825, 792
Schleimige Groppe	5/1007, 912
Schlichter Schwarzrücken-Panzerwels	2/478, 290
schluppi, Aphyosemion	2/620, 415
Schlupps Prachtkärpfling	2/620, 415
Schlußlicht-Drachenflosser	1/246, 82
Schlußlichtpiranha	2/332, 5/80, 95
Schlußlichtsalmler	1/270, 107
-, Falscher	4/98, 107
Schlüssellochbuntbarsch	1/668, 753
Schmalbarsch	1/756, 630
Schmaler Nilhecht	2/1144, 896
Schmalstirn-Riesenbarsch	4/724, 797
schmardae, Hemigrammus	2/274, 108
-, *Tetragonopterus*	2/274, 108³
Schmardsalmler	2/274, 108
Schmerle	1/376, 152
-, Aalstrich	1/368, 165
-, Abessinische	4/144, 156
-, Beauforts	2/342, 163
-, Gefleckte Dicklippen-	2/354, 158
-, Graue	2/350, 156
-, Grüne	1/372, 166
-, Hora's	1/368, 165
-, Kesslers	3/278, 159
-, Kuipers	2/352, 158
-, Le Conte-	2/342, 164
-, Stoliczkas	2/354, 158
Schmerlen	1/360, 1/364–1/375, 2/338–2/348, 3/166, 4/150–4/162, 5/104–5/116, 162–171
Schmerlenpanzerwels	3/324, 269
Schmerlenwels, Chilenischer	3/431, 387
-, Gefleckter	3/432, 388
-, Ghana-Kaulquappen-	3/291, 248
-, Kenia-	3/292, 249
-, Langflossen-	5/454, 388
-, Leuchtband-	5/460, 389
-, Marmorierter	5/458, 389
-, Orinoco-	4/338, 388
-, Quiribana-	5/454, 388
-, Samba-	5/456, 389
Schmerlenwelse	1/517, 3/431–3/432, 387–389
Schmetterlingsregenbogenfisch	2/1138, 865
Schmetterlingsährenfisch	1/822, 865
Schmetterlingsbarbe	1/390, 865
Schmetterlingsbuntbarsch, Afrikanischer	1/748, 688
-, Bolivianischer	3/802, 772
- Südamerikanischer	1/748, 772
Schmetterlingsfisch	1/860, 902
Schmetterlingsfische	1/818, 1/860, 902
Schmetterlingsgrundel	3/974, 827
Schmetterlings-Schlammspringer	2/1096, 826
schmidti, Gagata	2/580, 385
schmitti, Aphyosemion	2/698, 415
Schmitt's Prachtkärpfling	2/698, 415
Schmuck-Gertenwels	5/416, 349
Schmuckantennenwels	2/562, 373
Schmuckbärbling	1/432, 231
Schmuckflossen-Fiederbartwels	1/508, 360
Schmuckpanzerwels	1/470, 2/472, 284
Schmucksalmler	1/280, 109
Schmuckziersalmler	5/78, 142
Schnabelsalmler, Gefleckter	1/232, 62
-, Gezeichneter	3/99, 57
-, Harnisch-	4/58, 62
-, Scherenschwanz-	4/58, 58
Schnabelsalmler, Gestreifter	2/232, 62
Schnabelwels, Kners	4/286, 326
Schnäpel	3/941, 4/748, 907
Schnapper	2/1033, 2/1010, 829
Schnauzbartwels	2/442, 255
Schneckenbarsch	1/776, 666
-, Daffodil-	2/925, 658
-, Kleiner	1/758, 632
Schneckenbuntbarsch	2/922, 2/972, 3/817, 651, 655
-, Boulengers	3/808, 651
-, Livingstons	2/972, 632
Schneckendornwels	5/300, 306
Schneeball-Peckoltia	4/300, 344
Schneewels	2/514, 334
Schneider	1/379, 176
-, Gestreifter	2/360, 176
-, Krim-	3/174, 176
-, Taschkent-	3/170, 176
Schneiderbarbe	1/402, 195
schneideri, Hypostomus	2/502, 3/366, 321⁶, 322¹
schoenbrodti, Nothobranchius	1/568, 433³
Schoko-Cochliodon	5/332, 324
- -Moorii	2/1004, 667
Schokoladen-Buschfisch	1/624, 570
- Hechtsalmer	4/125, 126
Schokoladengurami	1/644, 591
-, Burmanesischer	3/662, 591
-, Kreuzstreifen-	2/806, 591
-, Spitzmäuliger	2/804, 591
Schollen	3/933, 5/984–5/986, 903
Schollenartige	903, 904
scholzei, Hyphessobrycon	1/294, 115
schomburgki, Brycon	1/244, 76¹
-, *Pimelodus*	1/510, 373²
-, *Polycentrus*	1/806, 831⁴
-, *Tetragonopterus*	1/310, 124²
schomburgkii, Galaxias	2/1080, 889⁶, 890¹
-, *Mylesinus*	2/332, 94⁴
-, *Myleus*	2/332, 94
-, *Myloplus*	2/332, 94⁴

Register

-, *Tetragonopterus* 2/332. 94[4]
Schomburgks Scheibensalmler 2/332, 94
- Vielstachler 1/806, 831
Schöne Gebirgsbachschmerle 4/144, 155, 156
Schöner Brachsensalmler 3/100, 66
- Elfenwels 3/361, 316, 317
Schönes Blauauge 2/1136, 865
Schönflossen-Flußbarbe 3/206, 201
- -Hechtling 4/402, 429
Schönflossenbärbling 1/436, 232
Schönflossenkärpfling 2/660, 481
Schönflossenrasbora 1/436, 232
Schönflossensalmler 1/292, 114
Schönflossige Rüsselbarbe 1/418, 203
Schönkopfhechtling 4/394, 427
schoutedeni, Alestes 4/32, 50[1]
-, - *macrolepidotus* 4/30, 4/32, 49[6], 50[1]
-, *Aphyosemion* 2/594, 401[4]
-, *Arthrodon* 1/868, 922[2]
-, *Brycinus* 4/32, 50
-, *Cardiopharynx* 4/584, 642
-, *Cyathopharynx* 4/584, 642[5]
-, *Synodontis* 1/504, 2/550, 366
-, *Tetraodon* 1/868, 922
schraetser, Gymnocephalus 3/922, 837
-, *Perca* 3/922, 837[4]
Schraffierter Panzerwels 1/464, 277
Schrägschwimmer 1/312, 124
-, Halbstreifen- 2/294, 124
Schrätzer 3/922, 837
schreineri, Aphyosemion (Fundulopanchax) 3/462, 398[2]
Schreitmöllers Scheibensalmler 1/352, 92
schreitmülleri, Myletes 1/352, 92[5,6]
schrencki, Acipenser 3/78, 28
schrenki, Hemiculter 3/224, 209[1]
Schriftzeichen-Prachtkopfsteher 3/102, 67
Schröders Stachelrochen 5/16, 36
schroederi, *Potamotrygon* 5/16, 36
Schrot-Schwielenwels 1/476, 296
schuberti", "Barbus 1/398, 5/140, 91[6], 192[2], **192**
Schulterfleckbuntbarsch 2/882, 717
Schulterfleck-Dornwels 5/302, 307
- -Piranha 2/334, 95
- -Prachtkärpfling 2/612, 411
- -Stachelwels 1/456, 264
- -Tetra 3/140, 116
Schultz' Signalsalmler 4/94, 111
schultzei, Corydoras 5/252, 271[2-4]
schumacheri, Schizothorax 5/214, 239[3]
Schuppenflecksalmler 2/324, 142
Schuppenfressender Piranha 2/328, 91
Schuppenfresser, Malawi- 4/618, 613
Schützenfisch, Großschuppiger 2/1046, 844
-, Lorentz' 2/1046, 844
Schützenfische 1/789, 2/1046, 844
Schwalbenschwanz-Glaswels 2/572, 379

- -Prachtkärpfling 3/466, 404
- Stachelwels 5/244, 264
schwanefeldi, Barbus pentazona 1/398, 190
-, *Puntius* 1/398, 190[4]
Schwanefelds Barbe 1/398, 190
Schwanzbindenrasbora 2/412, 230
Schwanzfleck Moenkhausia 3/140, 118, 119
- -Panzerwels 2/460, 275
- -Schläfergrundel 2/1074, 813
- -Stromschnellenwels 3/396, 355
Schwanzfleckbärbling 1/440, 2/412, 230
Schwanzfleckbuntbarsch 1/694, 2/884, 718
Schwanzfleckensalmler 2/244, 75
Schwanzpunkt-Zwergdöbel 5/186, 220
Schwanzstreifen-Panzerwels 1/476, 296
- -Prachtkärpfling 2/592, 400
- -Stromschnellenwels 4/314, 356
Schwanzstreifenbuntbarsch 1/684, 3/708, 748
Schwanzstreifensalmler 1/320, 3/153, 145
Schwanzstrichsalmler 1/274, 109
schwartzi surinamensis, Corydoras 3/346, 294[2]
Schwarzbandfleckbarbe 1/392, 186
Schwarzband-Fächerkärpfling 3/494, 449
- -Sägesalmler 1/358, 96
Schwarzbandkärpfling 1/596, 532
Schwarzbandsalmler 1/294, 115
Schwarzbarsch, Großer 2/1016, 796
Schwarzbauch Malawisee-Buntbarsch 4/700, 638
Schwarzbauchgrundel 3/960, 807
Schwarzbinden-Kärpfling 4/502, 532
- Panzerwels 1/468, 282
- -Zwergbuntbarsch 2/824, 5/675, 736
Schwarzer Aalwels 2/568, 377
- Albino 5/631, 554
- Dornwels 2/496, 308
- Fächerfisch 1/554, 446
- Fiederbartwels 2/542, 362
- Flaggensalmler 1/288, 112
- Fransenlipper 1/426, 210
- Grunzbarsch 2/1042, 843
- Harnischwels 3/376, 336
- Helleri 5/632, 554
- Kampffisch 3/654, 581
- Katzenwels 3/359, 311
- Knochenzüngler 1/858, 902
- Leuchtaugenfisch 2/626, 490
- Makropode 1/638, 586
- Neolebias 4/54, 62
- „Neon" 1/288, 112
- Pacu 1/350, 92
- Phantomsalmler 1/298, 117
- Picta 2/740, 5/620, 535
- Platy 2/772, 559
- Schwielenwels 3/351, 296

1161

Register

- Spitzschwanzmakropode 1/642, 589
- Springbarsch 3/920, 836
- „-" Teleo 5/964, 779
- Zwergbarsch 1/792, 794
- Schwarzfleck Buschfisch 1/622, 569
- -Kärpfling 4/514, 536
- Schwarzfleckbarbe 1/388, 184
- Schwarzfleckbuntbarsch 1/694, 716
- Schwarzflecken-Buntbarsch 2/860, 708
- Schwarzfleckenkärpfling 3/568, 486
- Schwarzfleckiger Prachtgrundkärpfling 3/516, 434
- Reiskärpfling 1/572, 868
- Schwarzflossen-Haiwels 3/412, 367
- -Hochlandkärpfling 3/588, 509
- -, Schlanker 4/464, 509, 510
- -Kärpfling 3/630, 549
- Schwarzflossiger Kärpflingsbuntbarsch 2/892, 644
- Nilhecht 3/1024, 900
- Kärpflingsbuntbarsh 2/892, 644
- Prachtkärpfling 2/598, 402
- Schwarzgefleckter Fiederbartwels 3/404, 363
- Schwarzgürtelbuntbarsch 2/872, 713
- Schwarzkanten-Gambuse 3/598, 520
- Schwarzkehl-Zwergbuntbarsch 2/832, 747
- Schwarzkinnmaulbrüter 2/984, 698
- Schwarzkopf-Stachelwels 3/318, 264
- Schwarzlinien-Harnischwels 1/492, 338
- Schwarzmantel-Reiskärpfling 5/462, 868
- Schwarzmeer-Seenadel 3/1038, 879
- Schwarzmund-Grundel 3/996, 819
- Schwarznase, Amerikanische 3/264, 235
- Schwarznasiger Weißfisch 3/264, 235
- Schwarzpunkt-Zwergdöbel 5/186, 220
- Schwarzreuter 3/1035, 909
- Schwarzrücken-Panzerwels 1/468, 283
- -, Schlichter 2/478, 290
- Schwarzsaum-Bachling 5/586, 461
- -Kärpfling 2/722, 520
- Schwarzschwanz-Hexenwels 5/422, 350
- Schwarzschwingen -Beilbauchfisch 1/324, 131
- Schwarzstreifen-Prachtschmerle 5/109, 165
- -Zwerggalaxie 2/1086, 891
- Schwarzstrich-Kärpfling 4/542, 545
- Schwarzweißer Schlankcichlide 1/728, 647
- Segelschilderwels 2/514, 334
- schwebischi, Hemichromis 5/744, 689[5,6]
- Schwebrenke, Kleine 3/941, 907
- Schwefel-Molly 4/534, 542
- Schwefelkopf-Kaiserbuntbarsch 2/838, 604
- Schwefelquellen-Limia 4/506, 533
- Schweinewels 2/448, 4/232, 261
- Schweinsbarsch 5/981, 837
- schwenkii, Leuciscus 2/404, 224[4]
- Schwertloser Helleri 3/633, 551

Schwertplaty 1/615, 2/785, 564
Schwertplaty, Atoyac- 2/756, 2/764, 551, 555
Schwertträger, Gelber 2/758, 551
Schwertschwanz-Molly 3/618, 541
- -Schleierhechtling 5/566, 454
Schwertträger 1/606, 551, 552
-, Belize- 2/764, 555
-, Blauer 2/756, 4/550, 550
-, Catemaco- 2/765, 3/631, 553, 556
-, Cortez- 2/758, 551, 552
-, El Quince- 4/552, 551
-, Fünfstreifen- 2/764, 556
-, Gebänderter 4/558, 561
-, Gefleckter 1/609, 553
-, Gelber 3/631, 551, 553
-, Grüner 2/788, 553
-, Komma- 2/780, 563
-, Montezuma 1/612, 560
-, Neza 3/634, 561
-, Nördlicher Berg- 4/560, 561
-, Oaxaca- 2/765, 556
-, Roter Lyratail 1/606, 553
-, Roter Simpson 1/606, 553
-, Yucatán- 2/765, 556
Schwetzochromis neodon 4/686, 684
- ***stormsi*** 2/962, 4/686, 695, 699
Schwielenwels 1/458, 270, 281, 282
-, Gemalter 1/478, 296
-, Schrot- 1/476, 296
-, Schwarzer 3/351, 296
Schwielenwelse 1/458–1/478, 2/456–2/483, 3/324–3/351, 4/236–4/261, 5/249–5/293, 267–296
schwoiseri, Aphyosemion 2/602, 404[2-5]
-, - *gulare* 3/466, 404[2-5]
Schwuppe 4/164, 174
schypa, Acipenser 3/76, 28[4]
Sciadeichthys pictus 2/554, 375[5]
Sciades longibarbis 2/554, 375[5]
- *marmoratus* 4/326, 370[5]
- ***pictus*** 2/554, 375
sciadicus, Fundulus 4/442, 486
Sciaena argentimaculata 2/1033, 829[2]
- *bimaculata* 2/862, 751[5]
- *jaculatrix* 1/812, 844[4]
- *maculata* 1/832, 3/958, 806[4,5]
Sciaenochromis ahli 3/768, 636
- ***fryeri*** 5/944, 636
- ***gracilis*** 5/946, 636
- ***psammophilis*** 5/946, 637
sciera, Hadroterus 4/732, 838[1]
-, *Percina* 4/732, 838
scierus, Hadroterus 4/732, 838[1]
Scleromystax barbatus 1/460, 273[6], 274[1]
- *kronei* 1/460, 273[6], 274[1]
Scleropages formosus 2/1151, 902
- ***jardini*** 2/1154, 902
- ***leichardtii*** 2/1154, 902
Scobinancistrus aureatus 4/308, 351

Register

- pariolispos 4/302, 351
Scolichthys greenwayi 2/754, 549
scolymus, Lasiancistrus 5/358, 333
Scomber rhombeus 1/804, 829[5]
scomberoides, Cynodon 4/74, 5/50, 91[2,3]
-, Hydrocyon 4/74, 5/50, 91[2,3]
- Hydrolycus 4/74, 5/50, 91
Scombrocypris styani 5/152, 202[4]
Scophthalmus aguosus 5/984, 904[2,3]
scopiferus, Bryconamericus 4/86, 101
SCORPAENIDAE 2/1051, 2/1156, 4/740, 913
scorpus, Galaxias 2/1084, 890[4]
-, - truttaceus 2/1084, 890[4]
Scortum barcoo 2/1044, 843
scrificii, Rhamdia 2/566, 375[3]
scrophus, Liposarcus 1/496, 326[5]
scymnophilus, Geophagus 1/704, 2/910, 5/824, 765[2], 768[2,3]
searlesi, Corynopoma 1/250, 86[4]
-, Nematopoma 1/250, 86[4]
sebae, Ageneiosus 2/433, 247[5]
-, Monodactylus 2/1034, 829[6]
-, Psettus 2/1034, 829
Seba-Flossenblatt 2/1034, 829
Sechsbandhechtling 1/562, 2/652, 428
-, Rathkes 3/504, 428
-, Roter 3/504, 428
-, Togo- 4/396, 428
Sechsstreifenmaulbrüter 2/900, 626
securis, Gasteropelecus 1/328, 132[6]
-, Thoracocharax 1/328, 132
sedentaria, Crenicichla sp. aff. 5/794, 761
Seelaube 4/190, 198
See-Leporinus 3/104, 68
seemani, Arius 2/434, 251
-, Hexanematichthys 2/434, 251[4]
-, Tachisurus 2/434, 251[4]
Seenadel, Braune 4/828, 879
-, Indische 4/828, 879
-, Schwarzmeer- 3/1038, 879
Seenadeln 1/819, 1/864, 3/1038, 4/828, 878, 879
Seequappe 4/768, 875
Seezunge, Amerikanische 5/984, 903, 904
Seezungen 2/1052, 2/1157, 4/825, 4/826, 904
See-Zwergdöbel 4/194, 199
Segelantennenwels 2/554, 375
Segelflossen-Apistogramma 5/710, 746, 747
- -Störwels 2/524, 352
Segelflossenkärpfling, Blauer 5/549, 451
Segelflossensalmler 1/317, 85
Segelflosser 1/766, 5/928, 774, 775
-, Dumerils 2/976, 774
-, Hoher 1/764, 774
Segelkärpfling 1/604, 542, 543
Segelpanzerwels 2/468, 282
Segelschilderwels, Lehm- 2/516, 348

-, Punktierter 2/516, 327
-, Schwarzweißer 2/514, 334
Seidenkärpfling 3/608, 525
Seitenbandgrundel 5/1010, 826
Seitenfleck-Hechtbärbling 3/242, 218
- -Kärpfling 4/538, 544
Seitenfleckkärpfling 2/746, 544
Seitenstrichrasbora 3/158, 232
Seitenstrich-Scheibenbrassen 5/184, 218
Seitentupfen-Hochlandkärpfling 2/704, 508
seitzi, Metynnis 1/354, 93[2]
selangoricus, Botia 2/352, 158[1]
-, Nemacheilus 2/352, 158
-, Noemacheilus 2/352, 158[1]
selatanensis, Sphaerichthys osphromenoides 2/806, 591
Selenotoca multifasciata 5/982, 840
selheimi, Solea (Brachirus) 4/825, 904
-, Synaptura 4/825, 904[6]
Semaprochilodus insignis 3/152, 145
- taeniurus 3/153, 145
- theraponura 2/306, 145
semiaquilus, Corydoras 5/274, 289
semiarmatus, Gasterosteus 1/834, 877[5]
semibarbus, Barbus 3/220, 208[6]
semicinctus, Acanthophthalmus 2/340, 171[1]
-, Pangio 2/340, 171
semifasciata, Crenicichla 4/608, 761
-, - lacustris var. 4/608, 761[3]
-, Pyrrhulina 2/326, 4/134, 143[3,4]
semifasciatus, Batrachops 2/848, 4/608, 761[3], 748
semifasciolatus, Barbus 1/398, 5/140, 191, 192
-, Puntius 1/398, 5/140, 191[6], 192[1,2]
semiloricatus, Gasterosteus 1/834, 877[5]
semilunaris, Gobius 2/1096, 820[5]
Seminolen-Fundulus 4/444, 487
seminolis, Fundulus 4/444, 487
seminolis, Zygonectes 4/444, 487[1]
seminudus, Plecostomus 2/506, 330[6]
SEMIONOTIFORMES 31, 32
semiradiatus, Lepidosteus 2/210, 32[4]
semiscutatus, Chaenothorax 1/458, 270[3], 3/326, 270[4]
-, Corydoras 3/326, 270[4]
Semitapicis altamazonica 2/306, 145
semoni, Prototroctes 3/1028, 891[6]
-, Retropinna 3/1028, 891
-, Stiphodon 2/1098, 827[6]
Semotilus atromaculatus 5/216, 239
- notatus 3/568, 486[2]
senckenbergianus, Rhombatractus 2/1122, 858[5]
Senegal-Flösselhecht 2/218, 30
senegalensis, Alestes 2/224, 4/30, 47[4], 49[5]
-, Barilius 3/256, 229[4]
-, Haplochilus 1/562, 4/398, 428[6], 429[2-4]

1163

Register

- , *Heterobranchus* 4/268, 302⁴
- , **Labeo** 4/198, 212
- , *orientalis, Barilius* 3/256, 229⁴
- , *Polypterus* 2/218, 30⁶
- , **Raiamas** 3/256, 229
- , *Rohitichthys* 4/198, 212¹
- var. *acuticaudata, Haplochilus* 4/398, 429²⁻⁴
- **senegalus, Polypterus** 2/218, 30
- **senilis, Gambusia** 4/492, 525, 526
- , *Zygonectes* 4/492, 525⁶, 526¹
- **sennaebragai, Utiaritichthys** 4/140, 96
- , *Rhombatractus* 2/1112, 855⁵
- Sentani-Regenbogenfisch 2/1112, 855
- **sepat, Trichopus** 1/648, 3/668, 592⁴⁻⁶
- **sepikensis, Lambertichthys ater** 2/568, 377¹
- , *Rhombosoma* 2/1118, 857²
- Sepik-Olivenbarsch 4/712, 789
- - -Regenbogenfisch 2/1114, 4/790, 856
- **septemfasciatum, Cichlasoma** 2/878, 716
- **septentrionalis, Corydoras** 1/474, 2/478, 289
- , **Hemigrammopetersius** 4/34, 51
- , *Micralestes* 4/34, 51⁴
- , *Petersius* 4/34, 51⁴
- , *Rhabdalestes* 4/34, 51⁴
- **sericeus amarus, Rhodeus** 1/442, 235⁴,⁵
- , *Cyprinus* 5/208, 236³
- , *Rhodeus* 1/442, 235⁴,⁵
- , **Rhodeus** 5/208, 236
- - *sericeus, Rhodeus* 5/208, 236³
- **serpae, Hyphessobrycon** 4/100, 115
- , - *callistus* 4/100, 115²
- Serpasalmler 4/100, 115
- **serpentinus, Ophiocephalus** 1/827, 799⁵
- **serperaster, Apocryptes** 3/998, 826²
- , *Boleophthalmus* 3/998, 826²
- , **Parapocryptes** 3/998, 826
- SERRANIDAE 2/1009, 2/1038, 3/925–3/926, 4/742, 841
- **Serranochromis robustus robustus** 3/866, 684
- **serranoides, Haplochromis** 3/768, 636³
- **Serranus kawamebari** 4/742, 841⁶
- SERRASALMIDAE 1/350–1/359, 2/328–2/335, 3/160–3/163, 4/136–4/140, 5/80–5/82
- SERRASALMINAE 91–96
- *Serrasalmo piranha* 1/356, 95³,⁴
- *Serrasalmus aesopus* 1/358, 96²
- - *bilineatus* 2/332, 95²
- - *bilineatus* 5/80, 95²
- „-*brandti"* 2/334, 96³
- - **calmoni** 2/332, 5/80, 95
- - *coccogenis* 2/332, 5/80, 95²
- - *maculatus* 1/358, 96²
- - *mento* 2/328, 91⁶
- - *nattereri* 1/356, 95

- - *niger* 1/358, 95⁶
- - *notatus* 2/334, 95
- - *paraense* 1/358, 95⁶
- - **rhombeus** 1/358, 95
- - sp. 5/82, 96
- - *spilopleura* 1/358, 96
- - *ternetzi* 2/334, 96
- **serratus, Corydoras** 5/262, 5/276, 277, 289
- , *Pseudacanthicus* 4/304, 346
- , *Synodontis* 4/322, 361³
- **serrifer, Barbus** 3/194, 188³
- var. *trimaculata, Barbus* 4/177, 190²
- **servus, Helostoma** 1/652, 5/654, 593²,⁴
- **setiger, Myleus** 3/162, 93⁶
- **setigerum, Luciosoma** 3/242, 218³
- **setipinna, Clupea** 2/1107, 872⁶
- **setipinnis, Megalops** 2/1107, 872⁶
- **setosus, Gobius** 2/1092, 820¹
- Seuss' Corydoras 5/278, 289
- **seussi, Corydoras** 5/278, 289
- **severum, Cichlasoma** 1/694, 4/626, 768⁵, 769³,⁴
- **severus, Astronotus** 1/694, 769³,⁴
- , **Heros** 1/694, 4/626, 768⁵, 769
- **sevrice, Capoeta damascina** 5/148, 197
- **sexfasciata, Melanotaenia** 3/1016, 859⁵,⁶, 860¹
- **sexfasciatum, Cichlasoma** 3/726, 710⁵
- **sexfasciatus, Aplocheilus** 1/562, 3/504, 428²,³
- - **baroi, Epiplatys** 3/504, 428
- - , *Distichodus* 1/228, 57
- - , *Haplochromis* 2/900, 626⁶
- - , *Lamprologus* 2/946, 4/652, 657⁴,⁵
- - **leonensis, Epiplatys** 4/386, 423⁶
- - , *Lycocyprinus* 1/562, 428³
- - *multifasciatus, Epiplatys* 4/390, 425⁶
- - , **Neolamprologus** 2/946, 4/652, 657
- - , **Panchax** 1/562, 3/504, 428²,³
- - *petersii, Epiplatys* 4/378, 413¹
- - **rathkei, Epiplatys** 3/504, 428
- - **sexfasciatus, Epiplatys** 1/562, 2/652, 428
- - **togolensis, Epiplatys** 4/396, 428
- **sexlineata, Melanotaenia** 3/1016, 4/800, 859⁵,⁶, 860¹, 861
- , *Nematocentris* 3/1016, 859⁵,⁶, 860¹
- **sexlineatus, Nematocentris** 4/800, 861³
- **sexradiata, Gambusia** 2/726, 526
- **sexradiatus, Gambusia nicaraguensis** 2/726, 526²
- **seyboldi, Nannocharax** 5/30
- Seybolds Bodensalmler 5/30, 60
- **seychellensis, Nothobranchius** 3/516, 434²
- **seymouri, Aphyosemion** 3/526, 438⁵
- „shady", *Pterolebias zonatus* 5/562, 453¹
- „Shark, Siam Highfin" 2/362, 178

Register

shariensis, Nannocharax 4/54, 62[1]
-, *Tilapia* 3/894, 704[3]
shelfordii, Acanthophthalmus 1/364, 171[2]
-, *Pangio* 1/364, 171
sheljuzhkoi, Aplocheilus chaperi 4/396, 428[5]
-, *Epiplatys* 4/396, 428
-, - *chaperi* 4/396, 428[5]
Sheljuzhkos Hechtling 4/396, 428
shiranus, Aethiomastacembelus 4/786, 915
-, *Afromastacembelus* 4/786, 915[6]
-, *Mastacembelus* 4/786, 915[6]
Shire-Stachelaal 4/786, 915
***shoshone,* Cyprinodon nevadensis** 5/484, 478
Shoshone-Wüstenkärpfling 5/484, 478
„Siam Highfin Shark" 2/362, 178
Siambarbe 2/394, 213
***siamensis,* Badis badis** 3/902, 791
-, *Catopra* 3/912, 831[5,6]
-, ***Crossocheilus*** 1/418, 200
-, *Eleotris* 4/766, 805[5]
-, *Epalzeorhynchos* 1/418, 200[4]
-, *Laubuca* 1/412, 199[1]
-, ***Leiocassis*** 2/450, 263
-, *Osphromenus* 1/648, 3/668, 592[4-6]
-, *Oxyeleotris* 4/766, 805[5]
-, ***Platytropius*** 2/574, 380
-, *Pseudeutropius* 2/574, 380[1]
-, *Trichopus* 1/648, 3/668, 592[4-6]
Siamesische Rüsselbarbe 1/418, 200
- Saugschmerle 1/448, 242
Siamesischer Kampffisch 1/632, 548
- Ringelwels 2/450, 263
- Zwergbärbling 3/260, 233
sibiricus, Nemacheilus 3/274, 152[4]
-, *Nemachilus* 1/376, 152[2]
Sibirische Bartschmerle 3/274, 152
- Steinschmerle 3/274, 12
Sibirischer Stör 3/74, 28
***siccula,* Labidesthes** 5/1000, 853
sicculum, Chirostoma 5/1000, 853[2]
Sichelfleck-Panzerwels 1/466, 280
Sichel-Harnischwels 4/296, 338
Sichelkärpfling 2/728, 527
Sichelsalmler 1/292, 114
Sichling 3/252, 224
SICYDIINAE 826, 827
Sicydium elegans 2/1098, 827[6]
- ***punctatum*** 5/1038, 827
Sicyopus jonklaasi 3/1000, 827
***sidthimunki,* Botia** 1/372, 5/110, 166
Siebbuntbarsch 3/728, 711
Siebenfleck-Panzerwels 2/478, 289
Siebenflossenwels, Brauner 5/436, 370
siebenthalae, Brycon 2/246, 76[2]
***sieboldii,* Cichlasoma** 2/880, 716
-, *Heros* 2/880, 716[3]
-, *Paraneetroplus* 2/880, 716[3]

Siebolds Buntbarsch 2/880, 716
Sierra-Leone Zwergsalmler 1/220, 52
Signalbarbe 2/392, 212
Signalsalmler 1/215, 3/142, 119
-, Schultz' 4/94, 111
signata, Atherina 1/822, 2/1138, 865[1-2]
-, ***Belontia*** 1/626, 575
***signatus,* Lamprologus** 4/632, 648
-, *Neolamprologus* 4/632, 648[4,5]
-, *Polyacanthus* 1/626, 575[3]
-, *Pseudomugil* 1/822, 2/1138, 865[1,2]
signifer, Bryttus 1/796, 796[1]
-, ***Lepidarchus adonis*** 1/220, 52
-, *Pseudomugil* 1/822, 2/1138, 865
signum, Xiphophorus 2/780, 563
-, - *helleri* 2/780, 563[1]
sikurae, Atherina 5/1002, 853[6]
-, *Eleotris* 5/1002, 853[6]
-, ***Rheocles*** 5/1002, 853
Silberaalwels 2/568, 376
Silberargus 5/982, 840
Silberauge 2/1036, 833
Silberbärbling 2/404, 224
Silberbarsch, Australischer 2/1040, 843
Silberbeilbauchfisch 1/328, 132
Silberdollar 1/352, 4/136, 92
Silberfleck-Nanochromis 3/806, 693
Silberflossenblatt 1/804, 829
Silberglanz-Buntbarsch 5/758, 610
Silberkarausche 3/204, 197
Silberkarpfen 3/226, 210
-, Gefleckter 3/226, 210
Silberkärpfling 2/722, 520
Silberlachs 5/1088, 908
Silbermantelsalmler 1/264, 104
Silberner Buschfisch 1/620, 571
- Kropfsalmler 2/248, 77
- Pacu 2/328, 92
- Regenbogenfisch 4/790, 855
- Tigerfisch 2/1040, 843
Silberregenbogenfisch 2/1110, 855
Silbersalmler, Gestreckter 2/246, 76
Silberstachelwels, Großer 3/310, 262
Silberstreifen-Panzerwels 1/460, 271
Silberstreifentetra 1/266, 106
Silberwels 1/514, 380
SILLAGINIDAE 4/824, 842
Sillaginopsis panijus 4/824, 842
Sillago domina 4/824, 842[2]
Silondia geneiosus 5/449, 380[6]
Silondia gangetica 5/449, 380[6]
silondia, Pimelodus 5/449, 380[6]
Silondia silondia 5/449, 380[6]
***silondia,* Silonia** 5/449, 380
Silonia silondia 5/449, 380
SILURIDAE 1/515–1/516, 2/576–2/579, 3/423, 4/334, 5/450, 381–383
SILURIFORMES 243–246
Silurodes eugeneiatus 2/578, 382[6]
Silurus anguillaris 2/488, 302[1]

1165

Register

- asotus	2/578, 5/450, 383[2,6]	similis, Procatopus	2/670, 499
- attu	2/578, 383[6]	-, Protomelas	3/780, 628
- bajad	2/448, 4/232, 261[1,2]	-, Rhinogobius	5/1044, 824[2]
- batrachus	1/480, 300[5]	simillima, Loricaria	5/365, 335
- bayad	4/232, 261[1]	**Simochromis babaulti**	2/984, 664
- bicirrhis	1/515, 382[4]	- curvifrons	2/970, 3/852, 664[3,4]
- bimaculatus	1/516, 382[5]	- **dardennii**	2/986, 665
- boalis	2/578, 383[6]	- **diagramma**	3/868, 665
- callarias	1/510, 2/534, 2/560, 359[3], 373[2,4]	- **marginatus**	5/948, 665
		- **pleurospilus**	3/868, 665
- callichthys	1/458, 270[5]	simoni, Crenicichla	4/608, 761[3]
- calvarius	3/322, 266[2]	simotes nyassae, Neochromis	3/694, 676[6]
- cataphractus	1/481, 304[3]	-, Tilapia	2/960, 681[3]
- clarias	1/510, 2/534, 2/560, 359[3], 373[2,4]	**simplex, Betta**	4/568, 583
		-, Nannostomus	1/342, 141[2]
- coecutiens	4/269, 297[6]	Simpson-Korallenplaty	1/610, 558
- coenosus	3/360, 311[3]	- Schwertträger, Roter	1/606, 553
- costatus	1/484, 307[5]	- -Tuxedoplaty	1/610, 558
- cryptopterus	2/576, 382[2]	simpsoni, Ictalurus	1/485, 311[4,5]
- docmak	2/448, 261[2]	Simpsonichthys boitonei	2/636, 441[4]
- dundu	2/558, 372[2]	simulans, Aphyosemion	2/608, 403[4]
- electricus	1/500, 353[5]	-, Enneacanthus	1/796, 795[5]
- fasciatus	1/510, 375[1]	-, Haplochromis	1/720, 624[4]
- fossilis	2/500, 309[5]	-, Hemioplites	1/794, 1/796, 795[4,5]
- galeatus	2/444, 5/236, 256[5,6], 257[1]	-, Hyphessobrycon	1/294, 122[4]
- gariepinus	2/486, 4/265, 301[5,6]	-, **Melanochromis**	5/868, 622
- gerupensis	1/512, 375[6]	-, **Paracheirodon**	1/294, 122
- gerupoca	2/552, 370[1]	simulata, Astyanax	2/290, 121[1]
- **glanis**	3/423, 383	-, Moenkhausia	2/290, 121
- hemioliopterus	2/556, 371[6]	-, **Pseudopristella**	4/114, 123
- juruense	4/324, 368[6], 369[1]	**simulatus, Corydoras**	2/478, 290
- lima	1/512, 2/560, 373[4], 375[6]	simus, Mormyrus	3/1022, 899[6]
		-, Petrocephalus	3/1022, 899
- megacephalus	2/562, 373[5]	sinuatus, Nemacheilus	2/348, 151[1]
- mulleri	2/578, 383[6]	sindonis, Gnatholepis	5/1014, 816[2,3]
- mystus	1/514, 380[4]	Sineleotris sauaharae	3/962, 810[6], 811[1]
- natalis	5/308, 311[2]	sinensis, Abbottina	3/168, 173[6]
- nigrescens	3/360, 311[3]	- atremius, Rhodeus	5/206, 235[4]
- nodosus	2/446, 257[4]	- fukiensis, Sarcocheilichthys	3/266, 5/212, 238[4], 238
- palembangensis	1/515, 382[4]		
- punctatus	1/485, 311[4,5]	-, **Hemimyzon**	5/88, 154
- ruallagoo	2/578, 383[6]	- lacustris, Sarcocheilichthys	3/266, 238[4]
- schall	2/550, 365[6]		
- singio	2/500, 309[5]	-, Leuciscus	5/180, 217[6]
- **soldatovi**	5/450, 383	Sinensis Plattschmerle	5/88, 154
- tigrinum	4/328, 375[2]	sinensis, Pseudogobio	3/168, 173[6]
- vittatus	1/456, 265[2]	-, Psilorhynchus	5/88, 154[5]
silvestris, Hylopanchax	2/660, 497[1]	-, **Sarcocheilichthys**	3/266, 238
-, Hypsopanchax	2/660, 497[1]	-, suigensis, Rhodeus	5/208, 236[4]
sima, Eleotris	1/832, 3/958, 806[4,5]	-, Tylognathus	3/168, 173[6]
-, **Xenotilapia**	3/900, 672	**singa, Epiplatys**	1/562, 428
similans, Tetraodon	1/866, 922[1]	singio, Saccobranchus	2/500, 309[5]
similis, Aphanius sophiae	2/586, 474[2]	-, Silurus	2/500, 309[5]
-, **Corydoras**	4/260, 290	singularis, Stappersetta	3/765, 645[5]
-, Ctenogobius	5/1044, 824[2]	singularis, Stappersia	3/765, 645[5]
-, Cyrtocara	3/780, 628[1]	Sinibotia superciliaris	4/152, 167[2]
-, Fundulus	3/566, 486[1]	Sinigastromyzon	4/142, 160[3]
-, „Haplochromis"	3/780, 628[1]	**Siniperca chua-tsi**	3/925, 841
-, **Neolamprologus**	4/654, 657	- kawamebari	4/742, 841
Similis-Panzerwels	4/260, 290	**Sinogastromyzon wui**	4/142, 160

Register

Sinohomaloptera kwangsiensis	3/286, 151[6]
„Sinóp", *Crenicichla* sp.	5/796, 762
sirhani, Aphanius	3/550, 474
Sirhan-Kärpfling	3/550, 474
SISORIDAE	3/424—3/430, 4/335–4/336, 5/452, 384–386
sjoestedti, Aphyosemion	1/538, 415
-, *Fundulopanchax*	1/538, 415[5]
-, *Fundulus*	1/538, 415[5]
-, *Nothobranchius*	1/538, 415[5]
Skalar	1/766, 5/928, 774, 775
Skiffia bilineata	3/592, 511
- *francesae*	4/468, 511
- *lermae*	4/468, 511, 512
- *multipunctata*	3/594, 4/470, 512
- *punctatus*	4/470, 512[2-4]
skolkovii, Megalobrama	5/184, 5/192, 218[6], 223[6]
Skorpionfische	2/1051, 2/1156, 4/740, 913
Smaragd-Buntbarsch	1/686, 770
- - Fächerfisch	1/554, 449
- -Kampffisch	1/632, 583
- -Panzerwels	1/458, 3/326, 270
Smaragdbetta	1/632, 583
smaragdina, Betta	1/632, 583
Smaragdprachtbarsch	1/752, 697
Smaragdus costalesi	3/980, 815[4,5]
smethlageae, Metynnis	1/352, 92[3]
smithii, Clarias	4/265, 301[5,6]
-, *Microphis*	1/865, 4/828, 879[6]
-, - *(Doryichthys)*	1/865, 4/828, 879[6]
-, *Pseudoperilampus*	5/206, 236[2]
-, ***Rhodeus ocellatus***	5/206, 236
-, *Spirobranchus*	2/790, 3/638, 569[6], 570[1]
-, *Synodontis*	2/550, 365[6]
smiti, Synodontis	5/432, 366
smykalai, Alestopetersius	4/22, 47
-, *Hemigrammopetersius*	4/22, 47[5,6]
-, *Rhabdalestes*	4/22, 47[5,6]
snethlageae, Metynnis	4/136, 92[4]
snijdersi, Nomorhamphus liemi	1/842, 871
socialis, Scaphiodon	3/202, 197[1]
socolofi, Cichlasoma	3/890, 724[6]
-, *Gymnocorymbus*	2/270, 104
-, *Hyphessobrycon*	2/280, 115
-, *Pseudotropheus*	2/976, 633
-, *Thorichthys*	3/890, 724
Socolofs Kirschflecksalmler	2/280, 115
- Rotmantelsalmler	2/270, 103
Soda-Maulbrüter, Grahams	2/978, 681
sodalis, Corydoras	1/474, 3/344, 290
sodatovi tungussicus, Gobio	3/218, 208[3]
solarii, Abramites	3/100, 66
-, *Leporinus*	3/100, 66[3]
solata, Melanotaenia	2/1128, 4/800, 861[4,5]
Soldators Gründling	3/217, 208
soldatovi, Chilogobio	3/266, 238[3]
-, *Gobio*	3/217, 208[2]
-, - *gobio*	3/217, 208
-, *Sarcocheilichthys*	3/266, 238[3]
-, ***Silurus***	5/450, 383
Solea achirus	5/984, 903[6], 904[1]
- *(Brachirus) selheimi*	4/825, 904
- *browni*	5/984, 903[6], 904[1]
SOLEIDAE	2/1052, 2/1157, 4/825–4/826, 904
solis, Pomotis	2/1016, 795[6]
soloni, Synodontis	3/409, 5/432, 366[2], 366
somereni, Chiloglanis	4/314, 356
Somileptes bispinosa	5/110, 171[6]
- *gongota*	5/110, 171
(-) unispina, Canthophrys	2/348, 151[1]
Sommersprossen-Dornwels	5/304, 308
somnolentus, Eleotris	1/832, 806[4,5]
somnulentus, Eleotris	3/958, 806[4,5]
Somphongs Barbe	3/200, 202
somphongsi, Barbus	3/200, 202[2]
-, *Carinotetraodon*	1/866, 919[5]
-, ***Rasbora***	3/260, 233
-, *Tetraodon*	1/866, 919[5]
sompongsei, Rasbora	3/260, 233[2]
Sonnenbarsch, Blauer	1/798, 796
-, Gemeiner	1/798, 796
-, Grüner	1/796, 796
-, Orangeflecken-	4/720, 796
-, Schlamm-	4/720, 5/979, 793
Sonnenbarsche	1/786, 1/791–1/799, 2/1014–2/1018, 5/979–5/980, 793–796
Sonnenfisch, Weichstrahl	2/1140, 863
Sonnenfleckbarbe	2/376, 193
Sonnenkärpfling	3/622, 546
Sonnenmäulchen	1/404, 221
Sonnenschmerle	2/340, 164
Sonnenstrahlfisch, Celebes	1/824, 865
-, Towoeti	3/938, 865
Sonnenwels	4/308, 351
sonoriensis, Girardinus	3/622, 546[1]
sopa, Abramis	5/118, 174[3]
sophiae, Aphanius	4/418, 5/484, 472[6], 473[1], 474
-, *Cyprinodon*	5/484, 474[5]
-, *Lebias*	5/484, 474[5]
- *mentoides, Aphanius*	2/586, 474[2]
- *similis, Aphanius*	2/586, 474[2]
sophore, Puntius	2/378, 194[6]
soro, Tor	2/360, 176
Sorong-Regenbogenfisch	4/794, 858
Sorubim infraocularis	1/512, 375[6]
- *lima*	1/512, 375
- *luceri*	1/512, 375[6]
- *mena*	2/564, 374[6]
sota, Colisa	1/634, 5/650, 590[2]
-, *Trichogaster*	1/634, 590[2]

1167

Register

soudanensis, Petrocephalus 5/1072, 900
souffia agassizi, Leuciscus 3/240, 217
- *souffia, Leuciscus* 5/178, 217
Spanienkärpfling 1/522, 473, 474
sparoides, Centrarchus 1/791, 794[2]
sparrmani, Chromis 3/894, 703[5]
sparrmanii, Tilapia 3/894, 703
Sparrmans Tilapia 3/894, 703
sparsidens, Haplochromis 3/692, 688[4]
-, *Tilapia* 3/692, 688[4]
Sparus aureus 1/798, 796[2]
- *desfontainii* 5/730, 689[5]
- *galilaeus* 3/864, 698[4]
- *saxatilis* 3/756, 760[6]
- *scandens* 1/619, 569[2]
- *surinamensis* 1/706, 766[1]
- *testudineus* 1/619, 569[2]
Spatelmaul, Zebra- 4/326, 371
Spatelschwanz-Bachling 3/544, 465
Spatelwels 1/512, 375
Spatennilhecht 5/1070, 898
Spathodus erythrodon 2/986, 665
- **marlieri** 2/585, 665
spathula, Planirostra 2/215, 30[1]
-, *Polyodon* 2/215, 30
-, *Squalus* 2/215, 30[1]
spatula, Cottus 4/724, 913[3]
-, *Lepidosteus* 2/212, 32[6]
-, *Platycephalus* 4/724, 913[3]
Spatularia reticulata 2/215, 30[1]
Spatuloricaria cf. *caquetae* 4/230, 351
spechti, Macropodus opercularis var.
 1/638, 586[2]
- **speciosa, Gambusia** 2/722, 4/492,
 520[3], 526
-, *Zygonectes* 2/722, 520[3]
speciosus, Acharnes 2/856, 750[6]
-, **Lamprologus** 4/630, 648, 649
-, **Rivulus** 5/602, 466
spectabile, Aphyosemion 3/462, 398[2]
-, *Cichlasoma* 3/714, 750[1]
-, **Etheostoma** 3/920, 836
spectabilis, Acara 3/714, 750[1]
-, *Astronotus* 3/714, 750[1]
-, **Caquetaia** 3/714, 750
-, *Gobius* 3/982, 816[6]
-, *Heros* 3/714, 750[1]
-, *Petenia* 3/714, 750[1]
-, *Poecilichthys* 3/920, 836[5]
-, - *coeruleus* 3/920, 836[5]
- *pulchellus, Poecilichthys* 3/920, 836[5]
specularis, Cyprinus 1/414, 201[2]
Speichenwels 2/500, 309
-, Kleiner 2/500, 309
Speisegurami 1/652, 3/670, 594
spekii, Kneria sp. aff. 3/1006, 881
-, *Pelmatochromis* 5/930, 683[6]
Sphaerichthys acrostoma 2/804, 591
- *osphromenoides*
 osphromenoides 1/644, 591

- *osphromenoides*
 selatanensis 2/806, 591
- *vaillanti* 5/653, 591
Sphagebranchus cephalopeltis 5/1081,
 849[6]
sphenops, Mollienesia 1/602, 3/614,
 538[1,2], 542[1,2]
- *pallida, Mollienesia* 4/524, 540[5,6]
-, **Poecilia** 1/602, 2/738,
 541[3], 542
- *tropica, Mollienesia* 4/520, 538[6], 539[1]
- *vandepolli, Mollienisia* 5/624, 542[4,5]
spicifer, Bombonia 4/828, 879[1]
-, *Corythroichthys* 4/828, 879[1]
-, **Hippichthys** 4/828, 879
-, *Syngnathus*
 (Parasyngnathus) 4/828, 879[1]
- var. *gastrotaenia,*
 Syngnathus 4/828, 879[1]
Spiegelkärpfling 1/610, 557
-, Veränderlicher 2/782, 536
spilargyreia, Aplocheilus 4/398, 429[2-4]
-, *Haplochilus* 4/398, 429[2-4]
-, *Poecilia* 4/398, 429[2-4]
spilargyreius, Epiplatys 4/398, 429
-, *Haplochilus* 4/390, 425[4]
-, *Panchax* 4/398, 429[2-4]
spilauchen, Aplocheilichthys 1/544, 4/350,
 492[5,6], 496
-, *Epiplatys* 1/544, 496[2]
-, *Haplochilus* 1/544, 496[2]
-, *Poecilia* 1/544, 496[2]
spillmanni, Epiplatys 2/644, 422[6]
-, - *chaperi* 2/644, 422
Spillmanns Hechtling 2/644, 422
spiloclistron, Anostomus 3/102, 67
spilonota, Poecilia 4/520, 538[6], 539[1]
-, *Platypoecilus* 1/602, 4/520,
 538[6], 539[1], 542[1,2]
spilopleura, Luciosoma 3/242, 218
-, *Osteochilus* 2/400, 223
-, *Serrasalmus* 1/358, 96
-, *Vaimosa* 1/838, 825[4]
spilopterus, Acentrogobius 5/1008, 814[2]
-, *Arnoldichthys* 1/216, 48
-, *Cyrtocara* 5/910, 628[2,3]
-, *Haplochromis* 5/910, 628[2,3]
-, *Petersius* 1/216, 48[1]
-, **Protomelas** 5/910, 628
-, *Xenotilapia* 3/900, 672
spilorhynchus, Champsochromis 2/904,
 607, 608
-, *Cyrtocara* 2/904, 607[6], 608[1]
-, *Haplochromis* 2/904, 607[6], 608[1]
spilosoma, Parotocinclus 5/392, 341
-, *Parotocinclus* cf. 5/392, 341
-, *Plecostomus* 5/392, 341[5,6]
spilota, Copella 3/158, 143[6]
-, *Mogurnda* 4/762, 812
-, *Pyrrhulina* 3/158, 143

Register

-, *Schistura* sp. aff. 5/98, 160
spilotogena, Betta 5/647, 580[5,6], 581[1]
spilotum, Cichlasoma 2/874, 714[2,3]
spilotus, Aspidoras 5/251, 269
-, *Fundulus* 3/571, 486[5]
-, *Nemacheilus* 5/98, 160[2]
spilura, Curimata 2/304, 128
spilurum, Cichlasoma 1/694, 716
-, *Sarotherodon niger* 3/832, 695[1]
spilurus, Chromis 3/832, 695[1]
-, *Crenuchus* 1/317, 85
-, *Cyphocharax* 2/304, 128[4]
-, *Gobius* 2/1092, 820[1]
- *hauxwellianus, Ctenobrycon* 1/262, 103
-, *Heros* 1/694, 716[6]
-, *Iguanodectes* 1/296, 88
- *niger, Oreochromis* 3/830, 694
-, *nigra, Tilapia* 3/830, 694[6]
-, *Piabuca* 1/296, 88[6]
-, *Piabucus* 1/296, 88[6]
- *spilurus, Oreochromis* 3/832, 695
-, *Tetragonopterus* 1/262, 103[6]
-, *Tilapia* 3/832, 695[1]
-, - *nigra* 3/832, 695[1]
Spindelbuntbarsch 3/808, 652
spinifer, Cynolebias 3/491, 443[3]
-, *Engraulicypris* 3/246, 219[1]
-, **Mesobola** 3/246, 219
-, *Neobola* 3/246, 219[1]
spinosa, Garra 2/386, 207[1]
spinosissima, Isorineloricaria 3/372, 332
spinosissimum var.
 immaculata, Cichlasoma 4/590, 5/726, 706[6], 707[1]
spinosissimus, Archocentrus 4/590, 5/726, 706
-, *Heros (Cichlasoma)* 4/590, 5/726, 706[6], 707[1]
-, *Plecostomus* 3/372, 332[4]
spinosus, Anabas 1/619, 569[2]
-, *Chaetostomus* 3/380, 346[4]
-, *Hemiancistrus* 3/380, 346[4]
-, *Hypostomus* 3/380, 346[4]
-, **Pseudacanthicus** 3/380, 346
spinulosus, Gasterosteus 1/834, 877[5]
Spirlinus bipunctatus 1/379, 176[2]
Spirobranchus bainsii 2/792, 572[5]
- *capensis* 2/792, 572[6]
- *multispines* 3/638, 569[6], 570[1]
- *smithii* 2/790, 3/638, 569[6], 570[1]
Spitzbartfisch 1/854, 895
„Spitzkopf", *Betta climacura* 3/644, 577
Spitzkopfbuntbarsch,
 Glänzender 2/852, 750
Spitzkopfgrundel 2/1063, 804
-, Gestreifte 3/954, 804
Spitzkopfgurami 3/660, 585
Spitzkopfmaulbrüter 2/922, 618
Spitzkopf-Perlmuttercichlide 2/906, 764

Spitzkopfschmerle 4/152, 167
Spitzkopfsegelflosser 2/976, 774
Spitzmäuliger
 Schokoladengurami 2/804, 591
Spitzmaulkärpfling 1/602, 541
Spitzmaulpanzerwels 2/458, 270
Spitzmaul-Ziersalmler 1/340, 140
Spitzschwanzmakropode,
 Gefleckter 1/640, 586
-, Roter 1/642, 587
-, Schwarzer 1/642, 589
Spitzzahnsalmler 1/222, 4/36, 52
Spixostoma lucia 2/300, 126[2]
splendens, Alestes 5/18, 47[1]
-, **Ameca** 2/703, 508
-, *Anatolichthys* 4/414, 471[4]
-, *Aphanius* 4/414, 471
-, - *anatoliae* 4/414, 471[4]
-, **Betta** 1/632, 3/650, 4/565, 580[3,4], 584
-, ", „Betta 1/630, 583[1]
-, **Brochis** 1/458, 3/326, 270
-, *Callichthys* 1/458, 3/326, 270[3,4]
-, *Kosswigichthys* 4/414, 471[4]
-, - *splendens* 4/414, 471[4]
-, *Lamprologus* 4/654, 658[4]
-, **Neolamprologus** 4/654, 658
-, *Rachovia* 2/672, 454[6]
- *saldae, Anatolichthys* 4/414, 471[4]
- -, *Kosswigichthys* 4/414, 471[4]
- *splendens, Kosswigichthys* 4/414, 471[4]
splendida, Astronotus 2/966, 721[6]
- **australis, Melanotaenia** 2/1128, 4/800, 861
- *fluviatilis, Melanotaenia* 1/850, 858[3]
- *inornata, Melanotaenia* 2/1131, 861
-, *Nematocentris* 1/852, 862[2]
-, **Petenia** 2/966, 721
- *rubrostriata, Melanotaenia* 2/1128, 862
- *splendida, Melanotaenia* 1/852, 862
- *tatei, Melanotaenia* 3/1018, 862
splendidus, Fundulus 3/462, 398[2]
splendopleure, Aphyosemion 3/486, 415
splendopleuris, Fundulopanchax 3/486, 415[6]
spoorenbergi, Aphyosemion 2/622, 416
Spoorenbergs Prachtkärpfling 2/622, 416
sprengerae, Iodotropheus 2/918, 615
Springbarsch, Fächerschwanz 3/918, 835
-, Grünseiten- 3/914, 835
-, Manitou- 5/981, 837
-, Mosaik- 4/728, 836
-, Orangekehliger 3/920, 836
-, Regenbogen- 3/916, 835
-, Schwarzer 3/920, 836
-, Vierbinden- 4/728, 836
-, Zebra- 5/981, 837
Spritzsalmler 1/332, 139

1169

Register

spurelli, Barbus 2/362, 178[3]
spurius, Heros 1/694, 769[3,4]
-, Salmo 3/1033, 908[6], 909[1,2]
spurrelli, Aphyosemion 1/542, 1/564, 417[3], 430[6]
-, Fundulopanchax 3/466, 404[2-5]
Squalalburnus oblongus 3/170, 176[5]
- taeniatus 2/360, 176[6]
Squalidus chankaensis chankaensis 3/268, 239
Squalius cephalus 3/238, 216[1]
- delineatus 1/424, 215[2]
- dobula 3/238, 216[1]
- elatus 3/264, 237[6]
- leuciscus 3/240, 217[2]
- turcicus 3/238, 216[1]
Squalus microdon 2/220, 36[6]
- spathula 2/215, 30[1]
squamiceps, Nanochromis 5/886, 693
-, Pseudoplesiops 5/886, 693[6]
squamosissimus, Barbus 3/192, 187[5]
Sri Lanka-Leuchtaugenfisch 5/464, 868
Stachelaal 1/846, 917
-, Augenfleck- 1/848, 917
-, Bänder- 1/848, 918
-, Lönnbergs 4/786, 915
-, Moores 2/1105, 916
-, Rotstreifen- 1/848, 918
-, Shire- 4/786, 915
-, Tanganjika- 3/1008, 916
-, Tanganjikasee- 5/1060, 915
-, Zügel- 4/784, 916
Stachelaale 1/817, 1/846–1/849, 2/1105–2/1106, 3/1008–3/1011, 4/784–4/787, 5/1056–5/1062, 915–918

Stachelbitterling, Asmuss' 2/358, 175
Stachelbuntbarsch 3/738, 713
Stachelflosser, Ceylon- 1/626, 575
Stachelharnischwels 3/372, 332
Stachelkopf-Flossensauger 5/88, 154
Stachelrochen 4/14, 34, 36
-, Leopolds 5/15, 35
-, Schröders 5/16, 36
Stachelwels, Amur- 3/322, 266
-, Antennen- 2/452, 264
-, Bajad- 4/232, 261
-, Bleekers 3/318, 264
-, Buckel- 3/304, 260
-, Gelber 3/303, 260
-, Großmaul- 3/304, 260
-, Honig 5/246, 266
-, Kosatok- 3/312, 265
-, Leopardflecken- 3/316, 263
-, Marmorierter 3/308, 262
-, Mondfinsternis- 5/448, 379
-, Schulterfleck- 1/456, 264
-, Schwalbenschwanz- 5/244, 264
-, Schwarzkopf 3/318, 264
-, Sunda- 3/314, 263

-, Tanganjika- 2/452, 263
-, Teleskop- 3/306, 261
-, Ussuri- 3/314, 266
-, Walkers 3/308, 262
Stachelwelse 1/455–1/457, 2/448–2/454, 3/303–3/323, 4/231–4/234, 5/244–5/248, 259–266
staecki, Apistogramma 3/688, 746
-, Pterolebias 3/527, 454
Staecks Schleierkärpfling 3/527, 454
- Zwergbuntbarsch 3/688, 746
stagnalis, Austrofundulus 2/630, 440[2,3]
-, Salmo 3/1035, 909[5]
-, - salvelinos 3/1035, 909[5]
-, Salvelinus alpinus 3/1035, 909[5]
-, - umbla 3/1035, 909[5]
Stahlblauer Maulbrüter 1/742, 622, 773
- Prachtkärpfling 1/532, 406
- Wüstenfisch 1/556, 477
staigeri, Brisbania 2/1107, 872[6]
Stappersetta singularis 3/765, 645[5]
Stappersia singularis 3/765, 645[5]
stappersii, Callochromis 3/714, 3/762, 642[3], 645[3]
-, Luciolates 4/724, 797[2]
-, Pelmatochromis 3/714, 3/762, 642[3], 645[3]
-, Varicorhinus 3/186, 181[6]
„Staubsauger"-Cichlide 5/818, 646
Steatocranus casuarius 1/768, 699
- elongatus 1/768, 699[6]
- gibbiceps 3/870, 700
- glaber 2/990, 700
- irvinei 3/872, 700
- tinanti 2/990, 700
- ubanguiensis 3/874, 701
Steatogenes elegans 1/862, 884
Stechrochen, Gemeiner 1/209, 35
Stegastes otophorus 4/738, 839
stegemanni, Hyphessobrycon 4/100, 115
Stegemanns Tetra 4/100, 115
Steilstirnbuntbarsch 2/859, 708
steinbachi, Sarotherodon 5/940, 684
-, Tilapia 5/940, 684[3]
Steinfarbener Damba 5/905, 782
Steinbarsch 2/1014, 793, 794
Steinbeißer 1/374, 167
-, Gold- 4/162, 171
-, Indischer 2/346, 168
-, Kaspischer 5/112, 167
- Rumänischer 5/116, 171
Steinbuntbarsch", „Inka 5/956, 778
steindachneri, Apistogramma 1/678, 746
-, Characidium 4/123, 80
-, Cichlasoma 3/752, 5/756, 717
-, Cichlosoma 3/752, 717[1]
-, Corydoras 2/480, 293
-, Epiplatys 2/644, 422[2]
-, Geophagus 1/706, 5/814, 765[5]
-, Gnathocharax 1/246, 82

Register

-, *Heterogramma* 1/678, 746³
-, *Parapetenia* 3/752, 717¹
-, *Pimelodella* 5/442, 372
-, *Tetraodon* 1/868, 920⁴,⁵
Steindachnerina elegans 2/303, 129
- *metae* 4/128, 129
Steindachners Antennenwels 5/442, 372
- Bodensalmler 4/123, 80
- Panzerwels 2/480, 293
- Zwergbuntbarsch 1/678, 746
steineri, Rasbora 3/260, 233
-, - *cephalotaenia* 3/260, 233³
Steiners Rasbora 3/260, 233
Steinfarbener Damba 5/905, 782
steinforti*, *Nothobranchius 4/408, 436, 437
Steinforts Prachtgrundkärpfling 4/408, 436, 437
Steingroppe 3/948, 913
Stein-Harnischwels 3/374, 335
Steinschill 4/734, 838
Steinschmerle, Sibirische 3/274, 152
Steinwels 5/308, 311
stellarus, Doliichthys 3/978, 814⁶
- *leobergius, Benthophilus* 3/978, 814⁶
stellatum, Pygidium cf. 3/432, 388
stellatus, Acipenser 3/78, 29
-, *Bentophilus* 3/978, 814
- *casachicus, Benthophilus* 3/978, 814⁶
-, *Cynolebias* 5/535, 447
-, *Gasteropelecus* 1/328, 132⁶
- *stellatus, Benthophilus* 3/978, 814⁶
-, *Thoracocharax* 1/328, 132⁶
stellifer, Hemichromis 3/788, 692
-, *Rachovia* 2/674, 455
-, *Rivulus* 2/674, 455⁴
stenocephalus, Corydoras 5/276, 293
Stenogobius acutipinnis 2/1092, 820¹
- *gymnopomus* 2/1063, 3/954, 3/1000, 804⁴, 821
- *melanostigma* 2/1092, 820¹
- *thomasi* 5/1050, 822¹
stenomus, Bagrus 3/314, 263³
-, *Leiocassis* 3/314, 263
-, *Liocassis* 3/314, 263³
-, *Pseudomystus* 3/314, 263³
stenorhynchus, Acipenser 3/74, 28¹
- var. *baicalensis, Acipenser* 3/74, 28¹
stenurus, Noemacheilus 2/354, 158³
stephensoni, Barilius 2/408, 221⁵
-, *Homaloptera* cf. 5/90, 155
sterbai, Corydoras 2/480, 294
Sterbas Panzerwels 2/480, 294
stercusmuscarum, Craterocephalus 2/1056, 853
Sterlet 1/207, 28
Sterlethus gmelini 1/207, 28⁵
- *ruthenus* 1/207, 28⁵
Sternarchorhamphus macrostomus 5/988, 883⁴

Sternarchorhyncus macrostomus 5/988, 883⁴
Sternarchus albifrons 1/821, 883¹,²
- *leptorhynchus* 3/936, 883³
- *macrostomus* 5/988, 883⁴
- *maximiliani* 1/821, 883¹,²
- *virescens* 1/862, 885⁵
Sternenfächerfisch 5/535, 447
Sternflecksalmler 1/308, 123
-, Falscher 4/114, 123
Sterngucker-Hechtbuntbarsch 4/596, 755
Sternhausen 3/78, 29
***sterni*, Hemiodopsis** 2/312, 134
sternicla, Clupea 1/328, 132⁵
-, *Gasteropelecus* 1/328, 132
Stern-Kaulquappengrundel 3/978, 814
STERNOPYGIDAE 96, 97
Sternopygus carapo 1/840, 3/1029, 884¹, 885⁶
- *carapus* 1/840, 884¹
- *humboldtii* 1/862, 885⁵
- *limbatus* 1/862, 885⁵
- *lineatus* 1/862, 5/992, 885⁴,⁵
- ***macrurus*** 3/1029, 885
- *marcgravii* 3/1029, 885
- *microstomus* 1/862, 4/827, 5/992, 885³⁻⁵
- *tumifrons* 1/862, 4/827, 885³,⁵
Sterns Keulensalmler 2/312, 134
sterzii, Chanodichthys 5/192, 223⁶
Stethaprion erythrops 4/78, 96
STETHAPRIONINAE 96, 97
Stevardia albipinnis 1/250, 86⁴
- *aliata* 1/250, 86⁴
- *riisei* 1/250, 86⁴
stevardii, Hoplosternum 2/480, 296³
steveni Eastern", „*Haplochromis* 3/784, 614
- Maleri", „*Haplochromis* 3/784, 614
-, *Gobius* 3/992, 818⁴,⁵
stevensi, Ophiocephalus 1/827, 799⁵
stevensoni, Barilius 2/408, 221⁵
steyermarki, Leporinus 3/106, 70
Stichling, Amerikanischer 3/968, 876
-, Aral- 4/770, 877
-", „Burma- 3/1004, 878
-, Dreistachliger 1/834, 877
-, Fünfstacheliger 3/968, 877
-, Großer 1/834, 877
-, Kleiner 1/834, 878
-, Neunstachliger 1/834, 878
-, Vierstachliger 3/968, 876
Stichlinge 1/816, 1/834, 3/968–3/971, 876–878
Stichlingsfische
sticta, Bunaka 4/750, 804¹
stictopleuron, Epiplatys 2/660, 497¹
-, *Hylopanchax* 2/660, 497
stictus, Hemigrammus 2/276, 108
Stier-Antennenwels 5/435, 368

1171

Register

stigmaeus, Epalzeorhynchos 1/420, 203
stigmaeus, Epalzeorhynchus 1/420, 203[4]
stigmaterythraeus, Pygocentrus 1/356, 95[3,4]
stigmatias, Axelrodia 2/261, 100
-, Hyphessobrycon 2/261, 100[5]
Stigmatochromis modestus 5/950, 637
- **pholidophorus** 5/952, 637
„Stigmatogobius hoevenii" 3/990, 822[5]
- inhacae 3/990, 822[6]
- minutus 4/780, 821[2,3]
- **sadanundio** 1/838, 825
- versicolor 4/780, 821[2,3]
stigmatopygus, Barbus 5/136, 192
stigmatura, Rasbora 1/440, 234[1]
stigmaturus, Distichodina 5/26, 57[4]
-, Distichodus 5/26, 57[4]
Stint, Australischer 3/1028, 891
Stiphodon elegans 2/1098, 827[6]
- **ornatus** 2/1098, 827
- semoni 2/1098, 827[6]
Stipodon elegans 2/1098, 827[6]
Stirnstreifenbuntbarsch 2/986, 665
Stizostedion lucioperca 3/922, 838
- **volgensis** 4/734, 838
Stizosterhium lucioperca 3/922, 838[3]
stocki, Crenicichla 4/610, 763
stokelli, Gobiomorphus 5/1022, 808[3,4]
stoli, Copella 3/158, 144[1]
-, Noemacheilus 2/354, 158[3]
-, **Pyrrhulina** 3/158, 144
stoliczkae, Cobitis 2/354, 158[3]
-, Glyptosternum 3/426, 385[6]
stoliczkai, Nemacheilus 2/354, 158
-, Noemachilus 2/354, 158[3]
-, Tripophysa 2/354, 158[3]
stoliczkanus, Barbus 1/400, 2/376, 193[5], 193
-, - ticto 2/376, 193[6]
-, Cyprinodon 2/586, 473[2]
-, Puntius 2/376, 193[6]
Stoliczkas Schmerle 2/354, 158
stollei, Aequidens 3/680, 731[4]
Stomacatus catostomus 4/148, 161[3]
Stomatepia mariae 5/954, 684
- **pindu** 5/954, 685
„Stonecat" 5/308, 311
Stör, Amur- 3/78, 28
-, Grüner 3/76, 28
-, Sibirischer 3/74, 28
Störe, Echte 1/206, 3/74, 28, 29
stormsi, Micralestes 2/226, 3/90, 53
-, **Schwetzochromis** 2/962, 4/686, 695, 699
stormsii, Tilapia 2/962, 4/686, 695[4], 699[5]
Störspatelwels 2/564, 374
Störwels 2/524, 352
-, Filament- 5/356, 332, 333
-, Kopfleisten- 4/278, 322
-, Leightons 3/393, 352

-, Segelflossen- 2/524, 352
Strabo nigrofasciatus 1/852, 862[2]
straeleni, Astatoreochromis 3/692, 676
-, Haplochromis 3/692, 676[2]
-, Perissodus 3/848, 664[2]
-, **Plecodus** 3/848, 664
Straelens Buntbarsch 3/692, 676
stramineus, Aphyocharax 2/244, 5/34, 75[3-5]
-, **Bryconamericus** sp. aff. 3/128, 101
-, **Quirichthys** 2/1056, 853
-, Quiris 2/1056, 853[4]
strandjae, Phoxinus phoxinus 5/197, 226[4]
strauchi, Diplophysa 2/354, 158[4]
-, **Nemacheilus** 2/354, 158
-, Noemacheilus 2/354, 158[4]
-, Phoxinus 2/404, 225[4]
Streber 4/736, 838
streber, Zingel 4/736, 838
Streifenbarbe 2/378, 197
Streifenbuntbarsch 1/670, 753
-, Indischer 2/906, 781
Streifendornwels, Falscher 2/446, 258
Streifenflossiger Prachtgrundkärpfling 3/522, 437
Streifenflugbarbe 3/208, 204
Streifengrundel 2/1064, 807
Streifenhechtling 1/548, 5/472, 419
-, Grüner 1/546, 418
-, Werners 3/492, 418
Streifenhechtsalmler 2/299, 126
Streifenkampffisch 1/628, 576
Streifen-Nanderbarsch 3/912, 831
Streifenprachtbarsch 1/752, 697
Streifensalmler, Amerikanischer 3/124, 98
Streifenschmerle 2/344, 167
Streifenschwertträger 2/765, 556
Streifentrugdornwels 5/236, 257
Streifenwels Indischer 1/456, 265
Streitbarer Kampffisch, Schlanker 3/642, 576
Strializa canaliculatus 5/1075, 887[5]
striata, Botia 2/344, 4/151, 167
-, Channa 1/830, 800
-, Cobitis 3/280, 152[1]
-, Eleotris 3/962, 811[3]
-, Trichopsis 1/650, 590[1]
striatulus, Parauchenipterus 5/236, 257[2]
striatum, Aphyosemion 1/540, 4/366, 4/376, 400[4,5], 412[3], 416
- ogoense, Aphyosemion 3/484, 413[5]
- sangmelinense, Aphyosemion 4/376, 412[3]
striatus, Chaetodon 1/810, 840[5]
-, Haplochilus 1/540, 416[2]
-, **Leporinus** 1/240, 70
-, Luciocharax 4/125, 126[4]
-, Ophicephalus 1/830, 800[2]

Register

-, *Ophiocephalus*	1/830, 800²	*subfusca, Schistura*	159
-, *Osphromenus*	1/650, 590¹	*sublaevis, Phoxinus*	2/404, 225⁴
-, *Perilampus*	1/408, 196⁵	*sublineatus, Barbus*	5/138, 192
-, *Trichopus*	1/650, 590¹	*submarginatus, Clarias*	4/263, 4/266, 301², 302²
Strichbärbling	3/258, 232		
strigata, Carnegiella strigata	1/326, 132	- *liocephalus, Clarias*	4/266, 302²
-, *Crenicichla*	1/698, 763	- *thysvillensis, Clarias*	4/263, 301²
-, - *brasiliensis* var.	1/698, 763⁶	*subocellatus, Hemichromis*	1/750, 697³
-, - *johanna* var.	1/698, 763⁶	-, *Pelmatochromis*	1/750, 697³
- *fasciata, Carnegiella*	1/326, 132	-, *Pelvicachromis*	1/750, 697
strigatus, Awaous	3/974, 827	*subocularis, Acara*	1/684, 2/812, 3/708, 729², 748⁴⁻⁶
-, *Euctenogobius*	3/974, 827¹,²		
-, *Gasteropelecus*	1/326, 132³	-, *Aequidens*	2/812, 729²
-, *Gobionellus*	3/974, 827¹,²	*suborbitale, Parodon*	2/318, 136
-, *Rivulus*	2/680, 460²	*subteres, Kronichthys*	5/354, 332
-, *Xiphophorus*	1/606, 5/632, 552⁶, 553¹,²,⁶, 554¹⁻⁶	*subulatus, Callichthys*	2/480, 296³
		sucatio, Psilorhynchus	5/226, 228
-, - *helleri*	1/606, 2/765, 552⁶, 553¹,²,⁴	*sucetta, Cyprinus*	2/337, 161⁶
		-, *Erimyzon*	2/337, 161
strigosus, Tetrodon	2/1162, 921¹	*sucklii, Catostomus*	3/165, 161⁵
strohi, Betta	4/570, 579³	Südamerikanische Forelle	3/108, 75
Strömer	3/240, 217	Südamerikanischer Großschuppensalmler	1/244, 76
- Französischer	5/178, 217		
Stromlinien-Panzerwels	1/460, 273	- Leuchtaugenfisch	3/448, 499
Stromschnellen-Erdfresser	3/862, 775	- Lungenfisch	2/207, 38
Stromschnellenwels	2/527, 356	- Schmetterlingsbuntbarsch	1/748, 772
-, Migori-	4/314, 356	-, Vielstachler	1/806, 831
-, Ostafrikanischer	3/396, 355	Südaustralischer Zwergbarsch	2/1030, 833
-, Schwanzfleck-	3/396, 355		
-, Schwanzstreifen-	4/314, 356	Südeuropäische Plötze	3/264, 237
Strömungsbuntbarsch, Grüner	4/664, 720	*Sudis gigas*	2/1151, 901⁴
Strophidon maculata	5/1080, 849⁵	- *niloticus*	2/1152, 901⁵
- *punctata*	5/1080, 849⁵	- *piracuru*	2/1151, 901⁴
stuartgranti, Aulonocara	2/842, 606	Südlicher Großaugen-Maulbrüter	3/712, 642
stuarti, Carlhubbsia	4/480, 519		
Stuarts Kärpfling	4/480, 519	*suifunensis, Lagowskiella czekanowskii*	5/170, 213
stubeli, Hemidoras	2/496, 307³		
-, *Oxydoras*	2/496, 307³	*suigensis, Rhodeus*	5/208, 236
stuebelii, Opsodoras	2/496, 307	-, - *sinensis*	5/208, 236⁴
Stumpfmäuliger Tetra	4/80, 98	Sulawesi Regenbogenfische	865
Stumpfnasen-Zwergdöbel	5/198, 226	*sulcatus, Gobius*	3/996, 819³
sturanyi, Nemachilus	1/376, 152²	„Sulphur Head", *Haplochromis*	4/662, 625
sturio, Acipenser	3/81, 29	*sulphuraria, Mollienesia*	4/534, 542³
-, *Platystoma*	2/564, 374³	-, *Poecilia*	4/534, 542
-, *Platystomatichthys*	2/564, 374	*sulphurophila, Limia*	4/506, 533
Sturisoma aureum	2/518, 351, 352	Sumatrabarbe	1/400, 193
- *barbatum*	2/523, 352	Sumatrabärbling	2/420, 233
- *brevirostre*	2/524, 352³	Sumatra-Dornauge	1/364, 170
- *leightoni*	3/393, 352⁵,⁶	Sumatra-Halbschnäbler	2/1102, 870
- *nigrirostrum*	2/524, 352	*sumatrana, Rasbora*	2/420, 233
- *panamense*	2/254, 352	*sumatranus, Acrossocheilus*	2/360, 176¹
Sturisomatichthys leightoni	3/393, 352	-, *Barbichthys laevis* var.	2/362, 178¹
styani, Scombrocypris	5/152, 202⁴	-, *Barbus*	3/194, 190¹
stymphalicus, Leucaspius	4/208, 225³	-, *Dermogenys pusillus*	2/1102, 870
-, *Phoxinellus*	4/208, 225	-, *Gobius*	5/1017, 816⁵
sua, Thaigobiella	1/836, 817²	-, *Hemirhamphus*	2/1102, 870⁴
suavis, Cliola	1/428, 220⁵	-, *Leuciscus*	2/420, 233⁵
-, *Cyprinella*	1/428, 220⁵	-, *Lissochilus*	2/360, 176¹
subcarinatus, Hypostomus	1/490, 331¹	-, *Pangio kuhlii*	1/364, 170
subcoerulea, Amia	2/205, 32²	-, *Puntius*	3/194, 190¹

1173

Register

-, *Trichogaster trichopterus* 3/668, 592
sumatrensis, Rasbora 2/420, 233[5]
Sumpfbarbe 5/132, 189
Sumpf-Blauauge 3/1026, 864
Sumpfelritze 4/214, 225
Sumpfspringbarsch 3/918, 835
Sunda-Stachelwels 3/314, 263
sungariensis, Acanthorhodeus
  asmussi 2/358, 175[4]
Super VC 10 2/900, 627
superciliaris, *Botia* 4/152, 167
-, *Sinibotia* 4/152, 167[2]
suratensis, Chaetodon 2/906, 781[4]
-, *Etroplus* 2/906, 781
sureyanus, Aphanius 4/414, 471[5,6]
-, *Aphanius* 4/414, 4/420, 471
-, - anatoliae 4/414, 4/420, 471[5,6]
-, *Cyprinodon* 4/414, 471[5,6]
surinamensis, Anableps 1/820, 504[2]
-, *Corydoras* 3/346, 294
-, - schwartzi 3/346, 294[2]
-, *Geophagus* 1/706, 4/618,
  765[1], 766[1]
-, *Hoplosternum thoracarum* 3/351, 296[6]
-, *Mesonauta* 1/806, 831[4]
-, *Mollienesia* 4/534, 543[3,4]
-, *Mollienisia* 2/744, 543[2]
-, *Poecila* 2/744, 543[2]
-, *Poecilia* 4/534, 543[3,4]
-, *Sparus* 1/706, 766[1]
Surinam-Panzerwels 3/346, 294
- -Perlfisch 1/708, 766
Süßwasserährenfisch,
  Gesprenkelter 2/1056, 853
-, Marjorie- 2/1054, 852
Süßwasser-Demoiselle 4/738, 839
- -Georg 4/738, 839
- -Hornhecht 1/826, 869, 870
- -Zackenbarsch 4/742, 841
Süßwasserdorsch 2/1075, 833
Süßwasserhering, Australischer 2/1062,
  872
-, Goldstreifen- 5/106, 872
Süßwasserheringe 5/1006, 872
Süßwassermuräne 5/1080, 849
Süßwassernadel, Große 1/865, 4/828, 879
-, Kleine 1/864, 878
Süßwasserrochen 1/206, 1/209,
  2/219, 4/14–4/20
-, Genetzter 4/18, 36
-, Marmorierter 4/16, 35
Süßwasserseezunge,
  Australische 2/1157, 904
Süßwasser-Zackenbarsch 4/742, 841
sutchi, Pangasius 1/509, 367[5]
suttoni, Panaque 2/510, 338[6]
suttonorum, Panaque 2/510, 338
suvensis, Doryichthys 4/828, 879[1]
-, *Micrognathus* 4/828, 879[1]
svallize, Alburnus 5/180, 217[5]

-, *Leuciscus* 5/180, 217
sveni, Crenicichla 4/610, 764
svenssoni, Barbus 4/168, 180[3]
swampina, Hydrargyra 4/442, 485[2]
swanenburgi, Mormyrus 4/810, 897[3]
sweglesi, Apistogramma 2/820, 732[5]
-, *Megalamphodus* 1/298, 2/282,
  117[4], 117
swierstrae, Tilapia 3/892, 703[4]
swinhornis, Eleotris 3/962, 810[6], 811[1]
-, *Hypseleotris* 3/962, 810
-, *Micropercops* 3/962, 810[6], 811[1]
-, *Percottus* 3/962, 810[6], 811[1]
sychri, Corydoras 1/474, 294
sykesii, Tilapia 3/892, 703[4]
sylvaticus, Barbus 4/186, 193
Symoens Prachtgrundkärpfling 4/412, 437
symoensi, *Nothobranchius* 4/412, 437
Symphysodon aequifasciatus
  aequifasciatus 1/770, 2/994, 777
  - - axelrodi 1/771, 776
  - - haraldi 1/771, 2/994, 777
  - discus 1/772, 2/992, 778
Synaptura selheimi 2/1157, 4/825, 904[6]
SYNBRANCHIDAE 2/1052, 2/1158, 918
SYNBRANCHIFORMES 914–918
Synbranchus fuliginosus 2/1158, 918[6]
- marmoratus 2/1158, 918
- transversalis 2/1158, 918[6]
Syncrossus berdmorei 1/366, 163[5]
Synechoglanis beadlei 1/485, 311[4,5]
Synechopterus caudovittatus 4/716, 789[5]
SYNGNATHIDAE 1/819–1/864, 3/1038,
  4/828, 878, 879
Syngnathus agassizi 3/1038, 879[6]
- ansorgii 1/864, 878[6]
- bucculentus 3/1038, 879[6]
- deokhatoides 3/1038, 878[5]
- gastrotaenia 4/828, 879[1]
- hunnuii 4/828, 879[1]
- lineatus 3/1039, 879
- nigrolineatus 3/1038, 879
- (Parasyngnathus) spicifer 4/828, 879[1]
- pulchellus 1/864, 1/865,
  4/828, 878[6], 879[6]
- spicifer var. gastrotaenia 4/828, 879[1]
- tapeinosoma 4/828, 879[1]
Synodontis acanthomias 2/530, 357
- afrofisheri 2/530, 5/428,
  361[5], 358
- alberti 1/502, 358
- angelicus 1/502, 358
- arabi 2/550, 365[6]
- „atrofisheri" 2/530, 358[1]
- augierasi 2/540, 360[6]
- batensoda 4/310, 355[1]
- brichardi 2/532, 358
- budgetti 4/320, 358
- camelopardalis 2/534, 359
- caudovittatus 3/398, 359

Register

- *clarias* 2/534, 2/550, 365[6], 359
- *colyeri* 3/404, 363[2]
- *congicus* 2/536, 359
- *contractus* 2/536, 359
- *courteti* 2/538, 359
- *dageti* 2/538, 360[3]
- *davidi* 2/536, 359[5]
- *decorus* 1/501, 360
- *depauwi* 2/530, 2/550, 5/428, 357[6], 361[5], 366[1]
- *eburneensis* 2/538, 360
- *eupterus* 1/508, 360
- *eurystoma* 3/406, 364[5,6]
- *eurystomus* 3/396, 3/406, 4/312, 355[4,5], 364[5,6]
- *fascipinna* 2/542, 362[6]
- *filamentosus* 2/540, 360
- *flavitaeniatus* 1/504, 361
- sp. aff. *fuelleborni* 4/320, 361
- *gambiensis* 4/322, 361
- - *latifrons* 4/322, 361[3]
- *granilosus* 3/398, 361[4]
- *granulosus* 3/398, 361
- *greshoffi* 5/428, 361
- *guentheri* 2/528, 356[6]
- *hollyi* 3/404, 3/410, 363[6], 365[3]
- *holopercnus* 5/428, 361[5]
- cf. *khartoumensis* 3/400, 361
- cf. *koensis* 3/400, 362
- *longirostris* 2/540, 362
- *loppei* 3/404, 363[6]
- *macrodon* 2/534, 359[3]
- *macrops* 3/402, 362
- *maculatus* 1/506, 363[4]
- *maculosus* 2/550, 365[6]
- *marmoratus* 3/402, 362
- *melanogaster* 4/310, 355[1]
- *melanostictus* 3/404, 363[2]
- *membranaceus* 2/528, 4/310, 355[1], 356[6]
- *multimaculatus* 3/406, 364[3]
- *multipunctatus* 2/542, 362
- *nigrita* 2/542, 362
- *nigriventris* 1/506, 363
- *nigromaculatus* 3/404, 363
- *njassae* 2/544, 363
- *notatus* 1/506, 363
- *nummifer* 2/544, 363
- *obesus* 3/404, 363
- *ocellifer* 4/322, 364
- *omias* 2/530, 357[6]
- *ornatipinnis* 1/506, 2/546, 363[1], 364
- *ornatus* 2/542, 362[6]
- *ovidius* 2/540, 362[2]
- *pantherinus* 5/428, 361[5]
- *petricola* 2/546, 3/406, 364
- *pfefferi* 2/530, 357[6]
- *synodontis*, Pimelodus 2/534, 359[3]
- **Synodontis pleurops** 2/548, 364
- *polli* 3/406, 364
- sp. aff. *pulcher* 5/428, 365
- *rebeli* 3/410, 365
- *robbianus* 2/548, 365
- *robertsi* 5/430, 365
- *schall* 2/550, 365
- *schoutedeni* 1/504, 2/550, 366
- *serratus* 4/322, 361[3]
- *smithii* 2/550, 365[6]
- *smiti* 5/432, 366
- *soloni* 3/409, 5/432, 366[2], 366
- sp. 4/311, 366
- *tenuis* 5/428, 5/432, 361[5], 366[2]
- *tourei* 3/400, 362[1]
- *unicolor* 5/428, 361[5]
- „*velifer*" 3/410, 365[3]
- *victoriae* 5/432, 366
- *waterloti* 3/410, 366
- *zambesensis* 2/544, 3/404, 363[2,5]
- „*zebra*" 2/546, 364[2]
- Synodus erythrinus 1/322, 130[1]
- - *malabaricus* 2/308, 130[5,6]
- - *palustris* 2/308, 130[5,6]
- - *tareira* 2/308, 130[5,6]
- synspilum, Cichlasoma 2/880, 717
- Syprinus gibelio 3/204, 197[5]
- syriacum, Chondrostoma 3/202, 197[1]
- syriacus, Clarias 2/488, 4/265, 301[5,6], 302[1]
- syrica, Capoeta 3/202, 197[1]
- Syrrhothonus charrieri 4/778, 820[3]
- **syspilus, Aequidens** 2/818, 731
- Systomus apogon 1/412, 200[5]
- - *apogonoides* 1/412, 200[5]
- - *assimilis* 1/388, 184[2]
- - *chola* 3/186, 182[2]
- - *conchonius* 1/382, 184[4]
- - *gelius* 1/388, 184[4]
- - *gibbosus* 5/140, 193[3]
- - *goniosoma* 2/366, 180[5]
- - *immaculatus* 3/186, 182[2]
- - *janthochir* 3/206, 200[6]
- - *lateristriga* 1/392, 5/144, 186[2,3]
- - *leptosoma* 2/374, 190[6]
- - *maculatus* 2/366, 180[5]
- - *malacopterus* 3/198, 222[2]
- - *melanopterus* 1/380, 177[6]
- - *oligolepis* 1/394, 189[1]
- - *phutunio* 2/374, 190[6]
- - *terio* 5/140, 193[3]
- - *ticto* 1/400, 193[5]
- - *tripunctatus* 1/400, 193[5]
- szufzbebsus, Phoxinus czekanowskii 5/170, 213[5]

1175

Register

T

Tabaksalmler 2/318, 136
tabatingae, Tetragonopterus 3/118, 84[5]
tabira, Acheilognathus 5/122, 5/206, 235[6], 175
Tabira-Bitterling 5/122, 175
Tachisurus seemani 2/434, 251[4]
taczanowskii, Ladislavia 3/234, 213
-, *Leuciscus* 5/222, 241[1]
taedo, Xiphostoma 1/316, 126[3]
taenia, Acara 3/752, 753[2]
- *bilineata, Cobitis* 4/163, 167
-, *Botia* 1/374, 167[6]
-, *Chromis* 3/752, 753[2]
-, *Cichlasoma* 3/752, 753
-, *Cobitis* 3/280, 4/163, 152[1], 167
-, - *taenia* 1/374, 167
-, *Cychlasoma* 3/752, 753[2]
-, *Nanacara* 1/744, 773[2]
-, *Nannacara* 5/882, 773, 774
Taeniacara candidi 3/874, 778
taeniagaster, Mastacembelus 1/846, 5/1062, 917[4-6], 918[1]
taeniata, Alestes fuchsii 1/216, 47[2]
-, *Belone* 3/940, 869[5]
-, **Betta** 2/794, 2/798, 3/644, 5/640, 575[4,5], 577[3-6], 578[5], **585**
-, *Garra* 2/386, 5/156, 204[6], 207[1]
-, *Laemolyta* 1/234, 67[2]
-, *Potamorrhaphis* 3/940, 869[5]
-, **Rasbora** 2/420, 233
taeniatops, Garra 2/386, 207[1]
taeniatum, Heterogramma 3/685, 738[5,6]
- *pertense, Heterogramma* 2/830, 742[4], 5/702, 742[5,6]
taeniatus, Alburnoides 2/360, 176
-, *Alburnus* 2/360, 176[6]
-, *Anostomus* 1/234, 67
-, *Aspius aspius* 3/176, 177
-, *Corematodus* 5/760, 611
-, *Cyprinus* 3/176, 177[5]
-, *Epiplatys* 2/644, 422[2]
-, *Pelmatochromis* 1/752, 697[4]
-, *Pelvicachromis* 1/752, 697
-, *Pseudoxiphophorus bimaculatus* 2/728, 528[2]
-, *Squalalburnus* 2/360, 176[6]
-, **Trachelyopterichthys** 2/446, 258
-, *Trachelyopterus* 2/446, 258[4]
Taenioides abbotti 4/776, 803[6]
- rubicundus 4/776, 803[6]
taeniolata, Cyrtocara 3/782, 628[4-6]
-, *„Haplochromis"* 3/782, 628[4-6]
taeniolatus, Protomelas 3/782, 628
- var. *Protomelas* 2/895, 628
taeniopareius, Geophagus 5/818, 766
taeniophora, Pimelodella 2/558, 372[2]
taeniophorus, Pimelodus 2/558, 372[2]
taenioptera, Eleotris 5/1012, 806[3]

taeniopterus, Barbus 2/362, 178[1]
-, *Belobranchus* 5/1012, 806[3]
taeniopygus, Fundulus 3/522, 437[5]
-, **Nothobranchius** 3/518, 435[3], 3/522, 437
Taeniura dumerilii 2/219, 35[5]
- *henlei* 2/219, 35[5]
- *motoro* 2/219, 35[5]
- *mülleri* 2/219, 35[5]
taeniurus, Anodus 1/320, 145[3]
-, *Curimatus* 1/320, 145[3]
-, *Lamprologus* 2/922, 651[5,6]
-, **Neopomacentrus** 4/738, 839
-, *Pomacentrus* 4/738, 839[5]
-, *Prochilodus* 1/320, 145[3]
-, **Semaprochilodus** 1/320, 3/153, 145
taenuicorpus, Gobio albipinnatus 3/218, 208[4]
Tahuantinsuyoa macantzatza 5/956, 778
taiasica, Awaous 3/976, 827
-, *Chonophorus* 3/976, 827[3]
-, *Gobius* 3/976, 827[3]
taiosh, Callichthys 3/326, 270[4]
Taitabarbe 5/138, 193
taitensis, Barbus 5/138, 193
Taiwan-Bitterling 5/192, 224
 - -Drachenfisch 4/218, 241
 - Gitterorfe 5/178, 217
tamandua, Campylomormyrus 1/854, 4/804, 895
-, *Gnathonemus* 1/854, 4/804, 895[1,2]
-, *Mormyrus* 1/854, 4/804, 895[1,2]
tamasopoensis, Herichthys 5/842, 719
tambakkan, Helostoma 1/652, 5/654, 593[2,4]
tamboensis, Ancistrus 4/274, 321
tamoata, Callichthys 1/458, 270[5]
tanaicensis, Perca 4/730, 837[1]
Tandanus bostocki 5/446, 377[4]
- *glencoensis* 2/570, 377[2,3]
tandanus, Plotosus 2/570, 377[6]
Tandanus tandanus 2/570, 377
tanganicae, Afromastacembelus 3/1008, 916
-, *„Labidochromis"* 3/792, 618[2]
-, *Mastacembelis* 3/1008, 916[4]
-, *Neotilapia* 3/832, 661[4,5]
-, *Oreochromis* 3/832, 661
-, *Pelmatochromis* 3/866, 684[5]
-, *Sarotherodon* 3/832, 661[4,5]
-, *Tilapia* 3/832, 661[4,5]
tanganicana, Mohanga 1/566, 498[1]
tanganicanus, Haplochilus 1/566, 498[1]
-, *Lamprichthys* 1/566, 498
-, *Marcusenius* 4/806, 895[5]
Tanganicodus irsacae 2/997, 666
Tanganjikabarsch, Cunnigtons 3/811, 649
Tanganjikaseebuntbarsch,
Bauchfleck- 3/820, 657

Register

Tanganjika-Stachelaal 3/1008, 916
- -Stachelwels 2/452, 263
Tanganjikasee-Beulenkopf 1/700, 644
- -Buntbarsch, Blauaugen- 4/644, 654
- -, Breitstreifen- 4/654, 657
- -, Einfleck- 4/634, 649
- -, Hecq's 5/892, 653
- -, Kendalls 4/634, 650
- -, Leloup- 4/644, 654
- -, Lemaire- 5/820, 646
- -, Mondabu- 4/646, 655
- -, Tiefsee- 5/806, 634
- -, Vielfachgebänderter 4/632, 648
- -, Weißgebänderter 4/630, 648, 649
- -Clown 1/702, 645
- -Goldcichlide 1/734, 654
- -, Langgestreckter 2/932, 654
- -Knurrhahn 1/780, 667
- -Stachelaal 5/1060, 915
- -Zebrabuntbarsch 1/738, 650
tanganyicae, Pelmatochromis 3/866, 684[5]
Tanganyikaseebuntbarsch,
Fünfstreifen- 1/736, 658
Tangasalmler 4/36, 51
tangensis, Hemigrammopetersius **4/36, 51**
-, *Petersius* 4/36, 51[5]
-, *Rhabdalestes* 4/36, 51[5]
- *tangensis, Micralestes* 4/36, 51[5]
Tanichthys albonubes **1/446, 240**
Tanocichla geddesi 4/588, 711[1]
Tansania-Paraknerie 5/1054, 881
- -Zwergstachelwels 3/316, 249
tanycephalus, Galaxias 2/1082, 890
tanzaniae, Parakneria 5/1054, 881
-, *Parakneria* sp. aff. 3/1006, 881
tapeinosoma, Syngnathus 4/828, 879[1]
Tapirfisch 1/854, 895
Tapir-Rüsselfisch 3/1020, 898
Taran 4/216, 238
„Tarantang", *Betta foerschi* 4/570, 579
tareira, Macrodon 2/308, 130[5,6]
-, *Synodus* 2/308, 130[5,6]
Tarpun, Indopazifischer 2/1107, 872
Tarpune 2/1107, 872
Taschkent-Schneider 3/170, 176
tasmanensis, Brachygalaxias pusillus 2/1086, 891[2]
Tasmanische Paragalaxie 2/1086, 891
Tasmanischer Schlammfisch 2/1078, 889
tatei, Melanotaenia splendida **3/1018, 862**
-, *Nematocentris* 3/1018, 862[3]
Tateurndina ocellicauda **2/1074, 813**
Tatia altae 5/238, 258[1]
- ***creutzbergi*** **3/300, 257**
- ***galaxias*** **4/228, 257**
- ***perugiae*** **5/238, 258**
tauricus, Barbus 3/198, 191[1]
-, - *plebejus* 3/198, 191
Tausenddollarfisch 2/1150, 900
Tauwels 2/570, 377

taylori, Boleophthalmus 4/778, 820[6]
tchadense, Alestes baremoze 5/18, 47[1]
tchadiensis, Nannocharax niloticus 4/48, 59[3]
teapae, Cichlasoma 4/664, 720[4]
tectifer, Charax 4/63, 82
tectirostris, Chaetostomus 1/486, 317[5]
„Tefé"-Zwergbuntbarsch 5/660, 732
teffeana, Rineloricaria **3/390, 351**
teffeanus, Rhinodoras 2/496, 308[2]
tegatus, Vesicatrus **4/114, 124**
Teilgürtelbarbe 3/194, 190
Teleo, „Schwarzer" 5/964, 779
Teleocichla cinderella **5/958, 778**
- ***gephyrogramma*** **5/960, 778**
-, „Grundel"- 5/966, 779
- ***monogramma*** **5/960, 779**
- cf. *monogramma* 5/964, 779[3]
- ***proselytus*** **5/962, 779**
- sp. IV 5/966, 779
- - „Xingú" I 5/964, 779
- - „Xingú" II 5/964, 779
Teleogramma brichardi **1/774, 701**
Teleskop-Stachelwels 3/306, 261
Telestes agassizii 3/240, 217[3]
- *brandti* 5/222, 241[1]
- *hakonensis* 5/222, 241[1]
Telipomis cyanellus 1/796, 796[1]
Tellia apoda 3/549, 472[3,4]
Telmatherina celebensis **3/938, 5/1100, 865[6], 865**
- ***ladigesi*** **1/824, 865**
TELMATHERINIDAE 5/1100, 865
Telmatochromis bifrenatus 1/774, 666
- *burgeoni* 5/966, 666
- *caninus* 1/776, 666[4]
- *dhonti* 1/776, 666
- *temporalis* 2/998, 666
- *vittatus* 1/776, 666
temensis, Cichla 5/748, 5/766, 751
temmincki, Leuciscus 4/218, 241[6]
-, *Zacco* 4/218, 241
temminckii, Ancistrus 1/486, 2/502, 317[3,4], 321
-, *Ancistrus* cf. 3/366, 322
-, *Gobius* 2/1092, 820[1]
-, *Helostoma* 1/652, 5/654, 593
-, *Hypostomus* 2/502, 3/366, 321[6], 322[1]
-, *Xenocara* 2/502, 3/366, 321[6], 322[1]
„Tempo", *Lamprologus* 3/796, 647
temporale, Cichlasoma 1/686, 770[2]
temporalis, Heros 1/686, 1/724, 710[1,2], 770[2]
-, *Hypselecara* 1/686, 770
-, *Telmatochromis* 2/998, 666
tenellus, Fundulus 3/568, 486[2]
-, ***Pseudomugil*** **2/1138, 865**
-, *Zygonectes* 3/568, 486[2]

1177

Register

tengana, Batasio	3/306, 261
-, *Pimelodus*	3/306, 261[4]
tenue, Myxostomus	2/337, 161[6]
tenuicauda, Hyperopisus	4/808, 896[3]
-, - *occidentalis*	4/808, 896[3]
-, *Mormyrus*	3/1022, 899[6]
tenuicorpus, Gobio	3/218, 208
-, - *coriparoides*	3/218, 208[4]
-, - *gobio*	3/218, 208[4]
tenuidentata, Xenotilapia	4/638, 651[1]
tenuidentatus, Microdontochromis	**4/638, 651**
tenuiformis, Glossogobius	3/982, 816[6]
tenuis, Belonoglanis	**4/226, 249**
-, *Centatherina*	2/1110, 854[6]
-, ***Coelurichthys***	2/254, 3/120, 5/42, 87[2,3], 86
-, *Cynodonichthys*	2/688, 466[6]
-, *Iguanodectes*	1/296, 88[6]
-, *Poecilia*	4/520, 538[6], 539[1]
-, ***Rivulus***	**2/688, 466**
-, *Synodontis*	5/428, 5/432, 361[5], 366[2]
teraculeatus, Gasterosteus	1/834, 877[5]
Terapon bidyana	2/1040, 843[1]
TERAPONIDAE s.a. THERAPONIDAE	2/1009, 2/1040–2/1045, 3/928, 842, 843
teres, Catostomus	3/165, 161[5]
-, *Cyprinus*	3/165, 161[5]
-, *Macrodon*	2/308, 130[5,6]
terio, Barbus	5/140, 193
-, *Cyprinus*	5/140, 193[3]
-, *Systomus*	5/140, 193[3]
terminalis, Abramis	5/184, 218[6]
-, ***Megalobrama***	**5/184, 218**
ternetzi, Anostomus	1/236, 67
-, *Gymnocorymbus*	1/262, 104
-, *Leporinus*	3/100, 66[3]
-, *Moenkhausia*	1/262, 104[2]
-, ***Serrasalmus***	**2/334, 96**
-, *Tetragonopterus*	1/262, 104[2]
terofali, Aplocheilichthys	4/354, 495[6]
terrabae, Cichlasoma	2/880, 716[3]
Tèrraba-Kärpfling	3/598, 519
terrabensis, Brachyrhaphis	**3/598, 519**
-, *Gambusia*	3/598, 519[2]
-, *Pseudoxiphophorus*	3/598, 519[2]
Terranatos dolichopterus	**1/584, 468**
tersquamatus, Hemichromis	1/686, 4/586, 689[4], 678[1]
tessellatus, Cualac	**3/554, 474, 475**
tessmanni, Aphyosemion	1/526, 403[2]
testudineus, Amphiprion	1/619, 569[2]
-, *Anabas*	1/619, 569
-, *Anthias*	1/619, 569[2]
-, *Sparus*	1/619, 569[2]
testudo, Lutjanus	1/619, 569[2]
Tetra, Barberos	2/254, 3/120, 86
-, Barrigona-	4/92, 104
-, Eigenmanns	4/110, 119
-, Georgis	4/94, 111
-, Jabonero	4/90, 104
-, Kleinschuppiger Barberos-	3/120, 5/45, 86–88
-, Mattes	4/98, 107
-, Rostbrauner	4/86, 101
-, Schulterfleck-	3/140, 116
-, Stegemanns	4/100, 115
-, Stumpfmäuliger	4/80, 98
-, Weißer	2/264, 102
Tetrabarsch	4/714, 789
tetracantha, Parapetenia	2/882, 781[2]
tetracanthus, Acara	2/882, 781[2]
-, *Chaetodon*	1/810, 840[5]
-, ***Cichlasoma***	**2/882, 781**
-, *Gasterosteus*	1/834, 877[5]
-, *Heros*	2/882, 781[2]
-, *Lamprologus*	1/734, 658[5]
-, ***Neolamprologus***	**1/734, 658**
-, *Scatophagus*	1/810, 840
Tetracentrum apogonoides	**4/714, 789**
- *caudovittatus*	4/716, 789
- *honessi*	4/716, 789
TETRAGONOPTERINAE	97–124
Tetragonopterinae sp.	5/58, 5/61, 97[2,3], 97
Tetragonopterus abramis	5/52, 97[6]
- *affinis*	2/246, 76[4]
- *anomalis*	4/106, 116[5]
- ***argenteus***	**1/310, 124**
- *artedii*	1/310, 124[2]
- *bairdii*	3/118, 84[5]
- *bellottii*	3/130, 105[1]
- *callistus*	1/282, 110[4]
- *chalceus*	1/310, 124
- *chrysargyreus*	4/108, 118[1,2]
- *collettii*	1/300, 118[3]
- *compressus*	1/254, 96[5]
- *copei*	2/286, 118[5]
- *dichrourus*	3/140, 118[6]
- *fasciatus*	5/56, 101[1]
- *grandisquamis*	4/110, 119[3]
- *heterorhabdus*	1/288, 112[2]
- *iheringii*	5/56, 101[1]
- *jacuhiensis*	1/255, 98[1]
- *lepidurus*	2/288, 120[1]
- *longipinnis*	4/78, 96[6]
- *luna*	2/330, 4/136, 94[1,2]
- *maculatus*	1/255, 98[1]
- *melanurus*	2/264, 102[2]
- *multifasciatus*	2/292, 123[5]
- *nigripinnis*	4/106, 116[5]
- *obscurus*	5/56, 101[1]
- *ocellifer*	1/270, 107[4]
- *orbicularis*	1/254, 96[5]
- *orientalis*	1/255, 98[1]
- *ortonii*	1/310, 124[2]
- *pectinatus*	3/118, 84[5]
- *pliodus*	5/56, 101[1]

Register

- *rubropictus*	1/242, 74[4]	Teufelsangel	1/706, 775
- *rufipes*	1/310, 124[1]	Teufelswels	2/580, 384
- *sanctae filomenae*	1/302, 120[6]	Texaskärpfling	2/722, 520
- *sawa*	1/310, 124[1]	*Thaigobiella sua*	1/836, 817[2]
- *scabripinnis*	3/126, 99[4]	Thailändischer Blaubarsch	3/902, 791
- *schmardae*	2/274, 108[3]	*thayeri, Acara*	1/664, 771[4]
- *schomburgki*	1/310, 124[2]	-, *Aequidens*	1/664, 771[4]
- *schomburgkii*	2/332, 94[4]	-, *Geophagus*	2/812, 729[2]
- *spilurus*	1/262, 103[6]	-, *Gymnocorymbus*	1/264, 104
- *tabatingae*	3/118, 84[5]	-, *Laetacara*	1/664, 771
- *ternetzi*	1/262, 104[2]	*Thayeria boehlkei*	1/312, 124
- *ulreyi*	1/274, 1/288, 109[1], 112[2]	- *ifati*	2/294, 124
- *unilineatus*	1/274, 109[2]	- *obliqua*	1/312, 124
tetramerus, Acara	1/672, 3/680, 4/588, 731[3,4], 751[4]	*thebensis, Barilius*	3/234, 214[5]
		-, *Leuciscus*	3/234, 214[5]
-, *Aequidens*	1/672, 3/680, 731	-, *Opsarius*	3/234, 214[5]
Tetraodon biocellatus	1/868, 920	*Therapon barcoo*	2/1044, 843[6]
- cf. *biocellatus*	5/1104, 920	- *bidyana*	2/1040, 843[1]
- *cutcutia*	3/1040, 920	- *carbo*	2/1042, 843[2]
- *fahaka*	2/1162, 921	- *fuliginosus*	2/1042, 843[3]
- *fangi*	5/1102, 921	- *percoides*	2/1040, 842[6]
- *fluviatilis* var. *ocellata*	1/868, 920[4,5]	- *unicolor*	2/1044, 843[4]
- *leiurus brevirostris*	2/1162, 921	THERAPONIDAE	2/1009, 2/1040–2/1045, 3/928, 842, 843
- *lorteti*	1/866, 919[5]		
- *mbu*	2/1164, 921	*theraponura, Prochilodus*	2/306, 145[5]
- *miurus*	2/1164, 921	-, *Semaprochilodus*	2/306, 145
- *modestus*	3/1040, 920[2]	*Theraps coeruleus*	3/879, 722
- *nigroviridis*	1/866, 922	- *irregularis*	3/876, 722
- *palembangensis*	1/868, 920[4,5]	- *lentiginosus*	3/876, 722
- *psittacus*	2/1160, 920[3]	- *nebulifer*	4/666, 720[5]
- *schoutedeni*	1/868, 922	- *nourissati*	5/968, 722
- *similans*	1/866, 922[1]	- *rheophilus*	3/879, 722
- *somphongsi*	1/866, 919[5]	*thermalis, Cobitis*	2/346, 168[2]
- sp.	5/1102, 5/1106, 922	-, *Lepidocephalichthys*	2/346, 168[2]
- *steindachneri*	1/868, 920[4,5]	-, *Lepidocephalus*	2/346, 168
- *travancorius*	5/1105, 922	*thermophilus, Crenichthys baileyi*	4/448, 489
TETRAODONTIDAE	1/819, 1/866–1/869, 2/1160–2/1165, 3/1040, 5/1101–5/1106, 919–922		
		„Thick Skin", *Haplochromis* sp.	5/828, 680[2]
TETRAODONTIFORMES	919–922	„- - Like", *Haplochromis* sp.	5/828, 680
tetraspilus, Cyrtocara	5/900, 625[4]	*thierryi, Fundulosoma*	1/564, 430
-, *Haplochromis*	5/900, 625[4]	*thikensis, Barbus*	3/181, 178[6]
-, *Otopharynx*	5/900, 625	*tholloni, Chromis*	4/696, 703[6]
tetrazona, Barbus	1/363, 1/400, 193	-, *Tilapia*	4/696, 703
-, *Puntius*	1/400, 193[4]	*tholonianus, Puntius*	5/124, 181[2]
tetrazonum, Etheostoma	4/728, 836	Thomas Prachtbarsch	1/748, 688
tetrazonus, Poecilichthys	4/728, 836[6]	*thomasi, Anomalochromis*	1/748, 688
Tetrodon caria	3/1040, 920[6]	-, *Chaetostoma*	2/504, 323
- *cutcutia*	3/1040, 920[6]	-, *Ctenogobius*	5/1050, 822[1]
- *fahaka*	2/1162, 921[1]	-, *Gobius*	5/1050, 822[1]
- *gularis*	3/1040, 920[6]	-, *Hemichromis*	1/748, 688[3]
- *lineatus*	2/1162, 921[1]	-, *Paratilapia*	1/748, 688[3]
- *palembangensis*	1/868, 920[4,5]	-, *Pelmatochromis*	1/748, 688[3]
- *patoca*	2/1160, 920[1]	-, *Stenogobius*	5/1050, 822[1]
- *physa*	2/1162, 921[1]	-, *Yongeichthys*	5/1050, 822
- *psittacus*	2/1160, 920[3]	*thompsoni, Hyphessobrycon*	4/86, 101[4]
- *strigosus*	2/1162, 921[1]	*thompsonii, Amia*	2/205, 32[4]
tetrophthalmus, Anableps	1/820, 504[2]	*thoracarum dailly, Hoplosternum*	3/351, 296[6]
Teufel, Indianischer	4/724, 913		

1179

Register

- *surinamensis, Hoplosternum* 3/351, 296[6]
- **thoracatum, Hoplosternum** 1/478, 296
- -, *Hypoptopoma* 1/490, 330
- - var. *niger, Hoplosternum* 3/351, 296
- **thoracatus, Auchenipterichthys** 2/442, 255
- -, *Auchenipterus* 2/442, 255[4]
- -, *Callichthys* 1/478, 3/351, 296[5,6]
- *thoracicus, Auchenipterus* 2/442, 255[4]
- *Thoracocharax maculatus* 1/326, 132[4]
- - *magdalenae* 1/326, 132[4]
- - *pectorosus* 1/328, 132[6]
- - *securis* 1/328, 132
- - *stellatus* 1/328, 132[6]
- **Thoracochromis brauschi** 5/968, 685
- - *demeusii* 4/688, 701
- - *wingatii* 2/998, 685
- *thorae, Hoplosternum* 1/478, 3/351, 296[5,6]
- *Thorichthys affinis* 3/881, 723
- - *aureus* 3/882, 723
- - *callolepis* 4/688, 723
- - *ellioti* 3/884, 723
- - *helleri* 3/886, 724
- - - *meeki* 1/690, 724[3]
- - *meeki* 1/690, 724
- - *pasionis* 3/888, 724
- - *socolofi* 3/890, 724
- *thurni, Roeboides* 5/37, 83
- Thurns Raubglassalmler 5/37, 83
- THYMALLIDAE 3/934, 3/1042, 5/1107, 848
- *Thymallus gymnogaster* 3/1042, 910[4-6]
- - *gymnothorax* 3/1042, 910[4-6]
- *thymallus, Salmo* 3/1042, 5/1107, 910[4-6]
- **Thymallus thymallus** 3/1042, 5/1107, 910
- - *vexillifer* 3/1042, 910[4-6]
- - *vulgaris* 3/1042, 910[4-6]
- *Thyrsoidea tile* 5/1080, 849[5]
- Thys' Praknerie 5/1054, 881
- -, Prachtkärpfling 2/622, 416
- **thysi, Aphyosemion** 2/622, 416
- -, *Parakneria* 5/1054, 881
- *Thysia ansorgii* 2/1000, 701[4]
- *Thysochromis ansorgii* 2/1000, 701
- *thysvillensis, Clarias submarginatus* 4/263, 301[2]
- Tiberiabarbe 5/164, 209
- *tiberianis, Chromis* 3/864, 698[4]
- **tibesti, Labeo** 4/198, 212
- Tiburon-Limia 4/506, 533
- **tico, Phallichthys** 4/514, 536
- **ticto, Barbus** 1/400, 193
- -, *Cyprinus* 1/400, 193[5]
- -, *Puntius* 1/400, 193[5]
- -, *Rothee* 1/400, 193[5]
- - *stoliczkanus, Barbus* 2/376, 193[6]
- -, *Systomus* 1/400, 193[5]

- Tiefsee-Saibling 3/1035, 909
- - Tanganjikasee-Buntbarsch 5/806, 634
- Tiete-Algensalmler 4/132, 136
- Tiger Catfish, Hairy 5/381, 338
- Tigerbarsch 1/802, 801
- Tigerbuntbarsch 3/740, 713
- -, Orangeroter 2/866, 752
- Tigerfisch 1/802, 4/822, 801, 909
- -, Silberner 2/1040, 843
- -, Vierstreifiger 1/802, 801
- Tigerfische 2/1009, 2/1040–2/1045, 3/928, 842, 843
- Tigerharnischwels 5/381, 338
- Tiger-Nanderbarsch 3/912, 831
- Tigerpanzerwels 3/342, 286
- Tigersalmler 2/308, 4/42, 52, 130
- Tigerschmerle 1/368, 164
- Tigerspatelwels 1/510, 4/328, 375
- **tigrinum, Pseudoplatystoma** 4/328, 375
- -, *Silurus* 4/328, 375[2]
- *tigrinus, Merodontotus* 4/326, 371
- *Tilapia adolfi* 2/980, 695[2]
- - *adolphi* 3/835, 695[3]
- - *affinis* 3/892, 702[4]
- - *andreae* 3/894, 704[3]
- - *athiensis* 3/830, 694[6]
- - *aurata* 1/738, 620[2]
- - *aurea* 2/978, 694[1]
- - - *exsul* 2/978, 694[1]
- - **bemini** 4/690, 685
- - *boops* 3/826, 659[4]
- - **brevimanus** 4/690, 701
- - *browni* 3/832, 695[1]
- - *buettikoferi* 5/906, 696[3]
- - **busumana** 2/1000, 701
- - *buttikoferi* 2/1002, 702
- - *calciati* 3/828, 694[4]
- - *calliptera* 3/694, 676[6]
- - *camerunensis* 3/892, 702[4]
- - **caudomarginata** 4/684, 5/938, 698[3]
- - **cessiana** 4/692, 702
- - *christyi* 3/892, 703[4]
- - *(Coptodon) guineensis* 3/892, 702
- - **dageti** 4/692, 702
- - *dardennii* 2/986, 665[1]
- - *druryi* 3/892, 703[4]
- - *dubia* 1/778, 703[1,2]
- - *dumerili* 1/768, 694[3]
- - *eisentrauti* 5/846, 680[6]
- - *esculenta* 4/660, 681[5]
- - *esduardiana* 4/660, 682[3]
- - *fouloni* 3/894, 703[5]
- - *galilaea* 5/940, 699[3]
- - *galilea* 3/864, 698[4]
- - *(Gephyrochromis) linnellii* 5/938, 684[1]
- - *grahami* 2/978, 681[4]
- - *grandidieri* 3/858, 782[6]
- - *grandoculis* 2/888, 3/760, 643[5,6], 644[1]

Register

- *guinasana* 3/890, 685
- *guineensis* 4/694, 702[6]
- *heudelotii* 4/682, 699[1]
- - *macrocephala* 2/984, 698[6]
- *horei* 3/758, 643[3]
- *hornorum* 2/980, 695[2]
- - *zanzibarica* 2/980, 695[2]
- *inducta* 4/660, 682[3]
- *johnstonii* 2/900, 626[6]
- *joka* 2/1002, 702
- *kacherba* 2/978, 694[1]
- *karomo* 2/980, 694[2]
- *kashabi* 2/978, 694[1]
- *kirkhami* 3/892, 703[4]
- *kottae* 4/694, 685
- *labiata* 1/738, 650[6]
- *lacrimosa* 5/732, 677[1]
- *lata* 3/892, 702[4]
- *lateralis* 3/864, 698[4]
- *lateristriga* 5/872, 622[5,6]
- *latifrons* 3/892, 703[4]
- *lemassoni* 2/978, 694[1]
- *leonensis* 4/684, 699[2]
- *leucosticta* 2/982, 681[6], 682[1]
- *linnellii* 5/938, 684[1]
- *livingstonii* 2/972, 632[4]
- *lohbergeri* 4/682, 684[2]
- *louka* 4/694, 702
- *mackeani* 3/892, 703[4]
- *macrocentra* 3/864, 698[4]
- *macrocephala* 2/984, 3/864, 698[4,6]
- *madagascariensis* 3/858, 782[6]
- *mariae* 1/778, 703
- - *dubia* 1/778, 703[1,2]
- *martini* 2/834, 677[4]
- *meeki* 1/778, 703[1,2]
- *melanopleura* 3/892, 4/692, 703[4]
- - *rendallii* 3/892, 703[4]
- *melanotheron* 2/984, 698[6]
- *menzalensis* 1/778, 3/894, 704[2,3]
- *microcephala* 2/984, 698[6]
- *microlepis* 3/710, 642[1]
- *monodi* 2/978, 694[1]
- *mossambica* 1/768, 694[3]
- *multifasciata macrostoma* 4/682, 699[1]
- *natalensis* 1/768, 694[3]
- *nigra* 3/830, 694[6]
- - *spilurus* 3/832, 695[1]
- *nigricans* 2/960, 681[3]
- *nilotica* 3/828, 694[4]
- - *athiensis* 3/830, 694[6]
- - *eduardiana* 4/660, 682[3]
- - *regani* 4/660, 682[3]
- *nubila* 3/696, 677[5]
- *nyirica* 3/832, 695[1]
- *nyongana* 4/696, 703
- *obliquidens* 2/913, 679[1]
- *occidentalis* 5/940, 699[3]
- *oligacanthus* 3/858, 782[6]
- *ovalis* 3/850, 683[1]
- *pangani* 3/830, 694[5]
- *philander* 1/754, 3/850, 683[1], 698[2]
- *pleuromelas* 3/864, 5/940, 698[4], 699[3]
- *polycentra* 3/892, 702[4]
- *rangii* 4/682, 699[1]
- *regani* 4/660, 682[3]
- *rendalli* 3/852, 703
- *rostrata* 1/720, 3/778, 613[1], 612[6]
- *rubropunctata* 3/758, 643[3]
- *sanagaensis* 4/684, 698[5]
- *(Sarotherodon) linnellii* 5/938, 684[1]
- *sauvagei* 3/858, 4/690, 683[2,3], 701[5]
- *shariensis* 3/894, 704[3]
- *simotes* 2/960, 681[3]
- *sparrmanii* 3/894, 703
- -, Sparrmans 3/894, 703
- *sparsidens* 3/692, 688[4]
- *spilurus* 3/832, 695[1]
- - *nigra* 3/830, 694[6]
- *steinbachi* 5/940, 684[3]
- *stormsii* 2/962, 4/686, 695[4], 699[5]
- *swierstrae* 3/892, 703[4]
- *sykesii* 3/892, 703[4]
- *tanganicae* 3/832, 661[4,5]
- *tholloni* 4/696, 703
- *tournieri* 4/684, 694[4]
- *tristrami* 1/778, 3/894, 704[2,3]
- *urolepis* 3/835, 695[3]
- *variabilis* 3/836, 682[4]
- *walteri* 4/698, 704
- *zebra* 1/762, 635[5]
- *zillii* 1/778, 3/894, 704
- - *guineensis* 3/892, 702[4]
- Tilapie, Rendalls 3/892, 703
- -, Rotbrüstige 3/892, 703
- tile, *Gymnothorax* 5/1080, 849
- -, Muraena 5/1080, 849[5]
- -, Muraenophis 5/1080, 849[5]
- -, Thyrsoidea 5/1080, 849[5]
- timbore, *Leporellus* 2/234, 67[4,5]
- timbure, *Salmo* 1/238, 68[2]
- tinanti, *Belonophago* 2/228, 55
- -, *Gobiochromis* 2/990, 700[6]
- -, *Leptotilapia* 2/990, 700[6]
- -, *Steatocranus* 2/990, 700
- tinca, *Cyprinus* 5/219, 240[4,5]
- *Tinca tinca* 5/219, 240
- -, *vulgaris* 5/219, 240[4,5]
- tinkhami, *Crossostoma* 2/426, 154
- -, *Formosiana* 2/426, 154[1]
- „Tiquié 1" 5/692, 744
- - *Apistogramma* sp. 5/692, 744
- tiririca, *Salmo* 1/240, 70[3]
- titcombi, *Galaxias* 2/1080, 889[5]
- titteya, *Barbus* 1/402, 194
- -, *Puntius* 1/402, 194[1]
- *Tlaloc mexicanus* 3/577, 500[1]
- toae, *Lamprologus* 3/836, 661[6]
- -, *Palaeolamprologus* 3/836, 661

Register

tobal, Lepidosiren	2/221, 3/86, 38[3]
toboensis, Labeo	2/390, 211[4]
toddi, Aphyosemion	1/540, 419[6]
-, - *occidentale*	1/540, 419[6]
-, *Callopanchax*	1/540, 419
-, „Roloffia"	1/540, 419[6]
-, „-" *occidentale*	1/540, 419[6]
togolensis, Epiplatys sexfasciatus	4/396, 428
Togo-Sechsbandhechtling	4/396, 428
tohizonae, Eleotris	4/754, 811[2]
-, *Hypseleotris*	4/754, 811
„Tolae", *Haplochromis*	5/742, 607[4,5]
Tolstolob	3/226, 210
Tomeurus gracilis	5/626, 549, 550
tomi, Betta	5/647, 580[5,6], 581[1]
Tominanga sanguicauda	5/1100, 865
Tomocichla underwoodi	3/754, 4/698, 717[5], 725
toni, Barbatula	1/376, 3/274, 152[2,4]
-, - *barbatula*	3/274, 152
-, *Cobitis*	1/376, 3/274, 152[2,4]
-, *Noemacheilus barbarulus*	3/274, 152[4]
-, *Oreias*	1/376, 3/274, 152[2,4]
- *posteroventralis, Barbatula*	3/274, 152[4]
tonifowleri, Barbatula	1/376, 3/274, 152[2,4]
- *posteroventralis, Barbatula*	1/376, 152[2]
toppini, Barbus	2/376, 194
Toppins Barbe	2/376, 194
Tor hamiltonii	3/270, 240[6]
- *khudree*	3/270, 240
- *soro*	2/360, 176
tor, Labeobarbus	3/270, 240[6]
Torkhudree longipinnis	3/270, 240[6]
tornieri, Rasbora	2/412, 224[5]
torosus, Aguarunichthys	5/435, 368
Torpedosalmler	1/330, 3/154, 133, 134
ſorpedo-Zwergbuntbarsch	3/874, 778
torralbasi, Glaridichthys	3/606, 527[6]
tortonesei, Noemacheilus insignis	3/282, 153[2]
tortuosus, Parodon	5/77, 136[2]
- *tortuosus, Parodon*	3/154, 136
tototaensis, Epiplatys fasciolatus	3/500, 424
Totota-Hechtling	3/500, 424
Totuma Kärpfling	3/600, 523
toucounarai, Cichla	5/750, 750[5]
tourei, Synodontis	3/400, 362[1]
tournieri, Tilapia	4/684, 699[4]
- *tournieri, Sarotherodon*	4/684, 699
toweri, Ataeniobius	3/584, 508
-, *Goodea*	3/584, 508[2,3]
Towers Hochlandkärpfling	3/584, 508
Towoeti Sonnenstrahlfish	3/938, 865
Toxotes chatareus	1/812, 844
- *jaculator*	1/812, 844[4]
- *jaculatrix*	1/812, 844
- *lorentzi*	2/1046, 844
- *oligolepis*	2/1046, 844
Toxotidae	1/789, 1/812, 2/1046, 844
Toxus creolus	3/604, 526[6], 527[1]
Trachelyichthys decaradiatus	5/242, 258
- *exilis*	3/302, 258
Trachelyopterichthys taeniatus	2/446, 258
Trachelyopterus coriaceus	5/240, 258
- *maculosus*	5/240, 258
- *taeniatus*	2/446, 258[4]
trachurus, Gasterosteus	1/834, 877[5]
Trachycorystes albicrux	5/234, 256[3]
- *coracoideus*	2/442, 255[4]
- *fisheri*	5/234, 256[4]
- *galeatus*	2/444, 5/236, 256[5,6], 257[1]
- *glaber*	2/444, 5/236, 256[5,6], 257[1]
- *jokeannae*	2/444, 5/236, 256[5,6], 257[1]
- *leopardinus*	5/238, 257[3]
- *robustus*	2/444, 5/236, 256[5,6], 257[1]
Trachydoras paraguayensis	5/306, 308
trahira, Erythrinus	2/308, 130[5,6]
Trahira, Kleiner	2/308, 130
trahira, Macrodon	2/308, 130[5,6]
Tramitichromis brevis	5/728
Tränenstrich-Erdfresser	4/618, 765
transcaucasicus, Aspius	3/176, 177[5]
transcriptus, Julidochromis	1/728, 647
transgrediens, Anatolichthys	4/416, 472[1,2]
transgrediens, Aphanius anatoliae	4/414, 4/416, 471[5,6], 472
-, *Kosswigichthys*	4/416, 472[1,2]
-, *Turkichthys*	4/416, 472[1,2]
transilis, Austrofundulus	5/568, 455[5]
- *limnaeus, Austrofundulus*	2/630, 440[2,3]
-, *Rachovia*	5/568, 455
Transkaukasischer Ukelei	3/174, 177
translineatus, Nemachilus	2/352, 158[1]
transvaalensis, Amphilius	3/292, 249[1]
transversalis, Synbranchus	2/1158, 918[6]
transversum, Poecilosoma	3/916, 835[3]
transvestitus, Nanochromis	2/956, 681
trasimenicus, Leuciscus	3/264, 237[6]
traudeae, Aphyosemion mirabile	3/478, 411
Traudes Prachtkärpfling	3/478, 411
Trauermantelsalmler	1/262, 104
trautvetteri, Gobius	4/774, 819[5,6]
travancorius, Monotretus	5/1105, 922[5]
-, *Tetraodon*	5/1105, 922
treadwelli, Barbus	3/192, 187[5]

Register

treculii, Lepidosteus	2/210, 32[4]
treitlii, Corydoras	3/346, 5/278, 294
Treitls Corydoras	5/278, 294
Trematochromis microstoma	5/970, 638
Trematocranus jacobfreibergi	1/780, 604[3]
- *placodon*	2/904, 637
„ -*trevori*"	1/780, 604[3]
trementina, Odontostilbe	3/116, 83[6]
tretocephalus, Lamprologus	1/736, 658[6]
-, *Neolamprologus*	1/736, 658
trevori", „Tremactocranus	1/780, 604[3]
trewavasae, Labeotropheus	1/730, 615
-, *Neolebias*	4/54, 61
-, *Petrochromis*	2/970, 664
TRIACANTHIDAE	5/1109, 922
Triacanthus biaculeatus	5/1109, 922
- *brevirostris*	5/1109, 922[6]
- *indicus*	5/1109, 922[6]
- *rhodopterus*	5/1109, 922[6]
- *russellii*	5/1109, 922[6]
triagramma, Heros	1/692, 715[6]
Tribolodon brandti	5/222, 241
Trichobrachirus salinarum	2/1157, 904[4]
Trichogaster chuna	1/634, 590[2]
- *fasciatus*	1/634, 1/636, 590[3,5]
- *labiosus*	1/636, 590[4]
- *lalius*	1/636, 590[5]
- *leeri*	1/644, 592
- *microlepis*	1/646, 592
- *pectoralis*	1/646, 592
- *sota*	1/634, 590[2]
- *trichopterus*	1/648, 592
- - *sumatranus*	3/668, 592
- *unicolor*	1/636, 590[5]
TRICHOGASTRINAE	590–592
Trichogenes longipinnis	5/454, 388
TRICHOMYCTERIDAE	1/517, 3/431–3/432, 4/337–4/339, 5/454–5/460, 387–389
Trichomycterus banneaui maracaiboensis	5/456, 389
- sp.	5/456, 389
- cf. *vermiculatus*	5/458, 389
Trichopodus bejeus	1/634, 590[3]
- *chuna*	1/634, 590[2]
- *colisa*	1/634, 590[3]
- *cotra*	1/634, 590[3]
- *lalius*	1/636, 590[5]
- *leeri*	1/644, 592[1]
- *maculatus*	1/648, 3/668, 592[4-6]
- *microlepis*	1/646, 592[2]
- *pectoralis*	1/646, 592[3]
- *trichopterus*	1/648, 3/668, 592[4-6]
Trichopsis harrisi	1/650, 590[1]
- *microlepis*	1/646, 592[2]
- *pumila*	1/650, 589
- *schalleri*	3/668, 589
- *striata*	1/650, 590[1]
- *vittata*	1/650, 590
- *vittatus*	3/668, 589[6]
- - *harrisi*	3/668, 589[6]
trichopterus, Labrus	1/648, 3/668, 592[4-6]
-, *Osphromenus*	1/644, 1/648, 3/668, 592[1,4-6]
- *sumatranus*, Trichogaster	3/668, 592
-, *Trichogaster*	1/648, 592
-, *Trichopodus*	1/648, 3/668, 592[4-6]
-, *Trichopus*	1/648, 3/668, 592[4-6]
- var. *cantoris*, Osphromenus	1/646, 592[3]
- - *koelreuteri*, Osphromenus	1/648, 3/668, 592[4-6]
Trichopus cantoris	1/648, 3/668, 592[4-6]
- *leeri*	1/644, 592[1]
- *microlepis*	1/646, 592[2]
- *parvipinnis*	1/646, 592[2]
- *sepat*	1/648, 3/668, 592[4-6]
- *siamensis*	1/648, 3/668, 592[4-6]
- *striatus*	1/650, 590[1]
- *trichopterus*	1/648, 3/668, 592[4-6]
„tricolor", Epalzeorhynchos bicolor Mutante	5/152
-, *Limia*	1/596, 531[6]
-, - *caudofasciata*	1/596, 531[6]
-, *Polycentrus*	1/806, 831[4]
tricornis, Hopliancistrus cf.	4/308, 328
tricoti, Benthochromis	4/584, 641
-, *Haplotaxodon*	4/584, 641[6]
tridecemlineatus, Esox	3/966, 873[6]
Tridens brevis	1/517, 389[4]
tridens, Hemigrammus	3/132, 108
-, *Limia*	4/506, 533
-, *Poecilia*	4/506, 533[2]
Tridensimilis brevis	1/517, 389
- *venezuelae*	5/458, 389
Tridentiger bifasciatus	5/1048, 825
- *bucco*	5/1048, 825[5]
tridentiger, Petrotilapia	1/752, 5/908, 626
Tridentopsis brevis	1/517, 389[4]
Trifarcius felicianus	3/558, 481[1]
trifasciata, Apistogramma	1/680, 746
-, *Betta*	1/632, 2/798, 3/648, 579[5,6], 580[1,2], 582[3], 584[1-6], 585[1]
-, *Cychla*	2/856, 5/750, 751[1], 750[6-]
-, *Hydrargyra*	3/566, 486[1]
-, *Lepomis*	2/1016, 796[5]
-, *Melanotaenia*	2/1132, 862, 863
-, *Rasbora lateristriata* var.	2/420, 233[5]
-, *Rhombosoma*	2/1132, 862[4-6], 863[1]
trifasciatum, Biotodoma	1/680, 746[4]
-, *Heterogramma*	1/680, 746[4]
trifasciatus, Nannostomus	1/346, 142
-, *Poecilobrycon*	1/346, 142[4]
trifoliatus, Anabas	1/619, 569[2]
trifurcatus, Chalcinus	2/250, 78[1]
Triglachromis otostigma	1/780, 667
Trigonectes balzanii	5/604, 468
- *rondoni*	5/552, 451[2,3]
- *rubromarginatus*	5/606, 468

Register

trigonocephalus, Cottus	3/948, 912[6]	tritaeniatus, Nannaethiops	2/230, 61[6]
trilineata, Rasbora	1/440, 2/420, 233[5], 234	„Tropheops Chilumba", Pseudotropheus sp.	5/922, 633, 634
trilineatus, Corydoras	1/466, 294	tropheops gracilior,	
-, Glyptothorax	3/428, 386	Pseudotropheus	5/923, 634
-, Nannostomus	1/346, 142[4]	-, Pseudotropheus	1/760, 5/924, 634
-, **Neolebias**	2/230, 61	Tropheus annectens	1/782, 667[6], 668[1-6], 669[1-6], 670[1]
-, Rhabdacetiops	2/230, 61[6]	- **brichardi**	2/1004, 667
trilobatus, Myleus	3/162, 93[6]	- duboisi	1/782, 667
trimaculata, Acaronia	3/680, 731[4]	- moorii	1/782, 2/1004, 2/1005, 3/896, 667[2,3], 667–670
-, Barbus serrifer var.	4/177, 190[2]	- polli	1/784, 3/896, 670, 671
-, Cyrtocaria	5/758, 610[4,5]	tropica, Mollienesia sphenops	4/520, 538[6], 539[1]
trimaculatum, Cichlasoma	2/882, 717	-, Poecilia	4/520, 538[6], 539[1]
trimaculatus, Anostomus	1/236, 70[5]	tropicus, Platypoecilus	1/602, 4/520, 538[6], 539[1], 542[1,2]
-, **Barbus**	4/186, 5/134, 191[3], 194	**tropis, Hyphessobrycon**	4/102, 115
-, **Copadichromis**	5/758, 610	troscheli, Astronotus	2/884, 718[2]
-, **Haplochromis**	5/758, 610[4,5]	-, Heros	2/884, 718[2]
-, Heros	2/882, 717[4]	Trout Cichlid	5/742, 607
-, Pithecocharax	1/236, 70[5]	- Cod	2/1038, 841
-, **Pseudanos**	1/236, 70	Trugbarbe, Achtbinden-	2/382, 202
-, Schizodon	1/236, 70[5]	Trugdornwels, Cheyenne	5/240, 258
Trinan-Gründlingsbarbe	5/160, 207	-, Fischers	5/234, 256
Trinectes fasciatus	5/984, 903, 904	-, Flecken-	5/240, 258
- maculatus	5/984, 904	-, Leopard-	5/238, 257
- scabra	5/984, 903[6], 904[1]	-, Milchstraßen-	4/228, 257
trinema, Leuciscus	1/426, 218[4]	-, Weißkreuz-	5/234, 256
-, **Luciosoma**	1/426, 218	-, Zehnstrahlen-	5/242, 258
-, Trinematichthys	1/426, 218[4]	Trugdornwelse	4/228–4/230, 5/234–5/242, 254–258
Trinematichthys trinema	1/426, 218[4]	truncatum, Platystoma	1/510, 375[1]
Triplophysa dorsalis	2/350, 156	truncatus, Doras	1/482, 304[5]
- **kuschakewitschi**	3/278, 160	Trüsche	3/967, 875
- stoliczkai	2/354, 158	Trutta dentata	2/292, 89[1]
Triportheus albus	2/248, 77	**trutta f. fario, Salmo**	3/1034, 909
- angulatus	1/244, 77	Trutta salar	3/1033, 908[6], 909[1,2]
- flavus	1/244, 77[5]	truttaceus, Galaxias	2/1084, 890[4]
- guentheri	2/250, 78[1]	truttaceus, Esox	2/1084, 890[4]
- nematurus	1/244, 77[5]	-, Galaxias	2/1084, 890
- pictus	2/248, 77	- hesperius, Galaxias	2/1084, 890[4]
- rotundatus	2/250, 78	- scorpus, Galaxias	2/1084, 890[4]
triporus, Osteochilus	4/206, 223	Trygon aiereba	4/14, 34[5]
-, Rohita	4/206, 223[4]	- dumerilii	2/219, 35[5]
tripunctatus, Systomus	1/400, 193[5]	- henlei	2/219, 4/16, 34[6], 35[5]
triradiatus, Ancistrus	4/274, 322	- hystrix	4/16, 35[1]
triseriatus", „Corydoras	3/348, 286[6]	- mülleri	2/219, 35[5]
trisignatum, Myxostoma	3/165, 161[5]	tsanensis, Clarias	4/265, 301[5,6]
trispilos, Barbus	5/142, 194	Tschadsalmler	4/34, 51
trispilus, Barbus	3/189, 4/173, 5/142, 183[3,4]	Tschaiplötze	4/212, 236
- var. quinquepunctata, Barbus	3/189, 183[4]	**tschawytscha, Oncorhynchus**	4/823, 5/1096, 908
trispinosus, Halophryne	3/939, 866[2]	Tschekanowski-Elritze	2/404, 225
tristani, Panamichthys	2/718, 518[5]	**tschudii, Orestias agassii**	5/498, 482
-, Plectrophallus	2/718, 518[5]	Tschuds Andenkärpfling	5/498, 482
tristoechus, Esox	2/212, 32[6]	tshawytscha, Salmo	5/1096, 908[5]
-, **Lepisosteus**	2/212, 32	**tsianensis, Gnathopogon**	5/160, 207
-, Litholepis	2/212, 32[6]	-, Leucogobio	5/160, 207[3]
tristrami, Chromis	1/778, 3/894, 704[2]		
-, Haligenes	1/778, 3/894, 704[2]		
-, Tilapia	1/778, 3/894, 704[2,3]		

Register

-, - *polytaenia* 5/160, 207³
tsotsorogensis, Barbus 5/132, 189⁴⁻⁶
tuba, Astronotus 4/698, 725¹
-, *Cichlasoma* 4/698, 725¹
-, „*Cichlasoma*" 3/754, 717
-, *Heros* 3/754, 4/698, 717⁵, 725¹
-, *Neetroplus* 4/698, 725¹
-, *Paraneetroplus* 4/698, 725¹
tubbi, Rasbora 5/203, 234
Tubbs Rasbora 5/203, 234
Tubenmaul-Nilhecht 5/1068, 897
tubirostris, Mormyrops 5/1068, 897⁵
tucunare, Cichla 5/748, 751²
„Tucurui", *Apistogramma* sp. 5/706, 744
Tukáno-Salmler 5/58, 97
Tukugobius wui 2/1100, 3/998, 824⁴⁻⁶
tukunai, Hyphessobrycon 4/102, 115
Tukuna-Salmler 4/102, 115
tularosa, Cyprinodon 5/494, 480
Tularosa-Wüstenfisch 5/494, 480
tumifrons, Sternopygus 1/862, 4/827, 885³·⁵
„Tumuremo"-Apistogramma 5/698, 741, 742
tungtingensis amurensis, Microphysiogobio 3/244, 219
tungussicus, Gobio gobio 3/218, 208
-, - *sodatovi* 3/218, 208³
Tüpfelantennen-Harnischwels, Brauner 3/364, 318
Tüpfelantennenwels 1/486, 317–320
Tüpfelbärbling 1/406, 196
Tüpfelbarsch, Australischer 2/1044, 843
Tüpfelbuntbarsch 1/662, 770
Tüpfelfiederbartwels 2/538, 359
Tüpfelgrundel 2/1070, 811
-, Gebänderte 4/762, 812
-, Moresby- 4/760, 812
Tüpfelhechtling 1/574, 438
Tüpfelrochen, Indo-Australischer 4/14, 34
Tüpfelstreif-Apistogramma 5/704, 743
Tupong 2/1058, 792
turcicus, Squalius 3/238, 216²
turcmenicus, Nemachilus sargadensis 5/102, 160¹
turio, Cobitis 2/348, 151¹
Türkensalmler 1/244, 76
Turkichthys transgrediens 4/416, 472¹·²
Türkische Bachschmerle 5/86, 152
- Zwergritze 5/200, 227
Türkisches Moderlieschen 5/174, 215
Türkisfarbener Netzpanzerwels 5/268, 290
Türkisgoldbarsch 1/738, 620
turneri, Hubbsina 4/464, 510
-, *Poeciliopsis* 4/544, 547
Turners Hochlandkärpfling 4/464, 510
turrubarensis, Gambusia 3/626, 547²·³
-, *Poeciliopsis* 3/626, 547

-, *Priapichthys* 3/626, 547²·³
Turrubarés-Kärpfling 3/626, 547
tussyae, Betta 3/658, 585
Tuxedoplaty, Simpson- 1/611, 558
tuyrense, „Cichlasoma" 3/754, 717
tuyrensis, Astatheros 3/754, 717⁶
Tweedies Prachtgurami 2/808, 589
Tylochromis intermedius 3/898, 704
- *labrodon* 5/970, 704⁵
- *lateralis* 5/970, 704
- *leonensis* 4/700, 704
- *macrophthalmus* 3/712, 642²
Tylognathus cantini 3/230, 211¹
- *montanus* 3/230, 211¹
- *quadrilineatus* 3/242, 218¹
- *reticulatus* 5/221, 200³
- *rhabdoura* 5/182, 218²
- *sinensis* 3/168, 173⁶
type desert, *Barbus ablabes* 4/174, 187¹
typus, Aplocheilichthys 1/544, 496²
-, *Caracara* 3/390, 351¹
-, *Paracara* 4/668, 782²⁻⁴
-, *Pinirampus* 3/420, 374²
-, *Pirinampus* 3/420, 374²
-, *Rhinoglanis* 5/426, 357⁴
Tyrannochromis macrostoma 4/700, 638
- *nigriventer* 5/972, 5/974, 638
Tyttocharax atopodus 4/72, 88
„TZ 83/5", *Nothobranchius* sp. 3/520, 435⁶, 436¹

U

„U 2", *Apistogramma* 1/676, 733²
„U 6", *Corydoras* 2/456, 269³
„U 6", *Nothobranchius* 3/512, 432⁵
„U 11", *Nothobranchius* sp. 3/510, 431⁵·⁶
uarnak, Dasiatis 4/14, 34⁴
-, *Dasyabatus (Himanturus)* 4/14, 34⁴
-, *Himantura* 4/14, 34⁴
Uaru amphiacanthoides 1/784, 779
- *centrarchoides* 4/626, 768⁵
- *imperialis* 1/784, 779⁶
- *obscurus* 1/784, 779⁶
uaupesi, Apistogramma 5/710, 746, 747
ubalo, Petersius 3/94, 53⁶
ubangensis, Barbus baudoni 4/168, 180³
-, - *baudoni* var. 4/168, 180³
ubanguiensis, Steatocranus 3/874, 701
ucayalensis, Chromys 2/852, 750⁴
-, *Hassar* 5/298, 305
-, ***Loricariichthys*** 4/294, 336
Uferbuntbarsch 3/707, 641
Uganda-Großmaul-Cichlide 5/930, 683
„-", *Nothobranchius* sp. 3/510, 431⁵·⁶ 4/412, 436
- -Prachtgrundkärpfling 4/412, 436, 437
- -Prachtkärpfling 5/480, 437
ugandensis, Nothobranchius 5/480, 437

1185

Register

Ukelei	3/173, 177	hemigrammus	1/274, 109²
-, Mittelmeer-	4/164, 177	-, Tetragonopterus	1/274, 109²
-, Transkaukasischer	3/174, 177	unilobatus, Myleus	3/162, 93⁶
Ulrey, Falscher	1/288, 112	unimacula, Poecilia	2/744, 543²
ulreyi, Hemigrammus	**1/274, 109**	**unimaculata, Betta**	**2/800, 585**
-, Tetragonopterus	1/274, 1/288, 109¹, 112²	-, Poecilia	2/744, 4/534, 543²⁻⁴
		unimaculatus, Hemiodus	**2/314, 134**
Ulrey's Salmler	1/274, 109	-, Metynnis	4/138, 94⁵
umbeluziensis, Barbus	2/376, 194⁴	-, Mylossoma	1/356, 4/138, 94⁵,⁶
Umbla krameri	3/1044, 874⁴	-, Parophiocephalus	2/800, 585⁴
umbla stagnalis, Salvelinus	3/1035, 909⁵	-, Salmo	2/314, 134⁵
- var. alpinus, Salmo	3/1035, 909⁶	uninotata, Heterandria	1/590, 522²
Umbra canina	3/1044, 874⁴	**uninotatus, Girardinus**	**3/606, 527**
umbra, Cyprinodon	3/1044, 874⁴	-, Glaridichthys	3/606, 527⁶
Umbra krameri	**3/1044, 874**	-, Glaridodon	3/606, 527⁶
- limi	**1/870, 874**	uniocellata, Chromis	3/680, 731⁴
- - pygmaea	1/870, 874⁶	uniocellatus, Chromis	1/672, 731³
- nattereri	3/1044, 874⁴	unispina, Canthophrys (Somileptes)	2/348, 151¹
- pygmaea	**1/870, 874**		
- umbra	3/1044, 874⁴	unistrigatus, Aphyosemion (Fundulopanchax)	3/478, 409⁴
umbratilis, Brachyrhaphis	2/752, 550⁴		
-, Gambusia	2/752, 550⁴	unitaeniatus, Cichla	5/748, 751²
-, Neoheterandria	2/752, 550⁴	-, Erythrinus	1/322, 130²
-, Xenophallus	2/754, 550	-, **Hoplerythrinus**	**1/322, 130**
UMBRIDAE	1/819, 1/870, 3/1044, 4/830, 874	-, **Nannaethiops**	1/228, 3/96, 4/54, 61⁴,⁵, 62¹, 58
umbrifer, Cichlaurus	2/884, 718¹	-, Neolebias	4/54, 62¹
umbriferum, Cichlasoma	**2/884, 718**	univittatus, Neolebias	4/54, 62¹
Una-Hypostomus	5/352, 316	Unterständiges Schaufelmaul	2/552, 370
uncirostris amurensis, Opsariichthys	3/246, 222	upcheri, Galaxias	2/1078, 889⁴
		uramidea, Etheostoma	4/728, 836⁶
-, Opsariichthys	5/188, 221⁶	**uranoscopus, Amphilius**	**3/292, 249**
underwoodi, Herichthys	2/880, 4/698, 716³, 725¹	-, Anoplopterus	3/292, 249¹
		- ciscaucasius, Gobio	5/162, 207⁶
-, Tomocichla	3/754, 4/698, 717⁵, 725	-, Cobitis	2/354, 158³
undulatus, Corydoras	5/280, 295	- var. caucasica, Gobio	5/162, 207⁶
Ungarischer Hundsfisch	3/1044, 874	Urinwels, Blaugelber	4/338, 388
Unibranchapertura grisea	2/1158, 918⁶	**uroflammeus uroflammeus, Rivulus**	**2/690, 467**
- immaculata	2/1158, 918⁶		
- lineata	2/1158, 918⁶	**urolepis hornorum, Oreochromis**	**2/980, 695**
- marmorata	2/1158, 918⁶		
unicolor, Acara	2/812, 729³	-, Tilapia	3/835, 695³
-, Bryttus	2/1016, 795⁶	- **urolepis, Oreochromis**	**3/835, 695**
-, Colisa	1/636, 590⁵	urophthalma brigittae, Rasbora	1/440, 195⁶
-, Gobioides	3/984, 803⁴		
-, **Hypostomus**	5/352, 332	-, Parapetenia	2/884, 718²
-, **Leiopotherapon**	**2/1044, 843**	urophthalmoides, Eleotris	4/766, 805⁴
-, Madigania	2/1044, 843⁴	-, **Oxyeleotris**	**4/766, 805**
-, **Plecostomus**	**5/352, 332**	**urophthalmus, Acanthocobitis**	**3/276, 151**
-, Synodontis	5/428, 361⁵	-, Astronotus	2/884, 718²
-, Therapon	2/1044, 843⁴	-, **Cichlasoma**	**2/884, 718**
-, Trichogaster	1/636, 590⁵	-, Cobitis	3/276, 151²
unidorsalis, Helogenes	3/358, 309²	-, Eleotris	4/766, 805⁵
unifasciatus, Nannobrycon	**1/340, 140**	-, Heros	2/884, 718²
-, Nannostomus	1/340, 140⁶	-, Nemacheilus	2/348, 3/276, 151¹,²
-, **Neolebias**	4/54, 4/54, 61⁴,⁵, 62	-, **Oxyeleotris**	**4/766, 805**
-, Poecilobrycon	1/340, 140⁶	-, Rivulus	3/546, 5/578, 459⁴, 467
unilineatus, Hemigrammus	1/274, 109		
-, Hemigrammus sp. aff.	4/104, 109	- var. aurata, Rivulus	3/546, 467²
-, Poecilurichthys		**urostriata, Dianema**	**1/476, 296**

Register

urostriatum, Decapogon 1/476, 296²
urotaenia, Cyrtocara 5/838, 614⁵
-, Haplochromis 5/838, 614⁵
-, **Hemitaeniochromis** 5/838, 614
urteagai, Apistogramma 5/714, 747
Urumara rondoni 5/990, 885¹,²
Urumara rondoni 5/990, 885¹,²
usanguensis, **Aplocheilichthys** 3/446, 496
Usangu-Leuchtaugenfisch 3/446, 496
uscita, Pseudorhamdia 1/510, 373²
Ussuria leptocephala 1/374, 169³
ussuriensis, Gnathopogon 3/268, 239⁶
-, Gobio 3/268, 239⁶
-, Leiocassis 3/314, 266⁵
-, **Pelteobagrus** 3/314, 266
-, Rhinobagrus 3/314, 266⁵
Ussuri-Stachelwels 3/314, 266
„Usumacinta", Cichlasoma sp. 3/750, 716
Utaka, Blauschwarzer 5/896, 624
 - -Buntbarsch, Grüner 5/896, 624
 - -Malawisee-Buntbarsch,
   Blauweißer 5/756, 609
Utiaritichthys sennaebragai 4/140, 96
„Uvinza", Aplocheilichthys sp. 4/358, 496
 - -Leuchtaugenfisch 4/358, 496

V

vagus, Ophiocephalus 1/830, 800²
Vaillantella flavofasciata 5/103, 160⁵
 - maasi 5/103, 160
vaillanti, Crenicichla 3/756, 4/596,
 755¹,², 760⁶
-, Rasbora 2/404, 224⁴
-, **Sphaerichthys** 5/653, 591
Vaimosa balteata 2/1088, 821¹
 - bikolana 4/780, 821²,³
 - chulae 3/990, 822⁵
vaimosa", „Gobio 2/1088, 821¹
Vaimosa montalbani 4/780, 821²,³
 - piapensis 2/1100, 823³
 - spilopleura 1/838, 825⁴
 - valigouva 5/1034, 823¹
Vaimosagrundel 2/1088, 821
vaisiganis, Glossogobius 5/1017, 816⁵
vaithae, Lamprologus 3/808, 651⁴
vaithai, Lamprologus 3/808, 651⁴
valencia, **Gephyrocharax** 2/256, 86
Valencia hispanica 2/700, 500⁶,
 3/578, 500
 - - letourneuxi 2/700, 500⁶
 - letourneuxi 2/700, 500
Valenciakärpfling 3/578, 500
Valenciasalmler 2/256, 86
valenciennesii, Loricaria 3/390, 351¹
VALENCIIDAE 500
valigouva, **Mugilogobius** 5/1034, 823
-, Vaimosa 5/1034, 823¹
valsanicola, Romanichthys 4/734, 838

vandelli, Osteoglossum 1/858, 901⁶
Vandellia (?) sp. 5/460, 389
vandenbergi, Cynolebias 5/537, 448
Vandenbergs Fächerfisch 5/537, 448
vandepolli arubensis, Poecilia 5/624,
 542⁴,⁵
-, Girardinus 1/602, 5/624, 542¹,²,⁴,⁵
-, Mollienisia sphenops 5/624, 542⁴,⁵
-, **Poecilia** 5/622, 5/624, 542
vandeweyeri, Eutropiellus 1/513, 2/572,
 379²
vannutellii, Rhinoglanus 5/426, 357⁴
Variabilichromis moorii 2/938, 671
variabilis, Dioplites 2/1016, 796⁵
-, Oreochromis 3/836, 682
-, Phoxinus 4/214, 225⁶
-, Sarotherodon 3/836, 682⁴
-, Tilapia 3/836, 682⁴
Variabler Heterandria 4/496, 528
variata, **Xenotoca** 2/712, 2/712,
 513¹, 513
variatum, Etheostoma 3/920, 836⁵
variatus, Characodon 2/712, 3/588,
 509²,³, 513²
 - x couchianus, Xiphophorus 2/780, 564
 - evelynae, Xiphophorus 2/762, 552⁴
Variatus, Hawaii-Hochflosser- 4/562, 563
-, - -Pinselhochflosser- 4/562, 563, 564
-, - -Pinselschwanz- 4/562, 563, 564
-, Marygold Pinselschwanz- 4/562, 563,
 564
variatus, Platypoecilus 1/614, 2/782,
 563²⁻⁵
-, Poecilichthys 4/728, 836⁵
-, **Xiphophorus** 1/614, 2/782, 4/562,
 5/607, 563, 564
Varicorhinus capoeta capoeta 3/270, 241
 - - gracilis 5/222, 241
 - chapini 5/142, 194²
 - damascinus 5/148, 197²
 - stappersii 3/186, 181⁶
variegata, Botia 4/156, 4/158, 168³,⁶
-, **Mogurnda** 4/764, 812
-, venezuelae, Loricaria 4/284, 325³
-, Xiphophorus 1/614, 2/782,
 563²⁻⁵
variegatus, Anabas 1/619, 569²
 - bondi, Cyprinodon 4/424, 475⁵,⁶
 - **dearborni, Cyprinodon** 3/558, 480
-, Galaxias 2/1080, 889⁵
-, **Labeo** 2/390, 212
 - ovinus, Cyprinodon 4/438, 5/492, 480
-, Platypoecilus 1/614, 563⁵
 - var. bovinus, Cyprinodon 5/486, 476²,³
 - **variegatus, Cyprinodon** 3/558, 481
varietum, Etheostoma 3/920, 836⁵
variostigma, Neolamprologus 5/894, 659
varius, Liposarcus 1/496, 334³
varpachovskii, Hemiculter 3/224, 209¹
varus, Salaria 1/825, 792⁴

Register

Vastres agassizii	2/1151, 901[4]
- *cuvieri*	2/1151, 901[4]
- *mapae*	2/1151, 901[4]
vaterifloris, Rasbora	2/422, 3/262, 234[3,4]
-, *Rasboroides*	2/422, 3/262, 234
vazferreirai*, *Cynolebias	5/538, 448
Vazferreiras Fächerfisch	5/538, 448
veedoni, Corynopoma	1/250, 86[4]
Vegabärbling	2/422, 234
vegae, Rasbora	2/416, 234
„*velifer*", *Synodontis*	3/410, 365[3]
velifera, Mollienesia	1/604, 542[6], 543[1]
-, *Poecilia*	1/604, 542, 543
vellicans*, *Labidochromis	2/922, 618
venatus, Gobio	1/420, 208[1]
venenatus, Gobius	3/972, 814[3]
Venezolanischer Kärpfling	2/630, 440
Venezuela-Drüsensalmler	4/70, 87
- -Harnröhrenwels	5/458, 389
- -Laubensalmler	4/80, 75
- -Molly	4/522, 539
venezuelae*, *Crossoloricaria	4/284, 325
-, *Gephyrocharax*	4/70, 87
-, *Loricaria variegata*	4/284, 325[3]
-, ***Tridensimilis***	5/458, 389
venezuelanus, Corydoras	5/252, 271[2-4]
ventralis heterodonta, Ophthalmochromis	3/826, 659[5]
- *heterodontus, Ophthalmotilapia*	3/826, 659[5]
-, ***Neolamprologus***	5/894, 659
-, *Ophthalmochromis*	1/746, 3/824, 4/658, 660[1-6], 661[1-3]
-, ***Ophthalmotilapia***	1/746, 3/824, 4/658, 660, 661
-, *Paratilapia*	1/746, 3/850, 4/658, 660[1,3,4]
- *ventralis, Ophthalmochromis*	4/658, 660[3]
Venusfisch	1/446, 240
- Schleier-	1/446, 240
venusta, Cyrtocara	1/720, 624[4]
-, *Limia*	3/574, 487[6]
-, *Lucania*	3/574, 487[6]
-, - *parva*	3/574, 487[6]
venustus, Aphanius chantrei	3/547, 471[2,3]
-, ***Barbus***	4/188, 194
-, *Haplochromis*	1/720, 624[4]
-, *Macropodus*	1/638, 586[4,5]
-, ***Nematocharax***	5/70, 121
-, ***Nimbochromis***	1/720, 624
Veränderlicher Spiegelkärpfling	2/782, 536
verduyni*, *Copadichromis	4/594, 610, 611
vermayi, Anabas	2/790, 569[6], 570[1]
-, *Ctenopoma*	3/640, 571[2]
vermelinhos", „*Corydoras*	2/474, 286[4,5]
vermicularis, Acantophthalmus	2/338, 169[6]
vermiculata, Ancistrus vittatus var.	1/494, 4/298, 345[1-4]
-, *Muraena*	5/1080, 849[5]
-, ***Peckoltia***	4/298, 345
-, *Peckoltia* cf.	5/399, 345
vermiculatum, Pygydium	5/458, 389[3]
vermiculatus, Trichomycterus cf.	5/458, 389
vermivorus, Melanochromis	1/742, 622
vernalis, Hydrargyra	3/566, 486[1]
verrucosus, Agmus	3/298, 252[6]
- *scabriceps, Bunocephalichthys*	3/298, 252
- -, *Bunocephalus*	3/298, 252[6]
- *verrucosus, Bunocephalichthys*	2/436, 253
versicolor, Girardinus	4/508, 533[3,4]
-, *Heterandria*	4/508, 533[3,4]
-, *Limia* cf.	4/508, 533
-, *Poecilichthys*	3/916, 835[3]
-, *Stigmatogobius*	4/780, 821[2,3]
vesca, Gasteropelecus	1/326, 132[3]
Vesicatrus tegatus	4/114, 124
Vespicula depressifrons	4/740, 913
vexillifer, Panchax	2/590, 399[3]
-, *Thymallus*	3/1042, 910[4-6]
viarius, Cynolebias	2/638, 448
viatilis, Petromyzon	5/8, 25[6]
victoriae, Pseudocrenilabrus multicolor	5/913, 697
-, *Synodontis*	5/432, 366
victorianus, Haplochromis centropristoides	3/696, 677[5]
Vieja argentea	4/702, 725
- *heterospilus*	4/702, 725
- *melanurus*	4/705, 725
- *regani*	3/744, 725
- *zonata*	5/976, 725
viejita, Apistogramma	2/832, 747
Vielfachgebänderter Tanganjikasee-Buntbarsch	4/632, 648
Vielfarbiger Maulbrüter	1/754, 697
- Prachtkärpfling	2/610, 389
Vielfleckkärpfling	1/594, 537
Vielfleckmaulbrüter	1/718, 623, 624
Vielgetupfter Panzerwels	4/248, 283
Vielpunkt-Fiederbartwels	2/542, 362
- -Hochlandkärpfling	4/470, 512
- -Kärpfling	3/594, 512
- -Zwergraubsalmler	2/320, 140
Vielschuppen-Hochlandkärpfling	4/452, 506
Vielstachler, Afrikanischer	3/911, 831
-, Schomburgks	1/806, 831
-, Südamerikanischer	1/806, 831
Vielstachliger Buschfisch	3/638, 569
Vielstreifen-Hechtling	4/390, 425
- -Molly	4/524, 540
Vierauge	1/820, 504
-, Dow's	3/583, 504

Register

Vieraugen	1/814, 1/820, 3/583, 504
Vierbandcichlide	2/852, 750
Vierbinden-Springbarsch	4/728, 836
Vierfleckerdfresser	2/906, 764
Vierfleck-Kopfsteher	2/234, 66
- -Otopharynx	5/900, 625
Viergürtelbarbe	1/400, 193
Vierpunktbarbe	5/134, 191
Vierpunktkärpfling	2/734, 536
Vierpunktkopfsteher, Heller	3/100, 66
Vierstachliger Stichling	3/968, 876
Vierstrahl-Bratpfannenwels	5/233, 253
„Vierstreifen"-Apistogramma	5/722, 745
- -Schlankcichlide	1/728, 647
Vierstreifiger Tigerfisch	1/802, 801
Vietnam-Dornauge	4/160, 170
- -Rüsselschmerle	5/104, 163
Vietnamesische Messingbarbe	5/140, 192
Viktoriabuntbarsch, Nyereres	4/622, 678
Viktoria-Feuerbuntbarsch	5/732, 677
- -Prachtgrundkärpfling	4/410, 436
- -Sardine	5/204, 234
- -Wulstlippen-Maulbrüter	5/826, 678
Viktoriasee-Fiederbartwels	5/432, 366
villarsii, Plecostomus	4/290, 330[2]
Villavicencio-Zwergbuntbarsch	1/678, 740
vilmae, Copella	2/320, 139
-, *Hyphessobrycon*	1/290, 116
vimba, Abramis	3/272, 5/224, 174
-, *Cyprinus*	3/272, 5/224, 174[4,5]
-, *Leucabramis*	3/272, 5/224, 174[4,5]
Vimba vimba	3/272, 5/224, 174[4,5]
vinciguerrae, Clarias	4/265, 301[5,6]
-, *Discognathus*	3/212, 205[3]
vinciguerrae, Garra	3/212, 205[3]
vinciguerrai, Barbus	5/132, 189[4-6]
vinctus, Fundulus	4/442, 485[2]
vintonae, Ammocryptocharax	**4/116, 78**
vintoni, Klausewitzia	4/116, 78[4]
Vintons Zwergpfeilsalmler	4/116, 78
violaceus, Rivulus	**5/600, 467**
virescens, Corydoras	2/474, 3/342, 286[4,5]
-, *Cryptops*	1/862, 885[5]
-, ***Eigenmannia***	1/862, 4/827, 5/992, 885[3,4], **885**
-, *Fundulichthys*	2/406, 227[6]
-, *Fundulus*	2/406, 227[6]
-, *Gobius*	3/996, 819[3]
-, *Sternarchus*	1/862, 885[5]
virginiae, Corydoras	4/260, 295
virgo, Leuciscus	4/216, 237[5]
-, ***Rutilus pigus***	**4/216, 237**
viride, Aphyosemion	2/698, 416[5]
viridescens, Fundulus	4/442, 485[2]
viridiauratus, Macropodus	1/638, 586[4,5]
- -, - *opercularis* var.	1/638, 586[4,5]
- -punctatus, Rhinogobius	3/972, 814[3]
viridipallidus, Gobius	5/1030, 817[1]
viridipunctatus, Acentrogobius	**3/972, 814**
-, *Gobius*	3/972, 814[3]
-, *Leiodon*	5/1106, 922[4]
viridis, Acara	1/672, 731[3]
-, ***Aphyosemion***	**2/698, 416**
-, *Amia*	2/205, 32[2]
-, *Centrarchus*	1/792, 794[3,4]
-, *Eleotris*	2/1072, 813[2]
-, *Esox*	2/210, 32[4]
-, *Lepidosteus*	2/212, 32[6]
viriosa, Poeciliopsis	**2/750, 547**
Viriosakärpfling	2/750, 547
vitschumbaensis, Aplocheilichthys	**4/358, 496**
-, *Haplochilichthys*	4/358, 496[4,5]
Vitschumba-Leuchtaugenfisch	4/358, 496
vittata, Acara	2/818, 731[5]
-, ***Bujurquina***	**2/818, 731[5]**
-, ***Crenicichla***	**4/612, 5/781, 764**
-, - *brasiliensis* var.	1/698, 763[6]
-, - *johanna* var.	1/698, 763[6]
-, ***Edelia***	**2/1028, 832**
-, ***Eleotris***	**5/1012, 807**
-, ***Flexipenis***	**2/722, 520**
-, ***Gambusia***	1/604, 2/722, 4/508, 520[2], 533[5,6], 534[1]
-, ***Limia***	1/604, **4/508, 533, 534**
-, ***Peckoltia***	**1/494, 345**
-, ***Poecilia***	1/604, 4/508, 533[5,6], 534[1]
-, ***Pyrrhulina***	**1/348, 144**
-, ***Rohita***	3/250, 223[2]
-, ***Trichopsis***	**1/650, 590**
vittatus, Aequidens	**2/818, 731**
-, *Ancistrus*	1/494, 345[4]
-, *Aplocheilus*	1/548, 5/472, 418[5,6], 419[1]
-, *Astronotus*	2/818, 731[5]
-, ***Barbus***	**2/378, 194**
-, *Chaetostomus*	1/494, 345[4]
-, ***Corydoras blochi***	**1/462, 274**
-, *Ctenops*	1/650, 590[1]
-, *Erythrinus*	1/322, 130[2]
-, *Flexipenis*	2/722, 520[2]
-, *Geophagus*	1/668, 729[6]
-, *harrisi, Trichopsis*	3/668, 589[6]
-, *Hemiancistrus*	1/494, 345[4]
-, ***Hydrocynus***	**4/42, 52**
-, ***Leporellus***	**2/234, 67**
-, *Leporinodus*	2/234, 67[4,5]
-, *Leporinus*	2/234, 67[4,5]
-, ***Mystus***	**1/456, 265**
-, *Osphromenus*	1/650, 590[1]
-, *Osteochilus*	3/250, 223[2]
- ***Otocinclus***	**3/378, 337**
-, *Poecilobrycon*	1/346, 142[4]
-, *Puntius*	2/378, 194[6]
-, *Rivulus*	5/596, 465[1-3]
-, *Sarchirus*	2/210, 32[4]
-, *Silurus*	1/456, 265[2]
-, ***Telmatochromis***	**1/776, 666**

1189

Register

-, *Trichopsis* 3/668, 589[6]
- var. *vermiculata*, *Ancistrus* 1/494, 4/298, 345[1-4]
vivipara parae, *Poecilia* 3/618, 4/530, 534[4,5]
-, *Poecilia* 2/744, 543
-, *Poecilia* cf. 4/534, 543
viviparus, *Barbus* 1/402, 195
-, *Dermogenys* 4/782, 870
-, *Hemirhamphus* 4/782, 870[5]
„Vivoplani", *Nothobranchius* 3/512, 432[2]
volcanum, *Aphyosemion* 1/534, 416
volcanus, *Rivulus* 3/538, 461[1]
volgensis, *Lucioperca* 4/734, 838[4]
-, *Perca* 4/734, 838[4]
-, *Sander* 4/734, 838[4]
-, *Stizostedion* 4/734, 838
Vollstreifenbarbe 1/390, 184
voltae, *Barbus* 4/168, 180[3]
-, *Barilius niloticus* 3/234, 214[5]
-, *Hemichromis* 1/686, 4/586, 678[1], 689[4]
-, *Miralestes* 4/40, 53[1]
-, *Mormyrops anguilloides* 4/810, 897[3]
volzi pallopinna, *Rasbora* 3/260, 233[3]
vorderwinkleri, *Hemigrammus* 2/274, 109
-, *Hemiodopsis quadrimaculatus* 3/154, 134
vosseleri, *Nothobranchius* 5/482, 437
Vosselers Prachtgrundkärpfling 5/482, 437
vulgaris, *Acerina* 1/808, 837[3]
-, *Ameiurus* 3/360, 311[3]
-, *Amiurus* 3/360, 311[3]
-, *Anguilla* 3/935, 849[2]
-, *Carassius* 1/410, 197[6]
-, *Colisa* 1/634, 590[3]
-, *Leuciscus* 3/240, 217[2]
-, *Lota* 3/967, 875[5]
-, *Pimelodus* 3/360, 311[3]
-, *Pomotis* 1/798, 796[5]
-, *Thymallus* 3/1042, 910[4-6]
-, *Tinca* 5/219, 240[4,5]
- var. *kolenty*, *Carassius* 3/204, 197[5]
- - *rostrata*, *Anguilla* 4/744, 849[4]
Vulkan-Prachtkärpfling 1/534, 416
vulpes, *Pimelodus* 1/485, 311[4,5]

W

Wabenkamm-Pleco 5/332, 324
Waben-Schilderwels 1/496, 326
Wabenschwanz-Gurami 1/626, 575
- -Makropode 1/626, 575
Wachssalmler 2/252, 81
-, Hundskopf- 3/112, 81
Wachters' Prachtkärpfling 2/624, 3/488
wachtersi mikeae, *Aphyosemion* 2/624, 417
- *wachtersi*, *Aphyosemion* 3/488, 417
wagneri, *Pimelodus* 2/566, 375[3]
-, *Rhamdia* 2/566, 375[3]
Wagtail-Platy 1/611, 558
waimacui, *Rivulus* 5/600, 467
waitii, *Galaxias* 2/1082, 890[2]
-, - *planiceps* 2/1082, 890[2]
wakiyae, *Sarcocheilichthys* 3/266, 238[4]
Wald-Juwelenbarsch 2/914, 690
waleckii chinensis, *Leuciscus* 5/180, 217[6]
-, *Idus* 5/180, 217[6]
-, *Leuciscus* 5/180, 217
Waleckis Döbel 5/180, 217
walkeri, *Aphyosemion* 1/542, 1/564, 430[6], 417
-, *Chrysichthys* 3/308, 262
-, *Clarias* 4/262, 4/263, 301[1,2]
-, *Haplochilus* 1/542, 417[3]
-, *Labeo* 2/390, 211[4]
-, *Nothobranchius* 1/564, 430[6]
Walkers Prachtkärpfling 1/542, 417
- Stachelwels 3/308, 262
Wallace's Hechtcichlide 2/888, 764
wallacii, *Crenicichla* 2/888, 764
Wallago athu 2/578, 383
- *leeri* 2/578, 383
- *russellii* 2/578, 383[6]
Wallagonia attu 2/578, 383[6]
Waller 3/423, 383
-, Russischer 5/450, 383
„walteri", *Aulonocara* sp. 5/736, 606
-, *Neolamprologus* 3/822, 654[5]
-, *Tilapia* 4/698, 704
Walwels 4/269, 297
wamiensis, *Zaireichthys* 4/234, 250
wanae, *Discognathus* 5/158, 206[4]
wanamensis, *Glossolepis* 2/1116, 856
Wanderwels 1/480, 300
Wangenflecken-Zwergbuntbarsch 3/688, 743
Wangenstricherdfresser 3/766, 766
-", „Brauner 5/814, 765
-", „Gelber 5/18, 766
wangkinfui, *Rhodeus* 2/406, 236[1]
Warm Springs-Wüstenkärpfling 4/432, 478
wartmanni, *Coregonus* 3/944, 906[5]
waseri, *Betta* 3/653, 580[5,6], 581[1]
Wasserstieglitz 1/308, 123
waterloti dagesti, *Discognathus* 4/196, 206[2]
-, *Discognathus* 4/196, 206[2]
-, *Garra* 4/196, 206[2]
-, *Synodontis* 3/410, 366
Waterlots Fiederbartwels 3/410, 366
watwata, *Hypostomus* cf. 5/354, 332
wauthioni, *Lamprologus* 2/946, 659[3]
-, *Neolamprologus* 2/946, 659
wavrini, *Biotodoma* 3/708, 749
-, *Geophagus* 3/708, 749[1]
Wavrins Buntbarsch 3/708, 749
Waxdick 3/74, 28

1190

Register

weberi, Rhombatractus 2/1122, 858[5]
-, *Rivulus* 3/533, 5/603, 467
Webers Bachling 5/603, 467
weeksii, Anabas 1/624, 570[5]
-, *Ctenopoma* 1/622, 569[5]
Weichstrahl Sonnenfisch 2/1140, 863
weidemanni, Gobius 3/992, 818[2]
weidholzi, Barbus 4/174, 187[1]
weinbergi", "Botia 2/344, 167[1]
Weinroter Kampffisch 3/646, 578
weisei, Apistogramma 3/874, 778[2]
Weißbartbarbe 3/244, 219
Weißdorn-Harnischwels 3/388, 348
Weißer Buntbarsch 3/750, 716
- Tetra 2/264, 102
Weißfisch, Beilbauch- 3/224, 209
-, Gesprenkelter 5/204, 235
-, Langnasen- 2/424, 235
-, Schwarznasiger 3/264, 235
Weißfischsalmler, Afrikanischer 4/30, 49
Weißfleckmaulbrüter 2/982, 681, 682
Weißflossen-Fiederbartwels 3/398, 359
Weißflossenpanzerwels 3/344, 287
Weißflossiger Amur-Gründling 3/218, 208
Weißgebänderter Tanganjikasee-
Buntbarsch 4/630, 648, 649
Weißkehlbarsch 1/768, 694
Weißkreuz-Trugdornwels 5/234, 256
Weißling, Damaskus- 5/148, 197
Weißpunkt-Brabantbuntbarsch 1/782, 667
- -Fächerfisch 5/506, 441
- -Gebirgsharnischwels 5/326, 314, 323
Weißsaum-Hochlandkärpfling 4/472, 513
Weißstirn-Messerfisch,
Amerikanischer 1/821, 883
Weißstreifen-Antennenwels 2/560, 373
Weißwangen-Grundel 3/998, 824
weitzmani, Poecilocharax 1/279, 3/147, 85
Weitzmans Raubsalmler 3/147, 85
welaka, Notropis 4/204, 221
Wels 3/423, 383
-", "Hubschrauber- 2/578, 383
Welse 1/450–1/517, 2/433–2/581, 3/289–3/432, 4/223–4/339, 5/227–5/460, 243–389
-, Echte 1/515–1/516, 2/576–2/579, 3/423, 4/334, 5/450, 381–383
-, Elektrische 1/500, 3/394, 353
welwitschii, Barbus 5/132, 189[4-6]
werneri, Aplocheilus dayi 3/492, 418
-, *Hyphessobrycon* 3/140, 116
-, *Iriatherina* 2/1116, 857
-, *Lamprologus* 1/736, 692
Werners Grundcichlide 1/736, 692
- Prachtkärpfling 3/469, 405
- Streifenhechtling 3/492, 418
Westafrikanische Zwerggrundel 4/756, 805
Westafrikanischer
Knochenzüngler 2/1152, 901

Westamerikanischer Kreuzwels 2/434, 251
Westaustralischer Zwergbarsch 2/1028, 832
Westliche Kärpflingsgrundel 2/1068, 810
Westlicher Kaplabyrinthfisch 2/792, 572
- Regenbogenfisch 2/1128, 4/800, 861
„White Fin", *Hyphessobrycon* 5/62, 116
White River-Quellkärpfling 4/444, 488, 489
„ -Top" 3/702, 604
whitei, Balsadichthys 2/708, 511[2]
-, *Goodea* 2/708, 511[2]
-, *Ilyodon* 2/708, 511
Whites Fächerfisch 1/554, 449
Wichtelkärpfling 3/572, 487
wickleri, Apistogramma 1/678, 746[3]
Widderchensalmler 2/297, 80
wikii, Mystus 3/320, 265[3]
wildekampi, Aphyosemion 3/488, 417
-, *Aphyosemion* aff. 3/484, 413[5]
Wildekamps Prachtkärpfling 3/488, 417
Wilder Riesenguppy 2/742, 529
wilderi, Hassar 3/355, 305
-, *Lampetra* 4/8, 25
Wildguppy 2/742, 529
Wildmolly 1/602, 541
willerti, Nothobranchius 4/410, 438
williamsi, Chromis 3/856, 635[1]
-, *Pseudotropheus* 3/856, 635
wilsoni, Phenagoniates 2/258, 89[3]
Wimpelkarpfen 4/202, 219
Wimpelpiranha 2/328, 91
wingatii, Haplochromis 2/998, 685[3]
-, *Paratilapia* 2/998, 685[3]
-, *Thoracochromis* 2/998, 685
Winkelcichlide 3/732, 707
Winkerbuntbarsch 3/824, 660, 661
winneckei, Nematocentris 3/1018, 862[3]
wischmanni, Pterolebias 3/528, 454
Wischmanns Schleierkärpfling 3/528, 454
withei, Cynolebias 1/552, 449
wolfei, Leporinus 4/62, 70
wolffi „Disco gelb", *Chanda* 4/710
- „ -rot", *Chanda* 4/710
wolfii, Acanthopterca 1/800, 788[2]
-, *Ambassis* 1/800, 788[2]
-, *Chanda* 1/800, 788
-, *Eleotris* 3/958, 804[5]
Wolffs Glasbarsch 1/800, 788
Wolfs Engmaulsalmler 4/62, 70
Wolfsalmler 2/226, 5/50, 51, 91
Wolgazander 4/734, 838
wolterstorffi, Cynolebias 5/540, 449
woosmani, Petersius 4/38, 52[6]
woosnami, Micralestes 2/226, 52[6]
-, *Petersius* 2/226, 52[6]
wotroi, Corydoras 2/470, 282[4]
wrayi, Gambusia 4/494, 526

Register

„wuchereri", Hypostomus 2/506, 323[2]
wui, Ctenogobius 2/1100, 3/998, 824[4-6]
-, Rhinogobius 2/1100, 3/998, 5/1026, 824
-, Sinogastromyzon 4/142, 160
-, Tukugobius 2/1100, 3/998, 824[4-6]
Wuis Flossensauger 4/142, 160
Wulstlippenbuntbarsch 1/714, 621
-, Zebra- 1/738, 650
Wulstlippenfächerfisch 5/532, 447
Wulstlippen-Malawisee-
Buntbarsch 5/812, 612
- -Maulbrüter, Viktoria- 5/826, 678
Wulstlippiger Fadenfisch 1/636, 590
Wunderfisch, Phallus- 5/1082, 863
Wunderkärpfling, Berg- 4/376, 411
-, Halbgebänderter 4/374, 410, 411
-, Lasur- 1/536, 410
wurdemanni, Gobius 3/980, 815[4,5]
Wurmlinien-Antennenwels 5/318, 321
Wurzelwels 2/444, 256, 257
Wüstendöbel, Zwerg- 3/229, 210
Wüstenfisch, Dicklippen- 5/488, 477
-, Eleganter 5/486, 476
-, Maya- 5/490, 478
-, Nevada- 1/556, 478
-, Owens- 5/492, 479
-, Salt Creek- 4/438, 480
-, Stahlblauer 1/556, 477
-, Tularosa- 5/494, 480
Wüstengrundel 2/1090, 815
Wüstenkärpfling, Amargosa- 4/430, 478
-, Ash Meadows- 4/432, 478
-, Conchos- 4/428, 476
-, Dolores- 3/556, 477
-, El Potosí- 4/422, 475
-, Guzmán- 4/428, 476
-, Leon Creek- 4/424, 476
-, Pecos River- 4/436, 479
-, Quitobaquito- 4/430, 477
-, Red River- 4/436, 480
-, San Diego- 4/435, 479
-, Shoshone- 5/484, 478
-, Warm Springs- 4/432, 478
Wüstenregenbogenfisch 3/1018, 862
wyckii, Bagrus 3/320, 265[3]
-, Hemibagrus 3/320, 265
-, Mystus 3/320, 265[3]
wykii, Hemibagrus 3/320, 265[3]
-, Macrones 3/320, 265[3]
-, Mystus 3/320, 265[3]
wytsi, Alestes 5/18, 47[1]

X

xanstomachus, Pseudotropheus 5/926, 635
- „Yellow Chin", Pseudotropheus 5/928, 635
xanthi, Cobitis 4/152, 164[2]
xanthonotus, Rivulus 1/578, 3/546, 467[2], 468
xanthozona, Gobius 1/836, 817[2]
-, Hypogymnogobius 1/836, 817
xantusi, Balsadichthys 3/590, 510[3,4]
-, Ilyodon 3/590, 510[3,4]
Xenagoniates bondi 1/252, 90
Xenambassis honessi 4/716, 789[6]
- lalokiensis 4/714, 789[3,4]
Xenedum luitpoldi 5/608, 509[5]
Xenendum caliente 3/588, 509[2,3]
- multipunctatum 3/594, 4/470, 512[2-4]
Xenentodon cancila 1/826, 869, 870
xenica, Adinia 1/521, 483[3]
xenicus, Fundulus 1/521, 483[3]
Xenisma catenata 3/560, 483[4]
Xenocara dolichoptera 1/486, 3/365, 317[3,4]
- hoplogenys 1/486, 317[5]
- temminckii 2/502, 3/366, 321[6], 322[1]
Xenodexia ctenolepis 4/550, 5/628, 550
xenodon, Clarias 2/488, 4/265, 301[5,6], 302[1]
xenognathus, Haplochromis 3/861, 683[4]
-, Ptyochromis 3/861, 638
Xenomystus nigri 1/856, 901
Xenoophorus captivus 2/710, 512
- erro 2/710, 512[5]
- exsul 2/710, 512[5]
Xenophallus umbratilis 2/754, 550
Xenopoecilus oophorus 5/466, 869
- sarasinorum 5/464, 868
Xenotaenia resolanae 2/710, 512
Xenotilapia boulengeri 2/1007, 672
- flavipinnis 3/898, 672
- ochrogenys 3/765, 645[5]
- papilio 4/706, 672
- sima 3/900, 672
- spilopterus 3/900, 672
- tenuidentata 4/638, 651[1]
xenotilapiaformis, Pelmatochromis 3/712, 642[2]
Xenotis ophthalmicus 2/1016, 795[6]
Xenotoca eiseni 2/712, 513
- variata 2/712, 2/712, 513[1], 513
Xenurobrycon macropus 3/122, 88
„Xingú I", Crenicichla sp. 5/798, 762
„-", Teleocichla sp. 5/964, 779
„Xingú II", Crenicichla sp. 5/802, 763
„-", Teleocichla sp. 5/964, 779
„Xingú III", Crenicichla sp. 5/804, 763

Register

xinguense, Ossubtus 4/138, 95
xinguensis, Corydoras 5/280, 295
-, Retroculus 5/933, 775
Xingú-Kaktuswels 4/304, 346
- -Panzerwels 5/280, 295
xiphidium, Platypoecilus 1/615, 2/785, 564[4,5]
-, Xiphophorus 1/615, 2/785, 564
xiphidius, Rivulus 2/690, 468
Xiphophorus alvarezi 2/756, 4/550, 550
- andersi 2/756, 551
- bimaculatus 2/728, 528[2]
- birchmanni 3/632, 551
- brevis 1/606, 1/609, 3/631, 5/632, 552[6], 553[1-4,6], 554[1-6]
- clemenciae 2/758, 4/451, 551
- continens 4/552, 551
- cortezi 2/758, 551, 552
- couchianus 2/760, 552
- - gordoni 2/762, 552[5]
- evelynae 2/762, 552
- gillii 4/520, 538[6], 539[1]
- gordoni 2/762, 552
- gracilis 2/746, 4/538, 544[6]
- guentheri 1/609, 3/631, 5/632, 553[3,4,6], 554[1-6]
- heckeli 2/702, 504[6]
- helleri 1/606, 1/609, 2/764, 3/631, 5/632, 552–556
- - alvarezi 2/756, 4/550, 550[5,6]
- - brevis 1/606, 552[6], 553[1,2]
- - guentheri 1/609, 2/764, 553[3], 555[1]
- - helleri 1/606, 552[6], 553[1,2]
- - signum 2/780, 563[1]
- - strigatus 1/606, 2/765, 552[6], 553[1,2,4]
- jalapae 1/606, 3/631, 5/632, 552[6], 553[1,2,4,6], 554[1-6]
- maculatus 1/610, 2/770, 4/554, 557–560
- malinche 5/634, 560
- marmoratus 4/557, 560[3]
- meyeri 4/557, 560
- milleri 2/774, 560
- montezumae 1/612, 2/774, 4/560, 561[4], 560
- - birchmanni 3/633, 551[2,3]
- - cortezi 2/758, 551[6], 552[1]
- - montezumae 1/612, 3/632, 4/560, 560[5], 561[4-6]
- multilineatus 4/558, 561
- nezahualcoyotl 3/634, 4/560, 561
- nigrensis 2/776, 4/558, 561[1-3], 562
xiphophorus, Pterolebias 5/566, 454
Xiphophorus pygmaeus 1/612, 2/778, 562
- - nigrensis 2/776, 562[1-3]
- - pygmaeus 1/612, 562[4]
- rachovii 1/606, 3/631, 5/632, 552[6], 553[1,2,6], 554[1-6]
- roseni 2/780, 564[3]
- signum 2/780, 563

- strigatus 1/606, 5/632, 552[6], 553[1,2,6], 554[1-6]
- variatus 1/614, 2/782, 4/562, 5/607, 563, 564
- - evelynae 2/762, 552[4]
- - x couchianus 2/780, 564
- variegata 1/614, 2/782, 563[2-5]
- xiphidium 1/615, 2/785, 564
- xiphidium x X.variatus 2/784, 564
Xiphoramphus falcirostris 2/251, 90[6]
Xiphorhamphus microlepis 5/50, 91[1]
- odoe 2/233, 62[6]
Xiphorhynchus falcirostris 2/251, 90[6]
- odöe 2/233, 62[6]
Xiphostoma cuvieri 2/300, 126[2]
- hujeta 2/300, 126[6]
- lateristriga 2/299, 126[1]
- longipinne 2/300, 126[2]
- lucius 2/300, 126[2]
- maculatum 1/316, 126[3]
- ocellatum 2/300, 126[2]
- oseryi 2/300, 126[2]
- taedo 1/316, 126[3]
Xystroplites gilli 2/1016, 795[6]

Y

Yakati-Regenbogenfisch 4/792, 857
Yalugründling 3/234, 213
Yarra Zwergbarsch 2/1027, 832
yarrelli, Bagarius 2/580, 385
Yellow catfish 2/446, 257
„- Chin", Pseudotropheus xanstomachus 5/928, 635
„- Collar", Lethrinops 5/864, 619
„-Regal"-Buntbarsch 2/847, 601, 602
Yongeichthys thomasi 5/1050, 822
youngicus, Clarias 4/266, 302[2]
yseuxi, Bryconaethiops 2/224, 50[4]
yucatana, Gambusia 2/724, 525[1,2]
-, - puncticulata 2/724, 525
Yucatán-Fundulus, Großer 4/440, 485
- -Kärpfling 2/724, 525
- -Schwertträger 2/765, 556
Yunnanilus brevis 3/276, 160

Z

Zacco pachycephalus 4/218, 241[6]
- platypus 4/218, 241
- sp. 5/224, 241
- temmincki 4/218, 241
Zackenbarsch, Süßwasser- 4/742, 841
Zackenbarsche 3/915, 841
zadocki, Cylindrosteus 2/212, 32[5]
Zahnkärpfling, Baenschs 2/744, 543
Zahnleistenhalbschnäbler 2/1102, 871
Zährte 3/272, 5/224, 174

1193

Register

Zaire-Flösselhecht	2/216, 30
Zaireichthys wamiensis	**4/234, 250**
zambanenje, Mormyrus	4/810, 897³
zambesensis, Synodontis	2/544, 3/404, 363²,⁵
zambezense, Opsaridium	**2/408, 221**
zambezensis, Barilius	2/408, 221⁵
-, *Leuciscus*	2/408, 221⁵
Zamorawels	2/442, 255
zanandreai, Lethenteron	5/8, 25
Zander	3/922, 838
- -Antennenwels	3/420, 374
zangicus, Leuciscus cephalus orientalis natio	3/238, 216²
Zantecla pusilla	2/1124, 860³
zanthi, Cobitis	4/152, 164²
zanzibarica, Tilapia hornorum	2/980, 695²
zanzibaricus, Barbus	**5/144, 195**
- var. *paucior, Barbus*	3/192, 186¹
zanzibariensis, Rasbora	2/414, 230⁶
- var. *paucior, Barbus*	3/182, 179¹
Zebra-Geradsalmler	1/228, 57
- -Harnischwels	4/288, 329
- -Leuchtaugenfisch	4/362, 497
- -Wulstlippenbuntbarsch	1/738, 650
- -Zwergbuntbarsch	2/830, 743
„- -Obliquidens", *Haplochromis* sp.	**5/834, 680**
zebra, Characidium	1/314, 78⁶
-, *Fundulus*	4/442, 485²
-, *Haplochilus (Hypsopanchax)*	4/362, 497⁶
„Zebra", *Haplochromis* sp.	5/834, 680³
zebra, Hydrargyra	2/658, 487²
-, *Hypancistrus*	**4/288, 329**
-, *Hypsopanchax*	**4/362, 497**
Zebra, Kobalt-	5/914, 629
„*zebra*", *Nemacheilus*	5/94, 159⁴
-, *Percina caprodes*	5/981, 837⁶
-, *Plancterus*	2/658, 487²
-, ***Pseudotropheus***	**1/762, 635**
Zebra, Roter	1/763, 5/918, 631
„*zebra*", *Synodontis*	2/546, 364²
-, *Tilapia*	1/762, 635⁵
„Zebra Yellow Throat Maleri", *Pseudotropheus*	5/926, 635²⁻⁴, 635
Zebraantennenwels, Goldbinden-	4/324, 368, 369
Zebrabärbling	1/408, 196
Zebrabuntbarsch	1/690, 714
-, Roter Malawisee-	5/918, 630
-, Tanganjikasee-	1/738, 650
Zebraflossensauger	5/98, 159
Zebrafundulus	2/658, 487
Zebrakärpfling	1/522, 473
Zebraschmerle	2/344, 167
Zebra-Spatelmaul	4/326, 167, 371
Zebra-Springbarsch	5/981, 837
Zebrastachelaal	3/1010, 918
zebrata, Cobitis	4/769, 890⁵
Zebratilapie	2/1002, 702
zebratus, Agalaxias	4/769, 890⁵
-, *Galaxias*	**4/769, 890**
-, - *(Agalaxias)*	4/769, 890⁵
-, *Paragalaxias*	4/769, 890⁵
zebrinus, Fontinus	2/658, 487²
-, *Fundulus*	**2/658, 487**
-, *Mastacembelus*	1/848, 3/1010, 918
zebroides, Labidochromis	**5/860, 618**
Zehnfleck-Geradsalmler	1/224, 56
Zehnstrahlen-Trugdornwels	5/242, 258
zelleri, Barbus	1/392, 5/144, 186²,³
Zenarchopterus basudensis	5/1053, 871⁶
- *dispar*	**4/782, 871**
- *kampeni*	**5/1053, 871**
zenkeri, Panchax	2/652, 427⁶
zerarschani, Nemachilus oxianus natio	5/96, 157⁴
Zeus scalaris	1/766, 774⁴,⁶, 775²
Zickzack-Prachtkärpfling	2/692, 406
Ziege	3/152, 224
Ziegelsalmler	1/286, 111
Zierbinden-Zwergschilderwels	1/494, 345
Zierhechtling	1/558, 423
Zierkarpfen	1/414, 201
Ziersalmler, Dreibinden-	1/346, 142
-, Einbinden-	1/340, 140
-, Espes	1/344, 141
-, Gebänderter	1/344, 141
-, Goldbinden	1/344, 141
-, Marylins	3/157, 142
-, Spitzmaul-	1/340, 140
-, Zweibinden-	1/342, 141
-, Zweistreifen-	2/322, 141
Zilles Buntbarsch	1/778, 3/894, 704
zillii, Acerina	1/778, 3/894, 704⁴
-, *Chromis*	1/778, 3/894, 704²,³
-, *Coptodon*	1/778, 3/894, 704²,³
-, *Glyphisodon*	1/778, 3/894, 704²,³
- *guineensis, Tilapia*	3/892, 702⁴
-, *Sarotherodon*	3/894, 704³
-, *Tilapia*	**1/778, 3/894, 704**
zimiensis, Aplocheilus	4/388, 424
-, *Epiplatys*	4/386, 4/388, 423⁶, 424³
-, - *fasciolatus*	**4/388, 424**
Zimi-Hechtling	4/388, 424
Zimtfarbenes Dornauge	2/338, 170
Zimtprachtkärpfling	2/554, 401
Zingel	3/924, 838
zingel, Aspro	3/924, 838⁶
-, *Perca*	3/924, 838⁶
Zingel streber	**4/736, 838**
- *zingel*	3/924, 838
Zitronenbuntbarsch	2/864, 709
Zitronenflossiger Prachtkärpfling	3/466, 401
Zitronenkärpfling	3/612, 537
Zitronenmolly	3/614, 538
Zitronensalmler	1/292, 114

Register

Zitronen-Saugschmerle 4/220, 242
Zitteraal 1/831, 883
Zitterwels 1/500, 353
-, Kleiner 3/394, 353
zonalternans, Acanthocobitis 5/84, 151
-, *Cobitis* 5/84, 151[3]
-, *Nemacheilus* 5/84, 151[3]
-, *Noemacheilus* 5/84, 151[3]
zonata, Heterandria 2/732, 534[2]
-, *Limia* **2/732, 534**
-, *Poecilia* 2/732, 534[2]
-, *Schistura* **159**
-, *Vieja* **5/976, 725**
Zonatakärpfling 2/732, 534
zonatum, Cichlasoma 4/668, 5/976, 725[6]
-, *Elassoma* **4/722, 795**
zonatus, Astyanax 2/260, 100
-, *Cynolebias* 5/461, **5/540, 449**
-, *Esox* 3/566, 486[1]
-, *Girardinus* 2/736, 537[3]
-, *Micristius* 3/566, 486[1]
-, *Paratheraps* 5/976, 725[6]
-, *Poecilurichthys* 2/260, 100[3]
-, *Pterolebias* **1/576, 454**
- "shady", *Pterolebias* 5/562, 453[1]
zonifer, Zygonectes 2/658, 485[5]
zonistius, Allodontichthys **4/454, 506**
-, *Alloophorus* 4/454, 506[5,6]
-, *Zoogoneticus* 4/454, 506[5,6]
Zoogoneticus labialis 3/577, 500[1]
- *maculatus* 4/456, 507[2]
- *miniatus* 4/458, 507[3]
- *quitzeoensis* **2/714, 513**
- cf. *quitzeoensis* **4/472, 513**
- *robustus* 4/456, 507[2]
- *zonistius* 4/454, 506[5,6]
Zope 4/164, 174
Zorniger Zwergpfeilsalmler 3/146, 81
Zügelbuntbarsch, Gestreifter 3/716, 643
Zügelfransenlipper 1/422, 202
Zügelpanzerwels 3/348, 5/282, 295
Zügel-Stachelaal 4/784, 916
Zungaro bufonius 2/566, 374[6]
***zungaro bufonius**,
Pseudopimelodus* **2/566, 374**
Zungaro charus 2/566, 374[6]
zungaro, Pseudopimelodus 2/566, 374[6]
Zungaro zungaro 2/566, 374[6]
Zungarowels 2/566, 374
Zweibandcichlide 1/774, 666
Zweibandhechtling 2/644, 422
Zweibindenbärbling 2/412, 224
Zweibinden-Ziersalmler 1/342, 141
Zweifarbiger Bratpfannenwels 1/454, 253
Zweifleck-Apistogramma 5/706, 743
- -Buschfisch 2/790, 590
- -Kärpfling 2/728, 528
Zweifleckbarbe 1/400, 2/366, 180, 193
Zweifleckbuntbarsch 2/862, 751
Zweipunkt-Glassalmler 4/114, 124

- -Panzerwels,
Langschnäuziger 5/260, 278
- -Zwergbuntbarsch 2/826, 737
Zweipunktbarbe 1/400, 193
Zweipunktbuntbarsch 1/664, 730
Zweistreifenkärpfling 3/592, 511
Zweistreifen-Ziersalmler 2/322, 141
- -Zwergbuntbarsch 2/820, 732
Zweitupfen-Raubsalmler 1/246, 82
Zwergbarbe 2/374, 190
-, Ceylon- 3/224, 209
Zwergbärbling 1/436, 196
-, Siamesischer 3/260, 233
Zwergbarsch 1/792, 794
-, Balstons 2/1030, 833
-, Gebänderter 4/722, 795
-, Nördlicher 2/1032, 833
-, Schwarzer 1/792, 794
-, Südaustralischer 2/1030, 833
-, Westaustralischer 2/1028, 832
-, Yarra 2/1027, 832
Zwergbuntbarsch, siehe auch
Apistogramma
Zwergbuntbarsch, Agassiz' 1/674, 731, 732
-, Borellis 1/674, 732, 733
-, Caete 2/820, 733
-, Corumba- 2/822, 733
-, Fadenflossen- 2/828, 739
-, Gebänderter 5/882, 773, 774
-, Gelbbrust- 3/686, 739
-, Genetzter 2/830, 742
-, Hochrücken- 2/822, 735
-, Kakadu- 1/676, 733
-, Lülings 3/686, 739, 740
-, Norberts 4/576, 741
-, Panda- 2/828, 741
-, Parallelstreifen- 3/682, 734
-, Pucallpa- 2/832, 747
-, Querstreifen- 3/688, 746
-, Reitzigs 1/676, 732, 733
-, Rostbrauner 3/685, 738
-, Rotsaum- 2/824, 735, 736
-, Rotstrich- 2/826, 738
-, Schwarzbinden- 2/824, 5/675, 736
-, Schwarzkehl- 2/832, 747
-, Staecks 3/688, 746
-, Steindachners 1/678, 746
-, „Tefé"- 5/660, 732
-, Torpedo- 3/874, 778
-, Villavicencio- 1/678, 740
-, Wangenflecken- 3/688, 743
-, Zebra- 2/830, 743
-, Zweipunkt- 2/826, 737
-, Zweistreifen- 2/820, 732
Zwergbuschfisch 1/623, 572
Zwergdistichodus 1/224, 56
Zwergdöbel, Dalmatinischer 4/212, 236
-, Rosanasen- 5/188, 221
-, Schwanzpunkt- 5/186, 220

1195

Register

-, See-	4/194, 199
-, Stumpfnasen-	5/198, 226
Zwergdornwels	2/490, 3/300, 256, 257, 305
-, Eigenmanns	5/297, 305
Zwergdrachenflosser	1/250, 86
Zwergelritze, Türkische	5/200, 227
Zwergfächerfisch	5/546, 450
-, Fluminense-	5/546, 450
-, Leitaos	5/546, 450
Zwergfadenfisch	1/636, 590
-, Roter	2/800, 590
Zwergfiederbartwels	5/424, 5/426, 357
-, Nil-	5/426, 357
-, Pretty Woman-	5/424, 357
Zwergflunder	5/984, 903, 904
Zwerggalaxie	2/1086, 891
-, Schlamm-	2/1084, 890
-, Schwarzstreifen-	2/1086, 891
Zwerggrundel	2/1094, 822-825
-, Westafrikanische	4/756, 805
Zwerggrundsalmler	2/297, 80
Zwerggurami, Kleiner Pracht-	2/808, 589
-, Knurrender	1/650, 589
Zwergharnischwels	1/498, 349
-, Flachkopf-	3/367, 325
Zwerghechtling	1/558, 438
Zwerg-Hochlandkärpfling	4/456, 507
Zwergkärpfling	1/592, 528
Zwergkugelfisch	5/1106, 922
Zwergmolly	2/736, 538
Zwergpanchax	1/546, 417
Zwergpanzerwels	1/472, 287
-, Punktlinien-	1/466, 279
Zwergpfeilsalmler, Grüner	2/298, 80
-, Ritas	5/72, 80
-, Vintons	4/116, 78
-, Zorniger	3/146, 81
Zwergquappenwels, Kurzer	5/228, 249
Zwergrasbora, Quergestreifte	2/396, 219
-, Rötliche	2/396, 219
Zwergraubsalmler, Blauer	3/156, 140
-, Boruca-	4/133, 140
-, Punktierer	1/336, 140
-, Vielpunkt-	2/320, 140
Zwergregenbogenfisch	1/852, 3/1016, 859, 860
Zwergreiskärpfling	3/579, 868
Zwergsalmler, Orangeroter	1/220, 52
-, Sierra Leone	1/220, 52
Zwergschilderwels, Purus	2/512, 342
-, Gebänderter	1/494, 343
-, Zierbinden-	1/494, 345
Zwergschmerle	1/372, 166
Zwergschwertträger	2/778, 1/612, 562
Zwergsonnenbarsch, Okefenokee-	2/1014, 794
Zwergstachelflossenwels	3/322, 266
Zwergstachelwels	3/320, 264
-, Schachbrett-	4/234, 250
-, Tansania-	3/316, 249
Zwergstichling	1/834, 878
Zwergsüßwasserflunder	4/826, 903
Zwergwels	3/360, 311
-, Deltaflügel-	4/335, 386
Zwerg-Wüstendöbel	3/229, 210
Zwergzebra	1/762, nicht 635[5]
Zwergziersalmler	1/346, 142
zygaima, Aphyosemion	**3/490, 417**
zygatus, Corydoras	**3/348, 5/282, 295**
Zygonectes atrilatus	1/590, 522[2]
- *auroguttatus*	2/654, 483[6]
- *brachypterus*	2/722, 520[3]
- *catenatus*	3/560, 483[4]
- *chrysotus*	2/654, 483[5]
- *craticula*	2/658, 485[5]
- *dispar*	3/562, 484[3,4]
- *dovii*	3/435, 395[1,2]
- *escambiae*	4/440, 484[5]
- *funduloides*	3/571, 486[5]
- *gracilis*	2/722, 520[3]
- *henshalli*	2/654, 483[5]
- *inurus*	2/722, 3/562, 484[3,4], 520[3]
- *jenkinsi*	3/564, 485[3]
- *lateralis*	3/568, 486[3,4]
- *lineatus*	4/442, 486[6]
- *lineolatus*	2/658, 485[5]
- *luciae*	3/566, 485[6]
- *macdonaldi*	4/442, 486[6]
- *manni*	1/992, 3/572, 487[3,4]
- *melanops*	1/590, 3/562, 484[3,4], 522[2]
- *notatus*	3/568, 486[2]
- *notti*	4/440, 484[5]
- *olivaceus*	3/568, 486[3,4]
- *patruelis*	2/722, 520[3]
- *pulchellus*	3/568, 486[3,4]
- *pulvereus*	3/571, 486[5]
- *rubrifrons*	2/654, 483[6]
- *seminolis*	4/444, 487[1]
- *senilis*	4/492, 525[6], 526[1]
- *speciosa*	2/722, 520[3]
- *tenellus*	3/568, 486[2]
- *zonifer*	2/658, 485[5]
zygouron, Clarias	4/262, 301[1]

1196

Autoren – INDEX

Hans A. Baensch,

geboren 1941 in Flensburg, wuchs in der Umgebung von Hannover auf. Die heimische Wasserfauna und -flora wurden dem Biologensohn durch den Vater schon früh vertraut. Nach einer Lehre als Zookaufmann trat er 1961 in die väterliche Zierfischfutterfabrik ein, bereiste nahezu alle Zierfischzentren der Erde und nahm an zwei Amazonas-Expeditionen teil, wobei er an der Entdeckung von drei Fischarten beteiligt war. Er taucht und fotografiert leidenschaftlich in tropischen Gewässern. 1974 erschien sein erstes Buch „Kleine Seewasser Praxis".
1977 machte er sich mit einem eigenen Verlag selbständig. Er lebt heute auf einem kleinen Bauernhof bei Melle inmitten von Wald und Wasser, wo er aktiven Naturschutz für heimische Amphibien, Reptilien und Fische betreibt. Er schreibt und verlegt Bücher, die Naturfreunden Freude bringen und Wissen vermitteln. Mit den Buchreihen Aquarien Atlas und Meerwasser Atlas hat er für die Autoren des Mergus Verlages einen weltweiten Ruf erworben. Seine Bücher erscheinen in 7 Sprachen, einschließlich Chinesisch. Er hat zusammen mit Rüdiger Riehl für die Aquarien- und Fischkunde mit der Reihe der Aquarien Atlanten eine neue Ära eingeleitet und neue Maßstäbe gesetzt.

Dr. Gero W. Fischer,

geboren 1961 in Saarbrücken, ging bald mit seinen Eltern nach Übersee und lebt seit 1968 im südamerikanischen Ecuador. Er besuchte die Deutsche Schule Quito und verbrachte die meiste Freizeit auf der elterlichen Rinderfarm am Rande des Amazonasbeckens.
Sowohl die Aquarien seiner frühesten Kinderzimmer als auch die farbigen Fischschwärme um ihn herum beim Schnorcheln - im Korallenriff von Bora Bora in Polynesien, auf einer Weltreise - ließen ihn bald mit Sieb und Eimer losziehen, dann im Einbaum und Motorgleitboot, um die neue Urwaldheimat bis hinein in entlegenere Flüsse und Seen auf Fang- und Forschungsfahrten ichthyologisch zu erkunden.
Ein langjähriges Studium schloß er 1991 mit einer Promotion in Aquakultur (Ph.D.) an der Texas A&M University, USA, ab; die dazu notwendigen Feldarbeiten führte er in Teichen, Becken und Aquarien auf seiner, nunmehr auch mit Aquakultur befaßten Hacienda durch.
Dort werden von ihm jetzt auch Speisefische gezüchtet - bei wöchentlicher Ernte das ganze Jahr hindurch - und mehrere Dutzend Zier- und Speisefischarten auf ihre Produktionseignung hin experimentell untersucht.
In den letzten Jahren übersetzt Dr. Fischer zusammen mit seiner Frau Shellie (M.S. – Fischernährung) Mergus Atlanten ins Englische und Spanische.

Autoren – ATLANTEN

Otto Böhm,
geboren 1922 in Wien. Mit acht Jahren hatte er das erste Rahmenbecken mit dem damals obligatorischen Heizkegel. Aus Obstkisten baute er sich kleine Terrarien und pflegte darin einheimische Eidechsen, Frösche und Blindschleichen. Von Sonntagsausflügen brachte Otto Böhm Wasserschnecken, Elritzen, Feuersalamander und Molche mit und pflegte diese erfolgreich. Später machte er die ersten aquaristischen Erfahrungen mit Stichlingen und Macropoden. Nach den „Lebendgebärenden" folgten eierlegende Salmler, und 1959 gelang die erste Nachzucht des Roten Neonsalmlers.
Ab 1970 weckten die Killifische sein Interesse, und er wurde Mitglied bei der Deutschen Killifischgesellschaft. Aus Afrika kamen damals zahlreiche Neuheiten, und es gelang ihm, die meisten davon nachzuzüchten und zu verbreiten. Er begann zu fotografieren. Erfahrungen aus sechzig Jahren wurden in zahlreichen Publikationen im In- und Ausland vermittelt.

Dieter Bork,
geboren 1945 in Hanau, ist seit 1956 engagierter Aquarianer. Seine aquaristischen Aktivitäten wurden durch den Dienst bei der Bundeswehr sowie das anschließende Studium zum Dipl. Ing. (FH) unterbrochen. Als Ingenieur ist er tätig und verantwortlich für die Beschaffung und Instandhaltung von Produktionsanlagen.
Seit 1972 ist er Mitglied bei der Deutschen Killifisch Gemeinschaft. Seit über 25 Jahren beschäftigt er sich intensiv mit der Zucht von Aquarienfischen. Sein besonderes Interesse gilt hierbei den Killifischen, den Zwergcichliden, seltenen Lebendgebärenden sowie verschiedenen Zwerggrasborinen.
Seit 1988 unternimmt er regelmäßig Sammel- und Studienreisen in die Heimatländer der Aquarienfische. Hieraus resultieren weitere Aktivitäten in Form von Vorträgen und Veröffentlichungen in Fachzeitschriften.

Autoren – ATLANTEN

Heinz H. Büscher,
geboren 1942 in Bielefeld, arbeitet seit über 30 Jahren als Biotechniker in einem pharmazeutischen Unternehmen in der Schweiz.
In früher Jugend begann er mit Beobachtungen von einheimischen Wasserbewohnern in Bombentrichtern. Seine wichtigsten Hilfsmittel wurden bereits zur Schulzeit Lupe und Mikroskop, und es begann eine aquaristische Laufbahn, deren Werdegang heute wohl eher zu den Ausnahmen zählt.
Nach vielen Jahren der Haltung und Zucht von Salmlern und südamerikanischen Zwergcichliden sowie der Pflege von Niederen Tieren und Schleimfischen aus dem Mittelmeer, erwachte Ende der 60er Jahre das Interesse an Fischen aus dem Malawi- und dem Tanganjikasee. Auf zahlreichen Reisen an den Tanganjikasee entdeckte er über 14 unbekannte Cichlidenarten. Vor allem die eingehende Untersuchung eines Teils der zairischen Küste ergab eine reiche Fülle an Beobachtungen über Lebensweisen und Artengemeinschaften und führte zu Neuentdeckungen, von denen er bisher zehn als neue Arten beschrieben hat.

Hans-Georg Evers,
geboren 1964 in Hamburg, wo er auch heute noch lebt. Nach dem Abitur Ausbildung zum Schiffahrtskaufmann. Seit dem 11. Lebensjahr betreibt er die Aquaristik und zeitweise auch Terraristik, und bisher gelang die Nachzucht bei über 200 Fischarten. Besonders die Welse und in den letzten Jahren verstärkt auch die Salmler bilden das Hauptinteressengebiet.
Im VDA-Arbeitskreis „Barben-Salmler-Schmerlen-Welse" ist er als Spartenleiter Salmler und Regionalgruppen-Obmann aktiv.
Neben nomenklatorischen Problemen und deren Umsetzung und Bedeutung für die Aquaristik sind es vor allem die züchterischen Aspekte, die in über 100 verschiedenen Publikationen im In- und Ausland über diese Fischgruppen besonders behandelt wurden.
1994 erschien sein Buch „Panzerwelse", 1996 zusammen mit Autor Ingo Seidel das BSSW-Sonderheft „Maulbrütende Harnischwelse". Daneben arbeitete er an verschiedenen anderen Buchprojekten mit, insbesondere in Form von Fotografien.
Seit 1992 bereiste er diverse Male Lateinamerika und konnte einige aquaristisch und teilweise auch wissenschaftlich neue Fischarten nachweisen.

Autoren – ATLANTEN

Dr. Jörg Freyhof,
geboren am 4.11.1964 in Ludwigshafen am Rhein. Studium der Biologie an den Universitäten Heidelberg und Bonn. Promoviert in Biologie mit dem Schwerpunkt limnische Ökologie und Fischereiwissenschaften über deterministische und zufällige Strukturierungen einer Fischgemeinschaft eines Seitenflusses des Rheins.
Interessenschwerpunkte sind die Fragenkreise der Biologie der Fische der Palaearktis sowie Afrikas.
In einer Aquarianerfamilie aufgewachsen, beschäftigte er sich mit vielen Fischgruppen und bereiste auf der Suche nach Fischen West-, Zentral- und Nordafrika, Südamerika und europäische Länder.
Er ist Wissenschaftlicher Mitarbeiter in der Sektion Ichthyologie am Zoologischen Forschungsinstitut und Museum Alexander König in Bonn.

Steffen E. P. Hellner,
geboren 1961 in Rendsburg/Holstein. Abitur 1981. Anschließend bis 1983 Zeitsoldat, Verbindungsoffizier zur US-Armee, Oberleutnant d. Res. Er studierte Politikwissenschaft und Philosophie in München, Stuttgart und Tübingen. Ab 1989 arbeitete er als Konzeptionstexter in Werbeagenturen, seit 1993 selbständig als Freier Texter für Werbung und PR. Nach Ehefrau Godja und Sohn Moritz (geb. Juni 1996) sind gute Freunde und die Natur ihm das Wichtigste.
Er ist seit dem 12. Lebensjahr Aquarianer. Mit 14 hielt er erste Killifische, seitdem ist er auf diese Fischgruppe spezialisiert.
1977 Eintritt in die Deutsche Killifisch Gemeinschaft, deren Redakteur er 1996 wird.
1989 erschien seine Monographie über Killifische, die auch ins Englische übersetzt wurde. In der Folge Mitarbeit als Co-Autor/Fachberater für Killifische an mehreren Büchern. Einladungen zu Fachvorträgen führten ihn über Deutschland hinaus nach England, Belgien, Österreich und in die Schweiz sowie die USA. Von seinen bisherigen Sammelreisen nach Sierra Leone, in die USA und dreimal nach Brasilien führte er viele Killifische erstmals ein und entdeckte mehrere unbekannte Arten. Geplant sind eine weitere Sammelreise nach Kamerun und zwei wissenschaftliche Erstbeschreibungen von Killifischen.

Autoren – ATLANTEN

Harro Hieronimus,

geboren 1956 in Krefeld, ist seit seiner Kindheit Aquarianer. Schon während des Studiums (Chemie/Geographie Sek. II) wurden die aquaristischen Neigungen vertieft, erste Veröffentlichungen entstanden. Das änderte sich auch nicht nach Aufnahme seiner Tätigkeit als Fachberater für naturwissenschaftliche Lehrmittel.

Schon früh waren es die Lebendgebärenden Zahnkarpfen und die mexikanischen Hochlandkärpflinge, die ihn besonders reizten. So ist es nicht verwunderlich, daß ihn seine bisherigen Sammelreisen nach Mexiko und Mittelamerika führten. Allerdings kamen schon Mitte der 80er Jahre zwei weitere Gruppen hinzu, die ihn ebenso interessierten: die Regenbogenfische und die Welse, vor allem die Panzerwelse.

Seit 1986 leitet er die von ihm gegründete Internationale Gesellschaft für Regenbogenfische (IRG), seit 1992 auch die Deutsche Gesellschaft für Lebendgebärende Zahnkarpfen (DGLZ).

Inzwischen hat er nicht nur mehrere Bücher zu aquaristischen Themen sowie einige 100 Artikel in Fachzeitschriften des In- und Auslandes verfaßt und in zahlreichen Vorträgen aquaristische Themen vorgestellt, sondern auch bislang zwei Panzerwelse wissenschaftlich neu beschrieben. Weitere Arten sollen bald folgen.

Martin Hoffmann,

geboren 1970 in Salzgitter. Aufgewachsen als Sohn eines Hobbyaquarianers, zeigte er frühzeitig Interesse an Zierfischen. Daneben erkundete er die einheimische aquatische Fauna (Stichlinge, Frösche, Molche etc.). Sein erstes Aquarium bekam er mit 10 Jahren, kurze Zeit später zwei weitere. Erste Nachzuchterfolge mit lebendgebärenden Zahnkarpfen und Metallpanzerwelsen stellten sich ein. Inzwischen liegt sein Hauptinteresse an südamerikanischen kleinen Salmlern (auch an Panzerwelsen und Zwergbuntbarschen).

1990 machte Martin Hoffmann Abitur und anschließend leistete er seinen Zivildienst im Pflegedienst eines Krankenhauses ab. 1991 beginnt er das Studium der Humanmedizin an der Medizinischen Hochschule Hannover. Voraussichtliche Approbation nach einer zweijährigen experimentellen Doktorarbeit im Fach Innere Medizin Anfang 1998.

1994 erfüllte er sich einen Traum: eine Reise nach Brasilien (Tefé). Von dort brachte er einige selbstgefangene Fische mit (u.a. Tefé-Apistogramma). Seit einigen Jahren publiziert er zusammen mit seinem Vater Peter Hoffmann in der DATZ.

Autoren – ATLANTEN

Peter Hoffmann,
geboren 1942 in Liegnitz, Schlesien. Nach der Volksschule 1956 Formerlehre, 1959 Gesellenprüfung, 1963 Gießereitechnikerprüfung an der Hüttenschule in Duisburg ist er jetzt als Fertigungsplaner tätig.
Mit sieben Jahren hielt er bereits Stichlinge im Einweckglas, und mit neun Jahren pflegte er Goldfische in seinem ersten Vollglasaquarium. Von da ab entwickelte er sich zum begeisterten Aquarianer bis hin zu einem Hobbykeller mit ca. 40 Becken.
Peter Hoffmann betreibt die Hobbyzierfischzucht und Fotografie mit Vorliebe für Beifänge aus Südamerika, speziell Salmler, Zwergbuntbarsche und Panzerwelse.
Seit 20 Jahren trägt er Zucht- und Erfahrungsberichte mit Fotodokumentationen für die DATZ bei.
Zwei Reisen führten ihn nach Brasilien zum Rio Negro und Lago Tefé zum erfolgreichen Fischfang mit anschließendem Transport nach Deutschland.

Hans Horsthemke,
geboren am 17.12.1952 in Bochum, studierte Germanistik und Geographie und arbeitet seit 1981 als Lehrer an einem Dortmunder Gymnasium.
Seit früher Jugend Aquarianer, interessierte er sich seit Mitte der 70er Jahre für Brackwasserfische, speziell aber beschäftigte er sich intensiv mit brack- und süßwasserbewohnenden Grundeln (Gobioidei).
Seine aquaristischen Erfahrungen mit annähernd 150 exotischen Grundelarten haben sich in zahlreichen Aufsätzen in Fachzeitschriften niedergeschlagen, in denen vor allem die Fortpflanzungsbiologie dieser Fische behandelt wurde. Seit einigen Jahren arbeitet er an einer Monographie über Grundeln für das Brack- und Süßwasseraquarium, die in Kürze erscheinen wird.

Autoren – ATLANTEN

Prof. Dr. Frank Kirschbaum,
geboren 1942 in Hilden, begann bereits mit zehn Jahren mit der Zucht von Fischen und Amphibien.
Nach dem Abitur 1961 studierte er Biologie und Biochemie mit dem Schwerpunkt Zoologie in Köln und Tübingen. Seine Doktorarbeit mit dem Titel „Untersuchungen zum Farbmuster der Zebrabarbe" zeigt, daß er sich fortan in der Wissenschaft mit Fischen befaßte. Während eines fast fünfjährigen Forschungsaufenthaltes in Frankreich gelang ihm als erstem die Zucht von schwach elektrischen Fischen (Nilhechte und Messerfische). Diese Erfolge waren Ausgangspunkt für Untersuchungen zur Entwicklung und Evolution elektrischer Organe. Bei diesen Studien wurden zum ersten Mal larvale elektrische Organe entdeckt.
Die Ergebnisse dieser Untersuchungen boten die Basis für die Habilitationsschrift, die 1984 erfolgreich abgeschlossen wurde.
Von 1978 bis 1988 folgte eine Tätigkeit als Assistent am Zoologischen Institut in Köln, von 1988 bis 1992 leitete er eine Arbeitsgruppe am Institut für Toxologie und Embryopharmakologie an der Freien Universität in Berlin, seit 1992 ist er Leiter der Abteilung Biologie und Ökologie der Fische am traditionsreichen Institut am Müggelsee in Berlin, dem Institut für Gewässerökologie und Binnenfischerei (ein Blaue-Liste-Institut).
Mehrere Forschungsreisen führten ihn nach Südamerika, Mittelamerika, Afrika und Südostasien, dabei interessierten ihn vor allem ökologische Fragestellungen und Fragen zur Systematik der Messerfische.

Magister Anton Lamboj,
geboren 1956 in Baden bei Wien. Seine ersten Kontakte mit Fischen erfolgten schon in frühester Kindheit durch die Goldfische des Großvaters im Gartenteich. Mit zehn Jahren erhielt er sein erstes Aquarium mit tropischen Zierfischen.
Nach der Reifeprüfung begann er seine berufliche Laufbahn bei den Österreichischen Bundesbahnen, wo er auch heute noch hauptberuflich tätig ist.
In der zweiten Hälfte der 70er Jahre erfolgte eine weitgehende Spezialisierung auf westafrikanische Zwergbuntbarsche und die Beschäftigung mit der Systematik dieser Fische. Dies führte schließlich 1988 zum Biologiestudium, bei welchem zunächst 1993 der Diplomabschluß erfolgte. Die Doktorarbeit, in der die Gattung *Chromidotilapia* einer Revision und monographischen Bearbeitung unterzogen wird, steht kurz vor der Fertigstellung. Seit 1983 reiste er zehnmal nach West- und Zentralafrika, um Lebensräume und Verbreitung der bevorzugten Fischgruppe ausführlich zu untersuchen.
Insgesamt wurden bisher mehr als fünfzig Publikationen - sowohl aquaristisch als auch wissenschaftlich - von ihm verfaßt. Zudem gehören zahlreiche Vorträge im In- und Ausland sowie die Mitarbeit an verschiedenen Buchprojekten und Zeitschriften zu seinem regelmäßigen Betätigungsfeld.

Autoren – ATLANTEN

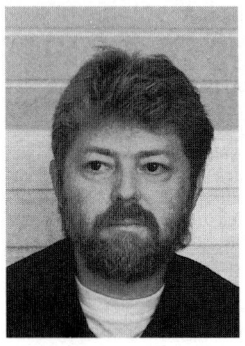

Manfred K. Meyer

geboren 1952 in Friedberg, Hessen, Studium der Mathematik, pflegte mit zehn Jahren bereits Guppies in seinem ersten Aquarium. Später, Anfang der 70er Jahre, hat er sich besonders auf lebendgebärende Zierfische spezialisiert, und seit Mitte der 80er Jahre befaßt er sich zusätzlich mit Cichliden aus den ostafrikanischen Grabenseen, hier besonders Malawi- und Tanganjikasee, und weiterhin mit Fischen aus dem westafrikanischen Raum.

Zwei Bücher über lebendgebärende Zierfische, über 100 Beiträge in internationalen und nationalen zoologischen Abhandlungen und aquaristischen Fachzeitschriften sind bislang mit seinem Namen verbunden. In Zusammenarbeit mit zahlreichen Autoren konnten zudem über 20 neue Fischarten aus Afrika und Mittelamerika von ihm beschrieben werden.

Außer der Aquaristik und der Phylogenese bei Fischen beschäftigt sich der Autor beruflich mit der KI-Computer-Forschung und hier speziell mit der Entwicklung von neuronalen Netzen.

Gerhard Ott

wurde 1954 am Niederrhein geboren. Schon als Schuljunge hatte er zu Hause einen kleinen „Zoo", zu dem ab dem 12. Lebensjahr auch ständig Aquarien gehörten. Nach dem Abitur studierte er Erziehungswissenschaften (Andragogik), Philosophie, Theologie und Biologie in Hamburg. Er diplomierte mit einer Arbeit über „Ethologie und Pädagogik". Über zehn Jahre fuhr er zur See und dient zur Zeit als Korvettenkapitän im Stab des Flottenkommandos in Glücksburg an der Ostsee.

Gerhard Ott interessiert sich in der Aquaristik besonders für die Ichthyofauna der Insel Sri Lanka und des südindischen Raumes sowie für die Cypriniformes Südasiens und Südostasiens, besonders für die Cobitoidea. Er moderiert das VDA-Referat Fischbestimmungsstelle, zeichnet verantwortlich für die Spartenleitung Schmerlen im VDA Arbeitskreis BSSW (Barben Salmler Schmerlen Welse) und ist im Aquarien- und Terrarien-Verein AQUATROPIC 1990 e.V. aktiv. Seit 1971 schreibt er Beiträge für Fachzeitschriften und Bücher. Sein erstes Buch „Schmerlen" erschien 1988.

Autoren – ATLANTEN

Kurt Paffrath,

geboren 1931 in Köln, bearbeitete in den Ausgaben des AQUARIEN ATLAS jeweils den Part über Aquarienpflanzen.
Seine besondere Vorliebe zu den Aquarienpflanzen ist über seinen Beruf entstanden. Nach dem Krieg kam er bei einem Eifeler Bauern in die Landwirtschaftslehre. 1948 schloß sich eine Gärtnerlehre in einer Klostergärtnerei an. Ab 1953 arbeitete er im Botanischen Garten Köln. Hier wurden ihm aufgrund seiner bereits gesammelten Erfahrungen mit Aquarienpflanzen die Betreuung der tropischen Sumpf- und Wasserpflanzen sowie die Pflege der Schauaquarien übertragen. 1958 erfolgte die Meisterprüfung in Botanischer Gärtnerei. 1965 ging er ins Kölner Grünflächenamt, in dem er seit 1982 als Gartenbautechniker arbeitet.
Seinen großen Erfahrungsschatz um die Aquarienpflanzen hat er bei fast 300 Diavorträgen in Aquarienvereinen weitergegeben. Hinzu kommen zahlreiche Fachaufsätze in vielen in- und ausländischen Aquarienzeitschriften. 1978 erschien sein Buch über die Pflege von Aquarienpflanzen im Landbuch-Verlag Hannover.

Dr. Rüdiger Riehl,

geb. 1949 in Gombeth bei Kassel, beschäftigte sich bereits im Alter von sechs Jahren mit Fischen, indem er einheimische Arten in Einmachgläsern hielt und beobachtete. Bald folgte ein Aquarium und der Umstieg auf exotische Fische.
Nach dem Abitur 1967 folgte in Gießen das Studium der Biologie. In seiner Diplom- und Doktorarbeit untersuchte er mit unterschiedlichen Methoden die Eibildung (Oogenese) von einheimischen Süßwasserfischen. Er promovierte 1976 in Gießen zum Dr. rer. nat.
Von 1974 bis 1979 war er in Gießen am Institut für Allgemeine und Spezielle Zoologie als wiss. Angestellter tätig. Anschließend wechselte er an die Hautklinik der Universität Heidelberg (1979 - 1982) und arbeitete über menschlichen Hautkrebs. Ende 1982 ging Dr. Riehl nach Düsseldorf und ist dort als Akademischer Oberrat für die Elektronenmikroskopie der Biologischen Institute verantwortlich. In Düsseldorf arbeitete er weiter an unterschiedlichen Thematiken über Fische; etwa 130 Artikel in wissenschaftlichen Zeitschriften und sechs Bücher belegen diese Aktivitäten. Seit 1977 nahm er an zahlreichen nationalen und internationalen Kongressen mit Vorträgen und Posterdemonstrationen teil. Forschungsaufenthalte verbrachte er in Israel, Österreich, Liechtenstein und in der Antarktis. Außerdem ist er an zwei internationalen Fischprogrammen maßgeblich beteiligt: eines über die Eier antarktischer Arten, das andere über die Aquakultur ökonomisch wichtiger Fische.

Autoren – ATLANTEN

Dipl. Biol. Uwe Römer,
Jahrgang 1959, ist seit seiner frühen Kindheit naturbegeistert. Schon früh beschäftigte er sich mit speziellen Fragen des Schutzes und der Biologie heimischer Fische, Amphibien und Reptilien. Während der Gymnasialzeit folgte die Spezialisierung auf die Ornithologie und ein intensives Engagement im Naturschutz.
Mehrere wissenschaftliche Langzeituntersuchungsprogramme sind Ergebnis dieser Phase. Die Beschäftigung mit der Vogelkunde führte auch zu einer regen Reisetätigkeit. Schwerpunkte waren Vogelinseln im Nordatlantik, in Skandinavien und Nordamerika. Die fachliche Spezialisierung führte zu einer umfangreichen gutachterlichen Tätigkeit für Planungsbüros und Behörden bereits neben dem Studium. Zur Zeit tätig als Biologe in einer Biologischen Station. Gleichzeitig Fertigstellung der Promotion, in der er sich mit der Biologie von Buntbarschen der Gattung *Apistogramma* beschäftigte.
Bereits zu Beginn des Studiums in Bielefeld wurde sein Interesse auf neotropische Fische, besonders die Zwergbuntbarsche der Gattung *Apistogramma*, sowie ökologische und ethnologische Probleme Amazoniens gelenkt, weshalb nach 1990 mehrere Reisen in das Gebiet des Rio Negro folgten, wobei es ihm sogar gelang, in den weitestgehend unzugänglichen Rio Uaupés zu gelangen.
Die Hauptbildthemen des begeisterten Naturfotografen sind Vögel, Buntbarsche und ethnologische Motive. Aus seinem umfangreichen Diaarchiv illustrierte er die meisten seiner 100 Publikationen und zahlreichen Vorträge in Europa und Nordamerika.

Dr. Jürgen Schmidt,
geboren 1959 in Kamen, hatte schon in der Kindergartenzeit sein erstes Aquarium und andere Haustiere.
In den 70er Jahren spezialisierte er sich auf Labyrinthfische und andere südostasiatische Formen.
Er studierte in Münster Biologie und Geographie mit den Schwerpunkten Verhaltensforschung und Landschaftsökologie und promovierte mit dem Titel „Vergleichende Untersuchungen zum Fortpflanzungsverhalten der *Betta*-Arten (Belontiidae, Anabantoidei)". Diplom-Arbeiten erstellte Dr. Schmidt in Biologie zu Kampffischen und in Geographie zur Gewässerökologie eines Bachtals im Sauerland.
Er arbeitet in der Lehre an der WWU Münster, in verschiedenen Verlagen sowie als Naturjournalist. So entstanden Beiträge zu Büchern und zahlreiche Artikel in aquaristischen und wissenschaftlichen Zeitschriften.

Autoren – ATLANTEN

Erwin Schraml,
geboren 1957 in Augsburg. Aus einer großen Naturverbundenheit heraus und der Faszination des Verborgenen, entwickelte er schon früh ein intensives Interesse an der heimischen Fischwelt. Besonders begeisterten ihn die räumliche Wirkung und die Beobachtungsmöglichkeiten, die Aquarien bieten. Bald war jeder verfügbare Meter Platz in seiner Umgebung mit „Ausschnitten aus Unterwasserlebensräumen" angefüllt.

Daraus entstand das Bedürfnis nach sowohl sprachlicher als auch fotografischer Dokumentation. Dies drückte sich in einer Vielzahl von Artikeln in Fachzeitschriften und einer fotografischen Ausbildung aus. Ein Archiv von Tausenden von Bildern ermöglicht heute die Mitwirkung bei der Illustration vieler Bücher und Zeitschriften.

Weil selbst publiziertes Wissen über Fische leicht in Vergessenheit gerät und sich oft schwer wiederfinden läßt, entwickelte er Datenbankapplikationen, um aquaristische und ichthyologische Arbeiten zu indizieren und zu archivieren.

Als Hobbytaucher beobachtet er das Verhalten der Fische in ihrem Lebensraum und ergänzt so seine Erfahrungen. Kontakte zu Ichthyologen helfen ihm, auf taxonomische Fragen Antworten zu erhalten. Verbindungen zu Zierfischimporteuren lassen den Strom von ihm fotografierter neuer Arten bisher nicht abreißen. Der Umgang mit Fischen ist zu einem großen Teil seines Lebens geworden. Parallel dazu ist er seit Jahren als selbständiger Sozialpädagoge tätig und schafft so die Lebensgrundlage für sich und seine Familie.

Ingo Seidel
wurde 1967 in Delmenhorst geboren. Nachdem er sich schon in frühester Jugend für alles, was draußen herumkrabbelte, -flog oder -schwamm, interessierte, wurde er durch seinen Vater recht frühzeitig an die Aquaristik herangeführt. Im Alter von zehn Jahren erhielt er sein erstes Aquarium und war fortan begeisterter Aquarianer. Die berufliche Entwicklung verlief jedoch in eine ganz andere Richtung. Nach dem Abitur begann er eine Ausbildung zum Mathematisch-Technischen Assistenten und ist nun in einem Bremer Elektronik-Konzern im Bereich Simulationstechnik mit der Entwicklung von Software beschäftigt.

Vor allem die Fischwelt Südamerikas hat es ihm angetan, wobei er sich zunächst intensiver den Zwergcichliden der Gattung *Apistogramma* widmete. Später verlagerte sich sein Interesse jedoch immer mehr zu den Welsen, mit deren Vermehrung er sich nun fast ausschließlich beschäftigt. Spezialisiert hat er sich auf die Harnischwelse der Familie Loricariidae, aber auch über 30 verschiedene Panzerwels-Arten wurden von ihm bereits erfolgreich vermehrt. Auf seinen Reisen nach Südamerika konnte er viele Erkenntnisse über die Lebensweise dieser interessanten Fischgruppe sammeln. Seit 1992 leitet er die Sparte Welse im VDA-Arbeitskreis Barben Salmler Schmerlen Welse.

Autoren – ATLANTEN

Dr. Andreas Spreinat

geboren 1960 in Lemgo, hatte bereits mit sechs Jahren sein erstes Aquarium. Frühzeitig, Anfang der 70er Jahre, hat er sich auf Malawisee-Buntbarsche spezialisiert. Nach dem Abitur 1979 und einer freiwilligen zweijährigen Marinedienstzeit auf einem U-Boot als Navigationsunteroffizier studierte er in Göttingen Biologie mit dem Schwerpunkt Mikrobiologie/Biochemie. Seine Doktorarbeit hatte den Titel „Thermostabile stärkeabbauende Enzyme von thermophilen anaeroben Mikroorganismen". Seit 1991 ist er Angestellter in einem Ingenieurbüro in Göttingen, als Bereichsleiter zuständig für biologisch-chemische Analysen, Umweltgutachten und Umweltsanierungen.
Die erste von sechs Reisen zum Malawisee erfolgte 1984, auf denen er als ambitionierter Taucher mit etwa 600 Tauchgängen von seinen insgesamt ca. 32.000 Fischfotos viele Unterwasseraufnahmen schoss. Zwei Bücher über Malawiseecichliden, Beiträge in Fachzeitschriften und zahlreiche nationale und internationale Vorträge sind bisher mit seinem Namen verbunden.

Dr. Wolfgang Staeck,

geboren 1939 in Berlin, studierte Biologie an der Freien Universität Berlin. Nach dem Staatsexamen folgte eine mehrjährige Tätigkeit als wissenschaftlicher Mitarbeiter an der Technischen Universität Berlin. 1972 promovierte er mit den Nebenfächern Zoologie und Botanik.
Einem größeren Publikum ist Dr. Staeck durch Fachvorträge sowie seine Publikationen bekannt. Seit 1966 hat er eine Vielzahl von Aufsätzen über Aquariumfische in deutschen und ausländischen Zeitschriften sowie mehrere Bücher veröffentlicht. Da sein Hauptinteresse der Verhaltensbiologie von Buntbarschen gilt, ist er auch heute noch Aquarianer und aus langjähriger Erfahrung mit der Praxis der Aquaristik vertraut.
Seit 1972 hat er auf zahlreichen Forschungsreisen, die dem Studium von Cichliden in ihren natürlichen Lebensräumen gewidmet waren und zur Entdeckung vieler neuer Arten, Unterarten und Farbrassen führten, wiederholt Süd- und Mittelamerika sowie in Ostafrika den Tanganjika- und den Malawisee bereist. Insbesondere in den beiden ostafrikanischen Seen, die er bereits Anfang der 70er Jahre besuchte, aber auch in mittel- und südamerikanischen Gewässern hat er die Fischwelt als Taucher beobachtet und fotografiert. Dabei gelang es ihm, die natürliche Lebensweise und die Biotope vieler Cichliden erstmals in Unterwasseraufnahmen zu dokumentieren. Als Ergebnis seiner Reisen veröffentlichte er die wissenschaftliche Erstbeschreibung von rund einem Dutzend Fischarten.

Autoren – ATLANTEN

Helmut Stallknecht,
geboren 1935 in Mühlhausen/Thüringen, besitzt seit über 50 Jahren Aquarien und begann bereits in den ersten Jahren nach dem Zweiten Weltkrieg mit der Zucht von Aquarienfischen. Er studierte Geographie, Geologie, Biologie und Fischereibiologie, war als Lehrer, im Großhandel der ehemaligen DDR, als Berufszüchter, Redakteur und Fachbuchautor tätig. In zahlreichen Beiträgen für Fachzeitschriften stehen Beobachtungen zum Fortpflanzungsverhalten und die gelungene Zucht durch mit aquaristisch-biologischen Methoden bewirkte Haltungsbedingungen im Vordergrund. Das breite Band aquaristischer Erfahrungen hat seine Ursache in der ohne Importe erzwungenen Erhaltungszucht der DDR-Aquaristik.
Seit 1960 sind mehr als 800 Aufsätze und Mitteilungen, ab 1969 inzwischen 17 Broschüren und Bücher erschienen, in denen es vor allem um das Heranführen des Lesers an auf dem engen Raum des Aquariums beobachtbare biologische Zusammenhänge geht.
Erst in den letzten Jahren war es ihm möglich, auch die Heimatgebiete der Aquarienfische in Venezuela, Costa Rica, Sri Lanka und Thailand zu bereisen. Von dort mitgebrachte eigene Fänge und andere Neuheiten setzen ihm immer neue Herausforderungen und frischen seine Experimentierlust auf.

Frank Warzel,
geboren 1960 in Koblenz, aufgewachsen bei Mainz, hatte bereits seit frühester Jugend Interesse an der Fauna seiner näheren Umgebung. Erste Exkursionen an die umliegenden Gewässer brachten zahlreiches Wassergetier auf den elterlichen Balkon. Das erste eigene Aquarium mit tropischen Fischen hatte er bereits mit sieben Jahren.
Nach seiner Zivildienstzeit 1983 folgte die Ausbildung zum Klimatechniker. Trotz einer mehr als 5jährigen Praxis-Abstinenz, verlor er nie ganz den Kontakt zu und die Faszination an der Aquaristik. Im Rahmen des wiederaufkeimenden Interesses wurde auch eine Sammlung an wissenschaftlicher Literatur angelegt, die heute nahezu alle Erstbeschreibungen von Cichlidenarten, Synonyme eingeschlossen, umfaßt.
Seit seiner ersten Veröffentlichung im Jahre 1988, folgten mehr als 50 Artikel und einige, auch internationale Vorträge sowie mehrere Südamerikareisen. Sein besonderes Interesse gilt den Hechtbuntbarschen, von denen er sowohl aquaristisch als auch wissenschaftlich neue Arten aus Brasilien und Kolumbien einführte und zum Teil auch erfolgreich nachzüchtete.

Autoren – ATLANTEN

Uwe Werner,
1948 geboren, ist Fremdsprachenlehrer und seit 1958 Aquarianer. Er hat Erfahrungen mit den unterschiedlichsten Fischfamilien gesammelt, die er in seinem Buch „Aquarienpraxis - Süßwasser" (1987) zusammengefaßt hat. Seine speziellen Kenntnisse über die Buntbarsche Süd- und Mittelamerikas und seine Qualitäten als Aquarienfotograf führten zu einem zweibändigen Standardwerk (1985; 1988), von dem eine Neufassung in Vorbereitung ist.
Nach wie vor erscheinen zahlreiche Veröffentlichungen in in- und ausländischen Fachzeitschriften. Bücher über das „Fischfangabenteuer Südamerika" und „Ausgefallene Aquarienpfleglinge" erschienen 1992 und 1993. Seit Beginn der 80er Jahre hat Uwe Werner viele ichthyologische Sammelreisen nach Süd- und Mittelamerika unternommen. Er hat viele unbekannte Fische (zumeist Buntbarsche) zum ersten Mal (oder wieder neu) aus Ecuador, Venezuela, Brasilien, Kolumbien, Costa Rica, Guatemala, Honduras und vor allem aus Mexiko nach Deutschland eingeführt.

Rudolf Hans Wildekamp,
geboren 1945 in Putten, Niederlande, bekam sein erstes Aquarium im Alter von fünf Jahren. 1962 machte er sein Abitur und wurde Berufssoldat in der Niederländischen Luftwaffe. Dort war er als Flugzeugelektroniktechniker tätig und seit den letzten zwölf Jahren als Flugplatzumweltoffizier. Hauptaufgabe ist dabei, die Vogelschlaggefahr für die Flugzeuge zu reduzieren, wobei u.a. der Vogelzug mit Radar studiert wird.
Seit 1970 befaßt er sich hauptsächlich mit Killifischen und bereiste dazu mehrmals Südeuropa und die Türkei, die Vereinigten Staaten, Mexico, Brasilien, Thailand, Nigeria, Somalia, Kenia, Tansania und Uganda. Aus diesen Reisen folgten die Beschreibung von 19 neuen Killifischarten, viele Beiträge in Fachzeitschriften und zahlreiche nationale und internationale Vorträge.
Seit 1993 sind von seiner Hand drei von insgesamt sechs Teilen der Bücherserie „A World of Killies" in den USA veröffentlicht worden. In dieser Serie wird alles Wissenswerte über die Killifische der Welt vorgestellt.

Fotografenverzeichnis

Dr. Gerald R. Allen, David Allison, Aqua Medic, Dr. Herbert R. Axelrod, Herbert Bader, Hans A. Baensch, Dr. Ulrich Baensch, H.-J. Bäselt, P.G. Bianco, Rudi Bischoff, Friedrich Bitter, Heiko Bleher, Dr. Rüdiger Bless, Jörg Bohlen, Otto Böhm, Dieter Bork, Sven Brun, Gerhard Brünner, Horst Büscher, Ingo Carstensen, Maurice Chauche, Helmut Debelius, Horst Dieckhoff, Norbert Dokoupil, Dupla Aquaristik, Jaroslav Eliás, Udo Essmann, Dr. Vollrad Etzel, Evers, Hans-Georg , Dr. Gero W. Fischer, Dr. Walter Foersch, Dr. Stanislav Frank, Dr. Hanns Joachim Franke, Jörg Freyhof, Karl Albert Frickhinger, Joachim Frische, Heiner Garbe, J. Geck, S. Gehmann, M. Göbel, Jaap-Jan de Greef, Hans-Jürgen Günther, Werner Gutekunst, Hilmar Hansen, Klaus Hansen, Andreas Hartl, Horst Haunert, Steffen Hellner, Dr. Hans-J. Herrmann (Hamburg), Dr. Hans-J. Herrmann (Melle), Wolfgang Herzog, Harro Hieronimus, Martin Hoffmann, Peter Hoffmann, Kerstin Holota, Hans Horsthemke, Kurt Huwald, Stefan Inselmann, Heinrich Jung, Juwel Aquarium, Burkhard Kahl, Horst Kipper, Dr. Frank Kirschbaum, Karl Knaack, Alexander M. Kochetov, Dr. Sergei M. Kochetov, Joachim Kollo, Dr. A. Konings, Edith Korthaus, Ingo Koslowski, Dr. Maurice Kottelat, René Krummenacher, Dr. Friedhelm Krupp, Axel Kulbe, Mr. Lagdon, J. Lake, Anton Lamboj, Horst Linke, Karl-Heinz Lübeck, Oliver Lucanus, Peter Lucas, Dr. Volker Mahnert, Olaf Manzischke, Hans-Jörg Mayland, Manfred K. Meyer, Ulrich Minde, Friedrich Müller, Arend van den Nieuwenhuizen, J. Nikolas, Aaron Norman, Roland Numrich, Gerhard Ott, Kurt Paffrath, Klaus Paysan, A. Pieter, Alan Pinkerton, Helmut Pinter, Eduard Pürzl, Hans Reinhard, Günter Reitz, Dr. Patrick de Rham, Hans Joachim Richter, Dr. Rüdiger Riehl, Michel Roggo, Manfred Rogner, Uwe Römer, Hans Jürgen Rösler, Lucas Rüber, Mike Sandford, David D. Sands, Hiromichi Sasakawa, Ingo Schindler, Ulrich Schliewen, Günther Schmelzer, Werner Schmettkamp, Gunther Schmida, Dr. Jürgen Schmidt, Dr. Eduard Schmidt-Focke, Erwin Schraml, Ulrich Schramm, Roland Schreiber, Dr. Gottfried Schubert, Thomas Schulz, Lothar Seegers, Ingo Seidel, Werner Seuss, Wolfgang Sommer, Ernst Sosna, Dr. Andreas Spreinat, Dr. Wolfgang Staeck, Rainer Stawikowski, B. Stemmer, Klaus Szafranek, Tetra Archiv, W. A. Tomey, F. Vermeulen, Dr. Jörg Vierke, Prof. Dr. W. Villwock, Vogelsänger-Studios, Frank Warzel, Berthold Weber, Frans Wennmacker, Uwe Werner, G. Westdörp, Ruud Wildekamp, Klaus Wilkerling, Wolfgang A. Windisch, Lothar Wischnath, Kai Erich Witte, Tonnie Woeltjes, Dr. Axel Zarske, Rudolf Zukal, Georg Zurlo.

Ihr AQUARIEN ATLAS befindet sich in guter Gesellschaft

Wir wünschen Ihnen viel Freude und Anregung beim Lesen.

Die Autoren

Sonderedition zum 20jährigen Bestehen des MERGUS Verlages

Auflage limitiert auf 100 Serien, handgebunden, numeriert und signiert, Halbleder mit Goldprägung.
Mit zwei Buchstützen aus Wurzelholz, handgefertigt.

Die Sonderedition enthält auch den neuen AQUARIEN ATLAS Band 5

1977 - 1997
20 Jahre MERGUS Verlag GmbH • Postfach 86 • 49302 Melle

GARTENTEICH ATLAS
Rund um den Gartenteich und
das Kaltwasseraquarium
Baensch, Paffrath, Seegers

Was dem Taucher ein prächtiger Unterwassergarten, ist dem Gartenliebhaber sein Gartenteich.
Der Band gibt Tips und praxisbezogene Beispiele zur Errichtung und Pflege eines Teiches. Ein breiter Teil ist den Tieren im und um den Teich gewidmet. 440 Land- und Wasserpflanzen werden von Kurt Paffrath in Farbfotos vorgestellt.

1024 Seiten, 1100 Farbfotos, zahlreiche Zeichnungen.
Format wie alle MERGUS ATLAS - Bände 12,5 x 19 cm.

ISBN 3-88244-024-4 (festgebunden) Kunstleder
ISBN 3-88244-109-7 Taschenbuchausgabe

Eine bibliophile und ichthyologische Kostbarkeit
MERGUS FOSSILIEN ATLAS - FISCHE
1088 Seiten, 1500 Abbildungen, davon 1100 in Farbe
Format 12,5 x 19 cm

Der Autor - K.A. FRICKHINGER - hat die ganze Welt bereist, um in allen bedeutenden Museen und in vielen Privatsammlungen fossile Fische zu fotografieren. So werden Ihnen hier etwa 900 Gattungen in Farbe gezeigt, 400 Zeichnungen erläutern zusätzlich diese Bilder, und 200 Farbbilder von heute lebenden Fischen weisen auf die Verwandtschaftsverhältnisse hin und zeigen, daß die Wurzeln vieler unserer Fische bis in die graue Vorzeit verfolgt werden können. Informativer Text und Inhaltsverzeichnisse nach verschiedenen Gesichtspunkten machen dieses Buch zu einer Fundgrube für jeden, der mehr über fossile Fische wissen möchte und sich für die Evolution dieser ältesten und zahlenmäßig größten Gruppe der Wirbeltiere interessiert. Noch niemals gab es ein Werk, das die Vorfahren unserer Fische in solchem Umfang zeigte. Somit wird nicht nur besonders der Fossiliensammler angesprochen, sondern generell jeder Fischfreund, sei er Aquarianer, Angler oder Sammler kostbarer, seltener Bücher.

ISBN 3-88244-018-X (festgebunden) Kunstleder